CB140762

MICROBIOLOGIA DE ALIMENTOS FERMENTADOS

Blucher

MICROBIOLOGIA DE ALIMENTOS FERMENTADOS

Organizadores

José Guilherme Prado Martin

Juliano De Dea Lindner

Microbiologia de alimentos fermentados
© 2022 José Guilherme Prado Martin e Juliano De Dea Lindner
Editora Edgard Blücher Ltda.

Publisher Edgard Blücher
Editor Eduardo Blücher
Coordenação editorial Jonatas Eliakim
Produção editorial Thaís Costa
Preparação de texto Ana Maria Fiori
Diagramação Claudia Fatel Lino
Revisão de texto Évia Yasumaru
Capa Leandro Cunha
Imagem da capa iStockphoto

Blucher

Rua Pedroso Alvarenga, 1245, 4º andar
04531-934 – São Paulo – SP – Brasil
Tel.: 55 11 3078-5366
contato@blucher.com.br
www.blucher.com.br

Segundo o Novo Acordo Ortográfico, conforme 5. ed. do *Vocabulário Ortográfico da Língua Portuguesa*, Academia Brasileira de Letras, março de 2009.

É proibida a reprodução total ou parcial por quaisquer meios sem autorização escrita da editora.

Todos os direitos reservados pela Editora Edgard Blücher Ltda.

Dados Internacionais de Catalogação na Publicação (CIP)
Angélica Ilacqua CRB-8/7057

Martin, José Guilherme Prado
Microbiologia de alimentos fermentados / José Guilherme Prado Martin, Juliano de Dea Lindner. - São Paulo : Blucher, 2022.
704 p. : il.

Bibliografia
978-65-5506-132-1 (impresso)
978-65-5506-133-8 (digital)

1. Alimentos - Microbiologia 2. Alimentos fermentados I. Título II. Lindner, Juliano de Dea

22-1012 CDD 576

Índices para catálogo sistemático:
1. Alimentos - Microbiologia

CONTEÚDO

APRESENTAÇÃO

Jamais imaginei que um dia teria como uma das minhas maiores paixões os alimentos fermentados. Como grande parte das crianças brasileiras, torcia o nariz quando me ofereciam algum alimento de caráter mais ácido, com aquele gosto característico de um bom produto fermentado. Nem mesmo os queijos mais maturados - essas maravilhas que me despertaram o interesse pelo estudo da fermentação - escapavam da cara feia de uma criança com um repertório alimentar relativamente restrito. Não por culpa dos meus pais, que incentivavam, na medida do possível, o consumo de todo tipo de alimento, mas talvez por uma cultura gastronômica brasileira, que, embora riquíssima e diversa, ainda carregasse consigo, à época, forte influência portuguesa, em que o açúcar e o sal falavam mais alto no frigir dos ovos.

O despertar para os alimentos fermentados ocorreu durante meus estudos de mestrado, quando, em busca de uma formação na área de Microbiologia de Alimentos, acabei integrando a equipe de um laboratório de laticínios. Foi um caminho sem volta. Apesar das frequentes brincadeiras por parte de meu saudoso orientador - "Nunca vi um biólogo fazendo queijo!" –, o interesse inicial acabou se transformando em motivo para estudar cada vez mais a produção de alimentos, valorizando tanto os aspectos técnico-científicos do processo produtivo como os gastronômicos. Aliado a isso, o contato com o movimento Slow Food, por intermédio de uma outra colega de trabalho, norteou a busca por novos conhecimentos na área, dentro de um modelo produtivo mais relacionado à cultura alimentar.

Foi na Universidade de São Paulo que me aventurei, a convite de professores do curso de Ciência dos Alimentos, a ministrar aulas sobre queijos e derivados lácteos, especialmente para as disciplinas de Laticínios e de Gastronomia Molecular. O trabalho desenvolvido à época, de aliar teoria e prática - juntando aos processos técnicos relativos à produção de queijos e iogurtes os efeitos do processo fermentativo nas características desses produtos –, trouxe-me um olhar diferente para as infinitas aplicações gastronômicas dos derivados lácteos. Essa experiência foi responsável por criar em mim uma grande curiosidade acerca do papel social e cultural dos alimentos fermentados ao redor do mundo. Paralelamente, a participação em projetos com queijo Camembert, relacionados ao estudo dos efeitos de diferentes culturas láticas nas características sensoriais desse queijo mofado, encerrava-me por completo em um ambiente propício para o aprofundamento dos estudos sobre o papel da microbiota e do processo fermentativo na qualidade de alimentos fermentados.

O fantástico mundo dos queijos e sua complexa relação com a microbiota do leite e do ambiente, a beleza da transformação de matérias-primas perecíveis, como frutas e vegetais, em alimentos fermentados com estendido prazo de validade foram os propulsores para uma desenfreada fase de experimentação, em que repetidos testes, que foram de um total fracasso inicial – incluindo aqui frascos de *kombucha* a explodirem dentro de armários – a excelentes (e deliciosos) resultados, fizeram-me ter a certeza de ter escolhido o objeto ideal de estudo. Ainda que a ciência do queijo, no âmbito industrial, tenha sido minha primeira experiência na área, coube a uma guinada para a produção artesanal um papel decisivo nos rumos que tomaria como pesquisador.

A imersão na Serra da Canastra, no estado de Minas Gerais, considerada o berço do rio São Francisco, e que produz o queijo artesanal mais conhecido do país, foi uma das experiências mais edificantes. A riqueza cultural do povo da Canastra, aliada à simplicidade do campo, ao bem-viver e à arte de receber bem, me fez repensar muito acerca do valor de um simples queijo. Naqueles poucos centímetros de diâmetro, carrega consigo uma arte secular e um valor inestimável. Considerado um produto vivo – e de fato o é, como boa parte dos alimentos fermentados que discutiremos neste livro –, o queijo é um patrimônio nacional, e representa o sustento de milhares de famílias Brasil afora.

Um outro clássico produto fermentado, o pão, também contribuiu para meu interesse pelo tema. O desafio de produzir seu próprio fermento natural, ainda que demande tempo, paciência e dedicação, traz uma satisfação plena quando se sente o cheiro de pão fresco assado, saído do forno. A casa recende um aroma que nos enche também a boca de água. Um verdadeiro deleite para os *gourmands* de plantão, e que está intimamente relacionado com a fermentação microbiana. O papel desempenhado pelas leveduras selvagens e bactérias láticas presentes na farinha e nos utensílios usados no preparo da massa confere ao pão de fermentação natural textura, sabor e aroma incomparáveis. Os testes iniciais – como na maioria dos casos – não foram nada animadores, mas a persistência na seleção de um bom fermento, com uma microbiota especial, é recompensadora.

Já como docente do Departamento de Microbiologia da Universidade Federal de Viçosa, vi uma oportunidade de aprofundar meus conhecimentos na área dos alimentos fermentados quando fui desafiado a ministrar aulas sobre o tema para alunos da disciplina de Microbiologia Industrial. A dinâmica de nossas conversas sobre o papel dos microrganismos na transformação da matéria-prima em alimentos ricos em nutrientes, sabores e aromas, tudo aliado a degustações em sala de aula, mostrou-se uma estratégia acertada, que conseguiu despertar o interesse dos alunos para o tema. O retorno por parte destes últimos, sempre muito positivo, incentivou-me a transformar a aula em uma disciplina (Microbiologia de Alimentos Fermentados e Benefícios à Saúde), que hoje é oferecida no âmbito do Programa de Pós-Graduação em Microbiologia Agrícola da nossa instituição, em parceria com docentes do Departamento de Nutrição.

O interesse pela área e o desejo de consolidar uma linha de pesquisa voltada exclusivamente ao estudo da microbiota de alimentos fermentados e seus potenciais efeitos à saúde humana levaram-me a idealizar e a implantar, em 2019, o Laboratório de Microbiologia de Produtos Fermentados (FERMICRO), lotado no Departamento de Microbiologia da UFV, que abraçou prontamente a iniciativa. Atualmente, o FERMICRO conta com uma equipe composta de doutorandos, mestrandos, alunos de iniciação científica e estagiários de diferentes cursos da universidade, o que reforça o interesse e a interdisciplinaridade do tema fermentação. Além disso, o FERMICRO ainda tem por missão a propagação de informações científicas relevantes acerca do uso de alimentos fermentados, servindo, também, como um incentivador do seu consumo, a partir de cursos, palestras e materiais de divulgação frequentemente publicados.

Nesse meio-tempo, enquanto participava como jurado técnico de um concurso nacional para eleger os melhores queijos produzidos no país, conheci o professor e pesquisador Juliano De Dea Lindner, da Universidade Federal de Santa Catarina, outro entusiasta da fermentação de alimentos, que tem coordenado projetos de pesquisa voltados para a compreensão acerca do papel de diferentes tipos de culturas microbianas na produção de alimentos fermentados. Depois de horas avaliando e degustando centenas de queijos brasileiros, entre um intervalo e outro, fomos conversando e reconhecendo nossas principais afinidades profissionais. Em uma dessas conversas, discutimos sobre as poucas alternativas, em português, de materiais didáticos na área de alimentos fermentados. Surgia, naquele momento, uma parceria que, após alguns meses, se traduziria neste livro.

Este livro nasce primordialmente, portanto, para atender a uma demanda por um material que apresentasse, de maneira clara e objetiva, a dinâmica microbiana envolvida na produção de diversos alimentos fermentados. Seria muita pretensão – se não impossível – abordar todos eles. Por isso, apresentamos, nos capítulos que se seguem, uma divisão baseada no tipo de matéria-prima, compreendendo produtos de origem vegetal, como chucrute, *kimchi*, azeitonas, fermentados de soja, chocolate; os de origem animal, dentre eles embutidos, salames, anchovas, derivados lácteos – queijos, iogurte, *kefir, kumys*; as bebidas fermentadas não alcoólicas, como *kombucha* e *tepache*; as bebidas alcoólicas mais consumidas no mundo, como cerveja, vinho, cachaça; bem como cereais e tubérculos fermentados, com destaque para os pães e derivados de mandioca; e demais produtos, como o vinagre. A tarefa de se abordar um conteúdo tão vasto foi dividida entre vários colegas colaboradores, professores e/ou pesquisadores de universidades de todo o Brasil.

Nosso foco será o processo fermentativo envolvido na produção de alimentos fermentados. Obviamente, elucidar os principais pontos relativos à tecnologia desses alimentos se faz necessário, em última análise, para que se compreendam adequadamente os principais efeitos que o uso de diferentes substratos pelos microrganismos via fermentação traz para as características daquele produto. Cabe ressaltar que essa não é uma tarefa simples, uma vez que alguns alimentos produzidos há milênios por diferentes culturas, por métodos que podem variar muito a depender da região, apresentam uma rica diversidade microbiana, que depende do tipo de inóculo utilizado, das condições de incubação, bem como da formulação do produto. Dessa maneira, o desafio, quando se fala da microbiota de determinados alimentos, consiste justamente na sua grande variação, que é observada num mesmo tipo de produto.

Desafios à parte, a arte da fermentação de alimentos nos traz, ainda, revelações interessantes acerca da tão diversa cultura gastronômica global. Aspectos que não poderiam ser deixados de lado num livro com essa proposta. Assim, *Microbiologia de alimentos fermentados* ultrapassa os limites da microbiologia como ciência para adentrar também os aspectos sociais e culturais, trazendo à luz a força que o processo fermentativo representa para diferentes povos. Espero que este material, fruto de um árduo trabalho investigativo, possa servir também de inspiração para o surgimento de novos amantes da fermentação, capazes de disseminar esse conhecimento ancestral que apenas nos últimos anos tem sido de fato – e em parte – elucidado.

Fermentemos!

José Guilherme Prado Martin

SOBRE OS ORGANIZADORES

José Guilherme Prado Martin

Licenciado e bacharel em Ciências Biológicas pela Universidade Estadual Paulista (Unesp). Mestre e doutor em Ciência e Tecnologia de Alimentos pela Escola Superior de Agricultura "Luiz de Queiroz" (Esalq), da Universidade de São Paulo (USP). Professor adjunto do Departamento de Microbiologia (DMB) da Universidade Federal de Viçosa (UFV). Idealizador e Coordenador do Laboratório de Microbiologia de Produtos Fermentados (FERMICRO/UFV). É orientador de doutorado do Programa de Pós-Graduação em Microbiologia Agrícola da UFV, coordenador do Grupo de Pesquisas do CNPq Microbiologia de Alimentos Fermentados da UFV e colaborador do Grupo de Pesquisas do CNPq Tecnologia de Alimentos da Universidade Federal de Santa Catarina (UFSC). Membro do Comitê de Higiene & Segurança da Federação Internacional de Laticínios (FIL/IDF) Brasil (2019-2022) e da Rede Mineira de Pesquisas em Queijos Artesanais. Atua nas áreas de microbiologia de alimentos, alimentos fermentados, microbiota de produtos fermentados e queijos artesanais brasileiros.

Juliano De Dea Lindner

Graduado em Farmácia e Bioquímica pela Pontifícia Universidade Católica do Paraná (PUC-PR). Mestre em Food Safety Technology pela University of Parma (UNIPR, Itália). Doutor em Food Science and Technology pela University of Parma (UNIPR, Itália). Pós-doutor em Biotecnologia Agroalimentar no Programa de Pós-Graduação em Engenharia de Bioprocessos e Biotecnologia pela Universidade Federal do Paraná (UFPR). Fundador das empresas Incorpore Foods (Brasil) e Nutriplus (Itália). Professor adjunto do Departamento de Ciência e Tecnologia de Alimentos (CAL) da Universidade Federal de Santa Catarina (UFSC).

Orientador de doutorado nos Programas de Pós-graduação em Ciência dos Alimentos (PPGCAL/UFSC) e Biotecnologia e Biociências (PPGBTC/UFSC). Líder do Grupo de Pesquisas do CNPq Tecnologia de Alimentos da UFSC. Membro da Rede de Pesquisas em Queijos Artesanais Brasileiros (REPEQUAB) e do Comitê de Higiene & Segurança da Federação Internacional de Laticínios (FIL/IDF) Brasil. Consultor para a indústria de alimentos no desenvolvimento de processos e de produtos de natureza tecnológica com mais de sessenta SKUs atualmente no mercado mundial. Bolsista de Produtividade em Pesquisa (PQ-2) do Conselho Nacional de Desenvolvimento Científico e Tecnológico (CNPq) ligado ao Ministério da Ciência, Tecnologia, Inovações e Comunicações.

SOBRE OS AUTORES

Alessandro Nogueira

Engenheiro agrônomo (Universidade Estadual de Ponta Grossa – UEPG). Doutor em Processos Biotecnológicos Agroindustriais (Universidade Federal do Paraná – UFPR), com experiência no Institut National de la Recherche Agronomique (Inra/França). Pós-doutorado em Ciência e Tecnologia de Alimentos. Professor do Departamento de Engenharia de Alimentos (UEPG).

Ana Íris Mendes Coelho

Nutricionista (Universidade Federal de Viçosa – UFV). Mestre e doutora em Microbiologia Agrícola (UFV). Especialista em docência na saúde (Universidade Federal do Rio Grande do Sul). Professora do Departamento de Nutrição e Saúde (UFV).

André Ricardo Rocha

Biólogo (Universidade Estadual do Piauí – Uespi). Mestre em Biodiversidade, Ambiente e Saúde (Universidade Estadual do Maranhão – Uema). Especialista em Ciências Ambientais e Saúde (Faculdade Evangélica do Meio Norte). Doutorando em Microbiologia Agrícola (UFV).

Angela D. Cavenaghi Altemio

Engenheira de alimentos (UFV). Mestra em Tecnologia de Alimentos pela Universidade de São Paulo (USP). Doutora em Tecnologia de Alimentos pela Universidade Estadual de Campinas (Unicamp). Professora e tutora do grupo Programa de

Educação Tutorial no curso de Engenharia de Alimentos (Universidade Federal da Grande Dourados).

Angie Dahiana Duque-Rodríguez

Bióloga (Universidad del Tolima, Colômbia). Mestra em Ciência e Tecnologia de Alimentos (UFV). Doutoranda em Ciência e Tecnologia de Alimentos (UFV).

Antonio Fernandes de Carvalho

Farmacêutico-bioquímico (Universidade Federal de Juiz de Fora - UFJF). Técnico em Laticínios (Instituto de Laticínios Cândido Tostes). Especialista em microbiologia pelo Instituto Pasteur (Paris). Mestre em Sciences Alimentaires: Lait et Produits Laitiers (Université de Caen, Normandia, França). Doutor em Sciences et Techniques des Industries Agricoles et Alimentaire (Agrocampus-Ouest, Rennes, França). Pós-doutor pela UFV com experiência no Center for Dairy Research (University of Wisconsin, Madison, Estados Unidos). Professor do Departamento de Tecnologia de Alimentos da UFV.

Bárbara Côgo Venturim

Cientista e tecnóloga de alimentos (Instituto Federal de Educação, Ciência e Tecnologia do Espírito Santo, campus Venda Nova do Imigrante – Ifes). Técnica em Angroindústria Alimentícia (Ifes). Doutoranda em Microbiologia Agrícola (UFV).

Camila Delinski Bet

Engenheira de Alimentos (UEPG). Tecnóloga em Alimentos (Universidade Tecnológica Federal do Paraná - UTFPR). Mestra em Ciência e Tecnologia de Alimentos (UEPG). Doutoranda em Ciência e Tecnologia de Alimentos (UEPG). Professora do curso de Engenharia e Ciências da Saúde (UniCesumar).

Carmen Josefina Contreras-Castillo

Engenheira de Alimentos (Universidade Nacional Agraria La Molina, Peru). Mestra em Ciência e Tecnologia de Alimentos (Unicamp). Doutora em Tecnologia de Alimentos (Unicamp). Livre-docente pela USP. Professora do Departamento de Agroindústria, Alimentos e Nutrição (Escola Superior de Agricultura "Luiz de Queiroz" - Esalq/USP).

Carmen Milagros Sinche Ambrosio

Engenheira de Alimentos (Universidad Nacional Del Centro Del Peru). Mestra e Doutora em Ciência e Tecnologia de Alimentos (Esalq/USP), com experiência na Wageningen University & Research (Holanda).

Célia Lúcia de Luces Fortes Ferreira

Cientista doméstica (UFV). Mestra em Food Science (University of Wisconsin, Madison, Estados Unidos). Doutora em Food Science (Oklahoma State University, Estados Unidos). Coordenadora do Subcomitê de Segurança e Higiene da Federação Internacional de Laticínios (FIL/IDF Brasil). Professora titular aposentada do Departamento de Tecnologia de Alimentos (UFV).

Cleube Boari

Zootecnista (Universidade Federal de Lavras - UFLA). Mestre e Doutor em Ciências dos Alimentos (UFLA). Professor do Departamento de Zootecnia (Universidade Federal dos Vales do Jequitinhonha e Mucuri - UFVJM).

Dão Pedro de Carvalho Neto

Biotecnólogo (Universidade Federal de Uberlândia - UFU). Mestre em Engenharia de Bioprocessos e Biotecnologia (UFPR). Doutor em Engenharia de Bioprocessos e Biotecnologia (UFPR). Professor do Ensino Básico, Técnico e Tecnológico do Instituto Federal do Paraná (IFPR).

Eduardo Luís Menezes de Almeida

Engenheiro de Alimentos (UFV). Mestre em Microbiologia Agrícola (UFV). Doutorando em Microbiologia Agrícola (UFV).

Érica Mangaravite

Bióloga (Universidade Federal do Espírito Santo - Ufes). Mestra em Genética e Melhoramento (UFV). Doutora em Genética e Melhoramento (UFV). Professora do Centro Universitário Faminas (Unifaminas), campus Muriaé, Minas Gerais.

Evandro Martins

Engenheiro de Alimentos (UFV), com especialização em Biotecnologia (École Nationale Supérieure d'Agronomie et Industrie Alimentaire - Ensaia, França). Mestre em Biotecnologia, Alimentos, Nutrição, Toxicologia e Bioprocessos (Institut National Polytechnique de Lorraine - INPL, França) e em Microbiologia Agrícola (UFV). Doutor em Ciências para Engenharia (École Nationale Vétérinaire, Agroalimentaire et de l'Alimentation, Nantes, França). Pós-doutor em Leite e Derivados (UFV). Professor do Departamento de Tecnologia de Alimentos (UFV).

Fernanda Aparecida Brocco Bertan

Bióloga (Universidade Tecnológica Federal do Paraná - UTFPR). Especialista em Psicopedagogia Institucional e Clínica (Faculdades Integradas do Vale do Ivaí). Mestranda em Biotecnologia (UTFPR).

Francieli Begnini Siepmann

Tecnóloga em Industrialização de Carnes (UTFPR). Especialista em Gestão da Segurança e Qualidade dos alimentos (Universidade Paranaense - Unipar). Mestre em Tecnologia de Alimentos (UTFPR). Doutoranda em Engenharia de Alimentos (UTFPR).

Geodriane Zatta Cassol

Cientista e tecnóloga de Alimentos (Universidade Federal de Mato Grosso - UFMT). Mestra em Nutrição, Alimentos e Metabolismo (UFMT). Doutoranda em Ciência de Alimentos (Unicamp).

Gilberto Vinícius de Melo Pereira

Engenheiro de Alimentos (UFLA). Mestre em Microbiologia Agrícola (UFLA). Doutor em Engenharia de Bioprocessos e Biotecnologia (UFPR). Pós-doutor em Engenharia de Bioprocessos e Biotecnologia (UFPR). Professor do Departamento de Engenharia de Bioprocessos e Biotecnologia (UFPR).

Giovana Vergínia Barancelli

Médica veterinária (Universidade Federal do Rio Grande do Sul - UFRGS). Mestra e Doutora em Ciências pela Universidade de São Paulo (USP). Pós-doutora em Ciência e Tecnologia de Alimentos (USP).

Isabelle Lima Lopes

Nutricionista (Universidade Federal de Viçosa - UFV). Mestranda em Microbiologia Agrícola (UFV).

Ivan De Marco

Biólogo (Unipar). Especialista em Microbiologia de Alimentos e Ambiental (Universidade Comunitária da Região de Chapecó - Unochapecó). Mestre em Ciência e Tecnologia de Alimentos (Universidade do Estado de Santa Catarina - Udesc). Doutorando em Ciência dos Alimentos (Universidade Federal de Santa Catarina - UFSC).

Ivo Mottin Demiate

Agrônomo (UEPG). Mestre em Ciências (Ciência e Tecnologia de Alimentos, Esalq/USP). Doutor em Agronomia (Energia na Agricultura, Universidade Estadual Paulista Júlio de Mesquita Filho - Unesp). Pós-doutor pela Iowa State University (Estados Unidos). Professor da UEPG.

Jéssica Aparecida Viesser

Bióloga (Universidade Positivo). Mestra em Biotecnologia Industrial (Universidade Positivo). Doutora em Engenharia de Bioprocessos e Biotecnologia (UFPR).

Jose Maria Rodrigues da Luz

Bioquímico (UFV). Mestre e Doutor em Microbiologia Agrícola (UFV).

Leandro Souza Lopes

Biólogo (UFV). Mestre em Microbiologia Agrícola (UFV). Doutorando em Microbiologia Agrícola (UFV).

Leidiane Andreia Acordi Menezes

Tecnóloga em Alimentos (UTFPR). Química (UTFPR). Mestra em Tecnologia de Alimentos (UTFPR). Doutora em Ciência dos Alimentos (UFSC), com experiência na Università degli Studi di Parma (Itália). É pesquisadora no Laboratório de Bioprocessos da UFSC.

Luciana Kimie Savay-da-Silva

Cientista de Alimentos (Esalq/USP). Mestra em Ciência e Tecnologia de Alimentos (Esalq/USP). Doutora em Química na Agricultura e no Ambiente (Centro de Energia Nuclear na Agricultura - Cena/USP). Professora da UFMT.

Luciane Sene

Farmacêutica-bioquímica (Universidade Federal de Ouro Preto - Ufop). Mestra em Biotecnologia Industrial (Escola de Engenharia de Lorena - EEL/USP). Doutora em Tecnologia Bioquímico-Farmacêutica (USP). Pós-doutora (Unesp), com experiência na Università degli Studi di Genova (Itália). Professora da Universidade Estadual do Oeste do Paraná (Unioeste).

Luiz Gustavo Lacerda

Engenheiro químico (PUC-PR). Mestre em Ciência e Tecnologia de Alimentos (UEPG). Doutor em Processos Biotecnológicos (UFPR). Pós-doutor em Ciência e Tecnologia de Alimentos (UEPG). Professor do Departamento de Engenharia de Alimentos

Luiza Carla Vidigal Castro

Nutricionista (UFV). Especialista em Docência na Saúde (Universidade Federal do Rio Grande do Sul - UFRGS). Mestra em Ciência da Nutrição (UFV). Doutora em Ciência e Tecnologia de Alimentos (UFV). Professora do Departamento de Nutrição e Saúde (DNS) da UFV.

Rosângela de Freitas

Cientista e tecnóloga de Laticínios (UFV). Mestra e Doutora em Ciência e Tecnologia de Alimentos (UFV), com experiência no Agrocampus Ouest (França). Professora do Departamento de Tecnologia de Alimentos (UFV).

Solimar Gonçalves Machado

Engenheira de alimentos (UFV). Especialista em Produtos Lácteos e Qualidade pela École Nationale Supérieure d'Agronomie et des Industries Alimentaires (França). Mestra e doutora em Microbiologia Agrícola (UFV). Professora do Departamento de Tecnologia de Alimentos (UFV).

Thamylles Thuany Mayrink Lima

Bióloga (UFV). Mestre em Microbiologia Agrícola (UFV). Doutoranda em Microbiologia Agrícola (UFV).

Vivian Cristina Ito

Nutricionista (Centro Universitário Assis Gurgacz – FAG). Mestra e doutora em Ciência e Tecnologia de Alimentos (UEPG), com experiência na Universidade de Coimbra (Portugal). Pós-doutoranda em Ciência e Tecnologia de Alimentos (Esalq/USP).

Wendel Batista da Silveira

Cientista e tecnólogo em Laticínios (UFV). Mestre e doutor em Microbiologia Agrícola (UFV), com experiência na Martin Luther Universität Halle-Wittenberg (Alemanha). Pós-doutor em Engenharia Metabólica (Chalmers University of Technology, Suécia). Professor do Departamento de Microbiologia (UFV).

AGRADECIMENTOS

À Editora Blucher, por publicar nosso material.

A todos os autores que escreveram os capítulos e que se empenharam em trazer o melhor dos estudos científicos mais recentes acerca da microbiologia da fermentação de alimentos.

Ao Prof. Dr. Erasmo Neviani, pelo prefácio deste livro.

Ao biomédico Leandro Cardoso Ribeiro, pela fotografia de *Saccharomyces cerevisiae* corada em azul de metileno (Capítulo 4). Ao Sébastien de Roany, da ferment_nation, pela fotografia de meju (Capítulo 9). Aos pesquisadores Dr. Ranendra Majumdar, pelas fotografias de peixes indianos fermentados, e Dr. Alex Augusto Gonçalves, pelas fotografias de pescado fermentado (Capítulo 13). À Neide Rigo, pelas fotografias de puba (Capítulo 14). À Juliana, da Kairós Kombucha Bebida Probiótica, pelas fotos do processo produtivo de *kombucha*; à Lorena Lima, pela foto de *kaerapiim*; à chef Letícia Massula, pela fotografia de aluá; e à Elena Amato, de O Ponto Biodesign, pelas fotografias de biomateriais elaborados com celulose bacteriana de *kombucha* (Capítulo 16).

Ao Departamento de Microbiologia (DMB) da Universidade Federal de Viçosa, pelo incentivo à pesquisa na área de alimentos fermentados e pela disponibilização de um espaço para a implantação do Laboratório de Microbiologia de Produtos Fermentados (FERMICRO).

À Suzana Maki Matsuoka, pelo auxílio no preparo das diferentes fotografias de alimentos fermentados que ilustram vários capítulos deste livro. À Okita-no-batyan, pelos ensinamentos na arte do preparo do amazake. Ao senhor Quenhiti Matsuoka e à senhora Mieko Matsuoka, pela apresentação de diferentes tipos de fermentados japoneses.

A toda minha família – pais, irmãos e sobrinhos –, e, especialmente,
à minha esposa, Suzana, que tanto colaborou para a realização deste trabalho,
exímia fermentadora e minha maior incentivadora.

José Guilherme Prado Martin

À minha família, em especial à minha esposa, Marília,
que nessa fase da minha vida amparou na barriga nosso primeiro filho, Antonio,
e está amparando neste momento nosso segundo filho, Apolo.

Juliano De Dea Lindner

PREFÁCIO

Os microrganismos estão distribuídos em todos os ecossistemas do nosso planeta, até nos mais extremos. É possível presumir que tenham estado entre os primeiros seres vivos a colonizar e povoar a Terra, e representam uma das maiores formas de biodiversidade existentes hoje. Todos os elementos presentes na biosfera do nosso planeta estão em contínua transformação. A maior parte dessas transformações é realizada por microrganismos e é fundamental para a sobrevivência e a continuidade do ecossistema e, por consequência, da nossa vida.

Para todos os efeitos, os microrganismos são nossos companheiros de viagem. Dividimos com eles o ambiente em que vivemos. Desde tempos remotos, o ser humano foi capaz de empregá-los, de maneira consciente, para alcançar objetivos que mudaram nossa vida. Graças ao "empenho" desses trabalhadores incansáveis, foi possível dispor, por exemplo, de fármacos, novas moléculas e enzimas de uso industrial, bem como recuperar energia de fontes renováveis. As potencialidades de uso dos microrganismos são grandes, e talvez não sejam ainda plenamente compreendidas.

Desde a Antiguidade, os microrganismos têm sido usados, particularmente, na produção de uma série de alimentos e bebidas. A fermentação está entre as mais antigas tecnologias utilizadas pela humanidade para produzir alimentos conserváveis. Queijo, leite fermentado, pão, salame, vinho, cerveja, sidra, vinagre, cacau e café são alguns exemplos de alimentos que devem parte importante de suas características sensoriais, aromas, sabores, consistência e estabilidade ao ciclo de vida de bactérias, leveduras e fungos. A base comum da produção desses alimentos é a transformação de uma matéria-prima por uma série de reações bioquímicas por meio das quais as células microbianas, utilizando os carboidratos para extrair a energia necessária à vida, produzem uma série de metabólitos específicos que caracterizam a "qualidade" de cada produto.

O ser humano aprendeu a gerir o desenvolvimento dos microrganismos úteis, criando condições favoráveis para a produção dos alimentos fermentados que consumimos hoje. O empirismo antigo da transformação dos alimentos foi progressivamente substituído graças ao desenvolvimento da microbiologia, desde a compreensão dos mecanismos bioquímicos até a base da transformação, e permitiu o nascimento da indústria de alimentos contemporânea, que requer processos padronizados e otimizados. Desde a década de 1970, o setor de alimentos fermentados atraiu muita atenção dos pesquisadores, favorecendo a aceleração do conhecimento de fenômenos antes não compreendidos ou apenas supostos. Além disso, o avanço recente da pesquisa científica no âmbito da nutrição humana, em particular os aspectos ligados ao desenvolvimento e ao papel da biota intestinal, atraiu a atenção para os alimentos como veículos de microrganismos portadores de efeitos benéficos à saúde humana, evidenciando uma relação contínua entre microrganismos, microbiota dos alimentos e saúde de quem os consome.

Sem dúvida, os alimentos fermentados são parte da nossa história, e foram desenvolvidos de maneiras diferentes em cada canto da Terra, conforme a disponibilidade de matéria-prima, o clima e os fatores culturais. O consumo desses alimentos é, em grande medida, parte da cultura de qualquer população. Hoje, esses vínculos culturais já se afrouxaram, e reconhecemos alimentos fermentados que eram típicos de um lugar em vários outros, que no passado eram patrimônio de uma população específica e hoje, graças aos investimentos em conhecimento científico e aplicação industrial, se tornaram globais e são divididos com todos os habitantes do planeta.

Os autores deste livro tomam o leitor pela mão e, com sabedoria e profissionalismo, o conduzem em uma viagem de conhecimento pelo mundo dos alimentos fermentados. No texto, são levados em consideração os aspectos gerais do processo fermentativo, como o histórico e o bioquímico, bem como a relação entre os alimentos fermentados e a saúde humana, levando, assim, ao estabelecimento de uma moldura bem definida para os capítulos relativos a alimentos fermentados específicos que os autores escolheram abordar.

O objetivo do livro é também transmitir ao leitor o enorme potencial prático associado ao emprego dos processos fermentativos na produção de alimentos. Graças às diferentes competências específicas dos autores de cada capítulo, que sabiamente integraram seus conhecimentos e os tornaram facilmente compreensíveis, foi possível realizar uma obra atual e completa, que permite aos leitores se aproximarem do mundo dos microrganismos e compreenderem a potencialidade de seu emprego no setor de alimentos. O texto é, então, um instrumento útil para estudantes universitários e profissionais da área, mas também um compêndio precioso de informações por meio das quais é possível se aproximar com curiosidade da compreensão do complexo mundo das interações entre humanos e microrganismos e entender como a fermentação pode ser um precioso instrumento tecnológico para a produção de alimentos.

Meus cumprimentos aos organizadores da obra, Prof. José Guilherme Prado Martin, e ao amigo Prof. Juliano De Dea Lindner, pela maestria com a qual coordenaram o trabalho dos diversos autores e produziram este material complexo, transmitindo seus conhecimentos de maneira elegante e precisa.

Há muitos anos tive o prazer e o privilégio de trabalhar com Juliano. Procuramos, juntos, os microrganismos típicos de alguns queijos italianos. Caçadores de bactérias lácticas! Nós nos movíamos em um mundo complexo, apenas em parte conhecido. Divertimo-nos e aprendemos muito sobre aqueles microrganismos. Agora, é um prazer ler sua escrita competente. Tenho certeza de que, assim como eu, muitos leitores se beneficiarão deste livro.

Erasmo Neviani

Parma, julho de 2021

CAPÍTULO 1
Alimentos fermentados: passado, presente e futuro

José Guilherme Prado Martin,[1]

Juliano De Dea Lindner[2]

1.1 INTRODUÇÃO

Alimentos fermentados fazem parta da dieta humana desde tempos bastante remotos. Diferentes tipos de processos fermentativos são amplamente utilizados na produção de grande diversidade de produtos, como a fermentação lática, relacionada à produção de derivados lácteos e vegetais, por exemplo; a fermentação alcoólica – certamente a mais antiga a ser dominada –, intimamente ligada à produção de vários tipos de bebidas alcoólicas; a acética, imprescindível para a produção de vinagre e bebidas não alcoólicas, dentre outras.

Inicialmente, é necessário que se compreenda a definição da palavra *fermentação*. Bioquimicamente, diz respeito ao processo anaeróbio gerador de ATP no qual compostos orgânicos atuam como doadores e aceptores de elétrons. Essa definição atende bem principalmente às fermentações lática e alcoólica, utilizadas na produção de queijos, leites e vegetais fermentados, bem como de uma grande variedade de bebidas. Contudo, não se aplica corretamente a outros produtos, em relação aos quais

[1] Laboratório de Microbiologia de Produtos Fermentados (FERMICRO), Departamento de Microbiologia, Universidade Federal de Viçosa (UFV), Viçosa, Minas Gerais, Brasil.

[2] Departamento de Tecnologia de Alimentos, Universidade Federal de Santa Catarina (UFSC), Florianópolis, Santa Catarina, Brasil.

fermentação tem um sentido mais amplo e inclui reações não relacionadas diretamente à definição supracitada – é o caso do impacto do metabolismo aeróbio de *Aspergillus oryzae* (*koji*) nas transformações de substratos à base de leguminosas ou cereais (por exemplo, pasta e molho de soja, saquê etc.). Por isso, um painel formado por especialistas do mundo todo foi criado em 2019 para reformular a definição de alimentos fermentados e descrever seu papel na saúde humana. A definição proposta é mais ampla que a bioquímica: alimentos fermentados são aqueles "produzidos por meio do crescimento microbiano desejado a partir de conversões enzimáticas dos componentes alimentares" (MARCO *et al.*, 2021). Esse grupo propôs, ainda, uma classificação para alimentos fermentados, baseada na presença ou ausência de microrganismos vivos, como se pode ver na Figura 1.1.

Figura 1.1 – Classificação de alimentos fermentados com base na presença ou ausência de microrganismos vivos. Fonte: baseada em Marco *et al.* (2021).

Além dessa nova classificação acerca dos alimentos fermentados, destacamos aqui a proposta de reorganização do gênero *Lactobacillus*, publicada em 2020 (ZHENG *et al.*, 2020). A partir de uma abordagem polifásica, considerando-se aspectos genotípicos, fenotípicos e ecológicos, esse gênero foi reclassificado em 23 novos gêneros (*Holzapfelia, Amylolactobacillus, Bombilactobacillus, Companilactobacillus, Lapidilactobacillus, Agrilactobacillus, Schleiferilactobacillus, Loigolactobacilus, Lacticaseibacillus, Latilactobacillus, Dellaglioa, Liquorilactobacillus,*

Ligilactobacillus, Lactiplantibacillus, Furfurilactobacillus, Paucilactobacillus, Limosilactobacillus, Fructilactobacillus, Acetilactobacillus, Apilactobacillus, Levilactobacillus, Secundilactobacillus e *Lentilactobacillus*), além de *Lactobacillus delbrueckii* e *Paralactobacillus*. Essa nova classificação foi, portanto, utilizada em todos os capítulos deste livro.

São vários os fatores que influenciam na transformação da matéria-prima em alimentos fermentados (Figura 1.2). Quando pensamos na microbiota fermentadora, por exemplo, podemos diferenciar, de início, a atividade de microrganismos autóctones, naturalmente presentes na matéria-prima (importantes para a fermentação de chucrute), daquela desempenhada por microrganismos intencionalmente adicionados à matéria-prima – como os fermentos naturais ou industrializados (culturas *starter*) utilizados na produção de pães tradicionais e queijos. As enzimas microbianas são parte importante do processo de fermentação, uma vez que atuam no substrato quebrando (catabolizando) partículas complexas em produtos menores, com destaque para as amilases, proteases e lipases. Além das enzimas de origem microbiana, há também uma grande diversidade de enzimas vegetais e animais, presentes naturalmente em grãos (como as amilases da farinha), em tecidos musculares de peixes (como as enzimas endógenas importantes para a produção de peixes fermentados) e no leite (como a plasmina).

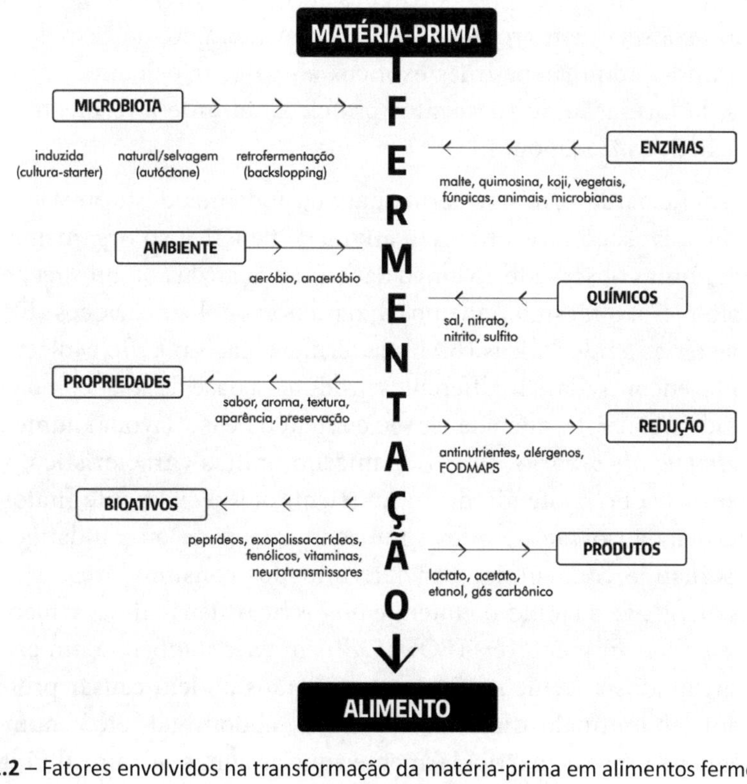

Figura 1.2 – Fatores envolvidos na transformação da matéria-prima em alimentos fermentados. Fonte: adaptada de Marco *et al.* (2017).

Quanto aos ingredientes básicos, destaca-se o sal: além de exercer a função de condimentação, é imprescindível para a seleção de microrganismos de interesse e inibição de bactérias deterioradoras e patogênicas. Concentrações relativamente elevadas são necessárias para a lactofermentação de vegetais, como picles e chucrute, e também para a produção de molho de soja. Nitratos e nitritos, componentes dos sais de cura empregados na elaboração de embutidos cárneos, também conferem efeito protetivo contra patógenos de importância em alimentos, como *Clostridium botulinum*. Além disso, o ambiente exerce papel importante na seleção, especialmente quanto à disponibilidade de oxigênio; a maior parte das bactérias e leveduras é anaeróbia facultativa, diferentemente de fungos filamentosos e bactérias acéticas, que necessitam de oxigênio para se multiplicarem.

Selecionados os grupos microbianos de interesse e conferidas todas as condições necessárias para o desenvolvimento da fermentação, a matéria-prima passa a ser transformada. Adquire, ao longo do tempo, as características típicas que tanto desejamos, como sabores e aromas complexos decorrentes da produção de ácidos orgânicos (especialmente lático e acético), além de etanol; tem a aparência modificada, adquirindo novas cores ou preservando padrões de coloração desejáveis no produto final; e, por fim, adquire textura característica, podendo se tornar mais cremosa (por exemplo, em decorrência da atividade proteolítica em queijos finos, como no francês Camembert, no português Serra da Estrela etc.), manter-se crocante (como se observa em produtos vegetais, por exemplo, no caso do *kimchi* coreano), ou, ainda, adquirir padrões exóticos ao paladar ocidental, como aqueles decorrentes da formação de filamentos proteicos durante a fermentação da soja para produção do *natto* japonês.

Como benefícios do processo fermentativo, podemos destacar a formação de compostos bioativos, com reconhecida atividade benéfica ao organismo. O incremento de vitaminas observado ao longo da fermentação da *kombucha* constitui um bom exemplo disso; o mesmo podemos dizer dos exopolissacarídeos (EPS) produzidos por bactérias ácido-láticas (BAL) na fermentação do *kefir*. Moléculas bioativas são, ainda, encontradas em diferentes produtos à base de soja, como no *tempeh*, de origem indonésia. Este, além de ter seu conteúdo de isoflavonas aumentado pela ação de *Rizhopus oligosporus*, fungo de micélio branco característico, sofre uma redução expressiva no conteúdo de antinutrientes (especialmente fitatos) que podem interferir na absorção de outros nutrientes da dieta ou, ainda, gerar efeitos indesejáveis quando consumidos por determinados consumidores. A redução de substâncias alergênicas (como o glúten) e oligossacarídeos, dissacarídeos, monossacarídeos e polióis fermentáveis (FODMAP) em pães também é um exemplo dos benefícios atribuídos à fermentação – estes últimos podem causar problemas digestivos (dor abdominal, diarreia, distensão abdominal etc.) num número surpreendente de pessoas, particularmente aquelas com síndrome do intestino irritável (MENEZES *et al.*, 2021).

Neste capítulo, serão abordados alguns aspectos relacionados à história da fermentação de alimentos, com eventos-chave ocorridos no decorrer de milhares de anos. Discutiremos a importância da fermentação de alimentos para a cultura de determinadas populações e vamos, ainda, apresentar os motivos que levam o homem a fermentar e os aspectos de segurança que esse tipo de processo deve envolver. Afinal, se essa prática tem persistido ao longo de milênios, não há dúvidas acerca da importância de seus benefícios para a humanidade.

1.2 ALIMENTOS FERMENTADOS: DOS PRIMÓRDIOS AOS DIAS ATUAIS

São muitas as versões referentes ao surgimento de alguns alimentos fermentados. Os processos de conservação de alimentos primitivos, como salga, secagem e fermentação, foram desenvolvidos por povos muito antigos, cujo registro, na maior parte das vezes, é incompleto. É fato que a comida escrita – aquela devidamente registrada, documentada em livros e registros históricos, por exemplo –, em contraposição à oral, nos revela com maiores detalhes os meios de produção, proporções, tempo de preparo, dentre outras informações relevantes. Quando pensamos, então, no surgimento de determinados alimentos fermentados, os únicos indícios disponíveis advêm de estudos arqueológicos, com hipóteses propostas a partir de evidências encontradas *in loco*, como estruturas fossilizadas e artefatos materiais.

Compreender, portanto, o fazer, as práticas antigas de produção, só é possível pela relação desses achados com suas respectivas funções no processo produtivo. Receptáculos de pedra, por exemplo, podem nos fornecer um indicativo dos locais onde bebidas eram produzidas; jarros, providos de tampa, nos trazem a ideia de manutenção, condicionamento, conservação dos alimentos ao longo do tempo; espátulas, colheres, pilões nos permitem relacionar o uso desses utensílios com processos de mexedura e moagem. No entanto, o alimento, o produto final, é efêmero; escapa-nos, pois, a possibilidade de visualização do que, de fato, era consumido – à exceção de alimentos extremamente conservados, como pães fossilizados de cerca de 1500 a.C. expostos em museus mundo afora. Felizmente, o desenvolvimento de novas técnicas na prática arqueológica permitiu um melhor entendimento acerca dos processos produtivos de alimentos, principalmente daqueles obtidos por meio da fermentação, possibilitando a elaboração de diferentes teorias relacionadas ao surgimento de certos produtos fermentados.

Dentre tantas histórias, quais correspondem, de fato, à realidade, não sabemos precisar muito bem. Mas são, por si só, um verdadeiro tratado sobre a relação do homem com o alimento e com os microrganismos – ainda que, à época, nem se sabia da existência desses seres microscópicos. Como não se deliciar com a história do surgimento dos leites fermentados e queijos? Diz a lenda que populações nômades costumavam transportar utensílios e alimentos perecíveis em bolsas produzidas a partir de estômagos de animais que eram abatidos para consumo da carne. Mal sabiam que esse tecido animal era rico em enzimas proteolíticas, em especial a renina, que é capaz de clivar sequências de aminoácidos da caseína, a proteína envolvida no processo de coagulação do leite para produção do queijo. Certo dia, ao transportarem leite em uma dessas bolsas, ao término da caminhada, observaram que havia se formado uma massa relativamente compacta, de textura diferente, com cheiro e sabor característicos (e agradáveis!). Ainda mais importante, perceberam que esse produto tinha uma durabilidade maior, não se deteriorava tão rapidamente. Por mais que nem se imaginasse o efeito das bactérias láticas nesse processo, surgia, dessa maneira, o que hoje conhecemos como queijo. Nascia como evento, portanto, o desenvolvimento das veterobiotecnologias dos leites fermentados em estreita associação com variações genéticas da população (difusão populacional do gene envolvido na produção da enzima lactase). Assim, a população humana, geneticamente predisposta à digestão enzimática do leite da própria espécie, que somente tinha um contato breve com a lactose durante a lactação, agora, durante a fase adulta, consumia e digeria produtos lácteos sem problemas de intolerância.

A tarefa de precisarmos exatamente quando determinados alimentos surgiram não é nada fácil. Nesta tentativa, estudos têm buscado analisar fragmentos fossilizados. Supõe-se que a subsistência das comunidades europeias no Paleolítico (iniciado há 2,5 milhões de anos e encerrado em 10.000 a.C.) teria sido amplamente baseada em proteína e gordura animal, enquanto evidências de consumo de plantas são raras para aquela época. Estudo de Revedin *et al.* (2010) apresentou evidências de grãos de amido de várias plantas selvagens nas superfícies de ferramentas de moagem em sítios arqueológicos na Itália, Rússia e República Tcheca. Os três locais sugerem que o processamento de alimentos vegetais e, possivelmente, a produção de farinha eram práticas comuns, amplamente difundidas na Europa há pelo menos 30 mil anos. É provável que alimentos vegetais com alto teor de energia estivessem disponíveis e fossem usados como componentes da alimentação desses caçadores-coletores nômades.

No caso do pão, os últimos resultados divulgados têm apontado a descoberta de pães sírios produzidos por caçadores-coletores há mais de 14 mil anos, antes mesmo do advento da agricultura (ARRANZ-OTAEGUI *et al.*, 2018). A descoberta do produto em sítios arqueológicos da Jordânia intrigou os cientistas, uma vez que até então considerava-se que a agricultura teria sido um acontecimento importante para o cultivo de grãos e, consequentemente, para a produção de pães. A hipótese levantada pelo estudo sugere, então, que a produção de pães a partir de cereais selvagens teria estimulado os caçadores-coletores justamente a cultivarem os cereais, sendo a agricultura, portanto, uma *consequência* da necessidade da produção de alimentos. A análise das 24 amostras de pães pré-históricos demonstrou que os grãos – de cevada, aveia e uma forma selvagem do trigo, chamada *einkorn* – eram previamente moídos, peneirados e minuciosamente trabalhados antes de serem assados. Os pães, parecidos com o pão ázimo – de origem árabe, sem adição de fermento – seriam os protagonistas e estariam por trás de toda a revolução agrícola – ocorrida há cerca de 10 mil anos – envolvida na domesticação de espécies vegetais selvagens visando à produção de alimentos pelo homem. Então, surpreendentemente, o trigo teria sido o principal motivo que levou a humanidade a se tornar sedentária. Quando o *Homo sapiens* deixou de ser caçador-coletor e passou a domesticar plantas e animais, o trigo foi um dos primeiros cultivos a serem controlados e se tornou uma das plantas mais prósperas na história do planeta. Esse momento da evolução, pelo simples efeito que a domesticação do alimento gerou na possibilidade de a sociedade se organizar sem a necessidade vital do nomadismo, possibilitou um grande salto da civilização (VEIGA, 2019).

Há quem diga, no entanto, que, na verdade, foi o apreço por bebidas alcoólicas (e não pelo pão) que proporcionou o cultivo de gramíneas em larga escala. Isso porque a simples coleta de espécies vegetais para preparo de cerveja não seria suficiente para se produzir bebidas em quantidades significativas. Seria necessário plantar, cultivar e colher. Na China já se produziam vinhos à base de arroz há cerca de 9 mil anos. Em territórios iranianos, as uvas foram, provavelmente, as primeiras frutas a serem cultivadas, sendo o vinho produzido a partir delas há cerca de 7.400 anos. No topo da colina de Göbekli Tepe, no sudeste da Turquia e próximo à fronteira com a Síria, arqueólogos têm se dedicado a estudos em um santuário repleto de estruturas rochosas. Alguns sugerem que caçadores-coletores ali se reuniam para adorações religiosas, o que permitiu seu estabelecimento no local. No referido templo, estruturas em forma de receptáculo parecem ter sido usadas para preparar, ainda que de forma rudimentar, uma espécie de cerveja a partir de gramíneas (CURRY, 2017).

A briga parece boa, ainda mais por contemplar produtos tão apreciados no mundo tudo, e que serviram – e ainda servem – de base para a gastronomia de diferentes povos. O que parece ponto pacífico, considerando-se uma abordagem cultural da produção de alimentos, é que a conversão da matéria-prima bruta em alimento fermentado pode ser encarada como uma forma de transformação da natureza, uma maneira clara de driblar as imposições dos ciclos naturais sobre o ritmo de vida dos homens. Dessa forma, tanto a tecnologia, ainda que bastante rudimentar em épocas remotas, como a ciência baseada na experimentação dedicaram-se a modificar a relação do homem com os ciclos naturais de duas maneiras distintas: i) *prolongando* ou, até mesmo, ii) "*interrompendo*" o tempo.

A seleção de espécies resistentes e que perduravam por mais tempo, fornecendo alimentos durante períodos maiores, proporcionou a disponibilidade, durante o verão, de alimentos que naturalmente poderiam ser colhidos apenas no inverno, por exemplo. Hoje, essas técnicas são muito difundidas e ainda estudadas nos ramos da agronomia, horticultura, melhoramento de plantas, dentre outros. Já se pretendia, portanto, estender cada vez mais a oferta de alimentos. Essas modificações, por mais simplórias que possam ter sido à época, impactaram significativamente o dia a dia da sociedade, especialmente o das camadas mais abastadas. Nos dias atuais, em sociedades ainda baseadas em produtos agrícolas, a capacidade de diversificar a produção de alimentos é um fator importante para a segurança alimentar da população.

Quanto ao processo de se "interromper" o tempo, como se fôssemos capazes de parar os processos naturais de deterioração, o desenvolvimento de métodos eficazes de conservação de alimentos nos permitiu algo importante: a capacidade de escolhermos *quando* consumir determinado produto. Tais métodos trouxeram a possibilidade de armazenamento de alimentos por longos períodos. Grãos, cereais e vegetais passaram a ser processados e armazenados para, em um momento posterior, serem consumidos. Imagine o impacto dessas estratégias para a sociedade em épocas atingidas por pragas agrícolas, doenças infecciosas e guerras. Além disso, a fermentação de alimentos foi decisiva, também, sob um ponto de vista cultural: o homem adquiriu a habilidade de subverter um fenômeno natural, como a deterioração microbiana, a seu próprio favor, controlando o seu desenvolvimento até o ponto em que o consumo do alimento atingido por ela fosse, do ponto de vista sensorial, interessante (MONTANARI, 2013).

Ainda que em sua origem a prática de fermentar alimentos estivesse relacionada principalmente à intenção de estender sua vida útil, nos dias atuais o ato de fermentar está muito mais relacionado à obtenção de alimentos com características sensoriais ou funcionais desejadas. Afinal, alguns alimentos fermentados não têm uma durabilidade maior do que seu ingrediente principal: são produzidos com o único objetivo de se criarem novos sabores ou melhorar a biodisponibilidade de nutrientes. Se considerarmos o *tempeh* indonésio, por exemplo, produzido à base de soja demolhada e cozida, seu reduzido prazo de validade – de alguns dias – nos demonstra claramente que sua fermentação por *R. oligosporus* se dá meramente pelo prazer de se consumir um produto com sabores e aromas peculiares, bem como pela significativa redução dos níveis de fitato na leguminosa, o que permite a ingestão em níveis mais elevados sem prejudicar a absorção de nutrientes presentes em outros alimentos.

Qualquer tentativa de se traçar um histórico fidedigno da produção de alimentos fermentados pelo homem está fadada a incorreções; sempre faltarão pontos importantes na linha do tempo da relação do homem com os microrganismos, transformando matérias-primas diversas. No entanto, uma linha histórica dos alimentos fermentados desde épocas remotas até os dias atuais, considerando-se os pontos-chave mais emblemáticos acerca da produção, consumo e pesquisas científicas na área, pode ser vista na Figura 1.3.

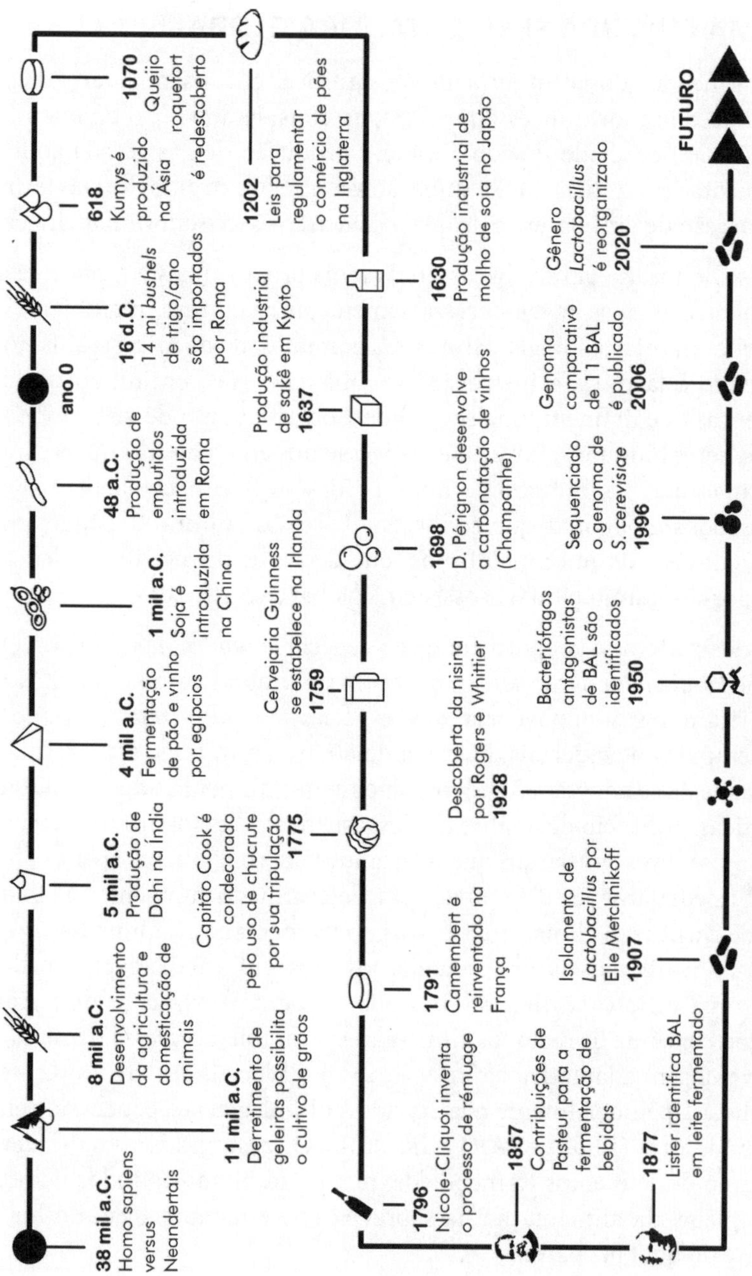

Figura 1.3 – Eventos importantes relacionados ao histórico de produção, consumo e pesquisa com alimentos fermentados no mundo. Fonte: baseada em Hutkins *et al.* (2006) e Ray e Joshi (2014).

Nos últimos anos, temos visto um aumento significativo no número de estudos acerca do papel da microbiota nas características funcionais e nutricionais de alimentos fermentados, utilizando ferramentas ômicas que têm possibilitado uma maior compreensão a respeito do tema. Ao que tudo indica, o futuro das pesquisas na área será voltado para esforços visando a um melhor entendimento dos mecanismos envolvidos nos diferentes tipos de benefícios associados ao consumo de alimentos fermentados.

1.3 UMA CULTURA FERMENTADORA GLOBAL

O verbo fermentar, do latim *fermentare*, significa, em sua raiz, *ferver*. O termo, sugerido pelo pesquisador francês Louis Pasteur, considerado o pai da microbiologia moderna, teria sido cunhado devido à intensa produção de gás gerada ao longo do processo fermentativo. A ideia que se tinha, ao ver o suco extraído de uvas fermentando para a produção de vinhos, era a de que o caldeirão estava em verdadeira ebulição.

Nada mais apropriado para a discussão do tema proposto neste capítulo. Para que se tenha fermentação, deve haver, necessariamente, uma cultura microbiana. A palavra cultura, que em microbiologia define uma comunidade de microrganismos, também diz respeito à lavoura, à instrução, ao saber, às artes, enfim, ao conjunto de práticas e crenças que definem uma sociedade. Sob esse ponto de vista, tudo está interligado: nós, seres humanos, talvez não estivéssemos aqui não fossem as comunidades microbianas que há bilhões de anos se desenvolvem, evoluem e dominam praticamente todos os biomas que conhecemos. Nossa cultura, depende, portanto, das infinitas culturas de microrganismos, que desde os primórdios desempenham um papel importantíssimo para o ecossistema global (KATZ, 2014).

Se voltarmos no tempo, à época em que a espécie *Homo sapiens* era contemporânea da espécie *Homo neanderthalensis*, podemos vislumbrar como os hábitos alimentares interferiram na sobrevivência das espécies. Estudos têm revelado que o desaparecimento dos neandertais, há cerca de 40 mil anos, pode estar relacionado à sua incapacidade de se adaptar a mudanças no regime alimentar, decorrentes de alterações climáticas. Por meio da análise do desgaste de dentes fossilizados de ambas as espécies, pesquisadores sugeriram que os neandertais consumiam apenas alimentos que estavam imediatamente disponíveis em determinado momento. Tinham uma dieta à base de carnes em climas mais frios, complementando a alimentação com vegetais, frutos e cereais. Já os humanos modernos conseguiram se adaptar melhor, pois mantiveram uma estratégia dietética baseada no desenvolvimento de ferramentas para a extração contínua de recursos alimentares do ambiente. Dessa maneira, teriam obtido uma vantagem adaptativa em relação aos neandertais em um ambiente de clima bastante hostil, principalmente relacionado à última glaciação, ocorrida entre 100 mil e 10 mil anos atrás (EL ZAATARI *et al.*, 2016). Os pesquisadores não fazem menção ao consumo de alimentos fermentados, mas os resultados obtidos demonstram claramente o papel da alimentação na sobrevivência e na adaptação do homem ao meio ambiente do qual faz parte.

Evolutivamente, adquirimos a capacidade de ingerir alimentos fermentados e a partir deles obter energia. Na prática, descobrimos uma nova forma de nutrição. Pesquisadores alemães descobriram que apenas seres humanos e símios apresentam um terceiro receptor para ácidos hidroxicarboxilícos, diferentemente dos demais animais, que possuem apenas dois. Pois o receptor descoberto apresenta alta afinidade por ácido D-fenilático, um tipo de ácido lático muito comum em alimentos fermentados, como o chucrute. A ligação do ácido com o receptor gera uma série de efeitos fisiológicos, principalmente sobre o sistema imunológico e em adipócitos do indivíduo, resultando em benefícios à saúde. Portanto, a presença dessa estrutura em células humanas exerceu uma pressão seletiva positiva, beneficiando a estratégia dietética dos hominídeos em relação aos demais animais a partir do momento em que foi capaz de ingerir e absorver os nutrientes de alimentos fermentados, como frutos parcialmente deteriorados (PETERS *et al.*, 2019).

O fato é que nós, seres humanos, enquanto sociedade, passamos por sucessivas transformações ao longo do tempo. Em se tratando de alimentos, talvez a mais importante tenha sido, por uma questão original, a já citada Revolução Agrícola, surgida há cerca de 10 mil anos. O desenvolvimento de práticas agrícolas visando à produção de alimentos, conforme o homem deixava de ser nômade para se fixar territorialmente, impactou globalmente a estrutura de organização social, bem como a relação do homem com a terra e com o meio ambiente – e, consequentemente, a relação do homem com a produção de alimentos. Muito tempo depois, no decorrer do século XVIII, irrompe a Revolução Industrial, e mais uma vez o modo de o homem se relacionar com o alimento, bem como com seu modelo produtivo, é significativamente alterado. O modelo industrial impunha, a partir de então, a produção de alimentos em uma escala jamais vista anteriormente. O sistema impactou profundamente o comércio de alimentos na medida em que permitiu, no decorrer das décadas seguintes, maior acesso de grande parte da população a produtos não perecíveis. Mudava, também, a relação do homem com o ambiente, um fato cujas consequências ainda hoje são sentidas por todos nós.

A globalização também alterou nossa relação com a produção e o consumo de alimentos. O ritmo de vida cada vez mais acelerado, aliado a mudanças comportamentais que permitiram um maior contato entre culturas geograficamente distantes, deixou de combinar com as práticas de consumo habituais até então. Reflexo disso é o tempo cada vez menor que dedicamos ao preparo dos alimentos em nossas residências. Ademais, o aumento da entrada das mulheres no mercado de trabalho também modificou significativamente o modo de a família produzir e consumir alimentos, que passou a fazer mais refeições fora de suas residências.

Após tantos anos desde a origem da fermentação de alimentos, não há registro, atualmente, de alguma cultura que não faça uso de alimentos fermentados em sua dieta. Fazemos parte, portanto, de um mundo fermentador, com uma riqueza imensurável de produtos fermentados, dotados de sabores, aromas e propriedades particulares (Figura 1.4). Fermentados de custo reduzido, de alto valor nutricional e biológico, e culturalmente aceitáveis, estão presentes nas mesas de praticamente todo o mundo, sejam consumidos diretamente, como queijos, bebidas alcoólicas e não alcoólicas, vegetais ou leites fermentados, utilizados como ingredientes de diferentes tipos de preparações culinárias, como cozidos, alimentos fritos, sobremesas, ou, ainda, empregados para condimentação, como molhos e pastas de peixe, molho de soja, dentre outros (Quadro 1.1). Ainda que os dados acerca do consumo de alimentos fermentados não sejam muito precisos, estimativas indicam essa classe corresponde a até 40% de tudo que é consumido diariamente no mundo, incluindo as bebidas (TAMANG *et al.*, 2020).

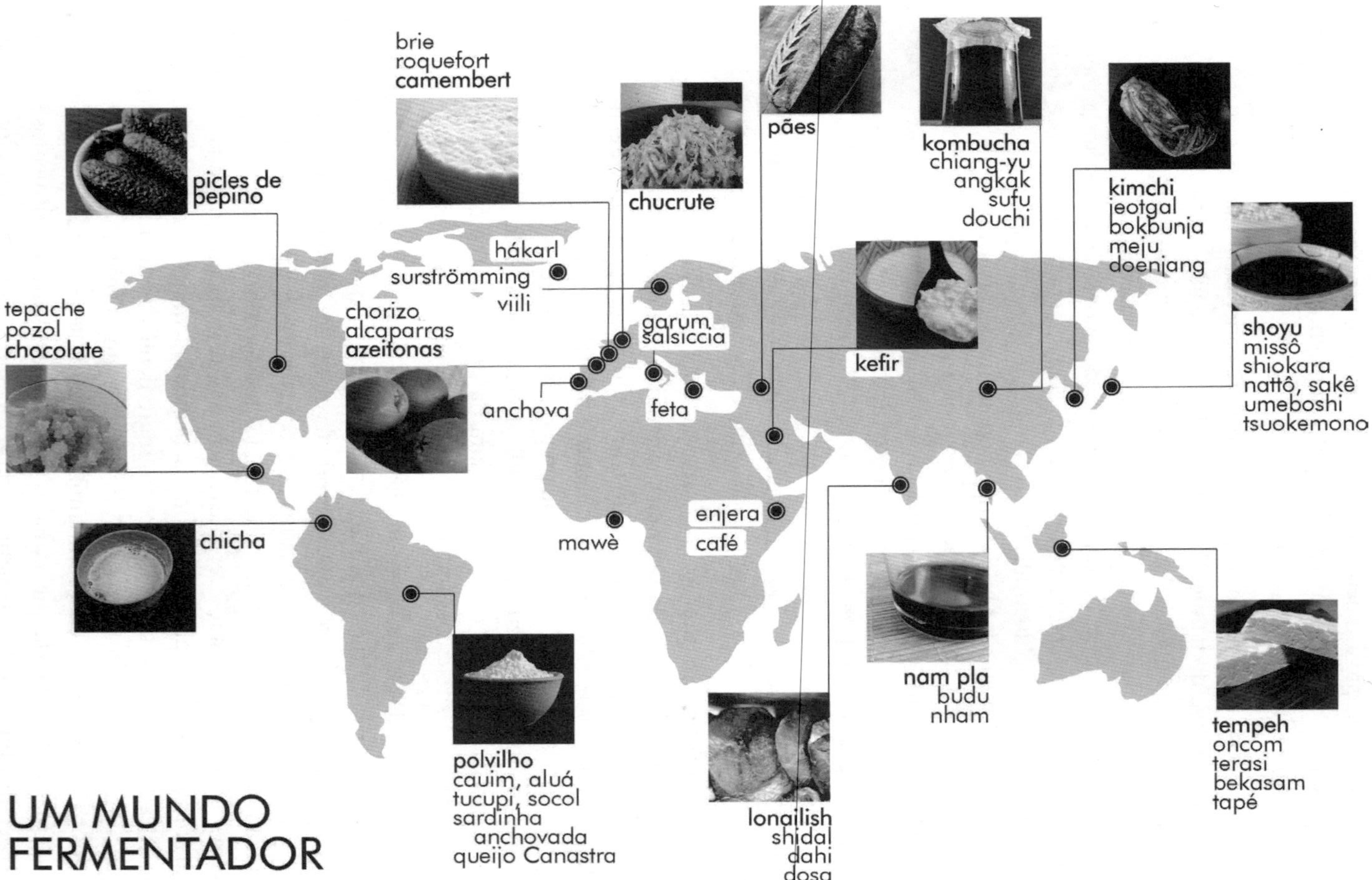

Figura 1.4 – Alimentos fermentados emblemáticos de várias regiões do mundo, com suas prováveis origens.
Fonte: elaborada pelos autores. Fotos gentilmente cedidas por José Guilherme Prado Martin.

Quadro 1.1 – Lista não exaustiva de bebidas e alimentos fermentados, matérias-primas principais, características básicas/aplicações culinárias e provável origem/importância cultural

Fermentado	Matéria-prima	Características sensoriais/ usos culinários	Provável origem/ importância cultural
Lácteos fermentados			
Airag	Leite de camela	Ácido, azedo, utilizado como bebida	Mongólia
Queijo Camembert	Leite de vaca	Queijo fino com micélio fúngico branco	França
Queijo Roquefort	Leite de ovelha	Queijo azul de sabor intenso	França
Queijo Parmigiano-Reggiano	Leite de vaca	Queijo maturado por longos períodos, com cristais de tirosina	Itália
Queijo Cheddar	Leite de vaca	Queijo de coloração amarelada, maturado por longos períodos	Inglaterra
Queijo Emmental	Leite de vaca	Queijo adocicado, com grandes olhaduras	Suíça
Queijo Canastra	Leite de vaca, pingo e sal	Queijo Minas Artesanal de sabor característico	Brasil
Feta	Leite de cabra e ovelha	Queijo branco, salgado, utilizado em diferentes preparações, especialmente saladas	Grécia
Dahi	Leite de vaca, búfala	Leite fermentado, como bebida	Índia, Nepal, Sri Lanka, Bangladesh, Paquistão
Kefir	Leite de vaca, ovelha, cabra	Leite fermentado, como bebida ou diversos usos culinários	Rússia, Todo o mundo
Kumys	Leite de égua	Leite fermentado, como bebida	Rússia
Viili	Leite de vaca	Espesso, pegajoso, adocicado, consumido no café da manhã	Finlândia
Iogurte	Diferentes tipos de leite	Ácido, viscoso, sabor lático	Europa, Austrália, América

Fermentado	Matéria-prima	Características sensoriais/ usos culinários	Provável origem/ importância cultural
Cereais fermentados			
Angkak	Arroz	Coloração avermelhada intensa	China, Taiwan, Tailândia, Filipinas
Boza	Cereais	Bebida fermentada não alcoólica	Bulgária
Dosa	Arroz e grãos	Panqueca fina fermentada	Índia, Sri Lanka, Malásia, Singapura
Injera	Farinha *teff*, trigo	Pães/panquecas fermentadas, ácidas	Etiópia
Kenkey	Milho	Bolinho ácido, cozido no vapor	Gana
Pães *sourdough*	Trigo, cereais	Pães de fermentação natural	Oriente Próximo, todo o mundo
Kisra	Sorgo	Pães tipo panqueca, finos	Sudão
Sobia	Trigo e malte	Bebida não alcoólica adocicada e ácida	Arábia Saudita
Lao-chao	Arroz	Pasta de arroz glutinoso, consumido como sobremesa	China
Tape ketan	Arroz glutinoso	Sobremesa doce e levemente ácida	Indonésia
Mawè	Milho	Usado no preparo de mingaus e bebidas	Benin, Togo
Tarhana	Trigo e leite de ovelha	Levemente adocicado e ácido, utilizado no preparo de sopas	Grécia, Turquia, Chipre
Togwa	Milho, sorgo, mandioca	Mingau ou bebidas fermentadas	Tanzânia
Saquê	Arroz	Bebida de elevado teor alcoólico	Japão
Amazakê	Arroz	Bebida doce não alcoólica	Japão

Fermentado	Matéria-prima	Características sensoriais/ usos culinários	Provável origem/ importância cultural
Chicha	Milho	Bebida não alcoólica agridoce	Colômbia, México, Peru
Uísque	Cevada	Bebida destilada obtida a partir da fermentação de cevada maltada	Escócia, todo o mundo
Gim	Milho, centeio, cevada	Bebida de elevado teor alcoólico aromatizada com zimbro	Provável origem holandesa, todo o mundo
Vegetais fermentados			
Alcaparras	Alcaparras	Ácidas e salgadas, uso em preparações culinárias diversas	Espanha
Picles de pepino	Pepino	Crocantes e láticos, consumidos sozinhos ou em diferentes preparações culinárias	Estados Unidos, Europa, Canadá
Chucrute	Repolho	Salgado e lático, consumido como acompanhamento de outras preparações	Alemanha
Kimchi	Couve-chinesa, pimenta	Salgado, lático e picante, consumido como acompanhamento de outras preparações	Coreia
Azeitonas	Azeitonas	Ácidas, láticas, consumidas sozinhas ou em diferentes preparações culinárias	Espanha, Portugal, diferentes países
Tsukemono	Vegetais diversos	Ácidos, crocantes	Japão
Umeboshi	Ameixa japonesa	Salgado, ácido	Japão
Suan-tsai	Mostarda	Seco, ácido	Taiwan
Soibum	Broto de bambu	Ácido, macio	Índia
Pai cai	Repolho	Ácido e adocicado, picante, consumido no café da manhã	China

Fermentado	Matéria-prima	Características sensoriais/ usos culinários	Provável origem/ importância cultural
Aluá	Abacaxi, especiarias	Bebida não alcoólica fermentada	Brasil
Vinho	Uvas	Muitas variações, tinto, branco, suave, seco	Provável origem no Oriente Médio, todo o mundo
Bokbunja	Framboesa-preta	Vinho licoroso de coloração escura e sabor adocicado	Coreia
Tequila	Agave	Bebida destilada de elevado teor alcoólico	México
Cachaça	Cana-de-açúcar	Bebida destilada de elevado teor alcoólico	Brasil
Chocolate	Cacau	Amêndoas fermentadas e processadas, cuja massa é utilizada em grande variedade de produtos	América Central, todo o mundo
Café	Grãos de café	Variedades de café fermentadas	Etiópia, todo o mundo
Kombucha	Chá (*Camellia sinensis*)	Bebida não alcoólica obtida a partir da fermentação de chá	China, todo o mundo
Leguminosas fermentadas			
Meju	Soja	Pasta alcalina, utilizada em diferentes preparações, especialmente para condimentação	Coreia
Missô	Soja	Pasta alcalina, utilizada em diferentes preparações, especialmente para condimentação	Japão
Natto	Soja	Grãos alcalinos filamentosos, utilizado como acompanhamento	Japão
Shoyu	Soja, trigo	Molho escuro e salgado, com intenso umami, usado para condimentação	Japão

Fermentado	Matéria-prima	Características sensoriais/ usos culinários	Provável origem/ importância cultural
Tempeh	Soja	Blocos de soja com micélio fúngico, consumido, geralmente, tostado	Indonésia
Oncom (preto/vermelho)	Coalhada de soja, torta de amendoim	Torta fermentada, geralmente tostada	Indonésia
Sufu	Coalhada de soja (*tofu*)	Coalhada de soja fermentada, macia, levemente ácida	China, Taiwan
Douchi	Soja preta	Grãos enegrecidos e salgados, sabor intenso	China
Chungkokjang/ jeonkukjang/cheonggukjang	Soja	Pasta alcalina, pegajosa, utilizada em diferentes preparações	Coreia
Doenjang	Soja	Pasta alcalina, pegajosa, utilizada em diferentes preparações	Coreia
Kecap	Soja, trigo	Líquido	Indonésia
Ketjap	Soja preta	Xarope	Indonésia
Thua nao	Soja	Pasta alcalina, seca, utilizada como acompanhamento	Tailândia
Raízes/tubérculos			
Chikwangue	Mandioca	Massa de mandioca	Zaire, África Central
Fufu	Mandioca	Massa de mandioca	África Ocidental
Tapé	Mandioca	Sobremesa adocicada	Indonésia
Tapai ubi	Mandioca	Sobremesa adocicada	Malásia
Tucupi	Mandioca	Suco de mandioca fermentada utilizado em diferentes preparações	Brasil
Cauim	Mandioca/amendoim	Bebida não alcoólica indígena	Brasil
Tarubá	Mandioca	Bebida não alcoólica indígena	Brasil

Fermentado	Matéria-prima	Características sensoriais/ usos culinários	Provável origem/ importância cultural
Polvilho azedo	Mandioca	Amido de milho fermentado utilizado em diferentes preparações	Brasil
Vodca	Batata	Bebida alcoólica, destilada, de elevado teor alcoólico	Rússia, Polônia, Finlândia
Produtos cárneos fermentados			
Alheira	Carne de porco, alho, pão, sal e especiarias	Embutido de sabor intenso e característico	Portugal
Arjia	Intestino de cabra	Embutido condimentado	Índia, Nepal
Nem-chua	Carne de porco salgada e arroz cozido	Embutido	Vietnã
Chorizo	Carne de porco	Embutido desidratado, apimentando e salgado	Espanha
Morcilla	Sangue de porco, cebola, arroz/ pão ou farinha de trigo	Embutido de coloração escura e sabor característico	Espanha
Nham	Carne de porco, sal, arroz e alho	Massa de carne fermentada	Tailândia
Socol		Embutido de lombo suíno envolvido em peritônio	Brasil
Pastirma	Carne bovina, gordura de cordeiro, especiarias	Carne fatiada bastante condimentada	Turquia, Iraque
Pepperoni	Carne bovina e de porco	Embutido curado, defumado e condimentado, de sabor intenso	Europa, Estados Unidos, Austrália
Salsiccia	Carne de porco, sal, especiarias	Embutido condimentado	Itália

Fermentado	Matéria-prima	Características sensoriais/ usos culinários	Provável origem/ importância cultural
Peixes fermentados			
Balao-balao	Camarão, arroz, sal	Camarão fermentado	Filipinas
Bakasang	Peixe e camarão	Pasta condimentada	Indonésia
Budu	Peixes, sal e açúcar	Molho de peixe	Tailândia, Malásia
Hentak	Peixes pequenos	Utilizado como condimento	Índia
Jeotgal	Peixes	Fermentado de elevado teor de sal	Coreia
Narezushi	Peixes e arroz	Fermentado de peixe e arroz	Japão
Nam pla	Peixes	Molho de peixe de coloração escura, sabor e aroma intensos	Tailândia
Nuoc mam	Peixes	Molho de peixe, utilizado para condimentação	Vietnã
Patis	Peixes	Molho de peixe	Filipinas, Indonésia
Shidal	Peixes	Peixes não salgados fermentados	Índia, Bangladesh
Surströmming	Arenque	Arenque fermentado	Suécia
Tungtap	Peixes	Pasta de peixe fermentado	Índia
Anchova	Eugralídeos	Peixe sólido fermentado	Todo o mundo
Sardinha anchovada	Sardinha	Peixe sólido fermentado	Brasil

Fonte: adaptado de Tamang *et al.* (2020).

Por certo, não podemos nos atribuir a invenção da fermentação, uma vez que se trata de um processo natural, que tem sido realizado há bilhões de anos por microrganismos amplamente distribuídos na natureza – processo este responsável também pela decomposição da matéria orgânica e ciclagem de nutrientes. Sem ele, certamente a vida na Terra não seria possível. O que podemos, sem sombra de dúvidas, é reivindicar o domínio dessa arte, desenvolvido ao longo de incansáveis milênios de observação, experimentação e repetição, responsáveis por nossa *expertise* na produção de alimentos fermentados – apesar de alguns aspectos permanecerem sem explicações plausíveis até hoje (e, não à toa, serem objeto de inúmeras pesquisas científicas na área).

1.4 FERMENTAR PARA QUÊ?

A origem da fermentação provavelmente está relacionada à necessidade de conservar os alimentos. Conforme discutido anteriormente, a possibilidade de estender a vida útil de ingredientes perecíveis, numa época em que as práticas produtivas eram bastante rudimentares, modificou a relação do homem com o alimento.

Contudo, os atributos sensoriais também foram decisivos. Afinal, de que adiantaria aumentar a durabilidade de um alimento se ele adquirisse características sensoriais repugnantes? É óbvio que, em épocas de escassez ou dificuldade de acesso a alimentos, tais questões se tornam, de certa forma, secundárias. Mas a sensorialidade do alimento em si, a formação de sabores e aromas complexos, constitui um dos motivos que levaram – e ainda levam – o homem a fermentar.

Ainda que efeitos benéficos venham sendo atribuídos aos alimentos fermentados há muito tempo – há milênios, no caso dos balcânicos em relação ao iogurte ou dos chineses em relação à *kombucha* –, a comprovação científica acerca das propriedades funcionais dos alimentos fermentados só foi possível com o desenvolvimento da ciência, especialmente com o aperfeiçoamento de novos métodos destinados à pesquisa da microbiota e dos metabólitos produzidos no decorrer do processo fermentativo. Além disso, o entendimento acerca das características nutricionais dos alimentos também possibilitou correlacionar seu consumo com efeitos de curto, médio e longo prazo.

1.4.1 FERMENTAR PARA CONSERVAR

É bastante difundida, dentre os fermentadores, a ideia de que fermentar um alimento equivale, em essência, a interromper, em um momento preciso, o processo natural de deterioração. Tanto que muitos alimentos fermentados são frequentemente associados a produtos em decomposição, com sabores e aromas tão pungentes que são capazes até mesmo de causar aversão. É preciso que se tenha cuidado com esse tipo de correlação, tendo em vista a definição proposta recentemente para os alimentos fermentados. Essa definição, como vimos no início deste capítulo, implica atividade microbiana. A partir dela, portanto, fica clara a ideia de que a ação de enzimas endógenas ou exógenas, tanto de origem vegetal como animal, não é, por si só, suficiente para que um alimento seja considerado fermentado. Nesse sentido, o novo conceito refuta a ideia anterior de que a fermentação está diretamente relacionada à deterioração, uma vez que, ainda que ambos os processos estejam relacionados à atividade de microrganismos e enzimas sobre a matriz do alimento, o primeiro é claramente intencional e controlado para que se formem as características sensoriais e funcionais desejadas (MARCO *et al.*, 2021).

O controle da microbiota, portanto, é imprescindível para o sucesso do processo fermentativo. Nesse contexto, há que se utilizar estratégias para se obter a predominância dos grupos microbianos relevantes para as características de interesse. De qualquer maneira, o metabolismo dos diferentes grupos microbianos resulta na produção de vários tipos de metabólitos, especialmente ácidos orgânicos e peptídeos com atividade antimicrobiana; estes exercem um efeito conservante importante para a qualidade, contribuindo para a extensão do tempo de vida útil, além de aumentar a segurança microbiológica pela inibição de patógenos causadores de doenças de origem alimentar.

Conservadores são substâncias que impedem ou retardam a alteração dos alimentos provocada por microrganismos ou enzimas (BRASIL, 1997). Por extensão, os bioconservadores são aquelas substâncias oriundas do metabolismo microbiano que apresentam atividade conservante. Trata-se, portanto, de substâncias naturalmente produzidas ao longo da fermentação e que contribuem para a qualidade microbiológica do produto. Assim, a fermentação se configura, claramente, como um método de conservação natural, cujo valor, em um contexto de crescente demanda por alimentos *clean label*, se torna cada vez maior.

O grupo das BAL certamente é o mais importante relacionado à bioconservação. Além de serem eficientes produtores de ácidos orgânicos, algumas estirpes produzem, ainda, bacteriocinas, peptídeos com atividade antimicrobiana sobre vários patógenos alimentares. Além disso, muitas estirpes possuem *status* de geralmente reconhecido como seguro (GRAS, em inglês), justificado principalmente pelo extenso uso ao longo da história da alimentação, hoje mais que comprovado cientificamente. Ainda que esse seja o grupo mais relevante, outros microrganismos são explorados para produção de compostos com atividade conservante, a exemplo dos fungos e – como demonstrado mais recentemente – dos vírus, que podem ter um papel subexplorado no universo da fermentação de alimentos (MASKE *et al.*, 2021).

Parte do efeito protetivo decorrente do processo fermentativo está relacionado a concentrações elevadas de sal. Esse ingrediente apresenta um poderoso efeito inibitório sobre grande parte dos microrganismos, à exceção daqueles que desenvolveram mecanismos de resistência à alta salinidade – como os microrganismos halotolerantes – e aos que são favorecidos quando da presença de sal em concentrações elevadas – os chamados microrganismos halofílicos. O efeito do sal está relacionado à diminuição da atividade de água, um parâmetro definido pela relação entre a pressão de vapor da água do alimento e a pressão do vapor de água pura, em uma mesma temperatura. Na prática, a atividade de água, cuja escala varia de 0 a 1, está relacionada ao estado de energia da água em um sistema alimentar; assim, quanto maior seu valor, ou seja, mais próximo de 1, mais água disponível para o crescimento microbiano. Quanto menor esse valor, menos água o microrganismo tem à disposição para desempenhar suas atividades metabólicas básicas, incluindo a multiplicação. Quando preparamos chucrute, por exemplo, ao adicionarmos sal em concentrações em torno de 2,5%, este interage com parte da água, que fica, portanto, indisponível para ser utilizada pelo microrganismo. E é justamente por isso que as concentrações de sal devem ser respeitadas, tendo em vista que para a maior parte dos alimentos as proporções dos ingredientes básicos já foram estabelecidas, sendo imprescindíveis para o sucesso do processo fermentativo – seja pela qualidade sensorial ou pela segurança microbiológica resultante do seu emprego. Um dos efeitos mais danosos para a célula microbiana quando da presença de sal compreende o aumento da pressão osmótica. Em um meio com elevada quantidade de solutos, a célula microbiana, cujo conteúdo citoplasmático é menos concentrado que o exterior, tende a perder água para o meio. A desidratação da célula exerce efeito inibitório; a depender da intensidade, a célula pode, ainda, perder sua viabilidade.

Outro tipo de efeito importante que a fermentação exerce sobre o crescimento de microrganismos está relacionado à produção de ácidos orgânicos. Alimentos contendo concentrações superiores a 100 mM de ácidos orgânicos, em combinação com outros parâmetros (como baixa atividade de água, sais e compostos antimicrobianos), são historicamente considerados seguros (ADAMS; MITCHELL, 2002). A atividade desses ácidos depende das condições do ambiente, especialmente dos valores de pH do meio. Ácidos inorgânicos fortes têm efeito reduzido, uma vez que se dissociam rapidamente, liberando íons H^+. Porque a parede celular bacteriana apresenta carga relativa positiva, os íons H^+ (que também possuem carga positiva) são repelidos; não conseguem, portanto, adentrar facilmente a célula bacteriana e, consequentemente, interferir no metabolismo microbiano (Figura 1.5).

Ácidos orgânicos fracos de cadeia curta são os que apresentam melhor efeito inibitório, a exemplo dos ácidos lático, acético, sórbico e propiônico. Seu mecanismo de ação está relacionado ao que ficou conhecido como "teoria do ácido fraco", sugerida por Stratford (1999). Em termos gerais, essa teoria baseia-se no fato de que em ambientes/alimentos com valores de pH reduzidos, ácidos orgânicos fracos são parcialmente dissociados e atingem um equilíbrio que depende do pH do meio e do valor de pKa do ácido orgânico (que varia dependendo do tipo de ácido); assim, quanto menor o pH do meio em relação ao pKa do ácido, maior a proporção de forma não dissociada do ácido, que é a forma efetiva. A efetividade da forma não dissociada relaciona-se com o fato de os ácidos orgânicos fracos serem lipofílicos e não apresentarem carga; isso favorece a entrada do ácido na célula por difusão simples através da membrana citoplasmática, estrutura semipermeável de natureza lipídica. Ao encontrar, no ambiente interno, uma condição de pH próxima à neutralidade, o ácido rapidamente se dissocia, liberando íons H^+ até que se atinja o equilíbrio entre as formas não dissociadas nos ambientes interno e externo (CORSETTI; PERPETUINI; TOFALO, 2015). Dessa forma, o microrganismo tem seu crescimento inibido quando o acúmulo de prótons no interior do citoplasma supera a capacidade de tamponamento da célula, ou quando sua capacidade de bombear prótons para o meio externo se esgota. A redução do pH interno resulta na desnaturação de enzimas e ácidos nucleicos, no comprometimento do transporte dependente da força eletromotriz da membrana, ou, ainda, no esgotamento de ATP, imprescindível para a manutenção da viabilidade celular. A produção de ácidos orgânicos no decorrer do processo fermentativo interfere, portanto, no crescimento de parte da microbiota indesejada, especialmente microrganismos deterioradores e patogênicos que porventura possam estar presentes no início da fermentação.

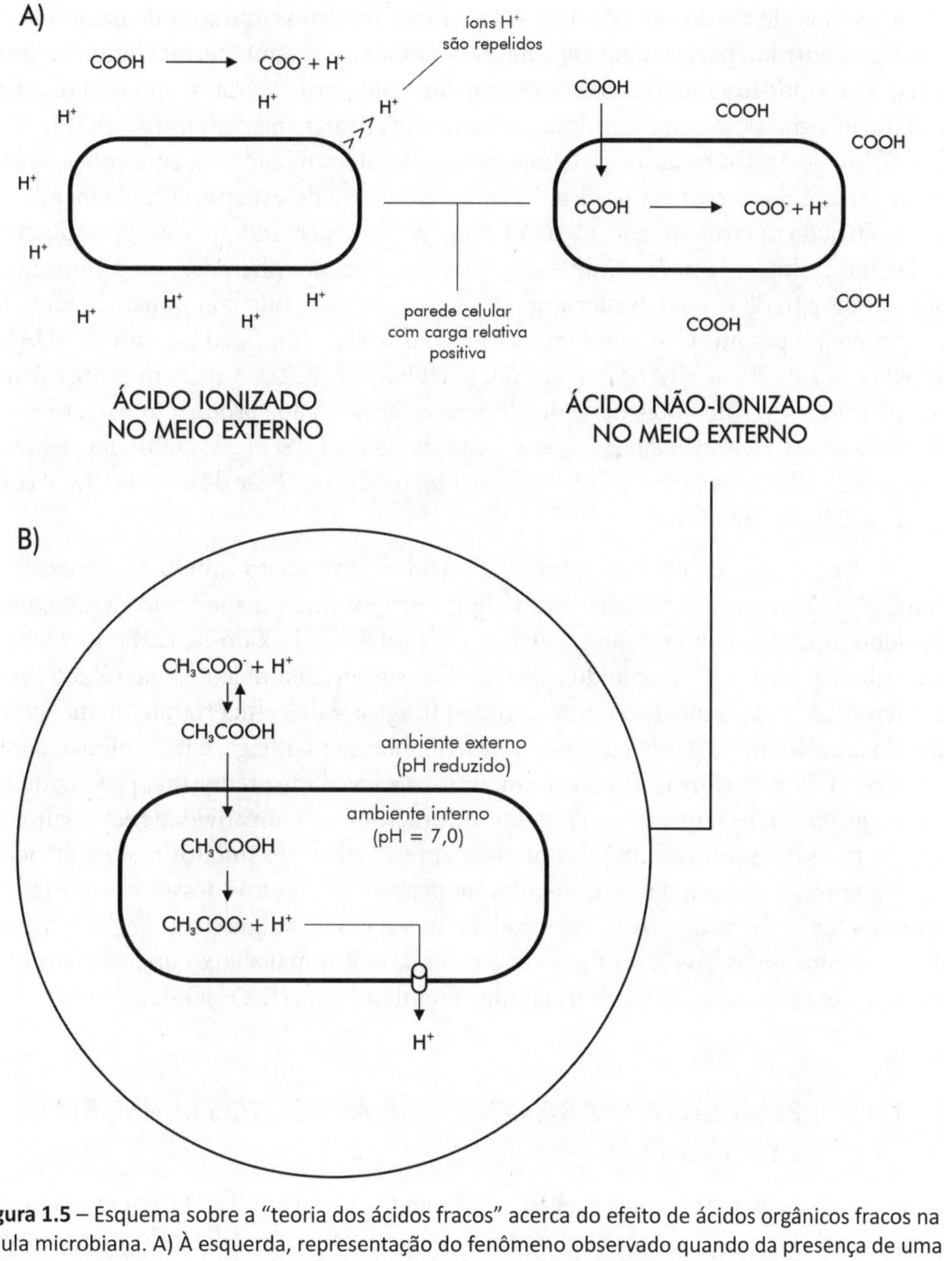

Figura 1.5 – Esquema sobre a "teoria dos ácidos fracos" acerca do efeito de ácidos orgânicos fracos na célula microbiana. A) À esquerda, representação do fenômeno observado quando da presença de uma célula microbiana em meio com maior proporção de ácido na forma dissociada. À direita, situação na qual a célula se encontra em meio no qual o ácido está em sua maior parte não dissociado. Devido à natureza lipofílica dos ácidos orgânicos de cadeia curta, eles conseguem adentrar a célula com maior facilidade e, internamente, liberam íons H^+, responsáveis pela redução do pH interno da célula. B) Esquema representativo da entrada de ácido acético na célula microbiana, na forma não dissociada. Uma vez internalizado, ocorre sua dissociação, resultando na liberação de íons H^+ e consequente diminuição do pH. As células microbianas dispõem de mecanismos para adaptação à presença de ácidos, a exemplo do bombeamento de prótons (como representado na figura), da descarboxilação de aminoácidos com liberação de aminas (em meio ácido), ou, ainda, da desaminação de aminoácidos com liberação de ácidos, em meio alcalino.

Além dos efeitos do sal e de ácidos orgânicos fracos, a produção de bacteriocinas também contribui para a segurança microbiológica do produto fermentado. Bacteriocinas são peptídeos sintetizados ribossomicamente por bactérias e apresentam efeito inibitório, bactericida ou bacteriolítico sobre vários microrganismos (ARBULU *et al.*, 2019). Em geral, são bastante potentes, apresentando atividade em concentrações nanomolares, cujos mecanismos de ação compreendem a desestruturação da membrana plasmática do microrganismo-alvo (YI *et al.*, 2020a), formando poros por onde moléculas intracelulares imprescindíveis ao metabolismo são liberadas, ou a inibição da síntese da parede celular bacteriana (YI *et al.*, 2020b). Tais componentes têm sido amplamente pesquisados para aplicação industrial como conservantes (DABA; ELKHATEEB, 2020; XIANG *et al.*, 2021; HOSKEN, 2021); vários microrganismos identificados em diferentes tipos de alimentos fermentados produzem bacteriocinas, como estirpes presentes em queijos artesanais (GONTIJO *et al.*, 2020), fermentados vegetais e embutidos cárneos (YI *et al.*, 2020b), produtos à base de cereais (RASHEED *et al.*, 2020), dentre outros.

Por fim, outros compostos também podem exercer efeito inibitório. Peróxido de hidrogênio apresenta atividade contra alguns grupos microbianos pelo efeito oxidativo sobre lipídeos de membrana e estruturas proteicas; dióxido de carbono, além de contribuir para a acidificação do meio, pode resultar em ambiente anaeróbico tóxico a microrganismos aeróbios estritos, como os fungos; já diacetil, produto do metabolismo do citrato e importante para o aroma e o sabor da manteiga, é mais efetivo contra bactérias Gram-negativas, fungos filamentosos e leveduras; reuterina, produzida por *Limosilactobacillus reuteri*, é um potente antimicrobiano com atividade especialmente contra fungos e protozoários; etanol pode apresentar efeito inibitório, cuja principal ação está relacionada a danos à membrana plasmática. Muitos desses compostos, no entanto, têm ação antimicrobiana limitada, tendo em vista que o limiar para que não gerem efeitos indesejáveis no *flavor* é, em geral, muito mais baixo que as concentrações mínimas capazes de resultar na inibição microbiana (RAY; JOSHI, 2014).

1.4.2 FERMENTAR PARA CONFERIR ATRIBUTOS SENSORIAIS DE INTERESSE

Além de aumentar a conservação do alimento, a fermentação também resulta na formação de uma série de compostos que conferem *flavor*, modificando atributos sensoriais de sabor, aroma, aparência e textura, dentre outros. Seja pela produção de ácidos orgânicos, compostos voláteis aromáticos ou aminoácidos relacionados ao gosto umami, a microbiota impacta de maneira significativa a percepção sensorial pelo consumidor final. Obviamente, a composição físico-química da matriz alimentar exerce papel importante, uma vez que seus constituintes servirão de substrato para a atividade microbiana.

Apesar do nosso conhecimento acerca da importância da microbiota para a formação de características sensoriais desejadas em alimentos produzidos sob condições controladas, ainda carecemos de estudos que definam especificamente qual o papel de cada grupo microbiano, bem como da influência da dinâmica populacional no decorrer da fermentação, na formação de compostos de *flavor* em alimentos produzidos a partir de fermentação espontânea. Devido à complexidade do tema, alguns estudos têm utilizado, inclusive, abordagens com modelos matemáticos, a fim de se determinarem os fenômenos envolvidos na regulação da formação de compostos de sabor nesse tipo de produto (XU *et al.*, 2021).

Tal dificuldade certamente está relacionada à grande diversidade de compostos de *flavor* presente nos vários tipos de alimentos fermentados. Tendo em vista tal diversidade, esses aspectos serão tratados em cada um dos capítulos que seguem, com destaque para os principais componentes para a sensorialidade e a qualidade do grupo de alimentos em questão. O uso de descritores sensoriais que relacionem tais compostos a sabores específicos é frequente em estudos deste tipo, conforme apresentado no Quadro 1.2.

Quadro 1.2 – Compostos relacionados ao *flavor* de alguns alimentos fermentados e seus respectivos descritores

Grupo	Composto	Descritores	Alimento
Ésteres	Acetato de etila	Abacaxi	*Daqu* (licor chinês)
	Lactato de etila	Frutado	*Daqu*
	Pentanoato de etila	Maçã	*Daqu*
	Etil-2-fenilacetato	Rosa	*Daqu*
	Fenil-etil-acetato	Rosa	Pão *sourdough*
	Acetato de 2-feniletil	Floral	*Daqu*
Ésteres	Ácido 1,2-benzenodicarboxilico, dietil éster	Plástico	*Kefir*
	Miristato de isopropila	Floral	Pão *sourdough*
Álcoois	2-metil-1-propanol	Maltado Doce, de vinho	*Daqu* Pão *sourdough*
	Etanol	Seco	*Kefir*
	2-heptanol	Verde, floral, frutado	*Kefir*
	2-metil-1-butanol	Queijo fresco, frutado Floral	*Kefir* Pão *sourdough*
	2-Metoxi-4-vinilfenol	De alho, frutado	Pão *sourdough*
	Benzil-álcool	Floral	Pão *sourdough*

Grupo	Composto	Descritores	Alimento
Ácidos	Acético	Avinagrado Avinagrado, ácido	*Daqu* *Kefir*
	Butanoico	Ranço Acre, de queijo Azedo, de queijo	*Daqu* *Kefir* Pasta de soja
	Isovalérico	Adocicado, queijo	*Kefir*
	Ácido benzoico	Frutado, alcoólico	*Kefir*
	Ácido carbâmico	Azedo	*Kefir*
	Octanoico	Pungente, de queijo	*Kefir*
	Decanoico	Sabão, ceroso	*Kefir*
	3-metil-butanoico	Azedo, de queijo Azedo, de queijo	Pasta de soja Pão *sourdough*
Aldeídos	(E)-2-octanal	Verde	*Daqu*
	3-metilbutanal	Queijo, chocolate amargo, cacau	*Kefir*
	Acetaldeído	Vinho, frutado, alcoólico	*Kefir*
	Benzenoacetaldeído	Floral	Pasta de soja
	Nonanal	Cítrico	Pão *sourdough*
	2-metil-propanal	Maltado, chocolate	Pasta de soja
	Ocatanal	Doce, de mel	Pão *sourdough*
	Benzaldeído	Amendoado, caramelo	Pão *sourdough*
Pirazinas	2,3,5,6-Tetrametilpirazina	Noz, torrado	*Daqu*
Terpenos	B-damascenona	Mel	*Daqu*
	D-limoneno	Frutado	Pasta de soja
Fenol	4-metilguaiacol	Defumado	*Daqu*
Cetonas	2-heptanona	Queijo azul, picante	*Kefir*
	2-butanona	Manteiga, leite azedo	*Kefir*
	1-Octen-3-one	Cogumelos	Pão *sourdough*

Grupo	Composto	Descritores	Alimento
Compostos contendo enxofre	Metional	De batata cozida	Pasta de soja
	Dimetilsulfona	De leite queimado	*Kefir*

Fonte: baseado em Wu *et al.* (2021); Dertli e Çon (2017); Zhang *et al.* (2021); Xu *et al.* (2020).

Aproveitamos, neste capítulo, para fazer um parêntese acerca da aceitação de alimentos fermentados por parte dos consumidores. Trata-se de uma questão bastante íntima, relacionada ao gosto. Quem nunca ouviu que "gosto não se discute"? Embora seja uma afirmação que, por si só, encerra qualquer possibilidade de diálogo a respeito, é possível afirmar, categoricamente, que gosto se discute, sim. E ainda mais: se modifica, se transforma, evolui com o passar do tempo. Faça um exercício simples: tente elencar quais eram seus alimentos favoritos aos 10 anos de idade. Agora, repita o processo pensando nos dias atuais. Quantos alimentos, outrora negligenciados, evitados, até mesmo capazes de causar repulsa, você atualmente consome? Certamente aparecerão vários produtos que, com o passar do tempo, foram sendo incorporados em seu hábito de consumo, que você aprendeu a apreciar e pelos quais desenvolveu gosto.

Quando se discute o processo de formação do gosto pelo indivíduo no decorrer dos anos, é inegável a força exercida pela memória afetiva. Alimentos que remetem à infância, ao convívio com os familiares, à lembrança da mãe ou da avó ao pé do fogão, sempre terão um espaço entre os preferidos pelas pessoas na vida adulta - ainda que não fossem tão espetaculares assim. Dessa forma, a associação das sensações gustativas com momentos felizes da vida pode interiorizar sentimentos capazes de perdurar para sempre. Preferimos, de certa maneira, gostar dos alimentos que fomos ensinados a entender como bons: daí a grande influência dos hábitos familiares na construção do gosto de um indivíduo.

O gosto, portanto, não advém apenas de características idiossincráticas - aquelas próprias do indivíduo -, como a sensibilidade fisiológica maior a alimentos amargos ou apimentados. Trata-se de algo muito mais complexo. Outros fatores estão relacionados à sua definição, como faixa etária, sexo, nacionalidade, crenças religiosas, bem como classe social. Seria a predileção dos brasileiros por produtos considerados excessivamente doces uma herança dos nossos colonizadores? Vide a infinidade de doces portugueses recheados e cobertos de ovos e açúcar. Ou esse apreço estaria relacionado ao fato de sermos historicamente os maiores produtores mundiais da *commodity* açúcar? Os hábitos culinários, portanto, expressam parte da história, da região, do clima, da economia e de crenças pessoais e sociais. O gosto é, portanto, culturalmente moldado e socialmente controlado (FRANCO, 2001). Comemos, pois, da maneira como fomos socialmente ensinados.

No entanto, somos seres resilientes, flexíveis, passíveis de mudar. É graças a essa característica particular que nos permitimos reavaliar determinados hábitos, provar novamente algo que tínhamos, na memória, como de sabor desagradável. À medida que envelhecemos, passamos a reexperimentar, e, por conta disso, adquirimos gostos peculiares jamais imaginados. O contrário também é verdadeiro: alguns alimentos tidos como deliciosos na infância ou adolescência passam a ser simplesmente refutados na fase adulta. O desenvolvimento de um gosto mais amplo, que abrace uma maior variedade de produtos, pode representar, em dado momento, uma ruptura com o passado, e carrega consigo uma conotação de quebra de paradigmas, autonomia e maturidade.

É nesse contexto que devemos abordar a questão do gosto pelos alimentos fermentados. Alguns são praticamente "cosmopolitas", como leites fermentados e os queijos – ainda que apresentem particularidades de acordo com a cultura local. Outros, menos conhecidos e de consumo geograficamente limitado, podem causar certa aversão aos principiantes. Trata-se, portanto, da resistência que naturalmente apresentamos frente a determinadas sensações que, quando fortes, são de imediato refutadas. Um dos exemplos consiste justamente na picância acentuada de certos pratos asiáticos, que num primeiro momento pode causar aversão. Por que somos mais sensíveis à pimenta em comparação aos chineses e coreanos? Quem já visitou a Bahia certamente já foi pego de surpresa pela famosa pergunta "quente ou frio?". Os desavisados optam pelo quente, como se a pergunta se referisse à temperatura do prato e não à quantidade de pimenta. O que distingue os adeptos da pimenta dos que preferem sabores mais amenos? Parte disso está relacionado a um forte componente cultural, que muitas vezes se sobrepõe a questões anatômicas ou fisiológicas: seu apreço advém do hábito de consumo historicamente ligado à cultura alimentar.

Uma característica típica da maior parte dos alimentos fermentados consiste justamente na acidez. Produtos como o chucrute – com sua concentração de ácido lático, que reflete diretamente na sensorialidade do produto – ou até mesmo um simples pão de fermentação natural de massa ácida podem causar um certo estranhamento em um primeiro momento. Com o passar do tempo, nos habituamos a essas características particulares de sabor, aroma, acidez e textura, tão diversas dentre os alimentos fermentados. Se você não gostou de *kombucha* quando a experimentou pela primeira vez, certamente terá uma sensação diferente quando prová-la novamente. Com o tempo, pode aprender a apreciar sua acidez e caráter acético peculiares.

Comemos aquilo que nossa história possibilita, o que nos foi selecionado culturalmente e o que nossa educação e vivência pessoais nos elegeram como prioridade (DÓRIA, 2006). Não deixe, porém, em nenhum momento, que essas amarras culturais o impeçam de experimentar novas sensações, de sentir o aroma frutado de um *tempeh* fresco, o sabor pungente de um Camembert extramaturado ou a picância potente de um bom *kimchi*. Permita-se ampliar sua cultura gastronômica a partir de sabores exóticos, que carregam consigo parte da história e das tradições de diferentes povos.

1.4.3 FERMENTAR PARA NUTRIR E MELHORAR A SAÚDE

Hoje temos consciência da importância dos alimentos fermentados para o incremento nutricional e de seus efeitos funcionais benéficos ao organismo. Ainda que vários estudos já tenham demonstrado tal relação, há um longo percurso pela frente, principalmente na elucidação dos mecanismos relacionados às propriedades funcionais dos alimentos fermentados em seres humanos; a maior parte dos estudos realizados até o momento é baseada em modelo animal.

Efeitos positivos no sistema cardiovascular, na saúde mental e na síndrome do intestino irritável, controle do ganho de peso, de infecções (especialmente gastrointestinais) e da glicemia, manutenção da saúde óssea e cognitiva são apenas alguns exemplos dos potenciais benefícios atribuídos a diferentes grupos de alimentos fermentados (Figura 1.6), graças à presença de probióticos, de compostos com atividade biológica decorrentes da atividade microbiana, ou, ainda, a modificações na matriz do alimento que resultam em incremento nutricional ou funcional.

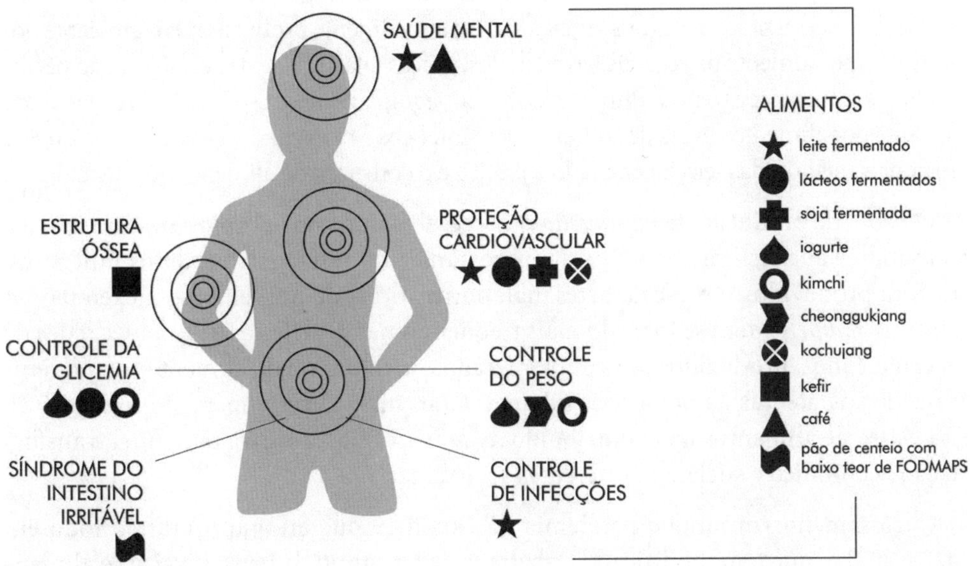

Figura 1.6 – Exemplos de efeitos benéficos à saúde atribuídos ao consumo de alimentos fermentados contendo microrganismos viáveis ou produtos da fermentação com atividade biológica. Fonte: adaptada de Marco *et al.* (2017).

Em anos recentes, temos observado um aumento considerável nas pesquisas sobre os benefícios dos alimentos fermentados, o que está diretamente relacionado ao desenvolvimento de novas ferramentas e métodos de pesquisa (MARCO *et al.*, 2021; TAYLOR *et al.*, 2020; REZAC *et al.*, 2018; XIANG *et al.*, 2019). O tema é tão relevante e extenso que será, neste livro, abordado em dois capítulos. O Capítulo 2 discutirá os principais aspectos nutricionais e de saúde relacionados ao consumo de alimentos fermentados, com enfoque na ingestão de alimentos com teores aumentados de nutrientes e compostos bioativos produzidos pela atividade microbiana. Já o Capítulo 5, destinado ao tema dos probióticos, apresentará definições, principais estirpes probióticas e modos de aplicação em alimentos fermentados.

1.5 A NOVA ERA DOS ALIMENTOS FERMENTADOS: UM RETORNO ÀS ORIGENS?

É inegável, diante do exposto até o momento, a notoriedade que o grupo dos alimentos fermentados tem ganhado nas últimas décadas. Considerando que sua produção teve início há cerca de 15 mil anos, é incrível que, ainda nos dias atuais, muitos desses alimentos, em sua forma básica, ainda sejam os mais consumidos mundialmente. A industrialização trouxe contribuições significativas, pois aperfeiçoou o modo de produção, garantiu qualidade sensorial por meio da padronização de processos, melhorou a segurança do produto final e possibilitou, por fim, uma maior disponibilidade.

Nos últimos anos, contudo, temos visto o fenômeno do resgate de modos tradicionais de produção de fermentados. Alguns grupos são mais facilmente produzidos em ambiente doméstico, especialmente os vegetais fermentados, graças à facilidade de acesso e à não necessidade de se empregarem culturas *starter* ou equipamentos específicos. A demanda crescente por alimentos livres de conservantes sintéticos e com características nutricionais e funcionais melhoradas tem incentivado a prática e o consumo de alimentos fermentados.

O *boom* de produção de *kombucha* que presenciamos nos últimos anos no Brasil e no mundo é apenas um dos sinais da importância do resgate de produtos milenares. Outrora produzidos em escala artesanal, outros tipos de alimentos – a exemplo do *kefir* e do *tempeh* – têm se tornado mais frequentes nas prateleiras de grandes redes de supermercados, produzidos por conglomerados da indústria de alimentos ou por empresas locais atentas às novidades da área. Com um valor de mercado inestimável, essa classe de alimentos tem contribuído de maneira significativa para uma transformação econômica e social em diferentes sociedades.

Curiosamente, durante a pandemia de Covid-19 que atingiu o mundo todo em 2020 e 2021, e que tem modificado os hábitos de consumo de bens, serviços e alimentos, observou-se um fenômeno mundial que no Brasil ficou popularmente conhecido como "pãodemia". Uma vez isoladas em casa, momentaneamente distantes dos locais de trabalho e, consequentemente, com mais tempo livre para se dedicarem a outras atividades, muitas pessoas se aventuraram na arte da fermentação de pães. Tanto que, principalmente no início da pandemia, não faltavam notícias relatando a escassez de farinha e de fermento para pães em estabelecimentos comerciais. Além disso, sites de busca da internet reportaram que as pesquisas por protocolos para produção de pães caseiros aumentaram consideravelmente no período (THE GUARDIAN, 2020).

Uma das explicações para o crescimento expressivo na produção de pães de fermentação natural consiste no efeito terapêutico que esse tipo de atividade pode ter em períodos de instabilidade, uma vez que o ato de cozinhar tem sido relacionado a sensações positivas. Dedicar-se a projetos criativos novos e desafiadores pode, ainda, trazer conforto e bem-estar imediatos. Independentemente das razões que têm levado as pessoas a se dedicarem cada vez mais à panificação, são inúmeros os casos de padeiros em potencial que, encantados com a prática da fermentação natural, tornaram-se empreendedores e passaram a comercializar sua produção artesanal. Quais efeitos no comportamento social este fenômeno causará no longo prazo, ainda não sabemos. O certo é que muitas pessoas, no mundo todo, passaram a se dedicar à arte da fermentação de alimentos, descobrindo um universo rico em sabores e aromas complexos outrora pouco compreendidos.

Estaríamos retornando, de alguma forma, a práticas ancestrais de produção, à medida que ressignificamos a produção de alimentos que constituíram a base da dieta de tantos povos ao longo de milênios? Estaria esta prática alinhada a um padrão de consumo sustentável, que tem ganhado força nos últimos anos, baseado em modelos produtivos menos poluentes, que atentem ao bem-estar animal, que valorizem a agricultura orgânica e familiar e que, enfim, busquem incentivar a produção local para o desenvolvimento econômico e social da comunidade do entorno, conforme os objetivos de desenvolvimento sustentável da Organização das Nações Unidas? Essas respostas não as temos aqui, mas, certamente, a produção de alimentos – incluídos os fermentados – será norteada por todos estes preceitos em um futuro não muito distante.

1.6 ATENÇÃO À SEGURANÇA DO PROCESSO FERMENTATIVO

A produção artesanal de alimentos fermentados (abordada na Seção 1.5, "A nova era dos alimentos fermentados: um retorno às origens?"), realizada em ambiente de produção não industrial – por exemplo, em cozinhas de restaurantes, para se criarem novas "experiências gastronômicas" –, geralmente leva em conta aspectos empíricos do processo, sobre os quais tem pouco controle. É necessário que se discutam os benefícios dessa abordagem gastronômica ou caseira, levando em consideração os riscos da fermentação realizada em ambientes e instalações não especializados. A fermentação espontânea (não controlada e não inoculada) por microrganismos autóctones dos ingredientes e do ambiente requer uma compreensão cuidadosa e o controle dos processos fermentativos, para evitar alimentos contaminados potencialmente danosos. No complexo dessa microbiota heterogênea autóctone é possível encontrar patógenos microbianos e/ou cepas capazes de sintetizar metabólitos tóxicos, como micotoxinas e carbamato de etila. Alguns patógenos de origem alimentar, incluindo *Listeria monocytogenes* e *Escherichia coli* entero-hemorrágica, adaptam-se bem a matrizes ácidas e salgadas. Além disso, mesmo BAL podem produzir aminas biogênicas passíveis de causar dores de cabeça e náuseas ou até choque anafilático em pessoas sensíveis. Capozzi *et al.* (2017, 2020) revisaram os riscos para a saúde humana associados às fermentações espontâneas.

Nos países onde os produtos fermentados são historicamente consumidos, um grande número de pequenas "fábricas" artesanais especializadas produz queijos, *kefir*, *kombucha*, salames e muitos outros produtos com qualidades organolépticas únicas, seguindo processos fermentativos controlados e seguros. Os aventureiros novos fermentadores precisam adquirir conhecimento, experiência e especialização para produzirem com segurança alimentos fermentados. Se o conhecimento e as boas práticas de fermentação forem negligenciados, os alimentos produzidos podem representar ameaças para a saúde. Os produtores devem entender, monitorar e verificar todo o processo de fermentação para evitar a potencial proliferação de microrganismos patógenos ou metabólitos indesejáveis. O respeito a parâmetros físico-químicos específicos (pH, atividade de água, concentração salina etc.) deve ser estritamente atendido, de maneira a se conduzir a fermentação e gerar os atributos desejados na matriz, garantindo qualidade e segurança ao produto.

A segurança microbiológica de produtos artesanais deve se traduzir na implementação de boas práticas de fermentação nos estabelecimentos produtores, interação dos produtores com especialistas da microbiologia de alimentos, comunicação aos consumidores acerca da segurança microbiológica e qualidade do produto fermentado caseiro e avaliação da qualidade microbiológica de novas receitas de fermentação. Em trabalho recente, Capozzi *et al.* (2020) destacam que, na literatura científica, é possível encontrar abordagens que ultrapassam a dicotomia entre depender da fermentação espontânea e utilizar culturas iniciadoras comerciais, retratando uma "terceira via" para se conjugar o interesse em valorizar os atributos artesanais com a necessidade de gestão de riscos microbiológicos nos produtos finais. A tecnologia de uso de cultura iniciadora pode representar uma oportunidade na garantia de qualidade e segurança das fermentações. Certamente, os avanços recentes em análises metagenômicas e de sequenciamento genômico, que permitem avaliações de segurança e monitoramento fermentativo, poderão nos indicar novas abordagens para explorarmos de maneira mais eficiente e segura a produção de alimentos fermentados artesanais.

REFERÊNCIAS

ADAMS, M.; MITCHELL, R. Fermentation and pathogen control: a risk assessment approach. *International Journal of Food Microbiology*, v. 15, n. 79(1-2), p. 75-83, nov. 2002.

ARBULU, S. *et al.* Cloning and expression of synthetic genes encoding native, hybridand bacteriocin-derived chimeras from mature class IIa bacteriocins, by *Pichia pastoris* (syn. *Komagataella* spp.). *Food Research International*, v. 121, p. 888-899, jul. 2019.

ARRANZ-OTAEGUI, A. *et al.* Archaeobotanical evidence reveals the origins of bread 14,400 years ago in northeastern Jordan. *Proceedings of the National Academy of Sciences*, v. 115, n. 31, p. 7925-7930, jul. 2018.

BRASIL. Agência Nacional de Vigilância Sanitária – ANVISA. Portaria PRT N° 540, de 27 de outubro de 1997. Aprova o Regulamento Técnico: Aditivos Alimentares - definições, classificação e emprego. Brasília: Diário Oficial da União, n. 208, Seção 1, p. 24338-24339.

CAPOZZI, V. *et al.* Spontaneous food fermentations and potential risks for human health. *Fermentation*, v. 3, n. 4, p. 49, set. 2017.

CAPOZZI, V. *et al.* Microbiological safety and the management of microbial resources in artisanal foods and beverages: the need for a transdisciplinary assessment to conciliate actual trends and risks avoidance. *Microorganisms*, v. 8, n. 2, p. 306, fev. 2020.

CORSETTI, A.; PERPETUINI, G.; TOFALO, R. Biopreservation effects in fermented foods. *In*: HOLZAPFEL, W. *Advances in Fermented Foods and Beverages*. Cambridge: Woodhead Publishing, 2015. p. 311-332.

CURRY, A. *National Geographic*. Our 9,000-year love affair with booze. *National Geographic*, fev. 2017. Disponível em: https://www.nationalgeographic.com/magazine/2017/02/alcohol-discovery-addiction-booze-human-culture/. Acesso em: 10 maio 2021.

DABA, G. M.; ELKHATEEB, W. A. Bacteriocins of lactic acid bacteria as biotechnological tools in food and pharmaceuticals: current applications and future prospects. *Biocatalysis and Agricultural Biotechnology*, v. 28, 101750, set. 2020.

DERTLI, E.; ÇON, A. H. Microbial diversity of traditional kefir grains and their role on kefir aroma. *LWT – Food Science and Technology*, v. 85, Part A, p. 151-157, nov. 2017.

DIETRICH, L. *et al.* Cereal processing at Early Neolithic Göbekli Tepe, southeastern Turkey. *PLoS One*, v. 15, n. 5, e0215214, maio 2019.

DÓRIA, C. A. *Estrelas no céu da boca*: escritos sobre culinária e gastronomia. São Paulo: Senac, 2006.

EL ZAATARI, S. *et al.* Neandertal *versus* modern human dietary responses to climatic fluctuations. *PLoS One*, v. 11, n. 4, e0153277, abr. 2016.

FRANCO, A. *De caçador a gourmet*: uma história da gastronomia. 5. ed. São Paulo: Senac, 2001.

GONTIJO, M. T. P. *et al.* Phylogenetic distribution of the bacteriocin repertoire of lactic acid bacteria species associated with artisanal cheese. *Food Research International*, v. 128, p. 108783, fev. 2020.

HOSKEN, B. de O. *Bactérias láticas de Queijos Minas Artesanais com potencial bioprotetor para aplicação industrial*. 2021. Dissertação (Mestrado em Microbiologia Agrícola) –Universidade Federal de Viçosa, Viçosa, 2021.

HUTKINS, R. W. Microbiology and technology of fermented foods. Ames: Blackwell Publishing, 2006. p. 473.

KATZ, S. E. E. *A arte da fermentação*. São Paulo: Tapioca, 2014.

MARCO, M. L. *et al.* Health benefits of fermented foods: microbiota and beyond. *Current Opinion in Biotechnology*, v. 44, p. 94-102, abr. 2017.

MARCO, M. L. *et al.* The International Scientific Association for Probiotics and Prebiotics (ISAPP) consensus statement on fermented foods. *Nature Reviews Gastroenterology & Hepatology*, v. 18, p. 196-208, jan. 2021.

MASKE, B. L. *et al.* Viruses in fermented foods: are they good or bad? Two sides of the same coin. *Food Microbiology*, v. 98, p. 103794, set. 2021.

MENEZES, L. A. A. *et al.* Reducing FODMAPs and improving bread quality using type II sourdough with selected starter cultures. *International Journal of Food Sciences and Nutrition*, v. 2, p. 1-11, mar. 2021.

MONTANARI, M. A comida como cultura. 2ª Edição. São Paulo: Editora Senac, 2008. p. 208.

PETERS A. *et al.* Metabolites of lactic acid bacteria present in fermented foods are highly potent agonists of human hydroxycarboxylic acid receptor 3. *PLoS Genetics*, v. 15, n. 5, e1008145, maio 2019.

POLLAN, M. *Cozinhar*: uma história natural da transformação. Rio de Janeiro: Intrínseca, 2014.

RASHEED, H. A. *et al.* Purification and partial characterization of a novel bacteriocin produced by bacteriocinogenic *Lactobacillus fermentum* BZ532 isolated from Chinese fermented cereal beverage (Bozai). *LWT – Food Science and Technology*, v. 124, p. 109113, abr. 2020.

RAY, R. C.; JOSHI, V. K. Fermented foods: past, present and future. *In*: RAY, R. C.; DIDIER, M. *Microorganisms and fermentation of traditional foods*. Boca Raton: CRC Press, 2014.

REVEDIN, A. *et al.* Thirty thousand-year-old evidence of plant food processing. *PNAS*, v. 107, n. 44, p. 18815-18819, maio 2010.

REZAC, S. *et al.* Fermented Foods as a Dietary Source of Live Organisms. Front Microbiol., v. 9, p. 1785, ago. 2018.

STRATFORD, M. Traditional preservatives: organic acids. *In*: ROBINSON, R. K. (ed.). *Encyclopedia of food microbiology*. New York: Academic Press, 1999.

TAMANG, J. P. *et al.* Fermented foods in a global age: East meets West. *Comprehensive Reviews in Food Science and Food Safety*, v. 19, p. 184-217, jan. 2020.

TAYLOR, B.C. *et al.* Consumption of fermented foods is associated with systematic differences in the gut microbiome and metabolome. *mSystems*, v. 5, n. 2, p. e00901-19, abr. 2020.

THE GUARDIAN. Kneading to relax? How coronavirus prompted a surge in stress baking. 19 de abril de 2020. Disponível em: https://www.theguardian.com/us-news/2020/apr/19/coronavirus-stress-baking-sourdough-kneading-relax. Acesso em: 10 out. 2020.

VEIGA, E. Como o trigo "domesticou" a humanidade – e vice-versa. *BBC News Brasil*, 29 maio 2019. Disponível em: https://www.bbc.com/portuguese/geral-48445689#. Acesso em: 10 fev. 2021.

WU, Q.; ZHU, Y.; FANG, C.; WIJFFELS, R.H.; XU, Y. Can we control microbiota in spontaneous food fermentation? – Chinese liquor as a case example. Trends in Food Science & Technology, v. 110, p. 321–331, 2021.

XIANG, H. *et al.* Fermentation-enabled wellness foods: A fresh perspective. Food Science and Human Wellness, v. 8, n. 3, p. 203-243, set. 2019.

XIANG, Y.-Z. *et al.* Purification and antibacterial properties of a novel bacteriocin against *Escherichia coli* from *Bacillus subtilis* isolated from blueberry ferments. *LWT – Food Science and Technology*, v. 146, p. 111456, jul. 2021.

XU, D. *et al.* Improving bread aroma using low-temperature sourdough fermentation. *Food Bioscience*, v. 37, p. 100704, out. 2020.

XU, X. *et al.* Shifts in autochthonous microbial diversity and volatile metabolites during the fermentation of chili pepper (*Capsicum frutescens* L.). *Food Chemistry*, v. 335, jan. 2021.

YI, L. *et al.* Cell wall and DNA damage of *Staphylococcus aureus* by bacteriocin BM1157. *LWT – Food Science and Technology*, v. p. 134, 109842, dez. 2020a.

YI, L. *et al.* Screening of bacteriocin-producing lactic acid bacteria in Chinese homemade pickle and dry-cured meat, and bacteriocin identification by genome sequencing. *LWT – Food Science and Technology*, v. 125, p. 109177, maio 2020b.

ZHANG, X. *et al.* Flavor differences between commercial and traditional soybean paste. *LWT – Food Science and Technology*, v. 142, p. 111052, maio 2021.

ZHENG, J. *et al.* A taxonomic note on the genus *Lactobacillus*: description of 23 novel genera, emended description of the genus *Lactobacillus* Beijerinck 1901, and union of *Lactobacillaceae* and *Leuconostocaceae*. *International Journal of Systematic and Evolutionary Microbiology*, v. 70, p. 2782-2858, 2020.

CAPÍTULO 2

Alimentos fermentados: propriedades nutricionais e de saúde

Luiza Carla Vidigal Castro,[1] Ana Íris Mendes Coelho,[2]

Thamylles Thuany Mayrink Lima,[3] Isabelle Lima Lopes,[3]

José Guilherme Prado Martin[3]

2.1 FERMENTADOS: HISTÓRICO E FUNCIONALIDADE

A produção e o consumo de alimentos fermentados remontam a tempos anteriores ao desenvolvimento da agricultura. Acredita-se que os primeiros pães de fermentação natural teriam sido os primeiros alimentos fermentados produzidos há mais de 14 mil anos. À época, o processo de fermentação provavelmente favorecia o consumo de alimentos à base de ingredientes pouco digeríveis, como é o caso do próprio pão – o trigo selvagem, naturalmente rígido e de difícil digestibilidade, só poderia ser consumido após algum tipo de processamento, incluindo a moagem dos grãos, a hidratação, a fermentação e a cocção. Além disso, a maior durabilidade das matérias-primas (especialmente as de origem animal) decorrente da fermentação certamente contribuiu para o interesse por esse processo: quando nossos ancestrais observaram que o leite, extremamente perecível à temperatura ambiente, poderia ser consumido por

1 Laboratório de Técnica Dietética, Departamento de Nutrição e Saúde, Universidade Federal de Viçosa (UFV), Viçosa, Minas Gerais, Brasil.

2 Laboratório de Higiene dos Alimentos, Departamento de Nutrição e Saúde, Universidade Federal de Viçosa (UFV), Viçosa, Minas Gerais, Brasil.

3 Laboratório de Microbiologia de Produtos Fermentados (FERMICRO), Departamento de Microbiologia, Universidade Federal de Viçosa (UFV), Viçosa, Minas Gerais, Brasil.

mais tempo após seu "azedamento", na forma de iogurtes e queijos primitivos de valor sensorial considerável, tinha-se ali uma valiosa descoberta.

Assim, em épocas remotas, a fermentação teria sido utilizada, ainda que de forma rudimentar, com o propósito principal de conservar matérias-primas alimentares de baixa durabilidade. Acredita-se, portanto, que a necessidade de conservação dos alimentos esteja intimamente relacionada ao domínio da fermentação natural pelo homem. Pode soar banal, nos dias atuais, o impacto do uso da fermentação na produção de alimentos. No entanto, em períodos de grandes pragas, guerras e escassez de alimentos, esse método foi de extrema importância, por ter possibilitado o armazenamento de alimentos por períodos prolongados.

Atualmente, estima-se que cerca de um terço do que é consumido no mundo todo corresponda a alimentos fermentados (XIANG *et al.*, 2019). A popularidade deles remonta a milênios, e a classe é frequentemente considerada como representante dos primeiros alimentos processados (MARCO *et al.*, 2017). Há relatos de que a produção em larga escala de pão e cerveja pelos egípcios e babilônios date, respectivamente, de 3000 a 4000 a.C. Com a conquista de terras durante o Império Romano, a prática da fermentação foi gradualmente difundida por todo o Império, uma vez que permitia a aquisição de conhecimento sobre técnicas adotadas pelos povos conquistados e a descoberta de novas matérias-primas (HUTKINS, 2006). Existem evidências de vinificação no Oriente Médio, Ásia e Extremo Oriente durante o período Neolítico, e, tempos depois, o processo de produção de vinho alcançou as regiões mediterrâneas da Europa. Os alimentos originados no continente asiático eram baseados principalmente em arroz, soja, vegetais e peixes, provavelmente por influência das características religiosas e sociais desse continente. Na África, cereais (como milheto, milho, sorgo e trigo) e raízes (como a mandioca) eram os principais substratos utilizados. Em contrapartida, alimentos fermentados de origem animal (como leite, queijos e outros tipos de derivados lácteos) parecem ter uma origem multivariada, associada aos locais onde a criação de animais estava presente (TAMANG *et al.*, 2020).

Os efeitos da fermentação podem estar relacionados ao aumento da vida útil e à segurança do produto final (a partir da produção de ácidos orgânicos e bacteriocinas com efeito bioconservante) (WILBURN; RYAN, 2017; XIANG *et al.*, 2019), à modificação das características sensoriais (conferindo sabores, aromas e texturas complexos), bem como à melhoria na composição nutricional (resultado do bioenriquecimento e da biodegradação de compostos indesejáveis) e propriedades funcionais (a partir da bioprodução de peptídeos, enzimas e substâncias antioxidantes) (Figura 2.1).

Figura 2.1 – Estágios da fermentação de alimentos relacionados a alterações decorrentes da atividade de bactérias láticas. A qualidade nutricional dos alimentos fermentados relaciona-se a diferentes fatores, dentre eles: microbiota, substrato fermentativo e condições ambientais.
Fonte: adaptada de Cuvas-Limon *et al.* (2020).

Ainda que alguns efeitos funcionais já fossem atribuídos ao consumo de alguns alimentos desde muito tempo atrás, apenas em décadas recentes a comprovação disso se deu a partir de estudos científicos, incluindo especialmente experimentos em modelo animal e testes clínicos. Nesse contexto, o consumo de fermentados deve ser compreendido sob uma nova perspectiva, relacionada à promoção da saúde e bem-estar. Graças às muitas vantagens relacionadas à saúde, portanto, os alimentos fermentados têm atraído cada vez mais a atenção da comunidade científica e dos consumidores, principalmente daqueles adeptos a um estilo de alimentação mais saudável e que manifestam constantemente preocupação com a saúde (ANLIER; GÖKCEN; SEZGIN, 2019).

Neste ponto, cabe uma definição importante. Os produtos fermentados são aqueles produzidos por meio do crescimento microbiano desejado e controlado, com consequentes conversões enzimáticas de componentes da matriz alimentar. Muitas vezes, este conceito não é bem compreendido pela população em geral: os alimentos fermentados podem ou não conter microrganismos vivos no momento do consumo. Assim, nem todo alimento fermentado é considerado probiótico, conforme discutiremos mais adiante. Isso está relacionado principalmente a etapas de processamento, principalmente ao tratamento térmico, como a pasteurização (MARCO *et al.*, 2021).

Muitas vezes, o uso desse tipo de processamento é, erroneamente, tido como prejudicial, uma vez que acaba por eliminar parte da microbiota potencialmente benéfica do produto final. No entanto, mesmo na ausência de microrganismos vivos, vitaminas ou outras moléculas bioativas de origem microbiana produzidas ao longo da fermentação, além da inativação de fatores antinutricionais próprios da matéria-prima, contribuem para as propriedades benéficas do alimento fermentado (REZAC *et al.*, 2018).

Nesse contexto, os alimentos fermentados podem ser incluídos na categoria de alimentos funcionais e divididos em probióticos, prebióticos e simbióticos (XIANG *et al.*, 2019). De acordo com a Organização das Nações Unidas para a Alimentação e a Agricultura (FAO, 2001), *probióticos* correspondem a "microrganismos vivos que, quando administrados em quantidades adequadas, conferem benefícios à saúde do hospedeiro". Já os *prebióticos* consistem em substratos passíveis de serem metabolizados pela microbiota do hospedeiro, resultando em benefícios à saúde. Por fim, os *simbióticos* são alimentos em que os dois conceitos anteriores se encontram combinados (para mais informações, ver Capítulo 5). Em relação aos benefícios potenciais à saúde, paraprobióticos e pós-bióticos são conceitos ainda emergentes na área dos alimentos com propriedades funcionais, carentes de uma definição mais clara. Os primeiros correspondem às células microbianas de probióticos inativadas, intactas ou rompidas. Os segundos consistem em uma mistura complexa de produtos metabólicos secretados por probióticos em sobrenadantes livres de células (NATARAJ *et al.*, 2020).

Alimentos funcionais podem ser importantes moduladores da atividade da microbiota intestinal e ser aplicados para melhorar a saúde do hospedeiro (VLIEGH *et al.*, 2011). Alguns alimentos fermentados não possuem microrganismos viáveis, especialmente aqueles produzidos industrialmente e submetidos a tratamentos térmicos, como a pasteurização (por exemplo, picles e chucrute pasteurizados), além do pão, que, obviamente, é submetido ao processo de forneamento a altas temperaturas. No entanto, em muitos tipos de fermentados, como queijos, *kefir, kimchi, kombucha* e iogurte, uma rica microbiota *é parte do alimento* e pode, a depender dos microrganismos constituintes, corresponder a probióticos (MARCO *et al.*, 2017). Portanto, para que o termo probiótico conste na rotulagem de um alimento, é necessário que este atenda à legislação específica, o que depende de vários fatores, como evidências de que os componentes microbianos vivos conferem benefícios à saúde, definição específica dos microrganismos presentes, comprovação científica do número mínimo suficiente da cepa no produto final, além da comprovação de segurança (MARCO *et al.*, 2021).

Em alimentos fermentados – e aqui incluem-se também os que não são probióticos –, muitas propriedades funcionais estão relacionadas ao incremento dos teores de proteínas, minerais, vitaminas e outros nutrientes, resultado da atividade microbiana sobre a matriz alimentar; assim, a fermentação confere propriedades nutricionais aprimoradas às dietas convencionais. Além disso, a presença de determinados compostos, como peptídeos, ácido gama-aminobutírico (GABA), ácidos linoleicos conjugados (CLA), exopolissacarídeos, neurotransmissores e compostos fenólicos, pode auxiliar na proteção contra diversas doenças e no enriquecimento da dieta (ANLIER; GÖKCEN; SEZGIN, 2019; VLIEG *et al.*, 2011).

Uma melhor compreensão acerca da sucessão microbiana durante o processo de fermentação e maturação de alimentos tem sido objeto de estudos realizados com novas técnicas de análise, incluindo ferramentas ômicas, muitas vezes correlacionando-se a efeitos funcionais observados em modelo animal. Entre seus principais mecanismos de ação, merecem destaque as alterações nos componentes nutricionais dos alimentos, modulação do sistema imunológico, compostos bioativos que afetam a função intestinal e sistêmica ou modulação da composição e atividade da microbiota intestinal (MARCO *et al.*, 2021). Entretanto, ensaios clínicos são necessários para ampliar a compreensão acerca das propriedades benéficas dos alimentos fermentados.

Nas próximas seções, serão apresentados os principais aspectos funcionais e nutricionais de diferentes classes de alimentos fermentados, sua inclusão na alimentação humana, os efeitos da microbiota e de metabólitos decorrentes da fermentação e benefícios à saúde. Discutiremos, ainda, aspectos relevantes acerca da rotulagem, da segurança, das boas práticas de fabricação e da importância de se discutir a inclusão dos alimentos fermentados nos guias alimentares.

2.2 ALIMENTOS FERMENTADOS NA ALIMENTAÇÃO

Desde a amamentação, no período neonatal, a alimentação, aliada a outros fatores intrínsecos e extrínsecos, influencia a composição do microbioma humano, particularmente o microbioma intestinal, que abriga a maior abundância e diversidade de microrganismos (LI *et al.*, 2019; WALKER, 2017). Dessa forma, exerce um papel muito importante na relação entre saúde e doença, impactando o bem-estar tanto de maneira positiva como negativa.

O corpo humano é colonizado por microrganismos em diferentes nichos superficiais, nos quais se estabelecem microbiomas com altos níveis de adaptação. A composição das comunidades microbianas é variável e dependente de fatores físicos, químicos e imunológicos. A microbiota intestinal exerce uma série de funções imprescindíveis para a manutenção do equilíbrio da homeostase e, consequentemente, para a saúde do corpo humano. Além da relação de antagonismo com espécies potencialmente prejudiciais, a partir da competição por superfícies colonizáveis e nutrientes com patógenos veiculados por alimentos, a microbiota intestinal também desempenha importante função digestória, produzindo vitaminas e degradando componentes tóxicos ao organismo. Ademais, seu equilíbrio é fundamental para o bom funcionamento do sistema imunológico.

A partir do nascimento, uma série de transformações relativas à microbiota ocorre ao longo do desenvolvimento da criança. Sua composição aumenta em diversidade e riqueza, atingindo maior complexidade na fase adulta (Figura 2.2). É a partir desse momento que parece haver, então, uma certa estabilidade em termos de composição, que passa a se modificar consideravelmente após os 65 anos de idade (OTTMAN *et al.*, 2012).

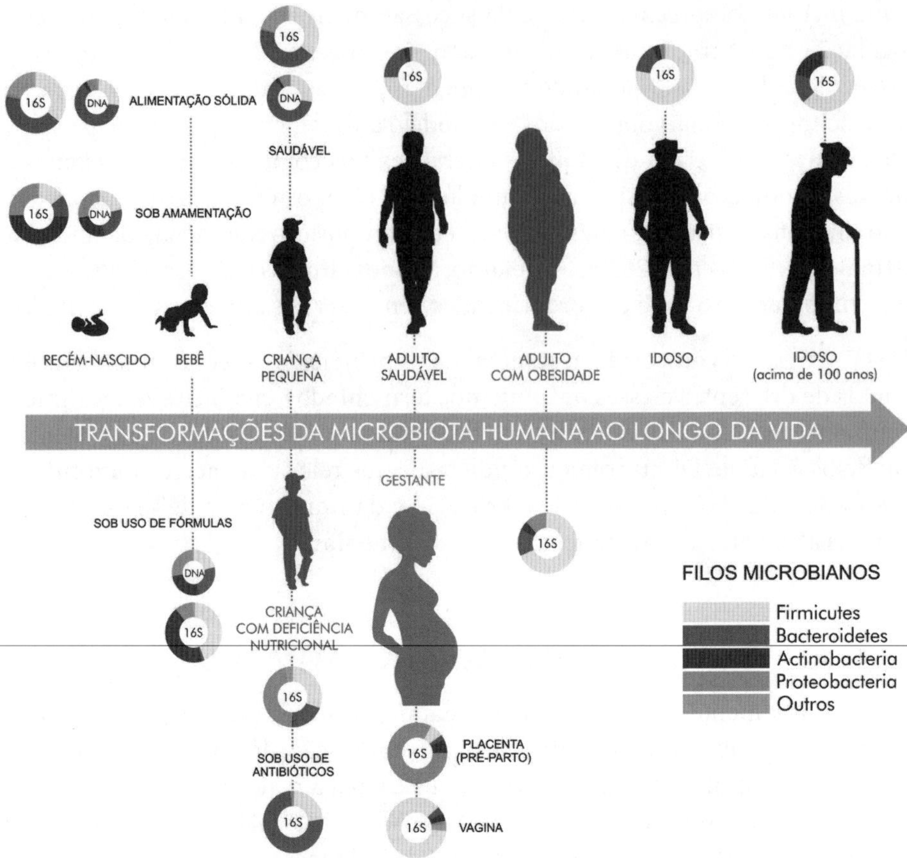

Figura 2.2 – Abundância relativa dos principais filos que compõem a microbiota humana (resultados de pesquisas com 16S ou abordagens metagenômicas a partir de DNA), em diferentes estágios da vida de um indivíduo e/ou situações específicas. Fonte: adaptada de Ottman *et al.* (2012), com informações de Belizário e Napolitano (2015).

Com o início da colonização, tem origem um processo de sucessão ecológica que culmina com uma microbiota benéfica bem estabelecida, referenciada comumente como "microbiota comensal" (SERRANO; HARRIS, 2016). Cabe, neste ponto, uma ressalva: o início da formação da microbiota intestinal ainda é um tema controverso (MESA *et al.*, 2020; PEREZ-MUÑOZ *et al.*, 2017; RACKAITYTE; LYNCH, 2020; WALTER; HORNEF, 2021). Precisar quando ela ocorre não é tarefa fácil, mas estudos recentes têm aventado a possibilidade de que é na vida intrauterina que o processo de colonização se inicia, diferentemente da ideia de que ocorreria apenas a partir do nascimento (WALKER, 2017). Há muitos trabalhos que sustentam a hipótese de que a exposição microbiana ocorre ainda no útero. Bactérias e fragmentos de DNA bacteriano já foram identificados no sangue do cordão umbilical, na placenta e no mecônio, o primeiro material fecal eliminado pelo neonato, sugerindo, portanto, que a exposição aos microrganismos antecede o nascimento (JIMÉNEZ *et al.*, 2005; MARTIN *et al.*, 2016; SATOKARI *et al.*, 2009). Apesar da existência de uma barreira física (epitélio e muco) entre a cavidade intestinal da mãe e seu sistema sanguíneo – este responsável pela nutrição placentária da criança em gestação –, um complexo sistema pode explicar, em parte, como microrganismos constituintes da microbiota intestinal da mãe poderiam iniciar a colonização do trato digestório da criança. Células dendríticas da mucosa intestinal, por meio de receptores reconhecedores de padrões, atuam constantemente neste nicho, combatendo patógenos entéricos e, ao mesmo tempo, sem causar qualquer prejuízo à sua microbiota natural. Tal sistema não está totalmente operante em um sistema imunológico neonatal, ainda em desenvolvimento. Portanto, a presença de material genético bacteriano proveniente da microbiota intestinal materna tanto no leite como nas células dendríticas sugere, segundo os pesquisadores, uma possível via de translocação de microrganismos, iniciando, dessa maneira, a colonização intestinal antes mesmo do nascimento. Obviamente, a colonização do trato gastrointestinal do neonato se dá de maneira mais expressiva pela ingestão de microrganismos presentes em alimentos e no ambiente (PEREZ *et al.*, 2007).

A microbiota intestinal tem influência sobre várias funções fisiológicas, imunológicas e metabólicas, com reflexos em todo o corpo humano (FERREIRA *et al.*, 2020; HEINEN; AHNEN; SLAVIN, 2020). Anteriormente, estimava-se que existiam dez vezes mais células bacterianas do que humanas compondo a microbiota intestinal; no entanto, uma estimativa mais recente sugere que a diferença entre células bacterianas e humanas seja menor, com uma correlação próxima de 1:1 (SENDER; FUCHS; MILO, 2016). Em relação ao conteúdo genético, os genes bacterianos superam os genes humanos em mais de cem vezes (MUELLER *et al.*, 2015). Devido a esse grande número de células bacterianas presentes, ao vasto repertório genético bacteriano e à influência em importantes processos metabólicos que vão além dos ocorridos no ambiente intestinal, frequentemente se faz referência à microbiota intestinal como "um órgão dentro de outro órgão", uma vez que todo o corpo pode ser afetado pelas atividades exercidas por essa microbiota intestinal (HEINEN; AHNEN; SLAVIN, 2020; XIANG *et al.*, 2019).

Ao longo das últimas décadas, padrões de colonização do trato gastrointestinal humano têm se modificado, principalmente em decorrência do estilo de vida, em constante evolução. Distúrbios decorrentes de alterações da microbiota gastrointestinal, a *disbiose*, prejudicam não apenas as funções intestinais, mas também impactam de maneira negativa o bom funcionamento do organismo (SERRANO; HARRIS, 2016). Perturbações na composição da microbiota intestinal atingem diretamente a saúde humana: os indivíduos com desequilíbrio nesse consórcio microbiano ficam mais propensos a diferentes tipos de patologias (ARBOLEYA *et al.*, 2016). Um risco aumentado de doenças inflamatórias, autoimunes e metabólicas – por exemplo, diabetes, obesidade, asma, doenças gástricas crônicas, incluindo doença celíaca, de Crohn, além de cânceres gástricos – tem sido atribuído à disbiose (SERRANO; HARRIS, 2016).

Muitas diferenças relacionadas à abundância e diversidade microbianas no intestino são dependentes da dieta adotada por cada indivíduo, uma vez que as dietas podem levar ao incremento de alguns grupos bacterianos, bem como à diminuição de outros (HEINEN; AHNEN; SLAVIN, 2020). Já há comprovação científica de que a proporção de determinados grupos depende do tipo de alimentação. Populações maiores de algumas bactérias específicas, como lactobacilos, bifidobactérias e estreptococos, consideradas benéficas para a saúde do intestino, resultam em efeitos positivos exercidos pelo microbioma (DAVID *et al.*, 2014; HEINEN; AHNEN; SLAVIN, 2020). Dietas abundantes em fibras, frutas e vegetais apresentaram uma composição do microbioma mais diversa, com maior abundância de bactérias do filo Bacteroidetes. Já em dietas com predomínio de alimentos de origem animal, a prevalência foi de bactérias do filo Firmicutes (DE FILIPPO *et al.*, 2010). Os hábitos alimentares são, portanto, fatores determinantes para modular a composição do consórcio microbiano do trato gastrointestinal (FERREIRA *et al.*, 2020). Mudanças na dieta podem resultar em alterações na microbiota intestinal da ordem de 60%, reforçando a ideia de que a dieta é crucial para as proporções dos grupos microbianos que compõem esse nicho em específico (VLIEG *et al.*, 2011).

Tal influência está relacionada à abundância de microrganismos dos alimentos fermentados. A maior parte apresenta, em geral, populações em torno de 10^6 células/g de produto (DIMIDI *et al.*, 2019), valor que pode ser menor ou maior a depender do tipo de alimento (composição, disponibilidade de nutrientes), da microbiota fermentadora (se selvagem ou inoculada), das condições em que a fermentação é desenvolvida (se em condições controladas de temperatura e atmosfera, tempo necessário para o desenvolvimento dos grupos microbianos de interesse), e obviamente, da aplicação de tratamentos térmicos visando à maior durabilidade do produto (por exemplo, pasteurização ou filtração).

A fim de compreender a influência da dieta na estrutura da microbiota intestinal, Li *et al.* (2019) analisaram os microrganismos presentes em amostras fecais de nômades do Cazaquistão. Esse grupo se alimenta de forma relativamente simples, consumindo, normalmente, carne de carneiro e boi e vegetais, os quais se restringem normalmente à cebola, cenoura e pimentão-verde. Como possuem um rebanho grande, o volume de leite coletado é expressivo e, por faltar-lhes, muitas vezes, equipamentos de refrigeração, optam pela fermentação como uma estratégia de conservação dessa matéria-prima. Via fermentação espontânea, o leite cru é utilizado para se preparar principalmente iogurte e queijo, que correspondem a mais de 70% dos alimentos diariamente consumidos pelo grupo. O consumo diário de fermentados como a fração mais significativa da dieta dos cazaques resulta em uma abundância de actinobactérias, especialmente *Bifidobacterium* e *Collinsella aerofaciens* (LI *et al.*, 2019), ambas já reconhecidas por serem abundantes no intestino de seres humanos saudáveis e responsáveis pela sua homeostase. Alterações na proporção desses microrganismos no intestino podem ocasionar distúrbios de saúde, por exemplo, a síndrome do intestino irritável (BAG; GHOSH; DAS, 2017; TOJO *et al.*, 2014). A ocorrência dessas bactérias é o motivo pelo qual o grupo se mantém saudável, mesmo fazendo uso de uma dieta rica em gordura animal (carnes, iogurte e queijos) e pobre em vegetais (LI *et al.*, 2019). Portanto, os alimentos fermentados ingeridos pelo grupo avaliado estão intimamente relacionados a uma microbiota intestinal equilibrada. Como já se demonstrou, o desequilíbrio dessa microbiota favorece o desenvolvimento de várias doenças em quase todos os sistemas biológicos (ARBOLEYA *et al.*, 2016; FERREIRA *et al.*, 2020).

Muitos estudos *in vitro* ou em modelo animal (ratos e camundongos) demonstrando os efeitos benéficos de diferentes alimentos fermentados têm sido realizados. Há que se considerar, contudo, que, para se comprovarem os resultados obtidos a partir desses modelos, novos estudos com seres humanos são necessários, a exemplo dos apresentados por Carvalho *et al.* (2018) acerca dos efeitos associados ao consumo de vários tipos de alimentos e bebidas fermentadas: iogurte (*Lactobacillus delbrueckii* ssp. *bulgaricus* e *Streptococcus thermophilus*) e menor risco de diabetes tipo 2; leite fermentado (*Lacticaseibacillus casei*) e normalização do movimento intestinal e controle de infecção; leite fermentado (*Lactobacillus casei* DN-114 001) e redução de infecção respiratória; pasta de soja fermentada coreana (*Bacillus licheniformis*) e melhoria da composição corporal em adultos com sobrepeso e obesidade; *kimchi* (*Lactiplantibacillus plantarum* subsp. *plantarum*, *Levilactobacillus brevis*, *Pediococcus cerevisiae*, *Enterococcus faecalis* e *Leuconostoc mesenteroides*) e redução de peso corporal; pão (*Saccharomyces cerevisiae*) e redução de fatores de risco cardiovasculares.

O *kimchi*, alimento consumido em praticamente todas as refeições pelos coreanos, apresentou efeitos benéficos relacionados à diabetes tipo 2. A fim de avaliar como o produto poderia afetar o metabolismo da glicose e, consequentemente, a prevalência de diabetes tipo 2, um estudo propôs a ingestão de *kimchi* fresco e fermentado por indivíduos com hiperglicemia intermediária (AN *et al.*, 2013). Ambos resultaram em melhoras na tolerância à glicose (o que pode ser em parte atribuído à maior ingestão de fibras, abundantes na matéria-prima e reconhecidas por reduzirem a incidência de diabetes). Os indivíduos avaliados apresentaram, ainda, significativa redução da circunferência abdominal, peso e índice de massa corporal, demonstrando os efeitos do *kimchi* no combate à obesidade. O produto fermentado, contudo, resultou na maior porcentagem de melhora da tolerância à glicose (33% contra 9,5% do *kimchi* fresco), efeito associado à microbiota ($6{,}5 \times 10^9$ UFC de lactobacilos/g *kimchi* fermentado *versus* $1{,}5 \times 10^7$ UFC/g de *kimchi* fresco). Logo, as propriedades promotoras de saúde do *kimchi* foram aumentadas pela atividade microbiana decorrente do processo fermentativo. Além disso, o *kimchi* fermentado também resultou em decréscimo da resistência e aumento na sensibilidade à insulina. Os autores enfatizaram os efeitos benéficos associados ao consumo de *kimchi*, especialmente em relação ao produto fermentado.

Estudo semelhante também demonstrou que o consumo de *kimchi* fermentado altera a composição da microbiota intestinal, por meio da redução na proporção entre Firmicutes/Bacteroidetes (HAN *et al.*, 2015). A fermentação também é responsável pelo incremento de micronutrientes, por exemplo, o cálcio, que pode ter efeito antiobesidade, condição desejável para prevenção da diabetes tipo 2 (MARTINI; CATANIA; FERREIRA, 2010; PITTAS *et al.*, 2007). Os componentes bioativos produzidos pelo metabolismo microbiano, como compostos de indol, β-sitosterol, isotiocianato de benzila e tiocianato, também possuem potencial antiobesidade, além de propriedades anticâncer, antioxidante e antiaterosclerose. Tais atributos associados ao consumo de *kimchi* fermentado lhe valeram, em 2006, o *status* de um dos alimentos mais saudáveis do mundo pelo jornal americano *Health Magazine* (ISLAM; CHOI, 2009; PATRA *et al.*, 2016).

Alguns trabalhos têm relatado a influência do consumo de fermentados nos sintomas físicos decorrentes do estresse. Kato-Kataoka *et al.* (2016) avaliaram o efeito do consumo de leite fermentado uma vez ao dia, durante oito semanas, em estudantes de medicina prestes a realizar exames acadêmicos, uma situação considerada estressante. O delineamento experimental incluiu 47 indivíduos, divididos em dois grupos: 24 consumiram leite fermentado contendo *L. casei* estirpe Shirota e 23 ingeriram leite não fermentado (placebo). O consumo diário do leite fermentado foi capaz de prevenir o aparecimento de sintomas físicos como dores abdominais e resfriados. Nesses mesmos estudantes, os níveis de L-triptofano (que é associado à ansiedade) permaneceram constantes um dia antes do exame, ao contrário do observado no grupo placebo, que apresentou níveis aumentados. Assim, o consumo regular de fermentados pode ser uma estratégia importante para a modulação do humor, dos aspectos relacionados à ansiedade e dos sintomas físicos decorrentes de situações estressantes.

O estudo da relação entre microbioma intestinal e saúde mental tem contribuído para o estabelecimento de novos paradigmas na área médica. Pesquisas recentes têm sugerido que a via neuroendócrina-imune (conhecida como eixo cérebro-intestino-microbiota) conecta o cérebro à microbiota intestinal. Uma ligação mais estreita entre o bem-estar emocional e o bem-estar da microbiota intestinal – particularmente na condição dominante do gênero *Prevotella* – foi demonstrada, cujo enterotipo dominante está associado, em parte, à dieta de longo prazo do hospedeiro (LEE *et al.*, 2020). Estudos sobre psicobióticos (probióticos ou prebióticos que influenciam na relação microbiota-cérebro) também têm apoiado a existência desse tipo de efeito na saúde mental (SARKAR *et al.*, 2016). Modulação dos constituintes químicos, com consequente melhora da atividade e da biodisponibilidade; inibição do eixo hipotálamo-hipófise-adrenal, que atua na neurobiologia da resposta ao estresse; e modulação neuroquímica podem explicar os potenciais mecanismos relacionados aos efeitos na melhoria da função cerebral e cognitiva decorrentes do consumo de alimentos fermentados (KIM *et al.*, 2016).

Ainda nesse contexto, evidências substanciais têm demonstrado que fatores dietéticos podem diminuir o risco de demência, embora os mecanismos ainda não tenham sido elucidados (ANO; NAKAYAMA, 2018). Estudo clínico transversal mostrou que o consumo elevado de *tempeh*, produto fermentado de soja, apresentou associação positiva com a melhoria da memória na população estudada (KIM *et al.*, 2016). Já em relação aos lácteos fermentados, tem sido discutida a ação de oleamida e do di-hidroergosterol, identificados como dois componentes do queijo Camembert, na redução de respostas inflamatórias microgliais, o que contribui para a neuroproteção.

Os mecanismos que regulam a inflamação no cérebro têm merecido atenção especial, uma vez que a inflamação neural também está envolvida em outros distúrbios neuronais, incluindo distúrbio de ansiedade, fadiga crônica e depressão (ANO; NAKAYAMA, 2018).

O ácido gama-aminobutírico (GABA), um neurotransmissor abundante em produtos fermentados, já demonstrou ter envolvimento na etiologia da ansiedade e depressão, uma vez que a redução da ação desse neurotransmissor foi associada a sinais de depressão. Microrganismos produtores de GABA, como *Lactobacillus* spp. e *Bifidobacterium* spp., estão presentes em vários tipos de alimentos fermentados; sua atividade, portanto, pode aumentar os níveis e a disponibilidade de GABA, contribuindo para amenizar os sintomas da depressão. Dessa forma, a ingestão de alimentos contendo probióticos ou compostos bioativos decorrentes do processo fermentativo pode auxiliar na redução dos sintomas relacionados a diferentes tipos de transtornos mentais (ASLAM *et al.*, 2020).

De qualquer maneira, a atribuição de benefícios à saúde ao consumo de alimentos fermentados requer estudos bem planejados envolvendo seres humanos, muitas vezes complexos, de coorte, com análise de dieta, estilo de vida e morbidades associadas. Além disso, a sinergia potencial e/ou outras interações entre os microrganismos que realizam a fermentação e a microbiota intestinal do indivíduo também podem contribuir para a funcionalidade do alimento (CAO *et al.*, 2019).

2.3 PROPRIEDADES NUTRICIONAIS DE ALIMENTOS FERMENTADOS

A fermentação pode promover a redução, a remoção e a biotransformação de componentes da matéria-prima com características indesejáveis, como sensoriais, com efeitos negativos para a nutrição e saúde e/ou distúrbios na digestão (Figura 2.3). Azeitonas de mesa, por exemplo, apresentam compostos fenólicos que conferem gosto amargo ao produto; a remoção, que pode ser feita por via química ou fermentativa, é imprescindível para sua digestibilidade (DIMIDI *et al.*, 2019; MARCO *et al.*, 2017). Determinadas hortaliças, cereais e leguminosas podem conter compostos conhecidos como fatores antinutricionais (FAN), que incluem inibidores de proteases, fitatos, taninos e polifenóis que interferem negativamente na biodisponibilidade de nutrientes, como aminoácidos essenciais, vitaminas e minerais. Um exemplo são os fitatos, que dificultam a absorção de minerais importantes, principalmente ferro e cálcio (HIGASHIJIMA *et al.*, 2020). As fitases produzidas ao longo do processo fermentativo resultam na diminuição dos níveis de fitatos, contribuindo positivamente para a absorção destes minerais (MELINI *et al.*, 2019). Cumpre destacar que, em pequenas quantidades, os FAN podem ser benéficos para a saúde, sendo comumente considerados "compostos bioativos" (HIGASHIJIMA *et al.*, 2020).

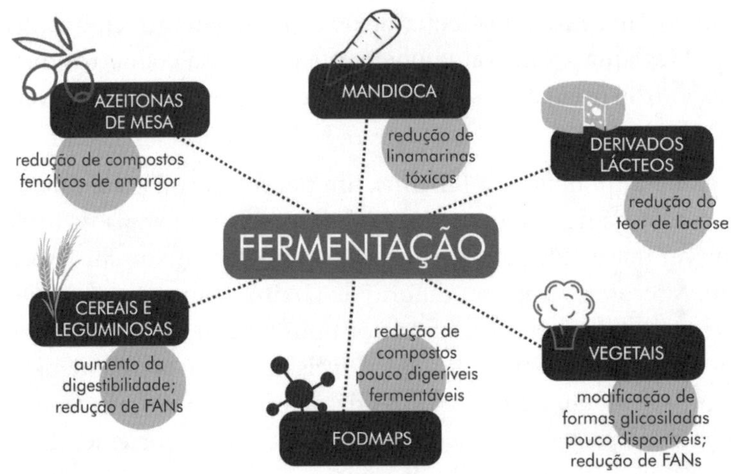

Figura 2.3 – Diferentes efeitos benéficos nutricionais da fermentação. Fonte: elaborada pelos autores.

Outros componentes importantes são os oligossacarídeos, dissacarídeos, monossacarídeos e polióis fermentáveis (FODMAP) (em inglês, *fermentable oligosaccharides, disaccharides, monosaccharides and polyols*), carboidratos de cadeia curta mal-absorvidos no intestino delgado e propensos a absorver água e, com isso, fermentar no cólon. Quando não reduzidos, os FODMAP podem desencadear sintomas da síndrome do intestino irritável (SII) e da sensibilidade não celíaca ao glúten (SNCG). Rafinose e estaquiose, por exemplo, fatores antinutricionais e flatulogênicos encontrados em plantas como a soja, podem ter seus níveis reduzidos mediante a ação das β-galactosidades sintetizadas por bactérias ácido-láticas (BAL) durante o processo fermentativo (LEBLANC *et al.*, 2004). Alguns alimentos de origem vegetal, como brócolis, couve, *cranberry*, maçã, nozes, cebola e pêssego possuem polifenóis benéficos à

Tabela 2.1 – Informações nutricionais de produtos fermentados (valores por 100 g)

Alimentos fermentados	Energia (kcal)	Carboidratos (g)	Proteínas (g)	Lipídeos (g)	Colesterol (mg)	Fibra alimentar (g)	Cálcio (mg)	Magnésio (mg)	Fósforo (mg)	Ferro (mg)
Lácteos										
Iogurte, natural	61	4,7	3,5	3,3	13	0	121	12	95	0,1
Iogurte, natural, desnatado	63	7,0	5,3	1,6	6	0	183	17	144	0,1
Kefir	52	7,5	3,6	1,0	5	0	124	12	100	0,0

saúde por reduzirem o risco de várias doenças, como hiperglicemia e hiperlipidemia (ABBAS *et al.*, 2017; HARNLY *et al.*, 2006). No entanto, normalmente esses compostos estão presentes na forma glicosilada, o que reduz sua biodisponibilidade (VLIEG *et al.*, 2011). Resíduos de glicosídeos podem ser removidos pela atividade da α-rhamnosidase (AVILA *et al.*, 2009) ou da β-galactosidase (PHAM; SHAH, 2009) produzidas por BAL ao longo da fermentação. Esta última é, ainda, importante na redução de compostos tóxicos da mandioca, produto base da dieta de populações indígenas no país e bastante consumida pelos brasileiros. Algumas variedades podem apresentar quantidades significativas de linamarinas, substâncias cianogênicas com comprovada toxicidade. A quebra dessas substâncias por linamarases, um tipo de β-glicosidase produzida por *L. brevis, L. delbruecki, L. plantarum* e *Leuconostoc pseudomesenteroides* (AMOA--AWUA *et al.*, 1997; NURAIDA, 2015; NWOKORO; ANYA, 2011), resulta em redução da concentração desses componentes tóxicos. Por fim, a fermentação ainda reduz os teores de lactose em diversos tipos de derivados lácteos, possibilitando seu consumo por indivíduos intolerantes ao carboidrato (PESSIONE; CIRRINCIONE, 2016).

Apesar do aumento do consumo de alimentos ultraprocessados nas últimas décadas, o consumo de fermentados continua expressivo, sejam de origem vegetal ou animal (MARCO *et al.*, 2017). A diversidade de matérias-primas fermentáveis, bem como de microrganismos (sejam eles autóctones ou intencionalmente adicionados), favorece a produção de alimentos bastante diversos também em termos de composição nutricional. Cabe ressaltar que variações nas condições de preparo impactam de maneira significativa na qualidade do produto final, especialmente nas características sensoriais e na composição nutricional (PUNIYA *et al.*, 2016).

A seguir, apresentaremos os principais aspectos relacionados à composição nutricional de diferentes classes de alimentos fermentados (Tabela 2.1), destacando os principais pontos relacionados a sua inclusão na alimentação humana.

Sódio (mg)	Potássio (mg)	Cobre (mg)	Zinco (mg)	Retinol (µg)	Tiamina (mg)	Riboflavina (mg)	Niacina (mg)	Piridoxina (mg)	Ácido fólico (µg)	Vitamina B12 (µg)	Fonte consultada
46	155	0,01	0,6	27	0,03	0,142	0,08	0,03	7	0,37	USDA, 2019
70	234	0,01	0,9	14	0,04	0,21	0,11	0,05	11	0,56	USDA, 2019
38	159	0,01	0,5	174	0,03	0,17	0,13	0,06	18	0,3	USDA, 2019

Alimentos fermentados	Energia	Carboidratos	Proteínas	Lipídeos	Colesterol	Fibra alimentar	Cálcio	Magnésio	Fósforo	Ferro
	(kcal)	(g)	(g)	(g)	(mg)	(g)	(mg)	(mg)	(mg)	(mg)
Lassi	72	13,6	2,5	1,3	4	0	85	42	64	1,1
Leite, fermentado	70	15,7	1,9	0,1	2	NA	72	6	63	Tr
Queijo Camembert	300	0,5	19,8	24,3	72	0	388	20	347	0,33
Ylette (leite fermentado dinamarquês)	50	3,6	5,6	1,5	*	*	*	*	*	*
Ymer (leite fermentado dinamarquês)	68	3,6	5,6	3,5	*	*	*	*	*	*
Produtos à base de cereais										
Pão branco	267	49,2	9,4	3,6	0	2,3	211	27	113	3,4
Pão integral	254	43,1	12,3	3,6	0	6,0	163	77	212	2,6
Pão *sourdough* artesanal	250	52,3	9,1	1,1	0	2,3	0	*	*	0,8
Pescados fermentados										
Anchova	210	0	28,9	9,7	85	0	232	69	252	4,6
Gravlax	232	10,7	21,4	12,5	54	0	18	*	*	0,4
Molho de peixe	67	6,7	6,7	0	0	0	0	*	*	2,4
Sardinha anchovada										
Produtos cárneoss										
Pepperoni	393	0	17,9	35,7	89	0	71	*	*	1,3
Salame	336	2,4	21,8	25,9	89	0	15	19	191	1,6
Socol										

Sódio (mg)	Potássio (mg)	Cobre (mg)	Zinco (mg)	Retinol (µg)	Tiamina (mg)	Riboflavina (mg)	Niacina (mg)	Piridoxina (mg)	Ácido fólico (µg)	Vitamina B12 (µg)	Fonte consultada
38			1.0		0,00	0,18	2,12	0,21	*	0,64	USDA, 2019
33	94	0,01	0,3	Tr	0,08	0,11	Tr	Tr	*	*	NÚCLEO DE ESTUDOS..., 2011
842	187	0,02	2,4	240	0,03	0,49	0,63	0,23	*	1,3	USDA, 2019
*	*	*	*	*	*	*	*	*	*	*	TAMIME; HICKEY; MUIR, 2014
*	*	*	*	*	*	*	*	*	*	*	TAMIME; HICKEY; MUIR, 2014
477	117	0,12	0,9	*	0,51	0,24	4,76	0,09	*	*	USDA, 2019
450	250	0,23	1,8	0	0,39	0,17	4,43	0,22	42	0	USDA, 2019
477	*	*	*	0	*	*	*	*	*	*	USDA, 2019
3.668	544	0,34	2,4	12	0,08	0,36	19,90	0,20	13	0,88	USDA, 2019
1.214	482	*	*	*	*	*	*	*	*	*	USDA, 2019
10.467	*	*	*	0	*	*	*	*	*	*	USDA, 2019
1.429	*	*	*	107,1	*	*	*	*	*	*	USDA, 2019
1.740	316	0,36	2,9	0	0,37	0,36	6,05	0,46	3	1,52	

Alimentos fermentados	Energia	Carboidratos	Proteínas	Lipídeos	Colesterol	Fibra alimentar	Cálcio	Magnésio	Fósforo	Ferro
	(kcal)	(g)	(g)	(g)	(mg)	(g)	(mg)	(mg)	(mg)	(mg)
Frutas, verduras e legumes										
Azeitonas verdes	145	3,8	1,0	15,3	0	3,3	52	11	4	0,5
Azeitonas pretas	116	6,0	0,8	10,9	0	1,6	88	4	3	6,3
Chucrute	17	3,3	0,0	0,0	0	3,3	0			0,0
Kimchi	15	2,4	1,1	0,5	0	1,6	33	14	24	2,5
Picles	12	1,99	0,48	0,43	0	1	54	7	16	0,23
Leguminosas										
Missô	198	25,4	12,8	6,0	0	5,4	57	48	159	2,5
Molho de soja	53	4,9	8,1	0,6	0	0,8	33	74	166	1,5
Natto	211	12,7	19,4	11,0	0	5,4	217	115	174	8,6

2.3.1 DERIVADOS LÁCTEOS FERMENTADOS

Os produtos lácteos fermentados, especialmente queijos e leites fermentados, podem ser produzidos a partir de diferentes tipos de leite, como de vaca, cabra, búfala, égua ou camelo. Em alguns casos, a microbiota fermentadora é autóctone, ou seja, ela é natural da matéria-prima e se desenvolve ao longo da fermentação, sem adição de culturas microbianas, a depender do tipo de produto, bem como das legislações específicas de cada país.

Para leites fermentados, a composição nutricional varia de acordo com a composição da matéria-prima, o tipo de fermentação, e também do uso de outros ingredientes, como açúcares, creme de leite, mel, ervas e frutas (PUNIYA *et al.*, 2016; TAMIME; HICKEY; MUIR, 2014). Maiores teores de proteínas, ácidos graxos, ácido láurico, ácido oleico, ácido linoleico, minerais, cálcio, magnésio, zinco, ferro e selênio foram observados em leite fermentado produzido com leite de cabra, em comparação ao mesmo produto elaborado com leite de vaca. O perfil diferenciado de ácidos graxos pode contribuir para a redução do colesterol do plasma sanguíneo, conferindo, portanto, efeito protetivo contra doenças cardiovasculares. Já o de leite de vaca apresentou

Sódio (mg)	Potássio (mg)	Cobre (mg)	Zinco (mg)	Retinol (µg)	Tiamina (mg)	Riboflavina (mg)	Niacina (mg)	Piridoxina (mg)	Ácido fólico (µg)	Vitamina B12 (µg)	Fonte consultada
1.556	42	0,12	0,0	20	0,02	0,01	0,24	0,03		0	USDA, 2019
735	8	0,25	0,2	17	0	0	0,04	0,01		0	USDA, 2019
533											USDA, 2019
498	151	0,02	0,2	5	0,01	0,21	1,10	0,21	52	0	USDA, 2019
808	112	26	0,11	4	0,047	0,057	0,109	0,034	8	0	USDA, 2019
3.728	210	0,42	2,6	4	0,10	0,23	0,91	0,20	19	0,08	USDA, 2019
5.493	435	0,04	0,9	0	0,03	0,17	2,20	0,15	14	0	USDA, 2019
7	729	0,67	3,0	0	0,16	0,19	0	0,13	8	0	USDA, 2019

maiores quantidades de ácido fólico e outras vitaminas, como E, C, A, D3, B6 e B12 (MORENO-FERNANDEZ *et al.*, 2016).

Em relação ao acréscimo de ingredientes à matriz láctea fermentada, diferenças significativas também são observadas quanto à qualidade nutricional do produto final. O *lassi*, leite fermentado popular na região norte da Índia, é produzido a partir da inoculação com *L. acidophilus* e *S. thermophilus* e pode ser preparado com ou sem a adição de polpas de frutas ou mel (GEORGE, 2012). Já os leites fermentados de origem dinamarquesa, como *ymer* (identificado como *lactofil* na Suécia) e *ylette*, são produzidos com leite de vaca desnatado pasteurizado e fermentado por *Lactococcus lactis* subsp. *lactis* biovar. *diacetylactis* e *Leuconostoc mesenteroides* subsp. *cremoris*; no primeiro, há, ainda, o acréscimo de creme de leite (MACORI; COTTER, 2018; PUNIYA *et al.*, 2016; TAMIME; HICKEY; MUIR, 2014). Portanto, as principais diferenças nutricionais entre esses leites fermentados dinamarqueses estão no teor lipídico, com o *ymer* apresentando a maior quantidade de gordura a cada 100 g (3,5 g, contra 1,5-1,8 g no *ylette*). Em contrapartida, comparando os dinamarqueses com o *lassi*, observa-se que, neste último, o teor de carboidratos é maior, enquanto o de proteínas e lipídios é menor. As diferenças quanto à composição nutricional dos produtos decorrem, portanto, tanto do uso de processos e ingredientes distintos como da microbiota fermentadora empregada.

Um dos leites fermentados mais consumidos no Brasil é o iogurte, caracterizado pela fermentação do leite por *St. thermophilus* e *L. bulgaricus*. O iogurte natural apresenta composição nutricional semelhante à da matéria-prima, com algumas alterações decorrentes da ação microbiana, bem como de ingredientes importantes para o processo fermentativo, especialmente sólidos de leite. É fonte de cálcio, fósforo, magnésio, zinco e vitaminas do complexo B. O produto é, ainda, fonte importante de proteínas, com uma maior quantidade de aminoácidos livres em comparação à matéria-prima. A relação das proteínas do soro na saciedade e no controle do peso tem sido estudada, embora este efeito ainda não esteja bem elucidado. Já o conteúdo de gordura interfere no conteúdo de vitaminas lipossolúveis (EL-ABBADI; DAO; MEYDANI, 2014; GERMANI *et al.*, 2014; GÓMEZ-GALLEGO; GUEIMONDE; SALMINEN, 2018).

É importante ressaltar que, embora o iogurte seja um alimento rico nutricionalmente, é necessário que se atente para sua formulação. Quando adicionado de frutas, tem seu valor nutricional aumentando, principalmente por conta do incremento de micronutrientes e, em alguns casos, de compostos com atividade prebiótica (KONTAREVA *et al.*, 2020). No entanto, produtos acrescidos de preparados à base de fruta com elevado teor de açúcar, xaropes e outros aditivos químicos devem ser consumidos com moderação.

Uma vez que a deficiência de ácido fólico constitui um problema de saúde pública global, o consumo de alimentos fermentados corresponderia a uma alternativa para seu fornecimento em populações em risco. Entretanto, embora algumas BAL sejam capazes de produzir folato, as quantidades podem ser insuficientes para tal propósito (REZAC *et al.*, 2018). *Streptococcus thermophilus* e bifidobactérias são produtores de folato, e o conteúdo desse nutriente no iogurte pode variar de 4 a 19 µg/100 g de produto, a depender das estirpes bacterianas utilizadas no processo fermentativo. Já a ação benéfica das culturas iniciais do iogurte em situações clínicas de intolerância à lactose está relacionada à ação da enzima lactase, podendo, portanto, auxiliar na digestão no intestino delgado (GÓMEZ-GALLEGO; GUEIMONDE; SALMINEN, 2018).

O consumo de *kefir*, leite fermentado de origem balcânica, teve um crescimento expressivo nos últimos anos. É produzido por meio da fermentação do leite usando grãos de *kefir*, constituídos por uma associação simbiótica entre BAL, bactérias acéticas e leveduras. Suas características sensoriais e composição nutricional podem ser diferentes a depender da composição microbiológica dos grãos, do substrato utilizado, das condições (tempo e temperatura) da fermentação e dos aspectos tecnológicos (GAROFALO *et al.*, 2015). O produto tem sido apresentado como uma bebida probiótica com grande potencial na promoção da saúde, com benefícios cientificamente já comprovados. Como resultado do processo de fermentação, há um enriquecimento no teor das vitaminas B1, B12, K, além de ácido fólico, cálcio e aminoácidos.

O *kefir* típico contém 90% de umidade, 3% de proteína, 0,2% de lipídios, 6% de açúcar, 0,7% de cinza, 1% de ácido lático, 0,48% de álcool e 1,98 g/l de CO_2. A depender do processo de fermentação empregado, o produto pode apresentar teor alcoólico diferenciado. Em *kefir* produzido com leite de cabra, o uso de grãos de *kefir* a 1% até pH 4,5 resultou em teor de álcool de 0,3%; já na proporção de 5% de grãos, o *kefir* apresentou, para o mesmo valor de pH, teor de álcool ao redor de 1% (FARAG *et al.*, 2020; GAO; LI, 2016). Determinadas espécies microbianas podem impactar a composição de vitaminas do *kefir*, por exemplo, *Propionibacterium peterssoni* e *Propionibacterium pituitosum*, que contribuíram para o enriquecimento vitamínico (B12), enquanto *Propionibacterium freudenreichii* subsp. *shermanii* estimulou a produção de vitamina B6 (SARKAR, 2007).

O *kefir* é, ainda, rico em aminoácidos essenciais, como fenilalanina, isoleucina, lisina, metionina, treonina, triptofano e valina, com níveis bem maiores quando comparado ao leite não fermentado (ROSA *et al.*, 2017). Trata-se, pois, de um aspecto importante, uma vez que tais aminoácidos não são sintetizados pelo organismo humano, sendo necessário obtê-los por meio da dieta. Além dos essenciais, alanina e serina também têm seu teor aumentado. O *kefir* contém, ainda, proteínas parcialmente digeridas, o que auxilia no processo de digestão e absorção. Como exemplo, cita-se a caseína, uma das proteínas do leite que pode ter sua tolerância melhorada. Cálcio, fósforo, magnésio, potássio e sódio são macroelementos com teores aumentados durante a fermentação de *kefir*, que contém, ainda, microelementos, como ferro, zinco e cobre (FARAG *et al.*, 2020).

Merece destaque também o fato de algumas espécies dos grãos de *kefir* de leite biossintetizarem o heteropolissacarídeo kefirano, principal componente da matriz dos grãos (VERCE; DE VUYST; WECKX, 2019). Diversos estudos têm demonstrado o efeito benéfico do kefirano, por exemplo, na prevenção de alguns tipos de câncer (MEDRANO *et al.*, 2020), no tratamento de quadros de artrite (RADHOUANI *et al.*, 2018), na prevenção e tratamento de alergias (FURUNO; NAKANISHI, 2012) e de doenças inflamatórias (BAHARI; SHAHABI-GHAHFARROKHI; KOOLIVAND, 2020), além do potencial de uso como prebiótico em alimentos (MEDRANO; PÉREZ; ABRAHAM, 2008).

Alguns compostos com propriedades funcionais são resultado do metabolismo de BAL, a partir do consumo do substrato fermentativo. O ácido gama-aminobutírico (GABA), por exemplo, é produzido a partir do ácido glutâmico e apresenta propriedades anti-hipertensivas. Uma concentração de 144,5 mg/kg de GABA foi encontrada em leite fermentado por *L. plantarum* PU11, compatível com a dosagem necessária para resultar em efeito anti-hipertensivo brando (NEJATI *et al.*, 2013). O aumento do teor de ácido linoleico conjugado (CLA) durante a fermentação de produtos lácteos se deve à transformação de ácidos graxos insaturados por

BAL, sendo que as propriedades antioxidantes, antiaterogênicas e anti-inflamatórias do CLA foram relatadas em modelos animais e em humanos (CHINNADURAI *et al.*, 2013; FERNÁNDEZ *et al.*, 2015; FUKE; NORNBERG, 2017). A produção de peptídeos bioativos decorrente da ação enzimática sobre proteínas do leite foi relacionada à ação antioxidante, anti-hipertensiva e antimicrobiana (DIAS *et al.*, 2019; HERNÁNDEZ-LEDESMA; DEL MAR CONTRERAS; RECIO, 2011; MOSLEHISHAD *et al.*, 2013). Outro composto com atividade funcional em lácteos fermentados por BAL corresponde ao prebiótico galacto-oligossacarídeo (GOS), derivado da lactose, que atua favorecendo o crescimento de bifidobactérias no intestino (PADILLA *et al.*, 2012).

Em relação aos queijos, estes em geral apresentam microbioma mais complexo e diversificado, constituído principalmente de BAL e, dependendo do tipo de queijo e da qualidade da matéria-prima utilizada, de outras bactérias, leveduras e fungos filamentosos – que podem ser autóctones ou adicionados como cultura *starter* (HAYALOGLU, 2016). A composição nutricional é variada, uma vez que existem diferentes tipos de queijo produzidos em todo o mundo. No geral, o queijo apresenta alto teor de vitaminas A, B2, B12, além de minerais como cálcio, fósforo e magnésio. Cabe ressaltar que a presença de vitamina A é mais expressiva em queijos mais gordurosos, por ser lipossolúvel. Há perda significativa de vitaminas hidrossolúveis (B2 e B12) durante a dessoragem, mas essa perda é, de certa forma, compensada pela sua produção durante a maturação. A gordura tem um papel importante na estrutura, firmeza e sabor do queijo (FOX *et al.*, 2017). No geral, os ácidos graxos saturados mais presentes em queijos são o palmítico, mirístico e esteárico, enquanto o ácido graxo insaturado predominante é o oleico (PARODI, 2006). A hidrólise das proteínas na matéria-prima durante a produção do queijo resulta em peptídeos biológicos cujos efeitos anti-inflamatórios, antioxidantes e anti-hipertensivos têm sido demonstrados (PRITCHARD; PHILLIPS; KAILASAPATHY, 2010).

2.3.2 CEREAIS FERMENTADOS

Durante a fermentação de cereais, a atividade metabólica microbiana está intimamente relacionada à constituição dos grãos, cujas camadas externas são ricas em fibra alimentar, fitoquímicos, vitaminas, minerais, além de enzimas endógenas (POUTANEN; FLANDER; KATINA, 2009). Os aspectos nutricionais e os efeitos no organismo dependem, portanto, da composição da matéria-prima – especialmente quanto à variedade, as condições de cultivo, o tipo de beneficiamento e moagem do grão –, bem como das condições de processamento da farinha (GÓMEZ; GUTKOSKI; BRAVO-NÚÑEZ, 2020). A farinha de trigo branca refinada, por exemplo, possui menor teor de vitaminas e minerais e maior teor de amido, enquanto a farinha integral apresenta maior teor de fibras alimentares, vitaminas, minerais e de FAN (BETSCHART, 1978; GÓMEZ; GUTKOSKI; BRAVO-NÚÑEZ, 2020; HADDAD *et al.*, 2001).

Outro aspecto importante na composição nutricional dos cereais fermentados se refere às mudanças na digestibilidade das proteínas e do amido e no conteúdo de FAN. Enzimas liberadas pelos microrganismos ao longo da fermentação atuam sobre as proteínas e o amido, alterando a digestibilidade desses nutrientes, além de reduzir os teores de FAN (MELINI *et al.*, 2019; TSAFRAKIDOU; MICHAELIDOU; BILIADERIS, 2020). É muito importante que as proteínas sejam hidrolisadas antes que alcancem o intestino grosso, para que não sejam fermentadas pela microbiota intestinal, o que poderia resultar em aminas, compostos que desencadeiam efeitos indesejáveis para a saúde (TSAFRAKIDOU; MICHAELIDOU; BILIADERIS, 2020). A fermentação contribui, portanto, para o aumento da digestibilidade das proteínas e, consequentemente, para a redução da produção de compostos inflamatórios (FAN *et al.*, 2015). Em relação ao amido, a fermentação diminui sua digestibilidade e biodisponibilidade, devido à formação de ácidos orgânicos, como o lático, que aumenta a interação entre o amido e o glúten. Essa diminuição está relacionada a um menor índice glicêmico, especialmente importante para pessoas com diabetes e/ou que necessitam controlar a ingestão de carboidratos, evitando alimentos com índice glicêmico alto, de modo a reduzir o risco de doenças crônicas (MELINI *et al.*, 2019; TOH; KOH; KIM, 2020). Além disso, a fermentação modifica as fibras dietéticas, constituídas principalmente de polissacarídeos não amiláceos, que são degradados pela redução do pH e pela ativação de enzimas endógenas e microbianas. Estudo realizado por Rizzello *et al.* (2019) demonstrou que indivíduos que consumiram pães de fermentação natural (*sourdough*) apresentaram valores mais baixos de glicemia pós-prandial; além disso, a concentração de aminoácidos livres totais no plasma sanguíneo foi mantida em níveis constantemente altos por um longo período em comparação a indivíduos que consumiram pães convencionais.

Ácido fítico ou fitato é degradado durante a fermentação, aumentando a biodisponibilidade de zinco, ferro e cálcio. O teor de fitato pode ser reduzido a menos da metade pelo processo fermentativo. A degradação ocorre devido à redução no pH pela produção de ácidos orgânicos, o que fornece condições favoráveis para a atividade das fitases microbianas e endógenas (ARORA *et al.*, 2021; SAMTIYA; ALUKO; DHEWA, 2020; TSAFRAKIDOU; MICHAELIDOU; BILIADERIS, 2020). A atuação de fungos, leveduras e BAL nos cereais fermentados reduz significativamente o teor de FODMAP, responsáveis por uma série de sintomas como inchaço abdominal, flatulência e diarreia (GRAVINA *et al.*, 2020). A fermentação natural pode reduzir em pelo menos 30% o teor de FODMAP, demonstrando potencial para o desenvolvimento de produtos destinados a indivíduos com SII e SNCG (DIMIDI *et al.*, 2019).

Da mesma forma, os polifenóis, que complexam com as proteínas e diminuem sua biodisponibilidade, são degradados pelas enzimas microbianas. Os inibidores de tripsina e quimiotripsina, que também são fatores antinutricionais importantes, apresentam redução significativa no produto fermentado em comparação à farinha crua, sendo observada redução que varia de 50% a 100% da atividade inibitória de tripsina (MELINI *et al.*, 2019; MONTEMURRO *et al.*, 2019). Os inibidores de α-amilase e de tripsina (ATI) foram recentemente identificados como indutores de uma resposta imune inata na doença celíaca e SNCG. Os ATI são bastante resistentes às enzimas digestivas gastrointestinais e ao calor, e sua atividade inflamatória afeta não apenas o intestino, mas também os órgãos periféricos. Segundo Huang *et al.* (2020), a fermentação da massa de pão *sourdough* pode degradar a estrutura e a bioatividade de ATI, correspondendo, portanto, a uma estratégia dietética para a elaboração de produtos destinados a indivíduos com SNCG.

O teor de vitaminas e minerais de cereais fermentados geralmente é maior que dos cereais *in natura* e de farinhas, e depende da microbiota envolvida na fermentação (KOHAJDOVÁ, 2017). Capozzi *et al.* (2011) observaram um aumento de três vezes no conteúdo de riboflavina em pães tipo *sourdough*. Kopeć *et al.* (2011) destacam que este tipo de pão apresenta maior teor de magnésio, ferro e zinco em comparação aos pães tradicionais. O conteúdo de compostos fenólicos também é aumentado em cereais fermentados devido ao metabolismo de leveduras e BAL, as quais promovem a liberação destes compostos naturalmente presentes nos cereais. Isto resulta em aumento do efeito antioxidante neste tipo de pão. Logo, seu consumo pode contribuir para a redução dos danos resultantes do estresse oxidativo (MENEZES *et al.*, 2020; RIZZELLO *et al.*, 2016b).

Diante do exposto, conclui-se que os alimentos fermentados à base de cereais consistem em uma boa alternativa para a alimentação, especialmente de indivíduos cuja alimentação é baseada em cereais ricos em fatores antinutricionais, bem como em situações clínicas específicas, como na SNCG, SII, obesidade e diabetes (HUANG *et al.*, 2020; JOYE, 2019).

2.3.3 PESCADO FERMENTADO

Os peixes fermentados são parte importante da alimentação em diversos países, principalmente no Sudeste Asiático. A diversidade geográfica, os fatores ambientais e culturais definem a variedade deste tipo de produto (WAISUNDARA; JAYAWARDENA; WATAWANA, 2016). Enzimas endógenas e microbianas são as principais responsáveis pelas características sensoriais de peixes fermentados, uma vez que transformam proteínas, lipídios e carboidratos em compostos menores e mais biodisponíveis, como aldeídos, álcoois, aminoácidos e ácidos graxos voláteis, além de compostos com capacidade de modular o sistema imune, como a glutamina, dipeptídeos e tripeptídeos contendo ácido glutâmico e vários ácidos graxos (GOWDA; NARAYAN; GOPAL, 2016). Concomitantemente, o metabolismo microbiano resulta em diminuição de fatores antinutricionais, além de gerar substâncias com efeito nutracêutico e bacteriocinas (DEATRAKSA *et al.*, 2018; KUDA *et al.*, 2012).

A fermentação do pescado produz aminoácidos hidrofóbicos que atuam na eliminação de radicais livres e tem ação antioxidante com capacidade de prevenção de doenças crônicas relacionadas com a presença de espécies reativas de oxigênio (ROS).

Este efeito se deve à sua capacidade de estabilizar os radicais livres, diminuindo os riscos de lesão celular e/ou tecidual e fornecendo proteção contra doenças cardiovasculares, inflamatórias, neurodegenerativas, Alzheimer e alguns tipos de câncer (JEMIL *et al.*, 2014; NAJAFIAN; BABJI, 2018). Peptídeos com propriedades anti-hipertensivas, antiproliferativas e anticancerígenas, e outras substâncias com atividade anticoagulante e fibrinolítica foram relatados em peixes fermentados e em molhos de pescado fermentados (ITOU *et al.*, 2006; KOO *et al.*, 2016; MARTÍNEZ-ÁLVAREZ *et al.*, 2017). Em *jeotgal*, pescado fermentado coreano, elevado teor de coenzima Q10 com propriedade antioxidante e imunomodulatória foi detectado (PYO; OH, 2011).

A anchovagem, prática comum em países europeus, consiste na salga e maturação de peixes pelágicos, inteiros ou eviscerados. É utilizada geralmente em peixes engraulídeos, mas pode ser aplicada a outros tipos de peixes – no Brasil, é comum o uso de sardinhas (*Sardinella brasiliensis*). Rojas-De-Los-Santos *et al.* (2018) analisaram a composição de *Engraulis ringens*, que apresentou 70,6% de umidade, 9,0% de gordura, 16,5% de proteína e 2,3% de cinzas; já os filés anchovados por maturação tradicional com sal apresentaram, na oitava semana da produção, redução considerável de umidade (52,05%) e gordura (3,10%), resultante da desidratação osmótica causada pela alta concentração de sal e retirada da pele com gordura subcutânea, além da pressão exercida no interior dos barris. Aumento nos teores de proteínas (25,48%) e cinzas (16,93%) foi observado.

No decorrer do processo produtivo de peixes anchovados, aminas biogênicas (AB) são geradas, principalmente histamina. As AB são compostos nitrogenados antinutricionais que, quando ingeridos em concentrações elevadas, podem desencadear efeitos tóxicos no indivíduo (LEHANE; OLLEY, 2000). É importante a monitoração desses compostos na produção da sardinha anchovada, pois a sardinha é um peixe frequentemente relacionado a surtos de intoxicação por histamina (POMBO, 2007). A presença das AB putrescina e a cadaverina, também presentes em peixes anchovados, intensifica a ação da histamina e, portanto, também deve ser monitorada.

Molhos de peixe são um ingrediente culinário comum no sudeste e no leste da Ásia, e têm ganhado cada vez mais destaque no cenário gastronômico mundial. Alguns molhos de peixe levam, além de peixe e sal – seus principais ingredientes –, também uma grande variedade de ervas e especiarias, além de outros tipos de aditivos (ZANG *et al.*, 2019). A análise da composição química de molhos de peixe fermentado da Indonésia (*kecap ikan*) e Tailândia (*nam-pla*) revelou diferenças significativas nos teores de umidade (de 71,87% e 62,86%) e no teor de proteína (1,6% e 10,85%), respectivamente. É importante destacar que o sal é um ingrediente fundamental para o processo produtivo, pois favorece a fermentação e inibe o crescimento de bactérias deterioradoras e potencialmente patogênicas. Assim, o uso desses molhos de peixe deve ser moderado, tendo em vista que as concentrações de sal podem atingir cerca de 27% tanto no *kecap ikan* como no *nam-pla* (PUAT *et al.*, 2015). Aminoácidos, vitaminas (principalmente B12) e vários minerais como cálcio, magnésio, ferro, manganês e fósforo são constituintes comuns desse tipo de produto.

Por fim, a pasta de peixe é um condimento comum na culinária asiática, especialmente no Camboja. Na pasta de peixe de *Stolephorus* spp. produzida com baixa concentração de sal (2%), Anggo *et al.* (2015) observaram que o conteúdo nutricional aumentou ao longo da fermentação. O conteúdo de aminoácidos livres foi maior na pasta após 32 dias de fermentação, alcançando 37,15 mg/100 g, com destaque para o ácido glutâmico, ácido aspártico, lisina, leucina e arginina. Além disso, contém quantidades significativas de ácidos graxos poli-insaturados, sobretudo ácido docosahexaenoico (DHA) e ácido eicosapentaenoico (EPA), cujo consumo está associado a efeitos cardioprotetores. No entanto, apesar do incremento nutricional, a baixa concentração de sal diminui o tempo de vida útil do produto, além de favorecer a atividade da microbiota acompanhante, o que pode elevar a síntese de substâncias básicas voláteis (como a amônia), resultando em características sensoriais indesejadas.

2.3.4 PRODUTOS CÁRNEOS FERMENTADOS

Os produtos cárneos fermentados surgiram a partir de métodos empíricos com o objetivo principal de conservação da carne (LEROY; SCHOLLIERS; AMILIEN, 2015). São produtos derivados de carnes vermelhas (suína ou bovina) e, geralmente, possuem grande quantidade de gordura saturada (MELINI *et al.*, 2019). Nos últimos anos, estudos têm sido realizados com o objetivo de melhorar nutricionalmente as carnes fermentadas, por meio do uso de matéria-prima com melhor perfil nutricional (como a carne de camelo), da utilização de estirpes probióticas para a fermentação e da melhora do perfil de substâncias bioativas (AYYASH *et al.*, 2019; MELINI *et al.*, 2019; SONG *et al.*, 2018; ZOMMITI *et al.*, 2018).

Os lipídeos são os principais componentes das carnes fermentadas, respondendo por 25% a 55%; em sua maioria, são transformados em ácidos graxos livres pela atividade microbiana (KUMAR *et al.*, 2017). Outros compostos produzidos durante a fermentação correspondem aos aminoácidos e peptídeos bioativos com atividade antioxidante, além de aldeídos e ácidos orgânicos, importantes para o sabor picante característico das carnes fermentadas (KUMAR *et al.*, 2017; NAES *et al.*, 1994).

Pepperoni e salame são exemplos de cárneos fermentados populares em países como Itália e Brasil. Os benefícios associados à fermentação de produtos cárneos em relação às carnes não fermentadas estão associados principalmente aos atributos sensoriais aprimorados, como sabor e aroma, maior maciez em decorrência da ação de enzimas proteolíticas microbianas, vida útil e segurança aumentadas, dentre outros. O sabor e o aroma característicos desses produtos são decorrentes, principalmente, da produção de ácido lático e de compostos liberados durante a proteólise e lipólise das carnes pelos microrganismos fermentadores. No entanto, o consumo desse tipo de produto deve ser moderado, devido à formação de aminas biogênicas –

como cadaverina, espermina, histamina, putrescina e tiramina –, resultantes da descarboxilação de aminoácidos pela microbiota fermentadora. A tiramina já foi associada a crises hipertensivas, cujas consequências mais severas podem levar a falhas cardíacas e hemorragia cerebral. Aminas do tipo cadaverina, espermina e putrescina podem reagir com substâncias adicionadas a esses cárneos para fins de conservação, como o nitrito, resultando em nitrosaminas, reconhecidas por sua atividade carcinogênica (GOMES *et al.*, 2014; KUMAR *et al.*, 2017). No Brasil, destaca-se o socol, carne suína fermentada típica de Venda Nova do Imigrante (ES). O produto, herança de imigrantes italianos no Brasil, com registro de Indicação Geográfica desde 2018 (INSTITUTO NACIONAL DA PROPRIEDADE INDUSTRIAL, 2018), é obtido do lombo ou corte do lombo de suínos, salgado, adicionado de condimentos, curado ou não, envolto por peritônio de suíno, não defumado, maturado durante 45 dias e dessecado. Apresenta como ingredientes obrigatórios, ainda, sal (mínimo 2,5 g/100 g de carne de suíno), pimenta-do-reino e alho, devendo atender a parâmetros físico-químicos para proteína – teor mínimo de 30,0 g/100 g para socol produzido a partir do lombo suíno e 20,0 g/100 g para socol produzido a partir da sobrepaleta (ESPÍRITO SANTO, 2019). Como a produção é artesanal, a composição final do produto é variada, mas, em geral, os fungos filamentosos autóctones que crescem superficialmente têm papel importante nas características sensoriais (TROPIA; SILVA, 2018).

2.3.5 VEGETAIS FERMENTADOS

As hortaliças fermentadas estão relacionadas a diferentes culturas, o que resulta em grande diversidade de produtos. O pepino, por exemplo, é utilizado na produção de picles fermentados, de *jiang-gua* (de origem taiwanesa), *khalpi* (indiano) e *oiji* (coreano). Raízes tuberosas, como a mandioca, também são amplamente exploradas no preparo de alimentos fermentados, principalmente nas culturas sul-americana e indiana (TAMANG *et al.*, 2020); no Brasil, destacam-se os produtos indígenas, como caxiri, cauim, farinha de puba, polvilho, tarubá, dentre outros (MAYORGA *et al.*, 2021). Entre as hortaliças fermentadas, o repolho é um dos mais populares, usado na produção do clássico chucrute. Para esse vegetal, resultados clínicos demonstraram que a ingestão diária de pequenas porções apresentou efeito sobre o trato gastrointestinal, melhorando a digestão e reduzindo problemas de constipação, sem registro de efeitos adversos (RAAK *et al.*, 2014).

Para a maior parte dos vegetais, utiliza-se a lactofermentação, em que BAL autóctones resultam na acidificação do produto, estendendo a vida útil e contribuindo para as características sensoriais e funcionais do produto final. Além disso, o valor nutricional é aumentado em decorrência do metabolismo da microbiota fermentadora, que desencadeia processos de hidrólise de compostos fenólicos, liberação de aminoácidos, produção de enzimas, nutrientes e vitaminas, degradação de fatores antinutricionais e toxinas, como lectinas, inibidores de tripsina e de protease, taninos, ácidos fíticos, saponinas, fitatos, glucosinolatos, compostos cianogênicos, fitoalexinas, bem como aumento de ácidos graxos de cadeia curta, benéficos para a saúde (LIU, 2013; SEPTEMBRE-MALATERRE; REMIZE; POUCHERET, 2018).

Algumas hortaliças, como aipo, beterraba, cenoura e espinafre, podem conter quantidades significativas de nitrato, que pode ser transformado em nitrito pela atividade microbiana. Este, por sua vez, pode ser convertido à nitrosamina, composto de reconhecida atividade cancerígena. BAL podem degradar boa parte do nitrito e inibir o crescimento das bactérias redutoras de nitrato, como as enterobactérias (MAO; YAN, 2019). Em *paocai*, uma espécie de *kimchi* chinês, o nitrito foi degradado em pelo menos 97% após atividade de BAL, como *Lactiplantibacillus pentosus*, *L. plantarum* e *Leuc. mesenteroides*. Além disso, o *kimchi* contém vários componentes promotores de saúde, incluindo β-caroteno, clorofila e vitamina C (YAN *et al.*, 2008).

Durante a fermentação de vegetais ocorre a hidrólise de polissacarídeos e dissacarídeos, devido à ação de glicosidases e glicosil hidrolases, com consequente diminuição nos teores de amido, sacarose, glicose e frutose, bem como o aumento de peptídeos e aminoácidos pela ação de proteases, melhorando a biodisponibilidade desses nutrientes (OGUNTOYINBO *et al.*, 2016). Cálcio e fósforo podem ter seus teores aumentados em vegetais após a fermentação, com resultados potencialmente benéficos para o desenvolvimento dos ossos e a prevenção de doenças decorrentes da deficiência desses minerais (como a anemia e o raquitismo). Além disso, é observada a formação de compostos bioativos com efeitos positivos para a saúde, especialmente relacionados à atividade anti-hipertensiva, anti-inflamatória, antiaterosclerose, antioxidante, imunomodulatória e inibidora da peroxidação lipídica (MAO; YAN, 2019; RIZZELLO *et al.*, 2016a).

O teor de compostos com atividade antioxidante varia ao longo do processo fermentativo, a depender das condições de fermentação e da microbiota fermentadora (SEPTEMBRE-MALATERRE; REMIZE; POUCHERET, 2018). O aumento da atividade antioxidante decorrente da liberação de compostos fenólicos no substrato fermentativo foi atribuído ao tipo de BAL utilizado, com destaque para os efeitos de *L. plantarum* (RODRÍGUEZ *et al.*, 2009). Dessa forma, a fermentação pode ser utilizada para incremento do potencial antioxidante de fermentados vegetais, uma vez que enzimas microbianas produzidas no decorrer da fermentação são capazes de remover parte dos radicais gerados.

Szutowska *et al.* (2020) avaliaram os benefícios da fermentação de suco de couve. O conteúdo fenólico total aumentou de 48 para 101 mg equivalente de ácido gálico/100 ml de suco; a atividade antioxidante, de 4,5 para 7,2 mM de Trolox/100 ml. Os resultados sugerem potenciais benefícios à saúde do produto fermentado, relacionados principalmente às atividades antioxidante, anticancerígena, neuroprotetora e na prevenção de doenças cardiovasculares. Os autores reforçam, ainda, que cerca de 30% da dose diária de vitamina C recomendada para mulheres poderia ser alcançada a partir da ingestão de 250 ml da bebida. Essa dose forneceria, ainda, cerca de 89% do manganês, 63% do cálcio, 38% do magnésio, 22% do potássio, 18% do sódio, 10% do ferro e 6% do zinco recomendados, tornando o suco fermentado uma rica fonte de minerais essenciais. Resultados similares foram encontrados por Kwaw *et al.* (2018) para suco de amora fermentado, com destaque para maiores concentrações fitoquímicas em comparação ao suco não fermentado, efeito atribuído à presença de enzimas capazes de hidrolisar os fitoquímicos em formas mais simples; antocianina cianidina-3-O-rutinosídeo e quercetina, substâncias de reconhecida atividade antioxidante, tiveram seus teores aumentados pelo processo fermentativo, da mesma forma que a concentração dos compostos fenólicos totais.

2.3.6 LEGUMINOSAS FERMENTADAS

A soja é o ingrediente base de uma grande variedade de produtos fermentados, como a pasta de soja (missô), o molho de soja (*shoyu*), o *natto* japonês e o *tempeh* indonésio, dentre outros (TAMANG *et al.*, 2020). Para a maioria deles, utiliza-se como ingrediente majoritário a soja, embora outros tipos de leguminosas possam ser utilizados, como grão-de-bico, ervilha e feijão. Trata-se de um ingrediente importante para determinadas culturas, especialmente asiáticas, que têm no arroz a base de sua dieta, ou, ainda, para grupos específicos, como os veganos. Os produtos fermentados de soja consistem, pois, numa importante fonte de proteína vegetal para tais populações.

Estudos têm demonstrado o efeito da fermentação no valor nutricional e funcional de fermentados à base de soja: o processo é capaz de aumentar a capacidade antioxidante e o teor de vitaminas, especialmente B2 e B12. Além disso, resulta em aumento do perfil de GABA e diminui o teor de fatores antinutricionais, como lectinas, inibidores de tripsina e fitatos (JAYACHANDRAN; XU, 2019; XU; CAI; XU, 2016). O *tempeh*, originário da Indonésia, é constituído basicamente de soja fermentada pelo fungo filamentoso *Rhizopus* spp. (KARYADI; LUKITO, 1996). Ahnan-Winarno *et al.* (2021) avaliaram a composição nutricional de amostras comerciais de *tempeh* e destacaram o elevado teor de proteínas e fibras, bem como os reduzidos teores de gordura saturada e sódio. Além disso, altas quantidades de cálcio, potássio, ácidos graxos monoinsaturados e poli-insaturados estão presentes no produto final, em decorrência do processo fermentativo.

Ao longo da fermentação do *natto*, observa-se a produção de nattoquinase, uma protease com reconhecida atividade fibrinolítica que é, inclusive, produzida industrialmente e comercializada na forma de cápsulas. Propriedades imunomodulatórias e de melhoria da condição cardiovascular já foram demonstradas para o produto (CAO *et al.*, 2019; LEE; LAI; WU, 2015; TAI; SWEET, 2006). Para *chungkukjang*, fermentado de soja coreano, observou-se melhora do quadro de diabetes *mellitus* após o consumo em modelo animal, atribuída ao restabelecimento da função de células betapancreáticas (KIM *et al.*, 2008).

A biodisponibilidade das isoflavonas também é aumentada de maneira significativa na soja fermentada. Esses compostos bioativos estão relacionados à atividade anticancerígena e à melhora da saúde cardiovascular, pulmonar e hepática, além de exercerem importante regulação do metabolismo lipídico (BAIANO, 2010; JAYACHANDRAN; XU, 2019). Atividades anti-inflamatórias e antioxidantes das isoflavonas também estão relacionadas à capacidade de prevenir a degeneração do sistema nervoso, com potencial atuação na prevenção do mal de Alzheimer (LU *et al.*, 2018). Outros benefícios à saúde atribuídos ao consumo de fermentados de soja estão relacionados à preservação da saúde óssea e da tireoide, potencial ação terapêutica em asma comórbida, melhora de sintomas relacionados à menopausa e interferência positiva no desenvolvimento da fertilidade (JAYACHANDRAN; XU, 2019; TAKABAYASHI *et al.*, 2017).

2.3.7 BEBIDAS FERMENTADAS

Além das bebidas lácteas, discutidas no item 2.3.1, outras bebidas fermentadas de importância econômica e cultural apresentam aspectos nutricionais e funcionais interessantes. Dentre elas, destacam-se a *kombucha* e o *kefir* de água (tibicos), ambos fermentados por uma comunidade simbiótica de bactérias e leveduras (GREENWALT; STEINKRAUS; LEDFORD, 2000; LAUREYS; DE VUYST, 2014).

A *kombucha* é produzida a partir da fermentação de chá (*Camellia sinensis*) adoçado por uma comunidade microbiana organizada em uma matriz celulósica conhecida como SCOBY. O produto final apresenta quantidades significativas de ácidos orgânicos, polifenóis, aminoácidos, carboidratos, fibras, minerais e vitaminas hidrossolúveis, especialmente vitamina C e do complexo B (MALBAŠA *et al.*, 2011). Um dos metabólitos produzidos ao longo da fermentação da *kombucha*, o ácido D-Sacarico-1,4-lactona (DSL), demonstrou importante efeito hepatoprotetor (WANG *et al.*, 2014). Propriedades antimicrobianas, antioxidantes, imunomodulatórias, antitumorais, melhora da função gastrointestinal, diabetes, doenças cardiovasculares e neurodegenerativas têm sido associadas aos componentes presentes na bebida (KAPP; SUMNER, 2019). A concentração de bioativos no produto pode variar, a depender da microbiota fermentadora, do tempo de fermentação, da concentração de sacarose e do tipo de chá utilizado. Destaque, ainda, para a versatilidade da bebida, que pode ser acrescida de diferentes tipos especiarias e frutas, o que pode incrementar ainda mais sua composição nutricional e funcionalidade. No Brasil, a *kombucha* produzida industrialmente é considerada alcoólica quando apresenta teor de álcool acima de 0,5% (v/v) (BRASIL, 2019). Dessa forma, cabe ressaltar que, quando elaborada em condições pouco controladas, a composição nutricional e o teor alcoólico da bebida podem variar. É preciso, então, atentar para as doses diárias ingeridas do produto, a fim de se evitarem problemas decorrentes da ingestão de álcool, especialmente por crianças, gestantes, idosos ou indivíduos em situações clínicas específicas e que façam uso regular de medicamentos.

Já o *kefir* de água é preparado a partir da fermentação de solução açucarada por grãos de *kefir* de água, podendo ou não ser adicionado de frutas ou outros ingredientes. Nesse produto, ao longo da fermentação ocorre o consumo de carboidratos pela microbiota, o que reduz significativamente seu teor no produto final. Observa-se, ainda, um aumento da concentração de etanol e a produção de pequenas quantidades de compostos voláteis de aroma, além de ácidos orgânicos, como acético e lático (LAUREYS; DE VUYST, 2014). A atividade antioxidante *in vitro* de *kefir* de água já foi demonstrada por Alsayadi *et al.* (2013), com redução do radical livre 2,2-difenil-1-pricrilhidrozila (DPPH). O *kefir* de água pode ser uma alternativa ao *kefir* de leite para indivíduos veganos, embora, na prática, correspondam a bebidas completamente distintas (CAI; SOUNDERRAJAN; SERVENTI, 2020). A matriz dos grãos de *kefir* de água é constituída basicamente do EPS dextrano, um homopolissacarídeo composto por moléculas de glicose unidas por ligações tipo α-1,6 (DAVIDOVIC *et al.*, 2015). Nesta matriz, a microbiota fermenta a sacarose, produzindo, além do EPS, ácidos orgânicos como láctico, acético, e também etanol, dióxido de carbono e compostos aromáticos que resultam nas características sensoriais típicas (VERCE; DE VUYST; WECKX, 2019). *Kefir* de água preparado com açúcar mascavo apresentou pH 3,5 e fornecimento energético de 5,44 kcal numa porção de 100 g, com teor de carboidrato de 0,88 (%) (ROCHA-GOMES *et al.*, 2018). Assim como para *kombucha*, frutas frescas e secas podem ser adicionadas ao longo do processo produtivo, fornecendo vitaminas, açúcares, proteínas e aminoácidos que contribuem para o *flavor* e para seu potencial antioxidante (CAI; SOUNDERRAJAN; SERVENTI, 2020).

2.3.8 ASPECTOS RELACIONADOS À ROTULAGEM DE ALIMENTOS FERMENTADOS

Os alimentos e bebidas fermentadas apresentam diversos benefícios para a saúde, descritos em estudos científicos já publicados. Em sua composição, muitos desses alimentos, quando prontos para o consumo, apresentam microrganismos vivos em quantidade expressiva, e há estudos que demonstram benefícios relacionados ao seu consumo, em porções usuais, na alimentação. Por outro lado, a declaração no rótulo dos alimentos quanto à alegação de propriedade funcional ou de saúde requer o atendimento de requisitos específicos, determinados pela legislação, e é necessário aprovação antes de incluir essa informação no rótulo. Esse processo pode ser longo e demorado, e, muitas vezes, os benefícios identificados nos estudos já realizados não foram, ainda, traduzidos em declaração de propriedade funcional ou de saúde. Isso contribui para que os benefícios do consumo de alimentos fermentados não sejam conhecidos por grande parte da população, o que também limita a divulgação de suas propriedades nos alimentos comercializados.

Ainda assim, as informações dos rótulos sobre a composição dos alimentos fermentados podem favorecer a escolha dos consumidores entre as opções disponíveis no mercado, considerando os dados da tabela de informação nutricional, prazo de validade e condições adequadas de armazenamento dos produtos. Por outro lado, a produção domiciliar e artesanal pode resultar em características peculiares de composição, o que merece atenção. No Brasil, por exemplo, para *kombucha* exige-se a informação no rótulo quanto ao teor alcoólico, com alerta de que pode conter álcool, o que dificilmente é controlado em condições de preparo artesanal para consumo domiciliar da bebida (BRASIL, 2019). Além disso, pela legislação vigente para *kombucha* proíbe-se o uso da expressão "bebida probiótica" no rótulo, tendo em vista a necessidade de estudos robustos que comprovem seu caráter probiótico em populações humanas. A possibilidade da bebida conter álcool pode não ser amplamente conhecida, bem como os teores alcoólicos que podem ser atingidos e potencialmente prejudiciais para grupos de risco ou vulneráveis, mesmo em pequenas quantidades. Consumidores que optem por evitar o álcool podem fazer escolhas mais conscientes se munidos de informações mais completas dos produtos disponibilizados para o consumo (MCLNTYRE; JANG, 2020). A conscientização acerca dos riscos do álcool em *kombucha* artesanal tem sido recomendada; para evitar a presença de álcool em quantidades significativas no produto final, deve-se proceder o controle do processo, a monitorização do pH, e a inclusão da informação "manter refrigerado" no rótulo, a fim de se evitarem problemas do abuso da temperatura com consequente fermentação excessiva e produção de etanol (MCLNTYRE; JANG, 2020).

Os consumidores, portanto, devem ter atenção especial às informações descritas nos rótulos dos alimentos fermentados, pois alegações quanto às propriedades funcionais aprovadas pelos órgãos reguladores podem ser encontradas nos produtos, especialmente quanto à indicação dos microrganismos probióticos constituintes e a quantidade disponível no alimento (BRASIL, 2020).

2.4 ALIMENTOS FERMENTADOS: PRODUÇÃO E CONSUMO SEGUROS

A produção de alimentos inócuos requer o atendimento às Boas Práticas de Fabricação de Alimentos, imprescindíveis para a segurança do produto final. Essa premissa se aplica a todos os tipos de alimentos. Para os alimentos fermentados, atenção especial deve ser atribuída às etapas do processo produtivo, especialmente em relação à produção artesanal destinada à comercialização ou para consumo domiciliar. O respeito às práticas higiênicas é prioritário, de modo a se diminuírem os riscos relacionados a patógenos alimentares. Além disso, o uso de agentes controladores (especialmente o sal), bem como das condições de incubação (em geral anaeróbicas), é um importante aliado da segurança microbiológica do alimento fermentado.

Além de se garantirem as condições ideais de processamento, a presença de produtos com reconhecida atividade tóxica é um fator de risco importante a ser considerado, tendo em vista seus efeitos prejudiciais à saúde. A responsabilidade pela garantia da qualidade do alimento fermentado envolve diversos segmentos e é importante que se criem condições para ampliar a capacitação dos produtores tanto do ponto de vista dos processos tecnológicos envolvidos quanto das boas práticas de fabricação, incentivando a produção de alimentos seguros que contribuam para a oferta da ampla variedade de produtos desta categoria para a população.

Alguns tipos de queijos e alimentos fermentados de baixa acidez estão mais suscetíveis a contaminações por patógenos alimentares, como *Listeria monocytogenes*, *Salmonella* e *Clostridium botulinum*. No entanto, quando elaborados de maneira segura, a partir do uso de ingredientes de boa procedência e qualidade, os alimentos fermentados raramente estão associados a casos e surtos de gastroenterites. A produção de ácidos orgânicos e componentes com atividade antimicrobiana (como bacteriocinas), combinada com valores reduzidos de atividade de água e elevados teores de sal, tem amplo histórico relacionado à segurança microbiológica. Bebidas alcoólicas com valores de etanol acima de 4% e pH inferior a 4,5 são consideradas microbiologicamente seguras. Além disso, como já discutido anteriormente, a segurança do produto final é aumentada em decorrência da produção de enzimas capazes de hidrolisar componentes tóxicos ou antinutricionais da matéria-prima *in natura* (MARCO *et al.*, 2021).

Alguns metabólitos ou produtos gerados ao longo da fermentação podem, no entanto, conferir determinados riscos. Histamina, tiramina e outras aminas biogênicas, formadas por alguns microrganismos via descarboxilação de aminoácidos durante a fermentação de queijos, carnes, vegetais, produtos à base de soja e vinhos podem resultar em efeitos leves ou de maior gravidade, na ausência de sistemas de desintoxicação mediados pelo hospedeiro. A formação de aminas biogênicas é influenciada pelo tipo de matéria-prima, pela presença de microrganismos com atividade descarboxilase (como alguns tipos de BAL, *Enterobacteriaceae*, *Pseudomonadaceae*, *Micrococcaceae*) e por condições de processamento e armazenamento (RUIZ-CAPILLAS; HERRERO, 2019).

A tiramina e putrescina, principais aminas isoladas de produtos fermentados, podem combinar-se com nitritos, formando nitrosaminas cancerígenas (GOMES *et al.*, 2014) Enquanto o consumo de alimentos com baixos teores destes compostos não é considerado um sério risco à saúde - uma vez que as aminas são degradadas via enzimática (mono-, di- e poliamina oxidases) - a ingestão de níveis superiores a 100 mg/kg, bem como alterações patológicas do sistema de desintoxicação, podem levar a distúrbios na saúde humana (DURAK-DADOS; MICHALSKI; OSEK, 2020; CARVALHO *et al.*, 2018). Embora limites de segurança sejam descritos para histamina, Ruiz-Capillas e Herrero (2019) ressaltam a importância do estabelecimento desses limites para outras aminas bioativas. O conhecimento acerca dos tipos de alimentos mais comumente relacionados à presença de aminas biogênicas, bem como dos fatores que favorecem sua formação, pode auxiliar na prevenção de quadros de intoxicação por tais compostos. Nesse sentido, práticas higiênicas e uso de culturas iniciadoras negativas para descarboxilases relacionadas à formação de aminas biogênicas consistem em ações mitigadoras importantes (BELL; FERRÃO; FERNANDES, 2018; MARCO *et al.*, 2021).

Teores elevados de tiramina foram identificados em chucrute em condições de maior tempo de estocagem (RAAK *et al.*, 2014). Por conta disso, o chucrute é listado dentre os alimentos restritos na dieta durante o uso de inibidores de monoamina oxidase (IMAO). O uso desses inibidores tem sido relacionado a tratamentos de depressão, transtornos de ansiedade, transtornos obsessivo-compulsivos e doença de Parkinson (RAAK *et al.*, 2014). Considerando que altas concentrações de histamina já foram relatadas em chucrute, foi sugerido que uma alta ingestão desse alimento em pessoas sensíveis pudesse resultar em reações adversas. Tendo em vista, no entanto, os benefícios associados ao consumo deste vegetal fermentado, os referidos autores sugerem a necessidade de mais estudos para a confirmação de potenciais efeitos indesejáveis decorrentes do seu consumo.

Casos de intoxicações por chumbo e toxicidade gastrointestinal, por exemplo, foram descritas após o consumo de *kombucha*; os efeitos indesejáveis estavam relacionados à presença de pigmento do esmalte do recipiente onde a bebida era fermentada (LEAL *et al.*, 2018). Assim, por conta de sua elevada acidez, materiais resistentes à oxidação são imprescindíveis para a redução de danos à saúde do consumidor final. A implementação de BPF, bem como do Sistema de Análise de Perigos e Pontos Críticos de Controle (APPCC) têm sido apontadas como medidas necessárias para a minimização de riscos (EZEONU; EZEONU, 2017). Quanto ao consumo, a bebida não é recomendada para gestantes (LEAL *et al.*, 2018). Embora os riscos à saúde atribuídos ao consumo de *kombucha* ainda não tenham sido amplamente estabelecidos, tem sido desaconselhado o consumo para lactantes, bem como para crianças menores de 4 anos. A ingestão diária de até 110 ml por indivíduos saudáveis não é considerada prejudicial, embora riscos potenciais podem estar associados ao consumo excessivo por indivíduos que apresentam problemas pré-existentes de saúde (BC Centre for Disease Control, 2020).

Nutricionalmente, a importância de se incluírem quantidades balanceadas de alimentos fermentados na dieta tem sido relatada. A contribuição deste grupo de alimentos no fornecimento de compostos benéficos para a saúde é outro ponto de destaque. Entretanto, ao utilizar fermentados na alimentação é necessário que se considerem os constituintes do produto, que são inerentes à sua composição final. A questão é especialmente importante para bebidas alcoólicas, como vinho, cerveja e licor, bem como para produtos com elevado teor de sal, como por exemplo molho e pasta de soja, chucrute ou *kimchi*, devendo, portanto, ser consumidos com moderação (MARCO *et al.*, 2021). Aspectos acerca desta problemática foram discutidos de maneira mais aprofundada nos tópicos anteriores. Convém destacar que o suporte científico para recomendações dietéticas atuais ainda resvala em problemas de número escasso, poder estatístico e escopo dos estudos de intervenção, eficácia limitada das tentativas de intervenções, bem como falta de generalização dos estudos de comportamentos alimentares (BELL; FERRÃO; FERNANDES, 2018).

A ocorrência de risco de alguns tipos de câncer e uma possível relação com o consumo de produtos fermentados já foi relatada, evidenciando a necessidade de estudos que busquem desvendar achados dessa natureza (BELL; FERRÃO; FERNANDES, 2017). Estudo de meta-análise realizado por Zhang *et al.* (2019) indicou que a ingestão de alimentos lácteos fermentados foi associada à redução geral no risco de câncer. Contudo, embora o consumo de iogurte estivesse associado à diminuição do risco de câncer de bexiga e colorretal, observou-se aumento do risco de câncer de próstata e renal. Estudo recente sugere que o efeito de *kimchi* pode estar relacionado à carcinogênese decorrente da atividade de β-glicuronidases e β-glicosidases produzidas por BAL presentes no produto (LEE; CHOI; YOON, 2021). A literatura disponível com base na propriedade anticâncer de alimentos fermentados ainda é relativamente limitada, especialmente aquela relacionada ao desenvolvimento de estudos clínicos para maior compreensão quanto à importância desses alimentos para a saúde humana (KESIKA; SIVAMARUTHI; CHAIYASUT, 2020).

Destaque também para a possibilidade de veiculação, via alimentos fermentados, de microrganismos portadores de genes para resistência a antibióticos, passíveis de serem transferidos para bactérias comensais e patogênicas ao longo da cadeia alimentar e do trato gastrointestinal humano. A resistência a antibióticos é reconhecida como uma ameaça à saúde pública atual. Portanto, faz-se necessária uma seleção cuidadosa de culturas *starter* e probióticos utilizados na produção de alimentos fermentados (VOIDAROU *et al.*, 2021; ABRIOUEL *et al.*, 2017). Genes de resistência a antimicrobianos foram mais abundantes em bactérias láticas utilizadas na produção de *kefir* em comparação àquelas empregadas na fabricação de iogurte (TÓTH *et al.*, 2020). Este fenômeno pode estar relacionado à maior diversidade microbiana do *kefir*, que contém, além de BAL, diferentes espécies de fungos. Estes microrganismos podem produzir metabólitos secundários com atividade antibacteriana, o que potencialmente exerce uma pressão seletiva, favorecendo a sobrevivência de bactérias resistentes.

Por fim, a problemática da presença de vírus em alimentos fermentados tem despertado um debate interessante na área. É sabido da ocorrência de bacteriófagos (vírus que infectam bactérias e leveduras) em vários tipos de alimentos fermentados, especialmente queijo, iogurte, carne, vinho, soja e cacau, causando prejuízos principalmente pela diminuição da capacidade fermentativa de BAL. Apesar do registro de casos e surtos de viroses decorrentes do consumo de alimentos contaminados por vírus patogênicos, há indícios de que algumas famílias de vírus desempenham um papel importante no processo fermentativo, podendo modular a sucessão metabiótica em processos fermentativos, com reflexos nas características sensoriais, nas potenciais propriedades probióticas e na segurança microbiológica do produto final (MASKE *et al.*, 2021).

2.5 CONSUMO DE FERMENTADOS COMO POLÍTICA DE SAÚDE PÚBLICA

Os guias alimentares correspondem a documentos oficiais destinados à apresentação das recomendações para uma alimentação adequada e saudável; nesse sentido, são um importante instrumento de educação alimentar e nutricional da população. A elaboração desse tipo de material por órgãos governamentais é recomendada pela Organização Mundial da Saúde (OMS) em âmbito global, para que se subsidiem políticas e programas nacionais de alimentação e nutrição. Propõe-se, portanto, que os governos traduzam o conhecimento científico para a população, em uma linguagem clara e acessível, estimulando a adoção de escolhas alimentares mais saudáveis (BRASIL, 2014).

O *Guia alimentar para a população brasileira* classifica os alimentos em quatro categorias distintas. Na primeira, estão os alimentos *in natura* (aqueles obtidos diretamente de plantas ou animais, sem serem submetidos a qualquer tipo de alteração - que incluem os ovos e o leite, por exemplo) e os alimentos minimamente processados, que correspondem aos alimentos *in natura* submetidos a alterações mínimas, como as farinhas, os cortes de carne ou o leite pasteurizado. Na segunda categoria estão incluídos os produtos extraídos de alimentos *in natura* ou da natureza e utilizados pelo homem para condimentação e elaboração de preparações culinárias - caso do óleo, açúcar e sal. Na terceira categoria encontram-se os produtos fabricados a partir do acréscimo de sal, açúcar ou outro ingrediente de uso culinário, como óleo ou vinagre, a alimentos *in natura* ou minimamente processados - como legumes em conserva, queijos e pães. E, por fim, na quarta categoria, incluem-se os produtos obtidos a partir de diversas técnicas de processamento, em geral com ingredientes de uso estritamente industrial - como biscoitos recheados, refrigerantes e macarrão instantâneo.

Na primeira versão do documento brasileiro (BRASIL, 2006), define-se o processo de fermentação de alimentos, enfatizando-se a presença, nestes, de organismos não prejudiciais à saúde. No entanto, a importância da fermentação é relacionada apenas como um método de preservação, muito comum na produção de chucrute, iogurte e queijo. Não há qualquer menção à importância desta classe de alimentos para a manutenção da saúde. Existem apenas citações pontuais de alguns fermentados, dentro de determinadas categorias de alimentos. Quando se mencionam as bebidas fermentadas, por exemplo, como cervejas e vinhos, destacam-se os teores de álcool entre 4% e 7% e entre 10% e 13%, respectivamente, enquanto para aguardente, vodca e uísque os valores estão em torno de 30% a 50%. Faz-se uma consideração a respeito do limite das doses diárias para indivíduos que consomem bebidas alcoólicas (duas para homens e uma para mulheres), considerando-se que, no Brasil, cada dose corresponde a 14 g de álcool. Uma dose seria equivalente, por exemplo, a aproximadamente 150 ml de vinho tinto, 350 ml de cerveja ou 40 ml de bebida destilada. Descrevem-se os riscos quanto à dependência química e as possíveis consequências associadas ao consumo abusivo de bebidas alcoólicas. O *Guia*, entretanto, não explora os outros componentes das bebidas fermentadas. Na fabricação do vinho tinto, por exemplo, o etanol produzido via fermentação favorece a extração de polifenólicos das cascas das uvas, com reconhecida atividade biológica. Alimentos fermentados, em geral, apresentam vitaminas e moléculas bioativas decorrentes do metabolismo microbiano que permanecem no produto final, contribuindo para a manutenção da homeostase (REZAC *et al.*, 2018).

Na segunda edição do *Guia*, revisada em 2014 (BRASIL, 2014), os alimentos fermentados são mencionados em alguns trechos, como este: "o leite pode ser fermentado e consumido na forma de iogurtes e coalhadas". Ademais, refere-se à fermentação tanto como um método de transformação de alimentos *in natura* em minimamente processados, no qual não há adição de nenhuma substância ao alimento, quanto como uma técnica de produção de alimentos processados, explicando que o uso do termo "processado" destina-se a alimentos que foram acrescidos de açúcar, óleo, sal ou vinagre. Além disso, nessa versão já é possível encontrar menções a microrganismos fermentadores, embora em duas das três vezes em que isso ocorre se esteja falando exclusivamente das leveduras.

Quando se analisam os guias alimentares de outros países, a abordagem quanto aos alimentos fermentados é variável. No Canadá e nos Estados Unidos, os fermentados são, como no caso do Brasil, apenas mencionados em determinados trechos. Os guias desses países indicam o *kefir* e o iogurte, sem nem mesmo dizer, contudo, que esses são alimentos fermentados. O consumo de frutos e vegetais é recomendado, mas suas variantes fermentadas, tão populares e reconhecidas como fonte importante de probióticos e compostos com atividade biológica, não são mencionadas. Nem mesmo nos guias asiáticos e nos documentos de Japão, Noruega, Reino Unido e Suécia a categoria de alimentos fermentados é destacada como importante para a promoção da saúde. Nesse aspecto, destaca-se o guia indiano, único de que se tem notícia a incentivar explicitamente o consumo de alimentos fermentados (BELL; FERRÃO; FERNANDES, 2017; XIANG *et al.*, 2019).

Em resumo, salvo raras exceções, os alimentos fermentados, em geral, não são explicitamente recomendados pelos guias alimentares, apesar das evidências científicas para os benefícios à saúde associados ao seu consumo. Sua não inclusão nas diretrizes oficiais parece ir na contramão do crescente consumo por grande parte da população mundial, antenada às recentes descobertas acerca de sua funcionalidade e características nutricionais. Em regiões com recursos alimentares escassos, a ingestão de alimentos fermentados poderia contribuir para a melhoria da qualidade da saúde da população, além de fomentar o desenvolvimento econômico de maneira sustentável, fornecendo subsídios para a solução de problemas de saúde pública, bem como para o enfrentamento a crises globais atreladas às questões alimentares (XIANG *et al.*, 2019). Se considerarmos que, nos dias atuais, a fome atinge mais de 820 milhões de pessoas em todo o mundo, e se estimam em 2 bilhões aqueles em condições de insegurança alimentar moderada ou severa – o que corresponde a 26,4% da população mundial (FAO, 2019), a importância dos alimentos fermentados como alternativa aos problemas advindos da má nutrição torna-se ainda mais patente.

Faz-se necessária, portanto, uma ampla discussão acerca da relevância da categoria dos alimentos fermentados para uma boa alimentação. A partir do desenvolvimento de mais estudos clínicos e epidemiológicos, sua inclusão nos guias alimentares poderia ser justificada (MARCO *et al.*, 2021). Na próxima atualização do guia alimentar para a população brasileira, seria interessante uma discussão mais ampliada com a comunidade científica sobre a categoria de alimentos fermentados e orientações de consumo para a população com base nas evidências científicas atuais.

2.6 CONSIDERAÇÕES FINAIS

Alimentos fermentados e os microrganismos que contribuem para a fermentação têm sido associados a muitos efeitos benéficos para a saúde humana. Entre os efeitos positivos mais relatados está a capacidade de modular a microbiota intestinal, o que implica melhorias para os sistemas biológicos como um todo, além de, em termos de composição nutricional, um aprimoramento no teor de vitaminas, minerais e compostos bioativos dos alimentos. Isso se reflete em benefícios para o corpo humano, contribuindo, assim, para a redução do surgimento de patologias. A inclusão dos alimentos fermentados na dieta humana é, portanto, uma estratégia promissora e valiosa, graças às propriedades nutritivas e funcionais aprimoradas de tais produtos.

Além de melhorar a saúde e a qualidade de vida graças ao consumo de alimentos nutricionalmente mais completos e que influenciam positivamente a digestibilidade, os alimentos fermentados têm grande importância para a saúde pública, ajudando a enfrentar crises alimentares e podendo melhorar a dieta de indivíduos em situação econômica de risco. Em muitos países em desenvolvimento, onde os métodos de refrigeração podem ser limitados, a fermentação é a estratégia mais utilizada para estender a vida útil dos alimentos de baixa durabilidade. Graças a essas características, amplia-se e, de certa forma, ressignifica-se a visão sobre os fermentados, tendo em vista a importância desse grupo de alimentos não meramente para a alimentação do corpo humano, mas como uma técnica de conservação eficiente e de baixo custo, promoção de saúde e de hábitos alimentares mais saudáveis.

Embora a tecnologia da fermentação já seja conhecida há muito tempo, apenas mais recentemente os efeitos funcionais dos alimentos fermentados começaram a ser elucidados. No entanto, muitos alimentos fermentados ainda requerem mais estudos, para que se possa compreender quais são os benefícios de sua ingestão e como a comunidade microbiana e as atividades metabólicas dessa microbiota fermentadora são responsáveis pelos atributos associados a esses alimentos. A regulamentação dos alimentos fermentados e sua inclusão nas diretrizes dietéticas nacionais são pontos que vêm sendo amplamente discutidos. Até hoje, poucos países recomendam em seus guias alimentares o consumo de produtos fermentados. Dado o atual estágio do conhecimento dos benefícios obtidos com a ingestão desses alimentos, muitos esforços estão sendo despendidos para incluí-los nos guias alimentares em todo o mundo.

REFERÊNCIAS

ABBAS, M. *et al.* Natural polyphenols: an overview. *International Journal of Food Properties*, v. 20, n. 8, p. 1689-1699, out. 2017.

ABRIOUEL, H. *et al.* Antibiotic resistance profile of microbes from traditional fermented foods. *In*: FRIAS, J.; MARTINEZ-VILLALUENGA, C.; PEÑAS, E. *Fermented foods in health and disease prevention*. London: Academic Press, 2017. p. 675-704.

AHNAN-WINARNO, A. D. *et al.* Tempeh: a semicentennial review on its health benefits, fermentation, safety, processing, sustainability, and affordability. *Comprehensive Reviews in Food Science and Food Safety*, v. 20, n. 2, p. 1717-1767, fev. 2021.

ALSAYADI, M. *et al.* Antioxidant potency of water kefir. *Journal of Microbiology, Biotechnology and Food Sciences*, v. 2, n. 6, p. 2444-2447, jun. 2013.

AMOA-AWUA, W. K. *et al.* The contribution of moulds and yeasts to the fermentation of "agbelima" cassava dough. *Journal of Applied Microbiology*, v. 83, n. 3, p. 288-296, ago. 1997.

AN, S. Y. *et al.* Beneficial effects of fresh and fermented kimchi in prediabetic individuals. *Annals of Nutrition and Metabolism*, v. 63, n. 1-2, p. 111-119, out. 2013.

ANGGO, A. D. *et al.* Changes of amino and fatty acids in anchovy (*Stolephorus* sp.) fermented fish paste with different fermentation periods. *Procedia Environmental Sciences*, v. 23, p. 58-63, jan. 2015.

ANO, Y.; NAKAYAMA, H. Preventive effects of dairy products on dementia and the underlying mechanisms. *International Journal of Molecular Sciences*, v. 19, n. 7, p. 1927, jun. 2018.

ARBOLEYA, S. *et al.* Gut Bifidobacteria populations in human health and aging. *Frontiers in Microbiology*, v. 7, ago. 2016.

ARORA, K. *et al.* Thirty years of knowledge on sourdough fermentation: a systematic review. *Trends in Food Science and Technology*, v. 108, p. 71-83, fev. 2021.

ASLAM, H. *et al.* Fermented foods, the gut and mental health: a mechanistic overview with implications for depression and anxiety. *Nutritional Neuroscience*, v. 23, n. 9, p. 659-671, set. 2020.

AVILA, M. *et al.* Physiological and biochemical characterization of the two -L-rhamnosidases of Lactobacillus plantarum NCC245. *Microbiology*, v. 155, n. 8, p. 2739-2749, ago. 2009.

AYYASH, M. *et al.* In vitro investigation of health-promoting benefits of fermented camel sausage by novel probiotic *Lactobacillus plantarum*: a comparative study with beef sausages. *LWT – Food Science and Technology*, v. 99, p. 346-354, jan. 2019.

BAG, S.; GHOSH, T. S.; DAS, B. Complete genome sequence of *Collinsella aerofaciens* isolated from the gut of a healthy Indian subject. *Genome Announcements*, v. 5, n. 47, nov. 2017.

BAHARI, A.; SHAHABI-GHAHFARROKHI, I.; KOOLIVAND, D. Kefiran ameliorates malfunctions in primary and functional immune cells caused by lipopolysaccharides. *International Journal of Biological Macromolecules*, v. 165, p. 619-624, dez. 2020.

BAIANO, A. Effects of processing on isoflavone content and profile in foodstuffs: a review. *In*: THOMPSON, M. J. (ed.). *Isoflavones*: biosynthesis, occurrence and health effects. Hauppauge, NY: Nova Science Publishers, 2010. p. 111-135.

BELIZÁRIO, J. E.; NAPOLITANO, M. Human microbiomes and their roles in dysbiosis, common diseases, and novel therapeutic approaches. *Frontiers in Microbiology*, v. 6, p. 1-16, out. 2015.

BELL, V.; FERRÃO, J.; FERNANDES, T. Fermented food guidelines for children. *Journal of Pediatrics and Pediatric Medicine*, v. 2, n. 1, p. 1-4, jan. 2018.

BELL, V.; FERRÃO, J.; FERNANDES, T. Nutritional guidelines and fermented food frameworks. *Foods*, v. 6, n. 8, p. 65, ago. 2017.

BETSCHART, A. A. Improving protein quality of bread: nutritional benefits and realities. In: FRIEDMAN, M. (ed.). *Nutritional improvement of food and feed proteins*. Boston: Springer, 1978. p. 703-734.

BRASIL. Ministério da Agricultura, Pecuária e Abastecimento (MAPA). Instrução Normativa n. 41, de 17 de setembro de 2019. Estabelece o padrão de identidade e qualidade da *kombucha*. *Diário Oficial da União*: seção 1, Brasília, DF, edição 181, p. 13, 18 set. 2019.

BRASIL. Ministério da Saúde. Instrução Normativa n. 76, de 5 de novembro de 2020. Altera a Instrução Normativa n. 28, de 26 de julho de 2018, que estabelece as listas de constituintes, de limites de uso, de alegações e de rotulagem complementar dos suplementos alimentares. *Diário Oficial da União*: seção 1, Brasília, DF, edição 215, p. 75, 11 nov. 2020.

BRASIL. Ministério da Saúde. *Guia alimentar para a população brasileira*: promovendo a alimentação saudável. 1. ed. Brasília: Ministério da Saúde, 2006.

BRASIL. Ministério da Saúde. *Guia alimentar para a população brasileira*: promovendo a alimentação saudável. 2. ed. Brasília: Ministério da Saúde, 2014.

BRITISH COLUMBIA CENTRE FOR DISEASE CONTROL (BCCDC). *Food safety assessment of kombucha tea recipe and food safety plan*. 9 mar. 2020. 14p.

CAI, Y.; SOUNDERRAJAN, A.; SERVENTI, L. Water kefir: a review of its microbiological profile, antioxidant potential and sensory quality. *Acta Scientific Nutritional Health*, v. 4, n. 6, p. 10-17, maio 2020.

CAO, Z. H. *et al.* Bioactivity of soy-based fermented foods: a review. *Biotechnology Advances*, v. 37, n. 1, p. 223-283, jan.-fev. 2019.

CAPOZZI, V. *et al.* Biotechnological production of vitamin B2-enriched bread and pasta. *Journal of Agricultural and Food Chemistry*, v. 59, n. 14, p. 8013-8020, jul. 2011

CARVALHO, N. *et al.* Fermented foods and beverages in human diet and their influence on gut microbiota and health. *Fermentation*, v. 4, n. 4, p. 90, out. 2018.

CHINNADURAI, K. *et al.* High conjugated linoleic acid enriched ghee (clarified butter) increases the antioxidant and antiatherogenic potency in female Wistar rats. *Lipids in Health and Disease*, v. 12, n. 1, p. 121, ago. 2013.

CUVAS-LIMON, R. B. *et al.* Spontaneously fermented traditional beverages as a source of bioactive compounds: an overview. *Critical Reviews in Food Science and Nutrition*, jun. 2020.

DAVID, L. A. *et al.* Diet rapidly and reproducibly alters the human gut microbiome. *Nature*, v. 505, n. 7484, p. 559-563, 2014.

DAVIDOVIC, S. *et al.* Water kefir grain as a source of potent dextran producing lactic acid bacteria. *Hemijska Industrija Chemical Industry*, v. 69, n. 6, p. 595-604, jan. 2015.

DE FILIPPO, C. *et al.* Impact of diet in shaping gut microbiota revealed by a comparative study in children from Europe and rural Africa. *Proceedings of the National Academy of Sciences of the United States of America*, v. 107, n. 33, p. 14691-14696, ago. 2010.

DEATRAKSA, J. *et al.* Isolation of folate-producing *Weissella* spp. from Thai fermented fish (Plaa Som Fug). *LWT – Food Science and Technology*, v. 89, p. 388-391, mar. 2018.

DIAS, G. M. P. *et al.* Perfil dos peptídeos bioativos obtidos de queijos de coalho com potencial antimicrobiano. *Pesquisa Agropecuária Pernambucana*, v. 24, n. 1, 2019.

DIMIDI, E. *et al.* Fermented foods: definitions and characteristics, impact on the gut microbiota and effects on gastrointestinal health and disease. *Nutrients*, v. 11, n. 8, p. 1806, ago. 2019.

DURAK-DADOS, A.; MICHALSKI, M.; OSEK, J. Histamine and other biogenic amines in food. *Journal of Veterinary Research* (Poland), v. 64, n. 2, p. 281-288, jun. 2020.

EL-ABBADI, N. H.; DAO, M. C.; MEYDANI, S. N. Yogurt: role in healthy and active aging. *American Journal of Clinical Nutrition*, v. 99, n. 5, p. 1263S-1270S, abr. 2014.

ESPÍRITO SANTO. Secretaria de Estado da Agricultura, Abastecimento, Aquicultura e Pesca. Portaria n. 044-R, de 21 de novembro de 2019. Aprova o Regulamento Técnico de Identidade e Qualidade de Socol. *Diário Oficial do Espírito Santo*, Vitória, ES, p. 80-81, 22 nov. 2019.

EZEONU, C. S.; EZEONU, N. C. Biological risks associated with fermented diary products, fruits, vegetables and meat: a critical review. *Advances in Biotechnology & Microbiology*, v. 2, n. 1, jan. 2017.

FAN, P. *et al.* Metabolites of dietary protein and peptides by intestinal microbes and their impacts on gut. *Current Protein & Peptide Science*, v. 16, n. 7, p. 646-654, ago. 2015.

FAO (ORGANIZAÇÃO DAS NAÇÕES UNIDAS PARA A ALIMENTAÇÃO E AGRICULTURA) *et al. The state of food security and nutrition in the world 2019*: safeguarding against economic slowdowns and downturns. Rome: FAO, 2019. 212 p. Disponível em: http://www.fao.org/3/ca5162en/ca5162en.pdf. Acesso em: 5 out. 2021.

FAO (ORGANIZAÇÃO DAS NAÇÕES UNIDAS PARA A ALIMENTAÇÃO E AGRICULTURA). Evaluation of health and nutritional properties of probiotics in food including powder milk with live lactic acid bacteria. Córdoba: FAO, 2001. 34 p.

FARAG, M. A. *et al.* The many faces of kefir fermented dairy products: quality characteristics, flavour chemistry, nutritional value, health benefits, and safety. *Nutrients*, v. 12, n. 2, p. 346, jan. 2020.

FERNÁNDEZ, M. *et al.* Impact on human health of microorganisms present in fermented dairy products: an overview. *BioMed Research International*, v. 2015, p. 1-13, mar. 2015.

FERREIRA, R. DOS S. *et al.* Relationship between intestinal microbiota, diet and biological systems: an integrated view. *Critical Reviews in Food Science and Nutrition*, v. 29, p. 1-21, out. 2020.

FOX, P. F. *et al. Fundamentals of cheese science*. 2. ed. New York: Springer US, 2017. 816 p.

FUKE, G.; NORNBERG, J. L. Systematic evaluation on the effectiveness of conjugated linoleic acid in human health. *Critical Reviews in Food Science and Nutrition*, v. 57, n.1, p. 1-7, jan. 2017.

FURUNO, T.; NAKANISHI, M. Kefiran suppresses antigen-induced mast cell activation. *Biological and Pharmaceutical Bulletin*, v. 35, n. 2, p. 178-183, fev. 2012.

GAO, X.; LI, B. Chemical and microbiological characteristics of kefir grains and their fermented dairy products: a review. *Cogent Food & Agriculture*, v. 2, n. 1, p. 1-9, dez. 2016.

GAROFALO, C. *et al.* Bacteria and yeast microbiota in milk kefir grains from different Italian regions. Food Microbiology, v. 59, p. 123-133, ago. 2015.

GEORGE, V. *et al.* Stability, physico-chemical, microbial and sensory properties of sweetener/sweetener blends in lassi during storage. *Food and Bioprocess Technology*, v. 5, n. 1, p. 323-330, jan. 2012.

GERMANI, A. *et al.* The yogurt amino acid profile's variation during the shelf-life. *Annali di Igiene: Medicina Preventiva e di Comunità*, v. 36, n. 3, p. 205-212, maio-jun. 2014.

GOMES, M. B. *et al.* O risco das aminas biogênicas nos alimentos. *Ciência e Saúde Coletiva*, v. 19, n. 4, p. 1123-1134, abr. 2014.

GÓMEZ-GALLEGO, C.; GUEIMONDE, M.; SALMINEN, S. The role of yogurt in food-based dietary guidelines. *Nutrition Reviews*, v. 76, n. S1, p. 29-39, dez. 2018.

GÓMEZ, M.; GUTKOSKI, L. C.; BRAVO-NÚÑEZ, Á. Understanding whole-wheat flour and its effect in breads: a review. *Comprehensive Reviews in Food Science and Food Safety*, p. 1-25, set. 2020.

GOWDA, S. G.; NARAYAN, B.; GOPAL, S. Bacteriological properties and health-related biochemical components of fermented fish sauce: an overview. *Food Reviews International*, v. 32, n. 2, p. 203-229, fev. 2016.

GRAVINA, A. G. *et al.* Adherence and effects derived from fodmap diet on irritable bowel syndrome: a real life evaluation of a large follow-up observation. *Nutrients*, v. 12, n. 4, p. 928-938, mar. 2020.

GREENWALT, C. J.; STEINKRAUS, K. H.; LEDFORD, R. A. Kombucha, the fermented tea: Microbiology, composition, and claimed health effects. *Journal of Food Protection*, v. 63, n. 7, p. 976-981, jul. 2000.

HADDAD, Y. *et al.* Rheological behaviour of wheat endosperm – Proposal for classification based on the rheological characteristics of endosperm test samples. *Journal of Cereal Science*, v. 34, n. 1, p. 105-113, jul. 2001.

HAN, K. *et al.* Contrasting effects of fresh and fermented kimchi consumption on gut microbiota composition and gene expression related to metabolic syndrome in obese Korean women. *Molecular Nutrition and Food Research*, v. 59, n. 5, p. 1004-1008, maio 2015.

HARNLY, J. M. *et al.* Flavonoid content of U.S. fruits, vegetables, and nuts. *Journal of Agricultural and Food Chemistry*, v. 54, n. 26, p. 9966-9977, dez. 2006.

HAYALOGLU, A. A. Cheese: microbiology of cheese. *Reference Module in Food Science*, dez. 2016.

HEINEN, E.; AHNEN, R. T.; SLAVIN, J. Fermented foods and the gut microbiome. *Nutrition Today*, v. 55, n. 4, p. 163-167, jul.-ago. 2020.

HERNÁNDEZ-LEDESMA, B.; DEL MAR CONTRERAS, M.; RECIO, I. Antihypertensive peptides: production, bioavailability and incorporation into foods. *Advances in Colloid and Interface Science*, v. 165, n. 1, p. 23-35, jun. 2011

HIGASHIJIMA, N. S. *et al.* Fatores antinutricionais na alimentação humana. *Segurança Alimentar e Nutricional*, v. 27, p. 1-16, nov. 2020.

HUANG, X. *et al.* Sourdough fermentation degrades wheat alpha-amylase/trypsin inhibitor (ATI) and reduces pro-inflammatory activity. *Foods*, v. 9, n. 7, p. 943, jul. 2020.

HUTKINS, R. W. Microbiology and technology of fermented foods. Ames: Blackwell Publishing, 2006. p. 473.

INSTITUTO NACIONAL DA PROPRIEDADE INDUSTRIAL (INPI). *Revista da Propriedade Industrial. Indicações geográficas. Seção IV.* n. 2475, p. 4-8, 12 jun. 2018. Disponível em: http://revistas.inpi.gov.br/pdf/Indicacoes_Geograficas2475.pdf. Acesso em: 20 abr. 2021.

ISLAM, M. S.; CHOI, H. Antidiabetic effect of Korean traditional Baechu (Chinese Cabbage) kimchi in a type 2 diabetes model of rats. *Journal of Medicinal Food*, v. 12, n. 2, p. 292-297, abr. 2009.

ITOU, K. *et al.* Changes of proximate composition and extractive components in narezushi, a fermented mackerel product, during processing. *Fisheries Science*, v. 72, n. 6, p. 1269-1276, nov. 2006.

JANG, S.S.; MCINTYRE, L.; CHAN, M.; BROWN, P.N.; FINLEY, J.; CHEN, S.X. Ethanol Concentration of Kombucha Teas in British Columbia, Canada. J Food Prot, v. 84, n. 11, p. 1878-1883, 2021.

JAYACHANDRAN, M.; XU, B. An insight into the health benefits of fermented soy products. *Food Chemistry*, v. 271, n. 15, p. 362-371, jan. 2019.

JEMIL, I. *et al.* Functional, antioxidant and antibacterial properties of protein hydrolysates prepared from fish meat fermented by *Bacillus subtilis* A26. *Process Biochemistry*, v. 49, n. 6, p. 963-972, jun. 2014.

JIMÉNEZ, E. *et al.* Isolation of commensal bacteria from umbilical cord blood of healthy neonates born by cesarean section. *Current Microbiology*, v. 51, n. 4, p. 270-274, out. 2005.

JOYE, I. Protein digestibility of cereal products. *Foods*, v. 8, n. 6, p. 199-212, jun. 2019.

KAPP, J. M.; SUMNER, W. Kombucha: a systematic review of the empirical evidence of human health benefit. *Annals of Epidemiology*, v. 30, p. 66-70, fev. 2019.

KARYADI, D.; LUKITO, W. Beneficial effects of tempeh in disease prevention and treatment. *Nutrition Reviews*, v. 54, n.11, p. S94-S98, nov. 1996

KATO-KATAOKA, A. *et al.* Fermented milk containing *Lactobacillus casei* strain Shirota prevents the onset of physical symptoms in medical students under academic examination stress. *Beneficial Microbes*, v. 7, n. 2, p. 153-156, 2016.

KESIKA, P.; SIVAMARUTHI, B. S.; CHAIYASUT, C. Health promoting effects of fermented foods against cancer: an updated concise review. *Food Science and Technology*, out. 2020.

KIM, B. *et al.* A review of fermented foods with beneficial effects on brain and cognitive function. Preventive Nutrition and Food Science, v. 21, n. 4, p. 297-309, dez. 2016.

KIM, D. J. *et al.* Beneficial effect of chungkukjang on regulating blood glucose and pancreatic -cell functions in C75BL/KsJ-db/db mice. *Journal of Medicinal Food*, v. 11, n. 2, p. 215-223, jun. 2008.

KOHAJDOVÁ, Z. Fermented cereal products. *In*: WONG, J.; RAJESHWAR, D.; TYAGI, A. *Current developments in biotechnology and bioengineering.* Amsterdam: Elsevier, 2017. p. 91-117.

KONTAREVA, V. Y. *et al.* The effect of prebiotic components on the quality of yogurt. *IOP Conference Series: Earth and Environmental Science*, v. 548, set. 2020

KOO, O. K. *et al.* Korean traditional fermented fish products: jeotgal. *Journal of Ethnic Foods*, v. 3, n. 2, p. 107-116, jun. 2016.

KOPEĆ, A. *et al.* Effects of sourdough and dietary fibers on the nutritional quality of breads produced by bake-off technology. *Journal of Cereal Science*, v. 54, n. 3, p. 499-505, nov. 2011.

KUDA, T. *et al.* Suppressive effect of *Tetragenococcus halophilus*, isolated from fish-nukazuke, on histamine accumulation in salted and fermented fish. *Food Chemistry*, v. 130, n. 3, p. 569-574, fev. 2012.

KUMAR, P. *et al.* Quality, functionality, and shelf life of fermented meat and meat products: a review. *Critical Reviews in Food Science and Nutrition*, v. 57, n. 13, p. 2844-2856, set. 2017.

KWAW, E. *et al.* Effect of lactobacillus strains on phenolic profile, color attributes and antioxidant activities of lactic-acid-fermented mulberry juice. *Food Chemistry*, v. 250, n. 1, p. 148-154, jun. 2018.

LAUREYS, D.; DE VUYST, L. Microbial species diversity, community dynamics, and metabolite kinetics of water Kefir fermentation. *Applied and Environmental Microbiology*, v. 80, n. 8, p. 2564-2572, abr. 2014.

LEAL, J. M. *et al.* A review on health benefits of kombucha nutritional compounds and metabolites. *CYTA – Journal of Food*, v. 16, n. 1, p. 390-399, fev. 2018.

LEBLANC, J. G. *et al.* Reduction of non-digestible oligosaccharides in soymilk: application of engineered lactic acid bacteria that produce alpha-galactosidase. *Genetics and Molecular Research*, v. 3, n. 3, p. 432-440, set. 2004.

LEE, B. H.; LAI, Y. S.; WU, S. C. Antioxidation, angiotensin converting enzyme inhibition activity, nattokinase, and antihypertension of Bacillus subtilis (natto)-fermented pigeon pea. *Journal of Food and Drug Analysis*, v. 23, n. 4, p. 750-757, dez. 2015.

LEE, S. H. *et al.* Emotional well-being and gut microbiome profiles by enterotype. *Scientific Reports*, v. 10, n. 1, nov. 2020.

LEE, Y.; CHOI, Y.; YOON, Y. Lactic acid bacteria in kimchi might be a cause for carcinogen production in intestine. *Food Control*, v. 126, ago. 2021.

LEHANE, L.; OLLEY, J. Histamine fish poisoning revisited. *International Journal of Food Microbiology*, v. 58, n. 1-2, p. 1-37, jun. 2000.

LEROY, F.; SCHOLLIERS, P.; AMILIEN, V. Elements of innovation and tradition in meat fermentation: conflicts and synergies. *International Journal of Food Microbiology*, v. 212, n. 6, p. 2-8, nov. 2015.

LI, R. *et al.* Relation Between Gut Microbiota Composition and Traditional Spontaneous Fermented Dairy Foods Among Kazakh Nomads in Xinjiang, China. *Journal of Food Science*, v. 84, n. 12, p. 3804-3814, dez. 2019.

LIU, R. H. Health-promoting components of fruits and vegetables in the diet. *Advances in Nutrition*, v. 4, n. 3, p. 384S-392S, maio 2013.

LU, Y. *et al.* Dietary soybean isoflavones in Alzheimer's disease prevention. *Asia Pacific journal of Clinical Nutrition*, v. 27, n. 5, p. 946-954, set. 2018.

MACORI, G.; COTTER, P. D. Novel insights into the microbiology of fermented dairy foods. *Current Opinion in Biotechnology*, v. 49, p. 172-178, fev. 2018.

MALBAŠA, R. V. *et al.* Influence of starter cultures on the antioxidant activity of kombucha beverage. *Food Chemistry*, v. 127, n. 4, p. 1727-1731, ago. 2011.

MAO, B.; YAN, S. Lactic acid bacteria and fermented fruits and vegetables. *In*: CHEN, W. (ed.). *Lactic acid bacteria*. Singapore: Springer, 2019. p. 181-209.

MARCO, M. L. *et al.* Health benefits of fermented foods: microbiota and beyond. *Current Opinion in Biotechnology*, v. 44, p. 94-102, abr. 2017.

MARCO, M. L. *et al.* The International Scientific Association for Probiotics and Prebiotics (ISAPP) consensus statement on fermented foods. *Nature Reviews Gastroenterology and Hepatology*, v. 18, p. 196-208, jan. 2021.

MARTIN, R. *et al.* Early-Life events, including mode of delivery and type of feeding, siblings and gender, shape the developing gut microbiota. *PLoS One*, v. 11, n. 6, jun. 2016.

MARTÍNEZ-ÁLVAREZ, O. *et al.* Fermented seafood products and health. *In*: FRIAS, J.; MARTINEZ-VILLALUENGA, C.; PEÑAS, E. (eds.). *Fermented foods in health and disease prevention*. London: Academic Press, 2017. p. 177-202.

MARTINI, L. A.; CATANIA, A. S.; FERREIRA, S. R. G. Role of vitamins and minerals in prevention and management of type 2 *diabetes mellitus*. *Nutrition Reviews*, v. 68, n. 6, p. 341-354, jun. 2010.

MASKE, B. L. *et al.* Viruses in fermented foods: are they good or bad? Two sides of the same coin. *Food Microbiology*, v. 98, 2021.

MAYORGA, G. A. C. *et al.* Ancestral fermented indigenous beverages from South America made from cassava (*Manihot esculenta*). *Food Science and Technology*, v. 41, n. 1, p. 360-367, 2021.

MEDRANO, M. *et al.* Kefiran fermentation by human faecal microbiota: organic acids production and in vitro biological activity. *Bioactive Carbohydrates and Dietary Fibre*, v. 24, out. 2020.

MEDRANO, M.; PÉREZ, P. F.; ABRAHAM, A. G. Kefiran antagonizes cytopathic effects of *Bacillus cereus* extracellular factors. *International Journal of Food Microbiology*, v. 122, n. 1-2, p. 1-7, fev. 2008.

MELINI, F. *et al.* Health-promoting components in fermented foods: An up-to-date systematic review. *Nutrients*, v. 11, n. 5, p. 1189, maio 2019.

MENEZES, A. G. T. *et al.* Probiotic potential, antioxidant activity, and phytase production of indigenous yeasts isolated from indigenous fermented foods. *Probiotics and Antimicrobial Proteins*, v. 12, n. 1, p. 280-288, mar. 2020.

MESA, M. D. *et al.* The evolving microbiome from pregnancy to early infancy: a comprehensive review. *Nutrients*, v. 12, n. 1, p. 133, jan. 2020.

MONTEMURRO, M. *et al.* Investigation of the nutritional, functional and technological effects of the sourdough fermentation of sprouted flours. *International Journal of Food Microbiology*, v. 302, n. 2, p. 47-58, ago. 2019.

MORENO-FERNANDEZ, J. *et al.* Fermented goat milk consumption improves melatonin levels and influences positively the antioxidant status during nutritional ferropenic anemia recovery. *Food and Function*, v. 7, n. 2, p. 834-842, fev. 2016.

MOSLEHISHAD, M. *et al.* The comparative assessment of ACE-inhibitory and antioxidant activities of peptide fractions obtained from fermented camel and bovine milk by *Lactobacillus rhamnosus* PTCC 1637. *International Dairy Journal*, v. 29, n. 2, p. 82-87, abr. 2013.

MUELLER, N. T. *et al.* The infant microbiome development: mom matters. *Trends in Molecular Medicine*, v. 21, n. 2, p. 109-117, fev. 2015.

NAES, H. *et al.* Accelerated ripening of dry fermented sausage by addition of a Lactobacillus proteinase. *International Journal of Food Science & Technology*, v. 29, n. 6, p. 651-659, jul. 1994.

NAJAFIAN, L.; BABJI, A. S. Fractionation and identification of novel antioxidant peptides from fermented fish (pekasam). *Journal of Food Measurement and Characterization*, v. 12, p. 2174-2183, maio 2018.

NATARAJ, B. H. *et al.* Postbiotics-parabiotics: the new horizons in microbial biotherapy and functional foods. *Microbial Cell Factories*, v. 19, p. 168, ago. 2020.

NEJATI, F. *et al.* Manufacture of a functional fermented milk enriched of Angiotensin-I Converting Enzyme (ACE)-inhibitory peptides and -amino butyric acid (GABA). *LWT – Food Science and Technology*, v. 51, n. 1, p. 183-189, abr. 2013.

NÚCLEO DE ESTUDOS EM NUTRIÇÃO APLICADA. Universidade Estadual de Campinas. *Tabela nutricional de composição de alimentos – TACO*. Campinas: NEPA, 2011. 161 p.

NURAIDA, L. A review: health promoting lactic acid bacteria in traditional Indonesian fermented foods. *Food Science and Human Wellness*, v. 4, n. 2, p. 47–55, jun. 2015.

NWOKORO, O.; ANYA, F. O. Linamarase enzyme from *Lactobacillus delbrueckii* NRRL -763: purification and some properties of a -glucosidase. *Journal of the Mexican Chemical Society*, v. 55, n. 4, p. 246-250, set. 2011.

OETTERER, M. *et al.* Monitoramento do processo de fermentação da sardinha, *Sardinella brasiliensis*, para obtenção de anchovas. *Scientia Agricola*, v. 60, n. 3, p. 511-517, jul.-set. 2003.

OGUNTOYINBO, F. A. *et al.* Produce from Africa's gardens: potential for leafy vegetable and fruit fermentations. *Frontiers in Microbiology*, v. 7, p. 981, jun. 2016.

OTTMAN, N. *et al.* The function of our microbiota: who is out there and what do they do? *Frontiers in Cellular and Infection Microbiology*, v. 2, p. 104, ago. 2012.

PADILLA, B. *et al.* Evaluation of oligosaccharide synthesis from lactose and lactulose using -galactosidases from Kluyveromyces isolated from artisanal cheeses. *Journal of Agricultural and Food Chemistry*, v. 60, n. 20, p. 5134-5141, maio 2012.

PARODI, P. W. Nutritional significance of milk lipids. *In*: FOX, P. F.; MCSWEENEY, P. L. H. (eds.). *Advanced dairy chemistry*. Boston: Springer, 2006. v. 2: *Lipids*, p. 601-639.

PATRA, J. K. *et al.* Kimchi and other widely consumed traditional fermented foods of Korea: A review. Frontiers in Microbiology, v. 7, set. 2016.

PEREZ-MUÑOZ, M. E. *et al.* A critical assessment of the "sterile womb" and "in utero colonization" hypotheses: implications for research on the pioneer infant microbiome. *Microbiome*, v. 5, n. 1, p. 1-19, abr. 2017.

PEREZ, P. F. *et al.* Bacterial imprinting of the neonatal immune system: lessons from maternal cells? *Pediatrics*, v. 119, n. 3, p. 724-732, mar. 2007.

PESSIONE, E.; CIRRINCIONE, S. Bioactive molecules released in food by lactic acid bacteria: encrypted peptides and biogenic amines. *Frontiers in Microbiology*, v. 7, p. 876, jun. 2016.

PHAM, T. T.; SHAH, N. P. Performance of starter in yogurt supplemented with soy protein isolate and biotransformation of isoflavones during storage period. *Journal of Food Science*, v. 74, n. 4, p. 190-195, maio-jun. 2009.

PITTAS, A. G. *et al.* Review: the role of vitamin D and calcium in type 2 diabetes. A systematic review and meta-analysis. *Journal of Clinical Endocrinology and Metabolism*, v. 92, n. 6, p. 2017-2029, jun. 2007.

POMBO, C. R. *Avaliação físico-química e bacteriológica de peixes anchovados*. 2007. Dissertação (Mestrado em Higiene Veterinária e Processamento Tecnológico de Produtos de Origem Animal) - Universidade Federal Fluminense, Niterói, 2007. 103 p.

POMBO, C. R.; FRANCO, R. M.; MÁRSICO, E. T. Caracterização do processamento tecnológico e validade comercial de sardinhas (*Sardinella brasiliensis*) anchovadas. *Revista Brasileira de Ciência Veterinária*, v. 19, n. 1, p. 26-31, 2012.

POUTANEN, K.; FLANDER, L.; KATINA, K. Sourdough and cereal fermentation in a nutritional perspective. *Food Microbiology*, v. 26, n. 7, p. 693-699, out. 2009.

PRITCHARD, S. R.; PHILLIPS, M.; KAILASAPATHY, K. Identification of bioactive peptides in commercial Cheddar cheese. *Food Research International*, v. 43, n. 5, p. 1545-1548, jun. 2010.

PUAT, S. N. A. *et al.* Chemical composition and protein quality of fish sauces (kecap ikan and nampla). *Asia Pacific Journal of Sustainable Agriculture Food and Energy*, v. 3, n. 2, 2015.

PUNIYA, A. K. *et al.* (eds.). *Fermented milk and dairy products*. Boca Raton: CRC Press, 2016.

PYO, Y. H.; OH, H. J. Ubiquinone contents in Korean fermented foods and average daily intakes. *Journal of Food Composition and Analysis*, v. 24, n. 8, p. 1123-1129, dez., 2011.

RAAK, C. *et al.* Regular consumption of sauerkraut and its effect on human health: a bibliometric analysis. *Global Advances in Health and Medicine*, v. 3, n. 6, p. 12-18, nov. 2014.

RACKAITYTE, E.; LYNCH, S. V. The human microbiome in the 21st century. *Nature Communications*, v. 11, n. 1, p. 19-21, out. 2020.

RADHOUANI, H. *et al.* Kefiran biopolymer: evaluation of its physicochemical and biological properties. *Journal of Bioactive and Compatible Polymers*, v. 33, n. 5, p. 461-478, set. 2018.

REZAC, S. *et al.* Fermented foods as a dietary source of live organisms. *Frontiers in Microbiology*, v. 9, p. 1785, ago. 2018.

RIZZELLO, C. G. *et al.* Bioactive peptides from vegetable food matrices: research trends and novel biotechnologies for synthesis and recovery. *Journal of Functional Foods*, v. 27, p. 549-569, dez. 2016a.

RIZZELLO, C. G. *et al.* Use of sourdough made with quinoa (*Chenopodium quinoa*) flour and autochthonous selected lactic acid bacteria for enhancing the nutritional, textural and sensory features of white bread. *Food Microbiology*, v. 56, p. 1-13, jun. 2016b.

RIZZELLO, C. G. *et al.* Sourdough fermented breads are more digestible than those started with baker's yeast alone: an in vivo challenge dissecting distinct gastrointestinal responses. Nutrients, v.11, n. 12, p. 2954, dez. 2019.

ROCHA-GOMES, A. *et al.* Chemical composition and hypocholesterolemic effect of milk kefir and water kefir in Wistar rats. *Revista de Nutrição*, v. 31, n. 2, p. 137-145, abr. 2018.

RODRÍGUEZ, H. *et al.* Food phenolics and lactic acid bacteriaInternational. *Journal of Food Microbiology*, v. 132, n. 2-3, p. 79-90, jun. 2009.

ROJAS-DE-LOS-SANTOS, E. *et al.* Physicochemical and sensory changes of vacuum-packed, salt-ripened anchovy fillets (*Engraulis ringens*) stored at 8 and 20°C. *Cogent Food & Agriculture*, v. 4, n. 1, nov. 2018.

ROSA, D. D. *et al.* Milk kefir: nutritional, microbiological and health benefits. *Nutrition Research Reviews*, v. 30, n. 1, p. 82-96, jun. 2017.

RUIZ-CAPILLAS, C.; HERRERO, A. M. Impact of biogenic amines on food quality and safety. *Foods*, v. 8, n. 2, p. 62, fev. 2019.

SAMTIYA, M.; ALUKO, R. E.; DHEWA, T. Plant food anti-nutritional factors and their reduction strategies: an overview. *Food Production, Processing and Nutrition*, v. 2, n. 1, mar. 2020.

ANLIER, N.; GÖKCEN, B. B.; SEZGIN, A. C. Health benefits of fermented foods. *Critical Reviews in Food Science and Nutrition*, v. 59, n. 3, p. 506-527, fev. 2019.

SARKAR, A. *et al.* Psychobiotics and the manipulation of bacteria-gut-brain signals. *Trends in Neurosciences*, v. 39, n. 11, p. 763-781, nov. 2016.

SARKAR, S. Potential of kefir as a dietetic beverage – a review. *British Food Journal*, v. 109, n. 4, p. 280-290, abr. 2007.

SATOKARI, R. *et al.* Bifidobacterium and Lactobacillus DNA in the human placenta. *Letters in Applied Microbiology*, v. 48, n. 1, p. 8-12, jan. 2009.

SENDER, R.; FUCHS, S.; MILO, R. Revised estimates for the number of human and bacteria cells in the body. *PLoS Biology*, v. 14, n. 8, ago. 2016.

SEPTEMBRE-MALATERRE, A.; REMIZE, F.; POUCHERET, P. Fruits and vegetables, as a source of nutritional compounds and phytochemicals: changes in bioactive compounds during lactic fermentation. *Food Research International*, v. 104, p. 86-99, fev. 2018.

SERRANO, C. A.; HARRIS, P. R. Desarrollo del microbioma intestinal en niños. Impacto en salud y enfermedad. *Revista Chilena de Pediatría*, v. 87, n. 3, p. 151-153, maio-jun. 2016.

SONG, M. Y. *et al.* Quality characteristics of functional fermented sausages added with encapsulated probiotic *Bifidobacterium longum* KACC 91563. *Korean Journal for Food Science of Animal Resources*, v. 38, n. 5, p. 981-994, out. 2018.

SZUTOWSKA, J. *et al.* Spontaneously fermented curly kale juice: Microbiological quality, nutritional composition, antioxidant, and antimicrobial properties. *Journal of Food Science*, v. 85, n. 4, p. 1248-1255, mar. 2020.

TAI, M. W.; SWEET, B. V. Nattokinase for prevention of thrombosis. *American Journal of Health-System Pharmacy*, v. 63, n. 12, p. 1121-1123, jun. 2006.

TAKABAYASHI, T. *et al.* Nattokinase, profibrinolytic enzyme, effectively shrinks the nasal polyp tissue and decreases viscosity of mucus. *Allergology International*, v. 66, n. 4, p. 594-602, out. 2017.

TAMANG, J. P. *et al.* Fermented foods in a global age: East meets West. *Comprehensive Reviews in Food Science and Food Safety*, p. 1-34, jan. 2020.

TAMIME, A. Y.; HICKEY, M.; MUIR, D. D. Strained fermented milks - A review of existing legislative provisions, survey of nutritional labelling of commercial products in selected markets and terminology of products in some selected countries. *International Journal of Dairy Technology*, p. 67, n. 3, p. 305-333, jul. 2014.

TOH, D. W. K.; KOH, E. S.; KIM, J. E. Lowering breakfast glycemic index and glycemic load attenuates postprandial glycemic response: a systematically searched meta-analysis of randomized controlled trials. *Nutrition*, v. 71, mar. 2020.

TOJO, R. *et al.* Intestinal microbiota in health and disease: Role of Bifidobacteria in gut homeostasis. *World Journal of Gastroenterology*, v. 20, n. 41, p. 15163-15176, nov. 2014.

TÓTH, A. G. *et al.* A glimpse of antimicrobial resistance gene diversity in kefir and yoghurt. *Scientific Reports*, v. 10, dez. 2020.

TROPIA, R. R.; SILVA, L. C. *Socol: ciência, tecnologia e tradição.* 2018. Trabalho de Conclusão de Curso (Ciência e Tecnologia de Alimentos) – Instituto Federal do Espírito Santo, Venda Nova do Imigrante, 2018.

TSAFRAKIDOU, P.; MICHAELIDOU, A. M.; BILIADERIS, C. G. Fermented cereal-based products: nutritional aspects, possible impact on gut microbiota and health implications. *Foods*, v. 9, n. 6, p. 734, jun. 2020.

U.S. Department of Agriculture (USDA), Agricultural Research Service. FoodData Central, 2019. Disponível em: http://fdc.nal.usda.gov.

VERCE, M.; DE VUYST, L.; WECKX, S. Shotgun metagenomics of a water kefir fermentation ecosystem reveals a novel Oenococcus species. *Frontiers in Microbiology*, v. 13, mar. 2019.

VLIEG, J. E. T. V. H. *et al.* Impact of microbial transformation of food on health – from fermented foods to fermentation in the gastro-intestinal tract. *Current Opinion in Biotechnology*, v. 22, n. 2, p. 211-219, abr. 2011.

VOIDAROU, C. *et al.* Fermentative foods: Microbiology, biochemistry, potential human health benefits and public health issues. *Foods*, v. 10, n. 1, p. 69, 2021.

WAISUNDARA, V.; JAYAWARDENA, N.; WATAWANA, M. Safety of fermented fish products. *In*: PRAKASH, V. *et al.* (ed.). *Regulating safety of traditional and ethnic foods*. Waltham: Academic Press, 2016. p. 149-168.

WALKER, W. A. The importance of appropriate initial bacterial colonization of the intestine in newborn, child, and adult health. *Pediatric Research*, v. 82, n. 3, p. 387-395, set. 2017.

WALTER, J.; HORNEF, M. W. A philosophical perspective on the prenatal in utero microbiome debate. *Microbiome*, v. 9, n. 1, p. 1-9, jan. 2021.

WANG, Y. *et al.* Hepatoprotective effects of kombucha tea: identification of functional strains and quantification of functional components. *Journal of the Science of Food and Agriculture*, v. 94, n. 2, p. 265-272, jan. 2014.

WILBURN J. R.; RYAN, E. P. Fermented foods in health promotion and disease prevention: an overview. *In*: FRIAS, J.; MARTINEZ-VILLALUENGA, C.; PEÑAS, E. (eds.) *Fermented foods in health and disease prevention*. London: Academic Press, 2017. p. 675-704.

XIANG, H. *et al.* Fermentation-enabled wellness foods: a fresh perspective. *Food Science and Human Wellness*, v. 8, n. 3, p. 203-243, set. 2019.

XU, L.; CAI, W. X.; XU, B. J. A systematic assessment on vitamins (B2, B12) and GABA profiles in fermented soy products marketed in China. *Journal of Food Processing and Preservation*, v. 41, n. 5, set. 2016.

YAN, P. M. *et al.* Effect of inoculating lactic acid bacteria starter cultures on the nitrite concentration of fermenting Chinese paocai. *Food Control*, v. 19, n. 1, p. 50-55, jan. 2008.

ZANG, J. *et al.* Quality, functionality, and microbiology of fermented fish: a review. *Critical Reviews in Food Science and Nutrition*, v. 60, n. 7, p. 1228-1242, 2019.

ZHANG, K. *et al.* Fermented dairy foods intake and risk of cancer. *International Journal of Cancer*, v. 144, n. 9, p. 2099-2108, maio 2019.

ZOMMITI, M. *et al.* In vitro assessment of the probiotic properties and bacteriocinogenic potential of *Pediococcus pentosaceus* MZF16 isolated from artisanal tunisian meat "dried ossban". *Frontiers in Microbiology*, v. 9, p. 2607, nov. 2018.

CAPÍTULO 3
Do processo fermentativo

Rafaela Zandonade Ventorim,[1] Eduardo Luís Menezes de Almeida,[1]

Maurício Alexander de Moura Ferreira,[1] Érica Mangaravite[2]

e Wendel Batista da Silveira[1]

3.1 INTRODUÇÃO

Durante a produção de alimentos fermentados, diferentes processos químicos e biológicos ocorrem e transformam a matéria-prima empregada no produto de interesse. Os microrganismos atuam como catalisadores de grande parte das reações envolvidas nessa transformação, a partir da sua atividade metabólica ou de enzimas secretadas. A grande diversidade de microrganismos e as transformações promovidas por eles permitem a geração de alimentos com perfil sensorial, aspectos físico-químicos e funcionalidade diversos. Conhecer a natureza dessas reações, como e quando acontecem, e os grupos de microrganismos responsáveis por elas é essencial para o controle, otimização do processo e obtenção do produto desejado, assim como para impedir que reações indesejadas sejam predominantes e afetem a qualidade do fermentado.

Os microrganismos podem apresentar formas variadas de comportamento de acordo com o ambiente em que estão inseridos, assimilar diferentes substratos

---

[1] Laboratório de Fisiologia de Microrganismos (LabFis), Departamento de Microbiologia, Universidade Federal de Viçosa (UFV), Viçosa, Minas Gerais, Brasil.

[2] Colegiado de Biomedicina, Centro Universitário Faminas, Muriaé, Minas Gerais, Brasil.

como fonte de carbono, realizar processos aeróbios e anaeróbios, responder à temperatura, ao pH, à osmolaridade e à presença de compostos inibitórios. A combinação de tais fatores pode desencadear a seleção de diferentes grupos de microrganismos, seja de forma inibitória, quando as condições não são favoráveis ao crescimento (por exemplo, ausência de algum nutriente, temperatura e pH inadequados e toxicidade), ou de forma estimulante, caso as condições sejam adequadas (por exemplo, temperatura e pH ótimos, maior capacidade de assimilação de um nutriente específico, mecanismos de resistência para uma determinada condição de estresse). Todos esses fatores podem influenciar a forma como o metabolismo será modulado e, consequentemente, os compostos que serão utilizados e produzidos durante a fermentação.

Abordaremos ao longo deste capítulo a diversidade do metabolismo microbiano, suas características, classificação, as principais vias envolvidas nos processos fermentativos mais empregados para a produção de alimentos fermentados e os grupos microbianos mais comumente relacionados às fermentações.

3.2 METABOLISMO MICROBIANO: CARACTERÍSTICAS E CLASSIFICAÇÃO

Metabolismo é o conjunto de todas as reações bioquímicas que ocorrem nas células de forma simultânea e sucessiva. Geralmente, o produto de uma reação (metabólito) é substrato de outra reação. Séries de reações bioquímicas constituem as vias metabólicas, as quais são conectadas. De fato, o metabolismo é altamente conectado e organizado, para que os organismos conservem a energia proveniente da oxidação de nutrientes e para as reações de biossíntese que demandam energia durante o crescimento. Os microrganismos apresentam grande diversidade metabólica, finamente ajustada de acordo com o *habitat* e estilo de vida. Do ponto de vista metabólico, eles podem ser classificados de acordo com a fonte de *energia*, *elétrons* e *carbono*, como discutido a seguir.

Energia é uma grandeza física que pode ser compreendida como a capacidade de gerar mudanças em um sistema. No contexto bioquímico, dois tipos de energia participam do metabolismo. O primeiro tipo é a energia eletroquímica, na qual um gradiente de concentração de íons nos dois lados de uma membrana gera uma diferença de potencial elétrico capaz de realizar trabalho. Este tipo de energia movimenta reações como: transporte de solutos, cadeias respiratórias, movimento do flagelo, síntese de ATP, dentre outras atividades da membrana. O segundo tipo é a energia química na forma de moléculas fornecedoras de energia, como o ATP (adenosina trifosfato). Essa energia movimenta reações químicas por meio da transferência de grupos com ligações covalentes instáveis, como polifosfatos e coenzima A. Tendo em vista as duas formas na qual a energia participa do metabolismo, um organismo pode ser classificado como *fototrófico* ou *quimiotrófico*. Os organismos fototróficos obtêm energia a partir da luz solar, essencial para que ocorra fluxo de elétrons em uma cadeia transportadora, resultando na liberação de prótons e na formação de um gradiente eletroquímico, posteriormente convertido em energia química por enzimas como a ATP sintase. Os organismos quimiotróficos obtêm energia a partir de compostos orgânicos ou inorgânicos. Alguns quimiotróficos também geram um gradiente de concentração de prótons por meio da oxidação de compostos inorgânicos como H_2S, NH^{4+}, dentre outros. Outros obtêm energia química a partir da oxidação de moléculas orgânicas, como a glicose e outros açúcares. A obtenção de *elétrons* está diretamente relacionada à obtenção de energia pelos organismos. Os elétrons são obtidos a partir de reações de oxidação-redução, nas quais elétrons são liberados (oxidação) ou recebidos (redução). No metabolismo, é muito comum que prótons (H^+) sejam liberados, ou recebidos, junto dos elétrons. Por isso, em fototróficos e em alguns quimiotróficos, as reações de oxidação responsáveis pela geração do gradiente eletroquímico também liberam elétrons que movimentam cadeias transportadoras - que atuam em processos biossintéticos como a fotossíntese e a quimiossíntese. Esses organismos que utilizam reações de oxirredução de compostos inorgânicos, como H_2O, H_2S, Fe^{2+}, H_2, NO_2- e outros, são chamados de *litotróficos*. É o caso de organismos como as cianobactérias, bactérias púrpuras fotossintéticas e arqueias metanogênicas, por exemplo. Outros organismos, chamados *organotróficos*, oxidam moléculas orgânicas, como açúcares, ácidos orgânicos, aminoácidos etc. O fluxo de elétrons pode ser direcionado à uma cadeia respiratória pela ação de cofatores reduzidos como nicotinamida adenina dinucleotídeo (NADH) e flavina adenina dinucleotídeo ($FADH_2$), que captam os elétrons liberados pela oxidação da molécula orgânica. Ao final da cadeia, há um aceptor final de elétrons, cuja diferença no potencial de redução com o doador determinará a quantidade de energia a ser obtida. O aceptor final de elétrons pode ser tanto oxigênio (*respiração aeróbia*) como outros compostos (*respiração anaeróbia*). Uma alternativa às cadeias respiratórias é a reoxidação dos cofatores reduzidos. Por exemplo, a glicose pode ser oxidada a piruvato pela via metabólica chamada glicólise. Ao final desta, duas moléculas de NADH estarão na forma reduzida. Em vez de doar estes elétrons a uma cadeia respiratória, eles são doados a metabólitos, formando os produtos de fermentação. Este processo é chamado de *fermentação*. As estratégias de fermentação e o produto final gerado variam consideravelmente entre grupos taxonômicos. Por exemplo, leveduras *Saccharomyces cerevisiae* reduzem o acetaldeído em etanol, enquanto bactérias ácido-láticas (BAL) reduzem o piruvato em ácido lático. A fermentação é de grande interesse para a produção de alimentos fermentados, como pães, queijos, iogurtes, bebidas alcoólicas, dentre outras. O *carbono* é o principal elemento presente nas macromoléculas, em seus constituintes monoméricos e em suas moléculas precursoras. Assim como energia e elétrons, existem diversas formas pelas quais organismos podem adquirir este elemento, muitas vezes em processos relacionados à obtenção de ambos. O processo de oxidação de moléculas orgânicas para obtenção de elétrons e energia também pode fornecer carbono ao organismo. A via metabólica de oxidação parcial da glicose a piruvato, a glicólise, possui diversos metabólitos intermediários que são desviados para outras vias metabólicas, como biossíntese de lipídios, aminoácidos, nucleotídeos e outras moléculas importantes ao metabolismo. Os organismos que utilizam moléculas pré-formadas como fonte de carbono são classificados como *heterotróficos*. Além de glicose, diversos outros açúcares, ácidos orgânicos, ou ainda monômeros podem ser utilizados como fonte de carbono, com variada eficiência. Outros organismos, os *autotróficos*, obtêm carbono por meio da fixação de CO_2. Este processo está também relacionado à obtenção de energia e elétrons nestes organismos, pois o CO_2 é convertido em açúcares em reações que dependem de cofatores reduzidos. A redução desses cofatores depende dos elétrons provenientes da oxidação de compostos inorgânicos e, no caso dos fototróficos, a absorção de energia luminosa é crucial.

3.3 METABOLISMO DE CARBONO E VIAS METABÓLICAS CENTRAIS

3.3.1 VIA GLICOLÍTICA

A via glicolítica, também denominada via de Embden-Meyerhof-Parnas (EMP) ou glicólise, é, na maioria dos microrganismos, a via central do *catabolismo* da glicose e do metabolismo energético. Nessa via, a glicose é convertida em duas moléculas de três carbonos (piruvato) de menor energia, em um processo que emprega a energia livre liberada para a síntese de ATP. A glicólise difere entre as espécies apenas ao nível de regulação.

As reações da glicólise são divididas em duas etapas: (i) fase de preparação, na qual ocorre um investimento energético proveniente de duas moléculas de ATP para a fosforilação da glicose e conversão em duas moléculas de gliceraldeído-3-fosfato de maior energia; e (ii) fase de pagamento, na qual as duas moléculas de gliceraldeído-3--fosfato são convertidas a piruvato, com a produção de quatro moléculas de ATP por fosforilação no nível de substrato. Essa via consiste de dez reações enzimáticas altamente reguladas de acordo com a demanda energética da célula (Figura 3.1A).

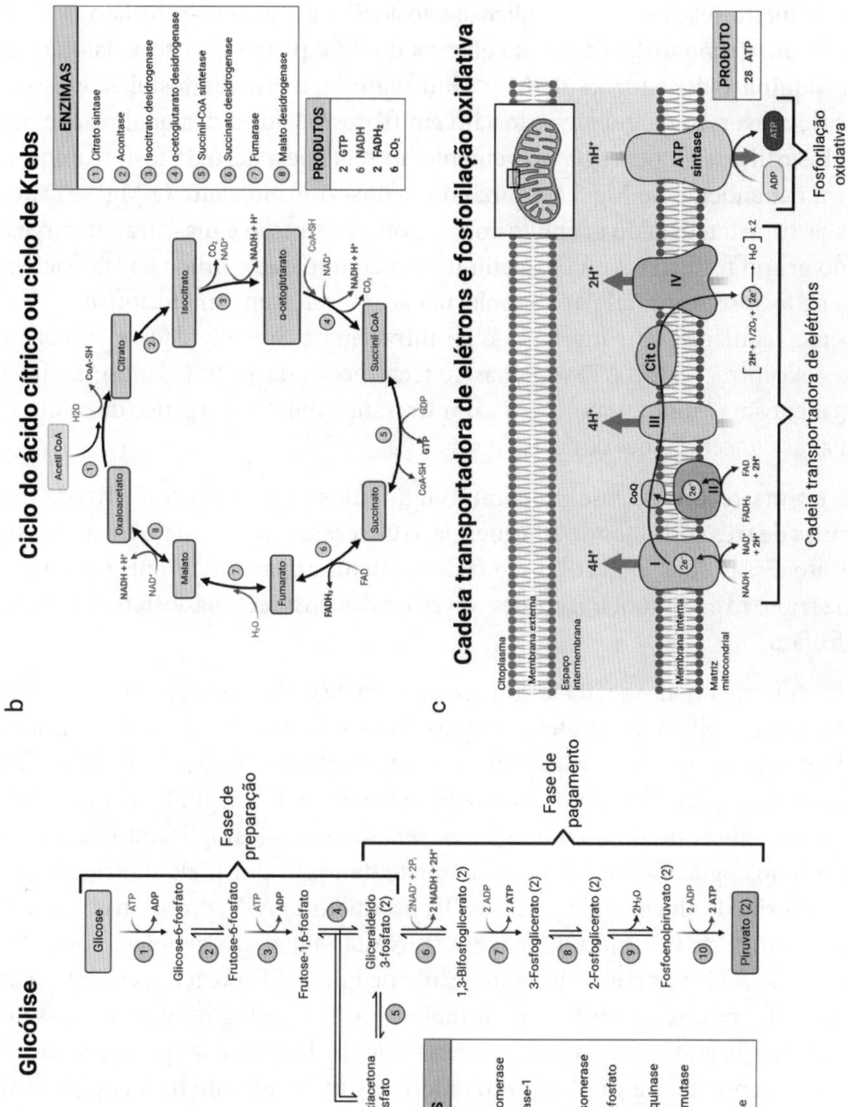

Figura 3.1 – Vias centrais do metabolismo energético. A) Via glicolítica; B) ciclo do ácido cítrico; e C) cadeia transportadora de elétrons acoplada à fosforilação oxidativa. Para cada molécula de glicose que entra na fase preparatória da glicólise, duas moléculas de gliceraldeído-3-fosfato são formadas e entram na fase de pagamento, na qual são produzidas duas moléculas de piruvato. Na fosforilação oxidativa mitocondrial, as coenzimas reduzidas pelas vias centrais do catabolismo são reoxidadas pela transferência dos elétrons aos componentes da cadeia transportadora de elétrons (complexos I-IV). Essa transferência é acoplada ao bombeamento de prótons contra um gradiente de concentração, que leva à formação do potencial eletroquímico impulsionador da síntese de ATP pelo complexo da ATP sintase. Fonte: elaborada por Érica Mangaravite e Rafaela Zandonade Ventorim com BioRender.com.

Na primeira reação da via, a glicose é fosforilada a glicose-6-fosfato pela transferência de um grupo fosforila de alta energia do ATP para a glicose, pela ação da enzima hexoquinase dependente de Mg^{2+}. Em seguida, a enzima fosfohexose isomerase catalisa a conversão da glicose-6-fosfato em frutose-6-fosfato, a qual recebe mais um grupo fosforila de alta energia proveniente do ATP, pela ação da fosfofrutoquinase-1, também dependente de Mg^{2+}, produzindo frutose-1,6-bifosfato. O Mg^{2+} é crucial nas etapas de transferência do grupo fosforila, pois sua função é mascarar as cargas negativas do grupo fosforila do ATP, facilitando o ataque nucleofílico na transferência do átomo de fósforo terminal para a molécula aceptora. A enzima fosfofrutoquinase-1 é altamente regulada pelos níveis de ATP intracelular. Sua atividade é aumentada em baixas concentrações de ATP ou altas concentrações de ADP (adenosina difosfato) e AMP (adenosina monofosfato), para garantir o suprimento energético da célula, e inibida em altas concentrações de ATP.

Na última reação da fase preparatória, a frutose-1,6-bifosfato é clivada em duas moléculas de três carbonos de alta energia, o gliceraldeído-3-fosfato e a diidroxiacetona-fosfato. Essas duas moléculas são facilmente interconvertidas entre si pela ação da enzima triose fosfato isomerase, que converte a diidroxiacetona-fosfato em gliceraldeído-3-fosfato.

A fase de pagamento se inicia com a *oxidação* de cada molécula de gliceraldeído-3--fosfato em 1,3-bifosfoglicerato e a conservação do *potencial redutor* na forma de NADH. Nesta, ocorre o consumo de duas moléculas de fosfato inorgânico (Pi) pela ação da enzima gliceraldeído-3-fosfato desidrogenase. Em seguida, as duas moléculas de 1,3-bifosfoglicerato produzidas são convertidas em 3-fosfoglicerato na reação catalisada pela fosfoglicerato quinase dependente de Mg^{2+}, por meio da transferência do grupo fosforila de alta energia para o ADP, produzindo ATP, processo chamado *fosforilação ao nível de substrato* (Quadro 3.1). Nesta etapa, são geradas, portanto, duas moléculas de ATP a partir de uma molécula de glicose. Na reação seguinte, a enzima fosfoglicerato mutase converte as duas moléculas de 3-fosfoglicerato em duas moléculas de 2-fosfoglicerato, as quais são posteriormente desidratadas pela ação da enolase, também dependente de Mg^{2+}, produzindo duas moléculas de fosfoenolpiruvato. Na última reação da via, cada molécula de fosfoenolpiruvato transfere seu grupo fosforila para o ADP, novamente produzindo duas moléculas de ATP por fosforilação ao nível de substrato, catalisada pela enzima piruvato quinase dependente de Mg^{2+} e K^{+}.

A reação catalisada pela piruvato quinase também é regulada, sendo inibida alostericamente por ATP. A reação catalisada por essa enzima é irreversível, ou seja, só ocorre no sentido de formação do piruvato. No balanço geral, a via glicolítica conserva energia na forma de duas moléculas de ATP e potencial redutor em duas moléculas de NADH, como pode ser observado na equação global:

$$\text{Glicose} + 2\ NAD^{+} + 2\ ADP + 2\ Pi \rightarrow 2\ \text{Piruvato} + 2\ NADH + 2\ H^{+} + 2\ ATP + 2\ H_2O$$

$$\Delta G°' = -85\ \text{kJ/mol de glicose}$$

O destino do piruvato produzido na via glicolítica dependerá das condições de crescimento do microrganismo, principalmente das concentrações do oxigênio e da fonte de carbono e energia, as quais são cruciais para que ocorra o metabolismo respiratório e fermentativo.

Quadro 3.1 – As moedas energéticas das células

A molécula de ATP é a principal moeda energética das células e pode ser formada de duas maneiras: (i) por fosforilação ao nível de substrato, na qual um fosfato de alta energia proveniente de um intermediário glicolítico é transferido para o ADP, formando ATP; ou (ii) por fosforilação oxidativa, processo catalisado pelo complexo ATP sintase, o qual depende de um gradiente eletroquímico formado na membrana celular de procariotos e na membrana mitocondrial interna de eucariotos (força próton-motriz) para a síntese de ATP a partir de ADP e fosfato inorgânico (Pi). Devido à posição intermediária do ATP em termos de energia de hidrólise (Tabela 3.1), ele pode armazenar a energia proveniente de compostos fosforilados de alta energia para compostos de baixa energia, convertendo-os em espécies mais reativas. Apesar de ser uma importante fonte de grupos fosforila, o ATP não realiza essa transferência espontaneamente. Sua elevada energia de ativação (Ea) torna-o uma espécie cineticamente estável e dependente da ação de enzimas específicas capazes de reduzir essa energia de ativação (Figura 3.2). Tais enzimas são reguladas de acordo com o estado energético da célula, em função da disponibilidade de energia proveniente do ATP.

Tabela 3.1 – Energia livre padrão da hidrólise (ΔG°') de alguns compostos fosforilados

Composto	ΔG°' (kJ/mol)
Fosfoenolpiruvato-1,3-bifosfoglicerato	-61,9
1,3-bifosfoglicerato ⟶ 3-fosfoglicerato + P_i	-49,3
ADP ⟶ AMP + P_i	-32,8
ATP ⟶ ADP + P_i	-30,5
ATP ⟶ AMP + PP_i	-45,6
AMP ⟶ adenosina + P_i	-14,2
Frutose 6-fosfato	-15,9
Glicose 6-fosfato	-13,8
Glicerol 3-fosfato	-9,2

Fonte: Jencks (2018).

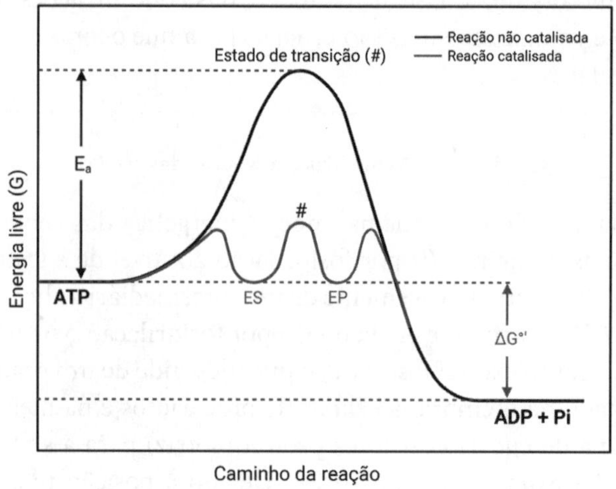

Figura 3.2 – Variação de energia livre da hidrólise do ATP. A elevada energia de ativação (Ea) torna a hidrólise do ATP um processo não espontâneo. A catálise enzimática da reação diminui a energia de ativação necessária para atingir o estado de transição (#), favorecendo o processo. Fonte: elaborada por Rafaela Zandonade Ventorim com BioRender.com.

Além do ATP, as células possuem uma segunda moeda, o poder redutor. Esse poder redutor é armazenado principalmente nas formas de NADH e NADPH. O NADH formado nas reações de oxidação é empregado na síntese de ATP (fosforilação oxidativa). Já o NADPH participa de processos que utilizam a energia livre da oxidação metabólica para a biossíntese redutora em processos endergônicos, como a biossíntese de ácidos graxos e a fotossíntese. A principal via envolvida no armazenamento de poder redutor na forma de NADPH é a via das pentoses fosfato (seção 3.3.3).

3.3.2 VIA DE LELOIR

Carboidratos diferentes da glicose devem ser preparados antes de serem metabolizados na via glicolítica. Os dissacarídeos, por exemplo, devem ser convertidos em monossacarídeos e, em seguida, em um metabólito comum da via glicolítica. A lactose, um açúcar de grande importância para a indústria de alimentos, é um dissacarídeo formado por uma molécula de glicose e outra de galactose. Após a hidrólise da lactose em seus monossacarídeos constituintes pela ação da enzima β-galactosidase, a glicose fica disponível para entrar na via glicolítica, enquanto a galactose é preparada por meio de uma sequência de reações conhecida como *via de Leloir* (Figura 3.3A).

Na primeira reação da via de Leloir, a galactose é fosforilada na reação catalisada pela enzima galactoquinase dependente de Mg^{2+}. Nesta reação, ocorre o consumo de uma molécula de ATP e a produção de galactose-1-fosfato. Na segunda reação, a galactose-1-fosfato, pela ação da difosfato de uridina glicose (UDP)--glicose:galactose-1-fosfato-uridil-transferase, desloca a glicose-1-fosfato da UDP--glicose, resultando em UDP-galactose. A glicose-1-fosfato produzida nessa etapa da via é convertida a glicose-6-fosfato na reação catalisada pela enzima fosfoglicomutase. Posteriormente, a glicose-6-fosfato entra na glicólise. As demais etapas acontecem para regenerar a UDP-glicose empregada nessa reação. Para isso, a UDP-galactose é convertida em UDP-glicose, numa sequência de duas etapas que resultam na inversão da configuração do carbono 4. Essa inversão é catalisada pela UDP-galactose-4-epimerase, e a primeira etapa reduz uma molécula de NAD^+ que é oxidada, em seguida, pela mesma enzima. A reação global da conversão da galactose em glicose 1-fosfato é:

$$\text{Galactose} + \text{ATP} \rightarrow \text{galactose-1-fosfato} + \text{ADP}$$

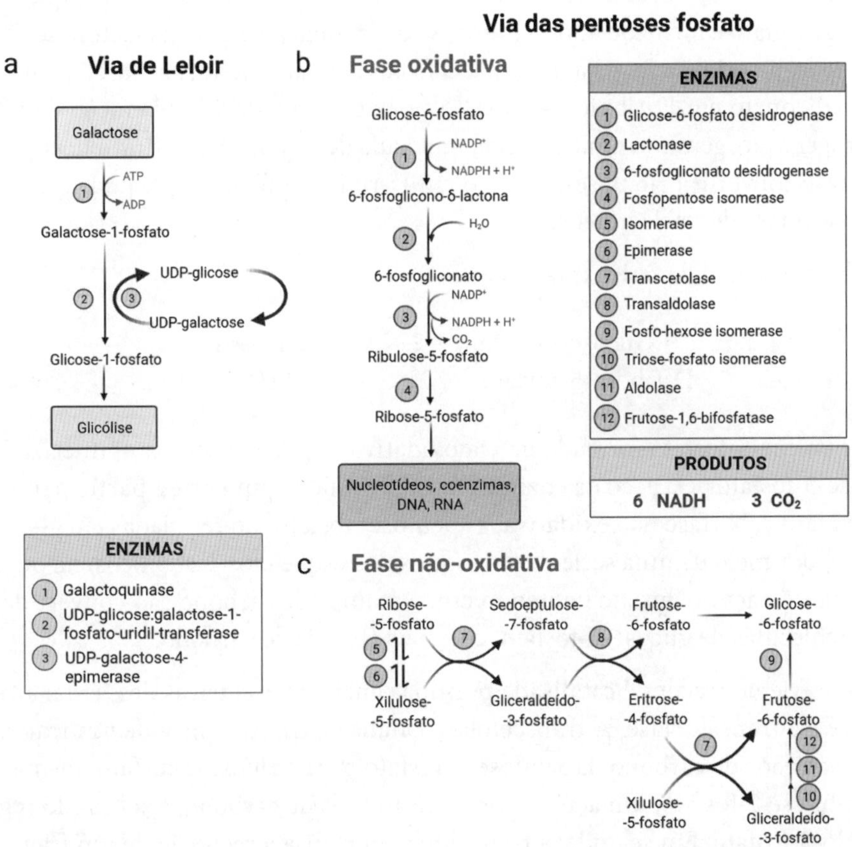

Figura 3.3 – Outras vias importantes para o metabolismo central. Pela (A) via de Leloir, a galactose, monossacarídeo resultante da hidrólise da lactose, é convertida em glicose-1-fosfato para entrar na via glicolítica. Na via das pentoses fosfato, representada em duas fases, (B) oxidativa e (C) não oxidativa, a glicose-6-fosfato é convertida em pentoses fosfato que são empregadas na síntese de ácidos nucleicos e coenzimas. Outra importante função dessa via é a formação de potencial redutor na forma de NADPH, necessário para as reações biossintéticas. Fonte: elaborada por Rafaela Zandonade Ventorim com BioRender.com.

3.3.3 VIA DAS PENTOSES FOSFATO

A via das pentoses fosfato é uma via metabólica que supre as necessidades de poder redutor (NADPH) e ribose-5-fosfato. Nessa via, o $NADP^+$ é o aceptor de elétrons e as reações são divididas em duas fases: (i) fase oxidativa, que produz pentoses fosfato e NADPH (Figura 3.3B), e (ii) fase não oxidativa, a qual recicla as pentoses fosfato em glicose-6-fosfato (Figura 3.3C).

A molécula de NADPH fornece o poder redutor requerido para a biossíntese de ácidos graxos, esteróis, nucleotídeos e aminoácidos. A ribose-5-fosfato é um precursor para a biossíntese de ácidos nucleicos. Na primeira reação da fase oxidativa, catalisada pela enzima glicose-6-fosfato desidrogenase, a glicose-6-fosfato é oxidada a 6-fosfoglicono-δ-lactona e os elétrons são transferidos para o $NADP^+$, com o equilíbrio fortemente deslocado no sentido de formação de NADPH. Na sequência, o 6-fosfogliconato é formado após a hidrólise da lactona pela enzima lactonase. A próxima reação, catalisada pela enzima 6-fosfogliconato desidrogenase, converte o 6-fosfogliconato em D-ribulose-5-fosfato por descarboxilação (liberação de CO_2) e desidrogenação, gerando uma segunda molécula de NADPH. Por fim, a fosfopentose isomerase converte a ribulose-5-fosfato em D-ribose-5-fosfato, que pode ser empregada na síntese de nucleotídeos.

O balanço final da fase oxidativa é:

$$\text{Glicose-6-fosfato} + 2\ NADP^+ + H_2O \rightarrow$$
$$\text{D-ribose-5-fosfato} + 2\ NADPH + 2\ H^+ + CO_2$$

A ribulose-5-fosfato formada na via oxidativa também pode ser epimerizada em xilulose-5-fosfato pela ação da enzima ribose-5-fosfato epimerase e participar da fase não oxidativa. Na fase não oxidativa, as pentoses fosfato são recicladas em glicose-6--fosfato, por meio de uma série de rearranjos dos esqueletos carbônicos, na qual seis moléculas de açúcar fosfato contendo cinco átomos de carbono são convertidas em cinco moléculas de glicose-6-fosfato, com seis átomos de carbono.

Essa série de reações é catalisada por duas enzimas exclusivas dessa via: a transcetolase e a transaldolase. A transcetolase catalisa a transferência de um fragmento de dois átomos de carbono da xilulose-5-fosfato para a ribose-5-fosfato, formando a sedoeptulose-7-fosfato, um açúcar com sete átomos de carbono, e sobrando o gliceraldeído-3-fosfato. Em seguida, a transaldolase catalisa a remoção de um fragmento de três átomos de carbono da sedoeptulose-5-fosfato e a condensação desse fragmento com o gliceraldeído-3-fosfato, formando frutose-6-fosfato e sobrando eritrose-4-fosfato. Em uma nova etapa de reação, a transcetolase forma frutose-6-fosfato e gliceraldeído-3-fosfato a partir da eritrose-4-fosfato e de uma nova molécula de xilulose-5-fosfato. A molécula remanescente de gliceraldeído-3-fosfato é condensada a uma outra molécula de gliceraldeído-3-fosfato, também formada pela mesma sequência de reações, pela enzima aldolase produzindo uma molécula de frutose-1,-6-bifosfato. A frutose-1,6-bifosfato é então convertida em frutose-6-fosfato, pela ação da enzima frutose-1,6-bifosfatase, liberando um Pi. Por fim, a enzima fosfohexose isomerase converte a frutose-6-fosfato em mais uma molécula de glicose-6-fosfato, completando o ciclo: seis pentoses fosfato convertidas em cinco hexoses fosfato.

As reações da via não oxidativa são prontamente reversíveis, podendo também converter hexoses fosfato em pentoses fosfato de acordo com as necessidades da célula.

A reação global da via das pentoses fosfato é:

$$\text{3 glicose-6-fosfato} + 6\ NADP^+ + 3\ H_2O \rightarrow$$
$$6\ NADPH + 6\ H^+ + 3\ CO_2 + \text{2 frutose-6-fosfato} + \text{gliceraldeído-3-fosfato}$$

3.3.4 CICLO DO ÁCIDO CÍTRICO

No metabolismo respiratório, o piruvato formado na via glicolítica é convertido em acetil-coenzima A (acetil-CoA) para entrar no ciclo do ácido cítrico (Figura 3.1B) e continuar o processo de oxidação completa a CO_2. Essa conversão é catalisada pelo complexo da enzima piruvato desidrogenase, numa reação irreversível denominada descarboxilação oxidativa, na qual uma molécula de CO_2 é liberada e os dois carbonos remanescentes constituem o grupo acetil, que é transferido para a coenzima A, formando o acetil-CoA, com a transferência dos elétrons para o NAD^+. O acetil-CoA é um composto de alta energia, e a $\Delta G^{o'}$ da reação de hidrólise deste metabólito é igual a -31,5 kJ/mol; ela é, portanto, mais exergônica que a hidrólise do ATP.

O acetil-CoA é condensado a oxaloacetato pela enzima citrato sintase, produzindo citrato, metabólito que confere nome ao ciclo. Na reação seguinte, o citrato é rearranjado pela enzima aconitase em um isômero mais facilmente oxidável, o isocitrato, com a formação de um intermediário ligado à enzima, o cis-aconitato. O isocitrato é então oxidado na reação catalisada pela enzima isocitrato desidrogenase acoplada à redução do NAD^+ a NADH, produzindo o intermediário oxalosuccinato, que é então descarboxilado pela mesma enzima, formando o α-cetoglutarato e liberando uma molécula de CO_2. A próxima etapa, catalisada pelo complexo da α-cetoglutarato desidrogenase, descarboxila oxidativamente o α-cetoglutarato a succinil-CoA com a participação de uma coenzima A, produzindo CO_2 e reduzindo mais uma molécula de NAD^+. O succinil-CoA é convertido em succinato pela enzima succinil-CoA sintetase. Essa reação envolve a quebra de uma ligação de alta energia que é conservada na forma de guanosina trifosfato (GTP). Na reação seguinte, o succinato é oxidado a fumarato pela enzima succinato desidrogenase, com a transferência dos elétrons para a coenzima FAD, formando $FADH_2$. A fumarase, na sequência, catalisa a hidratação do fumarato formando malato e, finalmente, a enzima malato desidrogenase promove a oxidação do malato a oxaloacetato, com a redução de uma terceira molécula de NAD^+. Dessa forma, o oxaloacetato formado entra em um novo ciclo, e o grupo acetila proveniente do piruvato foi completamente oxidado a CO_2 de acordo com a reação global:

$$\text{Acetil-CoA} + 3\,NAD^+ + FAD + GDP + Pi \rightarrow$$
$$2\,CO_2 + 3\,NADH + FADH_2 + GTP + CoA$$

As coenzimas reduzidas NADH e $FADH_2$ são reoxidadas mediante transferência de seus elétrons para a cadeia transportadora de elétrons.

3.4 METABOLISMO RESPIRATÓRIO: CADEIA TRANSPORTADORA DE ELÉTRONS, GRADIENTE DE PRÓTONS E FOSFORILAÇÃO OXIDATIVA

A fosforilação oxidativa é o último estágio do metabolismo energético, em condições aeróbias. Nessa etapa, as coenzimas reduzidas (NADH e $FADH_2$), produzidas durante o processo de oxidação completa da glicose, são reoxidadas por meio da transferência de seus elétrons para um complexo de transportadores de membrana, a chamada cadeia respiratória (Figura 3.1C). Nesse complexo, a energia liberada pelo fluxo dos elétrons é conservada pelo bombeamento dos prótons através da membrana, gerando assim um gradiente eletroquímico chamado de *força próton-motiva*. O fluxo transmembrana dos prótons no sentido do seu gradiente de concentração fornece energia para a síntese de ATP, em um sistema que acopla a passagem dos prótons à fosforilação do ADP.

A cadeia de transporte de elétrons mitocondrial, assim como de algumas bactérias heterotróficas, é formada por um conjunto de flavoproteínas, proteínas ferro-enxofre (Fe-S), quinonas e citocromos. As proteínas Fe-S estão associadas às proteínas da membrana, e possuem propriedades óxido-redutoras que auxiliam na transferência dos elétrons recebidos para as quinonas e citocromos.

Nas bactérias, as cadeias de transporte de elétrons estão dispostas na membrana citoplasmática e são mais diversas, pois possuem variados doadores iniciais, transportadores intermediários e aceptores finais de elétrons. Na respiração bacteriana anaeróbia, outros aceptores finais, que não o oxigênio, são empregados, como nitrato, sulfato e fumarato. Além disso, devido à diversidade de doadores de elétrons, nas bactérias os elétrons podem entrar na cadeia respiratória pelas desidrogenases, ou diretamente pelas quinonas ou citocromos. O ponto de entrada depende apenas dos potenciais de redução padrão dos componentes da cadeia respiratória, aceptores e dos doadores de elétrons (Tabela 3.2).

Tabela 3.2 – Potenciais de redução padrão (E°') dos componentes da cadeia respiratória, transportadores de elétrons e aceptores finais de elétrons

Semirreação de redução	E°' (V)
$2\ H^+ + 2\ e^- \longrightarrow H_2$	-0,414
$NADP^+ + H^+ + 2\ e^- \longrightarrow NADPH$	-0,324
$NAD^+ + H^+ + 2\ e^- \longrightarrow NADH$	-0,320
NADH-desidrogenase (FMN) + 2 H^+ + 2 e- ⟶ NADH-desidrogenase ($FMNH_2$)	-0,300
Ubiquinona + H^+ + 2 e- ⟶ ubiquinol	0,045
Citocromo *b* (Fe^{3+}) + e- ⟶ Citocromo *b* (Fe^{2+})	0,077
Citocromo *c*1 (Fe^{3+}) + e- ⟶ Citocromo *c*1 (Fe^{2+})	0,220
Citocromo *c* (Fe^{3+}) + e- ⟶ Citocromo *c* (Fe^{2+})	0,254
Citocromo *a* (Fe^{3+}) + e- ⟶ Citocromo *a* (Fe^{2+})	0,290
Citocromo *a*3 (Fe^{3+}) + e- ⟶ Citocromo *a*3 (Fe^{2+})	0,350
$\frac{1}{2} O_2 + 2\ H^+ + 2\ e^- \longrightarrow H_2O$	0,817

Fonte: Nelson e Cox (2019).

Nos organismos eucariotos, a cadeia respiratória mitocondrial é composta por quatro complexos proteicos, dentre os quais três são transmembrana e possuem a capacidade de bombear prótons da matriz para o espaço intermembranas contra um gradiente de concentração. A ubiquinona (Q) e os citocromos são elementos móveis, lipossolúveis, que conectam os complexos I e II ao III e o complexo III ao IV (Figura 3.1C).

A fosforilação oxidativa inicia com a transferência dos elétrons das coenzimas reduzidas para os complexos da cadeia respiratória. O complexo I ou NADH desidrogenase transfere os elétrons provenientes do NADH por meio da flavina mononucleotídeo (FMN) e de centros Fe-S para a ubiquinona. A ubiquinona é uma molécula pequena e lipossolúvel que se difunde livremente através da membrana, transportando os elétrons em sua forma reduzida (ubiquinol – QH_2) entre os complexos acoplados ao fluxo de prótons. A cada par de elétrons recebido do NADH, o complexo bombeia 4 H^+ para o espaço intermembranas (im). A reação global desse processo é:

$$NADH + 5\ H^+ + Q \rightarrow NAD^+ + QH_2 + 4\ H^+im$$

O complexo II, também chamado de succinato desidrogenase, recebe os elétrons provenientes do $FADH_2$ reduzido pela oxidação do succinato a fumarato no ciclo do ácido cítrico. Os elétrons são transferidos à ubiquinona por centros Fe-S que compõem esse complexo. O complexo II também está associado à membrana; porém, por não ser transmembrana, ele é o único dos complexos da cadeia respiratória que não promove o bombeamento de prótons para o espaço intermembranas.

O complexo III, ou ubiquinona:citocromo *c* oxidoredutase, acopla a transferência de elétrons do ubiquinol (QH_2) para o citocromo *c* ao transporte de prótons. Para cada molécula QH_2, duas moléculas de citocromo *c* são reduzidas. O citocromo *c* possui um grupo heme e é capaz de carregar apenas um elétron por vez. E, para cada par de elétrons transferido do ubiquinol para dois citocromos, quatro prótons são bombeados para o espaço intermembranas.

O complexo IV, ou citocromo oxidase, transporta os elétrons dos citocromos até o aceptor final. Na respiração aeróbia, o aceptor final é o O_2 que é reduzido a H_2O. Para cada quatro elétrons que passam através desse complexo, outros quatro prótons são bombeados em prol da força próton-motiva.

Os componentes da cadeia de transporte de elétrons estão dispostos ao longo da membrana plasmática de acordo com seus potenciais de redução padrão (E°') (Tabela 3.2). Os elétrons partem do doador reduzido, que tem menor E°', são transferidos através dos componentes da cadeia de transporte de elétrons até chegarem ao aceptor final, que tem o maior E°'. Essas transferências de elétrons são processos termodinamicamente favoráveis devido à maior tendência em receber elétrons pelo aceptor final, com maior potencial de redução, e são facilitadas pela organização dos transportadores nas membranas.

O rendimento energético das transferências depende do substrato oxidável inicial e do aceptor final. Em bactérias, esse rendimento é mais diverso do que o rendimento do processo que ocorre nas mitocôndrias, uma vez que cada doador e aceptor participante possui um potencial de redução específico. O rendimento define, portanto, o total de energia disponível para a formação do gradiente de prótons e, por consequência, para a síntese de ATP, e depende da diferença entre os valores dos potenciais de redução padrão (E°') do doador de elétrons e do aceptor final segundo a equação:

$$\Delta G°' = -n.F.\Delta E°',$$

em que: ΔG°' é a variação de energia livre padrão, n é o número de elétrons transferidos, F é a constante de Faraday (96.500 $J.V^{-1}.mol^{-1}$) e ΔE°' é a diferença de potencial de redução padrão entre aceptor e doador de elétrons.

A energia conservada nesse gradiente eletroquímico, chamada de força próton motriz, é, portanto, constituída por dois componentes: (i) a energia potencial química, proveniente da diferença de concentração dos prótons entre as duas regiões separadas pela membrana; e (ii) a energia potencial elétrica que resulta da separação de cargas quando um H^+ se move através da membrana sem um contraíon. O retorno dos prótons ao interior da célula é um processo espontâneo, a favor do gradiente eletroquímico formado, e libera energia suficiente para favorecer a síntese de ATP. Uma vez que a membrana é impermeável aos prótons, um complexo proteico específico, a ATP sintase, acopla a passagem dos prótons à produção de ATP, no processo chamado *fosforilação oxidativa* (Quadro 3.1).

A fosforilação oxidativa é o processo responsável pela maior parte da produção de ATP nas células aeróbias. A oxidação completa da glicose a CO_2 produz coenzimas reduzidas suficientes para impulsionar a síntese de 28 moléculas de ATP via ATP sintase. Somados às outras duas moléculas de ATP e duas moléculas de GTP (energeticamente equivalente ao ATP), a oxidação da glicose associada à fosforilação oxidativa produzem um saldo energético para a célula de 32 moléculas de ATP.

Os processos fermentativos que serão apresentados a seguir, por outro lado, estão associados à produção de metabólitos específicos e à regeneração de coenzimas reduzidas. Dessa forma, a glicose não é completamente oxidada, e o saldo de ATP é menor. A fermentação alcoólica, por exemplo, resulta em um saldo de apenas duas moléculas de ATP.

3.5 FERMENTAÇÃO

Do ponto de vista bioquímico, o termo *fermentação* refere-se à geração de energia a partir do catabolismo de compostos orgânicos em que o poder redutor formado no metabolismo é oxidado em uma reação na qual o aceptor final de elétrons é um metabólito, como, por exemplo, o piruvato e o acetaldeído. Para a microbiologia industrial, incluindo a produção de alimentos fermentados, a palavra fermentação possui um significado mais abrangente. Nesse caso, fermentações são consideradas processos em que um produto é formado a partir da utilização de um catalisador biológico, como no caso da atividade microbiana.

Em condições anaeróbias, a ausência de moléculas como aceptores externos finais de elétrons poderia levar a célula a um esgotamento de NAD^+. Para contornar esse esgotamento e regenerar as coenzimas oxidadas, as células empregam processos alternativos, denominados processos fermentativos. Na fermentação, metabólitos produzidos são reduzidos e convertidos em produtos, como lactato, etanol, acetato e propionato (Figura 3.4). A seguir, descreveremos os diferentes tipos de fermentações amplamente empregados em diversos setores industriais, com foco nas reações bioquímicas e na importância delas para o balanço redox de microrganismos.

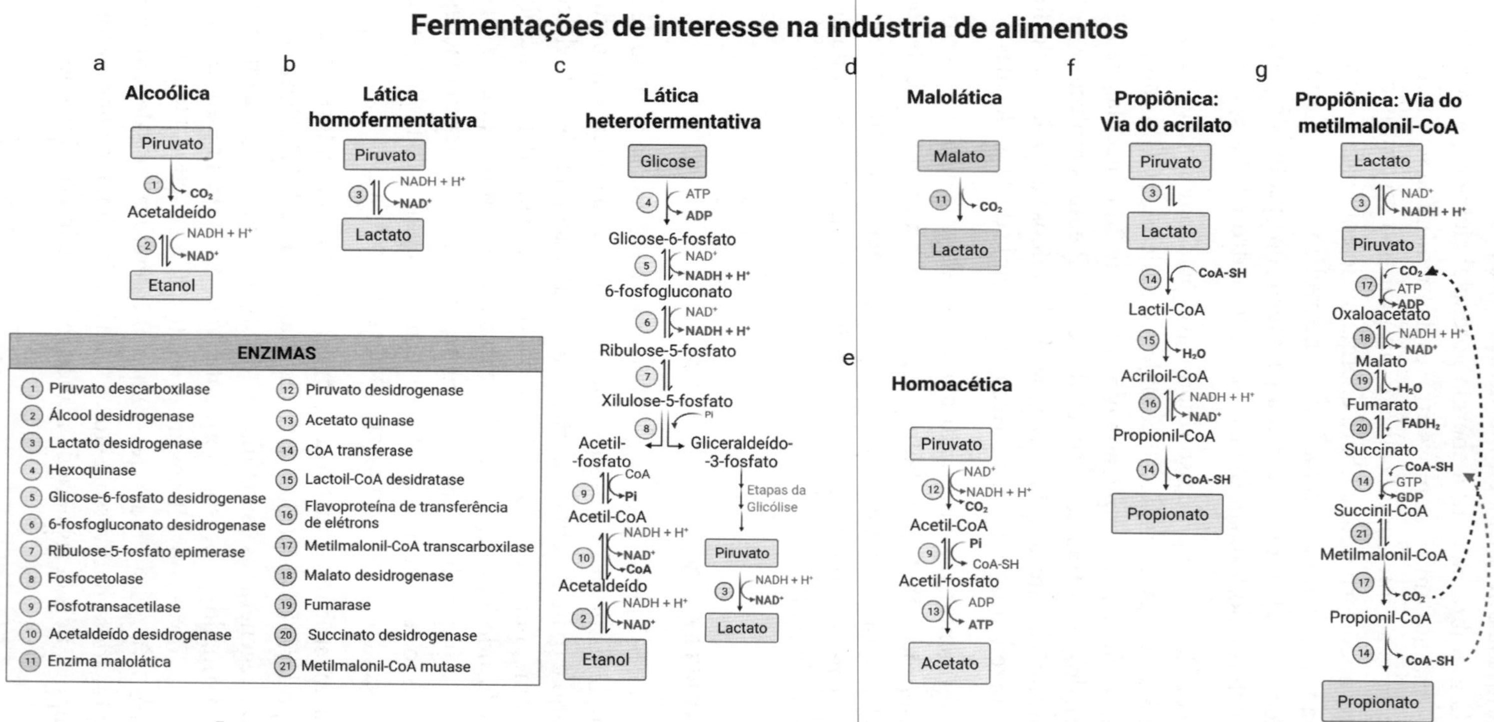

Figura 3.4 – Reações bioquímicas envolvidas nas fermentações de interesse para a produção de alimentos. As vias de fermentação representadas são: (A) alcoólica; (B) homolática; (C) heterolática; (D) malolática; (E) homoacética; (F) propiônica pela via do acrilato; (G) propiônica pela via do metilmalonil-CoA. Fonte: elaborada por Rafaela Zandonade Ventorim com BioRender.com.

3.5.1 FERMENTAÇÃO ALCOÓLICA

Na fermentação alcoólica, o piruvato é reduzido a etanol (álcool etílico) em uma sequência de duas reações (Figura 3.4A). Na primeira, o piruvato formado na glicólise é convertido em acetaldeído com a liberação de CO_2, na reação catalisada pela piruvato descarboxilase. Em seguida, o acetaldeído é reduzido a etanol por meio da ação da enzima álcool desidrogenase, recebendo os elétrons do NADH.

A equação balanceada da fermentação alcoólica a partir de uma molécula de glicose é:

$$\text{Glicose} + 2\ \text{ADP} + 2\ \text{Pi} \rightarrow 2\ \text{Etanol} + 2\ CO_2 + 2\ \text{ATP} + 2\ H_2O$$

Dessa forma, as duas moléculas NADH reduzidas durante a oxidação de uma molécula de glicose a duas moléculas de piruvato são reoxidadas a NAD^+, em um processo que não depende do O_2 como aceptor final de elétrons.

A fermentação alcoólica é importante para diversos alimentos fermentados, especialmente bebidas alcóolicas que dependem dessa fermentação para caracterização do produto, como cervejas, vinhos, sidras, hidromel, destilados (por exemplo, uísque, cachaça), dentre outras. Além do etanol, o CO_2 também é produzido durante a fermentação alcoólica, sendo especialmente importante na panificação e na carbonatação de algumas bebidas. Apesar de bactérias serem capazes de produzir etanol (por exemplo, BAL heterofermentativas), as leveduras destacam-se na produção das bebidas fermentadas.

Leveduras do gênero *Saccharomyces* (por exemplo, *S. cerevisiae*) são amplamente utilizadas como *starter* para produção de bebidas e pães. Além disso, podem ser encontradas em fermentações espontâneas desses produtos, além de comporem a microbiota de *kombucha* e *kefir*, por exemplo. Esses organismos são anaeróbios facultativos, ou seja, podem catabolizar açúcares tanto pela respiração aeróbia como pela via fermentativa. A respiração aeróbia ocorre na presença de oxigênio e baixas concentrações de açúcares em *S. cerevisiae*, pela via glicolítica, ciclo do ácido cítrico e cadeia transportadora de elétrons. A fermentação nas leveduras *Saccharomyces* pode ocorrer mesmo em condições de aerobiose (presença de oxigênio), desde que a concentração de açúcares seja suficiente. Nesse caso, diz-se que a levedura é *Crabtree* positiva. Esse fenótipo é essencial para o sucesso dessas leveduras na aplicação em alimentos fermentados, já que a maior parte das bebidas e pães é produzida em condições de hipóxia ou aerobiose.

Além das bebidas alcóolicas e dos pães, a fermentação alcoólica também é característica de produtos como o *kefir*, o *kumys* e a *kombucha*. No *kefir*, o etanol pode ser produzido por espécies de leveduras presentes na comunidade microbiana dos grãos, como *S. cerevisiae, Kluyveromyces marxianus, Kluyveromyces lactis, Candida inconspicua, Candida maris* e *Candida kefyr* (NEJATI; JUNNE; NEUBAUER, 2020; TAMIME *et al.*, 2007). Já a bebida espontaneamente fermentada produzida a partir de leite de égua (*kumys*) geralmente contém em torno de 2% (v/v) de etanol, produzido por *Kazachstania unispora*, *K. marxianus*, *S. cerevisiae*, diferentes espécies de *Pichia*, *Candida pararugosa*, *C. koumiss*, *Torulaspora delbrueckii* e *Meyerozyma caribbica*, por exemplo (MU; YANG; YUAN, 2012; TANG *et al.*, 2020). Para a *kombucha*, concentrações em torno de 0,2% a 1,5% (v/v) podem ser observadas, além de CO_2 produzido por leveduras presentes no biofilme popularmente conhecido como SCOBY. São encontrados gêneros como *Zygosaccharomyces*, *Torulaspora*, *Candida*, *Kluyveromyces*, *Pichia*, *Saccharomyces*, *Meyerozyma* e *Hanseniaspora*. O etanol produzido na fermentação da *kombucha* pode permanecer em concentrações baixas no produto final, mas é especialmente importante durante o processo fermentativo para a conversão a ácido acético, realizada por bactérias acéticas (BAA) (CHAKRAVORTY *et al.*, 2016; MARSH *et al.*, 2014) (para mais informações sobre leites fermentados, ver Capítulo 6; para *kombucha*, ver Capítulo 16).

3.5.2 FERMENTAÇÃO LÁTICA

A fermentação lática é de grande importância na produção de alimentos fermentados, especialmente pelo aumento da acidez e redução do pH desejados em diferentes produtos, como os derivados lácteos (por exemplo, iogurtes, queijos, *kefir*), derivados de vegetais (por exemplo, chucrute), carnes fermentadas e fermentados de soja (por exemplo, *shoyu*). Os principais microrganismos envolvidos na produção do ácido lático em alimentos são BAL. As BAL compreendem um grupo diverso de bactérias Gram-positivas não esporulantes que produzem ácido lático a partir do catabolismo de carboidratos, como glicose, frutose e lactose presentes nos alimentos. São anaeróbios e tolerantes a baixas concentrações de oxigênio, incluindo gêneros como *Lactococcus*, *Lactobacillus*, *Streptococcus*, *Leuconostoc* e *Pediococcus* (WHITE; DRUMMOND; FUQUA, 2012).

Na fermentação lática, o NAD^+ é regenerado por meio da redução do piruvato a lactato, catalisada pela enzima lactato desidrogenase. Essa reação apresenta o equilíbrio fortemente deslocado no sentido de formação do lactato.

$$\text{Piruvato} + \text{NADH} + \text{H}^+ \leftrightarrow \text{Lactato} + \text{NAD}^+ \qquad \Delta G^{\circ\prime} = -25{,}1\ \text{kJ/mol}$$

As BAL são classificadas como homofermentativas, quando produzem apenas lactato como produto da fermentação; ou heterofermentativas, quando são formados outros produtos além do lactato, como ácido acético, etanol, CO_2 etc.

Na via *homofermentativa* (Figura 3.4b), o ácido lático é o único produto do catabolismo de açúcares (como glicose, galactose, lactose). O piruvato produzido na via glicolítica é reduzido e transformado em lactato na reação catalisada pela enzima lactato desidrogenase. Cada hexose gera duas moléculas de piruvato, e, consequentemente, dois lactatos são produzidos, conforme a equação global da reação:

$$\text{Glicose} + 2\ \text{ADP} + 2\ \text{Pi} \rightarrow 2\ \text{Lactato} + 2\ \text{ATP} + 2\ \text{H}_2\text{O}$$

Assim, as duas moléculas NADH formadas durante a oxidação parcial de uma molécula de glicose a duas moléculas de piruvato são reoxidadas a NAD^+ pela redução das duas moléculas de piruvato a outras duas moléculas de lactato.

Pediococcus, *Lactococcus*, *Streptococcus* e algumas espécies de *Lactobacillus* são consideradas homofermentativas. Dentre elas, encontram-se diferentes espécies de interesse industrial (BURON-MOLES *et al.*, 2019). A cultura *starter* que caracteriza o iogurte, um dos lácteos mais consumidos em todo mundo, consiste em duas bactérias homofermentativas: *Streptococcus thermophilus* e *Lactobacillus delbrueckii* subsp. *bulgaricus*. *Lactobacillus delbrueckii* subsp. *lactis* e *Lactobacillus helveticus* são outros exemplos encontrados em lácteos. *Lactobacillus helveticus* é utilizado na produção de alguns queijos e manteigas, seja como *starter* ou como integrante de uma comunidade microbiana. *L. lactis* é comum em leites amanteigados, queijo Cottage, Quark, cremes ácidos fermentados naturalmente ou com culturas *starter* (ROBINSON, 2005). Em grãos de *kefir*, BAL homofermentativas dos gêneros *Lactococcus*, *Lactobacillus* e *Streptococcus* são frequentemente encontradas nas comunidades que constituem os grãos (GAO; LI, 2016; NEJATI; JUNNE; NEUBAUER, 2020). A espécie *Lactobacillus kefiranofaciens* é comumente encontrada no produto proveniente de diferentes regiões do mundo (NEJATI; JUNNE; NEUBAUER, 2020).

Em vegetais fermentados, *Pediococcus pentosaceus* e *Lactiplantibacillus pentosus* são algumas das espécies homofermentativas encontradas (MEDINA-PRADAS *et al.*, 2017). *Pediococcus pentosaceus* também é encontrada na fermentação espontânea para pães (*sourdough*), assim como *Latilactobacillus sakei*, *Lactiplantibacillus plantarum* e *L. delbrueckii* (MANINI; CASIRAGHI; POUTANEN *et al.*, 2016; SALIM-UR-REHMAN; ALISTAIR; JOHN, 2006). Esse grupo de bactérias também está presente nas carnes fermentadas espontaneamente ou inoculadas, como *L. plantarum*, *Latilactobacillus sakei*, *Lacticaseibacillus casei* e *Lactobacillus gasseri* (LEROY; LEBERT, 2015). Na *kombucha*, BAL homofermentativas são menos encontradas, porém, espécies tolerantes a concentrações mais elevadas de ácidos, como *Liquorilactobacillus nagelii*, podem contribuir para a fermentação (LAUREYS; BRITTON; CLIPPELLER, 2020). Espécies homofermentativas tolerantes ao estresse osmótico, como *Tetragenococcus halophilus*, são frequentemente utilizadas na produção de produtos à base de soja, como *shoyu* (NISHIMURA *et al.*, 2018).

Nas bactérias *heterofermentativas*, outros compostos, além do lactato, são produzidos durante a fermentação (Figura 3.4C). O ácido lático é produzido a partir de reações de descarboxilação e isomerização provenientes da via das pentoses fosfato, diferentemente das homofermentativas, que utilizam a glicólise para catabolizar hexoses. Nas bactérias heterofermentativas obrigatórias – *Leuconostoc*, *Weissella* e certos *Lactobacillus* –, a enzima aldolase, essencial no metabolismo homofermentativo, não está presente, sendo substituída pela fosfocetolase.

A aldolase é essencial na via glicolítica para a conversão da frutose-1,6-bifosfato em gliceraldeído-3-fosfato e diidroxiacetona-fosfato. Nas BAL heterofermentativas, a glicose-6-fosfato é oxidada a 6-fosfogluconato pela glicose-6-fosfato desidrogenase, produzindo uma molécula de NADH, e então descarboxilada a ribulose-5-fosfato pela 6-fosfogluconato desidrogenase, produzindo mais uma molécula de NADH. A ribulose-5-fosfato é, então, epimerizada em xilulose-5-fosfato pela ribulose-5-fosfato epimerase. Em seguida, pela ação da fosfocetolase, a xilulose-5-fosfato é clivada em acetilfosfato e gliceraldeído-3-fosfato (Figura 3.4C). Para manter o balanço redox apropriado na célula, o acetil-CoA derivado do acetilfosfato é reduzido a etanol, e o gliceraldeído-3-fosfato é convertido em lactato. Nos passos de conversão do acetilfosfato em etanol são regeneradas duas moléculas de NAD^+, enquanto na conversão do gliceraldeído-3-fosfato em lactato, é produzida uma molécula de NADH e ocorre a regeneração de uma molécula de NAD^+.

Portanto, apenas uma molécula de ATP é produzida a partir da oxidação parcial da glicose, e o balanço geral da fermentação heterolática é:

$$\text{Glicose} + \text{ADP} + \text{Pi} \rightarrow \text{Etanol} + \text{Lactato} + CO_2 + \text{ATP}$$

Nesse caso, o metabolismo de carboidratos produz uma molécula de lactato, CO_2 e uma de etanol ou acetato. Os produtos formados e a proporção entre eles dependem das condições ambientais e do substrato envolvido. Em certas condições, como limitação de carbono e aerobiose, algumas espécies de BAL podem direcionar o piruvato para a formação de produtos diferentes do lactato. Essas bactérias são conhecidas como heterofermentativas facultativas (WHITE; DRUMMOND; FUQUAT, 2012; HUTKINS, 2019). São exemplos: *L. sakei*, encontrada em fermentados cárneos e de vegetais; *Lacticaseibacillus paracasei*, atualmente utilizado como probiótico, também presente em lácteos, vegetais, carnes e pães fermentados espontaneamente; *Companilactobacillus alimentarius*, isolado da comunidade microbiana de peixes fermentados; *Lacticaseibacillus casei*, utilizado como *starter* em queijos e leites acidófilos; *Latilactobacillus curvatus* e *Lactiplantibacillus plantarum*, encontrados em fermentações espontâneas de diversos lácteos e carnes (BURON-MOLES *et al.*, 2019; TAMANG; WATANABE; HOLZAPFEL, 2016).

As BAL heterofermentativas são frequentemente associadas com as fermentações espontâneas de alimentos. Nos grãos característicos do *kefir*, são encontrados *Leuconostoc mesenteroides* spp. *cremoris*, *Lentilactobacillus kefiri*, *Lentilactobacillus parakefiri*, *Lentilactobacillus buchneri* (NEJATI; JUNNE; NEUBAUER, 2020). Em fermentados cárneos, espécies como *Levilactobacillus brevis* e *L. buchneri* são comumente detectadas (TAMANG; WATANABE; HOLZAPFEL, 2016; LEROY; LEBERT, 2015). A presença de BAL heterofermentativas também é característica de vegetais fermentados espontaneamente, como *Limosilactobacillus fermentum* em beterrabas, *Leuconostoc fallax* em repolhos (chucrute), *Leuconostoc citreum*, *L. gasicomitatum* e *Weissella koreensis* no *kimchi*, *L. mesenteroides* em chucrute e azeitonas (BURON-MOLES *et al.*, 2019; TAMANG; WATANABE; HOLZAPFEL, 2016). Nos pães tipo *sourdough*, *Fructilactobacillus sanfranciscensis*, *L. brevis*, *L. mesenteroides*, *L. citreum*, *L. fermentum* e *Companilactobacillus kimchii* podem ser encontrados (MANINI; CASIRAGHI; POUTANEN *et al.*, 2016; SALIM-UR-REHMAN; ALISTAIR; JOHN, 2006) (para mais informações sobre vegetais fermentados, ver Capítulo 8; para pães tipo *sourdough*, ver Capítulo 11).

3.5.2.1 Fermentação malolática

As BAL também possuem um papel relevante na produção de algumas bebidas alcoólicas, especialmente vinhos tintos e sidras. Nessas bebidas, BAL convertem o ácido málico em ácido lático (Figura 3.4D), suavizando a acidez e tornando o produto mais palatável. No caso de fermentações espontâneas, bactérias homofermentativas do gênero *Pediococcus* e *Lactobacillus*, assim como as heterofermentativas *Leuconostoc* e *Oenococcus*, podem realizar o processo. A espécie que mais se destaca nas fermentações naturais é *Oenoccus oeni*, por isso é utilizada como cultura *starter* adicionada usualmente após a fermentação alcóolica (BAMFORTH; COOK, 2019; LIU, 2002) (para mais informações sobre bebidas alcoólicas fermentadas, ver Capítulo 15).

3.5.3 FERMENTAÇÃO ACÉTICA

O acetato é um dos produtos finais em muitos tipos de fermentação, mas poucos organismos, como *Clostridium thermoaceticum* e *Acetobacterium woodii*, fermentam compostos orgânicos exclusivamente a acetato. Na fermentação homoacética (Figura 3.4E), ocorre a descarboxilação oxidativa do piruvato a acetil-CoA, na reação catalisada pela piruvato desidrogenase, produzindo NADH e CO_2. A molécula de acetil-CoA é então convertida a acetilfosfato pela ação da enzima fosfotransacetilase. Por fim, o acetilfosfato é convertido em acetato, com a conservação da energia na forma de ATP via fosforilação ao nível de substrato pela ação da enzima acetato quinase. As duas moléculas de CO_2 formadas a partir de duas moléculas de piruvato são então reduzidas em duas vias diferentes. Na primeira, o CO_2 é reduzido a formato, o qual é ligado ao tetra-hidrofolato com hidrólise de uma molécula de ATP, formando formiltetra-hidrofolato. O formiltetra-hidrofolato é então reduzido a metiltetra-hidrofolato que, pela ação da enzima acetil-CoA sintetase, é condensado ao monóxido de carbono (CO), formando acetil-CoA. O CO utilizado nessa reação é proveniente da segunda via, na qual o CO_2 é reduzido a CO pela atividade de monóxido de carbono desidrogenase da enzima acetil-CoA sintase.

A produção de ácido acético em alimentos fermentados pode ocorrer por meio do metabolismo de leveduras, BAL heterofermentativas e BAA. Estas são responsáveis pela maior quantidade de ácido acético em produtos como vinagre, *kombucha*, *kefir* de água (tibicos), cervejas do tipo Lambic e cacau. Correspondem a bactérias Gram-variáveis, estritamente aeróbias, pertencentes à classe das α-Proteobacteria, família *Acetobacteraceae*. São representadas por gêneros como *Komagataeibacter*, *Gluconacetobacter* e, principalmente, *Acetobacter* e *Gluconobacter* (MAMLOUK; GULLO, 2013; LAUREYS; BRITTON; CLIPPELLER, 2020). O ácido acético é majoritariamente produzido pela oxidação do etanol realizada por enzimas na membrana externa, e dependentes de ubiquinonas ligadas à cadeia respiratória. Na presença de oxigênio, o etanol é inicialmente convertido a acetaldeído pela álcool desidrogenase. Posteriormente, a enzima acetaldeído desidrogenase converte o acetaldeído a ácido acético (MAMLOUK; GULLO, 2013). Em menor proporção, essas bactérias também produzem ácido acético por meio da oxidação de açúcares. Por exemplo, *Gluconobacter oxydans* utiliza uma via das pentoses fosfato alterada, por meio da qual um mol de glicose resulta na formação de dois mols de gliceraldeído-3-fosfato e, posteriormente, de dois mols de acetato (GUILLAMÓN; MAS, 2009. MOAT; FOSTER; SPECTOR, 2002).

O vinagre é o produto mais conhecido obtido pela ação das BAA. O etanol, produzido inicialmente por leveduras, é por elas oxidado a ácido acético, processo conhecido como *acetificação*. Geralmente, comunidades de BAA são responsáveis pela conversão, destacando-se *Acetobacter aceti*, *Acetobacter pasteurianus*, *Acetobacter xylinum*, *Actobacter malorum*, *Gluconacetobacter hanseii*, *Gluconobacter xylinus*, *Gluconobacter liquefaciens*, *Gluconobacter oxydans*, *Gluconobacter japonicus* e *Gluconobacter frateurii* (GUILLAMÓN; MAS, 2009. MAMLOUK; GULLO, 2013; TAMANG; WATANABE; HOLZAPFEL, 2016). Outro produto caracterizado pela ação das bactérias acéticas é a *kombucha*. No chá fermentado espontaneamente, espécies como *Komagataeibacter xylinus*, *Gluconacetobacter* spp. e *Acetobacter* spp. são responsáveis pela conversão de parte do etanol presente em ácido acético. O acetato é responsável pelo sabor característico do produto, assim como parte de suas propriedades funcionais (CHAKRAVORTY *et al.*, 2016; LAUREYS; BRITTON; CLIPPELLER, 2020) (para mais informações a respeito da produção de vinagre, ver Capítulo 17). Nas cervejas espontaneamente fermentadas do tipo Lambic, espécies de BAA, como *Gluconobacter cerevisiae*, *Acetobacter lambici*, *Acetobacter pasteurianus* e *Acetobacter orientalis* contribuem para o sabor azedo característico da bebida (DE ROOS; DE VUYST, 2018; SPITAELS *et al.*, 2014).

Algumas espécies de leveduras, especialmente as dos gêneros *Dekkera* e *Brettanomyces*, também produzem ácido acético em grandes quantidades e de forma desejada em algumas bebidas. Nesse caso, o acetato é produzido em condições aeróbicas a partir de açúcares. Inicialmente, dois mols de piruvato, gerados a partir de um mol de hexose, são convertidos a acetaldeído, liberando CO_2. Finalmente, o acetaldeído é oxidado a ácido acético pela enzima aldeído desidrogenase (STEENSELS *et al.*, 2015). O ácido acético produzido por essas leveduras contribui para o sabor característico nas já mencionadas cervejas Lambic e também nas *coolship ales*, assim como na *kombucha* (BOKULICH; BAMFORTH; MILLS, 2012; LAUREYS; BRITTON; CLIPPELLER, 2020; SPITAELS *et al.*, 2014).

3.5.4 FERMENTAÇÃO PROPIÔNICA

O propionato é o principal produto final de várias fermentações, e muitas bactérias convertem a glicose em uma mistura de propionato, acetato e CO_2. No entanto, a maioria das bactérias propiônicas também é capaz de fermentar o produto final lactato a propionato. Essa fermentação ocorre por duas vias: (i) a via do acrilato; e (ii) a via do metilmalonil-CoA. Essas duas vias apresentam a mesma equação geral:

$$3 \text{ Lactato} \rightarrow 2 \text{ propionato} + \text{acetato} + CO_2$$

Na via do acrilato (Figura 3.4F), realizada por *Clostridium propionicum*, o lactato é ativado pela CoA-transferase a lactil-CoA. O lactil-CoA é então desidratado a acriloil-CoA e, em seguida, reduzido a propionil-CoA, precursor do propionato na reação também catalisada pela CoA transferase. O potencial redutor empregado na síntese do propionato é proveniente da oxidação do lactato a acetato (Figura 3.4E).

Na via do metilmalonil-CoA ou via do succinato-propionato (Figura 3.4G), realizada por bactérias do gênero *Propionibacterium*, o lactato é oxidado a piruvato pela lactato desidrogenase, o qual é, em seguida, carboxilado a oxaloacetato pela ação da metilmalonil-CoA transcarboxilase. Seguindo as etapas inversas do ciclo do ácido cítrico, o oxaloacetato é reduzido a succinato. O succinato é então ativado a succinil-CoA pela CoA transferase e sofre um rearranjo a metilmalonil-CoA, o qual é descarboxilado a propionil-CoA, precursor do propionato. O CO_2 liberado na formação do propionil-CoA é empregado na carboxilação do piruvato, realizada pela mesma enzima, a metilmalonil-CoA transcarboxilase. Da mesma forma, a coenzima A reduzida, liberada na última etapa da via, é empregada na ativação do succinato a succinil-CoA, e ambas as reações são catalisadas pela enzima CoA transferase.

A fermentação propiônica é de especial importância para a produção de queijos do tipo "Suíço", conhecidos pela presença de aberturas (chamadas de olhaduras), decorrentes da liberação de CO_2 na massa; o propionato produzido contribui, ainda, para o sabor característico do queijo. As bactérias responsáveis por essa fermentação no queijo geralmente pertencem ao gênero *Propionibacterium*. São Gram-positivas não esporulantes, anaeróbias e tolerantes a baixas concentrações de oxigênio (FRÖHLICH-WYDER, 2017).

O lactato utilizado por *Propionibacterium* é produzido por outras BAL, como *Leuconostoc* spp., *L. delbrueckii*, *L. delbrueckii* subsp. *lactis* e *L. helveticus*, presentes naturalmente no leite ou inoculadas. As principais espécies do gênero relacionadas à fermentação propiônica nos queijos com olhaduras correspondem a *Propionibacterium freudenreichii*, *P. acidipropionici*, *P. thoenii* e *P. jensenii*. Tais bactérias podem ser encontradas em populações baixas no leite cru; porém, na produção de queijos com leite pasteurizado, são inoculadas como culturas *starter* (FRÖHLICH-WYDER, 2017) (para mais informações a respeito da fermentação em queijos, ver Capítulo 7).

3.6 CONSIDERAÇÕES FINAIS

As propriedades tecnológicas e sensoriais de diferentes tipos de alimentos fermentados estão relacionadas à atividade fermentativa de microrganismos, estruturados em comunidades complexas, que são caracterizados por sua diversidade metabólica. As características das matérias-primas e das condições de produção sobre a atividade microbiana em processos fermentativos influenciam a qualidade do produto final; portanto, compreender o papel dos microrganismos e sua atividade metabólica é fundamental para o aperfeiçoamento da produção de alimentos fermentados.

REFERÊNCIAS

BAMFORTH, C. W.; COOK, D. J. *Food, fermentation, and micro-organisms*. Hoboken: John Wiley & Sons, 2019.

BOKULICH, N. A.; BAMFORTH, C. W.; MILLS, D. A. Brewhouse-resident microbiota are responsible for multi-stage fermentation of American coolship ale. *PLoS One*, n. 7, e35507, 2012.

BURON-MOLES, G. *et al*. Uncovering carbohydrate metabolism through a genotype-phenotype association study of 56 lactic acid bacteria genomes. *Applied Microbiology Biotechnology*, v. 103, p. 3135-3152, 2019.

CHAKRAVORTY, S. *et al*. Kombucha tea fermentation: microbial and biochemical dynamics. *International Journal of Food Microbiology*, v. 220, p. 63-72, 2016.

DE ROOS; DE VUYST, L. Acetic acid bacteria in fermented foods and beverages. *Current Opinion in Biotechnology*, v. 49, p. 115-119, 2018.

FRÖHLICH-WYDER, M. T. Cheeses with propionic acid fermentation. *In*: MCSWEENEY, P. *et al*. *Cheese:* chemistry, physics and microbiology. [*S.l.*]: Elsevier, 2017. p. 889-910.

GAO, X.; LI, B. Chemical and microbiological characteristics of kefir grains and their fermented dairy products: a review. *Cogent food Agric*, v. 2, p. 1272152, 2016.

GUILLAMÓN, J. M.; MAS, A. Acetic acid bacteria. *In*: KÖNIG, H.; UNDEN, G.; FRÖHLICH, J. (eds.). *Biology of microorganisms on grapes, in must and in wine*. Berlin: Heidelberg: Springer, 2009.

HUTKINS, R. W. *Microbiology and technology of fermented foods*. 2nd ed. London: John Wiley Press, 2019.

JENCKS, W. Free energies of hydrolysis and decarboxylation. *In*: LUNDBLAD, R. L.; MACDONALD, F. M. (eds.). *Handbook of biochemistry and molecular biology*. 5. ed. New York: CRC Press, 2018. p. 594-597.

LAUREYS, D.; BRITTON, S. J.; CLIPPELLER, J. Kombucha tea fermentation: a review. *Journal of the American Society of Brewing Chemists*, v. 78, p. 165-174, 2020.

LEROY, S.; LEBERT, I. *Handbook of fermented meat and poultry*. 2. ed. Chichester: John Wiley & Sons, 2015.

LIU, S. Malolactic fermentation in wine – beyond deacidification. *Journal of Applied Microbiology*, v. 92, p. 589-601, 2002.

MAMLOUK, D.; GULLO, M. Acetic acid bacteria: physiology and carbon sources oxidation. *Indian Journal of Microbiology*, v. 53, p. 377-384, 2013.

MANINI, F.; CASIRAGHI, m.c.; POUTANEN, K. *et al*. Characterization of lactic acid bacteria isolated from wheat bran sourdough. *LWT – Food Science and Technology*, v. 66, p. 275-283, 2016.

MARSH, A. J. *et al*. Sequence-based analysis of the bacterial and fungal compositions of multiple kombucha (tea fungus) samples. *Food Microbiology*, v. 38, p. 171-178, 2014.

MEDINA-PRADAS, E. *et al*. Review of vegetable fermentations with particular emphasis on processing modifications, microbial ecology, and spoilage. *In*: BEVILACQUA, A.; CORBO, M. R.; SINIGAGLIA, M. (eds.). *The microbiological quality of food*. Duxford: Woodhead, 2017. p. 211-236.

MOAT, A. G.; FOSTER, J. W.; SPECTOR, M. P. *Microbial physiology*. New York: John Wiley & Sons, 2002.

MU, Z.; YANG, X.; YUAN, H. Detection and identification of wild yeast in Koumiss. *Food Microbiology*, v. 31, p. 301-308, 2012.

NEJATI, F.; JUNNE, S.; NEUBAUER, P. A big world in small grain: a review of natural milk Kefir starters. *Microorganisms*, v. 8, p. 192, 2020.

NELSON, D. L.; COX, M. M. *Princípios de bioquímica de Lehninger*. 7. ed. Porto Alegre: Artmed, 2019.

NISHIMURA, I. *et al.* Survival strategy of the salt-tolerant lactic acid bacterium, *Tetragenococcus halophilus*, to counteract koji mold, *Aspergillus oryzae*, in soy sauce brewing. *Bioscience, Biotechnology and Biochemistry*, v. 82, p. 1437-1443, 2018.

ROBINSON, R. K. *Dairy microbiology handbook*: the microbiology of milk and milk products. New York: John Wiley & Sons, 2005.

SALIM-UR-REHMAN, R.; ALISTAIR, P.; JOHN, R. Piggott flavour in sourdough breads: a review. *Trends in Food and Science Technology*, v. 17, p. 557-566, 2006.

SPITAELS, F. *et al.* The microbial diversity of traditional spontaneously fermented lambic beer. *PLoS One*, v. 9, e95384, 2014.

STEENSELS, J. *et al. Brettanomyces yeasts* – from spoilage organisms to valuable contributors to industrial fermentations. *International Journal of Food Microbiology*, v. 206, p. 24-38, 2015.

TAMANG, J. P.; WATANABE, K.; HOLZAPFEL, W. H. Diversity of microorganisms in global fermented foods and beverages. *Frontiers in Microbiology*, v. 7, p. 377, 2016.

TAMIME, A.Y. *et al.* Structure of fermented milks. *In*: TAMIME, A.Y. (ed.). *Structure of dairy products*. Oxford: Blackwell, 2007. p. 134-169.

TANG, H. *et al.* Profiling of koumiss microbiota and organic acids and their effects on koumiss taste. *BMC Microbiology*, v. 20, p. 1-11, 2020.

WHITE, D.; DRUMMOND, J.; FUQUA, C. *The physiology and biochemistry of prokaryotes*. 4th ed. USA: Oxford University Press, 2012.

CAPÍTULO 4

Culturas microbianas para aplicação em alimentos fermentados

Juliano De Dea Lindner,[1]

Gilberto Vinícius de Melo Pereira,[2]

Marília Miotto[1]

4.1 INTRODUÇÃO

O que os consumidores esperam de um produto fermentado? Uma das possíveis respostas poderia ser: o que um produto não fermentado geralmente carece em prover. Ou seja, desejam qualidades sensoriais que estão presentes apenas nos produtos fermentados. Aromas que tipificam o produto (*bouquet*), como o reconhecido "aroma do pão da vovó", no caso dos pães, por exemplo. Muitos desses aromas são produzidos pelo metabolismo microbiano (*end products* metabólicos).

Especialistas de diversas áreas, apoiados na evolução de métodos, experimentaram e desenvolveram protocolos para isolar, selecionar, identificar, tipificar, melhorar e produzir cepas microbianas para aplicar na fermentação de alimentos com diferentes finalidades. A disponibilidade de uso de microrganismos com aptidão tecnológica e/ou funcional (atividade específica) é o elemento básico para o desenvolvimento de produtos fermentados. Atualmente, cepas selecionadas de bactérias,

[1] Departamento de Ciência e Tecnologia de Alimentos, Universidade Federal de Santa Catarina (UFSC), Florianópolis, Santa Catarina, Brasil.

[2] Departamento de Engenharia de Bioprocessos e Biotecnologia, Universidade Federal do Paraná (UFPR), Curitiba, Paraná, Brasil.

leveduras e bolores são amplamente aplicadas na indústria de alimentos para fabricação, aprimoramento e preservação de uma grande diversidade de alimentos.

Conforme abordado no Capítulo 3, a fermentação é um processo bioquímico natural no qual microrganismos transformam matérias orgânicas em outros produtos e energia. O sucesso na fabricação de produtos fermentados depende da presença e metabolismo de microrganismos específicos. A microbiologia dos alimentos teve início com o estudo do processo natural de fermentação de matrizes alimentícias cruas mantidas por um certo período até se modificarem espontaneamente. Essas matrizes há muito tempo são usadas como inóculos para produzir diferentes fermentados, mas, inicialmente, as fermentações resultantes não eram padronizadas. Por exemplo: em 1880, Conn, nos Estados Unidos, Storch, na Dinamarca, e Weigmann, na Alemanha, demonstraram as vantagens do uso de microrganismos para fermentar inicialmente a matriz creme de leite para fabricação de manteiga. Além disso, nos Estados Unidos, anteriormente, em 1860, os irmãos Fleischmann criaram uma fábrica (a primeira indústria de cultura microbiana dedicada à panificação) de leveduras para pão produzindo fermento concentrado para uso comercial e doméstico. O pão produzido usando essa cultura comercial era muito superior em qualidade aos pães feitos com leveduras provenientes do fabrico de cerveja, que era o modo de fazer comum da época.

Existem essencialmente três maneiras de se induzir a fermentação de alimentos. O método mais antigo baseia-se simplesmente na presença de microrganismos autóctones da matéria-prima. As uvas, por exemplo, contêm leveduras responsáveis por fermentar açúcares em etanol, transformando mosto em vinho. O leite cru abriga uma população própria de bactérias ácido-láticas (BAL) necessárias para converter o fluido em queijo. Logicamente, são necessárias condições adequadas para a multiplicação desses microrganismos que, em termos, selecionam a microbiota. Mesmo que tais requisitos sejam atendidos, no entanto, não há garantia de que o produto fermentado atenda às expectativas de qualidade, seja seguro para o consumo ou produzido com sucesso.

Uma vez obtida uma fermentação bem-sucedida, uma pequena parte do produto gerado pode ser transferida para a matéria-prima fresca para iniciar uma nova fermentação. Esse método empírico, baseado na fermentação natural, chamado em inglês de *backslopping*, e nominado por estes autores como retrofermentação, é ainda comumente usado na fabricação de cerveja, salame, pão e vinagre. Geralmente, é praticado em instalações de produção em pequena escala de produtos artesanais, tradicionais e étnicos. Esses alimentos desempenham um papel importante na dieta de várias regiões da América Latina, África e Ásia.

A experiência demonstrou que o uso da retrofermentação acelera a fase inicial da fermentação, reduzindo, consequentemente, o risco de falha na produção. Essa prática resulta na promoção de alterações desejáveis durante o processo de fermentação e direciona os microrganismos predominantes bem aclimatados com as características necessárias e a aptidão tecnológica desejável para uma produção bem-sucedida. Assim, um microrganismo isolado a partir de uma retrofermentação poderia ser caracterizado a fim de ser introduzido como uma cultura para fermentação. A aplicação desse método - de que culturas puras pudessem ser obtidas e usadas para iniciar fermentações - resultou em uma maneira moderna de produzir alimentos fermentados. A tecnologia evoluiu de uma fermentação espontânea tradicional para um processo industrializado controlado, com base no uso de cepas microbianas definidas como culturas para conduzir um processo fermentativo.

Atualmente, existem mais de 3.500 alimentos fermentados tradicionalmente reconhecidos no mundo - sejam de origem animal ou vegetal -, os quais fazem parte do consumo diário da população. Apresentam, ainda, especificidades geográficas: na Europa, queijo e pão são amplamente consumidos; na África, os produtos fabricados a partir de mandioca fermentada desempenham um papel fundamental na dieta; na Ásia, produtos derivados de soja ou peixe são consumidos diariamente. Vale lembrar que as bebidas alcoólicas tradicionais, como a cerveja, não são as únicas bebidas fermentadas: existem bebidas à base de grãos de cacau, grãos de café e folhas de chá fermentadas após a colheita, a fim de desenvolver perfis de sabor característicos, típicas de certas regiões - é o caso da chinesa *kombucha*. Muitos desses produtos fermentados serão abordados em detalhes nos próximos capítulos.

A European Food & Feed Cultures Association (EFFCA, 2021) definiu culturas microbianas para uso em alimentos como "bactérias, leveduras ou fungos vivos e seguros usados na produção de alimentos e [que] são, por si só, um ingrediente alimentar característico". Definiu ainda que as preparações de culturas microbianas são "formulações que consistem em concentrados (> 8 log 10 UFC/g ou ml) de uma ou mais espécies e/ou linhagens microbianas vivas e ativas, incluindo componentes (por exemplo, carboidratos, ácidos orgânicos) inevitáveis herdados do meio de fermentação e necessários para dar suporte a sua sobrevivência, armazenamento e para facilitar sua aplicação no processo de produção de alimentos". Essas preparações microbianas podem se constituir de BAL, propionibactérias, bactérias de maturação de superfície, leveduras e bolores. Equivalentemente, por definição, as culturas iniciadoras (*starter cultures*, em inglês) consistem numa preparação contendo um grande número de microrganismos selecionados, que podem ser adicionados no início do processo para acelerar e melhorar a fermentação. O termo "iniciador", neste contexto, é apropriado, porque a cultura inicia e realiza as alterações necessárias na matéria-prima para produzir o produto cultivado. Toda a fabricação de produtos inoculados depende da atividade do iniciador.

Microrganismos selecionados para serem utilizados como culturas iniciadoras precisam apresentar características como: i) adaptação fácil à matriz e ao processo; ii) capacidade de realizar alterações para gerar estrutura e sabor desejados no produto final; iii) desenvolvimento de valor nutricional e digestibilidade; iv) melhoria na segurança por efeito conservante/protetivo, retardando ou inibindo a potencial microbiota patogênica e deteriorante, bem como aumentando a vida útil do produto; v) incremento de funcionalidade, por exemplo, em produtos probióticos, cujas culturas adicionadas podem conferir modulação de sistemas com propriedades promotoras de saúde ao consumidor.

Em produtos lácteos fermentados, a cultura iniciadora tem um papel multifuncional. Sua fundamental capacidade de produzir ácidos orgânicos auxilia a separação da coalhada do soro durante a fabricação do queijo, modifica a textura pela atividade proteolítica durante a maturação, melhora a preservação pela competição com o consórcio microbiano, e também produz compostos de baixo peso molecular que contribuem para a formação de sabor e aroma. Algumas cepas de BAL e de leveduras são capazes de degradar fatores antinutricionais, como o ácido fítico e compostos fenólicos presentes em vários grãos e leguminosas. Cepas selecionadas podem melhorar a digestibilidade das proteínas e a biodisponibilidade de micronutrientes e contribuir mais especificamente para o enriquecimento nutricional através da biossíntese de vitaminas e aminoácidos. Portanto, segundo De Dea Lindner *et al.* (2013), a incorporação de culturas iniciadoras nas matrizes melhora o valor nutricional dos alimentos.

Bourdichon *et al.* em 2012 revisaram o inventário de microrganismos utilizados na fermentação de alimentos publicado pela International Dairy Federation (IDF) no mesmo ano, cobrindo uma ampla gama de matrizes alimentares (laticínios, carnes, peixes, vegetais, legumes, cereais, bebidas, vinagre, *sourdough* etc.). Revisaram, ainda, os marcos regulatórios dos Estados Unidos e da Europa para uso de microrganismos em fermentações. Observaram que essas estruturas regulatórias enfatizam "histórico de uso", "alimentos tradicionais" e "presunção qualificada de segurança". Em 2018, equipes de diferentes comitês da IDF revisaram e atualizaram o inventário publicado em 2012 e os desenvolvimentos taxonômicos disponíveis no curso da atualização para culturas microbianas seguras para alimentos. O inventário cita 226 espécies de bactérias e 95 espécies de fungos (INTERNATIONAL DAIRY FEDERATION, 2018).

Culturas definidas (compostas de cepa única ou múltiplas) e indefinidas (compostas de cepas mistas e retroalimentação) são amplamente utilizadas em todo o mundo para produzir alimentos fermentados (Tabela 4.1). Na maioria dos casos, os produtores não propagam as culturas iniciadoras na planta fabril e preferem uma abordagem mais simples, que consiste na utilização de inóculo direto no tanque com produtos comerciais congelados ou liofilizados. Embora isso pareça simples de executar, existem situações críticas para garantir armazenamento e inoculação adequada das culturas. Além disso, o uso de culturas iniciadoras comerciais reduziu a diversidade de produtos fermentados, pelo fato de que novas culturas com características interessantes se tornaram indisponíveis e limitadas.

Tabela 4.1 – Culturas definidas (cepa única ou múltiplas) e indefinidas (cepas mistas ou retrofermentação) usadas para produzir alimentos fermentados

Alimento fermentado	Cultura única	Cultura múltipla	Cultura mista	*Retrofermentação*
Cerveja	+	+	-	-
Pão	+	+	+	+
Cacau	-	+	+	-
Queijo	+	+	+	-
Café	-	+	+	-
Missô	+	-	-	-
Azeitona	+	-	+	-
Pepino	+	-	+	-
Chucrute	+	-	-	+
Linguiça	+	+	-	+
Shoyu	+	-	-	-
Bebidas (*spirits*)	+	+	-	-
Chá	-	+	+	-
Vinagre	+	+	-	-
Vinho	+	+	-	-

Legenda: + aplicado; - não aplicado.
Fonte: adaptada de Holzapfel (2002) e De Dea Lindner *et al.* (2013).

A produção comercial de culturas microbianas para alimentos cresceu rapidamente e foi generalizada no início do século XX. As vantagens de se usar culturas iniciadoras em processos fermentativos foram convincentes. Antes do uso de culturas comerciais, as fermentações eram longas, durando horas ou dias, e grande parte dos produtos eram pobres em termos de qualidade. Além disso, a falta de padronização comprometia a qualidade dos processos e, consequentemente, do produto final. A fermentação lenta também representava uma ameaça à saúde pública, uma vez que as matérias-primas não eram tratadas termicamente. Atualmente, falhas na produção podem resultar em grandes perdas financeiras, pois as indústrias modernas processam grandes quantidades de matérias-primas.

Nesse contexto, a fabricação de culturas é um dos processos mais importantes e também um dos mais difíceis da biotecnologia alimentar. Uma atenção enorme deve ser dada à escolha da tecnologia de propagação, equipamentos do processo e gestão da qualidade. Na produção industrial de culturas iniciadoras, o uso das melhores técnicas de manipulação e preservação precisa garantir funcionalidade ideal da cultura durante a aplicação. Trata-se, portanto, de tarefas desafiadoras, que exigem uma sólida compreensão dos fatores que afetam a interação microbiana com a matriz. O primeiro desafio consiste em encontrar um microrganismo adequado para o uso no processo desejado, isolando-o do meio ambiente ou modificando-o por meio de técnicas moleculares.

Como os consumidores buscam cada vez mais produtos com apelo funcional para melhorar a saúde, as empresas de alimentos e bebidas podem aproveitar-se da salubridade natural dos produtos fermentados para fornecer soluções inovadoras e saborosas que atendam a requisitos sensoriais e de conveniência. Nesse sentido, os produtos fermentados continuam a representar um amplo campo de oportunidade para os desenvolvedores formularem produtos inovadores, de maneira a atender às necessidades dos consumidores de hoje. A inovação é uma das principais estratégias da indústria de alimentos para gerar crescimento e vitalidade econômica.

O Brasil é um mercado dinâmico, maduro e expressivo no setor de produção de alimentos fermentados. No entanto, indústrias que utilizam processos biotecnológicos encontram uma significativa barreira à expansão: há uma escassez na produção de insumos de valor agregado alto, como culturas microbianas para a produção de fermentados. A intenção deste capítulo é expor nosso entendimento atual acerca de culturas microbianas para alimentos, microrganismos envolvidos e funções, critérios para selecionar e desenvolver culturas iniciadoras, produção, uso e desempenho de culturas, parâmetros de fabricação a serem considerados no uso de culturas e suas perspectivas.

4.2 APTIDÕES TECNOLÓGICAS DAS CULTURAS INICIADORAS

Atualmente, as indústrias de alimentos enfrentam o desafio de atender à demanda dos consumidores por alimentos seguros, de vida útil longa, com efeitos funcionais, minimamente processados e produzidos segundo o conceito de *clean label* (uso mínimo de aditivos). Nesse contexto, o uso de compostos produzidos por microrganismos, por exemplo, bacteriocinas e exopolissacarídeos, pode fornecer recursos aos alimentos fermentados, com uma opção atraente de tecnologia para substituir o uso de aditivos.

Culturas autóctones são aquelas presentes nos alimentos de forma nativa e apresentam características interessantes, pois sobrevivem a condições ambientais adversas e predominam nesse ecossistema. Para sobreviver, elas precisam resistir à competição com outros microrganismos, geralmente pela produção de substâncias antimicrobianas. São culturas com capacidade de colonizar a matriz de origem e produzir enzimas, compostos aromatizantes, vitaminas e substâncias de efeito terapêutico biomodulante em humanos, como os peptídeos bioativos.

As culturas que produzem metabólitos antimicrobianos podem ser empregadas para melhorar a preservação dos alimentos. Dentre eles, podemos citar o peróxido de hidrogênio, os ácidos orgânicos e as bacteriocinas. O uso de bacteriocinas como substitutos naturais de conservantes químicos em alimentos tem sido extensivamente estudado, uma vez que são consideradas como biopreservadores eficazes no controle de microrganismos patogênicos e deteriorantes (PRATUSH *et al.*, 2012).

O papel básico das culturas iniciadoras para laticínios, compostas majoritariamente de BAL, é conduzir o processo inicial de fermentação. São aplicadas na produção de uma ampla variedade de produtos lácteos (queijos, leites fermentados, manteiga etc.) e fornecem maior controle e previsibilidade na fermentação do leite. As culturas de BAL são utilizadas principalmente porque são capazes de produzir ácido lático a partir da lactose. A diminuição do pH durante a fermentação afeta vários aspectos do processo relacionados à textura e à composição. Outra função importante da cultura é a produção de compostos aromáticos que determinam a identidade específica do produto lácteo cultivado.

A fabricação de iogurte exemplifica um processo em que se deseja sinergia entre dois componentes microbianos de partida. No leitelho, as condições são manipuladas para impedir a dominância de bactérias produtoras de ácido, para que os microrganismos produtores de aromas na mistura inicial possam funcionar, garantindo um crescimento e atividade equilibrada de ambos os componentes. Tipicamente, a cultura para produção de iogurte é uma combinação de *Lactobacillus delbrueckii* subsp. *bulgaricus* e *Streptococcus thermophilus*. As aptidões tecnológicas mais importantes são a acidificação rápida, a produção de sabor equilibrado característico e a capacidade de produzir a textura desejada. A acidificação excessivamente rápida pode resultar em um sabor áspero. A acidificação do iogurte é controlada por refrigeração, mas a cultura pode continuar a acidificar lentamente em temperaturas frias, gerando o problema conhecido como pós-acidificação (mais informações sobre leites fermentados podem ser encontradas no Capítulo 6).

Os microrganismos são a componente essencial de todas as variedades de queijo e desempenham papel fundamental durante sua fabricação e maturação. A microbiota do queijo pode ser dividida em dois grupos: BAL iniciadoras e microrganismos secundários não iniciadores. Os primeiros estão envolvidos principalmente na produção de ácido nos momentos iniciais da fabricação e contribuem para o processo de maturação, enquanto os últimos não contribuem para a produção de ácido durante a fabricação, mas geralmente desempenham um papel significativo na segunda etapa (DE DEA LINDNER *et al.*, 2008). Embora a fabricação de queijos tradicionais frequentemente envolva fermentação por microbiota naturalmente presente no leite cru ou adicionada via soro-fermento, muitos queijos industriais requerem adição de cultura iniciadora comercial. Diversas técnicas de reação em cadeia da polimerase (PCR) são úteis para rastrear rapidamente a composição microbiana e comparar amostras com propriedades tecnológicas potencialmente diferentes. No estudo de Bottari *et al.* (2013), uma *multiplex real-time* (mRealT)-PCR foi desenvolvida e mostrou-se eficaz na análise de espécies presentes em amostras de soro-fermento com sensibilidade média inferior a seiscentas cópias de DNA, e, portanto, sensível o suficiente para detectar até mesmo membros menos abundantes na comunidade. Esse tipo de estudo contribui para entendermos melhor qual o verdadeiro papel das culturas para o ecossistema microbiano do queijo, e seus resultados podem auxiliar no controle da maturação e consequente formação de sabor do queijo (para mais informações a respeito da microbiologia de queijos, ver Capítulo 7).

Em leites fermentados, fungos associados às culturas lácteas também regem um papel importante para a formação de atributos desejáveis no produto final. Leveduras dos grãos de *kefir* geram álcool e dióxido de carbono imprescindíveis para o produto, além de contribuírem com notas essenciais de sabor. No *dahi* (um produto lácteo fermentado indiano), leveduras carreadas pela prática de retrofermentação estão relacionadas ao sabor fermentado característico. Culturas iniciadoras utilizadas no leite fermentado de origem nórdica *viili* contêm o fungo *Geotrichum candidum*, responsável por formar uma camada de micélio na superfície, típica do produto. Ademais, o fungo metaboliza o ácido lático, induz uma "suavidade" sensorial e confere um aroma "mofado" ao produto.

Para além dos produtos lácteos, culturas iniciadoras são também fundamentais para outros tipos de alimentos fermentados. Um processo controlado de fermentação de café pelo uso de culturas iniciadoras pode garantir qualidade, padronização e reduzir perdas econômicas para o produtor. Poucos estudos têm sido relatados sobre o uso de culturas para essa finalidade, embora a tentativa de se controlar a fermentação exista há mais de quarenta anos. Estudos anteriores relataram o uso de águas residuais como iniciador a partir de uma fermentação anterior. Somente em 1966, um estudo realizado por Agate e Bhat efetivamente introduziu uma cultura iniciadora para fermentação de café. Eles demonstraram que a incorporação de uma mistura de três culturas puras de espécies de *Saccharomyces* acelerou o processo de modificação de sabores e degradação da camada de mucilagem. Evangelista *et al.* (2014) avaliaram o uso de leveduras (*Saccharomyces*, *Candida* e *Pichia*) como cultura iniciadora no processamento semisseco do café. O café arábica inoculado gerou 47 diferentes compostos voláteis identificados; o sabor de caramelo, não detectado no controle, demonstrou que o uso de uma cultura durante a fermentação é uma alternativa interessante para o desenvolvimento de uma bebida com sabor distinto de qualidade. A partir de então, vários estudos têm sido desenvolvidos com o objetivo de selecionar culturas iniciadoras de leveduras e BAL para a fermentação do café. A intensa difusão de ácido lático durante o processo de fermentação controlado por BAL promove a modificação na percepção sensorial da acidez e do corpo das bebidas de café. A partir do metabolismo do citrato, a produção de 2,3-butanodiona e acetoína confere aroma semelhante ao amanteigado no produto final. Além disso, uma vasta gama de metabólitos derivados do metabolismo secundário de leveduras e

BAL, incluindo propionato de etila, acetato de etila, acetaldeído, fenil etanol e fenilacetaldeído, é conhecida por aumentar a percepção de frutas e flores na bebida final.

No caso do chocolate, a fermentação da polpa de cacau (*Theobroma cacao* L.) por microrganismos é necessária para desenvolver precursores de sabor. As leveduras conduzem uma fermentação alcoólica dentro da polpa da semente, essencial para a produção de grãos de boa qualidade, fornecendo características típicas do chocolate. No entanto, a contribuição de BAL e bactérias ácido-acéticas (BAA) para a qualidade do grão de cacau e do chocolate não são totalmente compreendidas. O tema foi estudado por Ho, Zhao e Fleet (2015) a partir de fermentações controladas. As leveduras *Hanseniaspora guilliermondii*, *Pichia kudriavzevii*, *Kluyveromyces marxianus* e *Saccharomyces cerevisiae*, as BAL *Lactiplantibacillus plantarum*, *Lactiplantibacillus pentosus* e *Limosilactobacillus fermentum*, e as BAA *Acetobacter pasteurianus* e *Gluconobacter frateurii* foram as espécies avaliadas. Os autores demonstraram que os grãos fermentados na presença ou na ausência de BAL foram totalmente fermentados, tinham pesos de casca semelhantes e resultavam em chocolates aceitáveis, sem diferenças nas classificações sensoriais. A conclusão foi que as BAL podem não ser necessárias para uma fermentação bem-sucedida do cacau. No entanto, em termos de eficiência fermentativa, diversos estudos apontam que as BAL promovem a acidificação do meio de fermentação, auxiliando o crescimento de leveduras. Além disso, BAA auxiliam no aumento da temperatura da fermentação pela conversão de etanol a ácido acético (reação exotérmica), promovendo a morte da semente e permitindo a difusão de importantes metabólitos para o seu interior (ver mais informações sobre a fermentação do cacau no Capítulo 10).

Em vinhos, altas concentrações de etanol reduzem a complexidade das propriedades sensoriais. A indústria do vinho busca ativamente tecnologias que facilitem a produção de vinhos com menor teor alcoólico. No entanto, leveduras para vinificação, disponíveis comercialmente, produzem rendimentos muito semelhantes de etanol. Contreras *et al.* (2015), para atingir esse objetivo, usaram linhagens de leveduras menos eficientes na transformação de açúcares da uva em etanol. Leveduras não convencionais, em particular espécies não *Saccharomyces*, têm demonstrado potencial para produzir vinhos com menor teor alcoólico e maior de glicerol, resultando em um vinho mais doce e suave, além de aumentar a viscosidade da bebida. Essas leveduras presentes nos estágios iniciais da fermentação geralmente não são capazes de concluir a fermentação alcoólica. Das 48 linhagens não *Saccharomyces* avaliadas, duas (*Torulaspora delbrueckii* e *Zygosaccharomyces bailii*) possibilitaram a produção de vinho com concentração reduzida de etanol sob condições aeróbias limitadas.

4.3 MICRORGANISMOS INICIADORES

Em 2018, a IDF publicou o inventário de microrganismos utilizados na fermentação de alimentos. Este tornou-se a referência atualizada de catálogo de culturas alimentares. Anteriormente, Bourdichon *et al.* (2012) revisaram a literatura de cada espécie, a fim de manter no inventário apenas espécies microbianas capazes de contribuir favoravelmente para a fermentação de alimentos. Atualmente, tais listas compreendem o melhor agrupamento de informações a respeito, que podem ser visualizadas como dados suplementares no artigo supracitado.

No entanto, nem todos os microrganismos citados no inventário são produzidos como culturas iniciadoras comerciais. Alguns não são adequados para aplicações industriais e, para outros, o mercado potencial é simplesmente pequeno ou especializado demais. Por exemplo, a fermentação de chucrute (*sauerkraut*) é mediada por microbiota natural. Os fabricantes podem produzir este produto sem uma cultura iniciadora comercial e podem preferir manter e propagar suas próprias culturas. Laticínios e cervejarias possuem instalações locais de laboratório para apoiar a propagação da cultura interna. A produção de alimentos fermentados derivados de fungos também depende frequentemente de cepas "da casa".

A regulação do uso de culturas microbianas na produção de alimentos é realizada periodicamente por agências regulatórias específicas. Os marcos regulatórios enfatizam o histórico de uso em alimentos tradicionais ou reconhecimento geral de segurança. O *status* regulatório norte-americano GRAS (*generally recognized as safe*, "geralmente reconhecido como seguro", em português) e o QPS europeu (*qualified presumption of safety*, "presunção de segurança qualificada", em português) são aplicáveis às culturas microbianas que demonstram adequada segurança sob as condições de uso pretendidas. Quando microrganismos com histórico seguro em alimentos são empregados para um uso diferente, é necessária uma nova determinação de *status*. O *status* QPS foi proposto para harmonizar abordagens para a avaliação de segurança de microrganismos. A lista de microrganismos QPS é atualizada anualmente pela Autoridade Europeia para a Segurança dos Alimentos (EFSA).

A taxonomia e a sistemática constituem a base do quadro regulamentar para as culturas microbianas, pois permitem a comunicação inequívoca sobre todas as espécies vivas. No passado, critérios fenotípicos, como padrões de fermentação, perfis enzimáticos e hibridação DNA-DNA, foram fundamentais para a especiação interespécies. Hoje, porém, o tamanho reduzido do genoma das bactérias permitiu que os testes fenotípicos fossem substituídos pelo sequenciamento do genoma como principal fonte de informação taxonômica. Não existe uma definição simples de *espécie* como unidade taxonômica. Geralmente, é necessária uma abordagem polifásica para quantificar o grau de similaridade fenotípica e/ou genotípica entre cepas pertencentes à mesma espécie. Uma edição especial da revista científica *Systematic and Applied Microbiology*, com introdução de Schleifer, Amann e Rosselló-Móra (2015), ofereceu uma visão geral de algumas das perspectivas que desafiam a taxonomia e a caracterização da diversidade de culturas. Como apontado por Rosselló-Móra e Amann (2015), a história da classificação de espécies tem sido associada ao desenvolvimento tecnológico para recuperar informações sobre os organismos. Métodos moleculares que produzem dados genéticos e genômicos podem ser usados para estabelecer limites de *taxon*. A recuperação de informações genômicas usando métodos de sequenciamento iniciou uma revolução no estudo da diversidade de espécies. Sequências genômicas quase completas podem ter supremacia em espécies circunscritas e *taxa* ainda mais altos.

O genoma de BAL está entre os mais bem caracterizados até o momento, o que permitiu um maior esclarecimento acerca da taxonomia e dos mecanismos de adaptação e metabolismo em uma dada matriz alimentícia. Por exemplo, após observar de maneira inesperada que os resultados das análises filogenéticas baseadas em sequenciamento nem sempre correspondiam aos resultados de abordagens fenotípicas, Pot *et al.* (2019), com base na análise das sequências genômicas de 222 espécies do gênero *Lactobacillus* e *taxa* relacionados, propuseram que o gênero *Lactobacillus* seja dividido em um número considerável de novos gêneros. Zheng *et al.* (2020), com base em uma abordagem polifásica (fenotípica, ecológica e genotípica), propuseram a reclassificação do gênero *Lactobacillus* em 25 gêneros, incluindo os gêneros *Lactobacillus delbrueckii* e *Paralactobacillus* e 23 novos gêneros para os quais os nomes *Holzapfelia*, *Amylolactobacillus*, *Bombilactobacillus*, *Companilactobacillus*, *Lapidilactobacillus*, *Agrilactobacillus*, *Schleiferilactobacillus*, *Loigolactobacilus*, *Lacticaseibacillus*, *Latilactobacillus*, *Dellaglioa*, *Liquorilactobacillus*, *Ligilactobacillus*, *Lactiplantibacillus*, *Furfurilactobacillus*, *Paucilactobacillus*, *Limosilactobacillus*, *Fructilactobacillus*, *Acetilactobacillus*, *Apilactobacillus*, *Levilactobacillus*, *Secundilactobacillus* e *Lentilactobacillus* foram propostos. Neste capítulo, esta nova classificação foi acatada.

A grande variedade de produtos alimentícios fermentados consumidos em todo o mundo pressupõe uma significativa diversidade de microrganismos. Embora as BAL e as leveduras produtoras de etanol sejam certamente os microrganismos mais frequentemente utilizados nos alimentos fermentados, existem muitas outras bactérias e fungos que contribuem para o sabor, textura, aparência e outras propriedades funcionais essenciais dos produtos acabados. Na maioria dos casos, mais de um organismo ou grupo de organismos está envolvido no processo fermentativo.

4.3.1 INICIADORES BACTERIANOS

O grupo mais importante de bactérias usadas como culturas iniciadoras certamente é o das BAL (Quadro 4.1). De fato, entre as culturas disponíveis comercialmente, apenas algumas não correspondem a esse grupo, que recebe esse nome devido à sua capacidade de converter carboidratos fermentescíveis em mais que 50% de ácido lático por meio de metabolismo homofermentativo ou heterofermentativo. São microrganismos Gram-positivos que compartilham várias características fisiológicas e bioquímicas. Em geral, são asporogênicos, catalase-negativa, não móveis, tolerantes a ácidos e crescem em uma ampla faixa de temperatura, embora a maioria das BAL seja mesófila ou termófila. Da mesma forma, são variáveis em relação à osmotolerância, aerobiose e outras condições ambientais, respondendo, em parte, pela diversidade de *habitats* aos quais estão associados.

Quadro 4.1 – Famílias e gêneros de bactérias ácido-láticas (BAL) usadas para produzir alimentos fermentados

Família	Gênero	Morfologia celular	Fermentação
Aerococcaceae	*Aerococcus*	Cocos-tétrades	Homofermentativa
Carnobacteriaceae	*Carnobacterium*	Bacilos	Homofermentativa
Enterococcaceae	*Enterococcus*	Cocos	Homofermentativa
	Tetragenococcus	Cocos-tétrades	Homofermentativa
	Vagococcus	Cocos	Homofermentativa
Lactobacillaceae	*Lactobacillus*	Bacilos	Cepa-dependente
	Pediococcus	Cocos-tétrades	Homofermentativa
Leuconostocaceae	*Leuconostoc*	Cocos	Heterofermentativa
	Oenococcus	Cocos	Heterofermentativa
	Weissella	Cocos/bacilos	Heterofermentativa
Streptococcaceae	*Lactococcus*	Cocos	Homofermentativa
	Streptococcus	Cocos	Homofermentativa

Fonte: adaptado de Laranjo, Elias e Fraqueza (2017).

Taxonomicamente, as espécies de BAL são encontradas em dois filos distintos, denominados Firmicutes e Actinobacteria. Sete dos gêneros de BAL dentro do filo Firmicutes (*Lactobacillus, Lactococcus*, *Leuconostoc*, *Oenococcus*, *Pediococcus*, *Streptococcus* e *Tetragenococcus*) são amplamente utilizados em aplicações industriais, especialmente como culturas iniciadoras em alimentos fermentados, como leites fermentados, queijos, salame e vegetais fermentados. Já entre Actinobacteria, *Bifidobacterium* é um gênero industrialmente relevante que atua como potencial microrganismo probiótico beneficente para a saúde humana. Devido à sua capacidade de hidrolisar proteínas, carboidratos e lipídios, as BAL exercem grande influência no perfil sensorial do produto final, resultando em melhor textura, sabor e aroma (Figura 4.1).

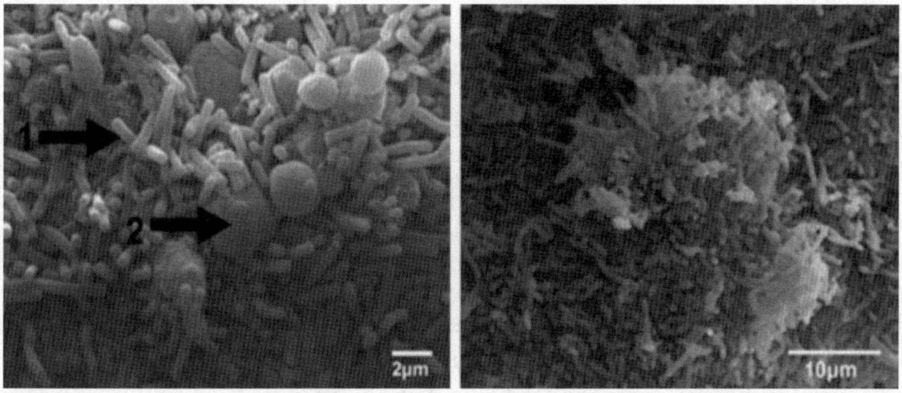

Figura 4.1 – Imagem de microscopia eletrônica de varredura da fermentação de grãos de cacau. À esquerda, microbiota fermentadora após sessenta horas; à direita, após 144 horas. Seta 1: bactéria (*Limosilactobacillus fermentum* ou *Lactiplantibacillus plantarum*); seta 2: levedura (*Saccharomyces cerevisiae* ou *Hanseniaspora* sp.). Fonte: adaptada de Pereira, Magalhães Guedes e Schwan (2013).

No *sourdough*, por exemplo, cepas iniciadoras de *Fructilactobacillus sanfranciscensis* fermentam maltose e diminuem o pH da massa por meio da produção de ácido lático, mas a cultura também produz ácido acético e outros compostos de sabor e aroma (ver mais informações sobre a microbiologia da fermentação de pães no Capítulo 11). Em embutidos cárneos fermentados, *Pediococcus acidilactici* realiza essencialmente a produção de ácido lático e reduz o pH da carne a um nível inibitório para concorrentes indesejáveis. Durante décadas, as BAL têm sido usadas na preservação de alimentos. Elas desempenham um papel reconhecido na conservação e segurança microbiológica dos alimentos fermentados, promovendo, assim, a estabilidade microbiana do produto final. Os efeitos protetores são promovidos pela produção de ácidos orgânicos, dióxido de carbono, etanol, peróxido de hidrogênio, diacetil e componentes antimicrobianos, como ácidos graxos e bacteriocinas.

Embora as BAL sejam o grupo mais importante de iniciadores bacterianos, outras bactérias também fazem parte de várias culturas iniciadoras. Na indústria de queijos, por exemplo, *Propionibacterium freudenreichii* subsp. *shermanii* é usado para fabricar queijos do tipo suíço, e *Brevibacterium linens*, na maturação da superfície do queijo belga Limburger. No filo Actinobacteria, os gêneros relevantes para os alimentos fermentados incluem *Bifidobacterium*, *Kocuria*, *Staphylococcus* e *Micrococcus*. O gênero *Bifidobacterium* tem sido usado como cultura funcional para propósitos probióticos. Diferentes espécies de *Kocuria*, *Staphylococcus* e *Micrococcus* são usadas em salsichas fermentadas para aprimorar o sabor e a cor desejada por meio da produção da enzima nitrato redutase.

Cabe ressaltar que alimentos fermentados podem conter muitos outros microrganismos, cuja presença ocorre como resultado de contaminação inadvertida. Assim, uma produção de qualidade requer cuidados especiais quanto à caracterização, diferenciação e manutenção de culturas bacterianas envolvidas no processo produtivo.

4.3.2 INICIADORES FÚNGICOS

Poucas espécies de fungos entre milhares estão envolvidas na fermentação de alimentos. Os mais relevantes pertencem aos filos Zygomycota, Ascomycota e Deuteromicetos. Esses filos contêm vários gêneros importantes de leveduras, incluindo *Saccharomyces*, *Kluyveromyces* e *Zygosaccharomyces*, além dos fungos filamentosos *Aspergillus*, *Penicillium* e *Rhizopus*.

Diversas formas de leveduras iniciadoras estão disponíveis comercialmente, desde os "bolos" de levedura úmida, usados pela indústria de panificação, até as embalagens de levedura liofilizadas comercializadas no varejo. As indústrias de vinho, cerveja e bebidas alcoólicas também utilizam leveduras iniciadoras que, assim como as usadas para a fermentação rápida de pães, se constituem, em grande parte, de *Saccharomyces cerevisae*, apesar daquelas cepas produtoras de etanol serem significativamente diferentes das utilizadas na fabricação de pães (HUTKINS, 2006).

A viabilidade de fermentos à base de leveduras pode ser verificada por meio de um teste relativamente simples, na etapa *upstream*, em alguns tipos de indústrias, em especial a de panificação. O teste consiste na confecção de lâminas e coloração com azul de metileno, uma substância conhecida como "corante vital". Para isso, transfere-se uma pequena alíquota do fermento reativado para uma lâmina de vidro e adiciona-se o corante. Após recobrir a lâmina com uma lamínula, observam-se em microscópio ótico as células leveduriformes. Quando o corante penetra em células viáveis, ele é rapidamente reduzido por enzimas intracelulares, o que faz com que perca sua coloração azul característica. Em células mortas, esse fenômeno não ocorre, e as células mantêm-se azuladas (Figura 4.2). Assim, um fermento ativo e pronto para uso deve apresentar, em sua maioria, células incolores.

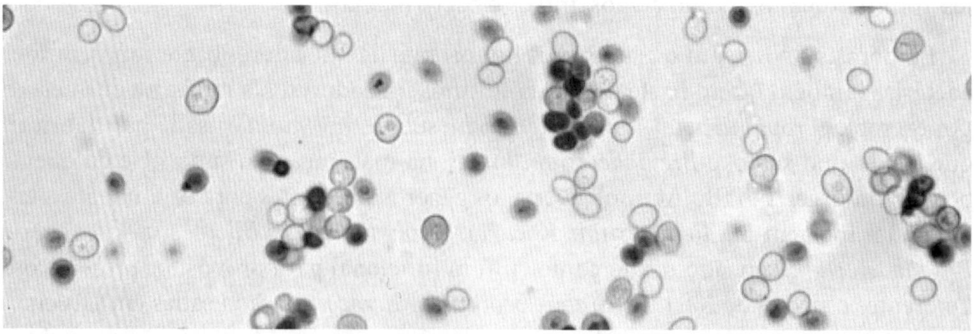

Figura 4.2 – Imagem de microscopia ótica de uma lâmina contendo *Saccharomyces cerevisiae* após coloração com azul de metileno. Células incolores apresentam viabilidade celular; células azuis indicam perda da viabilidade e, portanto, ineficiência se utilizada no processo fermentativo. Fonte: foto gentilmente cedida por Leandro Cardoso Ribeiro.

Hoje, muitos dos vinhos produzidos no mundo usam leveduras selvagens selecionadas da área vinícola. A tendência para a maioria dos fabricantes de vinho, no entanto, tem sido o uso de leveduras iniciadoras comerciais. Presume-se que essas leveduras autóctones sejam mais competitivas do que as leveduras comerciais, porque estão mais adaptadas às características ecológicas e tecnológicas de sua própria área vitícola. Como para outras culturas iniciadoras, a seleção da cepa é baseada principalmente nos atributos sensoriais desejáveis do produto final. No entanto, outras características tecnológicas, incluindo a capacidade de crescer em altas concentrações de açúcar, flocular e produzir níveis adequados de álcool, também são relevantes e levadas em consideração.

Um dos avanços tecnológicos mais significativos na vinificação foi o controle do processo microbiológico pela inoculação de mosto de uva usando leveduras selecionadas. O uso de leveduras iniciadoras selecionadas levou à produção de vinhos mais consistentes. A seleção é geralmente realizada dentro da espécie *S. cerevisiae*, de acordo com um conjunto de características fisiológicas indicativas de sua potencial utilidade para a produção industrial. Além disso, para a indução da fermentação malolática, a cultura iniciadora bacteriana consiste em cepas de *Oenococcus oeni* (para mais informações sobre a microbiologia de bebidas alcoólicas, ver Capítulo 15).

Vários métodos de melhoria de linhagens são descritos para enriquecer o perfil aromático ou a eficiência da fermentação por linhagens de *S. cerevisiae* (STEENSELS; *VERSTREPEN*, 2014), embora essas técnicas também tenham suas limitações. Leveduras não *Saccharomyces* (ou não convencionais), como *Brettanomyces*, *Pichia* e *Hanseniaspora*, estão se tornando cada vez mais populares na indústria cervejeira (STEENSELS *et al.*, 2015). Muitas dessas leveduras podem ter um papel benéfico, aumentando a eficiência da fermentação, diminuindo o risco de deterioração ou alterando o perfil de sabor do produto final (STEENSELS; VERSTREPEN, 2014). O papel das *Brettanomyces* na indústria de alimentos é ambíguo; em vinhos, por exemplo, são consideradas deteriorantes. No entanto, seu potencial de uso como cultura iniciadora na fermentação industrial é cada vez mais reconhecido, pois suas características de sabor único e atividade amilolítica as tornam muito adequadas para a produção de novas bebidas alcoólicas.

No que diz respeito aos fungos filamentosos, a indústria de laticínios é o principal usuário desse tipo de cultura. Duas espécies de *Penicillium* são utilizadas na produção de queijos: o mofo branco *P. camemberti* Thom, que cresce na superfície de queijos brancos moles (por exemplo, Camembert) e o mofo azul *P. roqueforti*, que cresce no interior de queijos com veios azuis (por exemplo, Gorgonzola). *P. camemberti* e *P. roqueforti* são fortes lipolíticos e proteolíticos. Ambos produzem metilcetonas e ácidos graxos livres, porém, os níveis mais altos produzidos por *P. roqueforti* conferem aos queijos azuis seu sabor picante e aroma distinto. *P. roqueforti* tem sido tradicionalmente usado como fungo iniciador secundário. Cepas de *P. roqueforti* adequadas para a produção de diversas variedades de queijos azuis europeus (por exemplo, Cabrales, Stilton, Roquefort) foram originárias de cepas selvagens associadas à maturação artesanal do queijo (no caso do Roquefort, em cavernas da região Roquefort-sur-Soulzon, na França).

As culturas iniciadoras são cuidadosamente selecionadas entre centenas de candidatos durante vários estágios de investigação metabólica e tecnológica. Atualmente, as indústrias de produtos fermentados preferem usar fungos iniciadores em vez de propagar suas próprias culturas. Assim, culturas fúngicas estão disponíveis, por exemplo, para vários tipos de queijos, alimentos fermentados derivados da soja (por exemplo, *tempeh*, produzido com *Rhizopus microspores* subsp. *oligosporus*, molho de soja produzido com *Aspergillus sojae* e *Aspergillus oryzae*) (Figura 4.3), salsichas e presuntos de estilo europeu.

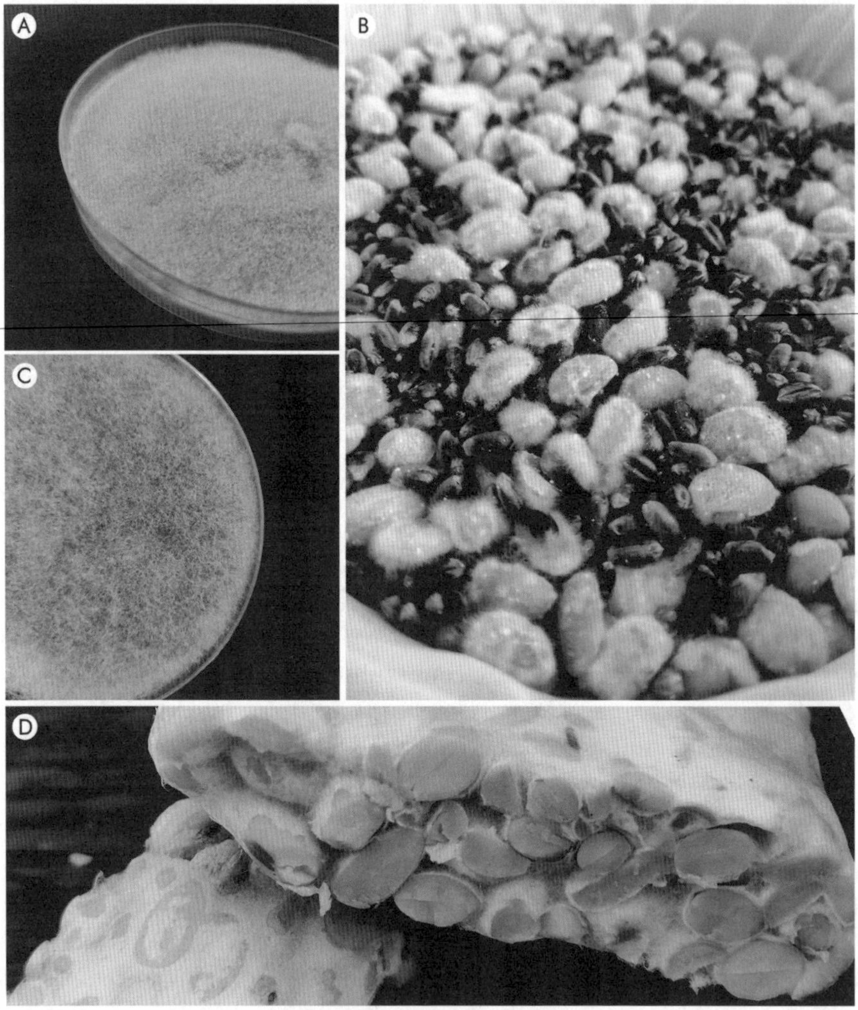

Figura 4.3 – Micélio de fungos filamentosos crescidos em meio de cultivo, utilizados na produção de alimentos fermentados à base de soja. A) Micélio de *Aspergillus oryzae* em ágar sólido após cinco dias de incubação; B) micélio de *A. oryzae* se formando em substrato à base de soja e trigo, durante a produção do *koji*, a "semente" utilizada na produção de molho de soja (*shoyu*) e pasta de soja (missô); C) micélio de *Rhizopus oligosporus* em ágar sólido após cinco dias de incubação; D) micélio de *R. oligosporus* crescido em soja, característico do *tempeh* indonésio. Fonte: fotos gentilmente cedidas por José Guilherme Prado Martin.

Na classe de alimentos cárneos fermentados, os fungos desempenham um papel importante, especialmente durante o período de maturação. Em geral, o salame industrial e o artesanal são rapidamente colonizados por uma microbiota no início da maturação, geralmente com uma forte predominância de espécies de *Penicillium* envolvidas na melhoria das características de sabor e na prevenção do crescimento de fungos patogênicos, toxigênicos e/ou deteriorantes. Perrone *et al.* (2015) isolaram e identificaram duas espécies de *Penicillium* predominantemente presentes nas áreas de maturação e armazenamento de uma planta de produção de salame na Itália. A posição taxonômica dessas linhagens foi investigada e resultou na descoberta de uma nova espécie descrita como *P. salamii*. No estudo, o fungo predominou durante a maturação em níveis semelhantes ao comumente conhecido *P. nalgiovense*, indicando que essa espécie poderia ser usada como um iniciador fúngico para carnes curadas.

4.4 CRITÉRIOS PARA SELECIONAR E DESENVOLVER CULTURAS INICIADORAS

Fermentações usando cultura única apresentam algumas desvantagens. A seleção de uma única cepa com todas as características tecnológicas necessárias para uma fermentação eficiente e de alta qualidade tende a ser difícil. A diversidade de leveduras e bactérias cria um perfil distinto de fermentação, muitas vezes não atingido em fermentações de cultura única.

A seleção de cepas para uso na fermentação de alimentos é uma tarefa altamente complexa do ponto de vista biotecnológico e requer uma abordagem sistemática polifásica, como demonstrado na Figura 4.4. É, ainda, desafiadora, e requer uma sólida compreensão da manipulação e propagação de microrganismos, bem como das interações microbianas. O uso de microrganismos segue uma sequência lógica. Primeiro, é necessário que se determine a matriz de isolamento para obter microrganismos que executem o processo desejado da maneira mais eficiente e exibam potencial aptidão tecnológica. Em seguida, as características fenotípicas e uma avaliação da adequação tecnológica devem ser levadas em consideração. Depois disso, a afiliação taxonômica é determinada usando hibridação DNA-DNA e análise da sequência do gene 16S rDNA. A identificação da cepa precisa ser consistente com a lista de "histórico de uso seguro". Em geral, um grande número de cepas a serem selecionadas leva à necessidade de se aplicarem testes sequenciais para reduzir progressivamente o número de candidatos, o que inclui triagem para condições estressantes de fermentação, identificação de metabólitos-chave e avaliação de parâmetros tecnológicos. Os microrganismos selecionados são, então, utilizados em um ambiente controlado, como fermentadores, para atingir objetivos específicos.

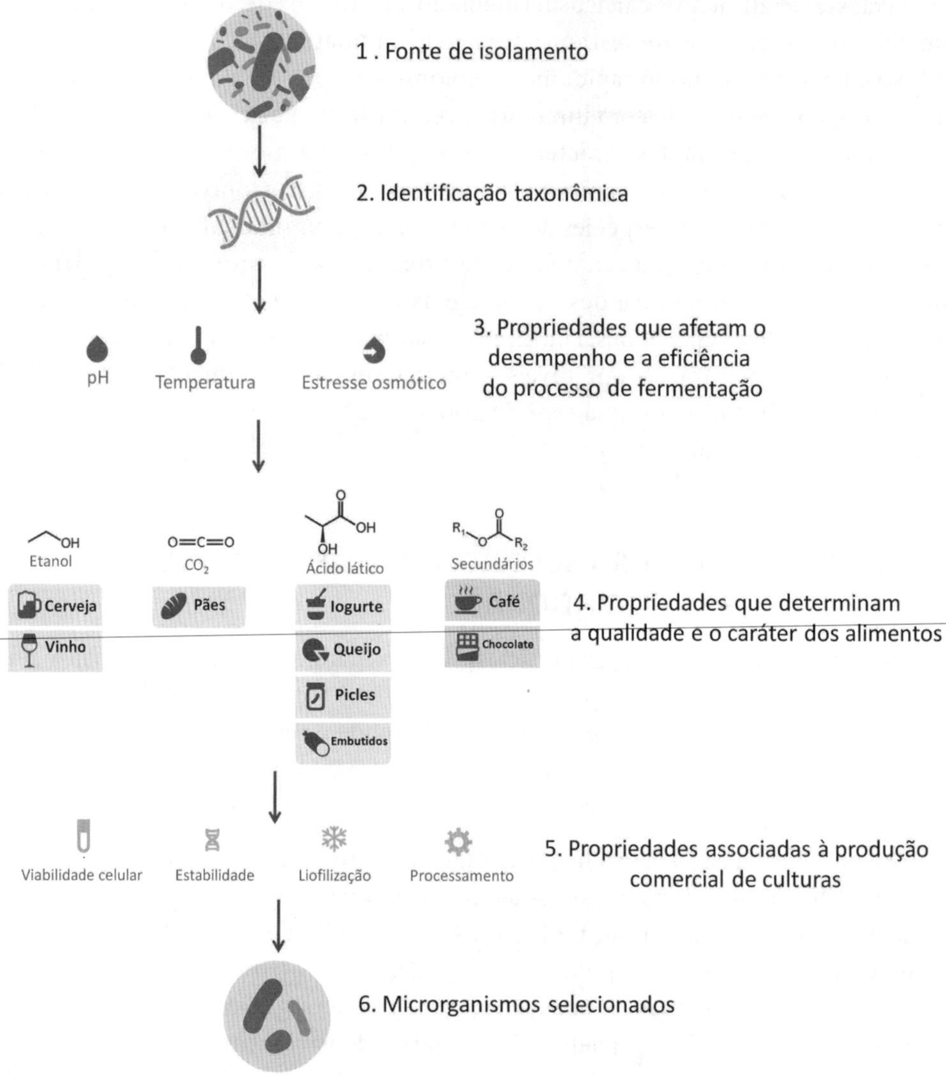

Figura 4.4 – Representação esquemática da abordagem sistemática polifásica necessária para o desenvolvimento de culturas iniciadoras visando à fermentação de alimentos.
Fonte: elaborada pelos autores.

Basicamente, os critérios para seleção e desenvolvimento de culturas iniciadoras para a indústria de alimentos podem ser distribuídos em três categorias distintas: i) propriedades que afetam o desempenho e a eficiência do processo de fermentação; ii) propriedades que determinam a qualidade e o caráter dos alimentos; iii) propriedades associadas à produção comercial de culturas. Champagne e Møllgaard (2008) resumiram os critérios para seleção de BAL com propriedades desejadas para uso industrial, a saber: dominar o consórcio microbiano; assimilar outras fontes de carbono não convencionais; produzir as mudanças desejadas na matriz; produzir metabólitos de sabor e polissacarídeos; induzir proteólise; resistir à pressão do processo (acidez, concentração de NaCl, oxigênio), bem como ser de fácil propagação e preservação; gerar segurança e reduzir riscos sanitários e toxicológicos; não ser patogênico ou tóxico (por exemplo, produção de aminas biogênicas); produzir substâncias antimicrobianas, como bacteriocinas; resistir a bacteriófagos; ser estável durante a cultura e o armazenamento.

Logicamente, outras propriedades específicas desejadas para uma cultura iniciadora dependem do produto final em questão. Isso inclui alta produção de etanol para bebidas alcoólicas, ácido lático para laticínios e carnes, ácido acético para produtos vegetais, e enzimas líticas para laticínios e produtos associados à soja. A produção de moléculas aromáticas (por exemplo, acetaldeído, acetato de etila, 2,3-butanodiol) é particularmente interessante em produtos de cacau e café, mas, em geral, metabólitos específicos são usados para melhorar a qualidade sensorial de todos os grupos alimentares. Finalmente, para fins comerciais, a cultura iniciadora deve ser passível de escala de cultivo em substratos relativamente econômicos, como subprodutos da indústria de alimentos, além de ser resistente à secagem, embalagem, processos de armazenamento e, finalmente, reidratação e reativação. É necessário que esses requisitos sejam atendidos sem que se percam as propriedades essenciais e desejáveis da fermentação.

4.5 MELHORIA DAS CULTURAS INICIADORAS

Os microrganismos com metabolismo fermentativo produzem uma ampla gama de metabólitos finais que podem funcionar como conservantes, texturizadores, estabilizadores e agentes aromatizantes. A tecnologia de manipulação e aprimoramento de linhagens microbianas trabalha no aprimoramento de capacidades metabólicas para aplicações biotecnológicas. O advento da microbiologia industrial moderna tornou possível o desenvolvimento de linhagens microbianas. Com os avanços na bioquímica e nas técnicas de manipulação genética, os cientistas adotaram uma abordagem sistêmica direcionada ao desenvolvimento de culturas microbianas para alimentos. Hoje, a produção em larga escala de aditivos alimentares e culturas selecionadas serve como testemunho do importante papel da melhoria dos processos no sucesso das indústrias de fermentação.

Parekh *Vinci e Strobel* (2000) revisaram várias estratégias empregadas na melhoria de linhagens, aspectos práticos dos procedimentos de triagem de microrganismos e o impacto geral da melhoria na economia do processo de fermentação. Vários métodos têm sido utilizados para melhorar as propriedades metabólicas das culturas por meio da manipulação do DNA, entre os quais mutação, seleção e recombinação genética (transdução, conjugação e transformação). Várias propriedades podem ser aprimoradas usando engenharia genética. Por exemplo, a transferência da produção de bacteriocina para a cultura microbiana pode melhorar a segurança dos alimentos fermentados; a clonagem de cópias adicionais da enzima proteolítica específica envolvida na maturação de queijos pode acelerar o processo (DASTAGER, 2013).

A capacidade de manipular geneticamente microrganismos para aplicação industrial transformou-se em um empreendimento de bilhões de dólares, que revolucionou muitos campos da indústria. Embora o uso da tecnologia do DNA recombinante para produtos microbianos seja comum, uma situação semelhante não se aplica ao uso de culturas geneticamente modificadas. De acordo com Cogan *et al.* (2007), melhorias na linhagem genética, em alguns casos, podem ser efetuadas utilizando-se meios que não requerem a introdução e expressão de moléculas de DNA recombinante. Dois exemplos de melhoramentos genéticos que refletem isso e já foram implementados pela indústria: o aumento da resistência a bacteriófagos e a produção de diacetil em *Lactococcus*.

Stadhouders e de Vos (2014) descreveram três categorias de linhagens de culturas iniciadoras manipuladas por tecnologia do DNA. A primeira é obtida pela aplicação do sistema natural de transferência de genes denominada de conjugação. Como os plasmídeos que codificam propriedades industriais são naturalmente transferíveis, não são esperadas limitações na aplicação, uma vez que as barreiras genéticas naturais entre as espécies não são ultrapassadas. A cultura iniciadora geneticamente aprimorada por esse método contorna as questões regulatórias associadas à tecnologia de DNA recombinante e, atualmente, essa categoria de culturas é comercializada em todo o mundo. A segunda categoria consiste em microrganismos que foram construídos empregando-se um sistema artificial de transferência de genes. Quando se utilizam plasmídeos homólogos e de ocorrência natural, também não se pode esperar nenhum tipo de limitação. Tais cepas são geneticamente modificadas, mas esse recurso deveria ser aceito por órgãos regulatórios. No entanto, quando o sistema artificial de transferência de genes (terceira categoria) é usado para clonar e expressar genes heterólogos (material genético não homólogo), esses microrganismos geneticamente modificados estão sujeitos à aprovação dos órgãos regulatórios. Até o presente momento, e em nosso conhecimento, nenhuma cultura iniciadora geneticamente modificada, via terceira categoria, foi aprovada por qualquer agência reguladora do mundo.

4.6 AVALIAÇÃO DO DESEMPENHO DAS CULTURAS

Objetivamente, o trabalho de uma cultura iniciadora é conduzir a fermentação, de forma rápida e consistente, gerando propriedades esperadas de sabor e textura relevantes para o produto em específico, ou seja, gerando tipicidade. Como as indústrias esperam padronização de produto, as características e propriedades específicas expressas pelas culturas também se tornaram bastante restritas. Por exemplo, uma cultura iniciadora de BAL usada em um laticínio não é somente selecionada com base apenas nas taxas de produção de ácido lático, mas também nas propriedades de produção de sabor e textura, resistência ao sal, compatibilidade com outras cepas para gerar efeito *consortium*, resistência a bacteriófagos e viabilidade durante a produção e prazo de validade do produto lácteo (HUTKINS, 2006). Como outro exemplo, características desejáveis de uma cultura iniciadora de *S. cerevisiae* para cerveja (floculação e tolerância ao etanol) são bastante diferentes daquelas consideradas importantes para produtos de panificação.

Para medir a atividade e avaliar o desempenho de uma cultura, testes são realizados rotineiramente nos laboratórios das indústrias de produtos fermentados. O termo *atividade* refere-se à capacidade da cultura de produzir alterações desejáveis nos produtos fermentados e é uma consequência de muitos fatores, como o estado fisiológico das culturas, por exemplo. Geralmente, as medições de atividade limitam-se, em laticínios, à avaliação da capacidade acidificante do leite; já para culturas de leveduras, à avaliação da taxa de produção de CO_2. A capacidade de acidificação é considerada a maneira clássica de se determinar a atividade de uma cultura de BAL, medindo-se o pH na matriz em diferentes intervalos de tempo. A capacidade de uma cultura de se adaptar a uma nova matriz, gerando biomassa, pode ser outro determinante útil. Outras atividades, além das citadas aqui, como proteólise, lipólise e produção de enzimas específicas, também podem ser determinadas com grande utilidade. Outro teste crítico usado especificamente para culturas de laticínios envolve a determinação da resistência a bacteriófagos.

No caso de leveduras, as características de desempenho de uma estirpe iniciadora dependem do produto em específico. Sua capacidade de fermentar todos os açúcares fermentescíveis disponíveis (atenuação) é uma propriedade crítica que deve ser medida. Para leveduras de panificação, a observação da curva de crescimento e a produção de CO_2 na massa (taxa de gaseamento) são necessárias para avaliar a atividade. Na vinificação, as leveduras são avaliadas com base nos resultados da multiplicação a baixas temperaturas, bem como na resistência a agentes sulfitantes, tolerância ao etanol e produção de compostos aromáticos.

Um requisito absoluto para as culturas iniciadoras é que cada microrganismo seja compatível com todos os outros dentro de uma cultura e matriz específica. Por exemplo, BAL são produtoras de bacteriocinas, peróxido de hidrogênio e outros componentes antimicrobianos que podem inibir outros microrganismos. Da mesma maneira, algumas leveduras produzem compostos proteicos inibidores – os chamados fatores *killers* – que são ativos contra membros da mesma espécie ou espécies relacionadas, influenciando, assim, a preparação de uma cultura mista. As atividades dessas toxinas são análogas às atividades das bacteriocinas em cepas bacterianas.

4.7 COMO AS CULTURAS INICIADORAS SÃO USADAS NA INDÚSTRIA

A indústria de alimentos fermentados passou por transformações significativas nas últimas décadas, e o tamanho médio de uma instalação de produção típica/artesanal aumentou várias vezes. A indústria de amplo consumo (por exemplo, iogurte, queijo, pão, salame, vinho) é dominada por produtores com grande capacidade instalada, embora existam pequenas propriedades artesanais (de estilo tradicional, com mercado local de nicho), como cervejarias, vinícolas, padarias e queijarias. Além desse ganho de escala, a maneira como os alimentos fermentados são produzidos também mudou. Atualmente, por pressão comercial e financeira, a produção de alimentos fermentados está fortemente sujeita a demandas de tempo e programação. Em uma operação, uma fermentação lenta pode causar dificuldades financeiras, problemas com turnos de trabalho e cronograma de produção. Porém, a indústria de alimentos fermentados, como discutido anteriormente, é a única indústria de processamento de alimentos na qual o sucesso do produto depende do metabolismo microbiano.

Existem diversas maneiras pelas quais as culturas podem ser usadas nas indústrias. Para laticínios, as formas comerciais compreendem: culturas líquidas para propagação da cultura mãe; culturas concentradas congeladas, liofilizadas ou atomizadas (*spray-dried*) para propagação da cultura iniciadora e posterior inóculo em tanque; culturas superconcentradas congeladas, liofilizadas ou atomizadas na forma prontamente solúvel para inoculação direta no tanque (*direct vat set* – DVS).

A cultura a granel (*bulk culture*) pode ser preparada na planta industrial ou a partir de culturas concentradas congeladas ou liofilizadas comercialmente disponíveis. A preparação do inóculo na planta envolve cultura em série, a partir de uma cultura mãe estocada em pequena quantidade de meio de cultivo. A cultura mãe é usada para iniciar sucessivos repiques para maiores volumes de meio, até que seja obtida uma quantidade suficiente de inóculo para preparar a cultura a granel. No entanto, o manuseio desta forma na planta implica um maior risco de contaminação por bacteriófagos. A fim de minimizar este problema, os meios de cultivo utilizados na propagação seriada podem conter tampões salinos e outros agentes protetivos contra danos ácidos e contra infecções por bacteriófagos líticos. Neste caso, é possível utilizar sais de fosfato que conferem atividade de tampão contra fagos via quelação de cálcio.

Em contraste com a extensa manipulação das culturas a granel, indústrias podem usar culturas menos econômicas do ponto de vista financeiro, simplesmente inoculado uma cultura DVS no substrato a ser fermentado. O uso desse tipo de cultura evita a possibilidade de contaminação por fagos da cultura iniciadora durante a preparação na planta. Além disso, pode-se reduzir a variabilidade da composição em concentração, garantindo um equilíbrio apropriado no balanço das cepas. Essa é a maneira mais comum de uso de leveduras para panificação, produtos cárneos e em vários laticínios. No caso de culturas concentradas congeladas, as embalagens são primeiramente descongeladas em água antes do uso. Os grânulos das culturas liofilizadas podem ser adicionados diretamente ao tanque, masseira, tina, dorna etc., mas, em algumas situações, podem exigir mistura preliminar anterior em volume pequeno para facilitar a solubilidade/reidratação. Outra vantagem no uso de cultura DVS é a eliminação de mão de obra especializada, equipamentos e produtos associados à preparação e manutenção de sistemas de cultura a granel.

Embora as culturas tenham sido inicialmente disponibilizadas como concentrados congelados e embalados em latas, atualmente podem ser encontradas na forma de *pellets* ou pós liofilizados, facilitando a distribuição da quantidade exata necessária para a inoculação (relação peso de produto *versus* concentração em UFC/g). No entanto, quando as culturas DVS são usadas em grande volume industrial, a cultura deve ser superconcentrada (≥ 9 log UFC/g) para fornecer um inóculo suficiente na matéria-prima. As operações industriais (por exemplo, bombeamento, agitação, homogeneização) podem reduzir indiretamente a viabilidade da cultura, levando a fermentações de partida lenta. As melhorias nas tecnologias de concentração e manutenção das culturas minimizaram em parte este problema.

4.8 PERSPECTIVAS E CONSIDERAÇÕES FINAIS

A biotecnologia é a área crítica da produção industrial de culturas microbianas. A descoberta e o uso sistemático de culturas microbianas benéficas em produtos fermentados contribuíram significativamente para o desenvolvimento da indústria de alimentos e, consequentemente, para a vida e nutrição humana. Nosso desafio, como bioquímicos e biotecnólogos, e também o de colegas de áreas afins, é entender, tanto quanto possível, o impacto potencial imediato e de longo prazo das novas tecnologias para a inovação de alimentos fermentados.

A situação atual da indústria de alimentos fermentados no Brasil demonstra a necessidade da nacionalização de tecnologia para a produção de culturas microbianas em larga escala. Além disso, é necessário trabalhar no isolamento de culturas autóctones do ambiente de produção ou de matérias-primas para prospecção industrial e na preservação do patrimônio genético dos microrganismos que dominam o ecossistema, devido à diversidade ambiental e climática no país. Indústrias nacionais geralmente adquirem culturas iniciadoras bacterianas importadas de empresas multinacionais, as quais nem sempre oferecem desempenho fermentativo adequado, principalmente devido a diferenças na qualidade e composição das matérias-primas locais. Atualmente, não existem, no país, empresas que produzam culturas bacterianas localmente para atender ao mercado doméstico. Porém, no momento, seis empresas produzem e comercializam leveduras cervejeiras no mercado brasileiro. O valor total do mercado anual de culturas no Brasil está, portanto, concentrado em algumas poucas empresas. A potencialização da produção doméstica de culturas poderia contribuir para a geração de produtos de qualidade, bem como para a redução de custos decorrentes da aquisição de produtos importados.

A pesquisa aplicada contínua é necessária para melhorar a produção de culturas na atual tecnologia e obter informações sobre a relação entre a matriz alimentar e a funcionalidade dos microrganismos, contribuindo para a seleção ideal de cepas. Muitos produtores de alimentos fermentados ainda dependem da fermentação espontânea baseada nas técnicas artesanais e da microbiota ambiental. Os recentes desenvolvimentos das técnicas ômicas permitirão uma análise mais completa para uma melhor seleção de cepas destinadas a usos específicos.

Técnicas independentes do cultivo microbiano apresentam uma alternativa extraordinária para acessar informações genéticas contidas no vasto número de espécies em produtos fermentados (DE DEA LINDNER *et al.*, 2011; MACORI; COTTER, 2018). Essas técnicas baseiam-se, principalmente, na análise de sequências do DNA microbiano e em sua comparação com dados de sequências mantidos em bancos de dados internacionais [por exemplo, Basic Local Alignment Search Tool (BLAST) do National Center for Biotechnology Information (NCBI) dos Estados Unidos] e podem fornecer informações importantes sobre a identidade dos microrganismos presentes e seu potencial funcional.

A análise do genoma, por meio de ferramentas de bioinformática, deverá expandir cada vez mais o conhecimento sobre vias e mecanismos metabólicos em diferentes linhagens. A bioinformática pode ser usada para se pesquisar, a partir dos genomas microbianos, componentes essenciais envolvidos na fermentação, como proteinases, por exemplo. O uso da genômica e abordagens de triagem de alto rendimento (por exemplo, cromatografia gasosa acoplada à espectrometria de massas) permitem uma seleção facilitada de culturas-alvo. Espera-se que seja apenas uma questão de tempo até que a metatranscriptômica também seja empregada extensivamente para estudar os níveis de expressão gênica entre populações microbianas em produtos fermentados (CREECY; CONWAY, 2015).

As informações obtidas por meio das abordagens aqui mencionadas podem, por sua vez, ser combinadas com outras abordagens ômicas, como proteômica e metabolômica, para fornecer uma visão detalhada da microbiota do alimento e sua relação com o desenvolvimento de sabor, aroma e uma variedade de outras características tecnológicas. Essas abordagens foram aplicadas recentemente para estudar fenômenos de sucessão microbiana, produção de aromas, vias metabólicas e funcionalidade específica de microbiomas em produtos fermentados ao redor do mundo.

Até a presente data, e em nosso conhecimento, nenhum organismo geneticamente modificado, via sistema artificial de transferência de genes, foi aprovado por qualquer agência reguladora do mundo para uso em alimento fermentado como cultura microbiana. Além disso, nenhum critério específico para aprovação foi estabelecido até o momento. Existe uma série de questões que precisam ser resolvidas antes que uma cultura geneticamente modificada não homóloga possa ser, de fato, utilizada na produção de alimentos.

REFERÊNCIAS

AGATE, A. D.; BHAT, J. V. Role of pectinolytic yeasts in the degradation of mucilage layer of *Coffea robusta* cherries. *Applied Microbiology*, v. 14, p. 256-260, 1966.

BOTTARI, B. *et al.* Development of a multiplex real time PCR to detect thermophilic lactic acid bacteria in natural whey starters. *International Journal of Food Microbiology*, v. 160, p. 290-297, 2013.

BOURDICHON, F. *et al.* Food fermentations: microorganisms with technological beneficial use. *International Journal of Food Microbiology*, v. 154, p. 87-97, 2012.

CHAMPAGNE, C. P.; MØLLGAARD, H. *Production of probiotic cultures and their addition in fermented foods*. In: FARNWORTH, E. R. (ed.). *Handbook of fermented functional foods*. 2. ed. Boca Raton: CRC Press, 2008. p. 513-532.

COGAN, T. M. *et al.* Advances in starter cultures and cultured foods. *Journal of Dairy Science*, v. 90, p. 4005-4021, 2007.

CONTRERAS, A. *et al.* The application of non-*Saccharomyces* yeast in fermentations with limited aeration as a strategy for the production of wine with reduced alcohol content. *International Journal of Food Microbiology*, v. 205, p. 7-15, 2015.

CREECY, J. P.; CONWAY, T. Quantitative bacterial transcriptomics with RNA-seq. *Current Opinion in Microbiology*, v. 23, p. 133-140, 2015.

DASTAGER, S. G. Isolation, improvement, and preservation of microbial cultures. *In*: SOCCOL, C. R.; PANDEY, A.; LARROCHE, C. (*eds.*). *Fermentation processes engineering in the food industry*. Boca Raton: CRC Press, 2013. p. 21-45.

DE DEA LINDNER, J. *et al.* Parmigiano Reggiano cheese: evolution of cultivable and total lactic microflora and peptidase activities during manufacture and ripening. *Dairy Science and Technology*, v. 88, p. 511-523, 2008.

DE DEA LINDNER. J. *et al.* Recovery and identification of bovine colostrum microflora using traditional and molecular approaches. *Food Technology and Biotechnology*, v. 49, p. 364-368, 2011.

DE DEA LINDNER, J. *et al.* Fermented foods and human health benefits of fermented foods. *In*: Soccol, c. r.; Pandey, a.; Larroche, c. (eds.). *Fermentation processes engineering in the food industry*. Boca Raton: CRC Press, 2013. p. 263-297.

EFFCA (EUROPEAN FOOD & FEED CULTURES ASSOCIATION). Disponível em: https://effca.org/microbial-cultures/about-food-cultures/ Acesso em: 05 dez 2021.

EVANGELISTA, S. R. *et al.* Inoculation of starter cultures in a semi-dry coffee (*Coffea arabica*) fermentation process. *Food Microbiology*, v. 44, p. 87-95, 2014.

HO, V. T.; ZHAO, J.; FLEET, G. The effect of lactic acid bacteria on cocoa bean fermentation. *International Journal of Food Microbiology*, v. 16, p. 54-67, 2015.

HOLZAPFEL, W. H. Appropriate starter culture technologies for small-scale fermentation in developing countries. *International Journal of Food Microbiology*, v. 75, p. 197- 212, 2002.

HUTKINS, R. W. (ed.). *Microbiology and technology of fermented foods*. Ames: Blackwell Publishing, 2006.

INTERNATIONAL DAIRY FEDERATION (IDF). *Bulletin of the International Dairy Federation 495/2018*. Inventory of microbial food cultures with safety demonstration in fermented food products. Brussels: IDF, 2018.

LARANJO, M.; ELIAS, M.; FRAQUEZA, M. J. The use of starter cultures in traditional meat products. *Journal of Food Quality*, v. 3, p. 1-18, 2017.

MACORI, G.; COTTER, P. D. Novel insights into the microbiology of fermented dairy foods. *Current Opinion in Biotechnology*, v. 49, p. 172-178, 2018.

PEREIRA, V. G. M.; MAGALHÃES-GUEDES, K. T.; SCHWAN, R. F. rDNA-based DGGE analysis and electron microscopic observation of cocoa beans to monitor microbial diversity and distribution during the fermentation process. *Food Research International*, v. 53, p. 482-486, 2013.

PEREIRA, V. G. M. *et al.* A review of selection criteria for starter culture development in the food fermentation industry. *Food Reviews International*, v. 36, 2020.

PAREKH, S.; VINCI, V. A.; STROBEL, R. J. Improvement of microbial strains and fermentation processes. *Applied Microbiology and Biotechnology*, v. 54, p. 287-301, 2000.

PERRONE, G. M. *et al. Penicillium salamii*, a new species occurring during seasoning of dry--cured meat. *International Journal of Food Microbiology*, v. 193, p. 91-98, 2015.

POT, B. *et al.* The potential impact of the Lactobacillus name change: the results of an expert meeting organised by the Lactic Acid Bacteria Industrial Platform (LABIP). *Trends in Food Science & Technology*, v. 94, p. 105-113, 2019.

PRATUSH, A. *et al.* Application of purified bacteriocin produced by Lactococcus lactis AP2 as food biopreservative in acidic foods. *Annals Food Science and Technology*, v. 13, p. 82-87, 2012.

ROSSELLÓ-MÓRA, R.; AMANN, R. Past and future species definitions for Bacteria and Archaea. *Systematic and Applied Microbiology*, v. 38, p. 209-216, 2015.

SCHLEIFER, K.; AMANN, R.; ROSSELLÓ-MÓRA, R. Taxonomy in the age of genomics. *Systematic and Applied Microbiology*, v. 38, p. 207-208, 2015.

STADHOUDERS, J.; DE VOS, W. M. Starter cultures of cheese production. *In*: GREEN, J. (ed.). *Biotechnological innovations in food processing.* Oxford: Butterworth-Heinemann, 2014. p. 77-11.

STEENSELS, J.; VERSTREPEN, K. J. Taming wild yeast: potential of conventional and nonconventional yeasts in industrial fermentations. *Annual Reviews Microbiology*, v. 68, p. 61-80, 2014.

STEENSELS, J. *et al. Brettanomyces* yeasts – from spoilage organisms to valuable contributors to industrial fermentations. *International Journal of Food Microbiology*, v. 206, p. 24-38, 2016.

ZHENG, J. *et al.* A taxonomic note on the genus *Lactobacillus*: description of 23 novel genera, emended description of the genus *Lactobacillus* Beijerinck 1901, and union of *Lactobacillaceae* and *Leuconostocaceae. International Journal of Systematic and Evolutionary Microbiology*, v. 70, p. 2782-2858, 2020.

CAPÍTULO 5
Alimentos probióticos

Célia Lúcia de Luces Fortes Ferreira,[1]
Michelle de Medeiros Carvalho,[2]
Maria da Penha Píccolo[3]

5.1 INTRODUÇÃO

A fermentação compreende um processo milenar de grande importância na produção de alimentos, em que o crescimento de microrganismos selecionados ou endógenos numa matéria-prima perecível aumenta sua vida útil, conferindo-lhe sabor, aroma e textura peculiares. Além disso, torna o alimento mais seguro microbiologicamente pelo acúmulo de metabólitos como ácidos orgânicos, antimicrobianos e outras substâncias bioativas, que atuam inibindo patógenos. O grande número de microrganismos presentes em alimentos fermentados contribui para a diversidade microbiana intestinal. Esses microrganismos podem apresentar funções *probióticas*, termo relacionado a características desejáveis de grupos microbianos responsáveis pela manutenção de uma microbiota intestinal equilibrada e que, ao serem consumidos, trazem algum benefício para o hospedeiro (FAO/WHO, 2002, 2006; MARCO *et al.*, 2017; REZAC *et al.*, 2018). Se o número de células de um indivíduo do sexo masculino, adulto e com 70 kg é estimado em $3{,}0 \times 10^{13}$, o de células microbianas é estimado em $3{,}8 \times 10^{13}$. Essa microbiota é fisiologicamente ativa, com microrganismos que se estabelecem nas diversas superfícies/mucosas, como pele, boca, nariz, vagina, trato gastrointestinal (TGI), sendo este

[1] Instituto de Biotecnologia Aplicada à Agropecuária (BIOAGRO), Universidade Federal de Viçosa, Viçosa, Minas Gerais, Brasil.

[2] Laboratório de Bioprocessos, Departamento de Ciência de Alimentos, Universidade Federal de Santa Catarina (UFSC), Florianópolis, Santa Catarina, Brasil.

[3] Laboratório de Tecnologia de Alimentos, Departamento de Engenharia de Alimentos, Universidade Federal do Espírito Santo (UFES), Espírito Santo, Brasil.

último o mais densamente colonizado, com ênfase no cólon, onde a média estimada é de $3,7 \times 10^{13}$ células (SENDER; FUCHS; MILO , 2016).

A complexidade do TGI levou-o primeiramente à categoria de um "segundo cérebro", capaz de controlar o sistema imune e uma série de ações fisiológicas. O acúmulo de informações sobre o papel da microbiota intestinal na saúde e na doença, com inúmeras funções indispensáveis ao bem-estar humano - como na nutrição, metabolismo e imunidade - conferiu-lhe o caráter de um "órgão" cujos mecanismos têm sido paulatinamente demonstrados (GILL *et al.*, 2006; MOORE; TOWNSEND, 2019; SALVUCCI, 2019).

Constata-se cada vez mais a importância da microbiota intestinal e o interesse por sua composição e funcionalidade. Como consequência, aumentam-se os cuidados para se manter uma microbiota equilibrada, pois sua disfunção/desequilíbrio (disbiose) está relacionada a uma série de doenças e síndromes. Um dos meios de manter a eubiose (equilíbrio) ou de contornar uma disbiose, está nos cuidados com a alimentação/nutrição, destacando-se o consumo de alimentos funcionais, dentre os quais probióticos, prebióticos e simbióticos (GUNYAKTI; ASAN-OZUSAGLAM, 2020).

Este capítulo enfatiza a importância dos alimentos probióticos, seus efeitos no organismo, principais grupos microbianos com reconhecida atividade probiótica, bem como exemplos de aplicações de probióticos em alimentos.

5.2 MICROBIOTA INTESTINAL

Embora evidenciada recentemente, a relação do homem com sua dieta é um tema antigo, já identificado na afirmativa de Hipócrates, 300 anos a.C., de que "as doenças começam nos intestinos" e na importância do consumo de leites fermentados para manter um ambiente saudável (BENGMARK, 2000). Em 1857, Pasteur relacionou a fermentação (em bebidas) à atividade microbiana. Em seus estudos, constatou vida na ausência de oxigênio e derrubou a hipótese da geração espontânea, criando a base para os processos fermentativos (BERCHE, 2012). No entanto, foi somente no século XX, com os estudos de Metchnikoff (1907), que o papel benéfico de determinados grupos de microrganismos intestinais passou a ser abordado de forma científica.

Ilyia Metchnikoff, pesquisador do Instituto Pasteur, em sua publicação *Prolongamento da vida* (METCHNIKOFF, 1907/1910), defendeu a importância de se manter uma população microbiana desejável no cólon para garantir uma vida longa e saudável. A teoria defendida, conhecida como "teoria da longevidade", teve como base a observação de população longeva dos Bálcãs, em cuja alimentação predominava o consumo de leite fermentado com um lactobacilo, na época conhecido como *Bacillus bulgaricus*. Metchnikoff sustentava a importância de determinados grupos microbianos (bactérias produtoras de ácido lático: BAL) para uma relação favorável na comunidade microbiana intestinal, assegurando o bem-estar humano. Por sua vez, uma concentração desfavorável de microrganismos "putrefativos" poderia levar a doenças e morte prematura, aventando a possibilidade de a dieta modular a microbiota intestinal, e esta, a saúde humana.

Enquanto a base da maioria dos estudos envolvendo microrganismos até o século XX esteve voltada a entender, prevenir e curar doenças (DELTHLEFSEN; MCFALL-NGAI; RELMAN, 2007), a lição que perdura dos trabalhos de Metchnikoff é a de que microrganismos benéficos como BAL, presentes nos alimentos fermentados, contribuem para a saúde e o bem-estar do homem. Publicações esparsas permearam o período pós-Metchnikoff, voltadas principalmente para formulações contendo *Lactobacillus acidophilus* (CHEPLIN; RETTGER, 1920; CHEPLIN; FULMER; BARNEY, 1923; MYERS, 1931). Foi a partir da década de 1980, com o surgimento dos alimentos funcionais, que os probióticos passaram a se qualificar como parte dessa classe de alimentos que, além de nutrir, exerce uma função no organismo (FAO; WHO, 2002; ROBERFROID, 2002). Os alimentos funcionais foram primeiramente implantados no Japão e Europa e, atualmente, representam o grupo de alimentos que mais cresce no mundo, com um mercado no valor de 275,7 bilhões de dólares previstos para 2025 (FUNCTIONAL FOODS, 2019). A base do consumo e a administração de probióticos enfatizam a importância do conhecimento da microbiota do TGI, seu papel no bem-estar humano/animal e seu equilíbrio nas diversas fases da vida.

5.2.1 MICROBIOTA INTESTINAL: COMPOSIÇÃO, EQUILÍBRIO E FUNÇÃO

Embora o conhecimento da microbiota do TGI humano esteja em plena expansão, a composição de uma microbiota normal ainda não está definida. De acordo com diversos autores (BRODMANN et al., 2017; MOORE; TOWNSEND, 2019), para o entendimento da composição e equilíbrio do que se pode considerar uma microbiota intestinal normal, vários aspectos devem ser considerados, como: i) grupos microbianos presentes no momento do nascimento, disponíveis para a colonização; ii) as condições do ambiente intestinal no momento da instalação da microbiota; iii) o papel do leite materno (amamentação) no direcionamento dessa microbiota; iv) causas do desequilíbrio dos grupos microbianos num indivíduo saudável; e v) conhecer os resultados do desequilíbrio.

Considera-se que o processo do estabelecimento de uma microbiota diversa e complexa no homem se inicia imediatamente após o parto. Embora controverso (AAGAARD *et al.*, 2014), o tema ainda é explorado e debatido (ZHENG *et al.*, 2015; STINSON; PAYNE; KEELAN, 2016). No entanto, inexistem estudos que demonstrem de forma inequívoca a presença de uma colonização fetal antes do nascimento.

Ao nascer, o recém-nascido é exposto à microbiota da mãe, à colonização do TGI (CHEPLIN; FULMER; BARNEY, 1923; MOORE; TOWNSEND, 2019), das mucosas do trato respiratório e urogenital (MAYNARD *et al.*, 2012; NYANGALE; MOTTRAM; GIBSON, 2012; MITSUOKA, 1978; TLASKALOVÁ-HOGENOVÁ *et al.*, 2017). As primeiras informações sobre a colonização do TGI e seus componentes resultaram, em grande parte, de estudos envolvendo determinações dependentes de cultura (SAVAGE, 1970; MITSUOKA, 2019). A disponibilidade de métodos fundamentados em biologia molecular e de equipamentos de sequenciamento de alto desempenho tem contribuído para o avanço das informações sobre a composição e localização de componentes da microbiota do TGI, identificação das espécies e suas funções, assim como seu papel na saúde e na doença (LOZUPONE *et al.*, 2012; WANG *et al.*, 2017). Cabe enfatizar que a indústria dos probióticos exige que os microrganismos sejam isolados, cultivados e comercializados, o que reforça a importância da complementaridade das técnicas cultura-dependentes e independentes.

A microbiota do TGI é única para cada indivíduo e sua composição depende de uma série de variáveis, como período gestacional; tipo de parto; dieta da mãe; modo de alimentação do recém-nascido; ambiente; dieta do hospedeiro ao longo da vida; localização geográfica; estilo de vida; idade; genética (GRZESKOWIAK *et al.*, 2015; MILANI *et al.*, 2017). Algumas considerações podem ser feitas sobre o ambiente e microbiota do TGI humano: i) a população microbiana do estômago é relativamente baixa, de cerca de 10^2 a 10^3 UFC ml^{-1} (HOLZAPFEL *et al.*, 1998); ii) no intestino delgado, a presença de secreções biliares, sucos pancreáticos e peristaltismo não favorece a adesão microbiana; nesse ambiente, populações ficam na faixa de 10^4 a 10^6 UFC ml (ECKBURG, 2005); iii) o cólon é a região de metabolismo mais ativo, o trânsito é lento e as populações microbianas estão na faixa de 10^{11} a 10^{12} UFC/g (CUMMINGS; MACFARLANE, 1991); iv) os *lactobacilli* presentes no início da colonização são adquiridos durante o parto (TLASKALOVÁ-HOGENOVÁ *et al.*, 2004; MILANI *et al.*, 2017, MITSUOKA, 2014; v) *Bacteroides*, *Bifidobacterium* sp., clostridia, coliformes, *Enterococcus* sp., *Eubacterium* sp., *Peptococcus* sp. e *Peptostreptococcus* sp. estão presentes em populações acima de 10^5 UFC/g (BARTLET; ONDERDONK, 1977; MITSUOKA, 2014; LIDBECK; NORD, 1993). Esses microrganismos podem ser classificados de acordo com seu potencial patogênico e/ou promotor de saúde e estão situados em diferentes regiões do TGI. A Tabela 5.1 indica alguns componentes de uma microbiota endógena diversa, cuja presença é responsável por garantir, desde os primeiros dias de vida, uma relação saudável com o hospedeiro.

Tabela 5.1 – Populações e potencial patogênico/benéfico de alguns componentes da microbiota intestinal presentes na fase inicial de colonização do TGI humano

Atividade patogênica	Gênero ou grupo bacteriano (UFC/g)			Atividade benéfica
	10^2-10^4	10^5-10^8	10^9-10^{11}	
1. Atividades patogênicas diversas 2. Produção de toxinas 3. Putrefação intestinal (produção de indóis, fenóis, H2S e outros) 4. Diarréias 5. Infecções diversas 6. Produção de substâncias carcinogênicas	*Staphylococcus* (1,2,4) *Clostridium* (1,2,3,4,6) *Proteus* (1,3) *Pseudomonas* (1,5) *Veillonella* (1,5)	*Enterococcus* (1,5,7) *Escherichia coli* (1,2,3,4,6,9,11) *Lactobacillus* (7,9,10,11) *Veillonella* (1,3)	*Bacteroides* (3,6,9,10,11) *Bifidobacteria* (7,10,11) *Eubacteria* (7) *Streptococci* (1,6,7)	7. Inibição de patógenos 8. Síntese de proteínas 9. Síntese de vitaminas 10. Auxílio na absorção e digestão de ingredientes alimentares 11. Estímulo do sistema imune
Atividades gerais, potencialmente patogênicas e benéficas para o homem (indivíduo saudável), no TGI e populações estimadas dos grupos microbianos descritos, determinação em fezes (cultura dependente). Grupos microbianos potencialmente patogênicos podem estar presentes em indivíduos saudáveis, sem apresentar virulência. Em situações de desequilíbrio (que resultam de alterações do ambiente), esses grupos podem apresentar patogenicidade.				

Fonte: adaptada de Hansen *et al.* (2015); Kundu *et al.* (2017); Mitsuoka (2014).

Durante a colonização, microrganismos anaeróbios facultativos (por exemplo, coliformes, lactobacilli e enterococci) consomem o oxigênio do ambiente, tornando-o anaeróbio para que se estabeleçam espécies anaeróbias estritas, como as do gênero *Bifidobacterium*, que passam a predominar no ambiente intestinal a partir do sétimo dia de nascimento (MITSUOKA, 2017). À medida que a dieta da criança se diversifica, a microbiota torna-se cada vez mais semelhante àquela de um adulto, o que geralmente ocorre entre dois e três anos de vida. Nesse ambiente, microrganismos saprofíticos e potenciais patógenos coexistem e compõem a diversidade microbiana do TGI. Após uma relativa estabilização na fase adulta, nova fase de desestabilização se instala com a terceira idade (LANGILLE *et al.*, 2014). As diversas relações entre as fases da vida e os padrões de estabilidade/instabilidade da microbiota e/ou metabólitos, incluindo microrganismos de criança alimentada com fórmula ou leite materno, podem ser observados na Figura 5.1.

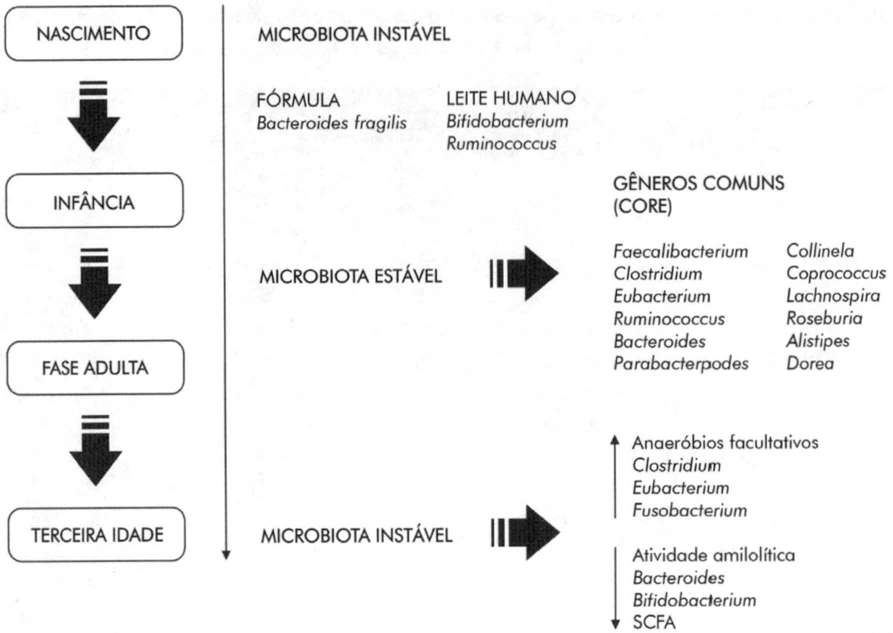

Figura 5.1 – Fases da vida/condições da microbiota e metabólitos característicos. SCFA, ácidos graxos de cadeia curta. Fonte: adaptada de Power *et al.* (2014).

A microbiota do TGI de um adulto é relativamente estável; nesse ambiente, onde microrganismos saprofíticos e patogênicos em potencial coexistem, o equilíbrio pode ser desfeito em situações como: i) estágio de vida (BINNS, 2014; LANGILLE *et al.*, 2014); ii) estresse (ZHU *et al.*, 2020); iii) tipo de dieta (DAVID *et al.*, 2014; DORE; BLOTTIERE, 2015; CARMODY *et al.*, 2015); iv) intervenções com antibióticos (HUTCHINGS; TRUMAN; WILKINSON, 2019; ZHANG; CHEN, 2019), quimioterápicos (WANG *et al.*, 2016) e radioterápicos (CIORBA; STENSON, 2009); v) situações de impedimento de uma colonização microbiana diversificada, como pode ocorrer em crianças acometidas por episódios alérgicos em tenra idade (PRESCOTT; BJORKSTÉN, 2007).

A atividade dessa microbiota tem importante papel na maturação do sistema imune, na proteção contra patógenos (PATEL *et al.*, 2012; SALVUCCI, 2016), na digestão e metabolismo (SAVAIANO, 2014; OUWENHAND, 2015), e em funções que vão além dos intestinos, como na relação do eixo cérebro-intestino (CARABOTTI *et al.*, 2015; MOHAMADKHANI, 2018).

O homem não é capaz de digerir um grande número de componentes dos alimentos, como oligossacarídeos não digeríveis – também conhecidos como fatores bifidogênicos –, comuns em uma variedade de alimentos, por exemplo, banana, cebola, yacon e, em especial, no leite humano. Oligossacarídeos, como fruto-oligossacarídeos (FOS) e galacto-oligossacarídeos (GOS), além de amido-resistentes, são conhecidos por sua atuação no cólon, estimulando o crescimento de bactérias importantes para o equilíbrio dinâmico desse segmento intestinal. Também conhecidos como prebióticos, podem ser introduzidos na dieta humana para promover uma série de efeitos funcionais.

O consumo de prebióticos e probióticos contribui para o equilíbrio da microbiota do TGI. Para o entendimento da relação de eubiose dessa microbiota com o hospedeiro, é importante estabelecer o que é uma microbiota equilibrada, assim como o que caracteriza uma microbiota associada a doenças (LOZUPONE *et al.*, 2012; DAVID *et al.*, 2014; POWER *et al.*, 2014; KUNDU *et al.*, 2017; RICCIO; ROSSANO, 2020). As informações sobre a composição microbiana e sua estabilidade em indivíduos sadios têm permitido observar que indivíduos com diversos tipos de doenças e síndromes apresentam um TGI no qual predominam determinados grupos microbianos não característicos de indivíduos saudáveis (PARRACHO *et al.*, 2005; LE CHATELIER *et al.*, 2013; FAITH *et al.*, 2013; DEPOMMIER *et al.*, 2019).

Tal conhecimento pode contribuir para o uso de diferentes tipos de intervenções destinadas a manter, recuperar e/ou estabilizar a eubiose intestinal. Considera-se que a eubiose, definida como equilíbrio fisiológico da microbiota do TGI, está relacionada ao estado de saúde, ao passo que um desequilíbrio (disbiose)/quebra de homeostase relaciona-se às doenças. Numa microbiota saudável, diferentes tipos de microrganismos (dominantes/subdominantes; saprófitas/potenciais patógenos) convivem em equilíbrio, exercendo funções essenciais para a manutenção do estado de saúde do indivíduo (PATTERSON *et al.*, 2016; GUNYAKTI; ASAN-OZUSAGLAM, 2020). No TGI de indivíduos saudáveis, esta microbiota apresenta algumas características em comum (PATTERSON *et al.*, 2016; MILANI *et al.*, 2017; GUNYAKTI; ASAN-OZUSAGLAM, 2020), como: i) populações de bactérias pertencentes aos filos Firmicutes, Bacteroidetes, Actinobacteria e Proteobacteria; ii) predominância de bactérias dos filos Bacteroides e Firmicutes; iii) em menor abundância, destacam-se as espécies pertencentes a Actinobacteria, Proteobacteria, Verrumicrobia e de Archae; iv) espécies de eucariotos (por exemplo, *fungi*) e de vírus (predominância de fagos), que influenciam na composição, na abundância relativa e na dinâmica da microbiota; v) diferentes funções que mantêm o estado de saúde e bem-estar do hospedeiro, dependentes do equilíbrio desta microbiota diversa.

O crescente número de estudos nos últimos anos tem permitido estabelecer a predominância de grupos microbianos em pessoas sadias e naquelas acometidas por diferentes tipos de doenças e síndromes. Em termos práticos e de acordo com Binns (2014), observa-se abundância de *Bifidobacterium* e *Lactobacillus* no TGI de indivíduos sadios, enquanto *Clostridium* e *Escherichia* são mais abundantes em indivíduos com disbiose. Embora esses marcadores ainda constituam o modelo de equilíbrio mais conhecido, a evolução de métodos de sequenciamento aliados à bioinformática tem possibilitado a identificação de novos componentes/marcadores dessa microbiota, como espécies dos gêneros *Faecalibacterium*, *Akkermansia*, *Eubacterium* e *Roseburia* (ALMEIDA *et al.*, 2019; GONZÁLEZ *et al.*, 2019), conforme indica a Figura 5.2.

Os antibióticos são considerados um dos principais agentes causadores de disbiose do TGI, principalmente pela resistência que inferem a componentes específicos da microbiota (HUTCHINGS; TRUMAN; WILKINSON, 2019). A disbiose, por conseguinte, é responsável por um grande número de doenças e síndromes, para as quais probióticos, prebióticos e simbióticos têm sido indicados visando ao restabelecimento do equilíbrio no TGI (BARREA *et al.*, 2019; BERTO *et al.*, 2020).

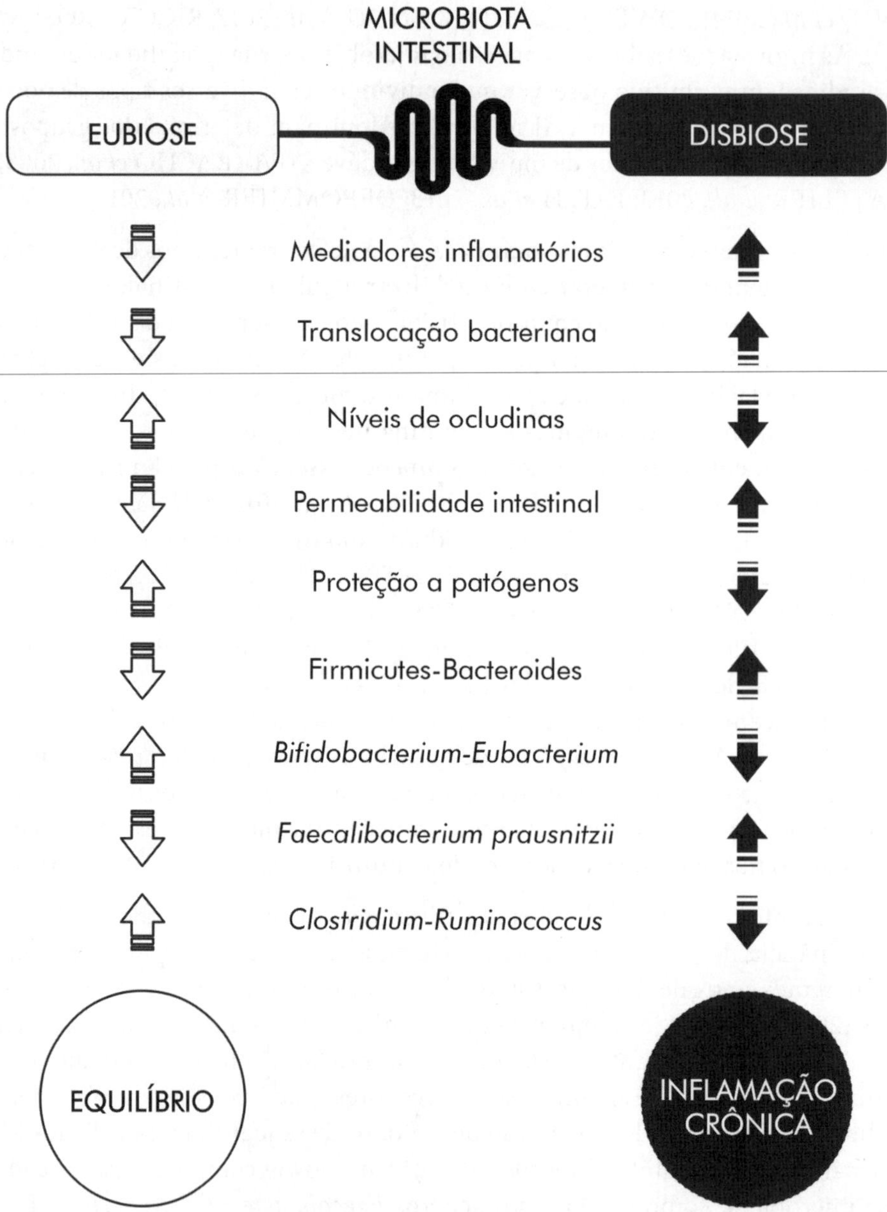

Figura 5.2 – Microbiota intestinal: eubiose, disbiose e doença (exemplo de inflamação crônica). Fonte: adaptada de Binns (2014); Almeida *et al.* (2019); González *et al.* (2019).

5.3 PROBIÓTICO, PREBIÓTICO, SIMBIÓTICO E PÓS-BIÓTICO

5.3.1 TERMOS E DEFINIÇÕES

5.3.1.1 Probiótico

Probiótico é um termo composto por duas etimologias: *pro* (do latim "a favor de") e *bios* (do grego "vida"); seu significado ("a favor da vida") antepõe-se, portanto, ao termo *antibiótico* ("contra a vida"). Historicamente, microrganismos probióticos foram primeiramente utilizados em substituição às doses subclínicas de antibióticos no manejo animal, para evitar a disbiose intestinal (PARKER, 1974).

O termo probiótico, introduzido na literatura científica em 1965, identificava o efeito estimulante observado em *Tetrahymena pyriformis* (um protozoário ciliado não patogênico) quando crescido no mesmo ambiente que uma outra espécie de protozoário, *Colpidium campylum* (LILLY; STILLWELL, 1965). No entanto, o sentido do termo utilizado atualmente é outro: desde 2002, as organizações internacionais Organização das Nações Unidas para a Alimentação e a Agricultura (FAO) e Organização Mundial da Saúde (OMS, ou WHO, na sigla em inglês) restringiram a definição de probiótico àquela voltada para alimentos, correspondendo a "microrganismos vivos que, quando administrados em quantidades adequadas, conferem um benefício ao hospedeiro" (FAO; WHO, 2002). Em 2014, essa definição foi reavaliada e referendada (HILL *et al.*, 2014). Suplementos alimentares para uso humano/animal não são regidos pela definição aceita e praticada pela FAO/WHO (2002). No referido documento, são ressaltados, dentre outros pontos, a importância de seguir as etapas indicadas para que uma estirpe microbiana possa ser considerada "probiótica"; as bases para indicação de "alegação de saúde" nos rótulos dos alimentos probióticos, sendo necessária a avaliação de evidências científicas; o uso de boas práticas de fabricação (BPF) na elaboração do produto probiótico; a indicação das condições para a vida útil sugerida na embalagem do produto; a utilização de métodos *in vivo* e *in vitro* na avaliação de eficácia e segurança dos probióticos, dentre outros.

A Agência Nacional de Vigilância Sanitária (ANVISA) define probióticos como "microrganismos vivos capazes de melhorar o equilíbrio intestinal produzindo efeitos benéficos à saúde do indivíduo" (BRASIL, 2002). No entanto, microrganismos inativados também podem exercer funcionalidades, como tem sido documentado em estudos com bactérias e leveduras atuando como probiótico (SZAJEWSKA; SKORKA; PIESCIK-LECH, 2015). Esses microrganismos inativados têm sido reconhecidos como pós-bióticos (TSILINGIRI *et al.*, 2012; CICENIA *et al.*, 2014; COLLADO; VINDEROLA; SALMINEN, 2019), conforme será definido adiante.

5.3.1.2 Prebiótico

Prebiótico foi um termo primeiramente conceituado por Gibson e Roberfroid (1995) como um "ingrediente alimentar não digerível que afeta o hospedeiro por estimular de forma seletiva o crescimento e/ou atividade de uma ou de um número limitado de bactérias já residentes no cólon". Em 2007, foi redefinido como "ingredientes alimentares não digeríveis que conferem benefícios à saúde geral do hospedeiro, estimulando seletivamente o crescimento e/ou a atividade de um número limitado de bactérias endógenas no cólon humano" (FAO, 2007).

Os prebióticos atuam prioritariamente no cólon, pela estimulação e manutenção de grupos específicos de microrganismos importantes no metabolismo, com funções já definidas na manutenção da saúde, diminuindo o risco de um grande número de doenças e síndromes (SAWIN *et al.*, 2015; DICKERSON *et al.*, 2018). São encontrados em vários tipos de vegetais (frutas, legumes, raízes) comumente consumidos, como banana, alho, alho-poró, cebola, trigo, alcachofra e, principalmente, na raiz do yacon, além de isolados de raízes de chicória/dália (OJANSIVU; FERREIRA; SALMINEN 2011; ALMEIDA; ABRANCHES; FERREIRA, 2015).

Os frutanos FOS/inulina estão presentes em quantidades variadas em diversos vegetais, raízes e tubérculos. São moléculas de sacarose às quais unidades adicionais de frutose (uma, duas ou três) são acrescentadas por ligações glicosídicas β (2 → 1) à molécula de frutose da sacarose. O homem não produz as enzimas que quebram essa ligação, o que é feito pela microbiota do TGI. Por praticidade, considera-se FOS o frutano cujo grau de polimerização varia de 2 a 10 unidades monoméricas, ao passo que, na inulina, a variação é de 11 a 60 (ROBERFROID, 2002). Amido resistente, FOS, GOS e lactulose fazem parte da lista dos mais avaliados quanto ao estímulo de probióticos no cólon (YOUNIS; AHMAD; JAHAN, 2015; BINDELS *et al.*, 2015).

O conceito de prebiótico tem sido continuamente discutido, uma vez que o conhecimento da composição e das inter-relações da microbiota com a dieta e saúde tem elucidado o relevante papel desses ingredientes e sua relação com o bem-estar/saúde do hospedeiro.

5.3.1.3 Simbiótico

O conceito de simbiótico se originou quando o de prebiótico foi estabelecido em 1995 (GIBSON; ROBERFROID, 1995), tendo sido descrito como uma "mistura de probiótico(s) e prebiótico(s) que afeta o hospedeiro beneficamente por melhorar a sobrevivência e implantação de microrganismos vivos contidos em dietas e suplementos, no TGI, por estimular de forma seletiva o crescimento e/ou ativação do metabolismo de uma ou de um número limitado de bactérias promotoras de saúde, melhorando assim o bem-estar do hospedeiro".

Uma definição consensual mais inclusiva foi sugerida pela International Scientific Association for Probiotic and Prebiotic (ISAPP), contemplando novas formas de se avaliar o papel do simbiótico, considerando ainda as novas áreas na saúde e na doença em que o simbiótico pode atuar e o papel em situações específicas do ingrediente (prebiótico) e do microrganismo (probiótico). Segundo essa definição, "simbiótico é uma mistura de microrganismos vivos e substrato(s) seletivamente utilizado(s) pelos microrganismos do hospedeiro e que confere um benefício à sua saúde" (SWANSON *et al.*, 2020). A Figura 5.3 indica os conceitos básicos de probiótico, prebiótico e simbiótico e suas relações. Esses conceitos têm evoluído de acordo com novas informações acerca da atuação nos componentes do microbioma intestinal humano.

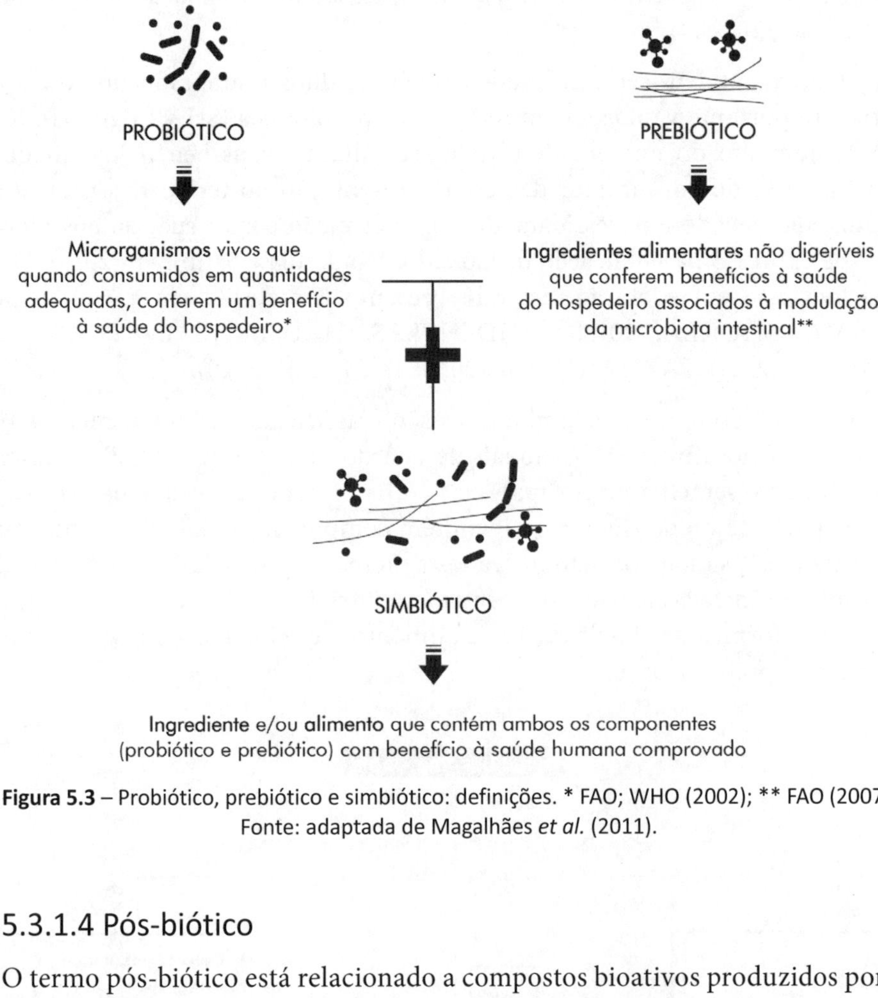

Figura 5.3 – Probiótico, prebiótico e simbiótico: definições. * FAO; WHO (2002); ** FAO (2007). Fonte: adaptada de Magalhães *et al.* (2011).

5.3.1.4 Pós-biótico

O termo pós-biótico está relacionado a compostos bioativos produzidos por microrganismos GRAS (geralmente reconhecidos como seguros – *status* concedido pela agência norte-americana Food and Drug Administration) durante a fermentação. Refere-se a microrganismos inativados e seus metabólitos secretados ou lançados ao meio após a lise celular. Embora já conhecidos desde a década de 1980, estudos avaliando pós-bióticos têm aumentado desde a última década e incluem fórmulas infantis fermentadas (FIF), probióticos e células microbianas não viáveis que passaram a ser classificados como pós-bióticos, junto a enzimas, ácidos teicoicos, peptídeos, derivados de peptidoglicanos, proteínas de superfície, ácido acético, butírico e outros ácidos orgânicos que têm sido propostos como adjuntos terapêuticos (WEGH *et al.*, 2019; TSILINGIRI *et al.*, 2012; CICENIA *et al.*, 2014;

SZAJEWSKA; SKORKA; PIESCIK-LECH, 2015; NAZHAND *et al.*, 2020; TOMASIK, 2020). Várias dessas substâncias são responsáveis pelos efeitos benéficos observados no consumo de pré, pró e simbióticos (NAZHAND *et al.*, 2020). Dentre estas, o butirato, que é reconhecidamente uma fonte de energia para os enterócitos do cólon, é considerado o pós-biótico mais estudado. Atua ainda no crescimento e diferenciação de células nos intestinos, na supressão de inflamação e na apoptose (PATEL *et al.*, 2012).

Pós-bióticos podem ser empregados em indivíduos imunossuprimidos, o que constitui importante vantagem em relação aos probióticos (SHARMA; SHUKLA, 2016). O aumento do número de estudos ressaltando seus benefícios, aliado ao maior interesse do consumidor devido à apresentação do termo nos rótulos dos produtos, tem levado à necessidade de uma definição consensual de pós-biótico, conforme expresso na publicação de Collado, Vinderola e Salminen (2019). O termo encontra-se em evolução, estando presente e definido em vários estudos (SHARMA; SHUKLA, 2016; VANDENPLAS; HAUSER; SALVATORE, 2019; WEGH *et al.*, 2019; NAZHAND *et al.*, 2020; TOMASIK, 2020).

Probióticos, prebióticos e simbióticos são classificados como alimentos funcionais. O termo alimento funcional, de acordo com a FAO (2007), é descrito como "alimento semelhante em aparência a um alimento convencional, consumido como parte da dieta usual, o qual contém componentes biologicamente ativos com benefícios fisiológicos demonstrados e oferece o potencial de reduzir o risco de doenças crônicas, além de suas funções nutricionais básicas". A Figura 5.4 apresenta as formas de classificação de alimentos funcionais, com destaque para probióticos e prebióticos.

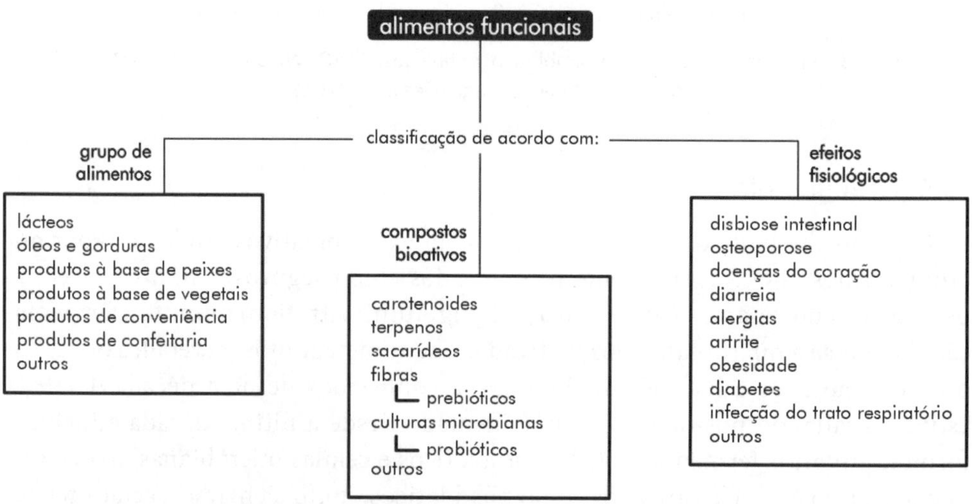

Figura 5.4 – Classificação dos alimentos funcionais. Fonte: adaptada de FAO (2007) e Magalhães *et al.* (2011).

5.3.2 GRUPO DAS BACTÉRIAS ÁCIDO-LÁTICAS (BAL)

A importância das BAL está relacionada à sua participação na fermentação, produção, preservação de alimentos e pelo papel cada vez mais evidente na saúde humana e animal. Esse grupo de microrganismos passou por várias alterações na sua composição, agrupando bactérias Gram-positivas, cocos, bacilos, coco-bacilos ou pleomorfas, asporogênicas, catalase negativas ou podendo apresentar pseudo catalase. BAL são estritamente fermentativas, e fermentam açúcares em seu metabolismo primário, por meio do qual, além da energia (ATP), produzem principalmente ácido lático (homofermentativas) ou ácido lático, ácido acético/etanol, CO_2, dentre outras (heterofermentativas). Não apresentam motilidade, ou podem apresentar essa habilidade em algumas situações. Estão geralmente presentes em ambientes ricos em nutrientes como carnes, vegetais, produtos de laticínios, tratos gastrointestinais, sendo, portanto, fastidiosas, exigindo meios de cultivo ricos para serem isoladas e cultivadas (STILES; HOLZAPFEL, 1997; HOLZAPFEL *et al.*, 2001; SANDERS; LEBEER, 2020).

Componentes do grupo estão presentes em grande número de probióticos para uso humano e animal. A taxonomia dos componentes está indicada no Quadro 5.1, e os aspectos morfológicos, na Tabela 5.2.

Quadro 5.1 – Componentes do grupo de bactérias ácido-lácticas (BAL)

Domínio: Bacteria Filo: Firmicutes			
Classe	**Ordem**	**Família**	**Gênero**
Bacilli	Bacillales	Bacillaceae	*Brochothrix*
Firmibacteria	Lactobacillales	Aerocococcaceae	*Aerococus*
		Carnobacteriaceae	*Carnobacterium*
		Enterococcaceae	*Enterococcus*
			Tetragenococcus
			Vagococcus
		Lactobacillaceae	*Lactobacillus*
			Pediococcus
		Leuconostoccaceae	*Leuconostoc*
			Oenococcus
			Weissella
		Streptococcaceae	*Lactococcus*
			Streptococcus

Domínio: Bacteria Filo: Firmicutes			
Classe	**Ordem**	**Família**	**Gênero**
Actinobacteria	Bifidobacteriales	Bifidobacteriaceae	*Bifidobacterium*
Subclasse			
Coriobacteroides	Coriobacteriales		
	Subordem		
	Coriobacterinae	Coriobacteriaceae	*Atopobium*

Fonte: List of prokaryotic names with standing in nomenclature (LPSN, 2021).

Tabela 5.2 – Gênero, número de espécies e subespécies e características morfológicas dos componentes do grupo de bactérias ácido láticas (BAL), com ênfase nos gêneros com potencial probiótico*

Gênero	Número de espécies/ subespécies	Morfologia
Aerococcus	9/0	Cocos, pares/tétrades
Atopobium	6/0	Bacilos pares
*Bifidobacterium**	91/11	Bastão, forma de Y, V, pleomorfos
Brochotrix	2/0	Cocos ovoides, tétrades
Carnobacterium	14/2	Bacilos, pares
*Enterococcus**	70/0	Cocos, isolados/cadeias
*Lactobacillus**	321/34	Bacilos isolados/pares/cadeias curtas
*Lactococcus**	21/6	Cocos, pares/cadeias curtas
*Leuconostoc**	10/8	Cocos ovoides, pares/cadeias curtas
Oenococcus	4/0	Cocos ovoides, pares
*Pediococcus**	10/0	Cocos, tétrades
*Streptococcus**	192/28	Cocos isolados, cadeias tamanhos variados
Tetragenococcus	5/2	Cocos ovoides, pares/tétrades
Vagococcus	10/2	Cocos ovoides, pares/tétrades
Weissella	25/2	Cocos ovoides, pares

Fonte: List of prokaryotic names with standing in nomenclature (LPSN, 2021).

5.4 MICRORGANISMOS PROBIÓTICOS

Os principais probióticos são microrganismos isolados do TGI do homem e de diferentes tipos de animais, e a maioria pertence ao grupo das BAL, com destaque para os gêneros *Lactobacillus* e *Bifidobacterium* (HELLER, 2001; FIJAN, 2014). Outras espécies com características probióticas pertencem aos gêneros *Bacillus, Enterococcus, Escherichia, Propionibacterium, Saccharomyces, Kluyveromyces* e *Aspergillus*, sendo que estirpes pertencentes aos gêneros *Bacillus, Saccharomyces* e *Aspergillus* são mais utilizadas na alimentação animal, e as do gênero *Escherichia*, mais direcionadas para uso terapêutico. Estudos relativamente recentes estão voltados para novas espécies por suas funções no TGI, como *Akkermansia muciniphila, Roseburia* sp., *Eubacterium hallii* e *Faecalibacterium prausnitizii*, consideradas os "probióticos da próxima geração" (ALMEIDA *et al.*, 2019; GONZÁLEZ *et al.*, 2019), tratadas como probióticas em potencial devido à limitação de informações quanto aos efeitos no TGI e sua disponibilidade comercial (RODRIGUES *et al.*, 2012; ASHRAFIAN *et al.*, 2019; MARTIN *et al.*, 2017).

5.4.1 PROBIÓTICOS: PROMOÇÃO DE SAÚDE, FUNÇÃO E MODO DE AÇÃO

A partir do nascimento, a microbiota do TGI passa por fases de estabilidade e instabilidade (Figura 5.1). Em todas essas fases, probióticos, prebióticos, simbióticos e pós-bióticos podem ser utilizados para se restabelecer o equilíbrio necessário. De forma genérica, são empregados para: i) agir como adjuntos dietéticos para a manutenção da saúde do hospedeiro; ii) manter a microbiota equilibrada e/ou restaurá-la; iii) modular a severidade de doenças; e iv) diminuir risco de doenças.

Vários estudos enfatizam a diversidade de probióticos atualmente utilizados para restaurar e/ou manter a homeostase do TGI e melhorar o bem-estar (MARTINOVIC *et al.*, 2020; SECHER *et al.*, 2017). Algumas das diversas funções atribuídas a estirpes probióticas estão indicadas na Figura 5.5 (HELLER, 2001; KWON *et al.*, 2018; LIU *et al.*, 2019; BHARDWAJ; SINGH; SANDHU, 2020).

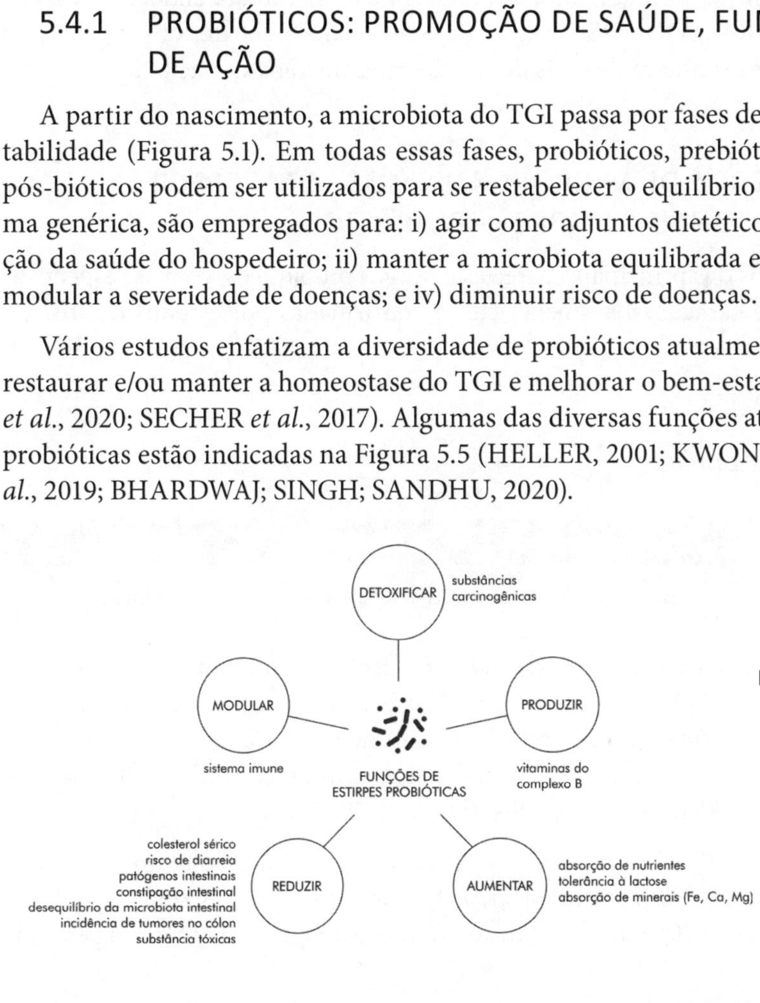

Figura 5.5 – Algumas funções de estirpes probióticas. Fonte: elaborada pelos autores.

Os mecanismos de ação, ainda que não estejam completamente elucidados, podem estar relacionados à exclusão competitiva/resistência à colonização, que é caracterizada pela ocupação do epitélio por microrganismos desejáveis, e/ou pela competição por nutrientes que de outra forma poderia favorecer patógenos, podendo induzir o desbalanceamento do TGI e o aparecimento de doenças/síndromes (VAN DER WAAIJ; DE VRIES, 1971; VOLLAARD; CLASENER, 1994; HOOPER *et al.*, 2001); a resistência à colonização é função importante da microbiota endógena, que, em condições de disbiose, pode ser reequilibrada por meio de probióticos, prebióticos e simbióticos. O conceito de exclusão competitiva ficou também conhecido como conceito Nurmi (NURMI; NUOTIO; SCHNEITZ, 1992). Um outro mecanismo de ação está relacionado à produção de ácidos orgânicos, bacteriocinas e outras substâncias antagonistas que atuam na restauração de uma microbiota desbalanceada, tornando-a apta para a proteção do TGI contra patógenos (SARTOR, 2006; TSILINGIRI *et al.*, 2012; SZAJEWSKA; SKORKA; PIESCIK-LECH, 2015; SANDERS *et al.*, 2018). Por fim, destaca-se um terceiro mecanismo de ação, a partir da modulação do sistema imunológico do hospedeiro: o sistema de defesa do organismo, essencial para a diminuição do risco de doenças, sua prevenção e tratamento, é mantido pela microbiota endógena do TGI (CICENIA *et al.*, 2014, SANDERS *et al.*, 2018). Geralmente, os efeitos observados pela ação dos probióticos resultam de mais de um dos mecanismos supracitados.

5.4.2 GÊNEROS DE MICRORGANISMOS COM ESPÉCIES FUNCIONAIS/ESTIRPES PROBIÓTICAS

Alguns exemplos das principais bactérias e fungos probióticos, com as respectivas espécies, estirpes e características genéricas já confirmadas por estudos científicos, serão apresentados a seguir.

5.4.2.1 *Lactobacillus*

Filo	Ordem	Família	Gênero
Firmicutes	Lactobacillales	Lactobacillaceae	*Lactobacillus*

Lactobacillus é o gênero de maior destaque no uso como probiótico e foi pela primeira vez descrito em 1901. O uso e os benefícios das estirpes do gênero são amplos, variando da ação na fermentação e produção de alimentos a efeitos probióticos, contribuindo para o bem-estar humano e animal, para a diminuição do risco de doenças, bem como na prevenção e tratamento (SANDERS; LEBEER, 2020).

Lactobacilli são bacilos Gram-positivos, catalase-negativos, anaeróbios, com espécies homo/heterofermentativas (BRASIL, 2002). Por carrearem a enzima superóxido dismutase, apresentam diferentes graus de tolerância ao oxigênio, acumulam peróxido de hidrogênio no ambiente de crescimento, o que pode contribuir para a inibição de patógenos, mas também limitar o crescimento do lactobacilo. No ser humano, *lactobacilli* pertencem à microbiota normal da boca, vagina e intestino (CLEASSON; CROSSNER, 1985; LEBEER; VANDERLEYDEN; DE KEERSMAECKER, 2008). O gênero tem sido desmembrado e reagrupado, e espécies têm sido redenominadas com base em estudos envolvendo técnicas moleculares. Uma nova classificação do gênero foi proposta, para facilitar o entendimento de mecanismos comuns responsáveis pelos benefícios inferidos à saúde mediados pelos lactobacilos probióticos (SANDERS; LEBEER, 2020; ZHENG *et al.*, 2020). Algumas dessas alterações taxonômicas estão indicadas na Quadro 5.2.

Quadro 5.2 – Situação atual da taxonomia proposta a espécies probióticas do gênero *Lactobacillus* como resultado de avaliação genômica

Denominação anterior	Denominação proposta (lista QPS)*
L. acidophilus	*Lactobacillus acidophilus*
L. alimentarius	*Companilactobacillus alimentarius*
L. amylolyticus	*Lactobacillus amylolyticus*
L. amylovorus	*Lactobacillus amylovorus*
L. animalis	*Ligilactobacillus animalis*
L. aviarius	*Ligilactobacillus aviarius*
L. brevis	*Levilactobacillus brevis*
L. buchneri	*Lentilactobacillus buchneri*
L. casei	*Lacticaseibacillus casei*
L. collinoides	*Secundilactobacillus collinoides*
L. coryniformis	*Loigolactobacillus coryniformis*
L. crispatus	*Lactobacillus crispatus*
L. curvatus	*Lactobacillus curvatus*
L. delbrueckii	*Lactobacillus delbrueckii*
L. dextrinicus	*Lapidilactobacillus dextrinicus*
L. diolivorans	*Lentilactobacillus dioliovorans*
L. farciminis	*Companilactobacillus farciminis*
L. fermentum	*Limosilactobacillus fermentum*
L. gallinarum	*Lactobacillus gallinarum*

Denominação anterior	Denominação proposta (lista QPS)*
L. gasseri	*Lactobacillus gasseri*
L. helveticus	*Lactobacillus helveticus*
L. hilgardii	*Lentilactobacillus hilgardii*
L. johnsonii	*Lactobacillus johnsonii*
L. kefiranofaciens	*Lactobacillus kefiranofaciens*
L. kefiri	*Lentilactobacillus kefiri*
L. mucosae	*Limosilactobacillus mucosae*
L. panis	*Limosilactobacillus panis*
L. paracasei	*Lacticaseibacillus paracasei*
L. paraplantarum	*Lactiplantibacillus paraplantarum*
L. pentosus	*Lactiplantibacillus pentosus*
L. plantarum	*Lactiplantibacillus plantarum*
L. pontis	*Limosilactobacillus pontis*
L. reuteri	*Limosilactobacillus reuteri*
L. rhamnosus	*Lacticaseibacillus rhamnosus*
L. sakei	*Lactobacillus sakei*
L. salivarius	*Ligilactobacillus salivarius*
L. sanfranciscensis	*Fructolactobacilus sanfranciscensis*

Legenda: * QPS, *qualified presumption of safety* ("presunção de segurança qualificada").
Fonte: adaptado de Sanders e Lebeer (2020); Zheng *et al.* (2020).

As estirpes probióticas possuem *status* GRAS e QPS (*qualified presumption of safety*, *status* reconhecido pela European Safety Authority – EFSA). Informações detalhadas sobre a fisiologia e utilização desse gênero como probiótico podem ser acessadas nos estudos e revisões de Stiles e Holzapfel (1997), Holzapfel *et al.* (2001), Ljungh e Wadstrom (2006), Bernardeau *et al.* (2008), Lebeer, Vanderleyden e Keersmaecker (2008) e Mbye *et al.* (2020). Algumas estirpes probióticas de *lactobacilli* utilizadas como alimento/medicamento encontram-se listadas no Quadro 5.3.

Quadro 5.3 – Exemplos de estirpes probióticas de *lactobacilli* avaliadas e/ou comercializadas para uso como alimento/medicamento, em diferentes mercados

Estirpe	Aplicação	Referência
L. acidophilus NCFM	Medicamento/alimento	Sanders e Klaenhammer, 2001
L. acidophilus L1	Iogurte	Holzapfel *et al.*, 2001
L. acidophilus LA-H3	Iogurte	Holzapfel *et al.*, 2001
L. acidophilus LA-1	Iogurte	Holzapfel *et al.*, 2001
L. acidophilus LA-5	Medicamento	Doron e Snydman, 2015
L. acidophilus LA-7	Alimento (iogurte)	Holzapfel *et al.*, 2001
L. acidophilus DSM 24735	Medicamento-Componente de VSL#3	Doron e Snydman, 2015
L. delbrueckii sp. *bulgaricus* DSM734	Medicamento-Componente de VSL#3 (VSL Pharmaceuticals, Inc. USA)	Doron e Snydman, 2015
L. casei Actimel	Alimento	Holzapfel *et al.*, 2001
L. casei DN-114001	Medicamento	Guillemard *et al.*, 2009
	Alimento (suco de fruta)	Sheehan, Ross e Fitzgerald, 2007
L. casei shirota	Alimento (bebida probiótica)	Holzapfel *et al.*, 2001
	Medicamento	Rao *et al.*, 2009
L. paracasei NFBC43338	Alimento (suco de fruta)	Sheehan, Ross e Fitzgerald, 2007
L. paracasei DSM 24733	Componente de VSL#3	Doron e Snydman, 2015
L. plantarum DSM 24730	Medicamento (Componente de VSL#3)	Doron e Snydman, 2015
L.plantarum Lp299V	Alimento/medicamento	Trotter *et al.*, 2020
L. rhamnosus GG	Medicamento	Auclair, Frappier e Millette, 2015
	Alimento (suco de fruta)	Sheehan, Ross e Fitzgerald, 2007
L. rhamnosus LC705	Alimento/medicamento	Hatakka *et al.*, 2008
L. salivarius UCC118 *L. salivarius* UCC 500	Alimento (suco de fruta)	Sheehan, Ross e Fitzgerald, 2007

5.4.2.2 *Bifidobacterium*

Filo	Ordem	Família	Gênero
Actinobacterium	Bifidobacteriales	Bifidobacteriaceae	*Bifidobacterium*

O gênero *Bifidobacterium* pertence ao grupo das BAL. É atualmente composto por 91 espécies e onze subespécies (LPSN, 2021) Gram-positivas, catalase-negativas, podendo produzir citocromo e catalase verdadeira em ambientes contendo hematina ou sangue. Geralmente, são anaeróbias, de crescimento lento em leite e outras matrizes alimentares (KLEIN, 2011). Constitui um dos grupos microbianos predominantes no TGI, com efeitos benéficos para a saúde amplamente constatados. Exemplos de estirpes de bifidobacteria probióticas utilizadas como alimento/medicamento estão listadas no Quadro 5.4.

Quadro 5.4 – Algumas estirpes de bifidobacteria probióticas avaliadas e/ou comercializadas para uso como alimento/medicamento, em diferentes mercados

Estirpe	Aplicação	Referência
B. breve Bb99	Medicamento	Doron e Snydman, 2015
B. lactis Bb12	Medicamento	Luoto *et al.*, 2010
B.lactis DR10	Medicamento	Gopal *et al.*, 2001
B. longum DSM 24736	Medicamento: Componente de VSL#3	Doron e Snydman, 2015
. *B. breve DSM 24732*	Componente de VSL#3	Doron e Snydman, 2015
B. infantis DSM 24737	Componente de VSL#3	Doron e Snydman, 2015
B. animalis sp. lactis Bb-12	Alimento/medicamento	Sheehan, Ross e Fitzgerald, 2007
B. lactis HN019	Medicamento	Bernini *et al.*, 2016
B. breve Bb99	Medicamento	Latvala *et al.*, 2008
B. longum BCRC 14602	Alimento	Wang *et al.*, 2009

5.4.2.3 Enterococcus

Filo	Ordem	Família	Gênero
Firmicutes	Lactobacillales	Enterococcaceae	*Enterococcus*

O gênero *Enterococcus* pertence ao grupo das BAL. As espécies são anaeróbias facultativas, na forma de cocos, Gram-positivas, catalase-negativas e não formam esporos (HAGHSHENAS *et al.* 2017). Fazem parte da microbiota do TGI humano e de um grande número de animais, além de serem ubíquas em leites fermentados ou não, solo, produtos animais, vegetais, carnes e outros (VAHJEN; TARAS; SIMON, 2007; ZOMMITI; FEUILOLEY; CONNIL, 2020; ZAHEER *et al.*, 2020). Estirpes do gênero têm sido associadas a infecções humanas, e a virulência observada deve-se principalmente à resistência a antibióticos, sendo comum a presença em infecções nosocomiais (VAHJEN; TARAS; SIMON, 2007; ZOMMITI; FEUILOLEY; CONNIL, 2020; ZAHEER *et al.*, 2020). No entanto, várias estão relacionadas a funcionalidades que as qualificam como probióticas (VAHJEN; TARAS; SIMON, 2007). Algumas estirpes enterocócicas probióticas estão indicadas no Quadro 5.5.

Quadro 5.5 – Algumas estirpes de *enterococci* probióticas avaliadas e/ou comercializadas para uso como alimento/medicamento, em diferentes mercados

Estirpe	Aplicação	Referência
E. durans EP1	Medicamento	Carasi, 2017
E. faecium NCIMB10515	Medicamento	Vaseeharan e Ramasamy, 2003
E. faecalis CP58	Medicamento/alimento	Salvucci, 2019
E. durans ES11 *E. durans* ES20 *E. durans* ES32	Alimento	Nami *et al.*, 2019
E. mundtii 50H	Alimento	Haghshenas *et al.*, 2017

5.4.2.4 *Lactococcus*

Filo	Ordem	Família	Gênero
Firmicutes	Lactobacillales	Streptococcaceae	*Lactococcus*

O gênero *Lactococcus*, integrante do grupo das BAL, é de bactérias Gram-positivas, catalase-negativas, anaeróbias facultativas, e estão presentes em leites e em grande número de vegetais. Estirpes lactocócicas são amplamente empregadas na composição de fermentos para a produção de alimentos fermentados, em especial produtos lácteos, como queijos. *Lactococcus lactis* subsp. *lactis*, *Lactococcus lactis* subsp. *cremoris* e *Lactococcus lactis* subsp. *lactis* biovar *diacetylactis* são componentes comuns de fermentos lácteos. Exemplos de estirpes lactocócicas probióticas avaliadas e/ou comercializadas para uso probiótico estão listados no Quadro 5.6.

Quadro 5.6 – Algumas estirpes de *Lactococcus* probióticas avaliadas e/ou comercializadas para uso como alimento/medicamento em diferentes mercados

Estirpe	Aplicação	Referência
Lactococcus lactis subsp. *lactis* DF04Mi	Alimento	Furtado *et al.*, 2014
Lc. lactis CHCH2862 *Lc. lactis* CHCC5826	Alimento/medicamento	Bernbom *et al.*, 2006
Lc. lactis subsp. *cremoris* ARH74 (DSM 18891)	Alimento/medicamento	Kekkonen *et al.*, 2008
Lactococcus lactis KC24	Alimento	Lee *et al.*, 2014
Lc. lactis subsp. *cremoris* 44L	Alimento	Haghshenas *et al.*, 2017

5.4.2.5 *Leuconostoc*

Filo	Ordem	Família	Gênero
Firmicutes	Lactobacillales	Leuconostocaceae	*Leuconostoc*

O gênero *Leuconostoc* é do grupo das BAL, e várias estirpes têm sido utilizadas como probiótico. As espécies são Gram-positivas, catalase-negativas, apresentam morfologia de cocos, metabolismo heterofermentativo, acumulando no meio de crescimento CO_2, ácido lático, diacetil e, geralmente, etanol ou ácido acético. O acúmulo de diacetil é comum nas estirpes utilizadas como fermentos, em laticínios. Algumas estirpes apresentam coagregação com outras bactérias do mesmo ambiente de crescimento, o que pode contribuir para o efeito antagonista a patógenos, aumentando a segurança nos produtos fermentados e agregando benefícios ao manejo animal/aquicultura (ZHANG; LIU; DAI, 2013). O maior uso de *Leuconostoc* é na forma de fermentos lácteos mesofílicos, nos quais é comum a presença de *Leuconostoc mesenteroides* subsp. *lactis*/*cremoris*, geralmente envolvidos na produção do aroma diacetil. Por crescer lentamente em leite, a espécie é utilizada em associação com outras BAL, como espécies dos gêneros *Streptococcus* e *Lactococcus* (ERKUS *et al.*, 2013). São utilizados na fabricação de *buttermilk*, manteiga, quark e diferentes tipos de queijos (SHIN; HAN, 2015). Pela capacidade de produzir exopolissacarídeos, contribuem para a textura dos produtos. O Quadro 5.7 indica algumas estirpes de *Leuconostoc* com atividade probiótica avaliadas e/ou comercializadas.

Quadro 5.7 – Algumas estirpes de *Leuconostoc* probióticas avaliadas e/ou comercializadas para uso como alimento/medicamento, em diferentes mercados

Estirpe	Aplicação	Referência
L. mesenteroides CJNU0705	Medicamento	Han e Moon, 2020
L. mesenteroides subsp. *cremoris* PIA2 (DSM 18892)	Medicamento	Kekkonen *et al.*, 2008
L. mesenteroides SJRP55	Alimento/medicamento	De Paula *et al.*, 2015
L. mesenteroides URE13	Alimento/medicamento	Bivolarski *et al.*, 2013
L. mesenteroides YML003	Alimento/medicamento	Seo *et al.*, 2012

5.4.2.6 *Streptococcus*

Filo	Ordem	Família	Gênero
Firmicutes	Lactobacillates	Streptococcaceae	*Streptococcus*

O gênero *Streptococcus* faz parte do grupo das BAL. *Streptococcus thermophilus* é uma espécie GRAS, com crescimento em temperaturas acima de 37 °C. É componente imprescindível em fermentos termofílicos, importantes na fabricação do iogurte e de diferentes tipos de queijos. Algumas estirpes que apresentam atividades probióticas estão indicadas no Quadro 5.8.

Quadro 5.8 – Algumas estirpes de estreptococos probióticas avaliadas e/ou comercializadas para uso como alimento/medicamento, em diferentes mercados

Estirpe	Aplicação	Referência
S. thermophilus DSM 24731	Componente de VSL#3 (probiótico múltiplo); medicamento	Doron e Snydman, 2015
S. salivarius M18	Medicamento	Burton *et al.*, 2013
S. thermophilus KCTC 11870BP	Medicamento	Yoon *et al.*, 2014
Streptococcus thermophilus THS	Alimento	Latvala *et al.*, 2008
S. thermophilus Z57 (BCCM:LMG) P-21908	Alimento/medicamento	Martinovic *et al.*, 2020
S. thermophilus PXN 66	Medicamento	Martinovic *et al.*, 2020
S. thermophilus DSM 24731	Alimento/medicamento	Martinovic *et al.*, 2020
S. thermophilus SD5207	Alimento/medicamento	Martinovic *et al.*, 2020

5.4.2.7 *Pediococcus*

Filo	Ordem	Família	Gênero
Firmicutes	Lactobacillales	Lactobacillaceae	*Pediococcus*

O gênero *Pediococcus* pertence ao grupo das BAL. Apresentam-se como cocos, geralmente na forma de tétrades; são homofermentativos, halofílicos, catalase-negativos e não apresentam motilidade (WEISS, 1992). Algumas espécies estão relacionadas a defeitos em diferentes tipos de alimentos, enquanto outras estão envolvidas na fermentação, em especial na fermentação de carnes, em produtos de laticínios, vegetais e na produção de silagem (CHO *et al.*, 2017). Algumas estirpes têm sido avaliadas e apresentam características probióticas (VANBELLE; TELLER; FOCANT, 1990; BHAGAT *et al.*, 2020). Exemplos de estirpes utilizadas como probiótico estão listadas na Quadro 5.9.

Quadro 5.9 – Algumas estirpes de pediococos probióticas avaliadas e/ou comercializadas para uso como alimento/medicamento, em diferentes mercados

Estirpe	Aplicação	Referência
P. acidilactici MA18/5M	Alimento	Al-Hisnawi *et al.*, 2019
P. pentosaceus HN8	Alimento	Ratanaburee *et al.*, 2013
P. pentosaceus F66 *P. pentosaceus A24* *P. pentosaceus D56*	Alimento	Lee *et al.*, 2014
P. pentosaceus LJR1	Medicamento	Ladha e Jeevaratnam, 2018
P. pentosaceus OZF	Alimento/medicamento	Osmanagaoglu, Kiran e Ataoglu, 2010
P. pentosaceus SMVDUDB2	Alimento	Bhagat *et al.*, 2020

5.4.2.8 *Propionibacterium*

Filo	Ordem	Família	Gênero
Actinobacteria	Propionibacteriales	Propionibacteriaceae	*Propionibacterium*

O primeiro isolamento de propionibactéria ocorreu em 1906 por Freudenreichii e Orla-Jensen, que denominaram as espécies *Bacterium acidi-propionici* e *Bacillus acidi-propionici* por produzirem ácido propiônico. Acumulam, ainda, como resultado do metabolismo fermentativo, ácido acético, ácido succínico e CO_2, dentre outros. Apresentam pleomorfismo, conhecido como "grafia chinesa". Sua presença em produtos lácteos é caracterizada por um sabor adocicado de noz, além da presença de olhaduras em queijos.

Atualmente, o gênero é composto por 22 espécies e 7 subespécies (LPSN, 2021), que geralmente se subdividem em dois grupos: i) bactérias propiônicas clássicas, também conhecidas como relacionadas aos produtos de laticínios; e ii) bactérias propiônicas cutâneas (CUMMINS; JOHNSON, 1986), conforme indicado (Quadro 5.10).

Quadro 5.10 – Agrupamento de bactérias propiônicas

Bactérias propiônicas clássicas	Bactérias propiônicas cutâneas
Presentes no leite/produtos de laticínios, silagens, vegetais de consumo humano	Presentes na pele e intestinos do homem e animais
P. acidipropioni (P. acidipropionici) *P. cyclohexanicum* *P. freudenreichii* subsp *freudenreichii* *P. freudenreichii* subsp. *Shermanii* *P. jensenii* *P. microaerophilum* *P. thoenii*	*P. acidifaciens* *P. acnes* *P. australiense* *P. avidum* *P. granulosum* *P. humerusii* *P. propionicum*

Fonte: Cummins e Johnson (1986); Stackebrandt e Schaal (2006).

As estirpes de *Propionibacterium freudenreichii* são geralmente as mais utilizadas como probiótico e têm o *status* de GRAS e QPS. A disponibilidade de técnicas moleculares permitiu o sequenciamento do genoma completo da estirpe CIRM-BIA1^T, a avaliação de características probióticas e a identificação de vias metabólicas utilizadas pelo microrganismo (FALENTIN *et al.*, 2010). Além dos ácidos graxos de cadeia curta (AGCC), propionato e acetato, vitamina B12, ácido linoleico conjugado, trealose, dentre outros metabólitos considerados de importância para o efeito probiótico que exercem, está listado o fator bifidogênico (1,4-dihydroxy-2-naphtoic acid) (ISAWA *et al.*, 2002). A importância desses compostos tem estimulado a procura de estirpes que os superproduzam (TANAKA *et al.*, 2017; PIWOWAREK *et al.*, 2018). Sua presença e de outros metabólitos sugere como modo de ação de bactérias propiônicas os seguintes: i) exclusão de patógenos do TGI; ii) modulação do metabolismo da microbiota, do metabolismo do hospedeiro e do sistema imune. O Quadro 5.11 lista algumas estirpes probióticas de *Propionibacterium*.

Quadro 5.11 – Estirpes de *Propionibacterium* probióticas utilizadas como alimento/medicamento

Estirpe	Aplicação	Referência
P. freundenrichii CIRM-BIA1T	Alimento	Falentin *et al.*, 2010
P. acidipropionici CRL 1198	Medicamento	Zaráte e Chaia, 2012
P.freudenreichii ET-3	Alimento/medicamento	Isawa *et al.*, 2002
P. freundenreichii shermanii JS	Medicamento	Hatakka *et al.*, 2008
P. freundenreichii TL133	Medicamento	Lan, Mackay e Gershwin, 2007

5.4.2.9 *Escherichia coli* Nissle 1917

Filo	Ordem	Família	Gênero
Proteobacteria	Enterobacterales	Enterobacteriaceae	*Escherichia*

A estirpe probiótica *Escherichia coli* Nissle 1917 (EcN 1917) foi isolada por Alfred Nissle, na cidade de Friburgo (Alemanha) em 1917, onde é comercializada desde então como um produto farmacêutico, o Mutaflor® (SCALDAFERRI *et al.*, 2016, SOUNDARARAJAN; VON BUNAU; OELSCHLAEGER 2019). O principal uso de EcN 1917 é no controle da síndrome do intestino permeável (UKENA *et al.*, 2007), na manutenção da remissão da colite ulcerativa e doença de Crohn, doenças crônicas multifatoriais coletivamente chamadas de síndrome do intestino irritável (SARTOR, 2006). Esta síndrome é caracterizada pela inflamação ao longo do cólon até o reto, geralmente resultando em ulceração da mucosa, diarreia e dor abdominal. Sua origem está relacionada a uma resposta imune excessiva da microbiota endógena e geralmente acomete indivíduos geneticamente predispostos (SARTOR, 2014). Vários estudos têm demonstrado a eficácia e a segurança de *E. coli* Nissle 1917 como probiótico, conforme exemplos referenciados no Quadro 5.12.

Quadro 5.12 – Usos da estirpe probiótica *Escherichia coli* Nissle 1917 (EcN1917) (LPSN, 2021)

Aplicações do probiótico	Referência
Manutenção de remissão de colite ulcerativa	Sartor, 2014.; Scaldaferri *et al.*, 2016
Diminuição do risco de "intestino permeável" (*leaky gut*)	Ukena *et al.*, 2007

Aplicações do probiótico	Referência
Inibição da produção de toxina shiga	Bury *et al.*, 2018
Proteção da barreira intestinal	Secher *et al.*, 2017
Tratamento de constipação crônica	Mollenbrink e Bruckschen, 1994
Tratamento de diarreia em crianças	Henker *et al.*, 2008
Tratamento de colite ulcerativa distal	Matthes *et al.*, 2010

5.4.2.10 Bactérias esporuladas dos gêneros *Bacillus* e *Sporolactobacillus*

Filo	Ordem	Família	Gênero
Firmicutes	Caryophanales	Bacillaceae	*Bacillus*
Firmicutes	Caryophanales	Sporolactobacillaceae	*Sporolactobacillus*

5.4.2.10.1 Bacillus

Os componentes do gênero *Bacillus* são Gram e catalase-positivos, formam esporos e tradicionalmente são aeróbios. No entanto, as espécies *Bacillus subtilis* e *Bacillus cereus* crescem em anaerobiose, utilizando nitrato e nitrito como aceptores finais de elétrons (NAKANO; ZUBER, 1998). As espécies *Bacillus clausii*, *Bacillus coagulans*, *Bacillus cereus e Bacillus subtilis* são mais utilizadas comercialmente em probióticos para animais (SANDERS; MORELLI; TOMPKINS, 2003). Exemplos de algumas estirpes probióticas avaliadas e/ou comercializadas estão listadas no Quadro 5.13.

Quadro 5.13 – Algumas estirpes probióticas de bactérias esporuladas dos gêneros *Bacillus* e *Sporolactobacillus* utilizadas e/ou avaliadas para uso como alimento/medicamento

Estirpe	Aplicação	Referência
B. cereus var. *toyoi* NCIMB 40112	Alimento (ração animal)	Scharek *et al.*, 2007; Klein, 2011
B. coagulans CNCM-1061	Alimento	Adami e Cavazoni, 1999
B. clausii UBBC-07	Medicamento	Suhda *et al.*, 2019
B. subtilis BT23	Alimento (ração, aquicultura)	Vahjen, Taras e Simon, 2007

Estirpe	Aplicação	Referência
B. subtilis B10	Alimento	Rajput *et al.*, 2013
B. subtilis DE111	Medicamento	Trotter *et al.*, 2020
Sp. inulinus BCRC 14647	Alimento	Huang *et al.*, 2007
Sp. inulinus BSP1 -5	Alimento	Bai *et al.*, 2016
Sp. inulinus CIP103279	Alimento	Hyronimus *et al.*, 2000
Sp. inulinus NCFB1839		
Sp. inulinus DSM30348		

5.4.2.10.2 *Sporolactobacillus*

O gênero compreende doze espécies, sendo *Sporolactobacillus inulinus* uma das espécies típicas que apresenta características probióticas. É descrita como bacilo Gram-positivo, catalase-negativo, microaerofílico, com terminações arredondadas, homofermentativo, fermenta inulina e produz ácido lático na forma D(-). Algumas estirpes probióticas da espécie estão indicadas no Quadro 5.13.

5.4.2.11 Fungos

Filo	Família	Gênero	Espécie
Ascomycota	Saccharomycetaceae	*Saccharomyces*	*S. cerevisiae*
Ascomycota	Saccharomycetaceae	*Saccharomyces*	*S. boulardii*
Ascomycota	Saccharomycetaceae	*Kluyveromyces*	*K. marxianus*
Ascomycota	Trichomonaceae	*Aspergillus*	*A. oryzae*
Mucoromycota	Mucoraceae	*Rhyzopus*	*R. oligosporus*

Fungos filamentosos e leveduras têm sido indicados como probióticos principalmente pela resistência às barreiras do TGI e atividades bioterapêuticas. Estirpes de *Aspergillus oryzae* e *Saccharomyces cerevisiae* são mais utilizadas como probióticos para nutrição animal. Para uso humano, o foco tem sido *Saccharomyces boulardii* (uso terapêutico) e *Kluyveromyces marxianus* (uso na produção de alimentos) (CZERUCKA; RAMPAL, 2019). *Rhyzopus oligosporus* está presente em alimentos fermentados típicos, como o *tempeh* (HUANG *et al.*, 2018). A importância dos fungos para o bem-estar humano e animal tem sido corroborada pelo acúmulo e diversidade de estudos disponíveis (CZERUCKA; RAMPAL, 2019; BERTO *et al.*, 2020; GARCÍA-TEJEDOR *et al.*, 2014; MCFARLAND, 2017; TABANELLI *et al.*, 2016). O Quadro 5.14 apresenta algumas estirpes fúngicas com atividades probióticas.

Quadro 5.14 – Algumas estirpes de *Fungi* (*Saccharomyces, Kluyveromyces, Aspergillus* e *Rhyzopus*) probióticas utilizadas/indicadas como alimento/medicamento

Estirpe	Aplicação	Referência
S. cerevisiae 1026	Medicamento	Perrone *et al.*, 2013
S. cerevisiae CNCM I-3856; *S. cerevisiae* CNCM I-3799	Medicamento	Foligné *et al.*, 2010
S. boulardii CNCMI-745	Medicamento	Dinleyici *et al.*, 2014
S. boulardii CNCMI- 745 = *S. cerevisiae* HANSEN CBS 5926; *S. boulardii* 17; *S. boulardii* ATCC 74012	Medicamento	Dinleyici *et al.*, 2014; McFarland, 2017
K. marxianus B0399	Alimento	Tabanelli *et al.*, 2016
R. oligosporus SAMA	Alimento	Sorenson e Hesseltine, 1966
R. oligosporus SAITO (NRRL 2710)		
A. oryzae TISTR 3102 *A. oryzae* TISTR 3222	Alimento	Sawangwan e Saman, 2016

- *Saccharomyces cerevisiae*: pertence à família *Saccharomycetaceae*. A espécie é mais utilizada em formulações destinadas à alimentação animal. Dentre os benefícios atribuídos ao uso da levedura destaca-se a proteção à mucosa intestinal, principalmente pela presença de mananoligossacarídeo (MOS) na parede da levedura. O MOS atua como receptor análogo para patógenos, impedindo sua aderência à mucosa, melhorando a saúde intestinal de aves, além de melhorar a eficiência dos processos fermentativos do rúmen dos animais (LUQUETI *et al.*, 2012; BERTO *et al.*, 2020). Os efeitos positivos na saúde animal relacionados ao consumo da levedura estão relacionados à modulação imunológica; inibição de patógenos; melhora da digestibilidade e da performance do animal; efeitos metabólicos; desfavorecimento na produção de toxinas; melhoramento no suprimento de nutrientes; remoção de oxigênio, favorecendo estabilidade de pH; aumento no consumo de alimentos, melhorando a saúde animal e sua produtividade (ECKBURG *et al.*, 2005).

- *Saccharomyces boulardii*: pertence à família *Saccharomycetaceae*. Foi isolada da fruta *Litchi chinensis* SONN (lichia) por Henri Boulard em 1920 e é considerada a primeira levedura identificada como probiótica (MCFARLAND, 2017). Foi depositada na coleção de culturas do Instituto Pasteur como *S. boulardii* CNCM 1-745; apresenta-se na forma esférica ou elíptica e cresce a 37 °C. Seu uso é terapêutico, e ela atua principalmente na diminuição de risco/controle de diarreias de diferentes etiologias. Exerce proteção frente às barreiras intestinais por meio de efeitos enzimáticos, metabólicos, anti-inflamatórios, antimicrobianos e antitóxicos (CZERUCKA; RAMPAL, 2019).
- *Kluyveromyces marxianus*: membro da família *Saccharomycetaceae*, presente em diferentes tipos de alimentos, incluindo produtos de laticínios. Em 1909, uma levedura isolada de *kefir* foi identificada como *Saccharomyces fragilis*, que passou a ser conhecida como a primeira levedura com capacidade de metabolizar a pectina. Posteriormente, as espécies *S. fragilis* e *S. marxianus* foram alocadas no novo gênero *Kluyveromyces* (KURTZMAN, 2003; GARCÍA-TEJEDOR *et al.*, 2014). Pela capacidade de metabolizar a lactose, tem sido utilizada na fabricação de produtos lácteos fermentados para indivíduos lactase não persistentes. Além disso, outras funcionalidades têm qualificado esta levedura como probiótica (FONSECA; HEINZLE, 2008; GARCÍA-TEJEDOR *et al.*, 2014; TABANELLI *et al.*, 2016).
- *Rhizopus oligosporus*: fungo filamentoso da família *Mucoraceae*, é amplamente utilizado como fermento na produção de *tempeh*, produto cuja principal matéria-prima é a soja. No *tempeh*, *R. oligosporus* atua sintetizando enzimas cuja ação resulta na eliminação de compostos antinutricionais, aumentando a digestibilidade do produto (HACHMEISTER; FUNG, 1993).
- *Aspergillus oryzae*: fungo ascomyceto que tem sido utilizado há séculos na produção de missô, saquê e molho de soja com segurança. O gênero *Aspergillus* inclui várias espécies de interesse industrial, destacando-se *A. oryzae* com estirpes probióticas, também utilizada na alimentação animal. Dentre as atuações industriais da espécie, ressalta-se a produção de alfa-amilose e de oligossacarídeos, prebióticos de importância na estabilidade do equilíbrio microbiano do TGI (FULLER, 1989; DE VRIES; VISSER, 2001).

5.4 PROBIÓTICOS EM ALIMENTOS

Microrganismos são adicionados aos alimentos como células vegetativas ou como esporos. A forma vegetativa é mais sensível às condições do ambiente, como temperatura, acidez, umidade; condições de fabricação, armazenamento, comercialização; congelamento e descongelamento (KONURAY; ERGINKAYA, 2018). Em todas essas situações, a forma esporulada oferece mais vantagens. No entanto, os principais microrganismos probióticos são consumidos na forma vegetativa e exigem cuidados especiais desde sua multiplicação à formatação apresentada ao consumidor. Essa formatação afeta a fisiologia e sobrevivência do microrganismo probiótico que está sendo veiculado na matriz alimentar. Este pode ser incorporado a uma variedade de alimentos, como chocolate, sucos de fruta, extratos de vegetais, bolos, carnes e, principalmente, produtos lácteos (iogurte, sorvetes e queijos). A disponibilidade de variadas matrizes abastece um mercado crescente e inovador (CHAMPAGNE; GARDNER; ROY, 2005; NICOLESCU; BURULEANU, 2010).

O efeito da matriz alimentar nos microrganismos probióticos tem sido continuamente explorado e pode ser consultado em diversas publicações (SANDERS; MARCO, 2010; ESPÍRITO SANTO *et al.*, 2011; PERRICONE, 2015; KONURAY; ERGINKAYA, 2018). No entanto, o leite e seus derivados predominam como carreadores universais de probióticos (FERREIRA, 2001; KONURAY; ERGINKAYA, 2018; SANDERS; MARCO, 2010). Alguns aspectos relacionados à adição de probióticos nessa matriz serão a partir de agora destacados.

Alimentos probióticos devem atender aos princípios de alimentos funcionais, cujo foco está na manutenção do bem-estar e na diminuição de risco de uma série de doenças e síndromes. Dentre os alimentos naturalmente probióticos, destacam-se variedades de leites fermentados, além dos já conhecidos iogurtes, *viili*, *dahi*, *kumys* e *kefir*, consumidos como parte da dieta humana em várias regiões do mundo e pesquisados pelo papel que exercem na manutenção de um TGI equilibrado (ROSA *et al.*, 2017; GARCÍA-BURGOS *et al.*, 2020; KHORSHIDIAN; YOUSEFI; MORTAZAVIAN, 2020). Com o aparecimento dos alimentos funcionais a partir de 1980, o consumo desses alimentos, antes regional, passou a se globalizar. A ênfase na funcionalidade faz com que compartilhem cada vez mais as gôndolas dos supermercados com outros produtos lácteos.

5.4.1 CRITÉRIOS PARA SELEÇÃO/AVALIAÇÃO DE MICRORGANISMOS PROBIÓTICOS PARA A PRODUÇÃO DE ALIMENTOS

Algumas estirpes de microrganismos probióticos já têm suas funções comprovadas cientificamente e têm sido utilizadas não somente segundo o conceito de alimentos funcionais, diminuindo risco de doenças, mas também como adjuntos terapêuticos, no tratamento de doenças (CHARTERIS *et al.*, 1997; JANG *et al.*, 2019). Essas funções devem ser preservadas até o momento de uso, objetivo que é atingido observando-se vários aspectos, do isolamento da estirpe com o potencial probiótico à atuação no organismo, passando pela formatação escolhida e comercialização. Vale mencionar uma característica própria dos probióticos: "as estirpes probióticas são únicas, não sendo permitida a extrapolação de funcionalidades para estirpes da mesma espécie" (BRASIL, 2019; SANDERS; MARCO, 2010). Dessa forma, cada nova estirpe com potencial probiótico deverá ser submetida aos critérios de seleção/avaliação, que são amplos e envolvem diferentes aspectos: i) critérios de resistência as barreiras naturais; ii) critérios funcionais; iii) critérios de segurança; iv) critérios tecnológicos; v) critérios legais. Esses critérios estão interligados, sendo aqui descritos de forma isolada para fins de clareza. O foco serão os probióticos em matriz láctea para uso no TGI, lembrando que probióticos podem ainda ser utilizados em outras superfícies, como cutânea/vaginal (LENOIR-WIJNKOOP *et al.*, 2007), não abordadas neste capítulo.

5.4.1.1 Critérios de resistência às barreiras naturais

Ao se desenvolver um probiótico, considera-se que, após ingestão, este deverá transpor uma série de obstáculos, como a elevada acidez do suco gástrico, a dificuldade de adesão devido aos movimentos peristálticos e a toxicidade da bile, até que possa atingir sítios específicos do TGI e exercer os seus efeitos (VINDEROLA; REINHEIMER, 2003; RODA *et al.*, 2010; BUBNOV *et al.*, 2018). Essas barreiras precisam ser consideradas, e as estirpes devem ser testadas ao menos para i) resistência à lisozima (BUBNOV *et al.*, 2018); ii) baixos valores de pH, similares aos observados no suco gástrico (VINDEROLA; REINHEIMER, 2003); iii) resistência às secreções intestinais (BUBNOV *et al.*, 2018); iv) resistência aos sais biliares (VINDEROLA; REINHEIMER, 2003); e v) resistência ao peristaltismo no duodeno (BERNET *et al.*, 1994). Além dessas barreiras, as estirpes devem ser avaliadas quanto aos aspectos funcionais, de biossegurança, tecnológicos e legais.

5.4.1.2 Critérios funcionais

Complementando-se a capacidade de resistir às barreiras naturais, a estirpe probiótica deve ser testada para a funcionalidade esperada, o que implica avaliar as seguintes variáveis (GOPAL *et al.*, 2001; DUNN *et al.*, 2012; LENOIR-WIJNKOOP *et al.*, 2007): i) antagonismo a patógenos, assim como a capacidade de resistir às barreiras do TGI e às condições do local de atuação. De modo geral, o antagonismo a patógenos é a principal função de um microrganismo probiótico; ii) identificação de fenótipos responsáveis pela funcionalidade em estudo (diminuição de doenças e síndromes), o que implica a avaliação de uma ou mais destas características: atividade proteolítica, atividade de ß-D-galactosidade, modulação/eliminação de substâncias tóxicas, produção de bacteriocinas e outras substâncias antimicrobianas, modulação de ácidos graxos de cadeia curta, adesão ao epitélio, modulação do colesterol sérico, e outras; iii) experimentações em modelos *in vitro* e *in vivo* (animal e humano), quando então se deve considerar: características fenotípicas das estirpes, número de células, dosagem para inferir funcionalidade e sítio de atuação do microrganismo. O tipo de pesquisa para comprovar eficácia de probióticos deve considerar as características do que se propõe. Estudos duplos-cegos, randomizados e controlados facilitam um maior entendimento acerca dos mecanismos, contribuindo para a comprovação dos efeitos observados. No entanto, dependendo do estágio dos estudos, vários tipos de abordagens podem ser aplicados. O tipo de abordagem e o delineamento experimental são a base das alegações dos probióticos a serem colocados no mercado. A listagem a seguir indica as opções de estudos (pesquisa) conforme o grau de persuasão e de acordo com o grau de prioridade (FDA, 2009): experimentação clínica randomizada controlada; estudo de coorte (longitudinal); estudo de caso controlado; estudo de corte transversal (*cross-sectional study*); caso "series" sem controle; estudo de séries temporais (*time-series*); estudo ecológico populacional (*cross-population*); epidemiologia descritiva; estudo de caso; iv) estirpes probióticas devem ser selecionadas de acordo com o local de atuação; *Lactobacillus*, por exemplo, geralmente atuam no intestino delgado; já *Bifidobacterium*, no intestino grosso) (Figura 5.6).

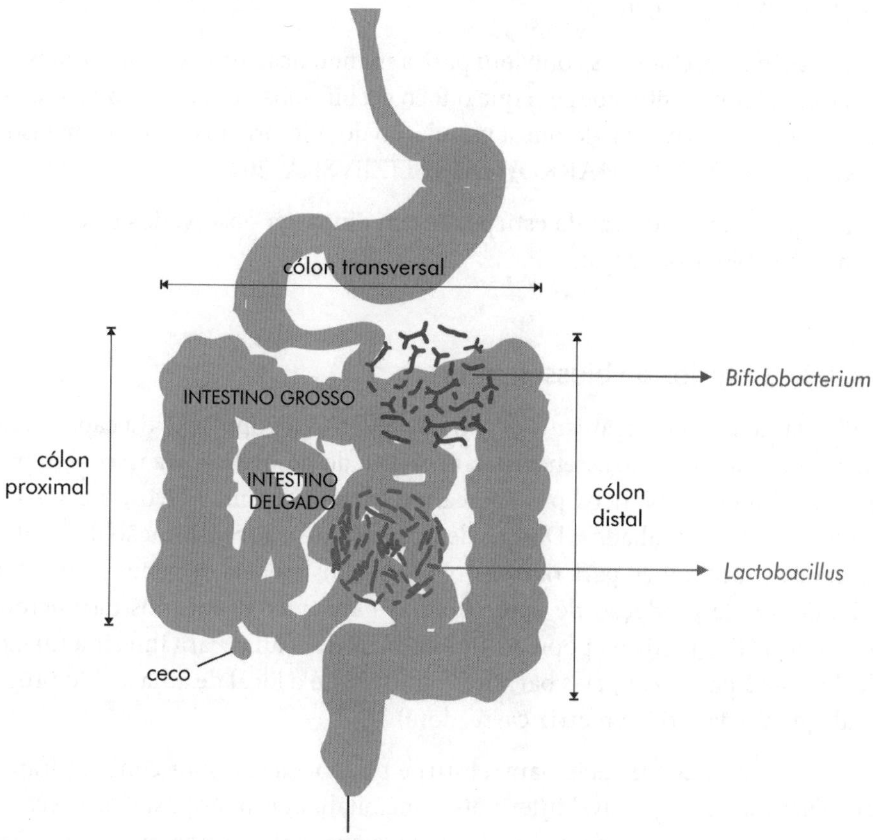

Figura 5.6 – Sítio de atuação de *Lactobacillus* e *Bifidobacterium*.
Fonte: adaptada de Ferreira (2001).

Atingir os efeitos funcionais de um probiótico exige que seja conhecido o local de atuação e a forma de consumo do probiótico. Probióticos contendo estirpes de *Lactobacillus* e de *Bifidobacterium* exigem estratégias distintas de consumo/administração para atuação nos sítios esperados (FERREIRA, 2001). Assim, o gênero *Lactobacillus* exige consumo diário, e, no intestino delgado, o efeito do peristaltismo e de outras barreiras compromete a permanência (resiliência) da estirpe probiótica. Já o gênero *Bifidobacterium* atua no cólon, onde o potencial de oxirredução (Eh) do ambiente é mais propício para o crescimento de espécies do gênero. Bactérias que residem no cólon geralmente utilizam substâncias prebióticas não metabolizadas no intestino delgado (por exemplo, frutanos, GOS, amido resistente e outros) e produzem metabólitos como AGCC, ácidos acético, propiônico e butírico. O ácido butírico, dentre outras funções, atua na renovação do epitélio intestinal, importante na função barreira do TGI e como fluxo de carbono para a microbiota do hospedeiro. Atua também no metabolismo de lipídio, na regulação do apetite, na homeostase da glicose, no sistema imune e na resposta inflamatória (MORRISON; PRESTON, 2016; MARKOWIAK; SLIZEWSKA, 2020).

A utilização de prebióticos contribui para a manutenção de bactérias bífidas. Dessa forma, em algumas situações em que o foco é a bifidobacteria, a utilização de simbiótico pode ser mais efetiva do que a veiculação do microrganismo de forma isolada (RODRIGUES *et al.*, 2012; MARKOWIAK; SLIZEVSKA, 2020).

Para a aplicação funcional da estirpe, devem ainda ser observados os critérios de segurança, tecnológicos e legais.

5.4.1.3 Critérios de biossegurança

A adequação do microrganismo ao sítio de atuação, a população e a capacidade de inferir a funcionalidade são essenciais para o êxito do probiótico. Há riscos em potencial nos alimentos probióticos por carrearem microrganismos vivos, e esses riscos devem ser evitados e avaliados. Dentre eles, destacam-se a translocação de células do microrganismo probiótico para outros órgãos; a transferência de genes de resistência a antibióticos e de produção de enterotoxinas para microrganismos da microbiota endógena do TGI; a perda na população necessária de células para inferir a funcionalidade durante a passagem pelas barreiras naturais até o local de atuação do probiótico (inadequação da estirpe/matriz carreadora).

É importante assegurar que, para a estirpe probiótica transpor com segurança as barreiras naturais e ser possível inferir a(s) funcionalidade(s) proposta(s), é necessário que ela não tenha histórico de patogenicidade, e que tenha outras características alinhadas aos critérios de segurança, como: i) ser GRAS; ii) preferencialmente, as estirpes devem ser originadas do TGI de indivíduos sadios; iii) identificação inequívoca da(s) estirpe(s)/componente(s) do probiótico; iv) ausência de genes responsáveis por resistência a antibióticos e/ou outros fenótipos de virulência (SANDERS *et al.*, 2005; OUWENHAND, 2015; SANDERS *et al.*, 2010). A Figura 5.7 indica a árvore decisória para análise da natureza de resistência microbiana, conforme indicado pela ANVISA (BRASIL, 2019).

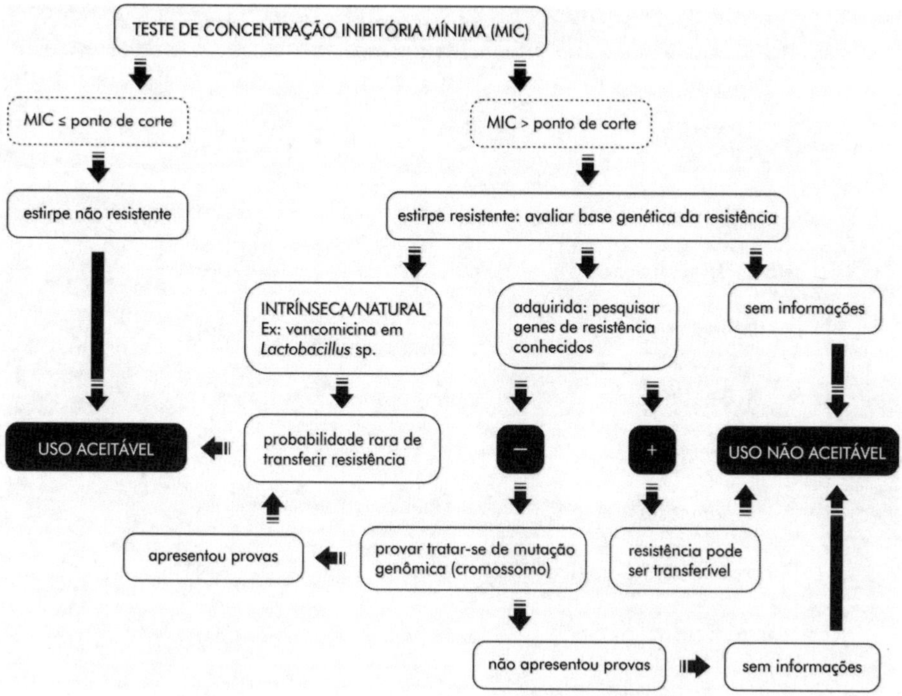

Figura 5.7 – Árvore decisória para análise de natureza de resistência microbiana. Fonte: adaptado do *Guia para instrução processual de petição de avaliação de probióticos para uso em alimentos* da ANVISA (Brasil, 2019).

A eficácia da estirpe probiótica deve ser testada em modelo animal, humano e na matriz alimentar em que será veiculado. Para produtos lácteos, a forma isomérica do ácido lático produzido pela estirpe probiótica deve ser compatível com a faixa etária de uso. Cabe ressaltar que crianças não metabolizam a forma D(-). Microrganismos probióticos/componentes de algumas culturas láticas utilizadas na elaboração de produtos que veiculam probióticos e a forma isomérica do ácido lático produzido estão listados no Quadro 5.15. Assim, *L. delbrueckii* sp. *bulgaricus e L. delbrueckii* sp. *lactis* não são indicados para compor a lista de probióticos destinados ao uso infantil.

Quadro 5.15 – Forma isomérica de ácido lático produzida pelas principais bactérias probióticas utilizadas em produtos lácteos

Espécie/subespécie	Forma isomérica do ácido lático
B. bifidum	L(+)
B. breve	L(+)
B. infantis	L(+)

Espécie/subespécie	Forma isomérica do ácido lático
B. longum	L(+)
L. acidophilus	DL
L. casei	L(+)
L. delbrueckii sp. *bulgaricus*	D(-)
L. delbrueckii sp. *lactis*	D(-)
L. helveticus	DL
L. reuteri	DL
L rhamnosus	L(+)
Lactococcus lactis sp. lactis	L(+)
Lactococcus lactis sp. cremoris	L(+)
Lactococcus lactis sp. lactis biovar diacetylactis	L(+)
Enterococcus faecium	L(+)
Streptococcus thermophilus	L(+)

Embora não seja significativo o número de ocorrências resultando em bacteremia/fungemia pelo uso de probióticos, precaução é necessária em indivíduos com a mucosa intestinal comprometida (por exemplo, em caso de "*leaky gut*") e imunocomprometidos, o que pode ser visto de forma mais detalhada em publicações específicas (BORRIELLO *et al.*, 2003; SANDERS *et al.*, 2005; BERNARDEAU *et al.*, 2008; SANDERS *et al.*, 2010).

Resistência às barreiras naturais, fenótipos de funcionalidade e de segurança são critérios essenciais a que novos isolados devem ser submetidos. Outros aspectos considerados no desenvolvimento de probióticos estão relacionados à tecnologia de fabricação e aos aspectos legais, que irão viabilizar a produção e garantir a comercialização, respectivamente.

5.4.1.4 Critérios tecnológicos

A seleção de microrganismos para fins tecnológicos exige a avaliação de várias condições, incluindo, dentre outros, os itens listados a seguir (CORCORAN *et al.*, 2005; SANDERS *et al.*, 2010; HUQ *et al.*, 2013; ZOMMITI; FEUILOLEY; CONNIL, 2020; BINDA *et al.*, 2020):

- a sobrevivência ao estresse digestivo na matriz carreadora;
- a identificação das características fenotípicas importantes para a aplicação funcional e tecnológica, incluindo tolerância ao oxigênio;
- a compatibilidade entre microrganismos (fermento × probiótico) crescendo na matriz alimentar – por exemplo, a concentração de metabólitos como H_2O_2, que não deve superar a tolerância do(s) microrganismo(s) probiótico(s);
- a resiliência às etapas dos processos tecnológicos envolvidos na elaboração do produto em que será veiculado o probiótico – por exemplo, aquecimento, secagem, liofilização;
- o crescimento/presença do microrganismo na matriz alimentar não deve descaracterizar o sabor/odor/textura do produto;
- a adequação do produto às condições de armazenamento/tempo de vida útil do produto/viabilidade do probiótico;
- a tolerância às características de embalagem (aerobiose/anaerobiose) e temperatura de armazenamento;
- a resistência às condições de comercialização;
- a manutenção da população necessária – geralmente 6-7 Log UFC/g ou ml de bactérias probióticas do produto até o consumo (YERLIKAYA, 2014).

É importante, ainda, definir a etapa de fabricação em que o probiótico será adicionado, considerando-se que leites e produtos lácteos, fermentados ou não, são os carreadores principais de microrganismos probióticos na alimentação humana; assim, a forma de adição do probiótico na matriz leite/produto deve ser enfatizada.

Em geral, a adição de bactérias probióticas no leite apresenta uma série de dificuldades. Primeiramente, estirpes probióticas não crescem bem no leite. Assim, o tempo de fermentação aumenta, podendo comprometer a segurança dos produtos, o que pode ser contornado pela adição de culturas bioajustadoras de pH, cujas principais funções são garantir a fermentação evitando problemas de contaminação; aumentar a taxa de crescimento, diminuindo o tempo de fermentação; resolver problemas de sabor, textura, aroma. Além disso, produtos lácteos probióticos devem manter as mesmas características dos não probióticos, o que significa que um pH em torno de 4,6 deve ser atingido no máximo em 24 horas (por exemplo, produtos com fermentação mesofílica, ou seja, entre 21°C e 30°C, que crescem devagar). Os microrganismos bioajustadores de pH cumprem essa função e são adicionados junto com o fermento para a elaboração dos produtos. A seguir, uma lista dos principais microrganismos bioajustadores de pH na indústria de produtos lácteos fermentados probióticos é apresentada no Quadro 5.16.

Tabela 5.16 – Exemplo de bactérias bioajustadoras de pH na fabricação de produtos lácteos fermentados probióticos

Microrganismo bioajustador de pH	Característica de crescimento do microrganismo (temperatura)	Forma isomérica do ácido lático
Lactococcus lactis sp. lactis	Mesofílico	L(+)
Lactococcus lactis sp. cremoris	Mesofílico	L(+)
Lactococcus lactis sp. lactis biovar diacetylactis	Mesofílico	L(+)
Streptococcus thermophilus	Termofílico	L(+)

Fonte: adaptado de Ferreira (2001).

Uma outra dificuldade quanto ao uso de probióticos no leite está relacionada com o fato de que produtos do metabolismo das bactérias probióticas podem alterar a palatabilidade, por exemplo, pelo acúmulo de ácido acético por bactérias bífidas. Essa situação pode ser contornada utilizando-se diferentes estratégias para adição dos probióticos na matriz que será fermentada e/ou que irá carrear os microrganismos probióticos. A seguir, são apresentados alguns exemplos de adição de microrganismos probióticos aos produtos.

Um primeiro exemplo é a adição de uma cultura probiótica concentrada. Os microrganismos probióticos poderão se multiplicar na temperatura/condições de fabricação do produto, mas poderão alterar o sabor e/ou não atingir a concentração esperada para que seja possível inferir funcionalidade por volume de produto. A Figura 5.8 indica de forma simplificada a adição

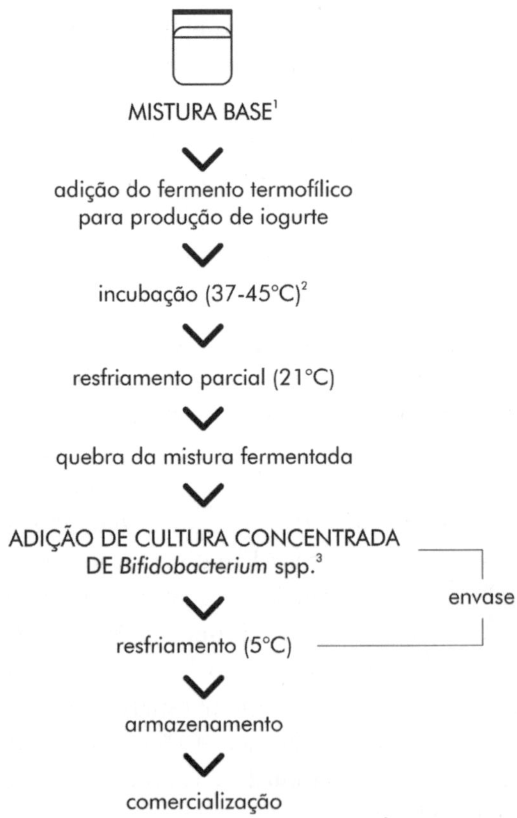

Figura 5.8 – Adição de microrganismo probiótico (*Bifidobacterium* sp.) na produção de iogurte batido tipo suíço ou líquido. 1. Mistura base já submetida a tratamento térmico e resfriada para adição do fermento. 2. Incubação até acidez ideal para finalização da fermentação do produto. 3. Adição da cultura probiótica (concentrada) (no exemplo, *Bifidobacterium* sp.) no momento da quebra da massa, garantindo a população necessária para conferir funcionalidade ao produto, sem alteração de sabor; neste ponto, pode-se também adicionar polpa de frutas. O envase deve ser feito imediatamente após a adição do microrganismo probiótico.

de cultura concentrada (10^{10} UFC/ml) na produção de iogurte probiótico tipo batido (suíço) ou líquido, carreando uma bactéria probiótica do gênero *Bifidobacterium*.

Neste caso, a temperatura de crescimento dos microrganismos componentes do fermento é semelhante à dos microrganismos probióticos. Assim, o microrganismo probiótico não irá crescer em temperaturas de refrigeração, durante o armazenamento e comercialização, não alterando, portanto, o sabor do produto. O mesmo fluxograma pode ser utilizado quando se adiciona o probiótico *L. acidophilus*, cujo crescimento é lento nas condições de processamento do iogurte. A adição de fermento concentrado garante os níveis veiculados pelo produto e, assim, sua funcionalidade.

Um segundo exemplo é de o uma situação em que o microrganismo probiótico não tem crescimento ótimo nas condições de fabricação do produto. A Figura 5.9 indica de forma simplificada a adição de uma cultura concentrada na produção de *buttermilk* fermentado probiótico.

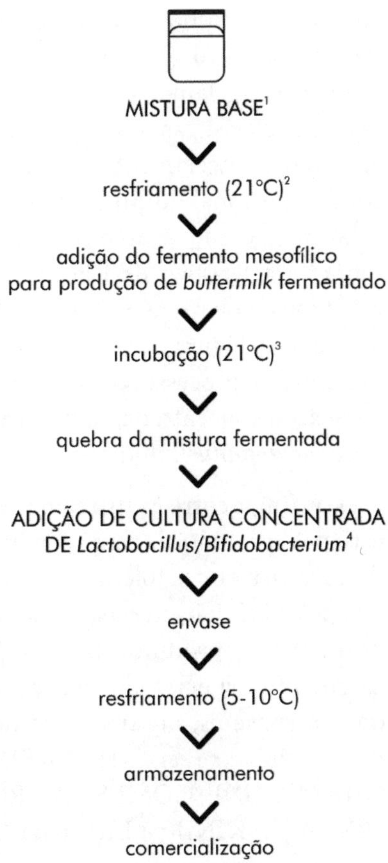

Figura 5.9 – Adição de microrganismo probiótico na forma concentrada na produção de *buttermilk* fermentado. 1. Mistura já submetida ao tratamento térmico e resfriada. 2. Temperatura para crescimento do fermento mesofílico para produção de *buttermilk*. 3. O binômio praticado para fabricação do produto difere do observado para os microrganismos probióticos. 4. A cultura probiótica concentrada contém no mínimo 10 log UFC/g ou ml, o que garante a população de células necessária para a funcionalidade, sem interferir na palatabilidade do produto (a cultura probiótica não cresce durante o armazenamento).

O *buttermilk* é incubado a 21°C para melhorar a textura e contribuir para o *flavor* por um período de 18 a 24 horas, a fim de que se atinjam as condições para quebra da mistura fermentada e envase. A estirpe probiótica irá crescer no TGI do hospedeiro (37°C).

O último exemplo consiste na adição de cultura concentrada congelada em nitrogênio líquido. A cultura submetida ao congelamento a –196°C é adicionada imediatamente após o descongelamento. É a técnica utilizada para elaboração de produtos para o setor de mercado que não tolera produtos ácidos e para a produção de alimentos não fermentados, que carreiam concentração suficiente de células probióticas para que se possa inferir funcionalidade. É a técnica responsável pela fabricação de produtos lácteos probióticos não ácidos (*sweet*), como o leite pasteurizado (*sweet acidophilus*), comercializado nos Estados Unidos desde a década de 1970 (A SWEET VARIATION, 1976). O congelamento ultrarrápido não altera as características físicas do microrganismo após o descongelamento. Mantém a concentração funcional durante a vida útil do produto refrigerado e ainda assim mantém o sabor característico de leite pasteurizado. O crescimento ocorrerá a 37 °C, no TGI do consumidor. A Figura 5.10 indica de forma simplificada o processo de adição da cultura congelada concentrada na fabricação do leite *sweet acidophilus/bifidus.*

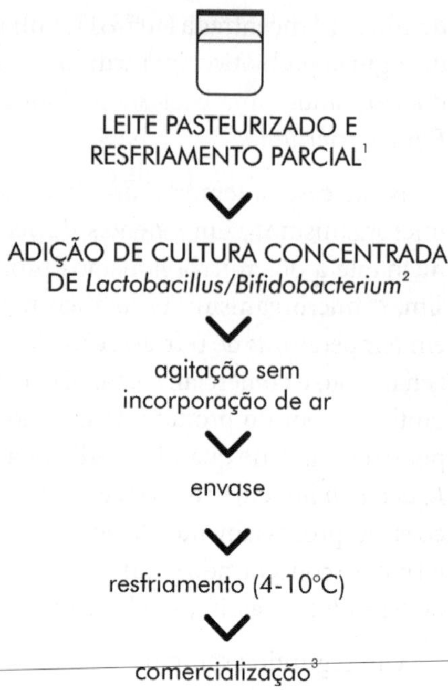

Figura 5.10 – Adição de microrganismo probiótico (*L. acidophilus/Bifidobacterium* sp.) na produção de leite *sweet acidophilus/bifidus*. 1. Leite já submetido à pasteurização e resfriado para receber a cultura. 2. Cultura probiótica concentrada congelada (com no mínimo 11 log UFC/ml)/descongelada/diluída em leite, adicionada à mistura homogeneizada, antes do envase. 3. Durante a comercialização, não há crescimento da cultura, bem como acúmulo de ácido, nem alteração de atributos de sabor e textura do produto.

Por fim, dentre as dificuldades de uso de estirpes probióticas em produtos lácteos destaca-se a pouca tolerância a produtos ácidos pelas bifidobactérias, o que faz com que os melhores produtos lácteos probióticos carreando espécies do gênero correspondam a sorvetes, alguns tipos de queijos e leite "tipo *sweet*" (FERREIRA, 2001; CHAMPAGNE; GOMES DA CRUZ; DAGA, 2018, ACU; KINIK; YERLIKAYA, 2020).

Outra forma de proteger as culturas probióticas em um ambiente ácido é via microencapsulação. A tecnologia é definida como a incorporação de materiais protegidos em microcápsulas que podem ser liberados a uma taxa controlada em condições específicas (GHARSALLAOUI *et al.*, 2012; CHAMPAGNE; GOMES DA CRUZ; DAGA, 2018) e oferece proteção em relação ao trânsito no TGI (SHORI, 2017); a ambientes ácidos (SHORI, 2017); a níveis elevados de oxigênio (SUNOHARA *et al.*, 1995); e ao processo de congelamento (ANAL; SINGH, 2007).

Células probióticas têm sido microencapsuladas em diferentes matrizes, como amido resistente; K carragena; microesferas de alginato; quitosana; proteína do soro; aerossol de alginato de sódio/cloreto de cálcio; pectina, dentre outras. Essas aplicações têm sido amplamente divulgadas em diversos estudos (GHARSALLAOUI *et al.*, 2012; WANG *et al.*, 2018; MARCIAL-COBA; KNOCHEL; NIELSEN, 2019; YAO *et al.*, 2020), que podem ser consultados para complementação das informações. A seleção de bactérias probióticas, considerando as barreiras naturais, os fenótipos de funcionalidade, os critérios de segurança e os tecnológicos, deve garantir a ação probiótica do alimento. A consideração dos aspectos legais garante, por fim, a comercialização do alimento.

5.4.1.5 Critérios legais

Uma característica importante dos probióticos como alimentos é sua classificação como alimento funcional (Figura 5.4). A definição de probiótico, já declarada anteriormente neste capítulo, carreia intrinsecamente uma alegação que, de alguma forma, deverá ser repassada ao consumidor. Embora esses produtos tenham sido introduzidos no mercado por meio de alimentos convencionais, como sucos, bebidas, iogurtes, leites fermentados e outros, a base legal para a petição de tais alegações está em processo de construção (BRASIL, 2019). De grande importância, essas alegações alavancam uma expansão no consumo e na diversidade de alimentos probióticos já disponíveis e a serem disponibilizados no mercado.

Pelo tipo de formatação e uso, os probióticos estão suscetíveis a pelo menos cinco categorias de legislação (SANDERS, 2009): i) microrganismos para uso direto na alimentação (*direct-fed microorganisms* – DFM, de uso animal); ii) probiótico geneticamente modificado (*designer probiotic*); iii) probiótico fármaco; iv) probiótico para uso como suplemento (suplemento dietético); v) probiótico como alimento. Neste capítulo, os critérios legais abordados dizem respeito a esta última categoria.

A legalização de um alimento probiótico e, principalmente, daquele com uma determinada alegação exige a colaboração de uma cadeia diversificada, envolvendo pesquisadores, produtores/fabricantes dos alimentos, distribuidores/fornecedores dos microrganismos, autoridades de regulação e consumidores (FERREIRA, 2001; BRASIL, 2019). Tal envolvimento está relacionado à característica do alimento probiótico, que tem imbricado um benefício a ser definido e comprovado. A proposição de um novo probiótico se inicia com a disponibilidade da estirpe microbiana funcional, identificada de forma inequívoca, selecionada de acordo com critérios bem delineados, testados clinicamente e legalizados antes da comercialização.

5.4.2 TIPOS DE ALEGAÇÕES EM ALIMENTOS PROBIÓTICOS

Nos alimentos probióticos produzidos no Brasil, existe a possibilidade de dois tipos de alegações: i) as alegações gerais; e ii) as alegações de saúde. A primeira é relativa ao papel metabólico ou fisiológico que o nutriente, ou não nutriente, tem no crescimento, desenvolvimento, manutenção e em outras funções normais do organismo humano; já a segunda afirma, sugere ou implica a existência de uma relação entre o alimento ou ingrediente e a doença ou condição relacionada à saúde (BRASIL, 2019). A Figura 5.11 ilustra a relação dessas alegações segundo o *Guia para instrução processual de petição de avaliação de probióticos para uso em alimentos*, da ANVISA. As alegações devem, ainda, se referir às estirpes envolvidas, condições de uso e público-alvo, como a Tabela 5.3 exemplifica.

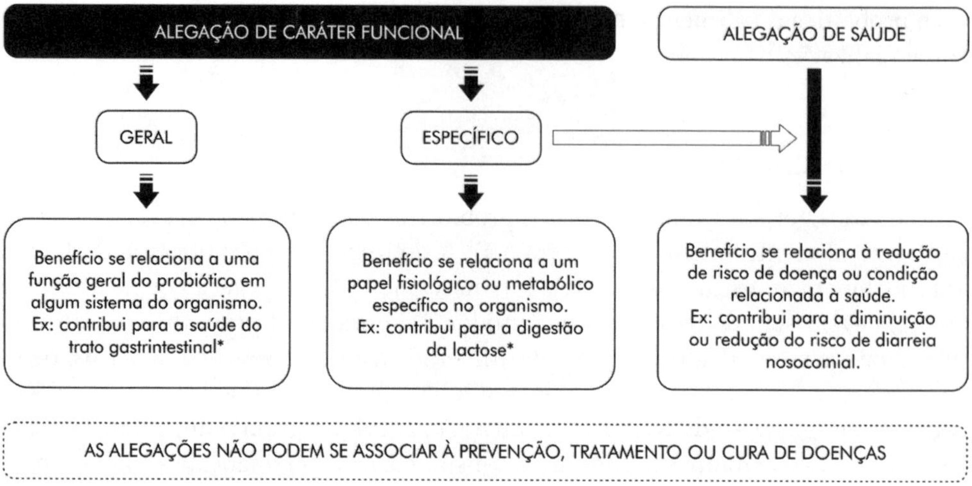

Figura 5.11 – Alegação de caráter funcional ou de saúde de estirpes probióticas.
Fonte: **Guia para instrução processual de petição de avaliação de probióticos para uso em alimentos*, vigente desde 27 de março de 2019 (BRASIL, 2019).

Tabela 5.3 – Exemplo de estirpe probiótica autorizada pela ANVISA com alegações e condições de uso: *Limosilactobacillus reuteri* DSM 17938

Alegação	Condição de uso	Público
"O *Limosilactobacillus reuteri* DSM 17938 pode contribuir para a melhora do desconforto intestinal de bebês"	1×10^8 UFC/dia	Lactentes menores de 6 meses
"O *Limosilactobacillus reuteri* DSM 17938 pode contribuir com a saúde gastrointestinal"	1×10^8 UFC/dia	Adultos

Fonte: *Guia para instrução processual de petição de avaliação de probióticos para uso em alimentos*, vigente desde 27 de março de 2019 (BRASIL, 2019).

A orientação legal sobre os alimentos probióticos, tanto em termos de formatação como em relação à instrução processual de petição e avaliação de probióticos para uso em alimentos, encontra-se disponível para consulta no site da Anvisa (BRASIL, 2019). No documento, além das informações sobre a formatação do processo, com a apresentação do dossiê técnico-científico e comprovação da identidade, incluem-se também as bases para a comprovação de segurança, com histórico de uso e ensaios *in vitro* e *in vivo* (animal/humano), além do acompanhamento pós-mercado e das alegações de propriedades funcional/de saúde e suas respectivas comprovações (BRASIL, 2019). Além do documento disponibilizado pela Anvisa, é possível consultar outras publicações ainda atuais sobre o grau de suficiência para comprovação das alegações de saúde relativas a alimentos probióticos (SCHNEEMAN, 2007; FARNWORTH, 2008).

Em resumo, a formatação da base legal que norteia a instrução processual para alegação dos benefícios dos probióticos no Brasil está centrada nas seguintes legislações (BRASIL, 2019):

i. *Resolução ANVS/MS n. 18, de 30 de abril de 1999*, que aprova o regulamento técnico que estabelece as diretrizes básicas para análise e comprovação de propriedades funcionais e ou de saúde alegadas em rotulagem de alimentos (BRASIL, 1999).

ii. *Resolução RDC n. 2, de 7 de janeiro de 2002*, que aprova o Regulamento Técnico de Substâncias Bioativas e Probióticos Isolados com Alegação de Propriedades Funcional e ou de Saúde (BRASIL, 2002).

iii. *Resolução RDC n. 241, de 26 de julho de 2018*, que dispõe sobre os requisitos para comprovação da segurança e dos benefícios à saúde dos probióticos para uso em alimentos (BRASIL, 2018a).

iv. *Resolução RDC n. 243, de 26 de julho de 2018*, que dispõe sobre os requisitos sanitários dos suplementos alimentares (BRASIL, 2018b).

5.6 CONSIDERAÇÕES FINAIS

Os alimentos probióticos fazem parte da mesa do consumidor, que busca os benefícios de um alimento funcional cujo apelo está em enfatizar a diminuição de riscos de doenças crônicas não transmissíveis, além de nutrir. Verifica-se que a implantação do uso de probióticos por sua característica funcional se deu primeiramente na área da criação animal, com os alimentos DFM. Posteriormente, consolidaram-se na área humana, em que os microrganismos probióticos são geralmente veiculados em alimentos já tradicionais no mercado.

Microrganismos probióticos têm sido carreados em diferentes matrizes alimentares além do leite, o que favorece sua expansão como inovação na indústria de alimentos. Nos últimos anos ficou bem definido o papel desses microrganismos na manutenção de um TGI saudável, que resulta de uma biodiversidade microbiana equilibrada, com um papel inquestionável na saúde e bem-estar do homem e dos animais. O acúmulo de estudos experimentais direcionados para o entendimento dos mecanismos envolvidos nos benefícios dos probióticos tem ampliado o uso dessa classe de alimentos, ressaltando a importante característica imbricada em cada probiótico disponibilizado no mercado. O comprometimento tanto do pesquisador e da indústria como do consumidor é responsável por manter viva a indústria de probióticos em todo o mundo. Este mercado seria ainda mais beneficiado com a implementação das alegações de saúde, hoje restringidas pela própria definição que norteia o isolamento dos microrganismos probióticos, o desenvolvimento do produto e sua aplicação.

Grande parte dos probióticos que circulam hoje no mercado não se enquadra na definição vigente, pois esta exige que os microrganismos sejam "vivos", hipótese que em muitas situações tem sido contestada. Embora outras superfícies que não o TGI não estejam contempladas pelas definições atuais dos probióticos, constata-se que suplementos alimentares e produtos probióticos para uso/aplicação em diferentes superfícies do corpo abastecem tanto os supermercados como as drogarias. Dessa forma, espera-se que, num futuro próximo, uma definição mais abrangente possa contemplar as diversas formatações com efeitos constatados e funções, que, de fato, são atribuídas aos microrganismos probióticos.

REFERÊNCIAS

A SWEET VARIATION of Acidophilus milk now in the N.Y. Area. *The New York Times*, 29 set. 1976, p. 44. Disponível em: https://www.nytimes.com/1976/09/29/archives/a-sweet-variation-of-acidophilus-milk-now-in-the-ny-area.html. Acesso em: 24 out. 2021.

AAGAARD, K. *et al.* The placenta harbours a unique microbiome. *Science Translational Medicine*, v. 6, n. 237, 237ra65, 2014.

ACU, M.; KINIK, O.; YERLIKAYA, O. Probiotic viability, viscosity, hardness properties and sensorial quality of synbiotic ice creams produced from goat's milk. *Food Science and Technology*, v. 41, n. 1, p. 167-173. 2020.

ADAMI, A.; CAVAZZONI, V. Occurrence of selected bacterial groups in the faeces of piglets fed with *Bacillus coagulans* as probiotic. *Journal of Basic Microbiology*, v. 39, n. 1, p. 3-9, 1999.

AL-HISNAWI, A.; RODILES, A.; RAWLING, M.D.; CASTEZ, M.; WAINES, P.; GIOACCHINI, G.; CARNEVALI, O.; MERRIFIELD, D. Dietary probiotic Pediococcus acidilactici MA18/5M modulates the intestinal microbiota and stimulates intestinal immunity in rainbow trout (Oncorhynchus mykiss). J World Aquacult Soc., v. 50, p. 1133-1151, 2019.

ALMEIDA, D. *et al.* Evolving trends in next generation probiotics: a 5W1H perspective. *Critical Reviews in Food Science and Nutrition*, v. 60, n. 11, p. 1783-1796, 2019.

ALMEIDA, P. H. A.; ABRANCHES, N. V.; FERREIRA, C. L. L. F. Yacon (*Smallanthus sonchifolius*): a food with multiple functions. *Critical Reviews in Food Science and Nutrition*, v. 55, p. 32-40. 2015.

ANAL, A. K.; SINGH, H. Recent advances in microencapsulation of probiotics for industrial applications and targeted delivery. *Trends in Food Science and Technology*, v. 18, p. 240-251, 2007.

ARSÈNE, M. M. J. *et al.* The use of antibiotic in animal feeding for safe production and as potential alternatives to antibiotics. *Vet World*, v. 14, n. 2, p. 319-328, 2021.

ASHRAFIAN, F. *et al.* Comparative study of effect of *Akkermansia muciniphila* and its extracellular vesicles on toll-like receptors and tight junction. *Gastroenterology and Hepatology from Bed to Bench*, v. 12, n. 2, p. 163-168, 2019.

AUCLAIR, J.; FRAPPIER, M.; MILLETTE, M. *Lactobacillus acidophilus* CL1285, *Lactobacillus casei* LBC80R, and *Lactobacillus rhamnosus* CLR2 (Bio-K+): characterization, manufacture, mechanisms of action, and quality control of a specific probiotic combination for primary prevention of *Clostridium difficile* infection. *Clinical Infectious Diseases*, v. 60, suppl. 2, p. S135-S143, 2015.

BAI, Z. *et al.* Lactic acid production by *Sporolactobacillus inulinus* YBS1-5 with simultaneous utilization of cottonseed meal and corncob residue. *Bioresource Technology*, v. 207, p. 346-352, 2016.

BARREA, L. *et al.* From gut microbiota dysfunction to obesity: could short-chain fatty acids stop this dangerous course? *Hormones*, v. 18, n. 3, p. 245-250, 2019.

BARTLETT, J. G.; ONDERDONK, A. B. Quantitative bacteriology of the vaginal flora. *Journal of Infectious Diseases*, v. 156, n. 2, p. 271-277, 1977.

BENGMARK, S. Bacteria for optimal health. *Nutrition*, v. 16, n. 7-8, p. 611-615, 2000.

BERCHE, P. Louis Pasteur, from crystals of life to vaccination. *Clinical Microbiology and Infection*, v. 18, p. 1-6, 2012.

BERNARDEAU, M. *et al.* Safety assessment of dairy microorganisms: the *Lactobacillus* genus. *International Journal of Food Microbiology*, v. 126, n. 3, p. 278-285, 2008.

BERNBOM, N. *et al.* Effects of *Lactococcus lactis* on composition of intestinal microbiota: role of nisin. *Applied and Environmental Microbiology*, v. 72, n. 1, p. 239-244, 2006.

BERNET, M. F. *et al. Lactobacillus acidophilus* LA1 binds to cultured human intestinal cells lines and inhibits cell attachment and cell invasion by enterovirulent bacteria. *Gut*, v. 35, n. 4, p. 483-489, 1994.

BERNINI, L. J. *et al.* Beneficial effects of *Bifidobacterium lactis* on lipid profile and cytokines in patients with metabolic syndrome: a randomized trial. Effects of probiotics on metabolic syndrome. *Nutrition*, v. 32, n. 6, p. 716-719, 2016.

BERTO, P. N. *et al.* Dietary supplementation wit hydrolyzed yeast and its effect on the performance, intestinal microbiota, and immune response of weaned piglets. *Anais da Academica Brasileira de Ciências*, v. 92, supl. 1, e2018969, 2020.

BHAGAT, D. *et al.* Probiotic properties of phytase producing *Pediococcs acidilactici* strain SMVDUDB2 isolated from traditional fermented cheese product, Kalarei. *Science Reports*, v. 10, n. 1, p. 1926, 2020.

BHARDWAJ, R., SINGH, B. P., SANDHU, N. Probiotic mediated NF-κB regulation for prospective management of type 2 diabetes. *Molecular Biology Reports*, v. 47, p. 2301-2313, 2020.

BINDA, S. *et al.* Criteria to Qualify Microorganisms as "Probiotic" in Foods and Dietary Supplements. *Frontiers in Microbiology*, v. 11, n. 1162, 2020.

BINDELS, L. B. *et al.* Synbiotic approach restores homeostasis and prolongs survival in leukaemia mice with cachexia. *The ISME J*, v. 10, n. 6, p. 1456-1470, 2015.

BINNS, N. *Probióticos, prebióticos e a microbiota intestinal.* São Paulo: International Life Science Institute do Brasil, 2014. 44 p. (ILSI Europe Monograph Series)

BIVOLARSKI, V. *et al.* Characterization of glucansucrases and fructansucrases produced by wild strains *Leuconostoc mesenteroides* URE13 and *Leuconostoc mesenteroides* LM17 grown on glucose or fructose medium as a sole carbon source. *Biotechnology & Biotechnological Equipment*, v. 27, n. 3, p. 3811-3820, 2013.

BORRIELLO, S. P. *et al.* Safety of probiotics that contain *Lactobacilli* or *Bifidobacteria*. *Clinical Infectious Diseases*, v. 36, n. 6, p. 775-780, 2003.

BRASIL. Ministério da Saúde. Agência Nacional de Vigilância Sanitária. Resolução n. 18, de 30 de abril de 1999. Aprova o regulamento técnico que estabelece as diretrizes básicas para análise e comprovação de propriedades funcionais e ou de saúde alegadas em rotulagem de alimentos. *Diário Oficial da União*, Poder Executivo, 3 maio 1999.

BRASIL. Ministério da Saúde. Agência Nacional de Vigilância Sanitária. Resolução n. 2, de 7 de janeiro de 2002. Aprova o Regulamento Técnico de Substâncias Bioativas e Probióticos Isolados com Alegação de Propriedades Funcional e ou de Saúde. *Diário Oficial da União*, n. 6, seção 1, p. 191, 2002.

BRASIL. Ministério da Saúde. Agência Nacional de Vigilância Sanitária. Resolução da Diretoria Colegiada – RDC n. 241, de 26 de julho de 2018. Dispõe sobre os requisitos para comprovação da segurança e dos benefícios à saúde dos probióticos para uso em alimentos. *Diário Oficial da União*, n. 144, seção 1, p. 97, 2018a.

BRASIL. Ministério da Saúde. Agência Nacional de Vigilância Sanitária. Resolução da Diretoria Colegiada – RDC n. 243, de 26 de julho de 2018. Dispõe sobre os sanitários dos suplementos alimentares. *Diário Oficial da União*, n. 144, seção 1, p. 100, 2018b.

BRASIL. Ministério da Saúde. Agência Nacional de Vigilância Sanitária. *Guia para instrução processual de petição de avaliação de probióticos para uso em alimentos.* Guia n. 21, versão 1, de 21 de fevereiro de 2019. Disponível em: https://www.gov.br/anvisa/pt-br/assuntos/noticias-anvisa/2019/guia-orienta-sobre-instrucao-processual-de-probioticos. Acesso em: 21 jan. 2021.

BRODMANN, T. et al. Safety of Novel Microbes for Human Consumption: Practical Examples of Assessment in the European Union. Front. Microbiol., 12, 2017.

BUBNOV, R. V. *et al.* Specific properties of probiotics strains: relevance and benefits for the host. *EPMA Journal*, v. 9, n. 2, p. 205-223, 2018.

BURTON, J.P. *et al.* Persistence of the oral probiotic *Streptococcus salivarius* M18 is dose-dependent and megaplasmid transfer can augment their bacteriocin production and adhesion characteristics. *PLoS One*, v. 8, n. 6, e65991, 2013.

BURY, S. *et al.* The probiotic *Escherichia coli* strain Nissle 1917 combats lambdoid bacteriophages stx and λ. *Frontiers in Microbiology*, v. 9, p. 929, 2018.

CARABOTTI, M. *et al.* The gut brain Axis interactions between enteric microbiota, central and enteric nervous systems. *Annals of Gastroenterology*, v. 28, p. 2203-2209, 2015.

CARASI, P. *et al. Enterococcus durans* EP1 a promising anti-inflammatory probiotic able to stimulate sIgA and to increase *Faecalibacterium prausnitzii* abundance. *Frontiers in Immunology*, v. 8, 2017.

CARMODY, R. N. *et al.* Diet dominates host genotype in shaping the murine gut microbiota. *Cell Host & Microbe*, v. 17, n. 1, p. 72-84, 2015.

CHAMPAGNE, C. P.; GOMES DA CRUZ, A.; DAGA, M. Strategies to improve the functionality of probiotics in supplements and foods. *Current Opinion in Food Science*, v. 22, p. 160-166, 2018.

CHAMPAGNE, C. P.; FUSTIER, P. Microencapsulation for the improved delivery of bioactive compounds into foods. *Food Biotechnology*, v. 118, p. 184-190, 2007.

CHAMPAGNE, C. P.; GARDNER, N. J.; ROY, D. Challenges in the addition of probiotic cultures to foods. *Crit. Rev. Food Science and Nutrition*, v. 45, n. 1, p. 61-84, 2005.

CHARTERIS, W. P. *et al.* Selective detection, enumeration and identification of potentially probiotic *Lactobacillus* and *Bifidobacterium* species in mixed bacterial populations. *International Journal of Food Microbiology*, v. 35, n. 1, p. 1-27, 1997.

CHEPLIN, H. A.; FULMER, H. C.; BARNEY, C. Therapeutic application of *Bacillus acidophilus* milk. *The New England Journal of Medicine*, v. 80, n. 189, p. 405-411, 1923.

CHEPLIN, H. A.; RETTGER, L. F. Studies on the transformation of the intestinal flora, with special reference to the implantation of *Bacillus acidophilus*, II. Feeding experiments on man. *Proceedings of the National Academy of Sciences USA*, v. 6, n. 12, p. 704-705, 1920.

CHO, Y. *et al.* Rapid and accurate identification of species of the genus *Pediococcus* isolated from Korean fermented foods by matrix-assisted laser desorption/ionization time-of-flight with local database extension. *International Journal of Systematic and Evolutionary Microbiology*, v. 67, n. 3, p. 744-752, 2017.

CICENIA, A. *et al.* Postbiotic activities of *Lactobacilli*-derived factors. *Journal of Clinical Gastroenterology*, v. 48, p. s18-s22, 2014.

CIORBA, M. A.; STENSON, W. F. Probiotic therapy in radiation-induced intestinal injury and repair. *Annals of the New York Academy of Sciences*, v. 1165, n. 1, p. 190-194, 2009.

CLEASSON, R.; CROSSNER, C. G. Presence of *Lactobacillus casei* in saliva from children and adults using a new medium. *Scandinavian Journal of Dental Research*, v. 93, p. 17-22, 1985.

COLLADO, M. C.; VINDEROLA, G.; SALMINEN, S. Postbiotics: facts and open questions. A position paper on the need for a consensus definition. *Beneficial Microbes*, v. 10, n. 7, p. 711-719, 2019.

CORCORAN, B. M. *et al.* Survival of probiotic lactobacilli in acidic environments is enhanced in the presence of metabolizable sugars. *Applied and Environmental Microbiology*, v. 71, p. 3060-3067, 2005.

CUMMINGS, J. H.; MACFARLANE, G. T. Gastrointestinal effects of prebiotics. *British Journal of Nutrition*, v. 87, supp. 2, p. S145-S151, 1991.

CUMMINS, C. S.; JOHNSON, J. L. Genus 1. Propionibacterium Orla-Jensen. 337AL. *In*: SNEATH, P. H. A. *et al.* (eds.). *Bergey's manual of systematic bacteriology.* Baltimore: Williams & Wilkins, 1986. p. 1346-1353. (V. 2)

CZERUCKA, D. RAMPAL. Diversity of *Saccharomyces boulardii* CNCMI-745 mechanisms of action against intestinal infections. *World Journal of Gastroenterology*, v. 25, n. 18, p. 2188-2203, 2019.

DAVID, L. A. *et al.* Diet rapidly and reproducibly alters the human gut microbiome. *Nature*, v. 505, n. 7484, p. 559-563, 2014.

DE PAULA, A. T. *et al. Leuconostoc mesenteroides* SJRP55: a potential probiotic strain isolated from Brazilian water buffalo mozzarella cheese. *Annual Microbiology*, v. 65, p. 899-910, 2015.

DE VRIES, R. P.; VISSER, J. Aspergillus enzymes involved in degradation of plant cell wall polysaccharides. *Microbiology and Molecular Biology Reviews*, v. 65, n. 4, p. 497-522, 2001.

DELTHLEFSEN, L.; MCFALL-NGAI M.; RELMAN, D. A. An ecological and evolutionary perspective on human-microbe mutualism and disease. *Nature*, v. 449, n. 18, p. 811-818, 2007.

DEPOMMIER, C. *et al.* Supplementation with *Akkermansia muciniphila* in overweight and obese human volunteers: a proof-of-concept exploratory study. *Nature Medicine*, v. 25, n. 7, p. 1096-1103, 2019.

DICKERSON, F. *et al.* Adjunctive probiotic microorganisms to prevent rehospitalization in patients with acute mania: a randomized controlled trial. *Bipolar Disorders*, v. 20, n. 7, p. 614-621, 2018.

DINLEYICI, E. C. *et al. Saccharomyces boulardii* CNCM I-745 in different clinical conditions. *Expert Opinion on Biological Therapy*, v. 14, n. 11, p. 1593-609, 2014.

DORE, J.; BLOTTIERE, H. The influence of diet on the gut microbiota and its consequences for health. *Current Opinion in Biotechnology*, v. 32, p. 195-199, 2015.

DORON, S.; SNYDMAN, D. R. Risk and safety of probiotics. *Clinical Infectious Diseases*, v. 60 suppl. 2, p. S129-S134, 2015.

DUNN, J. *et al.* Dairying in green Saharan Africa in the fifth millennium BC. *Nature*, v. 486, n. 21, p. 390-394, 2012.

ECKBURG, P. B. Diversity of the human Intestinal microbial flora. *Science*, v. 308, n. 5728, p. 1635-1638, 2005.

ECKBURG, P. B. et al. Diversity of the human Intestinal microbial flora. Science, 308 (5728), p. 1635–1638, 2005.

EL-FATTAH, A. B. *et al.* Angiotensin-converting enzyme inhibition and antioxidant activity of commercial dairy starter cultures. *Food Science and Biotechnology*, v. 25, n. 6, p. 1745-1751, 2016.

ELGHANDOUR, M. M. Y. *et al. Saccharomyces cerevisiae* as a probiotic feed additive to non and pseudo-ruminant feeding: a review. *Journal of Applied Microbiology*, v. 128, n. 3, p. 658-674, 2020.

ERKUS, O. *et al.* Multifactorial diversity sustains microbial community stability. *The ISME Journal*, v. 7, n. 11, p. 2126-2136, 2013.

ESPÍRITO SANTO, A. P. *et al.* Influence of food matrices on probiotic viability-a review focusing on fruit bases. *Trends in Food Science and Technology*, v. 22, p. 377-385, 2011.

FAITH, J. J. *et al.* The long-term stability of the human gut microbiota. *Science*, v. 341, n. 6141, p. 1237439, 2013.

FALENTIN, H. *et al.* The complete genome of *Propionibacterium freudenreichii* CIRM-BIA1, a hardy actinombacterium with food and probiotic applications. *PLoS One*, 2010.

FAO (ORGANIZAÇÃO DAS NAÇÕES UNIDAS PARA A ALIMENTAÇÃO E AGRICULTURA); IFAD (INTERNATIONAL FUND FOR AGRICULTURAL DEVELOPMENT); (WFP) WORLD FOOD PROGRAM. 2014. *The state of food insecurity in the world.* Strenghtening and enabling environment for food security and nutrition. Rome: FAO, 2014. 53 p. Disponível em: http://www.fao.org/3/i4030e/i4030e.pdf. Acesso em: 24 out. 2021.

FAO (ORGANIZAÇÃO DAS NAÇÕES UNIDAS PARA A ALIMENTAÇÃO E AGRICULTURA). *Animal production and health.* Probiotics in animal nutrition: production, impact and regulation. Rome: FAO, 2016. 96 p.

FAO (ORGANIZAÇÃO DAS NAÇÕES UNIDAS PARA A ALIMENTAÇÃO E AGRICULTURA). *State of world fisheries and aquaculture.* Rome: FAO, 2020. Disponível em: https://www.fao.org/3/ca9229en/CA9229EN.pdf. Acesso em: 24 out. 2021.

FAO (ORGANIZAÇÃO DAS NAÇÕES UNIDAS PARA A ALIMENTAÇÃO E AGRICULTURA). Food Quality and Standards Service (AGNS). *FAO technical meeting on prebiotics.* 15-16 set. 2007. Rome: FAO, 2007.

FAO (ORGANIZAÇÃO DAS NAÇÕES UNIDAS PARA A ALIMENTAÇÃO E AGRICULTURA); WHO (ORGANIZAÇÃO MUNDIAL DA SAÚDE). *Probiotics in food.* Health and nutritional properties and guidelines for evaluation. Rome: FAO/WHO, 2006. 33 p. Disponível em: http://www.fao.org/3/a0512e/a0512e.pdf. Acesso em: 24 out. 2021.

FAO (ORGANIZAÇÃO DAS NAÇÕES UNIDAS PARA A ALIMENTAÇÃO E AGRICULTURA); WHO (ORGANIZAÇÃO MUNDIAL DA SAÚDE). *Probiotics in food health and nutritional properties and guidelines for evaluation.* Report of a joint FAO working group on drafting guidelines for evaluation of probiotics in food. London, Ontario, Canada. 30 abr.-1º maio 2002. Disponível em: https://www.fao.org/3/a0512e/a0512e.pdf. Acesso em: 24 out. 2021.

FARNWORTH, E. R. The evidence to support health claims for probiotics. *Journal of Nutrition*, v. 138, n. 6, p. 1250S-1254S, 2008.

FERREIRA, C. L. L. F. Tecnologia de produtos lácteos funcionais: probióticos. *In*: *O agronegócio do leite e os alimentos lácteos funcionais*. Juiz de Fora: EPAMIG, Centro Tecnológico (ILCT), 2001. p. 183-203. 204 p.

FIJAN, S. Microorganisms with claimed probiotic properties: an overview of recent literature. *International Journal of Environmental Research and Public Health*, v. 11, n. 5, p. 4745-4767, 2014.

FOLIGNÉ, B. *et al.* Probiotic yeasts: anti-inflammatory potential of various non-pathogenic strains in experimental colitis in mice. *World Journal of Gastroenterology*, v. 16, n. 17, p. 2134-2145, 2010.

FONSECA, G. G.; HEINZLE, E. The yeast *Klyuveromyces marxianus* and its biotechnological potential. *Applied Microbiology and Biotechnology*, v. 79, p. 339-354, 2008.

FDA (FOOD AND DRUG ADMINISTRATION)). *Guidance for Industry: Evidence-Based Review System for the Scientific Evaluation of Health Claims*. 2009. Disponível em: https://www.fda.gov/regulatory-information/search-fda-guidance-documents/guidance-industry-evidence-based-review-system-scientific-evaluation-health-claims

FULLER, R. Probiotics in man and animals. *Journal of Applied Bacteriology*, v. 66, p. 365-378, 1989.

FUNCTIONAL FOODS market worth US$ 275.7 billion by 2025. *Grand View Research*, abr. 2019. Disponível em: https://www.grandviewresearch.com/press-release/global-functional--foods-market. Acesso em: 12 fev. 2021.

FURTADO, D. N. *et al.* M. Bacteriocinogenic *Lactococcus lactis* subsp. *lactis* DF04Mi isolated from goat milk: characterization of the bacteriocin. *Brazilian Journal of Microbiology*, v. 45, n. 4, p. 1541-1550, 2014.

GABRIEL, W. *et al.* The influence of maternal vaginal flora on the intestinal colonization in newborns and 3-month-old infants. *The Journal of Maternal-Fetal & Neonatal Medicine*, v. 31, n. 11, p. 1148-1453, 2018.

GARCÍA-BURGOS, M. *et al.* New perspectives in fermented dairy products and their health relevance. *Journal of Functional Foods*, v. 72, 2020.

GARCÍA-TEJEDOR, A. *et al.* Novel antihypertensive lactoferrin-derived peptides produced by *Kluyveromyces marxianus*: gastrointestinal stability profile and *in vivo* angiotensin I-converting enzyme (ACE) inhibition. *Journal of Agricultural and Food Chemistry*, v. 62, n. 7, p. 1609-1616, 2014.

GHARSALLAOUI, A. *et al.* Properties of spray-dried food flavours microencapsulated with two-layered membranes: roles of interfacial interactions and water. *Food Chemistry*, v. 132, n. 4, p. 1713-1720, 2012.

GIBSON, G. R.; ROBERFROID, M. B. Dietary modulation of the human colonic microbiota: introducing the concept of prebiotics. *The Journal of Nutrition*, v. 125, n. 6, p. 1401-1412, 1995.

GILL, S. R. *et al.* Metagenomic analysis of the human distal gut microbiome. *Science*, v. 312, n. 5778, p. 1355-1359, 2006.

GONZÁLEZ, S. *et al.* Fermented dairy foods: impact on intestinal microbiota and health – linked biomarkers. *Frontiers in Microbiology*, v. 10, art. 1046, 2019.

GOPAL, P. K. *et al. In vitro* adherence properties of *Lactobacillus rhamnosus* DR20 and *Bifidobacterium lactis* DE10 strains and their antagonistic activity against an enterotoxigenic *Escherichia coli*. *International Journal of Food Microbiology*, v. 67, n. 3, p. 207-216, 2001.

GRZESKOWIAK, L. *et al.* Gut *Bifidobacterium* microbiota in one-month-old Brazilian newborns. *Anaerobes*, v. 35, p. 54-58, 2015.

GUILLEMARD, E. *et al.* Consumption of a fermented dairy product containing the probiotic *Lactobacillus casei* DN-114 001 reduces the duration of respiratory infections in the elderly in a randomised controlled trial. *British Journal of Nutrition*, v. 103, n. 1, p. 58-68, 2009.

GUNYAKTI, A.; ASAN-OZUSAGLAM, M. *Lactobacillus gasseri* from human milk with probiotic potential and some technological properties. *LWT – Food Science and Technology*, v. 109, p. 261-269, 2020.

HACHMEISTER, K. A.; FUNG, D. Y. C. Tempeh-a mold-modified indigenous fermented food made from soybeans and/or cereal grains. *Critical Reviews in Microbiology*, v. 19, n. 3, p. 137-188, 1993.

HAGHSHENAS, B. *et al.* Isolation and characterization of probiotics from dairies. *Iranian Journal of Microbiology*, v. 9, n. 4, p. 234-243, 2017.

HAMMES, W. P.; HERTEL, C. The genera Lactobacillus and Carnobacterium. *In*: DWORKIN, M. *et al.* (eds.). *The Prokaryotes*. New York: Springer, 2006. p. 320-403. (V. 4)

HAN, M. H.; MOON, G. S. Development of skin health promoting materials using *Leuconostoc mesenteroides*. *Microbiology and Biotechnology Letters*, v. 48, n. 4, p. 455-462, 2020.

HANSEN, R. *et al.* First-pass meconium samples from healthy term vaginally-delivered neonates: an analysis of the microbiota. *PLoS One*, v. 10, n. 7, e0133320, 2015.

HATAKKA, K. *et al.* The influence of *Lactobacillus rhamnosus* LC705 together with *Propionibacterium freudenreichii* ssp. *shermanii* JS on potentially carcinogenic bacterial activity in human colon. *International Journal of Food Microbiology*, v. 128, n. 2, p. 406-410, 2008.

HELLER, K. J. Probiotic bacteria in fermented foods: product characteristics and starter organisms. *The American Journal of Clinical Nutrition*, v. 73, n. 2), p. 374s-379s, 2001.

HENKER, J. *et al.* Probiotic *Escherichia coli* Nissle 1917 (EcN) for successful remission maintenance of ulcerative colitis in children and adolescents: an open-label pilot study. Zeitschrift für Gastroenterologie, v. 46, n. 9, p. 874-875, 2008.

HILL, C. *et al.* The International Scientific Association for Probiotics and Prebiotics consensus statement on the scope and appropriate use of the term probiotic. Expert Consensus. *Nature Reviews Gastroenterology & Hepatology*, v. 11, p. 506-514, 2014.

HOLZAPFEL, W. H. *et al.* Taxonomy and important features of probiotic microorganisms in food and nutrition. *The American Journal of Clinical Nutrition*, v. 73, 2 suppl, p. 365S-373, 2001.

HOLZAPFEL, W. H. *et al.* Overview of gut flora and probiotics. *International Journal of Food Microbiology*, v. 41, p. 85-101, 1998.

HONG, K. J.; LEE, C.H.; KIM, S.W. *Aspergillus oryzae* GB-107 fermentation improves nutritional quality of food soybeans and feed soybean meals. *Journal of Medicinal Food*, v. 7, n. 4, p. 430-435, 2004.

HOOPER, L. V. *et al.* Molecular analysis of commensal host-microbial relationships in the intestine. *Science*, v. 291, n. 5505, p. 881-884, 2001.

HUANG, H. Y. *et al.* Basic characteristics of *Sporolactobacillus inulinus* BCRC 14647 for potential probiotic properties. *Current Microbiology*, v. 54, n. 5, p. 396-404, 2007.

HUANG, Y. C. *et al.* Effects of tempeh fermentation with *Lactobacillus plantarum* and *Rhizopus oligosporus* on streptozotocin-induced type II diabetes mellitus in rats. *Nutrients*, v. 10, n. 9, p. 1143, 2018.

HUQ, T. *et al.* Encapsulation of probiotic bacteria in biopolymeric system. *Critical Reviews in Food Science and Nutrition*, v. 53, n. 9, p. 909-916, 2013.

HUTCHINGS, N.; TRUMAN, A.; WILKINSON, B. Antibiotics: past, present and future. *Current Opinion in Microbiology*, v. 51, p. 72-80, 2019.

HYRONIMUS, B. *et al.* Acid and bile tolerance of spore-forming lactic acid bacteria. *International Journal of Food Microbiology*, v. 61, n. 2-3, p. 193-197, 2000.

ISAWA, K. *et al.* Isolation and identification of a new bifidogenic growth stimulator produced by *Propionibacterium freudenreichii* ET-3. *Bioscience, Biotechnology and Biochemistry*, v. 66, n. 3, p. 679-681, 2002.

JANG, H. R. *et al.* A protective mechanism of probiotic *Lactobacillus* against hepatic steatosis via reducing host intestinal fatty acid absorption. *Experimental & Molecular Medicine*, v. 51, p. 95, 2019.

KEKKONEN, R. A. *et al.* Probiotic *Leuconostoc mesenteroides* ssp. *cremoris* and *Streptococcus thermophilus* induce IL-12 and IFN-gamma production. *World Journal of Gastroenterology*, v. 14, n. 8, p. 1192-1203, 2008.

KHORSHIDIAN, N.; YOUSEFI, M.; MORTAZAVIAN, A. M. Fermented milk: the most popular probiotic food carrier. *Advances in Food and Nutrition Research*, v. 94, jul. 2020.

KLEIN, G. Molecular characterization of the probiotic strain *Bacillus cereus* var toyoi NCIMB 40112 and differentiation from food poisoning strains. *Journal of Food Protection*, v. 74, p. 1189-1193, 2011.

KONURAY, G.; ERGINKAYA, Z. Potential use of *Bacillus coagulans* in the food industry. *Foods*, v. 7, n. 6, p. 92, 2018.

KUNDU, P. *et al.* Our gut microbiome: the evolving inner self. *Cell*, v. 171, n. 7, p. 1481-1493, 2017.

KURTZMAN, C. Phylogenetic circumscription of and other members of the Saccharomycetaceae, and the proposal of the new genera Lachancea, Nakaseomyces, Naumovia, Vanderwaltozyma and Zygotorulaspora. *FEMS Yeast Research*, v. 4, n. 3, p. 233-245, 2003.

KWON, J. Y. *et al.* The combination of probiotic complex, rosavin, and zinc improves pain and cartilage destruction in an osteoarthritis rat model. *Journal of Medicinal Food*, v. 21, n. 4, p. 364-371, 2018.

LADHA, G.; JEEVARATNAM, K. Probiotic potential of *Pediococcus Pentosaceus* LJR1, a bacteriocinogenic strain isolated from rumen liquor of goat (*Capra aegagrus* hircus). *Food Biotechnology*, v. 32, n. 1, p. 60-77, 2018.

LAN, R. Y.; MACKAY, I. R.; GERSHWIN, M. E. Regulatory T cells in the prevention of mucosal inflammatory diseases: patrolling the border. *Journal of Autoimmunity*, v. 29, n. 4, p. 272-280, 2007.

LANGILLE, M. G. *et al.* Shifts in the aging mouse's gut. *Microbiome*, v. 2, p. 50, 2014.

LATVALA, S. *et al.* Potentially probiotic bacteria induce efficient maturation but differential cytokyne production in human monocyte-derived dendritic cells. *World Journal of Gastroenterology*, v. 14, n. 36, p. 5570-5583, 2008.

LE CHATELIER, E. *et al.* Richness of human gut microbiome correlates with metabolic markers. *Nature*, v. 500, n. 7464, p. 541-546, 2013.

LEBEER, S.; VANDERLEYDEN, J.; DE KEERSMAECKER, S. C. J. Genes and molecules of lactobacilli supporting probiotic action. *Microbiology and Molecular Biology Reviews*, v. 72, n. 4, p. 728-764, 2008.

LEE, K. W. *et al.* Probiotic properties of *Pediococcus* strains isolated from jeotgals, salted and fermented Korean sea-food. *Anaerobe*, v. 28, p. 199-206, 2014.

LEE, N. K. *et al.* Multifunctional effect of probiotic *Lactococcus lactis* KC24 isolated from kimchi. *LWT – Food Science and Technology*, v. 64, n. 2, p. 1036-1041, 2015.

LENOIR-WIJNKOOP, I. *et al.* Probiotic and prebiotic influence beyond the intestinal tract. *Nutrition Reviews*, v. 65, n. 11, p. 469-489, 2007.

LIDBECK, A.; NORD, C. E. *Lactobacilli* and the normal human anaerobic microflora. *Clinical Infectious Diseases*, v. 4, p. S181-187, 1993.

LILLY, D. M.; STILLWELL, R. H. Probiotics: growth promoting factors produced by microorganisms. *Science*, v. 147, p. 747-749, 1965.

LIU, Y. W. *et al.* Effects of *Lactobacillus plantarum* PS128 on children with autism spectrum disorder in Taiwan: a randomized, bouble-blind, placebo-controlled trial. *Nutrients*, v. 11, n. 4, p. 820-835, 2019.

LJUNGHGH, A.; WADSTROM, T. Lactic acid bacteria as probiotics. *Current Issues in Intestinal Microbiology*, v. 7, p. 73-90, 2006.

LOZUPONE, C. A. *et al.* Diversity, stability and resilience of human gut microbiota. *Nature*, v. 489, n. 7415, p. 220-230, 2012.

LPSN – List of prokaryotic names with standing in nomenclature. Disponível em: https://lpsn.dmsz.de/genus. Acesso em: jun. 2021.

LUOTO, R. *et al.* The impact of perinatal probiotic intervention on the development of overweight and obesity: follow-up study from birth to 10 years. *International Journal of Obesity*, v. 34, n. 10, p. 1531-1537, 2010.

LUQUETI, B. C. *et al. Saccharomyzes cerevisiae* cell wall dietary supplementation on the performance and intestinal mucosa development and integrity of broiler chickens vaccinated against coccidiosis. *Brazilian Journal of Poultry Science*, v. 14, n. 2, p. 71-158, 2012.

MAEDA, M. *et al.* The concept to biological control methods in aquaculture. *Hidrobiology*, v. 358, p. 285-290, 1997.

MAGALHÃES, M. S. *et al.* Terminology: functional foods, probiotics, prebiotics, synbiotics, health claims, sensory evaluation of food, molecular gastronomy. *Turku-Finland*, p. 122, 2011.

MARCIAL-COBA, M. S., KNOCHEL, S., NIELSEN, D. S. Low-moisture food matrices as probiotic carriers. *FEMS Microbiology Letters*, v. 366, n. 2, 2019.

MARCO, M. L. *et al.* Health benefits of fermented foods: microbiota and beyond. *Current Opinion in Biotechnology*, v. 44, p. 94-102, 2017.

MARKOWIAK, P., ŚLIŻEWSKA, K. The effect of probiotics on the production of short-chain fatty acids by human intestinal microbiome. *Nutrients*, v. 12, n. 4, p. 1107, 2020.

MARTIN, R. *et al.* Functional characterization of novel *Faecalibacterium prausnitzii* strains isolated from healthy volunteers: a step forward in the use of *F. prausnitzii* as a next-generation probiotic. *Frontiers in Microbiology*, v. 8, p. 1526, 2017.

MARTINOVIC, A. *et al. Streptococcus thermophilus*: to survive, or not to survive the gastrointestinal tract, that is the question! *Nutrients*, v. 12, n. 8, p. 2175, 2020.

MATTHES, H. *et al.* Clinical trial: probiotic treatment of acute distal ulcerative colitis with reactally administered *Escherichia coli* Nissle 1917 (EcN). *BMC Complementary and Alternative Medicine*, v. 10, p. 13-20, 2010.

MAYNARD, C. L. *et al.* Reciprocal interactions of the intestinal microbiota and immune system. *Nature Insight*, v. 489, p. 231-241, 2012.

MBYE, M. *et al.* Updates on understanding of probiotic lactic acid bacteria responses to environmental stresses and highlights on proteomic analyses. *Reviews in Food Science and Food Safety*, v. 19, n. 3, p. 1110-1124, 2020.

MCFARLAND, L. V. Common organisms and probiotics: Saccharomyces boulardii. *In*: FLOCH, M.; RINGEL, Y.; WALKER, W. A. (eds.). *The microbiota in gastrointestinal pathophysiology*. London: Academic Press, 2017. 402 p.

METCHNIKOFF, I. *The prolongation of life*. Ed. rev. Trad. C. Mitchell. London: W. Heinemann, 1910 [1907].

MILANI, C. *et al.* The first microbial colonizers of the human gut: composition, activities, and health implications of the infant gut microbiota. *Microbiology and Molecular Biology Review*, v. 81, n. 4, p. e00036-17, 2017.

MITSUOKA, T. *Intestinal bacteria and health*. Tokyo: Harcourt Brace Jovarnovich Japan, 1978. 208 p.

MITSUOKA, T. Establishment of intestinal bacteriology. Bioscience of microbiota, food and health, v. 33, n. 3, p. 99-116, 2014.

MOHAMADKHANI, A. Gut microbiota and fecal metabolome perturbation in children with autism spectrum disorder. *Middle East Journal of Digestive Diseases*, v. 10, n. 4, p. 205-212, 2018.

MOLLENBRINK, N.; BRUCKSCHEN, E. Treatment of chronic constipation with physiologic *Escherichia coli* bacteria. Results of a clinical study of the effectiveness and tolerance of microbiological therapy with the *E. coli* Nissle 1917 strain (Mutaflor). *Medizinische Klinik*, v. 89, n. 11, p. 587-593, 1994.

MOORE, R. E.; TOWNSEND, S. D. Temporal development of the infant gut microbiome. *Open Biology*, v. 9, p. 190128, 2019.

MORRISON, D. J.; PRESTON, T. Formation of short chain fatty acids by the gut microbiota and their impact on human metabolism. *Gut Microbes*, v. 7, p. 189-200, 2016.

MYERS, R. P. Transformation of the intestinal flora through the feeding of unfermented Acidophilus milk. *American Journal of Public Health and the Nation Health*, v. 21, n. 8, p. 867-872, 1931.

NAKANO, M. M.; ZUBER, P. Anaerobic growth of "strick aerobe" (*Bacillus subtilis*). *Annual Review of Microbiology*, v. 52, p. 165-190, 1998.

NAMI, Y. *et al.* Probiotic properties of *Enterococcus* isolated from artisanal dairy products. *Frontiers in Microbiology*, v. 10, p. 300, 2019.

NAZHAND, A. *et al.* Ready to use therapeutical beverages: focus on functional beverages containing probiotics, prebiotics and synbiotics. *Beverages*, v. 6, n. 2, p. 26-44, 2020.

NICOLESCU, C. L., BURULEANU, L. C. Correlation of some substrate parameters in growing *Lactobacillus acidophilus* on Vegetable and fruit cocktail juices. *Bulletin of the University of Agricultural Sciences and Veterinary Medicine*, v. 67, n. 2, p. 352-359, 2010.

NUENO-PALOP, C., NARBAD, A. Probiotic assessment of *Enterococcus faecalis* CP58 isolated from human gut. *International Journal of Food Microbiology*, v. 145, n. 2-3, p. 390-394, 2011.

NURMI, E.; NUOTIO, L.; SCHNEITZ, C. The competitive exclusion concept. Development and future. *International Journal of Food Microbiology*, v. 15, n. 3-4, p. 237-240, 1992.

NYANGALE, E. P.; MOTTRAM, D. S.; GIBSON, G. E. Gut microbial activity, implications or health and disease: the potential role of metabolite analysis. *Journal of Proteome Research*, v. 11, n. 12, p. 5573-5585, 2012.

OJANSIVU, I.; FERREIRA, C. L. L. F. F.; SALMINEN, S. Yacon, a new source of prebiotic oligosaccharides with a history of safe use. *Trends in Food Science and Technol*ogy, v. 22, n. 1, p. 40-46, 2011.

OSMANAGAOGLU, O., KIRAN, F., ATAOGLU, H. Evaluation of *in vitro* probiotic potential of *Pediococcus pentosaceus* OZF isolated from human breast milk. *Probiotics and Antimicrobial Proteins*, v. 2, n. 3, p. 162-174, 2010.

OUWENHAND, A. C. The role of probiotics in digestive health. *Nutrition and Dietary Supplements*, v. 2015, n. 7, p. 103-109, 2015.

PARKER, R. B. Probiotic, the other part of the antibiotic history and Health. *Animal Nutrition*, v. 29, p. 2-8, 1974.

PARRACHO, H. M. R. T. *et al.* Differences between the gut microflora of children with autistic spectrum disorders and that of healthy children. *Journal of Medical Microbiology*, v. 54, p. 987-991, 2005.

PATEL, R. N. *et al.* Probiotic bacteria induce maturation of intestinal Claudin 3 expression and barrier function. *American Journal of Pathology*, v. 180, n. 2, p. 626-635, 2012.

PATTERSON, E. *et al.* Gut microbiota, obesity and diabetes. *Postgraduate Medical Journal*, v. 92, n. 1087, p. 286-300, 2016.

PERRICONE, M. *et al.* Challenges for the production of probiotic fruit juices. *Beverages*, p. 95-103, 2015.

PERRONE, G. M. *et al.* Effects of live yeast (*Saccharomyces cerevisiae* Strain 1026) supplementation on the closure of articular growth plates in quarter horse foals. *Journal of Equine Veterinary Science*, v. 33, n. 4, p. 261-265, 2013.

PIWOWAREK, K. *et al.* *Propionibacterium* spp. – source of propionic acid, vitamin B12, and other metabolites important for the industry. *Applied Microbiology and Biotechnology*, v. 102, n. 2, p. 515-538, 2018.

POWER, S. E. *et al.* Intestinal microbiota, diet and health. *British Journal of Nutrition*, v. 111, n. 3, p. 387-402, 2014.

PRESCOTT, S. L.; BJORKSTÉN, B. Probiotics for the prevention or treatment of allergic diseases. *Journal of Allergy and Clinical Immunology*, v. 120, n. 2, p. 255-262, 2007.

RAJPUT, I. R. *et al.* Effect of *Saccharomyces boulardii* and *Bacillus subtilis* B10 on intestinal ultrastructure modulation and mucosal immunity development mechanism in broiler chickens. *Poultry Science*, v. 92, p. 956-965, 2013.

RAO, A. V. *et al.* A randomized, double-blind, placebo-controlled pilot study of a probiotic in emotional symptoms of chronic fatigue syndrome. *Gut Pathogens*, v. 1, n. 1, p. 6, 2009.

RATANABUREE, A. *et al.* Selection of γ-aminobutyric acid-producing lactic acid bacteria and their potential as probiotics for use as starter cultures in Thai fermented sausages (Nham). *International Journal of Food Science & Technology*, v. 48, n. 7, p. 1371-1382, 2013.

REUNANEN, J. *et al. Akkermansia muciniphila* adheres to enterocytes and strengthens the integrity of epithelial cell layer. *Applied and Environmental Microbiology*, v. 81, n. 11, p. 3655-3662, 2015.

REZAC, S. *et al.* Fermented foods as a dietary source of live organisms. *Frontiers in Microbiology*, v. 9, p. 1785, ago. 2018.

RICCIO, P.; ROSSANO, R. The human gut microbiota is neither an organ nor a commensal. *FEBS Letters*, v. 594, p. 3262-3271, 2020.

ROBERFROID, M. B. Global view on fuctional foods: European perspectives. *British Journal of Nutrition*, v. 88, suppl. 2, p. S133-S138, 2002.

RODA, V. *et al.* Susceptibility of bifidobacteria to lysozyme as a possible selection criterion for probiotic bifidobacterial strains. *Biotechnology Letters*, v. 32, n. 3, p. 451-455, 2010.

RODRIGUES, F. C. *et al.* Yacon flour and *Bifidobacterium longum* modulate bone health in rats. *Journal of Medicinal Food*, v. 15, n. 7, p. 664-670, 2012.

ROSA, D. D. *et al.* Milk kefir: nutritional, microbiological and health benefits. *Nutrition Research Reviews*, v. 30, n. 1, p. 82-96, 2017.

SALVUCCI, E. Microbiome, holobiont and the net of life. *Critical Review in Microbiology*, v. 42, n. 3, p. 485-494, 2016.

SALVUCCI, E. The human-microbiome superorganism and its modulation to restore health. *International Journal of Food Sciences and Nutrition*, v. 70, n. 7, p. 781-795, 2019.

SANDERS, M. E. How do we know when something called "probiotic" is really a probiotic? A guide for consumers and health care professionals. *Functional Foods Reviews*, v. 1, n. 1, p. 3-12, 2009.

SANDERS, M. E.; KLAENHAMMER, T. R. Invited review: the scientific basis of *Lactobacillus acidophilus* NCFM functionality as a probiotic. *Journal of Dairy Science*, v. 84, n. 2, p. 319-331, 2001.

SANDERS, M. E.; LEBEER, S. New names for important probiotic Lactobacillus species. *Isapp*, 15 abr. 2020. Disponível em: https://isappscience.org/new-names-for-important-probiotic-lactobacillus-species/. Acesso em: jun. 2021.

SANDERS, M. E.; MARCO, M. L. Food formats for effective delivery of probiotics. *Annual Review of Food Science and Technology*, v. 1, p. 65-85, 2010.

SANDERS, M. E.; MORELLI, L.; TOMPKINS, T. A. Sporeformers as human probiotics: *Bacillus, Sporolactobacillus*, and *Brevibacillus. Comprehensive Reviews in Food Science and Food Safety*, v. 2, n. 3, p. 101-110, 2003.

SANDERS, M. E. *et al.* Weigh of evidence needed to substantiate a health effect for probiotics and prebiotics. Regulatory considerations in Canada, E.U., and U.S. *European Journal of Nutrition*, v. 44, p. 303-310, 2005.

SANDERS, M. E. *et al.* Safety assessment of probiotics for human use. *Gut Microbes*, v. 1, n. 3, p. 164-185, 2010.

SANDERS, M. E. *et al.* Shared mechanisms among probiotic taxa: implications for general probiotic claims. Current Opinion in Biotechnology, 49, 207-216, 2018.

SARTOR, R. B. Mechanisms of disease: pathogenesis of Chron's disease and ulcerative colitis. *Nature Clinical Practice Gastroenterology & Hepathology*, v. 3, n. 7, p. 390-407, 2006.

SARTOR, R. B. *The intestinal microbiota in inflammatory bowel diseases.* Nestlé Nutrition Institute Workshop Series, p. 29-39, 2014.

SAVAGE, D. C. Association of indigenous microorganisms with gastrointestinal mucosal epithelia. *The American Journal of Clinical Nutrition*, v. 23, n. 11, p. 1495-1501, 1970.

SAVAIANO, D. A. Lactose digestion from yogurt: mechanism and relevance. *The American Journal of Clinical Nutrition*, v. 99, n. 5, p. 1251S-1255S, 2014.

SAWANGWAN, T., SAMAN, P. Prebiotic synthesis from rice using *Aspergillus oryzae* with solid state fermentation. *Agriculture and Natural Resources*, v. 50, n. 4, p. 227-231, 2016.

SAWIN, E. *et al.* Glicomacropeptide is a prebiotic that reduces *Desulfovibrio* bacteria, increases cecal short-chain fatty acids, and is anti-inflammatory in mice. *American Journal of Physiology – Gastrointestinal and Liver Physiology*, v. 309, n. 7, p. G590-601, 2015.

SCALDAFERRI, F. *et al.* Role and mechanisms of action of *Escherichia coli* Nissle 1917 in the maintenance of remission in ulcerative colitis patients: an update. *World Journal of Gastroenterology*, v. 22, n. 24, p. 5505-5511, 2016.

SCHAREK, L. *et al.* Impact of the probiotic bacteria *Enterococcus faecium* NCIMB 10415 (SF68) and *Bacillus cereus* var. toyoi HCIMB 40112 on the development of serum IgA of sows and their piglets. *Archives of Animal Nutrition*, v. 61, n. 4, p. 223-234, 2007.

SCHNEEMAN, B. FDA's Review of scientific evidence for health claims. *Journal of Nutrition*, v. 137, n. 2, p. 493-494, 2007.

SECHER, T. *et al.* Oral administration of the probiotic strain *Escherichia coli* Nissle 1918 reduces susceptibility to neuroinflammation and repairs experimental autoimmune encephalomyelitis-induced intestinal barrier dysfunction. *Frontiers in Immunology*, v. 8, p. 1096, 2017.

SENDER, R; FUCHS, S.; MILO, R. Revised estimates for the number of human and bacteria Cells in the body. *PLoS Biology*, v. 14, n. 8, p. e1002533, 2016.

SEO, B. J. *et al.* Evaluation of Leuconostoc mesenteroides YML003 as a probiotic against low--pathogenic avian influenza (H9N2) virus in chickens. *Journal of Applied Microbiology*, v. 113, n. 1), p. 163-171, 2012.

SHARMA, M.; SHUKLA, G. Metabiotics, one step ahead of probiotics: an insight into mechanisms involved in anticancerous effect in colon rectal cancer. *Frontiers in Microbiology*, v. 7, 2016.

SHEEHAN, V. M.; ROSS, P.; FITZGERALD, G. F. Assessing the acid tolerance and the technological robustness of probiotic cultures for fortification in fruit juices. *Innovative Food Science and Emerging Technology*, v. 8, p. 279-384, 2007.

SHIN, S. Y.; HAN, N. S. *Leuconostoc* spp. as starters and their beneficial roles in fermented foods. *Microbiology Monographs*, p. 111-132, 2015.

SHORI, A.B. Microencapsulation improved probiotic survival during gastric transit. *Hayati J Biosciences*, v. 24, n. 1, p. 1-5, 2017.

SORENSON, W. G., HESSELTINE, C. W. Carbon and nitrogen utilization by *Rhizopus Oligosporus. Mycologia*, v. 58, n. 5, p. 681-689, 1966.

SOUNDARARAJAN, M.; VON BUNAU, R.; OELSCHLAEGER, T. A. K5 capsule and lipopolysaccharide are important in resistance to T4 phage attack in probiotic *E. coli* strain Nissle 1917. *Frontiers in Microbiology*, v. 10, 2019.

STACKEBRANDT, E.; SCHAAL, K. P. The family Propionibacteriaceae: the genera Friedmanniella, Luteococcus, Microlunatus, Micropruina, Propioniferax, Propionimicrobium and Tessarococcus. *In*: DWORKIN, M. *et al.* (eds.). *The prokaryotes*. New York: Springer, 2006.

STILES, M. E., HOLZAPFEL, W. H. Lactic acid bacteria of foods and their current taxonomy. *International Journal of Food Microbiology*, v. 36, n. 1, p. 1-29, 1997.

STINSON, L. F.; PAYNE, M. S.; KEELAN, J. A. Planting the seed: origins, composition, and postnatal health significance of the fetal gastrointestinal microbiota. *Critical Reviews in Microbiology*, v. 43, n. 3, p. 352-369, 2016.

SUHDA, M. R. *et al. Bacillus clausii* UBBC-07 reduces severity of diarrhoea in children under 5 years of age: a double blind placebo controlled study. *Beneficial Microbes*, v. 10, p. 149-154, 2019.

SUNOHARA, H. **et al.** Process for producing capsule and capsule obtained thereby. 78570A US Patent 5,478, 570, 1995.

SWANSON, K. S. *et al.* The International Scientific Association for Probiotics and Prebiotics (ISAPP) consensus statement on the definition and scope of synbiotics. *Nature Reviews Gastroenterol & Hepatol*, v. 17, n. 11, p. 687-701, 2020.

SZAJEWSKA, H.; SKORKA, A.; PIESCIK-LECH, M. Fermented infant formulas without live bacteria: a systematic review. *European Journal of Pediatrics*, v. 174, n. 11, p. 1413-1420, 2015.

TABANELLI, G. *et al.* Survival of the functional yeast *Kluyveromyces marxianus* B0399 in fermented milk added with sorbic acid. *Journal of Dairy Science*, v. 99, p. 1-10, 2016.

TANAKA, Y. *et al.* Applicability of ribosome engineering to vitamin B12 production by *Propionibacterium shermanii. Bioscience, Biotechnology, and Biochemistry*, v. 81, n. 8, p. 1636-1641, 2017.

TLASKALOVA-HOGENOVA, H.; KVERKA, M. ; VERDU, E.F. WELLS, J.M. Gnotobiology and the study of complex interactions between the intestinal microbiota, probiotics, and the host. In: CESTECKY, J. et al. (eds). Mucosal Immunology. 4ª ed. Boston: Academic Press, 2015, pp 109-133.

TLASKALOVÁ-HOGENOVÁ, H. *et al.* Commensal bacteria (normal microflora), mucosal immunity and chronic inflammatory and autoimmune diseases. *Immunology Letters*, v. 93, p. 97-108, 2004.

TOMASIK, P. Probiotics, non-dairy prebiotics and postbiotics. *Appl Sci*, v. 10, p. 1470, 2020.

TROTTER, R. E. *et al. Bacillus subtilis* intake may improve blood lipids and endothelial function in healthy adults. *Beneficial Microbes*, v. 11, n. 7, p. 521-630, 2020.

TSILINGIRI, K. *et al.* Probiotic and postbiotic activity in health and disease: comparison on a novel polarised ex-vivo organ culture model. *Gut*, v. 61, n. 7, p. 1007-1015, 2012.

UKENA, S. N. *et al.* Probiotic *Escherichia coli* Nissle 1917 inhibits leaky gut by enhancing mucosal integrity. *PLoS One*, v. 2, n. 12, e1308, 2007.

VAHJEN, W.; TARAS, D.; SIMON, O. Effect of the probiotic *Enterococcus faecium* NCIMB10415 on cell numbers of total *Enterococcus* spp., *E. faecium* and *E. faecalis* in the intestine of piglets. *Current Issues in Intestinal Microbiology*, v. 8, n. 1, p. 1-7, 2007.

VAN DER WAAIJ, D.; DE VRIES, B. J. M. Colonization resistance of the digestive tract in conventional and antibiotic-treated mice. *J Hyg*, v. 69, n. 3, p. 405-411, 1971.

VANBELLE, M.; TELLER, E.; FOCANT, M. Probiotics in animal nutrition: a review. *Arch Tierernahr.*, v. 40, n. 7, p. 543-567, 1990.

VANDENPLAS, Y.; HAUSER, B.; SALVATORE, S. Functional gastrointestinal disorders in infancy: impact on the health of the infant and family. *Pediatric Gastroenterology, Hepatology and Nutrition*, v. 22, n. 3, p. 207-216, 2019.

VASEEHARAN, B.; RAMASAMY, P. Control of pathogenic Vibrio spp. By *Bacillus subtilis* BT23, a possible probiotic treatment for black tiger shrimp Penaeus monodon. *Letters in Applied Microbiology*, v. 36, n. 2, p. 83-87, 2003.

VINDEROLA, C. G.; REINHEIMER, J. A. Lactic acid starter and probiotic bacteria: a comparative "in vivo" study of probiotic characteristics and biological barrier resistance. *Food Research International*, v. 36, n. 9-10, p. 895-904, 2003.

VOLLAARD, E. J.; CLASENER, H. A. L. Colonization resistance. *Antimicrobial Agents and Chemotherapy*, v. 38, n. 3, p. 409-414, 1994.

WALLACE, C.; ROUMEN, N. The effects of probiotics on depressive symptoms in humans: a systematic review. *Annals of General Psychiatry*, v. 16, p. 14, 2017.

WANG, B. *et al.* The human microbiota in health and disease. *Engineering*, v. 3, n. 1, p. 71-82, 2017.

WANG, C. Y. *et al.* Probiotic potential of noni juice fermented with lactic acid bacteria and bifidobacteria. *International Journal of Food Sciences and Nutrition*, v. 60, sup. 6, p. 98-106, 2009.

WANG, Y. *et al.* Effect of microencapsulated probiotics and prebiotics on growth performance, antioxidative abilities, immune functions, and caecal microflora in broiler chickens. *Food Agriculture Immunology*, v. 29, n. 1, p. 859-869, 2018.

WANG, Y. H. *et al.* The efficacy and safety of probiotics for prevention of chemoradiotherapy-induced diarrhea in people with abdominal and pelvic cancer: a systematic review and meta-analysis. *European Journal of Clinical Nutrition*, v. 70, n. 11, p. 1246-1253, 2016.

WEGH, C. A. M. *et al.* Postbiotics and their potential applications in early life nutrition and beyond. *International Journal of Molecular Science*, v. 29, n. 19, p. 4673, 2019.

WEISS, N. The genera Pediococcus and Aerococcus. *In*: BALOWS, A. *et al.* (eds.). *The Prokaryotes*. New York: Ringer-Verlag, 1992. v. 2, p. 1552-1507.

YAO, M. *et al.* Progress in microencapsulation of probiotics: a review. *Comprehensive Reviews in Food Science and Food Safety*, 2020.

YERLIKAYA, O. Starter cultures used in probiotic dairy product preparation and popular probiotic dairy drinks. *Food Science and Technology*, v. 34, n. 2, p. 221-229, 2014.

YOON, J. S. *et al.* Effect of multispecies probiotics on irritable bowel syndrome: a randomized, double-blind, placebo-controlled trial. *Journal of Gastroenterology and Hepatology*, v. 29, n. 1, p. 52-59, 2014.

YOUNIS, K.; AHMAD, S.; JAHAN, K. Health benefits and application in prebiotics in foods. *Food Processing & Technology*, v. 6, n. 4, p. 433-441, 2015.

ZAHEER, R. *et al.* Surveillance of *Enterococcus* spp. reveals distinct species and antimicrobial resistance diversity across a One-Health continuum. *Scientific Reports*, v. 10, p. 3937, 2020.

ZÁRATE, G.; CHAIA, A. P. Feeding with dairy *Propionibacterium acidipropionici* CRL 1198 reduces the incidence of concanavalin-A induced alterations in mouse small intestinal epithelium. *Food Research International*, v. 47, p. 13-22, 2012.

ZHANG, S.; CHEN, D. C. Facing a new challenge: the adverse effects of antibiotics on the gut microbiota and host immunity. *Chinese Medical*, v. J132, n. 10, p. 1135-1138, 2019.

ZHANG, W., LIU, M., DAI, X. Biological characteristics and probiotic effect of Leuconostoc lactis strain isolated from the intestine of black porgy fish. *Brazilian Journal of Microbiology*, v. 44, n. 3, p. 685-691, 2013.

ZHENG, J. *et al.* The placental microbiome varies in association with low birth weight in full--term neonates. *Nutrients*, v. 7, n. 8, p. 6924-6937, 2015.

ZHENG, J. *et al.* Taxonomic note on the genus *Lactobacillus*: description of 23 novel genera, emended description of the genus *Lactobacillus* Beijerinck 1901, and union of *Lactobacillaceae* and *Leuconostocaceae*. *International Journal of Systematic and Evolutionary Microbiology*, v. 70, n. 4, p. 2782-2858, 2020.

ZHU, S. *et al.* The progress of gut microbiome research related to brain disorders. *Journal of Neuroinflammation*, v. 17, n. 1, 2020.

ZOMMITI, M., FEUILOLEY, M. G. J., CONNIL, N. Update of probiotics in human world: a nonstop source of benefactions till the end of time. *Microorganisms*, v. 8, n. 12, p. 1907, 2020.

CAPÍTULO 6
Leites fermentados

Solimar Gonçalves Machado,[1]

Rosângela de Freitas[1]

6.1 INTRODUÇÃO

O Brasil está entre os maiores produtores de leite do mundo. A indústria de laticínios brasileira teve um faturamento de 70,9 bilhões de reais em 2019. Entre as categorias de produtos lácteos comercializados no país, os iogurtes representaram 7,50% do valor total de vendas de produtos lácteos em 2016, enquanto os outros leites fermentados, como bebidas lácteas fermentadas e *kefir*, representaram 1,46% no mesmo período. Apesar das vendas de bebidas fermentadas crescerem 20% ao ano no mundo, foi observada, no Brasil, uma queda de 3,7% na comercialização de iogurte entre janeiro e junho de 2020, em comparação com o mesmo período de 2019. Nesse mesmo período, foi observado um aumento de 3,6% de vendas de outros leites fermentados (CARVALHO *et al.*, 2020). Diante do mercado consumidor, que tem se tornado mais exigente, observa-se uma tendência de aumento no consumo de leites fermentados diversos, uma vez que esse tipo de produto envolve praticidade, saudabilidade e bem-estar, macrotendências globais do setor de alimentação.

[1] INOVALEITE, Laboratório de Pesquisa em Leite e Derivados. Departamento de Tecnologia de Alimentos, Universidade Federal de Viçosa, Viçosa, Minas Gerais, Brasil.

Os leites fermentados são produtos consumidos há milhares de anos, mas os aspectos científicos relacionados à sua produção passaram a ser alvo de estudos a partir do século XX. Atualmente, a indústria de laticínios busca produtos inovadores e diversificados para atender às exigências do mercado consumidor. Nesse contexto, aspectos relacionados principalmente aos tipos de culturas microbianas envolvidas no processo fermentativo desse alimento têm sido amplamente estudados.

As culturas microbianas associadas à elaboração de leites fermentados têm a função de conferir características sensoriais e tecnológicas diferenciadas e adequadas ao produto, além de potencial promoção à saúde do consumidor. Os microrganismos envolvidos nesse processo são muito diversos e, por isso, bastante explorados industrialmente na produção de uma grande variedade de leites fermentados, uma vez que o metabolismo microbiano e as interações entre eles têm um impacto direto nas características do produto final. Uma das áreas mais promissoras é justamente aquela relacionada à busca por culturas microbianas com potencial de utilização como fermento, o que envolve estudos de bioprospecção e aplicação industrial.

A seleção de culturas adequadas associadas ao controle das condições de processamento garante a elaboração de leites fermentados que apresentem características específicas desejadas. O conhecimento científico envolvido na elaboração desse tipo de produto, somado ao entendimento das demandas do mercado, torna possível o oferecimento de um alimento que corresponda aos anseios dos consumidores e garante a valorização do setor de lácteos. Neste capítulo, abordaremos os diferentes tipos de culturas industrialmente utilizadas na produção de leites fermentados, relacionando-os com os principais aspectos tecnológicos, bem como apresentaremos as principais tendências e perspectivas para o setor.

6.2 BREVE HISTÓRICO DE PRODUÇÃO E CONSUMO

Leites fermentados são amplamente produzidos e consumidos em muitos países, e sua origem é atribuída a determinadas culturas (Figura 6.1). Não é possível datar precisamente o início da produção desse derivado lácteo, mas sabe-se que corresponde a um dos métodos mais antigos utilizados para prolongar a vida útil do leite. É provável que leites fermentados tenham se originado há milhares de anos (entre 10.000 e 5.000 a.C.), quando seres humanos passaram a produzir seus próprios alimentos e a domesticar animais como vacas, ovelhas, cabras, búfalas e camelos. Essa transição no modo de vida pode ter ocorrido em datas diferentes a depender do país, mas é provável que a origem desses produtos tenha ocorrido na região dos Bálcãs, que atualmente compreende países do sudeste europeu, como Albânia, Bulgária, Grécia, Macedônia, Croácia, dentre outros.

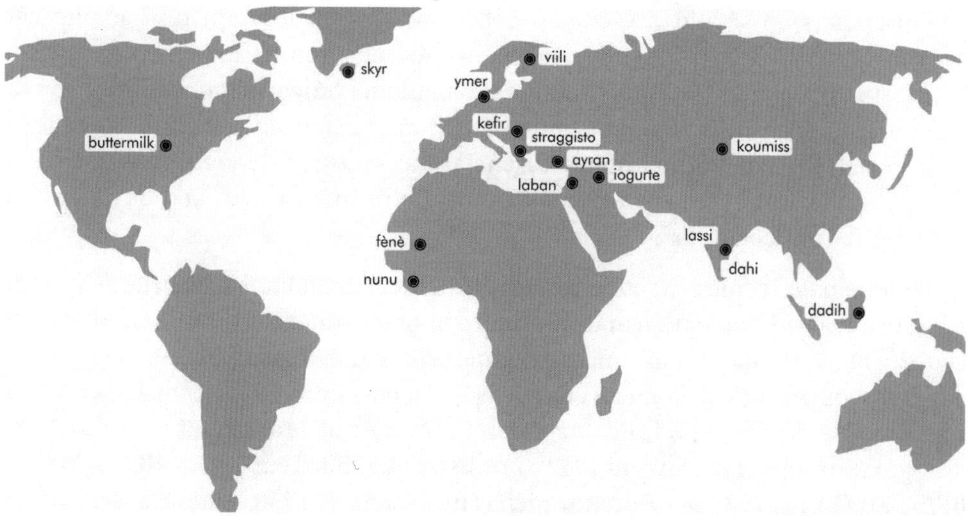

Figura 6.1 – Leites fermentados no mundo. As indicações se referem à provável origem dos diferentes tipos de leites fermentados, bem como à relação de tradição e cultura com sua produção e consumo. Alguns deles, atualmente, estão amplamente difundidos, especialmente o iogurte e o *kefir*.
Fonte: elaborada pelos autores.

Naquela época, pastores transportavam leite em bolsas produzidas a partir da pele de cabras durante suas viagens. A temperatura elevada da região favorecia a multiplicação de bactérias láticas (BAL), que acidificavam o leite transformando-o em um produto viscoso e com maior durabilidade. As bolsas vazias, que mantinham a microbiota viável, eram preenchidas de leite fresco, que seria, por sua vez, novamente fermentado durante o transporte.

Os leites fermentados eram, até então, produzidos com o objetivo de conservar o leite – até os turcos avaliarem o uso medicinal desse tipo de produto contra uma variedade de doenças e sintomas, como diarreia e cãibras, e para aliviar o desconforto da pele queimada pelo sol. Com o passar do tempo, e favorecido pelas guerras e relações comerciais, o conhecimento acerca da produção de leite fermentado se difundiu entre os povos, especialmente por causa de sua associação com potenciais benefícios à saúde.

A primeira referência escrita sobre o consumo de leite fermentado data de 100 a.C., quando os gregos mencionaram o uso do produto por nações bárbaras. Outras referências históricas são conhecidas, como a passagem da Bíblia na qual Abraão atribui sua longevidade e fecundidade ao consumo de leite fermentado. Acredita-se que Genghis Khan, fundador do Império Mongol, tenha alimentado seu exército com leite fermentado, um alimento básico da dieta mongol, com base na crença de que isso instigaria a bravura em seus guerreiros. Em 1542, o rei Francisco I da França introduziu esse produto lácteo na Europa Ocidental depois de recebê-lo dos aliados turcos como tratamento para diarreia. Mais tarde, alguns ingredientes, como canela, mel, frutas e doces, são adicionados ao produto; o leite fermentado passa, então, a ser utilizado como sobremesa.

Foi apenas no século XX que os pesquisadores forneceram uma explicação para os benefícios para a saúde associados ao consumo de iogurte, um tipo de leite fermentado. Em 1905, o estudante de medicina búlgaro Stamen Grigorov foi o primeiro a identificar *Bacillus bulgaricus* (hoje *Lactobacillus delbrueckii* subsp. *bulgaricus*), BAL que ainda hoje é essencial nas culturas de iogurte. Acredita-se que a palavra "iogurte" seja originária da palavra turca *yoğurmak*, que significa "engrossar" ou "coagular".

No início do século XX, o iogurte tornou-se conhecido por seus benefícios para a saúde e era vendido em farmácias como um medicamento (FISBERG; MACHADO, 2015). O produto foi um sucesso comercial quando Isaac Carasso, de Barcelona, começou a produzir iogurte com geleias. Depois de fugir da ocupação nazista, seu filho, Daniel Carasso, fundou a empresa Danone na França. A primeira fábrica de iogurte foi aberta no país em 1932 e nos Estados Unidos em 1941 (BROTHWELL; BROTHWELL, 1997). No entanto, apenas na década de 1960 é que se observou um aumento considerável na produção e no consumo desse produto. No Brasil, a produção de iogurte passou a ser considerada significativa a partir de 1970, com um aumento expressivo no consumo a partir da década de 1990.

6.3 TIPOS DE LEITES FERMENTADOS E CULTURAS MICROBIANAS ASSOCIADAS

Leite fermentado é o produto obtido por coagulação e diminuição do pH do leite (fluido ou reconstituído), por fermentação lática mediante ação de microrganismos específicos que devem ser viáveis, ativos e abundantes no produto final durante seu prazo de validade. Esse produto pode ou não ter outras substâncias alimentícias adicionadas (BRASIL, 2007).

Estima-se que existam mais de 400 denominações para leites fermentados produzidos artesanalmente ou industrialmente. Muitos desses produtos são conhecidos localmente por nomes diferentes, o que justifica essa grande variedade (Quadro 6.1).

Quadro 6.1 – Leites fermentados e microbiota fermentadora. Fonte: elaborada pelos autores.

Leite	Produto	Microbiota
Bovino	*Dahi*	*Limosilactobacillus fermentum*
		Lactobacillus delbrueckii subsp. *bulgaricus*
		L. delbrueckii subsp. *lactis*
		Enterococcus faecium

Leite	Produto	Microbiota
Bovino	*Dahi*	*Streptococcus salivarius* subsp. *thermophilus*
		Leuconostoc mesenteroides subsp. *mesenteroides*
		L. mesenteroides subsp. *dextranicum*
		Lactococcus raffinolactis
		Pediococcus pentosaceus
	Iogurte	*L. delbrueckii* subsp. *bulgaricus*
		S. salivarius subsp. *thermophilus*
	Lassi	*Lentilactobacillus kefiri*
		S. salivarius subsp. *thermophilus*
	Kefir	*L. kefiri*, *Lacticaseibacillus casei*, *S. salivarius* subsp. *thermophilus*, espécies dos gêneros *Leuconostoc*, *Lactococcus* e *Acetobacter*, *Bifidobaterium* sp., *Kluyveromyces marxianus*, *Saccharomyces omnisporus*, *Saccharomyces cerevisae*, *Saccharomyces exiguus*
	Leite acidófilo	*L. acidophilus*
	Leitelho fermentado (*cultured buttermilk*)	*Lactococcus lactis* subsp. *lactis*
		Lactococcus lactis subsp. *cremoris*
		L. mesenteroides subsp. *cremoris*
		L. mesenteroides subsp. *dextranicum*
		L. acidophilus
	Nunu	*L. fermentum*, *Lactiplantibacillus plantarum*, *Lactobacillus helveticus*, *Leuc. mesenteroides*, *E. faecium*, *Enterococcus italicus*, *Weissella confusa*, *Candida parapsilosis*, *Candida rugosa*, *Candida tropicalis*, *Galactomyces geotrichum*, *Pichia kudriavzevii*, *S. cerevisiae*
	Féné	*L. fermentum*, *L. plantarum*, *L. delbrueckii* spp., *L. lactis* ssp. *lactis*, *Lactococcus garvieae*, *W. confusa*, *Pediococcus acidilactici*, *P. pentosaceus*, *Streptococcus infantarius* ssp. *infantarius*, *Enterococcus* spp.
	Skyr	*S. salivarius* subsp. *thermophilus*
		L. delbrueckii subsp. *bulgaricus*
		L. helveticus

Leite	Produto	Microbiota
Bovino	*Skyr*	*Saccharomyces*
		Torulopsis
		Candida spp.
	Viili	*Lc. lactis* subsp. *lactis*
		Lc. lactis subsp. *cremoris*
		Lc. lactis subsp. *lactis biovar diacetylactis*
		L. mesenteroides subsp. *cremoris*
		Geotrichum candidum
	Ymer	*Lc. lactis* subsp. *lactis* biovar diacetylactis
		L. mesenteroides subsp. *cremoris*
Bubalino	*Dadih*	*Lc. lactis* subsp. *lactis*
		Lc. lactis subsp. *cremoris*
		Lc. lactis subsp. *lactis biovar diacetylactis*
		E. faecium
		Levilactobacillus brevis
Equino	*Koumiss*	Lactobacilli
		Saccharomyces lactis
		Torula koumiss
		Kluyveromyces marxianus
		S. unisporus

No Brasil, conforme legislação vigente, os leites fermentados podem ser classificados de acordo com seu teor de gordura (BRASIL, 2007) em:

- *desnatado*: base láctea com um teor de matéria gorda máximo de 0,5 g/100 g.
- *parcialmente desnatado*: base láctea com um teor de matéria gorda máximo de 2,9 g/100 g.
- *integral*: base láctea com um teor de matéria gorda mínimo de 3,0 g/100 g.
- *com creme*: base láctea com um teor de matéria gorda mínimo de 6,0 g/100 g.

Alguns autores preferem classificá-los de acordo com o tipo de leite utilizado ou as espécies microbianas dominantes. Considerando a microbiota dominante e os produtos do seu metabolismo, os leites fermentados podem ser classificados em (i) produtos de fermentação lática; (ii) produtos com BAL e leveduras que promovem fermentação alcoólica; ou (iii) leites fermentados por BAL com presença de fungos filamentosos (Figura 6.2). Dentre aqueles produtos oriundos de fermentação lática, é possível diferenciar os leites fermentados produzidos por culturas mesofílicas, termofílicas ou probióticas.

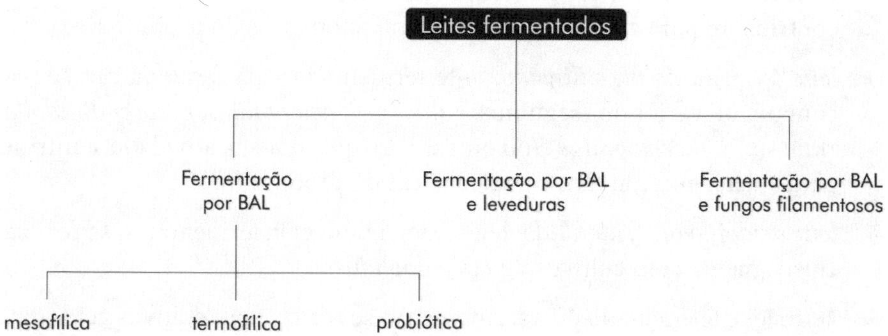

Figura 6.2 – Classificação de leites fermentados em relação à microbiota dominante.

As culturas mesofílicas, representadas pelos gêneros *Lactococcus* e *Leuconostoc*, se multiplicam mais rapidamente em temperaturas entre 20 °C e 30 °C, enquanto as culturas termofílicas, como *S. salivarius* subsp. *thermophilus* (*S. thermophilus*), *L. delbrueckii* e *L. fermentum*, requerem uma faixa de temperatura entre 37 °C e 45 °C. Além de acidificarem o leite, as culturas microbianas podem produzir metabólitos que conferem outras características sensoriais aos produtos fermentados, como diacetil e exopolissacarídeos, que conferem sabor amanteigado e maior viscosidade, respectivamente. Cabe ressaltar que as culturas probióticas não são classificadas com base na faixa de temperatura ótima para fermentação, mas recebem essa classificação baseada nos benefícios que causam ao organismo do hospedeiro quando viáveis e administradas em quantidades adequadas.

Outras culturas que não estão incluídas no grupo das BAL, mas que podem ser utilizadas na produção de leites fermentados, são as leveduras e os fungos filamentosos. As leveduras têm sido identificadas por inúmeros pesquisadores como parte da microbiota contida nos grãos de *kefir*, especialmente as do gênero *Saccharomyces* e a espécie *K. marxianus*. Algumas leveduras, inclusive, podem ser consideradas probióticas, como é o caso de *S. cerevisiae* var. *boulardii*. Essa variedade é administrada oralmente para fins terapêuticos, mas tem sido utilizada em associação com BAL para produção de leites fermentados, como iogurte de leite de cabra, contribuindo para as características tecnológicas e sensoriais do produto (KARAOLIS *et al.*, 2013). A utilização de fungos filamentosos na produção de leites fermentados é mais rara. O caso mais conhecido é o de *G. candidum*, utilizado na produção de *viili*, um leite fermentado de origem nórdica produzido a partir da associação com *Lc. cremoris*.

Independentemente das classificações citadas anteriormente (Figura 6.1), a legislação brasileira (BRASIL, 2007) define os seguintes leites fermentados:

- *iogurte*: leite fermentado cuja fermentação se realiza com cultivos protossimbióticos de *S. thermophilus* e *L. delbrueckii* subsp. *bulgaricus*, aos quais podem acompanhar, de forma complementar, outras BAL que, por sua atividade, contribuem para a determinação das características do produto final.
- *leite fermentado ou cultivado*: leite fermentado cuja fermentação se realiza com um ou vários dos seguintes cultivos: *L. acidophilus*, *L. casei*, *Bifidobacterium* sp., *S. thermophilus* e/ou outras BAL que, por sua atividade, contribuem para a determinação das características do produto final.
- *leite acidófilo ou acidofilado*: leite fermentado cuja fermentação se realiza exclusivamente com cultivos de *L. acidophilus*.
- *kefir*: leite fermentado cuja fermentação se realiza com cultivos ácido-láticos elaborados com grãos de *kefir*, *L. kefiri*, espécies dos gêneros *Leuconostoc*, *Lactococcus* e *Acetobacter* com produção de ácido lático, etanol e dióxido de carbono. Os grãos de *kefir* são constituídos por leveduras fermentadoras de lactose (*K. marxianus*) e leveduras não fermentadoras de lactose (*S. omnisporus*, *S. cerevisae* e *S. exiguus*), *L. casei*, *Bifidobaterium* sp. e *S. thermophilus*.
- *kumys ou koumiss*: leite fermentado cuja fermentação se realiza com cultivos de *L. delbrueckii* subsp. *bulgaricus* e *K. marxianus*.
- *coalhada*: leite fermentado cuja fermentação se realiza por cultivos individuais ou mistos de bactérias mesofílicas produtoras de ácido lático.

No passado, os leites fermentados eram produzidos principalmente com o objetivo de aumentar a vida útil do leite, um produto bastante perecível. No entanto, com o tempo, passaram a ser consumidos devido ao sabor agradável e às propriedades nutricionais. Tais características desejáveis de leites fermentados são, na maioria das vezes, atribuídas às modificações que ocorrem no produto decorrente da multiplicação e desenvolvimento de uma microbiota específica, que pode estar naturalmente presente na matéria-prima, ou ser inoculada – as chamadas culturas *starter* ou iniciadoras. A função principal dessas culturas é a produção de ácido lático. Além da acidificação do leite, esses microrganismos também são responsáveis pela produção de outros metabólitos e compostos aromáticos, pelo efeito bioprotetor contra deterioradores e patógenos e por contribuírem para as propriedades funcionais e tecnológicas do produto.

Tradicionalmente, a fabricação de leites fermentados envolvia uma etapa de inoculação da microbiota fermentadora em leite cru ou leite tratado termicamente a partir de uma porção do produto anteriormente fermentado, técnica conhecida como *backslopping*. No entanto, seu uso, ainda que amplamente observado em processos artesanais, resulta em produtos pouco padronizados, representando um obstáculo para a indústria.

Em meados do século XIX, as culturas *starter* passaram a ser estudadas e utilizadas industrialmente na sua forma purificada. Nesse contexto, a inoculação passa a ser realizada a partir de culturas muito bem definidas, que conferem características sensoriais, nutricionais e funcionais específicas, além de garantir a uniformidade do produto final. Considerando as variações em relação ao processo produtivo de leites fermentados, as culturas *starter* podem ser classificadas como:

- *simples*: compostas de apenas uma estirpe de determinada espécie microbiana;
- *mistas*: compostas de duas ou mais estirpes com proporção desconhecida;
- *múltiplas*: compostas de uma mistura de estirpes conhecidas e compatíveis cuidadosamente selecionadas.

Cada tipo de cultura apresenta vantagens e desvantagens. A cultura simples (por exemplo, *Lc. lactis* subsp. *lactis* IL1403) é produzida com maior facilidade, mas tem o inconveniente de apresentar maior risco de falha no processo produtivo do leite fermentado, devido à maior susceptibilidade ao ataque por bacteriófagos. Os bacteriófagos são vírus que infectam bactérias e são, em sua maioria, estirpe-específicos. Logo, a cultura simples que contém apenas uma estirpe, caso seja atacada por um bacteriófago, não conseguirá cumprir sua função de fermentar o leite, comprometendo a produção do derivado lácteo em questão. Por outro lado, quando a cultura mista (por exemplo, culturas repicadas industrialmente) é utilizada na elaboração do produto, o risco de ocorrência desse problema é menor, uma vez que a composição envolve mais de uma estirpe e dificilmente as duas estirpes serão atacadas por um mesmo bacteriófago. Porém, a manutenção desse tipo de cultura é difícil, principalmente quando o processo depende de transferências sucessivas, o que pode promover a dominância de uma determinada comunidade. Por essas razões, a maior parte dos processos industriais utiliza a cultura múltipla (por exemplo, *Lc. lactis* ssp. *lactis* IL1403 e IPLA729), que é mais resistente a variações ao longo do processo. Essa característica reduz a possibilidade de fracasso do processo produtivo, e, por ter composição conhecida, sua manutenção é facilmente controlada em escala industrial.

O uso de culturas *starter* comerciais promoveu o desenvolvimento da indústria de leites fermentados e trouxe muitos benefícios para o setor, incluindo a padronização do processo produtivo e do produto final. No entanto, a utilização de culturas definidas diminuiu a diversidade de leites fermentados produzidos industrialmente ao longo do tempo. Diante desta limitação e da demanda do mercado consumidor por produtos lácteos fermentados inovadores, a indústria tem se interessado em estudar formas de aumentar a diversidade de produtos explorando o potencial de microrganismos utilizados para fermentação de leite cru ou de leites fermentados artesanalmente.

6.4 DESENVOLVIMENTO DE CULTURAS *STARTERS*: DA BIOPROSPECÇÃO À PRODUÇÃO INDUSTRIAL

Devido à demanda por produtos inovadores, a busca por culturas microbianas com potencial para serem utilizadas como culturas *starter* na produção de lácteos fermentados é uma área que tem despertado o interesse das empresas do setor e promovido a parceria entre industriais e pesquisadores. A possibilidade de variar a cultura *starter* e, consequentemente, produzir um leite fermentado com características inovadoras tem movimentado a indústria de fermentos.

Nami *et al.* (2018) isolaram bactérias pertencentes ao gênero *Lactobacillus* de diversos produtos lácteos artesanais, como queijo, iogurte e requeijão, coletados em diferentes partes da província do Azerbaijão (Irã) para desenvolvimento de uma cultura *starter* para produção industrial de leite fermentado. As culturas isoladas apresentaram características diversas, como capacidade de remoção de colesterol e redução do tempo de fermentação. Por fim, os pesquisadores encontraram duas estirpes, *L. plantarum* DP3 e *L. casei* DP21, com potencial para aplicações industriais.

Considerando as demandas do mercado, o setor de lácteos tem o desafio de aumentar a produção de derivados com características funcionais que promovam benefícios ao consumidor, além de nutrir. Por essa razão, a maioria dos estudos que objetivam o isolamento de culturas microbianas para aplicação na fabricação de leites fermentados tem como foco os microrganismos probióticos. Jitpakdee *et al.* (2021) isolaram *P. pentosaceus* e *L. plantarum* a partir de produtos cárneos e lácteos fermentados de diversas partes da Tailândia para a produção de leites fermentados com potencial para serem produtos lácteos comprovadamente funcionais.

6.5 DINÂMICA DAS POPULAÇÕES MICROBIANAS E SUAS INTERAÇÕES

Na produção industrial de leites fermentados, as culturas *starter* utilizadas devem promover a acidificação do leite em intervalos de tempo curtos, para que o processo produtivo seja economicamente viável e para minimizar os riscos de contaminação durante o processamento. Algumas culturas produzem ácido em taxas mais elevadas que outras. Além disso, alguns microrganismos utilizados como cultura *starter* necessitam de uma associação para que o processo de acidificação ocorra de maneira satisfatória. A seguir, apresentaremos o papel dos principais microrganismos fermentadores em iogurte, *kefir* e *viili* (Figura 6.3).

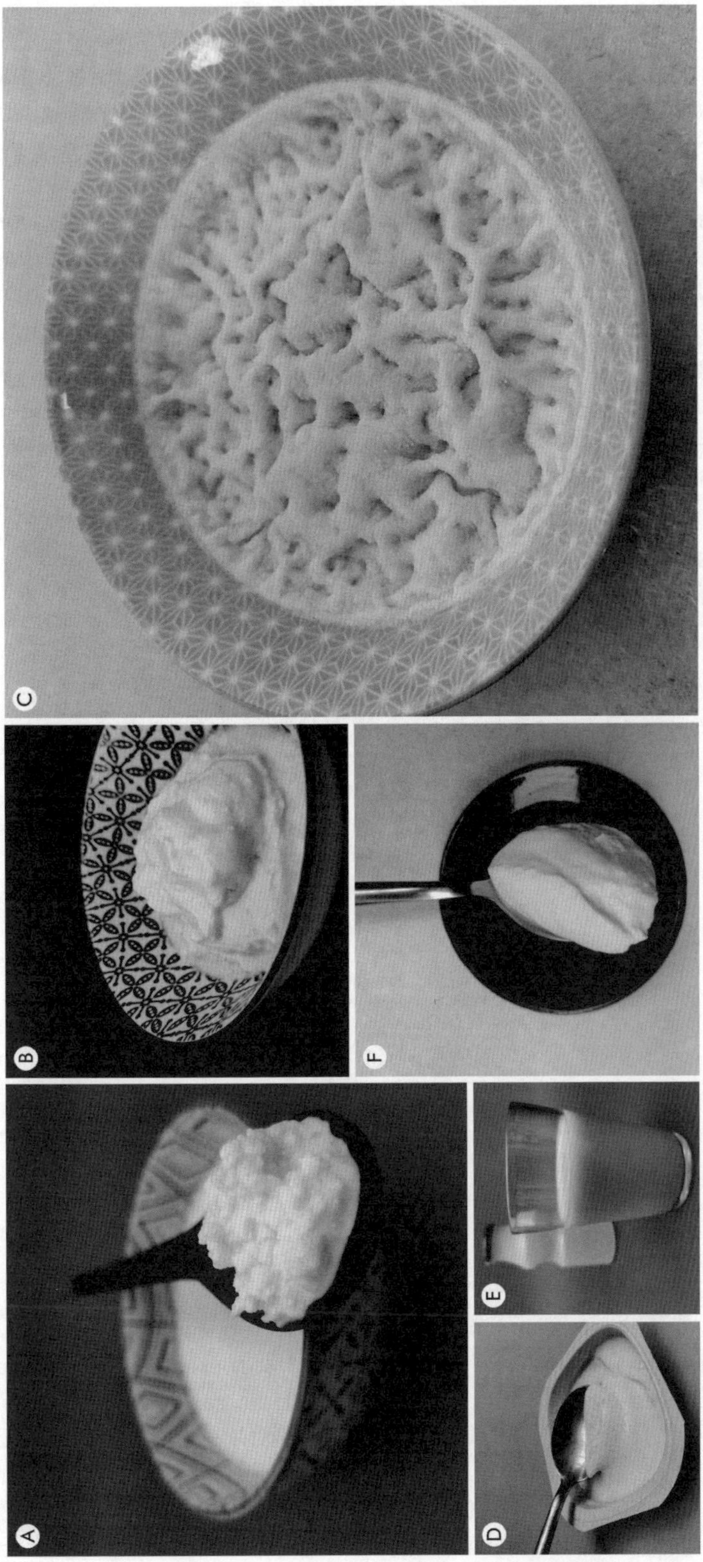

Figura 6.3 – Diferentes tipos de leites fermentados. A) *Kefir*, com grãos utilizados na fermentação da matéria-prima; B) iogurte, leite fermentado por *Lactobacillus bulgaricus* e *Streptococcus thermophilus*; C) *viili*, leite fermentado de origem finlandesa, com crescimento característico de *Geotrichum candidum* na superfície; D) iogurte tipo grego; E) leite fermentado por *Lacticaseibacillus casei*; F) *skyr*, de origem islandesa. Fonte: fotos gentilmente cedidas por José Guilherme Prado Martin.

6.5.1 IOGURTE

A relação entre as culturas *starter* utilizadas para a produção de iogurte, *S. thermophilus* e *L. delbruekii* subsp. *bulgaricus*, é um exemplo de uma relação mutualística. *L. delbruekii* subsp. *bulgaricus* e *S. thermophilus* interagem de maneira benéfica, estimulando o crescimento um do outro pela troca de metabólitos, em um processo conhecido como crescimento associativo ou *protocooperação* (Figura 6.4). Os ácidos fórmico e fólico e o dióxido de carbono provenientes do metabolismo de *S. thermophilus* estimulam a multiplicação de *L. delbruekii* subsp. *bulgaricus*. A proteólise resultante do metabolismo de *L. delbruekii* subsp. *bulgaricus* fornece aminoácidos para ambas as espécies. Sabe-se que o tempo necessário para acidificação na produção de iogurte é menor quando as duas espécies estão associadas durante o processo fermentativo. A protocooperação entre as duas espécies tem um efeito benéfico tanto na taxa de crescimento quanto no tamanho da população dessas culturas.

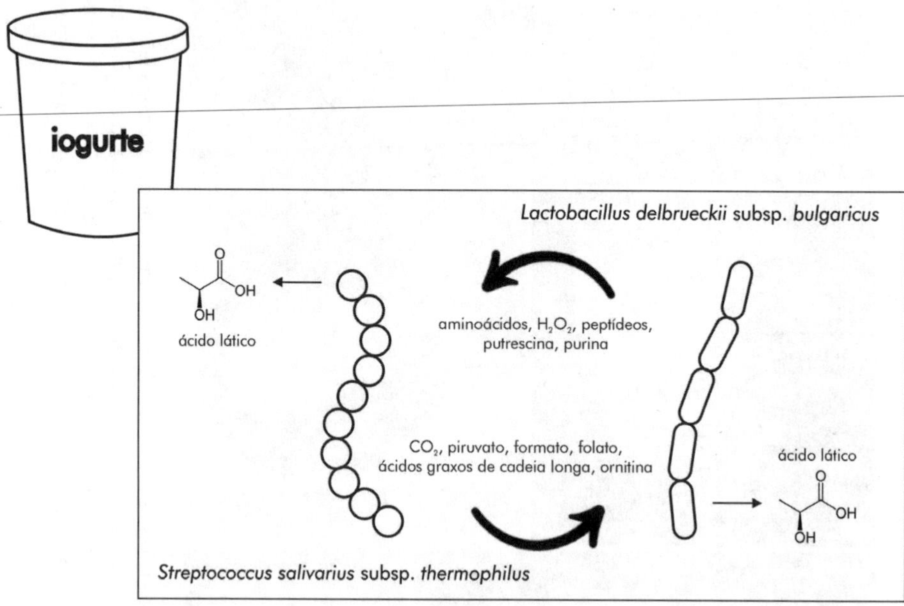

Figura 6.4 – Relação de protocooperação entre *L. delbruekii* subsp. *bulgaricus* e *S. thermophilus* durante o processo fermentativo para a produção de iogurte. Fonte: adaptada de Arioli *et al.* (2017).

A relação entre as culturas fermentadoras pode ser responsável pela alteração das características do iogurte. Ao alterar a combinação de estirpes, por exemplo, é possível adquirir diferentes extensões das relações mutualísticas, resultando em diferentes metabólitos, o que altera o perfil sensorial do iogurte (SETTACHAIMONGKON *et al.*, 2014). Outro exemplo de alteração com impacto na relação entre as culturas é a diminuição da temperatura de fermentação, com a extensão do tempo de finalização do processo, o que resulta em uma maior produção de aromas e exopolissacarídeos

(EPS), responsáveis, respectivamente, por produtos mais aromáticos e encorpados (CERNING, 1995). Portanto, os parâmetros que têm impacto nas relações entre os microrganismos que compõem a cultura *starter* do iogurte podem ser alterados visando à modificação das características sensoriais do produto.

Além das características sensoriais do produto atribuídas ao metabolismo das culturas *starter*, os parâmetros utilizados no processo produtivo de iogurte também podem interferir nas suas características finais (Figura 6.5). De modo geral, a fabricação do iogurte se inicia com a recepção e o preparo da matéria-prima, incluindo a adição de ingredientes opcionais, como sólidos lácteos, açúcar, espessantes etc. Em um processo industrial, a base láctea é homogeneizada e submetida a tratamento térmico (90 °C a 95 °C por cinco minutos ou 80 °C a 85 °C por trinta minutos). Em seguida, a mistura é resfriada até a temperatura de fermentação e a cultura *starter* é adicionada. Na elaboração de iogurte tradicional, a mistura é incubada a 42 °C. Após a inoculação, a etapa de fermentação pode ocorrer em tanques de fermentação ou na própria embalagem do produto. No primeiro caso (em tanque de fermentação), o iogurte é resfriado até temperaturas próximas a 20 °C, quando o pH do produto atinge valores inferiores a 4,6 e a acidez titulável atinge valores acima de 0,60% de ácido lático. A coalhada é, então, quebrada durante esta etapa de resfriamento, e os ingredientes opcionais, como frutas, cereais, corantes e aromatizantes, são adicionados. Por fim, o iogurte batido ou líquido é envasado e segue para estocagem sob refrigeração (4 °C). No segundo caso, o produto é fermentado na própria embalagem dentro de estufas e resfriado rapidamente até a temperatura de armazenamento para a fabricação de iogurte firme. Independentemente do tipo de iogurte produzido, o processo fermentativo é conduzido em temperatura controlada e é constantemente monitorado por meio da aferição do pH e da acidez titulável. Além disso, o tempo de fermentação pode variar entre seis e doze horas de acordo com a atividade da cultura *starter* utilizada.

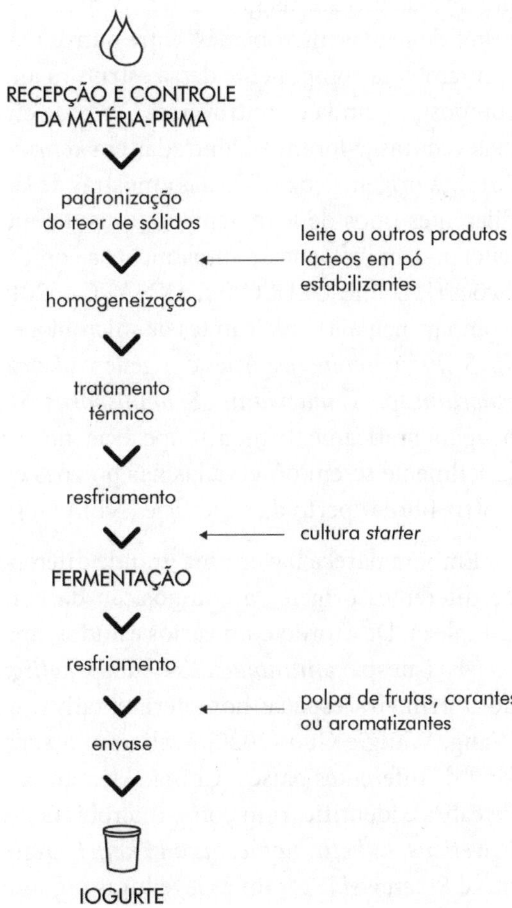

Figura 6.5 – Fluxograma de produção de iogurte e outros leites fermentados. O uso de leite em pó, estabilizantes, polpa de frutas, corantes e aromatizantes é opcional.

6.5.2 *KEFIR*

Para o processo produtivo de iogurte, essa relação é bem descrita e estudada. Entretanto, com o desenvolvimento da indústria de lácteos fermentados com propriedades funcionais, novas interações entre culturas *starter* têm sido exploradas. Este é o caso do que ocorre entre os microrganismos utilizados para a produção de *kefir*.

O *kefir* é um leite fermentado antigo, originário do Cáucaso. É amplamente utilizado na nutrição humana graças às suas propriedades promotoras de saúde. Tradicionalmente, a bebida é produzida a partir da fermentação do leite com grãos de *kefir*, que consistem em uma matriz contendo uma mistura de espécies microbianas. Dependendo da duração do processo fermentativo, o leite fermentado resultante pode ser tipicamente ácido, de sabor forte e parcialmente viscoso.

Os grãos exibem uma forma irregular semelhante à couve-flor, que consistem em numerosas estruturas globulares. A matriz é composta pelo EPS kefirano, proteínas, restos de células microbianas, entre outros materiais que ainda não foram identificados. A microbiota componente dessa estrutura ainda é assunto de muitas pesquisas, e a sua composição ainda é controversa. Cerca de cinquenta espécies diferentes de bactérias e de leveduras já foram encontradas em *kefir* de leite (BOURRIE; WILLING; COTTER, 2016). A origem geográfica das amostras de *kefir* e as condições de cultivo (por exemplo, diferentes tipos de leite, temperaturas, tempos de incubação e proporções de grãos e leite) podem influenciar amplamente a composição microbiana e a dinâmica das populações (HECER; ULUSOY; KAYNARCA, 2019; NEJATI; JUNNE; NEUBAUER, 2020). Como principais constituintes da microbiota fermentadora, destacam-se *L. kefir, L. casei, S. thermophilus*, espécies dos gêneros *Leuconostoc, Lactococcus* e *Acetobacter, Bifidobaterium* sp., *K. marxianus, S. omnisporus, S. cerevisae, S. exiguus*. Os microrganismos ocupam praticamente toda a superfície interna e externa dos grãos, apesar das bactérias dificilmente serem observadas nas porções externas, uma vez que estão embutidas na matriz fibrilar perto da superfície (NEJATI; JUNNE; NEUBAUER, 2020).

Embora pareça haver uma grande diferença na composição microbiana entre *kefir* de diferentes origens, a composição da comunidade microbiana dominante não é complexa. De acordo com vários estudos, apenas algumas espécies, como *L. kefiranofaciens* (subsp. *kefiranofaciens* e subsp. *kefirgranum*) e *L. kefiri*, são onipresentes, sendo a primeira espécie homofermentativa, enquanto *L. kefiri* é heterofermentativo. Wang, Wang e Guo (2020) avaliaram a sucessão de bactérias e fungos em grãos de *kefir* de diferentes países (China, Alemanha e Estados Unidos) subcultivados em leite de cabra e identificaram como microbiota predominante dos grãos de *kefir* as BAL *L. helveticus, L. kefiranofaciens* e *L. kefiri*, enquanto *Kazachstania unispora, K. marxianus* e *S. cerevisiae* foram as leveduras predominantes.

As bactérias das espécies *L. kefiranofaciens* e *L. kefiri*, assim como *L. parakefir* e *L. delbrueckii* subsp. *bulgaricusi*, encontrados no *kefir*, destacam-se por terem a capacidade de produzir kefirano, um EPS com diversas propriedades interessantes para aplicações na indústria médica e de alimentos. Isso se deve ao fato de esse biopolímero possuir efeitos estabilizantes e emulsificantes, ser biodegradável, biocompatível, seguro, apresentar características de barreira e ser resistente à hidrólise, além de ter propriedades antimicrobianas, antitumorais, anti-inflamatórias, antioxidantes, entre outras (MORADI; KALANPOUR, 2019).

Diante dessa diversidade microbiana, as culturas que participam da fermentação do *kefir* podem estabelecer diversos tipos de relação, como interações entre as BAL e as leveduras na assimilação de ácido lático, na produção de CO_2, no consumo de O_2 e no fornecimento de nutrientes. O acúmulo de ácido lático resultante do processo fermentativo pode injuriar e inativar as BAL; no entanto, o ácido pode ser utilizado como fonte de carbono por leveduras que não metabolizam a lactose, como *S. cerevisiae*, o que resulta em elevação do pH e crescimento prolongado de BAL. As leveduras também podem contribuir para o desenvolvimento de *Lactobacillus* ao reduzir a concentração de oxigênio no meio e aumentar a concentração de CO_2. Além disso, algumas espécies de leveduras podem fornecer vitaminas, fatores de crescimento e aminoácidos essenciais para bactérias (NEJATI; JUNNE; NEUBAUER, 2020; PONOMAROVA *et al.*, 2017).

O processo produtivo do *kefir*, assim como de outros leites fermentados, é muito semelhante à fabricação de iogurte, com exceção dos parâmetros de fermentação (tempo e temperatura) e da inclusão de uma etapa de separação dos grãos logo após o processo fermentativo. No caso da fermentação do *kefir*, a incubação acontece durante 18 a 24 horas em temperaturas entre 20 °C e 25 °C.

6.5.3 *VIILI*

Viili é um leite fermentado com aspecto pegajoso tradicionalmente produzido nos países da península escandinava. O produto, originalmente fabricado de maneira artesanal e por *backslopping*, é, atualmente, produzido em escala industrial, apesar de ainda se utilizar uma cultura *starter* tradicional composta por BAL e fungos. Sua produção, portanto, envolve uma microbiota mais complexa que a do iogurte.

A fermentação do *viili* é caracterizada por um rápido aumento do número de BAL nas primeiras vinte horas do processo fermentativo, mantendo-se constante até a finalização da produção. *Lc. lactis* subsp. *cremoris* é a espécie predominante, seguida de *L. mesenteroides* susbp. *mesenteroides*. A alta população de *Lc. lactis* subsp. *cremoris* resulta em uma produção considerável de EPS, importante para manter as características sensoriais do produto.

Outro microrganismo indispensável para a produção do *viili* é o fungo filamentoso pertencente à espécie *G. candidum*, que se multiplica na superfície do produto e é responsável pela aparência aveludada característica desse leite fermentado. Esse fungo ainda é responsável por conferir aroma ao produto devido à produção de enzimas lipolíticas e proteolíticas. Além disso, a hidrólise de lipídeos e proteínas decorrente da atividade fúngica libera aminoácidos e ácidos graxos importantes para a manutenção da população microbiana. O metabolismo desse fungo também é responsável por neutralizar o produto devido ao catabolismo de ácido lático e à liberação de amônia. Após a finalização do processo produtivo, o fungo filamentoso *G. candidum* tem seu crescimento controlado pela diminuição da concentração de oxigênio no *headspace* da embalagem, uma vez que são seladas.

Além da participação de BAL e fungos filamentosos, as culturas *starter* tradicionais também são compostas de leveduras, principalmente da espécie *K. marxianus*, que também contribuem para o aroma e o sabor do produto, já que são capazes de metabolizar lactose via fermentação alcóolica.

Apesar das semelhanças nos processos produtivos do *viili*, do *kefir* e do iogurte, esses produtos são sensorialmente distintos. Essa distinção e as características peculiares de cada leite fermentado se devem, em grande parte, à microbiota – as espécies que a compõem, suas combinações e a dinâmica das populações em cada tipo de produto –, tornando o estudo das interações microbianas um aspecto decisivo para a produção em escala industrial.

6.6 ASPECTOS TECNOLÓGICOS

6.6.1 METABOLISMO MICROBIANO E SEUS EFEITOS EM LEITES FERMENTADOS

Como discutido anteriormente, culturas *starter* são intencionalmente adicionadas ao leite com o objetivo de causar alterações fermentativas desejáveis. São constituídas de microrganismos selecionados e têm papel multifuncional na fabricação de diferentes tipos de leites fermentados. Apesar da principal característica das culturas *starter* ser a produção de ácido lático, alguns dos microrganismos apresentam capacidade de produzir outros compostos, como ácido acético, ácido fólico, CO_2, H_2O_2, etanol, bacteriocinas e EPS.

A função de acidificação e a de produção de compostos aromáticos são frequentemente relacionadas ao metabolismo de BAL, que é muito diverso e compreende muitos gêneros pertencentes à família Lactobacillaceae, como *Lactococcus*, *Lactobacillus*, *Leuconostoc*, *Streptococcus*. Essas bactérias representam o grupo mais estudado e explorado pela indústria de lácteos fermentados, devido, principalmente, ao seu *status* GRAS. Essas bactérias são comumente adicionadas à matéria-prima e metabolizam a lactose, principal carboidrato do leite, com produção intensa de ácido. Inicialmente, as moléculas de lactose são transportadas através da membrana celular microbiana. Nesse caso, a internalização pode ser realizada pelo sistema fosfotransferase ou pela ação da enzima permease. No sistema de fosfotransferase, a lactose é fosforilada a lactose-6-fosfato enquanto é internalizada. Por outro lado, quando o transporte é realizado pela permease, a molécula do carboidrato não é alterada. No citoplasma da bactéria, a lactose é hidrolisada pela ação da β-galactosidase, que torna os monossacarídeos glicose e galactose disponíveis para serem utilizados pelas vias fermentativas (Figura 6.6).

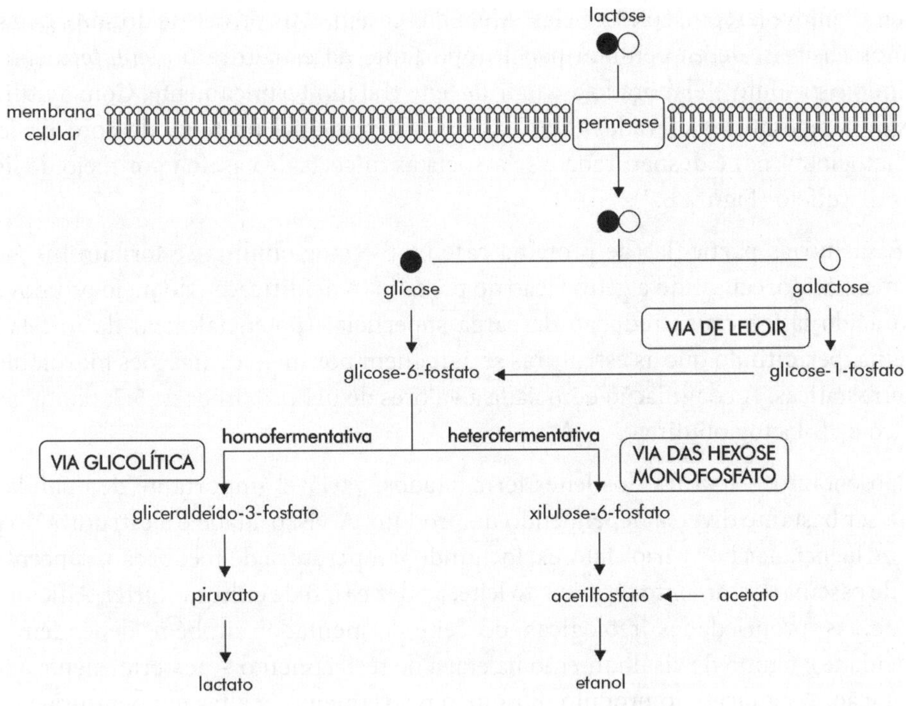

Figura 6.6 – Vias metabólicas utilizadas por bactérias láticas para fermentação de lactose.

A maioria dos leites fermentados produzidos industrialmente é elaborada por meio da adição de BAL homofermentativas, como em iogurte e leite acidófilo, por exemplo, sendo algumas espécies de *Lactococcus*, *Lactobacillus* e *Streptococcus* as mais utilizadas. Essas bactérias utilizam a via glicolítica (Embden Meyerhoff Parnas) para assimilação da glicose, com produção de mais de 95% de seu produto final como ácido lático. No entanto, BAL heretofermentativas também podem ser utilizadas. Pela via da fosfocetolase (6-fosfogluconato) ou da hexose monofosfato, a glicose é fermentada a vários produtos finais, como ácido acético, etanol e dióxido de carbono, além de ácido lático. Várias espécies de *Lactobacillus* e *Leuconostoc* utilizam essa via fermentativa para obtenção de energia, sendo por vezes envolvidos na elaboração de leites fermentados produzidos industrialmente ou artesanalmente, como *kefir* e leitelho fermentado.

Adicionalmente, algumas BAL apresentam a capacidade de metabolizar a galactose. Quando o açúcar é transportado através da membrana celular pelo sistema fosfotransferase, o carboidrato fosforilado (galactose-6-fosfato) é metabolizado pela via da tagatose-6-fosfato. Porém, se a galactose é transportada pela permease, ela é metabolizada por uma combinação das vias Leloir e glicolítica.

Durante a fermentação, a atividade metabólica das culturas *starter* ocasiona a redução do pH do leite, com consequente coagulação proteica e formação de gel, o que caracteriza o produto final. As principais proteínas do leite, as caseínas, estão associadas em micelas e estabilizadas no leite devido à carga líquida negativa dessa estrutura, o que promove a repulsão entre elas. Além das caseínas, as proteínas do soro, que são termossensíveis, desempenham papel importante na estrutura do leite fermentado quando o produto é elaborado a partir de leite tratado termicamente. Com a utilização de temperaturas elevadas (80°C a 95°C), a principal proteína do soro do leite (β-lactoglobulina) é desnaturada e se associa às micelas de caseína por meio de ligações dissulfeto (Figura 6.7).

Essas novas partículas de proteína caseína-β-lactoglobulina se tornam instáveis em meio ácido, causando a gelificação do produto. A acidificação do meio promovida pelo ácido lático causa redução da carga superficial (potencial zeta) da micela de caseína, permitindo que as estruturas se agreguem por meio de ligações hidrofóbicas e eletrostáticas. A coagulação é iniciada a valores de pH próximos de 5,3, ponto isoelétrico da β-lactoglobulina.

No entanto, a textura dos leites fermentados, variável importante de qualidade, pode ser bastante diversa dependendo do produto. A viscosidade e a estrutura do gel são influenciadas por vários fatores, incluindo temperatura de incubação, concentração de caseína, tratamento térmico do leite, acidez e tipo de cultura *starter*. Adicionalmente, as propriedades reológicas do leite fermentado também dependem da velocidade e tempo de cisalhamento na etapa de resfriamento – posteriormente à fermentação. A agitação do produto durante o resfriamento (a altas temperaturas) produz um produto suave, identificado como líquido ou batido. Esse sistema é muitas vezes utilizado na elaboração de produtos adicionados de estabilizantes. Em contrapartida, a utilização de baixas temperaturas (~7 °C) durante a agitação resulta em um aumento da firmeza do gel, devido ao inchaço das partículas de caseína à medida que suas interações hidrofóbicas se tornam mais fracas, aumentando o contato entre elas.

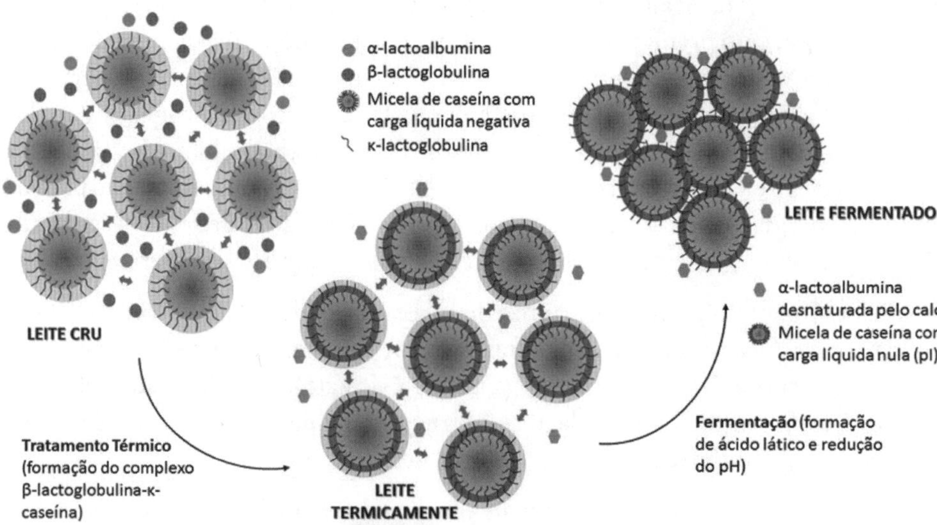

Figura 6.7 – Alterações na estrutura do leite decorrentes da fermentação e acidificação por culturas *starter* utilizadas na elaboração de leites fermentados. Fonte: elaborada pelos autores.

No processo de fermentação, a metabolização da lactose pela cultura *starter* ocasiona profundas mudanças nos atributos químicos, físicos, microbiológicos e sensoriais do produto. No entanto, quantidades significativas e variáveis de lactose intacta podem ocorrer, uma vez que apenas uma parte da lactose (~20% a 30%) é normalmente metabolizada. Assim, a ingestão destes produtos pode causar efeitos adversos em indivíduos intolerantes à lactose. Pensando nesse público, uma grande variedade de produtos lácteos com baixo teor de lactose ou sem lactose foi desenvolvida e está disponível no mercado. Para tal, a enzima β-galactosidase, intencionalmente adicionada ao leite ou base láctea, é responsável por catalisar a hidrólise da lactose em seus monossacarídeos constituintes (glicose e galactose). As alterações no perfil de carboidratos dos produtos devido à ação da β-galactosidase podem influenciar a atividade metabólica da cultura *starter* e induzir modificações nos compostos produzidos. A concentração de carboidratos e ácidos orgânicos formados é variável no produto final, dependendo de diferentes fatores, como tipo e doses da enzima e condições do processo (tipo de cultura, temperatura e tempo de incubação). Normalmente, observa-se aumento do tempo de fermentação (tempo necessário para que o produto atinja o pH final desejado) e redução da quantidade final de ácido lático produzido, com estudos comprovando que a atividade acidificante de algumas estirpes de BAL é influenciada pelos açúcares/carboidratos presentes no meio de crescimento.

As características sensoriais de leites fermentados também podem ser determinadas pela ação de outros grupos microbianos, sendo os fungos filamentosos e leveduras importantes na elaboração e caracterização final do produto. Como destacado anteriormente, leveduras são componentes importantes da microbiota de *kefir*, *kumys* e outros produtos relacionados. Estudos têm demonstrado que grande parte das leveduras é capaz de metabolizar uma variedade de carboidratos, como lactose, glicose, galactose e frutose (TAMIME, 2006). Nesse caso, os principais efeitos decorrem da fermentação alcóolica de açúcares, com consequente produção de etanol.

Os principais gêneros de leveduras encontrados em leites fermentados são *Saccharomyces*, *Kluyveromyces*, *Candida*, *Pichia* e *Torulopsis*. Os três primeiros possuem atividade proteolítica extracelular muito limitada. Por outro lado, *Candida* e *Torulopsis* apresentam atividade lipolítica que pode contribuir para o sabor de leites fermentados, uma vez que podem hidrolisar lipídeos presentes no leite. Os atributos sensoriais são o resultado da produção de ácido lático, dióxido de carbono, álcool e outros compostos aromatizantes, que são formados durante a etapa de maturação/fermentação alcoólica do leite fermentado. Já os fungos filamentosos têm aplicação relativamente limitada, com destaque para o *villi*, tratado no tópico anterior. Como o fungo *G. candidum* é aeróbio estrito, o crescimento se dá na superfície do produto, conferindo-lhe a aparência aveludada característica.

Outros mecanismos/estratégias de sobrevivência utilizados pelos microrganismos resultam na formação de compostos de sabor e aroma. Algumas culturas *starter* são responsáveis pela hidrólise de lipídeos; a degradação enzimática da gordura do leite resulta na formação de ácidos graxos livres, que podem ser precursores de compostos de sabor, como metil cetonas, álcoois, lactonas e ésteres. Adicionalmente, microrganismos capazes de degradar a caseína, com a formação de peptídeos de cadeias longas, médias e curtas, contribuem para a formação de sabor no produto, por exemplo, o componente de amargor de alguns peptídeos hidrofóbicos. A hidrólise das proteínas pode ser tão intensa a ponto de aminoácidos livres serem liberados no meio, gerando compostos contendo enxofre, especialmente metionina, que compreendem precursores de compostos aromáticos voláteis.

Mais de noventa compostos aromáticos já foram descritos em iogurte, classificados como carboidratos, álcoois, aldeídos, cetonas, ácidos, ésteres, lactonas, compostos contendo enxofre, pirazinas e derivados de furano. No entanto, nem todos os compostos formados contribuem para as características sensoriais do produto, uma vez que estas dependem de concentrações suficientemente elevadas das substâncias para ultrapassar o limiar detectado pelo consumidor (DAN *et al.*, 2017).

Algumas estirpes de BAL apresentam capacidade de metabolizar o citrato naturalmente presente no leite, com consequente formação de vários produtos finais, como lactato e acetato, além de compostos aromáticos, como diacetil, acetoína e butanodiol. Algumas estirpes de *Lactococcus* (como *Lc. lactis* subsp. *lactis* biovar. *diacetilactis*) e *Leuconostoc* (como *Leu. mesenteroides*) podem ser responsáveis pela presença desses compostos aromáticos em produtos lácteos, como *dahi*, leitelho fermentado e *lassi*, conferindo um aroma amanteigado ao produto (Quadro 6.2).

6.6.2 PRODUÇÃO DE COMPOSTOS BIOATIVOS

O leite bovino é uma fonte de compostos bioativos, uma vez que possui naturalmente lisozima, lactoferrina e imunoglobulinas em sua composição. Adicionalmente, algumas culturas *starter* utilizadas na elaboração de leites fermentados apresentam capacidade de produzir substâncias proteicas com efeito bioativo, como as bacteriocinas. Estas compreendem peptídeos antimicrobianos sintetizados ribossomicamente, produzidas durante a fase primária do crescimento bacteriano, que possuem atividade bactericida ou bacteriostática contra espécies bacterianas intimamente relacionadas à espécie produtora. Em leites fermentados produzidos a partir de leite cru, a produção de bacteriocinas é de extrema importância para reduzir a população de microrganismos contaminantes.

Dentre as bacteriocinas produzidas por BAL, a nisina produzida por *Lc. lactis* é a única utilizada como aditivo na indústria de lácteos. No entanto, outras culturas *starter* produtoras de bacteriocinas podem ser amplamente utilizadas na produção de leites fermentados para garantir a inocuidade desse alimento e contribuir para o aumento da vida de prateleira do produto. Muitas pesquisas têm sido desenvolvidas com o objetivo de identificar, isolar e purificar outras bacteriocinas com propriedades tecnológicas, como termorresistência e resistência a enzimas proteolíticas, além da atividade antimicrobiana. Nesse cenário, outras bacteriocinas, como pediocinas, lacticinas, lactococinas, leuconocinas, plantaricinas, enterocinas, carnobacteriocinas e as culturas *starter* produtoras desses peptídeos têm sido avaliadas.

Quadro 6.2 – Compostos aromáticos produzidos por bactérias láticas durante a produção de produtos lácteos

Composto	Descrição	Precursor requerido	Metabolismo	Cultura *starter*
(A) Aldeídos e Cetonas				
Acetaldeído	Maçã-verde, amanteigado	Piruvato, treonina	Piruvato, aminoácido	*L. delbruekii* subsp. *bulgaricus* e *S. thermophilus*
Acetoína	Amanteigado, frutado	Diacetil	Citrato/piruvato	*Leuconostoc* sp., *Lc. lactis* subsp. *lactis*, *Lc. lactis* subsp. *lactis* biovar *diacetylactis*
Acetona	Frutado, doce	Acetilfosfato	Citrato/piruvato	*Lc. lactis* subsp. *lactis* biovar *diacetylactis*, *L. delbruekii* subsp. *bulgaricus* e *S. thermophilus*
Diacetil (2,3-butanediol)	Amanteigado	α-acetolactato	Citrato/aspartato	*Lc. lactis, S. thermophilus, Leu. mesenteroides*, *Lc. lactis* subsp. *lactis* biovar *diacetylactis*
(B) Ácidos				
Ácido acético	Ácido, pungente, vinagre	Piruvato	Glicólise	*L. acidophilus, L. delbrueckii, L.helveticus, L. rhamnosus, P. pentosaceus, E. faecium*
Ácido lático	Ácido, pungente	Piruvato	Glicólise	*L. acidophilus, L. delbrueckii, L.helveticus, L. rhamnosus, P. pentosaceus, E. faecium*
Ácido propiônico	Pungente, vinagre, leite azedo	Piruvato	Glicólise	*L. acidophilus, L. delbrueckii, L.helveticus, L. rhamnosus, P. pentosaceus, E. faecium*

(C) Álcool				
Etanol	Leve, éter	Piruvato, aminoácidos	Glicólise, proteólise	*Lc. lactis, S. thermophilus, Pediococcus* sp.
(D) Ésteres				
Acetato butílito	Abacaxi, frutado	Etil butanoato e etil isovalerato	Proteólise, lipólise	*L. helveticus, Lc. lactis, Ligilactobacillus salivarius, L. casei*
Acetato Etílico	Solvente, frutado	Etil butanoato e etil isovalerato	Proteólise, lipólise	*L. helveticus, Lc. lactis, L. salivarius, L. casei, L. acidophilus*
Acetato metílico	Solvente, frutado, esmalte, doce	Etil butanoato e etil isovalerato	Proteólise, lipólise	*L. helveticus, Lc. lactis, L. salivarus, L. casei*
Formato metílico	Frutado, levemente alcóolico	Etil butanoato e etil isovalerato	Proteólise, lipólise	*L. helveticus, Lc. lactis, L. salivarius, L. casei*
(E) Compostos sulfurados				
Dimetil sulfeto	Lactona, intenso, sulfuroso	Metionina, cisteína	Metabolismo alter-nativo	*L. delbrueckii* subsp. *bulgaricus, L. plantarum, S. thermophilus, Lc. lactis* subsp. *cremoris*
Dimetil trissulfeto	Sulfuroso	Metionina, cisteína	Metabolismo alter-nativo	*L. delbrueckii* subsp. *bulgaricus, L. plantarum, S. thermophilus, Lc. lactis* subsp. *cremoris*
Dimetil dissulfeto	Couve-flor, alho, repo-lho cozido	Metionina, cisteína	Metabolismo alter-nativo	*L. delbrueckii* subsp. *bulgaricus, L. plantarum, S. thermophilus, Lc. lactis* subsp. *cremoris*
Metional	Repolho cozido, batata	Metionina, cisteína	Metabolismo alter-nativo	*L. delbrueckii* subsp. *bulgaricus, L. plantarum, S. thermophilus, Lc. lactis* subsp. *cremoris*

Fonte: adaptado de Puniya (2015).

Além das bacteriocinas, outros peptídeos bioativos derivados do leite podem ser gerados pela ação de BAL presentes na cultura *starter.* Os peptídeos bioativos são produzidos a partir da proteólise de proteínas nativas (α-, β- e κ-caseína, β lactoglobulina, α-lactalbumina, albumina sérica) e podem apresentar efeitos terapêuticos, sobretudo para doenças cardiovasculares e digestivas. Além disso, podem ser considerados como promotores de diversos benefícios à saúde, como efeitos anti-hipertensivo, imunomodulador, anti-inflamatório, antitrombótico, antioxidante e antimicrobiano (SHIVANNA; NATARAJ, 2020).

Dessa forma, os produtos lácteos fermentados têm sido associados a efeitos benéficos à saúde humana, e alguns desses benefícios estão relacionados a produtos derivados de proteínas. Assim, os peptídeos derivados de proteínas do leite têm sido objeto de crescente interesse comercial no contexto de alimentos funcionais promotores de saúde. No entanto, alguns microrganismos estão relacionados à produção de compostos capazes de resultar em efeitos adversos à saúde, como as aminas biogênicas. Ainda que nem todas as aminas biogênicas sejam prejudiciais, uma vez que muitas apresentam apenas ação deterioradora, a descarboxilação de certos aminoácidos pode dar origem a substâncias envolvidas em várias síndromes patogênicas. Neste contexto, algumas estirpes de BAL apresentam capacidade de produzir aminas biogênicas como mecanismo de resistência, em casos de escassez energética e estresse ácido. Esses compostos nitrogenados, como tiramina e histamina, podem afetar a fisiologia humana de várias maneiras, causando alergias, crises hipertensivas e dores de cabeça (EFSA, 2011; LINARES, 2012).

6.8 TENDÊNCIAS E PERSPECTIVAS

Muitas mudanças no setor de alimentos, em especial no de produtos lácteos, estão acontecendo nos últimos anos como consequência dos novos padrões de consumo da população. O cenário atual aponta para consumidores cada vez mais exigentes, com uma demanda maior por produtos mais seguros e saborosos, de preparo fácil, sustentáveis e éticos. Portanto, a indústria de alimentos terá o desafio de desenvolver produtos que se alinhem às cinco macrotendências globais da alimentação: sensorialidade e prazer, saudabilidade e bem-estar, conveniência e praticidade, confiabilidade e qualidade e sustentabilidade e ética.

No âmbito dos leites fermentados, o consumo de produtos enriquecidos nutricionalmente tem sido uma tendência forte para atender à demanda por saudabilidade e bem-estar. A fortificação desses alimentos com componentes naturais do próprio leite, como proteínas e cálcio, tem sido realizada com sucesso pelas empresas do setor. As indústrias têm atendido a essa demanda com o lançamento de novos produtos com alegação de elevado teor de proteínas, e dentre os derivados lácteos que aproveitaram bem essa popularidade destaca-se o iogurte grego. Mais recentemente, iogurtes líquidos adicionados de elevada concentração de proteínas de soro (*whey protein*) têm sido outra opção interessante como resposta à tendência de consumo de produtos com alta densidade nutricional. Além disso, a incorporação de frutas e cereais nos produtos tem garantido outras opções de alimentos ricos em nutrientes disponíveis para serem consumidos diariamente.

O aumento da demanda por produtos com atributos saudáveis, que proporcionem efeitos positivos à saúde e proteção contra doenças, também está fortemente atrelado aos leites fermentados. Essa característica está relacionada ao fato de esses produtos serem tradicionalmente reconhecidos pela sua funcionalidade, além de serem utilizado como veículo de microrganismos probióticos (para mais informações sobre probióticos, ver Capítulo 5). Os produtos mais relacionados a essa característica são os iogurtes e bebidas lácteas fermentadas. Apesar de atualmente as fórmulas infantis serem os principais veículos de prebióticos, os leites fermentados poderão ser, em um futuro próximo, importantes alimentos contendo estes componentes. Os prebióticos contribuem para o equilíbrio da microbiota intestinal e servem de substrato para os probióticos.

Além das funcionalidades tradicionais proporcionadas pelos produtos lácteos, um campo promissor para o desenvolvimento de produtos funcionais tem se destacado, especialmente quanto às aplicações de ingredientes proteicos, como os peptídeos bioativos. Sua presença no produto final tem se tornado interessante em processos de recuperação muscular de esportistas, na manutenção da função muscular para idosos e na melhora do sistema imunológico em geral. Apesar de os peptídeos bioativos serem potenciais ingredientes promotores de saúde, a diversidade de produtos aos quais esse ingrediente é adicionado ainda é pequena. No entanto, espera-se um aumento expressivo de sua produção, uma vez que a pesquisa científica na área tem contribuído de forma significativa para a padronização e produção em larga escala.

Adicionalmente, observa-se uma maior demanda por produtos considerados *premium* ou *gourmet*. A tendência de consumir alimentos que apresentem alta qualidade e que proporcionem experiências sensoriais exóticas impulsiona o lançamento de produtos com sabores inusitados para os consumidores. Para a cadeia de lácteos, percebe-se grande interesse pelo desenvolvimento de leites fermentados, principalmente iogurtes, com ingredientes e combinações de sabores completamente inéditos. Considerando a busca por produtos inovadores na tentativa de ampliar o rol de leites fermentados oferecidos ao mercado consumidor, a indústria de laticínios brasileira tem apostado em produtos tradicionalmente consumidos por outras culturas. Algumas empresas que atuam no mercado brasileiro passaram a produzir, nos últimos anos, leites fermentados do tipo *kefir*, *skyr* e *ymer*.

Observando o cenário atual, percebe-se que a indústria de laticínios, principalmente o setor de leites fermentados, tem evoluído rapidamente para atender às exigências do mercado consumidor. Visto que a microbiota envolvida no processo produtivo desse tipo de alimento exerce grande impacto sobre as características finais e tecnológicas do produto, a microbiologia de processos relacionada à elaboração de leites fermentados representa um desafio para o setor.

REFERÊNCIAS

ARIOLI, S. *et al. Streptococcus thermophilus* urease activity boosts *Lactobacillus delbrueckii* subsp. *bulgaricus* homolactic fermentation. *International Journal of Food Microbiology*, v. 247, p. 55-64, 2017.

BRASIL. Ministério da Agricultura, Pecuária e Abastecimento. Instrução Normativa n. 46 – Regulamento Técnico de Identidade e Qualidade de Leites Fermentados. *Diário Oficial da União*: seção 1, Brasília, DF, p. 4-7, 24 out. 2007.

BROTHWELL, D. R.; BROTHWELL, P. *Food in antiquity*: a survey of the diet of early peoples. Baltimore: Johns Hopkins University Press, 1997.

BOURRIE, B. C. T.; WILLING, B. P.; COTTER, P. D. The microbiota and health promoting characteristics of the fermented beverage kefir. *Frontiers in Microbiology*, v. 7, p. 647, 2016.

CASAROTTI, S. N. *et al.* Influence of the combination of probiotic cultures during fermentation and storage of fermented milk. *Food Research International*, v. 59, p. 67-75, 2014.

CERNING, J. Production of exopolysaccharides by lactic acid bacteria and dairy propionibacteria. *Le Lait*, v. 75, n. 4-5, p. 463-472, 1995.

DAN, T. *et al.* Profiles of volatile flavor compounds in milk fermented with different proportional combinations of *Lactobacillus delbrueckii* subsp. *bulgaricus* and *Streptococcus thermophilus*. *Molecules*, v. 22, n. 10, p. 1633, 2017.

CARVALHO, G. R. *et al. Mercado de leite e derivados 2020*. Disponível em: https://canaldoleite.com/noticias/mercado-do-leite-e-derivados-2020/. Acesso em: 14 abr. 2021.

EFSA (European Food Safety Authority). Panel on Biological Hazards (BIOHAZ). Scientific opinion on risk-based control of biogenic amine formation in frемented foods. *EFSA Journal*, v. 9, n. 10, p. 1-93, 2011.

FISBERG, M.; MACHADO, R. History of yogurt and current patterns of consumption. *Nutrition Reviews*, v. 73, p. 4-7, 2015.

HECER, C.; ULUSOY, B.; KAYNARCA, D. Effect of different fermentation conditions on composition of kefir microbiota. *International Food Research Journal*, v. 26, n. 2, 2019.

JITPAKDEE, J. *et al.* Selected probiotic lactic acid bacteria isolated from fermented foods for functional milk production: lower cholesterol with more beneficial compounds. *LWT – Food Science and Technology*, v. 135, p. 110061, 2021.

KARAOLIS, C. *et al.* Potential application of *Saccharomyces boulardii* as a probiotic in goat's yoghurt: survival and organoleptic effects. *International Journal of Food Science & Technology*, v. 48, n. 7, p. 1445-1452, 2013.

LI, S. *et al.* Physicochemical, textural and volatile characteristics of fermented milk co-cultured with *Streptococcus thermophilus*, *Bifidobacterium animalis* or *Lactobacillus plantarum*. *International Journal of Food Science & Technology*, v. 55, n. 2, p. 461-474, 2019.

LINARES, D. M. Factors influencing biogenic amines accumulation in dairy products. *Food Microbiology*, v. 3, n. 180, p. 1-10, 2012.

MORADI, Z.; KALANPOUR, N. Kefiran, a branched polysaccharide: preparation, properties and applications: a review. *Carbohydrate polymers*, v. 223, p. 115100, 2019.

NAMI, Y. *et al.* Novel autochthonous lactobacilli with probiotic aptitudes as a main starter culture for probiotic fermented milk. *LWT – Food Science and Technology*, v. 98, p. 85-93, 2018.

NEJATI, F.; JUNNE, S.; NEUBAUER, P. A big world in small grain: a review of natural milk kefir starters. *Microorganisms*, v. 8, n. 2, p. 192, 2020.

PONOMAROVA, O. *et al.* Yeast creates a niche for symbiotic lactic acid bacteria through nitrogen overflow. *Cell Syst.*, v. 5, p. 345-357e6, 2017.

PUNIYA,, A. K. *Fermented and dairy products.* Boca Raton: CRC Press, 2015. 714 p.

ROY, M. K.; WATANABE, Y.; TAMAI, Y. Induction of apoptosis in HL-60 cells by skimmed milk digested with a proteolytic enzyme from the yeast *Saccharomyces cerevisiae. Journal of Bioscience and Bioengineering*, v. 88, n. 4, p. 426-432, 1999.

SETTACHAIMONGKON, S. *et al.* Influence of different proteolytic strains of *Streptococcus thermophilus* in co-culture with *Lactobacillus delbrueckii* subsp. *bulgaricus* on the metabolite profile of set-yoghurt. *International Journal of Food Microbiology*, v. 177, p. 29-36, 2014.

SHIVANNA, S. K.; NATARAJ, B. H. Revisiting therapeutic and toxicological fingerprints of milk-derived bioactive peptides: an overview. *Food Bioscience*, v. 38, p. 100771, 2020.

TAMIME, A. Y. *Fermented milk.* London: Blackwell Publishing, 2006.

WANG, H.; WANG, C.; GUO, M. Autogenic successions of bacteria and fungi in kefir grains from different origins when sub-cultured in goat milk. *Food Research International*, v. 138, p. 109784, 2020.

CAPÍTULO 7
Microbiologia da fermentação de queijos

Cleube Andrade Boari,[1] *Rosângela de Freitas,*[2]
Evandro Martins,[2] *Antonio Fernandes de Carvalho*[2]

7.1 INTRODUÇÃO

O queijo é um dos alimentos fermentados mais antigos produzidos pelo homem, com o objetivo inicial de conservar os sólidos do leite em sua forma concentrada, permitindo, assim, o aproveitamento das características nutricionais do leite. Diferentes tecnologias empregadas na fabricação de queijos resultam na seleção da microbiota, que será responsável pelas características sensoriais e nutricionais do produto final. Assim, para dominar a tecnologia de fabricação de queijos, necessita-se de um conhecimento acerca da microbiota, responsável pelas fermentações tanto desejáveis como indesejáveis.

Na literatura, não há qualquer evidência conclusiva sobre a origem da fabricação de queijos. Possivelmente, remonta aos primórdios da domesticação de mamíferos (ovelhas), por volta de 8 mil anos atrás, no Oriente médio, Ásia Central ou Europa. O surgimento dos queijos na dieta humana ocorreu de maneira espontânea, possivelmente devido às tentativas de nossos antepassados de armazenar o excedente de leite cru ordenhado em recipientes de barro. A porosidade desses recipientes é propícia à formação

1 Departamento de Zootecnia, Universidade Federal dos Vales do Jequitinhonha e Mucuri, Diamantina, Minas Gerais, Brasil.

2 INOVALEITE, Departamento de Tecnologia de Alimentos, Universidade Federal de Viçosa, Viçosa, Minas Gerais, Brasil.

de biofilmes e, certamente, devido à contaminação cruzada e à falta de refrigeração, em pouco tempo o leite cru armazenado, naturalmente rico em bactérias láticas fermentadoras, deu origem a uma coalhada ácida, a qual, pela dessoragem e posterior retirada do soro, originou uma massa semissólida – uma espécie de queijo primitivo de coagulação ácida. A descoberta da coagulação enzimática por povos nômades se deu pelo uso de estômagos de ruminantes como recipientes para o transporte de líquidos. Quando transportado em estômagos ainda frescos, o leite tornava-se um coágulo comestível.

A paixão do homem pela produção de queijos se faz presente em todas as culturas lactófilas, sendo transmitida de geração para geração. Quanto mais afeito ao produto e à cultura produtiva, mais o homem investia no aprimoramento dos processos e, consequentemente, dos produtos. O resultado dessa experiência milenar é notável em nossa atualidade, evidente pela grande e rica diversidade de queijos, sejam eles produzidos industrial ou artesanalmente. No último século, a indústria láctea cresceu e evoluiu muito, gerando riquezas e envolvendo um grande número de pessoas na cadeia produtiva. Cada cultura desenvolveu seus próprios queijos, que são naturalmente contaminados com a microbiota autóctone de cada região – que chamamos de *sabedoria ecológica* das paisagens.

Quanto mais achamos que dominamos a ciência e a tecnologia de queijos, mais descobrimos que há muito ainda para se elucidar. O equilíbrio da microbiota fermentadora é dinâmico. Os estudos baseados em técnicas independentes de cultura, complementados com métodos de cultura dependente, possibilitaram determinar o papel de diferentes gêneros e espécies de microrganismos nas características finais do produto. Com esse conhecimento, pode-se aperfeiçoar os processos e até mesmo inovar, criando-se novos queijos.

A diversidade de queijos é, em parte, consequência da variedade de leite de diferentes espécies de mamíferos, como vaca, búfala, cabra, ovelha e camela, que nos entregam uma matéria-prima extremamente versátil e valiosa nutricionalmente. Tal diversidade é complementada pela presença de inúmeras espécies de microrganismos, especialmente bactérias, leveduras e fungos filamentosos. Cabe ao homem se posicionar neste cenário como um gestor, agindo para garantir que animais e microrganismos trabalhem de forma conjunta e sustentável.

A diversidade microbiana em queijos decorre de uma série de fatores, entre os quais processos ecológicos diversos, incluindo-se a dispersão, a diversificação, a seleção ambiental e a deriva ecológica. Além disso, é influenciada por fatores tanto bióticos – como fermentação natural, emprego de culturas iniciadoras, microbiota contaminante e metabólitos microbianos – como fatores abióticos – a exemplo dos diferentes tipos de processos tecnológicos e das condições do ambiente em que o queijo é produzido. Juntos, todos esses fatores regem um papel importante na modulação da implantação, do desenvolvimento e da atividade dos diferentes grupos microbianos envolvidos na fermentação do queijo (Figura 7.1). Ao final desse complexo processo, o queijo adquire as características de aroma, sabor, textura e aparência, além dos padrões de qualidade microbiológica tão importantes para sua inocuidade (MAYO *et al.*, 2021).

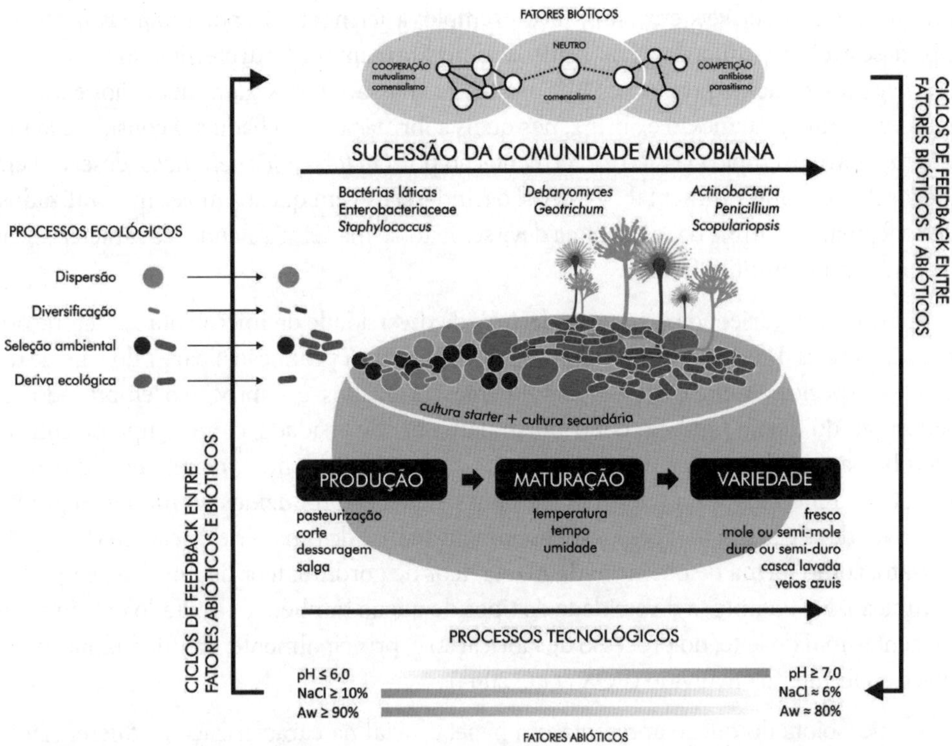

Figura 7.1 – Sucessão ecológica das comunidades microbianas na superfície do queijo e fatores bióticos, abióticos e tecnológicos que influenciam a colonização, o desenvolvimento e a atividade microbiana. Fonte: adaptada de Mayo *et al.* (2021).

Nesse contexto, o objetivo deste capítulo é abordar a microbiologia associada aos queijos, focando nos papéis dos principais atores microbianos envolvidos no processo produtivo. Abordaremos, ainda, as principais reações bioquímicas desejáveis e indesejáveis, que resultam em características sensoriais de interesse, ou em defeitos clássicos, respectivamente. Por fim, será destacado o papel de microrganismos eucariotos amplamente empregados na produção de queijos, além de ácaros, cuja atividade na maturação de queijos tem sido objeto de estudos em anos recentes.

7.2 METABOLISMO MICROBIANO DESEJÁVEL EM QUEIJOS

Reações microbianas desejáveis em queijos correspondem àquelas que impactam positivamente as características sensoriais, modificando atributos como sabor, aroma, textura e aparência, típicos e esperados em determinada variedade de queijo. Além disso, contribuem também para a inocuidade e o equilíbrio da microbiota, exercendo um papel imprescindível para a segurança microbiológica e a vida útil do produto.

Como existem inúmeras variedades de queijos, cada uma com suas características peculiares, é preciso salientar que certas fermentações podem ser consideradas desejáveis em um queijo e indesejáveis em outro. Por exemplo, a fermentação por *Propionibacterium* spp., desejável na família de queijos suíços como Emmental e Gruyère, devido à formação de olhaduras, de ácido propiônico e de prolina na massa, é indesejada em queijos extraduros como Grana, Parmesão e Sbrinz, nos quais a formação de olhadura é considerada um defeito. Outro exemplo clássico é a fermentação por *Lactobacillus helveticus*, desejável em queijos duros como Emmental e Parmesão e indesejável em queijos moles mineralizados. Dessa forma, o controle da microbiota deve ser feito de maneira a atender às características pretendidas no produto final.

A expressiva variedade de queijos decorre da diversidade da microbiota autóctone observada para as diferentes regiões do mundo, associada à produção a partir do leite de diferentes espécies. Além disso, os ingredientes utilizados e o processo empregado na elaboração do queijo também contribuem para essa diversidade, como o tipo de cultura microbiana (fermento iniciador), a origem da enzima coagulante, o cloreto de sódio, dentre outros. Tendo em vista o número elevado de queijos produzidos no mundo, algumas tentativas de se classificar o queijo se baseiam na análise de uma série de características do produto, como forma de obtenção da massa, teor de gordura, teor de umidade e tipos de maturação. No entanto, a diversidade de tipos de queijo também é resultado da composição centesimal do leite, do processo de fabricação e, principalmente, da microbiota autóctone e do fermento envolvido (FOX *et al.*, 2004).

A microbiota do queijo apresenta um papel crucial na caracterização e diferenciação dos queijos, sendo formada principalmente pela microbiota autóctone característica da região produtora, da cultura microbiana adicionada intencionalmente e, em queijos artesanais, da microbiota presente no fermento natural, leite e ambiente de produção. A Figura 7.2 apresenta os principais fatores que impactam na qualidade do leite cru, com diferentes fontes de contaminação e enriquecimento da microbiota.

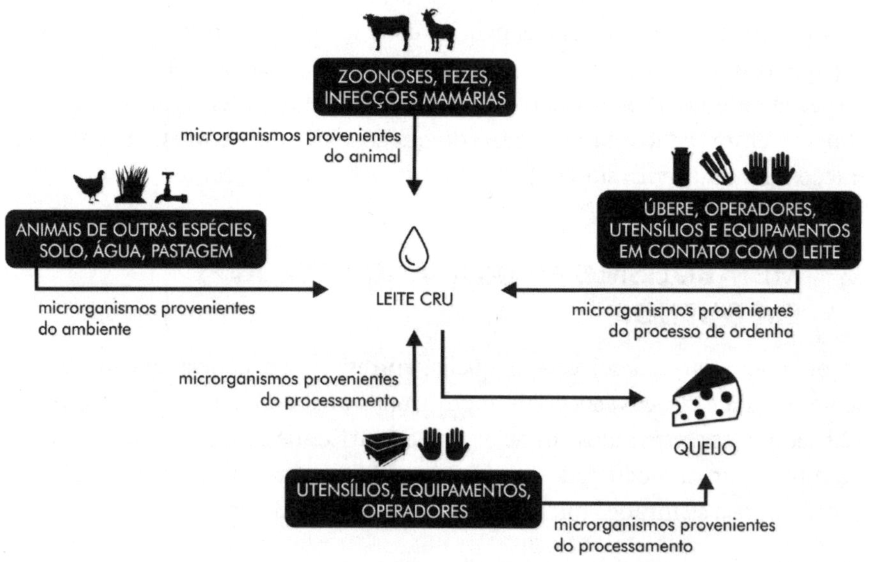

Figura 7.2 – Fatores que impactam na qualidade microbiológica do leite cru.

Com base na função que exercem, as culturas microbianas, incluindo bactérias, leveduras e fungos filamentos, podem ser classificadas em: i) *starter*/iniciadora, composta geralmente de bactérias ácido-láticas (BAL); ii) adjunta/secundária, responsável pela maturação, composta principalmente de BAL não acidificantes (do inglês *not starter lactic acid bactéria* – NSLAB), leveduras e fungos filamentosos; e iii) funcionais (Figura 7.3). Industrialmente, as culturas são classificadas de acordo com a temperatura de multiplicação dos microrganismos em i) mesofílicas; e ii) termofílicas. E, ainda, segundo a composição, as culturas podem ser classificadas em i) culturas mistas; e ii) culturas puras. Mais informações sobre culturas microbianas podem ser obtidas no Capítulo 4. A seguir, serão destacadas as características dos principais tipos de culturas microbianas empregadas na fabricação de queijos.

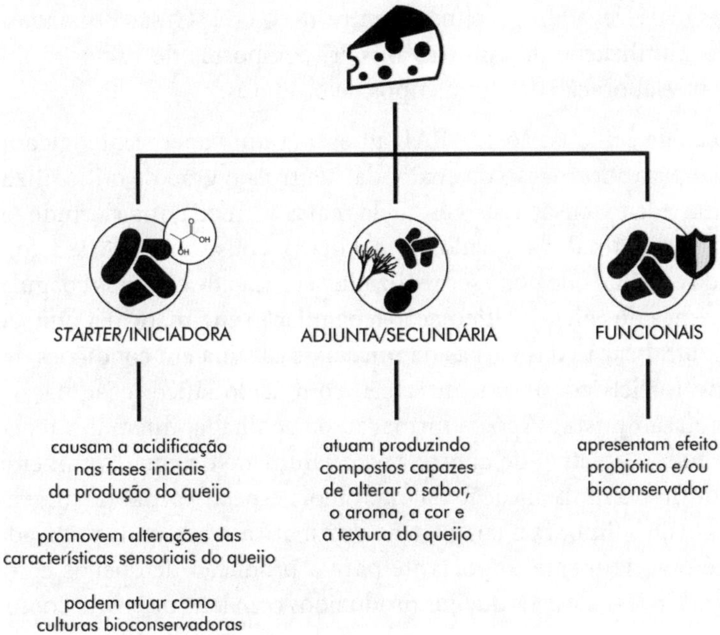

Figura 7.3 – Classificação das culturas microbianas utilizadas na produção de queijos segundo sua função.

7.2.1 CULTURAS *STARTER*

As culturas iniciadoras são normalmente compostas por BAL e têm como principal função a produção de ácido lático a partir do metabolismo da glicose, oriunda da lactose no início da produção do queijo. BAL recebem a denominação de iniciadoras (do inglês *microbial starter*), pois são as responsáveis pela primeira alteração bioquímica significativa em um queijo: a acidificação, ocasionada pela produção e acúmulo do ácido lático (POWELL; BROOME; LIMSOWTIN, 2016; PARENTE; COGAN; POWELL, 2017). Este processo é relativamente rápido; toda a lactose de um queijo pode ser metabolizada em poucos dias após o início da fabricação.

BAL podem ser classificadas como homofermentativas, quando o principal metabólito produzido a partir da fermentação da glicose é o ácido lático, ou como heterofermentativas, quando, além do ácido lático, também são produzidos outros metabólitos, por exemplo, ácido acético, CO_2, diacetil e acetaldeído (MCSWEENEY, 2011), que impactam diretamente as características sensoriais do queijo. Essas culturas também podem ser classificadas, conforme a temperatura ótima para o desenvolvimento microbiano, em mesofílicas (~35 °C) e termofílicas (~42 °C). As culturas *starter* mesofílicas são utilizadas na elaboração de queijos em que a temperatura empregada durante as etapas de coagulação e mexedura (primeiras etapas) não excede os 40 °C (em geral, de 35 °C a 37 °C), como na elaboração de queijo Minas Padrão, Prato, Cheddar e Saint-Paulin. Por outro lado, as culturas termofílicas são aplicadas na elaboração de queijos como Muçarela, Parmesão, Emmental, Gruyère, para os quais temperaturas mais elevadas (geralmente entre 48 °C e 52 °C) são utilizadas. No entanto, é comum a utilização de culturas mistas, compostas de bactérias mesofílicas e termofílicas na elaboração de alguns tipos de produtos.

A produção de ácido lático por BAL apresenta um papel tecnológico importante, pois contribui para a formação da coalhada, controla o grau de mineralização da micela de caseína e da extensão da sinérese da massa formada, interferindo na composição, textura e pH final do queijo. A coalhada consiste na massa formada pela coagulação da caseína, que pode ser realizada pela ação de enzimas coagulantes, agregação na presença do cálcio e reticulação (coagulação enzimática). Pode ser realizada, ainda, por neutralização das cargas da micela de caseína em condições de pH próximas ao ponto isoelétrico, pela acidificação com ácido lático (coagulação ácida), ou ambas (coagulação mista). Após a formação da coalhada, diferentes tecnologias são empregadas com o objetivo de controlar a quantidade de água, a mineralização e o pH, que permitirão a multiplicação da microbiota específica, dando origem a diferentes tipos de queijos. Embora a coagulação enzimática seja a mais praticada, a coagulação ácida é especialmente importante para a produção de queijos como Cottage, Quark, Cream Cheese e vários queijos produzidos com leite de cabra, como o Boursin.

O leite cru de boa qualidade apresenta pH em torno de 6,85. À medida que o substrato (lactose) é fermentado, ocorre a liberação e o consequente acúmulo de ácido lático, resultando na liberação de prótons H+ e na redução do pH do meio. Com a redução do pH, as caseínas, que correspondem a 80% (m/m) das proteínas do leite, diminuem a repulsão eletrostática e perdem gradativamente sua capacidade de interagir com a água. Quando o pH do meio atinge valores próximos ao ponto isoelétrico das caseínas, ou seja, 4,5, estas (que em teoria possuem cargas neutras) perdem a capacidade de interagir e reter água; por consequência, ocorre intensa sinérese (dessoragem). O ideal para a maioria dos queijos é que a acidificação proporcione valores de pH entre 4,8 e 5,2 até 48 horas após o início da fabricação. Nesse intervalo de pH, a sinérese ocorre de maneira satisfatória, resultando em uma coalhada consistente, e parte da água ainda continua retida na massa, o que possibilita a ação das hidrolases na etapa posterior de maturação, especialmente proteases e lipases produzidas pela microbiota secundária.

Além do papel tecnológico, a produção de ácido orgânico oriundo da multiplicação de BAL durante a elaboração do queijo contribui de forma significativa para a inibição de microrganismos indesejáveis. O acúmulo do ácido lático, bem como a consequente redução do pH, criam um ambiente desfavorável à multiplicação de vários gêneros de microrganismos patogênicos e deteriorantes, contribuindo para a segurança microbiológica e maior vida útil do produto. Além disso, as culturas iniciadoras, por sua capacidade competitiva, pela produção de bacteriocinas (como a nisina produzida por *Lactococcus lactis* subsp. *lactis*) e de peróxido de hidrogênio, podem atuar diretamente contra microrganismos indesejados, conferindo um relevante efeito protetivo. Esse processo é conhecido como biopreservação, e o ácido lático é um exemplo clássico de bioconservante. É importante ressaltar, no entanto, que as BAL, embora sejam consideradas excelentes agentes de biopreservação, não são completamente eficazes. Sua ação, direta ou indireta, sobre microrganismos indesejados não resolve falhas de boas práticas agropecuárias e de fabricação. Assim, a produção de queijos deve ocorrer com o máximo de controle possível, visando à redução da contaminação inicial da matéria-prima e, consequentemente, do produto final.

Apesar de ter mais importância durante as primeiras etapas de fabricação do queijo, a cultura *starter* pode apresentar atividade durante a etapa de maturação, pela capacidade de algumas estirpes de BAL de produzir proteinases, peptidases e lipases. De modo geral, na maioria das variedades de queijo, a hidrólise inicial das caseínas é causada pela enzima coagulante (coalho) e, em menor extensão, pela plasmina naturalmente encontrada no leite. Os peptídeos (de tamanho intermediário) resultantes são, subsequentemente, hidrolisados por enzimas microbianas, incluindo as produzidas por LAB, NSLAB e pela microbiota de maturação.

7.2.1.1 Fermento mesofílico

As culturas mesofílicas são as mais comumente empregadas na fabricação da maioria das famílias de queijos do mundo, como Gouda e Saint-Paulin, dentre outras; no Brasil, são utilizadas em queijos Prato, Minas Padrão e Meia-cura. São compostas de culturas acidificantes, produtoras de ácido lático, e por culturas aromatizantes, fermentadoras do citrato. Podem ser compostas de uma ou mais espécies de *Lactococcus* e *Leuconostoc*. *Lc. lactis* subsp. *lactis* e *Lactococcus lactis* subsp. *cremoris* são utilizados como culturas acidificantes. *Lc. lactis* subsp. *lactis* biovar *diacetylactis* e *Leuconostoc cremoris* são capazes de fermentar o citrato, produzindo compostos aromáticos.

Normalmente, as culturas mesofílicas são comercializadas como fermento composto de estirpes múltiplas, com uma mistura de várias estirpes puras que apresentam diferentes perfis de resistência ao ataque de bacteriófagos. Além de essas culturas serem compostas de diferentes estirpes, os fabricantes de fermento oferecem uma rotação de culturas que permite evitar o acidente de fabricação com bacteriófagos. Os fermentos tradicionais compostos de um ecossistema complexo com misturas de microrganismos não definidos de lactococos e *Leuconostoc* apresentam uma desenvolvida resistência ao ataque fágico, já que os bacteriófagos coexistem com as estirpes.

7.2.1.2 Fermento termofílico

A produção de fermento termofílico se desenvolveu consideravelmente nas últimas décadas, uma vez que ele tem sido utilizado na fabricação de queijos de massa filada (os queijos mais produzidos no mundo atualmente), além de queijos duros e também de iogurte. Entre as BAL mais utilizadas, destacam-se:

- *Streptococcus thermophilus*
- *Lactobacillus delbrueckii* subsp. *bulgaricus*
- *Lactobacillus delbrueckii* subsp. *lactis*
- *Lactobacillus helveticus*
- *Lactobacillus acidophilus*
- *Pediococcus acidilactici*

Normalmente, as culturas são utilizadas como sorofermento na fabricação de queijos duros ou comercializadas como fermento múltiplo com misturas de diferentes estirpes. Algumas destas são muito acidificantes, como *L. helveticus*, e o equilíbrio entre as diferentes estirpes deve ser controlado pela temperatura de fabricação do queijo e pelo teor de sal. As estirpes de *St. thermophilus* são inibidas quando a concentração de sal é superior a 2% (m/m), bem como pelo abaixamento do pH. Essa espécie é muito sensível à presença de antibióticos e é exigente quanto às fontes de nitrogênio, exigindo peptídeos e aminoácidos livres para sua multiplicação. As estirpes do gênero *Lactobacillus* são sensíveis à presença de fosfatos no meio de multiplicação ou no leite. A espécie *St. thermophilus* é utilizada como cultura pura na fabricação de queijos de massa filada, como muçarela; mesmo não apresentando uma grande sensibilidade ao ataque fágico, é necessária uma rotação de cultura com diferentes cepas para evitar problemas de produção. Além da acidificação, BAL termofílicas do gênero *Lactobacillus* têm uma atividade proteolítica que auxilia na maturação dos queijos.

7.2.2 CULTURAS SECUNDÁRIAS

Alguns microrganismos aplicados na elaboração de queijos não são utilizados com o objetivo ou a função de produzir ácido nas etapas iniciais da fabricação (GATTI *et al.*, 2014), mas apresentam ação determinante no processo de maturação. Chamadas de culturas secundárias (ou adjuntas), seu principal papel é produzir as características sensoriais decorrentes das alterações bioquímicas, sendo fundamentais na formação de sabores, aromas, textura, cor e aparência do queijo (MCSWEENEY, 2011; KHALID; MARTH, 1990; GATTI *et al.*, 2014). Como esses microrganismos desempenham papel relevante durante a maturação, populações iniciais muito elevadas não são necessárias; além disso, ressalta-se a importância da contaminação natural do leite e do ambiente de produção do queijo, essencial em muitas variedades de queijos artesanais. Tais culturas são constituídas basicamente de BAL não acidificantes –

representadas pelas NSLAB – e outros gêneros de bactérias, leveduras e fungos filamentosos. Assim como as culturas *starter*, as culturas secundárias são atualmente incorporadas ao leite no início do processo produtivo. No entanto, para algumas variedades de queijos, as culturas podem ser inoculadas diretamente no produto, como em queijos maturados por fungos e queijos de casca lavada (queijos maturados com esfregaço), ou, ainda, colonizar o queijo a partir do ambiente de fabricação.

Apesar da diversidade de culturas microbianas secundárias/adjuntas adicionadas intencionalmente durante a elaboração de queijos maturados, os produtos normalmente possuem uma microbiota autóctone que contribui de forma significativa para a qualidade deles (MONTEL *et al.*, 2014). A ação da microbiota autóctone, identificada como NSLAB, é comum em muitos queijos maturados produzidos industrialmente e, principalmente, nos queijos artesanais. O grupo de NSLAB compreende principalmente estirpes de *Lactobacillus* heterofermentadores facultativos ou obrigatórios, principalmente *Lacticaseibacillus casei, Lacticaseibacillus paracasei, Lacticaseibacillus rhamnosus, Lactiplantibacillus plantarum, Levilactobacillus brevis, Lentilactobacillus buchneri, Limosilactobacillus fermentum* (MONTEL *et al.*, 2014; ZHENG *et al.*, 2020). Outros gêneros que fazem parte do grupo são *Enterococcus* spp. (*E. faecalis* e *E faecium*), *Pediococcus pentosaceus, Carnobacterium maltaromaticum, Leuconostoc* spp. *(L. citreum, L. mesenteroides e L. lactis)* e *Weissella* spp. (MONTEL *et al.*, 2014; ZHENG *et al.*, 2020; TEIXEIRA *et al.*, 2021), sendo o leite a principal fonte desses microrganismos. No entanto, o ambiente de produção do leite e do queijo também são reservatórios importantes. Normalmente, a atividade metabólica de NSLAB contribui para o desenvolvimento das características típicas (de sabor e textura) do queijo, agindo como cultura adjunta na etapa de maturação, podendo, ainda, causar variabilidade entre os produtos elaborados em dias e fábricas diferentes, uma vez que são oriundos de uma contaminação natural do leite, que é muito variável.

A microbiota das culturas secundárias é mais diversa que a das culturas *starter*, considerando-se o aspecto taxonômico e funcional, incluindo bactérias Gram-positivas NSLAB (*Lactobacillus, Pediococcus, Enterococcus, Carnobacterium, Weisella, Leuconostoc*); Actinobacteria (*Micrococcus, Corynebacterium, Brevibacterium linens, Brevibacterium aurantiacum, Brevibacterium casei, Brachybacterium, Corynebacterium, Propionibacterium*); o grupo dos estafilococos (*Staphylococcus xylosus, Staphylococcus equorum*); bactérias Gram-negativas, como *Enterobacteriaceae* (*Hafinia alvei*), e outras, como *Halomonas, Pseudoalteromonas, Psychrobacter.* Ademais, fungos filamentosos do gênero *Penicillium* e leveduras (*Kluyveromyces lactis, Debaryomyces hansenii, Geotrichum candidum, Cyberlindnera jadinii, Saccharomyces cerevisiae*) também compreendem culturas secundárias.

Apesar da expressiva variedade de microrganismos utilizados na elaboração de queijos, a tecnologia produtiva é bastante semelhante. O que de fato determina as características sensoriais finais dos queijos são as transformações bioquímicas e biofísicas decorrentes do processo de maturação. A intensidade e a natureza dessas reações dependem, basicamente, de fatores como: espécies e atividade (capacidade) metabólica dos microrganismos; fatores intrínsecos do queijo, como nutrientes, atividade de água (A_w), acidez e pH, potencial de oxirredução (E_h) e presença de inibidores e fatores extrínsecos, como características ambientais (temperatura e umidade relativa do ambiente), além do tempo de maturação e da presença de atmosfera modificada.

Considerando a atividade metabólica das culturas secundárias, as principais alterações que contribuem para a maturação do queijo compreendem o metabolismo da lactose residual, o metabolismo de ácidos orgânicos (lactato e citrato), a proteólise e o catabolismo de aminoácidos, a lipólise e o catabolismo de ácidos graxos. O queijo fresco (recém-produzido) contém baixa concentração de lactose, que, dependendo da microbiota, é rapidamente catabolizada a lactato no início da etapa de maturação. Em seguida, o lactato pode ser metabolizado pela cultura secundária, gerando diversos compostos. Na elaboração de queijos tipo suíço, por exemplo, as bactérias propiônicas lácteas (clássicas), especialmente *P. freudenreichii* subsp. *freudenreichii* e *P. freudenreichii* subsp. *shermanii*, são responsáveis pelo catabolismo de lactato a propionato, acetato, H_2O e CO_2 (HOJO *et al.*, 2007). O propionato e o acetato são compostos voláteis responsáveis pelo sabor e aroma do produto; já o CO_2 garante a formação de olhaduras características desse tipo de queijo (DHERBÉCOURT *et al.*, 2010). Em queijos Camembert e Brie, queijos maturados por fungos filamentosos, cepas de *Penicillium camemberti* e *Penicillium biforme* metabolizam o ácido lático produzido anteriormente pelas BAL, com formação de CO_2 e H_2O. A degradação oxidativa do ácido orgânico resulta no aumento do pH da superfície do queijo e, consequentemente, na insolubilização de fosfato de cálcio, contribuindo indiretamente para a alteração da textura do queijo, tornando-o mais macio (MCSWEENEY, 2007) (Figura 7.4).

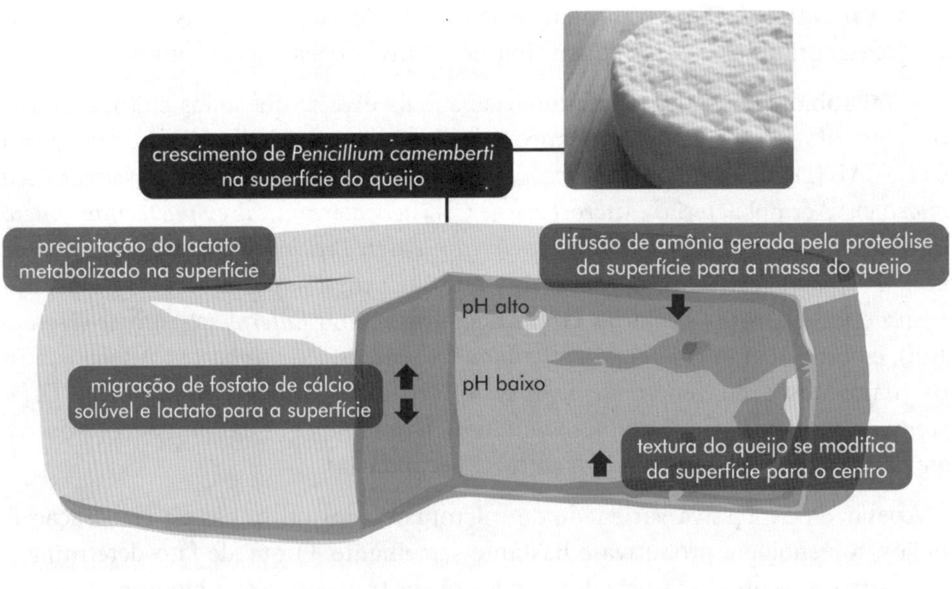

Figura 7.4 – Esquema com as principais alterações durante a maturação de queijo Camembert decorrentes do crescimento de *Penicillium camemberti* na superfície do queijo.
Fonte: adaptada de McSweeney (2007).

Durante a multiplicação das estirpes de *Penicillium*, há a produção de uma protease que participa do processo de maturação do queijo. Ao término da maturação, a amônia (NH_3) gerada na superfície se difunde para a massa do queijo; com o aumento do pH da superfície do queijo, fosfato de cálcio se precipita como uma camada, o que resulta em um gradiente do centro para a superfície do queijo, com consequente migração do fosfato de cálcio para a superfície. Essa estreita relação entre os grupos microbianos, que contribuem conjuntamente para as características físico-químicas e sensoriais do produto final, constitui um exemplo clássico de metabiose. Especificamente no caso de queijo Camembert, diferentes espécies estão envolvidas nesse processo, como demonstra a Figura 7.5.

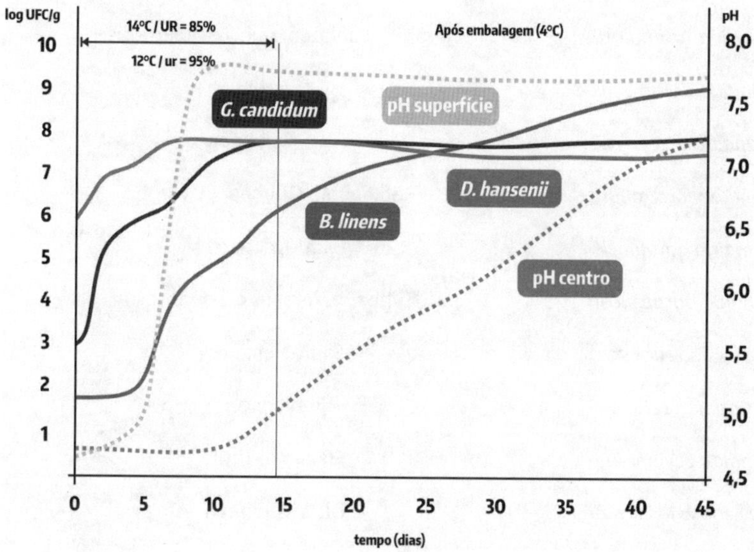

Figura 7.5 – Dinâmica populacional de *Debaryomyces hansenii, Geotrichum candidum* e *Brevibacterium linens* durante a maturação de queijo Camembert.
Fonte: adaptada de Spinnler (2017); Leclercq-Perlat *et al.* (2004).

Adicionalmente, a mesma forma de utilização do lactato também é significativa na superfície de queijos maturados por esfregaço (os chamados queijos de casca lavada, ou, em inglês, *smear-ripened cheese*), como Reblochon, Limburger, Taleggio, entre outros. Nesse tipo de queijo, leveduras dos gêneros *Kluyveromyces*, *Debaromyces*, *Saccharomyces*, *Candida* e *Rhodotorula* interferem de forma positiva na multiplicação de bactérias Gram-positivas colonizadores da superfície, uma vez que tornam o meio mais propício à multiplicação desses microrganismos pelo aumento do pH. Estirpes de *Staphylococcus* e *Micrococcus* se multiplicam assim que ocorre a desacidificação da superfície do queijo, sendo sucedidos por bactérias corineformes, como *Corynebacterium*, *Microbacterium* e *Brevibacterium* (BRENNAN *et al.*, 2004). Estes últimos, em especial *B. linens*, contribuem para a modificação da cor e o desenvolvimento de sabor, aroma e textura dos queijos pela ação de enzimas proteolíticas e lipolíticas

(MCSWEENEY, 2007) (mais detalhes acerca da ação de proteases e lipases serão apresentados adiante). O Quadro 7.1 exibe os principais grupos microbianos já identificados em queijos de casca lavada.

Quadro 7.1 – Principais grupos microbianos detectados nas cascas de queijos de casca lavada

Leveduras		
Espécie	Tipo de queijo	Dominância no queijo
Candida anglica	Reblochon	+
Candida catenulata	Livarot, Gubbeen, queijos austríacos	++
Candida deformans	Livarot	+
Candida etschellsii	Tilsit, Gubbeen	+
Candida intermedia	Reblochon, Gubbeen, Livarot	+
Candida natalensis	Saint-Nectaire	n/a
Candida parapsilosis	Gubbeen, queijos canadenses	+
Candida rugosa	Saint-Nectaire	n/a
Candida tenuis	Reblochon	+
Candida zeylanoides	Havarsti, Tilsit	+
Clavispora lusitaniae	Tilsit, Gubbeen	++
Cryptococcus musci	Livarot	+
Debaryomyces hansenii	Limburguer, Reblochon, Livarot, Tilsit, Gubbeen, queijos austríacos	+++
Debaryomyces nepalensis	Havartin, Danbo	n/a
Geotrichum candidum (Galactomyces)	Limburguer, Reblochon, Livarot, Tilsit, Camembert	+++
Hyphopichia burtonii	Rabiola di Roccaverano, Salers, Livarot	n/a
Issatchenkia occidentalis	Tilsit	+
Kazachstania unispora	Havarti, Danbo	n/a
Kluyveromyces lactis	Reblochon, Livarot, queijos canadenses	++
Kluyveromyces marxianus	Queijos austríacos	n/a
Metschnikowia fructicola	Tilsit	+

Leveduras		
Espécie	**Tipo de queijo**	**Dominância no queijo**
Meyerozyma guilliermondii	Livarot, Gubbeen, queijos canadenses	n/a
Pichia cactophila	Tilsit	+
Pichia fermentans	Queijos austríacos, queijos canadenses	n/a
Pichia jadinii	Livarot	+
Pichia membranifaciens	Queijos canadenses	n/a
Pichia triangularis	Tilsit	+
Rhodotorula sp.	Tilsit	+
Saccharomyces cerevisiae	Tilsit, Livarot	+
Saccharomyces exiguus	Havarti, Livarot, Danbo, Saint-Nectaire	n/a
Saccharomyces unisporus	Reblochon	++
Torulaspora delbrueckii	Reblochon, Livarot, queijos austríacos	+
Trichosporon ovoides	Gubbeen	+
Yarrowia lipolytica	Livarot, Tilsit, Saint-Nectaire, queijos austríacos, queijos canadenses	++

Bactérias	
Filo	**Queijo**
Actinobacteria	
Agrococcus casei	Havartin, Livarot, Danbo, Gubbeen, Raclette, Tilsit
Arthrobacter sp.	Herve, Saint-Nectaire, Fontina
Brachybacterium sp.	Havarti, Danbo, Saint-Nectaire, Raclette
Brevibacterium casei	Gubbeen
Brevibacterium epidermidis	Gubbeen
Brevibacterium linens	Havarti, Danbo, Gubbeen, Tilsit
Corynebacterium casei	Havartin, Livarot, Herve, Danbo, Gubbeen, Tilsit
Corynebacterium variabile	Havarti, Taleggio, Danbo, Gubbeen, Vorarlberger Bergkase
Kocuria varians	Taleggio

Bactérias	
Filo	Queijo
Bacteroidetes	
Flavobacterium sp.	NI (Irlanda)
Prevotella sp.	NI (Irlanda)
Sphingobacterium sp.	NI (Europa e Estados Unidos), Vorarlberger Bergkase
Firmicutes	
Bacillus licheniformis, B. amyloliquefaciens; B. subtilis	Taleggio, Tilsit
Carnobacterium maltaromaticum	Taleggio, Herve, Tilsit
Enterococcus faecalis	Herve, Saint-Nectaire, tipo Tilsit, Taleggio, Raclette
Enterococcus malodoratus	Tilsit, Raclette
Enterococcus sp.	Havarti, Danbo, St-Nectaire, Tilsit
Levilactobacillus brevis	Havarti, Danbo, Tilsit, Scimudin, Cabrales
Lacticaseibacillus paracasei	Havarti, St-Nectaire, Tilsit, Danbo, Castelmagno
Latilactobacillus curvatus	Taleggio, Havarti, St-Nectaire, Stilton
Lactobacillus delbrueckii	Taleggio, Tilsit, Fontina
Lactobacillus helveticus	Fontina
Latilactobacillus sakei	Saint-Nectaire
Lactococcus lactis	Havarti, Livarot, Castelmagno, Danbo
Staphylococcus capitis, epidermidis	Gubbeen
Staphylococcus equorum	Taleggio, Herve, Havarti, Livarot, Danbo, Gubbeen, Mileens, Tilsit, Vorarlberger Bergkäse
Staphylococcus pasteuri	Livarot
Staphylococcus saprophyticus	Havarti, Livarot, Taleggio, Danbo, Gubbeen, Tilsit
Staphylococcus xylosus	Livarot
Streptococcus thermophilus	Taleggio, Havarti, Fontina, Danbo
Tetragenococcus	NI (vários irlandeses)

Bactérias	
Filo	**Queijo**
Proteobacteria	
Acinetobacter johnsonii	Livarot
Alcaligenes faecalis	Livarot, Lavarti, Danbo
Citrobacter sp.	Tilsit
Enterobacter sp.	Tilsit
Halomonas sp.	Livarot, Herve, Gubbeen, Tilsit, NI (Europa e Estados Unidos), Vorarlberger Bergkäse
Klebsiella pneumoniae	Taleggio, Tilsit
Proteus sp.	Livarot
Pseudomonas sp.	Livarot, Taleggio, NI (Irlanda)
Serratia liquefaciens	Livarot
Serratia sp.	Saint-Nectaire
Vibrio sp.	Domiati, Herve, NI (Europa e Estados Unidos)

Legenda: (+) espécies representadas por <1% dos isolados; (++) de 1 a 10%; (+++) > 10%; NI = não identificado. A dominância de espécies foi determinada em estudos baseados na identificação de mais de 2.446 isolados de diferentes tipos de queijos de casca lavada. Fonte: adaptado de Mounier *et al.* (2017).

Ainda considerando o metabolismo de ácido orgânico por microrganismos do queijo, cerca de 6% do citrato presente no leite cru fica retido na coalhada e pode ser metabolizado por estirpes de BAL, como *Leuconostoc* spp. e *Lc. lactis* subsp *lactis* biovar *diacetylactis*. Devido principalmente à formação de diacetil, o metabolismo do citrato é muito significativo para o desenvolvimento de aroma/sabor, enquanto o CO_2 desempenha um papel importante na textura do queijo, contribuindo para a formação de pequenas olhaduras características em queijos tipo holandês, como Edam e Gouda.

Na elaboração de queijos maturados, a microbiota secundária também pode ser utilizada com o objetivo de realizar a proteólise. A degradação enzimática de proteína e peptídeos é um evento bioquímico complexo, importante para o desenvolvimento da textura dos queijos, principalmente pelo aumento da capacidade de ligação dos compostos formados à água. Pequenos e médios peptídeos formados pela proteólise também podem contribuir para o sabor característico de alguns tipos de queijos. Adicionalmente, a hidrólise intensa de estruturas peptídicas é responsável pela disponibilização de aminoácidos que servem de precursores de compostos aromatizantes voláteis formados em diferentes reações (YVON; RIJNEN, 2001). Nesse contexto, alguns microrganismos foram profundamente estudados quanto à capacidade de realizar proteólise. Um exemplo clássico é a utilização de *P. roqueforti* na elaboração de queijos azuis. Esse tipo de queijo apresenta uma microbiota complexa, formada por BAL, pelo fungo filamentoso e por leveduras que atuam em diferentes estágios da maturação (Quadro 7.2). No entanto, uma intensificação da proteólise é observada quando *P. roqueforti* se torna visível no queijo, com intensa produção de proteases extracelulares (como metaloprotease e protease aspártica). Outro exemplo clássico é a ação proteolítica de *B. linens* na fabricação de queijos de casca lavada. Reconhecida por secretar proteinases e aminopeptidases extracelulares, além de peptidases intracelulares, *B. linens* é responsável pela formação de pigmentos a partir de alguns aminoácidos (como fenilanina e tirosina) gerados pela proteólise. Os pigmentos formados são responsáveis pela coloração alaranjada típica da casca desse tipo de queijo.

Quadro 7.2 – Leveduras isoladas de queijos azuis

Espécie	Tipos de queijo azul
Debaryomyces hansenii	Roquefort, Cabrales, Gorgonzola, Danablu, Bleu d'Auvergne, Bleu de Bresse, Gamonedo, Kopanisti, Valdeón, Australian Blue, Hungarian blue, Rokpol, Stilton
Kluyveromyces marxianus	Roquefort, Cabrales, Gorgonzola, Danablu, Bleu d'Auvergne, Bleu de Bresse, Kopanisti, Valdeón, Rokpol
Kluyveromyces lactis	Rokpol, Cabrales, Stilton
Yarrowia lipolytica	Roquefort, Gorgonzola, Danablu, Bleu d'Auvergne, Bleu de Bresse, Valdeón Australian Blue, Hungarian Blue, Cabrales, Stilton
Pichia spp.	Roquefort, Cabrales, Gorgonzola, Cabrales
Cryptococcus laurentii	Danablu, Gamonedo, Valdeón
Rhodotorula spp.	Kopanisti, Valdeón, Hungarian Blue, Cabrales
Candida catenulata	Australian Blue, marca desconhecida de queijo azul, Danablu, Stilton
Candida cabralensis	Cabrales
Candida colliculosa	Valdeón
Candida lambica	Roquefort, Gorgonzola, Danablu, Bleu d'Auvergne, Bleu de Bresse
Candida rugosa	Cabrales, Danablu

Espécie	Tipos de queijo azul
Candida zeylonoides	Roquefort, Gorgonzola, Danablu, Bleu d'Auvergne, Bleu de Bresse, Valdeón, Australian Blue
Geotrichum candidum	Roquefort, Gorgonzola, Danablu, Bleu d'Auvergne, Bleu de Bresse, Valdeón, Cabrales
Saccharomyces cerevisiae	Roquefort, Gorgonzola, Danablu, Bleu d'Auvergne, Bleu de Bresse, Kopanisti
Trichosporon spp.	Kopanisti, Danablu, Stilton
Cryptococcus albidus	Australian Blue
Cryptococcus curvatus	Hungarian Blue, Cabrales
Candida intermedia	Rokpol, Cabrales
Candida norvegensius	Danablu
Candida parapsilosis	Valdeón
Candida mesenterica	Hungarian Blue
Zygosaccharomyces spp.	Danablu, Cabrales

Fonte: adaptado de Cantor *et al.* (2017).

Durante a maturação de queijos, os lipídeos presentes podem ser degradados enzimaticamente (por ação de lipases ou esterases microbianas), fenômeno denominado de lipólise. Este é caracterizado pela decomposição de triacilgliceróis com formação de diacilgliceróis, monoacilgliceróis e ácidos graxos livres. Os ácidos graxos aromáticos são estruturas essenciais para o desenvolvimento de sabor e aroma em queijos (principalmente aqueles formados por quatro a dez carbonos). Adicionalmente, podem servir de precursores para a produção de outros compostos voláteis durante a maturação, como metil cetonas, lactonas, ésteres, alcanos e álcoois secundários (COLLINS *et al.*, 2003a, 2003b). Níveis muito elevados de ácidos graxos são encontrados em queijos maturados por fungos filamentosos na superfície, como queijo Camembert. Durante sua maturação, *P. camemberti* produz grande quantidade de lipases extracelulares com atividade sobre triacilgliceróis, formando ácidos graxos de baixa massa molar. Em seguida, metil cetonas, principais compostos voláteis deste queijo, são formadas por reação de betaoxidação.

7.2.3 CULTURAS "FUNCIONAIS"

Algumas culturas microbianas têm sido utilizadas na elaboração de queijo sem o objetivo de atuar como cultura *starter* ou secundária funcionais. Nos últimos anos, tem ocorrido o aumento da demanda por produtos adicionados de microrganismos probióticos e bioconservadores, em razão de seus benefícios para a saúde e possível substituição de aditivos, respectivamente. Nesse sentido, estudos visando à produção de culturas funcionais para uso industrial têm sido realizados, com potencial aplicação em queijos.

Várias estirpes de BAL historicamente utilizadas em leites fermentados são consideradas probióticas, uma vez que apresentam algumas características como tolerância às condições do trato gastrointestinal humano, capacidade de colonizar o intestino, metabolizar compostos prebióticos, inocuidade e possibilidade de contribuir com a saúde do homem (RUIZ-MOYANO *et al.*, 2019) (para mais informações sobre probióticos, ver Capítulo 5). Em queijos, estirpes de BAL, em especial do gênero *Lactobacillus*, *Bifidobacterium* e, em menor grau, *Propionibacterium* têm sido adicionadas com sucesso em diferentes queijos, desde produtos frescos (ONG; SHAH, 2009; SOUZA; SAAD, 2008; BURITI *et al.*, 2007; BURITI; ROCHA; SAAD, 2005; MASUDA; YAMANARI; ITOH, 2005) a queijos maturados (SHARP; MCMAHON; ROADBENT, 2008; PHILLIPS; KAILASAPATHY; TRAN, 2006). O queijo tem se mostrado um ambiente apropriado para manter a viabilidade de microrganismos probióticos e carreá-los até o intestino, devido a algumas características físico-químicas, como capacidade tamponante, disponibilidade de nutrientes, entre outras (BOYLSTON *et al.*, 2004; KARIMI; MORTAZAVIAN; DA CRUZ, 2011). Além das populações de células viáveis se manterem elevadas (em média, ao redor de 7 log UFC/g), as bactérias adicionadas não resultam em alteração nas características sensoriais do produto, condição essencial para a utilização desse tipo de microrganismos sem ação *starter* ou secundária (ANGELOPOULOU *et al.*, 2016; KARIMI; MORTAZAVIAN; DA CRUZ, 2011).

Estirpes de BAL normalmente utilizadas como culturas *starter* produzem substâncias com ação antimicrobiana, por exemplo, ácidos orgânicos, diacetil e acetaldeído, inibindo microrganismos indesejáveis, tanto deterioradores como patogênicos. No entanto, existem microrganismos que apresentam a capacidade de produzir proteínas com ação específica, as bacteriocinas, e por este motivo têm sido utilizados na elaboração de queijos (principalmente, em queijos frescos) pela atuação como bioconservadores. As bacteriocinas sintetizadas por estirpes de BAL correspondem a alternativas naturais para o controle de patógenos, especialmente *Listeria monocytogenes* e *Staphylococcus aureus*, microrganismos de importância particular na indústria de queijos, além de microrganismos deterioradores como *Clostridium tyrobutyricum* (LEUSCHNER; BOUGHTFLOWER, 2002). Como as bacteriocinas apresentam ampla ação sobre bactérias Gram-positivas, bactérias produtoras têm demonstrado a possibilidade de atuarem como indutoras de lise celular de culturas *starter* e secundárias. A lise microbiana causa a liberação de material intracelular (como enzimas), contribuindo com a aceleração da maturação e consequente formação de sabor, aroma e textura do queijo (BESHKOVA; FRENGOVA, 2012).

O emprego de culturas padronizadas, obedecendo as orientações de uso do fabricante, permite um maior controle das populações de microrganismos que serão adicionados no leite durante a fabricação do queijo. Isso é praticamente impossível de se controlar quando do uso de culturas naturais. Estas, diferentemente das padronizadas, são formadas por muitas espécies de microrganismos, em quantidades variáveis, as quais são autóctones de determinada propriedade leiteira e/ou queijaria. Um dos representantes mais conhecidos de culturas naturais no Brasil consiste no "pingo", sorofermento utilizado na produção do Queijo Minas Artesanal, diariamente cultivado e replicado ao longo do processo produtivo na queijaria artesanal. O leite cru é considerado uma das mais importantes fontes naturais de BAL.

A utilização de culturas naturais para a produção de queijos pode representar um acréscimo de trabalho, custo e tempo de processo, uma vez que demanda mais etapas no fluxograma de produção do queijo (produção, estocagem e controle de qualidade do sorofermento). Representa, ainda, um risco maior de contaminação da cultura, especialmente por bacteriófagos, bactérias deteriorantes e patogênicas, o que pode representar perdas de bateladas, bem como imprevisibilidade dos efeitos decorrentes da maturação do produto. Como vantagem do emprego de culturas naturais, destaca-se a obtenção de um queijo peculiar, com características sensoriais únicas atreladas à propriedade (*terroir*) e ao modo de fazer do produtor.

7.2.4 FORMAÇÃO DO GOSTO ÁCIDO

O ácido lático é o responsável pela formação do gosto ácido no queijo. Este atributo é especialmente importante para variedades de queijos frescos ou com poucos dias de maturação. Se as reações da maturação acontecerem da maneira esperada, o gosto ácido cederá espaço a outros sabores e aromas decorrentes da atividade da microbiota secundária.

7.3 METABOLISMO MICROBIANO INDESEJÁVEL EM QUEIJOS

Os queijos podem apresentar defeitos de origens variadas, sendo a atividade de microrganismos um dos principais motivos de perdas econômicas importantes (Figura 7.6). A palavra *defeito* é utilizada aqui como uma característica incomum e indesejável que prejudica o perfil sensorial do produto. Importante salientar que uma característica específica pode ser desejada em um determinado produto e consistir em um defeito em outro. A ocorrência de defeitos em queijos demonstra a existência de problemas de controle em alguma etapa do processo produtivo, causando alterações de aparência, sabor, corpo ou textura do produto. Em seguida, serão abordados os problemas microbiológicos mais comumente observados em diferentes tipos de queijos.

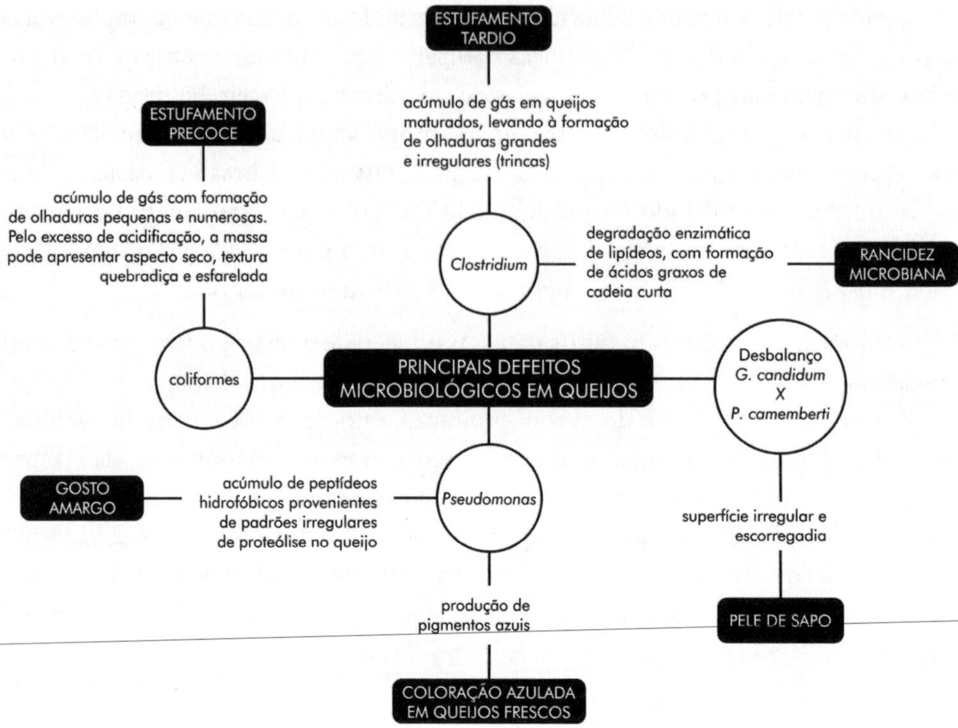

Figura 7.6 – Principais defeitos em queijos decorrentes da atividade microbiana.

7.3.1 ESTUFAMENTO PRECOCE

O estufamento precoce é um dos defeitos relacionados à atividade microbiana mais comuns em queijos. O problema acontece, principalmente, em queijos frescos ou queijos artesanais elaborados com leite cru, devido à contaminação por coliformes introduzidos por falhas nas boas práticas agropecuárias (BPA) e boas práticas de fabricação (BPF). As bactérias contaminantes se multiplicam no queijo e fermentam a lactose, com produção intensa de CO_2 e ácido lático. O acúmulo de gás ocasiona expansões na massa em grande número e de maneira descontrolada, resultando em olhaduras gasosas características (popularmente conhecidas como "furinhos", "rendas" ou "buraquinhos"). Geralmente, essas olhaduras gasosas são pequenas e numerosas. Pelo excesso de acidificação, a massa pode apresentar aspecto seco e textura quebradiça e esfarelada.

Considerando o reduzido tempo de geração das espécies que constituem o grupo dos coliformes (em torno de trinta minutos em condições ideais), os efeitos indesejados desse tipo de fermentação podem surgir poucas horas após a enformagem da coalhada e, por esta razão, esse defeito recebe o nome de *estufamento precoce*. É comum observar o estufamento do queijo ainda na forma. Em alguns casos, a produção de gás é tão intensa que os queijos podem até mesmo boiar no tanque da salmoura. Devido ao fato de que alguns dos microrganismos envolvidos no estufamento precoce são também agentes etiológicos de infecções de origem alimentar (como alguns patotipos de *Escherichia coli*), esse tipo de efeito, além de resultar em perdas econômicas decorrentes da não aceitação pelos consumidores, é um indício de problemas de higiene durante a fabricação, conferindo riscos à saúde. O consumo de queijos com essas características deve, portanto, ser evitado.

7.3.2 ESTUFAMENTO TARDIO

O estufamento tardio, assim como o precoce, está relacionado à expansão da massa do queijo pela produção e acúmulo de gás, ocasionando um grave defeito e um sério problema especialmente para os maturadores de queijos. Tudo isso também decorre do desenvolvimento de microrganismos indesejados e contaminantes, mas, neste caso, do grupo dos clostrídios.

Clostrídios são bactérias anaeróbicas, ou seja, se multiplicam e estão efetivamente ativas em ambientes com ausência ou baixa tensão de oxigênio. Enquanto houver oxigênio, permanecem na forma de endósporos. Dentre os principais representantes do grupo destacam-se *Clostridium tyrobutyricum*, *Clostridium butyricum*, *Clostridium beijerinckii* e *Clostridium sporogenes*.

Inicialmente, na massa de um queijo fresco há oxigênio difundido. Entretanto, com o passar do tempo, o oxigênio pode ser metabolizado por microrganismos, formando, na massa, microambientes anaeróbicos. Caso coincida de ocorrerem esporos de clostrídios nesse microambiente, estes podem se tornar metabolicamente ativos, germinando e retornando à sua forma celular vegetativa, o que pode acarretar consequências para a qualidade do queijo. Os clostrídeos metabolizam o lactato e o citrato presentes na massa do queijo e produzem ácido butírico e gás hidrogênio, o qual causará o estufamento em forma de trincas horizontais, além de formarem aminas biogênicas pútridas responsáveis por odores e sabores repugnantes. De forma geral, o estufamento tardio pode ser observado a partir de doze a quinze dias de maturação.

Os esporos de clostrídios têm ampla disseminação na natureza. Caso a silagem esteja contaminada, mal compactada e mal isolada do ar atmosférico, dificilmente a fermentação ocorrerá a contento. Assim, os clostrídios encontrarão ambiente propício para se multiplicarem. Durante a abertura dos silos, comum na época de secas, há possibilidade de ampla contaminação do solo, ar, água e até mesmo do trato gastrointestinal dos animais, com contaminação praticamente inevitável do leite e dos queijos.

Diferentemente dos coliformes, não existem evidências de que estes clostrídios representem riscos para a saúde dos consumidores do produto defeituoso. Dentre as alternativas para se evitar a ocorrência do defeito, destaca-se a eficiente implementação de BPA e BPF, o uso de conservantes como o nitrato de sódio ($NaNO_3$) ou a lisozima, ou a remoção física dos esporos por bactofugação ou microfiltração.

7.3.3 FORMAÇÃO DE GOSTO AMARGO

A ocorrência de sabores indesejáveis em queijos pode ter várias origens, como baixa qualidade da matéria-prima e ingredientes, condições inadequadas de processamento, desenvolvimento de microrganismos indesejados, entre outras. Adicionalmente, as alterações podem se dar por várias reações passíveis, inclusive, de ocorrer simultaneamente. Dentre os efeitos indesejáveis, a formação de gosto amargo é de grande importância, principalmente em queijos semiduros e duros, como o Cheddar. O gosto amargo é causado pelo acúmulo de peptídeos hidrofóbicos provenientes de padrões irregulares de proteólise no queijo, causando produção excessiva de peptídeos específicos ou insuficiente atividade de peptidases para degradar esses compostos a substâncias menores. O defeito é normalmente formado pela ação de enzimas coagulantes, principalmente se utilizadas em quantidade excessiva. Esse tipo de problema é identificado em alguns tipos de queijo produzidos com culturas *starter* contendo estirpes de BAL proteolíticas. Produtos elaborados com leite com altas populações de bactérias psicrotróficas (especialmente *Pseudomonas*) também podem apresentar o mesmo problema. Esse tipo de bactéria apresenta a capacidade de se multiplicar durante o período de armazenamento do leite cru sob refrigeração, produzindo proteases termorresistentes. Essa característica garante a manutenção da atividade da substância durante a maturação do queijo com formação de peptídeos de cadeia média/intermediária. Significativo em queijos com baixo teor de gordura, o desenvolvimento de gosto amargo causado por microrganismos pode ser evitado mediante a utilização de matéria-prima de boa qualidade microbiológica e a inclusão de cultura *starter* ou secundária com atividade expressiva de peptidases.

7.3.4 RANCIDEZ MICROBIANA (RANCIDEZ HIDROLÍTICA, "SABOR ARDIDO")

O desenvolvimento de sabor e aroma característico/desejável de alguns tipos de queijos é proveniente da lipólise. No entanto, a degradação enzimática de lipídeos com formação de sabor de ranço é um dos problemas mais frequentes em queijos duros elaborados com leite de má qualidade microbiológica, principalmente com altas populações de bactérias psicrotróficas. A ação das enzimas produzidas por essas bactérias é responsável pela formação de ácidos graxos de cadeia curta, principalmente ácido butírico. Elevados níveis de ácido butírico foram encontrados em diferentes variedades de queijos com ocorrência de estufamento tardio, como Grana Padano (COCOLIN *et al.*, 2004), Emmental, Gruyère, Comté, Beaufort, Ossau-Iraty (LE BOURHIS *et al.*, 2005) e Manchego (GARDE *et al.*, 2012), indicando uma provável relação entre a presença de estirpes de *Clostridium* e a ocorrência de rancidez hidrolítica. Adicionalmente, o desenvolvimento de microrganismos contaminantes na superfície do queijo (por exemplo, fungos filamentosos) durante a etapa de maturação pode ocasionar o desenvolvimento de rancidez hidrolítica, fenômeno mais comum em queijos duros e semiduros.

7.3.5 COLORAÇÃO AZULADA EM QUEIJOS FRESCOS

Algumas estirpes de *Pseudomonas* têm sido identificadas como agentes causadores de desenvolvimento de manchas azuis em queijos frescos (não maturados) com elevado teor de água e baixa acidez, muitos deles produzidos sem adição de culturas *starter*. Esse tipo de defeito já foi relatado em queijo Muçarela (CARMINATI *et al.*, 2019; NOGAROL *et al.*, 2013), queijo fresco de estilo latino (Queso Fresco) (MARTIN *et al.*, 2011), queijo artesanal fresco (CARRASCOSA *et al.*, 2015) e queijo Minas Frescal (RODRIGUES *et al.*, 2021). Dados científicos indicam que a temperatura de armazenamento do produto pode afetar diretamente a capacidade de desenvolvimento de pigmento azul pelo microrganismo, possivelmente devido ao estresse induzido pela manutenção do produto a baixas temperaturas (RODRIGUES *et al.*, 2021; CAPUTO *et al.*, 2015).

7.3.6 SUPERFÍCIE ESCORREGADIA EM QUEIJOS MATURADOS POR FUNGOS NA SUPERFÍCIE ("PELE DE SAPO")

O defeito de superfície irregular e escorregadia, conhecido popularmente como "pele de sapo", é um defeito de aparência que pode ocorrer na casca de queijos curados contendo fungos filamentosos, como Camembert ou Brie. A microbiota desse tipo de queijo é complexa, com o desenvolvimento sucessivo de grupos microbianos distintos, em um fenômeno conhecido como metabiose; como resultado final, objetiva-se um produto com superfície branca e lisa. Durante a etapa de maturação, leveduras das espécies *K. lactis*, *S. cerevisiae* e *D. hansenii* se desenvolvem na superfície do queijo, seguidas por *G. candidum*. O desenvolvimento controlado desse fungo filamentoso é de extrema relevância para a elaboração do queijo, pois, por sua ação proteolítica, desempenha um papel importante no desenvolvimento do sabor. No entanto, caso ocorra algum desequilíbrio e a multiplicação de *G. candidum* seja muito intensa, a subsequente colonização por *P. camemberti* pode ser prejudicada, resultando no defeito característico.

A garantia da qualidade está relacionada a vários aspectos tecnológicos, em especial o controle microbiológico da microbiota superficial. A salga eficiente, por exemplo, contribui para o estabelecimento do equilíbrio entre esses dois fungos filamentosos, uma vez que *P. camemberti* é mais resistente ao sal. No entanto, deve-se ter cuidado para que a salga não seja excessiva, o que pode prejudicar o desenvolvimento do sabor característico do produto por causa de uma inibição excessiva do *G. candidum*.

7.4 ÁCAROS EM QUEIJOS

Os ácaros são responsáveis pela deterioração de alimentos, prevalentemente de grãos e farináceos (farinhas). No entanto, é possível identificá-los decompondo outros alimentos, como presunto e queijo. Uma vez que esses organismos são normalmente encontrados em ambientes naturais, costumam infestar alimentos armazenados, causando redução da qualidade e perdas econômicas significativas (BELL, 2014). No caso da infestação de queijos por ácaros, o problema é mais comumente identificado em queijos artesanais, ocorrendo a contaminação durante a etapa de maturação em ambiente amplamente colonizado. Queijos maturados em prateleiras de madeira são mais suscetíveis a apresentar a infestação; em função da porosidade da madeira, a eliminação dos ácaros é dificultada. Os ácaros se alimentam do queijo, reproduzindo-se na superfície do produto e causando perdas severas (redução do peso) quando altas densidades populacionais são atingidas. Como resultado da ação desses organismos, observa-se a formação e o acúmulo de pó característico na superfície e ao redor do queijo. Esse pó é composto de fragmentos do queijo, excrementos dos ácaros e ácaros vivos e mortos.

Esse tipo de deterioração é descrito como um dos principais problemas tecnológicos graves em queijo Cabrales, um queijo azul elaborado de forma artesanal na Espanha e caracterizado pela maturação em caverna, local onde ocorre a infestação. O mesmo defeito também já foi identificado em queijos artesanais elaborados em diferentes países, como os queijos Ras e Surk (DAWOOD; ALI, 2015; AYGUN; YAMAN; DURMAZ, 2007).

Apesar do aspecto negativo relacionado à presença de ácaros em alguns tipos de queijos, algumas espécies podem ser utilizadas intencionalmente na elaboração do produto, como agentes de maturação. Utilizado há muitos anos de forma tradicional na elaboração de queijos europeus, como Mimolette (na França) e Milbenkäse (na Alemanha), os ácaros desempenham papel importante no desenvolvimento de características sensoriais (sabor, aroma e textura) dos produtos. Bruckner e Heethoff (2016) identificaram que os ácaros presentes nesses queijos são responsáveis pela produção de vários compostos voláteis, como substâncias com sabor característico de óleo essencial de limão e de nozes.

Apesar da escassez de informações quanto à produção de queijos com ácaros no Brasil, pesquisas recentes têm apresentado as primeiras informações sobre a participação desses organismos em queijos artesanais elaborados em algumas regiões do país. Carvalho *et al.* (2018) estudaram a diversidade de ácaros presentes em queijos fabricados nos estados de Minas Gerais, Santa Catarina e São Paulo e identificaram *Tyrophagus putrescentiae* e *Sancassania* spp. como predominantes. Adicionalmente, detectou-se que ácaros como agentes de maturação de queijo Minas e Colonial foram responsáveis pela produção de compostos voláteis, contribuindo para a diferenciação sensorial dos produtos (CARVALHO *et al.*, 2020).

7.5 CONSIDERAÇÕES FINAIS

O queijo é um produto fermentado milenar feito a partir de fluido biológico, aparentemente simples, transformado em um alimento elaborado, com características sensoriais diversificadas. O diferencial entre as várias famílias de queijos corresponde principalmente à microbiota oriunda do leite cru, do ambiente de produção e fabricação, das culturas utilizadas como *starter* e das culturas secundárias.

A tecnologia de fabricação proporciona as condições para a multiplicação da microbiota autóctone ou adicionada, que pode persistir até o produto final. Contudo, o domínio da ciência e a tecnologia de queijos dependem do conhecimento acerca do papel da microbiota, de maneira a se controlar os fatores intrínsecos e extrínsecos que interferem na multiplicação microbiana, em grande parte responsável por esse alimento vivo que serve, até os dias de hoje, para alimentar o corpo e dar prazer gastronômico ao homem.

REFERÊNCIAS

ANGELOPOULOU, A. *et al.* Production of probiotic Feta cheese using *Propionibacterium freudenreichii* subsp. *shermanii* as adjunct. *International Dairy Journal*, v. 66, p. 135-139, 2016.

AYGUN, O.; YAMAN, M.; DURMAZ, H. A survey on occurrence of *Ttyrophagus putrescentiae* (acari: acaridae) in surk, a traditional turkish dairy product. *Journal of Food Engineering*, v. 78, n. 3, p. 878-881, 2007.

BELL, C. H. Pest control of stored food products: insects and mites. *Woodhead Publishing Limited*, p. 494-538, 2014.

BESHKOVA, D.; FRENGOVA, G. Bacteriocins from lactic acid bacteria: microorganisms of potential biotechnological importance for the dairy industry. *Engineering in Life Sciences*, v. 12, n. 4, p. 419-432, 2012.

BOYLSTON, T. D. *et al.* Incorporation of bifidobacteria into cheeses: challenges and rewards. *International Dairy Journal*, v. 14, n. 5, p. 375-387, 2004.

BRENNAN, N. M. *et al.* Bacterial surface-ripened cheeses. *In*: FOX, P. F. et al. *Cheese:* chemistry, physics and microbiology. 3. ed. London: Elsevier, 2004. (V. 2: Major Cheese Groups, p. 199-225)

BRUCKNER, A.; HEETHOFF, M. Scent of a mite: origin and chemical characterization of the lemon-like flavor of mite-ripened cheeses. *Experimental and Applied Acarology*, v. 69, p. 249-261, 2016.

BURITI, F. C. A. *et al.* Effect of a probiotic mixed culture on texture profile and sensory performance of Minas fresh-cheeses in comparison with the traditional products. *Archivos Latinoamericanos de Nutrición*, v. 57, p. 179-185, 2007.

BURITI, F. C. A.; ROCHA, J. S.; SAAD, S. M. I. Incorporation of *Lactobacillus acidophilus* in Minas fresh cheese and its implications for textural and sensorial properties during storage. *International Dairy Journal*, v. 15, p. 1279-1288, 2005.

CANTOR, D. *et al.* Blue cheese. *In*: FOX, P. F. *et al. Cheese:* chemistry, physics and microbiology. 3. ed. London: Elsevier, 2004. (V. 2: Major Cheese Groups, p. 175-198)

CANTOR, MD; Tempel, TVD; Hansen, TK; Ardo, Y. Blue Cheese. In: McSweeney, PLH; Fox, PF; Cotter, PD; Everett, DW, editors. Cheese: Chemistry, Physics and Microbiology. 4 Ed. Academic Press, 2017. p. 929-954.

CAPUTO, L. *et al.* Pepsin-digested bovine lactoferrin prevents Mozzarella cheese blue discoloration caused by *Pseudomonas fluorescens*. *Food Microbiology*, v. 46, 15e24, 2015.

CARMINATI, D. *et al.* Investigation on the presence of blue pigment-producing Pseudomonas strains along a production line of fresh mozzarella cheese. *Food Control*, v. 100, p. 321-328, 2019.

CARRASCOSA, C. *et al.* Blue pigment in fresh cheese produced by *Pseudomonas fluorescens*. *Food Control*, v. 54, p. 95-102, 2015.

CARVALHO, M. M. *et al.* Morphological and molecular characteristics of stored-product mites found on Brazilian ripened cheeses. *Journal of Stored Products Research*, v. 79, p. 79-82, 2018.

CARVALHO, M. M. *et al.* Chemometric evaluation of the metabolites and volatile profiles of mite-ripened cheeses. *International Dairy Journal*, v. 110, 104806, 2020.

COCOLIN, L. *et al.* The late blowing in cheese: a new molecular approach based on PCR and DGGE to study the microbial ecology of the alteration process. *International Journal of Food Microbiology*, v. 90, p. 83-91, 2004.

COLLINS, Y. F. *et al.* Lipolysis and free fatty acid catabolism in cheese: a review of current knowledge. *International Dairy Journal*, v. 11, p. 841-866, 2003a.

COLLINS, Y. F. *et al.* Evidence of a relationship between autolysis of starter bacteria and lipolysis in cheddar cheese during ripening. *Journal of Dairy Research*, v.70, p. 105-113, 2003b.

CORBO, M. R. *et al.* Microbiological and biochemical properties of Canestrato Pugliese hard cheese supplemented with bifidobacteria. *Journal of Dairy Science*, v. 84, p. 551-561, 2001.

DHERBÉCOURT, J. *et al.* Identification of a secreted lipolytic esterase in *Propionibacterium freudenreichii*, a ripening process bacterium involved in Emmental cheese lipolysis. *Applied and Environmental Microbiology*, v.76, n. 4, p. 1181-1188, 2010.

D'INCECCO, P. *et al.* The late blowing defect of hard cheeses: behaviour of cells and spores of *Clostridium tyrobutyricum* throughout the cheese manufacturing and ripening. *LWT – Food Science and Technology*, v. 87, 2018.

DAWOOD, S.; ALI, F. Identification and natural control of mite in Ras cheese. *Journal of Food Processing & Technology*, v. 6, n. 4, p. 435, 2015.

FOX, P. F. et al. *Cheese:* chemistry, physics and microbiology. 3. ed. London: Elsevier, 2004. (V. 2: Major Cheese Groups)

GARDE, S. *et al.* Sugars and organic acids in raw and pasteurized milk Manchego cheeses with different degrees of late blowing defect. *International Dairy Journal*, v. 25, p. 87-91, 2012.

GATTI, M. *et al.* Invited review: microbial evolution in raw-milk, long-ripened cheeses produced using undefined natural whey starters. *Journal of Dairy Science*, v. 97, p. 573-591, 2014.

HOJO, K. *et al.* Quantitative measurement of tetrahydromenaquinone-9 in cheese fermented by propionibacteria. *Journal of Dairy Science*, v. 90, p. 4078-4083, 2007.

KARIMI, R.; MORTAZAVIAN, A. M.; DA CRUZ, A. G. Viability of probiotic microorganisms in cheese during production and storage: a review. *Dairy Science and Technology*, v. 91, n. 3, p. 283-308, 2011.

KHALID, N. M.; MARTH, E. H. Lactobacilli – Their enzymes and role in ripening and spoilage of cheese: a review. *Journal of Dairy Science*, v. 73, n. 10, p. 2669-2684, 1990.

LE BOURHIS, A. G. *et al.* Development and validation of PCR primers to assess the diversity of Clostridium spp. in cheese by temporal temperature gradient gel electrophoresis. *Applied and Environmental Microbiology*, v. 7, p. 29-38, 2005.

LECLERCQ-PERLAT, M. N. *et al.* Controlled production of Camembert-type cheeses. Part I: microbiological and physicochemical evolutions. *Journal of Dairy Research*, v. 71, n. 3, p. 346-354, 2004.

LEUSCHNER, R.G.; BOUGHTFLOWER, M.P. Laboratory-scale preparation of soft cheese artificially contaminated with low levels of *Escherichia coli* O157, *Listeria monocytogenes*, and *Salmonella* enterica serovars Typhimurium, Enteritidis, and Dublin. *Journal of Food Protetion*, v. 65, n. 3, p. 508-514, 2002.

MARTIN, N. H. *et al.* When cheese gets the blues: *Pseudomonas* fluorescens as the causative agent of cheese spoilage. *Journal of Dairy Science*, v. 94, n. 6, p. 3176-3183, 2011.

MASUDA, T.; YAMANARI, R.; ITOH, T. The trial for production of fresh cheese incorporated probiotic *Lactobacillus acidophilus* group lactic acid bacteria. *Milchwissenschaft*, v. 60, p. 167-171, 2005.

MAYO, B. *et al.* Microbial interactions within the cheese ecosystem and their application to improve quality and safety. *Foods*, v. 10, p. 602, 2021.

MCSWEENEY, P. L. H. Cheese: biochemistry of cheese ripening. *In*: FUQUAY, J. W. *Encyclopedia of dairy sciences*. 2. ed. [*S.l.*]: Elsevier; 2011. p. 667-674.

MCSWEENEY, P. L. H. *Cheese problems solved*. Cambridge: Woodhead Publishing, 2007.

MONTEL, M. *et al.* Traditional cheeses: rich and diverse microbiota with associated benefits. *International Journal of Food Microbiology*, v. 177, n. 1, p. 136-154, 2014.

NOGAROL, C. *et al.* Molecular characterization of *Pseudomonas fluorescens* isolates involved in the Italian "blue mozzarella" event. *Journal of Food Protection*, v. 76, n. 3, p. 500-504, 2013.

MOUNIER, J. *et al.* Smear-ripened cheeses. *In*: MCSWEENEY, P. *et al. Cheese:* chemistry, physics and microbiology. [*S.l.*]: Elsevier, 2017. p. 955-996.

ONG, L.; SHAH, N. P. Probiotic Cheddar cheese: influence of ripening temperatures on survival of probiotic microorganisms, cheese composition and organic acid profiles. *LWT – Food Science and Technology*, v. 42, p. 1260-1268, 2009.

PARENTE, E.; COGAN, T. M.; POWELL, I. B. Starter cultures: general aspects. *In*: MCSWEENEY, P. *et al. Cheese*: chemistry, physics and microbiology. 4. ed. [*S.l.*]: Elsevier, 2017. p. 201-226

PHILLIPS, M.; KAILASAPATHY, K.; TRAN, L. Viability of commercial probiotic cultures (*L. acidophilus*, *Bifidobacterium* sp., *L. casei*, *L. paracasei* and *L. rhamnosus*) in Cheddar cheese. *International Journal of Food Microbiology*, v. 108, p. 276-280, 2006.

POWELL, I. B.; BROOME, M. C.; LIMSOWTIN, G. Y. K. Starter cultures: general aspects. *In*: SMITHERS, G. W. *Reference module in food science*. Amsterdam: Elsevier, 2016.

RODRIGUES, R. S. *et al. Pseudomonas* sp. as the causative agent of anomalous blue discoloration in Brazilian fresh soft cheese (Minas Frescal). *International Dairy Journal*, v. 117, p. 105020, 2021.

RUIZ-MOYANO, S. *et al.* Screening of autochthonous lactic acid bacteria strains from artisanal soft cheese: probiotic characteristics and prebiotic metabolism. *LWT – Food Science and Technology*, v. 114, p. 108388, 2019.

SHARP, M. D.; MCMAHON, D. J.; ROADBENT, J. R. Comparative evaluation of yogurt and low-fat Cheddar cheese as delivery media for probiotic *Lactobacillus casei*. *Journal of Food Science*, v. 73, p. 375-377, 2008.

SOUZA, C. H. B.; SAAD, S. M. I. Viability of *Lactobacillus acidophilus* La-5 added solely or in co-culture with a yoghurt starter culture and implications on physico-chemical and related properties of Minas fresh cheese during storage. *Food Science Technology*, v. 42, p. 633-640, 2008.

SPINNLER, H.-E. Surface mold-ripened cheeses. *In*: MCSWEENEY, P. *et al. Cheese:* chemistry, physics and microbiology. [*S.l.*]: Elsevier, 2017.

TEIXEIRA, C. G. *et al.* Biodiversity and technological features of *Weissella* isolates obtained from Brazilian artisanal cheese-producing regions. *International Journal of Systematic and Evolutionary Microbiology*, v. 147, p. 111474, 2021.

ZHENG, J. *et al.* A taxonomic note on the genus *Lactobacillus*: Description of 23 novel genera, emended description of the genus *Lactobacillus Beijerinck* 1901, and union of *Lactobacillaceae* and *Leuconostocaceae*. *LWT – Food Science and Technology*, v. 70, p. 2782-2858, 2020.

YVON, M.; RIJNEN, L. Cheese flavour formation by amino acid catabolism. *International Dairy Journal*, v. 11, p. 185-201, 2001.

CAPÍTULO 8
Microbiologia da fermentação de vegetais

Paula Porrelli Moreira da Silva,[1] *Nataly Maria Viva de Toledo,*[2]
Marta Helena Fillet Spoto,[1] *José Guilherme Prado Martin*[3]

8.1 INTRODUÇÃO

O grupo das frutas e hortaliças fermentadas certamente corresponde ao mais popular dentre os grupos de alimentos fermentados. Tal fato está relacionado à facilidade de produção – tanto em escala industrial como, principalmente, em escala artesanal. É comum conhecer alguém que tenha ao menos tentado fermentar vegetais em casa. Chucrute (*sauerkraut*) e picles são os mais conhecidos e amplamente consumidos em determinadas culturas, como veremos adiante. Já outros, como o *kimchi* coreano, têm ganhado cada vez mais destaque, tornando-se tendência em restaurantes ao redor do mundo.

Em geral, são necessários poucos ingredientes para a produção de frutas e hortaliças fermentadas; a mistura de matéria-prima e sal é suficiente na maior parte das

[1] Laboratório de Frutas e Hortaliças, Departamento de Agroindústria, Alimentos e Nutrição, Escola Superior de Agricultura "Luiz de Queiroz", Universidade de São Paulo (ESALQ/USP), Piracicaba, São Paulo, Brasil.

[2] Centro Universitário de Araras Dr. Edmundo Ulson (UNAR) e Faculdades Integradas Einstein de Limeira (FIEL), Limeira, São Paulo, Brasil.

[3] Laboratório de Microbiologia de Produtos Fermentados (FERMICRO), Departamento de Microbiologia, Universidade Federal de Viçosa (UFV), Viçosa, Minas Gerais, Brasil.

vezes, bem como dispensa-se o uso de equipamentos ou utensílios específicos, sendo necessários alguns recipientes para fermentação e frascos higienizados com tampa para o acondicionamento do produto. Além disso, a fermentação, por ser essencialmente selvagem e dependente apenas de microrganismos autóctones naturalmente presentes na matéria-prima, facilita a produção e reduz o custo com a aquisição de inóculos comerciais padronizados.

Historicamente, a produção de vegetais fermentados relaciona-se com a necessidade de preservação da matéria-prima, devido à sua perecibilidade. Ricas em água e açúcares, frutas e hortaliças *in natura* são bastante suscetíveis à deterioração microbiana. Assim, por meio da fermentação, pode-se eliminar a microbiota indesejada, especialmente bactérias e fungos deterioradores ou patogênicos. Neste contexto, ressalta-se a necessidade de se atingir, para alimentos envasados submetidos à esterilização comercial, valores de pH abaixo de 4,6, tendo em vista o risco de desenvolvimento de *Clostridium botulinum*, bactéria anaeróbia causadora de grave intoxicação alimentar.

Frutas e hortaliças fermentadas também são conhecidas pela qualidade nutricional e, em geral, baixo valor calórico. Efeitos benéficos à saúde têm sido atribuídos a esse grupo de alimentos, além de serem potencialmente fonte de probióticos. No entanto, por serem fermentados em salmoura com elevadas quantidades de sal, seu consumo deve ser controlado para evitar problemas decorrentes da ingestão excessiva de sódio. Compreende, ainda, uma classe de alimentos bastante consumida por determinados públicos, especialmente vegetarianos e veganos, com um nicho de mercado em potencial a ser explorado economicamente.

Neste capítulo, abordaremos a microbiologia de alguns tipos de hortaliças e frutas fermentadas, o papel da microbiota na qualidade sensorial e microbiológica do produto final, bem como os aspectos relacionados à tecnologia do processo produtivo. Nas últimas décadas, alguns alimentos têm sido objeto de estudos. Procuramos sintetizar, nos tópicos a seguir, o conhecimento científico relativo a alguns desses alimentos, como azeitonas de mesa, picles, chucrute e *kimchi*. Já outros são menos conhecidos e relativamente restritos a determinadas culturas, como *umeboshi*, conservas orientais, bulbos e sementes fermentadas. Em ambos os casos, procuramos apresentar os conceitos mais relevantes para um melhor entendimento acerca da microbiologia de seus processos produtivos.

8.2 MICROBIOTA NATURAL DE MATÉRIAS-PRIMAS VEGETAIS

O desenvolvimento e a produção de alimentos vegetais fermentados, tanto em escala artesanal como industrial, só foi possível graças à presença natural de microrganismos fermentadores na matéria-prima. Como discutido em capítulos anteriores, microrganismos autóctones – também conhecidos como selvagens – que fazem parte da microbiota natural de uma grande variedade de vegetais são, em geral, os responsáveis pelo processo fermentativo nesse tipo de produto. Portanto, o conhecimento acerca dessa microbiota, bem como de práticas direcionadas para sua seleção e sobrevivência ao longo do processo produtivo, é imprescindível para a obtenção de características desejáveis no produto final.

A microbiota de vegetais, seja ela endógena ou epífita, é constituída basicamente de bactérias, fungos filamentosos e leveduras. Além das espécies de interesse essenciais ao processo fermentativo, essa microbiota também é constituída por microrganismos considerados contaminantes do processo, que devem ter sua presença controlada desde o início. Microrganismos aeróbios, como *Pseudomonas*, *Flavobacterium*, *Bacillus* e fungos, são geralmente encontrados no material recém-colhido. Especial atenção deve ser dada às bactérias anaeróbias facultativas, incluindo *Enterobacter, E. coli*, *Klebsiella* e outras enterobactérias, além de clostrídeos formadores de esporos, os quais, além de resultarem em problemas tecnológicos, também podem conferir riscos à saúde quando não controlados ao longo da fermentação. Leveduras também são relativamente comuns, como *Candida*, *Saccharomyces*, *Hansenula*, *Pichia* e *Rhodotorula* (HUTKINS, 2008). Tais microrganismos geralmente são encontrados em quantidades bastante superiores às bactérias ácido-láticas (BAL) importantes para a fermentação de vegetais; no entanto, a seleção exercida pela concentração de sal, pela condição de anaerobiose e pela acidificação decorrente da produção de ácido lático é responsável pelo crescimento e, consequentemente, predominância dos grupos microbianos de interesse.

A maior parte dos vegetais fermentados tem como principais microrganismos fermentadores o grupo das BAL, compreendendo desde espécies homofermentadoras, que contribuem para a acidificação por meio da produção exclusivamente de ácido lático, até heterofermentadoras, as quais, além de ácido lático, produzem compostos importantes para a formação de atributos sensoriais de interesse, como ácido acético, dióxido de carbono e etanol. No Quadro 8.1 são apresentadas as espécies de BAL comumente encontradas em matérias-primas vegetais frescas, além das principais características e importância para o processo fermentativo.

Quadro 8.1 – Microbiota lática autóctone de matérias-primas vegetais e seus respectivos usos/características

Matéria-prima	Microbiota autóctone	Características/Usos
Cenoura Vagem Abobrinha (*Cucurbita pepo*)	*Lactiplantibacillus plantarum* subsp. *plantarum*, *L. mesenteroides*, *Pediococcus pentosaceus*	Fermentação de vegetais, segurança microbiológica, concentração de vitamina C, textura, cor e propriedades sensoriais
Tomate	*L. plantarum*	Produção de suco de tomate probiótico, promotor de saúde, aspectos sensoriais, aumento da vida útil de suco de tomate

Matéria-prima	Microbiota autóctone	Características/Usos
Pimentões vermelhos e amarelos	*L. plantarum* *Latilactobacillus curvatus*, *Weissella confusa*	Fermentação de pimentões, aumento da vida útil de pimentões à temperatura ambiente, manutenção da textura e propriedades sensoriais, preservação de compostos funcionais
Abacaxi	*L. plantarum* *Furfurilactobacillus rossiae*	Abacaxi minimamente processado, aumento da vida útil, atributos sensoriais, nutricionais e funcionais desejáveis
Cereja (*Prunus avium* L.)	*P. pentosaceus* *L. plantarum*	Fermentação de purê de cereja, características sensoriais e nutricionais desejáveis
Amoras	*L. plantarum*	Produção de iogurte ou correspondente vegetal com propriedades sensoriais e nutricionais melhoradas
Massa de polpa de cacau	*Limosilactobacillus fermentum*	Fermentação de grãos de cacau mais rápida, eficiente e estável que a espontânea; chocolates com maior intensidade de aroma frutado/de cacau
Sementes de cacau	*L. fermentum*	Fermentação de sementes de cacau, melhoria de propriedades tecnológicas
Resíduos de mercados de frutas e vegetais	*Lysinibacillus* spp.	Prospecção de conservantes para alimentos, potencial probiótico, produção de bacteriocina de amplo espectro
Grãos de quinoa	*Lacticaseibacillus rhamnosus*	Produção de alimentos fermentados funcionais à base de quinoa, produção de folato, riboflavina, fitase e amilase
Farinha de quinoa	*F. rossiae* *L. plantarum*	Fermentação de pães à base de quinoa, melhoria das propriedades funcionais, tecnológicas e sensoriais, aumento de ácidos orgânicos, aminoácidos livres, fibras e antioxidantes
Polpa de acerola (*Malphigia glabra* L.)	*L. plantarum*	Fermentação de frutas, propriedades probióticas, efeito hipoglicêmico e hipocolesterêmico em ratos
Tâmaras (*Phoenix dactylifera* L. cultivar Siwi)	*L. plantarum*	Produção de purê de frutas fermentadas e liofilizadas, melhoria da produção de ácido gama-aminobutírico (GABA), ácidos graxos conjugados e de cadeia curta, atividade antioxidante, maior teor e biodisponibilidade de fenólicos, modulação da microbiota intestinal

Matéria-prima	Microbiota autóctone	Características/Usos
Frutos da figueira-da--índia (*Opuntia ficus--indica*)	*Fructobacillus fructosus* *L. plantarum*	Produção de suco/picles fermentado de figo-da-índia, potencial probiótico, propriedades funcionais
Papaia	*L. mesenteroides*	Fermentação de polpa de papaia, melhoria da capacidade antioxidante
Papaia e tomates	*L. pseudomesenteroides* *Fructobacillus tropaeoli*	Fermentação/conservação de papaia e tomates, propriedades tecnológicas e probióticas
Brócolis (folhas e floretes)	*L. plantarum* *L. mesenteroides*	Fermentação de purê de brócolis para incremento do teor de glucosinolatos e compostos fenólicos
Batata-dos-andes	*Latilactobacillus sakei subsp. sakei*, *L. mesenteroides*	Produção de amiláceos fermentados funcionais, potencial probiótico, produção de EPS, vitaminas do complexo B, amilases e fitases

Fonte: adaptado de Torres *et al.* (2020).

Do ponto de vista nutricional, a fermentação consiste em um método de preservação com pouco impacto nos teores de vitaminas, minerais e valor energético (GOLDONI, 2004). O processo pode, inclusive, resultar em incremento das quantidades de vitaminas, produzidas pela microbiota ao longo da fermentação, bem como de compostos antioxidantes, especialmente fenólicos. Dessa forma, além de aumentar a vida útil, a fermentação contribui significativamente para o incremento nutricional de alguns alimentos fermentados de origem vegetal, conforme discutiremos ao longo deste capítulo.

8.3 MICROBIOLOGIA E TECNOLOGIA DE VEGETAIS FERMENTADOS

Neste tópico serão abordados os principais aspectos relacionados ao processo produtivo de vários tipos de vegetais fermentados, desde os mais clássicos – como azeitonas, picles e *sauerkraut* (Figura 8.1) – até produtos antes restritos a determinadas culturas, mas que aos poucos estão se incorporando nos hábitos alimentares de mais pessoas em todo o mundo, como *kimchi*, *umeboshi*, conservas orientais à base de raízes e tubérculos, dentre outros. Fundamentos e etapas importantes sobre a tecnologia da produção desses alimentos também serão abordados, uma vez que são essenciais para o completo entendimento do papel da microbiota na fermentação do produto, este, sim, o foco principal a ser apresentado nos próximos tópicos. Alguns produtos fermentados clássicos que têm como principal matéria-prima componentes de origem vegetal serão abordados em outros capítulos do livro, como leguminosas fermentadas (Capítulo 9), cacau e café (Capítulo 10), produtos fermentados à base de mandioca (Capítulo 14), bebidas alcoólicas (Capítulo 15), e bebidas não alcoólicas fermentadas (Capítulo 16).

Figura 8.1 – Diferentes tipos de vegetais fermentados. A) Picles mistos fermentados; B) *saurkraut* (chucrute); C) azeitonas de mesa; D) *umeboshi*, de origem japonesa; E) picles de pepino; F) *Takuan-zuke* (nabo fermentado), de origem japonesa; G) vegetais em cama de farelo de arroz (*nukadoko*), para produção de *nukazuke*, picles de origem japonesa.

Fonte: fotografias gentilmente cedidas por José Guilherme Prado Martin.

8.3.1 AZEITONAS

Oliveiras são angiospermas dicotiledôneas da família *Oleaceae*, sendo a espécie *Olea europaea* L. a única com frutos comestíveis. Sua origem coincide com o desenvolvimento das civilizações mediterrâneas e remonta ao 12º milênio antes de Cristo, tendo sido encontradas folhas e partes da árvore fossilizadas na Itália, Norte da África, Espanha e Grécia. Atualmente, a oliveira continua a se espalhar para além do Mediterrâneo, sendo cultivada em diferentes localidades, como sul da África, Austrália, Japão, China e Américas, especialmente em regiões de clima subtropical ou temperado (IOC, 2020c; COUTINHO; RIBEIRO; CAPPELLARO, 2009). Na América do Sul, seu cultivo é bastante consolidado na Argentina e no Uruguai; no Brasil, vem ganhando cada vez mais espaço, principalmente no Rio Grande do Sul e em regiões da Serra da Mantiqueira, entre Minas Gerais, São Paulo e Rio de Janeiro (GUIMARÃES, 2018). No entanto, grande parte dessa produção é destinada à fabricação de azeite de oliva.

A oliveira é considerada uma das espécies mais antigas cultivadas pelo homem. A partir de seus frutos, extrai-se o azeite desde o final do período Neolítico. Antigamente, o azeite de oliva era utilizado como emplastro, combustível ou na alimentação; das folhas das árvores preparava-se um chá com propriedades funcionais. Sua importância histórica para o homem pode ser ilustrada por registros históricos e passagens bíblicas interessantes, com relatos de envenenamento pelo consumo das folhas e frutos (OMER *et al.*, 2012; COUTINHO, RIBEIRO, CAPPELLARO, 2009). Quando cultivadas de maneira adequada e controlada, algumas oliveiras podem produzir frutos por até quinhentos anos, permitindo que várias gerações se beneficiem economicamente (GUIMARÃES, 2018).

A produção de azeitonas de mesa em conserva é uma das práticas de biotecnologia mais antigas voltadas ao processamento de alimentos. No passado, o processo era realizado em talhas de barro e, apesar de rudimentar, baseava-se em saberes tradicionais transmitidos de geração a geração. Atualmente, algumas regiões, como o Algarve (Portugal), ainda usam técnicas tradicionais de processamento de azeitonas, como a britagem, na qual os frutos são ligeiramente esmagados e submetidos a lavagens consecutivas com água para a retirada do sabor amargo, sendo posteriormente colocados em salmoura para fermentação (RODRIGUES, 2011).

8.3.1.1 Classificação dos frutos e principais variedades

Segundo dados fornecidos pelo International Olive Council (IOC), dentre os maiores produtores mundiais de azeitona (2018/2019), destacam-se o Egito (690 t), a Turquia (414 t), a Argélia (300 t) e o Marrocos (130 t). Em relação aos países não produtores, os Estados Unidos figuram entre os maiores consumidores (207,5 t), seguidos do Brasil (110 t), Síria (100 t) e Peru (65 t) (IOC, 2020b).

Devido à alta concentração de oleuropeína (componente que confere gosto amargo), a azeitona não pode ser consumida logo após a colheita, já que esse composto fenólico, apesar de não tóxico, compromete sua palatabilidade. Além disso, apresenta baixo teor de açúcar (2,6% a 6%) e alto teor de óleo (12% a 30%), cujas quantidades variam de acordo com a sazonalidade e variedade (IOC, 2020a). Assim, os frutos devem ser submetidos a uma série de processos, que variam de acordo com a região produtora e tradições seculares, entre os quais tratamento com hidróxido de sódio ou potássio, lavagens sucessivas em água e fermentação em salmoura (BRENES; GARCÍA, 2005; IOC, 2020a).

Quanto aos aspectos técnicos normativos, as azeitonas de mesa podem ser definidas como o produto preparado a partir de frutos saudáveis de variedades de oliveira cultivada (*O. europaea* L.), colhidas em um ponto de maturação adequado para processamento. Os frutos devem ser tratados para remoção do amargor e são conservados por fermentação natural ou por tratamento térmico, com ou sem adição de conservantes, podendo ser envasados com ou sem líquido de cobertura (IOC, 2004). Além disso, as azeitonas de mesa podem ser classificadas de acordo com o grau de maturação das frutas frescas em: i) *azeitonas verdes*, cujos frutos são colhidos durante o ciclo de maturação quando atingem tamanho normal, coloração levemente amarelada ou verde-palha e polpa começando a mudar de consistência, mas antes de ficar macia; ii) *azeitonas semimaduras*, cujos frutos são colhidos antes de atingir o estágio de maturação completa, na mudança de cor, apresentando polpa firme, e quando a formação de óleo ainda não foi concluída; ou iii) *azeitonas maduras ou pretas*, cujos frutos são colhidos quando estão totalmente maduros ou pouco antes de alcaçarem a maturação completa, ao atingirem coloração vermelho-violácea, que se estende pelo menos até a metade da polpa, e com o teor de azeite correspondente a cada uma das variedades (GONÇALVES *et al.*, 2012). Por conseguinte, tanto as azeitonas verdes como as pretas podem ser provenientes de uma mesma planta, sendo a diferença entre elas estabelecida pelos respectivos estágios de maturação. Tal característica é importante, pois influencia o método de processamento a ser empregado. A colheita, o transporte e a lavagem dos frutos são praticamente idênticos para quaisquer tipos de azeitonas de mesa produzidos.

A colheita manual – em que o colhedor carrega consigo um recipiente para deposição dos frutos – consiste no método mais tradicional e normalmente é empregado na produção de azeitonas de mesa. Os ramos mais altos são alcançados por meio de plataformas ou escadas. Sua principal vantagem está relacionada a menores danos nos frutos e sujidades; no entanto, é um processo caro, lento e com baixa produtividade por trabalhador (COUTINHO; RIBEIRO; CAPPELLARO, 2009). Em algumas propriedades opta-se pela colheita mecanizada, por ser mais barata e rápida, resultando em qualidade tão boa quanto, ou até melhor, à observada para a colheita manual (SANTOS, 1999). Ainda assim, a azeitona é bastante sensível a choques físicos decorrentes do uso de colheita mecanizada, o que favorece o surgimento de manchas escuras, prejudicando a qualidade da matéria-prima (KOURABA *et al.*, 2004).

As variedades de azeitona de mesa diferem de acordo com a região produtora, com destaque para Gordal, na Espanha e Austrália; Manzanilla, na Espanha, Austrália, Estados Unidos e África do Sul; Hojiblanca, na Espanha; Kalamata, na Grécia; Gemlik ou Edremit, na Turquia; Sevillana e Ascolano, nos Estados Unidos; Arauco ou Criolla, na Argentina; e Galega, em Portugal (FERNÁNDEZ-DÍEZ *et al.*, 1985). No Brasil, cultivam-se geralmente Ascolana, que é a principal cultivar italiana para conserva; Cordovil de Serpa (Penafiel), originária de Portugal; e Manzanilla de Sevilla, que é a cultivar de oliveira mais difundida e apreciada internacionalmente, devido à produtividade e qualidade dos frutos. A variedade Hojiblanca é adequada tanto para a produção de azeitona em conserva preta do tipo "californiana" como para a produção de azeite de boa qualidade (COUTINHO; RIBEIRO; CAPPELLARO, 2009).

8.3.1.2 Processamento de azeitonas

O processamento tem a finalidade de remover a oleuropeína. Para tanto, utilizam-se diferentes tipos de tratamento, como alcalino (lixívia); imersão em líquido para diluição do composto amargo; ou processos biológicos (fermentação).

De acordo com Cillidag (2013), a hidrólise da oleuropeína é promovida em solução de NaOH, sendo a concentração e temperatura dependentes da variedade das azeitonas e da temperatura ambiente, respectivamente. Assim, o processo pode ocorrer com solução de NaOH entre 1,5% e 4,5% (p/v) e temperatura entre 15 °C e 25 °C, em que o período de imersão pode variar entre seis e onze horas, de acordo com a escolha dos níveis das outras variáveis. Tradicionalmente, as azeitonas de mesa são classificadas de acordo com a cor da fruta e o método de processamento, sendo que o produto pode ser conservado em salmoura, em sal seco, em atmosfera modificada, por tratamento térmico, pelo uso de conservantes ou de agentes acidificantes (CAPPATO; FERREIRA; ROSENTHAL, 2015; IOC, 2004). De uma forma geral, o processamento no estilo californiano fundamenta-se no enegrecimento dos frutos por meio de oxidação alcalina; no estilo grego, eles são processados por meio de fermentação natural; já no estilo espanhol, os frutos são submetidos também à oxidação e posterior fermentação (GARRIDO-FERNÁNDEZ; FERNÁNDEZ-DÍEZ; ADAMS, 1997).

Em contrapartida, a norma proposta pelo IOC (2004) é mais específica, classificando as azeitonas de mesa unicamente pelo método de processamento (Quadro 8.2).

Quadro 8.2 – Classificação das azeitonas de mesa proposta pelo International Olive Council

Tipo	Grau de maturação das azeitonas	Processamento
Azeitonas tratadas	Verdes, semimaduras ou pretas	Tratamento alcalino, posteriormente acondicionadas em salmoura na qual são submetidas à fermentação total ou parcial e conservadas por adição (opcional) de agentes acidificantes.
Azeitonas naturais	Verdes, coloração alterando, ou pretas	Colocadas diretamente em salmoura, em que são fermentadas total ou parcialmente, e conservadas por adição (opcional) de agentes acidificantes.
Azeitonas escurecidas por oxidação – azeitonas pretas	Verdes ou semimaduras	Conservadas em salmoura, fermentadas ou não, escurecidas por oxidação em meio alcalino e conservadas em recipientes hermeticamente fechados e submetidos à esterilização térmica. Ao final do processo, devem ter uma cor preta uniforme.
Especialidades	Não há exigência	As azeitonas podem ser preparadas por meios distintos ou adicionais aos descritos, desde que a fruta utilizada esteja de acordo com as definições gerais da norma.

Fonte: baseado em IOC (2004).

Os estilos de processamento empregados na produção de azeitonas de mesa mais comumente empregados são o californiano (azeitonas pretas oxidadas), espanhol ou sevilhano (azeitonas verdes tratadas com álcali e posterior fermentação), e o grego (fermentação natural) (CAPPATO; FERREIRA; ROSENTHAL, 2015). As principais diferenças observadas para os três estilos de processamento de azeitonas de mesa estão apresentadas na Figura 8.2.

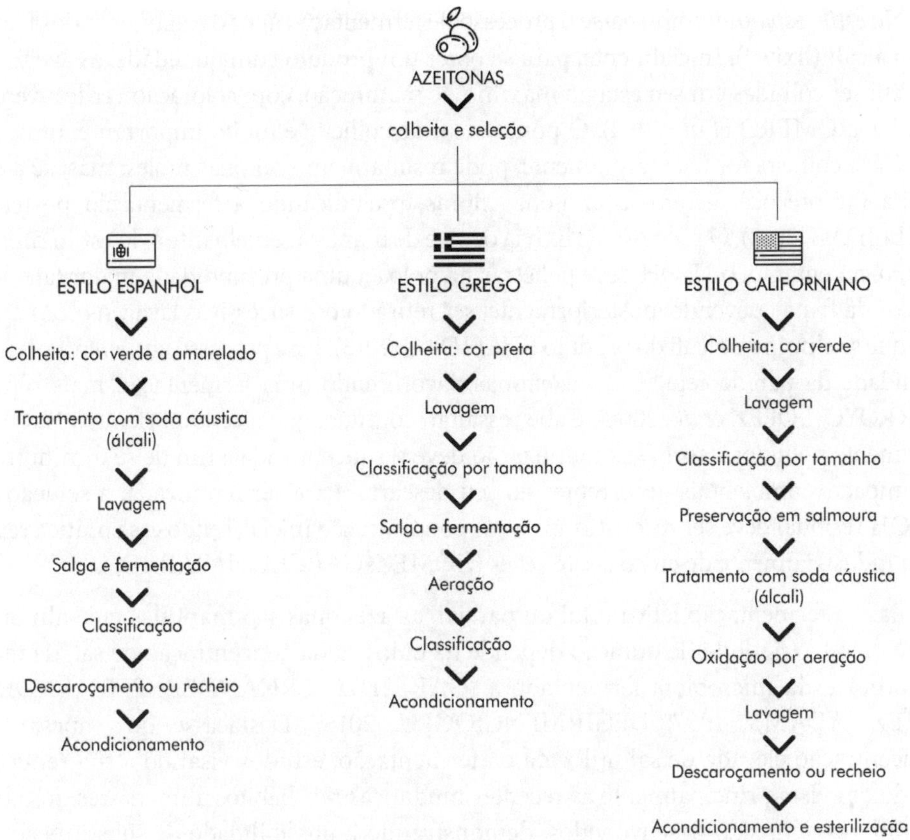

Figura 8.2 – Estilos de processamento de azeitonas de mesa. Fonte: adaptada de múltiplas fontes.

No *estilo californiano* não ocorre fermentação. Os frutos são colhidos em vários estágios de maturação ou quando a sua cor está começando a mudar, sendo, então, submetidos a um processo de oxidação alcalina, o que resulta em azeitonas pretas oxidadas (ROMERO *et al.*, 2004; REJANO *et al.*, 2010). Nesse processo, as azeitonas são inicialmente lavadas com soluções de hidróxido de sódio (1% a 2%) em rodadas sucessivas e, posteriormente, lavadas com água, em período variável. A incorporação de oxigênio, por meio de injeção de ar sob pressão, é responsável pela oxidação dos compostos fenólicos dos frutos, com consequente escurecimento da polpa e casca. Esse procedimento é feito até que as azeitonas atinjam pH 8,0 ou a coloração desejada (preta). Depois, o produto é armazenado em salmoura, e deve ser submetido à esterilização (frutos não acidificados, com pH ao redor de 7,0) ou pasteurização, com acidificação dos frutos para valores de pH abaixo de 4,5 (GARCÍA; BRENES; GARRIDO, 1991; GARRIDO-FERNÁNDEZ; FERNÁNDEZ-DÍEZ; ADAMS, 1997). Para melhorar a qualidade da matéria-prima, ou quando nem todos os frutos podem ser processados imediatamente, pode-se empregar o processo espanhol (que inclui a fermentação) de azeitonas verdes antes do enegrecimento (GARCIA GARCIA; BRENES BALBUENA; GARRIDO FERNANDEZ, 1987).

No *estilo espanhol* emprega-se o processo de fermentação após o tratamento dos frutos com álcali (lixívia). Inicialmente, para se obter um produto com qualidade, as azeitonas devem ser colhidas em seu estágio máximo de maturação, com coloração verde a verde--palha (ROMERO *et al.*, 2004). O ponto ideal de colheita é muito importante, uma vez que, se a colheita for feita tardiamente, pode resultam em azeitonas moles; mas, se a colheita for precoce, geram-se azeitonas duras, prejudicando a fermentação posterior (CILLIDAG, 2013). O processo de lixívia ocorre de maneira semelhante à do estilo *californiano*, no entanto, o NaOH deve penetrar na polpa a uma profundidade maior (até dois terços da fruta), devendo, posteriormente, ser retirado por sucessivas lavagens com água até que se elimine o álcali do produto (CILLIDAG, 2013). Esse processo aumenta a permeabilidade da parede celular das azeitonas, favorecendo uma fermentação mais rápida (ARROYO-LÓPEZ *et al.*, 2008). Cabe ressaltar, contudo, que o resíduo rico em NaOH é altamente poluidor, assim, sua reutilização deve ser incentivada a fim de se diminuírem os impactos ambientais decorrentes do seu descarte. Para ser reutilizada, a solução de NaOH residual deve ser reconstituída à sua concentração inicial, sendo essa prática repetida industrialmente de cinco a sete vezes (GÓMEZ; GARCÍA; NAVARRO, 2006).

Para a fermentação lática total ou parcial, as azeitonas são mantidas em salmoura (6% a 11%); o período de duração depende da cultivar, da concentração de sal, da temperatura e da microbiota fermentadora (GARRIDO-FERNÁNDEZ; FERNÁNDEZ--DÍEZ; ADAMS, 1997; DEĞIRMENCIOĞLU, 2016). Destaca-se que, apesar da concentração elevada de sal utilizada na fermentação, estudos visando à sua redução, tendo em vista principalmente as recentes mudanças nos hábitos alimentares dos consumidores, têm sido desenvolvidos, demonstrando a possibilidade de substituição do NaCl por outros minerais ou por suas combinações, como cloreto de potássio (KCl), cloreto de magnésio ($MgCl_2$), cloreto de cálcio ($CaCl_2$) ou cloreto de zinco ($ZnCl_2$). A manutenção das características físico-químicas e sensoriais desejadas, além de boa cinética de fermentação, sem nenhuma evidência de deterioração em azeitonas de mesa verdes e pretas, a partir das substituições propostas, indicam uma boa alternativa com potencial de exploração pela indústria de azeitonas (DEĞIRMENCIOĞLU, 2016).

O produto final deverá possuir acidez mínima de 0,4% de ácido lático, pH máximo de 4,3 e concentração de cloreto de sódio mínima de 4%. Nesse momento as azeitonas são selecionadas, classificadas e embaladas inteiras, sem caroço ou recheadas, e incluem a utilização de diversos materiais de enchimento, ficando prontas para o mercado (ARROYO-LÓPEZ *et al.*, 2008; CILLIDAG, 2013; IOC, 2004).

Por último, o *estilo grego* compreende a fermentação de azeitonas de maneira natural, em salmoura com alta concentração de sal. Nesse caso, os frutos devem ser colhidos em seu estágio de maturação completo (coloração escura); o produto, portanto, é conhecido como azeitonas naturalmente pretas. Para impedir o amolecimento demasiado das azeitonas, pode-se adicionar à salmoura sais de cálcio em concentrações de até 0,3% (ANTONIO *et al.*, 2006; CILLIDAG, 2013; CAPPATO; FERREIRA; ROSENTHAL, 2015). Após a colheita, as azeitonas são higienizadas e imersas em salmoura (8% e 10% de NaCl), sendo que o pré-tratamento com solução de NaOH não é realizado. Nesse estilo, os frutos sofrem fermentação espontânea, cuja microbiota dominante é composta por bactérias Gram-negativas, BAL e leveduras (NISIOTOU *et al.*, 2010; CILLIDAG, 2013). Ao término, as azeitonas são embaladas com uma nova salmoura e estarão prontas para a comercialização. O produto deve apresentar acidez mínima de 0,3% de ácido láctico, pH máximo de 4,3 e concentração de cloreto de sódio mínima de 6% (IOC, 2004).

Para as azeitonas de mesa tratadas com lixívia e fermentadas, recomenda-se a pasteurização, considerando as bactérias propiônicas como os microrganismos de referência, cuja equação do tempo de morte térmica é definida pela temperatura de referência 62,4 °C. Além disso, para enchimento podem ser utilizados sais alimentícios, vinagre, azeite, açúcares, vegetais (pimentão, cebola, aipo, alcaparras), especiarias e ervas aromáticas, seus extratos naturais, além de aditivos autorizados (IOC, 2004). Ácido sórbico, como aditivo conservador, pode ser adicionado à salmoura na concentração de até 0,1% (BRASIL, 2013).

8.3.1.3 Metabiose em azeitonas de mesa

Como o foco deste capítulo está no papel da microbiota fermentadora na produção de vegetais fermentados, a seguir serão abordados aspectos importantes do processo fermentativo de azeitonas. Tradicionalmente, esse processo relaciona-se à atividade de microrganismos naturalmente presentes no ambiente, especialmente na salmoura de fermentação. Conforme já discutido em capítulos anteriores, a fermentação lática consiste na conversão de carboidratos, principalmente glicose, em ácido lático, responsável pela acidificação do meio. Em azeitonas, a acidificação lática a valores abaixo de 4,6 inibe o crescimento de microrganismos deteriorantes e patogênicos (ARROYO-LÓPEZ *et al.*, 2012; BAUTISTA-GALLEGO *et al.*, 2020).

Fatores que interferem no processo fermentativo relacionam-se à dinâmica da microbiota autóctone no decorrer da fermentação; difusão de nutrientes da azeitona para a salmoura; concentração de oleuropeína nos frutos; compostos antimicrobianos; grau de maturação; temperatura; e concentração de sal (HURTADO *et al.*, 2009). A fim de favorecer o desenvolvimento de microrganismos na salmoura de fermentação que porventura tenham sido injuriados durante o pré-tratamento (lixívia), pode-se acrescentar ácido lático a 3% no início do processo (ROBINSON, 1988).

A fermentação da azeitona de mesa compreende um complexo conjunto de dinâmicas entre BAL e leveduras. Essa relação é imprescindível para a qualidade final do produto. A depender dos tratamentos empregados, considerando-se os diferentes estilos apresentados anteriormente, a metabiose pode ocorrer de maneira diferente, impactando as características sensoriais e a vida útil do produto. Ademais, para o *estilo grego*, em que não se emprega o tratamento com lixívia, a fermentação é importante também para a hidrólise da oleuropeína, que ocorre enzimaticamente pela atividade de β-glucosidases produzidas pela microbiota autóctone. Nesse caso, ocorre liberação de glicose e agliconas, que são, posteriormente, degradadas por esterases em hidroxitirosol e ácido elenólico, componentes livres de amargor (VACCALLUZZO *et al.*, 2020).

Contaminantes do grupo das enterobactérias, *Pseudomonas* sp., *Clostridium*, *Staphylococcus* e eventualmente fungos filamentosos diminuem gradativamente ao longo da fermentação, enquanto as populações de BAL crescem e se tornam, em geral, os membros dominantes da microbiota fermentadora, responsáveis pela acidificação, estabilidade e vida útil do produto (PANAGOU; TASSOU; KATSABOXAKIS, 2003; BONATSOU *et al.*, 2017). Paralelamente, leveduras contribuem para os principais atributos sensoriais, à medida que produzem compostos voláteis e metabólitos relacionados ao aroma e sabor, além de favorecer o crescimento de BAL e de degradar compostos fenólicos (PANAGOU; TASSOU; NYCHAS, 2021). Gêneros de destaque compreendem *Lactobacillus*, *Pediococcus*, *Leuconostoc* e *Enterococcus* (BAL), bem como *Candida*, *Pichia*, *Debaryomyces* e *Saccharomyces* (leveduras). No Quadro 8.3 encontram-se os principais grupos de microrganismos identificados em estudos acerca da fermentação de azeitonas de mesa.

Quadro 8.3 – Principais grupos de microrganismos e espécies encontradas em azeitonas de mesa fermentadas

Grupo	Espécies
Bactérias láticas	*Lactiplantibacillus plantarum*
	Lactiplantibacillus pentosus
	Lacticaseibacillus paracasei
	Lacticaseibacillus casei
	Lacticaseibacillus rhamnosus
	Levilactobacillus brevis
	Lactococcus lactis
	Leuconostoc mesenteroides
	Enterococcus faecium
Leveduras	*Candida boidinii*
	Candida diddensiae
	Wickerhamomyces anomalus
	Saccharomyces cerevisiae
	Debaryomyces hansenii
	Pichia kluyveri
	Pichia galeiformis
	Pichia membranifaciens

Fonte: adaptado de Vaccalluzzo *et al.* (2020).

Como dito anteriormente, a metabiose pode variar a depender do tipo de pré-tratamento empregado. Assim, para azeitonas submetidas à fermentação natural, sem lixiviação prévia, BAL são encontradas ao longo de todo o período, devido principalmente ao efeito seletivo do sal, que favorece seu desenvolvimento, e, ao mesmo tempo, por seu efeito inibitório sobre os demais grupos microbianos, que se dá desde o início do processo (Figura 8.3). Nesse caso, *Lactobacillus*, *Streptococcus*, *Leuconostoc* e *Pediococcus* desempenham papel importante na acidificação e estabilização do produto final. Diferentemente, quando as azeitonas são submetidas previamente ao tratamento com NaOH (2,0% a 3,5%), o grupo das BAL tende a predominar apenas ao término do processo fermentativo, uma vez que o efeito seletivo da salmoura tende a ser mais demorado. Fatores que influenciam a população de BAL incluem baixa concentração de açúcares, liberação de compostos fenólicos do fruto para a salmoura, concentração de NaCl e temperatura empregada no processo fermentativo. Para fermentações realizadas abaixo de 18 °C e concentrações de sal acima de 8,0%, geralmente ocorre predomínio de leveduras, o que impacta o sabor do produto final (mais suave em comparação à fermentação com predomínio de BAL) e a durabilidade das azeitonas, que é reduzida. Ressalta-se, portanto, a importância do equilíbrio da microbiota fermentadora. Quando leveduras e BAL fermentam as azeitonas em populações equilibradas no decorrer do processo fermentativo, atributos como sabor e textura são significativamente melhorados (VACCALLUZZO *et al.*, 2020).

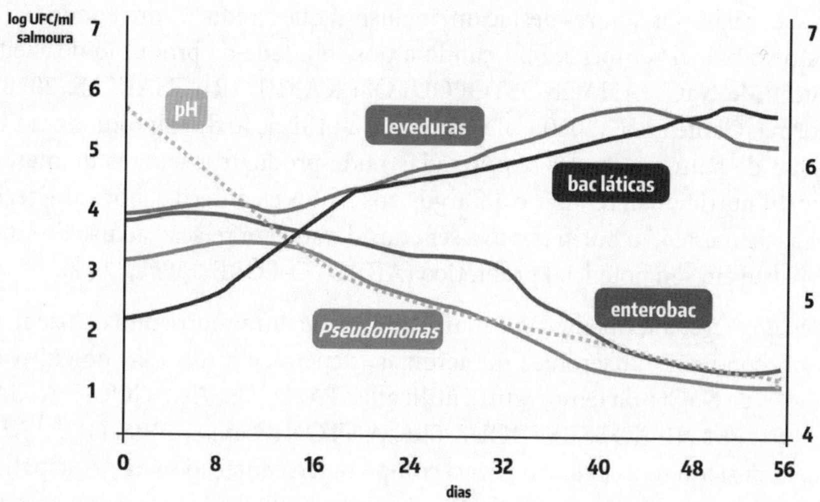

Figura 8.3 – Dinâmica populacional e pH de salmoura de fermentação de azeitonas pretas (estilo grego) ao longo de dois meses. Fonte: adaptada de Hutkins (2008).

No *estilo espanhol*, a fermentação lática ocorre em fases distintas. Nos primeiros vinte dias, é observada a predominância de bactérias Gram-negativas indesejáveis (principalmente da família Enterobacteriaceae). Após esse período, BAL tendem a crescer significativamente, especialmente do gênero *Lactobacillus*, como *Lactiplantibacillus plantarum*, e, em menor quantidade, algumas espécies de leveduras, responsáveis pela produção de compostos que conferem aroma e sabor ao produto, por exemplo, ácidos voláteis (acético e propiônico) (DE LA TORRE *et al.*, 1993; PANAGOU; KATSABOXAKIS, 2006; HUTKINS, 2008; CILLIDAG, 2013). A fermentação pode durar de três semanas a dois meses, com término após o esgotamento do substrato fermentativo. É interessante destacar, nesse ponto, que a fermentação de azeitonas de mesa também pode ser promovida pela inoculação de culturas *starter*, sejam BAL, leveduras ou mistas. Tais culturas devem ser capazes de permanecer viáveis no decorrer do processo fermentativo, resistindo ao pH baixo e às altas concentrações de sal, além de produzir aromas desejáveis e inibir microrganismos deteriorantes (ARROYO-LÓPEZ *et al.*, 2012).

Estudos têm evidenciado as vantagens do uso de culturas *starter* para a melhoria da qualidade de azeitonas de mesa fermentadas. Benitez-Cabello *et al.* (2020) avaliaram os efeitos da inoculação de três estirpes de BAL e leveduras em culturas puras ou mistas na qualidade de azeitona de mesa do tipo Manzanilla. Os autores relataram que a combinação sequencial de leveduras e BAL pode ser uma prática aconselhável, uma vez que as estirpes apresentaram melhor desempenho fermentativo e características sensoriais semelhantes às fermentadas espontaneamente. Já a fermentação de azeitonas de mesa Picual com inoculação de BAL, em salmoura a 7% ou 10% de NaCl resultou em aumento significativo nos níveis de antioxidantes, sem causar alterações nos atributos sensoriais. Os autores destacam, inclusive, que a redução do teor de sódio foi apreciada pelo painel sensorial, reforçando a possibilidade da produção de azeitonas com redução de NaCl (ANAGNOSTOPOULOS; KAMILARI; TSALTAS, 2020). Da mesma forma, Conte *et al.* (2020) salientam que a utilização de salmouras com baixo teor de sal e de culturas *starter* selecionadas pode produzir azeitonas de mesa com melhor perfil nutricional, reduzir o amargor dos frutos e conferir sabor característico às azeitonas de mesa. Um outro ponto a ser considerado em relação ao uso de culturas *starter* consiste em seu potencial probiótico (ARROYO-LÓPEZ *et al.*, 2012).

Já no *estilo grego*, a fermentação é mais lenta. Pode durar entre oito e doze meses e ocorrer sob condições anaeróbias ou aeróbias, dependendo do tipo de cultivar, da concentração de NaCl e da temperatura utilizada (TASSOU; PANAGOU; KATSABOXAKIS, 2002; PSANI; KOTZEKIDOU, 2006; ANTONIO *et al.*, 2006; HURTADO *et al.*, 2008). O período mais extenso para a completa fermentação se dá principalmente porque a hidrólise da oleorupeína ocorre pela via microbiana, e também por causa da lenta liberação de substratos fermentáveis dos frutos para a salmoura. No início, os diferentes grupos microbianos competem entre si por nutrientes, e as leveduras predominam sobre BAL durante praticamente todo o processo fermentativo (NISIOTOU *et al.*, 2010), com números absolutos superiores especialmente em condições de anaerobiose (NYCHAS *et al.*, 2002). Leveduras dos gêneros *Trichosporon*, *Candida*, *Pichia*, *Kloeckera*, *Torulopsis* e *Debaryomyces* estão relacionadas à fermentação de azeitonas pretas naturais em salmoura (BALATSOURAS, 1967).

Modificações no fermentador de azeitonas podem favorecer uma condição de aerobiose, com a incorporação de oxigênio à salmoura, o que pode reduzir o tempo de fermentação para quatro a cinco meses (CILLIDAG, 2013), além de prevenir a biodeterioração das azeitonas e um efeito conhecido como "alambrado", resultado da formação de bolhas de gás ou "olho de peixe" nos frutos (ANTONIO *et al.*, 2006; CONTE *et al.*, 2020). Os principais microrganismos relacionados a esse tipo de defeito correspondem a *Enterobacter, Citrobacter, Klebsiella, Escherichia, Aeromonas, Hansenula, Aerobacter* e *Saccharomyces*. Algumas espécies anaeróbicas do gênero *Clostridium* também podem causar formação de gás. As bactérias mencionadas produzem hidrogênio como produto da decomposição da frutose, glicose e manitol. Essas são as mais indesejáveis. Várias condições favorecem esse tipo de deterioração, como o uso de salmoura com concentração inferior a 5%, valores de pH entre 4,5 a 8,5, temperatura entre 24 °C e 30 °C, populações baixas de BAL para competir com coliformes, dentre outras. Desse modo, as medidas para se evitar o problema são mais preventivas que curativas (CRUESS, 1973).

Problemas de amolecimento dos frutos são relatados como decorrência de contaminações excessivas por *Bacillus, Aeromonas, Aerobacter, Fusarium* e *Penicillium*. O amolecimento é causado pela degradação dos tecidos. Essa deterioração é provocada pela destruição das substâncias pécticas, responsáveis pela firmeza dos frutos. Pode ser provocada pela ação de microrganismos ou pelo uso de concentrações muito elevadas de soda cáustica, geada ou aquecimento da solução. Medidas práticas para evitar esse tipo de deterioração são: cuidado no manuseio dos frutos colhidos para evitar a transpiração excessiva; evitar o armazenamento prolongado dos frutos anteriormente ao processamento; manter as condições de higiene (TEIXEIRA, 1965; CRUESS, 1973).

O odor desagradável pode ser ocasionado pela presença de *Clostridium* e *Propionibacterium*, bactérias causadoras de fermentações indesejáveis, denominadas de butírica e zapatera, caracterizadas pela formação de ácido butírico e pela presença de odor de ranço ou queijo, progredindo para odor fecal. Para evitar esse problema, deve-se controlar a fase inicial da fermentação lática (pH entre 3,8 e 4,0 é desejável) (CRUESS, 1973; HUTKINS, 2008).

Assim como no *estilo espanhol*, estudos indicam que a adição de culturas *starter* de BAL ao processo de fermentação no *estilo grego* também pode ser benéfica. De Angelis *et al.* (2015) verificaram que a fermentação de azeitonas de mesa Bella di Cerignola, quando inoculada com BAL selecionadas e levedura autóctone *Wickeramomyces anomalus*, resultou em uma rápida acidificação da salmoura e avaliação sensorial dos frutos satisfatória.

Em relação à qualidade microbiológica de azeitonas de mesa fermentadas e embaladas, o guia *Standard for table olives* (CODEX ALIMENTARIUS, 2013) indica que o produto pode conter BAL e leveduras em populações de até 10^9 UFC/ml de salmoura ou grama de produto, dependendo do nível de fermentação empregado.

8.3.2 PICLES

Picles correspondem a uma preparação gastronômica antiga, difundida em diversos países e culturas. Apesar de sua origem ainda ser considerada incerta, arqueólogos e antropólogos apontam indícios da elaboração de picles pelos povos da Mesopotâmia desde 2400 a.C. Acredita-se que, na Antiguidade, pepinos nativos da Índia foram levados ao vale do rio Tigre, o que permitiu a consolidação da conserva à base desse vegetal na região. Outros trabalhos indicam que o uso de picles remonta a mais de 3 mil anos, em localidades da Ásia Ocidental, Egito e Grécia. No século XVIII já se levavam picles nas viagens marítimas como suplemento de vitamina C para se evitar o escorbuto (TEREBELSKI; RALPH, 2003).

O termo *picles* (originário do holandês *pekel* e incorporado pelo inglês como *pickles*) refere-se a hortaliças com ou sem cascas, inteiras ou cortadas, mantidas em soluções de baixo pH, elevada atividade de água ($a_w > 0,85$), na presença de salmoura, vinagre ou outros ácidos orgânicos (por exemplo, ácido lático), em que se pode ou não empregar a fermentação (MONTAÑO *et al.*, 2016). A presença do sal e dos ácidos impactam as propriedades sensoriais, nutricionais e de conservação do produto. Atualmente, picles são consumidos como aperitivos ou acompanhamento de refeições, a fim de trazer maior palatabilidade e diversificação a determinadas preparações, como sanduíches e saladas.

Apesar de tradicionalmente associados a pepinos, sobretudo no Canadá e nos Estados Unidos, picles são produtos versáteis e podem ser elaborados por um único tipo de vegetal (picles simples) ou várias hortaliças (picles mistos), sendo o pepino japonês (*Cucumis sativus* L.), a cenoura (*Daucus carota* subsp. *sativus*), o chuchu (*Sechium edule*), o pimentão (*Capsicum annuum* L.), a cebola (*Allium cepa*) e a couve-flor (*Brassica oleracea* var. Botrytis) os principais ingredientes utilizados no Brasil (BENEVIDES; FURTUNATO, 1998). Podem, ainda, conter outros ingredientes, como açúcares e especiarias, a fim de se obter alimentos com sabor, aroma e textura diferenciados.

Além de suas propriedades sensoriais, o processamento e a preservação de vegetais na forma de picles são interessantes do ponto de vista econômico, uma vez que permitem que pequenos produtores, por meio de técnicas relativamente simples, agreguem valor a seus produto e se tornem mais competitivos (DOS SANTOS CARVALHO *et al.*, 2014). Alguns tipos de conservas mantidas em altas concentrações de ácidos podem ser armazenadas por mais de dois anos sem refrigeração, representando, assim, uma maneira de se comercializar vegetais sem grandes oscilações de preços e de oferta, sobretudo em períodos de entressafra (SULTANA; IQBAL; ISLAM, 2014; BEHERA *et al.*, 2020).

De modo geral, os picles podem ser classificados em duas categorias distintas, considerando-se o emprego ou não da fermentação (FELLOWS, 1997; MONTAÑO *et al.*, 2016):

- *Picles não fermentados*: obtidos por um dos seguintes métodos:

i) *Picles em vinagre*: são os mais empregados na categoria. As hortaliças são acidificadas diretamente pelo uso de solução de vinagre (ácido acético), sal e, em alguns casos, também açúcar (picles doces), ervas ou especiarias (picles aromatizados), visando ao desenvolvimento de sabor e textura característicos.

ii) *Picles em salmoura concentrada*: são mantidos em salmoura contendo até 16% de sal, responsável por sua conservação. Para ambos os casos, a fermentação é inibida (seja pela presença excessiva de ácido acético ou de sal); recomenda-se, portanto, a combinação de outros métodos de conservação, como a pasteurização, como forma de prolongar a vida útil dos picles.

- *Picles fermentados*: nessa categoria, a conservação é decorrente da presença de ácido lático, produzido pela microbiota no decorrer do processo fermentativo. Dividem-se em:

i) *Picles fermentados ácidos*: obtidos pela imersão dos vegetais em salmoura diluída e consequente fermentação por BAL naturalmente presentes na matéria-prima. O ácido lático, produzido a partir de uma ou duas semanas da produção, tem a função de conferir gosto ácido ao produto, além de inibir o crescimento de microrganismos patogênicos e deteriorantes. Dessa forma, a quantidade de sal é um parâmetro importante para a manutenção do processo fermentativo.

ii) *Picles fermentados doces*: nesse caso, os vegetais são preservados pela combinação de ácido lático, ácido acético, açúcar, além da possibilidade do uso de especiarias diversas.

8.3.2.1 Produção de picles

Para a produção de picles, é necessário executar operações preliminares, que compreendem a seleção das matérias-primas vegetais (que devem estar no grau de maturação ideal, livres de sinais de deterioração ou injúrias mecânicas), lavagem com água potável, sanitização em solução clorada (etapa aplicada apenas a picles não fermentados) e drenagem. As hortaliças podem ser utilizadas inteiras (por exemplo, minipepino e cenoura baby) ou cortadas (em cubos, fatias, rodelas, tiras e/ou pequenos ramos). Dependendo do tipo de matéria-prima, recomenda-se a realização prévia do branqueamento, procedimento que contribui para a inativação enzimática, preservação da cor dos vegetais, além de ser uma etapa de pré-cozimento capaz de tornar a textura dos alimentos menos rígida. Após a preparação, os vegetais prosseguem para suas respectivas etapas de processamento, conforme apresentado na Tabela 8.1.

Tabela 8.1 – Composição e procedimentos para a produção de diferentes tipos de picles

Produto	Sal	Açúcar	Vinagre	Processo
Picles não fermentados (em vinagre)	3%	1%	5%	Embalar diretamente e pasteurizar.
Picles não fermentados (salmoura concentrada)	15%	0%	0%	Armazenar pelo tempo necessário. Remover o excesso de sal e embalar como picles não fermentados.
Picles fermentados doces	3% a 5%	1% a 3%	0% a 5%	Fermentar por uma a duas semanas e armazenar em salmoura elaborada com vinagre, sal e açúcar. A pasteurização é opcional.
Picles fermentados ácidos	3% a 5%	0%	0% a 5%	Fermentar por uma a duas semanas e armazenar em salmoura elaborada com vinagre, sal e açúcar. A pasteurização é opcional.

Fonte: adaptado de Fellows (1997).

No caso dos picles não fermentados, os vegetais devem ser acondicionados em embalagens estéreis. Utilizam-se, geralmente, frascos de vidro, caso em que a disposição das hortaliças no recipiente é um fator importante para tornar o produto atrativo ao consumidor. No entanto, latas ou sacos de polietileno também podem ser empregados. À mistura de vegetais adiciona-se salmoura quente ou líquido de cobertura, geralmente composto de água, vinagre, sal, açúcar e especiarias em diferentes concentrações, dependendo do tipo de picles (ácido, agridoce ou aromatizado). A seguir, o recipiente deve ser submetido ao processo de exaustão para remoção do ar e formação do vácuo, com posterior fechamento da embalagem. No caso de picles não fermentados, recomenda-se que o produto seja submetido à pasteurização (pode-se utilizar 100 °C por quinze minutos) em banho-maria. O processo é finalizado com o resfriamento do recipiente, que segue para a rotulagem e posterior comercialização (KROLOW, 2006; FAO, 2007).

Para picles fermentados, os vegetais previamente preparados são acondicionados em recipientes para fermentação, como tonéis de madeira, tanques de concreto ou aço inoxidável, os quais devem ser devidamente fechados para impedir a entrada de contaminantes externos (poeira, insetos) e até mesmo ar, uma vez que a condição de anaerobiose é essencial para o processo fermentativo. Em seguida, deve ser preparada a salmoura (6% a 10% de sal), cuja concentração de sal deve ser controlada no decorrer do processo, a fim de garantir a seleção de BAL de interesse. A adição de conservadores como sorbato de potássio à salmoura pode ser realizada, visando especificamente à inibição de fungos. É imprescindível que se garanta que todos os pedaços de vegetais estejam submersos na salmoura de fermentação (MACHADO, 2008). Cabe ressaltar que, no caso de picles fermentados, a etapa de sanitização da matéria-prima deve ser suprimida, tendo em vista a necessidade de preservação da microbiota lática autóctone.

Caso os vegetais tenham sido submetidos à etapa prévia de branqueamento, recomenda-se a adição de cultura *starter* e açúcar (1%), a fim de se repor a microbiota natural. Temperaturas entre 18 °C e 28 °C são recomendadas, sendo 21 °C a temperatura considerada ideal para a etapa de fermentação, em condições de anaerobiose. Bolhas de gás tornam-se visíveis entre uma e quatro semanas, dependendo de fatores como pH, temperatura e concentração de sal aos quais os vegetais foram expostos (FAO, 2007).

Em geral, a fermentação ocorre entre quatro e oito semanas. Ao final desse processo, o produto atinge acidez ao redor de 1% de ácido lático, o que na prática corresponde a valores de pH entre 3,0 e 4,0 (STOLL *et al.*, 2020; ALAN, 2019; BREIDT *et al.*, 2013). Nesse ponto, algumas alterações visuais podem ser encontradas, como ausência da produção de bolhas e aparência mais translúcida das hortaliças. Após a fermentação, o dessalgue deve ser realizado para remoção do excesso de sal. Para tal, as hortaliças devem ser imersas em água quente (45 °C a 55 °C) e alí mantidas por dez a catorze horas, sendo tal procedimento repetido de uma a duas vezes nas mesmas condições (MACHADO, 2008). Em picles fermentados comerciais, cloreto de cálcio é normalmente empregado ao término da dessalga para preservação da firmeza, contribuindo para a textura crocante dos vegetais, aspecto sensorial muito apreciado pelos consumidores (MCMURTRIE; JOHANNINGSMEIER, 2018).

Finalmente, os vegetais são envasados (normalmente em frascos de vidro) com adição de salmoura, a qual poderá ser formulada com vinagre, sal, açúcar, além de especiarias (Tabela 8.1); tampados e pasteurizados (etapa opcional). O prazo de validade do produto é estimado em doze meses, desde que seja armazenado em temperaturas inferiores a 15 °C (MACHADO, 2008).

8.3.2.2 Microbiota da fermentação de picles

Em países tropicais como o Brasil, a produção de picles fermentados é uma prática majoritariamente artesanal, cuja fermentação ocorre de maneira espontânea. Para produção em larga escala, entretanto, maior atenção e cuidados devem ser tomados quanto aos parâmetros relacionados ao controle da matéria-prima, conhecimento do ecossistema microbiano e do processo fermentativo, com o intuito de se garantir a qualidade e a segurança do produto final (LAN *et al.*, 2013). Cabe ressaltar que, como o tratamento térmico do produto é opcional, tornam-se imperativos maiores cuidados de higiene durante o processamento, além de maior controle das variáveis de processo, como concentração de sal, acidez e temperatura de fermentação, evitando-se, dessa maneira, o desenvolvimento de microrganismos indesejáveis.

Na produção de picles, a fermentação lática é decorrente da atividade de diferentes microrganismos. Espécies de BAL, como *L. plantarum*, *Lactiplantibacillus pentosus* e *Lactiplantibacillus paraplantarum*, *Pediococcus pentosaceus*, *P. acidilactici*, *Enterococcus faecalis* e *Leuconostoc mesenteroides* são predominantemente encontradas, tendo em vista sua tolerância às altas concentrações de sal e açúcar (ALAN, 2019; BEHERA *et al.*, 2020). A concentração de sal da salmoura pode impactar a microbiota da fermentação; contudo, em geral não são observadas diferenças significativas em termos de acidez e pH no produto final (Figura 8.4). Para picles de pepino, por exemplo, *Lactobacillus* spp., *Pediococcus* spp. e *Lactococcus* spp. são os gêneros dominantes em salmouras de 2,5% a 5,0% de sal não iodado. *L. plantarum* e *L. pentosus*, em geral, são BAL melhores competidoras nesse tipo de picles. Para concentrações de sal mais elevadas (10%), predominam espécies de *Pediococcus* sp.; várias espécies do gênero são halofílicas e crescem em concentrações de até 5%, enquanto outras, como *P. pentosaceus*, são capazes de crescer em concentrações mais elevadas (10% NaCl); *Weissella* spp. também apresenta maior abundância em picles nessa concentração de sal em comparação a salmouras menos concentradas (STOLL *et al.*, 2020). No entanto, outros grupos de microrganismos, como *Bacillus licheniformis*, *B. subtilis* e *B. amyloliquefaciens* (RAGUL *et al.*, 2017) e leveduras, entre as quais *Candida*, *Issatchenkia*, *Kazachstania*, *Millerozyma* e *Pichia*, também podem estar presentes (FRANCO; PEREZ-DIAZ, 2012; TANG *et al.*, 2019).

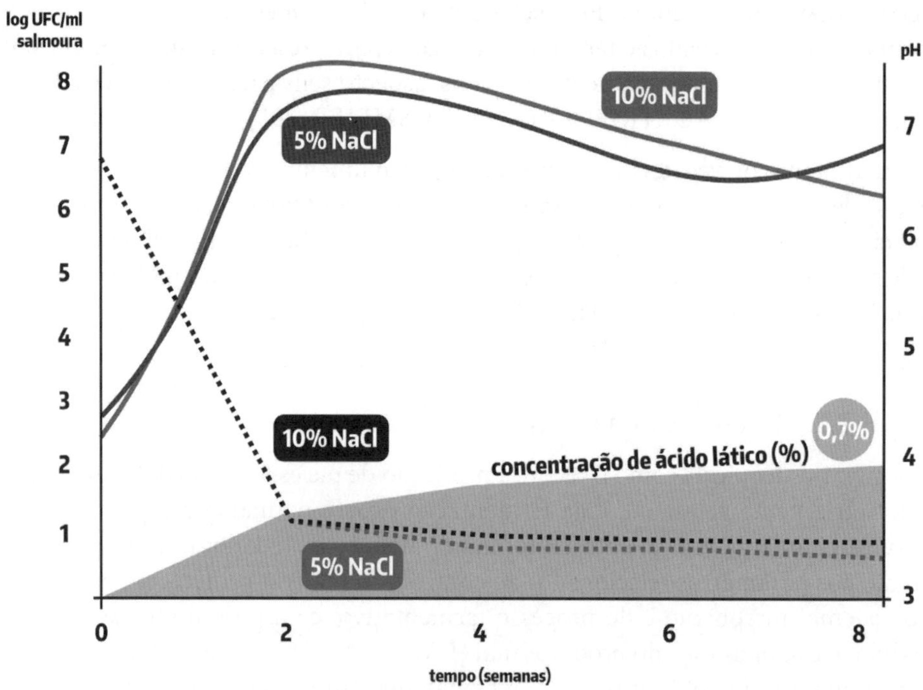

Figura 8.4 – Crescimento de BAL (linhas contínuas), valores de pH (linhas pontilhadas) e acidez em picles de pepino em 5% e 10% de salmoura, fermentados durante oito semanas.
Fonte: adaptada de Stollet al.(2020)

Devido à capacidade heterofermentativa de algumas espécies de BAL, sabores e aromas diferenciados podem ser formados durante a fermentação, além de compostos benéficos à saúde (FIDELER *et al.*, 2019). Nesse contexto, apesar de no Brasil ainda ser muito difundida a produção de picles acidificados diretamente em vinagre, investimentos para obtenção do seu equivalente fermentado podem ser uma alternativa viável para a diferenciação do produto, uma vez que picles fermentados têm uma reputação de qualidade superior, além de agregarem maior preço e valor de mercado (MACHADO, 2008).

Ao final do processamento, é desejável que os picles (fermentados ou não) apresentem atributos como textura firme, sabor ácido, pedaços de tamanho uniforme, presença de líquido de cobertura transparente e ausência de sedimentação, pontos ou películas esbranquiçadas. Recomenda-se, para isso, o uso de vegetais frescos, firmes e íntegros; a correta higienização do local de manipulação, equipamentos, utensílios e matérias-primas vegetais, além da higiene do manipulador; a higienização dos recipientes e tampas antes do acondicionamento do produto; uso preferencialmente de vinagre branco (por exemplo, vinagre de álcool ou de vinho branco) e condimentos claros, como pimenta branca, gengibre em pó, alho, ou ervas e especiarias em sachês para posterior remoção, a fim de se evitar o escurecimento do líquido de cobertura (BRAGANÇA; DE SOUZA, 2000).

Alguns problemas quanto à qualidade da salmoura de fermentação podem ocorrer em picles, especialmente aqueles relacionados à qualidade do sal empregado na elaboração. Cloreto de sódio com impurezas de cálcio resulta em problemas na acidificação da salmoura, podendo prejudicar a metabiose e, consequentemente, a vida útil do produto final. Já os resíduos de ferro causam escurecimento, prejudicial à aparência dos picles. Magnésio, quando presente na composição do sal, pode resultar em textura macia, não característica desse tipo de alimento fermentado (KYI, 2009). Outros defeitos relacionam-se com a presença de grupos microbianos indesejáveis, principalmente leveduras dos gêneros *Debaryomyces*, *Wickerhamomyces* e *Pichia*, ligadas à formação de filmes na superfície da solução, as quais causam a destruição do ácido lático, com redução na acidez e deterioração. A solução para isso é a escumagem (retirada dessa película com o auxílio de peneiras ou escumadeiras), adição de óleo mineral à superfície da solução (lâmina de 3mm), ácido acético (0,4% a 1,0%), benzoato de sódio (0,01% a 0,06%) ou exposição ao sol.

A baixa concentração de sal na solução promove o crescimento de *Bacillus vulgaris*, resultando em amolecimento do vegetal. A solução é preventiva, com o aumento da concentração de sal acima de 8%. Outros problemas incluem a deterioração dos picles pela formação de gás ou hidrólise lipídica e o crescimento de *Bacillus nigrificans*, o qual cresce em meio alcalino na presença de açúcar (IANIEVA, 2017).

Os picles são muito apreciados por seus aspectos nutricionais, uma vez que apresentam baixo valor energético e teores significativos de carboidratos e vitamina C (USDA, 2020). Além disso, estudos têm demonstrado que o consumo de alimentos fermentados, incluindo os picles, está associado à melhora na digestão e composição da microbiota intestinal, prevenção do estresse oxidativo, fortalecimento do sistema imunológico, prevenção de diabetes e obesidade, além de contribuir para a redução dos níveis de colesterol sérico (SAYIN; ALKAN, 2015; CHAKRABORTY; ROY, 2018; BEHERA *et al.*, 2020). De acordo com Fideler *et al.* (2019), além do relevante papel desenvolvido pelas BAL como probióticos em picles fermentados, peptídeos bioativos oriundos do metabolismo microbiano com efeitos terapêuticos e benéficos à saúde também podem ser encontrados no produto final (para mais informações a respeito dos benefícios à saúde de alimentos fermentados, ver Capítulo 2).

Assim como discutido no processo de produção de azeitonas de mesa, observa-se tendência na redução de sal nas preparações de picles. Altos teores de cloreto de sódio são observados nos produtos comerciais uma vez que é um ingrediente fundamental para o correto desenvolvimento do processo fermentativo (USDA, 2020). Assim, a substituição por outras misturas de sais, o uso de concentrações mais baixas na salmoura de fermentação e a reformulação segura desses produtos são alternativas a serem aplicadas (BAUTISTA-GALLEGO *et al.*, 2013).

8.3.2.3 Outros tipos de picles

Vegetais fermentados são alimentos tradicionalmente presentes na dieta oriental. Há muito tempo, a fermentação tem sido empregada como técnica de conservação. No Japão, por exemplo, tal prática remonta ao período pré-histórico, com registros de aproximadamente 4.500 anos (INDEN; KAWANO, 1999). Para ilustrar a diversidade de conservas vegetais fermentadas encontradas na cultura oriental, a seguir serão apresentados alguns produtos e seus respectivos usos gastronômicos. O *tsukemono*, ou picles japoneses, é um dos principais alimentos característicos da gastronomia do país. Pode ser preparado a partir de diversos vegetais, sendo comumente empregados rabanete (*Raphanus sativus* var. *longipinnatus*) e suas folhas, pepino japonês (*Cucumis sativus*), cenoura (*Daucus carota*), nabo *(Brassica rapa)* e berinjela (*Solanum melongena* L.) (MIYAO, 2005). Sua preparação envolve o uso de técnicas de salga, acidificação e fermentação, a partir das quais se obtém diversos tipos de picles, como: *shio-zuke* (picles em sal); *shoyu-zuke* (picles em molho de soja); *miso-zuke* (picles em pasta de soja); *kazu-zuke* (picles em que se utiliza o resíduo da extração de saquê – bebida alcoólica fermentada à base de arroz); *su-zuke* (picles em vinagre); *shin-zuke* e *asa-zuke* (picles com leve ou menor tempo de acidificação); e *nuka-zuke* (picles em pasta de farelo de arroz) (INDEN; KAWANO, 1999).

Umeboshi é certamente um dos tipos de *shio-zuke* mais conhecidos no Ocidente. De sabor azedo e salgado característicos, geralmente é consumido como acompanhamento de arroz, saladas, ou até mesmo para condimentação. Trata-se de um produto obtido a partir da salga e fermentação lática de um tipo de ameixa (*Prunus mume*) – conhecida como ameixa ou damasco japonês – e que adquire uma coloração vermelha intensa (Figura 8.1D). Tal coloração não provém do fruto, mas sim das folhas de *shissô* (*Pellila ocymoides* L.) que são acrescentadas à salmoura de fermentação e que contribuem para a aparência e sabor do produto final.

Tradicionalmente, pode ser produzido por fazendeiros produtores de *umê* (processamento tradicional chamado *shiraboshiumê*) ou por processadores que recebem a matéria-prima e trabalham especificamente em seu processamento. Muitos produtores de *umeboshi*, inicialmente apenas agricultores, desenvolveram-se de maneira a aprender a arte da fermentação dos frutos. Isso contribui para o desenvolvimento de inúmeras propriedades, beneficiadas pelo maior valor agregado do produto fermentado. Além de produzirem *umeboshi*, dedicam-se, ainda, à elaboração de outros produtos, como licor e vinagre de *umê*. Ademais, as belas paisagens dos pomares de *umê* atraem milhares de turistas, complementando, dessa forma, a renda dos agricultores dedicados à colheita e à fermentação dos frutos (FAO, 2015).

O fruto fresco é pouco palatável, pois apresenta elevado teor de ácido cítrico (cerca de 7% em relação ao peso seco), o que o deixa extremamente ácido. Além disso, apresenta elevados teores de ácidos orgânicos e cianoglicosídeos (amigdalina, por exemplo), cujo consumo está relacionado a quadros de toxicidade (GO *et al.*, 2018). Assim, a fermentação consiste em uma estratégia interessante para o consumo. A produção de *umeboshi* pode variar, a depender do grau de maturação dos frutos. Em geral, utilizam-se salmouras ao redor de 15% (peso de NaCl em relação ao peso dos frutos), na qual os frutos são imersos; pesos são utilizados para que todos os frutos permaneçam submersos na salmoura de fermentação. A fermentação ocorre em torno de dois meses em temperaturas ao redor de 20 °C. Posteriormente, os frutos fermentados são secos ao sol durante três dias (ODAKE; OTOGURO; KANEKO, 1999). O *umeboshi* fermentado apresenta reduzido valor de pH (2,8), e quantidades expressivas de ácidos, como cítrico (1,79%) e lático (2,52%) (SUWANNACHOT; KETNAWA; OGAWA, 2021). A fermentação resulta, ainda, em elevadas quantidades de ácido benzoico, de reconhecido poder conservante e características sensoriais distintas (GOSSARD; LIPSKI, 2019). Dessa forma, alguns tipos de *umeboshi* chegam a ter prazos de validade inacreditavelmente extensos (anos ou décadas), constituindo-se num exemplo clássico do forte poder conservante dos processos de salga e fermentação.

Mesmo antes do desenvolvimento de estudos acerca das propriedades funcionais do *umeboshi*, seu consumo já era popularmente associado ao bem-estar. Tanto que o *okayu*, uma espécie de mingau de arroz com *umeboshi*, é recomendado para prevenir ou combater resfriados e infecções gastrointestinais, servindo, muitas vezes, como um tratamento medicinal alternativo para diversos tipos de enfermidades. No entanto, deve-se ressaltar o desenvolvimento de respostas alérgicas cutâneas em indivíduos sob condições específicas, como alterações na dieta, prática de exercícios e comorbidades associadas, após consumo de *umeboshi* (YAMANAKA *et al.*, 2019; TRAUTMANN; BROCKER; SEITZ, 2007).

Já o *nuka-zuke* compreende uma das preparações clássicas japonesas, na qual se faz uso de uma "cama de farelo de arroz fermentado", conhecida como *nukadoko*, à base de farelo de arroz, água e cerca de 5% de sal. Diferentemente dos picles convencionais, em que se utiliza salmoura líquida, os vegetais são enterrados nessa mistura e ali são fermentados, por um tempo que varia de acordo com a temperatura (em geral, de dois a cinco dias) (Figura 8.1G). A fermentação é essencialmente lática, e a microbiota varia consideravelmente dependendo do *nukadoko* analisado; bactérias acéticas e leveduras também podem ocorrer em menores proporções. Dentre as BAL, predominam bactérias do reorganizado gênero *Lactobacillus* (*L. brevis, Levilactobacillus namurensis, Lactobacillus acetotolerans, L. sakei, L. curvatus, Secundilactobacillus collinoides, Fructilactobacillus fructivorans, L. casei, Lacticaseibacillus casei subsp. pseudoplantarum, L. delbrueckii, L. fermentum, L. plantarum*), além de *P. pentosaceus* e *P. damnosus* (KITAMURA *et al.*, 2016; ASHAOLU; REALE, 2020). *Weissella paramesenteroides, Weissella cibaria, Enterococcus faecalis* e *Staphylococcus gallinarum* também já foram relatados como parte da microbiota (ONO *et al.*, 2014).

A partir de uma prática constante de realimentação em condição não estéril do *nukadoko* utilizando farelo de arroz e água, pode-se prolongar seu uso por dezenas de anos (em alguns casos, chegam a atingir mais de cem anos sem qualquer indício de deterioração). A maturação do *nukadoko* resulta em uma microbiota estável, robusta, muito resistente a contaminações externas e que confere sabor característico aos vegetais ali fermentados (SAKAMOTO *et al.*, 2011). Na Figura 8.5 é apresentada a dinâmica populacional de parte da microbiota de uma amostra de *nukadoko* ao longo de vinte dias, bem como a produção de ácidos orgânicos e etanol. Ácido lático é produzido em concentrações mais elevadas que ácido acético, tendo em vista a abundância e diversidade de BAL em comparação com as bactérias acéticas, cuja acidez se reflete nos valores de pH, em geral entre 4 e 5.

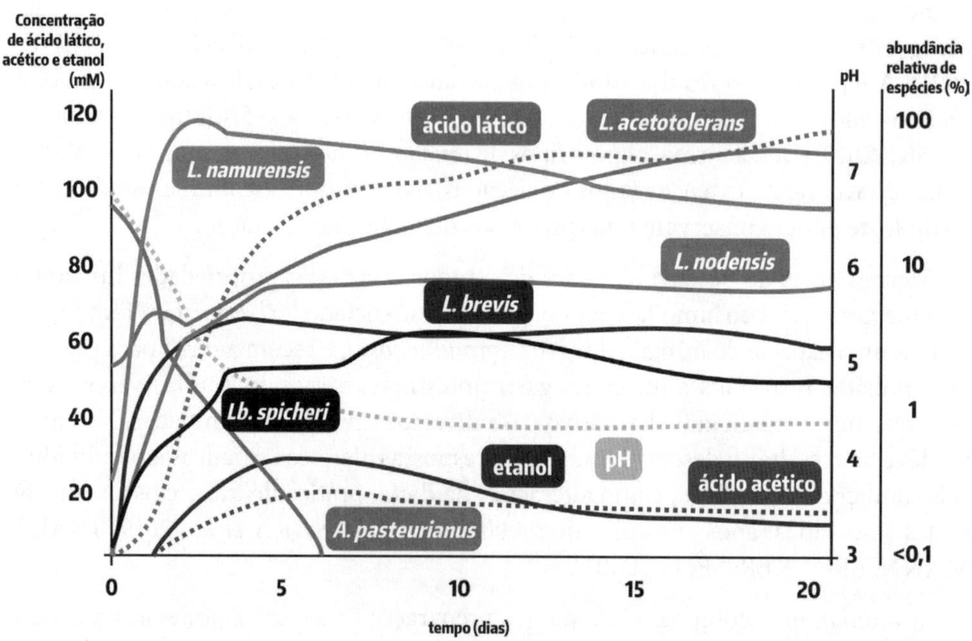

Figura 8.5 – Dinâmica populacional e sucessão da composição química de *nukadoko* ao longo de vinte dias. Abundância relativa de espécies determinada por pirossequenciamento da região 16S rDNA V6-V8. Fonte: adaptada de Sakamoto *et al.* (2011).

Um dos *tsukemonos* mais populares é o *takuan-zuke*, que consiste em nabo fermentado (*Raphanus sativus* L.), conhecido em japonês como *daikon* (Figura 8.1F). As raízes podem ser desidratadas ao ar livre (*hoshi takuan-zuke*) ou com salga e prensa (*shio-oshi takuan-zuke*). Depois, as raízes são conservadas em sal ou farelo de arroz com sal durante meses. No processo de maturação, ocorre a fermentação por bactérias autóctones, essencialmente BAL. O produto passa a adquirir uma coloração amarelada e brilhante característica. *Takuan-zuke* comerciais, no entanto, são produzidos por fermentação em baixas temperaturas e reduzido teor de sódio, que resultam em produtos de um amarelo opacos. Para contornar isso, acrescentam-se corantes amarelos, como tartrazina e pigmento à base de gardênia (KOBAYASHI *et al.*, 2020). O processo de desidratação, uso de sal e fermentação resulta em maiores níveis de GABA, ácidos graxos poli-insaturados e aminoácidos de cadeia ramificada, contribuindo para o incremento do valor nutricional e benefícios à saúde associados ao produto (KUMAKURA *et al.*, 2017).

Outros produtos são típicos de determinadas localidades, como o *sunki*, picles fermentados sem sal elaborados exclusivamente na região montanhosa do distrito de Kiso, província de Nagano, Japão. O *sunki* é obtido a partir da fermentação lática de folhas de nabo vermelho (*Brassica rapa*) utilizando-se culturas *starter* de *L. plantarum*, *L. delbrueckii* e *L. fermentum* (ENDO; MIZUNO; OKADA, 2008; TOMITA; NAKAMURA; OKADA, 2018). Já na China, produz-se o *paocai*, conserva típica e milenar à base de vegetais de textura crocante como rabanete (*Raphanus sativus*), repolho (*Brassica oleracea* var. *capitata*), mostarda (*Brassica juncea*) e feijão-caupi (*Vigna unguiculata*), fermentados em salmoura (aproximadamente 8% de sal) por microrganismos autóctones, sobretudo, *L. plantarum* (AO *et al.*, 2019; LI *et al.*, 2015).

Gundruk é elaborado a partir de vegetais folhosos e consumido como entrada ou acompanhamento nas principais refeições em países na região do Himalaia, especialmente o Nepal. Sua formulação é isenta de sal, e a fermentação ocorre por aproximadamente uma semana, na presença de microrganismos como *L. plantarum*, *L. casei* subsp. *casei*, *L. casei* subsp. *pseudoplantarum*, *L. cellobiosus* e *Pediococcus* sp. Ao final do processo, o produto apresenta pH ao redor de 4,0 e concentração de ácido lático entre 0,8% e 1% (KARKI *et al.*, 1983; BEHERA *et al.*, 2020). Ainda no Nepal, pode-se encontrar também o *khalpi*, picles de pepino fermentados, cuja formulação leva óleo de mostarda, sal e pimenta em pó, além de culturas de *L. plantarum*, *L. brevis* e *Leuconostoc fallax*. Outro destaque é o *sinki*, conserva de rabanetes fermentados apreciada em países como Nepal, Butão e Índia. Sua preparação leva óleo, sal e pimenta, e o processo fermentativo é decorrente da atividade de *L. fermentum*, *L. brevis* e *L. plantarum*, os quais são responsáveis pela redução do pH até 3,3 no produto final. Além de suas características sensoriais, o *sinki* atribuem-se efeitos funcionais ao seu consumo, como alívio de dores de estômago e diarreia (MIR; RAJA; MASOODI, 2018). Já o *mesu* corresponde a uma conserva tradicional consumida no Nepal, Butão e nordeste da Índia. É preparado com brotos de bambu (*Dendrocalamus hamiltonii*, *Bambusa tulda*, *Dendrocalamus sikkimensis*) picados e mantidos em óleo, pimenta e sal. O sabor e aroma típico da conserva são obtidos pela ação de microrganismos fermentadores, como *L. plantarum, L. brevis, L. curvatus, Leuc. citreum* e *Pediococcus pentosaceus*. Seu consumo tem sido amplamente recomendado por seu alto teor de potássio, carboidratos, fibras dietéticas, vitaminas, além de compostos antioxidantes (TAMANG; SARKAR, 1996; THAKUR *et al.*, 2016).

Apesar de tamanha variedade, algumas estratégias devem ser consideradas visando à redução de sal nas conservas vegetais ou a uma ingestão diária moderada, visto que tais alimentos são consumidos em grandes quantidades pela população oriental. Em determinados casos, o consumo de cloreto de sódio proveniente de conservas fermentadas (como *tsukemono*) foi considerado um dos principais fatores de risco para o desenvolvimento de enfermidades como câncer de estômago em habitantes de áreas rurais do Japão (KUROSAWA *et al.*, 2006).

8.3.5 CHUCRUTE (*SAUERKRAUT*)

O chucrute (do alemão *sauerkraut*, que significa repolho ácido) (Figura 8.1B) é definido como o produto obtido pela fermentação lática de repolho branco picado (*Brassica oleracea* var. Capitata) na presença de sal em concentração de 2% a 3%, com no mínimo 1,5% de ácido lático ao término da fermentação (FDA, 2005). A norma indica que repolhos acidificados com vinagre ou ácido acético, ou seja, não fermentados, não podem ser denominados de chucrute.

Apesar da criação do chucrute ser costumeiramente atribuída à cultura alemã, há indícios da fermentação de repolho em vinho de arroz na China há mais de 2 mil anos, no intuito de conservar os vegetais para o inverno, além de alimentar os operários durante a construção da Grande Muralha da China (MONTAÑO *et al.*, 2016). Cerca de mil anos depois, após a invasão da China, o chucrute teria sido introduzido na Europa, tornando-se popular na dieta dos alemães. No século XVI, os europeus substituíram o vinho pelo sal, fermentando o repolho em seu próprio suco, uma preparação mais próxima do chucrute que conhecemos atualmente (PEÑAS; MARTINEZ-VILLALUENGA; FRIAS, 2017; GERMAN FOODS, 2021). Era uma forma de armazenarem o excedente da produção de repolho no verão para o período de escassez no inverno, durante guerras ou nevadas.

Com o tempo, o emprego da fermentação para melhor conservação do repolho foi dividindo espaço com outras finalidades, principalmente aquela relacionada aos efeitos funcionais decorrentes do seu consumo. Há registros históricos de que era utilizado na alimentação de gregos e romanos, sendo recomendado contra o excesso de peso e para a prevenção de infecções intestinais, provavelmente porque o repolho é rico em vitamina C, minerais e compostos bioativos, especialmente fenólicos e glucosinolatos (PEDEBSON, 1961; PEÑAS; MARTINEZ-VILLALUENGA; FRIAS, 2017). Na época das grandes navegações, o consumo de chucrute pelos tripulantes era recomendado, especialmente pela sua durabilidade e por evitar o escorbuto, doença relacionada à carência de vitamina C. Atualmente, estudos têm indicado potenciais efeitos decorrentes do seu consumo relacionados às atividades antioxidante, anticarcinogênica e anti-inflamatória. O chucrute também é considerado fonte natural de bactérias probióticas (PEÑAS; MARTINEZ-VILLALUENGA; FRIAS, 2017).

8.3.5.1 Produção de chucrute

Para a elaboração do chucrute, utiliza-se repolho apenas lavado – a matéria-prima não pode ser submetida à sanitização, uma vez que a microbiota lática autóctone é imprescindível para o desenvolvimento da fermentação. O repolho é mantido à temperatura ambiente por dois dias, para que ocorra o murchamento parcial de suas folhas. Esse processo promove a saída do oxigênio inter e intracelular, auxiliando a formação do ambiente anaeróbico durante o processo fermentativo. Após, o talo central é descartado; em seguida, as folhas são cortadas em fatias finas e regulares, podendo variar de 0,7 a 2 mm de espessura, e adicionadas de NaCl. Geralmente, utilizam-se concentrações de sal ao redor de 2,5%, a qual pode variar de 2% a 3%. Já nos recipientes de fermentação, a mistura de repolho e sal é prensada para favorecer a eliminação do líquido celular do tecido vegetal, formando, por consequência, a salmoura de fermentação (nesse processo não se acrescenta água, e sim o próprio suco que se desprende das células). Podem-se utilizar pesos dispostos na superfície para auxiliar nesse processo. Os recipientes devem, então, ser fechados criteriosamente, a fim de se promover a condição de anaerobiose (Figura 8.6). Na produção artesanal, usam-se recipientes específicos com sistemas

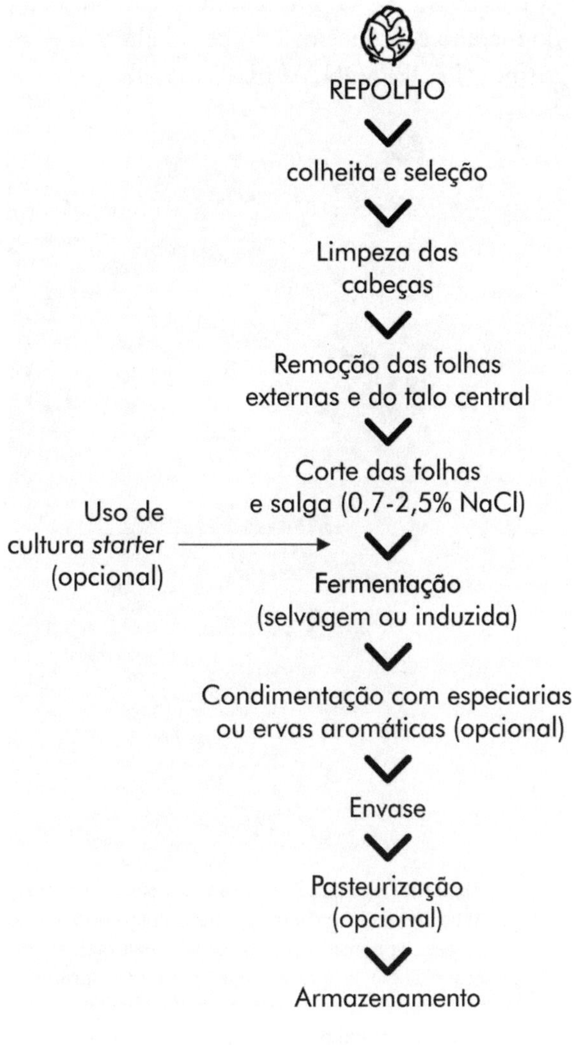

Figura 8.6 – Fluxograma de produção de chucrute. Fonte: adaptada de Peñas, Martinez-Villaluenga e Frias (2017).

próprios de bloqueio da entrada de ar, relativamente simples, mas bastante funcionais, que permitem a obtenção de um ambiente anaeróbico no interior do sistema (Figura 8.7).

Inicialmente, o ambiente fermentativo é aeróbico, com valores de potencial redox superiores a 200 mV. A eliminação do oxigênio pela prensagem, aliada à respiração residual e ao consumo de oxigênio pelas células do tecido vegetal, reduze rapidamente o potencial redox, tornando o ambiente anaeróbico (HUTKINS, 2008). Essa condição evita problemas decorrentes da contaminação por microrganismos aeróbicos indesejáveis, além de favorecer o crescimento da microbiota lática, que é anaeróbica. Além disso, a temperatura adequada, entre 20 °C e 25 °C, garante a estabilidade do processo, com redução rápida do pH em decorrência do crescimento inicial das BAL (VIANDER; MÄKI; PALVA, 2003). Além da temperatura, fatores como a variedade do repolho e a concentração de sal alteram os padrões de crescimento dos microrganismos (PEDERSON; ALBURY, 1954).

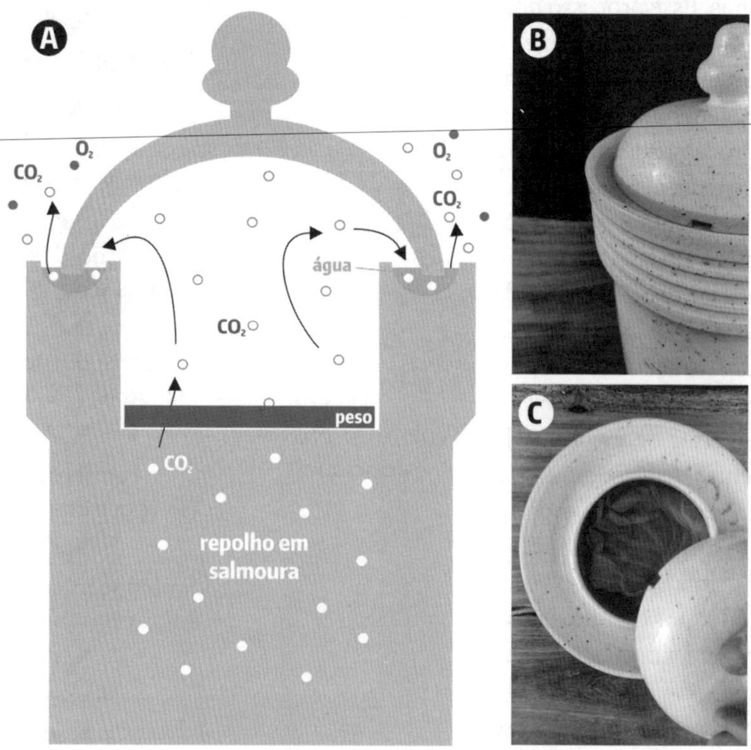

Figura 8.7 – Recipiente para produção de chucrute em escala doméstica (chucruteira). A) Esquema de corte longitudinal ilustrando o funcionamento: a chucruteira apresenta, em sua porção superior, uma canaleta que é preenchida com água. Dessa forma, o excesso de CO_2 produzido pela microbiota durante a fermentação é capaz de sair do sistema, sem resultar em pressão interna elevada; já o O_2 externo não consegue entrar no sistema, o que contribui para a condição de anaerobiose necessária ao processo fermentativo; B) detalhe da chucruteira (o nível de água da canaleta deve estar sempre acima do orifício; C) vista superior da canaleta onde a água é depositada após fechamento da chucruteira com a tampa. Fonte: A) elaborada pelos autores; B e C) fotos gentilmente cedidas por José Guilherme Prado Martin.

Ao final do processo fermentativo, que geralmente leva cerca de 21 dias, o chucrute pode ser acrescido de salmoura a 15 °C, para interromper a fermentação, e vendido a granel, sendo dessalinizado no momento do consumo ou do uso culinário. O processo de dessalinização é o mesmo descrito para os picles. Também pode ser acondicionado em frascos de vidro ou plástico e mantido sob refrigeração (se não for submetido a nenhum tratamento térmico) ou em temperatura ambiente, quando pasteurizado (74 °C a 82 °C por três minutos), embora, nesse caso, o chucrute perca a sua textura (MONTAÑO *et al.*, 2016). Um processo bastante promissor é o congelamento do chucrute no final do processamento ou após a dessalinização, em que o chucrute é lavado e drenado em peneiras e depois embalado em bolsas de polietileno de média a alta densidade e congelado, sendo descongelado no momento de uso.

Na Europa, grande parte do chucrute produzido apresenta valores de pH mais elevados (entre 3,8 e 4,1), necessitando, portanto, da pasteurização para redução da população microbiana. Isso evita, em parte, uma acidificação excessiva do produto, uma vez que os consumidores tendem a preferir alimentos menos ácidos (HOLZAPFEL; SCHILLINGER; BUCKENHÜSKES, 2008). Do ponto de vista tecnológico, sabe-se que o calor é eficiente na inativação de microrganismos patogênicos, embora vitaminas e outros compostos possam ser parcialmente degradados. Logo, outras tecnologias de conservação podem ser aplicadas para aumentar a vida útil do chucrute sem prejuízo do processo fermentativo, como a alta pressão hidrostática (PEÑAS *et al.*, 2010).

Como mencionado anteriormente, o chucrute é produzido por fermentação espontânea ou selvagem, na qual atuam microrganismos naturalmente presentes na matéria-prima (repolho), bem como no ambiente de processamento (DIMIDI *et al.*, 2019). Trata-se de uma fermentação essencialmente lática, em que populações de BAL heterofermentativas e homofermentativas se alternam, contribuindo para o *flavor* do produto. A seguir, a dinâmica populacional no decorrer da fermentação do chucrute será discutida com maiores detalhes.

8.3.5.2 Metabiose da fermentação de chucrute

A fermentação do repolho tem início a partir do momento da formação da salmoura. Com o substrato de fermentação formado, constituído por carboidratos provenientes do material intracelular do vegetal, a microbiota começa a se desenvolver. Inicialmente, microrganismos indesejáveis (deterioradores e patogênicos), especialmente membros da família *Enterobacteriaceae*, podem ser encontrados. No entanto, a concentração de sal, a condição de anaerobiose e a resistência a valores mais elevados de acidez contribuem para a seleção das BAL autóctones, com inibição, ao longo do tempo, de outros grupos contaminantes.

A dinâmica populacional da fermentação do chucrute tem início com o desenvolvimento de *L. mesenteroides*, BAL heterofermentativa que começa o processo de acidificação da salmoura pela produção de ácido lático (Figura 8.8A). Essa espécie apresenta uma fase *lag* (adaptação) mais curta em comparação às demais BAL, bem como uma velocidade de crescimento mais rápida, o que justifica seu crescimento nesse estágio inicial. A metabolização de carboidratos via fermentação heterolática resulta na produção de ácidos lático, acético, etanol e CO_2 (para mais informações sobre os tipos de fermentação, ver Capítulo 3). Nesse ponto, é interessante observar a relação entre a quantidade de ácido lático produzido e a predominância de *L. mesenteroides*. Concentrações em torno de 0,8% de ácido lático produzidas por esta bactéria resultam na inibição da microbiota indesejável, além de favorecer o crescimento de outras espécies de BAL. Além disso, a liberação de CO_2 em decorrência da fermentação heterolática auxilia na manutenção da condição de anaerobiose, imprescindível para o desenvolvimento adequado do processo fermentativo. No entanto, quando se atinge 1,0% de ácido lático no substrato, *L. mesenteroides* é inibido, sendo praticamente imperceptível em torno de quatro a seis dias (HUTKINS, 2008). A observação microscópica de lâminas com amostras da salmoura de fermentação, após coloração diferencial de Gram, pode auxiliar na avaliação da dinâmica populacional, com predomínio de células na forma de cocos arranjados aos pares ou em cadeias (Figura 8.8B). No próximo estágio, predominam *L. plantarum* (uma espécie homofermentadora obrigatória) e *L. brevis* (heterofermentadora obrigatória). Apesar das diferenças em termos de metabolismo, ambas as espécies produzem grandes quantidades de ácido, contribuindo para sua elevação para valores em torno de 1,4% e 1,6%. Nesse estágio, a população de *L. plantarum* predomina sobre *L. brevis*, que é menos resistente a maiores valores de acidez. Nesse ponto, observações microscópicas revelam a predominância de células em forma de bastonetes arranjadas em cadeias. O término da fermentação se dá em torno de 21 dias, e o produto final deve apresentar no mínimo 1,5% de ácido lático e pH entre 3,1 e 3,7.

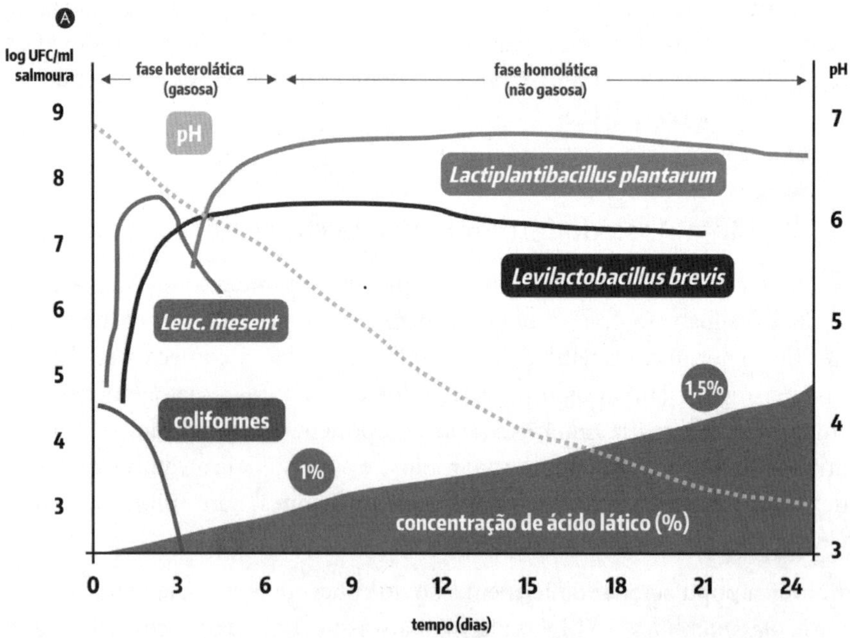

B

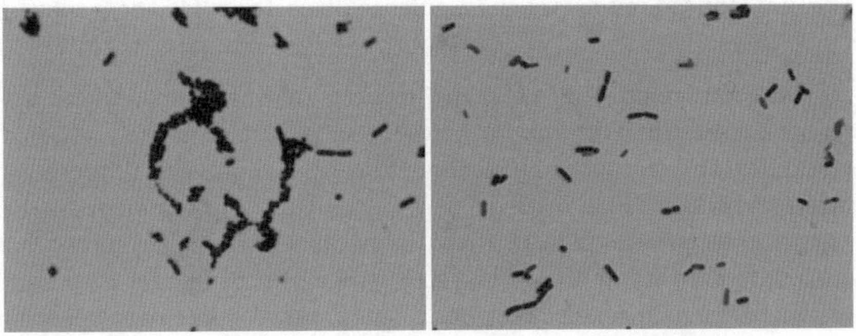

Figura 8.8 – Metabiose da produção de chucrute. A) Alternância de populações e produção de ácido lático durante a fermentação de chucrute ao longo de 24 dias; B) observação microscópica de amostras de salmoura de chucrute: à esquerda, amostra coletada no início do processo (quatro dias), revelando a predominância de cocos (*L. mesenteroides*); à direita, amostra coletada mais ao término do processo (quinze dias), revelando a predominância de bastonetes (*Lactiplantibacillus plantarum* e *Levilactobacillus brevis*). Fonte: A) adaptada de Hutkins (2008), com informações de múltiplas fontes; B) fotografias gentilmente cedidas por José Guilherme Prado Martin.

A análise do pH pode ser empregada na avaliação do processo fermentativo. No entanto, é necessário que se atente para sua estabilização no decorrer da fermentação, quando o pH atinge, na salmoura, o valor de pKa do ácido lático (3,86). A partir desse momento, portanto, o pH tende a não se modificar de maneira significativa, devido à redução na liberação de prótons H+ em decorrência do efeito tampão. Assim, apenas a aferição do pH não é suficiente como parâmetro avaliativo; torna-se necessário, portanto, avaliar conjuntamente os valores de acidez titulável, expressa em porcentagem de ácido lático por mililitro de salmoura. Este, sim, é um parâmetro que permite um diagnóstico mais fidedigno do correto andamento da fermentação, e tende a aumentar até os últimos estágios do processo produtivo.

Além do ácido lático, outros ácidos orgânicos também contribuem para o sabor do produto final, como ácido acético (até 0,3%), succínico, málico e propiônico – estes em quantidades menores –, além de diacetil e acetaldeído. O CO_2 contribui para a carbonatação, melhorando a sensação na boca. A elevada acidez, além de conferir sabor ao produto, contribui significativamente para a preservação do ácido ascórbico. Ademais, pequenas quantidades de etanol (até 0,5%) também podem ser observadas no produto final (TRAIL *et al.*, 1996; SINGH *et al.*, 2007; MONTAÑO *et al.*, 2016). Um outro produto final da fermentação relacionado ao *flavor* do chucrute é o manitol, sendo sua produção no decorrer do processo fermentativo um exemplo clássico da importância de uma boa dinâmica populacional para a qualidade do produto. Esse composto é produzido especialmente por *Leuc. mesenteroides* no início da fermentação, predominantemente pela quebra da frutose pela enzima manitol desidrogenase. Sua presença em grandes quantidades no chucrute não é desejada, uma vez que pode conferir amargor. No entanto, em estágios posteriores, as espécies de lactobacilos fazem uso desse carboidrato, reduzindo sua concentração, desempenhando, dessa forma, uma função importante na regulação do gosto amargo no produto final (HUTKINS, 2008).

Outro componente com um papel importante nas características sensoriais do chucrute é o sal. Além da condimentação, o sal contribui para a inibição de enzimas pectinolíticas, impedindo o amolecimento excessivo do vegetal, preservando, dessa forma, a textura crocante, essencial para a qualidade do chucrute. Além disso, devido ao aumento da pressão osmótica, auxilia na liberação do conteúdo celular, contribuindo para a formação da salmoura. É, ainda, relevante para a conservação, pois contribui para a redução da atividade de água e, consequentemente, para a inibição de microrganismos deterioradores (MAN, 2007).

Devido ao recente aumento da procura por alimentos com reduzido teor de sal, estudos têm demonstrado alternativas viáveis para a produção de chucrute com menores concentrações desse ingrediente. Wolkers-Rooijackers, Thomas e Nout (2013) avaliaram o efeito da redução de sódio na fermentação natural do chucrute e demonstraram que uma mistura de sais (NaCl, KCl, $MgCl_2$ e $CaCl_2$) pode promover uma redução de até 40% na quantidade de sal utilizada, sendo uma aplicação promissora. Entretanto, estudo conduzido por Viander, Mäki e Palva (2003) indicou que o emprego de baixa concentração de sal durante a fermentação do chucrute ocasiona redução do pH de forma lenta, aumentando o risco de contaminação por microrganismos deteriorantes.

Deve-se atentar para o fato de que reduzir consideravelmente a concentração de sal utilizada pode prejudicar a correta dinâmica populacional das BAL envolvidas na fermentação do chucrute, impactando a qualidade. Quantidades superiores a 3% de sal têm efeito inibitório sobre *L. mesenteroides*; caso esta espécie não se desenvolva corretamente, os sabores decorrentes do metabolismo heterofermentador não estarão presentes no repolho fermentado. Além disso, a acidificação será retardada, o que pode favorecer o crescimento de populações de leveduras deterioradoras. Em contrapartida, se quantidades menores que 2% de sal forem utilizadas, bactérias indesejáveis, especialmente Gram-negativas, podem se desenvolver na salmoura de fermentação; a atividade pectinolítica dessas bactérias pode resultar em amolecimento, resultando em um defeito clássico denominado "chucrute mole". Por fim, algumas estirpes de *L. mesenteroides* produzem determinados polissacarídeos, incluindo dextranas, cuja presença se faz perceber pelo desenvolvimento de uma indesejável textura viscosa e pegajosa (HUTKINS, 2008).

Para evitar defeitos decorrentes de formulações alternativas, BAL iniciadoras podem garantir uma rápida redução do pH no início do processo, minimizando a influência de microrganismos deteriorantes em condições de baixa concentração de sal. Destaca-se, ainda, a possibilidade de uso dessas culturas *starter* com finalidade probiótica (LJUNGH; WADSTROM, 2006). De acordo com Beganović *et al.* (2014), estirpes probióticas como *L. plantarum*, *L. paraplantarum* e *L. brevis* podem ser aplicadas na produção de chucrute visando à melhoria da segurança microbiológica e ao incremento da qualidade sensorial do produto, além de resultar em incremento nutricional e efeitos funcionais decorrentes do seu consumo. No caso do chucrute, a manutenção da viabilidade de estirpes probióticas em quantidades necessárias para tal pode ser facilitada pelo efeito tampão e consequente resistência ao estresse ácido proporcionados pelo ambiente fermentativo (BOVE *et al.*, 2013).

Efeitos benéficos têm sido atribuídos ao uso de estirpes probióticas na fermentação do chucrute, como maior conteúdo de ácido ascórbico, propriedades antioxidantes e anti-inflamatórias (MARTINEZ-VILLALUENGA *et al.*, 2012). A matéria-prima vegetal é constituída por glucosinolatos, que possuem atividade biológica. Durante a fermentação, esses compostos sofrem hidrólise completa, resultando em uma variedade de compostos com efeitos benéficos à saúde, em especial os isotiocionatos, cujo consumo está associado à prevenção de cânceres, além de nitrilas, tiocianatos e epinitrilas (CISKA; PATHAK, 2004; HANSCHEN; SCHREINER, 2017). A fermentação também aumenta a biodisponibilidade de determinados nutrientes, como a vitamina B (GHOSH, 2020).

8.3.6 *KIMCHI*

O *kimchi*, produto fermentado à base de couve-chinesa, pode ser considerado o alimento símbolo da gastronomia coreana (Figura 8.9A). Sua importância cultural e econômica para o país é tão significativa que levou à criação, em 2008, do Instituto Mundial do Kimchi, cuja missão é contribuir para sua globalização por meio do incentivo da pesquisa e desenvolvimento, incentivando o desenvolvimento de novas tecnologias que visem ao aperfeiçoamento do processo fermentativo e da distribuição e comercialização do produto (WORLD INSTITUTE OF KIMCHI, 2020).

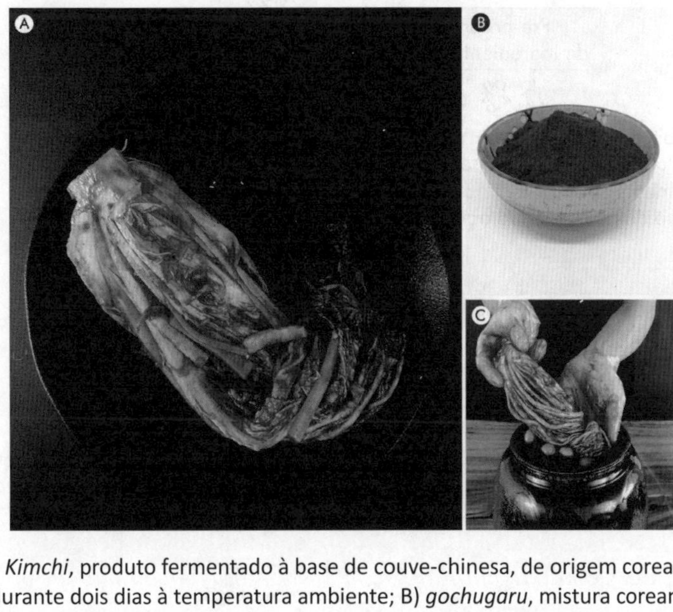

Figura 8.9 – *Kimchi*, produto fermentado à base de couve-chinesa, de origem coreana. A) *Kimchi* fermentado durante dois dias à temperatura ambiente; B) *gochugaru*, mistura coreana de pimentas vermelhas, um dos ingredientes principais do *kimchi*; C) *onggi*, recipiente típico para fermentação tradicional de *kimchi*. Fonte: fotos gentilmente cedidas por José Guilherme Prado Martin.

Com uma produção cuja origem remonta a milhares de anos, a diversidade atual de tipos de *kimchi* também é uma demonstração de sua influência nos hábitos gastronômicos dos coreanos. No país, há empórios especializados na comercialização do produto – estima-se que existam mais de duzentas variedades distintas, oriundas de modificações e aperfeiçoamentos desenvolvidos em diferentes regiões da Coreia (HONGU *et al.*, 2017). Nota-se a internacionalização do produto por sua oferta em restaurantes típicos ao redor do mundo (RESENDES, 2020), bem como pela prática cada vez mais comum de produção em escala doméstica.

Kimchi pode ser definido como o produto preparado a partir de variedades de couve-chinesa (*Brassica pekinensis* Rupr.) livre de defeitos aparentes, salgada, lavada com água e drenada, podendo ou não ser cortada em pedaços menores, misturada a uma mescla de temperos – pimenta vermelha em pó (*Capsicum annuum* L.), alho, gengibre e variedades de *Allium* comestíveis (exceto alho e rabanete) picados ou fatiados – e fermentada antes ou depois de embalada em recipientes apropriados que assegurem o amadurecimento e a conservação adequada do produto, decorrente da produção de ácido lático em baixas temperaturas (CODEX ALIMENTARIUS, 2001).

8.3.6.1 Produção de *kimchi*

De maneira geral, a produção de *kimchi* envolve o preparo da matéria-prima principal, a couve-chinesa, que, após a lavagem, deve ser parcialmente desidratada utilizando-se salmoura em torno de 10% (Figura 8.10).

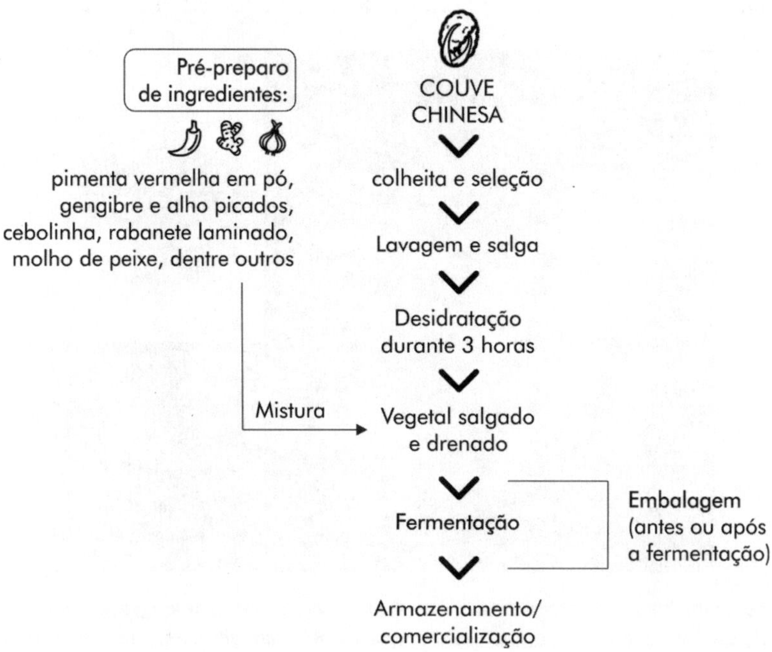

Figura 8.10 – Fluxograma de produção de *kimchi*. Fonte: adaptada de Park, Kim e Jeong (2017).

Após cerca de três horas, o excesso de sal é retirado por lavagem com água, seguida de drenagem para retirada do excesso de umidade. Uma composição clássica de *kimchi* considera como ingredientes principais a couve-chinesa salgada (*Brassica pekinensis* Rupr.) e drenada (100%), rabanete fatiado (*Raphanus sativus*) (13%), pimenta vermelha em pó (*Capsicum annuum*) (3,5%), conhecida como *gochugaru* (Figura 8.9B), alho picado (*Allium sativum*) (1,4%), gengibre picado (*Zingiber officinale*) (0,6%), molho de peixe fermentado (2,2%), açúcar (1,0%) e cebolinha tipo nirá (*Allium tuberosum*) (2%), ajustados para um teor final de sal ao redor de 2,5% (PARK; KIM; JEONG, 2017).

Além dos ingredientes obrigatórios citados anteriormente, podem-se utilizar frutas, pasta de arroz glutinoso ou farinha de trigo, castanhas, frutos do mar salgados e fermentados, sementes de gergelim, açúcares (para conferir dulçor), além de outros vegetais. O uso de conservantes, como ácido lático, cítrico e acético, bem como reguladores de acidez, melhoradores de *flavor* e de textura e estabilizantes também é permitido, respeitando-se os limites previstos nas regulamentações (CODEX ALIMENTARIUS, 2001). Tais ingredientes são, em geral, previamente misturados, formando uma pasta de coloração avermelhada característica que é, então, misturada à couve drenada, de maneira que todas as folhas sejam envolvidas de maneira uniforme.

A etapa seguinte é a fermentação, cuja temperatura e período variam consideravelmente. Originalmente, o *kimchi* é fermentado em baixas temperaturas, geralmente em torno de 5 °C, um processo que pode levar semanas. O aumento da demanda nos últimos anos, contudo, tem estimulado o uso de métodos mais rápidos de fermentação, com temperaturas mais elevadas. Assim, *kimchi* produzido comercialmente pode ser fermentado por um curto período de tempo (1-2 dias) a 20 °C, seguido de armazenamento em temperaturas de refrigeração (5 °C a 8 °C), o que melhora a qualidade sensorial (PARK *et al.*, 2018). De qualquer maneira, o tempo ideal de fermentação e a temperatura mais adequada são variáveis ainda não bem definidas. Diferentes estudos indicam combinações que diferem consideravelmente entre si, como 5 °C/35-180 dias de fermentação ou 20 °C/2-3 dias (CHEIGH; PARK, 1994); 5 °C/18 dias ou 15 °C/4 dias (CHANG; KIM, 2000). As variações desses parâmetros trazem consequências diretas para a qualidade sensorial e a vida útil do produto final. *Kimchi* fermentado em temperaturas mais baixas, durante períodos mais prolongados, apresenta maior durabilidade (33 dias quando fermentado a 4 °C). Já para fermentações mais rápidas (a 28 °C), o período de validade se reduz significativamente, para cerca de três dias (LEE; CHUN, 1981).

Diferentemente da fermentação induzida, que compreende o uso de culturas *starter*, fermentações espontâneas de *kimchi* ocorrem de maneira pouco controlada, uma vez que a microbiota depende majoritariamente da diversidade de microrganismos presentes na matéria-prima e no ambiente de processamento. O processo, portanto, não pode ser completamente controlado; logo, a qualidade sensorial do produto final pode variar consideravelmente entre os lotes produzidos. Em um sistema controlado de fermentação induzida, a fermentação principal é decorrente das estirpes utilizadas, o que contribui para uma maior padronização do processo fermentativo, bem como para a qualidade do *kimchi* (CHANG; CHANG, 2010).

Convém ressaltar que o *kimchi* pode ser fermentado já em embalagens hermeticamente fechadas, ou ser embalado após o término do processo fermentativo. Atualmente, é comum a prática de produção familiar de *kimchi*, utilizando-se grandes recipientes de material poroso (denominados *onggi*) (Figura 8.9C), muitas vezes mantidos literalmente enterrados nos quintais das residências para que se conservem a temperaturas mais baixas. Nesse caso, o consumo se dá ao longo do tempo. Quanto mais o *kimchi* fermentar, mais intensos e complexos serão os sabores do produto final, que deve apresentar coloração avermelhada proveniente da pimenta, sabor picante, salgado e ácido, e textura levemente firme e crocante.

8.3.6.2 Metabiose de *kimchi*

Assim como para o chucrute, a produção de ácido lático é imprescindível para as características típicas do *kimchi*. A partir do consumo de carboidratos da matéria-prima e demais ingredientes, a microbiota – composta basicamente de BAL autóctones – produz ácidos orgânicos, especialmente ácido lático, responsável pela redução do pH ao longo da fermentação. Em geral, os gêneros *Lactobacillus*, *Leuconostoc*, *Lactococcus* e *Weissella* são os dominantes no processo produtivo (LEE *et al.*, 2017).

O papel da microbiota dos ingredientes que não a couve-chinesa na fermentação de *kimchi* é relativamente controverso. Há estudos que indicam que microrganismos dispersos no ambiente de produção (e não aqueles provenientes dos ingredientes adicionais) constituem a principal microbiota da fermentação do *kimchi*; outros têm demonstrado uma significativa contribuição de BAL naturalmente presentes nos ingredientes básicos para o sucesso do processo fermentativo. Song *et al.* (2020) avaliaram o efeito da microbiota de alguns ingredientes na fermentação do *kimchi* a partir de combinações de diferentes formulações, incluindo ingredientes esterilizados por irradiação. Os resultados apontam para diferenças significativas em parâmetros fermentativos; por exemplo, a fermentação mediada por BAL ocorreu satisfatoriamente em *kimchi* produzido tradicionalmente, naquele produzido com todos os ingredientes adicionais irradiados exceto a couve-chinesa (demonstrando a importância da sua microbiota autóctone), e em *kimchi* produzido com todos os ingredientes irradiados exceto o alho. Destaca-se o papel de *Leuconostoc* em *kimchi* produzido tradicionalmente. A couve-chinesa demonstrou contribuir para maior abundância de *Weissella* e *Leuconostoc*; o alho, para uma maior abundância de *Leuconostoc* na primeira metade da fermentação e de *Weissella* da metade ao término; o gengibre, para uma maior abundância de *Enterobacter*; e, por fim, a pimenta vermelha resultou em maior abundância de *Rhizobium*. Já Zabat *et al.* (2018a) avaliaram o efeito de formulações distintas na fermentação de *kimchi* tradicional e *kimchi* vegano. Os autores afirmam que diferenças nas populações de BAL foram observadas no primeiro dia da fermentação, com destaque para Lactobacillaceae em *kimchi* tradicional e Leuconostocaceae para o produto vegano; tais diferenças, no entanto, desapareceram a partir do terceiro dia de fermentação. Os autores relataram que os ingredientes contribuíram relativamente pouco para a composição final dos produtos fermentados, uma vez que ambas as famílias predominantes ao final do processo foram pouco expressivas nas matérias-primas. A população de *Tetragenococcus* spp., por exemplo, não cresce de maneira considerável ao longo da fermentação, apesar de ser o gênero predominante em molho de peixe (um dos ingredientes obrigatórios no *kimchi* clássico). Isso pode estar relacionado à salinidade, que é muito maior no molho de peixe (ao redor de 25%) do que no substrato fermentativo de *kimchi* (ao redor de 1,5%), o que contribui para a baixa abundância dessa BAL halofílica no produto final.

De qualquer maneira, a microbiota fermentadora do *kimchi* é bastante diversa, com cerca de duzentas espécies diferentes, dentre bactérias e leveduras (LEE *et al.*, 2019). Cabe ressaltar, no entanto, que as diferenças observadas entre estudos acerca da microbiota são esperadas, tendo em vista a diversidade de ingredientes e de condições de processamento, bem como os diferentes métodos para identificação dos componentes majoritários utilizados. No produto elaborado de forma espontânea, a metabiose compreende a alternância entre espécies hetero e homofermentadoras (Figura 8.11). Nos estágios iniciais, observa-se predominância de bactérias heterofermentadoras, especialmente *Leuconostoc mesenteroides* e *Leuconostoc citreum*, que são as mais abundantes até a metade do processo fermentativo. A atividade desses microrganismos resulta na redução do pH para valores entre 5,6 e 4,3, com acidez entre 0,5% e 0,9% de ácido lático. Posteriormente, com um ambiente mais ácido e anaeróbico, as populações de bactérias homofermentadoras mais resistentes a tais condições, com destaque para *L. plantarum* e *L. sakei*, aumentam consideravelmente, predominando até o final da fermentação, cujo valor de pH atinge, em geral, 4,15, com 0,98% de ácido lático. Valores acima de 1,0% de ácido lático resultam em gosto ácido excessivo, menos aceito pelos consumidores (CHANG; CHANG, 2010).

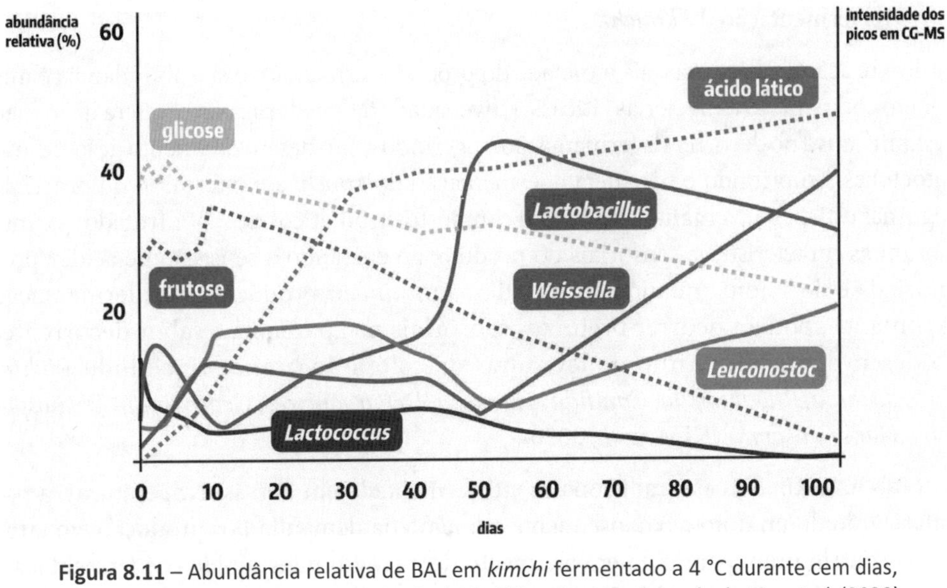

Figura 8.11 – Abundância relativa de BAL em *kimchi* fermentado a 4 °C durante cem dias, consumo de carboidratos e produção de ácido lático. Fonte: adaptada de Kim *et al.* (2020).

Weissella koreensis é uma BAL comumente encontrada em *kimchi* (LEE; JUNG; JEON, 2015). Alguns estudos têm indicado a predominância do gênero no produto, cuja abundância seria, inclusive, maior que a de *Lactobacillus* e *Leuconostoc*. Até os anos 2000, *Weissella* sp. parece ter sido identificado como *Leuconostoc* spp., antes de sua reclassificação por Collins e colegas em 1993 (PARK; KIM; JEONG, 2017). O microrganismo tem um papel importante no estágio mais tardio da fermentação: sua contribuição aumenta significativamente na segunda metade do processo, principalmente pela produção de ácido lático via heterofermentativa (JEONG *et al.*, 2018). Além disso, *Weissella* sp. parece ser importante para a conversão de metabólitos de outras BAL, com reflexo no sabor do produto final. Acetoína, um composto relacionado ao sabor característico de queijo, pode ser produzida por *Leuconostoc mesenteroides* no decorrer da fermentação de *kimchi*. A enzima butanodiol desidrogenase, que interconverte 2-acetoína a 2,3-butanodiol, é produzida por estirpes de *Weissella koreensis*, cuja expressão é maior no final do processo fermentativo. Assim, essa bactéria parece ter um papel importante na redução do sabor de queijo em *kimchi* fermentado, contribuindo para a qualidade sensorial do produto final. Ainda que estudos tenham demonstrado a importância de *Weissella* sp. para a metabiose, sua origem permanece controversa. Inicialmente, a pimenta vermelha em pó era identificada como a principal fonte da bactéria, mas estudos recentes envolvendo ferramentas ômicas têm divergido sobre o tema. Jung, An e Lee (2021) relataram que o uso de pimenta vermelha (1% em relação ao peso total) resultou em aumento expressivo de BAL já na primeira semana, com populações de *Lactobacillus* 2,6 vezes maiores e de *Weissella* dez vezes maiores. Embora a pimenta vermelha em pó não tenha sido identificada como a fonte de *Weissella*, o ingrediente impactou a população do microrganismo ao longo da fermentação do *kimchi*, bem como de outras BAL (JUNG; AN; LEE, 2021). Os autores sugerem, ainda, que novos estudos são necessários a fim de se elucidar melhor os efeitos da pimenta na população de *Weissella* ao longo da fermentação do *kimchi*.

Em relação às leveduras, até a metade do processo fermentativo sua abundância é menor em comparação às bactérias láticas. A diversidade de leveduras não se altera de maneira significativa no decorrer da fermentação, sugerindo que o desenvolvimento de leveduras autóctones é suprimido e não afeta a fermentação do *kimchi* até o término do processo. Algumas estirpes, no entanto, produzem compostos aromáticos de sabor frutado que melhoram as características sensoriais do produto, amenizando a sensação de acidez pronunciada e de "mofo" quando inoculadas. Em *kimchi* produzido por fermentação espontânea, podem ocorrer prejuízos sensoriais na aparência e sabor decorrentes do desenvolvimento tardio de leveduras de coloração branca (incluindo *Pichia*, *Kazachstania*, *Rhodotorula*, *Candida*, *Yarrowia*, *Debaryomyces*, *Geotrichum*, *Trichosporon* e *Hanseniaspora*) (KIM *et al.*, 2020).

Embora o *kimchi* seja tradicionalmente fermentado em baixas temperaturas, a popularização do produto e o consequente aumento da demanda por produção em larga escala contribuíram para o desenvolvimento de métodos mais rápidos de fermentação, a temperaturas mais elevadas. Para *kimchi* fermentado a frio, observa-se, no início do processo, abundância significativa de *Proteobacteria*; no entanto, ao longo da fermentação, *Firmicutes* predominam até o término, representados especialmente por *Lactobacillus* spp. e *Leuconostoc* spp. Para o produto fermentado em temperaturas mais elevadas – de fermentação rápida, portanto –, uma dinâmica similar ocorre, com predomínio de *Firmicutes*. Embora *Weissella* seja mais abundante que *Lactobacillus* spp. e *Leuconostoc* spp. no primeiro dia de fermentação, estes acabam por dominar a população nos dias seguintes (ZABAT *et al.*, 2018b). O aumento da demanda nos últimos anos por produtos com teor reduzido de sódio tem incentivado o estudo acerca do impacto da redução de NaCl na qualidade do produto final. *Kimchis* produzidos com concentrações menores de sal (1,0% a 2,0%) não apresentaram variações significativas nos valores de pH, acidez, composição da microbiota fermentadora e população de contaminantes (coliformes) (AHMADSAH *et al.*, 2015).

8.3.7 PIMENTAS, SEMENTES E BULBOS

Além dos clássicos vegetais fermentados discutidos anteriormente, outros tipos têm sido cada vez mais produzidos, especialmente em escala doméstica. Partem de ingredientes de custo relativamente baixo, como pimentas, sementes e bulbos, mas que adquirem elevado valor agregado após fermentados. Pimentas vermelhas do gênero botânico *Capsicum*, que inclui as variedades malagueta e tabasco, são previamente lavadas, picadas, trituradas, acrescidas de sal (10% em relação ao peso de pimenta) e distribuídas em recipientes, fechados hermeticamente, nos quais fermentam durante 32 dias a 30 °C na ausência de luz (XU *et al.*, 2021). *Rosenbergiella* e *Staphylococcus* são os gêneros predominantes de bactérias, com destaque para *Kodamaea* e *Hyphopichia* entre os gêneros fúngicos. Este último apresenta correlação significativa com a produção de onze diferentes compostos voláteis importantes para os sabores do produto fermentado. Em outro estudo, os mesmos autores revelaram a importância de *Aspergillus*, *Bacillus*, *Brachybacterium*, *Microbacterium* e *Staphylococcus* na formação de sabor em pimenta salgada fermentada (XU *et al.*, 2020). Acetato de isoamila, 4-etilfenol, 4-etilguaiacol, ácido octanoico, éster etílico, estireno e 2-metoxi-4-vinilfenol foram identificados como os principais compostos produzidos ao longo da fermentação, relacionados a características de sabor como apimentado, frutado, azedo e picante.

Já Chen *et al.* (2021) avaliaram a sucessão metabiótica de pimenta chinesa fermentada ao longo de dez meses. Firmicutes e Proteobacteria foram os filos predominantes. Pimenta *in natura* sem sal apresentou abundância elevada de *Fructobacillus*, *Leuconostoc* e *Lactococcus*. Os gêneros *Lactobacillus*, *Marinospirillum* e *Halomonas* foram predominantes em pimenta fermentada, com teores variando entre 6% e 12%. Em concentrações maiores de sal (15% a 18%), predominaram *Chromohalobacterter*, *Tetragenococcus*, *Halomonas* e *Halovibrio*, com baixíssima abundância de *Lactobacillus*. Alterações na dinâmica populacional foram mais expressivas no produto fermentado com os maiores teores de sal, especialmente nos últimos seis meses, com o desenvolvimento de bactérias halofílicas. Por fim, a salinidade apresentou correlação positiva com os índices de riqueza e com a uniformidade das amostras, o que, segundo os autores, se constitui em um ponto crucial para o processo de sucessão metabiótica de pimenta fermentada.

O alho-negro vem sendo utilizado há séculos em países asiáticos – especialmente Coreia do Sul, Japão e Tailândia – devido às suas propriedades medicinais, tendo sido introduzido há alguns anos em outros mercados. Consiste em uma alternativa ao consumo de alho *in natura* (*Allium sativum*), que encontra resistência por parte dos consumidores por apresentar sabor e odor retroativos fortes e desagradáveis, além de poder causar indigestão e alterações na microbiota intestinal (RYU; KANG, 2017). Assim, a produção de alho-negro a partir da fermentação e/ou maturação tem sido empregada, em decorrência de significativa melhora dos seus atributos sensoriais. O produto adquire coloração escura, sabor adocicado e consistência gelatinosa, facilitando a mastigação; além disso, o processo não altera as características funcionais do bulbo *in natura*, que podem até mesmo serem potencializadas (YUAN *et al.*, 2016). A alicina, responsável pelo aroma pungente do alho *in natura*, sofre modificações, gerando compostos antioxidantes solúveis em água, como S-alilcisteína e tetrahidro-β-carbolinas. O produto maturado, consequentemente, não exala o aroma forte característico (CORZO-MARTÍNEZ; CORZO; VILLAMIEL, 2007).

Para a produção, bulbos *in natura* são incubados a temperaturas que podem variar entre 60 °C e 90 °C, com umidade relativa de 70% a 90%, por um período que pode se estender de trinta a quarenta dias ou até noventa dias em processos mais demorados (SATO *et al.*, 2006; WANG *et al.*, 2010; KIMURA *et al.*, 2017; DEWI; MUSTIKA, 2018). O escurecimento do alho decorre principalmente de reações de Maillard, com posterior formação de melanoidinas (RIBEIRO; SERAVALLI, 2007). Em geral, a fermentação ocorre apenas em processos com temperaturas mais baixas, imprescindíveis para a sobrevivência e atividade da microbiota autóctone. As condições podem variar de acordo com as variedades, região, protocolos e finalidades de uso (YUAN *et al.*, 2016). A fermentação espontânea do alho negro durante quarenta dias a 60°C-70°C e 85%-95% de umidade relativa gerou um produto com elevada ação antioxidante, o que pode ser atribuído ao aumento do teor de polifenóis (SATO *et al.*, 2006). Nesse sentido, o produto apresenta potenciais efeitos benéficos à saúde, relacionados às atividades, antioxidante, anti-inflamatória, anticâncer, antiobesidade, antidiabética, antialérgica, cardioprotetora e hepatoprotetora (RYU; KANG, 2017).

Folhas de mostarda (*Brassica juncea* L.), espécie pertencente à família da couve e dos brócolis, geralmente são consumidas na forma de saladas ou conservas; já as sementes, na fabricação de molhos e temperos (GONDIM, 2010). No caso das folhas, a fermentação tem sido empregada com o objetivo de tornar o produto mais palatável, tendo em vista seu sabor picante e amargo característico. O produto na forma de conserva fermentada é típico da culinária tailandesa, embora conte com adeptos em outros países asiáticos, como a China, onde é conhecido como *suan-tsai* (CHANG *et al.*, 2015). Neste, as folhas de mostarda são colhidas e secas ao sol; posteriormente, são armazenadas em camadas com sal (13% em relação ao peso das folhas) em baldes de fermentação. O recipiente é fechado com tampa de pedra, e o processo fermentativo é conduzido por pelo menos três meses, no entanto, alguns produtores optam por manter o produto fermentando por até seis meses ou mais. *Pediococcus pentosaceus* e *Tetragenococcus halophilus* são os microrganismos predominantes na fase inicial e final da fermentação, respectivamente. Ao final, o *suan-tsai*, além de ser consumido como alimento, pode também ser usado como tempero em diversas preparações (CHEN; YANAGIDA; HSU, 2006). Já na Tailândia, as conservas de folhas de mostarda podem ser preparadas na salmoura, com condimentos como alho, gengibre e pimenta. Seu processo fermentativo geralmente é mais curto (cerca de doze dias) e ocorre de forma espontânea pela microbiota lática autóctone formada principalmente por *Weissella* spp. e *L. plantarum*. Em amostras comerciais produzidas por fermentação induzida, podem ser utilizadas diferentes espécies de BAL, como *L. fermentum* (KAMDEE; PLENGVIDHYA; CHOKESAJJAWATEE, 2014). Por serem vegetais ricos em compostos fenólicos, vitaminas e minerais, estudos sugerem que o consumo da mostarda fermentada confere efeitos benéficos à saúde, associados às atividades imunomoduladora e anti-inflamatória, bem como a redução dos níveis de colesterol sanguíneo (CHANG *et al.*, 2015; CHAIYASUT *et al.*, 2018). Outro fermentado de mostarda chinês, mas produzido a partir dos tubérculos (*Brassica juncea* var. tumida Tsen & Lee), consiste no *zhacai*, consumido há séculos no país. Inicialmente, sua produção envolve a mistura de sal a tubérculos de mostarda (12% em relação ao peso do vegetal) em camadas. A mistura é prensada com o auxílio de ripas de bambu e posteriormente recoberta com filme plástico. A fermentação ocorre em recipientes selados a temperatura ambiente (15 °C a 20 °C) e ao abrigo da luz. Após trinta dias, a microbiota fermentadora do *zhacai* apresenta predominância de bactérias halofílicas (principalmente *Halomonas* e *Idiomarina*) e BAL (*Lactobacillus* e *Weissella*). Ao longo da fermentação, os fungos *Debaryomyces*, *Sterigmatomyces* e *Sporidiobolus* têm suas populações aumentadas. Ácido lático e acético, aminoácidos livres, bem como álcoois, ésteres, aldeídos e cetonas, têm suas concentrações aumentadas no *zhacai* maduro, cujas populações dominantes incluem *Halomononas*, *Idiomarina*, *Lactobacillus* e *Debaryomyces hansenii* (ZHANG *et al.*, 2021).

8.3.8 FRUTAS FERMENTADAS

Este tópico tem por objetivo apresentar estudos recentes acerca da fermentação de alguns produtos à base de frutas. Consideramos aqui, pois, matérias-primas que não são enquadradas em outras classificações de grupos de alimentos fermentados, mas que fazem uso de frutas. Um exemplo é o próprio *umeboshi*, que discutimos no item 8.3.6, uma fruta fermentada, embora seja comumente classificado como um picles. O mesmo vale para as azeitonas de mesa (item 8.3.1). Cacau e café (Capítulo 10) são mais dois exemplos de frutos fermentados. Seu uso na produção de chocolates e diferentes tipos de bebidas movimenta valores vultosos. Há, ainda, diversos outros frutos utilizados na fabricação de diferentes tipos de bebidas fermentadas – como o *aluá*, bebida de origem africana e adaptada, no Brasil, a partir da fermentação de suco ou cascas de frutas – e que são objeto de discussão de outros capítulos deste livro.

A atividade antioxidante e hipoglicêmica do caqui (*Diospyros lotus*) fermentado por *Microbacterium flavum* e *L. plantarum* foi avaliada por Zhang *et al.* (2018). Apesar dos teores de fenólicos totais e vitaminas C e D serem reduzidos nos frutos após a fermentação, esse processo aumentou significativamente os níveis dos ácidos tânico, catequínico e elágico, bem como conferiu atividade hipoglicêmica. Segundo os autores, o caqui fermentado pelos microrganismos avaliados pode ser explorado como um alimento funcional e nutracêutico.

Panchamirtham compreende uma mistura de frutas fermentadas comum na região sul da Índia, cujo consumo é popularmente relacionado a diversos benefícios à saúde, como resistência contra agentes infecciosos e um potente antioxidante, além de servir como fonte de fibras, vitaminas e minerais. Seus ingredientes incluem bananas (cujos tipos variam de acordo com a disponibilidade), tâmaras descaroçadas, cardamomo, açúcar mascavo, mel e *ghee*, e a aparência é semelhante à de um doce de banana cozida. A mistura é fermentada por uma microbiota autóctone, que pode incluir *Microbacterium* sp., *Enterobacter* sp., *Bacillus* sp., *Acinetobacter* sp., *Panteoa* sp., *Klebsiella* sp., *Sphingomonas* sp., *Ornithinibacillus* sp., *Myroides* sp., *Kocuria* sp., *Alcaligens* sp. e *Brevundimonas* sp. A partir de testes visando à obtenção de estirpes probióticas para aplicações futuras, os autores destacam os isolados *Enterobacter xiangfangensis* M5S2B6, *Bacillus safensis* M5S2B8, *Enterobacter hormarchei* subsp. oharae M6S1B2, *Bacillus valezensis* M4S1B1 e *Proteus terrae* M7S2B1 como relevantes para a melhora da qualidade do *Panchamirtham*.

Outro fruto fermentado interessante corresponde ao indonésio *asam sunti*, produzido a partir da fermentação selvagem de *Averrhoa bilimbi* L., espécie da família Oxalidaceae conhecida no Brasil popularmente como *bilimbi* ou *biribiri*. Resulta em um produto de coloração castanha, textura macia e gosto azedo, salgado e de umami, frequentemente utilizado para conferir gosto umami a diferentes tipos de preparações (incluindo pratos à base de peixe), de maneira semelhante ao *umeboshi* japonês. Estudos têm indicado que *asam sunti* fermentado representa uma fonte importante de umami, graças à produção de ácidos glutâmico e succínico ao longo da fermentação, com significativo potencial de exploração industrial (ISTIQAMAH; LIOE; ADAWIYAH, 2019).

Já o *masau* (*Ziziphus mauritiana*) corresponde a um fruto silvestre do Zimbábue, país ao sul do continente africano, geralmente consumido cru ou utilizado na produção de bolos, geleias, ou bebidas via fermentação espontânea. A microbiota fermentadora, bastante variável, é proveniente das frutas, bem como dos utensílios utilizados no processo produtivo. Entre as BAL envolvidas na fermentação de *masau* destacam-se *Ligilactobacillus agilis*, *L. plantarum*, *Loigolactobacillus bifermentans*, *Weissella minor*, *Weissella confusa*, *Lentilactobacillus hilgardii*, *Fructobacillus fructosus*, *L. fermentum* e *Streptococcus* spp.; em relação às leveduras, *Saccharomyces cerevisiae*, *Issatchenkia orientalis*, *Pichia fabianii* e *Aureobasidium pullulans* já foram identificadas. Dessas, *A. pullulans* parece ser a espécie dominante nos frutos, enquanto *S. cerevisiae* e *I. orientalis*, predominantes na polpa fermentada dos frutos, pareçam ser provenientes do ambiente, uma vez que não são comumente encontradas nos frutos *in natura*.

Uma das tendências recentes relacionadas ao tema consiste na produção de sucos, purês ou bebidas probióticas à base de frutas, com valores nutricionais e sensoriais que atendam a um público cada vez mais preocupado com a relação entre alimentação e saúde. Os efeitos do consumo desses produtos fermentados sobre doenças crônicas e relacionadas à disbiose têm despertado grande interesse pelo potencial de exploração industrial (GUAN; XIONG; XIE, 2021).

Nesse contexto, a incorporação, no Brasil, de probióticos em *smoothies* à base de manga e açaí tem revelado resultados interessantes. Luciano *et al.* (2018) avaliaram os efeitos físico-químicos e sensoriais de estirpes de *L. acidophilus* LA3 nessas bebidas, armazenadas durante 28 dias. Os autores demonstraram a manutenção da população probiótica ao longo do período de armazenamento, bem como sob condições simuladas do trato gastrointestinal humano. Esses resultados demonstram a viabilidade do uso dessa estirpe de lactobacilos em *smoothies* à base de frutas, produto que poderá servir de matriz para o desenvolvimento de bebidas probióticas.

8.4 CONSIDERAÇÕES FINAIS

A grande diversidade de vegetais fermentados reforça a importância cultural e econômica desse tipo de produto para diferentes culturas ao redor do mundo. Essa classe de alimentos fermentados compreende produtos obtidos, em geral, por fermentação selvagem, com microrganismos autóctones das matérias-primas vegetais. Tal característica favorece a popularização de sua produção, devido às facilidades inerentes ao processo. No entanto, a classe inclui alimentos de elevado teor de sódio, essencial para a seleção dos grupos microbianos de interesse. Novos estudos têm se voltado para a diminuição ou até mesmo a substituição de determinados sais, visando ao desenvolvimento de produtos diferenciados. Trata-se, pois, de uma tendência observada nos últimos anos, tendo em vista a crescente demanda por alimentos de maior saudabilidade. Nessa mesma esteira, o uso de estirpes probióticas pode agregar valor ao produto final. Ressalta-se, ainda, que o futuro da pesquisa com frutas e vegetais fermentados tende a priorizar os efeitos benéficos relacionados ao consumo regular desse tipo de produto, seja pelo incremento de compostos com atividade biológica oriundos do processo fermentativo, seja pelo papel que a microbiota de vegetais fermentados exerce sobre o microbioma humano.

REFERÊNCIAS

AHMADSAH, L. S. F. *et al.* Effect of low salt concentrations on microbial changes during kimchi fermentation monitored by PCR-DGGE and their sensory acceptance. *Journal of Microbiology and Biotechnology*, v. 25, n. 12, p. 2049-2057, 2015.

ALAN, Y. Culture fermentation of Lactobacillus in traditional pickled gherkins: microbial development, chemical, biogenic amine and metabolite analysis. *Journal of Food Science and Technology-Mysore*, v. 56, n. 8, p. 3930-3939, 2019.

ANAGNOSTOPOULOS, D. A.; KAMILARI, E.; TSALTAS, D. Evolution of bacterial communities, physicochemical changes and sensorial attributes of natural whole and cracked picual table olives during spontaneous and inoculated fermentation. *Frontiers in Microbiology*, v. 11, maio 2020.

ANTONIO, B. *et al.* Trends in table olive production. Elaboration of table olives. *Grasas y Aceites*, v. 57, n. 1, p. 86-94, 2006.

AO, X. L. *et al.* Isolation and identification of the spoilage microorganisms in Sichuan homemade Paocai and their impact on quality and safety. *Food Science & Nutrition*, v. 7, n. 9, p. 2939-2947, 2019.

ARROYO-LÓPEZ, F. N. *et al.* Potential benefits of the application of yeast starters in table olive processing. *Frontiers in Microbiology*, v. 3, p. 161, 2012.

ARROYO-LÓPEZ, F. N. *et al.* Role of yeasts in table olive production. *International Journal of Food Microbiology*, v. 128, n. 2, p. 189-196, 2008.

ASHAOLU, T. J.; REALE, A. A Holistic review on Euro-Asian lactic acid bacteria fermented cereals and vegetables. *Microorganisms*, v. 8, n. 8, 2020.

BALATSOURAS, G. D. *Processing the naturally ripe (black) olives*. Perugia-Spolete: International Olive Oil Council, 1967. p. 491-510.

BAUTISTA-GALLEGO, J. *et al.* Role of lactic acid bacteria in fermented vegetables. *Grasas y Aceites*, v. 71, n. 2, p. 9, 2020.

BAUTISTA-GALLEGO, J. *et al.* Salt reduction in vegetable fermentation: reality or desire? *Journal of Food Science*, v. 78, n. 8, p. R1095-R1100, 2013.

BEGANOVIĆ, J. *et al.* Traditionally produced sauerkraut as source of autochthonous functional starter cultures. *Microbiological Research*, v. 169, n. 7, p. 623-632, 2014.

BEHERA, S. S. *et al.* Traditionally fermented pickles: how the microbial diversity associated with their nutritional and health benefits? *Journal of Functional Foods*, v. 70, p. 21, 2020.

BENEVIDES, C. M. J.; FURTUNATO, D. M. N. Hortaliças acidificadas. *Food Science Technology*, v. 18, n. 3, p. 271-274, 1998.

BENITEZ-CABELLO, A. *et al.* The use of multifunctional yeast-lactobacilli starter cultures improves fermentation performance of Spanish-style green table olives. *Food Microbiology*, v. 91, 2020.

BONATSOU, S. *et al.* Table olive fermentation using starter cultures with multifunctional potential. *Microorganisms*, v. 5, n. 2, 2017.

BOVE, P. *et al.* Lactobacillus plantarum passage through an oro-gastro-intestinal tract simulator: carrier matrix effect and transcriptional analysis of genes associated to stress and probiosis. *Microbiological Research*, v. 168, n. 6, p. 351-359, 2013.

BRAGANÇA, M. G. L.; DE SOUZA, C. M. *Processamento artesanal de hortaliças*. 2000. Disponível em: http://www.asbraer.org.br/index.php/consulta/item/2147-processamento-artesanal-hortalicas-pdf. Acesso em: 13 jan. 2021.

BRASIL. Ministério da Saúde. Angência Nacional de Vigilância Sanitária. Resolução da Diretoria Colegiada RDC n. 8, de 6 de março de 2013. Dispõe sobre a aprovação de uso de aditivos alimentares para produtos de frutas e de vegetais e geleia de mocotó. *Diário Oficial da União*, n. 46, 8 mar. 2013.

BREIDT, F. *et al.* Characterization of cucumber fermentation spoilage bacteria by enrichment culture and 16S rDNA cloning. *Journal of Food Science*, v. 78, n. 3, p. M470-M476, 2013.

BRENES, M.; GARCÍA, P. Elaboración de aceitunas denominadas "Green ripe olives" con variedades españolas. *Grasas y Aceites*, v. 56, p. 188-191, 2005.

CAPPATO, L. P.; FERREIRA, E. H. D. R.; ROSENTHAL, A. Azeitonas de mesa no Brasil: mercado, tecnologia e aspectos legais. *Ciência Rural*, v. 45, n. 7, p. 1327-1335, 2015.

CHAIYASUT, C. *et al.* Formulation and evaluation of lactic acid bacteria fermented *Brassica juncea* (mustard greens) pickle with cholesterol lowering property. *Journal of Applied Pharmaceutical Science*, v. 8, n. 4, p. 33-42, 2018.

CHAKRABORTY, R.; ROY, S. Exploration of the diversity and associated health benefits of traditional pickles from the Himalayan and adjacent hilly regions of Indian subcontinent. *Journal of Food Science and Technology-Mysore*, v. 55, n. 5, p. 1599-1613, 2018.

CHANG, C.-K. *et al.* Effect of lactic acid bacteria isolated from fermented mustard on immunopotentiating activity. *Asian Pacific Journal of Tropical Biomedicine*, v. 5, n. 4, p. 281-286, 2015.

CHANG, J. Y.; CHANG, H. C. Improvements in the quality and shelf life of kimchi by fermentation with the induced bacteriocin-producing strain, *Leuconostoc citreum* GJ7 as a starter. *Journal of Food Science*, v. 75, n. 2, p. M103-M110, 2010.

CHANG, M.-J.; KIM, M.-H. Fermentation property of Chinese cabbage kimchi by fermentation temperature and salt concentration. *Applied Biological Chemistry*, v. 43, n. 1, p. 7-11, 2000.

CHEIGH, H. S.; PARK, K. Y. Biochemical, microbiological, and nutritional aspects of kimchi (Korean fermented vegetable products). *Critical Reviews in Food Science and Nutrition*, v. 34, n. 2, p. 175-203, 1994.

CHEN, M. J. *et al.* Illumina MiSeq sequencing reveals microbial community succession in salted peppers with different salinity during preservation. *Food Research International*, v. 143, 2021.

CHEN, Y. S.; YANAGIDA, F.; HSU, J. S. Isolation and characterization of lactic acid bacteria from suan-tsai (fermented mustard), a traditional fermented food in Taiwan. *Journal of Applied Microbiology*, v. 101, n. 1, p. 125-130, 2006.

CILLIDAG, S. I. Table olive processing technologies. *Options Méditerranéennes. Séries A: Mediterranean Seminars*, Instituto Agronómico Mediterráneo de Zaragoza (CIHEAM), v. 106, p. 67-74, 2013.

CISKA, E.; PATHAK, D. R. Glucosinolate derivatives in stored fermented cabbage. *Journal of Agricultural and Food Chemistry*, v. 52, n. 26, p. 7938-7943, 2004.

CODEX ALIMENTARIUS, C. *Stardard for kimchi.* CXS 223-2001. Adopted in 2001. Amended in 2017. Disponível em: http://www.fao.org/fao-who-codexalimentarius/sh-proxy/en/?lnk=1&url=https%253A%252F%252Fworkspace.fao.org%252Fsites%252Fcodex%252FStandards%252FCXS%2B223-2001%252FCXS_223e.pdf. Acesso em: 12 jan. 2021.

CODEX ALIMENTARIUS. Standard for table olives. CXS 66-1981. 2013.

CODEX ALIMENTARIUS. *Standard for table olives.* CXS 66-1981. Adopted in 1981. Amended in 1987, 2013. Disponível em: https://www.fao.org/fao-who-codexalimentarius/sh-proxy/es/?lnk=1&url=https%253A%252F%252Fworkspace.fao.org%252Fsites%252Fcodex%252FStandards%252FCXS%2B66-1981%252FCXS_066e.pdf. Acesso em: 14 jan. 2021.

CONTE, P. *et al.* Table olives: an overview on effects of processing on nutritional and sensory quality. *Foods*, v. 9, n. 4, 2020.

CORZO-MARTÍNEZ, M.; CORZO, N.; VILLAMIEL, M. Biological properties of onions and garlic. *Trends in Food Science & Technology*, v. 18, n. 12, p. 609-625, 2007.

COUTINHO, E. F.; RIBEIRO, F. C.; CAPPELLARO, T. H. *Cultivo de oliveira (Olea europaea L.)*. Pelotas: Embrapa, 2009. (Série Sistemas de Produção, v. 16)

CRUESS, W. V. *Produtos industriais de frutas e hortaliças*. Rio de Janeiro: Usaid, 1973.

DE ANGELIS, M. *et al.* Microbiota and metabolome of un-started and started Greek-type fermentation of Bella di Cerignola table olives. *Food Microbiology*, v. 52, p. 18-30, 2015.

DE LA TORRE, J. E. *et al.* Estudio físico-químico y microbiológico de la fermentación de aceitunas verdes arbequinas. *Grasas y Aceites*, v. 44, n. 4-5, p. 274-278, 1993.

DEĞIRMENCIOĞLU, N. Modern techniques in the production of table olives. *Products from Olive Tree*, p. 215, 2016.

DEWI, N. N. A.; MUSTIKA, I. W. Nutrition content and antioxidant activity of black garlic. *International Journal of Health Sciences*, v. 2, n. 1, p. 11-20, 2018.

DIMIDI, E. *et al.* Fermented foods: definitions and characteristics, impact on the gut microbiota end effects on gastrointestinal health and disease. *Nutrients*, v. 11, n. 8, p. 1806, 2019.

DOS SANTOS CARVALHO, J. D. *et al.* Caracterização química, qualidade microbiológica e aspectos nutricionais de picles elaborados com pepino, *Cucumis sativus* L., e com nabo, *Brassica campestris* L. var. rapa, orgânicos produzidos por agricultores familiares. *Revista Verde de Agroecologia e Desenvolvimento Sustentável*, v. 9, n. 1, p. 31, 2014.

ENDO, A.; MIZUNO, H.; OKADA, S. Monitoring the bacterial community during fermentation of sunki, an unsalted, fermented vegetable traditional to the Kiso area of Japan. *Letters in Applied Microbiology*, v. 47, n. 3, p. 221-226, 2008.

FAO (ORGANIZAÇÃO DAS NAÇÕES UNIDAS PARA A ALIMENTAÇÃO E AGRICULTURA). Globally important agricultural heritage systems (GIAHS) application Minabe-Tanabe Ume System. 2015. Disponível em: http://www.fao.org/giahs/giahsaroundtheworld/designated-sites/asia-and-the-pacific/minabe-tanabe-ume-system/en/. Acesso em: 12 jan 2021.

FAO (ORGANIZAÇÃO DAS NAÇÕES UNIDAS PARA A ALIMENTAÇÃO E AGRICULTURA). *Instructional manual*: pickles. 2007. Disponível em: http://www.fao.org/3/a-au116e.pdf. Acesso em: 6 jan. 2021.

FDA (FOOD AND DRUG ADMINISTRATION). *CPG Sec 585.750 Sauerkraut* – Definition; Adulteration by Thrips. 2005.

FELLOWS, P. Traditional foods: processing for profit. *Practical Action*, 1997. 288 p.

FERNÁNDEZ-DÍEZ, M. J. *et al. Biotecnología de la aceituna de mesa*. Madrid: CSIC, 1985.

FIDELER, J. *et al.* Discovery and quantification of bioactive peptides in fermented cucumber by direct analysis IR-MALDESI mass spectrometry and LC-QQQ-MS. *Food Chemistry*, v. 271, p. 715-723, 2019.

FRANCO, W.; PEREZ-DIAZ, I. M. Role of selected oxidative yeasts and bacteria in cucumber secondary fermentation associated with spoilage of the fermented fruit. *Food Microbiology*, 32, n. 2, p. 338-344, 2012.

GARCIA GARCIA, P.; BRENES BALBUENA, M.; GARRIDO FERNANDEZ, A. Elaboración de aceitunas tipo negras a partir de verdes estilo español. *Grasas y Aceites*, v. 38, n. 4, p. 228-232, 1987.

GARCÍA, P.; BRENES, M.; GARRIDO, A. Effect of oxygen and temperature on the oxidation rate during darkening of ripe olives. *Journal of Food Engineering*, v. 13, n. 4, p. 259-271, 1991.

GARRIDO-FERNÁNDEZ, A.; FERNÁNDEZ-DÍEZ, M. J.; ADAMS, M. R. *Table olives*: production and processing. London: Chapman & Hall, 1997. p. 978-971.

GERMAN FOODS. *Sauerkraut, Germany's superfood.* 2021. Disponível em: https://germanfoods.org/german-food-facts/sauerkraut-superfood/. Acesso em: 8 jan. 2021.

GHOSH, D. Studies on the changes of biochemical, microbiological and sensory parameters of sauerkraut and fermented mix vegetables. *Food Research*, v. 5, n. 1, p. 78-83, 2020.

GO, M. R. *et al.* Toxicity and toxicokinetics of amygdalin in maesil (*Prunus mume*) syrup: protective effect of maesil against amygdalin toxicity. *Journal of Agricultural and Food Chemistry*, v. 66, n. 43, p. 11432-11440, 2018.

GOLDONI, C. L. *Aperfeiçoamento do processo de fermentação láctica em diferentes hortaliças e avaliação de aspectos econômicos e energéticos.* 2004. 113 f. Dissertação (Mestrado em Agronomia) – Faculdade de Ciências Agronômicas, Universidade Estadual Paulista (Unesp), 2004.

GÓMEZ, A. H. S.; GARCÍA, P. G.; NAVARRO, L. R. Elaboration of table olives. *Grasas y Aceites*, v. 57, n. 1, p. 86-94, 2006.

GONÇALVES, E. D. *et al.* Elaboração de azeitonas de mesa de qualidade. In: OLIVEIRA, A. F. de *Oliveira no Brasil:* tecnologias de produção. Belo Horizonte: Epamig, 2012. p. 593-628.

GONDIM, A. *Catálogo brasileiro de hortaliças*: saiba como plantar e aproveitar 50 das espécies mais comercializadas no país. Brasília, DF: Embrapa Hortaliças: Sebrae, 2010.

GOSSARD, C. M.; LIPSKI, E. Superfoods for digestive health. *Integrative Gastroenterology*, v. 141, 2019.

GUAN, Q. Q.; XIONG, T.; XIE, M. Y. Influence of probiotic fermented fruit and vegetables on human health and the related industrial development trend. *Engineering*, v. 7, n. 2, p. 212-218, 2021.

GUIMARÃES, E. Olivicultura comemora primeira década de produção no Brasil. *Estado de Minas*, 2018. Disponível em: https://www.em.com.br/app/noticia/agropecuario/2018/04/23/interna_agropecuario,953512 /muita-fe-na-azeitona-de-minas.shtml. Acesso em: 28 abr.2020.

HANSCHEN, F. S.; SCHREINER, M. Isothiocyanates, nitriles, and epithionitriles from glucosinolates are affected by genotype and developmental stage in *Brassica oleracea* varieties. *Frontiers in Plant Science*, v. 8, 2017.

HOLZAPFEL, W.; SCHILLINGER, U.; BUCKENHÜSKES, H. Sauerkraut. *In*: FARNWORTH, T. (ed.). *Handbook of fermented functional foods.* Boca Raton: CRC Press, 2008.

HONGU, N. *et al.* Korean kimchi: promoting healthy meals through cultural tradition. *Journal of Ethnic Foods*, v. 4, n. 3, p. 172-180, 2017.

HURTADO, A. *et al.* Influence of fruit ripeness and salt concentration on the microbial processing of Arbequina table olives. *Food microbiology*, v. 26, n. 8, p. 827-833, 2009.

HURTADO, A. *et al.* Microbial population dynamics during the processing of Arbequina table olives. *Food Research International*, v. 41, n. 7, p. 738-744, 2008.

HUTKINS, R. W. (ed.). *Microbiology and technology of fermented foods.* Hoboken: Wiley--Blackwell, 2008.

IANIEVA, O. D. Tolerance of yeasts isolated from pickled cucumbers to stress factors. *Мікробіологічний журнал*, n. 79, n. 5, p. 34-45, 2017.

INDEN, H.; KAWANO, Y. Present status of vegetable pickling in Japan. *International Symposium on Quality of Fresh and Fermented Vegetables*, n. 483, p. 421-428, 1999.

IOC (INTERNATIONAL OLIVE COUNCIL). *About olives*. Table olives. 2020a. Disponível em: https://www.internationaloliveoil.org/olive-world/table-olives/#about-olives. Acesso em: 23 ago. 2020.

IOC (INTERNATIONAL OLIVE COUNCIL). *World olive oil and table olive figures*. Economic affairs & promotion unit. 2020b. Disponível em: https://www.internationaloliveoil.org/what-we-do/economic-affairs-promotion-unit/#figures. Acesso em: 28 abr. 2020.

IOC (INTERNATIONAL OLIVE COUNCIL). The olive tree. 2020c. Disponível em: https://www.internationaloliveoil.org/olive-world/olive-tree/. Acesso em: 27 abr. 2020.

IOC (INTERNATIONAL OLIVE COUNCIL). *Trade standard applying to table olives 2004*. Disponível em: https://www.internationaloliveoil.org/what-we-do/chemistry-standardisation-unit/standards-and-methods/. Acesso em: 23 ago. 2020.

ISTIQAMAH, A.; LIOE, H. N.; ADAWIYAH, D. R. Umami compounds present in low molecular umami fractions of asam sunti – A fermented fruit of Averrhoa bilimbi L. *Food Chemistry*, v. 270, p. 338-343, 2019.

JEONG, S. E. *et al*. Genomic and metatranscriptomic analyses of Weissella koreensis reveal its metabolic and fermentative features during kimchi fermentation. *Food Microbiology*, v. 76, p. 1-10, 2018.

JUNG, S.; AN, H.; LEE, J. H. Red pepper powder is an essential factor for ornithine production in kimchi fermentation. *LWT – Food Science and Technology*, v. 137, 2021.

KAMDEE, S.; PLENGVIDHYA, V.; CHOKESAJJAWATEE, N. Changes in lactic acid bacteria diversity during fermentation of sour pickled mustard green. *Asia-Pacific Journal of Science and Technology*, v. 19, p. 26-33, 2014.

KARKI, T. *et al*. Studies on "Microorganisms and their Role in Gundruk Fermentation" Part I. *Nippon Shokuhin Kogyo Gakkaishi*, v. 6. 1983.

KIM, E. J. *et al*. Initial storage of kimchi at room temperature alters its microbial and metabolite profiles. *LWT – Food Science and Technology*, v. 134, 2020.

KIMURA, S. *et al*. Black garlic: a critical review of its production, bioactivity, and application. *Journal of Food and Drug Analysis*, v. 25, n. 1, p. 62-70, 2017.

KITAMURA, Y. *et al*. Ethnic fermented foods and alcoholic beverages of Japan. *In*: TAMANG, J. P. *Ethnic fermented foods and alcoholic beverages of Asia*. New Delhi, India: Springer India, 2016. p. 193-236.

KOBAYASHI, T. *et al*. Low pH enhances the glucosinolate-mediated yellowing of takuan-zuke under low salt conditions. *Foods*, v. 9, n. 11, 2020.

KOURABA, K. *et al*. Suitability of olive varieties for mechanical harvester shaking. *Olivae*, v. 101, p. 39-43, 2004.

KROLOW, A. C. R. *Hortaliças em conserva*. Brasília, DF: Embrapa Informação Tecnológica, 2006.

KUMAKURA, K. *et al*. Nutritional content and health benefits of sun-dried and salt-aged radish (takuan-zuke). *Food Chemistry*, v. 231, p. 33-41, 2017.

KUROSAWA, M. *et al*. Highly salted food and mountain herbs elevate the risk for stomach cancer death in a rural area of Japan. *Journal of Gastroenterology and Hepatology*, v. 21, n. 11, p. 1681-1686, 2006.

KYI, W. W. *Processing technologies for leafy vegetables in Myanmar*. Hanoi, Vietnam: The World Vegetable Center (AVRDC), 2009. 165 p.

LAN, C.-H. *et al.* Tropical traditional fermented food, a field full of promise. Examples from the Tropical Bioresources and Biotechnology programme and other related French-Vietnamese programmes on fermented food. *International Journal of Food Science & Technology*, v. 48, n. 6, p. 1115-1126, 2013.

LEE, M. *et al.* Large-scale targeted metagenomics analysis of bacterial ecological changes in 88 kimchi samples during fermentation. *Food Microbiology*, v. 66, p. 173-183, 2017.

LEE, M. *et al.* Bacterial diversity in Korean temple kimchi fermentation. *Food Research International*, v. 126, 2019.

LEE, N. J.; CHUN, J. K. Studies on the kimchi pasteurization. Part 1. Method of kimchi pasteurization with Chinese cabbage kimchi and its effect on the storage. *Journal of the Korean Society of Agricultural Chemistry and Biotechnology*, v. 24, n. 4, p. 213-217, 1981.

LEE, S. H.; JUNG, J. Y.; JEON, C. O. Source tracking and succession of kimchi lactic acid bacteria during fermentation. *Journal of Food Science*, v. 80, n. 8, p. M1871-M1877, 2015.

LI, X. F. *et al.* Metabolic mechanism of phenyllactic acid naturally occurring in Chinese pickles. *Food Chemistry*, v. 186, p. 265-270, 2015.

LJUNGH, A.; WADSTROM, T. Lactic acid bacteria as probiotics. *Current Issues in Intestinal Microbiology*, v. 7, n. 2, p. 73-90, 2006.

LUCIANO, W. A. *et al.* Effects of *Lactobacillus acidophilus* LA-3 on physicochemical and sensory parameters of acai and mango based smoothies and its survival following simulated gastrointestinal conditions. *Food Research International*, v. 114, p. 159-168, 2018.

MACHADO, C. M. M. *Processamento de hortaliças em pequena escala*. Brasília, DF: Embrapa Hortaliças, 2008.

MAN, C. M. D. Technological functions of salt in food products. *In*: KILCAST, D.; ANGUS, F. (eds.). *Reducing salt in foods*. Cambridge: Woodhead Publishing, 2007. p. 157-173.

MARTINEZ-VILLALUENGA, C. *et al.* White cabbage fermentation improves ascorbigen content, antioxidant and nitric oxide production inhibitory activity in LPS-induced macrophages. *LWT – Food Science and Technology*, v. 46, n. 1, p. 77-83, 2012.

MCMURTRIE, E. K.; JOHANNINGSMEIER, S. D. Quality of cucumbers commercially fermented in calcium chloride brine without sodium salts. *Journal of Food Quality*, v. 2018, p. 1-13, 2018.

MIR, S. A.; RAJA, J.; MASOODI, F. A. Fermented vegetables, a rich repository of beneficial probiotics-a review. *Fermentation Technology*, v. 7, n. 1, p. 1-6, 2018.

MIYAO, S. Japanese pickles "tsukemono" and their microorganisms. *Japanese Journal of Food Microbiology*, v. 22, n. 4, p. 127-137, 2005.

MONTAÑO, A. *et al.* (eds.). *Encyclopedia of food and health*. Oxford: Academic Press, 2016. p. 369-374.

NISIOTOU, A. A. *et al.* Yeast heterogeneity during spontaneous fermentation of black Conservolea olives in different brine solutions. *Journal of Applied Microbiology*, v. 108, n. 2, p. 396-405, 2010.

NYCHAS, G. J. *et al.* Microbial colonization of naturally black olives during fermentation and associated biochemical activities in the cover brine. *Letters in Applied Microbiology*, v. 34, n. 3, p. 173-177, 2002.

ODAKE, S.; OTOGURO, C.; KANEKO, K. The effects of fruit maturation and sodium chloride concentration on the compositions of pickled sun-dried Ume fruit,'Umeboshi'. *Food Science and Technology Research*, v. 5, n. 1, p. 113-118, 1999.

OMER, S. A. *et al.* Toxicity of Olive Leaves (*Olea europaea* L.) In Wistar Albino Rats. *Asian Journal of Animal and Veterinary Advances*, v. 7, p. 1175-1182, 2012.

ONO, H. *et al.* Monitoring of the microbiota profile in nukadoko, a naturally fermented rice bran bed for pickling vegetables. *Journal of Bioscience and Bioengineering*, v. 118, n. 5, p. 520-525, 2014.

PANAGOU, E. Z.; KATSABOXAKIS, C. Z. Effect of different brining treatments on the fermentation of cv. Conservolea green olives processed by the Spanish-method. *Food Microbiology*, v. 23, n. 2, p. 199-204, 2006.

PANAGOU, E. Z.; TASSOU, C. C.; KATSABOXAKIS, C. Z. Induced lactic acid fermentation of untreated green olives of the Conservolea cultivar by Lactobacillus pentosus. *Journal of the Science of Food and Agriculture*, v. 83, n. 7, p. 667-674, 2003.

PANAGOU, E. Z.; TASSOU, C. C.; NYCHAS, G. J. Microbial colonization of naturally fermented olives. *In*: PREEDY, V. R.; WATSON, R. R. (eds.). *Olives and olive oil in health and disease prevention*. London: Academic Press, 2021. p. 145-159.

PARK, K. Y.; KIM, H. Y.; JEONG, J. K. Kimchi and its health benefits. *In*: FRIAS, J.; MARTINEZ-VILLALUENGA, C.; PEÑAS, E. (eds.) *Fermented foods in health and disease prevention*. London: Academic Press, 2017. p. 477-502.

PARK, S. E. *et al.* Effects of different fermentation temperatures on metabolites of Kimchi. *Food Bioscience*, v. 23, p. 100-106, 2018.

PEDEBSON, C. S. Sauerkraut. In: Advances in food research. Academic Press, 1961. p. 233-291.

PEDERSON, C. S.; ALBURY, M. N. The influence of salt and temperature on microflora of sauerkraut fermentation. *Food Technology*, v. 8, p. 1-5, 1954.

PEÑAS, E. *et al.* High hydrostatic pressure can improve the microbial quality of sauerkraut during storage. *Food Control*, v. 21, n. 4, p. 524-528, 2010.

PEÑAS, E.; MARTINEZ-VILLALUENGA, C.; FRIAS, J. Sauerkraut: production, composition, and health benefits. *In*: FRIAS, J.; MARTINEZ-VILLALUENGA, C.; PEÑAS, E. (eds.) *Fermented foods in health and disease prevention*. London: Academic Press, 2017. p. 557-576.

PSANI, M.; KOTZEKIDOU, P. Technological characteristics of yeast strains and their potential as starter adjuncts in Greek-style black olive fermentation. *World Journal of Microbiology & Biotechnology*, v. 22, n. 12, p. 1329-1336, 2006.

RAGUL, K. *et al.* Characterization of probiotic potential of Bacillus species isolated from a traditional brine pickle. *Journal of Food Science and Technology-Mysore*, v. 54, n. 13, p. 4473-4483, 2017.

REJANO, L. *et al.* Table olives: varieties and variations. *In*: PREEDY, V. R.; WATSON, R. R. (eds.). *Olives and olive oil in health and disease prevention*. London: Academic Press, 2010. p. 5-15.

RESENDES, S. Restaurant menu trends: what's hot and what's overhyped for 2020. *Upserve*, 12 nov. 2020. Disponível em: https://upserve.com/restaurant-insider/restaurant-menu-trends/. Acesso em: 16 jun. 2020.

RIBEIRO, E. P.; SERAVALLI, E. A. G. *Química de alimentos*. São Paulo: Blucher, 2007.

ROBINSON, R. K. *Developments in food microbiology*. New York: Kluwer Academic Publishers, 1988.

RODRIGUES, N. Estudo da evolução da microbiota em fermentações naturais de azeitona verde do Algarve. 2011. 95 f. Dissertação (Mestrado em Tecnologia de Alimentos) – Instituto Superior de Engenharia, Departamento de Engenharia Alimentar, Universidade do Algarve, 2011.

ROMERO, C. *et al*. Effect of cultivar and processing method on the contents of polyphenols in table olives. *Journal of Agricultural and Food Chemistry*, v. 52, n. 3, p. 479-484, 2004.

RYU, J. H.; KANG, D. Physicochemical properties, biological activity, health benefits, and general limitations of aged black garlic: a review. *Molecules*, v. 22, n. 6, 2017.

SAGDIC, O. *et al*. Diversity and probiotic potentials of lactic acid bacteria isolated from gilaburu, a traditional Turkish fermented European cranberrybush (*Viburnum opulus* L.) fruit drink. *Food Research International*, v. 64, p. 537-545, 2014.

SAKAMOTO, N. *et al*. 16S rRNA pyrosequencing-based investigation of the bacterial community in nukadoko, a pickling bed of fermented rice bran. *International Journal of Food Microbiology*, v. 144, n. 3, p. 352-359, 2011.

SANTOS, F. J. Las nuevas tecnologías aplicadas al sector de la aceituna manzanilla fina sevillana. *Grasas y aceites*, v. 50, n. 2, p. 131-140, 1999.

SATO, E. *et al*. Increased anti-oxidative potency of garlic by spontaneous short-term fermentation. *Plant Foods for Human Nutrition*, v. 61, n. 4, p. 157-160, 2006.

SAYIN, F. K.; ALKAN, S. B. The effect of pickling on total phenolic contents and antioxidant activity of 10 vegetables. *Food and Health*, v. 1, n. 3, p. 135-141, 2015.

SINGH, J. *et al*. Variability of carotenes, vitamin C, E and phenolics in Brassica vegetables. *Journal of Food Composition and Analysis*, v. 20, n. 2, p. 106-112, 2007.

SONG, H. S. *et al*. Microbial niches in raw ingredients determine microbial community assembly during kimchi fermentation. *Food Chemistry*, v. 318, 2020.

STOLL, D. A. *et al*. Influence of salt concentration and iodized table salt on the microbiota of fermented cucumbers. *Food Microbiology*, v. 92, 2020.

SULTANA, S.; IQBAL, A.; ISLAM, M. Preservation of carrot, green chilli and brinjal by fermentation and pickling. *International Food Research Journal*, v. 21, p. 2405-2412, 2014.

SUWANNACHOT, J.; KETNAWA, S.; OGAWA, Y. Comparative study of the physico- and biochemical properties of two types of salted Japanese apricot (*Prunus mume*) pickles. *Frontiers in Sustainable Food Systems*, v. 5, 2021.

TAMANG, J. P.; SARKAR, P. K. Microbiology of mesu, a traditional fermented bamboo shoot product. International *Journal of Food Microbiology*, v. 29, n. 1, p. 49-58, 1996.

TANG, Y. Y. *et al*. Microbial community analysis of different qualities of pickled radishes by Illumina MiSeq sequencing. *Journal of Food Safety*, v. 39, n. 2, p. 8, 2019.

TASSOU, C. C.; PANAGOU, E. Z.; KATSABOXAKIS, K. Z. Microbiological and physicochemical changes of naturally black olives fermented at different temperatures and NaCl levels in the brines. *Food microbiology*, v. 19, n. 6, p. 605-615, 2002.

TEIXEIRA, C. G. *Processamento de azeitonas na Califórnia*. v. 4. 1965.

TEREBELSKI, D.; RALPH, N. Pickle history timeline. 2003. Disponível em: http://www.nyfoodmuseum.org/_ptime.htm. Acesso em: 5 jan. 2020.

THAKUR, K. *et al.* Fermented bamboo shoots: a riche niche for beneficial microbes. *J. Bacteriol. Mycol*, v. 2, p. 30, 2016.

TOMITA, S.; NAKAMURA, T.; OKADA, S. NMR-and GC/MS-based metabolomic characterization of sunki, an unsalted fermented pickle of turnip leaves. *Food Chemistry*, v. 258, p. 25-34, 2018.

TORRES, S. *et al.* An overview of plant-autochthonous microorganisms and fermented vegetable foods. *Food Science and Human Wellness*, v. 9, n. 2, p. 112-123, 2020.

TRAIL, A. C. *et al.* Chemical and sensory characterization of commercial sauerkraut. *Journal of Food Quality*, v. 19, n. 1, p. 15-30, 1996.

TRAUTMANN, A.; BROCKER, E. B.; SEITZ, C. S. A pickled plum of a problem. *American Journal of Medicine*, v. 120, n. 9, p. 775-777, 2007.

USDA (U. S. DEPARTMENT OF AGRICULTURE). *Food Data Central*. 2020. Disponível em: https://fdc.nal.usda.gov/fdc-app.html#/food-details/1125109/nutrients. Acesso em: 19 jan. 2021.

VACCALLUZZO, A. *et al.* FoodOmics as a new frontier to reveal microbial community and metabolic processes occurring on table olives fermentation. *Food Microbiology*, v. 92, 2020.

VIANDER, B.; MÄKI, M.; PALVA, A. Impact of low salt concentration, salt quality on natural large-scale sauerkraut fermentation. *Food Microbiology*, v. 20, n. 4, p. 391-395, 2003.

WANG, D. *et al.* Black garlic (*Allium sativum*) extracts enhance the immune system. *Medicinal and Aromatic Plant Science and Biotechnology*, v. 4, n. 1, p. 37-40, 2010.

WOLKERS-ROOIJACKERS, J. C. M.; THOMAS, S. M.; NOUT, M. J. R. Effects of sodium reduction scenarios on fermentation and quality of sauerkraut. *LWT – Food Science and Technology*, v. 54, n. 2, p. 383-388, 2013.

WORLD INSTITUTE OF KIMCHI. 2020. Disponível em: https://www.wikim.re.kr/. Acesso em: 16 fev. 2021.

XU, X. X. *et al.* Shifts in autochthonous microbial diversity and volatile metabolites during the fermentation of chili pepper (*Capsicum frutescens* L.). *Food Chemistry*, v. 335, 2021.

XU, X. X. *et al.* Correlation between autochthonous microbial communities and key odorants during the fermentation of red pepper (*Capsicum annuum* L.). *Food Microbiology*, v. 91, 2020.

YAMANAKA, M. *et al.* Food-dependent exercise-induced anaphylaxis due to pickled Japanese apricot. *Allergology International*, v. 68, n. 4, p. 524-526, out. 2019.

YUAN, H. *et al.* The comparison of the contents of sugar, amadori, and heyns compounds in fresh and black garlic. *Journal of Food Science*, v. 81, n. 7, p. C1662-C1668, 2016.

ZABAT, M. A. *et al.* The impact of vegan production on the kimchi microbiome. *Food Microbiology*, v. 74, p. 171-178, 2018a.

ZABAT, M. A. *et al.* Microbial community analysis of sauerkraut fermentation reveals a stable and rapidly established community. *Foods*, v. 7, n. 5, p. 77, 2018b.

ZHANG, C.; ZHANG, J.; LIU, D. Biochemical changes and microbial community dynamics during spontaneous fermentation of Zhacai, a traditional pickled mustard tuber from China. *International Journal of Food Microbiology*, v. 347, p. 109199, 2021.

ZHANG, Z. P. *et al.* Antioxidant and hypoglycemic effects of *Diospyros lotus* fruit fermented with Microbacterium flavum and *Lactobacillus plantarum*. *Journal of Bioscience and Bioengineering*, v. 125, n. 6, p. 682-687, 2018.

CAPÍTULO 9
Leguminosas fermentadas

José Guilherme Prado Martin[1]

9.1 INTRODUÇÃO

O grupo das leguminosas fermentadas (LF) compreende alimentos bastante diferentes entre si, com algumas particularidades especiais relacionadas aos hábitos culturais dos respectivos locais de origem. Embora alguns sejam, ainda, relativamente estranhos ao paladar ocidental – caso do *tempeh* indonésio e do *natto* japonês –, outros são, atualmente, bastante difundidos, especialmente por conta de tendências gastronômicas em tempos recentes. Ainda que se tratem de vegetais fermentados, grupo abordado no Capítulo 8, as LF são tão distintas que merecem um capítulo à parte.

Em sua maioria, têm origem nos países do Oriente, o que se deve, em parte, a aspectos culturais e socioeconômicos da região. A restrição quanto ao consumo de carne por algumas religiões, a pouca disponibilidade de espaço para a criação extensiva de animais, bem como a maior disponibilidade de produtos de origem vegetal certamente influenciaram o desenvolvimento de uma grande variedade de fermentados vegetais, especialmente as leguminosas. No Japão, por exemplo, cuja dieta está centrada no arroz, a soja se constitui numa importante fonte de

[1] Laboratório de Microbiologia de Produtos Fermentados (FERMICRO), Departamento de Microbiologia, Universidade Federal de Viçosa (UFV), Viçosa, Minas Gerais, Brasil.

proteína. Já em países asiáticos em desenvolvimento, o aporte proteico a partir de matérias-primas vegetais tem relação com o poder aquisitivo da maior parte da população.

Um dos diferenciais das LF em relação a outros tipos de vegetais fermentados é a necessidade do uso de culturas *starter*. Enquanto grande parte dos vegetais são produzidos a partir da lactofermentação desempenhada por bactérias ácido-láticas (BAL) autóctones, para as leguminosas empregam-se principalmente os fungos filamentosos. O *koji*, por exemplo, constituído de *Aspergillus oryzae*, é ingrediente base da pasta de soja (missô) e do molho de soja (*shoyu*) – além do saquê, bebida alcoólica originária do Japão consumida em praticamente todo o mundo. Já o *tempeh* nada mais é que uma mistura de soja cozida e *Rhizopus microsporus* var. *oligosporus*, que cresce entremeado aos grãos, formando um robusto micélio esbranquiçado facilmente reconhecido.

As LF são bastante versáteis, com inúmeras possibilidades de diversificação quanto à formulação; assim, a soja, originalmente utilizada em vários tipos de produtos, pode ser perfeitamente substituída por outras leguminosas, como feijões e grão-de-bico, o que contribui favoravelmente para o incremento nutricional e funcional do produto final. Neste capítulo, serão abordados os principais aspectos relacionados à produção de LF, com foco na microbiota envolvida no processo produtivo, bem como em seus impactos na qualidade microbiológica, sensorial e funcional do produto final.

9.2 LEGUMINOSAS UTILIZADAS NA PRODUÇÃO DE ALIMENTOS

As plantas genericamente chamadas de leguminosas compreendem espécies dicotiledôneas e abrangem plantas de pequeno porte, arbustos e árvores. Entre as principais leguminosas utilizadas pelo homem para alimentação, destacam-se a soja [*Glycine max* (L.) Merril.], a ervilha (*Pisum sativum* L.), o feijão (*Phaseolus vulgaris* L.), o grão-de-bico (*Cicer arietinum* L.) e a lentilha (*Lens culinaris* Medik.) (NASCIMENTO, 2016). Independentemente da espécie, as leguminosas apresentam nutrientes importantes para a dieta, o que impacta, obviamente, as características nutricionais do produto fermentado.

Embora as LF incluam uma grande variedade de produtos, a soja é uma das matérias-primas mais comumente utilizadas na sua produção, razão pela qual, neste capítulo serão priorizados os produtos fermentados à base de soja. Sua importância econômica faz dessa leguminosa uma das principais *commodities* agrícolas, cuja cotação se baseia na oferta e na demanda mundiais, em bolsas de valores internacionais (JIA *et al.*, 2020). Trata-se de uma espécie herbácea anual, com 30 cm a 70 cm de altura e frutos oblongos com cerca de 3 cm a 8 cm de comprimento e 8 mm a 15 mm de largura. As vagens, de coloração verde quando imaturas e castanho-amarelada na maturidade, contêm de 2 a 3 sementes lisas em formato ovoide, com colorações variadas, geralmente castanho-amarelada (NWOKOLO, 1996).

Acredita-se que a soja seja nativa da região da Manchúria, tendo posteriormente se disseminado para outros países asiáticos. Para o cultivo, necessita-se de clima ameno, como o de regiões subtropicais e temperadas, ainda que tenha sido cultivada com sucesso em países de clima tropical, como o Brasil. Atualmente, a safra mundial é de mais de 360 milhões de toneladas, com estimativa de crescimento para os próximos períodos. Neste cenário, o Brasil figura como o maior produto mundial, com 136 milhões de toneladas produzidas no ano de 2020 (USDA, 2021). Na Ásia, sua fácil adaptação a regiões de diferentes climas e condições geográficas favoreceu a produção e sua incorporação como um alimento básico à dieta das populações locais. Esse fato certamente contribuiu para o desenvolvimento da grande variedade de leguminosas fermentadas asiáticas (PARK *et al.*, 2019).

Cabe ressaltar que a soja é uma das principais fontes de proteína para o consumo humano, especialmente em países em desenvolvimento. A matéria-prima, no entanto, necessita de processamentos prévios, de modo a melhorar sua qualidade nutricional e aumentar a disponibilidade de nutrientes – incluindo compostos com atividade biológica, como vitaminas e fitoestrógenos (CHEN *et al.*, 2016). Além disso, deve-se atentar para os fatores antinutricionais e flatulogênicos presentes na soja, como rafinose e estaquiose, além fitatos e inibidores da tripsina, que podem resultar em problemas em indivíduos sensíveis a tais componentes. Nesse sentido, a fermentação representa uma alternativa interessante, contribuindo para a redução dos problemas decorrentes da presença de antinutrientes, bem como para o desenvolvimento de características nutricionais e sensoriais importantes para o desenvolvimento de novos produtos à base de soja (CAO *et al.*, 2019).

9.3 LEGUMINOSAS FERMENTADAS

Os primeiros registros da produção de LF datam do século VI e estão em manuscritos chineses (PARK *et al.*, 2019). Vários tipos são produzidos no mundo todo, com destaque para aqueles à base de soja. China, Coreia, Japão, Indonésia, Vietnã, Malásia e Tailândia são os maiores países produtores e consumidores; em relação aos produtos, os mais populares são missô, *shoyu*, *tempeh* e *natto* (Figura 9.1). Ainda que a soja seja o ingrediente principal, os diferentes métodos de processamento (Figura 9.2), bem como a microbiota envolvida no processo fermentativo (Quadro 9.1), resultam em produtos com características peculiares e distintas entre si (CHEN; *et al.*, 2016).

Figura 9.1 – Alimentos à base de leguminosas fermentadas. A) Molho de soja (*shoyu*), de origem japonesa; B) soja preta fermentada (*douchi*), de origem chinesa; C) panquecas à base de ervilhas e arroz (*dosa*), de origem indiana; D) soja fermentada por *Rhizopus oligosporus* envolta em folha de bananeira (*tempeh*), de origem indonésia; E) *tempeh* frito, uma das formas mais comuns de preparo.

Fonte: Fotos gentilmente cedidas por José Guilherme Prado Martin.

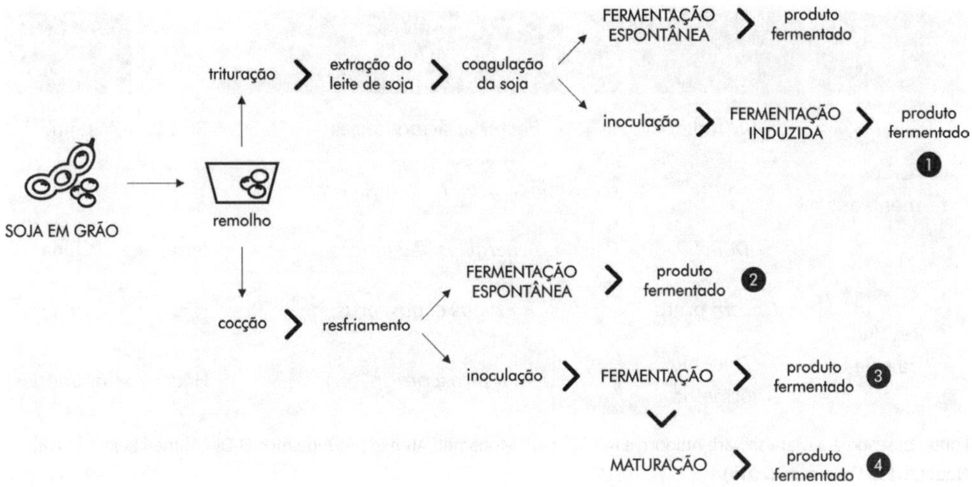

Figura 9.2 – Principais etapas e classificação de leguminosas fermentadas à base de soja. 1) Coalhada de leite de soja fermentada por bactérias, fungos ou maturada enzimaticamente; 2) produção doméstica de leguminosas fermentadas, muito comum em dias atuais; 3) leguminosas fermentadas com *Rhizopus oligosporus* (*tempeh*) ou *Bacillus subtilis* (*natto*); 4) *shoyu*, missô e *douchi*. Fonte: adaptada de Chen *et al.* (2016).

Quadro 9.1 – Principais alimentos à base de soja fermentada

Grupo	Produto	Microrganismo	Uso de sal	Provável origem
Molhos	*Shoyu*	*Aspergillus oryzae*	Sim	Japão
	Kecap	*Aspergillus oryzae, Lactobacillus* sp., *Hansenula* sp., *Saccharomyces* sp.	Sim	Indonésia
	Meju	*Aspergillus oryzae*	Sim	Coreia
Pastas	Missô	*Aspergillus oryzae*	Sim	Japão
	Doenjang	*Aspergillus oryzae, Mucor, Rhizopus*	Sim	Coreia
	Chongkukjang	*Bacillus subtilis*	Sim	Coreia
Grãos fermentados	*Natto*	*Bacillus subtilis*	Não	Japão
	Kinema	*Bacillus subtilis, Enterococcus faecium*	Não	Nepal/ Índia
	Tempeh	*Rhizopus oligosporus*	Não	Indonésia

Grupo	Produto	Microrganismo	Uso de sal	Provável origem
Grãos fermentados	*Tofu* "fedido"	Bactérias ácido-láticas	Sim	China
	Sufu	*Actinomucor, Mucor, Rhizopus*	Sim	China
	Douchi	*Aspergillus aegypticus*	Sim	China
Resíduo da soja	*Oncom* preto	*Rhizopus oligosporus*	Não	Indonésia
	Oncom vermelho	*Neurospora* sp.	Não	Indonésia

Fonte: baseado em Maheshwari, Ahlborn e Rühl (2020); Mohamed Ahmed , Al-Juhaimi e El-Din Ahmed Bekhit (2018); Nout (2015); Endo *et al.* (2014).

Nas próximas seções, serão apresentadas as principais características do processo produtivo, com foco no processo fermentativo, de diferentes tipos de alimentos fermentados à base de leguminosas. Por sua importância econômica e cultural, será abordado mais detalhadamente o molho de soja, um produto símbolo da culinária japonesa e que, atualmente, é produzido e consumido praticamente no mundo todo. Tradicionalmente, como já vimos, a maior parte das LF é de origem asiática. Serão também apresentados o missô e o *natto*, japoneses; além do *douchi*, chinês; do *tempeh* e do *oncom*, indonésios, além de outros produtos étnicos característicos de alguns países orientais.

9.3.1 MOLHO DE SOJA

Entre os produtos fermentados cuja matéria-prima básica é a soja, o molho de soja é sem dúvida o mais popular. De produção e consumo historicamente atribuídos a países orientais, seu uso difundiu-se de maneira significativa principalmente por causa da influência da gastronomia japonesa, cuja expansão para diferentes países ocidentais, nas últimas décadas, foi expressiva.

A origem do produto é atribuída à China (onde recebe o nome de *chiang-yu*), tendo sido introduzido no Japão por volta do início do século VII, quando apresenta um crescimento intenso na produção e consumo, principalmente por populações de áreas urbanas. A tradição de produção do *chiang-yu*, resgatada em registros históricos chineses bastante antigos – de mais de 3 mil anos atrás –, indica que o molho teria sido derivado de um produto à base de carne bovina, de peixes ou aves, misturada a sal, licor e cereais previamente embolorados (o *koji*, que será apresentado mais detalhadamente adiante), mantidos em recipientes fechados por ao menos cem dias. Ainda que o produto obtido resultasse em uma pasta (que mais se assemelha ao missô que conhecemos atualmente), registros históricos mais recentes, do século II, relatam a retirada de um líquido de sabor intenso, que teria originado o *chiang-yu* chinês e, por consequência, o *shoyu* japonês. No entanto, o uso da soja em substituição à carne teria se iniciado apenas por volta do século VI (FUKUSHIMA, 2004).

O mercado global de molho de soja foi avaliado em cerca de 40 bilhões de dólares em 2018 (SOY SAUCE, 2019). A estimativa de crescimento para o próximo período (2019-2025) é de cerca de 6% ao ano, aumento creditado principalmente à demanda por produtos intensificadores de sabor, tanto pela indústria de alimentos como por redes de varejo e restaurantes ao redor do mundo. Apesar da qualidade superior do molho de soja obtido exclusivamente pela via fermentativa, molhos mistos ou produzidos quimicamente são mais econômicos e apresentam vida útil mais extensa, o que explica, em parte, a maior participação de mercado desse tipo de produto nos últimos anos.

9.3.1.1 Produção de molho de soja

A produção de molho de soja é bastante variável. A formulação do produto, a duração do processo fermentativo e o uso de ingredientes adicionais variam significativamente entre os países produtores. Por causa dessa variação, o molho de soja pode ser classificado em (i) molho de soja fermentado em estado sólido com alto teor de sal (HLFSS); (ii) molho de soja fermentado em estado sólido com baixo teor de sal (LSFSS) – ambos produzidos na China –; e molho de soja *koikuchi* (KSS) – produzido no Japão (DEVANTHI; GKATZIONIS, 2019).

Há vários tipos de molhos de soja japoneses, a depender da proporção dos ingredientes utilizados e das etapas de produção. *Koikuchi-shoyu*, o mais popular deles (85% da produção local), é elaborado a partir de partes iguais de soja e trigo, o que lhe garante forte aroma e coloração avermelhada intensa. Ainda que utilizem as mesmas matérias-primas, o *usukuchi-shoyu* é mais avermelhado e tem aroma mais suave, em decorrência de diferenças no processo fermentativo capazes de atenuar a coloração do produto final. Já o *saishikomi-shoyu* tem sabores e aromas mais pronunciados, pois faz uso de molho de soja cru na etapa *moromi*. No *tamari-shoyu*, a quantidade de soja (90%) é bem maior que a de trigo (10%), o que resulta em um produto de *flavor* mais suave e de viscosidade característica. Por fim, o *shiro-shoyu* (em japonês, *shiro* significa branco) leva mais trigo do que soja, resultando em um produto de coloração clara, também por causa das condições específicas de fermentação, que inibem o desenvolvimento de colorações mais intensas (LIOE *et al.*, 2010).

Independentemente do tipo de molho de soja, algumas etapas são características da fermentação do produto: *koji* e *moromi*. A fase *koji* compreende o cultivo de *A. oryzae* no substrato, composto de grãos de soja cozida e trigo previamente tostado. Nesse momento, o fungo secreta enzimas de variados tipos, que atuarão sobre os componentes do substrato, especialmente proteico e lipídico (soja) e amilolítico (trigo). A mistura é, então, acrescida de salmoura (variando entre 13% e 20%), além de BAL e leveduras (no caso da fermentação induzida). A Figura 9.3 apresenta o fluxograma de produção de alguns tipos de molho de soja. No tópico a seguir, serão destacadas as principais características acerca da microbiologia do *koji*, bem como da dinâmica populacional observada durante a fase *moromi*.

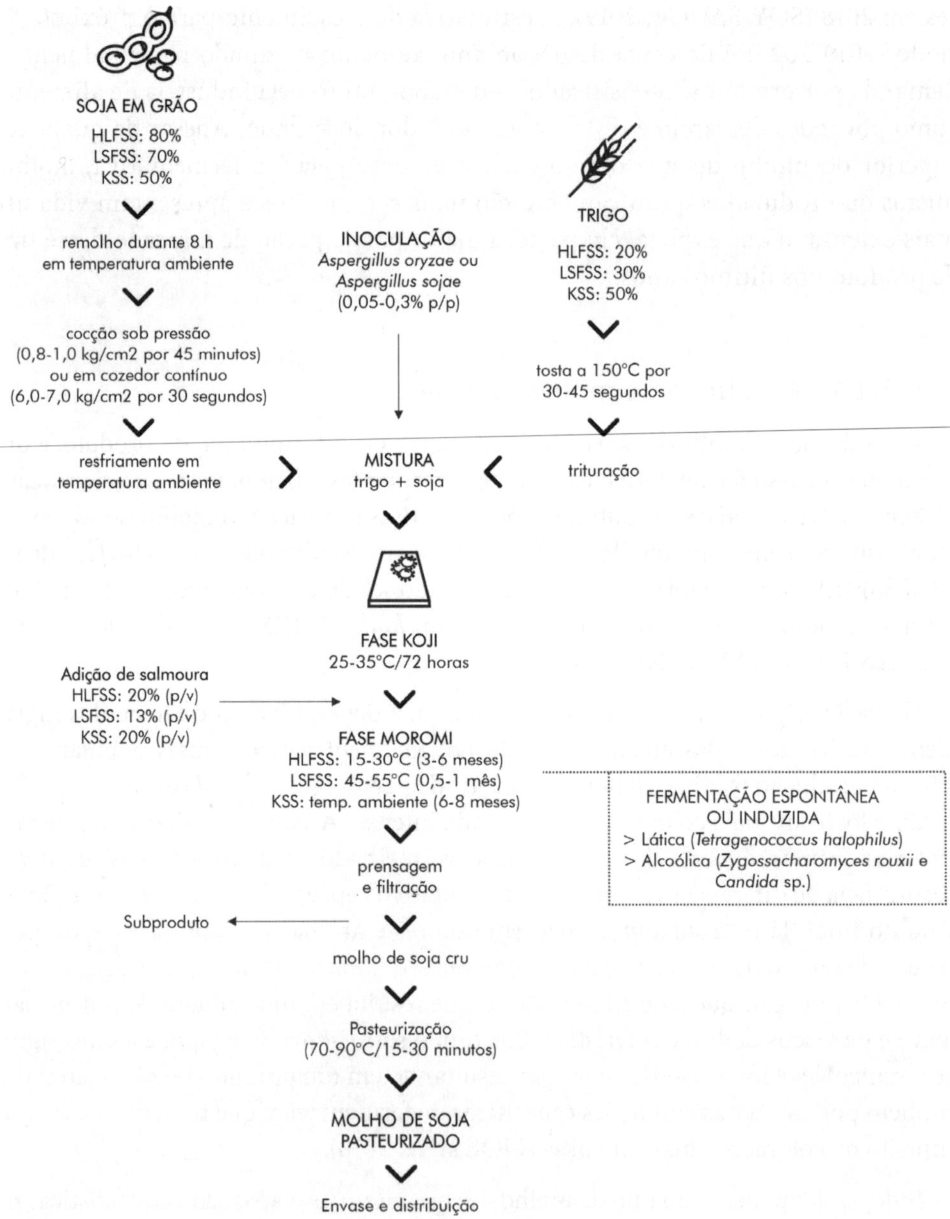

Figura 9.3 – Fluxograma de produção de diferentes tipos de molho de soja. HLFSS, molho de soja fermentado em estado sólido com alto teor de sal (China); LSFSS, molho de soja fermentado em estado sólido com baixo teor de sal (China); KSS, molho de soja *koikuchi* (Japão). Fonte: adaptada de Devanthi e Gkatzionis (2019).

9.3.1.2 Microbiologia da fermentação do molho de soja

A fermentação do molho de soja compreende, em geral, longos períodos, que podem variar de quatro a seis meses, ou até mesmo quatro anos ou mais para alguns molhos de soja tradicionais japoneses. Um fato característico desse processo fermentativo é que ele ocorre em condições não assépticas, com bactérias e fungos ambientais se desenvolvendo e contribuindo para a qualidade nutricional, sensorial e microbiológica do produto final, desde que respeitadas, obviamente, as boas práticas de fabricação.

O primeiro estágio da fermentação, denominado *koji*, compreende o cultivo de *A. oryzae* e é mais curto, durando em média 72 horas. Já o segundo estágio, conhecido como *moromi*, é o mais longo e corresponde à maior parte do tempo de fermentação. Pode parecer que esse estágio mais longo seja o mais importante para a fermentação do molho de soja; no entanto, além da atividade de BAL halotolerantes e leveduras na salmoura de fermentação, a presença de enzimas produzidas na etapa *koji* é imprescindível para a disponibilização dos nutrientes necessários para o desenvolvimento das populações microbianas no estágio *moromi*. Tratam-se, portanto, de estágios complementares, cujas particularidades serão apresentadas a seguir.

9.3.1.2.1 Primeiro estágio: koji

O *koji* (do japonês 麹, "grão mofado") corresponde ao principal ingrediente de vários alimentos fermentados à base de soja. Muito mais que um simples inóculo, ele consiste numa verdadeira maquinaria enzimática, imprescindível para a transformação do substrato fermentativo em alimentos ricos em aromas e sabores complexos. Seu uso não se restringe ao molho de soja e ao missô, mas também se aplica à produção de bebidas alcoólicas (como o saquê), não alcoólicas (como o *amazakê*), além de vinagre de arroz e outros tipos de produtos fermentados orientais.

Consiste basicamente em *Aspergillus flavus* var. *oryzae* (*A. oryzae*) crescido em substrato sólido, composto de diferentes tipos de matéria-prima, como cevada, arroz e trigo, a depender do produto a ser elaborado. A espécie foi isolada pela primeira vez em 1876 a partir de uma amostra de *koji* que tem sido utilizado pelo homem há milhares de anos. Nos últimos séculos, as técnicas para isolamento microbiano e purificação de esporos de *A. oryzae* permitiram a produção de inóculos em escala industrial, facilitando seu uso e dificultando possíveis contaminações do processo fermentativo (ROKAS, 2009). Além de *A. oryzae*, outros fungos filamentosos, como *Aspergillus sojae*, *Aspergillus niger* e *Rhizopus* sp. podem ser empregados na produção de alimentos.

O gênero *Aspergillus* compreende 185 espécies, incluindo mais de vinte patógenos humanos, espécies fitopatogênicas e outras exploradas industrialmente. Estudos têm demonstrado que *A. oryzae* tem um genoma cerca de 30% maior que o de outras espécies, como *A. nidulans* e *A. fumigatus* (um importante patógeno humano). Acredita-se que isso tenha relação com a transferência de genes de outras espécies para *A. oryzae* no decorrer da evolução; tais genes estão distribuídos por todo o genoma do microrganismo e conferem fenótipos interessantes para a espécie, envolvidos principalmente na síntese e no transporte de vários tipos de metabólitos secundários (GOFFEAU, 2005).

Embora *A. oryzae* seja filogeneticamente próximo de *A. niger* (utilizado em processos industriais para obtenção de proteases e ácido cítrico) e *A. flavus* (este reconhecidamente um produtor de toxinas – a palavra "aflatoxina" provém justamente do seu nome), a espécie não produz toxinas, característica evidenciada por seu extenso uso na história da produção de alimentos. Soma-se a isso sua capacidade de produzir enzimas extracelulares, com destaque para as amilases (responsáveis pela quebra do amido em maltose e glicose), proteases (que geram peptídeos e aminoácidos a partir das proteínas) e lipases (que resultam na liberação de ácidos graxos), tornando essa espécie ideal para uso em processos fermentativos (MACHIDA *et al.*, 2005). A produção de toxinas em *A. flavus*, por exemplo, envolve 25 genes que codificam diferentes proteínas que constituem o composto micotoxigênico. Esses genes também estão presentes em *A. oryzae* e teriam sido transferidos por *A. flavus*, mas, no decorrer da evolução, foram silenciados, o que garante a inocuidade do inóculo para a produção de alimentos (GOFFEAU, 2005).

Os processos envolvidos na produção de LF geralmente correspondem à fermentação em estado sólido (FES), em que o microrganismo cresce na superfície de substratos sólidos. Para cultivo do *koji*, podem ser utilizados substratos à base de arroz ou grãos cozidos, que são, então, misturados aos esporos de *A. oryzae* e mantidos em bandejas apropriadas, as quais permitem uma boa aeração. A disponibilidade de oxigênio é extremamente importante, pois os fungos filamentosos são aeróbios estritos. Diferentemente do observado para a fermentação submersa ou líquida (FS), na FES a disponibilidade de água é relativamente baixa; assim, é imprescindível que se favoreça o contato direto do microrganismo com o substrato. Para tal, deve-se proceder à homogeneização adequada, facilitando o acesso do fungo a todos os nutrientes necessários para sua multiplicação. Em sistemas de produção mais complexos, reatores automatizados geralmente resultam em produtos padronizados e de qualidade superior.

A Figura 9.4 exibe algumas particularidades observadas na FES. As hifas desenvolvem-se a partir da germinação de esporos, criando uma camada, observável a olho nu, que consiste no micélio fúngico. Algumas das hifas crescem em direção ao ambiente externo, enquanto outras vão, aos poucos, ocupando os espaços entre as partículas do substrato – as chamadas hifas penetrativas. Em condições normais de umidade, gases tendem a se represar entre as hifas aéreas, diferentemente daquelas que compõem o micélio e dos espaços entre as partículas do substrato, que se preenchem de líquido. As atividades metabólicas mais significativas ocorrem próximo ao substrato, embora possam se dar também na porção aérea. Enzimas extracelulares produzidas pelo fungo se difundem pela matriz do substrato, atuando sobre os polímeros constituintes e resultando na liberação de monômeros, utilizados como fonte de nutrientes pelo microrganismo. Trocas gasosas ocorrem, com entrada de O_2 do ambiente e produção de CO_2 com liberação para o meio externo. Um dos principais parâmetros a serem avaliados é a temperatura: por causa do intenso metabolismo, o desenvolvimento de calor (Q) resulta em aumento da temperatura (T) no sistema, o que pode resultar na morte do fungo caso ocorra uma elevação muito grande. A H_2O é equilibrada no sistema pela absorção pelo micélio no decorrer do crescimento fúngico, pelo consumo de água nas reações de hidrólise enzimática e pela produção de água pela respiração. Estes e outros fenômenos podem impactar diretamente a eficiência do processo de FES (HÖLKER; LENZ, 2005).

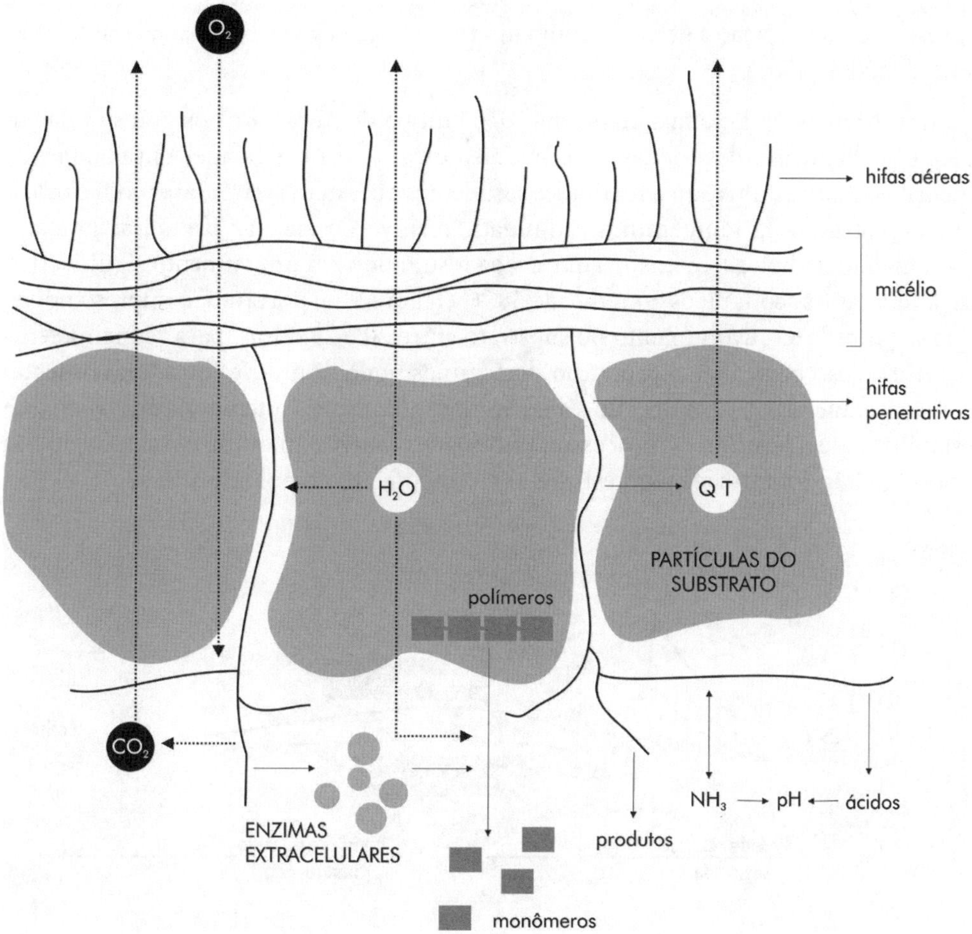

Figura 9.4 – Representação esquemática de processos em microescala no decorrer da FES. Q, calor; T, temperatura. Fonte: adaptada de Hölker e Lenz (2005).

Ainda que esse tipo de fermentação pareça menos sofisticado que a FS, pela menor possibilidade de controle das variáveis do processo, o emprego de fungos filamentosos visando à produção de alimentos é uma das mais antigas e significativas ferramentas biotecnológicas. Certos alimentos precisam de tempos mais prolongados, permitindo a atuação do inóculo no substrato, de maneira a resultar em produtos com características sensoriais e funcionais mais complexas. Com o desenvolvimento da microbiologia e da biotecnologia, estudos têm sido desenvolvidos para se selecionarem estirpes que superexpressem características de interesse (COPETTI, 2019). Nesse contexto, a FES pode, portanto, ser considerada uma tecnologia de ponta, dominada principalmente por produtores de países asiáticos que a utilizam não só para obter o *koji* visando à produção de molho de soja, mas também de outros produtos de interesse, como a sacarificação do arroz para produção de saquê, a obtenção de enzimas celulolíticas a partir de *Trichoderma* sp., a produção de arroz vermelho (*angkak*) por *Monascus purpureus*, entre outros exemplos. O domínio do processo muitas vezes é transmitido de geração a geração, como uma espécie de segredo industrial (HÖLKER; LENZ, 2005).

Em sistemas tradicionais de produção, o cultivo de *A. oryzae* nos grãos se dá em pequenas bandejas, destinadas exclusivamente para essa finalidade. Em plantas industriais, o *koji* é cultivado em grandes recipientes ou sistemas circulares com controle automatizado da temperatura e umidade relativa do ar. Nas primeiras horas, o crescimento do bolor é intenso, o que acaba resultando em um aumento significativo da temperatura, com picos ao redor de 38 °C (Figura 9.5); portanto, é imprescindível que se proceda ao revolvimento do substrato entre 20 e 25 horas, para reduzir a temperatura; caso contrário, a produção de enzimas pode diminuir consideravelmente, com risco, inclusive, de morte do *koji*. Nas horas seguintes, a temperatura tende a se estabilizar até o término do processo. A umidade relativa é mantida em saturação nas horas iniciais, importante para estimular o crescimento do bolor.

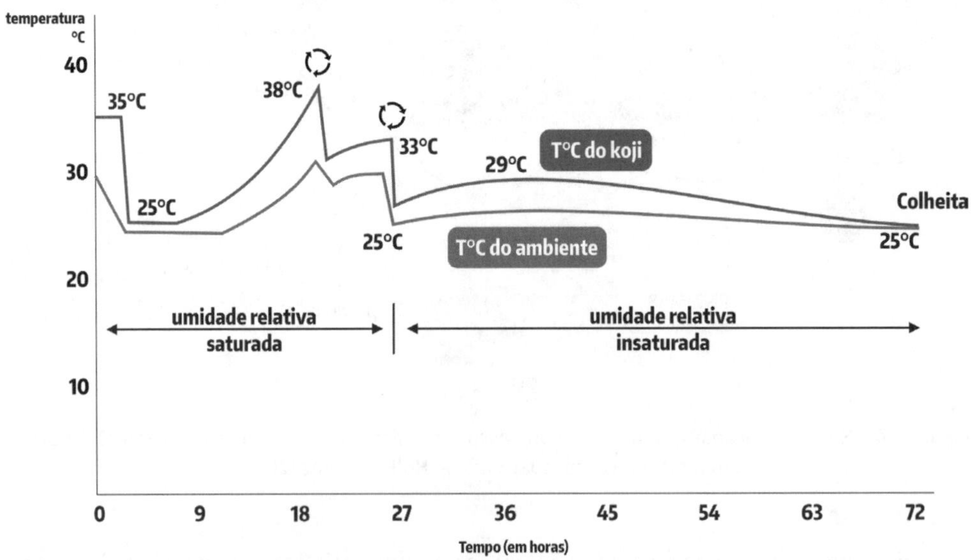

Figura 9.5 – Alterações na temperatura no decorrer do cultivo de *koji*. As setas circulares indicam os momentos em que o substrato é revolvido mecanicamente, etapa imprescindível para a diminuição da temperatura durante o crescimento do *koji*. Fonte: adaptada de Fukushima (2004).

9.3.1.2.2 Segundo estágio: moromi

No estágio *moromi*, a mistura de *koji* e salmoura é mantida em condições controladas de temperatura para uma segunda fermentação, que pode durar de seis a oito meses (Figura 9.6). Nessa etapa, destacam-se as leveduras halotolerantes *Zygosaccharomyces rouxii* e *Clavaria versatilis*, bem como BAL, que predominam. Durante esse período, o amido é convertido em álcoois, ácido lático e dióxido de carbono; já as proteínas são hidrolisadas, gerando peptídeos e aminoácidos (SUGAWARA, 2010) (Figura 9.7).

Figura 9.6 – Alterações visuais do substrato no decorrer da fermentação de molho de soja (etapas *koji* e *moromi*). No estágio *koji*, soja e trigo são inoculados com *Aspergillus oryzae*, que se desenvolve ao longo de 72 horas. Nesse estágio ocorre intensa produção de enzimas, como amilases, proteases e lipases. Posteriormente, o *koji* é misturado à salmoura (18% a 22% m/v), na qual permanece por um período de 4 a 6 meses (estágio *moromi*).

Fonte: Fotos gentilmente cedidas por José Guilherme Prado Martin.

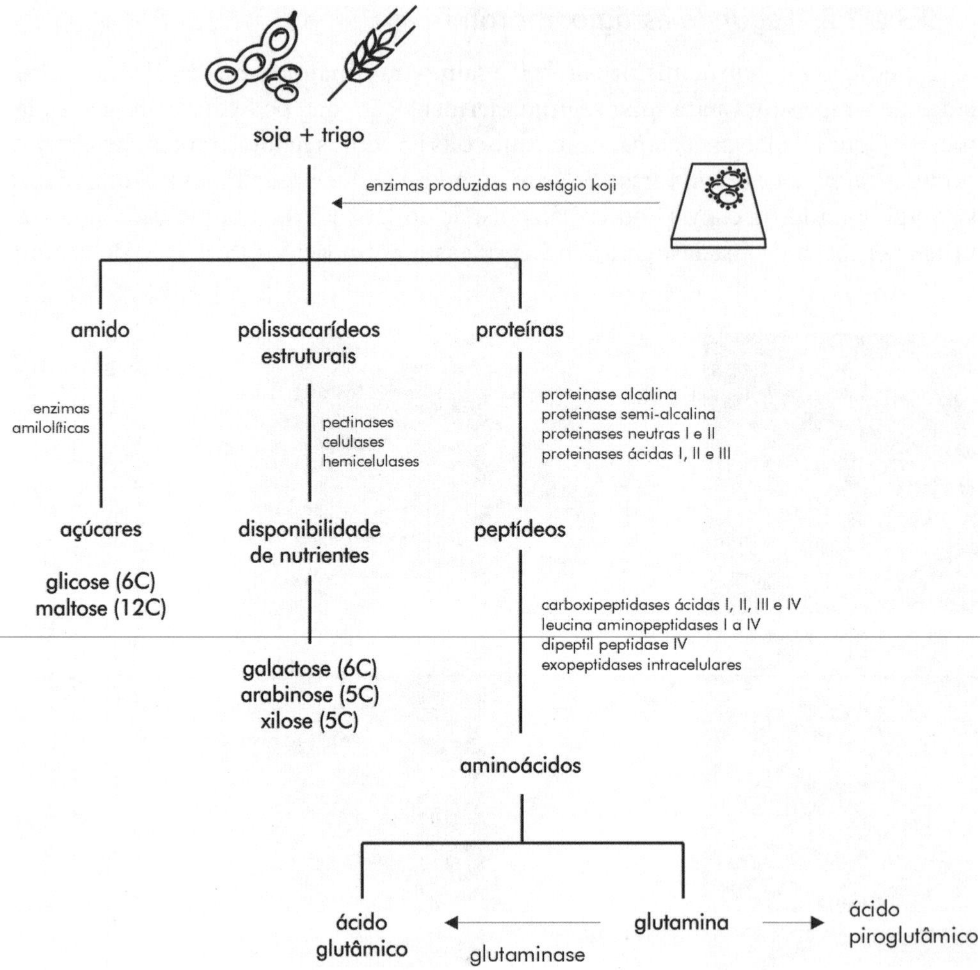

Figura 9.7 – Principais enzimas produzidas na etapa *koji* que atuarão sobre o substrato na etapa *moromi*. Fonte: adaptada de Fukushima (2004).

Fatores que interferem na dinâmica populacional da fase *moromi* relacionam-se principalmente à temperatura de incubação, à disponibilidade de O_2 e nutrientes no substrato (principalmente carboidratos), e também à concentração de sal. Os teores para a salmoura nesse estágio resultam em valores de atividade de água reduzidos, ao redor de 0,88; nesta condição, as populações de bactérias deterioradoras decrescem rapidamente (O'TOOLE, 2019; YOKOTSUKA, 1985). Leveduras selvagens inicialmente presentes são praticamente eliminadas até o primeiro mês, em decorrência das concentrações de sal e de subprodutos formados a partir do metabolismo e que vão se acumulando na salmoura, como guaiacol e etanol. *Micrococcus* sp., que corresponde ao principal gênero bacteriano contaminante da produção de *shoyu*, também tem suas populações reduzidas, não exibindo crescimento e persistindo, no máximo, até o segundo mês do estágio *moromi*.

Em estabelecimentos produtores tradicionais, a microbiota que coloniza as paredes internas dos recipientes de fermentação dá início ao processo fermentativo; a microbiota recebe, ainda, o incremento de espécies distribuídas no ambiente de produção. Portanto, quando da adição da salmoura de fermentação e do acréscimo do *koji*, uma rica microbiota de bactérias (em torno de 8 a 9 log UFC/g) rapidamente inicia a fermentação (O'TOOLE, 2019). Em processos industriais padronizados, BAL e leveduras são adicionadas visando à obtenção das características de interesse no produto final. Em geral, *Tetragenococcus halophilus* é usada como BAL tolerante ao sal, enquanto *Z. rouxii* compreende a levedura mais utilizada, também tolerante a altas concentrações de sal (NISHIMURA *et al.*, 2018).

A produção de características de qualidade do molho de soja relacionadas ao *flavor* do produto é decorrente da atividade de BAL e leveduras, com destaque para *Z. rouxii* e *Candida* sp. No grupo das BAL, *Tetragenococcus halophilus* predomina ao longo da fermentação em salmoura (Figura 9.8). Entre o segundo e o terceiro mês de fermentação, a população de *T. halophilus* atinge seu ápice (8 log UFC/g), partindo de uma população inicial de 4 log UFC/g. A dinâmica envolve, posteriormente, o crescimento da população de *Z. rouxii*, com consequente produção de etanol. Por fim, espécies de *Candida*, como C. *versatilis* e *C. etchelsii*, aumentam consideravelmente, principalmente entre o quarto e o sexto mês de fermentação, sendo responsáveis pela produção de compostos relacionados ao *flavor* do produto. Em sistemas de produção japoneses, culturas de *Z. rouxii* são adicionadas ao redor de 5 a 6 log UFC/g de *moromi*, quando este atinge valores de pH entre 5,2 e 5,3 (O'TOOLE, 2019).

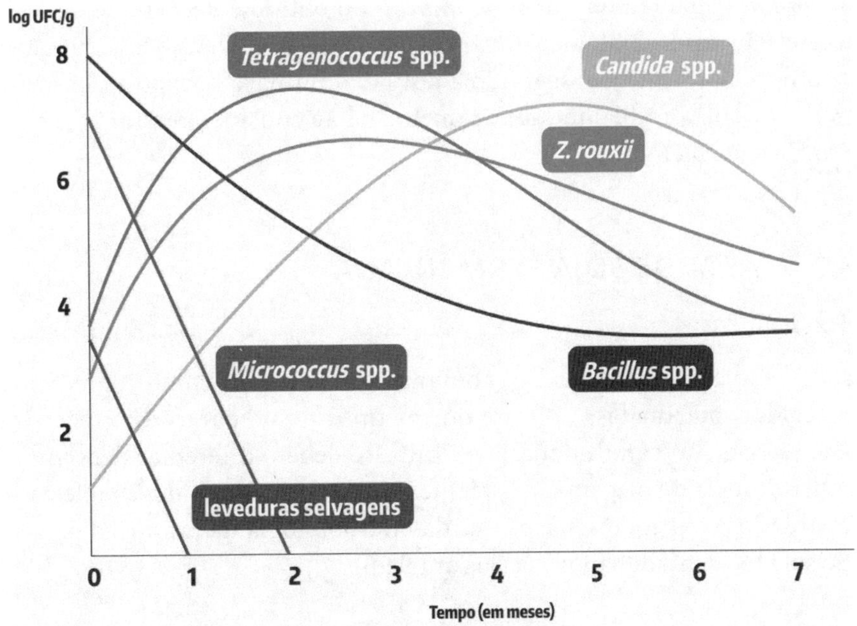

Figura 9.8 – Sucessão microbiana da produção de molho de soja (*shoyu*) durante sete meses (estágio *moromi*). Fonte: adaptada de O'Toole (2019); Yokotsuka (1985).

Por fim, após o estágio *moromi*, o produto é filtrado para remoção da fração sólida e posteriormente pasteurizado. Este último processo é particularmente importante para a qualidade do molho de soja, tendo em vista que as temperaturas empregadas, em torno de 80 °C, contribuem para a reação de Maillard, resultando na formação de compostos de *flavor* relacionados à qualidade do produto final (SUGAWARA, 2010). O gosto *umami* em molho de soja é atribuído principalmente à presença de aminoácidos, especialmente glutamato, alanina e aspartato. Embora outros peptídeos também possam contribuir para esse atributo (como Glu-Asp e Glu-Val), em molho de soja eles estão presentes em quantidades insignificantes; no entanto, sua presença pode contribuir para realçar outros sabores do produto fermentado. Além disso, piroglutamina e compostos de Amadori produzidos no decorrer da reação de Maillard contribuem para o gosto *umami*, ainda que estejam presentes em concentrações abaixo do limiar (ZHAO; SCHIEBER; GÄNZLE, 2016).

Molho de soja pode ser obtido por via não fermentativa, pela hidrólise ácida dos componentes da matéria-prima. Neste caso, os grãos são cozidos e tratados com ácido clorídrico durante cerca de vinte horas. A mistura é, então, resfriada e neutralizada com hidróxido de sódio. O produto resultante é submetido à prensagem e posteriormente filtrado, podendo ser acrescido de xarope de milho e sal. Para conferir a coloração característica, geralmente se utiliza corante caramelo. Um processo semiquímico pode ser empregado para melhorar os atributos sensoriais, utilizando-se concentrações menores de ácido clorídrico e uma fração de molho *moromi*. De qualquer maneira, o produto obtido é decorrente de processo químico, e não microbiológico (ADITIVOS & INGREDIENTES, 2002). Neste ponto, cumpre destacar que, segundo a nova denominação proposta recentemente, o molho de soja produzido quimicamente não é considerado um alimento fermentado (MARCO *et al.*, 2021).

9.3.2 PASTA DE SOJA FERMENTADA

9.3.2.1 Missô

Pastas de soja fermentadas são comumente utilizadas como ingredientes de molhos, caldos, marinadas, *ramen* e outros tipos de preparações, especialmente no Japão, Coreia, Taiwan, Indonésia e China. Recebem diferentes denominações, a depender do país de origem e das técnicas utilizadas na produção. Nesta seção, serão abordados os principais aspectos da microbiologia da produção de missô, a pasta de soja fermentada japonesa (Figura 9.9B).

Figura 9.9 – Pastas de soja e coalhadas de soja (*tofu*) fermentadas. A) *Doenjang*, pasta de soja fermentada de origem coreana, correspondente ao missô japonês (B); C) *sufu* branco apimentado (*tofu* fermentado), de origem chinesa; D) *sufu* vermelho (*tofu* fermentado) em molho à base do fungo *Monascus purpureus*, que lhe confere a cor avermelhada característica, de origem chinesa. Fonte: Fotos gentilmente cedidas por José Guilherme Prado Martin.

Os primeiros registros da produção de missô datam do século XVIII, embora acredite-se que o produto já fosse produzido no Japão desde épocas mais remotas. Alguns autores propõem que o missô teria derivado de um alimento fermentado à base de soja e arroz de origem chinesa, conhecido como *jan* e utilizado para condimentação, produzido à época em templos budistas. Produtos conhecidos como *misun* na China e *mirujo* na Coreia eram elaborados a partir da trituração da soja cozida, moldada na forma de bolas e envolvida em palha de arroz, penduradas em beirais para fermentarem naturalmente. Apenas no século X o termo *miso* aparece em registros escritos japoneses, passando a ser comumente utilizado a partir de então (MINAMIYAMA; OKADA, 2003).

Existem vários tipos de missô disponíveis no mercado, que variam principalmente em relação aos ingredientes básicos. Além da soja e do sal, podem ser utilizados trigo, cevada e arroz, que contribuem para as diferenças em relação aos atributos sensoriais e de qualidade do produto. Assim, o *shiro* missô corresponde ao missô branco (como já vimos, em japonês, *shiro* quer dizer branco), com menor teor de sal, de coloração mais clara, sabor suave e fermentação mais curta. Já o *aka* miso, ou missô vermelho (do japonês *aka*, vermelho), apresenta maior teor de sal, coloração mais escura e sabor acentuado, e seu período de fermentação é superior ao do missô branco (SAKURA, 2019).

A base da microbiologia da produção do missô consiste no *koji* (*A. oryzae*). Mas, diferentemente do molho de soja – em que o *koji* é misturado à salmoura para um segundo estágio de fermentação (*moromi*) –, para a produção de missô o *koji* é misturado a uma pasta previamente preparada a partir de soja cozida e salgada. Nesse substrato, leveduras (*Z. rouxii*) e BAL (*Pediococcus* sp. e *Streptococcus* sp.) são adicionadas (MAHESHWARI; AHLBORN; RÜHL, 2020). Para missô contendo arroz, utiliza-se *koji* cultivado em arroz; para missô contendo cevada ou soja, o *koji* é pré-cultivado em seus respectivos substratos (MINAMIYAMA; OKADA, 2003).

A produção de missô pode ser dividida em três etapas distintas. Na primeira, que corresponde à fase *koji*, o substrato (geralmente arroz cozido no vapor) é inoculado com *A. oryzae*. Em torno de 48 a 72 horas, o fungo recobre a superfície do substrato, estando pronto para ser utilizado (Figura 9.10). Na segunda etapa, o *koji* é misturado à soja previamente cozida, triturada e acrescida de salmoura, formando uma pasta. O sal é imprescindível para a seleção de BAL e leveduras importantes para o processo. Culturas de *Z. rouxii* e *C. versatilis* são adicionadas à mistura para que atuem durante a terceira etapa. Nesta, por fim, a mistura é mantida em condições adequadas para a fermentação. O missô ainda jovem é, em geral, fermentado em tanques dispostos em salas de fermentação com temperatura ao redor de 25 °C a 30 °C por um período de tempo prolongado, que pode variar de três até doze meses. Durante esse período, o amido se converte em carboidratos fermentescíveis, bem como observa-se a hidrólise enzimática das proteínas da soja, resultando em peptídeos e aminoácidos que contribuem significativamente para o *flavor* do produto (SUGAWARA, 2010; EBINE, 2004).

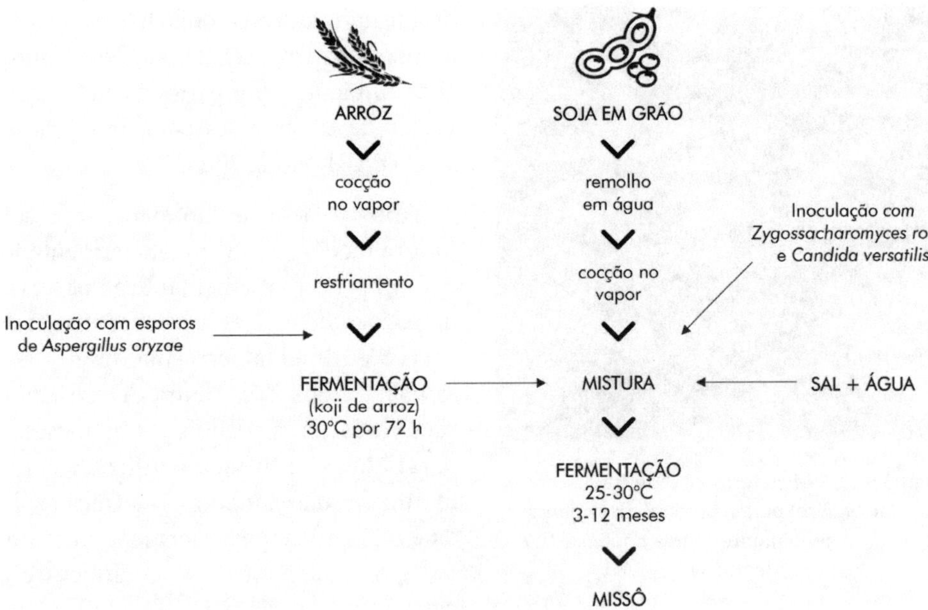

Figura 9.10 – Fluxograma da fermentação de missô de soja e arroz.
Fonte: baseada em Nout (2015); Sugawara (2010).

Em missô produzido tradicionalmente, no início da fermentação predominam microrganismos capazes de utilizar carboidratos, proteínas e lipídeos do substrato fermentativo, como *Aspergillus, Penicillium, Bacillus* e *Enterococcus.* Com a adição de sal ao processo (em torno de 20%), seleciona-se a microbiota halotolerante, incluindo *Leuconostoc, Weissella, Pediococcus, Lactobacillus, Tetragenococcus, Clostridium, Debaryomyces* e *Aspergillus*, que contribuem de maneira significativa para a produção de compostos relacionados ao *flavor*, como ácidos orgânicos, ésteres, álcoois, aminoácidos, furanonas e compostos aromáticos. Já foram identificados mais de duzentos compostos voláteis relacionados ao sabor do missô, cujo perfil pode variar a depender dos microrganismos envolvidos no processo fermentativo. Para garantir uma padronização dos atributos sensoriais do produto final, o uso de culturas *starter* é uma estratégia interessante (YUE *et al.*, 2021).

9.3.2.2 *Doenjang*

A produção tradicional de *doenjang*, o correspondente coreano ao missô japonês, compreende o emprego de *meju* fermentado. O *meju* consiste em blocos de soja fermentada, em formatos semelhantes a tijolos de 8 cm de altura por 12 cm de largura e 20 cm de comprimento. Após o remolho, a soja é cozida por duas horas a pressão atmosférica, triturada, inoculada e disposta nos moldes característicos. A fermentação do *meju* em geral envolve *Bacillus subtilis* e fungos filamentosos como *Aspergillus, Mucor* e *Rhizopus* (*A. oryzae* é o mais comumente empregado). Esse substrato é

Figura 9.11 – *Meju* fermentando tradicionalmente (ao ar livre) para a produção de *doenjang*. Fonte: foto gentilmente cedida por Sébastien de Roany.

desidratado durante dois dias ao ar livre e posteriormente fermentado em condições ambientais por períodos que podem variar de trinta a sessenta dias (Figura 9.11) (PARK *et al.*, 2003).

Após, é transferido para uma salmoura na qual é novamente fermentado, em um processo semelhante ao observado para o *shoyu*. Nessa etapa, pedaços de carvão e pimenta vermelha desidratada são acrescidos à salmoura de fermentação. Após cerca de dois a três meses, a parte líquida é filtrada e utilizada como molho de soja (*kanjang*); já a fração sólida é triturada e posteriormente maturada em recipientes de cerâmica por períodos que variam de dois a seis meses, resultando no *doenjang* (LEE; PARK, 2014) (Figura 9.9A). Mais recentemente, outros ingredientes, além da soja, têm sido utilizados na produção de *doenjang*, como o trigo (ENDO *et al.*, 2014).

9.3.3 *NATTO*

O *natto* compreende um produto muito popular em países asiáticos, especialmente no Japão, embora atualmente tenha se difundido e seja encontrado em praticamente todo o mundo. Existem vários tipos de *natto* originários do continente asiático, que recebem diferentes denominações a depender do país produtor. O *natto* provavelmente teve sua origem na região sudeste da China, na província de Yunnan. Tendo em vista a grande diversidade de tipos de *natto*, alguns autores fazem menção à uma região denominada "Triângulo do *natto*", virtualmente formada pela junção dos pontos geográficos entre Yunnan, Tailândia, Mianmar, Butão, Nepal, Indonésia e Japão (KIUCHI; WATANABE, 2004).

Acredita-se que vários produtos fermentados à base de soja apresentem uma origem comum. Por isso, alguns autores consideram o *douchi* chinês, o *kinema* indiano, o *cheonggukjang* coreano e até mesmo o *tempeh* indonésio como variedades de *natto*, embora essa classificação não seja consensual. De qualquer forma, estudos filogenéticos demonstraram a semelhança de estirpes de *B. subtilis* var. *natto* (*B. natto*) isoladas de alimentos de soja produzidos em regiões geograficamente distantes, indício de que o microrganismo pode ter se disseminado a partir de uma mesma fonte de soja fermentada (TAMANG; SAMUEL, 2010). Para efeitos didáticos, nesta seção serão apresentadas as principais características do *natto* japonês mais popular, chamado de *itohiki natto*, produzido a partir da fermentação por *B. natto* inoculado em soja cozida durante 24 horas.

Já o *hamanatto* e o *daitokuji natto* – também conhecidos como *natto* salgado – são inoculados com fungos a partir de protocolos distintos (CHEN *et al.*, 2016). Além disso, *douchi* e *tempeh* serão abordados separadamente, nas seções a seguir.

O *natto* apresenta-se na forma de grãos de soja recobertos por um material viscoso de coloração esbranquiçada, textura macia e sabor e aroma pronunciados (Figura 9.12A), constituído basicamente por um polipeptídeo, o ácido gama-poliglutâmico (gama-PGA). Esse componente, junto ao polissacarídeo frutano, são os principais responsáveis pela textura do alimento (FUKUDA; KOBAYASHI; HONDA, 2017). Ácidos isovalérico e isobutírico, presentes no produto, contribuem para o aroma considerado desagradável no *natto* (CAO *et al.*, 2019). Assim como outros tipos de alimentos fermentados, acredita-se que o *natto* tenha sido descoberto de maneira ocasional. Certamente, a história mais conhecida se refere a um cavaleiro chefe de uma legião de samurais que teria se instalado provisoriamente no norte do Japão durante a conquista de um território no século XI. Seu criado alimentava os cavalos com soja cozida; os grãos não consumidos eram embrulhados em canudos de palha. Com o tempo, a soja fermentou. Ao perceber um líquido viscoso a escorrer do produto, o criado o teria provado e se impressionado com seu sabor e aroma peculiares (NAGAI; TAMANG, 2010).

Figura 9.12 – *Natto* (*itohiki natto*) japonês. A) Filamentos de *natto* característicos, formados pela presença de ácido gama-poliglutâmico ao longo da fermentação por *Bacillus subtilis* var. *natto*; B) esporos de *B. natto* utilizados para inoculação da soja; C) uma das formas de consumo de *natto*, utilizado principalmente como acompanhamento ou ingrediente de preparações culinárias.
Fonte: Fotos gentilmente cedidas por José Guilherme Prado Martin.

O produto pode ser consumido puro, para saborização de diferentes tipos de preparações, como acompanhamento de arroz (Figura 9.12C), dentre outros. Recentemente, tem sido utilizado para incremento de sanduíches, massas e outros tipos de pratos em estabelecimentos atentos a novas tendências gastronômicas, principalmente em grandes metrópoles. No próximo tópico, serão abordados alguns aspectos relacionados à produção de *natto*, com foco na microbiologia da fermentação que, diferentemente das demais LF apresentadas até aqui, é basicamente bacteriana.

9.3.3.1 Produção e microbiologia do *natto*

B. natto corresponde a uma variedade de *B. subtilis*, com características interessantes do ponto de vista industrial e funcional. É resistente ao calor, a temperaturas baixas e a condições de acidez; além disso, não é patogênico para seres humanos e é capaz de resistir às condições de acidez do ambiente gástrico, conseguindo, portanto, atingir o trato intestinal. Tais características, aliadas à produção de compostos de reconhecida atividade biológica, fez com que *B. natto* fosse incluído na lista de probióticos da Food and Drug Administration (FDA) (WANG *et al.*, 2020).

O microrganismo requer biotina para a multiplicação – em meios em que essa vitamina está ausente, células vegetativas não se multiplicam e não se observa a germinação dos esporos. A temperatura ótima de crescimento é entre 39 °C e 43 °C; já a temperatura ideal para a germinação é de 40 °C. Aos 55 °C, ocorre perda da viabilidade celular. Valores de pH próximos à neutralidade são ótimos para o crescimento, que é inibido, bem como a germinação, em valores de pH abaixo de 4,5 (KIUCHI; WATANABE, 2004).

A Figura 9.13 apresenta as principais etapas da produção de *natto*. Primeiramente, a soja é lavada e submetida ao processo de remolho em água a 10 °C por cerca de doze horas, até que seu peso dobre em relação ao peso do grão *in natura*. Após cocção sob pressão por vinte minutos, os grãos de soja são pulverizados com uma suspensão de *B. natto* em torno de 3 log UFC/g de soja (Figura 9.12B). Diferentemente dos fungos - que devem ser inoculados após o resfriamento do substrato - a inoculação da soja ainda quente (em torno de 85°C) se deve ao fato dos esporos

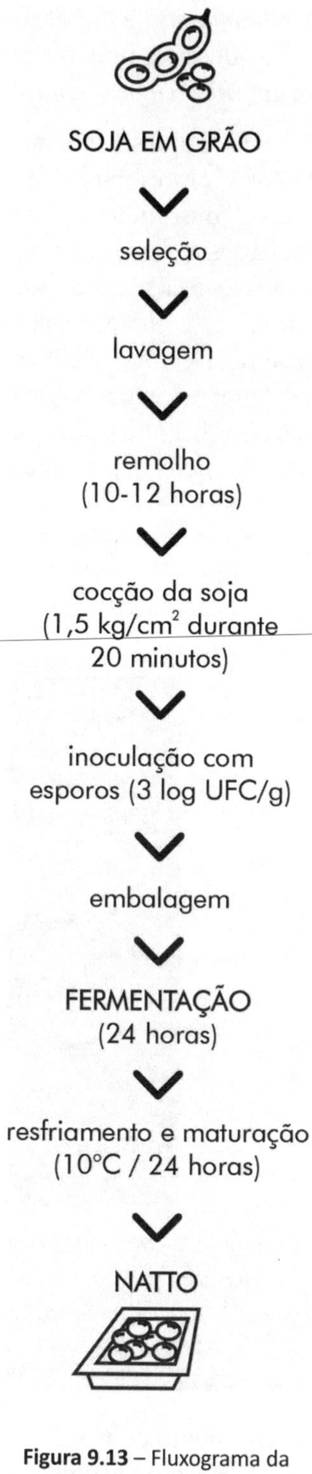

Figura 9.13 – Fluxograma da produção de *natto*. Fonte: adapatada de Hosoi e Kiuchi (2003).

de *B. natto* serem resistentes ao calor, ao contrário de outros contaminantes bacterianos. Populações menores podem resultar em fermentação insuficiente; já populações muito superiores podem inibir o desenvolvimento da viscosidade e das características de aparência desejadas. A soja inoculada é, então, porcionada e embalada antes da fermentação, o que acaba por facilitar o processo produtivo. Em geral, utilizam-se pequenas bandejas de poliestireno, que são empilhadas em salas de fermentação com rigoroso controle das condições de temperatura e umidade; além disso, sistemas de ventilação garantem o suprimento de oxigênio necessário. Considerando que as condições podem variar a depender do local da sala de fermentação, a movimentação espacial do produto pode ser necessária para uma melhor padronização do processo (HOSOI; KIUCHI, 2003).

Considerando-se que a população de *B. natto* inoculada segue uma curva de crescimento clássica, nas primeiras horas – etapa correspondente à fase *lag* (adaptação) – a temperatura é mantida entre 37 °C e 40 °C, com umidade relativa (UR) de cerca de 90%. Esses parâmetros são importantes para que o inóculo se multiplique de maneira adequada posteriormente. Quando se inicia a fase de crescimento exponencial (fase logarítmica ou simplesmente fase *log*), observa-se intenso crescimento bacteriano, o que resulta no aumento da temperatura após oito horas, até atingir valores ao redor de 50 °C em torno de doze horas de fermentação. Para estimular a produção de filamentos de gama-PGA, a temperatura deve ser mantida ao redor de 52 °C por cerca de quatro horas ao longo da fase estacionária do crescimento da população, temperatura tida como ótima para produção dos materiais viscosos característicos do produto. Por fim, reduz-se a temperatura para 10 °C nas últimas horas, visando à inibição da desaminação decorrente do intenso crescimento de *B. natto*. Na última fase da curva de crescimento bacteriano (fase de declínio), parte das células vegetativas esporulam; ao término, as células sofrem autólise, liberando componentes celulares, como proteínas, endoenzimas, vitaminas e outros tipos de compostos voláteis. A formação de pequenos pontos brancos na superfície da soja, visíveis a olho nu, correspondem aos agregados formados pelo crescimento bacteriano nas etapas anteriores. A partir da ação de enzimas, especialmente proteases e peptidases, os componentes proteicos da soja são hidrolisados, contribuindo para as características sensoriais típicas do produto (KIUCHI; WATANABE, 2004). Após a fermentação, o *natto* é mantido durante 24 horas a 10 °C para a maturação, período no qual as características sensoriais são aprimoradas. O *natto* é considerado um alimento perecível, cuja vida útil, em geral, é de uma semana sob refrigeração. A reduzida durabilidade do produto decorre da intensificação do odor devido à liberação progressiva de amônia, o que afeta negativamente sua qualidade sensorial (HOSOI; KIUCHI, 2003). Pequenos cristais duros de cerca de 1 mm de diâmetro, de coloração branco-amarelada, podem surgir na superfície dos grãos durante o armazenamento. Tratam-se de cristais de tirosina e/ou estruvita (sulfato de amônio e magnésio) (KIUCHI; WATANABE, 2004).

Por meio da análise de compostos orgânicos voláteis por cromatografia gasosa olfatométrica e espectrometria de massas, Liu, Song e Luo (2018) determinaram os compostos aromáticos-chave envolvidos na fermentação de *natto*. Foram extraídos e identificados 79 compostos, entre cetonas, álcoois, aldeídos, ácidos, ésteres, pirazinas etc. Destes, 22 foram identificados como os principais compostos de aroma do produto, com destaque para as pirazinas. 2,5-Dimetilpirazina, 2,3,5-trimetilpirazina, 2,3,5,6-tetrametilpirazina e 2,3,5-metil-6-etilpirazina foram fundamentais para o flavor de *natto*. Por meio da análise de correlações com as cópias de DNA de *B. natto* durante a fermentação e a maturação do produto, os autores observaram que as pirazinas não foram produzidas pelo microrganismo, mas sua formação foi promovida pela liberação de aminoácidos livres, α-acetolactato e amônia produzidos pela fermentação.

A composição dos grãos de soja utilizadas na produção de *natto* pode influenciar diretamente as características sensoriais do produto final. Yoshikawa *et al.* (2014) avaliaram quinze diferentes tipos de *natto* produzidos com genótipos de soja distintos, correlacionando as características sensoriais do produto (aparência, viscosidade, sabor e textura) com os teores de proteína, gordura, cálcio, manganês, boro e carboidratos na matéria-prima. *Natto* de melhor qualidade sensorial foi positivamente correlacionado com os teores de gorduras e carboidratos, e negativamente com a dureza da semente, teor de proteínas, dentre outros. Assim, a seleção de linhagens de soja com teores menores de proteínas, proteína mais gordura, cálcio, manganês e boro, concomitantemente com maior teor de carboidratos, poderá, futuramente, consistir em uma estratégia interessante para o melhoramento de soja destinada à produção de *natto*.

O gama-PGA, importante para a textura do *natto*, é um polipeptídeo comestível, biodegradável e atóxico, que apresenta várias aplicações industriais. Na área agrícola, pode ser utilizado como fertilizante; no tratamento de água, como agente floculante, na filtração e purificação, e como quelante de metais pesados, especialmente níquel, cobre, manganês, alumínio e chumbo; na indústria biomédica e farmacêutica, é utilizado na formulação de medicamentos, vacinas, como agente antioxidante, crioprotetor, como adesivo biológico e na formulação de cosméticos (comumente chamado de "goma de *natto*"); e, por fim, na indústria de alimentos, como espessante de sorvetes e bebidas, em balas e gomas, como melhorador de pães, entre outras aplicações (VAN DER BREMPT, 2019).

Além de gama-PGA, polissacarídeos produzidos por *B. natto* têm despertado interesse por conta de suas diferentes aplicações industriais, tanto na área farmacêutica como cosmética e de alimentos. Nesse contexto, destaca-se a levana, um exopolissacarídeo de frutose de alta massa molecular formado por ligações glicosídicas tipo β-(2→6), podendo apresentar ramificações tipo β-(2→1). A partir de sacarose, *B. natto* é capaz de produzir grandes quantidades de levana (MELO *et al.*, 2010). Pode ser classificada como FOS quando constituída por uma cadeia curta de resíduos de D-frutose, sendo considerada um prebiótico (SANTOS; CAVALCANTI; CELLIGOI, 2011).

Compostos com atividade biológica já foram identificados em *natto*, como ácido dipicolínico e natoquinase. Esta última consiste em uma serina protease extracelular, de reconhecida atividade fibrinolítica. Trata-se, na verdade, de um tipo de subtilisina (NAT). Estudos da década de 1990 em modelo animal e seres humanos demonstraram os efeitos benéficos do uso de natoquinase na prevenção de doenças cardiovasculares (CAO *et al.*, 2019). Após extensivos estudos para avaliar sua toxicidade, demonstrou-se que o produto é de baixa preocupação toxicológica (LAMPE; ENGLISH, 2016). Atualmente, natoquinase é comercializada na forma de cápsulas e pode ser encontrada em praticamente todo o mundo. *Natto* compreende, ainda, uma fonte de vitamina K. Atualmente, não se conhece uma fonte dietética desta vitamina mais rica que a soja fermentada por *B. natto*. No produto, a vitamina K encontra-se na forma de menaquinonas de cadeia longa MK-7 (SCHURGERS *et al.*, 2007). A regulação da produção de MK-7 por *B. natto* tem sido, inclusive, estudada nos últimos anos. Os esforços têm se voltado para a melhoria de estirpes microbianas, visando à produção de *natto* com quantidades ainda maiores dessa vitamina (MIN *et al.*, 2021; PENG *et al.*, 2020).

Wang *et al.* (2020) avaliaram o efeito probiótico de *B. natto* no controle da obesidade e distúrbios metabólicos associados. Camundongos obesos com dieta rica em gordura foram tratados com uma suspensão da bactéria e avaliados quanto ao acúmulo de gordura em diferentes regiões do corpo. O tratamento demonstrou uma significativa redução dos teores de gordura corporal após oito semanas de tratamento. *B. natto* foi capaz de inibir a síntese de ácidos graxos e promover o catabolismo de ácidos graxos no fígado, a partir da expressão de genes relacionados. Além disso, análise metagenômica revelou que a suspensão avaliada foi capaz de alterar a microbiota dos animais, aumentando a proporção de Bacteroidetes e Firmicutes, bem como a abundância de Verrucomicrobia, contribuindo para o controle da obesidade nas condições avaliadas.

Gofur e Lestari (2016) avaliaram o efeito do tratamento de *natto* à base de soja preta na recuperação do sistema reprodutivo de camundongos com hipercolesteremia. Os animais tratados com extrato de *natto* por via oral no decorrer de trinta dias tiveram aumentados os índices de testosterona, bem como a densidade e a motilidade dos espermatozoides. Os autores sugerem que o extrato avaliado apresenta potencial de aplicação na terapia hipercolesterolêmica para o tratamento do sistema reprodutivo masculino. Recentemente, foi demonstrado o efeito antimelanoma – um dos tipos de câncer de pele mais agressivos – de extratos liofilizados de *natto* em culturas de tecidos (CHOU *et al.*, 2021). Os autores observaram um aumento significativo do estresse oxidativo, com consequente apoptose, de células cancerosas tratadas com os extratos de *natto* avaliados, sem causar modificações significativas em células normais da pele ou em células adiposas.

Outras aplicações de *B. natto* têm sido exploradas. Bersaneti *et al.* (2016) avaliaram a produção de frutooligossacarídeos (FOS) pela bactéria visando à produção de filmes comestíveis à base de amido de mandioca. Os FOS utilizados exerceram efeito plastificante, diminuindo a temperatura de transição vítrea, a permeabilidade ao vapor de água, e aumentando a solubilidade, resultados que indicam um potencial de aplicação para uso em filmes comestíveis pela indústria de alimentos. Já Pi *et al.* (2021) avaliaram a redução da imunorreatividade de polpa de amendoim cru após emprego de um protocolo combinado de tratamento térmico com *B. natto*. Os autores relataram uma diminuição superior a 70% da reatividade de imunoglobulina IgE nas preparações avaliadas. O procedimento de autoclavação do substrato seguido de fermentação pela bactéria resultou em degradação das proteínas de alto peso molecular, alterando significativamente a formação de epítopos, o que, futuramente, poderá vir a ser utilizado na prevenção de processos alérgicos decorrentes do consumo de amendoim cru.

9.3.4 *CHEONGGUKJANG*

O correspondente coreano ao *natto* japonês é o *cheonggukjang*, produzido pela fermentação de soja cozida inoculada principalmente por *B. subtilis*. Da mesma maneira que o *itohiki natto*, não leva sal ou qualquer outro tipo de condimento e fermenta por períodos bem curtos, de cerca de 24 a 48 horas. Suas características sensoriais provêm de metabólitos produzidos no decorrer do processo fermentativo, com sabor e aroma particulares; além disso, durante a fermentação, isoflavonas são convertidas em glicosídeos e suas agliconas correspondentes, a maior parte degradada em peptídeos e aminoácidos por enzimas microbianas (LEE; PARK, 2014).

Tradicionalmente, o produto é fermentado por uma microbiota autóctone da palha de arroz seca (material conhecido como *jip*). A maior parte dos microrganismos presentes na fermentação de *cheonggukjang* corresponde a membros do filo Firmicutes (> 95%). *Bacillus* foi o gênero predominante, com destaque para *B. subtilis*, *Bacillus licheniformis* e *Bacillus amyloliquefaciens*, cuja abundância variou de maneira significativa entre as amostras analisadas (NAM; YI; LIM, 2012).

9.3.5 *DOUCHI*

Douchi corresponde a um produto de origem chinesa tradicionalmente obtido a partir da fermentação de soja preta. É amplamente utilizado em preparações culinárias do país, como sopas e molhos. Os grãos de soja preta são lavados, mantidos em água por cerca de quatro horas (remolho) e posteriormente cozidos em vapor por cerca de cinquenta minutos. Após resfriamento, os grãos são inoculados com *Aspergillus* sp., principalmente *A. egypticus*, e são mantidos a 30 °C durante cerca de quatro dias para crescimento do fungo (assim como para outras LF, esta etapa corresponde à fase *koji*, que em chinês recebe o nome de *qu*). Após esse período, os grãos são lavados, acrescidos de sal em torno de 15% (p/p), água (10% p/p), gengibre ou outras especiarias em pó. A mistura é mantida em recipientes fechados a 35 °C durante algumas semanas, até adquirir as características de interesse.

Diferentemente do missô japonês, para a produção de *douchi* os grãos são mantidos íntegros (Figura 9.1B) e apresentam, portanto, teor de umidade menor em comparação à pasta de soja fermentada (NOUT, 2015). Variações quanto à matéria-prima e tipo de *koji* podem ocorrer, por exemplo, o uso de feijões amarelos em vez de pretos, bem como a inoculação com *Mucor* sp. em vez de *Aspergillus* sp. (XU; DU; XU, 2015).

Pesquisadores avaliaram o papel de diferentes compostos orgânicos voláteis em *douchi* chinês produzidos no decorrer do processo fermentativo, com destaque para ésteres, cetonas, pirazinas e fenóis. Hexanol, hexanal e ácido propanoico foram relacionados aos odores de feijão e gramíneas na matéria-prima não fermentada. Já no produto submetido à fermentação, 1-octeno-3-ol e 3-octanona conferiram aroma de cogumelo após fermentação durante nove dias; ésteres e pirazina, com destaque para acetato de etila e 2,6-dimetilpirazina, conferiram aroma de cacau, frutas e nozes ao *douchi* maturado (CHEN *et al.*, 2021).

Xu, Du e Xu (2015) avaliaram diferentes tipos de LF chinesas e detectaram os maiores teores de compostos fenólicos totais em *douchi* à base de soja preta. Os valores observados foram significativamente maiores em comparação à matéria-prima não fermentada, demonstrando a importância da fermentação para o incremento de fenólicos e para a elevada atividade antioxidante do produto. Os autores destacam, ainda, que os perfis de isoflavonas foram impactados de maneira expressiva pela fermentação, resultando em maior teor de isoflavonas na forma de agliconas (provavelmente devido à ação β-glicosidases), além da proporção de aminoácidos essenciais. Ainda que o tratamento térmico resulte na perda de alguns componentes interessantes do ponto de vista nutricional, a fermentação de soja preta para produção de *douchi* consiste em um método relativamente econômico capaz de aumentar consideravelmente a quantidade de substâncias antioxidantes, como isoflavonas, e aminoácidos livres neste tipo de leguminosa.

9.3.6 *TEMPEH*

O *tempeh* corresponde ao produto obtido após a fermentação de grãos de soja por *Rhizopus oligosporus*. De origem indonésia, tem aspecto semelhante a um bolo compacto que, ao ser fatiado, expõe as hifas entremeadas nos grãos de soja (Figura 9.1D). Apresenta coloração branca, odor fresco decorrente do crescimento do micélio fúngico e atributos sensoriais distintos da maior parte das LF não salgadas de caráter alcalino, com sabor mais suave e menos pungente. Sua origem é incerta, mas acredita-se que tenha sido descoberto ao acaso, de maneira semelhante ao *natto*. O uso de folhas para armazenamento da soja cozida, como as da planta conhecida como *waru* (*Hibicus tiliaceus*) (algodoeiro-da-praia), teria possibilitado o crescimento do fungo no substrato e, consequentemente, a formação do *flavor* típico do produto. Na Indonésia, inclusive, as folhas são utilizadas para manutenção de culturas *starter* do fungo, conhecido localmente como *waru* (NOUT; KIERS, 2005).

Tradicionalmente, o *tempeh* é comercializado envolto em folhas de bananeira, que, além de se transformarem na própria embalagem do produto, também contribuem para conferir um sabor mais complexo ao produto. Uma alternativa comumente empregada em alguns países é o uso de sacos plásticos tipo *ziplock*, que são preenchidos com a matéria-prima inoculada e posteriormente perfurados para permitir a aeração e, consequentemente, o crescimento do fungo.

Em países asiáticos, a ingestão de *tempeh* é a fonte básica de proteínas da maior parte da população. Apresenta textura firme, sabor de nozes e cogumelos; pode ser consumido fresco (embora pouco usual), sendo em geral frito utilizando-se algum tipo de gordura, principalmente óleo vegetal (Figura 9.1E). Serve, ainda, como ingrediente de sopas, saladas e sanduíches. Nos últimos anos, o produto tem ganhado destaque por representar uma fonte de proteína alimentar completa, fornecendo aminoácidos essenciais e não essenciais. Estudos têm indicado, ainda, diversos benefícios à saúde associados ao consumo de *tempeh*, como atividade antioxidante, controle dos níveis de colesterol, prevenção da demência e de alguns tipos de câncer, dentre outros (MANI; MING, 2017).

O aumento da demanda mundial por *tempeh* tem incentivado o crescimento da produção de maneira expressiva, evidenciando sua importância econômica dentre os produtos de soja consumidos como substitutos da proteína animal. Estimativas indicam que a produção mundial deve crescer para cerca de 6 bilhões de dólares, com taxa de crescimento anual ao redor de 6% (KALIANI, 2020). Nesse período, a produção em larga escala de *tempeh*, impulsionada pelo *status* do produto como um alimento ético, tradicional, potencialmente probiótico e de sabores complexos, contribuirá para o aperfeiçoamento da cadeia produtiva voltada à exportação, bem como ao desenvolvimento econômico da região.

9.3.6.1 Microbiologia da produção do *tempeh*

O fungo envolvido na produção do *tempeh* pertence ao gênero *Rhizopus*, formado por dez espécies. As mais importantes são *R. arrhizus* (sinônimo de *R. oryzae*) e *R. microsporus*. Para esta, existem seis variedades (outrora consideradas como espécies distintas) que se diferenciam quanto às características morfológicas dos esporos (como formato, tamanho e organização): *R. microsporus* var. *microsporus*, *azygosporus*, *chinensis*, *rhizopodiformis*, *tuberosus* e *oligosporus* (DOLATABADI; WALTHER; GERRITS; HOOG, 2014). Esta última variedade é a empregada na produção do *tempeh*. Para efeito de simplificação, costuma-se abreviar o nome do fungo para *Rhizopus oligosporus*.

Da mesma maneira que *R. oligosporus* se destaca na produção de alimentos, outras variedades são utilizadas industrialmente para produção de enzimas (CELESTINO; CUNHA; FELIX, 2006), ou, ainda, cumprem um importante papel na decomposição da matéria-orgânica do solo. No entanto, há variedades que são indesejáveis, pois podem causar deterioração de alimentos e produtos agrícolas

(CRUZ-LACHICA *et al.*, 2018), conferindo características sensoriais prejudiciais (especialmente quanto à coloração, aroma e sabores desagradáveis), bem como ser agentes de infecções em seres humanos (BELLANGER *et al.*, 2021; GAMARRA *et al.*, 2018). Contudo, da mesma maneira que *A. oryzae* não produz toxinas - diferentemente de outras espécies do gênero –, *R. oligosporus* não confere nenhum tipo de risco à saúde. Pode, portanto, ser utilizado para fins de alimentação sem causar danos ao consumidor. Deve-se tomar especial atenção com contaminações externas, uma vez que os esporangiósporos de *Rhizopus* sp. são facilmente transportados pelo ar.

Esses esporangiósporos podem ser utilizados para a diferenciação das diferentes variedades, embora essa seja uma tarefa difícil até mesmo para especialistas da área. Em geral, para *R. oligosporus* observam-se proporções elevadas de esporangiósporos irregulares em comparação a outras variedades, tanto na forma como no tamanho; em algumas estirpes, esporângios duplos podem ser encontrados. Embora isso não seja consenso, pesquisadores da área acreditam que essas características possam estar relacionadas à domesticação, após séculos de uso pelos humanos para a produção de alimentos, de maneira semelhante ao já observado para *Penicillium camemberti* empregado na produção de queijo finos franceses (JENNESSEN *et al.*, 2008).

Cabe ressaltar que, embora algumas variedades de *Rhizopus* estejam relacionadas à produção de toxinas em alimentos, como rizoxinas e rizoninas, pesquisas têm demonstrado que, na verdade, não é o fungo quem as produz, mas sim bactérias endossimbiontes abrigadas em seu citosol, como *Burkholderia rhizoxinica* e *Burkholderia endofungorum*, produtoras de compostos tóxicos antimitóticos e hepatotóxicos, respectivamente. Essas bactérias já foram identificadas em inóculos de *Rhizopus microsporus* utilizados na produção de *tempeh* e *sufu* (*tofu* fermentado) (ROHM *et al.*, 2010). Convém destacar, portanto, a importância do conhecimento acerca do inóculo utilizado na fermentação, a partir de ferramentas moleculares, como a reação em cadeia da polimerase, a fim de se certificar que não contém bactérias toxigênicas endossimbiontes.

R. oligosporus não corresponde ao único agente fermentador importante para a produção de *tempeh*. Seu crescimento se dá após inoculação da soja cozida; no entanto, uma primeira fermentação ocorre no substrato, especialmente por BAL, durante a etapa de remolho da soja (Figura 9.14). O remolho consiste em submergir os grãos de soja durante algumas horas (geralmente em overnight), processo que facilita a remoção das cascas e a cocção, além de reduzir os oligossacarídeos da matéria-prima responsáveis por efeitos indesejados, como flatulência, e fatores antinutricionais, como inibidores de tripsina e fitato (RUIZ-TERAN; OWENS, 1999; TAWALI; HAIN; SCHWEDT, 1998). Este último compreende um dos principais fatores antinutricionais de alimentos de origem vegetal, tendo em vista que interfere negativamente na absorção de minerais como cálcio, magnésio, zinco, cobre, ferro e potássio, bem como na digestibilidade de proteínas. Alguns tipos de processamento, especialmente o remolho, a cocção e a fermentação, contribuem para a hidrólise do fitato, seja porque este é solúvel em água – sendo, portanto, eliminado junto à água descartada –, seja pela atividade de fitases vegetais e microbianas (KUMAR *et al.*, 2010). Por isso, é importante que a água de remolho seja trocada por água limpa para a posterior cocção.

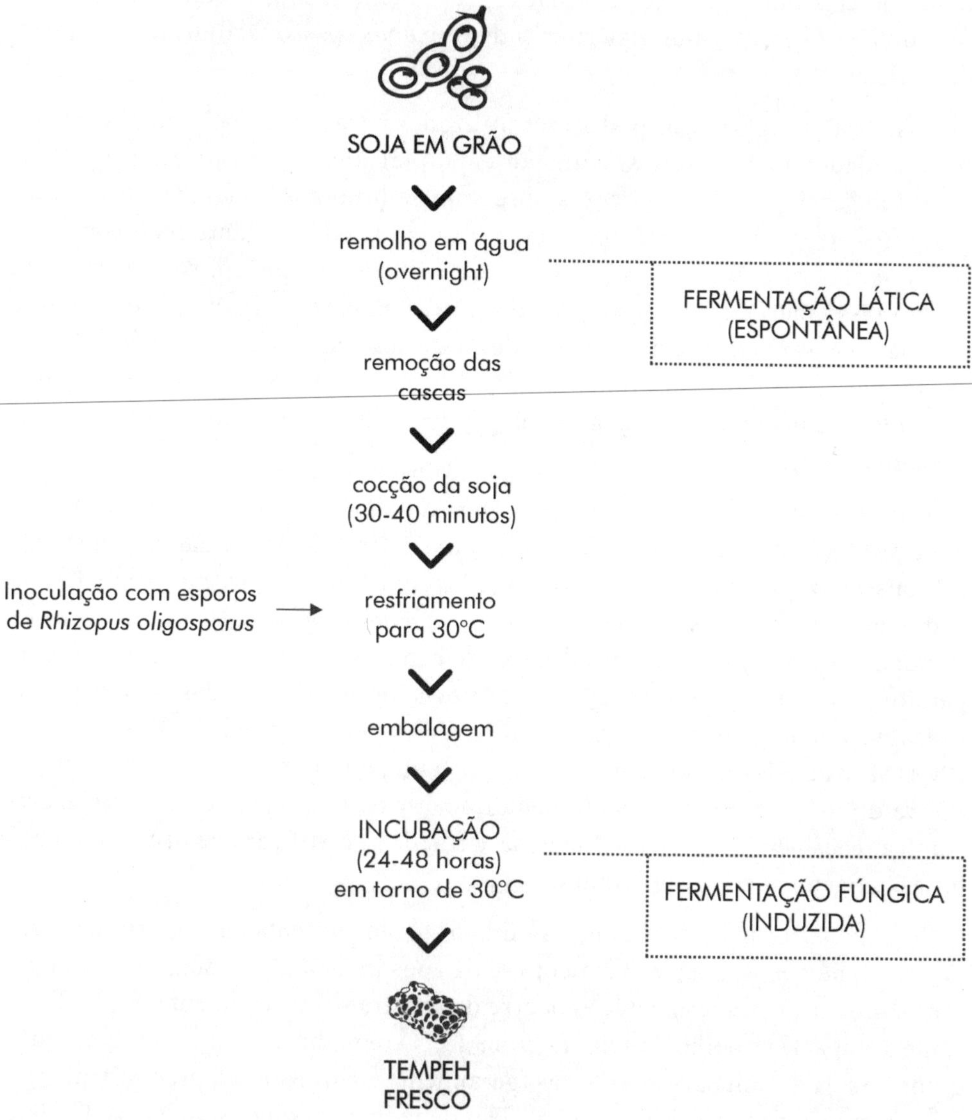

Figura 9.14 – Fluxograma da produção de *tempeh* indonésio. Fonte: adaptada de Nout (2015).

A microbiota envolvida na fermentação da soja durante o remolho inclui basicamente BAL autóctones, especialmente *Lactobacillus* sp., que contribuem para a acidificação até valores de pH em torno de 4,5. Tal processo aprimora a segurança microbiológica do produto, pois inibe microrganismos patogênicos como *Listeria monocytogenes*, *Salmonella* sp., *Staphylococcus aureus*, *Escherichia coli*, entre outros (AHNAN-WINARNO *et al.*, 2021; NOUT; KIERS, 2005). O emprego de BAL como *starter* também pode ocorrer, contribuindo para outras qualidades do produto final. Starzyńska-Janiszewska, Stodolak e Mickowska (2014) avaliaram o efeito do uso de *Lactiplantibacillus plantarum* durante o remolho da soja utilizada para produção de *tempeh* e observaram um aumento da atividade antioxidante no produto final. A fermentação por BAL tanto no remolho como na FES não resultou em prejuízo para o crescimento fúngico (FENG; ERIKSSON; SCHNURER, 2005).

Após o remolho, procede-se à remoção das cascas e à cocção da soja, processo que geralmente dura em torno de trinta minutos. Durante a cocção, as temperaturas elevadas contribuem para uma redução pela metade dos teores de ácidos orgânicos produzidos durante o remolho (DE REU; ROMBOUTS; NOUT, 1995). É imprescindível que se realize o resfriamento da soja para temperaturas ao redor de 25 °C, de maneira a evitar a morte do inóculo por excesso de calor. Para isso, faz-se o espalhamento da soja em bandejas para coibir o excesso de umidade, que poderia contribuir para o desenvolvimento de microrganismos deterioradores nas etapas posteriores.

Após o resfriamento, realiza-se a inoculação com *R. oligosporus*. Em geral, utilizam-se inóculos ao redor de 4 log UFC/g, quantidade suficiente para que o micélio cresça de maneira satisfatória. O uso de inóculos menores (abaixo de 2 log UFC/g) pode resultar em crescimento irregular; assim, o produto não ficará completamente recoberto pelo micélio branco, resultado em defeito no produto final. Além disso, o tempo de fermentação estendido pode favorecer contaminações externas e o crescimento de microrganismos deterioradores. Se o inóculo for demasiadamente elevado (acima de 6 log UFC/g), o micélio pode crescer em demasia – como mencionado anteriormente, o metabolismo fúngico libera calor, o que pode elevar a temperatura a níveis prejudiciais à sobrevivência e multiplicação do fungo (NOUT; KIERS, 2005). É importante, portanto, que o crescimento do fungo e a fermentação do substrato não sejam demasiadamente longos, tendo em vista que a esporulação, em geral, é prejudicial à qualidade sensorial do *tempeh*. Isso porque resulta na formação de pontos pretos que impactam a cor e a aparência do produto, diminuindo, consequentemente, sua aceitação pelo consumidor.

Primeiramente, é necessário que os esporangiósporos germinem em contato com a soja. A partir da germinação, forma-se o tubo germinativo, que é emitido e se projeta apicalmente, ramificando-se para que o substrato seja explorado. Ocorre, consequentemente, a formação do micélio fúngico (Figura 9.15B). Para formação do tubo germinativo, um pouco de oxigênio e uma fonte de nitrogênio são necessários. Destaca-se, ainda, sua sensibilidade à presença de ácidos orgânicos no substrato. Conforme mencionado anteriormente, a primeira fermentação ocorrida durante o remolho gera ácidos orgânicos importantes para inibição da microbiota contaminante indesejada. No entanto, a depender do tipo de fermentação, pode haver comprometimento da germinação, impactando negativamente o crescimento fúngico. Estudos têm indicado que o ácido acético tende a retardar a formação do tubo germinativo, que é produzido por BAL heterofermentadoras e outros grupos microbianos. Quando da fermentação homolática, em que há exclusivamente ácido lático como produto final, a fase de adaptação (*lag*) de *R. oligosporus* pode ser reduzida em algumas horas (DE REU; ROMBOUTS; NOUT, 1995).

Outros fatores que podem interferir no crescimento de *R. oligosporus* compreendem os teores de oxigênio e CO_2 no substrato, bem como a temperatura. Tais fatores relacionam-se diretamente com o grau de compactação dos grãos de soja. Assim, cocção insuficiente pode resultar em grãos demasiadamente firmes, dificultando o acesso das hifas aos nutrientes dos grãos de soja; o contrário, isto é, uma cocção muito prolongada, pode causar o amolecimento excessivo dos grãos e resultar em elevado grau de compactação, o que pode diminuir a disponibilidade de O_2 atmosférico, imprescindível para o crescimento fúngico. Em geral, o micélio é capaz de penetrar ao redor de 25% do grão de soja (da borda para o centro do grão), o que corresponde a cerca de 2 mm após quarenta horas de fermentação (VARZAKAS, 1998). É necessário que o micélio cresça de maneira coesa, uma vez que a firmeza é importante para a qualidade sensorial do *tempeh*. À medida que *R. oligosporus* cresce, há consumo e diminuição significativa dos níveis de O_2 (algo em torno de 2% v/v), o que é acompanhado pelo aumento dos níveis de CO_2 (acima de 22% v/v). É fundamental, portanto, que a organização dos grãos no substrato permita a oxigenação necessária para o metabolismo do fungo (no mínimo 0,4% v/v de O_2), além de possibilitar a difusão do CO_2, uma vez que quantidades muito elevadas (entre 16% e 35% v/v) podem reduzir consideravelmente o crescimento microbiano (NOUT; KIERS, 2005). Os autores destacam, ainda, a importância de se controlar a temperatura: considerando que a temperatura ótima de crescimento é de 37 °C, valores muito superiores, em torno de 40 °C a 50 °C, podem resultar em perda da viabilidade celular. Esse problema pode ser contornado pelo uso de camadas menos espessas de soja ou utilizando-se ventilação para dissipação do calor.

Após fermentado, o produto pode ser pasteurizado, desidratado ou até mesmo congelado. Quando fresco, sua vida útil é de cerca de três dias se mantido em temperatura ambiente, período que aumenta consideravelmente quando desidratado e mantido sob refrigeração (trinta semanas). Para *tempeh* embalado a vácuo, a vida útil é estendida por dois dias quando mantido em temperatura ambiente, por 32 dias sob refrigeração e por cerca de quarenta dias quando congelado (AHNAN-WINARNO *et al.*, 2021).

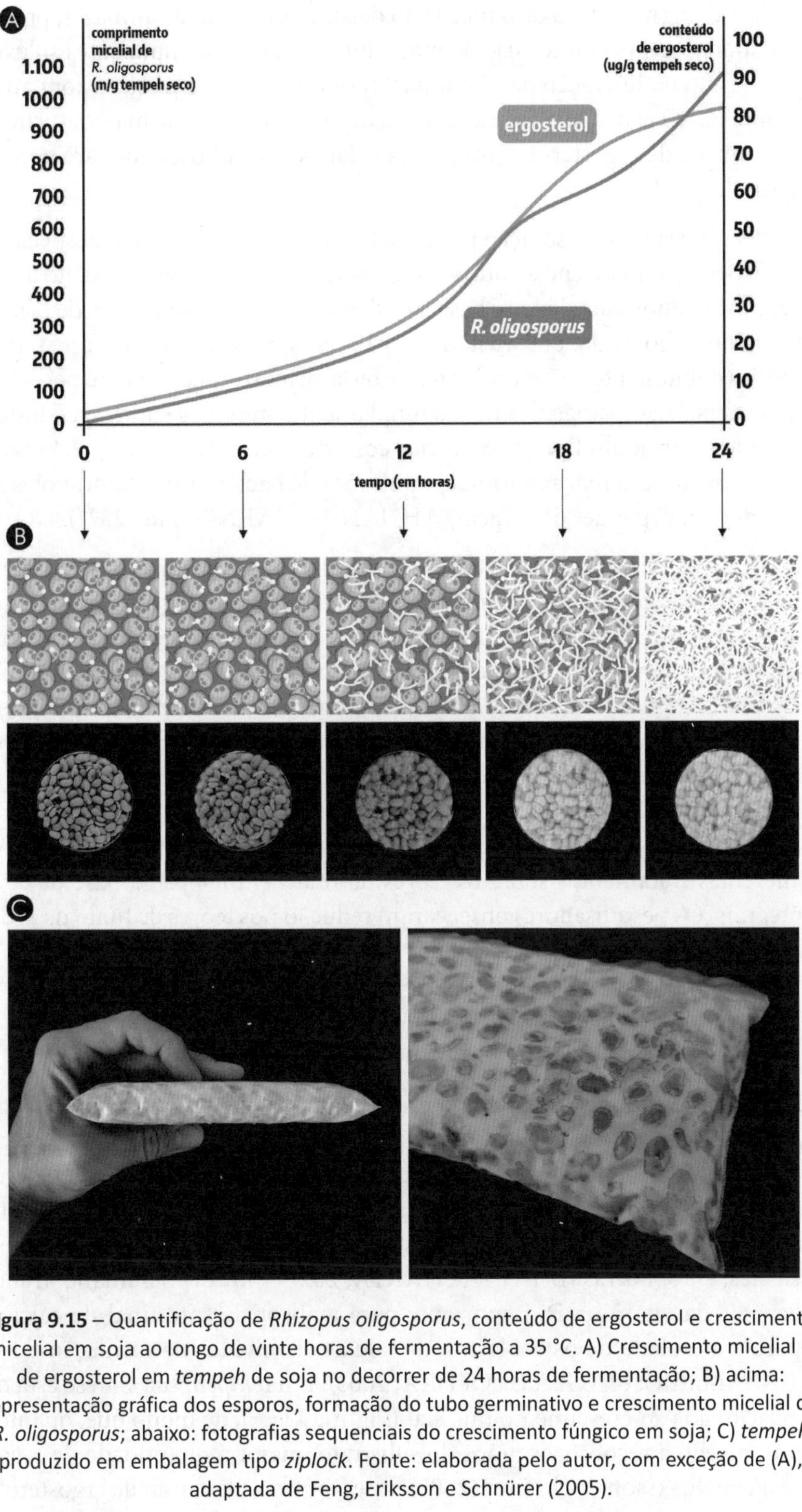

Figura 9.15 – Quantificação de *Rhizopus oligosporus*, conteúdo de ergosterol e crescimento micelial em soja ao longo de vinte horas de fermentação a 35 °C. A) Crescimento micelial e de ergosterol em *tempeh* de soja no decorrer de 24 horas de fermentação; B) acima: representação gráfica dos esporos, formação do tubo germinativo e crescimento micelial de *R. oligosporus*; abaixo: fotografias sequenciais do crescimento fúngico em soja; C) *tempeh* produzido em embalagem tipo *ziplock*. Fonte: elaborada pelo autor, com exceção de (A), adaptada de Feng, Eriksson e Schnürer (2005).

Os efeitos da fermentação de *tempeh* vão desde a produção de amilases, proteases e lipases, responsáveis pela hidrólise de macronutrientes em componentes solúveis em água, resultando na liberação de vitaminas, fitoquímicos e compostos com atividade antioxidante (CAO *et al.*, 2019), até a redução de antinutrientes da matéria-prima, bem como a produção de ergosterol e compostos voláteis que contribuem para o *flavor* característico do produto.

Tempeh representa uma solução para a deficiência de vitamina B12, especialmente em populações com deficiências nutricionais decorrentes do acesso restrito a alimentos, ou em indivíduos cuja dieta se baseia exclusivamente em alimentos de origem vegetal. Ressalta-se, contudo, que a vitamina B12 não é produzida pelo fungo, mas sim por bactérias comumente encontradas na matéria-prima, especialmente por *Klebsiella* sp., cujas estirpes não patogênicas estão amplamente presentes em *tempeh* indonésio. Seu conteúdo no produto final pode variar consideravelmente (0,07 a 12,4 mg/100 g) em decorrência das diferenças entre as populações de bactérias produtoras observadas para o produto, a depender da origem (AHNAN-WINARNO *et al.*, 2021).

A produção de fitases por *R. oligosporus* contribui para uma maior disponibilidade de vários minerais, como ferro, magnésio e zinco, fortemente ligados ao fitato (HARTANTI; RAHAYU; HIDAYAT, 2015). Dessa forma, a fermentação é uma estratégia interessante para consumidores que têm a soja como a principal fonte de proteína na dieta. Os níveis de rafinose, estaquiose e verbascose foram reduzidos em 93%, 84% e 73%, respectivamente, após fermentação da soja por *R. microsporus*. O cocultivo com *L. plantarum* proporcionou, ainda, o aumento da atividade sequestrante de DPPH e da capacidade antioxidante do produto (STARZYŃSKA-JANISZEWSKA; STODOLAK; MICKOWSKA, 2014). Eklund-Jonsson, Sandberg e Alminger (2006) avaliaram o efeito de diferentes tratamentos sobre os teores de fitato em *tempeh* à base de cevada e aveia integrais. Os pesquisadores observaram redução nos teores de fitato da ordem de 74% e 89% em aveia e cevada fermentadas por *R. oligosporus*, respectivamente. Além disso, a disponibilidade de minerais no produto foi preservada utilizando-se tratamento envolvendo imersão prolongada em água com temperaturas mais elevadas, antes da etapa de fermentação.

O ergosterol, componente das membranas celulares e mitocondriais dos fungos, é imprescindível para o crescimento destes, pois confere estrutura, fluidez e permeabilidade à membrana celular. Assim, sua produção em níveis adequados, que requer a atividade de 25 diferentes enzimas de biossíntese, é fundamental para a manutenção das funções celulares, como resposta ao estresse ambiental, detoxificação, transporte de nutrientes, entre outras (BHATTACHARYA, 2021). No corpo humano, trata-se de um precursor da vitamina D, importante para a absorção intestinal de cálcio, bem como para a atividade de osteoblastos, as células envolvidas na formação do tecido ósseo (CABALLERO; FINGLAS; TOLDRÁ, 2003). Em *tempeh*, sua síntese está diretamente relacionada ao crescimento micelial (Figura 9.15A), de modo que, quanto mais robusto o micélio a recobrir os grãos do substrato, maior a quantidade de ergosterol presente. Feng, Eriksson e Schnürer (2005) observaram a produção de ergosterol entre

80 e 90 mg por g de *tempeh* seco fermentado por *R. oligosporus*. Além disso, sua produção é afetada pelo tipo de substrato utilizado: em *tempeh* à base de cevada, por exemplo, os níveis de ergosterol foram cerca de cinco vezes menores em comparação àqueles detectados em *tempeh* produzido com soja.

Erkan *et al.* (2020) realizaram um estudo comparativo a partir de diferentes tipos de substrato para produção de *tempeh*. Soja (controle), grão-de-bico, lentilhas verde e vermelha, e feijões branco, preto e fava foram avaliados após fermentação por *R. oligosporus* mediante análises físico-químicas e sensoriais. De maneira geral, os perfis de cor e textura do produto à base de grão-de-bico foram semelhantes aos de soja; ácido fítico, acético, fumárico e isocítrico não foram encontrados em *tempeh* de grão-de-bico, lentilha vermelha e fava; ácido acético foi detectado em *tempeh* de soja, lentilha verde e de feijões. As análises sensoriais demonstraram melhores resultados para *tempeh* elaborado com grão-de-bico, embora os demais tenham sido bem avaliados, representando uma possibilidade para a diversificação desse alimento fermentado. Redução significativa no conteúdo de ácidos graxos (38% a 78%), polifenóis (44% a 50%) e taninos (61% a 68%) foram observadas em *tempeh* à base de soja fermentado por diferentes estirpes de *R. oligosporus* (POLANOWSKA *et al.*, 2020). Ainda que a fermentação tenha diminuído o teor de polifenóis, uma análise cromatográfica revelou a liberação de quercetina, kaempferol, apigenina e ácido ρ-cumárico durante a fermentação pelo fungo. Ressalta-se, ainda, a formação de esteróis (estigmasterol e campesterol), além de ácido gama-linolênico. A fermentação da fava, portanto, mostrou-se uma estratégia interessante para a melhoria de alguns aspectos nutricionais da matéria-prima.

Em termos sensoriais, diferentes tipos de ácidos voláteis foram identificados em *tempeh*. Por meio da análise cromatográfica de voláteis coletados *in situ* na região *headspace*, Mei Feng, Larsen e Schnürer (2007) identificaram compostos voláteis majoritários em amostras de *tempeh* produzidas utilizando-se dez diferentes estirpes de *R. oligosporus*. Foi observado perfil semelhantes de voláteis, com pequenas variações em relação aos sesquiterpenos. Como compostos dominantes, destacam-se etanol, acetona, acetato de etila, 2-butanona, 2-metil-1-propanol, 3-metil-1-butanol e 2-metil-1-butanol. Além disso, voláteis que conferem aroma de cogumelos foram detectados, como 3-octanona e 1-octen-3-ol.

Alguns estudos têm demonstrado o potencial funcional de *tempeh*, com efeitos associados à melhoria das funções cognitivas e problemas neurodegenerativos decorrentes do estresse oxidativo, em modelo animal. Chan *et al.* (2018) observaram maior capacidade cognitiva em camundongos alimentados com o produto e atividades mais elevadas das enzimas superóxido dismutase e catalase em diferentes regiões do sistema nervoso central, contribuindo para a redução dos danos relacionados ao estresse oxidativo. Ahmad *et al.* (2014) compararam o efeito neuroprotetor de isoflavonas totais de soja e *tempeh* contra disfunções cognitivas induzidas por escopolamina em ratos. Os componentes testados foram capazes de reverter de maneira significativa o quadro de amnésia induzida, melhorando a memória nos grupos tratados com 40 mg/kg corporal. Aumento de acetilcolina e redução de acetilcolinesterase também foram observados nos animais que receberam diferentes doses de isoflavonas. A partir dos resultados obtidos, demonstrou-se que esses componentes isolados de *tempeh* resultaram em melhora da memória, prevenindo, ainda, quadros de neuroinflamação nos animais avaliados.

Por fim, o uso de *R. oligosporus* representa uma alternativa interessante para o reaproveitamento de resíduos agroindustriais. Vong, Hua e Liu (2018) avaliaram a fermentação de *okara*, uma espécie de farinha resultante do processamento da soja, de baixa digestibilidade, odor desagradável e contendo fatores antinutricionais. Os autores relataram aumento nos níveis de álcoois e ésteres em *okara* fermentado pelo fungo; quando em cocultura com a levedura *Yarrowia lipolytica*, foi observada redução no conteúdo de ácido fítico (16%) e expressivos aumentos nos teores de fibra dietética solúvel (176%), aminoácidos livres (254%), isoflavonas agliconas (179%) e ácidos fenólicos livres (197%). Esse tipo de estudo pode contribuir para uma maior valorização desse subproduto pela indústria de alimentos. Já Lima *et al.* (2021) avaliaram a fermentação de subproduto de caju (*Anacardium othanianum*) por *R. oligosporus* e observaram um aumento no conteúdo de proteínas, na sua digestibilidade e na atividade antioxidante após o processo fermentativo. Ressalta-se o potencial de uso do subproduto fermentado como suplemento alimentar.

9.3.7 *ONCOM*

Oncom compreende um alimento étnico de origem indonésia, produzido a partir de resíduos de produtos agrícolas abundantes no país, e consumido geralmente frito ou como acompanhamento de outras preparações, especialmente sopas. No preparo, a matéria-prima (basicamente resíduos do processamento de soja ou amendoim) é macerada em água e cozida junto com resíduos sólidos de mandioca, posteriormente inoculados com culturas fúngicas específicas. A depender do tipo de fungo utilizado, podem-se originar diferentes tipos: o *oncom* vermelho é fermentado por *Neurospora* sp., enquanto o *oncom* preto faz uso de *R. oligosporus*, o mesmo fungo utilizado na produção do *tempeh* (NAGAI; TAMANG, 2010).

A aplicação do fungo pode ser comparada à etapa *koji*, observada para outras LF. A FES geralmente leva entre 36 e 48 horas em temperatura ambiente e umidade relativa acima de 90%. A produção de *oncom* é considerada uma estratégia sustentável e interessante do ponto de vista alimentar, uma vez que faz uso de resíduos agrícolas que seriam descartados após o processamento da matéria-prima (MAHESHWARI; AHLBORN; RÜHL, 2020).

Nesse contexto, microrganismos envolvidos na fermentação de LF têm sido utilizados no desenvolvimento de novos alimentos a partir de subprodutos agroindustriais. Torta de óleo de linhaça foi utilizada como substrato para FES por *A. oryzae* DSM 1861 (estirpe de *koji*) e *Neurospora intermedia* DSM 1265 (estirpe de *oncom*), visando ao desenvolvimento de um novo produto alimentício (STODOLAK;

STARZYŃSKA-JANISZEWSKA; BACZKOWICZ, 2020). Os pesquisadores identificaram níveis significativamente maiores de proteínas (entre 4% e 23%) e melhora na digestibilidade (entre 24% e 47%), além de maior atividade antioxidante na torta de linhaça após a fermentação. Ressalta-se, portanto, o potencial de uso de um procedimento de FES para reaproveitamento da torta de linhaça destinada ao consumo humano.

Além dos fungos comumente associados à fermentação do *oncom*, outros microrganismos têm sido identificados, como *B. licheniformis, Bacillus cereus* e *Stenotrophomonas* sp., e despertado interesse por conta de suas reconhecidas atividades fibrinolíticas (STEPHANI *et al.*, 2017). Afifah *et al.* (2015) isolaram a estirpe de *B. licheniformis* RO3 de *oncom* vermelho e avaliaram sua atividade fibrinolítica em diferentes condições de cultivo. Os pesquisadores destacam que o microrganismo avaliado pode ser utilizado na produção de proteases fibrinolíticas em escala industrial.

9.3.8 *SUFU*

Sufu é um produto de origem chinesa, obtido a partir da fermentação de *tofu* (leite de soja coagulado) por diferentes tipos de microrganismos. O produto final adquire uma consistência cremosa característica, semelhante a um queijo bastante macio, de aroma e sabor fortes, geralmente condimentado com diferentes tipos de especiarias e pimentas e consumido há séculos como aperitivo na China (CHENG *et al.*, 2009) (Figura 9.9C). Ultimamente, tem sido relacionado a diferentes tipos de efeitos benéficos, especialmente atividade antioxidante, antimutagênica e anti-hipertensiva (WANG *et al.*, 2019).

Os diferentes termos existentes para designar o *tofu* fermentado provocam confusão, principalmente em países do Ocidente. Alguns deles são: *tosufu*, *fu-ru* ou *dou-fu-ru*, na China; *tofuyo*, *nyu-fu* ou *fu-nyu*, no Japão; *ta-huri*, nas Filipinas; *taokaoan*, na Indonésia; *tao-hu-yi*, na Tailândia; *chao*, no Vietnã, entre outros. Diferentes tipos de *sufu* podem ser obtidos a partir de processos produtivos distintos, que variam principalmente de acordo com a localidade. De forma geral, parte-se de *tofu* obtido a partir da coagulação de leite de soja com sais de cálcio ou sulfato de magnésio. Após o preparo, o *tofu* é cortado em cubos e, então, inoculado com culturas fúngicas (geralmente *Mucor*, *Actinomucor* ou *Rhizopus*), a partir de aspersão de solução de esporos ao redor de 5 log UFC/ml. As espécies utilizadas devem ser boas produtoras de enzimas proteolíticas e lipolíticas, tendo em vista que o substrato fermentativo é essencialmente proteico e lipídico, de baixo conteúdo de carboidratos. Após inoculação, os cubos são distribuídos em bandejas e mantidos em salas com temperatura (25 °C) e umidade relativa (acima de 90%) controladas. Essa etapa, que corresponde a uma primeira fermentação em estado sólido, dura em torno de 48 horas, até que os micélios se desenvolvam, formando uma espessa camada superficial. Nessa etapa, os cubos recobertos de micélio fúngico são denominados *pehtze* ou *pizi*. É imprescindível que o *pehtze* apresente coloração, aroma e sabor agradáveis. Processos artesanais podem ser mais demorados, com o *pehtze* se formando em torno de cinco a quinze dias. Posteriormente, os cubos são levemente pressionados manualmente a fim de padronizar a espessura do micélio e, então, transferidos para recipientes contendo salmoura concentrada, de modo que, após cinco dias de fermentação, em salmoura o teor de sal do *pehtze* pode ultrapassar os 12%. Pode-se, ainda, optar pela fermentação em salmoura contendo álcool. Há, ainda, a possibilidade de se fermentar o *sufu* por bactérias, como *Bacillus* ou *Micrococcus*, resultando em um produto com características distintas daqueles fermentados por fungos filamentosos. O tempo para a fermentação do *sufu* pode variar, mas, em geral, compreende períodos prolongados, de três a dez meses (HAN; ROMBOUTS; NOUT, 2001).

Um dos tipos de *sufu* mais tradicionais e consumidos na China é o *sufu* vermelho, especialmente o *wangzhihe*, típico do norte do país (Figura 9.9D). Sua produção é similar à de outros tipos de *sufu* e inclui o preparo do *tofu*, a produção do *pehtze* a partir de *Actinomucor elegans* e a fermentação em salmoura durante cinco dias. Posteriormente, no entanto, o *pehtze* é acondicionado em recipientes de vidro de boca larga e maturado em uma mistura de molho vermelho por cerca de três meses. Essa mistura é composta basicamente por *angkak*, uma espécie de *koji* à base de arroz inoculado com *Monascus purpureus*, de coloração avermelhada característica, e também etanol, açúcar, pasta de farinha fermentada por *A. oryzae* (conhecida como *chiang*) e especiarias. Mais de setenta diferentes tipos de voláteis relacionados ao *flavor* do *sufu* vermelho foram identificados, principalmente ésteres de ácidos graxos de cadeia longa. Etil 2-metilpropanoato, 2,3-butanodiona, etil butanoato, etil 2-metilbutirato, 3-(metiltio)-propanal, benzeneacetaldeído e etil 3-fenilpropionato foram identificados como os compostos aromáticos mais comuns e importantes para o aroma característico do *sufu* vermelho. Álcoois, ésteres, aldeídos e cetonas contribuem para o sabor do produto final (WANG *et al.*, 2019).

Cai *et al.* (2021) avaliaram dezesseis tipos diferentes de *sufu*, produzidos em regiões distintas da China, quanto ao papel das comunidades microbianas nas propriedades químicas e sensoriais do produto. Por meio de análises de sequenciamento, foram identificados 368 gêneros bacterianos e 299 gêneros fúngicos distintos. Destes, *Actinomucor* e *Aspergillus* foram os predominantes. Entre os grupos bacterianos, BAL foram os mais abundantes, especialmente *Lactococcus*; o gênero *Bacillus* também foi encontrado na maior parte das amostras avaliadas. Song *et al.* (2021) determinaram a sucessão microbiana durante a fermentação de *sufu* cinza. No estágio inicial, *Propionibacterium* e *Fusobacterium* predominaram, com posterior aumento de *Lactobacillus* no estágio intermediário do processo fermentativo, resultando na diminuição dos valores de pH. Essa BAL pode ser o principal fator envolvido na redução dos níveis de ácido propiônico nesse tipo de *sufu*, uma vez que afetou o metabolismo de *Propionibacterium*.

Um dos problemas relacionados à fermentação de *sufu* consiste na formação de aminas biogênicas, as quais representam riscos significativos à saúde. Por isso, vários estudos têm sido desenvolvidos para minimizar os riscos de sua produção no decorrer do processo fermentativo. Yang, Tan e Kan (2020) avaliaram a fermentação de *sufu* por três inóculos distintos (*Actinomucor elegans*, *Mucor wutunkiao* e *Mucor racemosus*) e os riscos associados à formação de aminas biogênicas. Os resultados indicaram que a fermentação de *sufu* por *M. racemosus*, nas condições avaliadas, resultou em menores teores de aminas biogênicas, em comparação às demais espécies avaliadas. Para o produto fermentado por essa espécie, foram encontrados os menores teores de cadaverina, espermidina, espermina, histamina e tiramina.

Em outro estudo, os mesmos autores avaliaram os fatores de risco associados ao processo fermentativo de *sufu* e os efeitos dos teores de NaCl e etanol sobre a formação de aminas biogênicas. A elevada concentração de sal resultou em inibição da formação de aminas biogênicas, sendo inversamente proporcional aos conteúdos de cadaverina e histamina. Dessa forma, o uso de etanol na salmoura de fermentação (16%) pode favorecer a produção de *sufu* de qualidade físico-química e sensorial e baixos teores de aminas biogênicas, especialmente histamina, putrescina e cadaverina.

Estratégias para melhorar a qualidade microbiológica de *sufu* têm sido avaliadas, como a aplicação de óleos essenciais com atividade antimicrobiana. Jin *et al.* (2020) utilizaram óleo essencial de alho (*Allium sativum*) para controlar *Bacillus cereus* em *sufu* branco. Os resultados demonstraram redução significativa nas populações de *B. cereus* no produto final. Os autores ressaltam que o emprego do óleo essencial não resultou em inibição de BAL importantes para a produção de metabólitos de interesse, como *Lactococcus*, *Weissella* e *Leuconostoc*, nem causou mudanças significativas nos compostos voláteis, relacionados a características sensoriais de interesse, demonstrando que esse composto natural pode ser potencialmente empregado para a melhoria da qualidade do *sufu*.

Não se deve confundir o *sufu* com o "*tofu* fedido" (*stinky tofu*), consumido principalmente na China e em Taiwan e produzido a partir da imersão do *tofu* por algumas horas em uma salmoura com odor intenso, contendo vegetais previamente fermentados, especialmente broto de bambu e abóbora-d'água. A salmoura, rica em microrganismos aeróbios proteolíticos e produtores de amônia, confere a esse produto suas principais características sensoriais (ENDO *et al.*, 2014).

9.3.9 *DOSA*

Dosa é um tipo de panqueca de origem indiana produzida a partir de uma massa fermentada à base de arroz (*O. sativa*) e feijão-da-índia (*Vigna mungo* L. Hepper) em proporções iguais. Este último é conhecido como *urad dal* ou, em inglês, *black gram*, e não deve ser confundido com o feijão-mungo (*Vigna radiata* L.), também conhecido no Brasil como mungo-verde por conta de sua coloração (MENEZES JUNIOR; SILVA; ROCHA, 2019). Em sua ausência, geralmente é substituído por lentilhas. Na literatura, há registros de sua produção desde o século VI, na Índia, embora seja um alimento tradicionalmente relacionado à cultura gastronômica de comunidades da Índia, Sri Lanka, Malásia, Singapura, além de outros países asiáticos. Tradicionalmente, a *dosa* é consumida no café da manhã e faz parte de cerimônias religiosas e sociais do sul da Índia (TAMANG; SAMUEL, 2010).

A fermentação da *dosa* é espontânea, decorrente da atividade de bactérias e leveduras naturalmente presentes na matéria-prima e no ambiente. A acidificação e produção de gás relacionam-se principalmente às bactérias, enquanto leveduras contribuem com enzimas e ésteres responsáveis pelo *flavor* característico do produto (SONI; SANDHU; VILKHU, 1985). Para sua produção, primeiramente faz-se o remolho dos ingredientes por um período de oito horas (geralmente, de um dia para o outro), em temperatura ambiente. Depois, são triturados com a água (2 a 2,5 vezes em relação ao peso dos ingredientes sólidos) até se obter uma pasta que é, então, fermentada por cerca de 24 horas. A massa levedada adquire consistência pastosa e aerada, decorrente da produção de CO_2 durante o processo fermentativo. Em uma chapa quente (ou frigideira) untada com óleo comestível, acrescenta-se a massa fermentada em quantidade suficiente para se formarem crepes finos e crocantes (Figura 9.1C). Esse tipo de preparo é interessante do ponto de vista nutricional por não conter glúten, representando, portanto, uma alternativa para indivíduos celíacos ou com sensibilidade ao glúten (RAY *et al.*, 2016).

A Figura 9.16 apresenta as alterações nas populações dos principais grupos microbianos durante a fermentação da massa de *dosa*. Um aumento expressivo na população bacteriana foi observado ao longo de trinta horas, com maior abundância em relação à população de leveduras. O crescimento microbiano foi acompanhado de uma expressiva elevação do volume da massa, de 200 para 460 ml, atribuído à produção de CO_2, e também da diminuição dos valores de pH, em decorrência da produção de ácidos orgânicos, de 5,49 para 4,11 (SONI; SANDHU; VILKHU, 1985). A atividade de amilases também foi expressiva, principalmente nos primeiros dias, aumentando de 1,14 para 1,63 UI/mg, com posterior decréscimo até o final do processo fermentativo (0,7 UI/mg).

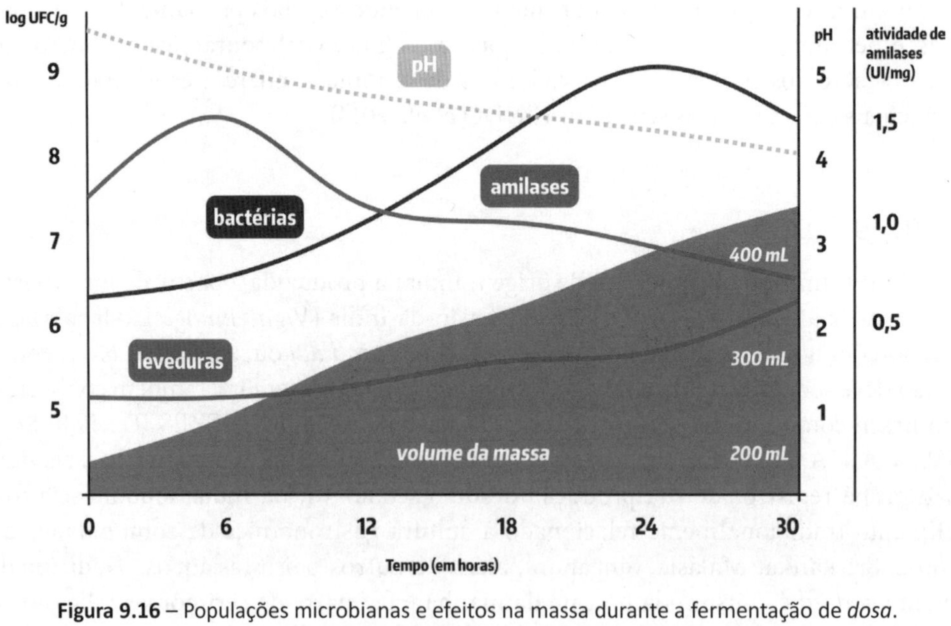

Figura 9.16 – Populações microbianas e efeitos na massa durante a fermentação de *dosa*.
Fonte: adaptada de Soni, Sandhu e Vilkhu (1985).

Como bactérias já isoladas da massa de *dosa*, destacam-se BAL, como *Leuconostoc mesenteroides*, *Streptococcus faecalis*, *Limosilactobacillus fermentum*, *Lactobacillus delbureckii*, *Pediococcus cerevisiae*, além *de B. amyloloquefaciens*, *B. subtilis*, *Enterobacter* sp. e *Micrococcus* sp. Dentre as leveduras, destaque para *S. cerevisiae*, *Debayomyces hansenii*, *Torulopsis candida*, *Candida robusta*, *Candida kefyr*, *Candida krusei*, *Kluyveromyces marxianus*, *Rhodotorula* sp., entre outros, além de *Trichosporon pullulans* (SONI *et al.* 1986; RAY; JOSHI, 2014).

Estudos têm indicado o potencial probiótico de microrganismos isolados da massa de *dosa*. Gupta e Tiwari (2014) isolaram a estirpe *L. plantarum* LD1 e observaram resistência a tratamento com suco gástrico simulado contendo pepsina, além de tolerância a sais biliares e atividade de hidrolases. A estirpe foi capaz de inibir o crescimento de *Staphylococcus aureus*, *Salmonella* Typhimurium, *Shigella flexneri*, *Pseudomonas aeruginosa*, *E. coli* e *Vibrio* sp. Os autores destacam seu potencial de uso como probiótico em alimentos.

Como benefícios associados à fermentação da *dosa*, alguns estudos destacam o aumento significativo de ácidos orgânicos, aminoácidos livres, enzimas, vitaminas, ácido fólico, compostos antimicrobianos e antioxidantes. Além disso, a fermentação melhora a digestibilidade de zinco e ferro, aumenta o teor de fibras alimentares, cálcio e ferro, apresenta menor índice glicêmico que outros tipos de produtos à base de cereais, além de conferir aromas e sabores complexos (DEVI; SHETTY, 2020).

9.4 CONSIDERAÇÕES FINAIS

Apesar do longo histórico de produção das LF, cuja origem remonta a milhares de anos e está ligada a países asiáticos, apenas em anos recentes alguns produtos têm ganhado destaque no cenário mundial, principalmente relacionados a tendências de consumo de alimentos com propriedades sensoriais e funcionais distintas. Parte das LF – como *natto* e *tempeh* – é, ainda, pouco aceita em culturas ocidentais, devido principalmente à complexidade de sabores e aromas pouco comuns. Paradoxalmente, outras LF, como molho e pasta de soja, são utilizadas justamente para conferir maior complexidade a preparações culinárias, tendo sido cada vez mais consumidas no mundo todo. Entretanto, atenção especial deve ser dada aos elevados teores de sódio presentes na maior parte das LF (à exceção daquelas obtidas por fermentações alcalinas, que não fazem uso de sal). Considerando a tendência global de consumo de alimentos com reduzido teor de sódio, trata-se de um desafio para as indústrias de produtos tão tradicionais, que têm buscado na pesquisa alternativas para a elaboração de produtos que atendam a essa demanda específica, sem, contudo, modificar substancialmente as características do produto final.

REFERÊNCIAS

ADITIVOS E INGREDIENTES. Shoyu: da origem à industrialização. p. 40-47. 2002.

AFIFAH, D. N. *et al.* The use of red oncom powder as potential production media for fibrinogenolytic protease derived from *Bacillus licheniformis* RO3. *Procedia Food Science*, v. 3, 2015.

AHMAD, A. *et al.* Total isoflavones from soybean and tempeh reversed scopolamine-induced amnesia, improved cholinergic activities and reduced neuroinflammation in brain. *Food and Chemical Toxicology*, v. 65, mar. 2014.

AHNAN-WINARNO, A. D. *et al.* Tempeh: a semicentennial review on its health benefits, fermentation, safety, processing, sustainability, and affordability. *Comprehensive Reviews in Food Science and Food Safety*, v. 20, n. 2, 10 mar. 2021.

BHATTACHARYA, S. Ergosterol synthesis. *In:* ZARAGOZA, O.; CASADEVALL, A. *Encyclopedia of Mycology* (v. 1). Elsevier, p. 230-238, 2021.

BELLANGER, A.-P. *et al.* Mixed mold infection with *Aspergillus fumigatus* and *Rhizopus microsporus* in a severe acute respiratory syndrome Coronavirus 2 (SARS-CoV-2) patient. *Infectious Diseases Now*, jan. 2021.

BERSANETI, G. T. *et al.* Edible films based on cassava starch and fructooligosaccharides produced by *Bacillus subtilis* natto CCT 7712. *Carbohydrate Polymers*, v. 151, out. 2016.

BHATTACHARYA, S. Ergosterol synthesis. *In*: ZARAGOZA, O.; CASADEVALL, A. *Encyclopedia of mycology*. Amsterdam: Elsevier, 2021. p. 230-238.

CABALLERO, B.; FINGLAS, P.; TOLDRÁ, F. *Encyclopedia of food sciences and nutrition*. 2. ed. Cambridge: Academic Press, 2003.

CAI, H. *et al.* Microbial diversity and chemical property analyses of sufu products with different producing regions and dressing flavors. *LWT – Food Science and Technology*, v. 144, jun. 2021.

CAO, Z.-H. *et al.* Bioactivity of soy-based fermented foods: a review. *Biotechnology Advances*, v. 37, n. 1, p, 223-238, jan. 2019.

CELESTINO, K.; CUNHA, R. B.; FELIX, C. R. Characterization of a beta-glucanase produced by Rhizopus microsporus var. microsporus, and its potential for application in the brewing industry. *BMC Biochemistry*, v. 7, n. 1, 2006.

CHAN, Y.-C. *et al.* Tempeh attenuates cognitive deficit, antioxidant imbalance, and amyloid β of senescence-accelerated mice by modulating Nrf2 expression via MAPK pathway. *Journal of Functional Foods*, v. 50, nov. 2018.

CHEN, F.; ZHANG, X.; LI, Z. Safety of Fermented Products Based on Soybean. *In:* PRAKASH, V. *et al.* (Eds). *Regulating safety of traditional and ethnic foods*. Waltham: Academic Press, p. 311-318., 2016.

CHEN, Y. *et al.* Characteristic fingerprints and volatile flavor compound variations in Liuyang Douchi during fermentation via HS-GC-IMS and HS-SPME-GC-MS. *Food Chemistry*, v. 361, 2021.

CHENG, Y.-Q. *et al.* Production of sufu, a traditional Chinese fermented soybean food, by fermentation with *Mucor flavus* at low temperature. *Food Science and Technology Research*, v. 15, n. 4, 2009.

CHOU, H.-Y. *et al.* Bifunctional mechanisms of autophagy and apoptosis regulations in melanoma from *Bacillus subtilis* natto fermentation extract. *Food and Chemical Toxicology*, v. 150, abr. 2021.

COPETTI, M.V. Yeasts and molds in fermented food production: an ancient bioprocess. *Current Opinion in Food Science,* v. 25, p. 57-61, 2019.

CRUZ-LACHICA, I. *et al.* Diversity of mucoralean fungi in soils of papaya (*Carica papaya* L.) producing regions in Mexico. *Fungal Biology,* v. 122, n. 8, ago. 2018.

DE REU, J. C.; ROMBOUTS, F. M.; NOUT, M. J. R. Influence of acidity and initial substrate temperature on germination of Rhizopus oligosporus sporangiospores during tempe manufacture. *Journal of Applied Bacteriology,* v. 78, n. 2, fev. 1995.

DEVANTHI, P.V.P.; GKATZIONIS, K. Soy sauce fermentation: microorganisms, aroma formation and process modification. *Food Research International,* v. 120, p. 364-374, 2019.

DEVI, P. B.; SHETTY, P. H. Traditional preserved and fermented foods and their nutritional aspects. *In*: PRAKASH, J.; WAISUNDARA, V.; PRAKASH, V. (eds.). *Nutritional and health aspects of food in South Asian countries.* London: Academic Press, 2020.

DOLATABADI, S.; WALTHER, G.; GERRITS, A.H.G.; HOOG, G.S. Diversity and delimitation of *Rhizopus microsporus. Fungal Diversity,* v. 64, p. 145–163, 2014.

EBINE, H. Industrialization of Japanese miso fermentation. *In*: STEINKRAUS, K. H. (ed.). *Industrialization of indigenous fermented foods.* 2. ed. New York: Marcel Dekker, 2004.

EKLUND-JONSSON, C.; SANDBERG, A. S.; ALMINGER, M. L. Reduction of phytate content while preserving minerals during whole grain cereal tempe fermentation. *Journal of Cereal Science,* v. 44, n. 2, p. 154-160, 2006.

ENDO, A. *et al.* Fermented foods. Fermentations of East and Southeast Asia. *In*: ROBINSON, R. K. (ed.). *Encyclopedia of food microbiology.* 2. ed. London: Academic Press, 2014.

ERKAN, S. B. *et al.* Production and characterization of tempehs from different sources of legume by Rhizopus oligosporus. *LWT – Food Science and Technology,* v. 119, fev. 2020.

FENG, X. M. *et al.* Rhizopus oligosporus and yeast co-cultivation during barley tempeh fermentation – nutritional impact and real-time PCR quantification of fungal growth dynamics. *Food Microbiology,* v. 24, n. 4, jun. 2007.

FENG, X. M.; ERIKSSON, A. R. B.; SCHNÜRER, J. Growth of lactic acid bacteria and *Rhizopus oligosporus* during barley tempeh fermentation. *International Journal of Food Microbiology,* v. 104, n. 3, out. 2005.

FUKUDA, M.; KOBAYASHI, M.; HONDA, Y. Functional components and health benefits of fermented soymilk. *In*: GRUMEZESCU, A.; HOLBAN, A. M. *Soft chemistry and food fermentation.* London: Academic Press, 2017.

FUKUSHIMA, D. Industrialization of Fermented Soy Sauce Production Centering Around Japanese Shoyu. *In:* STEINKRAUS, K.H. *Industrialization of indigenous fermented foods.* New York: Marcel Dekker, p. 1-98, 2004.

GAMARRA, S. *et al.* Mucormycosis outbreak due to Rhizopus microsporus after arthroscopic anterior cruciate ligament reconstruction surgery evaluated by RAPD and MALDI-TOF Mass spectrometry. *Journal de Mycologie Médicale,* v. 28, n. 4, dez. 2018.

GOFFEAU, A. Multiple moulds. *Nature,* v. 438, n. 7071, 21 dez. 2005.

GOFUR, A.; LESTARI, S. R. Effect of black soybean natto extract (Glycine soja) on reproduction system of hypercholesterolemia male mice. *Asian Pacific Journal of Reproduction,* v. 5, n. 5, set. 2016.

GUPTA, A.; TIWARI, S. K. Probiotic potential of *Lactobacillus plantarum* LD1 isolated from batter of dosa, a South Indian fermented food. *Probiotics and Antimicrobial Proteins*, v. 6, 2014.

HAN, B.-Z.; ROMBOUTS, F. M.; NOUT, M. J. R. A Chinese fermented soybean food. *International Journal of Food Microbiology*, v. 65, n. 1-2, abr. 2001.

HARTANTI, A. T.; RAHAYU, G.; HIDAYAT, I. Rhizopus species from fresh tempeh collected from several regions in Indonesia. *HAYATI Journal of Biosciences*, v. 22, n. 3, jul. 2015.

HÖLKER, U.; LENZ, J. Solid-state fermentation – are there any biotechnological advantages? *Current Opinion in Microbiology*, v. 8, n. 3, jun. 2005.

HOSOI, T.; KIUCHI, K. Natto – a food made by fermenting cooked soybeans with *Bacillus subtilis* (natto). *In*: FARNWORTH, E. R. (ed.). *Handbook of fermented functional foods*. Boca Raton: CRC Press, 2003. p. 227–250.

JENNESSEN, J. *et al.* Morphological characteristics of sporangiospores of the tempe fungus *Rhizopus oligosporus* differentiate it from other taxa of the *R. microsporus* group. *Mycological research*, v. 112, p. 547-563, 2008.

JIA, F. *et al.* Soybean supply chain management and sustainability: a systematic literature review. *Journal of Cleaner Production*, v. 255, maio 2020.

JIN, Z. *et al.* Inhibition of *Bacillus cereus* by garlic (*Allium sativum*) essential oil during manufacture of white sufu, a traditional Chinese fermented soybean curd. *LWT – Food Science and Technology*, v. 130, ago. 2020.

KALIANI. Tempeh market prophesied to grow at a faster pace by 2026. *Market Reports and Analytics*, 29 jul. 2020. Disponível em: https://primefeed.in/news/3531988/tempeh-market-prophesied-to-grow-at-a-faster-pace-by-2026. Acesso em: 18 jun. 2021.

KIUCHI, K.; WATANABE, S. Industrialization of Japanese natto. *In*: STEINKRAUS, K. H. (ed.). *Industrialization of indigenous fermented foods*. 2. ed. New York: Marcel Dekker, 2004. p. 193-246.

KUMAR, V. *et al.* Dietary roles of phytate and phytase in human nutrition: a review. *Food Chemistry*, v. 120, n. 4, jun. 2010.

LAMPE, B. J.; ENGLISH, J. C. Toxicological assessment of nattokinase derived from *Bacillus subtilis* var. natto. *Food and Chemical Toxicology*, v. 88, fev. 2016.

LEE, M.; PARK, Y. Fermented soypastes, doenjang and cheonggukjang, and obesity. *In*: WATSON, R. R. *Nutrition in the prevention and treatment of abdominal obesity*. London: Academic Press, 2014.

LIMA, T. M. de *et al. Rhizopus oligosporus* as a biotransforming microorganism of *Anacardium othonianum* Rizz. byproduct for production of high -protein, -antioxidant, and -fiber ingredient. *LWT – Food Science and Technology*, v. 135, jan. 2021.

LIOE, H.N. *et al.* Soy sauce and its umami taste: a link from the past to current situation. *Journal of Food Science*, v. 75, n. 3, p. R71-R76, 2010.

LIU, Y.; SONG, H.; LUO, H. Correlation between the key aroma compounds and gDNA copies of Bacillus during fermentation and maturation of natto. *Food Research International*, v. 112, out. 2018.

MACHIDA, M. *et al.* Genome sequencing and analysis of *Aspergillus oryzae*. *Nature*, v. 438, n. 7071, dez. 2005.

MAHESHWARI, G.; AHLBORN, J.; RÜHL, M. Role of fungi in fermented foods. *In*: *Reference module in life sciences*. [*S.l.*]: Elsevier, 2020.

MANI, V.; MING, L.C. Tempeh and other fermented soybean products rich in isoflavones. In: FRIAS, J.; MARTÍNEZ-VILLALUENGA, C.; PEÑAS, E. (Eds.). *Fermented foods in health and disease prevention*. [S.l.], Elsevier, 2017. p. 453-474.

MARCO, M. L. *et al.* The International Scientific Association for Probiotics and Prebiotics (ISAPP) consensus statement on fermented foods. *Nature Reviews Gastroenterology & Hepatology*, v. 18, 2021.

MEI FENG, X.; LARSEN, T. O.; SCHNÜRER, J. Production of volatile compounds by Rhizopus oligosporus during soybean and barley tempeh fermentation. *International Journal of Food Microbiology*, v. 113, n. 2, 2007.

MELO, F. C. B. C. de. *et al.* Levan from *Bacillus subtilis* Natto: optimization of productivity using factorial design. *Journal of Biotechnology*, v. 150, 2010.

MENEZES JUNIOR, J. A. N.; SILVA, K. J. D.; ROCHA, M. M. Feijão-mungo como perspectiva para a safrinha em Mato Grosso. *In*: NETO, A. L. F. (ed.). *Embrapa agrossilvipastoril*: primeiras contribuições para o desenvolvimento de uma agropecuária sustentável. Brasília: Embrapa, 2019. p. 635-640.

MIN, X. *et al.* Comparative transcriptome analysis reveals the underlying mechanism for over-accumulation of menaquinone-7 in *Bacillus subtilis* natto mutant. *Biochemical Engineering Journal*, jun. 2021.

MINAMIYAMA, Y.; OKADA, S. Miso: production, properties and benefits to health. *In:* FARNWORTH, E.R. (Ed.). *Handbook of fermented functional foods.* New York: CRC Press, 2003. p. 277-286.

MOHAMED AHMED, I.A.; AL-JUHAIMI, F.Y.; EL-DIN AHMED BEKHIT, A. Fermentation of grains. *In:* MELTON, L.; SHAHIDI, F.; VARELIS, P. (Eds.). *Encyclopedia of Food Chemistry.* [S.l.], Elsevier, 2018. p. 107-116.

NAGAI, T.; TAMANG, J. P. Fermented legumes: soybean and non-soybean products. *In*: TAMANG, J. P.; KAILASAPATHY, K. *Fermented foods and beverages of the world*. Boca Raton: CRC Press, 2010. p. 191-224.

NAM, Y.-D.; YI, S.-H.; LIM, S.-I. Bacterial diversity of cheonggukjang, a traditional Korean fermented food, analyzed by barcoded pyrosequencing. *Food Control*, v. 28, n. 1, nov. 2012.

NASCIMENTO, W. M. (ed.) *Hortaliças leguminosas*. Brasília: Embrapa, 2016. 232 p.

NISHIMURA, I. *et al.* Survival strategy of the salt-tolerant lactic acid bacterium, *Tetragenococcus halophilus*, to counteract koji mold, *Aspergillus oryzae*, in soy sauce brewing. *Bioscience, Biotechnology, and Biochemistry*, v. 82, n. 8, 3 ago. 2018.

NOUT, M. J. R. Quality, safety, biofunctionality and fermentation control in soya. *In*: HOLZAPFEL, W. (ed.). *Advances in fermented foods and beverages*: improving quality, technologies and health benefits. Cambridge: Woodhead, 2015. p. 409-434. (Woodhead Publishing Series in Food Science, Technology and Nutrition, n. 265)

NOUT, M.J.R.; KIERS, J.L. Tempe fermentation, innovation and functionality: update into the third millenium. *Journal of Applied Microbiology*, v. 98, n. 4, p. 789-805, abr. 2005.

NWOKOLO, E. Soybean (*Glycine max* (L.) Merr.). *In*: SMARTT, J.; NWOKOLO, E. *Food and feed from legumes and oilseeds*. Boston, MA: Springer US, 1996.

O'TOOLE, D. K. The role of microorganisms in soy sauce production. *Advances in Applied Microbiology*, v. 108, p. 45-113, 2019.

PALANOWSKA, K. et al. Effect of tempe fermentation by three different strains of *Rhizopus oligosporus* on nutritional characteristics of faba beans. *LWT* – Food Science and Technology, v. 122, p. 109024, mar. 2020.

PARK, K.-Y. *et al.* Antimutagenic effects of *doenjang* (Korean fermented soypaste) and its active compounds. *Mutation Research/Fundamental and Molecular Mechanisms of Mutagenesis*, v. 523-524, fev. 2003.

PARK, Y.K.; LEE, J.H.; MAH, J.-H. Occurrence and reduction of biogenic amines in traditional Asian fermented soybean foods: A review. Food Chemistry, v. 278, p. 1–9, 2019.

PARK, Y.K. et al. Occurrence and reduction of biogenic amines in traditional Asian fermented soybean foods: a review. *Food Chemistry*, v. 278, p. 1-9, 2018.

PENG, C. *et al.* Transcriptomic analysis of gene expression of menaquinone-7 in *Bacillus subtilis* natto toward different oxygen supply. *Food Research International*, v. 137, nov. 2020.

PI, X. *et al.* Effects of fermentation with Bacillus natto on the allergenicity of peanut. *LWT – Food Science and Technology*, v. 141, abr. 2021.

POLANOWSKA, K. *et al.* Effect of tempe fermentation by three different strains of *Rhizopus oligosporus* on nutritional characteristics of faba beans. *LWT – Food Science and Technology*, v. 122, mar. 2020.

RAY, M. *et al.* Folk to functional: An explorative overview of rice-based fermented foods and beverages in India. *Journal of Ethnic Foods*, v. 3, n. 1, p. 5-18, 2016.

RAY, R.C.; JOSHI, V.K. Fermented foods: past, present and future. *In:* RAY, R.C.; DIDIER, M. (Eds.). *microorganisms and fermentation of traditional foods*. Boca Raton: CRC Press, 2014. p. 1-36.

ROHM, B. *et al.* Toxin production by bacterial endosymbionts of a *Rhizopus microsporus* strain used for tempe/sufu processing. *International Journal of Food Microbiology*, v. 136, n. 3, jan. 2010.

ROKAS, A. The effect of domestication on the fungal proteome. *Trends Genet*, v. 25, n. 2, p. 60-63, fev. 2009.

RUIZ-TERÁN, F.; OWENS, J.D. Fate of oligosaccharides during production of soya bean tempe. *Journal of the Science of Food and Agriculture,* v. 79, p. 249-252, 1999.

SAKURA. Diferença entre missôs. *Blog Sakura*, 2019. Disponível em: https://blogsakura.com.br/diferenca-entre-missos/. Acesso em: 14 jun. 2021.

SANTOS, L. F.; CAVALCANTI, O. A.; CELLIGOI, M. A. P. C. Produção e aplicação de expolissacarídeos: um enfoque na levana e os potenciais dispositivos de liberação modificada de fármacos. *Revista Saúde e Pesquisa*, v. 4, n. 2, p. 254-270, 2011.

SCHURGERS, L. J. *et al.* Vitamin K-containing dietary supplements: comparison of synthetic vitamin K1 and natto-derived menaquinone-7. *Blood*, v. 109, n. 8, 15 abr. 2007.

SONG, Z. *et al.* Correlation between bacterial community succession and propionic acid during gray sufu fermentation. *Food Chemistry*, v. 353, ago. 2021.

SONI, S. K. *et al.* Microbiological studies on dosa fermentation. *Food Microbiology*, v. 3, n. 1, 1986.

SONI, S. K.; SANDHU, D. K.; VILKHU, K. S. Studies on *dosa* – an indigenous Indian fermented food: some biochemical changes accompanying fermentation. *Food Microbiology*, v. 2, 1985.

SOY SAUCE market size, share & trends analysis report by type (brewed, blended), by application (household, food industry), by region (North America, Asia Pacific, MEA, Europe), and segment forecasts, 2019-2025. *Grand View Research*, ago. 2019. Disponível em: https://www.grandviewresearch.com/industry-analysis/soy-sauce-market. Acesso em: 10 jun 2021.

STARZYŃSKA-JANISZEWSKA, A.; STODOLAK, B.; MICKOWSKA, B. Effect of controlled lactic acid fermentation on selected bioactive and nutritional parameters of tempeh obtained from unhulled common bean (*Phaseolus vulgaris*) seeds. *Journal of the Science of Food and Agriculture*, v. 94, n. 2, 30 jan. 2014.

STEPHANI, L. *et al.* Food origin fibrinolytic enzyme with multiple actions. *HAYATI Journal of Biosciences*, v. 24, n. 3, jul. 2017.

STODOLAK, B.; STARZYŃSKA-JANISZEWSKA, A.; BĄCZKOWICZ, M. *Aspergillus oryzae* (koji mold) and *Neurospora intermedia* (oncom mold) application for flaxseed oil cake processing. *LWT – Food Science and Technology*, v. 131, set. 2020.

SUGAWARA, E. Fermented soybean pastes miso and shoyu with reference to aroma. *In*: TAMANG, J. P.; KAILASAPATHY, K. *Fermented foods and beverages of the world*. Boca Raton: CRC Press, 2010.

TAMANG, J. P.; SAMUEL, D. Dietary cultures and antiquity of fermented foods and beverages. *In*: TAMANG, J. P.; KAILASAPATHY, K. *Fermented foods and beverages of the world*. Boca Raton: CRC Press, 2010. p. 1-40.

TAWALI, A.B.; HAIN, J.U.; SCHWEDT, G. Determination of phytic acid content of soybeans during tempeh production using capillary electrophoresis. *Deutsche Lebensmittel Rundschau*, v. 94, p. 28-30, 1998.

USDA (UNITED STATES DEPARTMENT OF AGRICULTURE). *World Agricultural Production*. Foreign Agricultural Service Circular Series WAP 5-21 May 2021. 2021. 42 p. Disponível em: https://apps.fas.usda.gov/psdonline/circulars/production.pdf. Acesso em: 16 maio 2021.

VAN DER BREMPT, X. Surf, méduses et allergie au natto (soja fermenté): une nouvelle saga? *Revue Française d'Allergologie*, v. 59, n. 5, set. 2019.

VARZAKAS, T. Rhizopus oligosporus mycelial penetration and enzyme diffusion in soya bean tempe. *Process Biochemistry*, v. 33, n. 7, set. 1998.

VENTURINI COPETTI, M. Yeasts and molds in fermented food production: an ancient bioprocess. *Current Opinion in Food Science*, v. 25, fev. 2019.

VONG, W. C.; HUA, X. Y.; LIU, S.-Q. Solid-state fermentation with Rhizopus oligosporus and Yarrowia lipolytica improved nutritional and flavour properties of okara. *LWT – Food Science and Technology*, v. 90, abr. 2018.

XU, L.; DU, B.; XU, B. A systematic, comparative study on the beneficial health components and antioxidant activities of commercially fermented soy products marketed in China. *Food Chemistry*, v. 174, p. 202-213, 2015.

WANG, P. *et al.* Bacillus natto regulates gut microbiota and adipose tissue accumulation in a high-fat diet mouse model of obesity. *Journal of Functional Foods*, v. 68, maio 2020.

WANG, P. *et al.* Characterization of flavor fingerprinting of red sufu during fermentation and the comparison of volatiles of typical products. *Food Science and Human Wellness*, v. 8, n. 4, dez. 2019.

YANG, B.; TAN, Y.; KAN, J. Regulation of quality and biogenic amine production during sufu fermentation by pure Mucor strains. *LWT – Food Science and Technology*, v. 117, jan. 2020.

YOKOTSUKA, T. Fermented protein foods in the orient, with emphasis on shoyu and miso in Japan. *In:* WOOD, B.J.B. (Ed.). *Microbiology of fermented foods*. London; New York: Elsevier Applied Science, 1985. v. 1, p. 197-246.

YOSHIKAWA, Y. *et al.* Evaluation of seed chemical quality traits and sensory properties of natto soybean. *Food Chemistry*, v. 153, jun. 2014.

YUE, X. *et al.* Microbial diversity and function of soybean paste in East Asia: what we know and what we don't. *Current Opinion in Food Science*, v. 37, fev. 2021.

ZHAO, C. J.; SCHIEBER, A.; GÄNZLE, M. G. Formation of taste-active amino acids, amino acid derivatives and peptides in food fermentations – a review. *Food Research International*, v. 89, nov. 2016.

CAPÍTULO 10
Fermentações de cacau e café

Gilberto Vinícius de Melo Pereira,[1]
Dão Pedro de Carvalho Neto,[1]
Jéssica Aparecida Viesser[1]

10.1 INTRODUÇÃO

A popularidade de alimentos e bebidas à base de cacau e café deve-se principalmente às suas propriedades sensoriais e funcionais. A qualidade desses produtos é influenciada por diversos fatores pré e pós-colheita, incluindo a variedade, o local de cultivo, a fermentação, o armazenamento e o beneficiamento. Embora desconhecido da maior parte das pessoas, o processo fermentativo é utilizado durante o processamento pós-colheita para facilitar a remoção da mucilagem aderida às sementes de cacau e café, com importantes implicações quanto às características sensoriais do produto final.

A fermentação é uma etapa essencial para a obtenção de amêndoas de cacau de qualidade. O tempo requerido para a fermentação é variável, podendo ocorrer de três a sete dias. O processo é iniciado pela ação de leveduras e bactérias do ácido lático (BAL) nas 48 horas iniciais, seguida pelo domínio de bactérias do ácido acético (BAA) na chamada fase aeróbica. *Bacillus* e fungos filamentosos podem ser detectados após o quinto dia de fermentação, mas a contribuição desses grupos microbianos ainda é contraditória. Já para o café, o desenvolvimento microbiano está relacionado ao tipo

[1] Centro de Biotecnologia Agroindustrial do Paraná (CENBAPAR), Departamento de Engenharia de Bioprocessos e Biotecnologia, Universidade Federal do Paraná (UFPR), Curitiba, Paraná, Brasil.

de processamento pós-colheita adotado (via seca ou via úmida). Pelo processamento pela via seca, em que os frutos são processados integralmente por períodos de até vinte dias, *Bacillus* e BAL são os grupos dominantes. Para os cafés processados pelo método da via úmida, a adição de água e a remoção da casca dos frutos estimulam o desenvolvimento de microrganismos de metabolismo fermentativo como as leveduras. O processamento pela via úmida reduz drasticamente o período de fermentação para 24 a 48 horas.

Em ambos os processos fermentativos, a intensa atividade microbiana gera metabólitos que lixiviam para o interior das sementes de cacau e café, contribuindo para a formação dos precursores de sabor, aroma e cor dos produtos obtidos. No presente capítulo, serão abordados os processos fermentativos associados às cadeias produtivas de cacau e café, visando elucidar o papel da microbiota e seu impacto nos atributos químicos e sensoriais.

10.2 BREVE HISTÓRICO DA PRODUÇÃO DE CACAU E CAFÉ NO MUNDO

O cacaueiro (*Theobroma cacao* L.) é uma árvore perene pertencente à família Malvaceae e nativo das florestas tropicais da América Central e do Sul, com origem na bacia Amazônica (MOTAMAYOR *et al.*, 2008; ZARRILLO *et al.*, 2018). As sementes do fruto do cacaueiro são utilizadas como matéria-prima para produção de chocolate e seus derivados, como cacau em pó, manteiga de cacau e liquor de cacau (SCHWAN; WHEALS, 2004; VÁSQUEZ *et al.*, 2019). Comercialmente, o cacaueiro é cultivado ao longo de toda a zona equatorial, entre as latitudes 20 °N e 20 °S em relação à linha do Equador, região conhecida como "Cinturão do Cacau" (em inglês, Cocoa Belt) (LALIBERTÉ, 2012). Atualmente, a Costa do Marfim é o maior produtor mundial de cacau, seguido por Gana, Indonésia, Nigéria, Brasil, Camarões e Equador (FAO, 2020). Forastero, Criollo, Trinitario e Nacional são as principais variedades de cacau cultivadas, as quais atribuem diferentes características sensoriais à qualidade final dos produtos (AFOAKWA, 2010; KONGOR *et al.*, 2016; LALIBERTÉ, 2012).

O consumo de cacau tem demonstrado diversos benefícios para a saúde humana, principalmente devido à elevada concentração de compostos antioxidantes, incluindo catequinas, epicatequinas, procianidinas e compostos fenólicos (ANDÚJAR *et al.*, 2012; APROTOSOAIE; LUCA; MIRON, 2016). Além da indústria alimentícia, as sementes de cacau também possuem aplicações nas indústrias farmacêutica e de cosméticos (BEG *et al.*, 2017).

O cafeeiro pertence à família Rubicaceae e ao gênero *Coffea* L., o qual compreende 103 espécies de árvores e arbustos tropicais (BREMER; ERIKSSON, 2009). Apesar da grande diversidade ecológica, apenas duas espécies são exploradas comercialmente: *Coffea arabica* L. (Arábica) e *Coffea canephora* P. (Robusta), as quais representam 75% e 25% dos produtos no mercado global, respectivamente (MUS-

SATTO *et al.*, 2011). O café arábica é a única espécie do gênero com característica tetraploide (2n = 44 cromossomos) e autogâmica, sendo cultivada em regiões de elevadas altitudes (500 a 2.500 m) (ETIENNE, 2005). Esse perfil genético resulta na produção de cafés de elevada qualidade sensorial com baixo teor de cafeína; porém, a autogamia torna a planta suscetível a doenças (como a ferrugem) e ao ataque de nematoides. Já o café robusta é uma espécie diploide (2n = 22 cromossomos) e alogâmica, cultivada em baixas altitudes (inferiores a 500 m) (ETIENNE, 2005). O café robusta possui elevado teor de cafeína e ácidos clorogênicos, conferindo maior adstringência à bebida. Devido à sua grande variabilidade genética, essa espécie é altamente resistente ao ataque de pragas e doenças.

O café tem feito parte da história da sociedade humana desde o século X, quando as folhas e os grãos de café eram imbuídos em água fervente e servidos como um chá em eventos cerimoniais (PENDERGRAST, 2010). Esta planta é originária dos planaltos da Etiópia, onde ainda é possível observar o crescimento de cafés selvagens. Até o século XV, a produção de café era restrita à Arábia, mais precisamente ao Iêmen, onde os grãos possuíam uma grande importância econômica para os produtores e comerciantes. Em 1615, as primeiras sacas de café alcançaram o mundo não islâmico, e, em pouco tempo, as plantações de café ganharam as colônias europeias na América Central e na América do Sul (ECCARDI; SANDAJL, 2002). Atualmente, o café é cultivado em todas as regiões situadas entre as latitudes 30 °N e 30 °S (o "Cinturão do Café") (OESTREICH-JANZEN, 2010), e é a bebida não alcoólica mais consumida em todo o mundo, excedendo 600 bilhões de xícaras servidas anualmente.

O café alcançou o solo brasileiro em maio de 1727, quando o sargento-mór Francisco de Melo Palheta, a desígnio do então capitão geral da província do Maranhão e Grão-Pará, João da Maia da Gama, trouxe consigo mil sementes e cinco mudas da planta provenientes da Guiana Francesa (FRAGA, 1963). Embora a cultura tenha se estabelecido na região, só ganhou uma posição de destaque quando o desembargador João Alberto Castelo Branco levou algumas mudas para o Rio de Janeiro. Posteriormente, o café logo se expandiu para São Paulo e Minas Gerais, regiões que, devido ao esgotamento do extrativismo mineral, encontravam-se em um período econômico crítico. Até 1815, toda a produção nacional era destinada para o consumo interno. No entanto, em 1829 o Brasil alcançou o patamar de maior produtor e exportador mundial de café, detendo este título até a presente data (FRAGA, 1963). Atualmente o Brasil apresenta uma produção aproximada de 3,8 milhões de toneladas, das quais 2,4 milhões destinadas ao mercado externo, gerando, em 2020, uma receita cambial de 20,19 bilhões de reais (SANTOS; FERREIRA, 2020; ICO, 2020).

10.3 PROCESSAMENTO PÓS-COLHEITA

A elevada taxa de umidade (60 a 85%) e a rica constituição nutricional dos frutos de cacau e café tornam estas *commodities* extremamente suscetíveis à deterioração microbiana. Dessa forma, o processamento pós-colheita tem como principal objetivo converter essas mercadorias perecíveis em produtos estáveis, passíveis de serem armazenadas por longos períodos, o que reduz as perdas e possibilita a disponibilização em períodos de escassez e em locais distantes do local de produção (JAYARAMAN; DAS GUPTA, 1992). No entanto, as diferentes tecnologias empregadas para tal finalidade promovem alterações na aparência, composição, cor, textura e propriedades sensoriais (NAYAK; LIU; TANG, 2015). As principais etapas dos processamentos de cacau e café incluem a colheita dos frutos, a fermentação e a secagem (Figura 10.1).

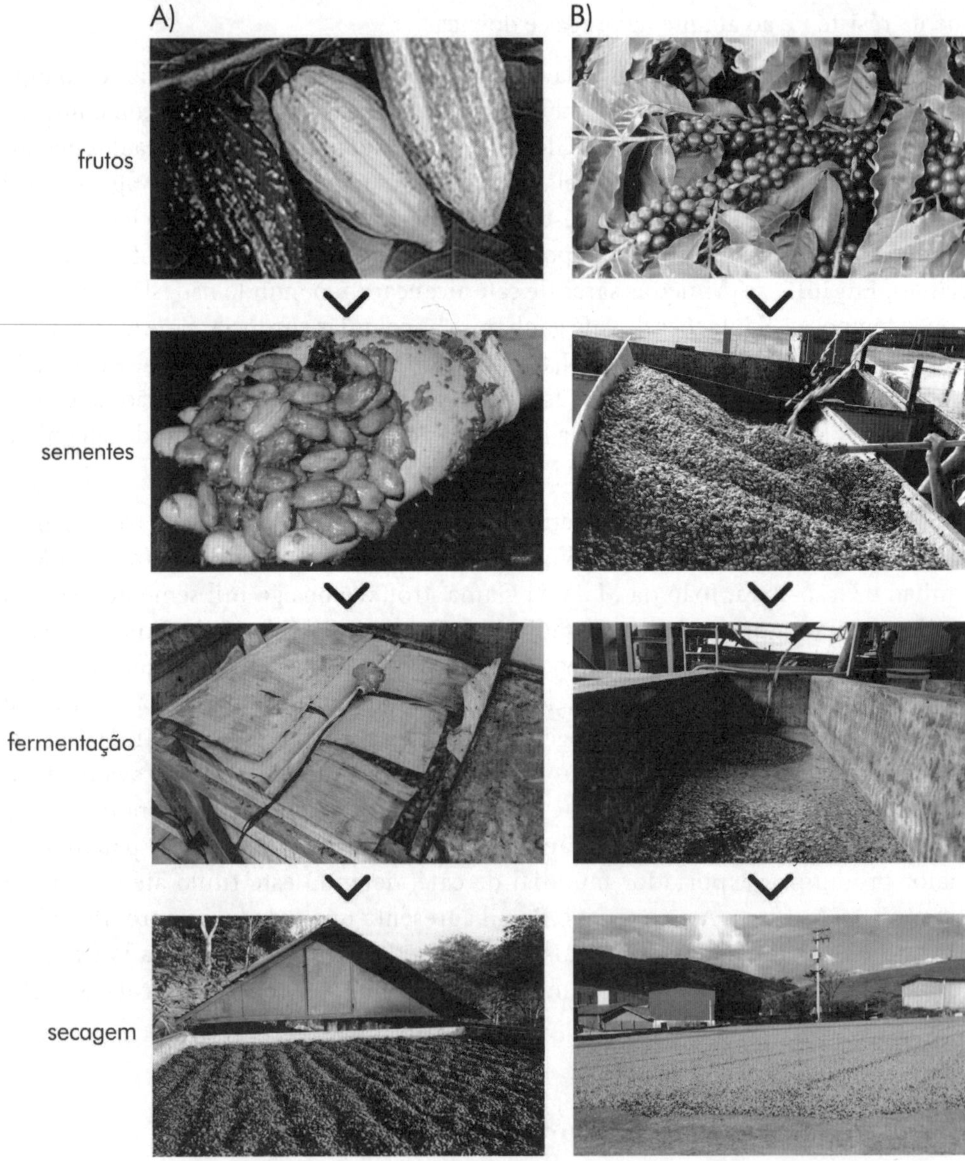

Figura 10.1 – Principais etapas do processamento pós-colheita de cacau (A) e café (B).
Fonte: elaborada pelos autores.

10.3.1 PROCESSAMENTO PÓS-COLHEITA DO CACAU

Os métodos de processamento pós-colheita do cacau envolvem uma série de operações unitárias ainda bastante tradicionais, realizadas da mesma maneira há mais de 150 anos (BEG *et al.*, 2017). Uma das principais funções do processamento pós-colheita do cacau é a remoção da polpa que recobre as sementes, para facilitar a secagem e o armazenamento destas sem contaminações potencialmente prejudiciais (AMOA-AWUA, 2015). A fermentação consiste na principal ferramenta para se atingir este objetivo, sem, contudo, garantir que não existam implicações nas características sensoriais do produto final (AFOAKWA, 2010; DE VUYST; WECKX, 2016; DE VUYST; LEROY, 2020; LIMA *et al.*, 2011; SCHWAN; WHEALS, 2004). De qualquer maneira, o processo fermentativo resulta em compostos aromáticos e precursores do sabor característicos dos produtos à base de cacau (AFOAKWA, 2010; CASTRO-ALAYO *et al.*, 2019; LIMA *et al.*, 2011).

Após a colheita dos frutos, são realizadas as operações de abertura, fermentação da polpa que envolve as sementes e secagem (FOWLER, 2009; WOOD; LASS, 1985). A abertura dos frutos é realizada manualmente com o auxílio de instrumentos cortantes, como machetes ou cutelos, para a retirada e obtenção das sementes (FOWLER, 2009; WOOD; LASS, 1985). Quando estão maduros, os frutos de cacau apresentam aproximadamente entre vinte e quarenta sementes ovais envoltas por uma polpa mucilaginosa branca, presas a uma estrutura central denominada de placenta. Uma vez abertos os frutos, as sementes são retiradas manualmente e separadas da placenta para dar início ao processo de fermentação (FOWLER, 2009; WOOD; LASS, 1985).

Diferentes métodos são empregados para fermentar a polpa do cacau (Figura 10.2). Uma das metodologias mais populares e tradicionais na África Ocidental, principalmente em países como Gana e Costa do Marfim, consiste em dispor as sementes frescas de cacau em montes (25 a 2.500 kg) e recobri-los com folhas de bananeiras (em inglês, *heap fermentation*). As folhas de bananeira ajudam a preservar o calor e a proteger das chuvas. O revolvimento das sementes é feito de dois a três dias após o início da fermentação, a qual possui uma duração aproximada de cinco dias (AFOAKWA, 2010; AMOA-AWUA, 2015; FOWLER, 2009; WOOD; LASS, 1985). Uma das vantagens deste método é a condução de uma fermentação uniforme, proporcionando uma maior qualidade às amêndoas obtidas (APROTOSOAIE; LUCA; MIRON, 2016).

Nos países da América do Sul (exemplo Brasil) e Ásia (exemplo Malásia), a fermentação ocorre no interior de caixas de madeira, também denominadas de cochos de fermentação, contendo pequenos orifícios para drenagem do líquido resultante da degradação da polpa e para facilitar a aeração (em inglês, *box fermentation*) (AMOA-AWUA, 2015; NIELSEN *et al.*, 2007; SCHWAN; WHEALS, 2004). Em cada cocho são depositados de 100 a 700 kg de sementes (FOWLER, 2009). Para garantir uma fermentação mais uniforme, os cochos são cobertos superficialmente com folhas de bananeira ou sacos de juta, de maneira a preservar o calor gerado durante a fermentação (SCHWAN; WHEALS, 2004). Diariamente, durante seis ou sete dias, a massa de cacau é revolvida e/ou transferida para outros cochos para permitir a aeração da massa de cacau (FOWLER, 2009; SCHWAN; WHEALS, 2004). Contudo, um revolvimento inadequado da massa de cacau pode impedir que aquelas sementes que estão depositadas mais ao fundo nos cochos sejam completamente fermentadas e, assim, prejudicar a qualidade final do produto (AFOAKWA, 2010; AMOA-AWUA, 2015).

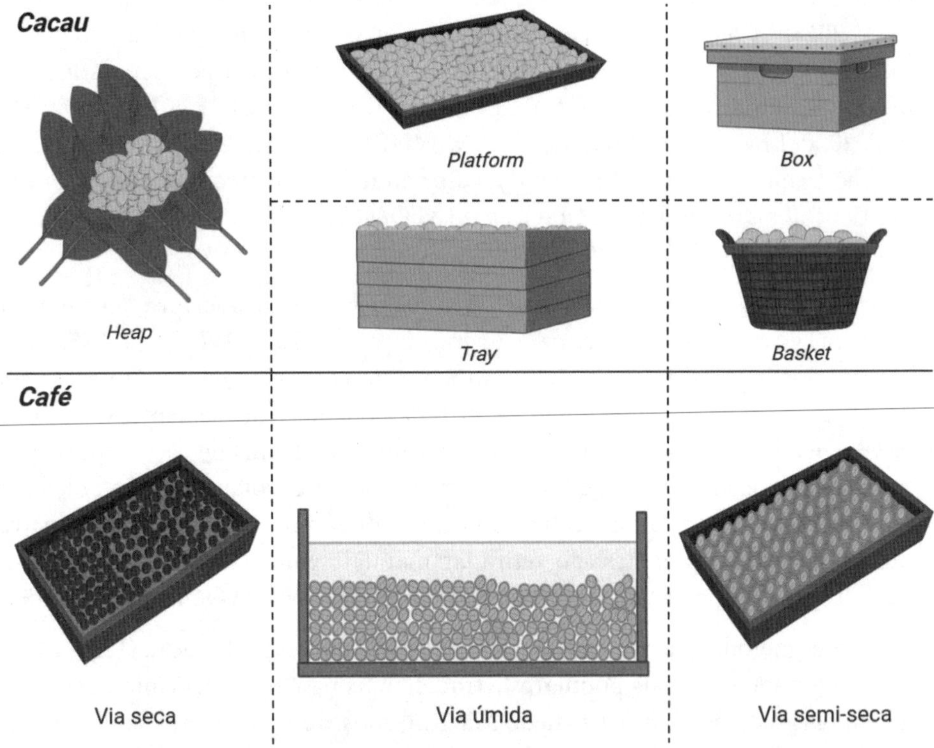

Figura 10.2 – Métodos de fermentação empregados para cacau e café. Fonte: elaborada pelos autores.

Nas pequenas fazendas localizadas na Nigéria, Filipinas e Vietnã, a fermentação das sementes de cacau ocorre dentro de cestos produzidos artesanalmente com material vegetal e revestidos com folhas de bananeira (em inglês, *basket fermentation*). Este processo é bem semelhante ao que ocorre nos cochos de madeira, porém menores quantidades de cacau são fermentadas (30 a 50 kg), com um tempo médio de fermentação de seis dias (AMOA-AWUA, 2015).

Outro método bastante utilizado nas fazendas em Gana foi desenvolvido com o objetivo de obter maior uniformidade de fermentação. Nele, as sementes de cacau são fermentadas sobre bandejas de madeira (em inglês, *tray fermentation*), permitindo, assim, uma aeração sem necessidade de revolver as sementes. Cada bandeja pode conter cerca de 45 kg de sementes, sendo empilhadas de oito a catorze bandejas umas sobre as outras. A bandeja inferior é deixada vazia para coleta do líquido resultante da degradação microbiana da polpa e para que o ar circule livremente. Após o primeiro dia, a pilha de bandejas é coberta com folhas de bananeira ou sacos de juta para manter o calor. A fermentação é concluída em quatro dias (AMOA-AWUA, 2015).

No Equador e na República Dominicana, as plataformas de secagem são as mais usadas na fermentação das sementes de cacau (em inglês, *platform fermentation*). De acordo com esse método, as sementes são espalhadas nas plataformas durante o dia para que ocorra a fermentação e empilhadas à noite para manter o calor. Geralmente, essas fermentações são mais rápidas, com duração de dois a três dias (AMOA-AWUA, 2015; PAPALEXANDRATOU *et al.*, 2011). Esse procedimento pode ser aplicado adequadamente para o cacau Criollo, que requer um curto período de fermentação (dois a três dias), mas não é indicado para o cacau Forastero, que necessita de cinco a oito dias de fermentação (APROTOSOAIE; LUCA; MIRON, 2016).

10.3.2 PROCESSAMENTO PÓS-COLHEITA DO CAFÉ

O fruto do café é uma drupa constituída por duas sementes ou grãos (endosperma) completamente envoltos por uma fina película prateada (*silver skin* - tegumento) e pelo pergaminho (endocarpo), que, por sua vez, são circundados por uma camada mucilaginosa (mesocarpo) e por uma casca externa com coloração amarelada ou avermelhada (exocarpo) (MUSSATTO *et al.*, 2011). A camada mucilaginosa atua como fonte energética tanto para a germinação da semente como para o desenvolvimento dos microrganismos atuantes na etapa de processamento pós-colheita. Ela é composta de polissacarídeos e substâncias pécticas (30%), proteínas (8,9%) e açúcares fermentescíveis (4,1%) (AVALLONE *et al.*, 1999; ESQUIVEL; JIMÉNEZ, 2012).

A produção de grãos de café é caracterizada por uma longa cadeia de processos, incluindo colheita, lavagem, processamento pós-colheita, secagem, beneficiamento e torrefação. A colheita dos frutos é uma etapa laboriosa e onerosa, chegando a representar 40% do custo anual de produção (PÁDUA; SILVA; QUEIROZ, 2000). Este elevado gasto é associado à necessidade do emprego de colheitas manuais devido a dois fatores: (i) o plantio de cafeeiros em cadeias montanhosas com inclinações superiores a 40º, o que impossibilita o emprego de colheitadeiras automáticas e implementos agrícolas; e (ii) a existência de diversas florações durante o período de safra, o que resulta na presença de diferentes frutos com graus de maturação (isto é, verde-cana [imaturo], cereja [maduro] e passa [perdido]) em uma mesma planta (PEREIRA *et al.*, 2019). Quando os frutos atingem o grau de maturação correto, há uma redução no conteúdo de ácidos clorogênicos, cafeína e compostos fenólicos, o que impacta a redução da adstringência na bebida final. Além disso, os frutos maduros apresentam um elevado teor de precursores aromáticos, incluindo açúcares (por exemplo, glicose, frutose e sacarose), aminoácidos livres (ácido glutâmico, aspargina e L-alanina) e compostos voláteis (álcoois superiores, aldeídos e cetonas), o que contribui para a complexidade aromática da bebida (DE CASTRO; MARRACCINI, 2006). Assim, a colheita é iniciada quando a maioria dos frutos se encontra no estágio de maturação ideal, para assegurar a qualidade e homogeneidade do lote.

O processamento deve ser iniciado imediatamente após a colheita a fim de se evitarem fermentações indesejadas conduzidas por microrganismos presentes na superfície dos frutos. Diferentemente do cacau, o processamento pós-colheita do café não é estritamente necessário para o desenvolvimento do sabor e aroma do produto final. No entanto, recentes estudos demonstram que a fermentação pode melhorar e modular o perfil sensorial dos grãos de café (HAILE; KANG, 2019; LEE *et al.*, 2015; PEREIRA *et al.*, 2019). O objetivo inicial dessa etapa é a redução da umidade relativa dos frutos, de 65% logo após a colheita para 10 a 12%, atingindo-se, assim, as condições ideais para o armazenamento e transporte. Além disso, a redução da umidade evita fermentações indesejáveis (como propiônica e butírica) da mucilagem, que podem resultar na prevalência de "sabores desagradáveis" na bebida final.

Atualmente, três métodos distintos são usados para o processamento de café: via úmida, via seca e via semisseca (Figura 10.2). Independentemente do método de processamento empregado, os frutos recém-colhidos passam por um processo de lavagem e separação para a remoção de impurezas sólidas (paus, pedras, terra e folhas) e separação dos frutos de acordo com seu grau de maturação (verde, cereja e boias), respectivamente (SILVA *et al.*, 2011). Essa separação é realizada por intermédio de um maquinário hidráulico que classifica os grãos de acordo com sua densidade. Os grãos maduros são então selecionados e direcionados para a etapa de processamento pós-colheita. O processamento pela via seca é o método mais simples e antigo, e dispensa o uso de diversos maquinários e instalações (SILVA *et al.*, 2000). Nesse tipo de processamento, os frutos são secos ao sol com todos seus constituintes (casca, mucilagem, polpa, pergaminho, película prateada e semente) (PEREIRA *et al.*, 2019). Os frutos são espalhados e revolvidos durante o dia para assegurar a secagem homogênea e empilhados e cobertos com lonas durante a noite para evitar a absorção de umidade (HUCH; FRANZ, 2015). Esse processo se repete por vinte dias, até que a umidade dos grãos atinja 10 a 12%. Durante esse período, ocorre uma fermentação natural que promove a degradação do mesocarpo (HUCH; FRANZ, 2015). O processamento pela via seca é comumente usado em países onde há longos períodos de sol e chuvas escassas (por exemplo, Brasil e Etiópia), criando uma condição ideal para a secagem dos frutos do café (SILVA *et al.*, 2000). O café obtido por esse processo é comercialmente conhecido como café "natural".

No processamento pela via úmida, os frutos são inicialmente despolpados, promovendo a remoção total do exocarpo (casca) e parcial do mesocarpo (polpa). Em seguida, a polpa remanescente é removida por meio de uma fermentação microbiana, por 24 a 48 horas, em tanques contendo água na proporção de 1:1. Decorrido o processo fermentativo, os grãos são secos ao sol por cinco a dez dias, até atingirem umidade de 10% a 12% (SILVA *et al.*, 2000). Este método surgiu em países como Colômbia, Havaí e países da América Central, onde as altas incidências de chuva e elevadas temperaturas impossibilitavam a secagem ao sol por longos períodos (PEREIRA *et al.*, 2017b). O processamento pela via úmida possibilita uma redução no tempo e na área necessária para a secagem dos grãos de café, embora o custo associado com equipamentos e o tratamento de águas residuais seja superior em comparação ao processo natural. Os cafés produzidos por este método de processamento, também conhecidos como cafés "lavados", possuem maior qualidade, apresentando aromas mais ricos e maior acidez do que os cafés "naturais".

No processamento pela via semisseca, os frutos maduros são despolpados e, em seguida, são alocados em terreiros para a secagem ao sol. Nesta etapa ocorre a fermentação da camada mucilaginosa aderida ao pergaminho sem a utilização de tanques de fermentação (DUARTE PEREIRA; FARAH, 2010; VILELA *et al.*, 2010). Esse método de processamento é empregado em países que possuem baixa umidade e precipitações durante o período de safra, permitindo assim a rápida secagem do fruto sem fermentações indesejáveis (PEREIRA *et al.*, 2017b). O Brasil foi o pioneiro na implementação dessa técnica no início dos anos 1990 e ficou famoso pela alta qualidade da bebida de café gerada, sendo conhecido como café "despolpado" (VILELA *et al.*, 2010).

10.4 PROCESSO FERMENTATIVO

Em termos fisiológicos, a fermentação é definida como o tipo de metabolismo de uma fonte de carbono na qual a energia é gerada pela fosforilação ao nível do substrato, e a própria fonte de carbono (parcialmente oxidada) é utilizada como aceptor final de elétrons. Quando há a oxidação total de compostos orgânicos e o aceptor final de elétrons é um composto inorgânico, o processo é chamado de respiração. A respiração é referida como aeróbica se o aceitador final de elétrons for oxigênio e anaeróbica quando houver algum outro composto inorgânico externo (por exemplo, sulfato e nitrato) (para mais informações sobre o metabolismo microbiano, ver o Capítulo 3).

Durante as fermentações de cacau e café, a fermentação e a respiração aeróbica são os tipos de metabolismo predominantes. No processamento de café pela via seca, há predomínio do metabolismo respiratório, devido à alta disponibilidade de oxigênio; já a condição anaeróbica causada pela adição de água no processamento pela via úmida resulta na predominância de microrganismos de metabolismo fermentativo. No mesmo contexto, nas etapas iniciais da fermentação de cacau há predominância do processo fermentativo, e, no decorrer do processo, condições aeróbicas estimulam o desenvolvimento de microrganismos de metabolismo respiratório.

10.4.1 FERMENTAÇÃO DO CACAU

A fermentação das sementes de cacau é um processo espontâneo essencial para a obtenção de amêndoas de melhor qualidade, uma vez que é considerada o primeiro estágio na formação e desenvolvimento de sua cor, aroma e sabor (AFOAKWA *et al.*, 2008; SARBU; CSUTAK, 2019). Durante a fermentação, ocorre a degradação da polpa, com consequente formação de metabólitos que são difundidos para o interior das sementes, além de alterações de pH e temperatura, fatores que, em conjunto, inibem a germinação do embrião (CAMU *et al.*, 2008; SCHWAN; WHEALS, 2004). Além disso, outras modificações nas sementes são observadas, como redução do sabor amargo e adstringência, característicos das sementes não fermentadas, além de alterações no padrão de coloração (CAMU *et al.*, 2008; DE VUYST; WECKX, 2016; FIGUEROA-HERNÁNDEZ *et al.*, 2019; SCHWAN; WHEALS, 2004). Assim, a cor das sementes se modifica, passando de púrpura para marrom, o que está relacionado às atividades enzimáticas na porção interna das sementes, um claro indício de que as sementes foram devidamente fermentadas (APROTOSOAIE; LUCA; MIRON, 2016).

Uma sucessão metabiótica, incluindo principalmente leveduras, bactérias ácido-láticas (BAL) e bactérias ácido-acéticas (BAA), caracteriza o processo de fermentação do cacau (Figura 10.3A); porém, outros microrganismos são encontrados durante o processo, como enterobactérias, bactérias formadoras de esporos e fungos filamentosos (CAMU et al., 2008; DE VUYST; WECKX, 2016; DE VUYST; LEROY, 2020; FIGUEROA-HERNÁNDEZ et al., 2019; LIMA et al., 2011; PAPALEXANDRATOU et al., 2019; SCHWAN; WHEALS, 2004). A combinação das reações microbianas que ocorrem na polpa com as reações bioquímicas no interior das sementes propicia o início da formação do aroma, sabor e cor característicos dos produtos à base de cacau (PAPALEXANDRATOU et al., 2011; SCHWAN; PEREIRA; FLEET, 2015).

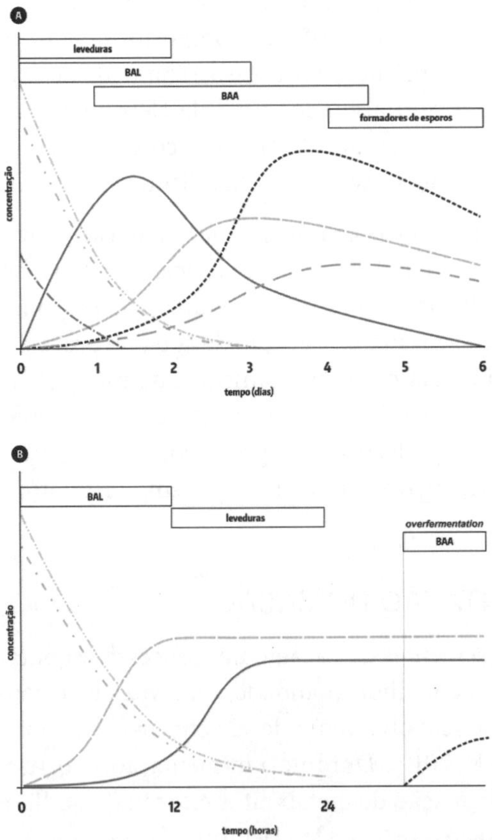

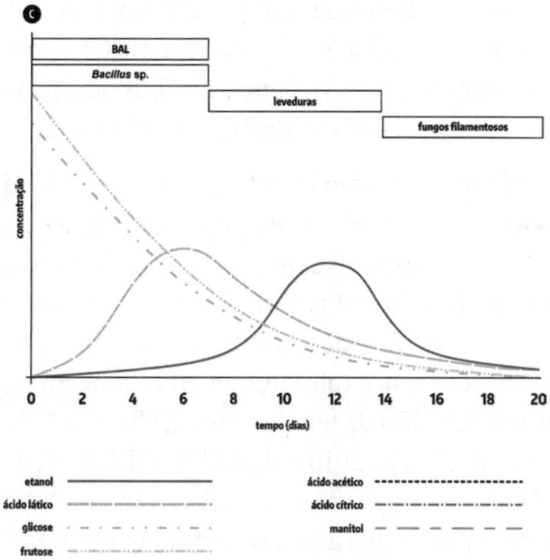

Figura 10.3 – Sucessão microbiana durante a fermentação de cacau (A), café processado pela via úmida (B) e café processado pela via seca (C).

Inicialmente, a acidez da polpa (pH 3,0 a 4,0), as altas concentrações de açúcares disponíveis (sacarose, glicose e frutose), bem como os baixos níveis de oxigênio devido à viscosidade, favorecem a colonização da polpa por leveduras (CAMU *et al.*, 2008; SCHWAN; WHEALS, 2004). Essa fase inicial, na qual se observa ausência de oxigênio, corresponde ao primeiro estágio anaeróbico de fermentação (DE VUYST; WECKX, 2016; FIGUEROA-HERNÁNDEZ *et al.*, 2019). Nas primeiras 24 horas de fermentação, a população de leveduras aumenta de 10^5 a 10^7 UFC/g para 10^8 a 10^9 UFC/g e, posteriormente, declina progressivamente, até atingir pequenas populações de 10 a 10^2 UFC/g ou menos ao término do processo (SCHWAN; PEREIRA; FLEET, 2015). O principal papel das leveduras durante a fermentação é a produção de etanol a partir dos açúcares disponíveis, principalmente da glicose, gerando também dióxido de carbono (CO_2), ácidos orgânicos (como acético e succínico), glicerol e outros metabólitos secundários (ARDHANA; FLEET, 2003; CAMU *et al.*, 2007, 2008; DE VUYST; WECKX, 2016; NIELSEN *et al.*, 2007). A atividade das leveduras também promove a liberação de moléculas de glicose e frutose a partir da hidrólise da sacarose, principal carboidrato da polpa madura, mediante a atividade de invertases (DE VUYST; WECKX, 2016). Além disso, a produção de enzimas pectinolíticas favorecem a degradação e a solubilização da polpa, reduzindo a viscosidade e aerando a massa de cacau (CRAFACK *et al.*, 2013; HO; ZHAO; FLEET, 2014).

A concentração de etanol e dióxido de carbono produzidos pelas leveduras durante esse processo são fatores que determinam a composição da microbiota subsequente (SCHWAN; PEREIRA; FLEET, 2015). O etanol servirá como substrato para o crescimento de BAA e o dióxido de carbono contribuirá para a criação de condições microaerófilas, que favorecem o crescimento de BAL (CAMU *et al.*, 2008; DE VUYST; WECKX, 2016; SCHWAN; WHEALS, 2004). Outros fatores que contribuem para o aumento das populações de BAL incluem a elevação no pH (decorrente do consumo da polpa cítrica) e o aumento da temperatura (de 25 a 30°C para 35 a 40°C), provocada pela reação exotérmica da fermentação alcoólica (CAMU *et al.*, 2007, 2008; DE VUYST; WECKX, 2016; SCHWAN; WHEALS, 2004; SCHWAN; PEREIRA; FLEET, 2015).

O segundo estágio da fermentação é caracterizado pela dominância da população de BAL, como consequência do declínio da população de leveduras, podendo atingir populações de 10^7-10^8 UFC/g após 36 a 48 horas de fermentação (SCHWAN; PEREIRA; FLEET, 2015). Nesta etapa, a polpa torna-se um ambiente muito favorável para o crescimento de BAL, uma vez que muitas espécies são microaerófilas, consumidoras de frutose e conversoras de citrato, tolerantes a altas concentrações de ácidos orgânicos e etanol, bem como à elevação da temperatura (ARDHANA; FLEET, 2003; CAMU *et al.*, 2007; DE VUYST; WECKX, 2016; DE VUYST; LEROY, 2020; LIMA *et al.*, 2011; NIELSEN *et al.*, 2007). Durante a fermentação, BAL são metabolicamente capazes de: (i) produzir ácido lático a partir dos açúcares; (ii) converter ácido cítrico em ácido lático ou ácido acético e/ou precursores de sabor, como diacetil, acetoína e 2,3-butanodiol, a partir do metabolismo do piruvato; e (iii) reduzir frutose em manitol (CAMU *et al.*, 2007; DE VUYST; WECKX, 2016; LEFEBER *et al.*, 2010; MOENS; LEFEBER; DE VUYST, 2014). Após 24 a 48 horas de fermentação, com a limitação de nutrientes, as populações de BAL são reduzidas. Em contrapartida, BAA têm suas populações aumentadas (10^7 a 10^8 UFC/g) por causa dos altos níveis de etanol gerados anteriormente pelas leveduras, caracterizando o terceiro estágio da fermentação (CAMU *et al.*, 2008; DE VUYST; WECKX, 2016; FIGUEROA-HERNÁNDEZ *et al.*, 2019; SCHWAN; WHEALS, 2004). Nesse momento, a viscosidade da polpa diminui e a massa de cacau já foi revolvida, criando, assim, um ambiente aeróbico mais propício para crescimento de BAA (SCHWAN; PEREIRA; FLEET, 2015).

Por fim, no terceiro estágio do processo fermentativo, BAA realizam a oxidação do etanol produzido pelas leveduras em ácido acético. Um forte odor de ácido acético pode ser percebido entre 48 e 112 horas de fermentação. A oxidação do etanol em ácido acético é uma reação exotérmica e que contribui para o aumento gradual da temperatura da massa de cacau para cerca de 50 °C após 72 a 96 horas. Leveduras, BAL e BAA não são tolerantes a essa faixa de temperatura e, consequentemente, suas populações declinam até o fim do processo (LIMA *et al.*, 2011; SCHWAN; PEREIRA; FLEET, 2015). Em estágios mais tardios da fermentação podem ser detectadas bactérias aeróbicas formadoras de esporos, como *Bacillus*, em populações ao redor de 10^7 UFC/g, bem como fungos filamentosos (SCHWAN; PEREIRA; FLEET, 2015).

A produção e a difusão de metabólitos para o interior das sementes – como etanol, ácido lático e ácido acético produzidos durante a fermentação por leveduras, BAL e BAA, respectivamente – resultam em alterações físicas e bioquímicas significativas (SCHWAN; WHEALS, 2004). A redução do pH interno (de 7,0 para 4,0 a 5,5) e o aumento da temperatura ambiente (para níveis acima de 45 °C) causam a morte do embrião da semente, a destruição de estruturas celulares e a ativação de enzimas endógenas (HANSEN; DEL OLMO; BURRI, 1998). Essas modificações são essenciais para a formação de compostos precursores de sabor, aroma e cor característicos dos produtos derivados de cacau (DE VUYST; WECKX, 2016).

No interior das sementes, enzimas endógenas biocatalizam, a partir de substratos como proteínas, carboidratos e polifenóis, uma série de reações, como proteólise, hidrólise e oxidação (MUÑOZ *et al.*, 2020). A proteólise, que envolve principalmente a atividade de endopeptidases aspárticas e carboxipeptidases, é uma das reações mais importantes para a geração de precursores de sabor e aroma, com destaque para peptídeos e aminoácidos livres (CALIGIANI; MARSEGLIA; PALLA, 2016). Leucina, alanina, valina, isoleucina, fenilalanina e tirosina são precursores de compostos aromáticos como os aldeídos, os quais conferem ao chocolate notas descritas como doces, florais e frutadas (CASTRO-ALAYO *et al.*, 2019). A hidrólise enzimática da sacarose libera açúcares redutores como frutose e glicose, os quais são importantes precursores de sabor e aroma envolvidos nas reações de Maillard durante a etapa de torrefação (MUÑOZ *et al.*, 2020). 2,5-dimetil-3-etil-pirazina é obtido a partir da quebra dos açúcares redutores, estando associado a notas de sabor "torrado" e de "nozes" no chocolate (MUÑOZ *et al.*, 2020).

Outros componentes que contribuem para a definição de sabor e aroma característicos e são, ainda, responsáveis pela formação da cor marrom dos grãos de cacau são os polifenóis, sendo os principais grupos as catequinas, antocianinas e proantocianidinas (MUÑOZ *et al.*, 2020). Inicialmente, as sementes de cacau ainda não fermentadas apresentam uma coloração púrpura; entretanto, ao longo da fermentação, as moléculas de polifenóis são oxidadas e produzem compostos de coloração marrom. Essa mudança no padrão de coloração é um importante indicador para avaliar a fermentação (APROTOSOAIE; LUCA; MIRON, 2016). Catequinas são oxidadas através de reações enzimáticas catalisadas pela enzima polifenol oxidase (PPO) em quinonas, que, por sua vez, reagem com compostos nitrogenados como aminoácidos, espécies fenólicas, peptídeos e proteínas, e formam taninos condensados de alta massa molecular de coloração marrom (HUE *et al.*, 2016). Já antocianinas e proantocianidinas são hidrolisadas por glicosidases a antocianidinas, contribuindo para a cor marrom das sementes fermentadas (SCHWAN; PEREIRA; FLEET, 2015). Com isso, a redução na concentração de polifenóis totais também diminui o amargor e a adstringência que estão fortemente presentes em sementes de cacau não fermentadas (KONGOR *et al.*, 2016).

10.4.2 FERMENTAÇÃO DO CAFÉ

A maioria dos microrganismos que desempenham papéis cruciais durante a fermentação de café provém do próprio fruto e consiste basicamente de leveduras e BAL. No entanto, como o processo é conduzido em ambientes abertos, a fermentação é propensa a contaminações recorrentes da água de processamento, folhas, solo e do próprio contato humano (JUNQUEIRA *et al.*, 2019).

Embora os cafés naturais (processamento pela via seca) sejam submetidos à secagem ainda com a casca, a remoção do pedúnculo durante a etapa da colheita promove a produção de enzimas celulolíticas e pectinolíticas, criando microporos e permitindo o acesso dos microrganismos aos açúcares fermentescíveis da polpa (EVANGELISTA *et al.*, 2014a). No início da fermentação, a alta atividade de água (ao redor de 0,9) facilita o desenvolvimento e a ação das bactérias, cuja população inicial (da ordem de 10^3 a 10^4 UFC/g) pode aumentar, após 72 horas de fermentação, até valores em torno de 10^9 UFC/g (Figura 10.3C). Durante este estágio inicial, *Bacillus* spp. e BAL são predominantes, chegando a representar 80% da microbiota (SILVA *et al.*, 2008). Espécies do gênero *Bacillus* são reconhecidas pela alta capacidade de produção de enzimas celulolíticas e pectinolíticas, responsáveis pela degradação parcial da polpa e da mucilagem do café. Já as BAL relacionam-se especialmente à produção de ácido lático, promovendo a redução do pH e inibindo o crescimento de microrganismos deteriorantes (VELMOUROUGANE, 2013).

No decorrer da fermentação (sétimo dia), a redução na atividade de água para valores ao redor de 0,8, o decaimento do pH (5,0) e a disponibilidade de açúcares fermentescíveis criam um ambiente propício para o desenvolvimento de leveduras, as quais podem atingir populações de 10^5 a 10^6 UFC/g (SILVA *et al.*, 2008). Este grupo apresenta um metabolismo complexo, capaz de gerar diversas classes de compostos orgânicos voláteis (aldeídos, álcoois superiores, ésteres e cetonas), os quais difundem-se para o interior dos grãos e conferem notas sensoriais distintas (RIBEIRO *et al.*, 2017). Além disso, apresentam elevada atividade pectinolítica, auxiliando a degradar a mucilagem (SILVA *et al.*, 2013). A remoção dessa camada gelatinosa é crucial para a secagem apropriada dos frutos, pois sua estrutura amorfa e complexa retém a umidade no interior dos grãos. Ao final das fermentações dos cafés naturais e despolpados (18º e 8º dia, respectivamente), a baixa atividade de água (ao redor de 0,6) e a presença de açúcares complexos estimulam o crescimento de fungos filamentosos. A presença desses microrganismos é indesejável e frequentemente associada à perda da qualidade da bebida e à produção de micotoxinas (SCHWAN; SILVA; BATISTA, 2012).

Para cafés produzidos pela via úmida, a adição de água cria um ambiente anaeróbico, o que, aliado a temperaturas mais baixas (18 °C a 20 °C), reduz drasticamente o período de fermentação (24 a 48 horas) (Figura 10.3B). Ainda que o processo fermentativo seja curto, este pode ser dividido em duas fases distintas. Durante as doze horas iniciais, a disponibilidade de açúcares redutores (glicose e frutose) estimula o rápido desenvolvimento de BAL, as quais se encontram em populações superiores a 10^4 UFC/ml (EVANGELISTA *et al.*, 2015; PEREIRA *et al.*, 2016). A produção contínua de ácido lático acarreta a redução gradual do pH, que atinge valores próximos a 5,0 durante esse intervalo. A criação de um ambiente ácido, a redução de açúcares redutores e a abundância de sacarose criam um ambiente propício para o desenvolvimento de leveduras, que passam a dominar o processo fermentativo. Nesse período, há intensa formação de compostos voláteis, que se difundem para o interior dos grãos (PEREIRA *et al.*, 2014). Embora a população de leveduras consiga ultrapassar a população de BAL, esta permanece metabolicamente ativa, competindo pelos nutrientes da polpa. Dessa forma, a produção de ácido lático segue uma curva ascendente até o final da fermentação, que é interrompida quando são atingidos valores de pH entre 4,5 e 4,0 (JACKELS; JACKELS, 2005). Embora não haja relatos de fungos filamentosos neste tipo de processamento, fermentações úmidas conduzidas por longos períodos (em inglês, *over-fermentation*) podem promover o crescimento de BAA. Diferentemente do cacau, o ácido acético é indesejável no café, e concentrações acima de 1 g/l podem acarretar a formação de sabores desagradáveis (*off-flavors*) na bebida (LOPEZ *et al.*, 1990).

10.5 COMPOSIÇÃO DA MICROBIOTA E SEU PAPEL NA QUALIDADE

O conhecimento da microbiota autóctone envolvida na fermentação de um alimento fornece uma maior compreensão de suas complexas relações ecológicas, e, consequentemente, um maior controle do processo. Por séculos, as técnicas dependentes de cultivo se mostraram uma ferramenta prática e acessível, que permitia o monitoramento e a identificação dos microrganismos dominantes, deteriorantes e patogênicos (KERGOURLAY *et al.*, 2015). No entanto, essa abordagem apresenta uma considerável limitação, pois permite a detecção apenas de microrganismos cultiváveis, os quais representam uma ínfima fração (0,1% a 10%) de toda a população microbiana existente em um dado ambiente (HALL, 2007). A possibilidade de se isolar o material genético diretamente de amostras ambientais e amplificar regiões conservadas no genoma para identificação de espécies promoveu uma verdadeira revolução no campo da microbiologia. Na última década, tecnologias de sequenciamento que permitem a amplificação em paralelo de milhares de sequências de DNA, conhecidas como sequenciamento *high-throughput* (HTS, na sigla em inglês), vêm ganhando espaço e permitindo um conhecimento maior da microbiota associada às fermentações de cacau e café e o seu impacto na qualidade final dos produtos (BORTOLINI *et al.*, 2016; DE BRUYN *et al.*, 2017; CARVALHO NETO *et al.*, 2018b; ILLEGHEMS *et al.*, 2012; JUNQUEIRA *et al.*, 2019; PAPALEXANDRATOU *et al.*, 2019; SERRA *et al.*, 2019).

O sabor e o aroma únicos do chocolate e da bebida de café são resultantes de uma combinação complexa de constituintes químicos, voláteis e não voláteis (CAPORASO *et al.*, 2018; GONZALEZ-RIOS *et al.*, 2007; LEE; SHIBAMOTO, 2002; SCHWAN; WHEALS, 2004). Estes compostos incluem ácidos orgânicos, açúcares, proteínas, aminoácidos livres, ácidos graxos, aldeídos, álcoois superiores, cetonas, ésteres, pirazinas, piridinas, furanos, lactonas, terpenos, compostos fenólicos e orgânicos contendo enxofre (S) (PEREIRA *et al.*, 2019). A escolha do método de processamento pós-colheita, a composição e a atividade microbiana durante a fermentação e a torrefação são os principais fatores pós-colheita que interferem nas complexas composições químicas de cacau e café (AFOAKWA *et al.*, 2008; CHALFOUN; FERNANDES, 2013; PEREIRA *et al.*, 2019; SUNARHARUM; WILLIAMS; SMYTH, 2014). O Quadro 10.1 apresenta as principais espécies microbianas envolvidas na fermentação de cacau e café. A seguir, discutiremos os papéis destes microrganismos ao longo da fermentação, bem como seus impactos na qualidade dos produtos finais.

Quadro 10.1 – Principais microrganismos identificados em processos de fermentação de cacau e café

Produto	Grupo microbiano	Espécies	Referências
Cacau	Leveduras	*Candida aaseri, C. albicans, C. butyri, C. diversa, C. ethanolica¸ C. friedrichii, C. glabrata, C. humilis, C. inconspicua, C. jaroonii, C. orthopsilosis, C. pseudotropicalis, C. stellimalicola, C. temnochilae, C. tropicalis, C. zemplinina, Debaryomyces hansenii, Hanseniaspora uvarum, H. opuntiae, H. guilliermondii, H. vineae, Hyphopichia burtonii, Kazachstania humilis, Kluyveromyces lactis, K. marxianus, Lachancea thermotolerans, Martiniozyma asiatica, Pichia barkeri, P. fermentans, P. kluyveri, P. kudriavzevii, P. manshurica, P. membranifaciens, P. rarassimilans, P. sporocuriosa, Saccharomyces cerevisiae, Sac. crataegensis, Sac. synnaedendra, Schizosaccharomyces pombe, Schwanniomyces etchellsii, Starnerella bacollaris, Vanderwaltozyma polyspora, Wickerhamomyces pijperi, Zygosaccharomyces bailii, Z. rouxii.*	Agyirifo *et al.*, 2019; Bortolini *et al.*, 2016; Camu *et al.*, 2007; Illeghems *et al.*, 2012; Papalexandratou *et al.*, 2019; Serra *et al.*, 2019
	BAL	*Enterococcus camelliae, E. casseliflavus, E. cloacae, E. faecalis, E. faecium, E. tasmaniensis, Fructobacillus pseudoficulneus, F. trapaeoli, Lactobacillus acidophilus, L. antri, L. brevis, L. bucheri, L. cacaonum, L. casei, L. durianis, L. fermentum, L. mali, L. murrinus, L. nagelii, L. pentosus, L. plantarum, L. paraplantarum, L. pontis, L. reuteri, L. rhamnosus, L. ruminis, L. sakei, L. salivarius, L. vaginalis, Lactococcus. lactis, Leuconostoc citreum, Leuc. gasicomitatum, Leuc. kimchii, Leuc. mesenteroides, Leuc. pseudoficulneum, Leuc. pseudomesenteroides, Oenococcus oeni, Pediococcus acidilactici, Ped. pentosaceus, Streptococcus sp., Vagococcus carniphilus, Weisella beninensis, W. fabalis, W. ghanensis, W. paramasenteroides, W. fabaria.*	Agyirifo *et al.*, 2019; Bortolini *et al.*, 2016; Camu *et al.*, 2007; Illeghems *et al.*, 2012; Papalexandratou *et al.*, 2019; Serra *et al.*, 2019

Produto	Grupo microbiano	Espécies	Referências
Cacau	BAA	*Acetobacter lovaniensis, A. fabarum, A. malorum, A. orleanensis, A. nitrogenifigens, A. pasteurianus, A. pomorum, A. senegalensis, A. syzygii, A. tropicalis, Gluconobacter diazotrophicus, G. bethesdensis, G. entanii, G. europeaus, G. hansenii, G. oxydans, G. persimonis, G. saccharivorans, G. xylinum, Granulibacter bethesdensis, Komagataeibacter hansenii*	Agyirifo *et al.*, 2019; Bortolini *et al.*, 2016; Camu *et al.*, 2007; Illeghems *et al.*, 2012; Papalexandratou *et al.*, 2019; Serra *et al.*, 2019
	Bactérias esporuladas e enterobactérias	*Bacillus circulans, B. cereus, B. clausii, B. coagulans, B. lincheniformis, B. megaterium, B. safensis, B. pumilus, B. subtilis, Acinetobacter baumannii, A. guilouiae, A. iwoffii, A. radioresistens, A. rhizosphaerae, Citrobacter* sp., *Cronobacter sakazakii, Enterobacter cloacae, E. amylovora, E. billingiae, E. soli, E. tasmaniensis, Escherichia coli, Klebsiella pneumoniae, Kluyvera cryocrescens, Pantoea ananatis, P. punctata, P. vagans, Pectobacterium atrosepticum, P. carotovorum, Providencia stuartii, Salmonella enterica, Serratia marcescens, Shewanella indica, Shigella dysenteriae, Tatumella cítrea, T. ptyseos, T. punctata, T. saanichensis, T. térrea, Trabulsiella* sp.	Agyirifo *et al.*, 2019; Bortolini *et al.*, 2016; Camu *et al.*, 2007; Illeghems *et al.*, 2012; Papalexandratou *et al.*, 2019; Serra *et al.*, 2019
Café	Leveduras	*Arxula adeninivorans, Blastobotrys proliferans, Candida auringiensis, C. carpophila, C. ernobii, C. fermentati, C. fukuyamaensis, C. glabrata, C. glucosophila, C. quercitrusa, C. guilliermondii, C. incommunis, C. membranifaciens, C. paludigena, C. pseudointermedia, C. saitoana, C. schatarii, C. vartiovaarae, Citeromyces matritensis, Cryptococcus laurentii, C. albidus, Debaryomyces hansenii, D. polymorphus, D. polymorphus, Eremothecium coryli, Geotrichum fermentans, Hanseniaspora uvarum, H. opuntiae, H. vineae, Issatchenkia orientalis, Kloeckera* sp., *Kluyveromyces marxianus, Kloeckera apiculata, Pichia ofunaensis, P. acaciae, P. anomala, P. burtonii, P. caribbica, P. ciferii, P. guilliermondii, P. fermentans, P. kluyveri, Saccharomyces cerevisiae, S. bayanus, S. apiculatous, S. ellipoideus, Saccharomycopsis fermentans, S. fibuliger, Schizosaccharomyces pombe, Sporopachydermia cereana, Trichosporonoides oedocephales, Torulaspora delbrueckii.*	Carvalho Neto *et al.*, 2018b; De Bruyn *et al.*, 2017; Pereira *et al.*, 2017b

Produto	Grupo microbiano	Espécies	Referências
Café	BAL	*Enterococcus faecalis, E. faecium, Fructobacillus sp., Lactiplantibacillus plantarum, L. brevis, L. casei, L. delbrueckii, L. helveticus, L. fermentum, L. mali, L. paracasei, L. sanfranciscensis, L. reuteri, L. rhamnosus, L. paracasei, Lactococcus lactis, Leuconostoc lactis, Leuc. citreum, Leuc. holzapelii, Leuc. pseudomesenteroides, Leuc. mesenteroides, Oenococcus oeni, Pediocococcus acidilactici, Streptococcus thermophilus, S. faecalis, Weissella cibaria, W. soli, W. confusa, W. thailandensi.*	Carvalho Neto *et al.*, 2018b; De Bruyn *et al.*, 2017; Pereira *et al.*, 2017b; Pereira *et al.*, 2020
	BAA	*Acetobacter* sp. e *Gluconobacter* sp.	Carvalho Neto *et al.*, 2018b; De Bruyn *et al.*, 2017; Pereira *et al.*, 2017b
Café	Bactérias esporuladas e enterobactérias	*Bacillus cereus, B. megaterium, B. subtilis, B. macerans, B. stearothermophilus, B. laterosporus, Enterobacter cloacae, E. aerogenes, E. agglomerans, E. sakazakii, E. gergoviae, Erwinia herbicola, E. dissolvens, Escherichia coli, Flavobacterium odoratum, Klebsiella pneumoniae, K. ozaenae, K. oxytoca, Pseudomonas paucimobilis, P. pseudoalcaligenes, P. cepacia, P. vesicularis, P. fluorescens, P. aeruginosa, Serratia liquefaciens, S. plymuthica, S. marcescens, Tatumella ptyseos.*	Carvalho Neto *et al.*, 2018b; De Bruyn *et al.*, 2017; Pereira *et al.*, 2017b

10.5.1 MICROBIOTA DA FERMENTAÇÃO DO CACAU

As leveduras estão entre os microrganismos mais frequentes na fermentação das sementes de cacau, especialmente nos estágios iniciais da fermentação (AFOAKWA *et al.*, 2008; FIGUEROA-HERNÁNDEZ *et al.*, 2019; HO; ZHAO; FLEET, 2014; PEREIRA *et al.*, 2017a). Espécies pertencentes aos gêneros *Candida* (*C. aaseri*, *C. butyri*, *C. diversa*, *C. ethanolica*, *C. friedrichii*, *C. glabrata*, *C. humilis*, *C. inconspicua*, *C. jaroonii*, *C. orthopsilosis*, *C. pseudotropicalis*, *C. stellimalicola*, *C. temnochilae*, *C. tropicalis* e *C. zemplinina*), *Hanseniaspora* (*H. guilliermondii*, *H. opuntiae*, *H. uvarum* e *H. vineae*), *Kluyveromyces* (*K. marxianus* e *K. lactis*), *Pichia* (*P. barkeri*, *P. fermentans*, *P. kluyveri*, *P. kudriavzevii*, *P. manshurica*, *P. membranifaciens*, *P. rarassimilans* e *P. sporocuriosa*) e *Saccharomyces* (*S. cerevisiae*) estão comumente relacionadas à fermentação das sementes (AGYIRIFO *et al.*, 2019; HAMDOUCHE *et al.*, 2019; ILLEGHEMS *et al.*, 2012; MENEZES *et al.*, 2016; MOREIRA *et al.*, 2013; NIELSEN *et al.*, 2007; PAPALEXANDRATOU *et al.*, 2011; 2013; 2019; PEREIRA *et al.*, 2012; SERRA *et al.*, 2019). Geralmente, *H. guilliermondii* e *H. opuntiae* são as leveduras mais abundantes nas primeiras horas de fermentação devido à sua baixa tolerância ao etanol e ao calor, alta tolerância a ácidos e não competitividade com as BAL. À medida que a fermentação avança, as populações de *H. guilliermondii* e *H. opuntiae* são reduzidas e *S. cerevisiae* eleva-se por causa de seu rápido crescimento, alta atividade pectinolítica e maior tolerância ao etanol e ao calor (DE VUYST; WECKX, 2016; HAMDOUCHE *et al.*, 2015). As leveduras produzem vários precursores de compostos aromáticos pelo metabolismo secundário, como álcoois, aldeídos, cetonas e ésteres, os quais contribuem significativamente para o desenvolvimento do perfil aromático do cacau (FIGUEROA-HERNÁNDEZ *et al.*, 2019; HO; ZHAO; FLEET, 2014).

Em relação às BAL, diversas espécies são encontradas na fermentação das sementes de cacau, pertencentes ao reorganizado gênero *Lactobacillus* (*L. brevis, L. casei, Liquorilactobacillus cacaonum, L. fermentum, L. pentosus, L. plantarum, Lacticaseibacillus rhamnosus, L. reuteri*, entre outras), *Leuconostoc* (*Leuc. citreum, Leuc. kimchii, Leuc. mesenteroides, Leuc. gasicomitatum, Leuc. pseudomesenteroides*), *Fructobacillus* (*F. pseudoficulneus* e *F. tropeaoli*), *Pediococcus* (*Ped. acidilactici* e *Ped. pentosaceus*) e *Weisella* (*W. beninenses, W. fabalis, W. ghanensis, W. paramasenteroides* e *W. fabaria*) (AGYIRIFO *et al.*, 2019; CAMU *et al.*, 2007, 2008; HAMDOUCHE *et al.*, 2015; ILLEGHEMS *et al.*, 2012; LEFEBER *et al.*, 2012; MENEZES *et al.*, 2016; NIELSEN *et al.*, 2007; 2008; PAPALEXANDRATOU *et al.*, 2011; PEREIRA *et al.*, 2012; SERRA *et al.*, 2019). Em vários países, *L. fermentum* e *L. plantarum* são as espécies mais abundantes por serem tolerantes ao calor e elevadas taxas de etanol produzido pelas leveduras (DE VUYST; WECKX, 2016; LEFEBER *et al.*, 2011; SARBU; CSUTAK, 2019). O ácido lático produzido por essas espécies difunde-se para o interior das sementes e, por não ser volátil, ali permanece mesmo após a secagem e a torrefação, afetando a acidez e a qualidade final dos produtos (LEFEBER *et al.*, 2010; PEREIRA *et al.*, 2012; SCHWAN; WHEALS, 2004). Este processo é também importante para a ativação de enzimas endógenas que contribuem para a formação do sabor do chocolate. No entanto, a produção de ácido lático nem sempre é vista como uma propriedade desejável, pois pode levar à acidez excessiva das amêndoas e, consequentemente, do chocolate (DE VUYST; WECKX, 2016; SCHWAN; PEREIRA; FLEET, 2015).

A diversidade de BAA durante o processo de fermentação é relativamente baixa em comparação às BAL, compreendendo espécies dos gêneros *Acetobacter* (*A. fabarum, A. lovaniensis, A. malorum, A. nitrogenifigens, A. orleanensis, A. pasteurianus, A. pomorum, A. senegalensis, A. syzygii* e *A. tropicalis*), *Gluconobacter* (*G. bethesdensis, G. diazotrophicus, G. entanii, G. europeaus, G. hansenii, G. oxydans, G. persimonis, G. saccharivorans* e *G. xylinum*) e *Komagataeibacter* (*K. hansenii*) (AGYIRIFO *et al.*, 2019; CRAFACK *et al.*, 2013; GARCIA-ARMISEN *et al.*, 2010; HAMDOUCHE *et al.*, 2015, 2019; ILLEGHEMS *et al.*, 2012; MENEZES *et al.*, 2016; MOTA-GUTIERREZ *et al.*, 2018; NIELSEN *et al.*, 2007; NIELSEN; SNITKJAER; BERG, 2008; PAPALEXANDRATOU *et al.*, 2019; RAMOS *et al.*, 2014; SERRA *et al.*, 2019). *A. pasteurianus* é a espécie mais prevalente devido à sua alta capacidade de oxidar etanol, manitol e ácido lático, bem como sua tolerância a ácidos e ao calor (ARDHANA; FLEET, 2003; CAMU *et al.*, 2007; DE VUYST; WECKX, 2016; MOENS *et al.*, 2014). Em contrapartida, espécies de *Gluconobacter* são menos comuns e, quando presentes em altas populações, podem indicar incorreta fermentação devido à preferência por glicose, competindo com leveduras e BAL pela mesma fonte de carbono (HO; ZHAO; FLEET, 2014; MOENS; LEFEBER; DE VUYST, 2014). O ácido acético produzido pelas BAA a partir da oxidação do etanol possui várias implicações na qualidade final das amêndoas de cacau e do chocolate. Ele difunde-se para as sementes, nas quais, em combinação com o etanol e a temperatura elevada, provoca desorganização celular e morte do embrião das sementes. Com isso, são desencadeadas diversas reações endógenas nas sementes, responsáveis pela produção de precursores de sabor, aroma e cor. Entretanto, concentrações excessivas de ácido acético proporcionam amêndoas com maior acidez, prejudicando a qualidade final do chocolate (DE VUYST; WECKX, 2016; LIMA *et al.*, 2011; SCHWAN; PEREIRA; FLEET, 2015).

Com relação às bactérias aeróbicas formadoras de esporos, algumas espécies do gênero *Bacillus* já foram identificadas em diversas fermentações espontâneas de cacau, como *B. cereus*, *B. circulans*, *B. clausii*, *B. coagulans*, *B. lincheniformis*, *B. megaterium*, *B. pumilus*, *B. safensis* e *B. subtilis* (ARDHANA; FLEET, 2003; BORTOLINI *et al.*, 2016; HAMDOUCHE *et al.*, 2019; NIELSEN; SNITKJAER; BERG, 2008; OUATTARA *et al.*, 2008; 2011; PEREIRA *et al.*, 2012, SERRA *et al.*, 2019). Entre as enterobactérias, as principais detectadas correspondem a *Enterobacter*, *Erwinia*, *Klebsiella*, *Pantoea* e *Tatumella* (AGYIRIFO *et al.*, 2019; BORTOLINI *et al.*, 2016; HAMDOUCHE *et al.*, 2015; 2019; ILLEGHEMS *et al.*, 2012; LEFEBER *et al.*, 2011; PAPALEXANDRATOU *et al.*, 2011; PEREIRA *et al.*, 2012; SERRA *et al.*, 2019). Geralmente, essas bactérias estão associadas à produção de *off-flavors* devido à geração de ácidos graxos de cadeia curta (C3-C5) e compostos que podem conferir acidez às sementes. Por isso, seu crescimento não é desejável (FIGUEROA-HERNÁNDEZ *et al.*, 2019; SCHWAN; WHEALS, 2004; SCHWAN; PEREIRA; FLEET, 2015). Contudo, o gênero *Bacillus* também é conhecido por produzir diversas enzimas, incluindo β-glicosidades, proteases, lipases e amilases. A atividade dessas enzimas está relacionada com a produção de diversos compostos aromáticos como pirazinas, aldeídos, cetonas e álcoois (ARDHANA; FLEET, 2003; SERRA *et al.*, 2019). Ouattara *et al.* (2008; 2011) e Ouattara, Elias e Dudley (2020) relataram que cepas de *Bacillus* isoladas de fermentações espontâneas de cacau apresentaram atividade pectinolítica devido à produção das enzimas poligalacturonase e pectinaliase, o que sugere que essas bactérias podem desempenhar um papel importante na degradação da pectina presente na polpa de cacau.

10.5.2 MICROBIOTA DA FERMENTAÇÃO DO CAFÉ

Diversas espécies de leveduras foram reportadas e isoladas durante os diferentes tipos de processamento de café (CARVALHO NETO *et al.*, 2017; DE BRUYN *et al.*, 2017; JUNQUEIRA *et al.*, 2019; PEREIRA *et al.*, 2014; SILVA *et al.*, 2000; 2008;

VILELA *et al.*, 2010). A população de leveduras, embora pequena no início da fermentação (10^2 UFC/g), rapidamente alcança valores de 10^7 a 10^8 UFC/g após 24 horas. Entre esse vasto grupo microbiano, espécies do gênero *Pichia* (*P. fermentans, P. kluyverii, P. guilliermondii, P. anomala, P. acaciae, P. ciferii, P. caribbica*, entre outras) são consideradas dominantes, independentemente do método de processamento empregado. *Pichia* é comumente reportado em produtos alimentícios e frutas, seja desempenhando um papel fundamental na fermentação (café, cacau e azeitonas) ou como um microrganismo deteriorante (vinho e vegetais fermentados) (HERNÁNDEZ *et al.*, 2018). Esses microrganismos são capazes de crescer em valores de pH inferiores a 4,0 e em condições com elevada pressão osmótica e tensão de oxigênio (MADRIGAL; MAICAS; MATEO TOLOSA, 2013). Além disso, apresentam atividade de pectina liase e poligalacturonase, favorecendo sua adaptação e crescimento na polpa de café, que é rica em pectina (PEREIRA *et al.*, 2014). Outros gêneros e espécies também reportados são *Saccharomyces* (*S. cerevisiae, S. apiculatous, S. ellipoideus*), *Kluyveromyces marxianus, Candida* (*C. glabrata, C. glucosophila, C. quercitrusa*), *Torulospora delbrueckii, Schizosaccharomyces* sp., *Debaromyces* sp., *Arxula adeninivorans* e *Hanseniaspora* (*H. uvarum, H. opuntiae* e *H. vineae*) (SILVA *et al.*, 2000; 2008).

Leveduras não *Saccharomyces* envolvidas na fermentação do café apresentam uma baixa atividade da enzima álcool desidrogenase, provocando um acúmulo de acetaldeído (PEREIRA *et al.*, 2019). Este, assim como etanol e ácido acético, é um metabólito primário do metabolismo de carboidratos. Embora o etanol e o ácido acético sejam associados a *off-flavors* na bebida do café ("gosto fermentado" e "ardido", respectivamente), o acetaldeído é liberado pela célula após a apoptose e confere aromas frutados à bebida final (EVANGELISTA *et al.*, 2014a; 2014b; PEREIRA *et al.*, 2014). Álcoois superiores, responsáveis pela atribuição de aromas frutados e florais, são gerados a partir da descarboxilação e oxidação de aminoácidos livres pela via de Ehrlich (HAZELWOOD *et al.*, 2008). A condensação de ácidos graxos livres (absorvidos do meio extracelular) e álcoois (produzidos pela via de Ehrlich) resulta na formação de uma vasta gama de ésteres de acetato e etila (acetato de etila, acetato de isoamila, acetato de hexila, propionato de etila) (CALDERBANK; HAMMOND, 1994). Esses compostos são responsáveis pela modulação de notas sensoriais distintas à bebida, como "nozes", "banana" e "abacaxi" (EVANGELISTA *et al.*, 2014a; 2014b; PEREIRA *et al.*, 2015; 2016). Recentemente, um estudo conduzido por Salem *et al.* (2020) comprovou as teorias sugeridas da difusão passiva de moléculas aromáticas de origem microbiana (butanal, 2-fenlietanol e acetato de isoamila) para o interior de grãos de café. Além disso, diversas pesquisas têm atribuído outras funções às leveduras durante a fermentação do café, como: (i) quebra do ácido cítrico da polpa, o que auxilia no crescimento de BAL (CARVALHO NETO *et al.*, 2020); e (ii) secreção de pectinases, que reduzem a viscosidade da polpa, auxiliando no processo de secagem da semente (PEREIRA *et al.*, 2014; SILVA *et al.*, 2013).

As bactérias podem ser encontradas no decorrer de todo o processo fermentativo de café e são dominantes nos estágios iniciais (SILVA *et al.*, 2008). Estudos recentes utilizando técnicas de HTS reportaram a presença de mais de cem gêneros bacterianos associados a fermentações espontâneas de processamento via úmida conduzidas no Brasil, Equador e Colômbia (DE BRUYN *et al.*, 2017; CARVALHO NETO *et al.*, 2018b; JUNQUEIRA *et al.*, 2019). Dentre os principais grupos, encontram-se BAL (*L. fermentum*, *L. brevis*, *L. mali*, *L. plantarum*, *Lactococcus lactis*, *Leuconostoc mesenteroides*, *Leuc. pseudomesenteroides*, *Pediocococcus acidilactici*, *Weissella* sp., *Fructobacillus* sp. e *Streptococcus* sp.), enterobactérias (*Aeromonas* sp., *Enterobacter* sp., *Pseudomonas* sp., *Erwinia* sp., *Klebsiella pneumoniae*) e *Bacillus* sp. (AVALLONE *et al.*, 2001; DE BRUYN *et al.*, 2017; SILVA *et al.*, 2000; VILELA *et al.*, 2010).

As BAL, por sua vez, são classificadas em homo e heterofermentativas, de acordo com seu catabolismo central de carboidratos. As espécies homofermentativas, representadas por *Lactocccus lactis*, *Ped. pentasoceus* e *L. hordei*, metabolizam hexoses estritamente em ácido lático pela via Embden-Meyerhoff-Parnas (EMP). Em contrapartida, as BAL heterofermentativas, representadas por *Leu. mesenteroides*, *L. plantarum* e *L. brevis*, degradam pentoses e hexoses presentes na mucilagem do café em ácido lático, CO_2, etanol e ácido acético (ENDO; DICKS, 2014). O ácido lático é o ácido orgânico mais simples, e sua grande versatilidade reacional é associada com a presença de grupos hidroxila e carboxila em sua cadeia estrutural (MARTINEZ *et al.*, 2013). A elevada produção de ácido lático pelas BAL resulta na diminuição do pH do substrato fermentativo, impedindo o crescimento de microrganismos deteriorantes, auxiliando na hidrólise da pectina e criando um ambiente propício para o desenvolvimento de leveduras (AVALLONE *et al.*, 2002; DJOSSOU *et al.*, 2011). Além disso, a difusão desse ácido orgânico promove alterações na percepção sensorial de importantes atributos do café, como acidez e corpo, conferindo notas láticas e suavidade à bebida (CARVALHO NETO *et al.*, 2018a; PEREIRA *et al.*, 2016a). Esses microrganismos também apresentam um metabolismo versátil e estão associados à produção de uma vasta gama de compostos voláteis, incluindo ésteres, álcoois superiores e cetonas, pelo catabolismo de ácido cítrico e aminoácidos presentes na polpa do café (PEREIRA *et al.*, 2020).

As enterobactérias, por sua vez, são comumente associadas à produção de ácido propiônico e ácidos graxos de cadeia curta (C3-C5), os quais promovem a prevalência de aromas e sabores desagradáveis à bebida (PEREIRA *et al.*, 2017b). Por fim, as espécies *Bacillus megaterium*, *B. cereus* e *B. subitilis* são frequentemente reportadas pela sua produção de enzimas extracelulares que degradam a pectina, mas sem papel significativo para o processo fermentativo (NASANIT; SATAYAWUT, 2015; SILVA *et al.*, 2013).

Os fungos filamentosos são os últimos microrganismos na linha de sucessão durante o processo de fermentação, com as maiores populações (10^3 a 10^5 UFC/g) em frutos no estágio de "passa", nas etapas de secagem e armazenamento e ao final da fermentação aeróbica, ou seja, a partir do 18º dia no processamento por via seca e 8º dia no processamento por via semisseca (raramente são encontrados no processamento via úmida) (SILVA *et al.*, 2000; 2008). Os principais gêneros já relatados e isolados de frutos e durante a fermentação são *Aspergillus* (*A. niger*, *A. flavus*, *A. ochraceus*, *A. tamarii* e *A. sydowii*), *Fusarium* (*F. solani*, *F. concolor*, *F. stilboides* e *F. semitectum*), *Penicilium* (*P. crustosum*, *P. citrinum*, *P. roqueforti*, *P. viridicatum*) e *Cladosporum cladosporioides*.

Algumas espécies de fungos filamentosos, como *Cladosporum cladosporioides*, são consideradas endofíticas e produtoras de enzimas pectinolíticas (pectinametilesterase e poligalacturonase), contribuindo para a aceleração do processo de secagem (BASTOS *et al.*, 2013; PEREIRA *et al.*, 2005). Entretanto, *Fusarium* e *Penicillium* afetam negativamente a qualidade e o sabor das bebidas de café pela produção de proteases e lipases, levando à degradação de precursores não voláteis, e também devido à formação de *off-flavors* (PINKAS; BATTISTA; MORILLE-HINDS, 2009). Além disso, *Aspergillus* (*A. carbonarius*, *A. niger* e *A. westerdijkiae*) e *Penicillium* (*Pen. verrucosum* e *P. nordicum*) são capazes de produzir micotoxinas, como ocratoxina-A, que apresentam efeitos genotóxicos, imunotóxicos e teratogênicos quando consumidas (DURAND *et al.*, 2013; PETZINGER; ZIEGLER, 2000).

10.6 DESENVOLVIMENTO DE CULTURAS INICIADORAS

A fermentação espontânea é o método mais antigo e simples de fermentação, o qual depende estritamente da microbiota autóctone presente no ambiente de fermentação. No entanto, somente a presença dos microrganismos corretos não é suficiente para que o processo fermentativo ocorra de maneira apropriada. Para isto, é necessário criar um ambiente ideal para seu desenvolvimento, assegurando condições assépticas, presença adequada de nutrientes, além do controle de parâmetros como agitação, temperatura e aeração (STEINKRAUS, 2004). Este é o processo majoritariamente realizado para se fermentar cacau e café. O *backslopping* é uma estratégia que adiciona parte de uma fermentação anterior a uma nova batelada, permitindo a manutenção dos microrganismos desejáveis (LEROY; DE VUYST, 2004). Embora o *backslopping* estimule a dominância dos microrganismos apropriados, esse método não é usual em fermentações de cacau e café.

Já a inoculação de microrganismos selecionados prevê o uso de culturas iniciadoras, a fim de assegurar sua dominância sobre a microbiota autóctone. No entanto, o desenvolvimento de uma cultura iniciadora requer um extenso trabalho, que compreende o isolamento e a identificação de cepas capazes de usar e converter eficientemente os nutrientes inicialmente desejados, inibir o crescimento de microrganismos indesejáveis, melhorar as propriedades sensoriais e promover a padronização e a reprodutibilidade do processo (TAMIME, 2002). Para a seleção de culturas iniciadoras visando à fermentação de cacau e café, os seguintes critérios microbiológicos e tecnológicos devem ser atendidos (PEREIRA *et al.* 2020):

- capacidade de crescer e dominar a fermentação em ampla faixa de pH, temperatura e concentrações osmóticas;
- degradação da pectina, auxiliando o processo de secagem;
- inibição do crescimento de fungos toxinogênicos por meio da competição por nutrientes ou secreção de metabólitos antifúngicos;

- produção de ácido lático (cacau e café), ácido acético e etanol (somente cacau), além de compostos aromáticos (cacau e café) que contribuam na qualidade final dos grãos;
- inibição do crescimento de microrganismos que produzam compostos indesejáveis, como ácidos butírico e propiônico;
- estabilidade genética, assegurando as características desejáveis mesmo após fermentações consecutivas.

O uso de culturas iniciadoras na fermentação do cacau tem sido proposto como metodologia para desenvolver um processo de fermentação mais rápido e consistente, produzindo amêndoas com qualidades previsíveis, a fim de influenciar as características sensoriais do chocolate (LEFEBER *et al.*, 2012; PEREIRA; SOCCOL; SOCCOL, 2016; SCHWAN; PEREIRA; FLEET, 2015). Schwan (1998) foi o primeiro a avaliar uma cultura iniciadora mista, composta de leveduras (*S. cerevisiae*), BAL (*Lc. lactis* e *L. plantarum*) e BAA (*A. aceti* e *G. oxydans* subsp. *suboxydans*) para fermentação do cacau. Os resultados demonstraram que este *pool* de microrganismos poderia ser uma opção viável para a obtenção de um processo fermentativo confiável que desenvolvesse características desejáveis no chocolate. Na última década, diversos estudos têm reportado o desenvolvimento e o uso de culturas microbianas mistas compostas de leveduras, BAL e BAA, que são isoladas das próprias fermentações espontâneas de cacau (BATISTA *et al.*, 2015; CRAFACK *et al.*, 2013, 2014; HO; ZHAO; FLEET, 2014; LEFEBER *et al.*, 2010, 2011, 2012; MOTA-GUTIERREZ *et al.*, 2018; OUATTARA; ELIAS; DUDLEY, 2020; SAUNSHI *et al.*, 2020; VISINTIN *et al.*, 2016, 2017). *Saccharomyces*, *Hanseniaspora* e *Pichia* são as principais leveduras selecionadas devido à sua capacidade de produzir compostos aromáticos e enzimas pectinolíticas, além de serem espécies dominantes nas fermentações espontâneas de cacau (DE VUYST; WECKX, 2016). Dentre as BAL, *L. plantarum* e *L. fermentum* são as mais utilizadas para integrar as culturas iniciadoras, pois em geral dominam o processo por serem adaptadas as altas contrações de etanol (FIGUEROA-HERNÁNDEZ *et al.*, 2019). Similarmente, *A. pasteurianus* é a BAA mais amplamente empregada como cultura iniciadora na fermentação de cacau, pois é capaz de oxidar moléculas de etanol, manitol e ácido lático, bem como tolerar altas temperaturas (MOENS; LEFEBER; DE VUYST, 2014; PAPALEXANDRATOU *et al.*, 2013). Como exemplo, Crafack *et al.* (2013) avaliaram o impacto da inoculação de uma cultura mista de *P. kluyveri*, *L. fermentum* e *A. pasteurianus* na qualidade das amêndoas de cacau e verificaram que as amêndoas inoculadas apresentaram pontuações mais altas na análise sensorial para doçura, aroma (identificado como frutado) e sabor de cacau em comparação às amêndoas fermentadas espontaneamente. Em relação à aplicação de culturas iniciadoras em nível industrial, apenas culturas de leveduras foram empregadas para a fermentação de cacau. A empresa suíça Barry Callebaut executou um projeto intitulado Cocoa Horizons em fazendas de cacau na Costa do Marfim, promovendo o uso de uma cultura iniciadora composta de cepas de *Saccharomyces*, a fim de conduzir o processo de fermentação para obter chocolates, denominados de Terra Cacao®, com alto teor de compostos aromáticos (NIEBURG, 2014).

Em relação ao café, embora tenham sido realizados, em meados do século XX, estudos que propunham a inoculação de microrganismos para seu processamento (AGATE; BHAT 1966; BUTTY, 1973), foi somente a partir dos anos 2000 que tais pesquisas ganharam maior apoio e visibilidade. Estudo conduzido por Agate e Bhat (1966) foi o primeiro a introduzir efetivamente uma cultura iniciadora para a fermentação do café. Em particular, eles demonstraram que a incorporação de uma mistura de três espécies de *Saccharomyces* (*S. marxianus*, *S. bayanus* e *S. cerevisiae* var. *ellipsoideus*) auxiliou o processo por acelerar a degradação da camada de mucilagem, reduzindo o tempo de fermentação para oito horas. Esta linha de pesquisa retornou somente 36 anos depois, quando Avallone *et al.* (2002) estudaram fermentações de café conduzidas por diferentes cepas pectinolíticas (*L. brevis* L166, *Erwinia herbicola* C26, *B. subtilis* C12 e *Kluyveromyces fragilis* K211). Os autores observaram, entretanto, que os inóculos não auxiliaram na degradação da pectina e não foram capazes de modular o perfil sensorial da bebida de café. Dessa forma, o uso das linhagens foi proposto como uma maneira de evitar a formação de aromas indesejáveis e de padronizar a qualidade do café final. Recentemente, a utilização de leveduras aromáticas capazes de modular a composição química dos grãos vem sendo proposta para os processamentos pela via seca (EVANGELISTA *et al.*, 2014a), semisseca (EVANGELISTA *et al.*, 2014b; RIBEIRO *et al.*, 2017) e úmida (LEE *et al.*, 2017; PEREIRA *et al.*, 2015). As linhagens selecionadas (*S. cerevisae* CMA0543, *P. fermentans* YC5.2, *P. guilliermondii* UFLA YCN731, *Candida parapsilosis* UFLA YCN448, *Torulaspora delbrueckii* CMA0684 e *Yarrowia lypolitica* NCYC 2904) foram capazes de alterar e aprimorar o perfil sensorial da bebida por meio da produção de acetato de etila, acetato de isoamila, acetaldeído, γ-butirolactona, 2,3-butanedione e acetoína. Paralelamente, o estudo conduzido por Pereira *et al.* (2016) demonstrou, pela primeira vez, que uma cultura iniciadora composta pela cepa *L. plantarum* LPBR01 foi capaz de reduzir o tempo de fermentação pela metade em comparação ao método tradicional. Além disso, os cafés por ela fermentados apresentaram maior diversidade de compostos voláteis e melhores características sensoriais. Por fim, estudo conduzido por Lee *et al.* (2016a) revelou que a inoculação de uma cepa de fungo filamentoso, *Rhizopus oligosporus*, promoveu a quebra de proteínas e ácidos clorogênicos do café, aumentando a concentração de aminoácidos livres e derivados fenólicos no interior dos grãos. A elevação na concentração dos precursores não voláteis resultou em um significativo aumento na concentração de pirazinas e na produção de bebidas mais adocicadas e com aroma mais complexo (LEE *et al.*, 2016b). Embora esses estudos tenham demonstrado resultados satisfatórios, uma das limitações da introdução desses microrganismos em condição de campo consiste na condução das fermentações de café em tanques abertos sem controle ou higienização, o que facilita a contaminação pela microbiota autóctone, promovendo a competição pelo substrato fermentativo com o microrganismo inoculante (STEINKRAUS, 2004). Estudos recentes realizados por Carvalho Neto *et al.* (2018b, 2020) demonstram que a higienização e o controle de parâmetros (agitação, temperatura e aeração) apresentam impactos significativos nas fermentações inoculadas e na qualidade final dos grãos produzidos. Os trabalhos revelaram que o uso de biorreatores e condições controladas resultou em aumento significativo da produção de metabólitos-chaves no processo fermentativo (ácido lático, acetaldeído, fenilacetaldeído e acetato de etila) e sua posterior difusão para o interior dos grãos, resultando em bebidas com notas sensoriais complexas e um *score* de 8 pontos na escala SCAA, superior ao método convencional.

10.7 CONSIDERAÇÕES FINAIS

A fermentação é uma das etapas do processamento pós-colheita do cacau e café com impacto mais significativo na qualidade final dos produtos. Esses processos fermentativos apresentam uma microbiota complexa, envolvendo sucessões entre leveduras, BAL, BAA e fungos filamentosos. O conhecimento acerca da ecologia e bioquímica desses processos vem crescendo consideravelmente nas últimas décadas, principalmente com o advento das técnicas moleculares de HTS, o que permite uma maior compreensão das complexas relações ecológicas existentes, além do impacto destas sobre o aroma e sabor dos produtos. No entanto, essas fermentações ainda são conduzidas de forma espontânea e sob condições não controladas, tornando esses processos inconsistentes, o que pode impactar negativamente a qualidade do produto. Dessa forma, o uso de culturas iniciadoras torna-se uma alternativa viável para obter um maior controle do processo fermentativo.

REFERÊNCIAS

AFOAKWA, E. O. *Chocolate science and technology.* Hoboken: Wiley-Blackwell, 2010.

AFOAKWA, E. O. *et al.* Flavor formation and character in cocoa and chocolate: a critical review. *Critical Reviews in Food Science and Nutrition*, v. 48, n. 9, p. 840-857, 2008.

AGATE, A. D.; BHAT, J. V. Role of pectinolytic yeasts in the degradation of mucilage layer of *Coffea robusta* cherries. *Applied Microbiology*, v. 14, p. 256-260, 1966.

AGYIRIFO, D. S. *et al.* Metagenomics analysis of cocoa bean fermentation microbiome identifying species diversity and putative functional capabilities. *Heliyon*, v. 5, p. 1-15, 2019.

AMOA-AWUA, W. K. Methods of cocoa fermentation and drying. *In*: SCHWAN, R. F.; FLEET, G. H. (eds). *Cocoa and coffee fermentations.* Boca Raton: CRC Press, 2015. p. 71-128.

ANDÚJAR, I. *et al.* Cocoa polyphenols and their potential benefits for human health. *Oxidative Medicine and Cellular Longevity*, v. 2012, p. 1-23, 2012.

APROTOSOAIE, A. C.; LUCA, S. V.; MIRON, A. Flavor chemistry of cocoa and cocoa products - an overview. *Comprehensive Reviews in Food Science and Food Safety*, v. 15, n. 1, p. 73-91. 2016.

ARDHANA, M. M.; FLEET, G. H. The microbial ecology of cocoa bean fermentations in Indonesia. *International Journal of Food Microbiology*, v. 86, p. 87-99, 2003.

AVALLONE, S. *et al.* Cell wall polysaccharides of coffee bean mucilage: Histological characterization during fermentation. *In*: INTERNATIONAL SCIENTIFIC COLLOQUIUM ON COFFEE, 18, Helsinki, 1999. *Proceedings*, 1999. p. 463-470.

AVALLONE, S. *et al.* Involvement of pectolytic micro-organisms in coffee fermentation. *International Journal of Food Science & Technology*, v. 37, n. 2, p. 191-198, 2002.

AVALLONE, S. *et al.* Microbiological and biochemical study of coffee fermentation. *Current Microbiology*, v. 42, n. 4, p. 252-256, 2001.

BASTOS, S. C. *et al.* Pectinases from a new strain of *Cladosporium cladosporioides* (Fres.) De Vries isolated from coffee bean. *World Journal of Agricultural Sciences*, v. 9, n. 2, p. 167-172, 2013.

BATISTA, N. N. *et al.* Dynamic behavior of *Saccharomyces cerevisiae*, *Pichia kluyveri* and *Hanseniaspora uvarum* during spontaneous and inoculated cocoa fermentations and their effect on sensory characteristics of chocolate. *LWT - Food Science and Technology*, v. 63, n. 1, p. 221-227, 2015.

BEG, M. S. *et al.* Status, supply chain and processing of cocoa – A review. *Trends in Food Science and Technology*, v. 66, p. 108-116, 2017.

BORTOLINI, C. *et al.* Detailed analyses of the bacterial populations in processed cocoa beans of different geographic origin, subject to varied fermentation conditions. *International Journal of Food Microbiology*, v. 236, p. 98-106, 2016.

BREMER, B.; ERIKSSON, T. Time tree of Rubiaceae: phylogeny and dating the family, subfamilies, and tribes. *International Journal of Plant Science*, v. 170, n. 6, p. 766-793, 2009.

BUTTY, M. Rapid fermentation of coffee. *Kenya Coffee*, v. 38, p. 214-224, 1973.

CALDERBANK, J.; HAMMOND, J. M. R. Influence of higher alcohol availability on ester formation by yeast. *ASBC*, v. 52, n. 2, p. 84-90, 1994.

CALIGIANI, A.; MARSEGLIA, A.; PALLA, G. Cocoa: production, chemistry, and use. *In*: CABALLERO, B.; FINGLAS, P.; TOLDRA, F. (eds.). *Encyclopaedia of food and health*. Oxford: Academic Press, 2016.

CAMU, N. *et al.* Dynamics and biodiversity of populations of lactic acid bacteria and acetic acid bacteria involved in spontaneous heap fermentation of cocoa beans in Ghana. *Applied Environmental Microbiology*, v. 73, n. 6, p. 1809-1824, 2007.

CAMU, N. *et al.* Fermentation of cocoa beans: Influence of microbial activities and polyphenol concentrations on the flavour of chocolate. *Journal of the Science of Food and Agriculture*, v. 88, p. 2288-2297, 2008.

CAPORASO, N. *et al.* Variability of single bean coffee volatile compounds of Arabica and robusta roasted coffees analysed by SPME-GC-MS. *Food Research International*, v. 108, p. 628-640. 2018.

CARVALHO NETO, D. P. *et al.* Efficient coffee beans mucilage layer removal using lactic acid fermentation in a stirred-tank bioreactor: kinetic, metabolic and sensorial studies. *Food Biosciences*, v. 26, p. 80-87, 2018a.

CARVALHO NETO, D. P. *et al.* High-throughput rRNA gene sequencing reveals high and complex bacterial diversity associated with Brazilian coffee bean fermentation. *Food Technology and Biotechnology*, v. 56, n. 1, p. 90-95, 2018b.

CARVALHO NETO, D. P. *et al.* Microbiological, physicochemical and sensory studies of coffee beans fermentation conducted in a yeast bioreactor model. *Food Biotechnology*, v. 34, n. 2, p. 172-192, 2020.

CARVALHO NETO, D. P. *et al.* Yeast diversity and physicochemical characteristics associated with coffee bean fermentation from the Brazilian Cerrado Mineiro region. *Fermentation*, v. 3, p. 1-11, 2017.

CASTRO-ALAYO, E. M. *et al.* Formation of aromatic compounds precursors during fermentation of Criollo and Forastero cocoa. *Heliyon*, v. 5, n. 1, 2019.

CHALFOUN, S. M.; FERNANDES, A. P. Efeitos da fermentação na qualidade da bebida do café. *Visão Agrícola*, v. 12, p. 105-108, 2013.

CRAFACK, M. *et al.* Impact of starter cultures and fermentation techniques on the volatile aroma and sensory profile of chocolate. *Food Research International*, v. 63, p. 306-316, 2014.

CRAFACK, M. *et al.* Influencing cocoa flavour using *Pichia kluyveri* and *Kluyveromyces marxianus* in a defined mixed starter culture for cocoa fermentation. *International Journal of Food Microbiology*, v. 167, n. 1, p. 103-116, 2013.

DE BRUYN, F. *et al.* Exploring the impacts of postharvest processing on the microbiota and metabolite profiles during green coffee bean production. *Applied Environmental Microbiology*, v. 83, n. 1, p. e02398-16, 2017.

DE CASTRO, R.; MARRACCINI, P. Cytology, biochemistry and molecular changes during coffee fruit development. *Brazilian Journal of Plant Physiology*, v. 18, n. 1, p. 175-199, 2006.

DE VUYST, L.; LEROY, F. Functional role of yeasts, lactic acid bacteria, and acetic acid bacteria in cocoa fermentation processes. *FEMS Microbiology Review*, v. 44, n. 4, p. 432-453, 2020.

DE VUYST, L.; WECKX, S. The cocoa bean fermentation process: from ecosystem analysis to starter culture development. *Journal of Applied Microbiology*, v. 121, n. 1, p. 5-17, 2016.

DJOSSOU, O. *et al.* Robusta coffee beans post-harvest microflora: *Lactobacillus plantarum* sp. as potential antagonist of *Aspergillus carbonarius*. *Anaerobe*, v. 17, n. 6, p. 267-272, 2011.

DUARTE, G. S.; PEREIRA, A. A.; FARAH, A. Chlorogenic acids and other relevant compounds in Brazilian coffees processed by semi-dry and wet post-harvesting methods. *Food Chemistry*, v. 118, n. 3, p. 851-855, 2010.

DURAND, N. *et al.* Application of PCR-DGGE to the study of dynamics and biodiversity of yeasts and potentially OTA producing fungi during coffee processing. *Food Control*, v. 34, n. 2, p. 466-471, 2013.

ECCARDI, F.; SANDAJL, V. *Coffee – A celebration of diversity*. Trieste: Sandalj Trading Co, 2002.

ENDO, A.; DICKS, L. M. T. Physiology of the LAB. *In*: HOLZAPFEL, W. H.; WOOD, B. J. B (eds.). *Lactic acid bacteria: biodiversity and taxonomy*. Hoboken: John Wiley & Sons, 2014. p. 13-30.

ESQUIVEL, P.; JIMÉNEZ, V. M. Functional properties of coffee and coffee by-products. *Food Research International*, v. 46, n. 2, p. 488-495, 2012.

ETIENNE, H. Somatic embryogenesis protocol: coffee (*Coffea arabica* L. and *C. canephora* P.). *In*: JAIN, S. M.; GUPTA, P. K. (eds.). *Protocol for somatic embryogenesis in woody plants*. Dordrecht: Springer, 2005. p. 167-179.

EVANGELISTA, S. R. *et al.* Improvement of coffee beverage quality by using selected yeasts strains during the fermentation in dry process. *Food Research International*, v. 61, p. 183-195, 2014a.

EVANGELISTA, S. R. *et al.* Inoculation of starter cultures in a semi-dry coffee (*Coffea arabica*) fermentation process. *Food Microbiology*, v. 44, p. 87-95, 2014b.

EVANGELISTA, S. R. *et al.* Microbiological diversity associated with the spontaneous wet method of coffee fermentation. *International Journal of Food Microbiology*, v. 210, p. 102-112, 2015.

FAO (ORGANIZAÇÃO DAS NAÇÕES UNIDAS PARA A ALIMENTAÇÃO E AGRICULTURA). *FaoStat Crops*. 2020. Disponível em: http://www.fao.org/faostat/en/#data/QC/visualize. Acesso em: 5 jul. 2020.

FIGUEROA-HERNÁNDEZ, C. *et al.* The challenges and perspectives of the selection of starter cultures for fermented cocoa beans. *International Journal of Food Microbiology*, v. 301, p. 41-50, 2019.

FOWLER, M. S. Cocoa beans: from tree to factory. *In*: BECKETT, S. T. (ed). *Industrial chocolate manufacture and use*. 4. ed. Hoboken: Wiley-Blackwell, 2009. p. 10-47.

FRAGA, C. C. Resenha histórica do café no Brasil. *Boletim da Divisão Econômica Rural*, São Paulo, v. 10, p. 21, 1963.

GARCIA-ARMISEN, T. *et al.* Diversity of the total bacterial community associated with Ghanaian and Brazilian cocoa bean fermentation samples as revealed by a 16S rRNA gene clone library. *Applied Microbiology and Biotechnology*, v. 87, n. 6, p. 2281-2292, 2010.

GONZALEZ-RIOS, O. *et al.* S. Impact of "ecological" post-harvest processing on coffee aroma: II. Roasted coffee. *Journal of Food Composition and Analysis*, v. 20, p. 297-307, 2007.

HAILE, M.; KANG, W. H. The role of microbes in coffee fermentation and their impact on coffee quality. *Journal of Food Quality*, v. 2019, n. 4836709, p. 1-6, 2019.

HALL, N. Advanced sequencing technologies and their wider impact in microbiology. *The Journal of Experimental Biology*, v. 209, p. 1518-1525, 2007.

HAMDOUCHE, Y. *et al.* Dynamics of microbial ecology during cocoa fermentation and drying: towards the identification of molecular markers. *Food Control*, v. 48, p. 117-122, 2015.

HAMDOUCHE, Y. *et al.* Impact of turning, pod storage and fermentation time on microbial ecology and volatile composition of cocoa beans. *Food Research International*, v. 119, p. 477-491, 2019.

HANSEN, C. E.; DEL OLMO, M.; BURRI, C. Enzyme activities in cocoa beans during fermentation. *Journal of the Science of Food and Agriculture*, v. 77, n. 2, p. 273-281,1998.

HAZELWOOD, L. A. *et al.* The Ehrlich pathway for fusel alcohol production: a century of research on *Saccharomyces cerevisiae* metabolism. *Applied and Environmental Microbiology*, v. 74, n. 8, p. 2259-2266, 2008.

HERNÁNDEZ, A. *et al.* Spoilage yeasts: what are the sources of contamination of foods and beverages? *International Journal of Food Microbiology*, v. 286, p. 98-110, 2018.

HO, V. T. T.; ZHAO, J.; FLEET, G. Yeasts are essential for cocoa bean fermentation. *International Journal of Food Microbiology*, v. 174, p. 72-87, 2014.

HUCH, M.; FRANZ, C. M. A. P. Coffee: fermentation and microbiota. *In*: HOLZAPFEL, W. (ed.). *Advances in fermented foods and beverages*: improving quality, technologies and health benefits. Cambridge: Woodhead Publishing, 2015. p. 501-513.

HUE, C. *et al.* Impact of fermentation on nitrogenous compounds of cocoa beans (*Theobroma cacao* L.) from various origins. *Food Chemistry*, v. 192, p. 958-964, 2016.

ICO (International Coffee Organization). Historical data on the global coffee trade. 2020. Disponível em: http://www.ico.org/new_historical.asp?section=Statistics. Acesso em: 5 jul. 2020.

ILLEGHEMS, K. *et al.* Phylogenetic analysis of a spontaneous cocoa bean fermentation metagenome reveals new insights into its bacterial and fungal community diversity. *PLoS One*, v. 7, n. 5. p. 1-11, 2012.

JACKELS, S. C.; JACKELS, C. F. Characterization of the coffee mucilage fermentation process using chemical indicators: a field study in Nicaragua. *Journal of Food Science*, v. 70, n. 5, p. 321-325, 2005.

JAYARAMAN, K. S.; DAS GUPTA, D. K. Dehydration of fruits and vegetables – Recent developments in principles and techniques. *Drying Technology*, v. 10, n. 1, 1992.

JUNQUEIRA, A. C. O. *et al.* First description of bacterial and fungal communities in Colombian coffee beans fermentation analysed using Illumina-based amplicon sequencing. *Scientific Reports*, v. 9, n. 1, p. 1-10, 2019.

KERGOURLAY, G. *et al.* Metagenomic insights into the dynamics of microbial communities in food. *Interantional Journal of Food Microbiology*, v. 213, p. 31-39, 2015.

KONGOR, J.E. *et al.* Factors influencing quality variation in cocoa (*Theobroma cacao*) bean flavour profile – A review. *Food Research International*, v. 82, p. 44-52, 2016.

LALIBERTÉ, B. *A global strategy for the conservation and use of cacao genetic resources as the foundation for a sustainable cocoa economy*. Montpellier: CacaoNet, 2012.

LEE, K. G.; SHIBAMOTO, T. Analysis of volatile components isolated from Hawaiian green coffee beans (*Coffea arabica* L.). *Flavour and Fragrance Journal*, v. 17, n. 5, p. 349-351, 2002.

LEE, L. W. *et al.* Coffee fermentation and flavor – An intricate and delicate relationship. *Food Chemistry*, v. 185, p. 182-191, 2015.

LEE, L. W. *et al.* Modulation of coffee aroma via the fermentation of green coffee beans with *Rhizopus oligosporus*: I. Green coffee. *Food Chemistry*, v. 211, p. 916-924, 2016a.

LEE, L.W. *et al.* Modulation of coffee aroma via the fermentation of green coffee beans with *Rhizopus oligosporus*: II. Effects of different roast levels. *Food Chemistry*, v. 211, p. 925-936, 2016b.

LEE, L. W. *et al.* Modulation of the volatile and non-volatile profiles of coffee fermented with *Yarrowia lipolytica*: I. Green coffee. *LWT – Food Science and Technology*, v. 77, p. 225-232, 2017.

LEFEBER, T. *et al.* Interesting starter culture strains for controlled cocoa bean fermentation revealed by simulated cocoa pulp fermentations of cocoa-specific lactic acid bacteria. *Applied Environmental Microbiology*, v. 77, n. 18, p. 6694-6698, 2011.

LEFEBER, T. *et al.* Kinetic analysis of strains of lactic acid bacteria and acetic acid bacteria in cocoa pulp simulation media toward development of a starter culture for cocoa bean fermentation. *Applied Environmental Microbiology*, v. 76, n. 23, p. 7708-7716, 2010.

LEFEBER, T. *et al.* On-farm implementation of a starter culture for improved cocoa bean fermentation and its influence on the flavour of chocolates produced thereof. *Food Microbiology*, v. 30, n. 2, p. 379-392, 2012.

LEROY, F.; DE VUYST, L. Lactic acid bacteria as functional starter cultures for the food fermentation industry. *Trends in Food Science and Technology*, v. 15, n. 2, p. 67-78, 2004.

LIMA, L. J. R. *et al. Theobroma cacao* L., "The food of the Gods": quality determinants of commercial cocoa beans, with particular reference to the impact of fermentation. *Critical Reviews in Food Science and Nutrition*, v. 51, n. 8, p. 731-761, 2011.

LOPEZ, C. I. *et al. Factors related to the formation of "overfermented coffee beans" during the wet processing method and storage of coffee*. *In*: INTERNATIONAL SCIENTIFIC COLLOQUIUM ON COFFEE, 13, Paipa, Colômbia, 1989. *Proceedings*..., 1990, p. 373-384.

MADRIGAL, T.; MAICAS, S.; MATEO TOLOSA, J. J. Glucose and ethanol tolerant enzymes produced by Pichia (Wickerhamomyces) isolates from enological ecosystems. *American Journal of Enology and Viticulture*, v. 64, n. 1, p. 126-133, 2013.

MARTINEZ, F. A. C. *et al.* Lactic acid properties, applications and production: a review. *Trends in Food Science and Technology*, v. 30, n. 1, p. 70-83, 2013.

MENEZES, A. G. T. *et al.* Investigation of chocolate produced from four different Brazilian varieties of cocoa (*Theobroma cacao* L.) inoculated with *Saccharomyces cerevisiae*. *Food Research International*, v. 81, p. 83-90, 2016.

MOENS, F.; LEFEBER, T.; DE VUYST, L. Oxidation of metabolites highlights the microbial interactions and role of *Acetobacter pasteurianus* during cocoa bean fermentation. *Applied Environmental Microbiology*, v. 80, n. 6, p. 1848-1857, 2014.

MOREIRA, I. M. V. *et al.* Microbial succession and the dynamics of metabolites and sugars during the fermentation of three different cocoa (*Theobroma cacao* L.) hybrids. *Food Research International*, v. 54, n. 1, p. 9-17, 2013.

MOTA-GUTIERREZ, J. *et al.* Dynamics and biodiversity of bacterial and yeast communities during fermentation of cocoa beans. *Applied Environmental Microbiology*, v. 84, n. 19, p. 1-17, 2018.

MOTAMAYOR, J. C. *et al.* Geographic and genetic population differentiation of the Amazonian chocolate tree (*Theobroma cacao* L). *PLoS One*, v. 3, n. 10, p. 1-8, 2008.

MUÑOZ, M. S. *et al.* An overview of the physical and biochemical transformation of cocoa seeds to beans and to chocolate: flavor formation. *Critical Reviews in Food Science and Nutrition*, v. 60, n. 10, p. 1593-1613, 2020.

MUSSATTO, S. I. *et al.* Production, composition, and application of coffee and its industrial residues. *Food and Bioprocess Technology*, v. 4, n. 5, p. 661-672, 2011.

NASANIT, R.; SATAYAWUT, K. Microbiological study during coffee fermentation of *Coffea arabica* var. chiangmai 80 in Thailand. *Kasetsart Journal (Natural Science)*, v. 49, n. 1, p. 32-41, 2015.

NAYAK, B.; LIU, R.H.; TANG, J. Effect of processing on phenolic antioxidants of fruits, vegetables, and grains – A review. *Critical Reviews in Food Science and Nutrition*, v. 55, n. 7, p. 887-918, 2015.

NIEBURG, O. Improved chocolate quality with controlled cocoa fermentation, says Barry Callebaut. 2014. Disponível em: https://www.confectionerynews.com/Article/2014/02/04/Controlled-cocoa-fermentation-with-starter-cultures-Barry-Callebaut. Acesso em: 8 jul. 2020.

NIELSEN, D. S.; SNITKJAER, P.; BERG, F. V. Investigating the fermentation of cocoa by correlating denaturing gradient gel electrophoresis profiles and near infrared spectra. *International Journal of Food Microbiology*, v. 125, p. 133-140, 2008.

NIELSEN, D. S. *et al.* The microbiology of Ghanaian cocoa fermentations analysed using culture-dependent and culture-independent methods. *International Journal of Food Microbiology*, v. 114, n. 2, p. 168-186, 2007.

OESTREICH-JANZEN, S. Chemistry of coffee. *In*: LIU, H. W.; MANDER, L. (eds.). *Comprehensive natural products II*: chemistry and biology. 3. ed. Amsterdam: Elsevier, 2010. p. 1085-1117.

OUATTARA, H. G.; ELIAS, R. J.; DUDLEY, E. G. Microbial synergy between *Pichia kudriazevii* YS201 and *Bacillus subtilis* BS38 improves pulp degradation and aroma production in cocoa pulp simulation medium. *Heliyon*, v. 6, n. 1, 2020.

OUATTARA, H. G. *et al.* Implication of *Bacillus* sp. in the production of pectinolytic enzymes during cocoa fermentation. *World Journal of Microbiology and Biotechnology*, v. 24, p. 1753-1760, 2008.

OUATTARA, H. G. *et al.* Molecular identification and pectate lyase production by Bacillus strains involved in cocoa fermentation. *Food Microbiology*, v. 28, p. 1-8, 2011.

PÁDUA, T. S.; SILVA, F. M.; QUEIROZ, D. P. Análise comparativa de custos para colheita de café semi-mecanizada e manual. *In*: SIMPÓSIO DE PESQUISA DOS CAFÉS DO BRASIL, 1, Poços de Caldas, Minas Gerais, 2000. *Resumos expandidos*. Brasília, D.F.: Embrapa Café; Belo Horizonte: Minasplan, 2000. 2v. p. 313-314.

PAPALEXANDRATOU, Z. *et al. Hanseniaspora opuntiae, Saccharomyces cerevisiae, Lactobacillus fermentum*, and *Acetobacter pasteurianus* predominate during well-performed Malaysian cocoa bean box fermentations, underlining the importance of these microbial species for a successful cocoa. *Food Microbiology*, v. 35, n. 2, p. 73-85, 2013.

PAPALEXANDRATOU, Z. *et al.* Linking cocoa varietals and microbial diversity of Nicaraguan fine cocoa bean fermentations and their impact on final cocoa quality appreciation. *International Journal of Food Microbiology*, v. 304, p. 106-118, 2019.

PAPALEXANDRATOU, Z. *et al.* Species diversity, community dynamics, and metabolite kinetics of the microbiota associated with traditional Ecuadorian spontaneous cocoa bean fermentations. *Applied Environmental Microbiology*, v. 77, n. 21, p. 7698-7714, 2011.

PENDERGRAST, M. *Uncommon grounds*: the history of coffee and how it transformed our world. Nova York: Basic Books, 2010.

PEREIRA, G. V. M.; SOCCOL, V. T.; SOCCOL, C. R. Current state of research on cocoa and coffee fermentations. *Current Opinion in Food Science*, v. 7, p. 50-57, 2016.

PEREIRA, G. V. M. *et al.* Conducting starter culture-controlled fermentations of coffee beans during on-farm wet processing: growth, metabolic analyses and sensorial effects. *Food Research International*, v. 75, p. 348-356, 2015.

PEREIRA, G. V. M. *et al.* Exploring the impacts of postharvest processing on the aroma formation of coffee beans – A review. *Food Chemistry*, v. 272, p. 441-452, 2019.

PEREIRA, G. V. M. *et al.* Great intraspecies diversity of *Pichia kudriavzevii* in cocoa fermentation highlights the importance of yeast strain selection for flavor modulation of cocoa beans. *LWT – Food Science and Technology*, v. 84, p. 290-297, 2017a.

PEREIRA, G. V. M. *et al.* Isolation, selection and evaluation of yeasts for use in fermentation of coffee beans by the wet process. *International Journal of Food Microbiology*, v. 188, p. 60-66, 2014.

PEREIRA, G. V. M. *et al.* Lactic acid bacteria: What coffee industry should know? *Current Opinion in Food Science*, v. 31, p. 1-8, 2020.

PEREIRA, G. V. M. *et al.* Microbial ecology and starter culture technology in coffee processing microbial ecology and starter culture technology in coffee processing. *Critical Reviews in Food Science and Nutrition*, v. 57, n. 13, p. 2775-2788, 2017b.

PEREIRA, G. V. M. *et al.* Microbiological and physicochemical characterization of small-scale cocoa fermentations and screening of yeast and bacterial strains to develop a defined starter culture. *Applied Environmental Microbiology*, v. 78, n. 15, p. 5395-5405, 2012.

PEREIRA, G. V. M. *et al.* Potential of lactic acid bacteria to improve the fermentation and quality of coffee during on-farm processing. *International Journal of Food Science and Technology*, v. 51, n. 7, p. 1689-1695, 2016.

PEREIRA, R. T. G.; PFENNING, L. H.; DE CASTRO, H. A. Caracterização e dinâmica de colonização de *Cladosporium cladosporioides* (Fresen.) de Vries em frutos do cafeeiro (*Coffea arabica* L.). *Ciência e Agrotecnologia*, v. 29, n. 6, p. 1112-1116, 2005.

PETZINGER, E.; ZIEGLER, K. Ochratoxin A from a toxicological perspective. *Journal of Veterinary Pharmacology and Therapeutics*, v. 23, n. 2, p. 91-98, 2000.

PINKAS, J. M.; BATTISTA, K.; MORILLE-HINDS, T. Microbiological spoilage of spices, nuts, cocoa, and coffee. *In*: SPERBER, W. H.; DOYLE, M. P. (eds.). *Compendium of the microbiological spoilage of foods and beverages*. Dordrecht: Springer, 2009. p. 325-350.

RAMOS, C. L. *et al.* Impact of different cocoa hybrids (*Theobroma cacao* L.) and *S. cerevisiae* UFLA CA11 inoculation on microbial communities and volatile compounds of cocoa fermentation. *Food Research International*, v. 64, p. 908-918, 2014.

RIBEIRO, L. S. *et al.* Controlled fermentation of semi-dry coffee (*Coffea arabica*) using starter cultures: a sensory perspective. *LWT – Food Science and Technology*, v. 82, p. 32-38, 2017.

SALEM, F. H. *et al.* Transfer kinetics of labeled aroma compounds from liquid media into coffee beans during simulated wet processing conditions. *Food Chemistry*, v. 322, p. 126779, 2020.

SANTOS, J.; FERREIRA, L. T. Exportação dos cafés do Brasil gera US$ 5,01 bilhões de receita cambial nos últimos 12 meses. Embrapa, 2020. Disponível em: https://www.embrapa.br/busca-de-noticias/-/noticia/51103425/exportacao-dos-cafes-do-brasil--gera-us-501-bilhoes-de-receita-cambial-nos-ultimos-12-meses. Acesso em: 4 jul. 2020.

SARBU, I.; CSUTAK, O. The microbiology of cocoa fermentation. *In*: GRUMEZESCU, A. M.; HOLBAN, A. M. (eds). *Caffeinated and cocoa based beverages*. Amsterdam: Elsevier, 2019. p. 423-446.

SAUNSHI, Y. B. *et al.* Starter consortia for on-farm cocoa fermentation and their quality attributes. *Preparative Biochemistry & Biotechnology*, v. 50, n. 3, p. 272-280, 2020.

SCHWAN, R. F. Cocoa fermentations conducted with a defined microbial cocktail inoculum. *Applied Environmental Microbiology*, v. 64, n. 4, p. 1477-1483, 1998.

SCHWAN, R. F.; PEREIRA, G. V. M.; FLEET, G. H. Microbial activities during cocoa fermentation. *In*: SCHWAN, R. F.; FLEET, G. H. (eds). *Cocoa and coffee fermentations*. Boca Raton: CRC Press, 2015. p. 129-192.

SCHWAN, R. F.; SILVA, C.; BATISTA, L. Coffee fermentation. *In*: HUI, Y. H. (ed.). *Handbook of plant-based fermented food and beverage technology*. 2. ed. Boca Raton: CRC Press, 2012. p. 677-690.

SCHWAN, R. F.; WHEALS, A. E. The microbiology of cocoa fermentation and its role in chocolate quality. *Critical Reviews in Food Science and Nutrition*, v. 44, n. 4, p. 205-221, 2004.

SERRA, J. L. *et al.* Determination of the microbial community in Amazonian cocoa bean fermentation by Illumina-based metagenomic sequencing. *LWT – Food Science and Technology*, v. 106, p. 229-239, 2019.

SILVA, C. F. *et al.* Evaluation of a potential starter culture for enhance quality of coffee fermentation. *World Journal Microbiology and Biotechnology*, v. 29, n. 2, p. 235-247, 2013.

SILVA, C. F. *et al.* Microbial diversity during maturation and natural processing of coffee cherries of *Coffea arabica* in Brazil. *International Journal of Food Microbiology*, v. 60, n. 2-3, p. 251-260, 2000.

SILVA, C. F. *et al.* Succession of bacterial and fungal communities during natural coffee (*Coffea arabica*) fermentation. *Food Microbiology*, v. 25, n. 8, p. 951-957, 2008.

SILVA, J. S. E. *et al.* *Infraestrutura mínima para produção de café com qualidade*: opção para a cafeicultura familiar. Embrapa Café, 2011.

STEINKRAUS, K. H. *Industrialization of indigenous fermented foods*. Revised and expanded. 2. ed. Boca Raton: CRC Press, 2004.

SUNARHARUM, W. B.; WILLIAMS, D. J.; SMYTH, H. E. Complexity of coffee flavor: a compositional and sensory perspective. *Food Research International*, v. 62, p. 315-325, 2014.

TAMIME, A. Y. *Microbiology of starter cultures*. *In*: ROBINSON, R. K. (ed.). *Dairy microbiology handbook: the microbiology of milk and milk products*. 3. ed. New York: Wiley-Interscience, 2002. p. 261-366.

VÁSQUEZ, Z. S. *et al.* Biotechnological approaches for cocoa waste management: a review. *Waste Management*, v. 90, p. 72-83, 2019.

VELMOUROUGANE, K. Impact of natural fermentation on physicochemical, microbiological and cup quality characteristics of Arabica and Robusta coffee. *Proceedings of the National Academy of Sciences India B*, v. 83, p. 233-239, 2013.

VILELA, D.M. *et al.* Molecular ecology and polyphasic characterization of the microbiota associated with semi-dry processed coffee (*Coffea arabica* L.). *Food Microbiology*, v. 27, p. 1128-1135, 2010.

VISINTIN, S. *et al.* Impact of *Saccharomyces cerevisiae* and *Torulaspora delbrueckii* starter cultures on cocoa beans fermentation. *International Journal of Food Microbiology*, v. 257, p. 31-40, 2017.

VISINTIN, S. *et al.* Molecular identification and physiological characterization of yeasts, lactic acid bacteria and acetic acid bacteria isolated from heap and box cocoa bean fermentations in West Africa. *International Journal of Food Microbiology*, v. 216, p. 69-78, 2016.

WOOD, G. A. R.; LASS, R. A. *Cocoa*. Hoboken: Wiley-Blackwell, 1985.

ZARRILLO, S. *et al.* The use and domestication of *Theobroma cacao* during the mid-Holocene in the upper Amazon. *Nature Ecology and Evolution*, v. 2, n. 12, p. 1879-1888, 2018.

CAPÍTULO 11

Microbiologia e produção de pães de fermentação natural

Leidiane Andreia Acordi Menezes,[1] *Ivan De Marco,*[1]
Francieli Begnini Siepmann,[2] *Michele Rigon Spier*[2]
e Juliano De Dea Lindner[1]

11.1 INTRODUÇÃO

O fermento *sourdough*, também conhecido como massa madre, *levain* ou fermento natural, consiste em uma massa fermentada por bactérias ácido-láticas (BAL) e leveduras naturalmente presentes na matéria-prima e no ambiente de produção, utilizado como agente fermentativo para a produção de pães e outros produtos de panificação. Estima-se que esta tecnologia tenha se originado no Egito por volta de 1500 a.C., correspondendo a um dos primeiros processos de fermentação empregados pelo homem para a produção de pães (CHAVAN; CHAVAN, 2011; HAMMES; GÄNZLE, 1998).

Tal processo compreende a mistura de farinha e água, a fim de se obter uma massa que naturalmente fermentará por um dia. Em seguida, são realizadas etapas consecutivas de propagação ou alimentação do fermento, nas quais uma alíquota da massa previamente fermentada é utilizada como inóculo para fermentar uma nova

1 Universidade Federal de Santa Catarina (UFSC), Departamento de Ciência e Tecnologia de Alimentos, Programa de Pós-Graduação em Ciência dos Alimentos, Florianópolis, Santa Catarina, Brasil.

2 Universidade Federal do Paraná (UFPR), Departamento de Engenharia Química, Programa de Pós-Graduação em Engenharia de Alimentos, Curitiba, Paraná, Brasil.

massa – processo também conhecido como *backslopping*. Este é repetido por pelo menos uma semana até que o fermento esteja pronto. O longo processo de fermentação permite que características especiais, como maior acidez, presença de compostos aromáticos e elasticidade, sejam desenvolvidas no pão. Nesse período, ocorre também a seleção espontânea da microbiota do fermento, cujo pico máximo de microrganismos e atividade metabólica ideal serão atingidos após alguns dias (CHAVAN; CHAVAN, 2011; HARTH; VAN KERREBROECK; DE VUYST, 2016; VAN DER MEULEN *et al.*, 2007; WECKX *et al.*, 2010).

A partir do século XX, com a necessidade de produção mais rápida e em larga escala, o fermento natural foi gradualmente substituído pela levedura de padeiro (*Saccharomyces cerevisiae* desidratada), sendo a fermentação reduzida para em média duas horas. Isso resultou em pães com sabores e aromas menos complexos e de menor qualidade nutricional (GOBBETTI *et al.*, 2019; RIZZELLO *et al.*, 2011), mas que atendiam a uma necessidade daquele momento histórico. Entretanto, uma nova tendência tem sido observada nas últimas décadas. A indústria de panificação tem experimentado uma nova revolução, impulsionada pelas exigências do consumidor moderno. Um público cada vez maior tem dado preferência a pães artesanais, com aroma e sabor mais elaborados. A principal resposta da indústria a essa nova tendência do mercado consumidor consiste, justamente, na redescoberta da fermentação *sourdough* (BRANDT, 2018; CAUVAIN; YOUNG, 2009; DECOCK; CAPPELLE, 2005). Dessa forma, uma técnica milenar tem sido reintroduzida na produção de pães em larga escala. Recentemente, culturas iniciadoras (*starters*) constituídas de BAL e, eventualmente, de leveduras passaram a ser inoculadas diretamente na massa, visando à aceleração do processo fermentativo e padronização do desempenho do fermento, mas proporcionando, no entanto, a qualidade sensorial e nutricional que se espera de pães artesanais.

Assim, a fermentação *sourdough* também tem despertado a atenção de pesquisadores. Inúmeros estudos já foram dedicados ao tema. Na década de 1990, pesquisas científicas começaram a estudar a fermentação *sourdough* com o intuito de investigar as propriedades tecnológicas conferidas aos produtos, como sabor, textura e maior prazo de validade e a sua relação com a comunidade microbiana do fermento. Já nos últimos anos, pesquisadores têm direcionado suas perspectivas para os efeitos nutricionais e funcionais da fermentação natural (GOBBETTI *et al.*, 2019).

A seguir, abordaremos as atuais classificações do fermento *sourdough*, os principais microrganismos que o compõem e os benefícios proporcionados pela sua aplicação durante o processo fermentativo, responsáveis pela melhoria das características sensoriais, funcionais e nutricionais dos produtos panificados.

11.2 TIPOS DE FERMENTOS NATURAIS

O fermento *sourdough* é classificado conforme o processo fermentativo aplicado e a consistência da massa, a qual é determinada pelo índice de rendimento da massa

(RM). O RM é calculado com base na proporção de farinha e água segundo esta equação: RM = [(volume de água + massa de farinha) × 100]/massa de farinha (DECOCK; CAPPELLE, 2005; GOBBETTI *et al.*, 2014).

Inicialmente, o fermento *sourdough* foi classificado em três diferentes tipos: o tipo I, conhecido como *sourdough* tradicional devido à fermentação longa e espontânea; o tipo II, caracterizado pela adição de culturas iniciadoras selecionadas; e o tipo III, produzido pela desidratação do tipo II (BÖCKER; STOLZ; HAMMES, 1995). Em 2018, uma nova categoria foi proposta, a de tipo IV, caracterizada pela adição de inóculos, porém com o processo fermentativo conduzido conforme o tipo I (SIEPMANN *et al.*, 2018). A Figura 11.1 ilustra as diferenças no processo produtivo de cada categoria. Uma explicação mais detalhada de cada tipo é apresentada a seguir.

11.2.1 *SOURDOUGH* TIPO I OU TRADICIONAL

O fermento *sourdough* tipo I é caracterizado como uma massa firme, com um RM de 150 a 160, fermentada à temperatura de 20 a 30°C (HAMMES; GÄNZLE, 1998; NIONELLI *et al.*, 2014). A primeira massa é fermentada espontaneamente pela mistura de farinha e água ou pela adição de outros ingredientes, como frutas, flores, iogurte e cortes de rúmen (RIPARI; CECCHI; BERARDI, 2016). A adição de inóculos ricos em nutrientes e em microrganismos confere diferentes aromas e modifica a microbiota natural da massa. A fermentação desse tipo de *sourdough* ocorre lentamente, e é necessário um período de cinco a dez dias para que ocorra a estabilização da comunidade microbiana e dos parâmetros tecnológicos do fermento (aroma, acidez e estrutura do glúten) (MENEZES, 2020; SIEPMANN *et al.*, 2019a). Devido ao longo período de fermentação, as alimentações da massa (adição de farinha e água em uma parte da massa já fermentada) são realizadas a cada 12 ou 24 horas (CORSETTI, 2013; MINERVINI *et al.*, 2014; SIEPMANN *et al.*, 2018).

As etapas de propagação são importantes para fornecer nutrientes à microbiota autóctone e controlar a acidez da massa, auxiliando a seleção das bactérias desejáveis, como será descrito na seção 11.3.1. Ao final do processo de fermentação, o fermento *sourdough* "maduro", também conhecido como massa madre ou esponja, é utilizado como agente fermentativo na produção de produtos de panificação ou pode ser armazenado e utilizado como inóculo "semente" para a produção de um novo fermento *sourdough*. Na "semente", a microbiota já está estável, razão pela qual as etapas de alimentação da massa são realizadas com o intuito de reativar a microbiota por meio de fermentações mais curtas (GÄNZLE; ZHENG, 2019). A temperatura e a quantidade de semente e de etapas de alimentações a serem aplicadas na fermentação curta dependerão do protocolo empregado. Muitos exemplos de protocolos podem ser encontrados na literatura com a utilização dos mais variados substratos (da farinha de trigo a chia) e distintos tempos e temperaturas de fermentação entre cada etapa de propagação (JAGELAVICIUTE; CIZEIKIENE, 2020; RAIMONDI *et al.*, 2017; TANG; ZHAO; GÄNZLE, 2017). Cada protocolo utilizado resultará em um fermento *sourdough* com características físico-químicas e microbiológicas particulares.

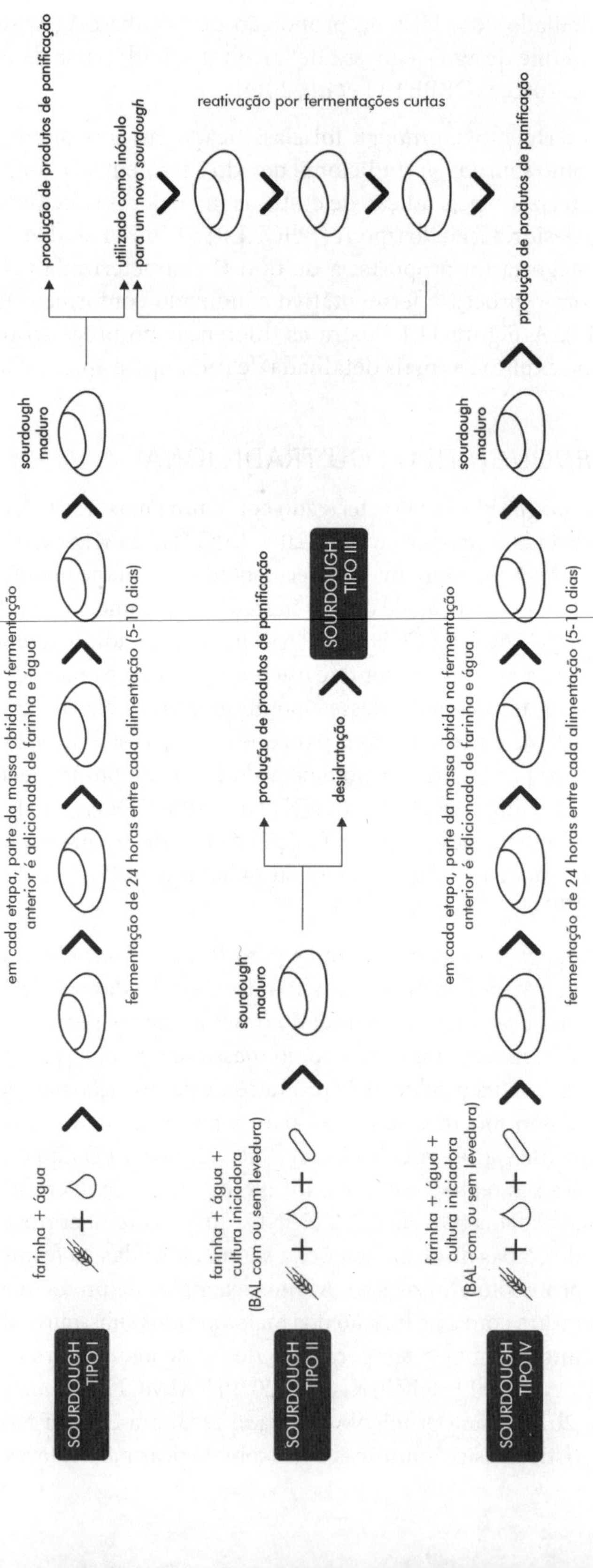

Figura 11.1 – Processo de produção das quatro categorias de pães tipo *sourdough*.

Devido à diversificação da microbiota e às características tecnológicas geradas, como aroma, textura e acidez, o fermento *sourdough* tipo I é o mais estudado (MENEZES, 2020; MINERVINI *et al.*, 2015; NIONELLI *et al.*, 2014; YAN *et al.*, 2019). Dezenas de microrganismos já foram isolados nestes estudos, embora algumas espécies sejam predominantes. A comunidade microbiana dos *sourdoughs* do tipo I será discutida na seção 11.3. Do ponto de vista tecnológico, este *sourdough* apresenta a dificuldade de padronização do produto final, pois suas características são influenciadas pelo tempo de fermentação, pelo substrato e, principalmente, pela microbiota autóctone das matérias-primas.

11.2.2 *SOURDOUGH* TIPO II

O fermento *sourdough* tipo II é utilizado principalmente para aumentar a acidez dos pães e fornecer compostos desejáveis - aromas, exopolissacarídeos (EPS), antibacterianos e antifúngicos - melhorando a qualidade sensorial dos produtos. A produção do fermento *sourdough* tipo II ocorre em uma única etapa de fermentação de 15 a 24 horas, em temperaturas superiores a 30 °C. A fermentação é realizada por uma cultura iniciadora previamente selecionada e reativada, que é adicionada à massa de farinha e água. A cultura pode ser composta de BAL e leveduras, ou apenas de BAL (DE VUYST *et al.*, 2014). Devido à rápida fermentação, as BAL adicionadas precisam ser ácido-tolerantes e as leveduras (*S. cerevisiae* desidratada) podem ser adicionadas ao final da fermentação (DE VUYST *et al.*, 2016). As BAL comumente associadas ao fermento *sourdough* tipo II são *Limosilactobacillus pontis, Limosilactobacillus panis, Limosilactobacillus frumenti, Lactobacillus delbrueckii, Lactobacillus amylovorus, Lactobacillus crispatus* e *Limosilactobacillus reuteri* (GÄNZLE; ZHENG, 2019).

A massa do fermento *sourdough* tipo II possui consistência mais líquida (RM acima de 200) facilitando a produção em biorreatores, o bombeamento e a dosagem em escala industrial (BÖCKER; STOLZ; HAMMES, 1995; SPICHER; STEPHAN, 1993). Após a fermentação, a massa pode ser diretamente utilizada como massa madre na produção de produtos de panificação ou estabilizada por resfriamento para uso posterior. As culturas iniciadoras podem ser mantidas ativas ou inativadas pela salinização ou pela pasteurização (BRANDT, 2007; DECOCK; CAPPELLE, 2005).

No campo acadêmico, este tipo de fermento *sourdough* ainda é pouco estudado; atualmente, o principal foco nas pesquisas está relacionado à caracterização da microbiota, dos compostos gerados durante a fermentação e das características finais dos pães fermentados com o *sourdough* tipo I. Porém, o uso do *sourdough* tipo II apresenta grandes vantagens, como: melhor padronização das características sensoriais e tecnológicas, menor tempo de fermentação e maior controle dos compostos desejáveis a serem produzidos pelas culturas iniciadoras selecionadas (MASTILOVIĆ; POPOV; PSODOROV, 2002). As etapas de seleção das culturas iniciadoras e a definição dos parâmetros de fermentação (temperatura e tempo de fermentação) são complexas, pois influenciam a acidez da massa, que, por sua vez, irá influenciar diretamente as BAL presentes no final do processo, na produção dos compostos aromáticos e na degradação do glúten (MEROTH; HAMMES; HERTEL, 2003; SIEPMANN *et al.*, 2019b).

11.2.3 *SOURDOUGH* TIPO III

O fermento *sourdough* tipo III é produzido pela desidratação da massa estável do fermento *sourdough* tipo II, podendo apresentar a microbiota ativa ou inativa. Para a massa com a microbiota ativa, as BAL selecionadas devem ser resistentes à secagem, como cepas de *Pediococcus pentosaceus*, *Lactiplantibacillus plantarum* e *Levilactobacillus brevis*, além de ser necessária a realização da etapa de alimentação antes do uso. O *sourdough* com a microbiota inativa é também conhecido como *ready-to-use* ("pronto para usar"), possui maior vida de prateleira e é utilizado para aumentar a acidez e carrear compostos aromáticos aos produtos de panificação (BRANDT, 2007; DECOCK; CAPPELLE, 2005). Neste caso, o fermento *sourdough* não será o agente fermentador, mas um coadjuvante tecnológico capaz de enriquecer os atributos sensoriais dos pães. Para este tipo de fermento, além da cultura iniciadora selecionada precisar produzir altas concentrações de compostos aromáticos, a tecnologia de desidratação não pode atingir temperaturas muito elevadas, a fim de se preservar o máximo dos compostos gerados durante a fermentação.

Na etapa de desidratação, normalmente são utilizadas as técnicas de *spray-drying* e secagem por tambor, também podendo ser empregado leito fluidizado ou liofilização (BRANDT, 2007, 2018). No *spray-drying*, o fermento *sourdough* é atomizado para dentro de uma câmara de secagem; assim, devido ao ar quente que flui em vórtex turbulento, a água é removida via vaporização, sendo a massa, em seguida, desidratada a pó e recolhida no fundo cônico do equipamento. Neste processo, a reação de Maillard é controlada (BRANDT, 2018). Na tecnologia de secagem por tambor ou rolo, uma camada fina do *sourdough* líquido é aplicada na superfície do tambor em rotação. O tambor, um cilindro de ferro fundido, é aquecido internamente com vapor na camisa do equipamento, sendo a pressão do vapor que define a temperatura na superfície externa. Em poucos segundos, a água e os compostos voláteis de baixo peso molecular evaporam e a massa desidratada (com menos de 5% de água) é removida por um raspador (TANG; FENG; SHEN, 2003). Neste processo, como a massa entra em contato direto com a superfície aquecida, além da reação de Maillard, observam-se outras reações, que desenvolvem o sabor de tostado e a coloração mais escura (DECOCK; CAPPELLE, 2005).

No Brasil, o fermento *sourdough* tipo III é comercializado apenas para panificadoras e indústrias; entretanto, em países em que essa tecnologia é mais difundida, como Estados Unidos, Itália e Alemanha, é possível encontrá-lo em mercados regionais para uso doméstico.

11.2.4 *SOURDOUGH* TIPO IV OU MISTO

O fermento *sourdough* tipo IV ou misto é típico de estudos laboratoriais e de algumas padarias artesanais (DE VUYST *et al.*, 2014; SIRAGUSA *et al.*, 2009). É caracterizado por uma mistura entre os tipos I e II e produzido pela adição de uma cultura iniciadora, mas fermentado conforme o *sourdough* tipo I (temperatura mais baixa e fermentação mais longa). Devido à longa fermentação, é necessária a realização das etapas de alimentação, com adição de farinha e água (SIEPMANN *et al.*, 2018). Neste caso, a microbiota autóctone presente na farinha compete com a cultura iniciadora adicionada, levando à seleção natural entre as espécies mais adequadas ao ecossistema do fermento *sourdough*. Por isso, a cultura iniciadora precisa ser altamente competitiva e adaptável, tornando a etapa de seleção das BAL de extrema importância.

11.3 MICRORGANISMOS QUE COMPÕEM OS FERMENTOS NATURAIS DO TIPO I

11.3.1 A EVOLUÇÃO DA COMUNIDADE MICROBIANA DURANTE O PREPARO DO FERMENTO *SOURDOUGH* TIPO I

A composição microbiana de um fermento não é sempre a mesma, e evolui desde a primeira fermentação e durante os estágios consecutivos de alimentação (*backslopping*), o que torna o fermento *sourdough* um ecossistema complexo e dinâmico (GÄNZLE; RIPARI, 2016; MINERVINI *et al.*, 2014). Essa evolução resulta na sucessão das populações microbianas (gêneros, espécies e subespécies) e, consequentemente, na alteração de padrões metabólicos, até que uma comunidade relativamente estável seja estabelecida (VAN DER MEULEN *et al.*, 2007). A montagem progressiva do ecossistema microbiano dos fermentos naturais depende das condições tecnológicas de produção do fermento *sourdough*, e evolui a partir de relações de associação e antagonismo entre os microrganismos e de diversas interações complexas com o meio. Este processo resulta na seleção de poucas espécies (predominantes) em um fermento *sourdough* maduro, em comparação com uma maior diversidade encontrada nas etapas iniciais de preparo do fermento (MENEZES *et al.*, 2019).

As primeiras comunidades microbianas do fermento *sourdough* correspondem aos microrganismos autóctones da farinha, como BAL, bactérias aeróbicas, enterobactérias, leveduras e fungos filamentosos, e geralmente não excedem 5 log UFC.g^{-1}. No decorrer das etapas consecutivas de alimentação, considerando-se características como atividade de água (Aw), pH e potencial redox, bem como as capacidades de utilização dos substratos disponíveis e de adaptação ao ambiente ácido, BAL e leveduras típicas de fermento superam, em termos quantitativos, as demais populações. A modulação da comunidade microbiana geralmente ocorre em alguns dias nas massas diariamente propagadas. Um ecossistema com densidades celulares estáveis e capacidade de acidificação e fermentação constantes pode ser alcançado em sete a dez dias. Normalmente, a estabilização ocorre da seguinte maneira: etapa I (do primeiro ao segundo dia de propagação), na qual se observa a prevalência de espécies não específicas para fermento, como aquelas pertencentes ao filo Proteobacteria (*Pantoea, Pseudomonas, Enterobacter, Erwinia* etc.), além de outros gêneros, como *Enterococcus, Lactococcus* e *Bacillus* (filo Firmicutes), e, em menor proporção, alguns lactobacilos; a etapa II (do segundo ao quinto dia) é caracterizada pela prevalência de gêneros típicos do fermento *sourdough*, pertencentes à família Lactobacillaceae – como *Lactobacillus, Pediococcus e Weisella*; já na etapa III (do quinto ao décimo dia), predominam cepas bem adaptadas e típicas de fermento *sourdough*, como *Fructilactobacillus sanfranciscensis, Limosilactobacillus fermentum* e *Lactiplantibacillus plantarum*, conforme Figura 11.2. Durante esta última etapa, à medida que a sucessão microbiana cessa e os grupos predominantes se estabelecem, o balanço BAL:leveduras e o padrão metabólico do fermento tornam-se estáveis. Esta dinâmica tem sido observada na maioria dos fermentos avaliada por pesquisadores durante as etapas de alimentação; no entanto, alguns estudos relataram que a diversidade microbiana pode continuar se alternando, embora a estabilidade da relação entre BAL e leveduras e outros parâmetros tecnológicos tenham sido atingidos (ERCOLINI *et al.*, 2013).

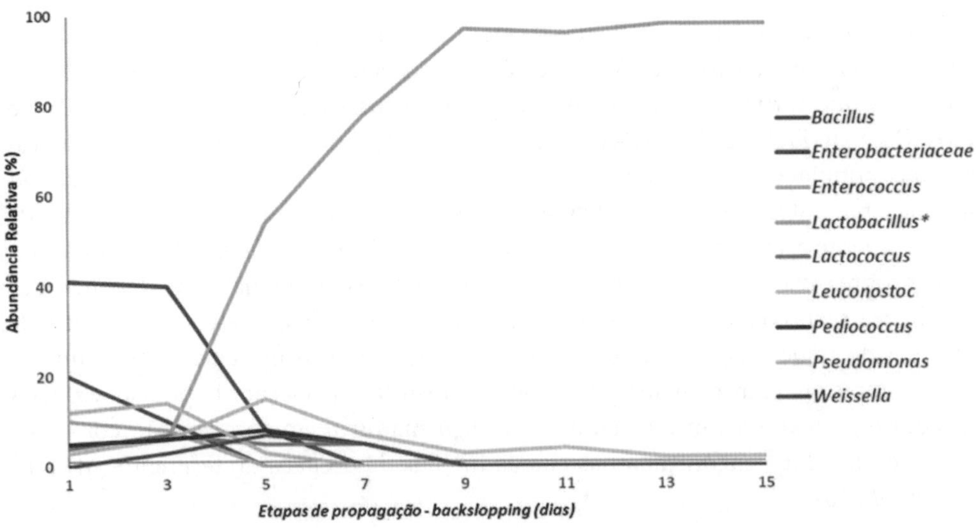

Figura 11.2 – Evolução da comunidade microbiana ao longo das etapas de preparo do *sourdough* tipo I. * O termo *Lactobacillus*, neste caso, se refere aos microrganismos agrupados no gênero *Lactobacillus* até 2020, incluindo os gêneros atualmente reclassificados como *Fructilactobacillus, Limosilactobacillus, Lactiplantibacillus* etc. Fonte: elaborada pelos autores.

A seleção natural das espécies que predominarão no fermento maduro depende de fatores tecnológicos ou endógenos e fatores não controláveis ou exógenos, bem como das interações entre os microrganismos (GÄNZLE; RIPARI, 2016; VAN DER MEULEN *et al.*, 2007; VRANCKEN *et al.*, 2011). Parâmetros endógenos incluem RM; porcentagem de fermento utilizado como inóculo; teor de sal; tempo e temperatura empregados durante a propagação; potencial redox; número de alimentações da massa; e ingredientes utilizados. Os fatores exógenos compreendem a origem das farinhas; diferenças na composição e na atividade enzimática entre os grãos colhidos em diferentes épocas do ano; microbiota autóctone da farinha e do ambiente de produção do fermento. Ademais, as características próprias de cada microrganismo (como a capacidade de se adaptar às condições ambientais do fermento *sourdough*) também têm influência na diversidade microbiana do fermento (MINERVINI *et al.*, 2014). O estudo abrangente desses fatores é importante para que se possa favorecer a propagação e o uso dos fermentos naturais com maior controle e segurança (GOBBETTI *et al.*, 2016). A padronização do desempenho do fermento sobre a qualidade dos pães depende da constância das espécies que o compõem. Desse modo, variações arbitrárias nesses parâmetros podem comprometer principalmente a aplicação industrial do fermento *sourdough*, uma vez que poderiam resultar em alterações não esperadas nos aspectos nutricionais e sensoriais das massas fermentadas.

11.3.2 MICRORGANISMOS MAIS FREQUENTEMENTE ISOLADOS EM FERMENTOS *SOURDOUGH* TIPO I MADUROS

Mais de oitenta espécies de BAL, predominantemente do gênero *Lactobacillus*, já foram isoladas a partir de centenas de amostras de fermentos *sourdough* com origem em diversos países. *Leuconostoc*, *Lactococcus*, *Enterococcus* e *Weissella* também são frequentemente encontrados. Dentre as leveduras, mais de vinte espécies já foram isoladas, principalmente pertencentes aos gêneros *Saccharomyces*, *Candida* e *Kazachstania*. O Quadro 11.1 apresenta uma compilação de espécies de BAL isoladas e identificadas nos últimos dez anos.

Quadro 11.1 – Compilação não exaustiva das bactérias ácido-láticas e das leveduras isoladas em *sourdough* produzidos com farinhas diferentes e em condições distintas ao redor do mundo

Microrganismo	T (°C) [b]	Tipo de farinha	País	Referência(s)
BAL heterofermentativa				
Lactobacillus acetotolerans	*	Trigo	França	Vera *et al.*, 2012
Levilactobacillus brevis	*	Trigo	Turquia	Dertli *et al.*, 2016
	30	Trigo	Bélgica	Van Kerrebroeck *et al.*, 2016
	30	Cevada	Bélgica	Harth; Van Kerrebroeck; De Vuyst, 2016
	30	Trigo	Itália	Alfonzo *et al.*, 2016
	*	Trigo	França	Michel *et al.*, 2016
	*	Trigo	Itália	Ripari; Gänzle; Berardi, 2016
	18	Farelo de trigo	Itália	Manini *et al.*, 2014
	30	Trigo e vegetais (grão-de-bico; lentilha e feijão)	Itália	Rizzello *et al.*, 2014
	20-23	Farinha de mistura (farinha integral de trigo, sorgo, milho, milheto, centeio e malte)	Etiópia	Abegaz, 2007
	*	Trigo	Itália	Lattanzi *et al.*, 2013
	23-25	Trigo (*Triticum durum*)	Itália	Minervini *et al.*, 2012
	*	Trigo	Itália	Reale *et al.*, 2011
	21	Trigo	Brasil	Menezes *et al.*, 2019
Lentilactobacillus parabuchneri	*	Trigo	França	Michel *et al.*, 2016
	30	Trigo e vegetais (grão-de-bico; lentilha e feijão)	Itália	Rizzello *et al.*, 2014

Microrganismo	T (°C) [b]	Tipo de farinha	País	Referência(s)
Lentilactobacillus diolivorans	*	Trigo	França	Michel *et al.*, 2016
	*	Trigo	França	Lhomme *et al.*, 2015
Lentilactobacillus farraginis	*	Trigo	França	Lhomme *et al.*, 2015
Limosilactobacillus fermentum	30	Cevada	Bélgica	Harth; Van Kerrebroeck; De Vuyst, 2016
	17-22	Cevada	Bélgica	Harth; Van Kerrebroeck; De Vuyst, 2016
	30	Trigo	Bélgica	Van Kerrebroeck *et al.*, 2016)
	*	Trigo	China	Yan *et al.*, 2019
	30	Trigo e vegetais (grão-de-bico; lentilha e feijão)	Itália	Rizzello *et al.*, 2014
Limosilactobacillus frumenti	*	Trigo	França	Vera *et al.*, 2012
Levilactobacillus hammesii	*	Trigo	França	Lhomme *et al.*, 2015
Lentilactobacillus hilgardii	*	Trigo	França	Lhomme *et al.*, 2015
Levilactobacillus koreensis	*	Trigo	França	Michel *et al.*, 2016
	*	Trigo	França	Lhomme *et al.*, 2015
Limosilactobacillus panis	*	Trigo	França	Lhomme *et al.*, 2015
	*	Trigo	França	Vera *et al.*, 2012
Levilactobacillus parabrevis	23-25	Trigo (*T. durum*)	Itália	Minervini *et al.*, 2012
Limosilactobacillus pontis	*	Trigo	França	Michel *et al.*, 2016
	*	Trigo	Itália	Minervini *et al.*, 2015

Microrganismo	T (°C) [b]	Tipo de farinha	País	Referência(s)
Limosilactobacillus pontis	*	Trigo	França	Lhomme *et al.*, 2015
	35	Teff	Países Baixos	Moroni; Arendt; Bello, 2011
	*	Trigo	China	Yan *et al.*, 2019
Limosilactobacillus reuteri	*	Trigo	Itália	Minervini *et al.*, 2015
Furfurilactobacillus rossiae	*	Trigo	Turquia	Dertli *et al.*, 2016
	30	Trigo 80% + quinoa 20%	Itália/Argentina	Rizzello *et al.*, 2016
	20-25	Trigo + bagas de murta (*Myrtus communis*)	Itália	Ripari; Gänzle; Berardi, 2016
	*	Trigo	Itália	Ripari; Gänzle; Berardi, 2016
	30	Trigo e vegetais (grão-de-bico; lentilha e feijão)	Itália	Rizzello *et al.*, 2014
	23-25	Trigo (*T. durum*)	Itália	Minervini *et al.*, 2012
Fructilactobacillus sanfranciscensis	*	Trigo	Turquia	Dertli *et al.*, 2016
	*	Trigo	França	Michel *et al.*, 2016
	20-25	Trigo + vinagre	Itália	Ripari; Gänzle; Berardi, 2016
	20-25	Trigo + flores *Veronica persica*	Itália	Ripari; Gänzle; Berardi, 2016

Microrganismo	T (°C) [b]	Tipo de farinha	País	Referência(s)
Fructilactobacillus sanfranciscensis	20-25	Trigo + bagas de *Myrtus communis*	Itália	Ripari; Gänzle; Berardi, 2016
	*	Trigo	Itália	Ripari; Gänzle; Berardi, 2016
	*	Trigo	França	Lhomme *et al.*, 2015
	*	Arroz	França	Lhomme *et al.*, 2015
	*	Trigo + arroz	França	Lhomme *et al.*, 2015
	30	Trigo e vegetais (grão-de-bico; lentilha e feijão)	Itália	Rizzello *et al.*, 2014
	*	Trigo	Itália	Lattanzi *et al.*, 2013
	23-25	Trigo (*T. durum*)	Itália	Minervini *et al.*, 2012
	28	Trigo (*Triticum aestivum*)	Itália	Minervini *et al.*, 2012
	4-28	Trigo	Japão	Fujimoto *et al.*, 2018
	*	Trigo	China	Yan *et al.*, 2019
Levilactobacillus spicheri	*	Trigo	Itália	Ripari; Gänzle; Berardi, 2016
Paucilactobacillus vaccinostercus	4-25	Trigo	Japão	Fujimoto *et al.*, 2018
Weissella viridescens	20-23	Mistura de farinhas (integral, milho, sorgo, trigo, milheto, teff, centeio e malte)	Etiópia	Abegaz, 2007

Microrganismo	T (°C) [b]	Tipo de farinha	País	Referência(s)
Lactiplantibacillus xiangfangensis	*	Trigo	França	Michel *et al.*, 2016
	*	Trigo	França	Lhomme *et al.*, 2015
Leuconostoc citreum	*	Trigo	França	Michel *et al.*, 2016
	30	Trigo	Bélgica	Van Kerrebroeck *et al.*, 2016
	17-22	Cevada	Bélgica	Harth; Van Kerrebroeck; De Vuyst, 2016
	25	Trigo	Irã	Pontonio *et al.*, 2015
	18	Farelo de trigo	Itália	Manini *et al.*, 2014
	25	Trigo (*T. aestivum*)	Albânia	Nionelli *et al.*, 2014
	25	Trigo (*T. durum*)	Albânia	Nionelli *et al.*, 2014
	*	Trigo	Itália	Lattanzi *et al.*, 2013
	24-25	Trigo (*T. durum*)	Itália	Minervini *et al.*, 2012
	21	Trigo	Brasil	Menezes *et al.*, 2019
	*	Trigo	Irã	Fekri *et al.*, 2020

Microrganismo	T (°C) [b]	Tipo de farinha	País	Referência(s)
Leuconostoc holzapfelii	*	Trigo	Itália	Ripari; Gänzle; Berardi, 2016
	25	Trigo-mourisco	Países Baixos	Moroni; Arendt; Bello, 2011
	25	Teff	Países Baixos	Moroni; Arendt; Bello, 2011
Leuconostoc mesenteroides	*	Trigo	Turquia	Dertli *et al.*, 2016
	30	Trigo	Bélgica	Van Kerrebroeck *et al.*, 2016
	17-22	Cevada	Bélgica	Harth; Van Kerrebroeck; De Vuyst, 2016
	18	Farelo de trigo	Itália	Manini *et al.*, 2014
	30	Trigo e vegetais (grão-de-bico; lentilha e feijão)	Itália	Rizzello *et al.*, 2014
	25	Trigo (*T. aestivum*)	Albânia	Nionelli *et al.*, 2014
	17-22	Cevada	Bélgica	Harth; Van Kerrebroeck; De Vuyst, 2016
	*	Trigo	Itália	Lattanzi *et al.*, 2013
Weissella cibaria	*	Trigo	Turquia	Dertli *et al.*, 2016
	*	Trigo	Itália	Ripari; Gänzle; Berardi, 2016
	30	Trigo	Bélgica	Van Kerrebroeck *et al.*, 2016
	17-22	Cevada	Bélgica	Harth; Van Kerrebroeck; De Vuyst, 2016

Microrganismo	T (°C) [b]	Tipo de farinha	País	Referência(s)
Weissella cibaria	25	Trigo	Irã	Pontonio *et al.*, 2015
	*	Trigo	Itália	Minervini *et al.*, 2015
	30	Trigo e vegetais (grão-de-bico; lentilha e feijão)	Itália	Rizzello *et al.*, 2014
	*	Trigo	Itália	Lattanzi *et al.*, 2013
	23-25	Trigo (*T. durum*)	Itália	Minervini *et al.*, 2012
	37	Grão-de-bico	Argentina	Sáez *et al.*, 2018
	30	Chia (*Salvia hispanica* L.)	Argentina	Dentice Maidana *et al.*, 2020
	25	Trigo-mourisco	Países Baixos	Moroni; Arendt; Bello, 2011
	*	Trigo	China	Yan *et al.*, 2019
Weissella confusa	30	Cevada	Bélgica	Harth; Van Kerrebroeck; De Vuyst, 2016
	17-22	Cevada	Bélgica	Harth; Van Kerrebroeck; De Vuyst, 2016
	*	Trigo	França	Michel *et al.*, 2016
	25	Trigo	Irã	Pontonio *et al.*, 2015
	20-23	Mistura de farinhas (integral, milho, sorgo, trigo, milheto, teff, centeio e malte)	Etiópia	Abegaz, 2007
Weissella paramesenteroides	37	Grão-de-bico	Argentina	Sáez *et al.*, 2018

Microrganismo	T (°C) [b]	Tipo de farinha	País	Referência(s)
BAL heterofermentativa facultativa				
Lacticaseibacillus casei	*	Trigo	Itália	Lattanzi *et al.*, 2013
	23-25	Trigo (*T. durum*)	Itália	Minervini *et al.*, 2012
	*	Trigo	Itália	Reale *et al.*, 2011
Latilactobacillus curvatus	*	Trigo	França	Michel *et al.*, 2016
	*	Trigo	França	Michel *et al.*, 2016
	30	Trigo	Bélgica	Van Kerrebroeck *et al.*, 2016
	*	Trigo (*T. durum*)	Turquia	Dertli *et al.*, 2016
Latilactobacillus curvatus	*	Trigo (*T. durum*)	Itália	Ventimiglia *et al.*, 2015
	*	Trigo	Itália	Minervini *et al.*, 2015
	18	Farelo de Trigo	Itália	Manini *et al.*, 2014
	*	Trigo	Itália	Lattanzi *et al.*, 2013
	23-25	Trigo (*T. durum*)	Itália	Minervini *et al.*, 2012
	30	Trigo	Brasil	Menezes *et al.*, 2019
Latilactobacillu graminis	20-25	Trigo + flores de *Senapis alba*	Itália	Ripari; Gänzle; Berardi, 2016
	*	Trigo	Itália	Ripari; Gänzle; Berardi, 2016

Microrganismo	T (°C) [b]	Tipo de farinha	País	Referência(s)
Lacticaseibacillus rhamnosus	30	Chia (*Salvia hispanica* L.)	Argentina	Dentice Maidana *et al.*, 2020
	25	Trigo-sarraceno	Países Baixos	Moroni; Arendt; Bello, 2011
Companilactobacillus paralimentarius	*	Trigo	França	Michel *et al.*, 2016
	*	Trigo	China	Yan *et al.*, 2019
Lacticaseibacillus paracasei	*	Trigo	França	Michel *et al.*, 2016
	*	Trigo	Itália	Reale *et al.*, 2011
	*	Trigo	China	Fu *et al.*, 2020
Lactiplantibacillus paraplantarum	30	Trigo e vegetais (grão-de-bico; lentilha e feijão)	Itália	Rizzello *et al.*, 2014
	*	Trigo	Turquia	Dertli *et al.*, 2016
Lactiplantibacillus plantarum	30	Trigo (*T. durum*)	Itália	Alfonzo *et al.*, 2016
	30	Trigo	Bélgica	Van Kerrebroeck *et al.*, 2016
	30	Cevada	Bélgica	Harth; Van Kerrebroeck; De Vuyst, 2016
	17-22	Cevada	Bélgica	Harth; Van Kerrebroeck; De Vuyst, 2016
	30	Trigo 80% + quinoa 20%	Itália/Argentina	Rizzello *et al.*, 2016
	20-25	Trigo + fruta *Punica granatum*	Itália	Ripari; Gänzle; Berardi, 2016
	20-25	Trigo + flores de *Malus domestic*	Itália	Ripari; Gänzle; Berardi, 2016

Microrganismo	T (°C) [b]	Tipo de farinha	País	Referência(s)
Lactiplantibacillus plantarum	*	Trigo	Itália	Ripari; Gänzle; Berardi, 2016
	*	Trigo	França	Michel *et al.*, 2016
	*	Trigo	Turquia	Dertli *et al.*, 2016
	*	Trigo (*T. durum*)	Itália	Ventimiglia *et al.*, 2015
	*	Trigo (*T. aestivm*)	Itália	Ventimiglia *et al.*, 2015
	*	Flor de trigo Tumminia	Itália	Ventimiglia *et al.*, 2015
	*	Trigo	França	Lhomme *et al.*, 2015
	18	Trigo bran	Itália	Manini *et al.*, 2014
	25	Trigo (*T. aestivum*)	Albânia	Nionelli *et al.*, 2014
	25	Trigo	Albânia	Nionelli *et al.*, 2014
Lactiplantibacillus plantarum	30	Trigo e vegetais (grão-de-bico; lentilha e feijão)	Itália	Rizzello *et al.*, 2014
	*	Trigo	Itália	Lattanzi *et al.*, 2013
	24-25	Trigo (*T. durum*)	Itália	Minervini *et al.*, 2012
	4-28	Trigo (*T. aestivum*)	Itália	Minervini *et al.*, 2012
	25	Trigo-sarraceno	Países Baixos	Moroni; Arendt; Bello, 2011
	35	Trigo-sarraceno	Países Baixos	Moroni; Arendt; Bello, 2011
	*	Trigo	China	Fu *et al.*, 2020

Microrganismo	T (°C) [b]	Tipo de farinha	País	Referência(s)
Lactiplantibacillus pentosus	*	Trigo	Itália	Reale *et al.*, 2011
	4-25	Trigo	Japão	Fujimoto *et al.*, 2018
Latilactobacillus sakei	*	Trigo	Itália	Ripari; Gänzle; Berardi, 2016
	30	Trigo	Bélgica	Van Kerrebroeck *et al.*, 2016
	18	Farelo de trigo	Itália	Manini *et al.*, 2014
	23-25	Trigo (*T. durum*)	Itália	Minervini *et al.*, 2012
	*	Trigo	China	Fu *et al.*, 2020
BAL homofermentativas				
Enterococcus mundtii	25	Trigo-sarraceno	Países Baixos	Moroni; Arendt; Bello, 2011
	37	Grão-de-bico	Argentina	Sáez *et al.*, 2018
	*	Trigo	Irã	Fekri *et al.*, 2020
Lactobacillus amylolyticus	*	Trigo	França	Vera *et al.*, 2012
Loigolactobacillus coryniformis	30	Trigo (*T. durum*)	Itália	Alfonzo *et al.*, 2016
	30	Trigo e vegetais (grão-de-bico; lentilha e feijão)	Itália	Rizzello *et al.*, 2014
Lactobacillus crispatus	35	Trigo-sarraceno	Países Baixos	Moroni; Arendt; Bello, 2011
Companilactobacillus crustorum	20-30	Centeio	Estônia	Bessmeltseva *et al.*, 2014

Microrganismo	T (°C) [b]	Tipo de farinha	País	Referência(s)
Companilactobacillus farciminis	30	Trigo	Brasil	Menezes *et al*., 2019
Lactobacillus gallinarum	35	Trigo-sarraceno	Países Baixos	Moroni; Arendt; Bello, 2011
	35	Teff	Países Baixos	Moroni; Arendt; Bello, 2011
Lactococcus garvieae	30	Trigo (*T. durum*)	Itália	Alfonzo *et al*., 2016
Lactococcus lactis	30	Trigo (*T. durum*)	Itália	Alfonzo *et al*., 2016
	30	Trigo	Bélgica	Van Kerrebroeck *et al*., 2016
	25	Trigo (*T. aestivum*)	Albânia	Nionelli *et al*., 2014
	*	Trigo	Itália	Lattanzi *et al*., 2013
	23-25	Trigo (*T. durum*)	Itália	Minervini *et al*., 2012
Limosilactococcus vaginalis	35	Trigo-sarraceno	Países Baixos	Moroni; Arendt; Bello, 2011
	35	Teff	Países Baixos	Moroni; Arendt; Bello, 2011
Pediococcus pentosaceus	30	Trigo 80% + quinoa 20%	Itália/Argentina	Rizzello *et al*., 2016
	30	Trigo	Bélgica	Van Kerrebroeck *et al*., 2016
	30	Cevada	Bélgica	Harth; Van Kerrebroeck; De Vuyst, 2016
	17-22	Cevada	Bélgica	Harth; Van Kerrebroeck; De Vuyst, 2016

Microrganismo	T (°C) [b]	Tipo de farinha	País	Referência(s)
Pediococcus pentosaceus	*	Trigo	Itália	Ripari; Gänzle; Berardi, 2016
	*	Trigo	França	Michel *et al.*, 2016
	25	Trigo	Irã	Pontonio *et al.*, 2015
	18	Farelo de trigo	Itália	Manini *et al.*, 2014
	25	Trigo (*T. durum*)	Itália	Nionelli *et al.*, 2014
	*	Mistura de farinhas (milho, sorgo, trigo, milheto, teff, centeio e malte)	Etiópia	Abegaz, 2007
	23-25	Trigo (*T. durum*)	Itália	Minervini *et al.*, 2012
	*	Trigo	Irã	Fekri *et al.*, 2020
	25	Trigo-sarraceno	Países Baixos	Moroni; Arendt; Bello, 2011
	25	Teff	Países Baixos	Moroni; Arendt; Bello, 2011
	*	Trigo	China	Fu *et al.*, 2020
Pediococcus acidilactici	*	Trigo	Itália	Minervini *et al.*, 2012
	*	Trigo	China	Fu *et al.*, 2020

Microrganismo	T (°C) [b]	Tipo de farinha	País	Referência(s)
Leveduras				
Candida krusei	20-30	Centeio	Estônia	Bessmeltseva *et al.*, 2014
Candida glabrata	30	Trigo	Bélgica	Van Kerrebroeck *et al.*, 2016
	35	Teff	Países Baixos	Moroni; Arendt; Bello, 2011)
	30	Centeio	Bélgica	Vrancken *et al.*, 2010
	20-30	Centeio	Estônia	Bessmeltseva *et al.*, 2014
Candida humillis (*Syn. C. milleri*)	30	Trigo	Bélgica	Van Kerrebroeck *et al.*, 2016
	*	Trigo	Itália	Lattanzi *et al.*, 2013
	23-25	Trigo (*T. durum*)	Itália	Minervini *et al.*, 2012
	4-28	Trigo	Japão	Fujimoto *et al.*, 2018
	*	Trigo	China	Yan *et al.*, 2019
	*	Trigo	Itália	Valmorri *et al.*, 2010
Candida santamarye	30	Trigo	Bélgica	Van Kerrebroeck *et al.*, 2016
Cyberlindera fabianei	30	Trigo	Bélgica	Van Kerrebroeck *et al.*, 2016
Kazachstania barnettii	*	Trigo	Itália	Ripari; Gänzle; Berardi, 2016
	25	Trigo-sarraceno	Países Baixos	Moroni; Arendt; Bello, 2011
	*	Trigo	Bélgica	Vrancken *et al.*, 2010

Microrganismo	T (°C) [b]	Tipo de farinha	País	Referência(s)
Kazachstania exigua (*Syn. S. exigus*)	30	Trigo	Bélgica	Van Kerrebroeck *et al.*, 2016
	*	Trigo	Itália	Valmorri *et al.*, 2010
Kazachstania servazzii (*Syn. S. servazzii*)		Trigo	França	Lhomme *et al.*, 2015
Kazachstania unispora	23-25	Trigo (*T. durum*)	Itália	Minervini *et al.*, 2012
	4-24	Trigo (*T. aestivum*)	Itália	Minervini *et al.*, 2012
	20-30	Centeio	Estônia	Bessmeltseva *et al.*, 2014
	30	Centeio	Bélgica	Vrancken *et al.*, 2010
Kluyveromyces marxianus	*	Trigo	Irã	Fekri *et al.*, 2020
Kluyveromyces lactis	*	Trigo	Irã	Fekri *et al.*, 2020
Kluyveromyces aestuarii	*	Trigo	Irã	Fekri *et al.*, 2020
Pichia kudriavzevii	30	Trigo	Bélgica	Van Kerrebroeck *et al.*, 2016
	30	Trigo	Bélgica	Van Kerrebroeck *et al.*, 2016
	20-30	Centeio	Estônia	Bessmeltseva *et al.*, 2014
	*	Trigo	Itália	Valmorri *et al.*, 2010
Saccharomyces bayanus	23-25	Trigo (*T. durum*)	Itália	Minervini *et al.*, 2012
Saccharomyces cerevisiae	20-25	Trigo + frutas de *Punica granatum*	Itália	Ripari; Gänzle; Berardi, 2016
	20-25	Trigo + flores de *Senapis alba*	Itália	Ripari; Gänzle; Berardi, 2016
	20-25	Trigo + flores de *Malus domestic*	Itália	Ripari; Gänzle; Berardi, 2016

Microrganismo	T (°C) [b]	Tipo de farinha	País	Referência(s)
Saccharomyces cerevisiae	20-25	Trigo + flores de *Veronica persica*	Itália	Ripari; Gänzle; Berardi, 2016
	20-25	Trigo + bagas de *Myrtus communis*	Itália	Ripari; Gänzle; Berardi, 2016
	20-25	Trigo + vinagre mãe	Itália	Ripari; Gänzle; Berardi, 2016
	*	Trigo	Itália	Ripari; Gänzle; Berardi, 2016
	*	Trigo	França	Lhomme *et al.*, 2015
	*	Arroz	França	Lhomme *et al.*, 2015
	*	Trigo + arroz	França	Lhomme *et al.*, 2015
	*	Teff	Itália	Lattanzi *et al.*, 2013
	23-25	Trigo (*T. durum*)	Itália	Minervini *et al.*, 2012
	4-24	Trigo (*T. aestivum*)	Itália	Minervini *et al.*, 2012
	25	Trigo	Países Baixos	Moroni; Arendt; Bello, 2011
	*	Trigo	China	Yan *et al.*, 2019
	*	Trigo	Itália	Valmorri *et al.*, 2010
	30	Centeio	Bélgica	Vrancken *et al.*, 2010

Microrganismo	T (°C) [b]	Tipo de farinha	País	Referência(s)
Torulaspora delbrueckii	*	Trigo	Bélgica	Vrancken *et al.*, 2010
	*	Trigo + centeio	Bélgica	Vrancken *et al.*, 2010
	*	Trigo	China	Zhang *et al.*, 2011
	*	Trigo	França	Lhomme *et al.*, 2016
	*	Trigo	Itália	Valmorri *et al.*, 2010
Wickerhamomyces anomalus (*Sin. P. anomala*)	*	Trigo	Itália	Ripari; Gänzle; Berardi, 2016
	4-28	Trigo	Japão	Fujimoto *et al.*, 2018
	30	Trigo	Bélgica	Van Kerrebroeck *et al.*, 2016
	30	Centeio	Bélgica	Vrancken *et al.*, 2010
	*	Trigo	China	Yan *et al.*, 2019

Legenda: T, temperatura de fermentação; *, não informado.

O fermento *sourdough* é um ecossistema rico em nutrientes ideais para o crescimento microbiano, além de apresentar vários fatores que impulsionam a diversidade microbiana do fermento – como discutido na seção anterior –, o que justifica o grande número de espécies já isoladas e caracteriza o fermento *sourdough* como uma boa fonte de microrganismos.

Por definição, BAL e leveduras são predominantes em fermentos maduros (GOBBETTI *et al.*, 2016), o que indica que são altamente adaptadas a este ecossistema. Nos fermentos *sourdough*, os microrganismos precisam suportar um ambiente específico e estressante, caracterizado por pH baixo, baixa tensão de oxigênio e carboidratos (principalmente maltose – principal fonte de carbono nas massas) que precisam ser compartilhados (DE VUYST *et al.*, 2014). Por isso, a capacidade do microrganismo de fermentar todos os carboidratos contidos na farinha de trigo representa uma vantagem importante (DE VUYST; NEYSENS, 2005). BAL tipicamente encontradas no fermento *sourdough* são presumivelmente bem adaptadas à maltose (GÄNZLE, 2014), sendo que *Lactobacillus* tem se mostrado o gênero com maior adaptabilidade ao ambiente de panificação (MINERVINI *et al.*, 2015; SCHEIRLINCK *et al.*, 2009). Em geral, uma única amostra de fermento *sourdough* maduro contém de duas a seis espécies diferentes de BAL, cuja comunidade é moldada pela seleção de espécies competitivas, como *F. sanfranciscensis*, um dos microrganismos mais frequentemente encontrados em fermentos no mundo todo (GÄNZLE; RIPARI, 2016). Outras espécies de relevância são: *L. brevis*; *L. reuteri*; *L. curvatus*; *F. rossiae*; *L. fermentum*; *L. plantarum*; *P. pentosaceus*; *W. confusa*; *W. cibaria*; *L. citreum*; *L. mesenteroides*. A maior parte das características metabólicas das BAL predominantes decorre de adaptações que contribuem para que adquiram vantagens competitivas durante a montagem progressiva da comunidade microbiana. Por exemplo, a capacidade de metabolizar maltose por meio da maltose fosforilase, o uso de aceptores de elétrons alternativos para produzir ATP (STOLZ *et al.*, 1993; STOLZ *et al.*, 1995; STOLZ; HAMMES; VOGEL, 1996), a conversão de glutamina a glutamato e de glutamato a gama-aminobutírico (GABA) para aumentar a tolerância a ácidos, a conversão de ácidos graxos livres em ácidos graxos antifúngicos, a produção de EPS que aumentam a resistência em condições estressantes e a produção de bacteriocinas são características envolvidas na persistência das BAL durante a propagação do fermento (GÄNZLE; RIPARI, 2016).

Ainda no Quadro 11.1, verifica-se que, além de BAL, um fermento *sourdough* maduro abriga de uma a duas espécies de leveduras. Em concordância com uma recente revisão científica (DE VUYST *et al.*, 2016), sete espécies são comumente encontradas em massas de diferentes países: *S. cerevisiae* (com uma prevalência muito superior às demais); *C. humilis*; *C. glabrata*; *K. exigua*; *P. kudriavzevii*; *T. delbrueckii*; *W. anomalus*. Espécies de leveduras dominantes são aquelas com maior capacidade competitiva (GOBBETTI *et al.*, 2016) ou com alta adaptabilidade ao ambiente do fermento *sourdough* (VRANCKEN *et al.*, 2010), como *W. anomalus*, que demonstra a capacidade de suportar uma ampla faixa de pH (2,0 a 12,0) (FREDLUND *et al.*, 2002). A ocorrência predominante de *S. cerevisiae* pode estar relacionada à sua presença no ambiente das padarias devido ao seu uso, nos últimos dois séculos, como agente fermentador de larga escala, em substituição aos fermentos naturais (MINERVINI *et al.*, 2015; VRANCKEN *et al.*, 2010). Além disso, essa levedura é relativamente tolerante ao pH ácido e provavelmente tem origem autóctone em farinha de trigo e fermentos (DE VUYST *et al.*, 2016).

Há ainda que se considerar as inter-relações entre BAL e leveduras. A comunidade típica de um fermento *sourdough* maduro geralmente compreende uma associação de bactérias e leveduras em um balanço estável (VRANCKEN *et al.*, 2011). Em geral, a proporção de BAL:leveduras deve ser de 100:1 para uma atividade ideal, podendo variar de 10:1 até 1.000:1 (GOBBETTI *et al.*, 2016). A associação mais conhecida entre leveduras e BAL em fermentos naturais é a das leveduras maltose-negativas *K. exigua* ou *C. humilis* e a bactéria maltose-positiva *F. sanfranciscensis*. A maltose, um dos carboidratos solúveis mais abundantes na farinha de trigo e no início do processo fermentativo do fermento *sourdough*, é proveniente da hidrólise do amido pelas enzimas α-amilase, β-amilase e glucoamilase, naturalmente presentes na farinha de trigo e ativadas pela redução do pH decorrente da produção de ácidos orgânicos por BAL (AXELSSON, 1999; BRANDT, 2007). Desde o início da fermentação, a maltose é hidrolisada a glicose intracelularmente por *F. sanfranciscensis*. A seguir, a glicose é liberada no meio extracelular e será utilizada como fonte de energia pelas leveduras maltose-negativas, como *K. exigua*, *C. humilis* ou *C. glabrata*. Em contrapartida, leveduras como *C. humilis* degradam a sacarose e os oligossacarídeos da farinha, promovendo a liberação de frutose no meio extracelular, que é utilizada como aceptor final de elétrons alternativo pela *F. sanfranciscensis*, resultando em ganho energético (VRANCKEN *et al.*, 2010). Essa associação, evidentemente, colabora para que tais espécies estejam entre as mais frequentemente isoladas em fermentos *sourdough*, visto que não há competição por nutrientes. Ao contrário, o que ocorre é uma associação vantajosa para BAL e leveduras. A Figura 11.3 apresenta uma ilustração desta inter-relação.

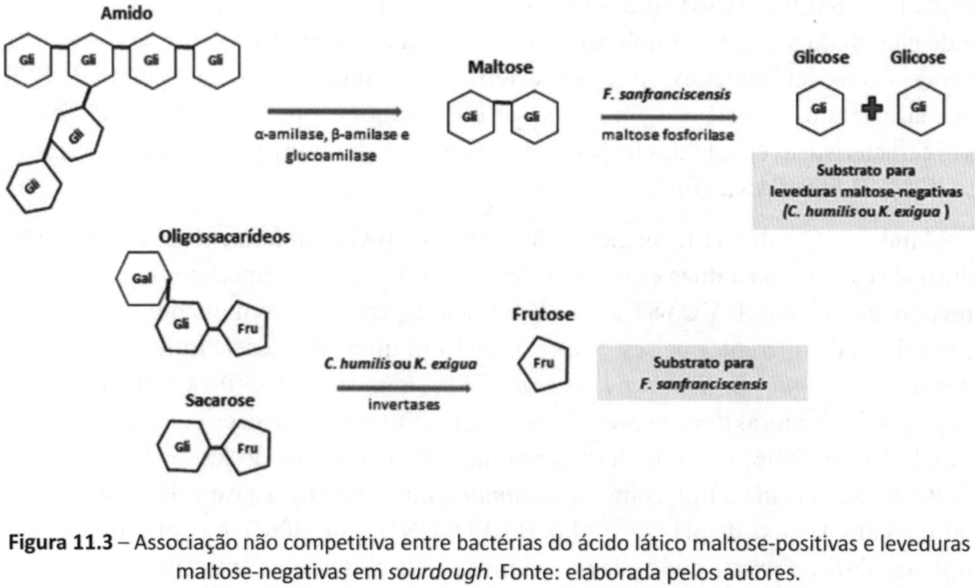

Figura 11.3 – Associação não competitiva entre bactérias do ácido lático maltose-positivas e leveduras maltose-negativas em *sourdough*. Fonte: elaborada pelos autores.

11.4 BENEFÍCIOS DA FERMENTAÇÃO *SOURDOUGH*

A fermentação *sourdough* contribui de várias formas para melhorar a qualidade sensorial, nutricional e tecnológica dos produtos de panificação. Nas próximas seções são discutidos os efeitos positivos da aplicação do *sourdough* sobre diversos atributos das massas fermentadas. A Figura 11.4 ilustra as diferenças visuais entre um pão produzido por fermentação rápida (*S. cerevisiae*) e um pão de fermentação *sourdough*.

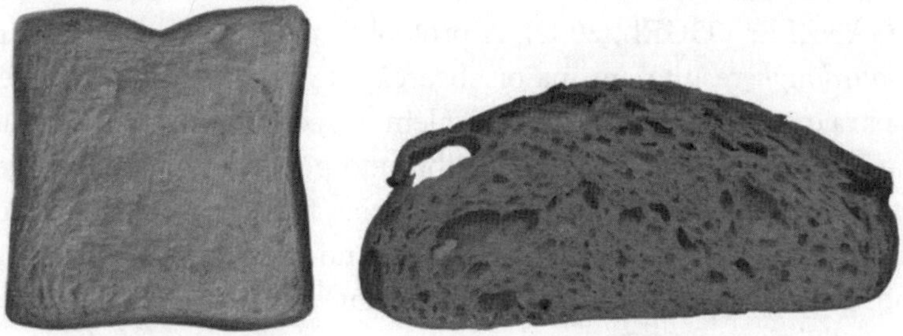

Figura 11.4 – Pão produzido por fermentação rápida, com *S. cerevisiae*, e pão produzido por fermentação *sourdough*. Fonte: elaborada pelos autores.

11.4.1 ASPECTOS SENSORIAIS

A fermentação em cocultivo entre BAL e leveduras no fermento *sourdough* resulta em produtos de panificação com características sensoriais específicas, típicas dos pães elaborados com fermento natural e bastante apreciadas pelos consumidores. A massa do pão *sourdough* possui maior volume devido à produção de CO_2 pelas BAL heterofermentativas em associação com as leveduras, maior acidez - que contribui para a hidrólise do amido e do glúten, e, portanto, influencia a textura e sabor - e também fornece, graças às conversões realizadas principalmente pelas BAL, um número significativo de compostos aromáticos (CLARKE *et al.*, 2004).

A hidrólise parcial do amido favorecida pela acidificação também aumenta a absorção de água, produzindo massas mais macias e reduzindo o endurecimento do pão (HAMMES; GÄNZLE, 1998). Além disso, a produção de EPS durante a fermentação melhora as propriedades de textura e retarda o endurecimento do produto (GOBBETTI *et al.*, 2014). Aproximadamente trinta espécies de lactobacilos são descritas como produtoras de EPS, entre as quais *L. casei*, *L. brevis*, *L. curvatus*, *L. rhamnosus* e *L. plantarum*, além de *Ln. citreum* (BADEL; BERNARDI; MICHAUD, 2011), espécies frequentemente isoladas em fermentos *sourdough*. Os efeitos positivos do fermento *sourdough* sobre a textura dos pães em decorrência da produção de EPS e ácidos orgânicos a partir do metabolismo de BAL tornam este tipo de fermentação uma interessante ferramenta para melhorar os atributos sensoriais de pães livres de glúten, em geral mais duros e que perdem qualidade nesses aspectos (MORONI; DAL BELLO; ARENDT, 2009).

O glúten é uma rede proteica formada pelas proteínas gliadina e glutenina. É responsável pelas características viscoelásticas e retenção do CO_2 na massa (GÄNZLE; LOPONEN; GOBBETTI, 2008). Durante a fermentação do pão *sourdough*, ocorre a produção de ácidos orgânicos e álcoois a partir do metabolismo das BAL, resultando na proteólise controlada da gliadina (solúvel em álcoois) e da glutenina (solúvel em ácidos fracos), o que produz uma massa com maior extensibilidade e menor elasticidade (CLARKE *et al.*, 2004). O pH reduzido do fermento *sourdough* também favorece a atuação das proteases presentes na farinha, aumentando a proteólise na massa (THIELE; GÄNZLE; VOGEL, 2002). A proteólise parcial que ocorre durante a fermentação *sourdough* resulta em maior absorção de água pelo glúten, menor tempo necessário para o amassamento da massa, além de reduzir a elasticidade e a dureza do miolo durante a vida útil dos pães, contribuindo positivamente para a textura. Em uma recente pesquisa (MENEZES *et al.*, 2021), pães fermentados apenas por *S. cerevisiae* apresentaram uma modificação indesejada no perfil de textura (maior dureza, maior gomosidade, maior mastigabilidade) durante a vida útil, o que não foi observado para os pães de fermentação *sourdough*.

A proteólise também fornece compostos precursores dos voláteis aromáticos e aminoácidos que são convertidos, durante a fermentação, em compostos aromáticos (GÄNZLE; LOPONEN; GOBBETTI, 2008). Devido à complexidade na formação de tais compostos, a fermentação mais longa realizada nos pães *sourdough* resulta em produtos de panificação com aromas especiais, os quais são influenciados pela microbiota, temperatura de fermentação e pelo substrato utilizado (RIPARI; CECCHI; BERARDI, 2016; SIEPMANN *et al.*, 2019b; YAN *et al.*, 2019). De acordo com o estado da arte, quanto maior a complexidade dos compostos voláteis, melhor o aroma do pão (ASLANKOOHI *et al.*, 2016; GASSENMEIER; SCHIEBERLE, 1995; PÉTEL; ONNO; PROST, 2017; PLESSAS *et al.*, 2011). Em uma recente revisão (PÉTEL; ONNO; PROST, 2017), foram listados 196 compostos voláteis provenientes da fermentação *sourdough*, incluindo 43 aldeídos, 35 álcoois, 33 ésteres, 19 cetonas, 14 ácidos, 13 furanos, 11 pirazinas, 2 lactonas, 2 compostos sulfurados, entre outros, capazes de contribuir positivamente para o aroma do produto final. Durante a fermentação, inúmeros compostos voláteis são formados em diferentes etapas, entre 12 e 24 horas, por meio da oxidação dos lipídios, do metabolismo das leveduras e de BAL, assim como pelas reações enzimáticas, produzindo diferentes álcoois, aldeídos, ácidos, alcanos, cetonas, pirazinas e ésteres (HADIYANTO *et al.*, 2007). Devido à oxidação dos lipídios presentes na farinha, aldeídos, como hexanal, acetaldeído, benzaldeído, nonanal, entre outros, são liberados na massa (BIANCHI *et al.*, 2008). Por meio do metabolismo das leveduras, ocorre a produção de álcoois como o etanol, metilpropanol e 2 e 3-metilbutanol, bem como a formação de aldeídos e álcoois correspondentes por meio da degradação de aminoácidos pela via de Ehrlich (HADIYANTO *et al.*, 2007; PICO; BERNAL; GÓMEZ, 2015). BAL, por sua vez, metabolizam as hexoses e pentoses, liberando principalmente ácidos lático e acético; além disso, são capazes de converter alguns aldeídos em álcoois correspondentes (PICO; BERNAL; GÓMEZ, 2015). A acidificação também aumenta a liberação de aminoácidos e peptídeos que contribuirão para a formação dos compostos aromáticos oriundos do processo fermentativo (GÄNZLE; VERMEULEN; VOGEL, 2007; GOBBETTI *et al.*, 2005). Na elaboração do fermento *sourdough* tradicional, outros ácidos carboxílicos, como hexanoico, octanoico e butanoico, foram identificados a partir do terceiro dia (BIRCH; PETERSEN; HANSEN, 2014). Estes podem ser produzidos a partir da síntese de ácidos graxos pela malonil coenzima-A ou pela via biossintética de aminoácidos, utilizando os aldeídos formados na via de Ehrlich (PÉTEL; ONNO; PROST, 2017). Já a partir de três dias ocorre uma redução na proporção de aldeídos e álcoois. Também foi observada a formação de ésteres, os quais são produzidos pela esterificação dos ácidos carboxílicos ou pela ação da acetiltransferase nos derivados de acetil coenzima A dos ácidos graxos e álcoois (PICO; BERNAL; GÓMEZ, 2015). A presença de ésteres na massa é altamente desejável, visto que estes liberam aromas de frutas e flores no produto (PÉTEL; ONNO; PROST, 2017).

Ademais, o metabolismo das BAL libera açúcares redutores que participarão da reação de Maillard (GOBBETTI *et al.*, 1995), reação não enzimática importante para o desenvolvimento da coloração e do aroma da crosta do pão durante o processo de forneamento. Este fenômeno ocorre entre os açúcares redutores e os aminoácidos presentes na massa e promove a formação de pigmentos de cor marrom (melanoidinas) e a liberação de diferentes compostos voláteis, como aldeídos, pirazinas e furfurais (PURLIS; SALVADORI, 2009). Por isso, além da hidrólise do glúten e do amido, a adição de amilases, glucoamilases e o baixo pH do fermento *sourdough* estimulam o desencadeamento desta reação (GOBBETTI *et al.*, 1995; GUINET; GODON, 1994; KAMINSKI; PRZYBILSKI; GRUCHALA, 1981). Os ácidos orgânicos produzidos pelas BAL durante a fermentação são portadores de prótons que são essenciais para o desencadeamento de uma das etapas da reação, o rearranjo de Amadori (EL-DASH, 1971). A degradação dos produtos gerados nesta etapa também é influenciada pelo pH do meio. Em pH abaixo de 7,0 ocorre a 1,2-enolização, que resulta na produção de furfural e hidroximetilfurfural, os quais podem participar de outras etapas na reação (MARTINS *et al.*, 2001). Durante o processo de forneamento (temperaturas acima de 150 °C), também ocorre a caramelização do açúcar, a liberação de compostos voláteis (BIANCHI *et al.*, 2008; HADIYANTO *et al.*, 2007) e a evaporação de parte dos compostos de baixa massa molar formados durante a fermentação, como etanol, ácidos e ésteres (acetato de etila e 3-metilbutanoato de etila) (BIRCH; PETERSEN; HANSEN, 2014). Todos esses processos proporcionam características aromáticas únicas aos pães produzidos por fermentação *sourdough*.

11.4.2 ASPECTOS TECNOLÓGICOS

Um dos benefícios da utilização do fermento *sourdough* na fabricação de produtos de panificação é o aumento da vida útil, devido à maior acidez e à presença de EPS (LIU *et al.*, 2018) e de compostos antimicrobianos – como antifúngicos (DEMIRBAŞ *et al.*, 2017; MANINI *et al.*, 2014) e bacteriocinas (GÄNZLE; VOGEL, 2003), produzidos principalmente por BAL.

O crescimento de bolores é uma das principais causas do descarte de pães, principalmente devido ao risco à saúde associado à possível presença de micotoxinas, que podem também estar presentes nas farinhas (GRAY; BEMILLER, 2003; SADEGHI *et al.*, 2009). Os ácidos lático, acético e valérico produzidos nos pães *sourdough* possuem ação antifúngica, retardando o aparecimento de fungos filamentosos em até 28 dias (RIZZELLO *et al.*, 2011). Além dos ácidos orgânicos, outros compostos antifúngicos produzidos por BAL já foram identificados em pães *sourdough*, como os ácidos fenilático e o 4-hidróxi-ácido fenilático (LAVERMICOCCA *et al.*, 2000). As leveduras também produzem metabólitos tóxicos para os fungos, como etanol, acetaldeído, etil acetato, compostos que inibem ou inativam as toxinas e fungos (CODA *et al.*, 2013; PUNJA; UTKHEDE, 2003). A produção de outros compostos interessantes durante a fermentação *sourdough* também já foi relatada - por exemplo, a síntese de hidroxiácidos graxos antifúngicos a partir do ácido linoleico por *F. sanfranciscensis*, *L. plantarum* e *L. hammesii*, descrita por Black *et al.* (2013). A presença desses metabólitos em decorrência da ação de BAL durante a fermentação *sourdough* foi capaz de retardar o aparecimento de fungos de contaminação ambiental em até doze dias e inibir o desenvolvimento de *Aspergillus* e *Penicillium* em fatias de pão propositalmente contaminadas, aumentando o prazo de vida útil dos pães em dois ou três dias. Tais compostos produzidos pelas BAL e leveduras presentes no fermento *sourdough* têm potencial para reduzir os níveis de conservantes químicos necessários à indústria de panificação e já demonstraram serem capazes de inibir o crescimento de fungos comuns na deterioração de pães, como *Aspergillus niger*, *Fusarium culmorum*, *Penicillium roqueforti* e *Penicillium expansum*. Esta atividade antifúngica dos metabólitos de BAL e leveduras tem sido associada não somente a um único composto, mas, sim, à atividade sinérgica de vários metabólitos produzidos durante a fermentação (QUATTRINI *et al.*, 2019; RIZZELLO *et al.*, 2011; SADEGHI *et al.*, 2019). Na Figura 11.5, é possível verificar o aparecimento de fungos filamentosos sobre a superfície do pão fermentado por *S. cerevisiae* (B). Na superfície do pão *sourdough* (A), não ocorreu o desenvolvimento de fungos após cinco dias de armazenamento.

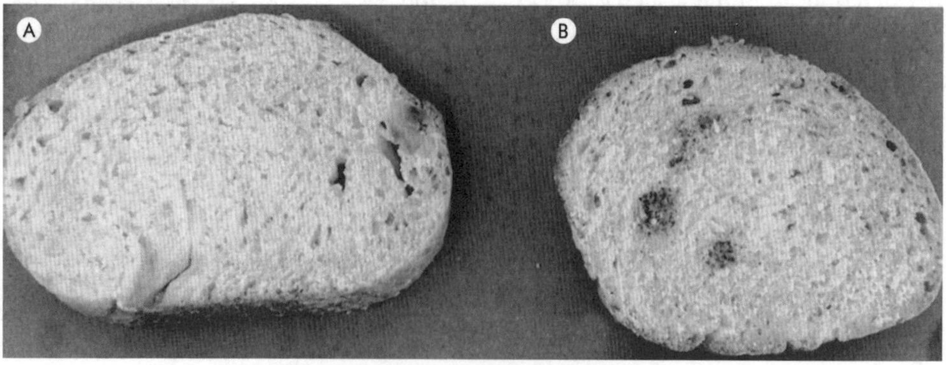

Figura 11.5 – Pão elaborado com fermento *sourdough* (A) e pão elaborado por fermentação rápida, utilizando *S. cerevisiae* (B), após cinco dias de armazenamento.
Fonte: elaborada pelos autores.

Além de fungos, a farinha de trigo é naturalmente contaminada com bactérias do gênero *Bacillus*, produtoras de esporos capazes de sobreviver ao processo de forneamento e germinar em condições ideais (temperatura acima de 25 °C, atividade de água ≥ 0,95, pH > 5,0) (ROSENKVIST, 1995). Os *Bacillus* são responsáveis pela degradação do pão conhecida como *rope spoilage*, que é associada às características de pão estragado. *Bacillus amiloliquefaciens*, *Bacillus subtilis* e *Bacillus licheniformis* são as principais espécies responsáveis por este tipo de degradação, devido à produção de enzimas proteolíticas e amilolíticas, além da formação de polissacarídeo extracelular, causando a deterioração da textura do pão e o aumento da viscosidade (ROSENKVIST, 1995; VALERIO *et al.*, 2014). Além do *rope spoilage*, algumas linhagens de *Bacillus cereus*, *B. licheniformis* e *B. amiloliquefaciens* produzem metabólitos tóxicos, podendo causar doenças ao consumidor (DE BELLIS *et al.*, 2015; FROM; HORMAZABAL; GRANUM, 2007).

O baixo pH do pão *sourdough* dificulta o crescimento de *Bacillus* e de outras bactérias patogênicas. Ademais, algumas BAL podem produzir compostos antimicrobianos, como *L. reuteri* LTH2584 e 3028, que são capazes de sintetizar a reutericiclina, único antimicrobiano de baixa massa molar produzido por *Lactobacillus* (GÄNZLE, 2004; GÄNZLE *et al.*, 2000). Ele atua como proton-ionóforo na membrana citoplasmática de bactérias Gram-positivas, incluindo *Staphylococcus aureus*, *Listeria innocua*, *Enterococcus faecium*, *Clostridium difficile* e *B. subtilis* (GÄNZLE; VOGEL, 2003; HURDLE *et al.*, 2011). Já as bacteriocinas são peptídeos de baixa massa molecular capazes de inibir o crescimento de bactérias patogênicas. Diferentes BAL encontradas em fermento *sourdough* já foram relatadas como produtoras de bacteriocinas, como *L. sakei*, *F. sanfranciscensis* e *L. plantarum*, que sintetizam a BLIS C57, a bavaricina e a plantaricina ST31, respectivamente (GÄNZLE; EHMANN; HAMMES, 1998; TODOROV *et al.*, 1999).

Outra causa da redução da vida de prateleira dos produtos de panificação é o endurecimento causado pela retrogradação da amilopectina, a interação entre as moléculas de amido e proteínas de glúten e a redistribuição da água no produto (FADDA *et al.*, 2014). BAL produzem EPS que se ligam à água disponível no pão, diminuindo a quantidade de água livre para migrar para a crosta e reduzindo, dessa forma, a dureza do produto (POUTANEN; FLANDER; KATINA, 2009; TIEKING; GÄNZLE, 2005). A capacidade do fermento *sourdough* de melhorar as propriedades tecnológicas de pães sem glúten também já foi comprovada. A adição do fermento *sourdough* diminuiu a firmeza do miolo e aumentou o volume específico do pão (NOVOTNI *et al.*, 2012). Mesmo após alguns dias de armazenamento, os pães *sourdough* costumam ser mais macios (MOORE; DAL BELLO; ARENDT, 2008). Além da acidificação, atividades enzimáticas específicas de determinadas cepas também colaboram para a melhoria das propriedades tecnológicas de pães. Cepas que demonstram atividade de xilanases podem ser exploradas como culturas iniciadoras em fermento *sourdough* do tipo II, já que as xilanases são usadas para aumentar a viscosidade da massa, o volume do pão e estender a vida útil (PURLIS; SALVADORI, 2009). A utilização de fermento *sourdough* contendo BAL produtoras de substâncias antifúngicas e antibacterianas, EPS ou outros compostos importantes para a indústria de panificação, com o intuito de substituir a adição direta de aditivos, vem atraindo a atenção do consumidor e da indústria, visto que há uma demanda crescente por alimentos naturais livres de aditivos (DI CAGNO *et al.*, 2006; UA-ARAK; JAKOB; VOGEL, 2017).

11.4.3 ASPECTOS NUTRICIONAIS

Muitos pesquisadores têm se dedicado a estudar os efeitos da fermentação *sourdough* sobre as características nutricionais dos pães, que pode ser uma ferramenta importante na elaboração de pães destinados a consumidores com necessidades nutricionais específicas ou que simplesmente gostariam de consumir pães que ofereçam funcionalidade e/ou benefícios à saúde. Vários benefícios já foram relatados, como os que serão discutidos nos parágrafos a seguir.

Dietas com baixo índice glicêmico (IG) são recomendadas para reduzir o risco de doenças crônicas, controlando elevações pós-prandiais na glicemia e insulina (TOH; KOH; KIM, 2020). Pães *sourdough* produziram um menor IG no sangue após o consumo. O aumento médio da glicose no sangue também foi menor em comparação ao tratamento controle elaborado sem fermento *sourdough* (NOVOTNI *et al.*, 2012). A síntese de ácidos orgânicos, principalmente ácido lático, tem sido relacionada à diminuição da taxa de digestibilidade do amido e, consequentemente, à redução do índice glicêmico dos pães *sourdough* (GOBBETTI *et al.*, 2019). A síntese dos ácidos acético e propiônico, capazes de diminuir a taxa de esvaziamento gástrico e outros mecanismos associados, que reduzem a biodisponibilidade do amido, ajuda a explicar por que a fermentação *sourdough* pode reduzir o IG em pães (ARIAS *et al.*, 2017; GOBBETTI *et al.*, 2014; NOVOTNI *et al.*, 2012).

A síntese de EPS observada em pães *sourdough*, além de resultar em vantagens tecnológicas já descritas, pode aumentar o valor nutricional do produto, em razão do papel prebiótico dos EPS. Não digeridos no intestino delgado, os EPS estimulam a produção de ácidos graxos de cadeia curta, que podem reduzir o risco de distúrbios gastrointestinais, câncer e doenças cardiovasculares, aumentam a contagem celular de microrganismos benéficos da microbiota intestinal e reduzem a colonização do intestino por enteropatógenos (KITOV *et al.*, 2000; SHOAF *et al.*, 2006). Uma investigação (ARIAS *et al.*, 2017) demonstrou que a ingestão de pães *sourdough* favorece o predomínio de bactérias benéficas no intestino, ao contrário do observado para pães industriais (produzidos por *S. cerevisiae* e fermentados por apenas duas horas); estes, além de estimularem a proliferação de bactérias indesejadas, aumentaram a inflamação sistêmica do organismo de ratos.

Por sua vez, a produção *in situ* de EPS, associada à capacidade de síntese de xilitol, manitol e outros compostos com grande poder adoçante apresentada por algumas BAL (como *F. sanfranciscensis*, *Ln. mesenteroides* e *Ln citreum*) e pela levedura *C. milleri*, confere ao fermento *sourdough* potencial para a produção de pães com teores reduzidos de sacarose, uma vez que a combinação de EPS e compostos adoçantes naturais pode substituir o açúcar nas suas funções tecnológicas (volume e textura da massa) e sensoriais (sabor adocicado) (SAHIN *et al.*, 2019).

Ainda, em relação aos carboidratos, a capacidade da fermentação *sourdough* em reduzir a concentração de FODMAP (sigla em inglês para *fermentable oligo-, di-, mono-saccharides and polyols*; em português, oligossacarídeos, dissacarídeos, monossacarídeos e polióis fermentáveis) em pães foi recentemente investigada (MENEZES *et al.*, 2018). Os FODMAP são uma classe de carboidratos, a maioria de cadeia curta, que, em indivíduos sensíveis, pode desencadear sintomas da síndrome do intestino irritável (SII) e da sensibilidade não celíaca ao glúten (SNCG) (BÖHN *et al.*, 2015). A fermentação *sourdough* tem se mostrado eficiente em reduzir a concentração de FODMAP a níveis que possam ser tolerados por indivíduos que possuam SII. Os resultados de pesquisas científicas são promissores neste sentido, já que, após doze horas de fermentação, uma redução de 40 a 60% no teor total de FODMAP foi alcançada, quando utilizado fermento *sourdough* do tipo I. Uma redução ainda mais significativa (aproximadamente 90%) foi observada após fermentação de seis horas empregando-se fermento *sourdough* do tipo II, elaborado com BAL selecionadas (MENEZES *et al.*, 2021). Em ambos os estudos, a fermentação *sourdough* demonstrou ter um grande potencial para a produção de pães reduzidos em FODMAP, representando uma alternativa para os portadores de SII e ou SNCG, indivíduos para os quais dietas com baixo teor de FODMAP são recomendadas.

A fermentação *sourdough* também tem potencial para ser empregada na obtenção de pães com teor reduzido de sódio, uma vez que a liberação de metabólitos da degradação de carboidratos e proteínas provocada pela fermentação contribui para o aumento da sensação do "sabor salgado", o que possibilita reduzir a quantidade de sal adicionada sem prejuízos sensoriais (GOBBETTI *et al.*, 2019). Por exemplo, *L. plantarum* e *L. reuteri*, BAL frequentemente encontradas em fermentos *sourdough*, possuem a capacidade de acumular ácidos orgânicos e outras moléculas como γ-glutamyl-L-valina e glutamato na massa durante o processo de fermentação, tornando possível a redução na concentração de sal sem afetar o sabor e a textura da massa. O glutamato pode ser sintetizado por algumas BAL a partir da glutamina, um aminoácido liberado em decorrência da degradação das proteínas do trigo. Glutamato e outras moléculas, como inosina, e alguns aminoácidos, como a alanina ou γ-glutamil-amoniácidos, liberados também durante a proteólise, são capazes de realçar o sabor umami dos pães e mascarar os eventuais efeitos negativos da redução de sal (VALERIO *et al.*, 2017; ZHAO *et al.*, 2015).

A fermentação *sourdough* também é capaz de reduzir o teor de fitato dos pães, aumentando, assim, a biodisponibilidade de minerais presentes na farinha. A redução do fitato pode ser alcançada durante a fermentação via fitases endógenas e/ou microbianas, cuja atividade é favorecida pelo abaixamento do pH. A maior atividade da fitase aumenta a concentração de minerais livres, como ferro, zinco, cálcio, potássio e magnésio (RIZZELLO *et al.*, 2010). Essas enzimas são capazes de desfosforilar o fitato, formando ésteres de fosfato inorgânico livre e fosfato inositol, os quais possuem menor capacidade de influenciar a solubilidade e a biodisponibilidade mineral. A atividade das fitases é acelerada no ambiente ácido da fermentação *sourdough* (POUTANEN; FLANDER; KATINA, 2009).

A produção de ácidos orgânicos e o metabolismo da microbiota do fermento *sourdough* sobre a fração proteica das farinhas também tem consequências para as propriedades nutricionais dos pães. A redução do pH da massa para valores entre 3,0 e 4,5, nos quais as proteinases dos cereais se tornam ativas (proteólise primária), aliada à redução das ligações dissulfeto nas proteínas do glúten por lactobacilos heterofermentativos, é responsável pela degradação das proteínas do glúten em peptídeos menores, interrompendo a rede de glúten e, consequentemente, aumentando sua solubilidade. A hidrólise de peptídeos (proteólise secundária) por BAL e leveduras acumula aminoácidos na massa, aumentando a biodisponibilidade proteica dos pães (GÄNZLE; LOPONEN; GOBBETTI, 2008; NIONELLI; RIZZELLO, 2016).

BAL isoladas de fermentos *sourdough* já demonstraram a capacidade de reduzir a alergenicidade das proteínas do trigo (FU *et al.*, 2020). Um combinado de lactobacilos e proteases fúngicas demonstrou ser eficiente na diminuição da toxicidade do glúten (RIZZELLO *et al.*, 2007). Em outro estudo, um combinado de lactobacilos selecionados foi capaz de hidrolisar completamente epítopos imunogênicos conhecidos, incluindo o peptídeo 33-mer e outros responsáveis pelo desencadeamento da doença celíaca (FRANCAVILLA *et al.*, 2017). Estes estudos são indicativos de que a fermentação *sourdough*, sob condições controladas de microbiota e processo, pode ser uma ferramenta interessante para o desenvolvimento de pães destinados a indivíduos que possuem doenças associadas ao consumo de trigo. A ação de enzimas proteolíticas microbianas e vegetais propicia também a síntese de peptídeos bioativos. Já foram encontrados em massas fermentadas por fermento *sourdough* peptídeos com função antioxidante (GOBBETTI *et al.*, 2014), antifúngica (RIZZELLO *et al.*, 2011) e anti-hipertensiva (OMEDI *et al.*, 2016).

BAL e leveduras podem aumentar a capacidade antioxidante e o teor de compostos fenólicos totais de produtos à base de cereais. Tais efeitos são derivados da síntese de peptídeos antioxidantes ou pela liberação de compostos fenólicos já presentes nos cereais, aumentando sua biodisponibilidade (ARIAS *et al.*, 2017; BÖHN *et al.*, 2015; RIZZELLO *et al.*, 2016). Esses compostos são capazes de reduzir danos decorrentes do estresse oxidativo e processos inflamatórios em células humanas, respectivamente (ANDRABI *et al.*, 2016; CHEN *et al.*, 2010; MENEZES, 2020).

O metabolismo de algumas espécies de leveduras resulta na produção de vitaminas, em particular as do complexo B (DE VUYST *et al.*, 2016). BAL também podem afetar o conteúdo de vitaminas, mas o aumento durante a fermentação da massa se deve principalmente às leveduras. *Candida milleri*, *S. cerevisiae* e *T. delbrueckii* foram capazes de produzir folato durante a fermentação das massas de centeio (KARILUOTO *et al.*, 2006).

A concentração de nicotinamida aumentou dez vezes em pães de centeio, provavelmente devido à atividade microbiana durante a fermentação da massa (MIHHALEVSKI *et al.*, 2013). O potencial para aumentar a concentração de vitaminas observado em certas estirpes, especialmente de leveduras, pode ser explorado por meio do controle do processo e do emprego de cepas específicas.

Outro importante componente bioativo produzido por espécies de BAL é o ácido GABA, composto não proteico de quatro carbonos que atua como neurotransmissor inibitório do sistema nervoso central (LIM *et al.*, 2016). O GABA é capaz de modular humor, distúrbios do sono e memória. Alguns estudos relatam os efeitos benéficos do GABA no tratamento de depressão e epilepsia, diabetes e câncer (DIEZ-GUTIÉRREZ *et al.*, 2020). Nos últimos anos, têm-se investigado formas naturais de sintetizar e otimizar a produção de GABA em pães a partir da cocultura de cepas produtoras da substância, que, em sua grande maioria, pertencem ao gênero *Lactobacillus* (DIANA; QUÍLEZ; RAFECAS, 2014; VILLEGAS *et al.*, 2016). De modo geral, as BAL utilizam a enzima glutamato descarboxilase (GAD) para converter o L-glutamato e/ou seus sais em GABA (JORGE; LEGGEWIE; WENDISCH, 2016). Alguns estudos relataram o uso potencial de BAL selecionadas para a elaboração de fermento *sourdough* tipo II, resultando em uma massa enriquecida com GABA. Várias espécies de BAL originárias do fermento são capazes de sintetizá-lo, proporcionando o desenvolvimento de pães com propriedades funcionais, uma vez que o GABA é um dos componentes bioativos mais amplamente utilizado na produção de alimentos funcionais, dadas suas funções fisiológicas na saúde humana (MELDRUM, 2000; VILLEGAS *et al.*, 2016).

11.5 APLICAÇÃO INDUSTRIAL DO FERMENTO NATURAL

O pão de fermentação natural tem atraído a atenção da indústria nos últimos anos, em resposta a um público consumidor mais exigente. Assim, o mercado da panificação tem se dedicado a resgatar a cultura da fermentação *sourdough*, com o objetivo de obter pães artesanais com mais sabor e aroma. No entanto, a aplicação industrial do fermento *sourdough* tem ainda alguns desafios a superar, como a padronização das características de qualidade sensorial e tecnológica dos pães, e, quando se trata do fermento *sourdough* do tipo I, o tempo prolongado de preparo do fermento e sua segurança microbiológica. Para minimizar essas questões, as categorias de maior aplicabilidade industrial são as do tipo II e III.

Em alguns países, como Alemanha, França e Itália, onde a tecnologia da fermentação *sourdough* é mais difundida, é possível obter produtos fabricados com fermento *sourdough* tipo I fermentado por mais de cem anos (VOGEL *et al.*, 2011). Uma grande variedade de fermentos *sourdough* desidratados, com diferentes farinhas, como farro (*Triticum turgidum sp.*), malte, quinoa, trigo-sarraceno e espelta, pode ser encontrada em mercados locais (SIEPMANN *et al.*, 2018). O fermento *sourdough* pode ser comercializado na forma líquida, pastosa ou desidratada, com a microbiota ativa ou não.

Aqueles com microbiota ativa são utilizados como iniciadores para fermentação dos produtos de panificação. Já as versões com a microbiota inativa não são empregadas como agente de fermentação, mas adicionadas com o objetivo de agregar acidez e diferentes aromas aos produtos (BRANDT, 2007; DECOCK; CAPPELLE, 2005).

No Brasil, a produção do fermento *sourdough* é uma tecnologia relativamente nova, sendo os tipos I e II os mais conhecidos. A comercialização ainda é limitada a padarias locais e tradicionais localizadas em grandes centros comerciais. A utilização do fermento *sourdough* "pronto para usar" é exclusiva de grandes indústrias e padarias que importam o fermento principalmente da Bélgica e da França (SIEPMANN *et al.*, 2018). No entanto, os anseios do consumidor moderno por pães com menos aditivos artificiais e com sabor e aroma próximos aos artesanais deverá estimular a incorporação do fermento *sourdough* pela indústria da panificação. Os benefícios à saúde associados ao consumo de pães *sourdough* também reforçam o potencial de sua difusão industrial nos próximos anos.

REFERÊNCIAS

ABEGAZ, K. Isolation, characterization and identification of lactic acid bacteria involved in traditional fermentation of borde , an Ethiopian cereal beverage. *African Journal of Biotechnology*, v. 6, n. 12, p. 1469-1478, 2007.

ALFONZO, A. *et al.* Development of a method for the direct fermentation of semolina by selected sourdough lactic acid bacteria. *International Journal of Food Microbiology*, v. 239, p. 65-78, dez. 2016.

ANDRABI, S. T. *et al.* Phytase-producing potential and other functional attributes of lactic acid bacteria isolates for prospective probiotic applications. *Probiotics and Antimicrobial Proteins*, v. 8, n. 3, p. 121-129, 27 set. 2016.

ARIAS, M. *et al.* Gut microbiota and systemic inflammation changes after bread consumption: The ingredients and the processing influence. *Journal of Functional Foods*, v. 32, p. 98-105, maio 2017.

ASLANKOOHI, E. *et al.* Non-conventional yeast strains increase the aroma complexity of bread. *PLoS One*, v. 11, n. 10, p. 0165126, 24 out. 2016.

AXELSSON, L. Lactic acid bacteria: classification and physiology. *In*: SALMINEN S. V. W. A. (*ed.*). *Lactic acid bacteria microbiology and functional aspects*. New York: Marcel Dekker AG, 1999. p. 1-72.

BADEL, S.; BERNARDI, T.; MICHAUD, P. New perspectives for Lactobacilli exopolysaccharides. *Biotechnology Advances*, v. 29, n. 1, p. 54-66, jan. 2011.

BESSMELTSEVA, M. *et al.* Evolution of bacterial consortia in spontaneously started rye sourdoughs during two months of daily propagation. *PLoS One*, v. 9, n. 4, p. e95449, 18 abr. 2014.

BIANCHI, F. *et al.* Gas chromatographic-mass spectrometric characterisation of the Italian Protected Designation of Origin "Altamura" bread volatile profile. *Food Chemistry*, v. 110, n. 3, p. 787-793, out. 2008.

BIRCH, A. N.; PETERSEN, M. A.; HANSEN, Å. S. Review: aroma of wheat bread crumb. *Cereal Chemistry Journal*, v. 91, n. 2, p. 105-114, mar. 2014.

BLACK, B. A. *et al.* Antifungal hydroxy fatty acids produced during sourdough fermentation: microbial and enzymatic pathways, and antifungal activity in bread. *Applied and Environmental Microbiology*, v. 79, n. 6, p. 1866-1873, 15 mar. 2013.

BÖCKER, G.; STOLZ, P.; HAMMES, W. P. Neue Erkenntnisse zum Ökosystem Sauerteig und zur Physiologie der sauerteigtypischen Stämme *Lactobacillus sanfrancisco* und *Lactobacillus pontis*. *Getreide Mehl Brot*, v. 49, p. 370-374, 1o jan. 1995.

BÖHN, L. *et al.* Diet low in FODMAPs reduces symptoms of irritable bowel syndrome as well as traditional dietary advice: A randomized controlled trial. *Gastroenterology*, v. 149, n. 6, p. 1399-1407.e2, nov. 2015.

BRANDT, M. J. Industrial production of sourdoughs for the baking branch – an overview. *International Journal of Food Microbiology*, v. 302, p. 3-7, set. 2018.

BRANDT, M. J. Sourdough products for convenient use in baking. *Food Microbiology*, v. 24, n. 2, p. 161-164, abr. 2007.

CAUVAIN, S. P.; YOUNG, L. S. *Tecnologia da panificação*. 2. ed. Barueri: Manole, 2009.

CHAVAN, R. S.; CHAVAN, S. R. Sourdough technology – a traditional way for wholesome foods: a review. *Comprehensive Reviews in Food Science and Food Safety*, v. 10, n. 3, p. 169-182, maio 2011.

CHEN, L.-S. *et al.* Identifcation of yeasts from raw milk and selection for some specific antioxidant properties. *International Journal of Dairy Technology*, v. 63, n. 1, p. 47-54, fev. 2010.

CLARKE, C. I. *et al.* Wheat sourdough fermentation: effects of time and acidification on fundamental rheological properties. *Cereal Chemistry Journal*, v. 81, n. 3, p. 409-417, maio 2004.

CODA, R. *et al.* Antifungal activity of *Meyerozyma guilliermondii*: identification of active compounds synthesized during dough fermentation and their effect on long-term storage of wheat bread. *Food Microbiology*, v. 33, n. 2, p. 243-251, abr. 2013.

CORSETTI, A. Technology of sourdough fermentation and sourdough applications. *In*: GOBBETTI, M.; GÄNZLE, M. (eds.). *Handbook on Sourdough Biotechnology*. Boston, MA: Springer US, 2013. v. 1, p. 85-103.

DE BELLIS, P. *et al.* Toxigenic potential and heat survival of spore-forming bacteria isolated from bread and ingredients. *International Journal of Food Microbiology*, v. 197, p. 30-39, mar. 2015.

DE VUYST, L.; NEYSENS, P. The sourdough microflora: biodiversity and metabolic interactions. *Trends in Food Science & Technology*, v. 16, n. 1-3, p. 43-56, jan. 2005.

DE VUYST, L. *et al.* Microbial ecology of sourdough fermentations: diverse or uniform? *Food Microbiology*, v. 37, p. 11-29, fev. 2014.

DE VUYST, L. *et al.* Yeast diversity of sourdoughs and associated metabolic properties and functionalities. *International Journal of Food Microbiology*, v. 239, p. 26-34, dez. 2016.

DECOCK, P.; CAPPELLE, S. Bread technology and sourdough technology. *Trends in Food Science & Technology*, v. 16, n. 1-3, p. 113-120, jan. 2005.

DEMIRBAŞ, F. *et al.* Antimicrobial and functional properties of lactic acid bacteria isolated from sourdoughs. *LWT – Food Science and Technology*, v. 79, p. 361-366, jun. 2017.

DENTICE MAIDANA, S. *et al.* Biodiversity and technological-functional potential of lactic acid bacteria isolated from spontaneously fermented chia sourdough. *International Journal of Food Microbiology*, v. 316, p. 108425, nov. 2019.

DERTLI, E. *et al.* Characterisation of lactic acid bacteria from Turkish sourdough and determination of their exopolysaccharide (EPS) production characteristics. *LWT - Food Science and Technology*, v. 71, p. 116-124, set. 2016.

DI CAGNO, R. *et al.* Glucan and fructan production by sourdough *Weissella cibaria* and *Lactobacillus plantarum*. *Journal of Agricultural and Food Chemistry*, v. 54, n. 26, p. 9873-9881, 2006.

DIANA, M.; QUÍLEZ, J.; RAFECAS, M. Gamma-aminobutyric acid as a bioactive compound in foods: a review. *Journal of Functional Foods*, v. 10, p. 407-420, 2014.

DIEZ-GUTIÉRREZ, L. *et al.* Gamma-aminobutyric acid and probiotics: Multiple health benefits and their future in the global functional food and nutraceuticals market. *Journal of Functional Foods*, v. 64, p. 103669, jan. 2020.

EL-DASH, A. A. The precursors of bread flavor: effect of fermentation and proteolytic activity. *Bakers Dig*, n. 45, p. 26-31, dez. 1971.

ERCOLINI, D. *et al.* Microbial ecology dynamics during rye and wheat sourdough preparation. *Applied and Environmental Microbiology*, v. 79, n. 24, p. 7827-7836, 15 dez. 2013.

FADDA, C. *et al.* Bread staling: updating the view. *Comprehensive Reviews in Food Science and Food Safety*, v. 13, n. 4, p. 473-492, jul. 2014.

FEKRI, A. *et al.* Functional effects of phytate-degrading, probiotic lactic acid bacteria and yeast strains isolated from Iranian traditional sourdough on the technological and nutritional properties of whole wheat bread. *Food Chemistry*, v. 306, p. 125620, fev. 2020.

FRANCAVILLA, R. *et al.* Selected probiotic *Lactobacilli* have the capacity to hydrolyze gluten peptides during simulated gastrointestinal digestion. *Applied and Environmental Microbiology*, v. 83, n. 14, p. 1-12, 15 jul. 2017.

FREDLUND, E. *et al.* Physiological characteristics of the biocontrol yeast *Pichia anomala* J121. *FEMS Yeast Research*, 2002.

FROM, C.; HORMAZABAL, V.; GRANUM, P. E. Food poisoning associated with pumilacidin-producing *Bacillus pumilus* in rice. *International Journal of Food Microbiology*, v. 115, n. 3, p. 319-324, abr. 2007.

FU, W. *et al.* Bacterial composition in sourdoughs from different regions in China and the microbial potential to reduce wheat allergens. *LWT - Food Science and Technology*, v. 117, p. 108669, jan. 2020.

FUJIMOTO, A. *et al.* Identification of lactic acid bacteria and yeasts, and characterization of food components of sourdoughs used in Japanese bakeries. *Journal of Bioscience and Bioengineering*, v. 127, n. 5, nov. 2018.

GÄNZLE, M. G. Enzymatic and bacterial conversions during sourdough fermentation. *Food Microbiology*, v. 37, p. 2-10, fev. 2014.

GÄNZLE, M. G. Reutericyclin: biological activity, mode of action, and potential applications. *Applied Microbiology and Biotechnology*, v. 64, n. 3, p. 326-332, 1o abr. 2004.

GÄNZLE, M. G.; EHMANN, M.; HAMMES, W. P. Modeling of growth of *Lactobacillus sanfranciscensis* and *Candida milleri* in response to process parameters of sourdough fermentation. *Applied and Environmental Microbiology*, v. 64, n. 7, p. 2616-2623, 1998.

GÄNZLE, M. G.; LOPONEN, J.; GOBBETTI, M. Proteolysis in sourdough fermentations: mechanisms and potential for improved bread quality. *Trends in Food Science & Technology*, v. 19, n. 10, p. 513-521, out. 2008.

GÄNZLE, M. G.; VERMEULEN, N.; VOGEL, R. F. Carbohydrate, peptide and lipid metabolism of lactic acid bacteria in sourdough. *Food Microbiology*, v. 24, n. 2, p. 128-138, abr. 2007.

GÄNZLE, M. G.; VOGEL, R. F. Contribution of reutericyclin production to the stable persistence of *Lactobacillus reuteri* in an industrial sourdough fermentation. *International Journal of Food Microbiology*, v. 80, n. 1, p. 31-45, jan. 2003.

GÄNZLE, M. G.; ZHENG, J. Lifestyles of sourdough Lactobacilli – Do they matter for microbial ecology and bread quality? *International Journal of Food Microbiology*, v. 302, p. 15-23, ago. 2019.

GÄNZLE, M. G. *et al.* Characterization of reutericyclin produced by *Lactobacillus reuteri* LTH2584. *Applied and Environmental Microbiology*, v. 66, n. 10, p. 4325-4333, 1o out. 2000.

GÄNZLE, M.; RIPARI, V. Composition and function of sourdough microbiota: from ecological theory to bread quality. *International Journal of Food Microbiology*, v. 239, p. 19-25, dez. 2016.

GASSENMEIER, K.; SCHIEBERLE, P. Potent aromatic compounds in the crumb of wheat bread (French-type) ? influence of pre-ferments and studies on the formation of key odorants during dough processing. *Zeitschrift fur Lebensmittel-Untersuchung und -Forschung*, v. 201, n. 3, p. 241-248, maio 1995.

GOBBETTI, M. *et al.* Biochemistry and physiology of sourdough lactic acid bacteria. *Trends in Food Science and Technology*, v. 16 n. 1-3, p. 57-69, 2005

GOBBETTI, M. *et al.* Drivers for the establishment and composition of the sourdough lactic acid bacteria biota. *International Journal of Food Microbiology*, v. 239, p. 3-18, dez. 2016.

GOBBETTI, M. *et al.* How the sourdough may affect the functional features of leavened baked goods. *Food Microbiology*, v. 37, p. 30-40, fev. 2014.

GOBBETTI, M. *et al.* Novel insights on the functional/nutritional features of the sourdough fermentation. *International Journal of Food Microbiology*, v. 302, p. 103-113, ago. 2019.

GOBBETTI, M. *et al.* Volatile compound and organic acid productions by mixed wheat sour dough starters: influence of fermentation parameters and dynamics during baking. *Food Microbiology*, v. 12, p. 497-507, fev. 1995.

GRAY, J. A.; BEMILLER, J. N. Bread staling: molecular basis and control. *Comprehensive Reviews in Food Science and Food Safety*, v. 2, n. 1, p. 1-21, jan. 2003.

GUINET, R.; GODON, B. *La panification française*. Paris: Lavoisier, 1994.

HADIYANTO *et al.* Quality prediction of bakery products in the initial phase of process design. *Innovative Food Science and Emerging Technologies*, v. 8, n. 2, 2007.

HAMMES, W. P.; GÄNZLE, M. G. Sourdough breads and related products. *In*: WOOD, B. J. B. *Microbiology of fermented foods*. Boston, MA: Springer US, 1998. p. 199-216.

HARTH, H.; VAN KERREBROECK, S.; DE VUYST, L. Community dynamics and metabolite target analysis of spontaneous, backslopped barley sourdough fermentations under laboratory and bakery conditions. *International Journal of Food Microbiology*, v. 228, p. 22-32, jul. 2016.

HURDLE, J. G. *et al.* Reutericyclin and related analogues kill stationary phase *Clostridium difficile* at achievable colonic concentrations. *Journal of Antimicrobial Chemotherapy*, v. 66, n. 8, p. 1773-1776, ago. 2011.

JAGELAVICIUTE, J.; CIZEIKIENE, D. The influence of non-traditional sourdough made with quinoa, hemp and chia flour on the characteristics of gluten-free maize/rice bread. *LWT – Food Science and Technology*, p. 110457, out. 2020.

JORGE, J. M. P.; LEGGEWIE, C.; WENDISCH, V. F. A new metabolic route for the production of gamma-aminobutyric acid by *Corynebacterium glutamicum* from glucose. *Amino Acids*, v. 48, n. 11, p. 2519-2531, 11 nov. 2016.

KAMINSKI, E.; PRZYBILSKI, R.; GRUCHALA, L. Thermal degradation of precursors and formation of flavour compounds during heating of cereal products. Part I. Changes of amino acids and sugars. *Food/Nahrung*, v. 25, n. 6, p. 507-518, 1981.

KARILUOTO, S. *et al.* Effects of yeasts and bacteria on the levels of folates in rye sourdoughs. *International Journal of Food Microbiology*, v. 106, n. 2, p. 137-143, 2006.

KITOV, P. I. *et al.* Shiga-like toxins are neutralized by tailored multivalent carbohydrate ligands. *Nature*, v. 403, n. 6770, p. 669-672, fev. 2000.

LATTANZI, A. *et al.* The lactic acid bacteria and yeast microbiota of eighteen sourdoughs used for the manufacture of traditional Italian sweet leavened baked goods. *International Journal of Food Microbiology*, v. 163, n. 2-3, p. 71-79, maio 2013.

LAVERMICOCCA, P. *et al.* Purification and characterization of novel antifungal compounds from the sourdough *Lactobacillus plantarum* strain 21B. *Applied and Environmental Microbiology*, v. 66, n. 9, p. 4084-4090, 2000.

LHOMME, E. *et al.* Lactic acid bacterium and yeast microbiotas of sixteen French traditional sourdoughs. *International Journal of Food Microbiology*, v. 215, p. 161-170, 2015.

LHOMME, E. *et al.* Sourdough microbial community dynamics: an analysis during French organic bread-making processes. *Food Microbiology*, v. 53, p. 41-50, fev. 2016.

LIM, H. S. *et al.* Optimization of γ-aminobutyric acid production by *Enterococcus faecium* JK29 isolated from a traditional fermented foods. *Korean Journal of Microbiology and Biotechnology*, 2016.

LIU, A. *et al.* Diversity of isolated lactic acid bacteria in Ya'an sourdoughs and evaluation of their exopolysaccharide production characteristics. *LWT – Food Science and Technology*, v. 95, p. 17-22, set. 2018.

MANINI, F. *et al.* Study of the chemical changes and evolution of microbiota during sourdoughlike fermentation of wheat bran. *Cereal Chemistry Journal*, v. 91, n. 4, p. 342-349, jul. 2014.

MARTINS, S. *et al.* A review of Maillard reaction in food and implications to kinetic modelling. *Trends in Food Science and Technology*, v. 11, n. 9-10, p. 364-373, 2001.

MASTILOVIĆ, J.; POPOV, S.; PSODOROV, Đ. Optimization of the composition and process parameters for white wheat liquid sourdough production. Flour-Bread '01 International Congress. 3rd Croatian Congress of Cereal Technologists. Opatija, Croatia, 14-17 nov. 2001. *Proceedings...* Osijek, Croatia: Faculty of Food Technology, University of Josip Juraj Strossmayer, 2002.

MELDRUM, B. S. Glutamate as a neurotransmitter in the brain: review of physiology and pathology. *The Journal of Nutrition*, v. 130, n. 4, p. 1007S-1015S, 1o abr. 2000.

MENEZES, A. G. T. *et al.* Probiotic potential, antioxidant activity, and phytase production of indigenous yeasts isolated from indigenous fermented foods. *Probiotics and Antimicrobial Proteins*, v. 12, n. 1, p. 280-288, 26 mar. 2020.

MENEZES, L. A. A. *et al.* Effects of sourdough on FODMAPs in bread and potential outcomes on irritable bowel syndrome patients and healthy subjects. *Frontiers in Microbiology*, v. 9, p. 1-7, 21 ago. 2018.

MENEZES, L. A. A. *et al.* Reducing FODMAPs and improving bread quality using type II sourdough with selected starter cultures. *International Journal of Food Sciences and Nutrition*, v. 72, n. 7, p. 912-922, nov. 2021.

MENEZES, L. A. A. *et al.* Sourdough bacterial dynamics revealed by metagenomic analysis in Brazil. *Food Microbiology*, v. 85, p. 103302, fev. 2020.

MENEZES, L. A. A. *et al.* Use of sourdough fermentation to reducing FODMAPs in breads. *European Food Research and Technology*, v. 245, n. 6, p. 1183-1195, 29 jun. 2019.

MEROTH, C. B.; HAMMES, W. P.; HERTEL, C. Identification and population dynamics of yeasts in sourdough fermentation processes by pcr-denaturing gradient gel electrophoresis. *Applied and Environmental Microbiology*, v. 69, n. 12, p. 7453-7461, dez. 2003.

MICHEL, E. *et al.* Characterization of relative abundance of lactic acid bacteria species in French organic sourdough by cultural, qPCR and MiSeq high-throughput sequencing methods. *International Journal of Food Microbiology*, v. 239, p. 35-43, dez. 2016.

MIHHALEVSKI, A. *et al.* Stability of B-complex vitamins and dietary fiber during rye sourdough bread production. *Journal of Cereal Science*, v. 57, n. 1, p. 30-38, 2013.

MINERVINI, F. *et al.* Ecological parameters influencing microbial diversity and stability of traditional sourdough. *International Journal of Food Microbiology*, v. 171, p. 136-146, fev. 2014.

MINERVINI, F. *et al.* House microbiotas as sources of lactic acid bacteria and yeasts in traditional Italian sourdoughs. *Food Microbiology*, v. 52, p. 66-76, dez. 2015.

MINERVINI, F. *et al.* Influence of artisan bakery- or laboratory-propagated sourdoughs on the diversity of lactic acid bacterium and yeast microbiotas. *Applied and Environmental Microbiology*, v. 78, n. 15, p. 5328-5340, 2012.

MOORE, M. M.; DAL BELLO, F.; ARENDT, E. K. Sourdough fermented by *Lactobacillus plantarum* FST 1.7 improves the quality and shelf life of gluten-free bread. *European Food Research and Technology*, 2008.

MORONI, A. V.; ARENDT, E. K.; BELLO, F. D. Biodiversity of lactic acid bacteria and yeasts in spontaneously-fermented buckwheat and teff sourdoughs. *Food Microbiology*, v. 28, n. 3, p. 497-502, 2011.

MORONI, A. V.; DAL BELLO, F.; ARENDT, E. K. Sourdough in gluten-free bread-making: An ancient technology to solve a novel issue? *Food Microbiology*, v. 26, n. 7, p. 676-684, out. 2009.

NIONELLI, L. *et al.* Exploitation of Albanian wheat cultivars: characterization of the flours and lactic acid bacteria microbiota, and selection of starters for sourdough fermentation. *Food Microbiology*, v. 44, p. 96–107, dez. 2014.

NIONELLI, L.; RIZZELLO, C. Sourdough-based biotechnologies for the production of gluten--free foods. *Foods*, v. 5, n. 4, p. 65, 20 set. 2016.

NOVOTNI, D. *et al.* Glycemic index and firming kinetics of partially baked frozen gluten-free bread with sourdough. *Journal of Cereal Science*, v. 55, n. 2, p. 120-125, mar. 2012.

OMEDI, J. O. *et al.* Effect of five lactic acid bacteria starter type on angiotensin-I converting enzyme inhibitory activity and emulsifying properties of soy flour sourdoughs with and without wheat bran supplementation. *Journal of Cereal Science*, v. 69, p. 57-63, maio 2016.

PÉTEL, C.; ONNO, B.; PROST, C. Sourdough volatile compounds and their contribution to bread: a review. *Trends in Food Science and Technology*, v. 59, p. 105-123, jan. 2017.

PICO, J.; BERNAL, J.; GÓMEZ, M. Wheat bread aroma compounds in crumb and crust: A review. *Food Research International*, v. 75, p. 200-215, set. 2015.

PLESSAS, S. *et al.* Application of novel starter cultures for sourdough bread production. *Anaerobe*, v. 17, n. 6, p. 486-489, dez. 2011.

PONTONIO, E. *et al.* Iranian wheat flours from rural and industrial mills: exploitation of the chemical and technology features, and selection of autochthonous sourdough starters for making breads. *Food Microbiology*, v. 47, n. 2015, p. 99-110, maio 2015.

POUTANEN, K.; FLANDER, L.; KATINA, K. Sourdough and cereal fermentation in a nutritional perspective. *Food Microbiology*, v. 26, n. 7, p. 693-699, out. 2009.

PUNJA, Z. K.; UTKHEDE, R. S. Using fungi and yeasts to manage vegetable crop diseases. *Trends in Biotechnology*, v. 21, n. 9, p. 400-407, set. 2003.

PURLIS, E.; SALVADORI, V. O. Modelling the browning of bread during baking. *Food Research International*, v. 42, n. 7, p. 865-870, ago. 2009.

QUATTRINI, M. *et al.* Exploiting synergies of sourdough and antifungal organic acids to delay fungal spoilage of bread. *International Journal of Food Microbiology*, v. 302, p. 8-14, 2019.

RAIMONDI, S. *et al.* Evolution of microbial community and chemical properties of a sourdough during the production of Colomba, an Italian sweet leavened baked product. *LWT – Food Science and Technology*, v. 86, p. 31-39, dez. 2017.

REALE, A. *et al.* Identification of *Lactobacilli* isolated in traditional ripe wheat sourdoughs by using molecular methods. *World Journal of Microbiology and Biotechnology*, 2011.

RIPARI, V.; CECCHI, T.; BERARDI, E. Microbiological characterisation and volatiles profile of model, ex-novo, and traditional Italian white wheat sourdoughs. *Food Chemistry*, v. 205, p. 297-307, ago. 2016.

RIPARI, V.; GÄNZLE, M. G.; BERARDI, E. Evolution of sourdough microbiota in spontaneous sourdoughs started with different plant materials. *International Journal of Food Microbiology*, v. 232, p. 35-42, set. 2016.

RIZZELLO, C. G. *et al.* Antifungal activity of sourdough fermented wheat germ used as an ingredient for bread making. *Food Chemistry*, v. 127, n. 3, p. 952-959, 2011.

RIZZELLO, C. G. *et al.* Effect of sourdough fermentation on stabilisation, and chemical and nutritional characteristics of wheat germ. *Food Chemistry*, v. 119, n. 3, p. 1079-1089, 2010.

RIZZELLO, C. G. *et al.* Highly efficient gluten degradation by lactobacilli and fungal proteases during food processing: new perspectives for celiac disease. *Applied and Environmental Microbiology*, v. 73, n. 14, p. 4499-4507, 2007.

RIZZELLO, C. G. *et al.* Use of sourdough fermentation and mixture of wheat, chickpea, lentil and bean flours for enhancing the nutritional, texture and sensory characteristics of white bread. *International Journal of Food Microbiology*, v. 180, p. 78-87, jun. 2014.

RIZZELLO, C. G. *et al.* Use of sourdough made with quinoa (*Chenopodium quinoa*) flour and autochthonous selected lactic acid bacteria for enhancing the nutritional, textural and sensory features of white bread. *Food Microbiology*, v. 56, p. 1-13, jun. 2016.

ROSENKVIST, H. Contamination profiles and characterisation of *Bacillus* species in wheat bread and raw materials for bread production. *International Journal of Food Microbiology*, v. 26, n. 3, p. 353-363, ago. 1995.

SADEGHI, A. *et al.* Application of the selected antifungal LAB isolate as a protective starter culture in pan whole-wheat sourdough bread. *Food Control*, v. 95, p. 298-307, 2019.

SADEGHI, N. *et al.* Incidence of aflatoxin M1 in human breast milk in Tehran, Iran. *Food Control*, v. 20, n. 1, p. 75-78, 2009.

SÁEZ, G. D. *et al.* Identification and biotechnological characterization of lactic acid bacteria isolated from chickpea sourdough in northwestern Argentina. *LWT – Food Science and Technology*, v. 93, p. 249-256, jul. 2018.

SAHIN, A. W. *et al.* Sugar reduction in bakery products: current strategies and sourdough technology as a potential novel approach. *Food Research International*, v. 126, p. 108583, dez. 2019.

SCHEIRLINCK, I. *et al.* Influence of geographical origin and flour type on diversity of lactic acid bacteria in traditional Belgian sourdoughs. *Applied and Environmental Microbiology*, v. 73, n. 19, p. 6262-6269, 1o out. 2007.

SCHEIRLINCK, I. *et al.* Molecular source tracking of predominant lactic acid bacteria in traditional Belgian sourdoughs and their production environments. *Journal of Applied Microbiology*, v. 106, n. 4, p. 1081-1092, abr. 2009.

SHOAF, K. *et al.* Prebiotic galactooligosaccharides reduce adherence of enteropathogenic *Escherichia coli* to tissue culture cells. *Infection and Immunity*, v. 74, n. 12, p. 6920-6928, dez. 2006.

SIEPMANN, F. B. *et al.* Brazilian sourdough: microbiological, structural, and technological evolution. *European Food Research and Technology*, v. 245, n. 8, p. 1583-1594, 6 ago. 2019a.

SIEPMANN, F. B. *et al.* Influence of temperature and of starter culture on biochemical characteristics and the aromatic compounds evolution on type II sourdough and wheat bread. *LWT – Food Science and Technology*, v. 108, p. 199–206, jul. 2019b.

SIEPMANN, F. B. *et al.* Overview of sourdough technology: from production to marketing. *Food and Bioprocess Technology*, v. 11, n. 2, p. 242-270, fev. 2018.

SIRAGUSA, S. *et al.* Taxonomic structure and monitoring of the dominant population of lactic acid bacteria during wheat flour sourdough type i propagation using *Lactobacillus sanfranciscensis* starters. *Applied and Environmental Microbiology*, v. 75, n. 4, p. 1099-1109, 15 fev. 2009.

SPICHER, G.; STEPHAN, H. *Handbuch Sauerteig: Biologie, Biochemie, Technologie*. 4. ed. [*S.l.*]: Behr, 1993.

STOLZ, P., HAMMES, W. P., VOGEL, R. F. Maltosephosphorylase and hexokinase activity in lactobacilli from traditionally prepared sourdoughs. *Advances in Food Science*, v. 18, p. 1-6, 1996.

STOLZ, P. *et al.* Utilization of electron acceptors by lactobacilli isolated from sourdough. I. *Lactobacillus sanfransiscensis*. *Zeitschrift fur Lebensmittel Untersuchung und Forschung*, v. 201, p. 91-96, 1995.

STOLZ, P. *et al.* Utilisation of maltose and glucose by lactobacilli isolated from sourdough, *FEMS Microbiology Letters*, v. 109, n. 2-3, p. 237-242, 1993.

TANG, J.; FENG, H.; SHEN, G.-Q. *Drum drying.* New York: Marcel Dekker: 2003. (Nota técnica)

TANG, K. X.; ZHAO, C. J.; GÄNZLE, M. G. Effect of Glutathione on the Taste and Texture of Type I Sourdough Bread. *Journal of Agricultural and Food Chemistry,* v. 65, n. 21, p. 4321-4328, 31 maio 2017.

THIELE, C.; GÄNZLE, M. G.; VOGEL, R. F. Contribution of sourdough Lactobacilli, yeast, and cereal enzymes to the generation of amino acids in dough relevant for bread flavor. *Cereal Chemistry Journal,* v. 79, n. 1, p. 45-51, jan. 2002.

TIEKING, M.; GÄNZLE, M. G. Exopolysaccharides from cereal-associated *Lactobacilli. Trends in Food Science & Technology,* v. 16, n. 1-3, p. 79-84, jan. 2005.

TODOROV, S. *et al.* Detection and characterization of a novel antibacterial substance produced by *Lactobacillus plantarum* ST 31 isolated from sourdough. *International Journal of Food Microbiology,* v. 48, n. 3, p. 167-177, jun. 1999.

TOH, D. W. K.; KOH, E. S.; KIM, J. E. Lowering breakfast glycemic index and glycemic load attenuates postprandial glycemic response: a systematically searched meta-analysis of randomized controlled trials. *Nutrition,* v. 71, p. 110634, mar. 2020.

UA-ARAK, T.; JAKOB, F.; VOGEL, R. F. Influence of levan-producing acetic acid bacteria on buckwheat-sourdough breads. *Food Microbiology,* v. 65, p. 95-104, ago. 2017.

VALERIO, F. *et al.* Effect of *Lactobacillus brevis*-based bioingredient and bran on microbiological, physico-chemical and textural quality of yeast-leavened bread during storage. *Innovative Food Science & Emerging Technologies,* v. 25, p. 2-8, out. 2014.

VALERIO, F. *et al.* Formulation of yeast-leavened bread with reduced salt content by using a *Lactobacillus plantarum* fermentation product. *Food Chemistry,* v. 221, n. 2, p. 582-589, 30 abr. 2017.

VALMORRI, S. *et al.* Yeast microbiota associated with spontaneous sourdough fermentations in the production of traditional wheat sourdough breads of the Abruzzo region (Italy). *Antonie van Leeuwenhoek,* v. 97, n. 2, p. 119-129, 11 fev. 2010.

VAN DER MEULEN, R. *et al.* Population dynamics and metabolite target analysis of lactic acid bacteria during laboratory fermentations of wheat and spelt sourdoughs. *Applied and Environmental Microbiology,* v. 73, n. 15, p. 4741-4750, 1 ago. 2007.

VAN KERREBROECK, S. *et al.* A low pH does not determine the community dynamics of spontaneously developed backslopped liquid wheat sourdoughs but does influence their metabolite kinetics. *International Journal of Food Microbiology,* v. 239, p. 54-64, dez. 2016.

VENTIMIGLIA, G. *et al.* Codominance of *Lactobacillus plantarum* and obligate heterofermentative lactic acid bacteria during sourdough fermentation. *Food Microbiology,* 2015.

VERA, A. *et al.* Description of a French natural wheat sourdough over 10 consecutive days focussing on the *lactobacilli* present in the microbiota. *Antonie van Leeuwenhoek,* v. 101, n. 2, p. 369-377, 21 fev. 2012.

VILLEGAS, J. M. *et al.* Optimization of batch culture conditions for GABA production by *Lactobacillus brevis* CRL 1942, isolated from quinoa sourdough. *LWT – Food Science and Technology,* v. 67, p. 22-26, abr. 2016.

VOGEL, R. F. *et al.* Genomic analysis reveals *Lactobacillus sanfranciscensis* as stable element in traditional sourdoughs. *Microbial Cell Factories,* v. 10, n. Suppl. 1, p. S6, 2011.

VRANCKEN, G. *et al.* Influence of temperature and backslopping time on the microbiota of a type i propagated laboratory wheat sourdough fermentation. *Applied and Environmental Microbiology*, v. 77, n. 8, p. 2716-2726, 15 abr. 2011.

VRANCKEN, G. *et al.* Yeast species composition differs between artisan bakery and spontaneous laboratory sourdoughs. *FEMS Yeast Research*, v. 10, n. 4, p. 471-481, 10 mar. 2010.

WECKX, S. *et al.* Community dynamics of bacteria in sourdough fermentations as revealed by their metatranscriptome. *Applied and Environmental Microbiology*, v. 76, n. 16, p. 5402-5408, 15 ago. 2010.

YAN, B. *et al.* Microbial diversity in traditional type I sourdough and jiaozi and its influence on volatiles in Chinese steamed bread. *LWT – Food Science and Technology*, v. 101, p. 764-773, mar. 2019.

ZHANG, J. *et al.* Diversity of lactic acid bacteria and yeasts in traditional sourdoughs collected from western region in Inner Mongolia of China. *Food Control*, v. 22, n. 5, p. 767-774, maio 2011.

ZHAO, C. J. *et al.* Effect of glutamate accumulation during sourdough fermentation with *Lactobacillus reuteri* on the taste of bread and sodium-reduced bread. *Cereal Chemistry Journal*, v. 92, n. 2, p. 224-230, mar. 2015.

CAPÍTULO 12
Produtos cárneos fermentados

Carmen Josefina Contreras-Castillo,[1]
Carmen Milagros Sinche Ambrosio,[1]
Giovana Vergínia Barancelli,[1]
Angela Dulce Cavenaghi Altemio[1]

12.1 INTRODUÇÃO E CONCEITOS

A carne fresca é um dos alimentos mais perecíveis. Rica em proteínas e com alto teor de água, apresenta curto período de vida útil, devendo ser preservada mediante o uso de técnicas de conservação. Nesse contexto, a fermentação é um processo biológico natural dinâmico e um importante meio de preservação, que evoluiu para ser aplicada na carne, mas que raramente é empregada sozinha. A carne, portanto, é conservada pela combinação da fermentação e de técnicas de redução da atividade da água. Esse tipo de fermentação é caracterizado por contínuas alterações bioquímicas, biofísicas e microbiológicas. Uma de suas principais vantagens se deve ao fato de ser facilmente adotada como estratégia de conservação em países em desenvolvimento com problemas de refrigeração.

Registros históricos indicam que os produtos cárneos fermentados surgiram no Mediterrâneo; são consumidos há séculos, sendo muito apreciados pelos antigos gregos e romanos. Constituem parte da dieta da população mundial, incluindo a

1 Laboratório de Qualidade e Processamento de Carnes, Departamento de Agroindústria, Alimentos e Nutrição (LAN), Escola Superior de Agricultura "Luiz de Queiroz" (ESALQ/USP), Piracicaba, São Paulo, Brasil.

brasileira, com destaque para a Europa como maior produtora e consumidora. Para cárneos fermentados, a matéria-prima é submetida à ação de microrganismos ou enzimas, principalmente amilases, proteases e lipases responsáveis pela hidrólise de polissacarídeos, proteínas e lipídios, em produtos diversos do metabolismo. São alimentos microbiologicamente seguros para o consumo, especialmente devido ao efeito conservante decorrente do acúmulo de ácido láctico, que reduz o pH, e também pelo teor de sal utilizado, que reduz a atividade de água. Apresentam, ainda, características como sabores peculiares (forte e picante), palatabilidade, cor, aromas e textura (elástica), bastante atraentes para o consumidor. A fermentação também aumenta a qualidade nutricional em termos de peptídeos, aminoácidos essenciais, ácidos graxos essenciais e vitaminas.

Os produtos cárneos fermentados mais conhecidos são o salame, o presunto cru, o charque, a copa, certos tipos de linguiças e outros embutidos. Estes tipos de produtos apresentam variações na matéria-prima, formulação e processo de fabricação, de acordo com os costumes e hábitos de diferentes países e regiões. Neste capítulo, serão discutidos os aspectos mais relevantes acerca da microbiologia da fermentação da carne, os processos bioquímicos decorrentes da fermentação microbiana, e as características de qualidade, sensoriais, nutricionais e de segurança conferidas pela fermentação. Embora esse seja o foco do presente capítulo, começaremos abordando os principais aspectos relacionados à tecnologia do processamento de cárneos fermentados, importantes para o completo entendimento acerca do papel dos microrganismos na qualidade desse grupo de alimentos.

12.2 PROCESSAMENTO DE PRODUTOS CÁRNEOS FERMENTADOS

12.2.1 EMBUTIDOS FERMENTADOS SECOS E SEMISSECOS

Os embutidos fermentados podem ser genericamente classificados como secos ou semissecos, entre os quais se inserem os fermentados cozidos. São caracterizados pelo baixo teor de umidade e pela presença de ácido lático, que confere ao produto sabor agradável (ácido e picante) e textura elástica. O fluxograma da Figura 12.1 apresenta as etapas da elaboração de embutidos fermentados secos e semissecos.

As matérias-primas cárneas comumente utilizadas na elaboração desses embutidos são suínas e/ou bovinas, além de gordura suína. As matérias-primas podem ser mantidas a temperaturas abaixo de –2 °C, porém não superiores a 4 °C, uma vez que as partículas de gordura podem envolver a carne, dificultando a retirada de água, impedindo a solubilização das proteínas e facilitando o crescimento de bactérias indesejáveis.

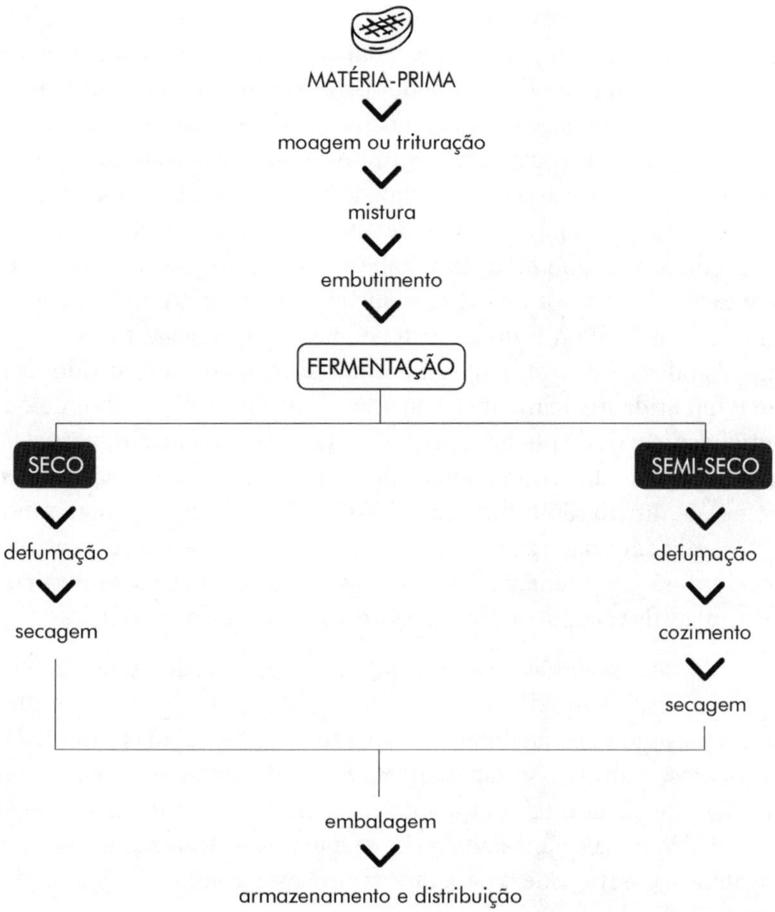

Figura 12.1 – Fluxograma para elaboração de embutido fermentado seco e semisseco.

A etapa de moagem ou trituração pode ser realizada utilizando-se moedor ou *cutter* (a vácuo ou não). A mistura somente é necessária quando se utiliza a moagem. A sequência de adição dos ingredientes tanto na trituração como na misturadeira deve ser respeitada, para favorecer a reação de cura do produto. O cloreto de sódio confere sabor, atua como conservante, reduz a atividade de água e solubiliza as proteínas miofibrilares. A quantidade varia de 2 a 3%, sendo 2% a quantidade mínima necessária para solubilizar as proteínas miofibrilares; até 3%, bactérias ácido lácticas (BAL) não são afetadas, uma vez que são halotolerantes. Em carnes pálidas, moles e exsudativas (PSE - pale, soft, exudative), a alta permeabilidade das membranas das células musculares facilita a penetração dos íons Cl^- e Na^+. Essas carnes são salgadas mais rapidamente. No caso das carnes escuras, duras e secas (DFD - dark, firm and dry), o fenômeno é inverso, pois as membranas celulares musculares são muito menos permeáveis. Essa característica é importante, pois pode impactar o desenvolvimento da microbiota fermentadora. Em estudos que substituíram parcialmente NaCl por KCl, a contagem em UFC de BAL/g foi maior do que a observada quando da presença somente de NaCl.

Quanto aos conservadores nitrato e nitrito de sódio ou potássio, a legislação estabelece no máximo 300 e 150 ppm, respectivamente, para produtos cárneos. O nitrato não apresenta nenhuma atividade inibidora contra *Clostridium botulinum*, bactéria causadora de severa intoxicação alimentar. A atividade antimicrobiana depende da redução do nitrato a nitrito pela enzima nitrato-redutase bacteriana, e, posteriormente, a óxido nítrico. Assim, a adição de nitrato à massa dos embutidos fermentados tem como objetivo um suprimento contínuo de nitrito durante a fabricação e o armazenamento do produto. Quando se utiliza somente nitrato na formulação e açúcar em quantidade excessiva, o valor de pH se reduz rapidamente no início da fermentação, dificultando a redução do nitrato a nitrito, o que impacta negativamente a coloração do produto. Estudos demostram que embutidos fermentados produzidos com nitrato ou pequenas quantidades de nitrito frequentemente têm melhor sabor do que aqueles com quantidades usuais de nitrito. Isso pode estar relacionado à inibição da atividade microbiana na síntese dos componentes de sabor ou seus precursores quando altas concentrações de nitrito são utilizadas (LÜCKE, 1985). Cabe ressaltar, ainda, que os conservantes utilizados não exercem efeitos significativos na acidificação, pois as culturas iniciadoras são resistentes ao nitrito; logo, conseguem se desenvolver, produzir ácido lático e acidificar a massa cárnea na presença desses componentes.

Os açúcares (dextrose, sacarose, xarope de milho) são utilizados como fonte de carbono para o crescimento da microbiota lática. Dextrose e glicose são melhores do que sacarose, pois são mais facilmente assimiladas e fermentadas pelas bactérias. No entanto, a sacarose hidrolisa-se rapidamente e é totalmente consumida, o que resulta em sabor ácido menos acentuado quando comparado com a dextrose em valores de pH final equivalentes. A quantidade recomendada de açúcares simples (como a dextrose) é de até 1%, porém a ideal para que se atinjam a coloração e a acidez desejadas é em torno de 0,4%.

Um dos ingredientes mais importantes na formulação de embutidos cárneos compreende as culturas iniciadoras. Estas têm a finalidade de acelerar o processo de fermentação, produzir sabor, textura e reduzir o nitrato a nitrito. O uso de linhagens selecionadas tem como principal objetivo a inibição da microbiota autóctone da carne, que, quando não controlada, pode causar diversos tipos de defeitos no produto, como produção de ácido acético, etanol e ácido fórmico. As culturas iniciadoras estão geralmente disponíveis na forma liofilizada ou congelada. Na forma liofilizada, devem ser hidratadas trinta minutos antes da adição à massa ou conforme recomendação do fabricante. Os microrganismos iniciadores mais comumente utilizados serão discutidos na seção 12.3.

O ácido ascórbico é utilizado como acelerador de cura, pela redução da metamioglobina em mioglobina e do nitrito a óxido nítrico; assim, participa do desenvolvimento da cor, bem como de sua estabilidade durante armazenamento. Sua quantidade pode variar de 100 a 500 ppm, sem influência no pH da mistura; no entanto, quantidades elevadas atuam como oxidantes, o que pode ocasionar o desenvolvimento de uma coloração verde indesejável no produto. Antioxidantes naturais (ácido fítico, catequina, sesamol, entre outros) são usados como alternativa ao ascorbato de sódio.

Seu emprego nos produtos cárneos depende da solubilidade. Por exemplo, o ácido fítico é solúvel em água, a catequina é parcialmente solúvel, e o sesamol é solúvel em gordura. Especiarias naturais ou seus extratos são adicionadas aos embutidos fermentados com o objetivo de melhorar o sabor e o aroma. A mistura de especiarias ajuda, ainda, a reduzir o pH. Tal fato estaria relacionado à sua composição mineral, bem como ao fato de o íon magnésio presente ser capaz de acelerar o processo de acidificação.

O embutimento da massa pode ser feito em tripas naturais (esôfago) ou artificiais (colágeno). O calibre depende do tipo de embutido. Tripas artificiais possuem melhor resistência mecânica do que as naturais, além de calibre uniforme. O diâmetro dos embutidos pode afetar o processo de acidificação. Diâmetros grandes dificultam a penetração do calor durante a fermentação, pois a microbiota lática encontra condições favoráveis para seu desenvolvimento, enquanto diâmetros pequenos favorecem a difusão de oxigênio, impactando negativamente a produção de ácido.

As tripas de colágeno devem sofrer hidratação, de preferência em água morna contendo 5% a 10% de sal. Caso o envoltório não tenha sido umedecido adequadamente, poderá ocorrer um defeito caracterizado pelo enrugamento e formação de sulcos profundos, prejudicando a qualidade do produto. Além disso, deve-se tomar cuidado para se evitar a formação de bolsas de ar, responsáveis pela oxidação da massa, o que pode ser evitado utilizando-se uma embutideira a vácuo. Outro cuidado está relacionado à escolha das tripas para se embutir as massas cárneas: elas devem possuir permeabilidade ao vapor de água, elasticidade e retratilidade, ficando, portanto, aderidas à massa ao longo da maturação, de maneira a se evitarem bolhas de ar entre a tripa e o produto.

A etapa de maturação dos embutidos fermentados ocorre em duas fases distintas: a primeira é a da fermentação; e a segunda, a da secagem. Os embutidos semissecos, após a fermentação, são parcial ou totalmente cozidos para que se atinja a temperatura mínima interna de 63 °C. Após o embutimento, as peças são levadas à câmara na qual ocorrerá a fermentação; nesse ambiente, a temperatura, a umidade e a velocidade do ar devem ser controladas. Em países tropicais, como o Brasil, devem-se utilizar câmaras climatizadas, a fim de se garantir uma produção uniforme. Temperaturas elevadas aceleram o processo de acidificação, o que pode causar a inibição do desenvolvimento de microrganismos da família Micrococaceae, prejudicando a redução do nitrato a nitrito de sódio e gerando defeitos como cor indesejada, sabor e aroma pronunciados.

As condições iniciais para a fermentação de embutidos secos e semissecos compreendem: temperatura entre 18 e 26 °C; umidade relativa (UR) em torno de 85 a 90%; e velocidade do ar controlada em cerca de 0,4 m/s. Gradativamente, diminui-se a temperatura até 18 °C e a UR para 75%. Produtos fermentados na faixa de 16 a 18 °C apresentam melhor qualidade, sabor e aroma. No decorrer do processo fermentativo, a produção de ácido lático pela microbiota lática resulta em significativa redução do pH: para embutidos secos, de 5,8 a 5,4 (sendo o término caracterizado pela redução até valores de pH entre 5,3 e 5,0); já para os semissecos, os valores observados são menores, variando entre 4,8 e 4,6. Ao longo da fermentação, observa-se uma curva de pH característica, como mostra a Figura 12.2.

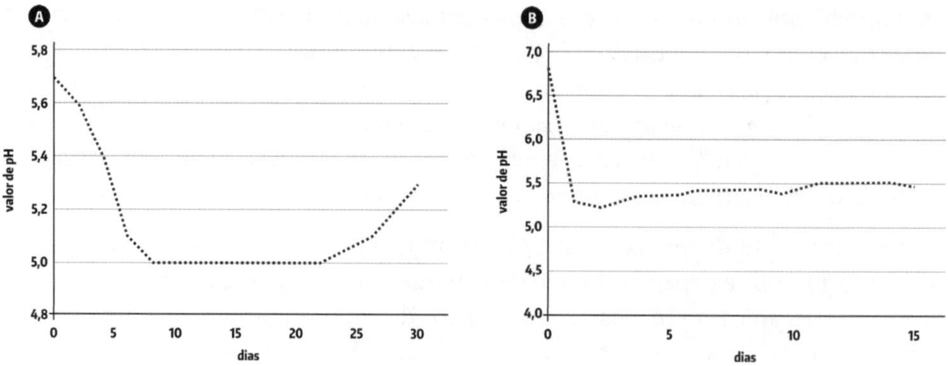

Figura 12.2 – Variação do valor de pH em função do tempo em embutidos fermentados: A) curva para secos; B) curva para semissecos. Fonte: elaborada pelos autores.

Com a redução do pH ocorre a inibição do crescimento de microrganismos indesejáveis – entre as bactérias Gram-negativas, *Staphylococcus aureus*, *Salmonella* Typhimurium, *C. botulinum* e *Listeria* sp. Quando o pH atinge valores próximos ao ponto isoelétrico das proteínas (pH = 5,0), a massa passa de um estado de sólido para gel, estabilizando a emulsão cárnea, o que contribui para a fatiabilidade do produto. A capacidade de retenção de água também é reduzida, favorecendo a secagem posterior do embutido.

Na etapa de fermentação ocorre, ainda, o desenvolvimento da cor devido à reação de cura (uso de nitrato e nitrito de sódio), a primeira elevação de temperatura do produto, início da formação do sabor e aumento da consistência. Durante a fermentação o meio deve estar suficientemente redutor para favorecer a formação de nitrosomioglobina, promover o estado anaeróbio e permitir o crescimento de microrganismos láticos anaeróbios. Para alcançar esta redução, adicionam-se substâncias redutoras, como ácido ascórbico, ascorbato de sódio ou isoascorbato de sódio, conforme mencionado anteriormente. Nessa etapa pode ocorrer uma acidificação excessiva, que pode estar relacionada à escolha da cultura iniciadora ou ao uso de açúcares em quantidades superiores às recomendas.

Ao término da fermentação, as peças podem ficar na mesma câmara ou serem transferidas para a câmara de secagem (no caso dos embutidos secos), ou para a etapa de cozimento (semissecos) e depois para a secagem. A etapa de defumação deve ocorrer em baixas temperaturas e tem por objetivo conferir aroma e sabor de defumado ao produto. Em algumas plantas, tem, ainda, a finalidade de inibir o crescimento de mofos na superfície, devido à alta umidade no ambiente de maturação. Cabe ressaltar que a defumação pode ocorrer junto com a fermentação ou até mesmo com a etapa de cozimento em embutidos fermentados cozidos.

Para este grupo, o cozimento parcial ou total pode ocorrer em estufa de ar seco após a fermentação ou no defumador durante a fase fermentativa. Uma sugestão para a programação do cozimento em estufa de ar seco para embutidos que atingiram o valor de pH entre 5,3 a 5,0 compreende o uso de 60 °C durante 1 hora, com elevação gradual para 85 °C até que o produto atinja a temperatura interna de 63 °C. O cozimento, quando associado à defumação, pode ser realizado à temperatura de 40 °C e UR do ar de 94% durante doze horas; após esse período, eleva-se a temperatura para 43 °C por 4 horas, aumentando para 55 °C por 24 horas. Após, retira-se a fumaça e aumenta-se a temperatura para 65 °C até que a temperatura interna do embutido atinja 60 °C. Após o cozimento, as peças têm sua temperatura reduzida para 38 °C com banho e, então, são levadas à câmara de secagem. O tempo de defumação ou cozimento não pode ser demasiadamente longo, pois pode ocorrer a formação de casca (ressecamento da superfície), dificultando a retirada de umidade do interior do embutido.

Na etapa de secagem, a temperatura utilizada deve ser de 18 °C, UR de 75% e velocidade do ar de 0,2 m/s, mantendo-se constantes estas condições até o término do processo. Esse valor de UR evita o crescimento descontrolado de bolores e leveduras (excesso de umidade), bem como a formação de crosta no embutido (baixa umidade), o que impediria a eliminação de água do interior do produto, deixando seu interior mole e a superfície muito dura, dificultando a fatiabilidade. Também, ocorre a diminuição da capacidade de retenção de água devido à desnaturação das proteínas miofibrilares; com isso, observa-se perda de peso e alterações importantes para a textura e a fatiabilidade do produto. Além disso, ocorre a formação do aroma pela ação das enzimas proteolíticas e lipolíticas, bem como estabiliza-se a cor do produto. Em embutidos secos, a umidade inicial é reduzida para 40 a 60% (umidade final em torno de 35%); a atividade de água atinge valores inferiores a 0,92, podendo chegar a 0,87; a razão umidade/proteína é da ordem de 1,6. Para os semissecos, a umidade final é de aproximadamente 50%; a razão umidade/proteína, menor que 3,7 e maior que 2,3; e a atividade de água atinge valores inferiores a 0,92. O uso de uma velocidade do ar alta durante a secagem deve ser evitada, pois provoca o enrugamento e a formação de sulcos profundos, dificultado a retirada de umidade e resultando em um aspecto desagradável ao produto. A secagem dos embutidos secos e semissecos pode ser acompanhada pela variação da atividade de água ou pela perda de peso das peças em função do tempo, conforme apresentado na Figura 12.3.

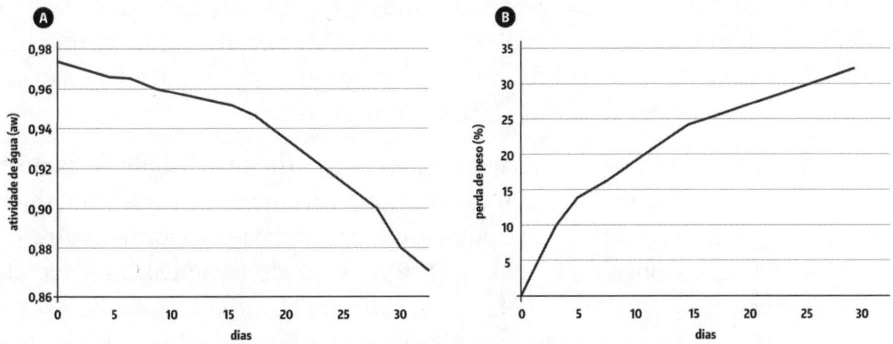

Figura 12.3 – Variação da atividade de água (A) e perda de peso das peças (B) em função do tempo em embutidos secos. Fonte: elaborada pelos autores.

Após a secagem, na ocorrência de mofos na superfície do produto, recomenda-se a lavagem das peças e o retorno à câmara de secagem por aproximadamente 48 horas, seguindo, então, para a retirada do lacre e a embalagem. Embalagens a vácuo são indicadas para evitar que o embutido tenha contato com o oxigênio e, em consequência, que a gordura oxide. O objetivo é conservar a coloração característica, contribuindo para o aumento da vida útil do produto.

12.3 MICRORGANISMOS UTILIZADOS NA FERMENTAÇÃO DE CARNE

O processo de fermentação é realizado pela microbiota autóctone da carne e do ambiente, ou pelas culturas iniciadoras adicionadas no processo de elaboração. Bactérias, fungos filamentosos e leveduras constituem a microbiota autóctone, bem como as culturas iniciadoras. O processo de elaboração tradicional compreende a elaboração de embutidos por meio de um processo de fermentação realizado pela microflora autóctone da carne crua. Outra forma de elaboração compreende a utilização de um pé de cuba, que funciona como uma cultura iniciadora. Depois de uma fermentação exitosa, o produto obtido, contendo a microflora da fermentação, pode ser utilizado para iniciar outro processo de fermentação, adicionando-se parte desse produto obtido à massa cárnea de um novo produto. Diferentemente da elaboração tradicional, na elaboração com culturas iniciadoras estas desempenham um papel fundamental, tornando os produtos mais estáveis, reduzindo sua variabilidade e mantendo as características sensoriais mais uniformes. Atualmente, a aplicação dessas culturas é uma prática comum na indústria de produtos cárneos para garantir um processo de fermentação padronizado e de boa qualidade.

12.3.1 MICROBIOTA AUTÓCTONE

Microrganismos autóctones correspondem à microbiota naturalmente presente na matéria-prima (principalmente na carne) e à microbiota proveniente do ambiente de processamento, de modo que a fermentação tradicional é conduzida por cepas selvagens. O desenvolvimento dessa microbiota relaciona-se, portanto, à fermentação espontânea da massa cárnea, conferindo aos produtos cárneos tradicionalmente fermentados características sensoriais e de segurança.

A microbiota fermentadora da carne compreende grande variedade de bactérias, entre as quais predominam BAL. Em embutidos de fermentação tradicional, estima-se que a população inicial de BAL autóctones na matéria-prima varie entre $1{,}5 \times 10^3$ e 2×10^5 UFC/g; ao longo da fermentação, tornam-se dominantes, podendo atingir valores superiores a 10^8 UFC/g. *Latilactobacillus sakei*, *Latilactobacillus curvatus* e *Lactiplantibacillus plantarum* são as espécies mais comuns de BAL que compõem a microbiota autóctone de diversos produtos cárneos de fermentação tradicional, como embutidos, salame e chouriço. No entanto, *L. sakei* é a espécie predominante na maioria desses produtos, compondo entre 43 a 95% do total de BAL. Cocos Gram e catalase-positivos (CGC+) são o segundo grupo bacteriano mais predominante, principalmente o grupo dos estafilococos coagulase-negativos (ECN). A população autóctone de CGC+ na massa cárnea é estimada em 10^3 a 10^4 UFC/g e inclui as espécies *Sthaphylococcus xylosus*, *S. saprophyticus* e *S. equorum*. *S. xylosus* é a espécie predominante, constituindo de 11 a 100% dos CGC+, dependo do tipo de produto. Cabe ressaltar que, normalmente, os CGC+ são fracos competidores na presença de BAL ativas.

Além de bactérias, fungos filamentosos e leveduras fazem parte da microbiota autóctone dos embutidos de fermentação tradicional. Esses grupos são componentes naturais da microbiota da carne, pois esse substrato constitui um meio ideal para seu desenvolvimento; podem, ainda, ser provenientes do ambiente de processamento. Fungos filamentosos e leveduras são detectados na maioria das massas cárneas em níveis variáveis, de 10^2 a 10^4 UFC/g. Em alguns produtos, como embutidos secos, observa-se um crescimento expressivo durante o processo de fermentação e maturação, enquanto em outros produtos, como salame, a população se mantém relativamente constante ao longo do processo, principalmente se a carga inicial for alta.

Enterococcus sp. são frequentemente parte da microbiota autóctone. Na massa cárnea dos embutidos, sua população inicial pode variar de 2×10^3 a 3×10^3 UFC/g, podendo se proliferar durante o processo de fermentação e maturação. Não obstante, bactérias deteriorantes - como *Pseudomonas* e enterobactérias - compõem a microbiota autóctone e são encontradas em níveis iniciais variáveis nos diferentes tipos de embutidos (em embutidos de fermentação tradicional, por exemplo, são encontradas em populações ao redor de 10^4 e 10^5 UFC/g, respectivamente). No entanto, no decorrer da fermentação, esses grupos bacterianos são reduzidos ou até mesmo eliminados, principalmente em decorrência das condições geradas pelos microrganismos fermentativos (BAL e CGC+), em especial pela acidificação do meio ou pela ação antimicrobiana de bacteriocinas. Da mesma forma, *S. aureus* e *L. monocytogenes* podem esporadicamente contaminar a carne e a massa cárnea; no entanto, a caracterização microbiológica inicial demonstra que esses patógenos são reduzidos abaixo do limite de detecção ou do limite tolerável ao término da fermentação.

A microbiota autóctone é muito variável de acordo com a região e o tipo de matéria-prima cárnea utilizada, o que dificulta o estabelecimento de uma microbiota fermentadora uniforme e, consequentemente, de uma padronização do produto. Nesse sentido, o conhecimento da microbiota autóctone e do seu papel no processo de fermentação é essencial para a identificação de potenciais micro-organismos que possam atuar como culturas iniciadoras, visando a uma padronização do processo e das características sensoriais e, por fim, à qualidade e segurança microbiológicas. Diversas espécies de BAL e ECN compreendem as bactérias fermentativas mais comumente isoladas da microbiota autóctone e utilizadas como culturas iniciadoras no processamento industrial de produtos cárneos fermentados. A seguir, apresentaremos suas principais características.

12.3.2 CULTURAS *STARTER* OU INICIADORAS

Uma cultura iniciadora compreende uma microbiota definida, desenvolvida sob condições controladas em um meio de cultivo, para inoculação da carne, visando ao incremento da eficiência do processo de fermentação. A inoculação da carne com microrganismos selecionados teve início na metade do século XX, na tentativa de superar problemas de inconsistência na qualidade e grandes variações nos produtos finais. A implantação da cultura iniciadora deve ser controlada, de maneira a prevenir o desenvolvimento da microbiota autóctone por meio da exclusão competitiva.

Dentre os principais efeitos da ação das culturas iniciadoras nos produtos cárneos, destacam-se: i) propriedades sensoriais melhoradas, como sabor, cor, aparência, textura, aroma e suculência; i) valor nutritivo (produção de vitaminas) e melhor funcionalidade (digestibilidade); iii) segurança do alimento e qualidade, pelo controle de microrganismos patogênicos e deteriorantes (produção de compostos antimicrobianos).

Na produção industrial, BAL e *Staphylococcus* sp. ou *Kocuria* sp. (ambos CGC+) são as culturas bacterianas comumente utilizadas como indiciadoras. Além de bactérias, diversos fungos filamentosos são utilizados como culturas iniciadoras, como *Aspegillus* sp., *Rhizopus* sp., *Mucor* sp., *Actinomucor* sp., *Amylomyces* sp., *Neurospora* sp., *Monascus* sp. e *Penicillium* sp. Da mesma forma, leveduras, como a *Debaryomyces hansenii*, que é uma espécie dominante e amplamente presente nos embutidos fermentados naturalmente, é uma cultura iniciadora disponível comercialmente.

12.3.2.1 Características das culturas iniciadoras em produtos cárneos

A função principal da cultura iniciadora é proteger os produtos cárneos do crescimento de microrganismos deteriorantes e patogênicos, estendendo a vida útil desses alimentos e garantindo sua segurança microbiológica. A atividade da cultura iniciadora tipicamente deve contribuir para a formação de compostos específicos de sabor e aroma. Por exemplo, BAL e ECN desempenham um papel importante no desenvolvimento do sabor e aroma diferenciados dos embutidos fermentados, pois produzem diversos compostos voláteis e aromáticos como resultado de sua atividade proteolítica e lipolítica sobre componentes da matriz cárnea. Além disso, a cultura iniciadora tem que ser facilmente detectável, a fim de se monitorar sua presença e atividade.

Uma tendência atual observada na indústria de produtos cárneos compreende o uso de culturas que sejam funcionais, ou seja, que apresentem tanto funcionalidade industrial como nutricional. Diferentemente das culturas iniciadoras clássicas, as culturas iniciadoras funcionais oferecem características adicionais, como a geração de compostos de aroma, moléculas promotoras de saúde, bacteriocinas ou outros agentes antimicrobianos, contribuem para a cor da carne curada, apresentam características probióticas, e são, obviamente, inócuas. Portanto, culturas iniciadoras funcionais podem melhorar e otimizar o processo de fermentação da carne, possibilitando a obtenção de produtos mais saborosos, seguros e saudáveis.

Aspectos relevantes de segurança devem ser considerados ao se avaliar potenciais culturas iniciadoras. Estes compreendem características como produção de bacteriocinas, ausência da atividade de descarboxilação de aminoácidos (a fim de se evitar a produção de aminas biogênicas), não apresentar toxicidade (não serem toxigênicas), e não apresentar perfis de resistência a antibióticos. Por exemplo, as bacteriocinas, que são peptídeos antimicrobianos, em conjunto com o ácido lático produzido pelas BAL, podem combater o desenvolvimento de microrganismos patogênicos, como *L. monocytogenes*, ou deteriorantes, como *Pseudomonas* sp.

Cabe ressaltar que as bactérias mais promissoras para exploração como culturas iniciadoras são isoladas da microbiota autóctone de produtos fermentados tradicionalmente. A seleção de cepas selvagens, a partir desses produtos, deve ser criteriosa, com base em potenciais inovações tecnológicas. Compreendem, geralmente, uma mistura de diferentes tipos de microrganismos, formando um coquetel no qual cada uma apresenta funções específicas e requeridas para os diferentes tipos de produtos cárneos fermentados.

12.3.2.2 BAL utilizadas na produção de carnes fermentadas

Conforme já mencionado, BAL desempenham um papel importante no desenvolvimento dos atributos sensoriais de produtos cárneos fermentados, principalmente quanto à acidificação decorrente da produção de ácido lático. Em produtos cárneos, as BAL utilizadas como iniciadoras são, em geral, homofermentativas, ou seja, produzem apenas ácido lático como produto final. A consequente diminuição do pH resulta na coagulação das proteínas da carne, além de promover reações necessárias para a formação da cor e contribuir para a estabilidade microbiológica graças à inibição de microrganismos indesejáveis.

Ainda que o efeito no *flavor* seja principalmente relacionado à produção de ácido lático, outros compostos de sabor podem ser produzidos ao longo da fermentação. Pequenas quantidades de ácido acético, etanol, CO_2 e ácido pirúvico podem ser produzidos durante a heterofermentação realizada pela microbiota autóctone da carne no início da fermentação, dependendo do tipo de carboidrato, da fonte de proteína cárnea e dos aditivos utilizados na formulação.

Lactobacillus sp. são as BAL predominantes nos produtos cárneos fermentados. Além do ácido lático, produzem etanol, CO_2, diversos compostos voláteis (cetonas, aldeídos e furanos), bacteriocinas e são fracos produtores de aminas biogênicas. Especificamente, *L. sakei*, *L. curvatus* e *L. plantarum* são as espécies tecnologicamente mais relevantes e comumente utilizadas como culturas iniciadoras. Essas três espécies, além de *L. pentosus*, são bastante utilizadas na União Europeia para preparo de diversos embutidos fermentados. No entanto, *L. sakei* é a que mais se destaca entre os *Lactobacillus*, amplamente utilizada na produção de embutidos. *L. sakei* apresenta características genotípicas que lhe conferem capacidade de adaptação para crescer e sobreviver no ambiente cárneo rico em aminoácidos, além de possuir genes que codificam proteínas de resposta a fatores de estresse, como choque frio e altas pressões osmóticas (COCCONCELLI, 2008).

Pediococcus sp. são bactérias Gram-positivas em forma de cocos e constituem outro grupo de BAL de notável participação na fermentação dos produtos cárneos, além de contribuir para a aceleração da acidificação pela produção de ácido lático e ácido acético; produzem, ainda, etanol e CO_2. Desempenham papel fundamental no desenvolvimento de aroma e são produtores de certas bacteriocinas. *P. acidilactici* e *P. pentosaceus* são frequentemente as espécies mais utilizadas como culturas iniciadoras para a fermentação da carne.

As populações iniciais de BAL na matriz cárnea dependem do potencial de crescimento dos microrganismos no produto. Por exemplo, na maioria dos embutidos fermentados de estilo europeu, parte-se de inóculos ao redor de 10^6 UFC/g de massa cárnea. Devido à boa adaptação ao ambiente cárneo e à rápida taxa de crescimento durante a fermentação e maturação, as BAL tornam-se, no decorrer do processo, a microbiota dominante e, consequentemente, no produto final.

12.3.2.3 Cocos Gram-positivos e catalase-positivos (CGC+)

ECN e *Kocuria* sp. são os CGC+ mais utilizados como culturas iniciadoras. Participam de reações bioquímicas desejáveis durante a maturação dos produtos cárneos fermentados, como: i) redução do nitrato e nitrito, promovendo assim o desenvolvimento da cor vermelha desejada e sua estabilização; ii) decomposição de peróxidos, limitando a oxidação lipídica e prevenindo o ranço; e iii) desenvolvimento de sabor, pela formação de ésteres e outros compostos aromáticos (gerados a partir dos aminoácidos), como consequência de suas atividades proteolíticas e lipolíticas.

Além disso, ECN e *Kocuria* sp. são fracos competidores na presença de bactérias acidúricas; portanto, durante a maturação, não atingem mais do que 10 UFC/g em relação à população inicial. *Kocuria varians* é a espécie mais utilizada como cultura iniciadora, pela sua boa atividade de redução do nitrito. Dentre os ECN, *S. xylosus* e *S. carnosus* são as espécies mais utilizadas. Originalmente, são as espécies de ECN autóctones dominantes em produtos cárneos fermentados por métodos tradicionais. Ao serem adicionados como culturas iniciadoras, *S. xilosus* e *S. carnosus* modulam o aroma dos produtos cárneos fermentados por meio da conversão de aminoácidos (particularmente dos aminoácidos de cadeia ramificada, como leucina, isoleucina e valina), bem como de ácidos graxos livres.

O uso de ECN bem selecionados, responsáveis pela produção de grandes quantidades de compostos aromáticos, resulta em melhores qualidades sensoriais e/ou num processo mais rápido de fermentação da carne. Estirpes de *S. xylosus* são recomendadas para a produção de embutidos muito aromáticos. Na maioria dos embutidos europeus, essa é a espécie de ECN predominante ao término da maturação.

Em relação ao potencial biogênico, em geral, ECN são pouco associados à produção de aminas biogênicas, embora haja relatos sobre a produção de tiramina e feniletilamina por *S. carnosus* (SÁNCHEZ MAINAR; STAVROPOULOU; LEROY, 2017). No entanto, espécies oportunistas e patogênicas de ECN, como *S. epidermidis* e *S. saprophyticus*, são frequentemente encontradas em produtos cárneos fermentados tradicionalmente, o que representa riscos para a segurança desses produtos. Tem sido detectado que *S. saprophyticus* originalmente faz parte da microbiota das tripas naturais (proveniente da microbiota intestinal dos suínos) utilizadas para embutir a massa cárnea (PISACANE *et al.*, 2015), mas também faz parte da microbiota autóctone da carne. Já *S. epidermidis* pode vir da pele dos animais e constituir a microbiota autóctone da carne, assim como da pele do operário se as boas práticas de fabricação e higiene não são respeitadas e mantidas no processamento (LEROY; LEBERT; TALON *et al.* 2014).

A quantidade de cultura iniciadora de ECN utilizada define o perfil de aroma de um produto cárneo fermentado. Em embutidos de maturação rápida, como salsichas com dois dias de maturação, o uso de inóculos muito numerosos resulta em incremento da produção de aldeídos de cadeia ramificada contendo grupos metil, os quais são responsáveis pelo aroma característico das salsichas. Já em embutidos de maturação lenta, como as salsichas com 7 a 21 dias de maturação, essa situação favorece a formação de sulfitos e ácidos de cadeia ramificada contendo grupos metil, causando um odor pronunciado de enxofre e queijo. Convém ressaltar que baixos níveis de inoculação favorecem a produção de éster diacetílico e éster etílico, o que pode resultar em notas de odor frutado e amanteigado. Além de contribuir para a formação do sabor, ECN também evitam a formação de sabores desagradáveis, por controlar a oxidação de ácidos graxos insaturados devido à sua ação antioxidante e nitrito redutase.

12.3.2.4 Fungos filamentosos e leveduras

Fungos filamentosos e leveduras contribuem para a qualidade dos produtos cárneos fermentados devido às suas atividades metabólicas, que são fundamentais para o desenvolvimento da segurança, textura, sabor e cor desejada. O emprego de fungos filamentosos é o principal responsável pela oxidação do lactato, atividade proteolítica e lipolítica, degradação de aminoácidos, lipoxidação, retardamento da rancidez e reduzida perda de água. Contribui, ainda, para a aparência global do produto final, devido à formação de uma cobertura branca ou acinzentada característica na superfície dos embutidos, estabilizando a cor por meio de sua atividade catalase, consumo de oxigênio e proteção da massa cárnea dos efeitos da luz. Além disso, melhora o perfil de voláteis do produto final. O aroma de pipoca, característico dos embutidos fermentados, é atribuído à formação de 2-acetil-1-pirrolina, produzido pela conversão de prolina (frequentemente encontrada em tripas de colágeno) por ação dos fungos filamentosos (LEROY; VERLUYTEN; DE VUYST, 2006). O alto pH nos embutidos fermentados pode ser associado com a atividade fúngica, já que, pela proteólise, os fungos levam a um incremento do teor de amônia no meio e, pela oxidação do lactato, causam a redução do teor de ácido lático.

A inoculação superficial dos embutidos com fungos filamentosos pode ser feita por pulverização ou por imersão em uma suspensão de esporos. A seleção das estirpes fúngicas deve ser cuidadosa, especialmente quanto à inocuidade. Algumas espécies de *Mucor* e *Penicillium* sp. são mais comumente utilizadas, por não apresentarem risco de toxicidade. Destacam-se as linhagens de *Penicillium nalgiovense*, *P. gladioli*, e *P. camemberti*. Da mesma forma, a seleção deve ser baseada nas atividades proteolíticas e lipolíticas dos bolores. O efeito sobre o produto final dependerá da estirpe utilizada e da tecnologia aplicada na elaboração dos produtos cárneos fermentados. Além disso, é importante considerar a seleção de culturas que permitam o controle do crescimento micelial de espécies autóctones nas primeiras etapas do processo fermentativo.

As culturas de leveduras também contribuem de maneira significativa para o desenvolvimento de sabor e aroma típicos dos embutidos fermentados, em decorrência de suas atividades proteolíticas e lipolíticas. Além disso, desempenham um papel importante na aparência, já que contribuem para a formação da cor: devido ao consumo do oxigênio, favorecem as reações de cura e, consequentemente, o estabelecimento da cor vermelha desejada no produto. A contribuição das leveduras para o sabor pode estar associada à formação de voláteis, como ésteres, e à redução de carbonilos a álcoois (principalmente, 2-metilpropanol, 2- e 3-metilbutanol, e 2-feniletanol). Além disso, o retardamento das reações de oxidação e do início da rancidez das gorduras, devido ao consumo do oxigênio pelas leveduras e pela produção de catalase, que regula a degradação dos peróxidos, também exerce efeito importante. No entanto, a influência das leveduras sobre o aroma é atribuída à sua capacidade de metabolizar ácidos orgânicos, principalmente os ácidos lático e acético.

Ao crescerem na superfície dos embutidos, as leveduras formam uma cobertura externa branca, que auxilia no controle da perda de água e permite uma desidratação uniforme. *Debaryomyces*, *Rhodotorula*, *Hansenula* e *Torulopsis* são os gêneros mais importantes. No entanto, espécies de *Debaryomyces* são as mais empregadas, com destaque para estirpes de *D. hanseenii*, as quais são as mais predominantes em culturas comerciais, individualmente ou em mistura com bactérias ou fungos filamentosos. A espécie é caracterizada por uma alta tolerância ao sal, valores de pH baixos e reduzida atividade de água. Seu bom desenvolvimento nos embutidos fermentados está relacionado ao fato de a temperatura de crescimento ideal ser similar às temperaturas utilizadas na etapa de maturação dos embutidos fermentados. Além disso, *D. hansenii* produz compostos voláteis envolvidos no desenvolvimento do sabor, como 3-metilbutanol, 3-metilbutanal e 2-propanona. Sua influência no sabor final decorre de sua atividade enzimática sobre as proteínas e gordura. Além disso, o efeito protetor de *D. hansenii* contra a ação da luz e do oxigênio nos embutidos fermentados é mediada pela formação da cobertura superficial branca, a qual retarda a oxidação da gordura. *D. kloeckeri* também tem sido identificada como espécie potencialmente útil em cultura iniciadora na maturação de embutidos fermentados, mas seu uso é menos difundido que de *D. hansenii*.

12.3.3 DINÂMICA POPULACIONAL DURANTE A FERMENTAÇÃO E MATURAÇÃO DE PRODUTOS CÁRNEOS

O estudo da ecologia microbiana de embutidos fermentados tem mostrado que os principais microrganismos envolvidos na fermentação e maturação são BAL e CGC+, em particular *Lactobacillus* sp. e *Staphylococcus* sp., respectivamente. No entanto, fungos filamentosos e leveduras também desempenham uma função relevante, especialmente durante a maturação, uma vez que apresentam crescimento mais lento em comparação às bactérias. A Figura 12.4 apresenta a dinâmica populacional de BAL, CGC+ e leveduras ao longo da fermentação de salame Ciauscolo durante 45 dias.

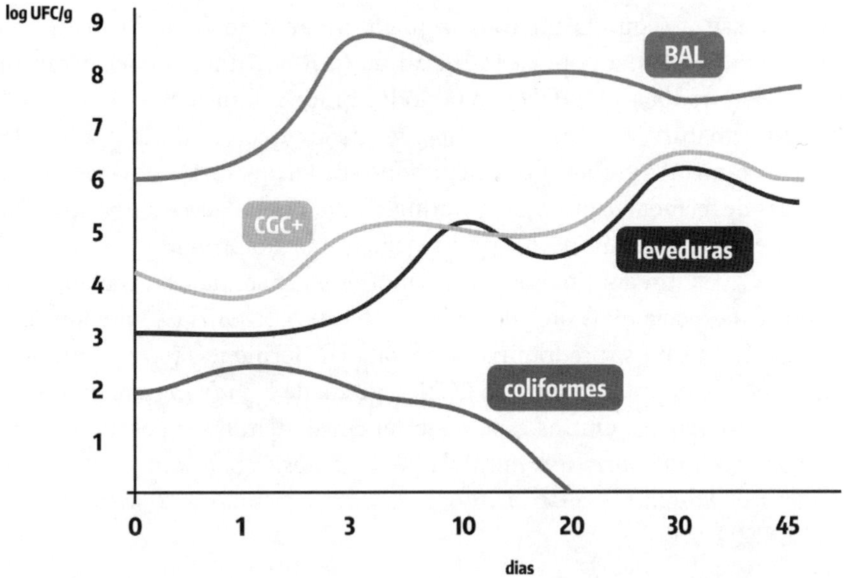

Figura 12.4 – Dinâmica populacional de LAB, CGC+, leveduras e coliformes totais durante fermentação e maturação de salame Ciauscolo. Fonte: adaptada de Aquilanti *et al.* (2007).

A fermentação de embutidos é principalmente caracterizada pelo grande incremento de BAL, partindo de uma população inicial de 10^3 a 10^4 UFC/g até 10^6 a 10^9 UFC/g nos três primeiros dias da fermentação e mantendo-se constante durante a maturação, até finalizar o processamento. Portanto, devido à sua boa adaptação ao ambiente cárneo e sua rápida taxa de crescimento durante a fermentação, as BAL são a microbiota predominante nos embutidos fermentados. Geralmente, os gêneros predominantes de BAL são *Lactobacillus*, *Pediococcus*, *Leuconoctoc*, *Weissella* e *Enterococcus*, mas as espécies de *Lactobacillus* são as mais prevalentes dentre as BAL ao final da maturação, com níveis entre 10^7 a 10^8 UFC/g. *L. sakei* e *L. curvatus* são as espécies mais abundantes no produto final, representando mais de 55% da população total de BAL. No entanto, observa-se que outras BAL, como espécies de *Enterococcus*, também mostram um incremento durante os primeiros dias da fermentação, atingindo níveis de 10^4 a 10^6 UFC/g e se mantendo constantes até o final do processamento. A persistência dos *Enterococcus* em sobreviver e se multiplicar durante a fermentação, permanecendo estável durante toda a maturação, é atribuída à sua ampla faixa de temperaturas de crescimento (10 a 45 °C) e sua tolerância a sais, como cloreto de sódio (NaCl) e nitrito. Outras espécies de BAL são também encontradas como parte da microbiota final de embutidos fermentados, como *L. plantarum, Companilactobacillus alimentarius, L. casei, Lactiplantibacillus paraplantarum, L. pentosus, L. paracasei, Pediococcus spp., Lactococcus lactis, Lactococcus garviae, Leuconostoc citreum, Leuconostoc mesenteroides, Weisella paramesenteroides, Enterococcus faecium, Enterococcus durans* e *Enterococcus pseudoavium.*

Os CGC+ são a segunda microbiota predominante ao final da maturação. Na maioria dos embutidos, a população inicial de CGC+ aumenta consideravelmente, atingindo níveis de 10^5 a 10^8 UFC/g no período compreendido entre os 14 e 20 dias de fermentação e maturação, sendo geralmente menor que os níveis de BAL (Figura 12.4). Não obstante, em embutidos com períodos de fermentação mais longos e baixas temperaturas de fermentação, os CGC+ atingem uma população maior nos primeiros dias de fermentação, com impactos positivos no sabor do produto final. ECN são geralmente os CGC+ predominantes nos embutidos fermentados, especificamente *S. xylosus*, que é a espécie mais prevalente. Mesmo que *S. xylosus* não predomine desde o início, a espécie torna-se predominante ao longo da fermentação, constituindo entre 17% e até 100% da população total de ECN, seguida de *S. pulvureri, S. vitulus, S. equorum* e *S. saprophyticus*. Outras espécies também podem fazer parte da microbiota final de ECN, como *S. aureus, S. auricularis, S. carnosus, S. cohnii, S. epidermidis, S. haemolyticus, S. hominis, S. intermedius, S. lentus, S. pasteuri* e *S. warneri* (TALON; LEROY; LEBERT, 2007).

Em relação aos fungos filamentosos e leveduras, estes são componentes habituais da microbiota fermentativa de embutidos fermentados. Normalmente, são detectados na massa cárnea em populações iniciais que variam de 10^2 a 5×10^4 UFC/g; durante a maturação, multiplicam-se lentamente, atingindo níveis não superiores a 10^5 UFC/g. A composição da microbiota fúngica se modifica durante a maturação dos embutidos fermentados, o que, na prática, pode ser observado pelo crescimento inicial de leveduras, com posterior dominância de fungos filamentosos. Na etapa inicial de maturação, leveduras são selecionadas pela diminuição da atividade de água (Aw) do produto, em decorrência da presença de sais ou do processo de desidratação, favorecendo, assim, seu desenvolvimento. A predominância de leveduras sobre os fungos filamentosos ocorre até os quinze primeiros dias de maturação; a partir desse momento, fungos filamentosos e leveduras apresentam populações proporcionalmente balanceadas. A microbiota fúngica resultante no produto final é determinada pelo tipo de produto, ambiente de processamento e tecnologia empregada. A defumação, por exemplo, prejudica o crescimento de leveduras, uma vez que elas são mais sensíveis ao calor, o que contribui para a redução de sua população em embutidos fermentados defumados.

Em relação à microbiota deterioradora, esta também sofre mudanças ao longo da fermentação e/ou maturação. Inicialmente, as populações de enterobactérias e *Pseudomonas* sp. variam de 10^1 a 10^4 UFC/g e 5×10^1 a 10^5 UFC/g na massa cárnea, respectivamente; no decorrer do processo, são progressivamente reduzidas ou eliminadas. Obviamente, de acordo com a qualidade microbiológica das carnes, essas populações podem ser menores. Enterobacteriaceae podem atingir populações de 10^3 a 10^6 UFC/g durante os primeiros dias de fermentação/maturação, quando pH, atividade de água, conteúdo de sal e umidade constituem um ambiente favorável para seu desenvolvimento. No entanto, tem sido observado que a contagem dessas bactérias diminui progressivamente a partir da primeira semana de fermentação, reduzindo-se a populações ao redor de 10^2 UFC/g, que se mantêm constantes até o final da fermentação. No caso de *Pseudomonas*, tem sido observado que estas se mantêm constantes ou são eliminadas até o final do processo de fermentação dos embutidos. Cabe ressaltar que algumas bactérias deteriorantes e/ou patogênicas, como *Hafnia alvei*, *Serratia liquefaciens*, *Serratia odorifera*, *Escherichia coli*, *Enterobacter amnigenus* e *Proteus vulgaris*, podem ser detectadas como parte da microbiota de alguns embutidos fermentados.

12.4 ALTERAÇÕES QUÍMICAS DECORRENTES DA FERMENTAÇÃO MICROBIANA

12.4.1 ACIDIFICAÇÃO DA MASSA CÁRNEA

Durante a fermentação microbiana, a maioria dos carboidratos é metabolizada a glicose. Nesse processo, BAL produzem ácido orgânicos, como lactato e acetato, pela via da glicólise, o que contribui para a acidez do produto cárneo. A formação de diferentes quantidades de outros produtos depende das BAL utilizadas, da temperatura, do tipo e quantidade de carboidratos e de outros parâmetros do processamento. As principais vias da fermentação lática são (i) a homolática (glicólise, via de Embden-Meyerhof-Parnas); (ii) a heterolática (via 6-fosfogluconato/fosfo-cetolase). Nesse metabolismo de carboidratos, um mol de glicose ou qualquer substrato glicosídico, como sacarose, lactose e maltodextrinas, em produtos cárneos, é degradado a dois moles de ácido lático, na ausência de oxigênio molecular. A formação do ácido lático ocorre em duas fases: na primeira, a glicose é fosforilada por ATP e clivada para formar gliceraldeído fosfato. Na segunda, o gliceraldeído fosfato é convertido a ácido lático por uma série de reações de oxidorredução, que estão acopladas por meio de moléculas de NADH e NAD à fosforilização do ADP, para permitir a continuidade dos ciclos de fermentação subsequentes. O piruvato é reduzido a ácido lático pela enzima lactato-desidrogenase, com o NADH atuando como doador de hidrogênio. O catabolismo dos ácidos pirúvico e lático pelas BAL produz compostos como ácido acético, ácido fórmico, etanol, 2-propanol, acetaldeido, 2,3 butanodiona (diacetil), 3-hidroxi-2-butanona (acetoína) e 2,3-butanodiol, que são responsáveis pelo aroma específico dos produtos cárneos fermentados. Por essa via são formadas quatro moléculas de ATP por molécula de glicose fermentada. Mas, como são consumidas duas moléculas, a produção líquida é de duas moléculas de ATP por molécula de glicose fermentada. Quando se tem, portanto, a combinação da massa cárnea com o sistema de BAL em ambiente anaeróbico, a fermentação de carboidratos com produção e acúmulo de ácido lático resulta na redução do pH, influenciando o *flavor*, a coagulação da proteína e a consistência característica do produto (para mais informações a respeito da bioquímica da fermentação, ver Capítulo 3).

12.4.2 PROTEÓLISE

A proteólise em embutidos fermentados é influenciada por diversas variáveis, como temperatura, pH, formulação do produto (concentração de glicose, sal, nitrito, nitrato e ascorbato), condições de processamento e tipo de cultura microbiana utilizada. Portanto, essas variáveis influenciam a quantidade de compostos aromáticos formados e, consequentemente, têm um impacto significativo sobre suas características sensoriais. A hidrólise de proteína miofibrilar e sarcoplasmática se inicia pela ação das respectivas enzimas endógenas e bacterianas na degradação de proteínas durante a maturação dos embutidos. A degradação da estrutura miofibrilar influencia a consistência do produto.

A proteólise nos produtos cárneos ocorre por ação das catepsinas e calpaínas, ambas enzimas musculares, particularmente a catepsina D, protease ácida que atua sobre a miosina e a actina, enquanto as catepsinas B, H e L, proteases restritas à actina e outros, atuam no processo de fermentação e maturação. Consequentemente, ocorre a degradação para polipeptídios, que, posteriormente, por ação das peptidases microbianas e musculares, resultam em peptídeos; estes sofrem a ação de exopeptidases microbianas e musculares, gerando aminoácidos livres. As enzimas microbianas são mais importantes durante os últimos estágios da maturação. Portanto, a atividade das enzimas tanto endógenas como bacterianas está fortemente envolvida na qualidade do produto final.

No processo de maturação, aminoácidos e pequenos peptídeos são catabolizados pelos microrganismos e transformados em numerosos compostos aromáticos por diferentes vias. Algumas conversões bioquímicas importantes de aminoácidos, como leucina, isoleucina, valina, metionina e fenilamina, ocorrem nos aldeídos ramificados, importantes nos atributos sensoriais e nos produtos secundários correspondentes, como ácidos, álcoois e ésteres.

As principais reações envolvidas no metabolismo de aminoácidos livres estão ligadas à degradação microbiana por descarboxilação e desaminação, que produz amônia e, por consequência, um aumento do pH durante a fermentação. Já a transaminação e a descarboxilação de aminoácidos ramificados (valina, isoleucina e leucina) produzem os respectivos aldeídos ramificados, álcoois e/ou ácidos, percebidos sensorialmente pelo odor pungente e de malte. Outros aminoácidos (fenilalanina, treonina, triptofano, tirosina) também são transformados em seus respectivos aldeídos, como fenilacetaldeído (oriundo da fenilalanina e do indol como produto da degradação do triptofano). A degradação dos aminoácidos sulfurados cisteína e metionina produz compostos voláteis de enxofre. A metionina resulta em produtos de metionol, metional e produtos da oxidação, como dimetildissulfeto e dimetiltrissulfeto, sendo estes caracterizados por limiares de odor muito baixos e odores de carne, enxofre, repolho e cebola.

Enzimas microbianas estão envolvidas na degradação da cisteína e liberam sulfeto de hidrogênio, envolvido em outras reações de oxidação, produzindo compostos potentes de aroma e enxofre. Além disso, a produção de ácidos e de álcool provenientes do catabolismo de aminoácidos durante a fermentação microbiana é precursora dos compostos de ésteres formados pela atividade da esterase dos estafilococos presentes nos produtos à base de carne. Os principais compostos de ésteres identificados nos produtos fermentados são os ésteres etílicos de cadeia curta (1-C10), que contribuem para os odores de fruta. Esse acúmulo de pequenos peptídeos e aminoácidos livres está relacionado com o sabor. Esses elementos são também precursores do *flavor* pela reação da degradação de aminoácidos.

12.4.3 LIPÓLISE

As duas reações lipídicas mais importantes correspondem à oxidação e à hidrólise da gordura, esta última relacionada à produção de produtos cárneos fermentados. No momento da fermentação e maturação, a fração lipídica de embutidos é hidrolisada moderadamente por reações lipolíticas. Os triglicerídeos do tecido muscular e adiposo, por ação de enzimas como lipases microbianas e endógenas, por meio de reações da β-oxidação lipídica, produzem ácidos graxos de cadeia curta e β-cetoácidos que catalisam em glicerídeos e monoglicerídeos, com liberação de ácidos graxos livres. Os fosfolipídios, por ação de fosfolipases do músculo, também liberam tais componentes.

A lipólise tem sido amplamente estudada, uma vez que os ácidos graxos livres são considerados precursores principais de produtos de oxidação, importantes para o desenvolvimento de sabor e formação de compostos aromáticos do catabolismo lipídico. Esses ácidos graxos de cadeia curta podem, assim, contribuir para o odor picante e penetrante de produtos cárneos fermentados. Em seguida, os β-cetoácidos são degradados em metilcetonas, por meio de reações de descarboxilação microbiana (principalmente por *Staphylococcus* sp. e *Penicilllium* sp.), que são ainda degradadas em álcoois secundários. Esses álcoois secundários têm menos impacto no odor e podem contribuir para os odores amadeirados, gordurosos, florais e de cogumelos, enquanto as metil-cetonas têm baixo limiar de odor e contribuem para os odores de gordura dos animais. A taxa dessa reação aumenta com a temperatura e é catalisada por lipases.

12.4.4 FORMAÇÃO DA COR

Produtos fermentados são curados com a adição de sal, nitrato e/ou nitrito. O nitrato de sódio e o nitrito de sódio utilizados na produção de embutidos têm propriedades antimicrobianas e efeito de cura em carnes. A cura é um processo no qual a adição de nitrato pode ser útil no processamento em longo prazo. Sal de nitrito causa sabor característico e formação de cor nos produtos. No início do processo de cura, a redução de nitrato a nitrito por ação bacteriana é um processo lento, porque a velocidade dessa reação depende do tamanho da população de microrganismos no produto, do pH, da temperatura e do teor de sal. Bactérias, como *Micrococcus* sp. e *Staphylococcus* sp., produzem as enzimas nitrato redutase e nitrito redutase, responsáveis pela redução do nitrato a nitrito e do nitrito a óxido nítrico (NO), respectivamente. A concentração de 50 ppm melhora o sabor e a aparência dos produtos: de 30 a 50 ppm são suficientes para conferir a cor de carnes curadas, e 100 ppm contribuem para o sabor e a aparência.

Condições como pH baixo, presença de ascorbato e outras condições redutoras aceleram a formação de NO. Nitrito também pode ser decomposto em produtos correspondentes em água e o NO é produzido em solução ácida. A cor vermelha curada dos embutidos depende da reação de NO com a mioglobina da carne para produzir nitrosomioglobina, que é um pigmento vermelho-rosado, cor característica do produto curado. Algumas vezes, após a cura, o calor é aplicado ao produto. Nesse momento, a nitrosomioglobina é convertida em nitroso-hemocromo (cor rosa-claro), e a metamioglobina é desnaturada (cor de carne fresca cozida cinza-marrom).

12.5 CONTRIBUIÇÃO DA FERMENTAÇÃO PARA A SEGURANÇA DE PRODUTOS CÁRNEOS

Produtos de carne fermentada, em geral, têm uma longa história de segurança no mundo. Ainda que envolvidos em surtos alimentares, estes são mais esporádicos em comparação com outros tipos de produtos de origem animal. Na produção de carnes fermentadas, a preocupação com a inocuidade tem sido especialmente relacionada a contaminações de origem microbiológica e química.

Culturas iniciadoras são geralmente desenvolvidas para atender a critérios de segurança dos alimentos, eficiência tecnológica e viabilidade econômica. Além das propriedades tradicionais, o desenvolvimento de novas culturas iniciadoras deve considerar riscos decorrentes da formação de aminas biogênicas e de resistência bacteriana a antibióticos.

Na fermentação de produtos cárneos, as principais transformações estão relacionadas a mudanças da microbiota inicial, redução de pH, redução de nitratos a nitritos, formação de nitrosomioglobina, solubilização e gelificação de proteínas miofibrilares e sarcoplasmáticas, fenômenos de oxidação, hidrólise e desidratação. A adição de nitrato e nitrito à mistura de carne crua é importante no início da fermentação, para a estabilidade microbiológica, enquanto outros obstáculos ainda não estão estabelecidos. O próximo obstáculo é o potencial de oxidorredução (Eh). Quando moída, a carne incorpora oxigênio do ar, o que resulta em Eh relativamente alto. No início da fermentação, o crescimento de bactérias aeróbias resulta em redução do Eh, o que atua como um obstáculo, uma vez que o nitrito é mais eficaz como antimicrobiano em Eh baixo. Nesse sentido, bactérias aeróbias relacionadas à deterioração do embutido são inibidas com a redução de Eh, o que, por sua vez, favorece as BAL. Em embutidos crus com fermentação lenta, o Eh tende a se elevar novamente. A microbiota lática competidora torna-se, portanto, o mais importante obstáculo, pois suprime microrganismos indesejáveis, inclusive patógenos, por diminuição do pH e potencial formação de bacteriocinas. O valor de pH é um obstáculo importante na estabilidade de muitos embutidos crus, particularmente nos de maturação rápida que contêm uma Aw relativamente alta. Durante a maturação do embutido cru, o pH tende a subir novamente, e essa barreira torna-se menos importante. No caso de salame italiano, por exemplo, cujo pH não atinge valores abaixo de 5,2, a Aw é mais importante para estabilizar o produto. O obstáculo final, portanto, consiste na redução de Aw, que ganha importância à medida que o processo evolui. Essa sequência de barreiras permite melhorar a segurança microbiológica, uma vez que inibe a microbiota patogênica, que inclui *Salmonella* sp., *L. monocytogenes*, *S. aureus* e *C. botulinum*, além de permitir o desenvolvimento da microbiota tecnológica, principalmente as BAL, que aproveitam a vantagem seletiva, tornando-se dominantes.

Em produtos cárneos fermentados, a eventual presença de toxinas bacterianas, de micotoxinas e de aminas biogênicas pode ser decorrente da sua liberação durante o processamento. Em carnes processadas, compostos nocivos importantes do ponto de vista toxicológico também podem ser formados por uma química complexa, resultado das interações entre reagentes e condições específicas, como as nitrosaminas, os hidrocarbonetos policíclicos aromáticos (HPA) e as aminas aromáticas policíclicas.

Produtos cárneos fermentados podem ser submetidos à defumação, o que também contribui para uma proteção contra microrganismos indesejáveis. Isso se dá pela desidratação da superfície do produto, principalmente na defumação a quente, pela coagulação proteica durante a defumação e pelo depósito de substâncias antimicrobianas da fumaça na superfície do produto.

12.5.1 PATÓGENOS DE IMPORTÂNCIA EM PRODUTOS CÁRNEOS FERMENTADOS

A carne crua utilizada na elaboração de produtos cárneos fermentados pode ser fonte de microrganismos causadores de toxinfecções alimentares em humanos, se não houver medidas de controle sanitário, de biossegurança no campo, incluindo manejo e práticas de bem-estar animal, além de boas práticas de produção e higiene. Os principais perigos microbiológicos de destaque em carnes frescas são *Salmonela* spp. e *Campylobacter* spp. Em carne bovina, *E. coli* O157:H7 e outras linhagens de *E. coli* entero-hemorrágica (EHEC) são importantes, especialmente em produtos não submetidos a tratamento térmico suficiente para torná-los seguros. Em carnes suínas, além da bactéria *Yersinia enterocolitica*, destaca-se o parasito *Trichinella spiralis*, causador da triquinose.

Em produtos cárneos curados estáveis em temperatura ambiente, salmonelas, EHEC, *Y. enterocolitica*, *S. aureus*, *C. botulinum* e *T. spiralis* são patógenos importantes. Em geral, as doenças decorrem da ingestão de carnes mal cozidas ou subprocessadas, inclusive por falhas nos processos de elaboração de embutidos. Uma preocupação recente é com o vírus da hepatite E, que já foi detectado em alguns produtos cárneos suínos prontos para o consumo. O RNA do vírus já foi detectado em produto cárneo cru curado contendo fígado suíno (GIANINNI *et al.*, 2018). A microbiota inicial da massa cárnea varia em função dos ingredientes utilizados e das condições de processamento. Os contaminantes também dependem dos métodos de produção, como fermentação e cura.

Em embutidos fermentados, o controle de *Salmonella* sp. decorre principalmente da reduzida atividade de água e do rápido desenvolvimento de BAL. Enfermidades causadas por *Salmonella* sp., *E. coli* O157:H7 e *Y. enterocolitica* têm sido relacionadas a falhas de processamento de embutidos. Essas bactérias podem ser controladas mediante a aplicação de processos validados para diminuir a população dos patógenos nas misturas de carnes cruas e, em sequência, a aplicação da análise de perigos e pontos críticos de controle (APPCC), para que condições adequadas de produção sejam atingidas. Devido à ocorrência de infecções por EHEC, alguns países estabelecem exigências para validar o controle do patógeno em carnes fermentadas, como uma etapa de aquecimento brando.

L. monocytogenes consiste em um patógeno potencialmente veiculado por embutidos fermentados. Alimentos com maior risco são os prontos para consumo com características intrínsecas que permitem a multiplicação do patógeno, como salsichas, por exemplo, enquanto os que não oferecem condições de multiplicação são de menor risco, caso do salame, pelos obstáculos criados durante seu processo de fabricação e presentes no produto final. Para produtos cárneos prontos para o consumo produzidos sem tratamento listericida, atenção especial é necessária para assegurar o controle do patógeno na matéria-prima, mediante o controle de fornecedores e análises periódicas do produto.

Para controle de *S. aureus* em embutidos fermentados secos, pode-se aliar o uso de culturas iniciadoras comerciais ou de glucona-delta-lactona (GLD) a condições de processamento, como a quantidade de sal adicionada e a temperatura de fermentação, que favorecem a cultura iniciadora e limitam a multiplicação do patógeno em função da acidificação (valores de pH menores que 5,3). Outra estratégia consiste em deixar os embutidos em temperaturas baixas até a diminuição da umidade e até que a população de BAL se multiplique, o que diminui a probabilidade de *S. aureus* se multiplicar quando, posteriormente, a temperatura for elevada.

Com respeito a *T. spiralis*, em países onde há ocorrência do parasito, o congelamento pode ser aplicado como medida preventiva. Embora não haja registro de ocorrência no Brasil, a legislação atual (BRASIL, 2017) apresenta diversos binômios tempo × temperatura capazes de destruir larvas eventualmente presentes na carne, por exemplo, –15 °C durante trinta dias.

C. botulinum representa um perigo microbiológico importante em embutidos cárneos fermentados devido à produção de toxina botulínica, uma das substâncias biológicas mais letais entre as conhecidas. Misturas cárneas cruas de embutidos podem conter número significativo de bactérias formadoras de esporos. Existem vários fatores intrínsecos que afetam o crescimento de *C. botulinum*, principalmente pH (mínimo para o grupo I [4,6] e para o grupo II [5,0]), Aw, exclusão competitiva pela microbiota fermentadora, bem como conservantes adicionados. Limites máximos e mínimos para tais parâmetros foram estabelecidos, embora raramente atuem de forma independente, mas sim em conjunto. Outro fator que pode influenciar o crescimento de *C. botulinum* em alimentos é a temperatura, sendo as mínimas 10 e 3 °C, para os grupos I e II, respectivamente.

Quando se utiliza nitrito como conservante, o principal microrganismo a ser evitado é o *C. botulinum*, sendo que a atividade antibotulínica do nitrito depende do pH, da concentração salina, da temperatura de incubação e do número inicial de esporos do patógeno. No entanto, deve-se ter muito cuidado com a manipulação e o uso de nitrito, pois seu emprego inadequado pode trazer sérios riscos à saúde. Nesse contexto, o papel do nitrito em carnes curadas tem sido bastante discutido. Alguns autores defendem que, provavelmente, é difícil a formação de toxina botulínica em embutidos fermentados de estilo europeu, em função do baixo pH e da baixa atividade de água. Outros consideram o nitrito necessário, especialmente naqueles produtos com queda de pH menos significativa, como salames. Modelos para predizer a interface entre crescimento e não crescimento de *C. botulinum* em produtos cárneos com diferentes níveis de nitrito (0 a 150 ppm), concentrações de lactato de sódio, cloreto de sódio e diferentes níveis de pH, a 4 °C e a 12 °C, demonstram que *C. botulinum* não cresce na presença de 72 a 150 ppm de nitrito. Entretanto, a 60 ppm, há crescimento quando o pH é superior a 6, as temperaturas de armazenamento são maiores e os níveis de cloreto e lactato de sódio, menores. A redução da concentração ou até mesmo a eliminação de nitrato/nitrito em fórmulas de embutidos fermentados submetidos à secagem não compromete a segurança do produto. Fatores como pH, atividade de água e microbiota competitiva podem exercer um papel mais relevante do que o próprio conservante na inibição do crescimento e produção da toxina botulínica. Entretanto, o papel do nitrito nunca deve ser subestimado, pois é relevante em outros produtos ou mesmo em casos de falha de outras barreiras para *C. botulinum*, nas condições de maturação. Deve-se, portanto, controlar todos os fatores tecnológicos que contribuem para a inibição de *C. botulinum* nesse tipo de produto cárneo, sendo imprescindível considerar os riscos de cada fase do processamento e da maturação.

Apesar da relevante função tecnológica e de segurança do nitrito em embutidos, há preocupações quanto ao seu papel na formação de N-nitrosaminas, uma vez que muitas são consideradas carcinogênicas. Com a presença de aminas e de nitrito em produtos embutidos, torna-se possível a formação de nitrosaminas, que resultam da ação do ácido nitroso (formado a partir de nitritos) sobre as aminas da carne. Apesar da controvérsia acerca da segurança da exposição humana ao nitrito pela dieta, produtos cárneos geralmente têm uma contribuição mínima na ingestão. Assim, o nitrito é ainda considerado seguro e é regularmente empregado pela indústria processadora de carnes. A concentração de nitrito em carnes se reduz consideravelmente durante o processo de aquecimento e armazenamento; cerca de 50% do nitrito adicionado é degradado nas primeiras 24 horas e menos de 10% permanecem após sete dias. Assim, a quantidade de nitrito ingerida quando do consumo de carnes curadas é muito menor do que a quantidade adicionada no produto. No Brasil, em produtos cárneos processados, a soma dos nitritos e nitratos, determinada como resíduo máximo, não deve superar 0,015 g/100 g, expressa como nitrito de sódio (BRASIL, 2019). Diante da polêmica sobre os possíveis danos à saúde de nitratos e nitritos, diversas pesquisas indicam falta de evidências para a carcinogenicidade induzida por nitrito e argumentam que moléculas de nitrato e nitrito estão disponíveis de forma natural em diversos alimentos – como vegetais –, e que, inclusive, têm sido consideradas essenciais à saúde, contribuindo, quando consumidas, para a homeostase fisiológica e bioquímica do organismo. O nitrito, ao promover a produção de óxido nítrico, está envolvido na saúde cardiovascular. No entanto, as evidências até o momento não são suficientes para se encerrar a controvérsia sobre o assunto (OLIVO; RIBEIRO, 2018).

Outros antimicrobianos são permitidos para diversas categorias de produtos cárneos no Brasil. O sorbato tem efeito inibitório sobre leveduras, bolores e bactérias Gram-positivas e Gram-negativas. Entretanto, seu uso combinado com nitrito em produtos cárneos é proibido em diversos países. O sorbato não deve ser encontrado na parte interna dos alimentos, mas pode ser aplicado na superfície de produtos à base de carne curada fermentada salgada e seca ou para o tratamento prévio de invólucros (na forma de solução, para as tripas), a fim de inibir o crescimento de fungos (BRASIL, 2019).

12.5.2 COMPOSTOS QUÍMICOS DE IMPORTÂNCIA EM PRODUTOS CÁRNEOS FERMENTADOS

Nesta seção, abordaremos a ocorrência de compostos químicos em produtos cárneos fermentados, com destaque para aqueles decorrentes da atividade microbiana. Nitrosaminas e hidrocarbonetos policíclicos aromáticos serão discutidos brevemente, devido à sua importância, ainda que não estejam diretamente relacionados à microbiota do produto.

12.5.2.1 Aminas biogênicas

Aminas biogênicas incluem diferentes substâncias caracterizadas pela presença de pelo menos um grupo amino; podem ser de origem microbiana ou decorrentes da atividade fisiológica em tecidos vegetais e animais. As de origem microbiana são formadas pela ação de descarboxilases a partir de aminoácidos precursores. Trata-se de compostos não voláteis, capazes de permanecerem nos alimentos mesmo após a aplicação de tratamentos térmicos. Portanto, a presença e o nível de aminas biogênicas é um indicador da atividade microbiana (descarboxilação) em alimentos armazenados ou processados. Histamina, putrescina, tiramina, cadaverina e β-feniletilamina estão entre as aminas biogênicas mais comuns em alimentos fermentados. Sua ingestão pode provocar efeitos psicoativos e vasoativos, de acordo com o tipo de amina presente; são, portanto, componentes indesejáveis no produto final. Para minimizar o risco de produção de aminas biogênicas em produtos cárneos fermentados, indica-se a utilização de matérias-primas e ingredientes de qualidade higiênica, assim como a seleção e uso de culturas iniciadoras não aminogênicas. Entre as BAL produtoras de aminas em carnes fermentadas, destacam estirpes de *Lactobacillus, Enterococcus, Carnobacterium, Pediococcus, Lactococcus* e *Leuconostoc.* Enterobactérias estão relacionadas à produção de cadaverina e/ou histamina, enquanto a microbiota ácido-lática, especialmente enterococos, pode ser produtora de tiramina.

A fermentação favorece a formação de aminas biogênicas em consequência do desenvolvimento de microrganismos potencialmente aminogênicos, bem como das reações de proteólise, que aumenta a disponibilidade de aminoácidos precursores. Carne, produtos frescos e tratados termicamente não deveriam conter aminas biogênicas microbianas; no máximo, apresentar apenas as aminas fisiológicas. Outras aminas só poderiam estar presentes em quantidades insignificantes. Em produtos cárneos fermentados, a ocorrência de aminas biogênicas é variável, considerando-se os diferentes tipos ou seus níveis totais. Vários países determinam limites de tolerância para sua presença em alimentos. No Brasil, existem poucas pesquisas sobre aminas em produtos cárneos. Estudos em salames italianos demonstraram valores de aminas biogênicas entre 28,33 a 53,27 mg/100 g, com predomínio de tiramina, cujas amostras avaliadas apresentaram concentrações capazes de provocar efeito tóxico em indivíduos sensíveis. Em termos legais, a legislação atual brasileira (BRASIL, 2019) estabelece limite máximo apenas para a histamina em pescado.

12.5.2.2. Micotoxinas

Conforme discutido anteriormente, o crescimento de fungos filamentosos na superfície de embutidos fermentados durante a maturação é considerado um fator de qualidade, que deve complementar mudanças bioquímicas relacionadas à maturação do produto. No entanto, micotoxinas representam sérios riscos à saúde dos consumidores, e podem resultar em diversos efeitos, como carcinogênicos, genotóxicos, teratogênicos, nefrotóxicos e hepatotóxicos. Logo, o conhecimento acerca da microbiota em embutidos fermentados e o potencial risco para sua segurança microbiológica é imprescindível para a qualidade do produto final. Em termos práticos, a regra geral da charcutaria é que o mofo branco e liso é seguro; qualquer outra alteração de cor ou quanto ao tipo de micélio (com filamentos ou pegajoso) é indício de contaminações indesejadas, devendo-se, nesse caso, proceder à retirada do fungo, bem como a limpeza de todo o ambiente. *Penicillium nalgiovense* é um fungo tradicionalmente adicionado como cultura iniciadora em embutidos fermentados que, além dos benefícios sensoriais para o produto, auxilia na prevenção de fungos indesejáveis potencialmente toxigênicos.

Em ambiente doméstico, produtos cárneos curados são produzidos em condições variadas, com falta de padronização na produção, o que pode resultar em variações significativas de qualidade com implicações inclusive para a segurança desses alimentos. Em escala industrial, a falta de complexos climatizados em empresas processadoras de embutidos fermentados e o controle pouco eficiente das condições ambientais nas câmaras climatizadas favorecem o desenvolvimento de microbiota fúngica indesejável. Essa microbiota pode apresentar espécies toxigênicas e/ou constituir um problema comercial, por descaracterizar o produto, alterar a cor e o sabor ou comprometer o envoltório do embutido. A defumação de embutidos crus tem ação complementar de proteção contra fungos. No entanto, como as substâncias fungiostáticas da fumaça são voláteis, até produtos defumados podem mofar depois de um certo tempo.

Quatro aflatoxinas (AF) – B1, B2, G1 e G2 – são consideradas as mais importantes em produtos cárneos curados. Dentre as diferentes micotoxinas que podem contaminar produtos secos à base de carne, AFB1 e ocratoxina (OTA) são as mais relevantes, considerando-se sua incidência e seus efeitos tóxicos para os consumidores (PIZZOLATO MONTANHA *et al.*, 2018). AFB1 é produzida por *Aspergillus flavus* e *Aspergillus parasiticus*, enquanto OTA é produzida por várias espécies dos gêneros *Aspergillus* e *Penicillium*. A presença de OTA e AF em produtos cárneos curados pode decorrer de contaminações da matérias-prima, como condimentos, por contaminação via *carry-over* ou, ainda, por crescimento de fungos micotoxigênicos na superfície do produto durante a maturação. A OTA é a micotoxina mais comum em produtos cárneos curados; acredita-se que fungos anteriormente identificados como *Aspergilllus ochraceus* correspondem, na verdade, a *Aspergilllus westerdijkiae*, que geralmente produz OTA em maior quantidade e de forma mais consistente do que *A. ochraceus*. A contaminação de linguiças por AF e OTA é variável entre os países produtores, o que demonstra a necessidade de medidas de controle para minimizar os riscos decorrentes do consumo desse tipo de alimento contaminado. O limite de micotoxinas varia segundo as legislações de cada país, muitos dos quais não possuem padrões legais estabelecidos para produtos cárneos. No Brasil, alimentos comercializados prontos para o consumo devem respeitar os limites máximos de micotoxinas de acordo com a RDC n. 7, de 18 de fevereiro de 2011 (BRASIL, 2011). No entanto, para produtos cárneos, não há, ainda, um limite estabelecido.

12.5.2.3 Nitrosaminas

Nitrosaminas e nitrosamidas são compostos N-nitrosos formados a partir da interação entre nitritos e aminas ou amidas. As nitrosaminas podem estar presentes em alimentos conservados por adição de nitrato e/ou nitrito (carnes curadas e queijos) ou defumados (peixes e produtos cárneos). A presença de nitrosaminas em alimentos é preocupante do ponto de vista da saúde pública, e a maior exposição a ela acontece pela alimentação, sendo que o processamento e o preparo dos alimentos influenciam a quantidade formada. Existe uma correlação direta entre a concentração de algumas nitrosaminas e a quantidade de sais de cura utilizados. Portanto, é necessário um rigoroso controle do uso desse componente nas formulações, além das condições de frescor e higiene das matérias-primas cárneas. Ademais, todo processamento de alimentos envolvendo tratamentos térmicos em altas temperaturas e/ou contato direto com gases de combustão – como defumação, torra, assamento ou grelha – pode resultar em nitrosaminas em alimentos processados. Estas são absorvidas principalmente pelo trato gastrointestinal, não são bioacumuladas e requerem ativação metabólica para exercerem ação mutagênica e carcinogênica.

Na elaboração de produtos cárneos fermentados, a incorporação de inibidores da reação de nitrosação (ácido ascórbico ou tocoferol) no processo pode eliminar ou reduzir significativamente os níveis de N-nitrosaminas; o uso de ascorbato tem sido a abordagem mais comum para controlar a formação de compostos nitrosos em produtos cárneos. No Brasil, não existe legislação acerca da presença de nitrosaminas em alimentos. Em produtos industrializados adicionados de nitrato e/ou nitrito, que sejam de consumo expressivo, seria fundamental um monitoramento desses compostos, especialmente em alimentos submetidos a aquecimento.

12.5.2.4 Hidrocarbonetos policíclicos aromáticos

Hidrocarbonetos policíclicos aromáticos (HPA) são contaminantes ambientais com potencial tóxico para animais e seres humanos. Tem sido demonstrado que os HAP podem ter propriedades carcinogênicas, mutagênicas e imunossupressoras. Esses compostos são formados durante a combustão incompleta de material orgânico e são altamente lipossolúveis. Alimentos podem ser contaminados por essas substâncias principalmente por processos térmicos industriais, como secagem e defumação, e processos culinários, como assar, grelhar e fritar, o que pode levar a reações específicas entre os constituintes dos alimentos. No caso de carnes e embutidos, os HPA podem ser formados pelas altas temperaturas utilizadas para grelhar ou defumar. HPA são prontamente absorvidos pelo trato gastrointestinal quando consumidos com os alimentos e são distribuídos pela circulação sanguínea em diversos tecidos. A excreção ocorre pela urina, mas os HPA que não são eliminados do organismo tendem a se armazenar no tecido adiposo.

A contaminação de alimentos por HAP é uma grande desvantagem do processo de defumação. Na defumação tradicional, o uso de filtros no defumador, o tipo de madeira, a manutenção de uma distância mínima de 2 a 2,5 metros entre o produto e a fonte de calor, o tempo e a temperatura de defumação ajudam a evitar a contaminação do produto por HAP. Apesar do efeito conservante que pode conferir ao produto, a defumação é uma técnica empregada atualmente por tradição e não tanto como método de conservação. Como os HAP são lipossolúveis, quanto maior o teor de gordura dos produtos, mais facilmente esses compostos presentes na fumaça migram para o interior do alimento.

A fim de diminuir a contaminação por HAP em diversas matrizes, o Codex Alimentarius (CAC/RCP 68-2009) disponibilizou um código de boas práticas que recomenda: i) dar preferência à defumação indireta, mais benéfica do que a direta; ii) utilizar uma placa de metal perfurada entre os produtos e o fogo; iii) controlar o oxigênio na câmara de fumaça; iv) aquecer a câmara de defumação antes de acomodar os produtos; v) lavar os produtos com água após a defumação; vi) dar preferência a madeiras secas, evitando-se as resinosas. A United States Environmental Protection Agency (USEPA) selecionou 16 HPA como poluentes prioritários. No Brasil, a legislação estabelece o limite de 0,03 µg/kg apenas para benzopireno em alimentos defumados.

12.6 CONSIDERAÇÕES FINAIS

Para a segurança dos consumidores, produtos cárneos fermentados tradicionais devem ser produzidos com rigoroso controle de qualidade. Acima de tudo, a implementação de boas práticas é fundamental para a segurança no processamento desses alimentos. As legislações precisam ser constantemente revisadas e adequadas, estabelecendo limites para compostos nocivos que possam contaminar produtos cárneos. Apesar do uso de conservantes ser rigorosamente revisado e regulamentado na maioria dos países, procedimentos inadequados, como doses abusivas ou o uso de produtos químicos inapropriados, podem aumentar a formação de compostos nocivos em produtos cárneos fermentados.

REFERÊNCIAS

ATSDR (Agency for Toxic Substances and Disease Registry). Toxicity of polycyclic aromatic hydrocarbons (PAHs). Case Studies in Environmental Medicine. 2009. Disponível em: https://www.atsdr.cdc.gov/csem/pah/docs/pah.pdf. Acesso em: 20 maio 2020.

AMI (American Meat Institute). *Good manufacturing practices, fermented dry and semi-dry sausage*. Washington, DC, 1982.

AQUILANTI, L. *et al.* The microbial ecology of a typical Italian salami during its natural fermentation. *International Journal of Food Microbiology*, v. 120, n. 1-2, p. 136-145, 2007.

ARNAU, J. *et al.* Technologies to shorten the drying period of dry-cured meat products. *Meat Science*, v. 77, n. 1, p. 81-89, 2007.

BERNI, E. Molds. *In*: TOLDRÁ, F. (ed.). *Handbook of fermented meat and poultry*. Chichester: Wiley, 2014. p. 147-153.

BOU, R.; COFRADES, S.; JIMÉNEZ-COLMENERO, F. Fermented meat sausages. *In*: FRIAS, J.; MARTINEZ-VILLALUENGA, C.; PEÑAS, E. (eds.). *Fermented foods in health and disease prevention*. London: Academic Press, 2017. p. 203-235.

BOVER-CID, S. *et al.* Aminas biógenas en productos cárnicos: un repaso a su origen, importancia y control. *Eurocarne*, n. 141, 2005.

BRASIL. Ministério da Agricultura, Pecuária e Abastecimento. Decreto n. 9.013, de 29 de março de 2017. Regulamenta a Lei n. 1.283, de 18 de dezembro de 1950, e a Lei n. 7.889, de 23 de novembro de 1989, que dispõem sobre a inspeção industrial e sanitária de produtos de origem animal. *Diário Oficial da União*: seção 1, Brasília, DF, n. 62, p. 3, 30 mar. 2017.

BRASIL. Ministério da Saúde. Agência Nacional de Vigilância Sanitária. Diretoria Colegiada. Resolução da Diretoria Colegiada – RDC n. 7, de 18 de fevereiro de 2011. Dispõe sobre limites máximos tolerados (LMT) para micotoxinas em alimentos. *Diário Oficial da União*: seção 1, Brasília, DF, n. 37, 22 fev. 2011.

BRASIL. Ministério da Saúde. Agência Nacional de Vigilância Sanitária. Diretoria Colegiada. Resolução da Diretoria Colegiada – RDC n. 272, de 14 de março de 2019. Estabelece os aditivos alimentares autorizados para uso em carnes e produtos cárneos. *Diário Oficial da União*: seção 1, Brasília, DF, n. 52, p. 194, 18 mar. 2019.

CACCIOPPOLI, J. *et al.* Bioactive amines and physico-chemical characteristics of Italian sausages. *Arquivo Brasileiro de Medicina Veterinaria e Zootecnia*, v. 58, n. 4, p. 648-657, 2006.

CAMPAGNOL, P. C. B. *et al.* Salami sausage prepared with *Lactobacillus plantarum* fermented in porcine plasma culture medium. *Ciência e Tecnologia de Alimentos*, v. 27, n. 4, p. 883-889, 2007.

CAVENAGHI, A. D. *Elaboração de embutidos fermentados cozidos com carne de coxa de frango*. 2005. Tese (Doutorado) – Faculdade de Engenharia de Alimentos, Universidade Estadual de Campinas, Campinas, 2005.

CAVENAGHI, A. D. *Uso de culturas starter na fabricação de salame tipo italiano.* 1999. Dissertação (Mestrado) – Faculdade de Ciências Farmacêuticas, Universidade de São Paulo, São Paulo, 1999.

COCCONCELLI, P. S. Starter cultures: bacteria. *In*: TOLDRÁ, F. (ed.). *Handbook of fermented meat and poultry*. Oxford, UK: Blackwell, 2008. p. 137-145.

CODEX ALIMENTARIUS. *Code of practice for the reduction of contamination of food with polycyclic aromatic hydrocarbons (PAH) from smoking and direct drying processes.* CXC 68-2009. 2009. Disponível em: http://www.fao.org/fao-who-codexalimentarius/codex-texts/codes-of-practice/en/. Acesso em: 20 mar. 2020.

DUTRA, C. B.; RATH, S.; REYES, F. G. Nitrosaminas voláteis em alimentos. *Alimentos e Nutrição*, v. 18, n. 111-120, 2007.

FAO (ORGANIZAÇÃO DAS NAÇÕES UNIDAS PARA A ALIMENTAÇÃO E AGRICULTURA). Risk assessment of *Listeria monocytogenes* in ready-to-eat foods: technical report. *Microbiologial Risk Assessment Series*, n. 5, 2004.

FERNÁNDEZ, M. *et al.* Accelerated ripening of dry fermented sausages. *Trends in Food Science and Technology*, v. 11, n. 6, p. 201-209, 2000.

FLORES, J., BERMELL, S. Curado de embutidos: consecuencia de la acidificación y factores que la afectam. *Fleischwirtschaft Ed. Español*, Frankfurt, n. 2, p. 22-26, 1995.

FLORES, M. Understanding the implications of current health trends on the aroma of wet and dry cured meat products. *Meat Science*, v. 144, p. 53-61, 2018.

GALLI, F. Os embutidos: como fabricá-los. *Revista Nacional da Carne*, São Paulo, v. 17, n. 194, p. 14-27, 1993.

GARRIGA, M.; AYMERICH, T. The microbiology of fermentation and ripening. *In*: TOLDRÁ, F. (ed.). *Handbook of fermented meat and poultry*. Chichester: Wiley, 2014. p. 107-115.

GIANINNI, P. *et al.* Detection of hepatitis E virus RNA in raw cured sausage and raw cured sausages containing pig liver at retail stores in Switzerland. *Journal of Food Protection*, v. 81, n. 1, p. 43-45, 2018.

GUNVIG, A.; HANSEN, F.; BORGGAARD, C. A mathematical model for predicting growth/no-growth of psychrotrophic *C. botulinum* in meat products with five variables. *Food Control*, v. 29, n. 2, p. 309-317, 2013.

HOSPITAL, X. F. *et al.* A study on the toxigenesis by *Clostridium botulinum* in nitrate and nitrite-reduced dry fermented sausages. *International Journal of Food Microbiology*, v. 218, p. 66-70, 2016.

ICMSF (International Commission on Microbiological Specifications for Foods). *Microorganismos em alimentos 8*: utilização de dados para avaliação do controle de processo e aceitação de produto. São Paulo: Blucher, 2001. 536 p.

KUMAR, P. *et al.* Quality, functionality, and shelf life of fermented meat and meat products: a review. *Critical Reviews in Food Science and Nutrition*, v. 57, n. 13, p. 2844-2856, 2017.

LEBERT, I., *et al.* Diversity of microorganisms in the environment and dry fermented sausages of small traditional French processing units. *Meat Science*, v. 76, n. 1, p. 112-122, 2007.

LEISTNER, L. Stable and safe fermented sausages world-wide. *In*: CAMPBELL-PLATT, G.; COOK, P. E. (eds.). *Fermented meats*. Boston, MA: Springer, 1995. p. 160-175.

LEROY, F.; VERLUYTEN, J.; DE VUYST, L. Functional meat starter cultures for improved sausage fermentation. *International Journal of Food Microbiology*, v. 106, n. 3, p. 270-285, 2006.

LEROY, S.; LEBERT, I.; TALON, R. Microorganisms in traditional fermented meats. *In*: TOLDRÁ, F. (ed.). *Handbook of fermented meat and poultry*. Chichester: Wiley, 2014. p. 97-105.

LÜCKE, F. Ferment sausages. *In:* WOOD, B.J.B. (ed.). *Microbiology of fermented foods*. London: Elsevier Applied Science Publishers, 1985. v. 2, cap. 2, p. 41-83.

LÜCKE, F. K. Utilization of microbes to process and preserve meat. *Meat Science*, v. 56, n. 2, p. 105-115, 2000.

NETO, M. P. *Manual de embutidos cárneos fermentados*. Campinas: Centro de Tecnologia de Carnes (CTC-ITAL), 2006.

OLIVO, R.; RIBEIRO, L. G. T. Novos conceitos sobre nitratos e nitritos. *Brazilian Journal of Surgery and Clinical Research*, v. 24, n. 3, p. 115-125, 2018.

PALAVECINO, P. *et al.* Indigenous starter cultures to improve quality of artisanal dry fermented sausages from Chaco (Argentina). *International Journal of Food Science*, v. 2015, article ID 931970, 2015.

CIONE PARDI, M. *et al. Ciência, higiene e tecnologia da carne*. 2. ed. Goiânia: Editora UFG, 2001. (v. 2)

PARUSSOLO, G. *et al.* Ochratoxin A production by *Aspergillus westerdijkiae* in Italian-type salami. *Food Microbiology*, v. 83, p. 134-140, 2019.

PISACANE, V. *et al.* Microbial analyses of traditional Italian salami reveal microorganisms transfer from the natural casing to the meat matrix. *International Journal of Food Microbiology*, v. 207, p. 57-65, 2015.

PIZZOLATO MONTANHA, F. *et al.* Mycotoxins in dry-cured meats: a review. *Food and Chemical Toxicology*, v. 111, p. 494-502, 2018.

PRICE, J. F.; SCHWEIGERT, B. S. *The science of meat and meat products.* San Francisco: W. H. Freeman and Company, 1971.

SAKHARE, P. Z.; NARASIMHA RAO, D. Microbial profiles during lactic fermentation of meat by combined starter cultures at high temperatures. *Food Control*, v. 14, n. 1, p. 1-5, 2003.

SÁNCHEZ MAINAR, M.; STAVROPOULOU, D. A.; LEROY, F. Exploring the metabolic heterogeneity of coagulase-negative staphylococci to improve the quality and safety of fermented meats: a review. *International Journal of Food Microbiology*, v. 247, p. 24-37, 2017.

SELGAS, M. D.; GARCÍA, M. L. Yeasts. *In*: TOLDRÁ, F. (ed.). *Handbook of fermented meat and poultry.* Chichester: Wiley, 2014. p. 139-146.

SETTANNI, L. *et al.* Evolution of indigenous starter microorganisms and physicochemical parameters in spontaneously fermented beef, horse, wild boar and pork salamis produced under controlled conditions. *Food Microbiology*, v. 87, p. 103385, 2020.

SINGH, V.; VERMA SARDAR, A. K.; PATEL, V. Fermented meat products: organoleptic qualities and biogenic amines-a review. *American Journal of Food Technology*, v. 7, n. 5, p. 278-288, 2012.

STAHNKE, L. H. *et al.* Maturity acceleration of Italian dried sausage by *Staphylococcus carnosus* – Relationship between maturity and flavor compounds. *Journal of Food Science*, v. 67, n. 5, p. 1914-1921, 2002.

STIENBING, A.; RÖDEL, W. Influencia del pH sobre el proceso de secado en embutidos secos. *Fleischwirtschaft Ed. Esp.*, Frankfurt, v. 2, p. 44-48, 1991.

TALON, R.; LEROY, S.; LEBERT, I. Microbial ecosystems of traditional fermented meat products: The importance of indigenous starters. *Meat Science*, v. 77, n. 1, p. 55-62, 2007.

TALON, R.; LEROY, S. Diversity and safety hazards of bacteria involved in meat fermentations. *Meat Science*, v. 89, n. 3, p. 303-309, 2011.

TERRA, A. B. M.; FRIES, L. L. M.; TERRA, N. N. *Particularidades na fabricação de salame.* São Paulo: Livraria Varela, 2004.

TERRA, N. Princípios de fermentação de produtos cárneos: culturas "starter". *Revista Nacional da Carne*, São Paulo, v. 17, n. 192, p. 24-27, 1993.

TERRA, N. N. *Apontamentos de tecnologia de carnes.* São Leopoldo: Unisinos, 2005.

TERRA, N. N. *et al. Defeitos nos produtos cárneos*: origens e soluções. São Paulo: Livraria Varela, 2004.

TOLDRÁ, F.; SANZ, Y.; FLORES, M. Meat fermentation technology. *In*: HUI, Y. H. *Meat science and applications.* New York: CRC Press, 2001. p. 537-567.

VEDOVATTO, E. *et al.* Evaluation of different starters cultures in the obtaition of Italian-type sausage. *Ciência Animal Brasileira*, v. 20, p. e-47777, 2019.

VIEIRA, E. N. R.; MENDONÇA, R. C. S. Embutidos fermentados e cultura starter: questão de qualidade. *Revista Nacional da Carne*, n. 371, p. 16-25, 2005.

YAMADA, E. A. A. Produção de salames. *Revista Nacional da Carne*, São Paulo, v. 24, n. 220, p. 72-75, 1995.

YAMADA, E. A.; BERAQUET, N. J. Embutido fermentado cozido. *Coletânea do Instituto de Tecnologia de Alimentos*, v. 23, n. 1, p. 19-26, 1993.

YILMAZ, I.; VELIOGLU. H. M. Fermented meat products. *In*: YILMAZ, I. *Quality of meat and meat products*. Kerala, India: Transworld Research Network, 2009.

CAPÍTULO 13

Produtos fermentados de pescado

Luciana Kimie Savay-da-Silva,[1]
Geodriane Zatta Cassol,[1]
José Guilherme Prado Martin[2]

13.1 INTRODUÇÃO

A produção mundial de pescado atingiu, em 2018, um pico histórico de 178,5 milhões de toneladas, dos quais 87,6% foram utilizados diretamente para consumo humano, de acordo com o documento *The state of world fisheries and aquaculture* (SOFIA) 2020, elaborado pela Organização das Nações Unidas para a Alimentação e Agricultura (FAO, 2020). A relativa estabilidade da produção de captura, a redução do desperdício e o crescimento contínuo da aquicultura foram fatores que contribuíram para esse crescimento. Com a maior disponibilidade da matéria-prima, notou-se também, no mesmo período, um aumento do seu consumo *per capita*, que atingiu valores de 20,5 kg/hab. ao ano. Desde 1961, a taxa de crescimento global anual do consumo de pescado tem sido duas vezes maior que a taxa de crescimento da população, além de superior à taxa de crescimento anual do consumo de outras proteínas animais, demonstrando que o setor pesqueiro é crucial para atender à meta da FAO por um mundo livre da fome e da desnutrição.

[1] Laboratório de Tecnologia de Carnes, Pescado e Derivados (LabCarPesc), Departamento de Alimentos e Nutrição, Faculdade de Nutrição, Universidade Federal de Mato Grosso (UFMT), Cuiabá, Mato Grosso, Brasil.

[2] Laboratório de Microbiologia de Produtos Fermentados (FERMICRO), Departamento de Microbiologia, Universidade Federal de Viçosa (UFV), Viçosa, Minas Gerais, Brasil.

Além disso, o maior interesse pela aquisição de pescado tem sido consequência da relação do seu consumo com a promoção da saúde humana e qualidade de vida (SOCCOL; OETTERER, 2003; PIENIAK; VERBEKE; SCHOLDERER, 2010; MACIEL *et al.*, 2016). Diversos estudos têm indicado uma associação do consumo regular de pescado, em especial aqueles que possuem elevados teores de ácidos graxos poli-insaturados do tipo EPA (ácido eicosapentaenoico) e DHA (ácido docosaexaenoico), com a prevenção e redução de mortes por doenças cardiovasculares (RUXTON, 2011; TACON; METIAN, 2013; FAO, 2018). Além disso, há indícios de que seu consumo, quando realizado de forma regular e permanente, contribui para a diminuição dos índices de depressão pós-parto (HIBBELN, 2002) e para a melhoria do desenvolvimento neurológico de fetos e bebês (FAO, 2018; HAMAZAKI *et al.*, 2020), beneficia a função imunológica e a cognitiva, a saúde mental e a metabólica (RUXTON, 2011), evitando problemas de depressão, ansiedade e doenças inflamatórias (TACON; METIAN, 2013). O consumo regular de pescado ajuda, ainda, a retardar o declínio da massa e da função muscular em idosos, podendo ser considerado em abordagens terapêuticas para prevenção da sarcopenia e manutenção da independência física em indivíduos dessa faixa etária (SMITH *et al.*, 2015).

Contudo, embora o consumo de pescado resulte em inúmeros benefícios, esse tipo de alimento é considerado um dos mais perecíveis, justamente por apresentar quantidades elevadas de nutrientes, em especial proteínas musculares com grande quantidade de substâncias extrativas livres e óxido de trimetilamina, além de ter um pH próximo à neutralidade e alto teor de umidade, o que favorece o desenvolvimento de microrganismos (GAVA; SILVA; FRIAS, 2008; OETTERER; LIMA, 2010). Por isso, o pescado é uma matéria-prima que requer cuidados. A cadeia do frio é, nesse sentido, imprescindível, devendo ser aplicada desde o momento pós-captura até a comercialização, de forma a garantir sua qualidade microbiológica, físico-química e sensorial (CASSOL *et al.*, 2019a).

Uma alternativa a essa problemática consiste na industrialização do pescado, que resulta em produtos de maior conveniência, praticidade e, principalmente, vida útil estendida e inocuidade. Diversos processos tecnológicos podem ser aplicados, desde aqueles mais simples, como salga e secagem, defumação e fermentação; até os mais sofisticados, como irradiação, uso de embalagens ativas ou atmosfera modificada, elaboração de hidrolisados e concentrados proteicos, embutidos ou empanados, dentre outros. A escolha do melhor método de processamento dependerá do volume e da qualidade da matéria-prima, recursos financeiros disponíveis para o investimento requerido por cada tecnologia, bem como do tipo de mercado consumidor que se pretende atingir.

No Brasil e no mundo, grande parte do pescado comercializado para consumo humano ainda é ofertado na forma de peixe vivo, fresco (*in natura* inteiro ou inteiro e eviscerado) ou refrigerado. Essa forma de comercialização representou

44% do total de pescado destinado ao consumo humano no mundo em 2018, seguido por congelados (35%), preparados e preservados (11%) e curados (seco, salgado, em salmoura, defumado e fermentado) (10%) (FAO, 2020).

Cabe ressaltar que ainda são escassos os produtos de conveniência ou coprodutos à base de pescado no mercado, principalmente o brasileiro, o que não estimula o consumo desse alimento por certos grupos de consumidores (CASSOL *et al.*, 2019a). O congelamento ainda é o principal método de processamento e conservação de peixes destinados ao consumo humano, representando mais da metade do total de pescado processado mundialmente. Entretanto, a forma de uso e os métodos de processamento do pescado podem variar significativamente entre os continentes, países e diferentes regiões de um mesmo país. Na África, por exemplo, a produção e o consumo de peixes curados é muito maior que a média mundial (FAO, 2020).

Destaca-se também que há, atualmente, uma demanda crescente de consumidores em busca de produtos de qualidade, praticidade e que confiram benefícios à saúde, com impactos positivos no prazer, bem-estar, saciedade e de significativo valor nutricional. Dessa forma, o desenvolvimento tecnológico nas áreas de produção e comercialização de alimentos poderá garantir melhores condições para a conservação e distribuição de alimentos, refletindo nos padrões de qualidade e aspectos sensoriais desses alimentos (MACIEL *et al.*, 2018). Nesse contexto, o pescado fermentado apresenta características interessantes e peculiares de sabor e aroma, bem como maior vida de prateleira, quando comparado ao produto *in natura*. Todavia, ainda que a técnica não seja necessariamente nova, no Brasil há um número bastante limitado de produtos fermentados disponíveis, o que restringe as possibilidades de acesso pelos consumidores brasileiros.

Ao longo deste capítulo, serão abordados os principais aspectos relacionados à fermentação de pescado, desde os mais consumidos até os produtos regionais característicos de algumas culturas ao redor do mundo. Além disso, serão apresentados fluxogramas de produção de diferentes tipos de pescado fermentado, com destaque para a microbiota, os métodos utilizados e variáveis de processo, relacionando esses pontos às características nutricionais e funcionais de interesse.

13.2 PESCADO FERMENTADO NO MUNDO

Produtos fermentados de pescado têm feito parte da história de diferentes culturas há séculos (XU *et al.*, 2020). Inicialmente, a fermentação de pescado surgiu como uma técnica tradicional de preservação do produto fresco, semelhante ao observado para a maior parte dos grupos de alimentos fermentados. A fermentação pode se dar pela via espontânea (também conhecida como selvagem) ou pela via induzida (a partir do uso de culturas iniciadoras), sob condições controladas

(ZANG *et al.*, 2018). Com o desenvolvimento da cadeia do frio e outras técnicas de conservação, especialmente em países ocidentais, a preservação do pescado pela fermentação no âmbito industrial tem se tornado, de certa forma, irrelevante. Assim, a contribuição da fermentação para as características de sabor e textura do pescado é o principal motivo para o aumento da demanda global por esse tipo de produto (XU *et al.*, 2020).

No mundo existem centenas de produtos à base de pescado fermentado, com características físico-químicas e sensoriais peculiares, além de estendido prazo de validade em comparação ao pescado *in natura*. Esses produtos são amplamente consumidos na Ásia, África e Europa, muitas vezes na forma de produtos destinados a públicos específicos, considerando-se as diferentes matérias-primas, as condições ambientais, os microrganismos fermentadores e as tradições dietéticas de cada região (ZANG *et al.*, 2018; ZANG *et al.*, 2019; XU *et al.*, 2020). Além disso, têm significado gastronômico e cultural bastante enraizados, especialmente em países do Sudeste Asiático. Constituem parte da cultura de diferentes grupos étnicos e são, tradicionalmente, preparados de maneira empírica, sem qualquer conhecimento acerca da microbiota envolvida no processo fermentativo (ZANG *et al.*, 2019).

Os asiáticos foram pioneiros no desenvolvimento de fermentados à base de pescado, cujos produtos conquistaram, posteriormente, mercados na América do Norte e Europa. Em alguns países europeus, o pescado fermentado é conhecido como uma iguaria local (XU *et al.*, 2020), principalmente na França, Alemanha e países escandinavos, onde são produzidos mediante maturação por períodos prolongados, o que confere ao produto final um alto valor agregado (OETTERER, 1999). Já em países menos desenvolvidos, como Tailândia, Laos, Camboja, Filipinas e Indonésia, os diferentes tipos de pescado fermentado são vistos como uma forma simples e barata de se conservar a matéria-prima, e contribuem de maneira significativa para a ingestão de proteínas, principalmente em comunidades economicamente desfavorecidas (BEDDOWS, 1998; VIEGAS; GUIMARÃES, 2011; PHEWPAN *et al.*, 2019; XU *et al.*, 2020). O elevado volume de produção e consumo de produtos de pescado fermentado nessas regiões é um indicativo de sua importância socioeconômica. Entre esses produtos, destaca-se o *pla-ra* ou *pla-daek*, utilizado como condimento pela população da Tailândia e de Laos, cuja produção, segundo o Ministério da Agricultura e Cooperativas da Tailândia, foi da ordem de 20 mil a 40 mil toneladas em 2018, destinada tanto para consumo doméstico como para exportação (PHEWPAN *et al.*, 2019; RODPAI *et al.*, 2021).

No final da década de 1970, Estados Unidos e França movimentaram o mercado exportador de *nam-pla* tailandês (53% e 22% das exportações, respectivamente), outro fermentado de pescado amplamente produzido e consumido na região, praticamente dobrando o volume de produção e gerando um valor de cerca de 68 milhões de bahts tailandeses (cerca de 2 milhões de dólares na cotação atual). À época,

98 fábricas usaram em torno de 161 mil toneladas de peixes na produção de *nam-pla*. Após cerca de quinze anos, a Tailândia já era considerada o país de maior produção regional de pescado fermentado – principalmente de molhos –, contando com cerca de quatrocentas fábricas capazes de processar anualmente mais de 60 mil toneladas de peixe (SAISITHI, 1994).

Faltam, entretanto, dados estatísticos mais sistematizados e atualizados a respeito da produção e consumo de pescado fermentado, tanto nacional como internacionalmente. É provável que isso se deva ao baixo volume de produção ou ao modo de produção, artesanal, observado na maioria dos países. No Brasil, a produção e o consumo de pescado fermentado são insignificantes, o que provavelmente está relacionado à falta de hábito do brasileiro de consumir pescado em geral. A maior parte dos produtos comercializados é importada, o que acaba por restringir seu consumo, devido ao seu elevado preço. Pescado fermentado na forma sólida é o mais comum, geralmente envasados em óleo comestível e utilizados como ingrediente no preparo de diferentes pratos culinários, como pizzas, massas, pães, saladas e molhos. As formas de apresentação variam, desde embalagens de vidro até metálicas, com diferentes tamanhos e pesos, além da venda a granel, conforme Figura 13.1. O valor de venda também apresenta significativa variação, dependendo da marca, do país de origem, da espécie de peixe utilizada e do local de venda. Por exemplo, há produtos de 90 g a 34,90 reais e outros de 48 g a 55,90 reais, isto é, o triplo do valor, o que demonstra a diversidade de preços para o consumidor final (preços pesquisados em maio de 2021).

Figura 13.1 – Produtos de pescado fermentado encontrados no comércio brasileiro. A) *Aliche* importado e nacional a granel; B) anchovas de origem peruana (*Pomatomus saltatrix*); C e F) *aliche* de origem italiana (biqueirão/anchova – *Engraulis encrasicolus*); D e E) anchovas argentinas (*E. encrasicolus*). Fonte: fotos gentilmente cedidas pelo professor Alex Augusto Gonçalves, exceto D, elaborada pelos autores.

Em alguns países de língua latina, o peixe fermentado também é conhecido como "peixe anchovado". No Brasil, popularizou-se o termo "aliche", oriundo do italiano *alice*, no singular, ou *alici*, no plural. Seu processo de produção é denominado de "*anchovagem*". Tais termos foram cunhados pelo fato dos peixes da espécie *Engraulis encrasicolus* - os mais utilizados na fabricação de peixe fermentado - serem conhecidos como *anchois* na França, *anchoa* na Espanha, ou *alice* na Itália. Já os produtos elaborados com outras espécies geralmente são denominados com o nome comum da espécie seguido do termo "anchovado" ou "anchovada", ou, ainda, "produto tipo anchova" (GONÇALVES, 2018). No Brasil, são utilizadas espécies de tamanho pequeno, com baixo valor comercial e sazonalmente abundantes, especialmente a sardinha (*Sardinella brasiliensis*) (OETTERER *et al.*, 2003; GONÇALVES, 2018) e a anchova (*E. encrasicolus*). Com poucas indústrias produtoras de pescado fermentado no país, o produto final apresenta um alto valor agregado até os dias atuais (GONÇALVES, 2018), sendo muito apreciado em estabelecimentos que trabalham com alta gastronomia.

A grande diversidade de produtos fermentados de pescado no mundo está representada na Figura 13.2. Alguns tipos de pescado fermentado serão abordados no decorrer deste capítulo - com informações a respeito das respectivas formas de apresentação, matérias-primas utilizadas e particularidades do processo produtivo - desde os clássicos produtos nórdicos *hákarl*, *rakfisk*, *surstromming*, conhecidos pelo aroma forte e característico, e os fermentados à base de vísceras de pescado, como o *shiokara* japonês, até os molhos de peixe amplamente difundidos pela culinária asiática.

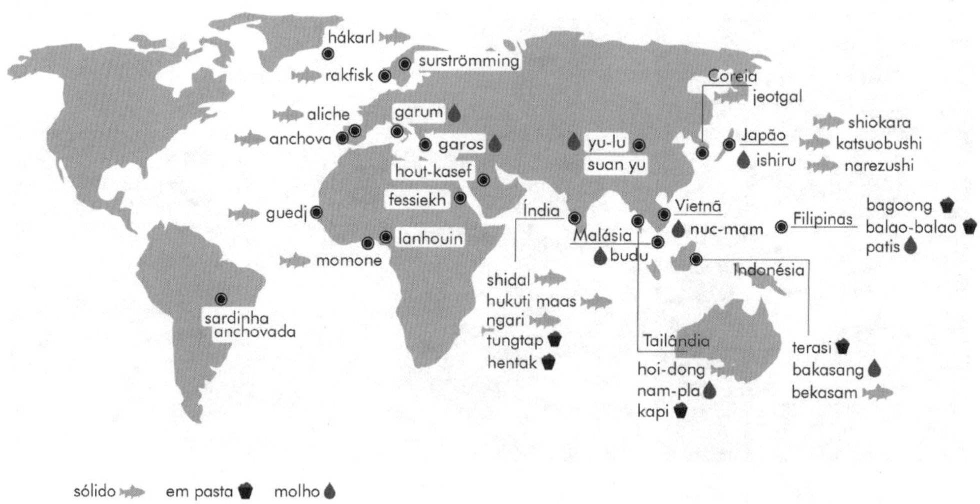

Figura 13.2 – Diversidade de produtos à base de pescado fermentado e seus respectivos países produtores. Fonte: elaborada pelos autores.

13.3 PROCESSO PRODUTIVO DE PESCADO FERMENTADO

Na produção de pescado fermentado, a fermentação consiste em um processo de tecnologia intermediária, ou seja, de baixo custo, que pode ser aplicada em pequena ou larga escala, nos níveis artesanal ou industrial, com investimento relativamente baixo (PRADO FILHO, 1984). Para a maioria dos produtos elaborados, o processo fermentativo do pescado consiste basicamente em salgá-lo, geralmente por meio de salga seca, com camadas alternadas de sal e pescado. A fermentação varia principalmente com relação ao tempo de duração, sendo esse dependente do produto final de interesse. Durante esse período, a alta concentração de sal exerce uma pressão osmótica sobre o substrato que auxilia na extração do líquido celular, a partir do qual se formará a salmoura. Esta não deve ser drenada, e sim mantida nos recipientes, de forma a proporcionar um ambiente anaeróbico para o desenvolvimento do processo fermentativo, culminando na formação de sabores e aromas específicos no produto final (PRADO FILHO, 1984; BEDDOWS, 1998). Além disso, a salga reduz a umidade e a atividade de água da matéria-prima, sendo fundamental para a seleção de uma população bacteriana importante para a fermentação (especialmente de bactérias ácido-láticas - BAL). Também previne a deterioração do produto e garante sua segurança microbiológica, na medida em que reduz ou elimina microrganismos patogênicos (VIEGAS; GUIMARÃES, 2011). Ademais, o sal cumpre um importante papel no bloqueio de processos bioquímicos oxidativos e de deterioração putrefativa, além de ser essencial na mudança de textura e *flavor* desejáveis no pescado fermentado (OETTERER, 2001).

Ao longo do processo fermentativo ocorre a hidrólise das proteínas musculares, transformando substâncias orgânicas em compostos simples, devido principalmente à ação enzimática e de microrganismos presentes no próprio pescado (dentre bactérias e leveduras). Primeiramente, enzimas proteolíticas endógenas, presentes no intestino dos animais, digerem as paredes intestinais, liberando substrato e facilitando a atividade microbiana (SAISITHI, 1994; OETTERER, 1999). A partir de então, a fermentação por microrganismos resultará principalmente em aminoácidos livres e compostos secundários, como amônia (BEDDOWS, 1998), trimetilamina e outros compostos voláteis (ANGGO *et al.*, 2015), bem como ácidos orgânicos que auxiliam no desenvolvimento do *flavor* do produto (OETTERER, 2001). Por exemplo, o aroma de alguns produtos fermentados, como *bagoong*, *patis*, *burong*, *balao balao* e *nam-pla*, é frequentemente relacionado ao de queijos maturados (SANCHEZ, 1999; OLYMPIA, 1992; MCIVER; BROOKS; REINECCIUS, 1982). Já *lona ilish*, um pescado fermentado típico da Índia e de Bangladesh, teve seu aroma característico descrito como forte, com algumas notas doces, frutadas e ácidas (MAJUMDAR; BASU, 2010) (Figura 13.3). Além de conferir características sensoriais importantes, a atividade proteolítica também resulta em modificação da textura, com consequente amolecimento da carne (PRADO FILHO, 1984; SAISITHI, 1994; BEDDOWS, 1998; VIEGAS; GUIMARÃES, 2011).

Figura 13.3 – Diferentes tipos de produtos de pescado fermentado. A) *Shidal* (Índia); B) *lonailish* (Índia); C) *hentak* (Índia); D) *tungtap* (Índia); E) e F) fermentado de lambari (*Astyanax altiparanae*); G) *shiokara* de ovas de manjubinha (*Anchoviella lepidentostole*) e tainha (*Mugil liza*) (Japão); H) *nam-pla* (Tailândia); I) pasta de camarão fermentada (Indonésia). Fonte: elaboradas pelos autores, exceto A-D, gentilmente cedidas pelo doutor Ranendra Majumdar.

No Brasil, não há referências ou padrões específicos legais para pescado fermentado. A definição mais próxima que se encontra – ainda que não trate especificamente de produto fermentado – está descrita no Regulamento de Inspeção Industrial e Sanitária de Produtos de Origem Animal (RIISPOA), que prevê, em seu Artigo 342, que "pescado em semiconserva é aquele obtido pelo tratamento específico do pescado por meio do sal, com adição ou não de ingredientes, envasado em recipientes hermeticamente fechados, não esterilizados pelo calor, conservado ou não sob refrigeração" (BRASIL, 2020). Na Europa, além do sal, são utilizadas diversas especiarias (açúcar, noz-moscada, páprica, pimentas variadas, óleos essenciais, entre outros), que conferem características sensoriais diferenciadas aos diferentes produtos de pescado fermentado, além da extensão de sua vida útil. Ao término do longo processo fermentativo, muitas vezes referenciado simplesmente como "maturação", os peixes podem ser filetados e acondicionados em óleo ou suco de tomate, vinagre temperado ou outros, e destinados à comercialização (PRADO FILHO, 1984).

É importante salientar que, considerando-se a grande diversidade de produtos fermentados de pescado, é natural que as tecnologias de produção para um mesmo tipo de produto variem de acordo com a região produtora, o que está relacionado principalmente a aspectos culturais, condições geográficas, clima, temperatura e desenvolvimento social (EL SHEIKHA *et al.*, 2014). Aliados a isso, as condições higiênico-sanitárias do processamento, a composição dos ingredientes utilizados, os custos de produção, o tempo de fermentação e as diferentes finalidades de uso também são importantes (VIEGAS; GUIMARÃES, 2011).

Em relação à matéria-prima básica, é tradicional o uso de peixes com menos de 15 cm de comprimento, em especial das espécies *Stolephorus sp.* e *Sardinella sp.* (OETTERER *et al.*, 2003). Há ainda relatos do uso de espécies de peixes com baixo valor comercial e mesmo de resíduos do processamento, como cabeças e vísceras, possibilitando o aumento do valor econômico e reduzindo os problemas ambientais decorrentes das práticas de processamento (ZHOU *et al.*, 2016).

Nos últimos anos, contudo, tem aumentado o interesse pela elaboração de fermentados com espécies comumente utilizadas para outros fins, principalmente pelo destaque na alta gastronomia. No Brasil, conduziu-se um experimento para padronização da elaboração de um fermentado de lambari (*Astyanax altiparanae*), espécie utilizada na culinária brasileira como petisco frito ou na pesca esportiva como isca (CASSOL *et al.*, 2019b) (Figuras 13.3E e F). Nesse trabalho, lambaris descamados foram dispostos em recipientes, ainda com vísceras, em camadas alternadas de sal e condimentos, por um período de 45 dias a 21 °C. Após o período de fermentação, os lambaris foram filetados e seus filés dispostos em recipientes de vidro, com posterior adição de óleo comestível, e então maturados por quinze dias também a 21 °C (Figuras 13.3E e F). No fermentado elaborado, foram quantificados os teores de proteína (15%), lipídeos (9%) e valor calórico (177 kcal/100 g).

A adição de carboidratos, como açúcar, arroz tostado ou cozido, ou até mesmo condimentos, possibilita a produção de um pescado fermentado com diferentes sabores e aromas (VIEGAS; GUIMARÃES, 2011; EZZAT *et al.*, 2015), além de favorecer a fermentação, pois esses ingredientes representam fontes de carboidratos imprescindíveis para a fermentação microbiana, tendo em vista que, após a morte dos animais, a taxa de glicogênio é baixa na musculatura. Dessa forma, carboidratos adicionados ao longo do processo produtivo serão convertidos principalmente em ácido lático, resultando na diminuição dos valores de pH. A proporção de sal, açúcar e condimentos em pescado fermentado geralmente é de 12:6:1, respectivamente. Dentre os condimentos mais comuns destacam-se a pimenta, a noz-moscada, o cravo-da-índia, a canela e o coentro (OETTERER, 1999).

Outros ingredientes, como farinha de milho torrado (LEISNER; GRAM, 1999; XU *et al.*, 2019), farelos, cereais torrados, diversas especiarias (SAISITHI, 1994; BEDDOWS, 1998; OETTERER, 2001), alho (LEISNER; GRAM, 1999), caramelo, mel, melaço (LEISNER; GRAM, 1999) e casca de batata são também comumente utilizados como substrato para os microrganismos fermentadores, assim como para agregar coloração específica ao produto fermentado (OETTERER, 2001). Observa-se, ainda, a adição de açúcar comum ou de palma, que, junto com o sal, resultam em aumento da pressão osmótica, favorecendo o processo fermentativo e contribuindo de maneira significativa para as características sensoriais do produto (SAISITHI, 1994; OETTERER, 2001).

Há relatos também do uso de suco de abacaxi ou até mesmo de leite de mamão (ricos em bromelina e papaína, respectivamente) na produção de pescado fermentado, com o intuito de auxiliar no aporte de enzimas proteolíticas, o que reduz significativamente o tempo de fermentação. Também se pode utilizar a fruta do tamarindeiro, cuja acidez reduz o pH do meio fermentativo, inibindo o crescimento de microrganismos indesejáveis e facilitando a ação das enzimas proteolíticas (OETTERER, 2001). Tamarindo (*Tamarindus indica*) e garcinia (*Garcinia atroviridis*) podem ser utilizados no preparo de *ikan pekasam* – um tipo de peixe fermentado da Malásia – com o mesmo objetivo de reduzir o pH do meio e acelerar o processo fermentativo (EZZAT *et al.*, 2015).

Ainda hoje, grande parte dos produtos fermentados é oriunda do modelo artesanal, e, portanto, a salga é feita à mão. Quando realizada no modelo fabril, geralmente se utilizam máquinas do tipo cascata ou misturadores de tambor, que conferem maior uniformidade de salga e agilizam o preparo do produto, já que a perecibilidade do pescado *in natura* é muito alta e o processo de deterioração se inicia logo após seu abate. Se a quantidade de pescado for relativamente grande, isso acaba por dificultar o trabalho manual de salga (SAISITHI, 1994).

O emprego não controlado de sal pode prejudicar a fermentação do pescado. Baixas concentrações podem resultar em quantidade insuficiente de solutos do meio e, consequentemente, em reduzida pressão osmótica, imprescindível para o controle de microrganismos indesejáveis (BEDDOWS, 1998; OETTERER, 2001). Ao contrário, altos níveis de sal podem retardar a ação de proteases endógenas, afetando negativamente as características sensoriais (ADAMS; COOKE; RATTAGOOL, 1985; OETTERER, 2001). Sabe-se, ainda, que em processos rudimentares de fermentação teores excessivos de sal são empregados, o que diminui a velocidade da fermentação e confere prejuízos à qualidade sensorial do produto. Dessa forma, o teor de sal indicado para a elaboração de pescado fermentado é da ordem de 1:3,5 (sal:pescado), podendo o processo fermentativo ser interrompido quando desejado apenas com a adição de maiores quantidades de sal (OETTERER, 1999).

A temperatura da fermentação é outra variável fundamental para a qualidade do pescado fermentado e, portanto, deve ser controlada, pois, se excessivamente alta, pode desnaturar as enzimas proteolíticas essenciais para o processo (BEDDOWS, 1998). Geralmente, utiliza-se temperatura ambiente, sendo a refrigeração empregada para se interromper a fermentação (OETTERER, 2001).

Da mesma forma, o tempo de fermentação requer atenção e controle (XU *et al.*, 2019), uma vez que, durante o processo fermentativo, todo o material sólido muscular é solubilizado pela ação enzimática, aumentando os teores de peptídeos e aminoácidos na fração líquida do meio. As maiores taxas de atividade proteolítica ocorrem no início da fermentação, com a relação proteína/peptídeo tornando-se constante após o primeiro mês. Além disso, aumento das bases nitrogenadas voláteis totais pode ser observado até pelo menos o 17° dia de fermentação. Em processos cuja fermentação ocorre em períodos muito prolongados (ao redor de sessenta dias), é comum observar o escurecimento do produto, decorrente da liberação de ácidos graxos derivados dos lipídeos da matéria-prima, além de atuarem como precursores de compostos aromáticos (OLYMPIA, 1992; BEDDOWS, 1998). No caso de molhos fermentados, o período de fermentação pode variar de meses até mesmo anos. Assim, em linhas gerais, pode-se dizer que é o tempo de fermentação que definirá o modo de apresentação do pescado fermentado, variando de sólido a um produto pastoso e até mesmo líquido (ZANG *et al.*, 2019).

A seguir, serão apresentados dois exemplos de fluxogramas de produção de tipos distintos de pescado fermentado: pescado anchovado e molho de peixe (*nam-pla*). Pescado anchovado é o nome popular dado ao pescado fermentado no Brasil, como já citado anteriormente. O processo de anchovagem possui grande importância comercial, e usam-se como matéria-prima, em geral, a sardinha (*S. brasiliensis*) (OETTERER *et al.*, 2003) ou espécies de pequeno tamanho e baixo valor comercial, a exemplo da anchova (*E. encrasicolus*) (Figura 13.4). Como pode ser observado, o processo de elaboração desse produto é simples e envolve baixo custo de produção, não sendo necessários equipamentos sofisticados nem mão de obra especializada. O produto apresenta médio tempo de fermentação, sendo este suficiente para conferir características sensoriais e valor comercial ao produto elaborado.

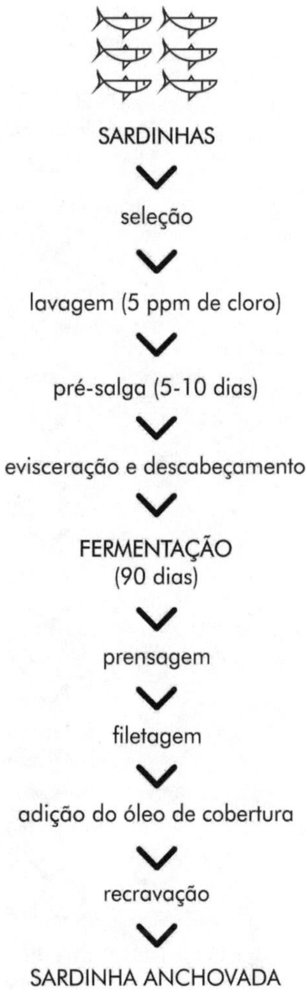

Figura 13.4 – Fluxograma de produção de sardinha anchovada. Fonte: adaptada de Pombo (2007); Pombo, Franco e Mársico (2012).

Já o *nam-pla* possui origem tailandesa e sua fermentação ocorre em cubas de concreto, enterradas no solo, sendo posteriormente maturado ao sol, em cubas de cerâmica (Figura 13.5). Embora pareça um processo rudimentar, sua produção atualmente acontece em larga escala em indústrias especializadas e com rigoroso controle de qualidade, com acompanhamento dos parâmetros físico-químicos, microbiológicos e sensoriais. O produto líquido obtido consiste em um molho, ingrediente obrigatório para vários tipos de preparações gastronômicas. O produto, que requer longo período de maturação e geralmente é envasado em garrafas de vidro, é comercializado e consumido em várias partes do mundo.

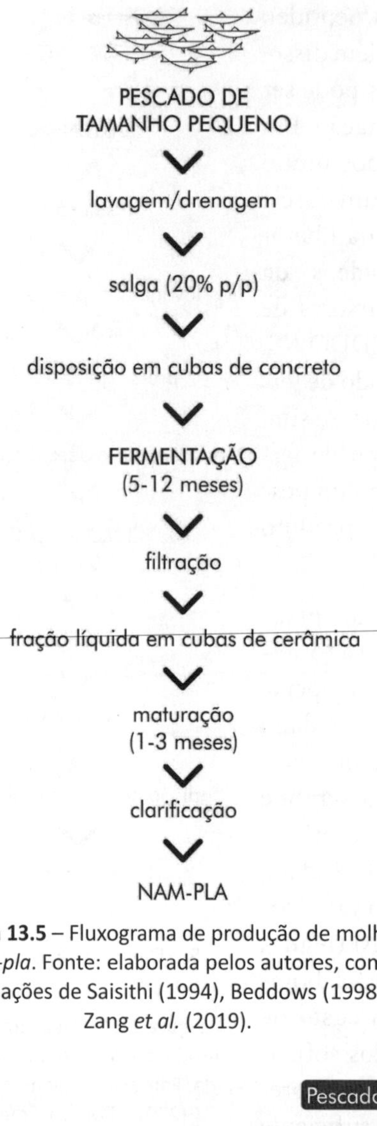

Figura 13.5 – Fluxograma de produção de molho *nam-pla*. Fonte: elaborada pelos autores, com informações de Saisithi (1994), Beddows (1998) e Zang *et al.* (2019).

13.4 CLASSIFICAÇÃO DE FERMENTADOS DE PESCADO

O pescado fermentado pode ser classificado de acordo com (i) a aparência final do produto, (ii) o método de processamento, (iii) o tipo de substrato utilizado na produção, ou (iv) a proporção de sal adicionado (ADAMS; COOKE; RATTAGOOL, 1985; EL SHEIKHA *et al.*, 2014) (Figura 13.6). Se consideradas as características de aparência/textura, por exemplo, o pescado fermentado pode ser classificado em: i) produtos que sofreram apenas amaciamento da carne, ou seja, mantêm sua forma original e são comercializados na forma de filés ou ainda inteiros; ii) produtos em que a matéria-prima foi fermentada até a obtenção de uma pasta; iii) produtos obtidos a partir da completa hidrólise do pescado até a forma líquida, geralmente recebendo a denominação de "molho de pescado" (VIEGAS; GUIMARÃES, 2011). As particularidades de alguns tipos de pescado fermentado serão apresentadas nas seções seguintes, considerando-se os fermentados de pescado sólidos, em pasta e molho.

Figura 13.6 – Classificação de diferentes tipos tradicionais de pescado fermentado. Fonte: adaptada de Zang *et al.* (2019).

13.5 MICROBIOLOGIA DA FERMENTAÇÃO DE PESCADO

No que diz respeito à microbiota fermentadora de produtos de pescado, a matéria-prima em si naturalmente contém determinados grupos de microrganismos, encontrados principalmente na pele, brânquias e intestino. Recomenda-se que, no início da fermentação, a população de microrganismos provenientes dos ingredientes e do ambiente de produção não seja superior a 6,0 log UFC/g, uma vez que essa população tende a crescer rapidamente durante o processo (VENDRAMINI; GUIMARÃES; NOGUEIRA, 2018). Cabe ressaltar que no momento de captura não existem microrganismos na carne do pescado sadio; a propagação microbiana nos tecidos musculares ocorre apenas após a morte do animal, em especial *Pseudomonas* e *Achromobacter*, além de fosfobactérias, flavobactérias aeróbicas e anaeróbicas esporuladas e leveduras (OETTERER, 2001).

Durante o processo de fermentação do pescado, entretanto, a maior parte desses microrganismos é inibida ou eliminada, devido à seleção exercida pelo sal acrescido ao produto, cujas concentrações podem variar de 2% a 30%. Assim, apenas aqueles microrganismos halotolerantes serão capazes de permanecer no meio fermentativo. É importante ressaltar que a maior parte das bactérias marinhas são halofílicas – inclusive as bactérias da microbiota do pescado envolvidas no processo de deterioração, como *Moraxella* spp., *Acinetobacter* spp. e *Flavobacterium* spp. Além disso, outros microrganismos, como arqueias halofílicas extremas (por exemplo, *Halobacterium* spp. e *Halococcus* spp.), podem sobreviver em condições de fermentação sob altas concentrações de sal, provocando limosidade, odor desagradável e pigmentação indesejável em pescado salgado e desidratado (VENDRAMINI; GUIMARÃES; NOGUEIRA, 2018). O sal, portanto, exerce uma inibição desejável, pois previne a formação de características prejudiciais à qualidade dos produtos salgados e contribui para a segurança microbiológica, uma vez que patógenos alimentares de importância para a saúde pública são, em sua maioria, intolerantes ao sal (OETTERER, 2001).

Já as BAL, reconhecidas pelo seu poder de adaptação ao substrato fermentativo, desempenham um dos papéis mais importantes na fermentação do pescado, visto que controlam as populações de patógenos e deteriorantes pela produção de ácidos orgânicos, especialmente lático, com redução do pH do meio e produção de bacteriocinas (OETTERER, 2001; DESNIAR *et al.*, 2013; XU *et al.*, 2019). A ocorrência do grupo em pescado fermentado se deve, principalmente, às características físico-químicas do produto, bem como às condições do processo fermentativo, favoráveis à sua sobrevivência no meio. A acidificação é fundamental para a hidrólise das fibras musculares do animal, que ocorre até que o pH do meio atinja valores próximos ao ponto isoelétrico das proteínas. Dessa forma, sua solubilidade atinge os menores valores após cerca de uma a duas semanas de fermentação. Esses fenômenos, aliados às altas concentrações de sal, resultam em plasmólise celular, destruindo a maior parte dos microrganismos patogênicos e deterioradores (OETTERER, 1999).

Dentre a grande diversidade de grupos de microrganismos envolvidos, as BAL (*Lactobacillus*, *Pediococcus*, *Tetragenococcus*, *Streptococcus*, *Leuconostoc* e *Weisella*), bactérias Gram-positivas e Gram-negativas (como *Staphylococcus aureus* e *Pseudomonas* sp., respectivamente), além de leveduras (como *Saccharomyces*, *Torulopsis*, *Candida* e *Zygosaccharomyces*) e fungos filamentosos (*Aspergillus*) destacam-se pela relevância evidenciada no processo de fermentação (Tabela 13.1).

Tabela 13.1 – Características de diferentes exemplos de pescado sólido fermentado (inteiros ou em postas)

Nome	Espécie de pescado	% sal	Tempo de fermentação	Microrganismo	Origem
Hákarl	*Somniosus microcephalus*	0	3-6 semanas	*Moraxella, Acinetobacter, Lactobacillus*	Islândia
Surstromming	*Clupea harengus*	15-17	1-7 meses	*Halanaerobium praevalens, Alkalibacterium gilvum, Tetragenococcus halophilus*	Suécia
Rakfisk	Salmonidae	> 5	3-12 meses	*Lactobacillus*	Noruega
Bekasam	*Rasbora argyrotaenia* *Engraulis japonicus*	10-20	7-40 dias	*Micrococcus, Streptococcus, Pediococcus*	Indonésia
Katsuobushi	*Euthynnus pelamis* *Katsuwonus pelamis* *Euthynnus affinis* *Auxis rochei* *Auxis thazard* *Sarda orientalis*	10-15	3-4 meses	*Aspergillus, Eurotium*	Japão
Jeotgal	Camarão	20-25	3 meses alguns anos	*Lactobacillus, Pediococcus, Leuconostoc, Bacillus, Pseodumonas, Brevibacterium, Halobacterium, Flavobacterium, Saccharomyces*	Coreia

Suan yu	Carpas (*Cyprinus carpio*)	3	4 semanas	*Lactobacillus, Lactococcus, Enterococcus, Pediococcus*	China
Lonailish	*Tenualosa ilisha*	25	4-6 meses	Arqueias e bactérias halofílicas	Índia
Shidal	Barbos (*Puntius* spp.)		4 meses	*Micrococcus, Staphylococcus, Bacillus*	Índia
Sardinha anchovada	*Sardinella brasiliensis*	20	2-3 meses	*Staphylococcus pidermidis, Bacillus licheniformis, Staphylococcus epidermidis, Pediococcus* spp.	Brasil
Feseekh	*Alestes baremose, Hydrocynus* spp.	< 30	15-20 dias ou 2-3 meses	–	Sudão Egito
Momone	*Channa striata*	15-40	2-3 dias	*Lactobacillus, Pediococcus, Debaryomyces, Hansenula, Aspergillus*	Gana
Hout-kasef	Salmonete (*Valamugil scheli*)	15	1 mês	*Bactérias halofílicas, Staphylococcus, Bacillus* spp.	Arábia Saudita
Ikan pekasam	*Pontius goniónotus Oreochromis mossambicus*	10	2 semanas-1 mês	–	Malásia

Fonte: elaborada pelos autores com informações de Adams, Cooke e Rattagool (1985); Oetterer *et al.* (2003); Achinewhu *et al.* (2004); Osman *et al.* (2012); Ezzat *et al.* (2015); Skara *et al.* (2015); Priyanto e Djajati (2018); Gassem (2019); Zang *et al.* (2019); Belleggia *et al.* (2020).

13.5.1 FERMENTADOS SÓLIDOS DE PESCADO

Os pescados fermentados na forma sólida podem ser produzidos a partir de peixes inteiros (geralmente de tamanho pequeno e baixo valor agregado), ou em postas (a partir de peixes maiores), bem como de crustáceos e moluscos. Como veremos adiante, a fermentação desses produtos é principalmente lática, mas outros grupos bacterianos, como fungos e leveduras, também contribuem para o processo fermentativo.

Os peixes fermentados nórdicos são, certamente, os mais peculiares, por suas características sensoriais distintas. De forte odor e sabor pronunciado, são considerados praticamente iguarias, sendo consumidos esporadicamente por populações locais. Despertam também a curiosidade de turistas e consumidores afeitos a esse tipo de produto. Destaca-se o *surströmming*, típico da Suécia, produzido a partir de arenque do Báltico (*Clupea harengus*) parcialmente eviscerado (mantêm-se as gônadas e o ceco pilórico), pré-salgado e fermentado em salmoura (ao redor de 15%), por aproximadamente um mês em temperaturas ao redor de 18 °C. Ao término, o peixe é enlatado com a própria salmoura, e a fermentação continua por até cerca de seis meses, causando o estufamento das latas devido à intensa produção de gás. O consumo geralmente se dá em ambientes abertos, de modo a se evitarem problemas decorrentes da intensa dispersão de gases com forte odor pelo ambiente quando da abertura da lata (SKARA *et al.*, 2015). Os principais microrganismos presentes no *surströmming* são *Halanaerobium praevalens*, *Alkalibacterium gilvum* e *Tetragenococcus halophilus* (BELLEGGIA *et al.*, 2020).

O *rakfisk*, de origem norueguesa, utiliza trutas (peixes da família Salmonidae) evisceradas e salgadas (concentrações ao redor de 5% de sal), fermentadas em recipientes tipo barris de madeira, em baixas temperaturas (em torno de 5 °C), por períodos mais prolongados, de três a doze meses. Já o *hákarl*, fermentado islandês de tubarão da Groenlândia (*Somniosus microcephalus*), geralmente não leva sal (devido à dificuldade de acesso a esse insumo na região) e fermenta durante três a seis semanas. Antigamente, mantinham-se os pedaços de tubarão em poços de cascalho próximo ao mar, para que estes fossem inundados, eventualmente, pela subida da maré. Atualmente, a matéria-prima é acondicionada em recipientes fechados com pequenos orifícios para escoamento do líquido exsudado. Após a fermentação, o tubarão é cortado em pedaços menores e passa por um processo de secagem ao ar em galpões durante meses (SKARA *et al.*, 2015). A Tabela 13.1 exibe mais informações a respeito dos microrganismos envolvidos na fermentação desses produtos.

Outro pescado que originalmente era fermentado na forma sólida é o *gravlax*, produzido a partir de salmonídeos enterrados no solo e fermentados. Originalmente, *gravlax* era basicamente um termo sinônimo de *rakfisk*, mas se modificou ao longo do tempo e perdeu suas características originais. Nos dias atuais, o processo de produção do *gravlax* envolve basicamente um processo de cura do peixe, geralmente salmão (*Salmo salar*), mantido em uma espécie de marinada. O resultado é um produto bastante diferente e muito mais perecível que o *rakfisk*. Geralmente, recobre-se o peixe com uma mistura de sal, açúcar e ervas, especialmente endro (*dill*), mantendo-o sob refrigeração por alguns dias, o que confere ao produto uma espécie de cura branda (SKARA *et al.*, 2015).

O pescado fermentado africano representa uma importante fonte de proteína na dieta das populações locais e normalmente é produzido de maneira artesanal, combinando-se salga e secagem, necessárias devido ao clima tropical da região, com altas temperaturas registradas ao longo de praticamente todo o ano (VENDRAMINI; GUIMARÃES; NOGUEIRA, 2018). Além disso, o pescado africano não é fermentado até pasta ou molho devido ao curto tempo de fermentação (cerca de dez dias), que sofre influência do clima local e das condições de produção. *Lanhouin*, *momone* e *guedj* são três tipos de pescado fermentado sólidos produzidos no Benim, Gana e Senegal, respectivamente, todos a partir da salga associada à secagem, sendo comum a utilização das espécies *Pseudotolithus senegalensis*, *Galeoides decadactylus*, *Chloroscombrus chrysuru* ou *Sphyraena* spp.

(ANIHOUVI; KINDOSSI; HOUNHOUIGAN, 2012). Dentre os principais microrganismos observados no *lanhouin*, destacam-se as bactérias dos gêneros *Bacillus* (*B. subtilis*, *B. licheniformis*, *B. mycoides* e *B. cereus*) e *Staphylococcus* (*S. lentus* e *S. xylosus*). Além desses, *Lactobacillus*, *Pediococcus*, *Debaryomyces*, *Hansenula* e *Aspergillus* também já foram identificados no *momone*. No *guedj*, predominam *Proteus* spp., *Shewanella putrefaciens* e *Bacillus* spp. O substrato desses produtos geralmente apresenta valores de pH na faixa alcalina, o que explica, em parte, a predominância de tais bactérias sobre as BAL comumente encontradas em outros tipos de fermentados (ANIHOUVI; KINDOSSI; HOUNHOUIGAN, 2012).

No Sudão, o *fesseekh* é produzido a partir da mistura de *Alestes* sp. ou *Hydrocynus* sp. com sal em recipientes específicos, com pesos na superfície para facilitar a exsudação de líquidos. A fermentação ocorre durante sete dias, e o produto resultante é então transferido para tanques maiores contendo sal, nos quais a fermentação continua por mais dez a quinze dias. O produto final apresenta textura macia e forte odor (SHIN *et al.*, 2016). No Egito, o *fesseekh* pode ser elaborado de duas formas: a primeira, com o uso de baixas concentrações de sal e um rápido período de fermentação; a segunda com o uso de altas concentrações de sal e um período de fermentação de dois a três meses. No que se refere à qualidade nutricional, o *fesseekh* é considerado fonte de proteínas de alta qualidade, aminoácidos essenciais, vitaminas e minerais (RABIE *et al.*, 2009).

Na Arábia Saudita, a espécie *Valamugil scheli* é utilizada na produção de um produto salgado fermentado conhecido como *hout-kasef*. Antigamente, a fermentação era utilizada para conservação da matéria-prima; todavia, nos dias atuais, é empregada para a produção de um fermentado diferenciado, consumido em determinadas épocas do ano. O peixe limpo e eviscerado é misturado ao sal em sobrecamadas, mantido em caixotes de madeira e fermentado por aproximadamente um mês (o tempo pode variar de acordo com a temperatura ambiente), de modo que o líquido exsudado não permaneça no recipiente de fermentação. O *hout-kasef* apresenta em torno de 15% de sal, contagens bacterianas totais entre 3,0 e 5,0 log UFC/g, bolores e leveduras entre 0,5 e 3,0 log UFC/g, estafilococos em torno de 3,0-4,0 log UFC/g e bactérias halofílicas ao redor de 3,0-5,0 log UFC/g de produto (GASSEM, 2019).

De origem vietnamita, o *hoi-dong* consiste em moluscos fermentados com sal, em concentrações ao redor de 6% a 15%. A mistura é fermentada durante aproximadamente cinco dias, com sua microbiota sendo praticamente lática (*Lactobacillus e Tetragenococcus*) (TANASUPAWAT; VISESSANGUAN, 2008). Valores entre 7,0 e 9,0 log UFC/g de BAL foram encontrados em produtos de pescado fermentado tailandês, com pH variando de 4 a 5, majoritariamente compostos de espécies de *Lactobacillus*. Quarenta e quatro estirpes de BAL apresentaram atividade antibacteriana contra *Listeria monocytogenes*, *Aeromonas* sp., *Vibrio cholerae* e *V. parahaemolyticus*, em decorrência da produção de ácido lático e/ou bacteriocinas (OSTERGAARD *et al.*, 1998).

Da mesma forma, um estudo com *bekasam*, fermentado indonésio com altas concentrações de sal e arroz como fonte de carboidrato, identificou 62 tipos de bactérias láticas, 90% delas capazes de inibir o crescimento de *L. monocytogenes*, *Salmonella* Typhimurium

(79%), *Escherichia coli* (73%), *B. cereus* (71%) e *S. aureus* (66%) (DESNIAR *et al.*, 2013), este último reconhecidamente um microrganismo halotolerante.

Já o *shidal*, peixe fermentado indiano, não leva sal em sua composição. Trata-se de barbos (*Puntius* spp.) mantidos em recipientes apropriados e semifermentados em condições anaeróbicas durante quatro meses. O produto, reconhecido por seu forte odor característico, tem suas propriedades sensoriais decorrentes da decomposição de proteínas e lipídeos, com consequente liberação de aminoácidos, ácidos graxos e outros componentes. O *shidal* mantém o formato do peixe quase inalterado, exceto por pequenas desintegrações nas regiões da barriga e da cauda do animal, e a coloração, branca e opaca, pode se tornar acastanhada com a exposição ao ar. Microrganismos geralmente observados nesse tipo de produto consistem em *Micrococcus*, *Staphylococcus* e *Bacillus* (THAPA, 2016; MAJUMDAR *et al.*, 2016). *Lonailish*, também indiano, é um produto de peixe fermentado em sal, preparado exclusivamente a partir de *Tenualosa ilisha*, peixe da família do arenque (*Clupeidae*) com alto teor de gordura (até 25%). Para a elaboração do *lonailish*, os peixes são lavados e descamados, retirando-se a cabeça e a cauda. Em seguida, são filetados, misturados com sal (em torno de 25%) e desidratados em cestos de bambu em local protegido da luz por 48 horas. Posteriormente, os peixes são transferidos para recipientes onde são fermentados em salmoura por quatro a seis meses (MAJUMDAR *et al.*, 2016). As características sensoriais do *lonailish* são decorrentes de proteases microbianas, em especial de microrganismos halofílicos. Estudos têm relatado a prevalência de arqueias halofílicas no produto final, correspondendo a cerca de 75% dos microrganismos halofílicos avaliados (DAS; KUMAR; NAYAK, 2020).

O *shiokara* japonês pode ser produzido a partir de tecidos de peixes, lulas ou caranguejos, assim como de suas vísceras ou gônadas. A matéria-prima é salgada e fermentada por longos períodos. Além das enzimas digestivas contidas no fígado e nos músculos, a contaminação microbiana durante a manipulação e a fermentação auxiliam na transformação da matéria-prima no produto final. Durante o processo fermentativo ocorre a hidrólise proteica e a liberação de aminoácidos (especialmente glutamina, leucina, lisina e aspartato), que resultam em sabores e aromas fortes e complexos. Concentrações de sal ao redor de 10% são utilizadas para inibir o desenvolvimento de microrganismos deterioradores. Um dos tipos mais comuns de *shiokara* é o de lulas. Primeiramente, retiram-se as vísceras com cuidado para que não se rompam. Os tecidos musculares são lavados, drenados e então seccionados e misturados às vísceras numa proporção de 3% a 10%. O produto fermenta em recipientes fechados por dias ou até mesmo anos, dependendo da intensidade do sabor desejado no produto final. *Micrococcus*, *Staphylococcus* e *Debaryomyces* são microrganismos normalmente encontrados nesse tipo de pescado fermentado (OHSHIMA; GIRI, 2014; KUDA, 2015; ANAGNOSTOPOULOS; TSALTAS, 2019).

O *jeotgal* coreano consiste em um produto fermentado que leva simplesmente sal e pescado, desde peixes inteiros ou em postas até moluscos e crustáceos e/ou suas respectivas vísceras. Os peixes são lavados, misturados ao sal em concentrações de até

20% e mantidos em tanques para fermentação por ao menos três meses. A quantidade de sal adicionada depende do tipo de pescado utilizado e da temperatura de fermentação. No caso de moluscos e crustáceos, temperaturas maiores que 25 °C são utilizadas e as concentrações de sal geralmente são superiores a 20% (podendo chegar a 30%), a fim de se evitar a deterioração do produto. O teor de proteínas, carboidratos, ácidos orgânicos e lipídeos tem um importante papel no desenvolvimento de sabores específicos do produto (KOO *et al.*, 2016; SHIN *et al.*, 2016). Em relação à microbiota, destacam-se *Lactobacillus, Pediococcus, Leuconostoc*, além de *Bacillus, Pseudomonas, Brevibacterium* e *Halobacterium*. O *jeotgal* é amplamente utilizado na condimentação de preparações culinárias, sendo muito comum seu uso no preparo de outros alimentos fermentados coreanos, como o *kimchi*. Pesquisas indicam que seu uso altera significativamente a microbiota do *kimchi*, correspondendo a um grande aporte de *Weisella koreensis* e *Latilactobacillus sakei*, importantes para a dinâmica populacional de BAL neste produto vegetal. Sua adição ao *kimchi* contribuiu de maneira significativa para o *flavor* do produto, com incremento de aminoácidos e metabólitos funcionais (JUNG *et al.*, 2018) (para mais informação sobre o *kimchi*, ver Capítulo 8).

No Brasil, estudo com sardinhas anchovadas (*S. brasiliensis*) demonstrou a presença de *Pediococcus* spp. e valores de pH variando entre 5,36 e 6,3. Os autores relataram, ainda, a inibição de algumas bactérias relacionadas à produção de histamina (*Enterococcus* e *Tetragenococcus*), devido ao alto teor de cloreto de sódio e baixo pH observados no decorrer do processo fermentativo (POMBO; FRANCO; MÁRSICO, 2012).

13.5.2 PASTA DE PESCADO FERMENTADA

As pastas fermentadas de pescado são bastante difundidas na culinária asiática, especialmente para a aromatização de pratos típicos. Geralmente seu preparo é simples e realizado a partir da mistura de peixe, sal e alguma fonte de carboidrato, como arroz ou outros tipos de cereais. Dentre as pastas de peixe fermentadas, destacam-se o *hentak, shidal, ngari* e *tungtap*, provenientes da Índia; o *terasi*, da Indonésia; o *belacan*, da Malásia; o *ngapi*, de Mianmar; o *kapi*, da Tailândia; e o *bagoong*, das Filipinas (Tabela 13.2).

O indiano *hentak* é produzido misturando-se peixe seco ao sol a partes vegetais. Para a elaboração desse produto, peixes pequenos (*Esomus danricus*) são previamente lavados e mantidos ao sol e, quando secos, são triturados até obter-se um pó. Da mesma forma, folhas da planta orelha-de-elefante (*Alocasia macrorrhiza*) são também lavadas e secas ao sol. Misturam-se os dois componentes e, após maceração, forma-se uma pasta espessa, semelhante a uma bola, que é mantida em jarros de barro para fermentação durante aproximadamente dez dias. Semelhante a um *curry*, consiste em um produto típico da região de Manipur, na Índia, e é utilizado na condimentação de preparações culinárias, bem como oferecido a mulheres no estágio final da gravidez ou a pacientes convalescentes. Como microrganismos fermentadores presentes no *hentak*, destacam-se BAL, principalmente dos gêneros *Lactococcus* e *Lactobacillus* (THAPA, 2016). Outro tipo de pescado fermentado indiano é o *tungtap*, produzido a partir da fermentação de peixe-zebra (*Danio spp.*).

No processo de elaboração desse produto, os peixes são lavados e misturados ao sal. Após secagem ao sol, a mistura é mantida em potes de barro hermeticamente fechados e fermentada por períodos que variam de quatro a sete dias. Esse pescado é consumido como aperitivo ou usado para condimentar preparações culinárias. BAL, como *Lactobacillus*, *Lactococcus*, *Bacillus* e *Micrococcus*, além de leveduras (*Candida* e *Saccharomycopsis*), já foram relatadas no produto fermentado (THAPA, 2016).

O *terasi*, por sua vez, corresponde a uma pasta de origem indonésia obtida a partir da fermentação de camarão (*Acetes* spp.) e que pode ser adicionado de outros ingredientes, como farelo de arroz. A mistura obtida é fermentada de maneira espontânea, e, ao término do processo, obtém-se uma pasta consistente. A fermentação é relativamente complexa, com uma grande diversidade de microrganismos atuando na matéria-prima, como *Tetragenococcus halophilus* e *T. muriaticus*, além de *Micrococcus*, *Bacillus*, *Pseudomonas*, dentre outros (AMBARITA; RAES; DE MEULENAER, 2019; WANG *et al.*, 2018).

O *bagoong*, de origem filipina, é produzido a partir de peixes limpos (*Stolephorus* spp., *Sardinella* spp., *Decapterus* spp.) e misturados ao sal em concentrações que variam de 20% a 25%, deixando-se fermentar em recipientes específicos em temperaturas relativamente altas, ao redor de 45 °C, com o objetivo de acelerar o processo fermentativo (OHSHIMA; GIRI, 2014). Esse produto pode ser consumido cru ou cozido, como condimento em aperitivos, pratos à base de legumes ou como a principal fonte de proteína da refeição. *Bacillus*, *Micrococcus* e *Moraxella* são gêneros de microrganismos comumente encontrados em *bagoong* (SALAMPESSY; KAILASAPATHY; THAPA, 2010). Já o *balao-balao*, também proveniente das Filipinas, consiste em uma pasta de camarão fermentada junto a elevadas concentrações de sal (20%) e arroz cozido (OHSHIMA; GIRI, 2014).

Tabela 13.2 – Características de diferentes exemplos de pasta de pescado fermentado

Nome	Espécie de pescado	% sal	Tempo de fermentação	Microrganismo	Origem
Hentak	*Esomus danricus*	–	10 dias	*Lactobacillus* *Lactococcus*	Índia
Tungtap	*Danio* spp.	–	7 dias	*Lactococcus* *Bacillus* *Micrococcus* *Candida Saccharomycopsis*	Índia
Terasi	*Acetes* spp.	1-2	2-3 semanas	*Tetragenococcus halophilus* *Tetragenococcus muriaticus* *Micrococcus* *Bacillus* *Pseudomonas*	Indonésia

Nome	Espécie de pescado	% sal	Tempo de fermentação	Microrganismo	Origem
Bagoong	*Stolephorus* spp. *Sardinella* spp. *Decapterus* spp.	Até 25	3-12 meses	*Bacillus* *Micrococcus* *Moraxella*	Filipinas
Balao-balao	*Macrocrachium* spp.	20	7-10 dias	Bactérias láticas	Filipinas

Fonte: elaborada pelos autores com informações de Adams, Cooke e Rattagool (1985); Steinkraus (1994); Sanchez (1999); Ambarita, Raes e De Meulenaer (2009); Salampessy, Kailasapathy e Thapa (2010); Ohshima e Giri (2014); Thapa (2016); Wang *et al.* (2018); Prihanto e Muyasyaroh (2021).

13.5.3 MOLHOS DE PESCADO FERMENTADO

Se considerado apenas o tempo de fermentação, a categoria dos molhos compreenderia o último estágio do processo fermentativo de peixes. Tratam-se, pois, de produtos com um período prolongado de produção, cuja hidrólise da matéria-prima (pescado + sal) é praticamente completa, resultando em um líquido límpido, rico em sabores e aromas complexos. Esse tipo de produto é amplamente produzido em países asiáticos, principalmente Indonésia, Vietnã, Tailândia e Filipinas, com variações inerentes à cada região produtora.

Talvez um dos primeiros molhos à base de peixe de que se tem notícia seja o *garum*, de origem romana e produzido a partir da fermentação de peixes salgados. Esse molho foi utilizado como condimento e certamente provia características do gosto *umami* a preparações culinárias da época, sendo comumente misturados a vinagre de vinho (*oxygarum*), mel (*meligarum*) e vinho (*oenogarum*). Registros históricos relatam a utilização de peixes inteiros, junto com suas vísceras, salgados (em concentrações de até 25%) e fermentados por três a doze meses. As espécies mais utilizadas consistiam em cavala (*Scomber scombrus*) e atum (*Thunnus* sp.). Seu comércio atingiu o ápice em tempos bastante remotos, tendo sobrevivido até a Idade Média e o Renascimento. É provável que o *garum* tenha sido o ancestral das atuais anchovas salgadas e fermentadas, assim como de suas pastas, produzidas, no entanto, a partir de peixes eviscerados. Algumas empresas artesanais italianas e espanholas têm tentado resgatar o *garum* com base em registros escritos de receitas antigas (MOURITSEN *et al.*, 2017).

Os molhos de peixe podem ser produzidos a partir de peixes de água doce ou salgada, e também de moluscos ou crustáceos, com prolongado tempo de fermentação (entre três e doze meses). Entretanto, a preferência por peixes gordos e pequenos de água salgada (como *Stolephorus* sp., *Clupea* sp., *Sardinella* sp. e *Engraulis* sp.) decorre do fato de que os peixes de água doce geralmente resultam em molhos com sabores menos intensos, com traços maiores de *off-flavor* (VENDRAMINI; GUIMARÃES; NOGUEIRA, 2018), o que diminui o valor agregado do produto final.

Nesse tipo de produto, a microbiota desempenha um papel fundamental na proteólise da matéria-prima e no desenvolvimento de *flavor*. BAL e outros microrganismos anaeróbios são capazes de metabolizar aminoácidos, gerando ácidos graxos voláteis, aminas, amônia e outros compostos voláteis importantes para a qualidade sensorial do produto fermentado. Ao término do processo (cerca de doze meses), as populações são relativamente baixas, não ultrapassando 3,0 log UFC/ml de molho (HUTKINS, 2006).

Em *bakasang*, molho de origem indonésia, *Bacillus* sp., *Pseudomonas* sp., *Micrococcus* sp., *Halococcus* sp. e *Halobacterium* sp. são reconhecidos produtores de enzimas proteolíticas, atuando na degradação das fibras musculares dos peixes. Já *Staphylococcus* sp. e *Bacillus* sp. desempenham papel importante na formação de aromas e sabores no produto final. Durante sua elaboração, a população de BAL, especialmente *Lactobacillus* sp., *Streptococcus* sp. e *Pediococcus* sp., aumenta consideravelmente na primeira semana de fermentação, reduzindo o pH do meio. Após vinte dias de fermentação, essas espécies predominam até o término do processo.

Essa microbiota se assemelha à observada durante a fermentação do *nam-pla*, com destaque para *Halobacterium salinarum*, uma arqueia halofílica extrema responsável pela produção de proteases extracelulares que desempenham um papel importante no processo fermentativo (SALAMPESSY; KAILASAPATHY; THAPA, 2010). O *nam-pla* é um molho de peixe fermentado utilizado na gastronomia tailandesa. Para sua elaboração, mistura-se peixe e sal em cubas de concreto, que em seguida são cobertas e, na maioria das vezes, enterradas no solo, onde permanecem por seis a doze meses para fermentação. Após esse período, o líquido é coletado, filtrado e transferido para recipientes de cerâmica, nos quais fica em processo de maturação ao sol por mais um período de um a três meses. O produto final é límpido, de cor castanha-escura e com aroma e sabor distintos e característicos (BEDDOWS, 1998).

Yu-lu é um molho de peixe fermentado tradicional de origem chinesa, utilizado como condimento principalmente nas províncias de Guangdong e Fujian. Para sua elaboração, costumam-se utilizar anchovas (*Engraulis japonicus*) com cerca de 20 cm (ou outros peixes marinhos de pequeno porte) que são misturadas ao sal na proporção de 1:3 (sal: peixe, peso úmido). Por ser um produto tradicional, os povos do Sudeste Asiático estão familiarizados com seu forte aroma, sendo recorrente a substituição do tradicional molho de soja pelo *Yu-lu* (JIANG *et al.*, 2007; JIANG; ZENG; ZHU, 2011; WANG *et al.*, 2018).

Na Tabela 13.3, apresentamos os principais tipos de molhos de peixe fermentados produzidos em diferentes países, características do processo fermentativo e microrganismos predominantes.

Tabela 13.3 – Características de diferentes exemplos de molhos de pescado fermentado

Nome	Espécie de pescado	% sal	Tempo de fermentação	Microrganismo	Origem
Nam-pla	*Stolephorys* spp. *Cirrhinus* spp. *Saurida elongata*	> 20	5-18 meses	BAL homofermen-tadoras	Tailândia
Garum	*Tunnus thynnus*	25	9 meses	–	Roma antiga
Budu	*Stolephorus* spp.	20-30	3-12 meses	*Microcroccus luteus* *Staphylococcus arlettae*	Malásia Tailândia
Patis	*Clupea* spp. *Decapterus* spp. *Leionathus* spp.	22-26	3-12 meses	*Bacillus* *Micrococcus* *Staphylococcus*	Filipinas
Bakasang	*Engraulis japonicus*	10-20	6 semanas	*Micrococcus* *Streptococcus* *Pediococcus*	Indonésia
Yu-lu	*Engraulis japonicus*	30	6-12 meses	Bactérias láticas Leveduras Halotolerantes	China

Fonte: Adams, Cooke e Rattagool (1985); Saisithi (1994); Sanchez (1999); Wang *et al.* (2018); Zang *et al.* (2019).

13.5.4 CULTURAS INICIADORAS

A maioria do pescado fermentado ainda é produzida em pequena escala, seguindo tradições familiares e fazendo uso de microrganismos predominantes nas condições geográficas locais, o que resulta em produtos com qualidades distintas. Para padronização do processo e produtos, estudos recentes têm avaliado o uso de microrganismos selvagens para o desenvolvimento de culturas iniciadoras (XU *et al.*, 2020), objetivando principalmente acelerar o processo fermentativo por meio da redução do tempo de preparo, além da melhora da qualidade microbiológica, inibição da formação de aminas biogênicas e aumento do conteúdo de aminoácidos, importante não só para o *flavor* mas também pelos diversos benefícios associados à saúde humana (SANCHEZ, 1999; YONGSAWATDIGUL; RODTONG; RAKSAKULTHAI, 2007; KOPERMSUB; YUNCHALARD, 2010; SKARA *et al.*, 2015; GOWDA; NARAYAN; GOPAL, 2016). A fermentação a partir de culturas iniciadoras requer condições especiais de processamento, de modo a se reduzir ao máximo a contaminação do ambiente e se controlar a temperatura do processo fermentativo (MOURITSEN *et al.*, 2017) (para mais informações sobre culturas iniciadoras, ver Capítulo 4).

Experimentos-modelo com estirpes de *Lactobacillus* sp. demonstraram uma condição de estabilidade e segurança microbiológica no produto final, decorrente de sua capacidade de inibir patógenos e microrganismos deteriorantes, além de contribuir para uma maior estabilidade lipídica, de maneira a se evitar o desenvolvimento da rancidez oxidativa, prejudicial ao produto (SKARA *et al.*, 2015). Já *Virgibacillus* sp. e *Staphylococcus* sp. utilizados como culturas *starter* favoreceram a hidrólise proteica durante o processo fermentativo em decorrência da produção de proteases. Lipases também produzidas pelos microrganismos resultaram em oxidação de ácidos graxos poli-insaturados e formação de ácidos graxos voláteis (YONGSAWATDIGUL; RODTONG; RAKSAKULTHAI, 2007). De maneira geral, microrganismos produtores de certos tipos de proteases impactam a qualidade do produto final, podendo tanto melhorar suas características como serem prejudiciais ao processo (XU *et al.*, 2020).

3.6 CARACTERÍSTICAS SENSORIAIS E FUNCIONAIS DE PESCADO FERMENTADO

Conforme discutido anteriormente, a atividade metabólica microbiana pode gerar diversos tipos de compostos voláteis por meio do metabolismo de aminoácidos e ácidos graxos, auxiliando no desenvolvimento de *flavor* e qualidade do produto fermentado (ZANG *et al.*, 2019; XU *et al.*, 2020). No entanto, trata-se de um processo que não depende exclusivamente da microbiota fermentadora, mas também da quantidade e tipos de proteínas e lipídeos presentes no substrato (SAISITHI, 1994). Esta composição é bastante variável no produto final, conforme demonstrado na Tabela 13.4. Altos valores proteicos, próximos a 40%, são observados para *shidal*, além de quantidades significativas de cinzas (minerais), provavelmente por serem elaborados a partir de peixes inteiros, incluindo-se espinhos e carcaça, além do acréscimo de sal e, em alguns casos, outros condimentos. A presença de aminoácidos, peptídeos, ácidos orgânicos e compostos voláteis produzidos ao final do período de maturação são os principais responsáveis pelos sabores e aromas característicos dos diferentes tipos de pescado fermentado (GOWDA; NARAYAN; GOPAL, 2016).

Tabela 13.4 – Composição nutricional de diferentes produtos de pescado fermentado

Produto	Proteína (%)	Lipídeos (%)	Cinzas (%)	Referência
Bakasang	14,54	1,41	*	Ijong e Ohta, 1995
Shidal	38,93	16,73	16,3	Majumdar, Basu e Nayak, 2009

Produto	Proteína (%)	Lipídeos (%)	Cinzas (%)	Referência
Fesikh	33,41	8,09	18,91	Osman *et al.*, 2012
Hout Kassef	25,71	7,52	19,6	Gassem, 2019
Mowa Shidal	31,69	17,91	9,95	Kakati, Muzaddadi e Goswami, 2016
Lona Ilish	3,35	9,41	16,73	Majumdar e Basu, 2010
Sardinha anchovada	43,00	3,64	1,67	Oetterer *et al.*, 2003

Legenda: *não identificado.

A partir do Quadro 13.1, observa-se uma grande variação nos tipos de aminoácidos de diferentes produtos de pescado fermentado, em geral ricos em aminoácidos e ácidos graxos de importância para a alimentação humana. No *nam-pla*, 43 compostos, entre os quais oito ácidos, dez álcoois, seis aminas, sete outros compostos nitrogenados, quatro lactonas, três carbonilas e cinco compostos contendo enxofre foram detectados (EZZAT *et al.*, 2015). Além disso, um total de 48 substâncias voláteis foram identificadas em carpa (*Cyprinus carpio*) fermentada com baixo teor de sal (3%), sendo treze álcoois, dezessete ésteres, seis ácidos, cinco aldeídos e sete outros compostos (XU *et al.*, 2019). No *budu*, os aminoácidos valina, leucina, isoleucina, fenilalanina, prolina e glicina foram identificados, relacionados à atividade antioxidante atribuída ao produto final (NAJAFIAN; BABJI, 2018). Destaque para uma maior presença de aminoácidos livres em *bakasang*, provavelmente em decorrência da intensa atividade proteolítica dos tecidos musculares. Nesse produto, o sabor característico está diretamente relacionado ao teor de ácido glutâmico (IJONG; OHTA, 1995). No *yu-lu*, foi observada a presença de todos os aminoácidos essenciais, motivo pelo qual, segundo os autores, seu consumo pode ser recomendado como fonte de aminoácidos essenciais. As concentrações dos ácidos aspártico e glutâmico aumentam significativamente no decorrer do processo fermentativo, contribuindo para a formação do gosto *umami* no produto (WANG *et al.*, 2018). Esta característica é decorrente da associação de ácido glutâmico com os ácidos nucleicos inosina, guanina e adenina. Entretanto, grandes quantidades de alanina e ácido glutâmico podem mascarar o efeito adocicado da glicina, assim como quantidades elevadas de NaCl, ácido glutâmico e adenina suprimem o amargor da arginina. Uma gama variável de sabores pode, portanto, ser observada para os produtos de pescado fermentado, e sua intensidade irá depender da espécie utilizada, das condições do ambiente, das proporções dos ingredientes utilizados e do método de fermentação (SAROWER; HASANUZZAMAN; ABE, 2012).

Quadro 13.1 – Principais aminoácidos e ácidos graxos em diferentes produtos de pescado fermentado

Produtos		
Bakasang[1] *Nam-pla*[2] *Budu*[3]	Anchova fermentada (*Stolephorus* sp.)[4] *Shidal*[5]	*Feseekh*[6] *Yu-lu*[7] *Ikan pekasam*[8]
Aminoácidos		
Histidina* Fenilalanina* Isoleucina* Leucina* Lisina* Metionina* Treonina*	Triptofano* Valina* Ácido glutâmico Tirosina Prolina Citrulina Ornitina	Serina Alanina Ácido aspártico Arginina Glicina Cisteína Taurina
Ácidos graxos		
Ácido palmítico Ácido oleico Ácido esteárico Ácidos linoleico Ácido mirístico	Ácido propanoico Ácido butírico Ácido linolênico Ácido araquidônico EPA** DHA***	Ácido caprílico Ácido cáprico Ácido láurico Ácido palmitoleico Ácido acético

Legenda: * aminoácidos essenciais; ** eicosapentaenoico; *** docosahexaenoico. Fonte: [1]Ijong e Ohta (1995); [2]Yongsawatdigul, Rodtong e Raksakulthai (2007); [3]Najafian e Babji (2018); [4]Anggo *et al.* (2015); [5]Majumdar, Basu e Nayak (2009); [6]Rabie *et al.* (2009); [7]Jiang *et al.* (2007); Wang *et al.* (2018); [8]Ezzat *et al.* (2015).

No Sudeste Asiático, diversos tipos de peixe fermentado apresentam quantidades significativas de ácido glutâmico em sua composição (MOURITSEN *et al.*, 2017), que lhes confere gosto *umami*. Um dos exemplos mais clássicos é o *katsuobushi*, um tempero tradicional japonês elaborado desde os anos 1600 com músculo de bonito (*Sarda orientalis*) cozido, defumado, seco e fermentado. O *katsuobushi* é um ingrediente do *dashi*, um condimento amplamente utilizado na culinária do país (FUJITA; YAMAGAMI; OHSHIMA, 2001; ZANG *et al.*, 2019).

Alguns estudos têm relatado benefícios à saúde associados ao consumo de pescado fermentado. No *jeotgal*, detectou-se atividade fibrinolítica continuada no sangue após administração oral em modelo animal (KIM *et al.*, 1997); para *katsuobushi*, observou-se controle da pressão arterial e potencial para uso como suplemento alimentar por indivíduos com pressão arterial limítrofe e moderadamente hipertensos (FUJITA; YAMAGAMI; OHSHIMA, 2001), além de efeitos preventivos contra alguns tipos de infecções gastrointestinais (SAISITHI, 1994).

Deve-se atentar, ainda, para a problemática da presença de aminas biogênicas (AB) em pescado fermentado. Tais compostos podem ser encontrados não apenas em pescado produzido com má qualidade sanitária, mas também em produtos fermentados (RABIE *et al.*, 2009; EZZAT *et al.*, 2015). As AB histamina, espermidina, putrescina e tiramina foram encontradas em molho de peixe fermentado (*Scomber austriasicus*); no entanto, o uso de especiarias resultou em diminuição dos valores de pH, bem como de AB, com destaque para a maior eficácia do alho e do anis-estrelado. Além destes, extrato de canela também inibiu bactérias contaminantes, como *Citrobacter freundii* e *Klebsiella pneumoniae* (ZHOU *et al.*, 2016). Quantidades elevadas de cadaverina, putrescina e histamina foram encontradas em *yu-lu* até o terceiro mês de fermentação, com posterior redução até o 12º mês, devido à inibição de bactérias produtoras de AB (como *Halanaerobium* sp., produtor de putrescina, e *Photobacterium* sp., de histamina) e também à predominância de espécies capazes de degradá-las, especialmente *Halomonas* sp. Os autores sugerem, ainda, que esta espécie poderia ser utilizada para melhorar a qualidade e segurança do produto (WANG *et al.*, 2018). Fermentado de carpa (*Cyprinus carpio*) com baixa concentração de sal (3%) também apresentou tiramina, cadaverina, histamina e putrescina, que diminuíram a partir do aumento do período e da temperatura de fermentação, provavelmente pelo aumento de bactérias responsáveis pela degradação das AB (XU *et al.*, 2019). Cadaverina e putrescina também já foram identificadas em *ikan pekasam*. Embora sejam indicadores de deterioração em pescado, tais componentes não são considerados, isoladamente, tóxicos, mas podem potencializar o efeito da histamina e da tiramina ao interagir com monoaminas oxidases (EZZAT *et al.*, 2015).

Segundo a agência norte-americana Food and Drug Administration (FDA), o nível máximo de histamina em produtos de pescado fermentado é de 50 mg/g (FDA, 2020). O consumo de AB em quantidades acima das recomendadas pode representar risco à saúde, com sintomas como náuseas, suores noturnos, palpitações, dores de cabeça, erupções na pele e descontrole da pressão arterial (RABIE *et al.*, 2009). No entanto, valores abaixo desse limite são considerados seguros para consumo humano.

13.7 PERSPECTIVAS E CONSIDERAÇÕES FINAIS

Produtos elaborados com pescado fermentado apresentam qualidades sensoriais e nutricionais que lhes confere significativo potencial de mercado. Para a realização desse potencial, ressalta-se a importância do controle das características físico-químicas e microbiológicas das matérias-primas utilizadas, bem como do processo fermentativo.

O baixo consumo de pescado no Brasil, e também a limitada vida útil do pescado fresco, poderiam ser suprimidos pela oferta de produtos com maior conveniência de preparo e consumo. Nesse contexto, os diferentes tipos de pescado fermentado (sólidos, pastas ou molhos) são uma alternativa interessante, com elevado potencial de exploração pela indústria.

A baixa aceitação de produtos à base de pescado por grande parte dos consumidores brasileiros esbarra nos hábitos de consumo e em questões culturais. Assim, ações de *marketing* para divulgação de seus aspectos nutricionais poderiam ocasionar um aumento da demanda por esse tipo de produto. Além disso, o domínio das técnicas de produção, a adaptação das plantas de processamento e o estudo de espécies nativas com maior potencial para o desenvolvimento de pescados fermentados inovadores poderiam contribuir para o fortalecimento do setor.

REFERÊNCIAS

ACHINEWHU, S. C. *et al.* Microbiology of naturally fermented fish (*Sardinella sp.*). *Journal of Aquatic Food Product Technology*, v. 13, p. 47-53, 2004.

ADAMS, M. R.; COOKE, R. D.; RATTAGOOL, P. Fermented fish products of South East Asia. *Tropical Science*, v. 25, p. 61-73, 1985.

AMBARITA, M. T. D.; RAES, K.; DE MEULENAER, B. The sensory acceptance and profile of Indonesian sambal-terasi: impact of terasi type and concentration. *International Journal of Gastronomy and Food Science*, v. 16, jul. 2019.

ANAGNOSTOPOULOS, D. A.; TSALTAS, D. Fermented foods and beverages. *In*: GALANAKIS, C. M. *Innovations in traditional foods*. Duxford: Elsevier, 2019, cap. 10, p. 257-291.

ANGGO, A. D. *et al.* Changes of amino and fatty acids in anchovy (*Stolephorus* sp.) fermented fish paste with different fermentation periods. *Procedia Environmental Sciences*, v. 23, p. 58-63, 2015.

ANIHOUVI, V. B.; KINDOSSI, J. M.; HOUNHOUIGAN, J. D. Processing and quality characteristics of some major fermented fish products from Africa: a critical review. *International Research Journal of Biological Sciences*, v. 1, n. 7, p. 72-84, nov. 2012.

BEDDOWS, C. G. Fermented fish and fish products. *In*: WOOD, B. J. B. *Microbiology of fermented foods*. Glasgow: Thomson Science, 1998, cap. 13, p. 416-434.

BELLEGGIA, L. *et al.* Discovering microbiota and volatile compounds of surströmming, the traditional Swedish sour herring. *Food Microbiology*, v. 91, 2020.

BRASIL. Ministério da Agricultura, Pecuária e Abastecimento. Secretaria de Defesa Agropecuária. Decreto n. 10.468, de 18 de agosto de 2020. Regulamento da inspeção industrial e sanitária de produtos de origem animal. *Diário Oficial da União*, Brasília, DF, 19 ago. 2020. Disponível em: http://www.planalto.gov.br/ccivil_03/_ato2019-2022/2020/decreto/D10468.htm. Acesso em: 18 nov. 2021.

CASSOL, G. Z. *et al.* Tecnologia de processamento e qualidade microbiológica de formatados elaborados com peixes de baixo valor comercial. *In*: ANDRADE, D. F. (ed.). *Ciência e tecnologia dos alimentos*. Belo Horizonte: Poisson, 2019a, v. 5, cap. 2, p. 16-25.

CASSOL, G. Z. *et al.* Caracterização nutricional de Lambaris (*Astyanax altiparanae*) fermentados. *In*: I INTERNATIONAL FISH CONGRESS, 1, e SEMANA ACADÊMICA DE AQUICULTURA, 3, Foz do Iguaçu, 17-19 set. 2019b.

DAS, O.; KUMAR, S. H.; NAYAK, B. B. Relative abundance of halophilic archaea and bacteria in diverse salt-fermented fish products. *Lebensmittel-Wissenschaft & Technologie*, v. 117, 2020.

DESNIAR, C. *et al.* Characterization of lactic acid bacteria isolated from an Indonesian fermented fish (bekasam) and their antimicrobial activity against pathogenic bacteria. *Emirates Journal of Food Agriculture*, v. 25, p. 489-494, 2013.

EL SHEIKHA, A. F. *et al.* African fermented fish products in scope of risks. *International Food Research Journal*, v. 21, p. 425-432, 2014.

EZZAT, M. A. *et al.* Trans-and cis-urocanic acid, biogenic amine and amino acid contents in ikan pekasam (fermented fish) produced from Javanese carp (*Puntius gonionotus*) and black tilapia (*Oreochromis mossambicus*). *Food Chemistry*, v. 172, p. 893-899, 2015.

FAO (ORGANIZAÇÃO DAS NAÇÕES UNIDAS PARA A ALIMENTAÇÃO E AGRICULTURA). *The state of world fisheries and aquaculture*: meeting the sustainable development goals. Rome, 2018. 210 p. Disponível em: http://www.fao.org/3/i9540EN/i9540en.pdf. Acesso em: 10 jun. 2019.

FAO (ORGANIZAÇÃO DAS NAÇÕES UNIDAS PARA A ALIMENTAÇÃO E AGRICULTURA). *The state of world fisheries and aquaculture*: sustainability in action. Rome, 2020. 224 p. Disponível em: https://www.fao.org/3/ca9229en/online/ca9229en.html. Acesso em: 19 nov. 2021.

FDA (ORGANIZAÇÃO DAS NAÇÕES UNIDAS PARA A ALIMENTAÇÃO E AGRICULTURA). *Fish and fishery products hazards and controls guidance*. 4. ed. 2020. 25 p.

FUJITA, H.; YAMAGAMI, T.; OHSHIMA, K. Effects of an aceinhibitory agent, Katsuobushi oligopeptide, in the spontaneously hypertensive rat and in borderline and mildly hypertensive subjects. *Nutrition Research*, v. 21, n. 8, p. 1149-1158, 2001.

GASSEM, M. A. Microbiological and chemical quality of a traditional salted-fermented fish (hout-kasef) product of Jazan region, Saudi Arabia. *Saudi Journal of Biological Sciences*, v. 26, p. 137-140, 2019.

GAVA, A. J.; SILVA, C. A. B.; FRIAS, J. R. G. Microbiologia de alimentos. *In*: GAVA, A. J. *Tecnologia de alimentos*: princípios e aplicações. São Paulo: Nobel, 2008. 511 p.

GONÇALVES, A. A. Peixes fermentados, anchovados ou aliche? *Aquaculture Brasil*, Laguna, SC, v. 13, p. 70-71, jul.-ago. 2018.

GOWDA, S. G. S.; NARAYAN, B.; GOPAL, S. Bacteriological properties and health-related biochemical components of fermented fish sauce: an overview. *Food Reviews International*, v. 32, p. 203-229, 2016.

HAMAZAKI, K. *et al.* Maternal dietary intake of fish and PUFAs and child neurodevelopment at 6 months and 1 year of age: a nationwide birth cohort – the Japan Environment and Children's Study (JECS). *The American Journal of Clinical Nutrition*, v. 112, n. 5, p. 1295-1303, 2020.

HIBBELN, J. R. Seafood consumption, the DHA content of mothers' milk and prevalence rates of postpartum depression: a cross-national, ecological analysis. *Journal of Affective Disorders*, v. 69, n. 1-3, p. 15-29, 2002.

HUTKINS, R. W. (ed.). *Microbiology and technology of fermented foods*. Ames: Blackwell Publishing, 2006.

IJONG, F. G.; OHTA, Y. Amino acid compositions of bakasang, a traditional fermented fish sauce from Indonesia. *LWT – Food Science and Technology*, v. 28, p. 236-237. 1995.

JIANG, J. J.; ZENG, Q. X.; ZHU, Z. W. Analysis of volatile compounds in traditional Chinese fish sauce (yu lu). *Food and Bioprocess Technology*, v. 4, p. 2666-2271, 2011.

JIANG, J. J. *et al.* Chemical and sensory hanges associated yu-lu fermentation process – a traditional Chinese fish sauce. *Food Chemistry*, v. 104, p. 1629-1634, 2007.

JUNG, M. Y. *et al.* Role of jeotgal, a Korean traditional fermented fish sauce, in microbial dynamics and metabolite profiles during kimchi fermentation. *Food Chemistry*, v. 265, nov. 2018.

KAKATI, B. K.; MUZADDADI, A. U.; GOSWAMI, U. C. Preparation, acceptability and quality evaluation of fermented fish product *Mowa shidal* prepared from the mola carplet (*Amblypharyngodon mola*, Hamilton, 1822). *Journal of Applied and Natural Science*, v. 8, p. 1534-1540, 2016.

KIM, H. *et al.* Purification and characterization of a novel fibrinolytic enzyme from *Bacillus* sp. KA38 originated from fermented fish. *Journal of Fermentation and Bioengineering*, v. 84, p. 307-312, 1997.

KOO, O. K. *et al.* Korean traditional fermented fish products: *jeotgal*. *Journal of Ethnic Foods*, v. 3, p. 107-116, 2016.

KOPERMSUB, P.; YUNCHALARD, S. Identification of lactic acid bacteria associated with the production of *plaa-som*, a traditional fermented fish product of Thailand. *International Journal of Food Microbiology*, v. 138, p. 200-204, 2010.

KUDA, T. Quality improvement and fermentation control in fish products. *In*: HOLZAPFEL, W. *Advances in Fermented Foods and Beverages*. Cambridge: Woodhead Publishing, 2015, cap. 16, p. 377-390.

LEISNER, J. J.; GRAM, L. Spoilage of fish. *In*: ROBINSON, R. K. (ed.). *Encyclopedia of food microbiology*. New York: Academic Press, 1999. v. 2, p. 813-820.

MACIEL, E. S. *et al.* The perception of consumers vis-à-vis tracked fish measured via electronic instrument. *In*: GRUMEZESCU, A. M.; HOLBAN, A. M. *Food processing for increased quality and consumption*: handbook of food bioengineering, 2018. v. 18, cap. 5, p. 129-148.

MACIEL, E. S. *et al.* Similarities and distinctions of fish consumption in Brazil and Portugal measured through electronic survey. *International Food Research Journal*, v. 23, n. 1, p. 395-402, 2016. Disponível em: http://search.ebscohost.com/login.aspx?direct=true&db=fst&AN=112076582&site=eds-live. Acesso em: 6 nov. 2019

MAJUMDAR, R. K.; BASU, S. Characterization of the traditional fermented fish product *Lona ilish* of Northeast India. *Indian Journal of Traditional Knowledge*, v. 9, p. 453-458, 2010.

MAJUMDAR, R. K.; BASU, S. NAYAK, B. B. Assessment of nutritional quality of 'shidal', a fermented fish product of Northeast India. *Journal of the Indian Fisheries Association*, v. 36, p. 25-34, 2009.

MAJUMDAR, R. K. *et al.* Chemical and microbial properties of shidal, a traditional fermented fish of Northeast India. *Journal of Food Science and Technology*, v. 53, n. 1, 5 jan. 2016.

MCIVER, R. C.; BROOKS, R. I.; REINECCIUS, G. A. Flavor of fermented fish sauce. *Journal of Agricultural and Food Chemistry*, v. 1082, p. 1017-1020, 1982.

MOURITSEN, O. G. *et al.* Flavour of fermented fish, insect, game, and pea sauces: Garum revisited. *International Journal of Gastronomy and Food Science*, v. 9, p. 16-28. 2017.

NAJAFIAN, L.; BABJI, A. S. Purification and identification of antioxidant peptides from fermented fish sauce (*Budu*). *Journal of Aquatic Food Product Technology*, v. 28, p. 1-11, 2018.

OETTERER, M. Pescado fermentado. *In*: AQUARONE, E. *et al. Biotecnologia industrial*. São Paulo: Blucher, 2001, cap. 11, p. 305-337.

OETTERER, M. Produtos fermentados de pescado. *In*: OGAWA, M.; MAIA, E. L. *Manual da pesca*. São Paulo: Livraria Varela, 1999, cap. 16.9, p. 353-359.

OETTERER, M.; LIMA, U. A. *Pescado*. *In*: LIMA, U. A. *Matérias-primas dos alimentos*. Parte I: Origem vegetal; Parte II: Origem animal. São Paulo: Blucher, 2010, cap. 11, p. 359-389.

OETTERER, M. *et al.* Monitoring the sardine (*Sardinella brasiliensis*) fermentation process to obtain anchovies. *Scientia Agricola*, v. 60, n. 3, p. 511-517, 2003.

OHSHIMA, T.; GIRI, A. Fermented foods – Traditional fish fermentation technology and recent developments. *In*: ROBINSON, R. K. (ed.). *Encyclopedia of food microbiology*. 2. ed. London: Academic Press, 201, v. 1, p. 852-869.

OLYMPIA, M. Fermented fish products in the Philippines. *In*: GADEN JUNIOR, E. L. *et al.* *Applications of biotechnology in traditional fermented foods*. Washington, D.C.: National Academy of Sciences, 1992. cap. 19.

OSMAN, O. A. *et al.* Chemical and microbiological characteristics of fermented fish product *Fassiekh*. *Food and Public Health*, v. 2, p. 213-218, 2012.

OSTERGAARD, A. *et al.* Characterization of anti-listerial lactic acid bacteria isolated from Thai fermented fish products. *Food Microbiology*, v. 15, p. 223-233, 1998.

PHEWPAN, A. *et al.* Investigation of kokumi substances and bacteria in fermented Thai freshwater fish (Pla-ra). *Journal of Agricultural and Food Chemistry*, 2019.

PIENIAK, Z.; VERBEKE, W.; SCHOLDERER, J. Health-related beliefs and consumer knowledge as determinants of fish consumption. *Journal of Human Nutrition and Dietetics*, v. 23, p. 480-488, 2010.

POMBO, C. R. *Avaliação físico-química e bacteriológica de peixes anchovados*. 2007. 103f. Dissertação (Mestrado em Medicina Veterinária) – Faculdade de Medicina Veterinária, Universidade Federal Fluminense, Niterói, 2007.

POMBO, C. R.; FRANCO, R. M.; MÁRSICO, E. T. Caracterização do processamento tecnológico e validade comercial de sardinhas (*Sardinella brasiliensis*) anchovadas. *Revista Brasileira de Ciência Veterinária*, v. 19, p. 26-31, 2012.

PRADO FILHO, L. G. *Conservação do pescado*. *In*: CAMARGO, R. *et al.* *Tecnologia dos produtos agropecuários*. São Paulo: Nobel, 1984. Cap. 10, p. 165-189.

PRIHANTO, A. A.; MUYASYAROH, H. The Indonesian fermented food product terasi: history and potential bioactivities. *Systematic Reviews in Pharmacy*, v. 12, n. 2, p. 378-384, 2021.

PRIYANTO, A. D.; DJAJATI, S. Physical and chemical properties of silver rasbora bekasam using various types of processed rice as fermentation media. *Atlantis Highlights in Engineering (AHE)*, v. 1, p. 130-133, 2018.

RABIE, M. *et al.* Changes in free amino acids and biogenic amines of Egyptian salted-fermented fish (Feseekh) during ripening and storage. *Food Chemistry*, v. 115, n. 2, p. 635-638, 2009.

RODPAI, R. *et al.* Investigating the microbiota of fermented fish products (Pla-ra) from different communities of northeastern Thailand. *PLoS One*, v. 16, n. 1, p. e0245227, 2021.

RUXTON, C. H. S. The benefits of fish consumption. *Nutrition Bulletin*, v. 36, n. 1, p. 6-19, 2011.

SAISITHI, P. Traditional fermented fish: fish sauce production. *In*: MARTIN, A. M. *Fisheries Processing*. Dordrecht: Springer Science+Business Media, 1994. cap. 5, p. 111-129.

SALAMPESSY, J.; KAILASAPATHY, K.; THAPA, N. Fermented fish products. *In*: TAMANG, J.P; KAILASAPATHY, K. *Fermented foods and beverages of the world*. Boca Raton: CRC Press, 2010. p. 289-308.

SANCHEZ, P. C. Microorganisms and technology of Philippine fermented foods. *Japanese Journal of Lactic Acid Bacteria*, v. 10, p. 19-28, 1999.

SAROWER, M. G.; HASANUZZAMAN, A. F. M.; ABE, B. B. H. Taste producing components in fish and fisheries products: a review. *International Journal of Food and Fermentation Technology*, v. 2, n. 2, p. 113-121, dez. 2012.

SHIN, D. H. *et al.* Ethnic fermented foods and beverages of Korea. *In*: TAMANG, J. P. *Ethnic fermented foods and alcoholic beverages of Asia*. New Delhi, India: Springer India, 2016. p. 263-308.

SKARA, T. *et al.* Fermented and ripened fish products in the Northern European countries. *Journal of Ethnic Foods*, v. 2, p. 18-24, 2015.

SMITH, G. I. *et al.* Fish oil-derived n- 3 PUFA therapy increases muscle mass and function in healthy older adults. *The American Journal of Clinical Nutrition*, v. 102, n. 1, p. 115-122, 2015.

SOCCOL, M. C. H.; OETTERER, M. Seafood as functional food. *Brazilian Archives of Biology and Technology*, v. 46, n. 3, p. 443-454, 2003.

STEINKRAUS, K. H. Nutritional significance of fermented foods. *Food Research International*, v. 27, n. 3, p. 259-267, 1994.

TACON, A. GJ; METIAN, M. Fish matters: importance of aquatic foods in human nutrition and global food supply. *Reviews in Fisheries Science*, v. 21, n. 1, p. 22-38, 2013.

TANASUPAWAT, S; VISESSANGUAN, W. Thai fermented foods. *In*: FARNWORTH, E. R. *Handbook of fermented functional foods*. 2. ed. Boca Raton: CRC Press, 2008.

THAPA, N. Ethnic fermented and preserved fish products of India and Nepal. *Journal of Ethnic Foods*, v. 3, n. 1, mar. 2016.

VENDRAMINI, A. L. A.; GUIMARÃES, F. G.; NOGUEIRA, A. R. Aplicação de tecnologias inovadoras no beneficiamento de pescado. *In*: RIBEIRO, B. D. *et al. Microbiologia industrial*. V. 2: Alimentos. Barueri: Gen, 2018. 496 p.

VIEGAS, E. M. M.; GUIMARÃES, J. L. *Fermentação do pescado*. *In*: GONÇALVES, A. A. *Tecnologia do pescado*: ciência, tecnologia, inovação e legislação. São Paulo: Atheneu, 2011. p. 181-190.

WANG, D. H. *et al.* High levels of branched chain fatty acids in nātto and other Asian fermented foods. *Food Chemistry*, v. 286, jul. 2018.

XU, Y. *et al.* The impact of fermentation at elevated temperature on quality attributes and biogenic amines formation of low-salt fermented fish. *International Journal of Food Science & Technology*, v. 54. n. 3, p. 723-733, 2019.

XU, Y. *et al.* Technological roles of microorganisms in fish fermentation: a review. *Critical Reviews in Food Science and Nutrition*, p. 1549-7852, 2020.

YONGSAWATDIGUL, J.; RODTONG, S.; RAKSAKULTHAI, N. Acceleration of Thai fish sauce fermentation using proteinases and bacterial starter cultures. *Journal of Food Science*, v. 72, n. 9, 2007.

ZANG, J. *et al.* Quality, functionality, and microbiology of fermented fish: a review. *Critical Reviews in Food Science and Nutrition*, 2019.

ZANG, J. *et al.* Dynamics and diversity of microbial community succession during fermentation of Suan yu, a Chinese traditional fermented fish, determined by high throughput sequencing. *Food Research International*, v. 111, set. 2018.

ZHOU, X. *et al.* Inhibitory effects of spices on biogenic amine accumulation during fish sauce fermentation. *Journal of Food Science*, v. 81, n. 4, p. M913-M920, 2016.

CAPÍTULO 14
Produtos fermentados à base de mandioca

Camila Delinski Bet,[1] *Vivian Cristina Ito,*[2]
Alessandro Nogueira,[1] *Luiz Gustavo Lacerda,*[1]
Ivo Mottin Demiate[1]

14.1 O LEGADO HISTÓRICO DA MANDIOCA

Originária da região tropical da Amazônia, a mandioca (*Manihot esculenta*), raiz da família *Euphorbiacea*, possui um incontestável valor histórico e cultural no Brasil, associada a uma variedade de produtos de grande importância social, econômica e regional. De acordo com a região onde é cultivada, possui diferentes denominações: na faixa leste, é comum ser chamada de aipim; já em Minas Gerais, São Paulo e região Sul, é denominada mandioca, enquanto nas regiões Norte e Nordeste, é conhecida tanto por mandioca quanto por macaxeira. Pode ser considerada como um produto hortícola devido às suas características de cultivo e por ser negociada com outras hortaliças. A mandioca é uma planta tropical e altamente adaptável a solos com fertilidade deficiente, sendo propagada por intermédio de estacas, denominadas manivas (SILVA *et al.*, 2018).

Diversos relatos e lendas brasileiras citam a origem da mandioca no país. A lenda mais conhecida tem origem indígena, no berço da tribo tupi-guarani, e retrata a

[1] Programa de Pós-graduação em Ciência e Tecnologia de Alimentos, Departamento de Engenharia de Alimentos, Universidade Estadual de Ponta Grossa (UEPG), Paraná, Brasil.

[2] Departamento de Agroindústria, Alimentos e Nutrição, Escola Superior de Agricultura "Luiz de Queiroz" (ESALQ), Universidade de São Paulo (USP), Piracicaba, São Paulo, Brasil.

história de Mani, uma indiazinha de pele branca cuja mãe, filha do cacique, não sabia como havia concebido a filha sem conhecer homem algum. Certo dia, repentinamente, a jovem índia faleceu, trazendo muita dor e sofrimento ao seu povo. Como era de costume, foi sepultada na própria oca em que vivia, e as lágrimas de sua mãe e do povo da tribo umedeceram a terra que a encobria. Misteriosamente, uma planta desconhecida brotou no local do sepultamento, marrom na superfície externa e branca no interior. Os índios entenderam que aquela raiz era um presente do deus Tupã; passaram, então, a utilizá-la para saciar a fome e aliviar o sofrimento da perda, produzindo a farinha e a bebida *cauim*. A raiz passou, portanto, a ser denominada *manioca*, uma alusão ao nome da falecida índia (Mani) e ao local de seu sepultamento (oca) (CALDAS TIBIRIÇÁ, 1989).

De acordo com Oliveira (2019), foram os portugueses os responsáveis pelos primeiros registros da mandioca no Brasil, inicialmente chamada de inhame, devido à similaridade. Foi também reconhecida por colonizadores como "pão da terra", a partir da constatação de sua importância para a alimentação dos povos nativos. Assim, a mandioca se configurava como um alimento imprescindível tanto para os que no Brasil chegavam como para o povo nativo. Inicialmente, foram os índios os grandes responsáveis por técnicas de cultivo e também do seu uso, inclusive da chamada *yuca* (ou mandioca-brava) para o consumo humano e animal. Porém, os colonizadores aprimoraram as técnicas de plantio e produção, visando à exportação. A partir da década de 1920, nas regiões Norte e Nordeste do Brasil, com a ampliação da pecuária e a consequente derrubada de áreas florestais, seringueiros iniciaram a produção de farinha de mandioca, motivados especialmente pela facilidade de cultivo, a partir de técnicas que auxiliavam na garantia da qualidade do produto (VELTHEM; KATZ, 2012).

Desde os anos 1990, a agricultura brasileira vive um notável avanço tanto no mercado interno como no de exportação, impulsionado especialmente pela produção de grãos. Isso contribuiu para a posição privilegiada do Brasil nesse setor em nível mundial. Nesse sentido, a balança comercial nacional tem seu equilíbrio decorrente do progresso do agronegócio. No caso da mandioca, no entanto, o setor produtivo está bastante voltado ao mercado interno. Desde a década de 1970, o país perdeu o posto de maior produtor mundial para a Nigéria e atualmente ocupa a terceira posição, figurando, portanto, entre os principais produtores mundiais (SEAB, 2021).

A estimativa de produção brasileira de mandioca para o ano de 2021 compreende uma área plantada de 1,22 a 1,24 milhão de hectares, alcançando uma produção de 18,7 milhões de toneladas. Comparada à produção do ano anterior (18,96 milhões de toneladas), a projeção aponta uma redução de aproximadamente 1,29% (CONAB, 2021). A região Norte compreende 38% da produção nacional, seguida pela região Nordeste (17,9%), onde a produção pode ocorrer nas casas de farinha (unidades familiares) com capacidade de processamento de até 150 kg por dia, praticamente direcionada ao consumo próprio, ou em unidades comunitárias, com parcial mecanização e processamento de até 2 mil a 3 mil quilos por dia, direcionada à comercialização (FOLEGATTI; MATSUURA; FILHO, 2005). Nas demais regiões, a produção ocorre em unidades privadas e comerciais, com o Sul respondendo por 24,2% do volume, o Sudeste por 11,9% e o Centro-Oeste por 7,7%. Os principais compradores da mandioca brasileira são Estados Unidos, Suíça e Portugal, embora outros países como Uruguai, Reino Unido e Singapura também adquiram a raiz. No caso da fécula, os principais compradores são Estados Unidos, Países Baixos, Portugal, Bolívia e Reino Unido (CONAB, 2021; GROXCO, 2020).

Em termos de produção mundial de mandioca, destaque para o continente africano, com 60% do volume total produzido. A Nigéria contribui com 21% da produção mundial e 35% da africana, com grande relevância socioeconômica. Em geral, o cultivo se mostra mais expressivo em pequenas propriedades com pouca tecnologia e baixa produtividade, que, juntas, somam um grande volume da cultura. Na Ásia, por sua vez, com o avanço da tecnologia e o crescimento da indústria de fécula e "*pellets*" (usados para ração animal), destacam-se a Tailândia, o maior produtor e exportador de fécula do mundo, e a Indonésia, com expressiva produção.

O principal derivado obtido da mandioca é o amido (fécula ou polvilho), cuja produção nacional apresentou um notável crescimento nas últimas três décadas, passando de 170 para 537 mil toneladas (aumento de mais de 230%) (SEAB, 2021). O grande volume de produção se concentra nas indústrias de fécula do Paraná, que conta com 42 unidades produtoras (de um total de 71 em funcionamento no país), distribuídas entre os municípios de Paranavaí, Umuarama, Campo Mourão, Maringá e Toledo, produzindo cerca de 14 mil toneladas por dia. A produção destina-se quase integralmente ao mercado interno, sendo em torno de 1% o volume total exportado (BRASIL, 2020).

O amido compõe pratos típicos brasileiros, como tapioca, pão de queijo, panificados, sagu, dentre outros. Diversos setores industriais são beneficiados pela utilização da fécula de mandioca, entre os quais a indústria têxtil, de papel e celulose, de adesivos, de tintas e alimentícia (embutidos cárneos, bebidas e outros tipos de alimentos). Ademais, há também extensivo uso do amido em brocas de perfuração para setores petrolíferos e também como componente para embalagens biodegradáveis.

Diante da importância da mandioca e de seus subprodutos, neste capítulo será apresentado um panorama da cadeia produtiva envolvendo esta matéria-prima e seus derivados, com destaque para produtos obtidos pelo processo fermentativo. Tal abordagem é imprescindível para consolidar o entendimento acerca do processo produtivo, bem como de oportunidades em um mercado que cada vez mais busca favorecer todos os envolvidos na cadeia produtiva da mandioca.

14.2 PROCESSAMENTO GERAL

A mandioca consiste em um alimento importante para o fornecimento de energia, tendo em vista que é composto por cerca de 80% de amido em base seca.

Por outro lado, as formas mais comumente consumidas são relativamente pobres em alguns nutrientes, como vitaminas e minerais, além de apresentarem baixo teor de proteínas (GOMES; NASSAR, 2013).

A industrialização das raízes de mandioca permite agregar valor ao produto, estimular a agricultura familiar, gerando emprego, renda, reduzindo perdas pós-colheita ou até mesmo facilitando seu transporte. O processamento da mandioca brava também é importante para sua inocuidade, reduzindo a presença de compostos tóxicos cianogênicos que são sintetizados nas folhas e armazenados nas raízes. Estes componentes correspondem à linamarina e lotaustralina, que podem ser hidrolisados a ácido cianídrico (HCN) em um processo denominado cianogênese, catalisado pela enzima linamarase (β-glicosidase) (LINHARES; SEIXAS; MAIA, 2018).

Os efeitos agudos associados ao consumo destes glicosídeos estão relacionados a graves quadros de envenenamento pelos compostos resultantes da hidrólise, enquanto os efeitos crônicos estão associados a distúrbios no sistema nervoso central ou à incidência de bócio, pela ação de compostos sobre a glândula tireoide. Quando a dose ingerida ultrapassa a dose letal (DL50) definida pela Organização Mundial da Saúde (OMS), de 10 mg/kg de peso, ocorre a inibição respiratória e o colapso cardíaco (CEREDA, 2003).

De acordo com os níveis de HCN, a mandioca pode ser classificada como i) mansa (mandioca de mesa, aipim ou macaxeira): quando a raiz possui valores menores que 50 mg HCN/kg; ii) moderadamente venenosa: se o teor for de 50 a 100 mg HCN/kg; e iii) brava (mandioca industrial, amarga ou simplesmente mandioca): quando a concentração é superior a 100 mg HCN/kg (LINHARES; SEIXAS; MAIA, 2018).

O consumo *in natura* pode ocorrer quando os teores de HCN estiverem abaixo de 100 mg HCN/kg. Do contrário, a raiz deve ser processada para redução drástica dos níveis do princípio tóxico. A detoxificação ocorre durante o processamento devido à alta solubilidade dos compostos cianogênicos, que acabam sendo liberados junto à água residual do processo, com a volatilização do cianeto por ação enzimática sobre a linamarina, além da fermentação ou pela combinação de diferentes métodos. Após a retirada da casca, pode haver escurecimento indesejado da polpa; assim, para aplicações tecnológicas, portanto, a utilização de agentes antioxidantes ou o emprego de processamento térmico brando por imersão (branqueamento) são relatados em alguns estudos para a prevenção deste problema (CHISTÉ; COHEN, 2008).

Uma das formas mais comuns de aproveitamento da mandioca corresponde à farinha de mesa, considerada um dos alimentos mais populares do Brasil, especialmente nas regiões Norte e Nordeste. De acordo com a Instrução Normativa n. 52, de 7 de novembro de 2011, com as alterações da IN n. 58, de 2 de outubro de 2020, a farinha de mandioca é o "produto obtido de raízes de mandioca, do gênero *Manihot*, submetidas a processo tecnológico adequado de fabricação e beneficiamento". Pode ser classificada em três grupos, conforme o processo tecnológico a que é submetida: i) seca; ii) d'água (puba); e iii) bijusada. Dependendo da região, há maior preferência por farinha obtida a partir de mandioca com polpa branca ou com polpa amarela (FOLEGATTI; MATSUURA; FILHO, 2005). De acordo com a granulometria em que as farinhas seca e d'água são obtidas, estas podem ser classificadas como finas, médias e grossas, apresentando em cada classe os tipos 1, 2 e 3. Já a farinha bijusada é classificada como de tipo único. Essas farinhas se diferenciam quanto ao teor de amido, cinzas, fibra bruta, cascas e entrecascas, características sensoriais e matérias estranhas (BRASIL, 2011). A Figura 14.1 apresenta as principais etapas do processamento da farinha de mandioca, com seus respectivos grupos resultantes.

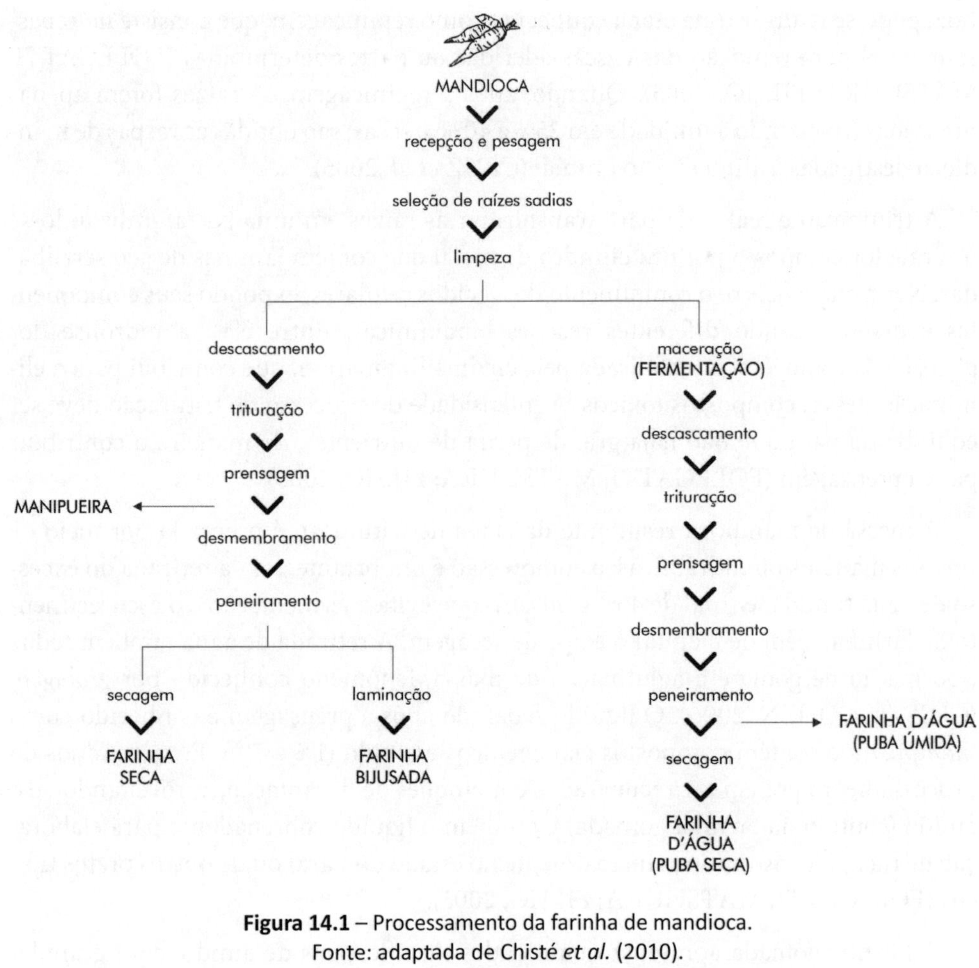

Figura 14.1 – Processamento da farinha de mandioca.
Fonte: adaptada de Chisté *et al.* (2010).

14.3 FARINHAS DE MANDIOCA

14.3.1 FARINHA SECA E BIJUSADA

Para o processamento de farinha seca, após a recepção e pesagem, as raízes são selecionadas de acordo com sua integridade, firmeza na textura, odor característico e ausência de pontos escuros ou diferença na coloração original da polpa. Após, prossegue-se para a limpeza, visando à remoção de sujidades, como terra e outras impurezas. Para eliminação das fibras, dos taninos – que, quando expostos ao oxigênio, provocam o escurecimento da farinha pela reação oxidativa envolvendo compostos fenólicos e enzimas endógenas – e de uma fração de ácido cianídrico que pode estar concentrado na fração das entrecascas, o descascamento é uma operação importante. Este pode ser realizado de forma manual ou mecânica (em que a lavagem é realizada concomitantemente) (BEZERRA, 2006). Quando ainda restam partes de casca na raiz, pode-se realizar uma etapa conhecida como repinicagem, que consiste no repasse manual para remoção das cascas aderidas ou partes deterioradas (FOLEGATTI; MATSUURA; FILHO, 2005). Quando, após a repinicagem, as raízes forem apenas prensadas (reduzindo a umidade em 25% a 40%) e secas, são obtidas as raspas de mandioca destinadas à alimentação animal (CRUZ *et al.* 2005).

A trituração é realizada para transformar as raízes em uma pasta, utilizando-se um ralador composto por um cilindro de metal que contém lâminas de aço serrilhadas. Nesta etapa ocorre o rompimento dos tecidos celulares, expondo seus componentes e desencadeando diferentes reações bioquímicas. Entre elas, a hidrólise dos glicosídeos cianogênicos catalisada pela enzima linamarase, que contribui para a eliminação desses compostos tóxicos. A intensidade do processo de trituração deve ser equilibrada para que não haja grande perda de nutrientes, de maneira a contribuir para a prensagem (FOLEGATTI; MATSUURA; FILHO, 2005).

A massa de mandioca resultante da etapa de trituração é prensada por meio de prensas manuais ou hidráulicas; a compressão é importante para a retirada do excesso de água (umidade final de 45% a 50%), o que evita a fermentação e o escurecimento da farinha, além de facilitar a etapa de secagem. A retirada de água também reduz a formação de goma e a aglutinação da massa, fenômeno conhecido por *grolagem* (CHISTÉ; COHEN, 2006). O líquido separado após a prensagem é conhecido como *manipueira* e contém compostos cianogênicos e amido (1% a 7%). Estes resíduos do processamento podem ser recuperados em tanques de decantação, aproveitando-se o amido (contido na farinha gomada) e também o líquido sobrenadante para elaboração de tucupi (consumido principalmente no estado do Pará) ou de outros pratos típicos (FOLEGATTI; MATSUURA; FILHO, 2005).

A farinha gomada apresenta quantidades significativas de amido, com granulações bem finas. É utilizada em preparações como o pirão, que no Paraná é consumido com um prato típico do estado conhecido como barreado (carne bovina cozida por um longo período em panela de barro). A farinha de beiju é produzida com a goma da mandioca (a "massa" que não passou por agitação), apresentando um aspecto flocado; no estado da Bahia, é geralmente consumida no café da manhã.

Antes de realizar o tratamento térmico (torração), os blocos de massa de mandioca devem ser separados; esta etapa pode ser realizada utilizando-se esfareladores mecânicos ou manualmente por peneiramento (embora peneiras vibratórias também possam ser empregadas). No peneiramento pode-se reter um material conhecido como "crueira", composto de fibras, cascas e alguns pedaços inteiros da raiz. Na sequência, a secagem é realizada para a redução do teor de umidade para valores abaixo de 13% (atendendo à Instrução Normativa n. 52 do MAPA, de 2011) ou 15% (atendendo à Resolução da Diretoria Colegiada n. 263 da ANVISA, de 2005). Esta etapa pode contribuir para diferenças na coloração da farinha produzida (BRASIL, 2011; ARAUJO; LOPES, 2009). Quando a farinha seca é exposta ao sol, para remoção da umidade, pode ser denominada como farinha crua. Para produção da farinha bijusada, em vez da etapa de secagem, prossegue-se à laminação para formação de flocos, o que confere uma textura crocante característica do produto.

Após a secagem, a farinha pode ser submetida ao peneiramento para separação de fibras ou outras partículas com tamanho maior, de modo que possa ser classificada de acordo com sua granulometria. À temperatura ambiente, a farinha pode ser acondicionada em sacos de algodão de 50 kg (comercialização a granel, por litro ou quilo, em feiras livres), ou em sacos plásticos de polietileno de baixa densidade (PEBD) ou laminados (combinação de papel com PEBD) de 500 g, 1 kg ou 2 kg (FOLEGATTI; MATSUURA; FILHO, 2005).

14.3.2 FARINHA D'ÁGUA

"Puba" é uma palavra do tupi antigo que se refere à massa extraída da mandioca fermentada, também conhecida como carimã ou farinha d'água. Esta farinha é obtida por intermédio do processo conhecido como "pubagem", no qual as raízes da mandioca são fermentadas naturalmente por microrganismos autóctones, que contribuem para o seu amolecimento. Os métodos de produção da puba baseiam-se no antigo conhecimento empírico de diversas tribos indígenas brasileiras, que foram sendo aprimorados ao longo do tempo. O processo pode variar de acordo com as regiões (CRISPIM *et al.*, 2013).

De acordo com a Figura 14.1, para a produção da farinha d'água emprega-se a maceração das raízes de mandioca, visando ao amolecimento. Durante essa operação ocorre o processo fermentativo, que pode prosseguir por um período de quatro a seis dias. O tempo depende das características da matéria-prima, da composição da microbiota autóctone, da temperatura da água e, consequentemente, da intensidade do processo fermentativo. A mandioca é fermentada anaerobicamente em água parada ou corrente (igarapés), e é justamente nesta etapa que diferentes características sensoriais são conferidas à farinha. A fermentação butírica parece ser a predominante, relacionada principalmente à atividade de bactérias do gênero *Clostridium* (durante o processo, um forte odor butírico é exalado), embora corinebactérias, coliformes, leveduras e bactérias ácido-láticas (BAL) também possam estar envolvidos (CHISTÉ; COHEN, 2006). Este último grupo se faz presente em todas as etapas da fermentação da mandioca, contribuindo para o desenvolvimento de propriedades características como sabor, aroma, aparência, textura e vida útil da farinha fermentada (CRISPIM *et al.*, 2013). *Bacillus* spp. também já foram identificados durante a fermentação da mandioca (LACERDA *et al.*, 2005).

A atividade microbiana resulta na liberação de várias enzimas hidrolíticas (amilases, pectinases) que auxiliam no amolecimento e degradação do tecido celular da matéria-prima. Além disso, há redução do pH em função da produção de ácido lático e outros ácidos orgânicos, diminuindo a capacidade de retenção de água da raiz. Os conteúdos celulares (linamarina e linamarase) se misturam, o que acelera a degradação de compostos cianogênicos (FOLEGATTI; MATSUURA; FILHO, 2005). Além dos ácidos orgânicos, durante a fermentação são produzidos outros compostos com atividade antimicrobiana, como peróxido de hidrogênio e metabólitos ativos de baixa massa molar (CRISPIM *et al.*, 2013).

Estudos desenvolvidos por Chisté e Cohen (2011a) avaliaram a influência da fermentação na qualidade da farinha d'água e constataram que, após a maceração, a acidez das raízes diminuiu em até 48 horas, devido à diluição dos ácidos na água do tanque de fermentação. Porém, entre 48 e 96 horas, observou-se aumento da acidez em decorrência do processo fermentativo. Quanto ao teor de amido contido na mandioca, houve redução durante a fermentação, já que este carboidrato é convertido parcialmente em açúcares e ácidos orgânicos. O amido também pode ser lixiviado pela água e descarregado no fundo do tanque. Quando as raízes são imersas sem casca, pode ocorrer uma perda maior tanto de amido quanto de sólidos solúveis durante a fermentação (FOLEGATTI; MATSUURA; FILHO, 2005).

No estado da Bahia utilizam-se dois processos de produção de puba. Após a etapa de lavagem, é possível obter:

- *puba úmida*: quando raízes inteiras são imersas em água para fermentarem; somente depois são descascadas, operação facilitada pelo amolecimento das raízes.
- *puba seca*: quando as raízes são primeiramente descascadas, removendo-se a entrecasca, e então são imersas em água para o amolecimento e a fermentação.

Para a produção de puba úmida ou seca, após a fermentação são executadas as mesmas etapas envolvidas na produção de farinha seca. As raízes fermentadas são dispostas sobre uma peneira, adicionando-se água e pressionando as raízes amolecidas para que sejam desintegradas, formando-se uma pasta que contém os resíduos fibrosos, cascas ou quaisquer fragmentos não amolecidos. O material que passa pela peneira é colocado em um saco de pano e a lavagem com água é repetida. O excesso de água é removido pressionando-se bem a massa dentro do saco e depois em uma prensa, para então se realizar o desmembramento ou esfarelamento da massa compacta. Após estes processos a puba úmida é obtida, podendo conter até 50% de umidade. Caso a massa seja submetida à secagem, obtém-se a puba seca, um tipo de farinha com aproximadamente 13% de umidade (CRISPIM *et al.*, 2013).

A secagem ocorre por meio de secadores solares, preferencialmente de alvenaria cobertos com telhas de vidro. Após três a quatro dias, a massa de mandioca atinge umidade ao redor de 9%, podendo, então, ser armazenada. Recomenda-se uma moagem em moinhos tipo martelo ou de facas, com granulometria entre 0,250 e 0,420 mm. A farinha fermentada deve ser embalada em sacos plásticos ou de aniagem, e armazenadas sobre estrados para posterior comercialização (PIMENTEL; OLIVEIRA; DAMASCENO, 2001). As farinhas seca, d'água ou bijusada devem apresentar no mínimo 80% de amido em base seca (BRASIL, 2011), teor que pode variar de acordo com a granulometria para qual a farinha está classificada.

A farinha d'água é consumida principalmente na região Amazônica e bastante apreciada no Maranhão, Pará e Amazonas. Ela se difere da farinha seca por apresentar granulometria mais grossa, textura dura e características sensoriais peculiares, devido à fermentação (Figura 14.2E). A coloração amarela está relacionada à variedade de mandioca amarela que é utilizada, além do uso de corantes como açafrão e amarelo tartrazina, adicionados durante a ralação das raízes para intensificação da cor (hábito não respaldado pela legislação vigente) (FOLEGATTI MATSUURA; FILHO, 2005). Essa farinha fermentada é muito utilizada na produção de pães, massas, bolos, biscoitos, mingaus e diversas receitas típicas das regiões Norte e Nordeste do Brasil, com o intuito de substituir parcialmente ou integralmente a farinha de trigo (EMBRAPA, 2001). Devido ao processo de fermentação, a puba apresenta aspecto semelhante à goma de tapioca, com odor ácido e sabor levemente azedo. Pode-se, ainda, produzir uma farinha mista a partir da mistura de três quartos de raiz ralada com um quarto de raiz fermentada em água, conferindo um sabor característico ao produto final (BEZERRA, 2006).

14.3.3 OUTRAS FARINHAS PRODUZIDAS A PARTIR DA MANDIOCA

Além das farinhas seca, bijusada e d'água, a mandioca pode ainda ser utilizada na produção de farinha temperada e farinha panificável (ou de raspas de mandioca), além de *chikwangue*, *agbelima*, *gari* (farinha fermentada produzida em países africanos), *lafun* e *fufu* (FOLEGATTI; MATSUURA; FILHO, 2005).

14.3.3.1 Farinha temperada

A mistura da farinha seca com condimentos, como cebola, alho, sal, e pimenta, resulta na farinha temperada, também denominada de farofa, com características sensoriais específicas (CEREDA; VILPOUX, 2003) (Figura 14.2F).

Figura 14.2 – Diferentes tipos de produtos à base de mandioca fermentada ou não. A) amido de milho (não fermentado); B) polvilho doce (não fermentado); C) polvilho azedo (fermentado); D) tapioca granulada (não fermentada); E) farinha d'água (pubada/fermentada); F) farinha de mandioca temperada (farofa) (não fermentada). Fonte: fotos gentilmente cedidas por José Guilherme Prado Martin.

14.3.3.2 Farinha panificável

A farinha panificável, também conhecida como farinha de raspas de mandioca, originou-se a partir da escassez e do alto preço do trigo durante a Segunda Guerra Mundial. Representa, portanto, uma alternativa interessante para as oscilações de mercado do trigo. Na África é utilizada como fonte de energia e para o preparo de papas, pirões e pães. Em alguns países africanos, a produção da farinha de raspas é artesanal, e variedades de mandioca bravas/amargas/industriais podem ser utilizadas, sendo primeiramente maceradas e fermentadas, o que reduz o conteúdo de compostos tóxicos, mas também de amido, além de aumentar a acidez. Posteriormente, realiza-se a secagem (de maneira mais branda que para a farinha seca e d'água, conservando propriedades químicas e físicas do amido) e a moagem, originando o "fubá de bombó" (FOLEGATTI; MATSUURA; FILHO, 2005).

Para a produção da farinha panificável, as raízes são lavadas e descascadas, drenadas para remoção do excesso de água, e fatiadas para facilitar a posterior etapa de evaporação da água. Uma etapa de prensagem é realizada para se reduzir a umidade para em torno de 25% a 40%, evitando a gelatinização do amido durante a secagem. Contudo, perda de nutrientes lixiviados com a água de prensagem pode ocorrer. As fatias de mandioca são secas até alcançarem 13% de umidade, demandando um tempo em torno de duas a vinte horas, dependendo do processo empregado (secagem natural ou mecânica) e das condições climáticas; ao término, obtém-se um produto de textura facilmente quebradiça. Finalmente, o produto é triturado e peneirado para ser acondicionado e comercializado (FOLEGATTI; MATSUURA; FILHO, 2005).

14.3.3.3 *Chikwangue*

Em países africanos, produtos derivados da mandioca são extremamente importantes para a nutrição da população. Além disso, contribuem para minimizar as perdas desta matéria-prima, considerada perecível. Quando as raízes são fermentadas, podem originar outros produtos, como *chikwangue*, *fufu*, *gari* e *lafun*. Pedaços secos de raízes de mandioca fermentadas (*cossetes*) são comercializados e então moídos para obtenção de farinha de mandioca, empregada na elaboração de *fufu* ou *lafun*; já a pasta de mandioca fermentada (*kimpuka*) é utilizada no preparo do *chikwangue* (TALEON *et al.*, 2019).

Chikwangue é produzido a partir da pasta de mandioca fermentada (três a cinco dias) pré-cozida e vaporizada. Esta pode ser embrulhada em folhas de bananeira, folhas da planta *Sarcophrynium arnoldium* ou *saka-saka* (folhas frescas de mandioca trituradas), o que pode conferir um sabor picante à massa durante o processo de cocção. No Congo, pode também ser conhecido pelo nome de *kwanga* (Figura 14.3D e E). A pasta obtida é mais espessa que o *fufu*. (TALEON *et al.*, 2019).

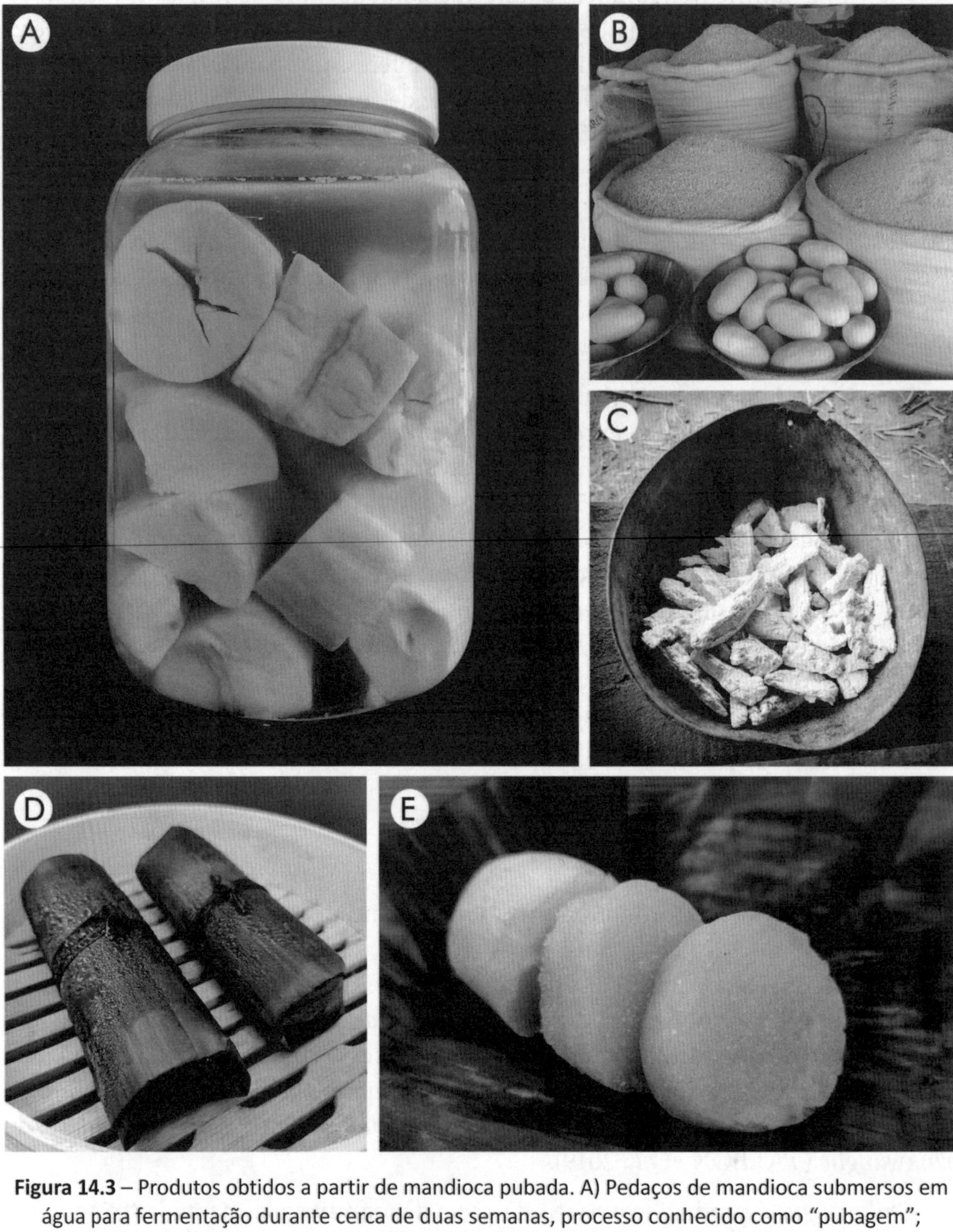

Figura 14.3 – Produtos obtidos a partir de mandioca pubada. A) Pedaços de mandioca submersos em água para fermentação durante cerca de duas semanas, processo conhecido como "pubagem"; B) bolas de puba em São Raimundo Nonato (Piauí); C) mandioca puba seca ao sol produzida por indígenas kayapó; D) *kwanga* enrolado em folha de bananeira sob cocção em vapor; D) *kwanga* cozido e pronto para ser consumido. Fonte: fotos gentilmente cedidas por José Guilherme Prado Martin, com exceção de B e C, gentilmente cedidas por Neide Rigo.

14.3.3.4 *Agbelima*

Consumida principalmente em Gana, Togo e Benin, a *agbelima* é uma farinha fermentada (de dois a três dias) de mandioca ralada com um inóculo de massa de mandioca tradicional já fermentada (*kudeme*). Durante a fermentação, realizada em sacos plásticos, uma massa azeda de textura lisa é produzida, com o acúmulo de compostos aromáticos voláteis. Todas as leveduras e bolores envolvidas na fermentação podem exibir atividade de linamarase, sendo capazes de quebrar os glicosídeos cianogênicos presentes na mandioca (MANTE; SAKYI-DAWSON; AMOA-AWUA, 2003). BAL contribuem principalmente para a acidificação, com destaque para *Lactiplantibacillus plantarum*, *Levilactobacillus brevis* e *Leuconostoc mesenteroides*; já *Bacillus* spp., leveduras e alguns fungos são importantes para a modificação da textura, pois quebram a textura mais grossa da mandioca formando uma massa de textura lisa, por meio de celulases responsáveis pela hidrólise dos tecidos da raiz, produzidas especialmente por *Bacillus subtilis* (ALMEIDA; *RACHID; SCHWAN,* 2007). Após a fermentação, remove-se o excesso de água pressionando-se o saco (MANTE; SAKYI-DAWSON; AMOA-AWUA, 2003). Geralmente, a *agbelima* é preparada como uma refeição, cozinhando-a junto a uma massa de milho fermentada, cujo produto se assemelha a um mingau de textura firme (MANTE; SAKYI-DAWSON; AMOA-AWUA, 2003).

14.3.3.5 *Gari*

Gari, um produto de mandioca bastante popular em países africanos, corresponde a uma farinha branca cremosa ou em flocos de cor amarela, produzida a partir de mandioca descascada, lavada, ralada e fermentada. Pode ser levemente frita em óleo de palma. É consumida de diferentes maneiras, como base de pirão, com molho, legumes, carnes, misturada à água (*délayê*) e açúcar ou com amendoins torrados (ABIODUN; AYANO; ABIODUN AMANYUNOSE, 2020).

É um produto muito semelhante à farinha d'água, produzido principalmente na Nigéria e África Ocidental, onde é conhecido como "o pão local". O que diferencia o *gari* da farinha d'água é o tipo de fermentação. Enquanto na farinha d'água a fermentação é anaeróbia, com a imersão das raízes inteiras, no *gari* ocorre uma fermentação aeróbia, em estado sólido (sem imersão em água), a partir da massa ralada durante prensagem branda e prolongada (FOLEGATTI; MATSUURA; FILHO, 2005). Existem dois tipos de *gari,* produzidos com adição de óleo de palma vermelho (*gari* tipo amarelo) ou não (*gari* tipo branco). O uso de óleo de palma vermelho representa uma boa fonte de carotenoides precursores de vitamina A (GOUADO *et al.*, 2008).

Para o processamento, a mandioca é descascada, lavada e ralada, para então ser drenada em sacos de juta. Para a fermentação natural ocorrer, é mantida por dois a seis dias a temperaturas ao redor de 35 °C, em que se inicia a destoxificação das raízes. Inúmeros metabólitos são produzidos pelos processos bioquímicos, principalmente devido à atividade de *Streptococcus faecium*, que converte parte do carboidrato da matéria-prima em ácido lático, o que altera a capacidade de retenção de água do amido, melhorando a posterior drenagem. O resíduo produzido contém a maior parte dos componentes cianogênicos, que é descartado. Outros microrganismos também contribuem para a fermentação, como *Corynebacterium manihot* e *Geotrichum candidum*, convertendo carboidratos fermentescíveis (sacarose, glicose e frutose) em ácido lático e compostos voláteis (acetaldeído, acetona, ácido acético, diacetila, ésteres e etanol). Esses compostos conferem o aroma característico da massa fermentada (FOLEGATTI; MATSUURA; FILHO, 2005).

Assim, o *gari* é fermentado inicialmente por BAL, as quais vão reduzindo ao longo do tempo. Ao final da fermentação, as leveduras passam a ser a cultura dominante (OLUBA; OREDOKUN-LACHE; ODUTUGA, 2017).

Os principais gêneros envolvidos na fermentação do *gari* são *Leuconostoc*, *Alcaligenes*, *Streptococcus*, *Corynebacterium*, *Lactobacillus* e *Candida*. *Corynebacterium* sp. e *G. candidum* parecem ser os responsáveis pela formação de ácido, sabor e aroma do produto final, porém *L. plantarum* também parece influenciar fortemente o *flavor* do *gari*. Ao final, o produto apresenta um gosto ácido (pH 4,3-5,0), granulometria grossa, aspecto geleificado, seco (umidade entre 8% e 10%), torrado e textura firme (OLUBA; OREDOKUN-LACHE; ODUTUGA, 2017). Dentre as BAL, *L. plantarum* foi identificada como uma das espécies mais abundantes no decorrer do processo fermentativo, seguida de *Leuconostoc fallax* e *Lactobacillus fermentum*. *Weissella*, gênero importante para outros tipos de fermentados, especialmente vegetais, também já foi identificado na fermentação de *gari*, embora em menor abundância (KOSTINEK *et al.*, 2005). Os autores ainda destacam o papel de *L. plantarum* na acidificação e na produção de linamarase; no entanto, *L. fallax* e *L. fermentum* foram mais eficientes na produção de substâncias antagonistas, como peróxido de hidrogênio e bacteriocinas.

Os fatores que podem influenciar a qualidade do *gari* produzido dependem da variedade de mandioca, do período de fermentação, temperatura de torrefação e tamanho das partículas (ABIODUN; AVANO; ABIODUM AMANYUNOSE, 2020).

Após a fermentação, a massa é prensada (para redução da umidade, embora nutrientes também sejam perdidos) e esfarelada à mão, e com a estrutura granular é peneirada para eliminação de pedaços maiores ou fibras. Em seguida é garificada, isto é, cozida e torrada em chapas de barro alimentadas à lenha até atingir um grau de gelatinização do amido (temperatura entre 60 °C e 80 °C, com umidade de 50%) e, na sequência, a redução do teor de água (10% a 15%), sob temperaturas mais elevadas, para auxiliar na conservação do produto. Este processo dura aproximadamente vinte minutos, quinze dos quais necessários para a gelatinização do amido (FOLEGATTI; MATSUURA; FILHO, 2005).

Em geral, a produção de *gari* ocorre em ambiente doméstico ou em pequena escala industrial; a falta de padronização resulta em variações físico-químicas e microbiológicas do produto, impactando negativamente a qualidade do produto. Assim, o conhecimento acerca das variáveis do processo fermentativo, especialmente quanto à microbiota lática envolvida na fermentação é imprescindível para a melhoria da qualidade do *gari*. Nesse sentido, o isolamento de BAL visando à aplicação como culturas *starter* para produção deste fermentado pode ser uma alternativa interessante (KOSTINEK *et al.*, 2005).

14.3.3.6 *Lafun e fufu*

A submersão da mandioca em água para fermentação durante curto período de tempo (de dois a três dias) está relacionada à produção de *lafun* e *fufu*. No primeiro dia de fermentação submersa predominam bactérias dos gêneros *Erwinia*, *Klebsiella*, *Corynebacterium* e *Streptococcus*, cujas populações vão decrescendo gradativamente até praticamente desaparecerem no terceiro dia. Ao término, predominam BAL, especialmente *Lactobacillus* e *Leuconostoc* (GRIZOTTO; MENEZES, 2004). De modo geral, o amolecimento da raiz de mandioca decorre da atividade de *Corynebacterium* sp., *Bacillus* sp., *L. plantarum* e *L. mesenteroides*, pela produção de enzimas pectinolíticas que atuam desintegrando os componentes celulares (GRIZOTTO; MENEZES, 2004). Porém, no processo de fermentação submersa, apenas BAL e leveduras parecem sobreviver às condições de alta acidez que se desenvolvem no final da fermentação (OYEWOLE, 2001). Assim, estirpes de *Bacillus cereus* são incapazes de crescer em condições de fermentação submersa, devido à alta acidez do meio de fermentação e à baixa disponibilidade de oxigênio da água de maceração. Portanto, não contribuem para o amolecimento das raízes de mandioca nesse tipo de fermentação (PADONOU *et al.*, 2010).

Após a fermentação, a mandioca é desintegrada até que se transforme em uma pasta, sendo posteriormente peneirada, mantida em repouso por três a quatro horas, e pressionada em sacos para remoção do excesso de umidade; o sedimento recuperado neste processo é chamado de *fufu*. Este passa, então, pelo cozimento em água fervente, o que promove a gelatinização do amido, obtendo-se uma massa dura. Quando a cocção é no vapor, o produto recebe o nome de *attieke*. O *fufu* é tradicionalmente consumido na Nigéria e em outros países da África Ocidental, vendido como uma pasta úmida, sendo um produto bastante perecível, o que acaba por inviabilizar sua produção em larga escala. Possui sabor azedo e odor forte, que, em conjunto com a aparência e a textura, são importantes para a aceitação e qualidade do produto. Textura macia, aroma azedo e característico, bem como coloração de branca à creme, cinza ou amarela, são características desejáveis. De acordo com os processadores e a temporada de produção, além das diferentes práticas locais pelos produtores, pode haver diferenças na qualidade do *fufu* (TOMLINS *et al.*, 2007). Para tentar contornar a questão de reduzida vida útil, farinhas de *fufu* podem ser convenientemente reconstituídas com água quente, representando uma alternativa cada vez mais popular na Nigéria e no exterior (TOMLINS *et al.*, 2007).

BAL reduzem o pH abaixo de 4,0 e conferem aroma típico de produto fermentado ao *fufu*, sem promover o amolecimento da mandioca. Caso haja a produção de amilases e pectina-metil-esterases, observa-se também o amaciamento das raízes (GRIZOTTO; MENEZES, 2004). As leveduras presentes na mandioca produzem enzimas amilolíticas importantes para a quebra do amido em açúcares simples, os quais são convertidos em ácidos orgânicos pelas BAL (OYEWOLE, 2001).

Lafun é um produto fermentado por uma microbiota mista, pela imersão dos pedaços de mandioca descascados em água, à temperatura ambiente (28 °C a 32 °C) durante dois a cinco dias. Na sequência, são secos ao sol (por cerca de dois dias), moídos e peneirados. A farinha produzida é cozida sob agitação para formar um mingau de textura firme, que pode ser consumido com ensopados. Com a fermentação, diferentes alterações bioquímicas ocorrem, resultando na degradação de produtos cianogênicos, formação de compostos aromatizantes e amolecimento das raízes, fator fundamental para indicação do término da fermentação (PADONOU *et al.*, 2010). Os principais microrganismos envolvidos correspondem a leveduras, como *Saccharomyces cerevisiae, Pichia scutulata* e *Kluyveromyces marxianus*; BAL, tais como *Limosilactobacillus fermentum* e *L. plantarum*; e bactérias formadoras de esporos, principalmente *B. cereus* (apesar de não serem detectados no final da fermentação).

Como visto, a mandioca pode ser utilizada para produção de diferentes farinhas que são amplamente utilizadas na alimentação a fim de compor diversos preparos culinários. Mas, além delas, a matéria-prima também pode ser consumida *in natura* (cozida, pré-cozida congelada, cozida embalada à vácuo, frita, na forma de *chips* ou adicionada a diferentes pratos de elaboração caseira), ou, ainda, ser utilizada na produção de diferentes derivados, como amido, polvilho azedo, tapioca, tucupi, cauim, caxiri, tiquira, entre outros.

14.4 DERIVADOS DA MANDIOCA

14.4.1 AMIDO DE MANDIOCA

A mandioca é uma importante fonte de amido (Figura 14.3A), polissacarídeo amplamente utilizado em diversos processos industriais (papel e celulose, fabricação de colas, indústria têxtil, petrolífera e alimentícia). O amido extraído de suas raízes tem características funcionais e físico-químicas peculiares, apresentando propriedades próximas àquelas do amido ceroso, como baixa temperatura de gelatinização, baixa tendência à retrogradação, bem como a formação de um gel fraco – modificações químicas, físicas ou enzimáticas podem ser aplicadas para conferir características desejáveis a depender de sua aplicação (LIMA *et al.*, 2020).

De acordo com a RDC n. 263 de 2005, o amido é o produto amiláceo extraído de partes comestíveis de cereais, tubérculos, raízes ou rizomas, que deve conter até no máximo 18% de umidade (BRASIL, 2005b). Conforme a IN n. 23, de 2005, o amido está relacionado "aos carboidratos do amido, característico da raiz de mandioca, encontrados no produto amiláceo", contendo no máximo 14% de umidade (BRASIL, 2005a). A palavra "fécula" também se refere ao amido de mandioca, porém tem-se buscado a padronização, dando preferência ao termo "amido", evitando desencontros principalmente relacionados à comercialização do produto. O processo resumido para obtenção do amido a partir das raízes de mandioca é ilustrado na Figura 14.4.

Para o processamento da mandioca para produção de amido, recomenda-se que seja feito no mesmo dia da colheita, ou um dia após armazenamento das raízes em tanques com água, desde que o período de imersão seja de no máximo doze horas. Isto evita a fermentação e consequente deterioração, além de facilitar o descascamento (VIANA; DE OLIVEIRA; DA SILVA, 2010). A extração do amido é realizada a partir de um processo relativamente simples, partindo-se inicialmente da lavagem e descascamento das raízes, as quais são cortadas em pedaços de aproximadamente 30 mm de espessura e posteriormente raladas para que haja a desintegração das células e liberação dos grânulos de amido, bem como a separação de fibras e materiais solúveis. Este material desintegrado é misturado com água e passa por várias peneiras extratoras de alta rotação, com aberturas cada vez menores, resultando na separação do farelo e do "leite de amido" (suspensão). Esta suspensão é livre de fibras, porém contém outros compostos como proteínas, lipídeos e açúcares, os quais são separados somente durante o refino, juntamente com a "água vegetal", a qual é retirada para evitar o processo fermentativo e a formação de complexos com o amido (LEONEL; CEREDA, 2000).

A suspensão é separada em centrífugas, e depois segue para um filtro a fim de se reduzir parcialmente a umidade (para em torno de 40% a 45%); posteriormente, um secador pneumático é utilizado para desidratação e ajuste da umidade final. O amido de mandioca obtido se apresenta como um pó branco, inodoro e insípido. O resíduo da extração é denominado farelo, massa ou bagaço, contendo alto teor de fibras (15%) e amido remanescente (75%). Como este resíduo pode ter sofrido fermentação natural, o valor de pH e acidez pode variar consideravelmente (LEONEL; CEREDA, 2000).

Caso esta suspensão seja mantida em repouso durante oito a doze horas para decantação do amido e sua separação da água e dos demais componentes,

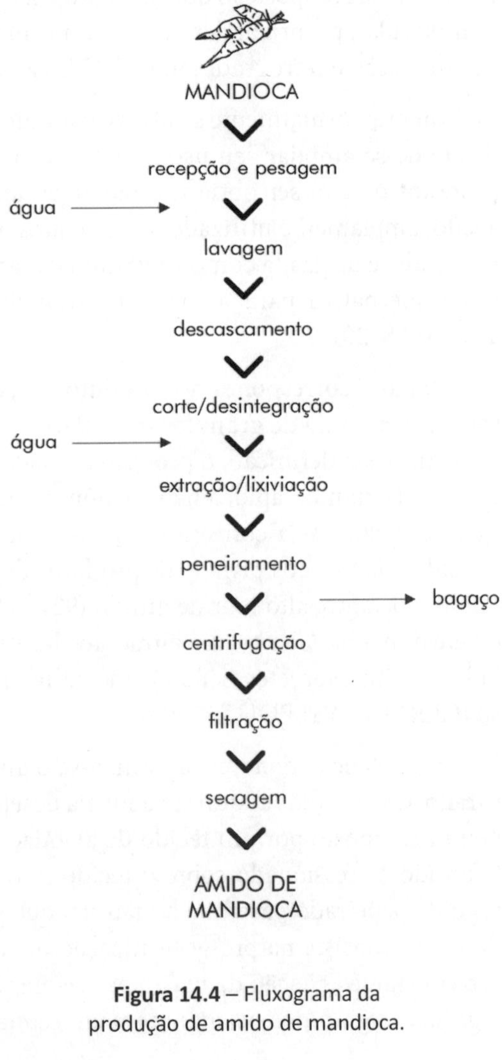

Figura 14.4 – Fluxograma da produção de amido de mandioca.

posteriormente submetida ao processo de secagem, o produto obtido é denominado de polvilho doce (Figura 14.2B). Pode apresentar uma qualidade inferior, uma vez que não passa pelas etapas de purificação mencionadas anteriormente (CRUZ *et al.*, 2005).

Um fator importante a ser considerado na produção de amido são os limites microbiológicos estabelecidos pela Instrução Normativa n. 60, de 23 de dezembro de 2019 (BRASIL, 2019). Os limites tolerados para *Escherichia coli* e *Bacillus cereus* são de 10^2 UFC/g e 10^3 UFC/g,, respectivamente; já *Salmonella* sp. deve estar ausente em 25 g. Reforça-se, portanto, a importância das boas práticas de fabricação e dos cuidados higiênico-sanitários na extração do amido a fim de atender aos limites estabelecidos em lei e garantir a segurança microbiológica ao consumidor.

Dependendo da variedade utilizada para extração do amido, diferentes propriedades podem ser obtidas, o que influencia diretamente na qualidade dos produtos industrializados. Entre os fatores que estão relacionados às características do amido, destacam-se composição química, propriedades físico-químicas, morfologia, estrutura molecular, propriedades de pasta, intumescimento, e propriedades térmicas, como gelatinização e retrogradação (SCHMITZ *et al.*, 2017).

Embora normalmente se utilize o amido nativo, quando modificações são realizadas pode-se ampliar seu uso na produção de adoçantes, álcool e glutamato. Outros produtos podem ser obtidos a partir do amido após a fermentação, como polvilho azedo, amplamente utilizado em biscoitos, pães e bolos. Já a tapioca, após cozimento do amido, é utilizada como substituto da farinha de trigo, representando uma importante alternativa para a dieta de indivíduos celíacos (HOVELER; LUTALADIO; THOMAS, 2013).

A tapioca corresponde ao "produto que, conforme processo de fabricação, se apresenta sob a forma de grânulos irregulares, poliédricos ou esféricos" (BRASIL, 2005a). A partir desta definição, o produto amiláceo é separado em dois grupos: o amido e a tapioca. Portanto, tapioca não é sinônimo de fécula, embora em alguns países a farinha de tapioca seja confundida com a mandioca (*cassava*) ou com o amido. Ela é considerada um dos principais produtos derivados do amido de mandioca, apresentando, portanto, alto teor de amido (92% a 96%) e baixo conteúdo de proteínas, lipídeos e minerais. Como é um alimento altamente calórico, é consumida como mingaus, bolos, pudins, sorvetes, sendo principalmente produzida no Norte e Nordeste do Brasil (CEREDA; VILPOUX, 2003).

Para obtenção da tapioca, utiliza-se o amido de mandioca nativo peneirado e triturado. Os grânulos adquirem a forma desejada em um aparato denominado "caroçadeira", composto por um tecido de algodão encaixado em uma moldura de madeira. O amido é pressionado sobre o tecido suavemente, com movimento giratório, e em seguida peneirado para que o material que passa pela malha seja escaldado. O escaldamento consiste na pré-gelatinização do amido, que pode ser realizado em fornos sob constante agitação da massa para evitar a torra dos grânulos na chapa quente. Em seguida, os grânulos permanecem em repouso por 24 horas à temperatura ambiente antes de ser realizada a espocagem, que se caracteriza pela expansão dos grânulos em forno para que se tornem brancos e opacos, similares ao isopor. Procede-se novamente o peneiramento, com aberturas maiores (4, 6, e 8 mesh), a fim de se uniformizar a granulometria. Após, a farinha de tapioca é embalada para comercialização (SILVA *et al.*, 2013). De acordo com o formato dos grânulos, a tapioca pode ser classificada em dois subgrupos: i) granulada (*flakes granulated*), a qual apresenta formato poliédrico irregular de vários tamanhos (Figura 14.3D); ou ii) pérola ou sagu artificial (*pearl*), que apresenta grânulos esféricos irregulares de diferentes tamanhos, cujo teor de umidade deve ser inferior a 15% (BRASIL, 2005).

O sagu também é um produto obtido do amido de mandioca, consumido principalmente no Sul e Sudeste do Brasil como uma sobremesa. Para sua produção, emprega-se um tratamento com umidade e calor associado a um processo mecânico. O amido é equilibrado com um teor de umidade de 50%, seguido de granulação em esferas de forma manual ou mecânica, as quais são aquecidas sob alta temperatura (250 °C a 300 °C). Depois, as pérolas (esferas) produzidas passam por resfriamento e desidratação por calor seco em temperaturas ao redor de 50 °C a 80 °C para atingir 10% de umidade. Finalizado o processo, o sagu é empacotado. Durante o preparo pelo consumidor, a cocção permite a obtenção de um produto macio, transparente, geralmente servido como um mingau misturado a vinho, creme de leite, frutas etc. (AMARAL; JAIGOBIND; JAISINGH, 2007).

14.4.2 DERIVADOS FERMENTADOS DE MANDIOCA

A seguir serão abordados os produtos derivados de mandioca submetidos ao processo de fermentação, como polvilho azedo, tucupi, cauim, caxiri e tiquira.

14.4.2.1 Polvilho azedo

O polvilho azedo (Figura 14.3C) é tipicamente processado no Brasil e na Colômbia, considerado um produto tradicional da América Latina. Desde 1978 o Brasil apresenta produção significativa, que ocorre principalmente nos estados de Minas Gerais, Santa Catarina, Paraná e São Paulo, sendo produzido por diversas indústrias rurais de pequeno e médio porte (OLIVEIRA, 2021). Em geral, apresenta teor médio de umidade de 12,98%, 89,6% de carboidratos totais, 0,32% de lipídeos, 0,18% de proteínas, 0,17% de cinzas, pH de 4,06 e volume específico de 7,95 ml/g (OLIVEIRA, 2021).

Para produção do polvilho azedo, após a extração, o amido de mandioca segue para o processo fermentativo (Figura 14.5). Ele se diferencia do polvilho doce justamente pelo processo de fermentação, que contribui para o teor de acidez e para a capacidade de expansão. De acordo com a acidez, o amido de mandioca pode ser classificado como doce (máximo 1,0 ml de NaOH N/100 g) e azedo (máximo de 5,0 ml de NaOH N/100 g). Assim, o maior teor de acidez do polvilho azedo lhe confere sabor e

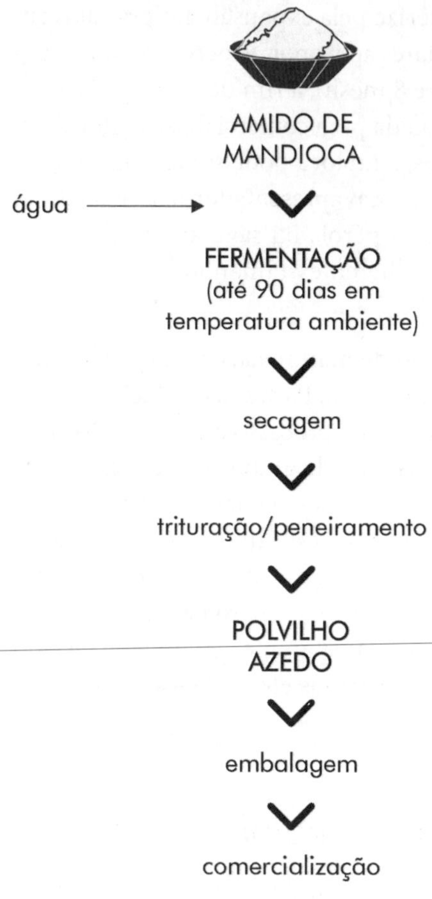

Figura 14.5 – Processo de produção de polvilho azedo a partir de amido de mandioca.

aroma específicos. Esta classificação se baseia na metodologia de acidez titulável com NaOH 0,1 mol/l até atingir o pH de 8,2-8,3, no ponto de viragem, identificado com indicador fenolftaleína pela mudança de cor. O volume de NaOH gasto na titulação é expresso em ml de NaOH 1N / 100g de matéria seca (INSTITUTO ADOLFO LUTZ, 1985).

Na produção do polvilho azedo, o amido é fermentado em regime semissólido por até noventa dias, coberto por uma camada de água de altura aproximada de 20 cm acima da massa de amido, a qual vai diminuindo com a evolução da fermentação e pela exposição ao sol. Depois de atingir em torno de 30% a 50% de umidade, o amido pode passar por um esfarelador para desintegração e então ser espalhado para secagem; no processo artesanal, utiliza-se da secagem ao sol durante oito a doze horas, dependendo das condições climáticas. Após seco, pode-se realizar a trituração e peneiramento do polvilho, visando à sua uniformização (CEREDA *et al.*, 2001).

Durante a fermentação, ocorre a produção de enzimas amilolíticas e de ácidos orgânicos, como os ácidos lático (predominante na fermentação por BAL), acético, butírico, propiônico, fórmico e succínico, os quais podem modificar o amido por oxidação e conferir características desejáveis para alguns produtos alimentícios (GARCIA *et al.*, 2016). Entre estas características, destacam-se maior grau de expansão, menor viscosidade, claridade de pasta, menor temperatura de gelatinização, sinérese e poder redutor, as quais se diferenciam quando comparadas ao amido nativo (APLEVICZ; DEMIATE, 2007).

A fermentação do amido de mandioca é, portanto, um processo natural, espontâneo, realizado por diversos microrganismos que compõem a microbiota natural das raízes de mandioca e/ou que estão presentes na água ou nos tanques de fermentação. É muito comum o uso de parte do polvilho azedo da safra anterior mantido no fundo do tanque como inóculo, ou, ainda, de grãos de milho ou mistura de fubá e suco de limão. Os microrganismos presentes podem variar conforme as condições climáticas da região produtora. Regiões mais frias têm predominância de BAL, enquanto que em clima mais quente a fermentação ocorre mais rapidamente com predominância da microbiota butírica. Assim, diferenças na qualidade do polvilho azedo – especialmente quanto à acidez e à composição de ácidos orgânicos – elaborados por diferentes produtores, ou até mesmo por um mesmo produtor em épocas distintas, são comuns (SILVEIRA *et al.*, 2003; AQUINO *et al.*, 2013). Nesse contexto, a padronização depende do controle das variáveis de processo, especialmente tempo, temperatura e pH, além do uso de culturas microbianas conhecidas (CEREDA; VILPOUX, 2003).

A fermentação pode ser dividida em três fases, sendo que a acidez do meio pode interferir na microbiota que predomina em cada uma delas (AQUINO *et al.*, 2015). A primeira etapa é caracterizada pela rápida queda na concentração de oxigênio dissolvido do meio, o qual é consumido por bactérias amilolíticas aeróbias, com produção de CO_2 e H_2, além de ácidos orgânicos (acético, butírico, lático, propiônico, entre outros); observa-se certa estabilidade na acidez e nos valores de pH. Microrganismos pouco exigentes, como coliformes e aeróbios mesófilos, são encontrados (SILVEIRA *et al.* 2000), com destaque para os gêneros *Micrococcus, Achromobacter, Escherichia, Pseudomonas, Alcaligenes, Bacillus* e *Clostridium. Bacillus* sp. é capaz de produzir amilases que iniciam a degradação do amido, favorecendo a liberação de carbono para as bactérias predominantes na segunda etapa. Lacerda *et al.* (2005) observaram populações de mesófilos em torno de 10^8 UFC/ml. Após 24 horas da mistura do amido à água para fermentar, apenas com a microbiota natural (sem haver inoculações externas), já é possível observar a turvação da água sobrenadante e também a formação de bolhas, indicativo da produção de CO_2 e H_2 que alcançam a superfície, produzindo espuma. O teor de nitrogênio vai reduzindo com a fermentação. Desde o primeiro dia da fermentação é possível encontrar bactérias não simbióticas que fixam o nitrogênio, com redução a partir do terceiro ou quarto dia. Portanto, o nitrogênio demandado pelos microrganismos também é suprido pela atmosfera, já que o teor encontrado na fécula é muito baixo (0,06% de nitrogênio total expresso em matéria seca). O substrato a ser utilizado inicialmente pelos microrganismos consiste predominantemente no amido, que é convertido nos açúcares fermentescíveis (CRUZ *et al.*, 2005; CEREDA, GIAJ-LEVRA, 1987).

A segunda etapa é considerada crucial para a produção de polvilho azedo de boa qualidade, uma vez que microrganismos acidogênicos (microaerófilos ou anaeróbios), que exigem melhores condições nutritivas para o seu desenvolvimento, estão presentes em populações significativas. Estes microrganismos produzem ácidos e gases que contribuem para redução do pH do meio e aumento da acidez. Assim, as fermentações lática, acética, propiônica e butírica são, nesta fase, evidenciadas (OLIVEIRA, 2021). Durante a produção do polvilho azedo ocorre principalmente a fermentação lática, na presença de microrganismos do gênero *Lactobacillus* (*L. plantarum*, *Limosilactobacillus panis* e *Lacticaseibacillus manihotivorans*), *Bifidobacterium minimum*, *Streptococcus* sp., *Enterococcus saccharolyticus*, *L. mesenteroides*, *Leuconostoc citreum* e *Lactococcus lactis* (AMPE; SIRVENT; ZAKHIA, 2001). Tais microrganismos produzem ácidos orgânicos que estão associados à conservação de alimentos fermentados. *L. manihotivorans* é uma BAL homolática que produz mais de 98% de L(+) ácido lático, em conjunto com *L. plantarum* (não amilolítica), as quais predominam como microbiota natural. Além da fermentação lática, observa-se também a fermentação propiônica por bactérias do gênero *Propionibacterium*, e a fermentação butírica, especialmente por *Clostridium* sp.

Na terceira e última etapa, predominam microrganismos saprofíticos e contaminantes, especialmente *Bacillus* sp., além de leveduras, consideradas responsáveis pela degradação de alguns produtos da fermentação, e alguns fungos toxigênicos (*Mucor* sp., *Penicillium* sp., *Fusarium* sp.). Observa-se redução significativa da microbiota ácido-láctica e estabilidade dos valores de pH. À medida que o processo vai sendo finalizado, a formação de bolhas diminui até cessar por completo. Nesta fase, a produção de compostos aromáticos é fundamental para as características sensoriais do polvilho azedo (AGUILAR *et al.*, 2012).

Como não há um controle de processo que permita sinalizar o término da fermentação, diferentes características do polvilho são avaliadas. Entre os métodos que podem ser empregados para auxiliar no acompanhamento da fermentação, incluem-se o monitoramento do pH, a formação de bolhas, a formação de odor característico e a análise sensorial da acidez do líquido (DINIZ, 2006).

O processo fermentativo resulta em aumento da solubilidade e do poder de inchamento em água, além de amaciar a polpa (efeito importante para elaboração de pães de queijo e de biscoitos, que devem se expandir durante o forneamento), além de contribuir para a redução de compostos indesejáveis e tóxicos. Outra vantagem da conversão de açúcares em ácidos pelos microrganismos durante a fermentação é o aumento da vida útil e segurança microbiológica do produto final, inibindo microrganismos deteriorantes pela produção de ácidos, álcool e CO_2 (MARCON *et al.*, 2007).

Após o processo de fermentação, o polvilho azedo apresenta umidade próxima a 50% e é, então, submetido à secagem natural, a qual faz uso da energia térmica proveniente do sol. Cabe ressaltar que esse tipo de secagem, ao ar livre, é um dos métodos mais antigos de conservação de alimentos; mesmo que a secagem artificial seja mais eficiente, não é capaz de conferir a mesma capacidade de expansão ao polvilho azedo que a radiação solar (DINIZ; 2006). De modo geral, esta etapa é realizada mediante exposição direta ao sol sobre *jiraus* (armações de madeira, arame ou bambu trançado semelhante a um estrado), forrados com tecido de algodão ou lona plástica, durante um período de sete a dezesseis horas (dependendo da condição climática) ou até o polvilho atingir umidade entre 13% e 14%. De acordo com alguns autores, durante esse período observa-se uma diminuição no teor de ácido lático (OLIVEIRA, 2021). A radiação ultravioleta contribui para a formação de compostos oxidados, além do preenchimento das características específicas das dextrinas, que apresentam diferentes graus de polimerização e grânulos de amido perfurados, que compõem a estrutura do polvilho azedo tradicional. O amido de mandioca após fermentação apresenta poros, perfurações ou rachaduras, devido ao ataque das enzimas amilolíticas (AQUINO *et al.*, 2013).

Devido ao uso da secagem natural, aliado ao fato de o polvilho azedo ser produzido por tecnologias artesanais, o produto final está suscetível a diferentes tipos de contaminantes, como poeira, insetos e outros tipos de matérias estranhas, além de ficar exposto à chuva, vento e umidade. Outros fatores negativos são necessidade de uma área extensa para espalhar o produto para secagem natural, além, obviamente, da dependência climática. A falta de padronização da qualidade do produto dificulta sua comercialização. No processo industrial, pode ser utilizado um desidratador centrífugo (*piller*), seguido de secador (*flash dryer*) (JÚNIOR, 2013). Diversos estudos objetivam avaliar novos padrões de qualidade para a produção do polvilho azedo, a fim de se evitarem essas desvantagens, tanto na etapa de fermentação quanto na secagem solar. Oliveira (2021) produziu um polvilho azedo de alta qualidade em processo controlado, desenvolvendo um secador solar de baixo custo, com aproveitamento da energia térmica e radiação ultravioleta. Porém, biscoitos elaborados com polvilho seco por essa metodologia resultaram em menor expansão quando comparados aos biscoitos elaborados com o produto seco pelo processo convencional.

O volume específico se torna relevante para a medida da capacidade de expansão do produto final. Assim, o polvilho azedo é utilizado na produção de massas assadas que se expandem mesmo sem a adição de fermento ou da realização de extrusão, contribuindo para a formação de uma massa com estrutura alveolar macia, de grande capacidade de expansão e crocância. Estas características não seriam alcançadas com a utilização de polvilho doce (MARCON *et al.*, 2007). Estas massas não possuem glúten em sua composição e, quando adicionadas de água, gordura, sal e ovos, podem ser destinadas à produção do pão de queijo, após cocção em forno a 200 °C. Além disso, biscoitos salgados expandidos também podem ser fabricados, conhecidos popularmente como biscoitos de polvilho. Estes produtos são tradicionalmente produzidos no estado de Minas Gerais (DEMIATE; CEREDA, 2000).

14.4.2.2 Tucupi

O tucupi é um produto de coloração verde-amarelada, sabor intenso, forte, considerado uma iguaria artesanal produzida a partir do resíduo líquido (manipueira) da produção de farinha de mandioca-brava (Figura 14.6). É geralmente comercializado em garrafas de tereftalato de polietileno (PET) (MARTINS *et al.*, 2016) e amplamente utilizado na região Norte do Brasil em diferentes tipos de preparações culinárias, como guisados e molhos (COSTA; RODRIGUES; PENA, 2019). Nos últimos anos, devido às suas características sensoriais exóticas, o tucupi tem sido utilizado em pratos autorais de grandes *chefs* brasileiros e internacionais, como o tacacá e o pato no tucupi (CHISTÉ; COHEN; OLIVEIRA, 2007).

A manipueira é o líquido residual gerado na agroindústria da mandioca, no momento da prensagem da massa ralada para a produção da farinha ou extração do amido. Quando descartada, a manipueira pode gerar impactos ambientais severos, devido à quantidade significativa de matéria orgânica e glicosídeos potencialmente hidrolisáveis

Figura 14.6 – Tucupi paraense, geralmente comercializado em garrafa PET. Fonte: foto gentilmente cedida por José Guilherme Prado Martin.

a cianeto (CEREDA, 2002). Uma das formas de se evitar esse tipo de impacto ambiental consiste justamente na fermentação natural deste líquido para produção do tucupi. Isso exemplifica a versatilidade da fermentação, que, além de ser amplamente utilizada na produção de alimentos, também representa uma estratégia importante para a mitigação de impactos ambientais decorrentes do descarte de resíduos agroindustriais.

Apesar da ampla utilização do tucupi, seu processamento ocorre de forma rudimentar, com carência de informações tecnológicas quanto às principais etapas da produção, desde a fermentação da manipueira até o produto final. Em linhas gerais, para a fermentação, o líquido é mantido em repouso durante um ou dois dias em temperatura ambiente, favorecendo a decantação do amido, o qual é posteriormente removido. Após a etapa de fermentação, o líquido é recuperado e fervido com condimentos (CEREDA; VILPOUX, 2003; CHISTÉ; COHEN, 2011b). A etapa de fermentação possibilita uma ação mais prolongada da linamarase, que é aos poucos inibida pela acidificação e queda do pH. Na posterior etapa de fervura, ocorre a inativação da linamarase e a remoção do cianeto por volatilização. Assim, o conteúdo de compostos tóxicos do líquido é reduzido (CHISTÉ; COHEN, 2011b).

Existem poucos estudos sobre a qualidade do tucupi. As principais informações disponíveis estão relacionadas às mudanças de pH, acidez total, sólidos solúveis, qualidade microbiana e HCN total e livre (CAMPOS *et al.*, 2016; CHISTÉ *et al.*, 2007; CHISTÉ; COHEN, 2011b). As propriedades do tucupi dependem diretamente da variedade da mandioca utilizada, bem como do processo produtivo. Devido ao processo fermentativo, o produto final apresenta baixo pH (3 a 3,4) e elevada acidez (3,9 a 10,7 meq NaOH 100 ml^{-1}), com alto conteúdo de água (94,6% a 97,5% de umidade). Para melhorar a conservação do produto, é possível concentrá-lo por meio de secagem, diminuindo seu volume e peso, o que reduz os custos de armazenamento, embalagem e transporte (COSTA; RODRIGUES; PENA, 2019). De modo geral, o tucupi apresenta teor de proteínas entre 0,3% e 0,6%, 0,1% a 1,0% de cinzas, teor de cianeto livre entre 9,4 e 46,8 mg HCN/kg e cianeto total entre 55,5 e 157,1 mg HCN/kg (CHISTÉ *et al.*, 2007).

Campos *et al.* (2016) avaliaram a qualidade microbiológica em dez amostras comerciais de tucupi na cidade de Belém, Pará, sendo que 80% das amostras apresentaram níveis baixos de coliformes termotolerantes, porém altas populações de bactérias aeróbias mesófilas (2,8 × 10^3 UFC/ml a 2,8 × 10^8 UFC/ml) e bolores e leveduras (1,0 × 10^1 UFC/ml a 4,2 × 10^7 UFC/ml). Tais resultados ressaltam a importância do controle de qualidade na produção do tucupi, de maneira a garantir sua segurança.

14.4.2.3 Bebidas fermentadas de mandioca

Diversas tribos brasileiras, como araweté, kayapó, karajá, javaé e tapirapé, fazem uso da fermentação para preservação de raízes, transformando-as em alimentos e bebidas de maior valor agregado e nutricional, além do uso terapêutico (WAGLEY, 1988). De acordo com Barghini (2018), as primeiras bebidas fermentadas elaboradas pelos indígenas eram coadas em peneiras de cabaça para remoção da fibra da mandioca, adicionando-se uma parte de água para duas partes daquele mosto previamente preparado. A "cerveja" era, então, diluída, apresentando diferentes teores alcoólicos, a depender do tempo de fermentação (mais curtos, inferiores a 24 horas, ou mais prolongados, de quatro a cinco dias). Assim, duas bebidas se distinguiam:

Nihanánchi: bebida fermentada tradicional. Quando o índio saía para a caça, a pesca ou expedições, levava uma quantidade de mandioca fermentada envolvida em folhas de bananeira e a diluía em água, preparando a cerveja. Como a fermentação era relativamente curta, a cerveja produzida tinha baixo teor alcoólico e maior valor calórico (75 Kcal/100 ml), além de ser rica em sais minerais;

Sangucha shiki: fermentada por quatro dias, a bebida alcoólica, após a filtração, apresentava teor alcoólico entre 4% e 7%, baixo conteúdo de proteínas e vitaminas, e menor valor calórico (35 Kcal/100 ml).

Portanto, dois tipos de bebidas fermentadas podem ser produzidos: não alcoólicas e alcoólicas. As primeiras eram derivadas da fermentação do amido de vegetais como a mandioca, milho, batata doce, envolvendo ou não a mastigação durante o preparo para aproveitamento das enzimas contidas na saliva. Nestas, a quantidade de amido hidrolisado em açúcar não é suficiente para gerar um alto teor alcoólico, e quando azedam são descartadas; assim, devem ser produzidas diariamente. As bebidas fermentadas alcoólicas têm longa fermentação, podendo-se acrescentar outras fontes de açúcar (mel, frutas) ou fungos e outros vegetais para aumentar o conteúdo de álcool e diminuir o tempo de fermentação; a mastigação pode ou não ser empregada, dependendo da quantidade de açúcares contida nos ingredientes iniciais (GARDIMAN *et al.*, 2014).

A mastigação do substrato amiláceo promove a quebra da molécula de amido em açúcares fermentescíveis pela ação da alfa-amilase (ptialina), uma enzima presente na saliva. Entre as bebidas produzidas por este método, as chamadas cervejas insalivadas, destacam-se a *chicha*, o *cauim* e o *caxiri* (GARDIMAN *et al.*, 2014).

Bebida fermentada originária da América do Sul, a *chicha* é produzida pela mistura de diferentes matérias-primas, destacando-se a elaborada pelos indígenas a partir de milho e mandioca. A fermentação ocorre pela presença de amidos ou açúcares suspensos em água, consumidos por uma microbiota diversificada, uma vez que não há qualquer tipo de controle microbiológico ou ambiental (CHACÓN MAYORGA *et al.*, 2021). Compostos secundários vão sendo produzidos a partir de carboidratos simples durante a fermentação espontânea, a qual pode melhorar a biodisponibilidade, a qualidade nutricional e a síntese de vitaminas e minerais essenciais. Além disso, a fermentação permite a decomposição dos glicosídeos indesejáveis presentes na matéria-prima, compostos tóxicos cujo consumo pode causar fraqueza, hipotireoidismo, paralisia e até mesmo efeitos mais graves (CHACÓN MAYORGA *et al.*, 2021).

Figura 14.7 – Fluxograma da produção de *cauim*.

Já o *cauim* corresponde a uma bebida fermentada produzida pelos índios tapirapé, considerada o principal alimento básico para crianças e adultos (ALMEIDA *et al.*, 2007). Era, ainda, considerada um pão líquido ou sopa pré-digerida, fermentada por bactérias e leveduras (LIMA, 1990). A palavra *cauim* tem origem no termo tupi *kaûĩ*, do período colonial brasileiro (séculos XVI a XVIII), utilizado para designar várias bebidas fermentadas por bactérias, bolores e leveduras (alcoólicas e não alcoólicas) à base de mandioca, mas que pode conter outros substratos como milho, caju, batata, amendoim, banana, entre outros vegetais, além de açúcares adicionais (frutas e mel) (NAVARRO, 2005). De acordo com a matéria-prima utilizada, a bebida obtida podia receber diferentes denominações, como *avati caguy* ou *abativi* (cauim de milho, podendo ser acrescido de mandioca), *caracu* (*cauim* de cultivares de mandioca-brava ou de batata-doce), ou *caui* macaxera ou *aipigig* (*cauim* de variedades mansas de mandioca). Essas nomenclaturas também diferiam entre as tribos indígenas nas quais as bebidas eram produzidas (NOELLI; BROCHADO, 1998). O processamento de produção de *cauim* está representado na Figura 14.7.

No caso da mandioca, as raízes são lavadas, descascadas e cortadas. Em seguida, quando a variedade mansa é utilizada, procede-se apenas à fervura diretamente no fogo, seguida de mastigação por mulheres, que cospem a massa em outra vasilha, na qual ocorrerá a fermentação. Uma outra parte pode ser apenas amassada com as mãos e então adicionada à porção mastigada. Para a variedade brava, primeiramente realiza-se a extração do ácido cianídrico por meio da prensagem e cozimento a seco ou torração (como na farinha), para então prosseguir com as demais etapas. Depois de mastigada, a massa retorna para a panela, sendo acrescida de água e reaquecida (50 °C a 60 °C) sob agitação; finalmente, procede-se ao resfriamento (25 °C) para que as leveduras presentes no ambiente entrem em contato com o líquido exposto. Em seguida, a bebida é embalada em recipientes para que a fermentação continue até que se alcance o teor alcoólico desejado (NOELLI; BROCHADO, 1998).

Almeida, Rachid e Schwan (2007) também relatam um método similar empregado na produção de *cauim*. Segundo os autores, o processamento da bebida é um trabalho estritamente feminino. Inicialmente, as raízes de mandioca são fermentadas de três a cinco dias em água corrente para amaciar a casca. Após este período, a mandioca é descascada, cortada em pequenos pedaços e seca ao sol. Os pedaços secos são ralados e transformados em farinha. Esta farinha é misturada com água e é cozida por cerca de duas horas, depois resfriada em temperatura ambiente. Após a formação de um mingau, é adicionado um inóculo para iniciar o processo fermentativo, que geralmente leva de 24 a 48 horas. O inóculo é obtido a partir de um fluido resultante da mastigação de batata-doce, realizada por mulheres e meninas da tribo. Portanto, as etapas de processamento compreendem basicamente o cozimento da mandioca, o resfriamento, a mastigação (insalivação), o aquecimento e a fermentação. O aquecimento prévio ao processo fermentativo se justifica pela inativação das enzimas que atuam na hidrólise do amido (o que ocorre em torno de 75 °C), selecionando-se a microbiota fermentadora. Quando do aquecimento mais brando, as enzimas não são totalmente inativadas, o que resulta em maior teor de açúcares fermentescíveis e, consequentemente, maior teor alcoólico. O tratamento térmico também contribui para eliminar microrganismos menos resistentes, favorecendo a predominância de BAL que conferem um gosto mais ácido ao *cauim* (GARDIMAN *et al.*, 2014).

Segundo Miguel *et al.* (2015), durante o processo fermentativo de produtos à base de cereais, destacam-se bactérias, culturas mistas de leveduras e fungos. As principais bactérias envolvidas correspondem a *L. plantarum*, *L. fermentum*, *Lacticaseibacillus paracasei*, *L. brevis*, *Streptococcus salivarius*, *Streptococcus parasanguinis*, *Weissella confusa*, *Enterobacter cloacae*, *B. cereus*, *Bacillus* sp. e *Pediococcus acidilactici*. As leveduras *S. cerevisiae*, *Pichia fermentans*, *Rhodotorula mucilaginosa*, *Pichia Membranifaciens*, *Pichia guilliermondii* e *Candida* sp. também já foram descritas em alimentos fermentados indígenas brasileiros (SANTOS *et al.*, 2012; MIGUEL *et al.*, 2015).

O *caxiri* é bastante similar à cerveja ou vinho de fruta, porém mais encorpado, com maior viscosidade, semelhante a um mingau. Trata-se de uma bebida fermentada por três a sete dias, e com teor alcoólico. O sabor, agradável, pode ser ainda melhorado com a adição de caldo de cana, tornando-se mais doce e de maior teor alcoólico (BARGHINI, 2018). É fermentado de forma espontânea, tradicionalmente produzido por mulheres da tribo *Pakaya*, que habitam o Parque Indígena do Xingu, no Brasil (MIGUEL *et al.*, 2015). Originalmente, o *caxiri* se relacionava ao *cauim* de beiju, sendo elaborado pela fermentação do amido de mandioca, cozida antes em beiju e desmanchada em água fria (NOELLI; BROCHADO, 1998). Essa bebida está associada a cerimônias sagradas e é consumida ritualmente em festas, em que os indígenas se preparam para realizar trabalhos coletivos, como derrubar árvores ou para novas plantações (LIMA, 2005). No preparo do *caxiri*, a raiz da mandioca é fermentada durante dois dias em água corrente. Durante a fermentação, além da degradação de compostos cianogênicos e formação de substâncias aromáticas, ocorre o amolecimento das raízes, causado principalmente por BAL. Após este tempo, a mandioca é descascada, cortada, ralada e torrada. A farinha resultante é posteriormente misturada com água e transferida para barris onde será fermentada, processo que normalmente leva de 24 a 48 horas. Geralmente, o *caxiri* é consumido até 120 horas após o preparo (SANTOS *et al.*, 2012).

Cereda e Brito (2015) relatam um processo rústico da produção de *caxiri*. As raízes descascadas são raladas e espremidas, obtendo-se um líquido (manipueira) e um resíduo sólido do qual são feitos grandes beijus. Estes beijus são tostados no forno, depois cozidos e dispostos em tábuas cobertas por folhas de bananeira. Os beijus são borrifados com água e sobre eles são colocadas folhas de mandioca picadas (maniçoba), e em cima delas, folhas de bananeira, na mesma espessura que a primeira. Após três a quatro dias, as folhas são retiradas e uma camada de fungos recobre os beijus, que são transferidos para grandes recipientes e fechados com folhas de cipó. Deixados por mais dois dias, os beijus ficam úmidos, escorrendo um líquido amarelo e cristalino, espesso e cremoso com um sabor similar ao vinho branco. As principais espécies microbianas detectadas no *caxiri* são *S. cerevisiae, R. mucilaginosa, L. fermentum, B. subtilis* e *Lactobacillus helveticus*. O papel destes microrganismos é extremamente importante, pois por meio do metabolismo formam-se muitos compostos voláteis e não voláteis, como ácidos orgânicos, responsáveis pelos sabores característicos dos produtos fermentados (MIGUEL *et al.*, 2015). Caso o *caxiri* não seja consumido em dois ou três dias após sua elaboração, a fermentação continua e, se for empregado um processo de destilação, obtém-se uma bebida denominada *tiquira* (ou *chibé*, na Bolívia). De teor alcoólico alto, a bebida é considerada forte e produzida de maneira artesanal principalmente no Maranhão (CEREDA; BRITO, 2015).

Por fim, o *parakari* (*pajuaru*) consiste em uma bebida produzida a partir da fermentação da mandioca pelo povo wapisiana (na Guiana). O processo fermentativo decorre da presença de fungos, como *Rhizopus* sp., *Mucoraceae* sp. e *Zygomycota* sp., que são amplamente utilizados na preparação de saquê no Japão e no *tempeh* na Indonésia, por exemplo. O *parakari* totalmente fermentado é consumido por adultos, enquanto a forma doce e ligeiramente fermentada é mais consumida por crianças (BARGHINI, 2018). Para sua produção, as mandiocas descascadas são cozidas em uma panela grande com baixo conteúdo de água. Em seguida são colocadas sobre folhas limpas de bananeira, no chão, sobre as quais é borrifado um pó colorido (bolor de galhos dos campos ou da própria raiz). A fermentação dura em torno de quatro dias, a partir da proliferação de fungos amilolíticos responsáveis pela quebra do amido em açúcares fermentescíveis. O teor alcoólico da bebida pode alcançar 10% v/v (BARGHINI, 2018).

De acordo com o Decreto n. 6871, de 4 de junho de 2009, as bebidas *cauim*, *caxiri* e *pajauaru* podem ser classificadas como fermentados de frutas, devido à graduação alcoólica final de 10% a 11% v/v e ao processamento que permite a adição de sucos de frutas. A fermentação ocorre pela ação de microrganismos selvagens e contaminantes do substrato (BRASIL, 2009).

14.5 CONSIDERAÇÕES FINAIS

Nos últimos anos, tem sido observada uma tendência de melhoria de processos produtivos relacionados à mandioca, principalmente nas regiões mais desenvolvidas. Ao mesmo tempo, pequenos produtores ainda carecem de aperfeiçoamento no que diz respeito à produtividade e controle de qualidade. O mercado de derivados fermentados a partir da mandioca representa, sem dúvidas, um potencial a ser explorado. Trata-se de uma fonte vegetal muito bem adaptável às intempéries climáticas e rica em carboidratos. Pode-se afirmar, ainda, que boa parte dos produtos a serem obtidos, ou adaptados, ainda nem sequer foram explorados. Apesar disso, os existentes carregam uma riqueza cultural que não pode ser desprezada, ainda que careçam de maior controle de processo e de qualidade. O caminho a ser trilhado provavelmente é no sentido de se adequar o reconhecimento das estirpes que fermentam a mandioca, bem como de se trabalhar para um processo viável e com rígido controle de qualidade, sem, contudo, esquecer da tradição e do respeito devidos.

Este capítulo é uma homenagem ao professor doutor Gilvan Wosiacki (*in memoriam*), que dedicou boa parte de sua vida à pesquisa dos processos fermentativos de produtos à base de mandioca.

REFERÊNCIAS

ABIODUN, O. A., AYANO, B., ABIODUN AMANYUNOSE, A. Effect of fermentation periods and storage on the chemical and physicochemical properties of biofortified cassava gari. *Journal of Food Processing and Preservation*, v. 44, n. 12, p. e14958, 2020.

AGUILAR, P. V. *et al.* Características de calidad y digestibilidad in vitro del almidón agrio de yuca (*Manihot esculenta*) producido en Costa Rica. *Revista Venezolana de Ciencia y Tecnología de Alimentos*, v. 3, n. 1, p. 1-13, 2012.

ALMEIDA, E. G.; RACHID, C. C. T. C.; SCHWAN, R. F. Microbial population present in fermented beverage 'cauim' produced by Brazilian Amerindians. *International Journal of Food Microbiology*, v. 120, p. 146-151, 2007.

AMARAL, L. do; JAIGOBIND, A. G. A.; JAISINGH, S. *Processamento da mandioca*. Dossiê técnico. Serviço Brasileiro de Respostas Técnicas. Instituto de Tecnologia do Paraná (TECPAR), 2007.

AMPE, F.; SIRVENT, A.; ZAKHIA, N. Dynamics of the microbial community responsible for traditional sour cassava starch fermentation studied by denaturing gradient gel electrophoresis and quantitative rRNA hybridization. *International Journal of Food Microbiology*, v. 65, n. 1-2, p. 45-54, 2001.

APLEVICZ, K. S.; DEMIATE, I. M. Caracterização de amidos de mandioca nativos e modificados e utilização em produtos panificados. *Ciência e Tecnologia de Alimentos*, Campinas, v. 27, n. 3, p. 478-484, 2007.

AQUINO, A. C. M. de S. *et al.* Standardisation of the sour cassava starch reduces the processing time by fermentation water monitoring. International *Journal of Food Science and Technology*, v. 48, n. 9, p. 1892-1898, 2013.

AQUINO, A. C. M. S. *et al.* Validation of HPLC and CE methods for determination of organic acids in sour cassava starch wastewater. *Food Chemistry*, v. 172, p. 725-730, 2015.

ARAÚJO, J. S. P.; LOPES, C. A. *Produção de farinha de mandioca na agricultura familiar.* Programa Rio Rural. Niterói, RJ, 2009. Disponível em: http://www.microbacias.rj.gov.br/conteudo/compartilhados/pesquisa_participativa_apoio_tecnico/13%20%20Produ%C3%A7% C3%A3o%20de%20farinha%20de%20mandioca.pdf.

BARGHINI, A. Cauim: entre comida e ebriedade. *Boletim do Museu Paraense Emílio Goeldi. Ciências Humanas*, v. 13, n. 3, p. 561-571, 2018.

BEZERRA, V. S. *Farinhas de mandioca seca e mista.* Brasília, DF: Embrapa Informação Tecnológica; Macapá: Embrapa Amapá, 2006.

BRASIL. Decreto n. 6.871, de 4 de junho de 2009. Regulamenta a Lei n. 8.918, de 14 de julho de 1994, que dispõe sobre a padronização, a classificação, o registro, a inspeção, a produção e a fiscalização de bebidas. Disponível em: http://www.planalto.gov.br/ccivil_03/_ato2007-2010/2009/decreto/d6871.htm

BRASIL. Ministério da Agricultura, Pecuária e Abastecimento (MAPA). Instrução Normativa n. 23, de 14 de dezembro de 2005. Aprova o regulamento técnico de identidade e qualidade dos produtos amiláceos derivados da raiz de mandioca. *Diário Oficial da União*, Poder Executivo, Brasília, DF, 2005a.

BRASIL. Ministério da Agricultura, Pecuária e Abastecimento (MAPA). Instrução Normativa n. 52, de 7 de novembro de 2011 – com as alterações da Instrução Normativa n. 58 de 2 de outubro de 2020. Regulamento Técnico da Farinha de Mandioca. *Diário Oficial da União.* Poder Executivo, Brasília, DF.

BRASIL. Ministério da Saúde. Agência Nacional de Vigilância Sanitária. Instrução Normativa n. 60, de 23 de dezembro de 2019. Estabelece as listas de padrões para alimentos. *Diário Oficial da União*, Poder Executivo, Brasília, DF, 23 de dez. 2019.

BRASIL. Ministério da Saúde. Agência Nacional de Vigilância Sanitária. Resolução RDC n. 263 de 22 de setembro de 2005. Regulamento técnico para produtos de cereais, amidos, farinhas e farelos. *Diário Oficial da União*, Poder Executivo, Brasília, DF, 2005b.

CALDAS TIBIRIÇÁ, L. *Dicionário Guarani-Português.* São Paulo: Editora Traço, 1989.

CAMPOS, A. P. R. *et al.* Avaliação das características físico-químicas e microbiológicas de tucupi comercial. Embrapa Amazônia Oriental. *Boletim de Pesquisa e Desenvolvimento*, v. 112, p. 25, 2016.

CEREDA, M. P. Caracterização dos subprodutos da industrialização da mandioca. *In*: CEREDA, M. P. (coord.). *Manejo, uso e tratamento de subprodutos da industrialização da mandioca.* São Paulo: Fundação Cargill, 2002. p. 13-37.

CEREDA, M. P. Processamento da mandioca como mecanismo de detoxificação. *In*: CEREDA, M. P. (coord.). *Manejo, uso e tratamento de subprodutos da industrialização da mandioca.* São Paulo: Fundação Cargill, 2003. v. 3, cap. 3: Cultura de tuberosas amiláceas latino-americanas.

CEREDA, M. P.; BRITO, V. H. dos S. Tiquira ciência e tecnologia. *Ciência e Tecnologia de Bebidas Alcoólicas*, São Paulo, v. 24, n. 2, p. 470-421, 8 out. 2015

CEREDA, M. P.; GIAJ-LEVRA, L. A. Constatação de bactérias não simbióticas fixadoras de nitrogênio em fermentação natural de fécula de mandioca. *Revista Brasileira da Mandioca*, Cruz das Almas, v. 6, n. 1, p. 29-33, 1987.

CEREDA, M. P.; VILPOUX, O. Produtos regionais a base de mandioca ou derivados. *In*: CEREDA M. P. (coord.). *Tecnologia, usos e potencialidades de tuberosas amiláceas latino-americanas*. São Paulo: Fundação Cargill, 2003. p. 693-711.

CEREDA, M. P. *et al*. Polvilho azedo. *In*: BORZANI. W. *Biotecnologia industrial*. São Paulo: Edusp, 2001. p. 413-460.

CHACÓN MAYORGA, G. A. *et al*. Ancestral fermented indigenous beverages from South America made from cassava (*Manihot esculenta*). *Food Science and Technology*, v. 41, n. 1, p. 360-367, 2021.

CHISTÉ, R. C.; COHEN, K. de O. *Estudo do processo de fabricação da farinha de mandioca*. Embrapa Amazônia Oriental, Documentos 2006. (Infoteca-E)

CHISTÉ, R.C.; COHEN, K.O.; OLIVEIRA, S.S. *Estudo das propriedades físico-químicas do tucupi*. Ciência e Tecnol Aliment., v. 27, p. 437-440, 2007.

CHISTÉ, R. C.; COHEN, K. O. Influência da fermentação na qualidade da farinha de mandioca do grupo d'água. *Acta Amazonica*, v. 41, n. 2, p. 279-284, 2011a.

CHISTÉ, R. C.; COHEN, K. O. Teor de cianeto total e livre nas etapas de processamento do tucupi. *Revista do Instituto Adolfo Lutz*, v. 70, n. 1, p. 41-46, 2011b.

CHISTÉ, R. C.; COHEN, K. O. Determinação de cianeto total nas farinhas de mandioca do grupo seca e d'água comercializadas na cidade de Belém – PA. *Revista Brasileira de Tecnologia Agroindustrial*, v. 2, n. 2, p. 96-102, 2008.

CHISTÉ, R. C.; COHEN, K. O.; OLIVEIRA, S. S. Estudo das propriedades físico-químicas do tucupi. *Ciência e Tecnologia de Alimentos*, v. 27, n. 3, p. 787-92, 2007.

CHISTÉ, T. C. *et al*. Quantificação de cianeto total nas etapas de processamento das farinhas de mandioca dos grupos seca e d'água. *Acta Amazonica*, v. 40, n. 1, p. 221-226, 2010.

CONAB (COMPANHIA NACIONAL DE ABASTECIMENTO). *Mandioca – Análise mensal*. Abr. 2021. Disponível em: https://www.conab.gov.br/info-agro/analises-do-mercado-agropecuario-e-extrativista/analises-do-mercado/historico-mensal-de-mandioca. Acesso em: 30 maio 2021.

COSTA, T. dos S.; RODRIGUES, A. M. da C.; PENA, R. da S. Rheological behavior of concentred tucupi. *Food Science and Technology*, v. 39, n. 3, p. 684-690, 2019.

CRISPIM, S. M. *et al*. Molecular identification of *Lactobacillus* spp. Associated with puba, a Brazilian fermented cassava food. *Brazilian Journal of Microbiology*, v. 44, p. 15-21, 2013.

CRUZ, R. *et al*. Processamento de mandioca: produção de farinha seca, raspas e amido em dois tamanhos de empreendimento. *In*: SILVA, C. A. B.; FERNANDES, A. R. *Projetos de empreendimento agroindustriais*: produtos de origem vegetal. Viçosa: UFV, 2005, v. 2, 459 p.

DEMIATE, I.M.; CEREDA, M. P. Some physico-chemical characteristics of modified cassava starches presenting baking property. *Energia na Agricultura*, v. 15, n. 3, p. 36-46, 2000.

DINIZ, I. P. *Caracterização tecnológica do polvilho azedo produzido em diferentes regiões do estado de Minas Gerais*. 2006. 103f. Dissertação (Mestrado em Ciência e Tecnologia de Alimentos) – Universidade Federal de Viçosa, Viçosa, 2006.

EMBRAPA. Processamento de farinha de carimã. *Instruções técnicas*, v. 38, p. 1-3, 2001. Disponível em: http://iquiri.cpafac.embrapa.br/pdf/it38.pdf. Acesso em: 17 maio 2021.

FOLEGATTI, M. I. da S.; MATSUURA, F. C. A. U.; FILHO, J. R. F. A indústria da farinha de mandioca. *In*: SOUZA, L. da S. *et al.* (ed.). *Processamento e utilização da mandioca*. Cruzadas Almas: Embrapa Mandiocultura e Fruticultura Tropical, 2005. 547p.

GARCIA, M. C. *et al.* Structural characteristics and gelatinization properties of sour cassava starch. *Journal of Thermal Analysis and Calorimetry*, v. 123, p. 919-926, 2016.

GARDIMAN, G. G. *et al.* Vereda III e a preparação do cauim. *Arquivos do Museu de história Natua e Jardim Botânico*, v. 23, n. 2, p. 64-104, 2014.

GOMES, P. T. C.; NASSAR, N. M. A. Cassava interspecific hybrids with increased protein content and improved amino acid profiles. *Genetics and Molecular Research*, v. 12, n. 2, p. 1214-1222, 2013.

GOUADO, I. *et al.* Provitamin A carotenoïd content of dried fermented cassava flour: the Effect of palm oil addition during Processing. *International Journal of Food Engineering*, v. 4, n. 4, p. 1-10, 2008.

GRIZOTTO, R. K.; MENEZES, H. C. de. Efeito da fermentação na qualidade de "chips" de mandioca (*Manihot esculenta* Crantz). *Ciência e Tecnologia de Alimentos*, Campinas, v. 24, n. 2, p. 170-177, 2004.

GROXCO, M. Prognóstico cultura mandioca – Novembro de 2020. Governo do Estado do Paraná, Secretaria da Agricultura e do Abastecimento, Departamento de Economia Rural (Deral), 2020. Disponível em: http://www.agricultura.pr.gov.br/sites/default/arquivos_restritos/files/documento/2020-12/Prog%C3%B3stico%20Mandioca%20-%202020_21.pdf. Acesso em: 30 maio 2021.

HOVELER, R., LUTALADIO, N., THOMAS, G. *Save and grow (mandioca)*. Um guia para intensificação da produção sustentável. Rome: FAO, 2013.

INSTITUTO ADOLFO LUTZ. *Normas Analíticas do Instituto Adolfo Lutz*. V. 1: Métodos químicos e físicos para análise de alimentos. 3. ed. São Paulo: IMESP, 1985.

JÚNIOR, A. C. P. *Análise do processo de produção do polvilho azedo*. Dissertação (Mestrado em Engenharia de Alimentos) – Universidade Federal de Santa Catarina, Florianópolis, SC, 2013. 152p. Disponível em: https://repositorio.ufsc.br/bitstream/handle/123456789/107515/PEAL0199-D.pdf?sequence=1&isAllowed=y. Acesso em: 5 jun. 2021.

KOSTINEK, M. *et al.* Diversity and technological properties of predominant lactic acid bacteria from fermented cassava used for the preparation of Gari, a traditional African food. *Systematic and Applied Microbiology*, v. 28, n. 6, 2005.

LACERDA, I. C. A. *et al.* Lactic acid bacteria and yeast associated with spontaneous fermentation during the production of sour cassava starch in Brazil. *International Journal of Food Microbiology*, v. 105, p. 213-219, 2005.

LEONEL, M.; CEREDA, M. P. Extração da fécula retida no resíduo fibroso do processo de produção de fécula de mandioca. *Food Science and Technology*, v. 20, n. 1, p. 122-127, 2000.

LESTARI, D. *et al.* Shelf-life evaluation of packaged fermented cassava flour. *Journal of Engineering and Technological Sciences*, v. 51, n. 1, p. 64-82, 2019.

LIMA, D. C. *et al.* Ozone processing of cassava starch. *Ozone: Science & Engineering*, v. 43, p. 60-77, 2020.

LIMA, O. G. *Pulque, balché y pajauaru*. En la etnobiología de las bebidas y de los fermentados. México D.F.: Fondo de Cultura Económico, 1990.

LIMA, T. S. *Um peixe olhou para mim*: o povo Yudja e a perspectiva, primeira edição. Rio de Janeiro: NUTI, 2005.

LINHARES, A. L. F. A.; SEIXAS, B. C.; MAIA, M. J. O. Quantitative determination of hydrocyanic acid in cassava. *e-Scientia*, v. 11, n. 2, p. 1-7, 2018.

MANTE, E. S.; SAKYI-DAWSON, E.; AMOA-AWUA, W. K. Antimicrobial interactions of microbial species involved in the fermentation of cassava dough into agbelima with particular reference to the inhibitory effect of lactic acid bacteria on enteric pathogens. *International Journal of Food Microbiology*, v. 89, n. 1, p. 41-50, 2003.

MARCON, M. J. A. *et al.* Effect of the improved fermentation on physicochemical properties and sensorial acceptability of sour cassava starch. *Brazilian Archives Biology and Technology*, Curitiba, v. 50, n. 6, p. 1073-1081, 2007.

MARTINS, L. M. *et al.* Amazonian delicacy tucupi is as erosive as a cola-based soft drink. *Archives of Oral Biology*, v. 61, p. 84-88, 2016.

MIGUEL, M. G. C. P. *et al.* Physicochemical and microbiological description of Caxiri – a cassava and corn alcoholic beverage. *International Journal of Food Science and Technology*, v. 50, p. 2537-2544, 2015.

NAVARRO, E. A. *Método moderno de tupi antigo*: a língua do Brasil dos primeiros séculos. 3. ed. revista e aperfeiçoada. São Paulo: Global, 2005.

NOELLI, F. S.; BROCHADO, J. O. O cauim e as beberagens dos Guarani e Tupinambá: equipamentos, técnicas de preparação e consumo. *Boletim do Museu Paraense Emílio Goeldi. Ciências Humanas*, v. 8, p. 117-128, 1998.

OLIVEIRA, D. I. de *et al.* Traditional sour cassava starch obtained with alterations in the solar drying stage. *Food Science and Technology*, v. 41, p. 319-327, 2021.

OLIVEIRA, S. C. Dicionário terminológico onomasiológico dos termos fundamentais da mandioca. Tese (Doutorado) – Instituto de Biociências Letras e Ciências Exatas, Universidade Estadual Paulista (Unesp), São José do Rio Preto, 2019.

OLUBA, O. M., OREDOKUN-LACHE, A. B., ODUTUGA, A. A. Effect of vitamin A biofortification on the nutritional composition of cassava flour (gari) and evaluation of its glycemic index in healthy adults. *Journal of Food Biochemistry*, v. 42, n. 4, p. 1-8, 2017.

OYEWOLE, O. B. Characteristics and significance of yeasts' involvement in cassava fermentation for 'fufu' production. *International Journal of Food Microbiology*, v. 65, n. 3, p. 213-218, 2001.

PADONOU, S. W. *et al.* Development of starter culture for improved processing of Lafun, an African fermented cassava food product. *Journal of Applied Microbiology*, v. 109, n. 4, p. 1402-1410, 2010.

PIMENTEL, F. A.; OLIVEIRA, S. M. G. de.; DAMASCENO, M. J. R. Processamento de farinha de carimã. *Instruções Técnicas Embrapa*, n. 38, p. 1-3, 2001.

SANTOS, C. C. A. A. *et al.* Microbiological and physicochemical characterization of caxiri, an alcoholic beverage produced by the indigenous Juruna people of Brazil. *International Journal Food Microbiology*, v. 156, p. 112-121, 2012.

SCHMITZ, G. J. H. *et al.* Selected physicochemical properties of starches isolated from ten cassava varieties reveal novel industrial uses. *Starch-Stärke*, v. 69, n. 7-8, p. 1-9, 2017.

SEAB (SECRETARIA DE ESTADO DA AGRICULTURA E DO ABASTECIMENTO DO PARANÁ); DERAL (DEPARTAMENTO DE ECONOMIA RURAL MANDIOCA) *Análise da conjuntura*. Disponível em: http://www.agricultura.pr.gov.br/. Acesso em: 1o maio 2021.

SILVA, L. E. B. *et al.* Aspectos gerais e peculiaridades sobre mandioca (*Manihot esculenta* Crantz). *Diversitas Journal*, v. 3, n. 1, p. 13-23, 2018.

SILVA, P. A. *et al.* Obtenção da farinha de tapioca: Parte 1. Avaliação do Processo. *Boletim do Centro de Pesquisa de Processamento de Alimentos*, v. 31, n. 1, p. 13-24, 2013.

SILVEIRA, I. A. *et al.* Aspectos gerais e microbiológicos da fermentação de fécula de mandioca para a produção de polvilho azedo. *Higiene Alimentar*, v. 14, n.68-69, p. 26-31, 2000.

SILVEIRA, I. A. *et al.* Isolamento e caracterização da microbiota ácido lática envolvida no processo fermentativo para produção de polvilho azedo. Parte II. *Pro Homine*, Lavras, v. 2, n. 2, p. 7-15, 2003.

TALEON, V. *et al.* Carotenoids retention in biofortified yellow cassava processed with traditional African methods. *Journal of the Science and Agriculture*, v. 99, n. 3, p. 1434-1441, 2019.

TOMLINS, K. *et al.* Consumer acceptability and sensory evaluation of a fermented cassava product (Nigerian fufu). *Journal of the Science of Food and Agriculture*, v. 87, n. 10, p. 1949-1956, 2007.

VELTHEM, L. H.; KATZ, E. A farinha especial: fabricação e percepção de um produto da agricultura familiar no vale do Rio Juruá, Acre. *Boletim do Museu Paraense Emílio Goeldi. Ciências Humanas*, v. 7, p. 435-456, 2012.

VIANA, E. de S.; DE OLIVEIRA, L. A.; DA SILVA, J. *Processamento mínimo de mandioca*. Circular Técnica 95. Cruz das Almas, BA: Embrapa, jul. 2010.

WAGLEY, C. *Lágrimas de boas-vindas*: os índios tapirapé do Brasil central. Belo Horizonte: Itatiaia, 1988.

CAPÍTULO 15
Bebidas alcoólicas fermentadas

Eduardo Luís Menezes de Almeida,[1]

Mayara Salgado Silva,[1] *Monique Renon Eller*[1]

15.1 BREVE HISTÓRICO

A produção de bebidas alcóolicas por fermentação está historicamente relacionada a diferentes culturas, tradições religiosas e localidades ao redor do mundo, com papel marcante na expressão da identidade e das relações interpessoais. O relacionamento de hominídeos com o consumo de etanol é anterior à própria produção de bebidas. Há evidências da produção de enzimas capazes de catabolizar o etanol no último ancestral comum a gorilas, chipanzés, bonobos e humanos, que viveu há cerca de 10 milhões de anos. O consumo de frutas naturalmente fermentadas por diferentes animais é recorrente e teria sido vantajoso para hominídeos devido ao elevado valor calórico do etanol (7,1 kcal/g), além do sabor agradável. Reconhecer o aroma de etanol no alimento seria um indicativo de uma fonte rica em açúcares e proteínas, decorrente da atividade de leveduras responsáveis pela fermentação (CARRIGAN *et al.*, 2015; DOMINY, 2015).

Aparentemente, a produção de bebidas alcóolicas surgiu a partir do advento dos estilos de vida semissedentários e sedentários (HAYDEN; CANUEL; SHANSE, 2013). Especula-se que a domesticação de cereais teria sido motivada pela apreciação por

[1] Laboratório de Processos Bioquímicos e Fermentativos, Departamento de Tecnologia de Alimentos (DTA), Universidade Federal de Viçosa (UFV), Viçosa, Minas Gerais, Brasil.

cervejas há cerca de 13 mil anos. Essa hipótese é corroborada pela presença de marcadores químicos e grânulos de amido na caverna de Raqefet, localizada na região norte de Israel, indícios de um processo cervejeiro pré-histórico (LIU *et al.*, 2018). A evidência mais antiga da existência de uma bebida alcoólica (e não apenas do processo) é de um fermentado similar ao que chamamos de hidromel, obtido a partir da mistura de mel, arroz e frutas silvestres, datado de 9 mil anos em Jiahu, China (MCGOVERN; ZHANG; TANG, 2004). A origem da vinicultura (produção de vinhos) data provavelmente de cerca de 8 mil anos atrás, na região do Cáucaso (Georgia e Armênia) (MCGOVERN; JALABADZE; BATIUK, 2017).

Posteriormente, tecnologias de produção de bebidas alcóolicas se difundiram pela Eurásia a partir da Mesopotâmia – onde os Sumérios chegaram a utilizar a cerveja como uma forma de moeda, além de um importante produto para o comércio e fins ritualísticos. A produção de bebidas alcançou, então, a Grécia (2000 a.C.), a França (1000-500 a.C.), a Itália (1000 a.C.) e o norte da Europa (100 a.C.) (LEGRAS *et al.*, 2007; MCGOVERN *et al.*, 2013). Na Mesoamérica, a primeira aplicação do cacau é frequentemente atribuída à produção de uma bebida alcóolica, elaborada a partir da polpa. O subproduto deste processo, proveniente das sementes, teria dado origem ao chocolate (HENDERSON *et al.*, 2007). As bebidas produzidas começaram a ser também utilizadas como medicamentos ou para solubilizar compostos com propriedades medicinais, o que ocorreu no Egito Antigo, nos Impérios Romano e Bizantino, durante a Idade Média, na Mesoamérica, e até mesmo na atual Grécia, onde resina de pinheiro é adicionada ao vinho branco para produzir a *retsina*, um vinho com denominação de origem (MCGOVERN; MIRZOIAN; HALL, 2009). Essa adição aumenta a quantidade de compostos antioxidantes e fenólicos no vinho (PROESTOS *et al.*, 2005; GOUGOULIAS, 2009).

Na era científica, a produção de bebidas alcóolicas influenciou significativamente a história da bioquímica e da microbiologia, fato representado de maneira icônica pelas contribuições de Louis Pasteur. Em 1876, ao realizar estudos com cerveja e vinho, Pasteur descobriu que as leveduras eram os agentes responsáveis pela conversão do açúcar em etanol e que as bactérias convertiam o etanol a ácido acético. O trabalho de Emil Christian Hansen também marcou a relação das bebidas com a ciência: em 1880, ele obteve sucesso ao obter uma cultura pura de leveduras e utilizá-la como *starter* para a fermentação (MARSIT; DEQUIN, 2015).

Desde então, tanto o consumo quanto a produção de bebidas alcóolicas continuaram se expandindo. Diferentes bebidas, específicas de determinados países, foram criadas a partir das mais diversas matérias-primas disponíveis, por meio de processos artesanais ou industrialmente consolidados. Os mais diferentes maltes de cereais (por exemplo, malte de cevada) constituem a matéria-prima base da cerveja e do uísque. As uvas podem ser utilizadas para a produção do vinho; o arroz, do saquê; o mel, do hidromel; a maçã, da sidra; o agave, da tequila. Essas matérias-primas podem ser misturadas a outras frutas e especiarias, dando origem a novas bebidas ou modificando as já tradicionais. Além da consolidada *Saccharomyces cerevisiae*, outras leveduras têm sido cada vez mais empregadas - isoladamente ou em cocultura - na elaboração de bebidas com aroma e sabor diferenciados. Até mesmo bactérias podem fazer parte do processo produtivo, como *Oenococcus oeni*, utilizada na fermentação malolática durante a produção de vinhos, bem como bactérias láticas e acéticas em cervejas do tipo *sour*.

Atualmente, mais de 2,5 bilhões de pessoas consomem álcool de maneira regular, com um consumo médio *per capita* anual de 6,3 litros de álcool absoluto, o que seria equivalente a aproximadamente uma garrafa de vinho por semana. O menor consumo ocorre em países do norte da África e do Oriente Médio, enquanto os maiores valores são observados na Europa, podendo chegar a quinze litros de álcool absoluto em países como República Tcheca, Moldova e Lituânia, e entre 12 e 14 litros na Alemanha, França, Portugal, Irlanda e Bélgica. Nas Américas, os países com maior consumo são Uruguai (10,8 litros), Argentina e Estados Unidos (9,8 litros), seguidos de Chile (9,3 litros), Canadá (8,9 litros) e Brasil (7,8 litros) (OMS, 2018).

Mesmo produzidas há milhares de anos, independentemente do processo e das tradições associadas, as bebidas alcoólicas sempre tiveram em comum a presença de agentes biológicos de transformação. Eles podem estar presentes no mosto de forma natural ou serem inoculados, e são responsáveis não só pela produção do etanol, mas também pela produção de centenas, ou até mesmo milhares de compostos que compõem a identidade de cada bebida produzida. As principais características desses microrganismos serão descritas a seguir.

15.2 FERMENTAÇÃO POR LEVEDURAS DO GÊNERO *SACCHAROMYCES*

Conforme discutido no Capítulo 4, leveduras são fungos unicelulares e correspondem ao principal grupo de microrganismos envolvidos na produção de bebidas alcóolicas. São responsáveis pela conversão dos açúcares provenientes das diferentes matérias-primas em etanol, bem como pela produção de compostos que conferem aroma e sabor. Leveduras do gênero *Saccharomyces* são as mais utilizadas na produção de bebidas; este inclui as espécies selvagens *S. cerevisiae*, *S. paradoxus*, *S. mikatae*, *S kudriavzevii*, *S. arborícola*, *S. eubayanus*, *S. uvarum* e *S. jurei*, dentre as quais *S. cerevisiae* é a mais utilizada. Essa espécie possui elevado rendimento na produção de etanol a partir de glicose, além de alta resistência osmótica e dinamicidade na produção de compostos secundários, a depender da linhagem considerada. Além destas, há também espécies híbridas associadas a ambientes antrópicos relacionados a fermentações: *S. carlsbergensis*, *S. pastorianus* e *S. bayanus* (BUZZINI; LACHANCE; YURKOV, 2017).

A levedura *S. cerevisiae* foi o primeiro eucarioto com o genoma inteiramente sequenciado e é o organismo modelo para estudos em diferentes áreas e aplicações biotecnológicas. Está presente naturalmente nos mais diferentes nichos, desde superfície de carvalhos a aparelhos digestivos de insetos (BUZZINI; LACHANCE; YURKOV, 2017), sendo comumente encontrada em ambientes antrópicos relacionados à fermentação, como superfícies utilizadas na fabricação de produtos fermentados e na própria bebida ou alimento, especialmente em vinhos, cervejas, cacau e pães. Outras espécies do gênero são também empregadas na produção de bebidas, como *S. pastorianus*, utilizada na produção das cervejas tipo Pilsen (Lager), amplamente consumidas no Brasil e no mundo; enquanto *S. cerevisiae* é utilizada na fabricação de cervejas tipo Ale. A espécie *S. uvarum* é encontrada naturalmente em árvores do gênero *Nothofagus* provenientes da América do Sul e Australásia, ocupando uma posição basal na filogenia do gênero, semelhante ao observado para *S. eubayanus*. Seu perfil fermentativo em mostos de uva é caracterizado pela menor produção de etanol e ácido acético, em contrapartida aos níveis mais elevados de glicerol e ácido succínico. É especialmente utilizada em fermentações sob baixas temperaturas, como na produção dos vinhos Tokaj (Hungria e Eslováquia), Amarone (Itália), Txakoli (Espanha), Sauternes (Norte da França - Borgonha, Champagne, Vale do Loire e Alsácia), bem como de diversas sidras ao redor do mundo (ALMEIDA *et al.*, 2014; HITTINGER; STEELE; RYDER, 2018).

O cenário de domesticação de *S. cerevisiae* mais elucidado até o momento é o relacionado à produção de cerveja. Esse conhecimento é resultado da reconstrução do histórico da produção da bebida, aliado à aplicação de técnicas de sequenciamento genômico de nova geração. Até o desenvolvimento de culturas puras, ocorrido no final do século XIX, a inoculação de leveduras no mosto de fermentação se dava pela adição de determinado volume da batelada anterior, processo conhecido como *backslopping*. O uso contínuo desse processo resultava no crescimento contínuo de linhagens de leveduras em ambientes antrópicos, e, consequentemente, em um crescente afastamento dos nichos ecológicos originais (GALLONE et al., 2018). Prova disso é que o último ancestral comum à maioria das leveduras utilizadas atualmente na produção de cervejas tipo Ale é datado do final do século XVI. Esse período foi caracterizado pelo aumento gradual na escala de produção, a partir da mudança do modelo produtivo de ambientes domésticos para bares, monastérios e, posteriormente, indústrias. Nos dias atuais, algumas cervejarias ainda praticam o *backslopping*, mas limitando o número de bateladas. Traços característicos da domesticação dessas leveduras consistem na aquisição da capacidade de assimilar maltotriose (o segundo açúcar mais abundante em mostos de malte) e perda da capacidade de produzir 4-vinil-guaiacol (aroma de cravos), geralmente indesejado na produção de cervejas (STEENSELS *et al.*, 2019).

A maior diversidade genética de *S. cerevisiae* encontra-se no leste asiático, que é considerado o berço da espécie. Linhagens isoladas de florestas primitivas na China teriam originado as linhagens atualmente encontradas na Europa e na Ásia (DUAN *et al.*, 2018). A geração de diferentes clados de *S. cerevisiae* (Quadro 15.1), selvagens e domesticados, foi essencial para a atribuição de características únicas aos produtos de fermentação provenientes das regiões onde são encontrados (PETER *et al.*, 2018).

Quadro 15.1 – Clados das linhagens de *Saccharomyces cerevisiae* já isoladas ou desenvolvidas

Clado	Origem/detalhes
Vinho/Europa	Linhagens viníferas, incluindo isolados do Cáucaso, região atualmente creditada como berço da domesticação da uva vinífera (*Vitis vinifera*)
Alpechin	Isoladas de exsudados de azeitonas na Espanha
Mosaico 1	Isoladas de cidras francesas
Bioetanol brasileiro	Vinculadas à produção de cachaça e bioetanol no Brasil
Carvalhos (mediterrâneo)	Linhagens selvagens europeias
Lácteos franceses	Isoladas de queijos franceses. Apresentam capacidade elevada de utilizar galactose
Cervejas africanas	Isoladas de cervejas regionais fermentadas naturalmente, como a Kaffir e a Chad
Mosaico/Cervejas	Linhagens cervejeiras da Bélgica, Reino Unido, Estados Unidos, Alemanha e Leste Europeu
Mosaico 2	Linhagens selvagens isoladas do Cânion da Evolução Israelense e fermentadoras de sidras
Origem diversa	Provenientes de ambientes de panificação, clínicos e selvagens
Agave/México	Isoladas de fermentação artesanal de agave no México para a produção de *mezcal*, bebida semelhante à tequila
Guiana Francesa/Humano	Isoladas de pessoas saudáveis, plantas e animais relacionadas à população indígena da região
Cervejas Ale	Relacionadas a cervejas do tipo Ale. São subdivididas em três subgrupos (Bélgica/Alemanha, Reino Unido, Estados Unidos)
Cacau do Oeste africano	Isoladas da fermentação de sementes de cacau
Fermentado de palma africano	Linhagens da produção de fermentado alcóolico de palma de diferentes países africanos
Linhagens selvagens da China	Isoladas na China
Taiwanesas	Representa o clado com maior divergência genética

Clado	Origem/detalhes
Malásia	Isoladas de néctar de palma na Malásia
Equatorianas	Isoladas de flores ou insetos no Equador
Leste da Rússia	Isoladas da cidade de Blagoveshchensk, na fronteira com a China
Carvalhos norte-americanos	Isolados de bosques na Pensilvânia
Ilhas asiáticas	Isoladas das Filipinas, Indonésia e Sri Lanka, incluindo linhagens selvagens e domesticadas
Saquê	Geradas pela Brewing Society of Japan e o National Research Institute of Brewing em meados do século XX, são diretamente relacionadas à produção do fermentado de arroz no Japão

Novas linhagens de *Saccharomyces* são continuamente isoladas de ambientes naturais e antrópicos a fim de produzir bebidas com perfil sensorial diferenciado. Outras são adaptadas, ou ainda podem ser racionalmente geradas pela fusão de protoplastos ou mutagênese. A hibridização entre espécies, por exemplo, pode acontecer naturalmente por eventos independentes de domesticação, ou propositalmente em laboratório. Os exemplos mais conhecidos de hibridização de *Saccharomyces* estão relacionados às leveduras utilizadas para produção de cervejas do tipo Lager, como as Pilsen. As duas linhagens utilizadas foram isoladas no final do século XIX e são conhecidas como Saaz ou Carlsberg (*S. carlsbergensis*) e Frohberg (*S. pastorianus*). Apesar de produzirem cervejas com características sensoriais diferentes, as duas linhagens são híbridas de *S. cerevisiae*/*S. eubayanus*. As leveduras Saaz são capazes de fermentar em temperaturas relativamente mais baixas (aproximadamente 5 °C), enquanto as Frohberg são conhecidas por maior performance fermentativa e produção de ésteres (como acetato de isoamila) (WENDLAND, 2014; BAKER *et al.*, 2015). Na produção de vinhos e sidras destacam-se as leveduras híbridas *S. cerevisiae*/*S. kudriavzevii*, *S. cerevisiae*/*S. uvarum* e *S. cerevisiae*/*S.* kudriavzevii/S. *uvarum*. Dentre as características combinadas, destaque para a capacidade de crescimento em baixas temperaturas (< 15 °C) – atribuída às espécies *S. kudriavzevii* e *S. uvarum* –, aliada à alta tolerância ao etanol, atribuída principalmente à *S. cerevisiae*, além da geração de bebidas com perfil de compostos voláteis mais ricos em ésteres e álcoois superiores (MARSIT; DEQUIN, 2015). O híbrido *S. cerevisiae*/*S. kudriavzevii* é naturalmente encontrado na produção das cervejas do estilo trapista (denominação de origem), fermentadas em monastérios belgas (HITTINGER; STEELE; RYDER, 2018).

A fusão dos protoplastos consiste em um fenômeno físico em que duas ou mais células de leveduras desprovidas de parede celular aderem e se fundem, espontaneamente ou por indução com agentes químicos e físicos (por exemplo, eletroporação).

Esse método já foi aplicado para geração de linhagens com perfil sensorial diferenciado para produção de sidra (YE *et al.*, 2013), ou para aumento da resistência ao estresse osmótico (MUKAI *et al.*, 2001).

Outra forma de obtenção de novas linhagens é por meio da evolução adaptativa em laboratório. Nesse caso, a levedura é submetida a uma pressão seletiva constante em cultivos seriados em batelada ou cultura contínua. O método já foi aplicado com sucesso a linhagens vinícolas de *S. cerevisiae* para aumentar a resistência ao estresse osmótico (TILLOY; ORTIZ-JULIEN; DEQUIN, 2014) e etanólico (NOVO *et al.*, 2014), e em *S. pastorianus* para reduzir a produção de diacetil em cervejas Lager (GIBSON *et al.*, 2018). A indução de mutagênese por agentes químicos (por exemplo, nitrosoguanidina) e físicos (UV e radiação ionizante) é um dos métodos mais comumente utilizados para geração de novas linhagens de levedura, sendo de suma importância o tempo e a dose de exposição (STEENSELS *et al.*, 2014). Há anos esse processo é aplicado no desenvolvimento de linhagens para produção de vinhos e cervejas, visando tanto à redução de compostos voláteis indesejados (como H_2S) (CORDENTE *et al.*, 2009) como à maior produção de etanol (MOBINI-DEHKORDI; NAHVI; ZARKESH-ESFAHANI, 2008). Mais recentemente, foram incorporadas ferramentas de engenharia genética no processo de melhoramento das linhagens utilizadas na produção de bebidas, como a clonagem ou a CRISPR/Cas9. Essas ferramentas são comumente utilizadas para alteração da expressão de diferentes genes, inserção e exclusão de vias metabólicas em *S. cerevisiae* (KILDEGAARD *et al.*, 2019).

15.2.1 PRINCIPAIS PRODUTOS DE FERMENTAÇÃO POR LEVEDURAS DO GÊNERO *SACCHAROMYCES*

Uma das características que favorecem a aplicação, a permanência e o sucesso das leveduras do gênero *Saccharomyces* nos processos de produção de bebidas alcoólicas fermentadas é a grande eficiência na conversão dos açúcares presentes no mosto em etanol e gás carbônico, mesmo na presença de oxigênio. Essa característica resulta do efeito *Crabtree*, que consiste no aumento do fluxo catabólico gerado pela alta assimilação de açúcares pela levedura. Estima-se que este fenótipo tenha surgido nessas leveduras há aproximadamente 150 milhões de anos (HAGMAN; PIŠKUR, 2015; STEENSELS *et al.*, 2019). O efeito *Crabtree* envolve o aumento da produção e da atividade de enzimas fermentativas, proteínas menos dispendiosas para a maquinaria celular quando comparadas às enzimas respiratórias, cuja produção é reprimida nessas condições (SÁNCHEZ *et al.*, 2017). Favorece, ainda, a incorporação dos açúcares em excesso pela levedura, aumentando a capacidade das células de tolerar altas concentrações de açúcares e etanol, e, consequentemente, conferindo vantagens adaptativas em ambientes de competição com outros microrganismos.

Além da performance fermentativa, um dos critérios mais relevantes na seleção da linhagem de levedura apropriada para utilização na produção de determinada bebida é o perfil de metabólitos secundários produzidos, e que constituirão os compostos voláteis da bebida, ou, popularmente, seu "buquê". Esses compostos são representados majoritariamente por álcoois superiores, ésteres e aldeídos. Os álcoois superiores são compostos voláteis com mais de dois carbonos, considerados os grandes responsáveis pelo aroma de bebidas. Sua concentração final no produto depende da linhagem da levedura utilizada na fermentação, da composição química do mosto, da concentração de oxigênio dissolvido e da disponibilidade e fonte de nitrogênio assimilável. Em *S. cerevisiae*, a síntese desses compostos é conduzida pela via de Ehrlich a partir do catabolismo de aminoácidos (Figura 15.1). Inicialmente, o aminoácido é transaminado a seu respectivo α-cetoácido, o qual é, então, descarboxilado, gerando o aldeído correspondente, além do CO_2. Finalmente, o aldeído é reduzido a seu respectivo álcool superior em uma reação catalisada por enzimas álcool desidrogenases. Uma vez produzidos, os álcoois superiores se difundem de forma passiva para o meio extracelular, onde podem induzir a diferenciação celular (formação de pseudo-hifas) e participar da adaptação da levedura a diferentes tipos de estresses (HAZELWOOD *et al.*, 2008). Muitos álcoois superiores conferem características sensoriais às bebidas, por exemplo, aroma de marzipã/banana pelos álcoois amílico e isoamílico; de mel, pelo tirosol; de rosas, pelo 2-fenil etanol; ou até mesmo de álcool, como ocorre nas bebidas com 1-propanol e 1-butanol (RUIZ *et al.*, 2019).

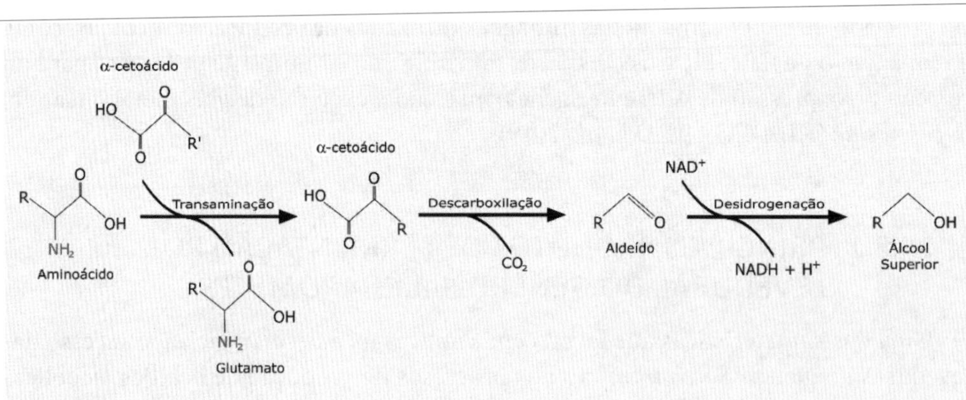

Figura 15.1 – Via de produção de álcoois superiores em leveduras (via de Ehrlich).

Os ésteres são compostos voláteis formados pela condensação de grupos hidroxila de um fenol ou álcool e um grupo carboxila de um ácido orgânico. A espécie *S. cerevisiae* sintetiza dois grupos principais de ésteres durante a fermentação: os ésteres de acetato, provenientes de álcoois superiores, e os ésteres de etila, provenientes de ácidos graxos de cadeia média (AGCM). Os ésteres de acetato são formados a partir da reação entre uma molécula de acetil-CoA e um álcool, a qual é catalisada por uma enzima com atividade álcool acetiltransferase. Já os ésteres de etila são formados pela reação de um AGCM-CoA com etanol, catalisada por enzimas com atividade de esterase (PARAPOULI *et al.*, 2020). Os ésteres produzidos pelas leveduras conferem às bebidas aromas como o de banana (acetato de isoamila e hexanoato de etila); de rosas (2-feniletil acetato); de abacaxi (octanoato de etila); de morango (2-metil-butanoato); frutado (butanoato de etila); ou floral (decanoato de etila) (RUIZ *et al.*, 2019).

Assim como os álcoois superiores, a concentração de ésteres produzidos é influenciada por diversos fatores, incluindo-se a linhagem utilizada, a qual deve ser selecionada de forma a proporcionar quantidades desejadas desses compostos na bebida.

O principal aldeído formado pelas leveduras durante a produção de bebidas é o acetaldeído, que pode compreender até 90% dessa classe de compostos no vinho, por exemplo. Em concentrações baixas, o composto pode conferir aroma frutado semelhante ao de maçã-verde; em concentrações muito elevadas, no entanto, pode influenciar negativamente a aceitação de diferentes bebidas, resultando em aroma semelhante ao de gramíneas. Cabe ressaltar que seu limiar de percepção varia (a depender da composição da bebida) de 30 mg/l para sidras e 20 a 50 mg/l em cervejas a até 100 a 125 mg/l em vinhos (ROMANO *et al.*, 1994; LIU; PILONE, 2000). Ademais, o acetaldeído é o único intermediário na conversão do piruvato a etanol. A reação que converte o aldeído a etanol é catalisada pela enzima álcool desidrogenase 1 (ADH1), enquanto a reação reversa é catalisada pela enzima álcool desidrogenase 2 (ADH2). Fatores como temperatura do processo, concentrações dos componentes da via, quantidade de oxigênio dissolvido e composição do mosto influenciam a atividade dessas enzimas e, consequentemente, a concentração de acetaldeído no produto final.

15.3 FERMENTAÇÃO POR LEVEDURAS NÃO *SACCHAROMYCES*

Apesar de as leveduras do gênero *Saccharomyces* serem tradicionalmente protagonistas da fermentação de bebidas alcóolicas, outros microrganismos também podem ser utilizados para a produção de bebidas com perfil sensorial diferenciado. Sua ocorrência pode ser natural – considerando-se fermentações nas quais os mostos não são pasteurizados nem adicionados de compostos antimicrobianos – ou pela adição de inóculos das mais diferentes espécies de leveduras, bem como bactérias.

Antes de o uso de culturas microbianas puras se tornar a principal abordagem da indústria de bebidas na segunda parte do século XX, as fermentações ocorriam majoritariamente de forma espontânea. Microrganismos autóctones das matérias-primas, do ambiente ou dos recipientes utilizados eram incorporados e realizavam a fermentação. Nesse contexto, após o preparo do mosto, as condições ambientais (temperatura, disponibilidade de oxigênio) eram controladas de forma a se favorecer a prevalência dos microrganismos de interesse em cada etapa do processo. Geralmente, fermentações espontâneas compreendem uma dinâmica populacional que se alterna entre leveduras e bactérias. Apesar de menos frequente nos dias atuais, hidroméis, meloméis, alguns vinhos, fermentados de frutas e algumas cervejas especiais (como Lambic, Gueuze e Kriek, tradicionais na Bélgica; e Coolship Ale, na América do Norte), são produzidos utilizando-se esse tipo de fermentação (BASSO; ALCARDE; PORTUGAL, 2016; GSCHAEDLER, 2017).

Na fabricação de vinhos por fermentação espontânea, microrganismos responsáveis pelo processo são provenientes principalmente das cascas das uvas e das superfícies dos equipamentos. Na primeira fase da fermentação, observa-se a predominância de leveduras não *Saccharomyces*, especialmente as apiculadas *Hanseniaspora/Kloeckera* spp. e as do gênero *Candida*. *Metschnikowia*, *Pichia*, *Dekkera*/*Brettanomyces*, *Kluyveromyces*, *Schizosaccharomyces*, *Torulaspora*, *Rhodotorula*, *Zygosaccharomyces* e *Cryptococcus* também são gêneros frequentemente encontrados. Apesar de menos resistentes e eficientes na produção de etanol, o papel dessas leveduras durante a fermentação está relacionado à formação de um "buquê" diferenciado. Especialmente nos estágios iniciais da fermentação, tais leveduras podem produzir β-glicosidases capazes de realizar a hidrólise de terpenos ligados a glicosídeos, contribuindo para o aroma final do vinho (VARELA, 2016). Somente após a primeira fase, leveduras do gênero *Saccharomyces* predominam, produzindo a maior parte do álcool encontrado nesses vinhos (PADILLA; GIL; MANZANARES, 2016).

Efeitos semelhantes aos observados durante a produção de vinhos em decorrência da atividade de leveduras não *Saccharomyces* podem ocorrer para bebidas fermentadas a partir de outros tipos de frutas, como as sidras. Leveduras apiculadas do gênero *Klockera* podem resultar em teores elevados de ésteres e ácidos voláteis em fermentados de maçã (COUSIN *et al.*, 2017); *Hanseniaspora* spp., *Pichia* spp., *Meyrozyma* spp. e *Wickerhamomyces* spp. contribuem com o perfil aromático de fermentados de abacaxi, e *Torulaspora* spp., *Metschnikowia* spp., *Pichia* spp. e *Kluyveromyces* spp., com a complexidade sensorial de fermentado de durião, uma fruta tropical típica do continente asiático (GSCHAEDLER, 2017).

Bactérias láticas (BAL) constituem outro grupo de microrganismos relevantes na produção de fermentados de frutas, especialmente *Oenococcus*, *Pediococcus*, *Lactobacillus* e *Leuconostoc*. A fermentação malolática é uma etapa importante na produção de diversos vinhos e está relacionada à conversão do ácido málico a ácido lático e CO_2, resultando em menor acidez e aumentando a sensação de suavidade na bebida, especialmente em vinhos tintos e sidras. Em fermentações espontâneas, as BAL geralmente predominam no final da fermentação, após a conversão da maior parte do açúcar a etanol pelas leveduras. A espécie que mais se destaca nesse processo é *O. oeni*, devido à elevada tolerância ao etanol e reduzidos valores de pH, condições observadas no mosto fermentado (COUSIN *et al.*, 2017; LIU, 2002). Cabe ressaltar que algumas espécies de leveduras encontradas nessas fermentações, como *T. delbrueckii*, *Starmerella bacillaris*, *M. pulcherrima* e *Schizosaccharomyces* spp., também são capazes de reduzir a concentração de ácido málico na bebida (BALMASEDA *et al.*, 2018). Além de atenuar a acidez, as BAL podem contribuir com outros compostos que constituirão as características sensoriais da bebida, por exemplo, acetoína e diacetil, 2,3-butanediol, formados a partir do catabolismo do ácido cítrico; este último contribui para os aromas amanteigados, característica desejada em alguns produtos lácteos e indesejada na maior parte dos vinhos tintos, por exemplo. Ademais, esse grupo de microrganismos também pode aumentar a concentração de ésteres no produto final, incrementando o aroma frutado, ou, ainda, metabolizar aldeídos (como o acetaldeído), que em excesso resulta em aroma semelhante ao de gramíneas. Em alguns casos, as BAL também podem contribuir para o aumento do "corpo" e a duração da bebida na boca devido à produção de polissacarídeos e polióis (LIU, 2002).

Cervejas do estilo Lambic são produzidas em regiões que margeiam o rio Sena, próximo a Bruxelas, na Bélgica. Leveduras e bactérias responsáveis por sua fermentação entram em contanto com o mosto durante o resfriamento do líquido, que ocorre em tanque aberto e raso, ao longo da noite. No dia seguinte, o mosto é transferido para barris de madeira, nos quais se desenvolvem tanto a fermentação quanto a maturação da bebida, etapas que podem durar até três anos. A dinâmica populacional envolvida na fermentação dessa bebida pode ser dividida em quatro estágios distintos. No primeiro, que dura entre três e cinco dias, predominam bactérias da família Enterobacteriaceae - grupo que contribui para o aumento de ácidos graxos de cadeia longa, impactando, dessa forma, a formação do *flavor* característico deste estilo. No segundo estágio, conhecido como fermentação principal e que pode durar até quarenta dias, predominam *S. uvarum*, *S. cerevisiae* e *S. pastorianus*. Em seguida, inicia-se o terceiro estágio, que dura cerca de quatro meses e é caracterizado pela acidificação decorrente da atividade de BAL, principalmente *Pediococcus* e *Lactobacillus*, e bactérias acéticas, como *Acetobacter* e *Gluconobacter*. Finalmente, o quarto estágio é caracterizado pela predominância de leveduras *Dekkera* (*Brettanomyces*) spp., com produção de compostos que contribuirão ainda mais para a acidificação e características sensoriais finais da bebida (por exemplo fenol etil, etil guaiacol, ácido isovalérico, ácido acético e acetato de etila) (Figura 15.2) (BASSO; ALCARDE; PORTUGAL, 2016; SPITAELS *et al.*, 2014). O produto obtido, não carbonatado, pode ser consumido diretamente ou ser utilizado como base para outras bebidas. Seu sabor azedo característico (*sour*) é proveniente da ação dos grupos microbianos apresentados anteriormente (SNAUWAERT *et al.*, 2016; SPITAELS *et al.* 2014). A dinâmica das cervejas estilo Coolship Ale americanas segue um padrão semelhante, mas com a presença de *Leuconostoc* sp. no estágio de acidificação, bem como de leveduras dos gêneros *Pichia*, *Candida*, *Cryptococcus* e *Rhodotorula* no quarto estágio de produção (BOKULICH; BAMFORTH; MILLS, 2012).

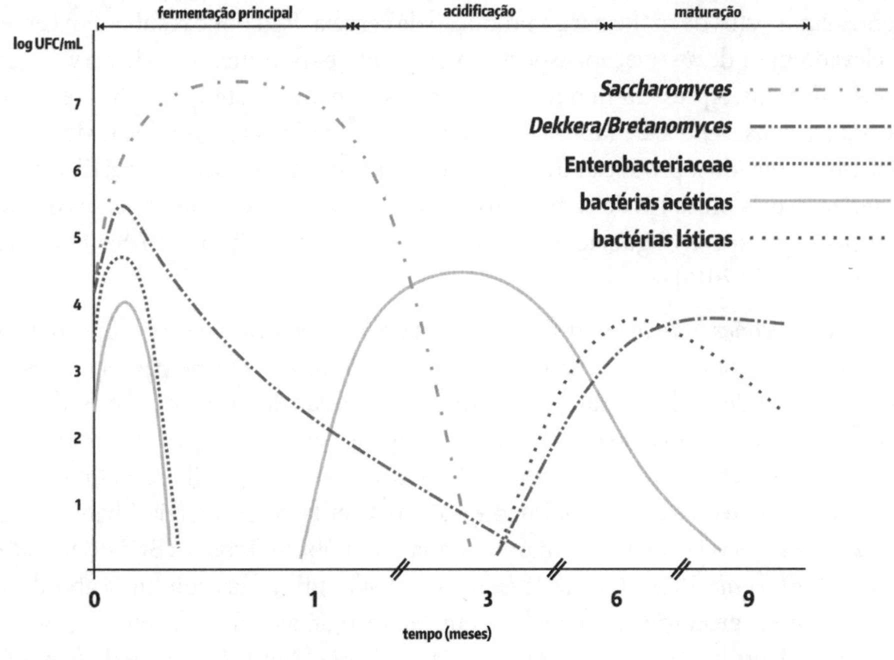

Figura 15.2 – Sucessão microbiana no processo de produção de cervejas do tipo Lambic. Fonte: Adaptada de Basso; Alcarde; Portugal; 2016; Spi-Taels et al., 2014.

Nos últimos anos, determinadas espécies têm se destacado na produção de bebidas, tanto em mono como em cocultura. A partir delas, novas bebidas têm sido criadas, com diversificado perfil aromático e novas características que atendam a demandas específicas do mercado consumidor, como as bebidas com teor reduzido de etanol. A levedura *Torulaspora delbrueckii*, por exemplo, é conhecida pela produção de 2-fenil etanol, acetato de etila e acetato de isoamila, compostos que contribuem para o aroma frutado em cervejas e vinhos. Além disso, produz glicosidases capazes de transformar compostos provenientes do lúpulo e de uvas em terpenos voláteis, e baixas concentrações de fenóis e derivados de enxofre que resultam em aroma indesejado, como ácido sulfídrico. *T. delbrueckii* é, ainda, capaz de tolerar concentrações elevadas de etanol (11% v/v), resistindo ao estresse osmótico observado nos principais mostos fermentativos. Apresenta crescimento satisfatório em temperaturas baixas, atividade de invertase (que converte sacarose a frutose e glicose), capacidade de utilizar maltose (principal açúcar no mosto de cerveja), e, por fim, tolera iso-α-ácidos do lúpulo, reconhecidos por apresentarem atividade antimicrobiana (VARELA, 2016; MICHEL *et al.*, 2016; BASSO; ALCADE; PORTUGAL, 2016). Na produção de vinhos, essa levedura pode metabolizar o ácido acético e o ácido málico (BELDA *et al.*, 2015). Adicionalmente, diferentes linhagens de *T. delbrueckii* são capazes de inibir o crescimento de leveduras contaminantes indesejáveis ao processo, como *B. bruxellensis*, *P. guilliermondii*, *P. manshurica* e *P. membranifaciens* (VILLALBA *et al.*, 2016).

Algumas espécies de *Dekkera/Brettanomyces*, como *D. bruxellensis* e *D. anomala*, destacam-se por serem *Crabtree* positivas e metabolizarem grande variedade de carboidratos, incluindo alguns não metabolizados por *Saccharomyces* spp., como dextrinas presentes em mostos de malte para a produção de cerveja. Isso pode resultar em cervejas com elevado grau de atenuação, aspecto interessante para o mercado de cervejas com calorias reduzidas. Apresentam notável resistência ao etanol – até 15 % (v/v) – e atividade de β-glicosidase. O uso de tais espécies tem sido avaliado para a produção de cervejas azedas (*sour*), devido à produção de ácidos, e também pela formação de perfil sensorial caracterizado pela presença de compostos derivados do metabolismo de ácidos hidroxicinâmicos, como o 4-vinilguaiacol, responsável pelo aroma de cravo (BASSO; ALCARDE; PORTUGAL, 2016).

Saccharomycodes ludwigii tem sido utilizada em monocultura para produção de cervejas com baixo teor alcóolico, uma vez que não metaboliza os principais açúcares presentes no mosto de malte, maltose e maltotriose. Apesar de utilizar glicose, frutose e sacarose, esses compostos são encontrados em baixas concentrações nos mostos cervejeiros, resultando em cervejas com até 0,5 % (v/v) de etanol e perfil aromático rico em álcoois superiores e ésteres, especialmente acetato de etila. *S. ludwigii* já é habitualmente utilizada em cervejarias na Alemanha, Itália e República Tcheca (BUDRONI *et al.*, 2017; MICHEL *et al.*, 2016). Outras leveduras têm sido utilizadas com uma abordagem semelhante para produção de bebidas com baixo teor alcóolico, como *Zygosaccharomyces rouxii*, utilizada no Irã, Holanda e Itália; *Pichia kluyveri*, *Stamerella bombicola* e *Metschnikowia pulcherrima*, em cocultura com *S. cerevisiae* para produção de vinhos, na Austrália e na Itália (CIANI *et al.*, 2016; MICHEL *et al.*, 2016). Em cocultura com *S. cerevisiae*, também pode-se utilizar *Lachancea thermotolerans*, situação que reduz rapidamente o pH do mosto de uva devido à produção de ácido lático. Ademais, por sua resistência aos iso-α-ácidos do lúpulo, *L. thermotolerans* tem sido também utilizada na produção de cervejas azedas (*sour*) em monocultura, apesar de necessitar de mais tempo para produzir etanol em comparação à *S. cerevisiae* (DOMIZIO *et al.*, 2016).

Para culturas mistas de leveduras, diferentes estratégias podem ser empregadas. A competição entre leveduras ao longo do processo pode resultar em paradas fermentativas ou supressão do efeito esperado. Leveduras *Saccharomyces* são reconhecidas pelo seu potencial competitivo; são bastante eficientes na internalização de açúcares e em sua conversão a etanol, o que pode afetar negativamente o crescimento de outras leveduras, inclusive com a produção de peptídeos antimicrobianos e/ou indução da floculação conjunta de outras espécies. Estratégias de inoculação para tentar evitar a supressão de leveduras não *Saccharomyces* incluem sua inoculação em alta densidade ou inoculação sequencial. Nesse caso, a não *Saccharomyces* pode ser inoculada previamente (a fim de favorecer sua presença no mosto e acentuar seus efeitos no perfil sensorial), após a fermentação principal por *Saccharomyces*, ou, ainda, durante a maturação da bebida. A escolha da melhor estratégia a ser empregada depende não só das espécies envolvidas na fermentação, mas também do efeito desejado na bebida, devendo-se realizar, previamente, testes para avaliar a interação entre as espécies de leveduras quando do cultivo em cocultura (PADILLA; GIL; MANZANARES, 2016; VARELA, 2016).

O uso de microrganismos não *Saccharomyces* na produção de bebidas alcoólicas tem se mostrado cada vez mais promissor na geração de produtos diversificados. Tecnologias de sequenciamento de nova geração e engenharia metabólica, aliadas a técnicas básicas de seleção de culturas, têm possibilitado a compreensão da dinâmica microbiana em processos de fermentação espontânea, auxiliando no emprego racional de culturas mistas pela indústria de bebidas. Essas técnicas também têm proporcionado a descoberta de novas espécies com potencial biotecnológico e o melhoramento e desenvolvimento de espécies já consagradas. Altera-se, assim, o paradigma de que bactérias e leveduras não *Saccharomyces* são necessariamente contaminantes indesejáveis em um processo fermentativo. Nesse contexto, as possibilidades de combinações entre tais microrganismos, empregando-se diferentes matérias-primas e condições de processo, representam um importante potencial de inovação, ainda pouco explorado comercialmente.

15.4 PREPARO DE MATÉRIAS-PRIMAS PARA PRODUÇÃO DE BEBIDAS ALCOÓLICAS FERMENTADAS

Bebidas alcoólicas podem ser produzidas a partir da fermentação das mais diversas matérias-primas, as quais são transformadas pela ação microbiana. No Brasil o Decreto n. 6.871, de 4 de junho de 2009 (BRASIL, 2009), dispõe sobre a padronização, a classificação, o registro, a inspeção, a produção e a fiscalização de bebidas. Nela estão estabelecidos os diferentes tipos de bebidas registradas no Brasil (Figura 15.3).

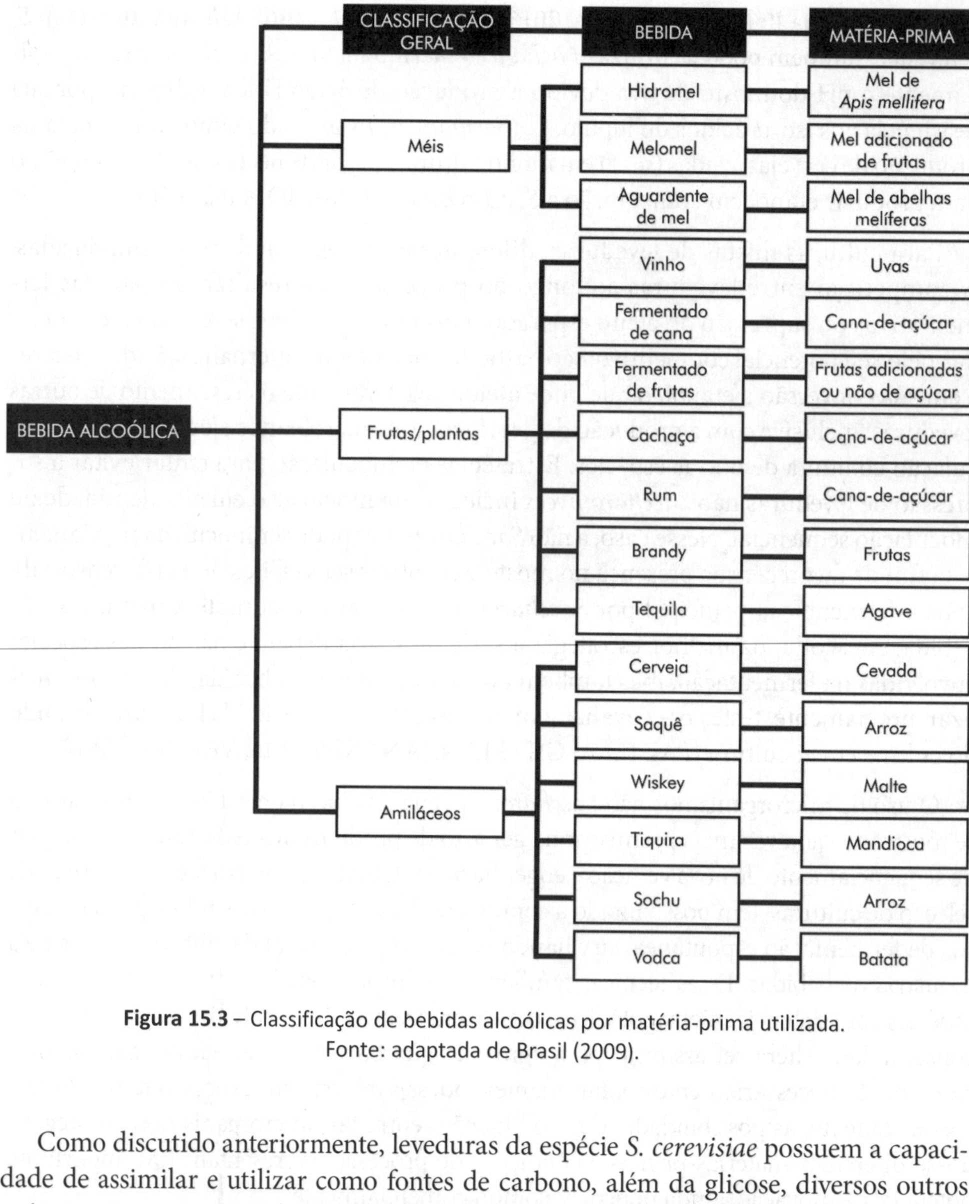

Figura 15.3 – Classificação de bebidas alcoólicas por matéria-prima utilizada. Fonte: adaptada de Brasil (2009).

Como discutido anteriormente, leveduras da espécie *S. cerevisiae* possuem a capacidade de assimilar e utilizar como fontes de carbono, além da glicose, diversos outros açúcares, como manose, frutose, galactose, sacarose e maltose, além de acetato e etanol, mas são incapazes de utilizar lactose ou polissacarídeos como amido ou celulose. Portanto, nem sempre os substratos estão naturalmente disponíveis no meio para serem fermentados, de modo que modificações para favorecer a disponibilização desses nutrientes podem ser necessárias. Da mesma maneira, diversos fatores devem ser considerados para que a matéria-prima seja transformada em mosto, como correções de pH, nível de oxigênio dissolvido, estratégias para evitar crescimento de microrganismos indesejáveis, dentre outros. O mosto deve compreender a mistura ideal de macro e micronutrientes (fontes de carbono, hidrogênio, oxigênio, nitrogênio, fósforo, enxofre, e íons como potássio e magnésio) para que o microrganismo que conduzirá a fermentação – de maneira espontânea ou induzida – transforme os compostos presentes no substrato em etanol e nos voláteis de interesse característicos de cada tipo de bebida alcoólica.

15.4.1 PRODUÇÃO DE MOSTOS À BASE DE MEL

O mel é uma matéria-prima complexa, cuja composição varia de acordo com o tipo de abelha produtora, florada, clima da região, dentre outros fatores. É rico em açúcares, principalmente os monossacarídeos glicose e frutose (cerca de 75% m/m), os dissacarídeos sacarose, maltose, turanose, isomaltose, maltulose, trealose, nigerose e cojibiose e os trissacarídeos maltotriose e melicitose (MIGUEL; ANTUNES; FALEIRO, 2017).

Mostos à base de mel são preparados mediante sua diluição até a concentração desejada, normalmente entre 15% e 25% (m/m) de açúcares totais. Como o mel possui baixa concentração de compostos nitrogenados, os mostos precisam ser suplementados, pois a limitação de nitrogênio resulta em fermentações mais lentas ou insatisfatórias, bem como no desenvolvimento de compostos voláteis indesejáveis nas bebidas. Nitrogênio pode ser disponibilizado à levedura por diferentes vias. Os compostos nitrogenados mais comumente empregados na suplementação de mostos de mel são extrato de levedura, peptona, diamônio fosfato, sulfato de amônio e o próprio pólen. Tais compostos podem compor misturas conhecidas genericamente como *ativantes de fermentação*, produzidas principalmente para suplementação de mostos de uva, cana e malte, e usadas de forma empírica para a produção de bebidas à base de mel.

Devido ao conteúdo de ácidos orgânicos – decorrente das diferentes fontes de néctar e ação enzimática –, os valores de pH do mel variam entre 3,3 e 4,5 (ácido) (DA SILVA *et al.*, 2016), com predomínio dos ácidos cítrico e glucônico, o qual resulta da ação da glicose oxidase sobre a glicose (KARABAGIAS *et al.*, 2014). Durante o preparo do mosto de mel, esses ácidos são diluídos e, portanto, faz-se necessária também a suplementação pela adição de ácidos, visando à manutenção do pH entre 3,2 a 4,5. Os principais ácidos orgânicos usados para suplementar mostos à base de mel são o cítrico, o málico e o tartárico (KAWA-RYGIELSKA *et al.*, 2019; PASCOAL *et al.*, 2019; SROKA; TUSZYŃSKI, 2007).

Além de suplementado, o mosto de mel pode ser submetido ao processo de pasteurização – em geral lenta (60 °C a 65 °C por trinta minutos) – para eliminação de microrganismos contaminantes desta matéria-prima. No entanto, o tratamento térmico pode alterar a composição do mosto e causar a formação de compostos indesejáveis, como o hidroximetilfurfural. Outra forma de se controlar a multiplicação de microrganismos endógenos é a adição de metabissulfito de sódio ou potássio, compostos aos quais as leveduras comerciais são resistentes.

As principais leveduras utilizadas na produção de bebidas à base de mel pertencem à espécie *S. cerevisiae*, e o processo fermentativo ocorre em temperaturas entre 18 °C e 25 °C. Entretanto, há apenas um fermento comercial disponível para a produção de hidromel. A maior parte das bebidas à base de mel são fermentadas a partir de linhagens destinadas ao desenvolvimento de outros produtos, especialmente vinhos (ROLDÁN *et al.*, 2011; PEREIRA *et al.*, 2013; GOMES *et al.*, 2015). Linhagens de leveduras foram recentemente isoladas de abelhas sem ferrão e se mostraram promissoras para a produção de bebidas alcoólicas (SILVA *et al.* 2020), mas ainda não estão disponíveis comercialmente.

15.4.2 PRODUÇÃO DE MOSTOS À BASE DE FRUTAS

As principais frutas utilizadas na produção de bebidas alcoólicas fermentadas apresentam em sua composição, além dos açúcares (principalmente frutose), a pectina, que é um polissacarídeo estrutural composto por unidades de ácido α-D-galacturônico unidas por ligações α-1,4 e ramificadas com grupos carboxila metil esterificados. Sua presença nos frutos deve ser considerada durante o preparo do mosto, uma vez que interfere no rendimento de extração da polpa, além de estar associada a maiores teores de metanol no produto final. Esse composto pode ser formado durante a fermentação e o armazenamento da bebida, e se deve à ação de pectinametilesterases, provenientes principalmente dos bagaços e cascas de uvas. Essas enzimas promovem a quebra dos grupos metoxila esterificados na pectina, liberando metanol no meio. As concentrações do composto, que é tóxico, são limitadas em bebidas destiladas, como a aguardente de vinho (600 mg/100 ml de álcool anidro) (BRASIL, 2018). A ingestão de quantidades superiores a 25 ml pode ser fatal. Processos de filtração do mosto e pasteurização podem ser usados para reduzir os riscos da presença deste composto na bebida, uma vez que contribuem para a inativação das pectinases. No caso de produtos destilados, a aplicação de cortes de pelo menos 5% da fração inicial (cabeça) é eficiente na eliminação do metanol produzido.

Durante a produção do mosto, a polpa das frutas precisa ser extraída, processo geralmente realizado mecanicamente. A extração da polpa pode ser otimizada utilizando-se pectinases microbianas, responsáveis pela quebra e solubilização da pectina do fruto, como as pectinoliases, que despolimerizam as pectinas, causando uma rápida redução da viscosidade e clarificação do líquido. Caules, sementes e caroços não podem ser danificados durante o processo de extração da polpa, pois aumentam a quantidade de uretano e benzaldeído no produto final; assim, a presença dessas estruturas vegetais deve ser evitada. Ademais, os caroços contêm amigdalina, um complexo de cianeto, benzaldeído e glicose. Aroma de óleo de amêndoa amarga geralmente é atribuído à presença de benzaldeído; já o uretano é reconhecido como um agente cancerígeno (CLAUS; BERGLUND, 2005).

15.4.3 PRODUÇÃO DE MOSTOS À BASE DE MATÉRIAS-PRIMAS AMILÁCEAS

A produção de etanol a partir de matérias-primas amiláceas se inicia a partir da solubilização do amido mediante tratamento mecânico e/ou hidrotérmico, de maneira a romper os grânulos de amido com consequente liberação de amilose e amilopectina solúveis.

A amilose consiste em um polímero linear de moléculas de glicose unidas por ligações α-1,4-glicosídicas, enquanto a amilopectina possui também ramificações geradas por ligações α-1,6-glicosídicas. Após a solubilização desses polímeros, procede-se à hidrólise, que pode ocorrer pela via ácida, raramente utilizada, ou pela via enzimática. Enzimas amilolíticas podem ser endógenas, ou seja, provenientes da própria matéria-prima (como no caso de maltes), ou adicionadas ao processo (como na produção de vodca). Nesse caso, as amilases são, geralmente, microbianas. Um *pool* enzimático obtido a partir do cultivo de fungos sobre farelo de trigo, milho, arroz ou cevada é muitas vezes utilizado como fonte de enzimas exógenas para hidrólise de amido na produção de bebidas alcoólicas.

A ação hidrolítica das amilases gera açúcares fermentescíveis para o microrganismo fermentador, especialmente glicose, maltose e maltotriose, além de dextrinas. As principais enzimas envolvidas no processo de hidrólise do amido são α-amilases (que hidrolisam ligações α-1,4 de forma randômica), β-amilases (que hidrolisam o amido a partir das extremidades redutoras, gerando principalmente maltose), e amiloglucosidases (que hidrolisam os oligossacarídeos à glicose, maltose e maltotriose, principalmente). Condições ideais de temperatura e pH para atividade dessas enzimas geralmente são diferentes das requeridas para o microrganismo fermentador, levando à necessidade da realização de etapas de hidrólise e fermentação separadamente, para uma maior eficiência. Por exemplo, enzimas responsáveis pela sacarificação possuem atividade máxima entre 60 °C e 75 °C, enquanto *S. cerevisiae* é normalmente inativada em temperaturas superiores a 35 °C.

Na produção de cerveja, amilases são provenientes da cevada malteada, ou seja, o grão germinado rico em enzimas hidrolíticas. Entretanto, o uso de maltes com alto grau de torra (ingrediente de diversos estilos de cerveja) pode requerer a adição de enzimas exógenas para produção do mosto, uma vez que a torra excessiva pode inativá-las. O malte é triturado para disponibilização do amido, solubilizado, filtrado e submetido a condições de temperatura e pH que favorecerão a ação das enzimas hidrolíticas sobre o amido e outros compostos, como proteínas e ácido fítico. Nessa etapa, pode-se adicionar amido proveniente de milho ou arroz para também ser hidrolisado, resultando no aumento da concentração de açúcares fermentescíveis no mosto. Em seguida, as enzimas são inativadas e o mosto é fervido e acrescido do lúpulo. Após resfriamento e retirada dos compostos precipitados, o mosto está pronto para ser inoculado com a linhagem de levedura escolhida.

A tiquira é uma bebida destilada à base de mandioca. A hidrólise do amido, nesse caso, provém de enzimas exógenas produzidas por fungos filamentosos que se desenvolvem naturalmente nas etapas iniciais do processo. A mandioca é descascada, triturada, prensada e usada para fabricação de beiju em chapa aquecedora. O beiju é o substrato para desenvolvimento de fungos, especialmente dos gêneros *Aspergillus* e *Penicillium*, que produzirão as enzimas que hidrolisarão o amido ali presente. O processo de sacarificação por ação de microrganismos pode ser substituído pelo uso de enzimas exógenas, o que contribui para a padronização do processo. A produção do mosto é completada pela solubilização do beiju hidrolisado. Na produção de vodca, o amido presente na batata triturada é hidrolisado por enzimas comerciais, especialmente α-amilases e amiloglicosidases, em rampas de temperatura e pH ideais para suas atividades. O mosto é, então, filtrado e inoculado para dar início ao processo fermentativo (MENEZES *et al.*, 2016).

15.5 CONTAMINANTES MICROBIANOS NA PRODUÇÃO DE BEBIDAS ALCOÓLICAS

A composição do mosto e as condições de fermentação e maturação de bebidas podem favorecer o desenvolvimento de outros microrganismos, além daqueles que conduzirão a fermentação, o que pode contribuir negativamente para o processo. A presença de contaminantes microbianos ao longo da fermentação pode acarretar a formação de compostos sensorialmente indesejáveis, produtos tóxicos ou até mesmo falha completa do processo pela limitação de nutrientes à levedura. Exemplos de contaminação recorrentes durante a produção de bebidas são a presença de BAL durante a fermentação na produção de cervejas, gerando diacetil (*off-flavor*), e de bactérias acéticas durante a produção e armazenamento de vinhos (Quadro 15.2).

Quadro 15.2 – Microrganismos contaminantes em processos de produção de bebidas alcoólicas fermentadas

Tipo	Gênero/espécie	Fonte	Referência
Leveduras selvagens	*Dekkera bruxellensis*	Mosto de cana	Basílio *et al.*, 2008
	Brettanomyces bruxellensis	Mosto de uva	Bartowsky, 2009
	Brettanomyces sp.	Vinho	Janagama *et al.*, 2019
	Zygosaccharomyces sp.; *B. bruxellensis*	Vinho	Janagama *et al.*, 2019
	Dekkera/B. bruxellensis e *Dekkera/Brettanomyces* sp.	Cerveja	Turvey *et al.*, 2016
Bactérias acéticas	*Lactobacillus acetotolerans* BM-LA14527	Cerveja	Yin *et al.*, 2018
	Acetobacter sp.	Mosto de uva	Bartowsky, 2009
	Gluconobacter sp.	Vinho	Janagama *et al.*, 2019
	Acetobacter sp.; *Gluconobacter* sp.	Vinho	Janagama *et al.*, 2019
	Acetobacter cerevisiae; Aerococcus urinaeequi	Cerveja	Spitaels *et al.*, 2014

Tipo	Gênero/espécie	Fonte	Referência
Bactérias láticas	*Limosilactobacillus fermentum*	Mosto de mandioca	Chang *et al.*, 1995
	Oenoccocuss kitaharae-like	Mosto de cana	Lucena *et al.*, 2010
	Oenococcus sp.; *Lactobacillus* sp.; *Pediococcus* sp.	Mosto de uva	Bartowsky, 2009
	Oenococcus oeni; Lactobacillus sp.; *Pediococcus parvulus*	Vinho	Janagama *et al.*, 2019
	Fructilactobacillus lindneri; L. brevis; Pediococcus damnosus	Cerveja	Hutzler *et al.*, 2013
	L. brevis; L. lindneri; P. damnosus	Cerveja	Hill, 2015

BAL são os principais microrganismos Gram-positivos contaminantes de processos de produção de bebidas devido à boa resistência às condições do mosto, como alta osmolaridade e baixo pH. O desenvolvimento dessas bactérias durante a fermentação na produção de vinhos é controlado pela adição de metabissulfito de sódio ou potássio ao mosto de uva. Com o decorrer da fermentação, a concentração desse aditivo diminui e algumas espécies de BAL conseguem se desenvolver, realizando a fermentação malolática. A partir de então, deve-se controlar o conteúdo de oxigênio e a concentração de açúcares para evitar o desenvolvimento das bactérias acéticas, que transformam o etanol em ácido acético. Leveduras selvagens também podem ser contaminantes importantes (Quadro 15.1), mas seu desenvolvimento é também inibido por este aditivo, além da competição com o inóculo pelo substrato.

Na produção de cerveja, a presença de contaminantes bacterianos é especialmente recorrente em situações em que a lama (leveduras sedimentadas ao término do processo) de fermentações anteriores é reutilizada como inóculo para fermentações subsequentes, sem tratamentos prévios. Uma vez que bactérias possuem tempos de geração mais curtos, a proporção desse grupo microbiano em relação ao de leveduras aumenta a cada batelada. Dessa forma, inoculam-se quantidades cada vez maiores de bactérias em relação às leveduras, gerando *off-flavors* no produto e podendo causar falhas fermentativas. Uma solução comumente utilizada, até mesmo pelas grandes indústrias, para reaproveitamento do fermento é o tratamento prévio da lama recuperada com solução ácida, para inativar a microbiota bacteriana, seguido da recuperação das leveduras sobreviventes.

A seguir, apresentamos os principais grupos de contaminantes microbianos relacionados à produção de bebidas alcoólicas, bem como algumas de suas peculiaridades.

15.5.1 LEVEDURAS

As leveduras selvagens mais comumente encontradas em processos fermentativos correspondem aos gêneros *Brettanomyces/Dekkera* e *Zygosaccharomyces*. Este último compreende seis espécies, dentre as quais três são associadas à contaminação de vinhos: *Z. bailii*, *Z. bisporous* e *Z. rouxii* (FUGELSANG; EDWARDS, 2007). Leveduras do gênero *Dekkera/Brettanomyces* foram isoladas em cervejas no final da década de 1920, sendo relatadas como contaminantes de vinho a partir da década de 1950 (ZUEHLKE; PETROVA; EDWARDS, 2013). Estas leveduras podem ser encontradas em vinhedos (RENOUF *et al.*, 2007), mostos de uvas (MATEO *et al.*, 1991) ou até mesmo no produto engarrafado, na presença ou não de açúcar residual (RENOUF; STREHAIANO; LONVAUD-FUNEL, 2008). Esses microrganismos, muitas vezes, são responsáveis pelas características únicas da bebida produzida, especialmente naquelas com denominação de origem.

Em processos de fermentação natural, as leveduras contaminantes são os principais agentes de transformação do mosto, o que ocorre para a produção de vinhos artesanais e cervejas do tipo Lambic, conforme mencionado anteriormente. Existe uma preferência cada vez maior por esse tipo de produto, considerando a complexidade dos aromas formados, a ausência de antimicrobianos no processo produtivo e as atribuições de funcionalidade existentes para produtos naturalmente fermentados. Entretanto, a presença desses microrganismos nem sempre é desejada e pode acarretar problemas tecnológicos e descaracterização do produto final.

Leveduras selvagens competem por nutrientes com o microrganismo fermentador de interesse e, como apresentam menor eficiência de conversão a etanol, acabam por reduzir o rendimento do processo. Paralelamente, produzem compostos que podem alterar as características do produto final. Leveduras do gênero *Dekkera/Brettanomyces*, por exemplo, produzem compostos fenólicos voláteis que conferem ao vinho odores de couro, fumaça e estábulo (WEDRAL; SHEWFELT; FRANK, 2010).

O monitoramento do desenvolvimento de leveduras ao longo do processo fermentativo é complexo devido à natureza do grupo ser semelhante à do fermento utilizado, exigindo muitas vezes a aplicação de técnicas moleculares. A contaminação por algumas espécies de leveduras pode ser difícil de ser controlada, uma vez que não são suscetíveis aos antimicrobianos tradicionalmente utilizados para inibição de bactérias. Além disso, produtos utilizados para inibir seu desenvolvimento poderiam comprometer também a fermentação. Uma vez identificada a presença desses contaminantes, o processo precisa ser paralisado e os pontos de contaminação identificados e corrigidos, o que acarreta custos elevados para a indústria de bebidas.

15.5.2 BACTÉRIAS ACÉTICAS

As bactérias acéticas dos gêneros *Acetobacter* e *Gluconobacter* são naturalmente encontradas em ambientes aeróbicos e ricos em açúcares e etanol, como plantas, flores e frutos, deteriorados ou não. Sua adaptação lhe proporcionou a capacidade de utilizar estes substratos em uma via aeróbia que tem como produto final o ácido acético. Bactérias do gênero *Acetobacter* podem, ainda, oxidar o ácido acético a CO_2 e água.

A produção de ácido acético por esses contaminantes resulta na acidificação do meio fermentativo, inibindo o desenvolvimento de outros microrganismos, incluindo leveduras, para as quais a concentração inibitória mínima é de 0,6% m/v. No entanto, em concentrações menores (de 0,05% m/v a 0,1% m/v), o ácido acético pode induzir o estresse nas leveduras, reduzindo o consumo de glicose por elas (NARENDRANATH, 2003). Além disso, sua presença no meio induz a produção de biofilmes, fenômeno já observado em garrafas de vinho tinto (DE ROOS; DE VUYST, 2018).

Sendo microrganismos aeróbios, as bactérias acéticas são encontradas principalmente nas etapas do processo em que há maior disponibilidade de oxigênio, como na propagação do fermento ou na maturação de bebidas fermentadas, especialmente após as etapas de trasfega. As trasfegas consistem na transferência do líquido fermentado para um novo recipiente, o que contribui para a incorporação de oxigênio ao líquido. Em vinhos, é recomendado o atesto da bebida durante seu período de maturação, que consiste na complementação periódica dos volumes dos barris para evitar a presença de *headspace*, ou espaço vazio, diminuindo a quantidade de oxigênio disponível para ser dissolvido na bebida.

Um dos principais entraves relacionados ao monitoramento da contaminação de bebidas por bactérias acéticas consiste na dificuldade de cultivá-las, o que parece estar relacionado à possibilidade de estarem na forma viável, mas não cultivável (BARTOWSKY; HENSCHKE, 2008). Entretanto, pode-se controlar sua multiplicação por meio de compostos como sorbato e benzoato de sódio e potássio, além de sais sulfitantes (RIBÉREAU-GAYON *et al.*, 2006a).

15.5.3 BACTÉRIAS LÁTICAS

As BAL são microaerófilas ou anaeróbias aerotolerantes, e são fastidiosas, ou seja, demandam diversos nutrientes para seu desenvolvimento. A temperatura ótima de crescimento varia de 30 °C a 40 °C, e a maioria das espécies se desenvolve melhor em soluções ligeiramente ácidas (pH 5,0). As bactérias homoláticas oxidam a glicose pela via Embden-Meyerhof, convertendo-a a duas moléculas de ácido lático. Bactérias heteroláticas produzem, além do ácido lático, etanol/ácido acético e CO_2 pela via das fosfocetolases (6-fosfogluconato).

BAL podem ser os principais contaminantes em processos de produção de bebidas alcoólicas fermentadas graças à sua adaptação às condições existentes nos meios, incluindo altas concentrações de etanol, baixo teor de oxigênio e baixo pH. Entre os problemas associados à sua presença está a redução do rendimento em etanol, uma vez que utilizam os substratos disponíveis para seu próprio desenvolvimento, gerando principalmente ácido lático. Este, por sua vez, pode afetar o desenvolvimento da levedura mesmo em baixas concentrações (0,2% a 0,8% m/v) (CONDINA *et al.*, 2019). Uma vez internalizados pelas leveduras, os ácidos orgânicos se dissociam e causam uma cascata de reações que culmina na inibição do processo fermentativo, podendo até mesmo levar à morte celular. Bactérias láticas também produzem compostos antimicrobianos com atividade inibitória contra leveduras de interesse. A presença de *Limosilactobacillus fermentum* em mosto de mandioca resultou em uma redução de 10% na concentração de etanol na bebida (CHANG *et al.*, 1995). Na produção de cerveja, a presença de BAL está associada ao aumento da turbidez e à deterioração da bebida, sendo lactobacilos e pediococos os grupos mais frequentemente encontrados (YIN *et al.*, 2018). Contaminações por *Pediococcus* spp. levam à formação de diacetil, que atribui à bebida um aroma amanteigado indesejável.

A fim de se evitar o desenvolvimento de microrganismos indesejáveis durante o processo fermentativo, além da aplicação de metodologias para a redução da contaminação inicial no mosto (como tratamento térmico da matéria-prima, quando aplicável), o uso de antimicrobianos pode ser uma alternativa viável. O metabissulfito de sódio ou potássio é um dos principais compostos utilizados para controle de contaminantes de mostos de bebidas alcoólicas, especialmente vinhos, fermentados de frutas e hidroméis. Seu uso é considerado seguro, embora alguns efeitos adversos em indivíduos asmáticos sejam conhecidos. Os fermentos comerciais são resistentes às concentrações geralmente empregadas; compostos sulfurados, inclusive, podem ser naturalmente produzidos pelas leveduras em quantidades entre 10 e 30 mg/l (RIBÉREAU-GAYON *et al.*, 2006b). O efeito antimicrobiano de agentes sulfitantes está associado à formação de dióxido de enxofre em meios com pH $\leq$ 4,0. Nesse caso, a liberação de SO_2 foi de 0,64%, enquanto em pH 3,0 ocorre a liberação de mais de 6%. Desse modo, quanto maior o pH do mosto, maior deve ser a quantidade de agente sulfitante para atingir o efeito desejado (RIBÉREAU-GAYON *et al.*, 2006b). Após a dissociação, o composto, então, entra nas células microbianas, inativa enzimas e interage com macromoléculas, impactando vias metabólicas necessárias ao desenvolvimento do microrganismo. A efetividade de seu efeito antimicrobiano depende da concentração adicionada, além da quantidade e espécies microbianas presentes. O metabissulfito de potássio aporta 50% de dióxido de enxofre (SO_2) em sua composição. Além de antimicrobiano, possui função antioxidante, protegendo o mosto e a bebida contra a oxidação ao longo da fermentação e do armazenamento.

Os conservantes sorbato e benzoato de sódio e potássio são normalmente utilizados para conservação da bebida finalizada. Seus efeitos antimicrobianos são mais efetivos em alimentos ácidos (pH $<$ 5,0), nos quais leveduras e fungos são os principais agentes contaminantes. O sorbato é tido como menos tóxico para mamíferos e é metabolizado em dióxido de carbono e água. Seu mecanismo de ação consiste na inibição de enzimas sulfidrila e catalases nos microrganismos, especialmente fungos; é, portanto, utilizado para a estabilização de bebidas, uma vez que é capaz de inativar as leveduras, garantindo a estabilidade do produto durante o armazenamento (RIBÉREAU-GAYON *et al.*, 2006b).

Apesar da possibilidade de uso de agentes antimicrobianos, evitar a presença de microrganismos contaminantes desde a etapa de obtenção da matéria-prima pode reduzir a necessidade de estratégias de controle adicionais. Sempre que a presença de um contaminante é identificada, todo o sistema de produção deve ser investigado para que os cuidados adequados sejam aplicados. Em geral, contaminantes microbianos são provenientes das matérias-primas utilizadas no processo, mas podem também derivar de contaminações cruzadas a partir de ambientes e superfícies contaminados na linha de produção, especialmente tanques, linhas de transferência e trocadores de calor. Assim, é imprescindível que se atendam às boas práticas de fabricação relacionadas à sistematização dos processos higiênico-sanitários de equipamentos e manipuladores, assim como às boas práticas de controle de qualidade de processos e produtos (ANVISA, 1997).

15.6 CONSIDERAÇÕES FINAIS

As bebidas alcoólicas classificadas como fermentadas são produtos com grande complexidade de sabores e aromas, graças às características das matérias-primas utilizadas e aos produtos gerados pelos microrganismos fermentadores. Assim, a padronização dos processos produtivos necessita de controles rigorosos das etapas de preparo, fermentação, finalização, envelhecimento e durante a vida útil dos produtos. Leveduras são as principais responsáveis pelas transformações que ocorrem nos processos produtivos. Os produtos finais gerados dependem da linhagem utilizada e caracterizam as bebidas produzidas. Por isso, o isolamento e a identificação de cepas específicas para as bebidas menos difundidas, além da caracterização dos compostos aromáticos associados, despontam como alguns dos principais interesses no desenvolvimento de pesquisas na área.

REFERÊNCIAS BIBLIOGRÁFICAS

ALMEIDA, P. *et al.* A Gondwanan imprint on global diversity and domestication of wine and cider yeast *Saccharomyces uvarum*. *Nature Communications*, v. 5, maio 2014.

ANVISA (AGÊNCIA NACIONAL DE VIGILÂNCIA SANITÁRIA). Portaria SVS/MS n. 326, de 30 de julho de 1997. Estabelece os requisitos gerais sobre as condições higiênico-sanitárias e de Boas Práticas de Fabricação (BPF) para estabelecimentos produtores/industrializadores de alimentos.

BAKER, E. C. *et al.* The genome sequence of *Saccharomyces eubayanus* and the domestication of lager-brewing yeasts. *Molecular Biology and Evolution*, v. 32, n. 11, p. 2818-2831, 2015.

BALMASEDA, A. *et al.* Non-*Saccharomyces* in wine: effect upon *Oenococcus oeni* and malolactic fermentation. *Frontiers in Microbiology*, v. 9, p. 1-8, 2018.

BARTOWSKY, E. J. Bacterial spoilage of wine and approaches to minimize it. *Letters in Applied Microbiology*, 2009.

BARTOWSKY, E. J.; HENSCHKE, P. A. Acetic acid bacteria spoilage of bottled red wine-A review. *International Journal of Food Microbiology*, 2008. Disponível em: https://doi.org/10.1016/j.ijfoodmicro.2007.10.016.

BASÍLIO, A. C. M. *et al.* Detection and identification of wild yeast contaminants of the industrial fuel ethanol fermentation process. *Current Microbiology*, 2008. Disponível em: https://doi.org/10.1007/s00284-007-9085-5.

BASSO, R. F.; ALCARDE, A. R.; PORTUGAL, C. B. Could non-*Saccharomyces* yeasts contribute on innovative brewing fermentations? *Food Research International*, v. 86, p. 112-120, 2016. Disponível em: http://dx.doi.org/10.1016/j.foodres.2016.06.002.

BELDA, I. *et al.* Dynamic analysis of physiological properties of *Torulaspora delbrueckii* in wine fermentations and its incidence on wine quality. *Applied Microbiology and Biotechnology*, v. 99, n. 4, p. 1911-1922, 2015.

BOKULICH, N. A.; BAMFORTH, C. W.; MILLS, D. A. Brewhouse-resident microbiota are responsible for multi-stage fermentation of American coolship ale. *PLoS One*, v. 7, n. 4, 2012.

BRASIL. Lei n. 8.918, de 14 de julho de 1994, que dispõe sobre a padronização, a classificação, o registro, a inspeção, a produção e a fiscalização de bebidas. *Diário Oficial da União*: seção 1, Brasília, DF, p. 20, 5 jun. 2009.

BRASIL. Ministério da Agricultura. Instrução Normativa n. 14, de 8 de fevereiro de 2018. Do padrão de identidade e qualidade de vinhos e derivados da uva e do vinho. *Diário Oficial da União*: seção 1, Brasília, DF, ed. 47, p. 4-6, 9 mar. 2018.

BUDRONI, M. *et al. Saccharomyces* and non-*Saccharomyces* starter yeasts. *Brewing Technology*, n. i, 2017.

BUZZINI, P.; LACHANCE, M. A.; YURKOV, A. Biogeography and ecology of the genus *Saccharomyces. Yeasts in Natural Ecosystems: Ecology*, p. 1-293, 2017.

CARRIGAN, M. A. *et al.* Hominids adapted to metabolize ethanol long before human-directed fermentation. *Proceedings of the National Academy of Sciences of the United States of America*, v. 112, n. 2, p. 458-463, 2015.

CHANG, I.-S. *et al.* Bacterial contamination and its effects on ethanol fermentation. *Journal of Microbiology and Biotechnology*, 1995.

CIANI, M. *et al.* Non-conventional yeast species for lowering ethanol content of wines. *Frontiers in Microbiology*, v. 7, p. 1-13, 2016.

CLAUS, M. J.; BERGLUND, K. A. Fruit brandy production by batch column distillation with reflux. *Journal of Food Process Engineering*, 2005. Disponível em: https://doi.org/10.1111/j.1745-4530.2005.00377.x.

CONDINA, M. R. *et al.* Rapid separation and identification of beer spoilage bacteria by inertial microfluidics and MALDI-TOF mass spectrometry. *Lab on a Chip*, 2019. Disponível em: https://doi.org/10.1039/c9lc00152b.

CORDENTE, A. G. *et al.* Isolation of sulfite reductase variants of a commercial wine yeast with significantly reduced hydrogen sulfide production. *FEMS Yeast Research*, v. 9, n. 3, p. 446-459, 2009.

COUSIN, F. J. *et al.* Microorganisms in fermented apple beverages: current knowledge and future directions. *Microorganisms*, v. 5, n. 3, p. 39, 2017. Disponível em: http://www.mdpi.com/2076-2607/5/3/39.

DA SILVA, P. M. *et al.* Honey: Chemical composition, stability and authenticity. *Food Chemistry*, 2016. Disponível em: https://doi.org/10.1016/j.foodchem.2015.09.051.

DE ROOS, J., DE VUYST, L. Acetic acid bacteria in fermented foods and beverages. *Current Opinion in Biotechnology*, 2018. Disponível em: https://doi.org/10.1016/j.copbio.2017.08.007.

DOMINY, N. J. Ferment in the family tree. *Proceedings of the National Academy of Sciences of the United States of America*, v. 112, n. 2, p. 308-309, 2015.

DOMIZIO, P. *et al. Lachancea thermotolerans* as an alternative yeast for the production of beer. *Journal of the Institute of Brewing*, v. 122, n. 4, p. 599-604, 2016.

DUAN, S. F. *et al.* The origin and adaptive evolution of domesticated populations of yeast from Far East Asia. *Nature Communications*, v. 9, n. 1, 2018. Disponível em: http://dx.doi.org/10.1038/s41467-018-05106-7.

FUGELSANG, K. C., EDWARDS, C. G. (eds.). *Wine microbiology*: practical applications and procedures. [*S.l.*]: Springer, 2007. Disponível em: https://doi.org/10.1007/978-0-387-33349-6.

GALLONE, B. *et al.* Origins, evolution, domestication and diversity of *Saccharomyces* beer yeasts. *Current Opinion in Biotechnology*, v. 49, p. 148-155, 2018. Disponível em: http://dx.doi.org/10.1016/j.copbio.2017.08.005.

GIBSON, B. *et al.* Diacetyl control during brewery fermentation via adaptive laboratory engineering of the lager yeast *Saccharomyces pastorianus*. *Journal of Industrial Microbiology and Biotechnology*, v. 45, n. 12, p. 1103-1112, 2018. Disponível em: https://doi.org/10.1007/s10295-018-2087-4.

GOMES, T. *et al.* Influence of sweetness and ethanol content on mead acceptability. *Polish Journal of Food and Nutricional Sciences*, v. 65, n. 2, p. 137-142, 2015.

GOUGOULIAS, N. Polyphenol and antioxidant characteristics of some Greek wines of the Ionian islands. *Oxidation Communications*, v. 32, n. 1, p. 78-84, 2009.

GSCHAEDLER, A. Contribution of non-conventional yeasts in alcoholic beverages. *Current Opinion in Food Science*, v. 13, p. 73-77, 2017. Disponível em: http://dx.doi.org/10.1016/j.cofs.2017.02.004.

HAGMAN, A.; PIŠKUR, J. A study on the fundamental mechanism and the evolutionary driving forces behind aerobic fermentation in yeast. *PLoS One*, v. 10, n. 1, p. 1-24, 2015.

HAYDEN, B.; CANUEL, N.; SHANSE, J. What was brewing in the Natufian? An archaeological assessment of brewing technology in the Epipaleolithic. *Journal of Archaeological Method and Theory*, v. 20, n. 1, mar. 2013.

HAZELWOOD, L. A. *et al.* The Ehrlich pathway for fusel alcohol production: a century of research on *Saccharomyces cerevisiae* metabolism. *Applied and Environmental Microbiology*, v. 74, n. 8, p. 2259-2266, 2008.

HENDERSON, J. S. *et al.* Chemical and archaeological evidence for the earliest cacao beverages. *Proceedings of the National Academy of Sciences of the United States of America*, v. 104, n. 48, p. 18937-18940, 2007.

HILL, A. E. *Brewing microbiology*: managing microbes, ensuring quality and valorising waste. Sawston: Woodhead Publishing, 2015.

HITTINGER, C. T.; STEELE, J. L.; RYDER, D. S. Diverse yeasts for diverse fermented beverages and foods. *Current Opinion in Biotechnology*, v. 49, p. 199-206, 2018. Elsevier. Disponível em: http://dx.doi.org/10.1016/j.copbio.2017.10.004.

HUTZLER, M. *et al.* Beer spoiling microorganisms – a current overview. *Brauwelt International*, , p. 23-25, 2013. Disponível em: https://doi.org/10.1099/ijs.0.63075-0.

ILHA, E. C. *et al. Rendimento e eficiência da fermentação alcoólica na produção de hidromel.* Corumbá: Embrapa Pantanal, 2008. 14 p. (Embrapa Pantanal. Comunicado Técnico, 84).

JANAGAMA, H. K. *et al.* Simultaneous detection of multiple wine-spoilage organisms using a PCR-based DNA dipstick assay. *Journal of AOAC International*, 2019. Disponível em: https://doi.org/10.5740/jaoacint.18-0144.

KARABAGIAS, I. K. *et al.* Characterisation and classification of Greek pine honeys according to their geographical origin based on volatiles, physicochemical parameters and chemometrics. *Food Chemistry*, 2014. Disponível em: https://doi.org/10.1016/j.foodchem.2013.09.105.

KAWA-RYGIELSKA, J. *et al.* Fruit and herbal meads – chemical composition and antioxidant properties. *Food Chemistry*, v. 283, 2019. Disponível em: https://doi.org/10.1016/j.foodchem.2019.01.040.

KILDEGAARD, K. R. *et al.* CRISPR/Cas9-RNA interference system for combinatorial metabolic engineering of *Saccharomyces cerevisiae. Yeast*, v. 36, n. 5, p. 237-247, 2019.

LEGRAS, J. L. *et al.* Bread, beer and wine: *Saccharomyces cerevisiae* diversity reflects human history. *Molecular Ecology*, v. 16, n. 10, p. 2091-2102, 2007.

LIU, L. *et al.* Fermented beverage and food storage in 13,000 y-old stone mortars at Raqefet Cave, Israel: Investigating Natufian ritual feasting. *Journal of Archaeological Science: Reports*, v. 21, p. 783-793, 2018. Elsevier. Disponível em: https://doi.org/10.1016/j.jasrep.2018.08.008.

LIU, S. Q. Malolactic fermentation in wine – Beyond deacidification. *Journal of Applied Microbiology*, v. 92, n. 4, p. 589-601, 2002.

LIU, S. Q.; PILONE, G. J. An overview of formation and roles of acetaldehyde in winemaking with emphasis on microbiological implications. *International Journal of Food Science and Technology*, v. 35, n. 1, p. 49-61, 2000.

LUCENA, B. T. L *et al.* Diversity of lactic acid bacteria of the bioethanol process. *BMC Microbiology*, 2010. Disponível em: https://doi.org/10.1186/1471-2180-10-298.

MARSIT, S.; DEQUIN, S. Diversity and adaptive evolution of *Saccharomyces* wine yeast: a review. *FEMS yeast research*, v. 15, n. 7, p. 1-12, 2015.

MATEO, J. J. *et al.* Contribution of different yeasts isolated from musts of monastrell grapes to the aroma of wine. *International Journal of Food Microbiology*, 1991. Disponível em: https://doi.org/10.1016/0168-1605(91)90102-U.

MCGOVERN, P. E. *et al.* Beginning of viniculture in France. *Proceedings of the National Academy of Sciences of the United States of America*, v. 110, n. 25, p. 10147-10152, 2013.

MCGOVERN, P. E.; MIRZOIAN, A.; HALL, G. R. Ancient Egyptian herbal wines. *Proceedings of the National Academy of Sciences of the United States of America*, v. 106, n. 18, p. 7361-7366, 2009.

MCGOVERN, P. E.; ZHANG, J.; TANG, J.; *et al.* Fermented beverages of pre- and proto-historic China. *Proceedings of the National Academy of Sciences of the United States of America*, v. 101, n. 51, p. 17593-17598, 2004.

MCGOVERN, P.; JALABADZE, M.; BATIUK, S.; *et al.* Early Neolithic wine of Georgia in the South Caucasus. *Proceedings of the National Academy of Sciences of the United States of America*, v. 114, n. 48, p. E10309–E10318, 2017.

MENEZES, A. G. T. *et al.* Vodka production from potato (*Solanum tuberosum* L.) using three *Saccharomyces cerevisiae* isolates. *Journal of the Institute of* Brewing, 2016. Disponível em: https://doi.org/10.1002/jib.302.

MICHEL, M. *et al.* Review: pure non-*Saccharomyces* starter cultures for beer fermentation with a focus on secondary metabolites and practical applications. *Journal of the Institute of Brewing*, v. 122, n. 4, p. 569-587, 2016. Disponível em: http://doi.wiley.com/10.1002/jib.381.

MIGUEL, M. G.; ANTUNES, M. D.; FALEIRO, M. L. Honey as a complementary medicine. *Integrative Medicine Insights*, 2017. Disponível em: https://doi.org/10.1177/1178633717702869.

MOBINI-DEHKORDI, M. *et al.* Isolation of a novel mutant strain of *Saccharomyces cerevisiae* by an ethyl methane sulfonate-induced mutagenesis approach as a high producer of bioethanol. *Journal of Bioscience and Bioengineering*, v. 105, n. 4, p. 403-408, 2008.

MUKAI, N. *et al.* Beer brewing using a fusant between a sake yeast and a brewer's yeast. *Journal of Bioscience and Bioengineering*, v. 91, n. 5, p. 482-486, 2001.

NARENDRANATH, N. V. Bacterial contamination and control in ethanol production. *In:* JACQUES, K. A.; LYONS, T. P.; KELSALL, D. R. (eds.). *The alcohol textbook*: a reference for the beverage, fuel and industrial alcohol industries. Nottingham: Nottingham University Press, 2003. p. 85-119.

NOVO, M. *et al.* Improved fermentation kinetics by wine yeast strains evolved under ethanol stress. *LWT – Food Science and Technology*, v. 58, n. 1, p. 166-172, 2014. Disponível em: http://dx.doi.org/10.1016/j.lwt.2014.03.004.

OMS (ORGANIZAÇÃO MUNDIAL DA SAÚDE). *Global status report on alcohol and health.* 2018. Geneva: World Health Organization, 2018.

PADILLA, B.; GIL, J. V.; MANZANARES, P. Past and future of non-*Saccharomyces* yeasts: from spoilage microorganisms to biotechnological tools for improving wine aroma complexity. *Frontiers in Microbiology*, v. 7, p. 1-20, 2016.

PARAPOULI, M. *et al. Saccharomyces cerevisiae* and its industrial applications. *AIMS Microbiology*, v. 6, n. 1, p 1-31, 2020.

PASCOAL, A. *et al.* Impact of fining agents on the volatile composition of sparkling mead. *Journal of the Institute of Brewing*, 2019. Disponível em: https://doi.org/10.1002/jib.549.

PEREIRA A. P. *et al.* High-cell-density fermentation of *Saccharomyces cerevisiae* for the optimization of mead production. *Food Microbiology*, v. 33, p. 114-123, 2013.

PETER, J. *et al.* Genome evolution across 1,011 *Saccharomyces cerevisiae* isolates. *Nature*, v. 556, n. 7701, p. 339-344, 2018.

PROESTOS, C. *et al.* High performance liquid chromatography analysis of phenolic substances in Greek wines. *Food Control*, v. 16, n. 4, p. 319-323, 2005. Disponível em: https://doi.org/10.1016/j.foodcont.2004.03.011.

RENOUF, V. *et al.* Survival of wine microorganisms in the bottle during storage. *American Journal of Enology and Viticulture*, 2007.

RENOUF, V.; STREHAIANO, P.; LONVAUD-FUNEL, A. Effectiveness of dimethlydicarbonate to prevent *Brettanomyces bruxellensis* growth in wine. *Food Control*, 2008. Disponível em: https://doi.org/10.1016/j.foodcont.2007.03.012.

RIBÉREAU-GAYON, P. *et al. Handbook of enology*: the chemistry of wine stabilization and treatments. Chichester: John Wiley, 2006b. Disponível em: https://doi.org/10.1002/0470010398.

RIBEREAU-GAYON, P. *et al. Handbook of enology*: the microbiology of wine and vinifications. 2. ed. Chichester: John Wiley, 2006a. Disponível em: https://doi.org/10.1002/0470010363.

ROLDÁN, A. *et al.* Influence of pollen addition on mead elaboration: physicochemical and sensory characteristics. *Food Chemistry*, v. 126, p. 574-582, 2011.

ROMANO, P. *et al.* Acetaldehyde production in *Saccharomyces cerevisiae* wine yeasts. *FEMS Microbiology Letters*, v. 118, n. 3, p. 213-218, 1994.

RUIZ, J. *et al.* Effects on varietal aromas during wine making: a review of the impact of varietal aromas on the flavor of wine. *Applied Microbiology and Biotechnology*, v. 103, n. 18, p. 7425-7450, 2019.

SÁNCHEZ, B. J. *et al.* Improving the phenotype predictions of a yeast genome-scale metabolic model by incorporating enzymatic constraints. *Molecular Systems Biology*, v. 13, n. 8, p. 935, 2017.

SILVA, M. S. *et al.* Selection of yeasts from bee products for alcoholic beverage production. *Brazilian Journal of Microbiology*, 2020. Disponível em: https://doi.org/10.1007/s42770-019-00184-1.

SNAUWAERT, I. *et al.* Microbial diversity and metabolite composition of Belgian red-brown acidic ales. *International Journal of Food Microbiology*, v. 221, p. 1-11, 2016. Disponível em: http://dx.doi.org/10.1016/j.ijfoodmicro.2015.12.009.

SPITAELS, F. *et al.* The microbial diversity of traditional spontaneously fermented lambic beer. *PLoS One*, v. 9, n. 4, 2014.

SROKA, P., TUSZYŃSKI, T. Changes in organic acid contents during mead wort fermentation. *Food Chemistry*, v. 104, p. 1250-1257, 2007. Disponível em: https://doi.org/10.1016/j.foodchem.2007.01.046.

STEENSELS, J. *et al.* Domestication of industrial microbes. *Current Biology*, v. 29, n. 10, p. R381-R393, 2019. Disponível em: https://doi.org/10.1016/j.cub.2019.04.025.

STEENSELS, J. *et al.* Improving industrial yeast strains: exploiting natural and artificial diversity. *FEMS Microbiology Reviews*, v. 38, n. 5, p. 947-995, 2014.

TILLOY, V.; ORTIZ-JULIEN, A.; DEQUIN, S. Reduction of ethanol yield and improvement of glycerol formation by adaptive evolution of the wine yeast *Saccharomyces cerevisiae* under hyperosmotic conditions. *Applied and Environmental Microbiology*, v. 80, n. 8, p. 2623-2632, 2014.

TURVEY, M. E. *et al.* Identification of beer spoilage microorganisms using the MALDI Biotyper platform. *Applied Microbiology and Biotechnology*, 2016. Disponível em: https://doi.org/10.1007/s00253-016-7344-8.

VARELA, C. The impact of non-*Saccharomyces* yeasts in the production of alcoholic beverages. *Applied Microbiology and Biotechnology*, v. 100, n. 23, p. 9861-9874, 2016. *Applied Microbiology and Biotechnology*. Disponível em: http://dx.doi.org/10.1007/s00253-016-7941-6.

VILLALBA, M. L. *et al.* TdKT, a new killer toxin produced by *Torulaspora delbrueckii* effective against wine spoilage yeasts. *International Journal of Food Microbiology*, v. 217, p. 94-100, 2016. Disponível em: http://dx.doi.org/10.1016/j.ijfoodmicro.2015.10.006.

WEDRAL, D., SHEWFELT, R., FRANK, J. The challenge of *Brettanomyces* in wine. *LWT – Food Science and Technology*, 2010. Disponível em: https://doi.org/10.1016/j.lwt.2010.06.010.

WENDLAND, J. Lager yeast comes of age. *Eukaryotic Cell*, v. 13, n. 10, p. 1256-1265, 2014.

YE, M. *et al.* Production of yeast hybrids for improvement of cider by protoplast electrofusion. *Biochemical Engineering Journal*, v. 81, p. 162-169, 2013. Disponível em: http://dx.doi.org/10.1016/j.bej.2013.10.016.

YIN, H. *et al.* A novel horA genetic mediated RCA detection of beer spoilage lactobacillus. *Microbial Pathogenesis*, 2018. Disponível em: https://doi.org/10.1016/j.micpath.2017.11.064.

ZUEHLKE, J. M.; PETROVA, B.; EDWARDS, C. G. Advances in the control of wine spoilage by *Zygosaccharomyces* and *Dekkera/Brettanomyces*. *Annual Reviews in Food Science and Technology*, 2013. https://doi.org/10.1146/annurev-food-030212-182533.

CAPÍTULO 16

Bebidas não alcoólicas fermentadas

José Guilherme Prado Martin,[1]

André Ricardo Ferreira da Silva Rocha,[1]

Bárbara Côgo Venturim,[1]

Angie Dahiana Duque-Rodríguez[2]

16.1 INTRODUÇÃO

O grupo das bebidas não alcoólicas fermentadas certamente é tão vasto quanto o das alcoólicas. A grande diversidade de produtos – alguns elaborados e consumidos no mundo todo, outros restritos a determinadas culturas – é uma demonstração de sua importância sociocultural e econômica. Produzidas à base de frutas, chás, cereais, especiarias, açúcares e outros tipos de matérias-primas básicas, as bebidas fermentadas têm ganhado cada vez mais destaque, em decorrência de suas propriedades sensoriais e funcionais.

A relação de determinadas bebidas fermentadas com a história e a cultura dos respectivos locais de origem é um fator que merece destaque. Muitas delas são ditas "tradicionais", uma vez que se diferenciam de outras bebidas similares, principalmente em relação ao método de fabricação e aos ingredientes básicos utilizados. Sua produção depende, ainda, da perpetuação de saberes tradicionais que são transmitidos de

1 Laboratório de Microbiologia de Produtos Fermentados (FERMICRO), Departamento de Microbiologia, Universidade Federal de Viçosa, Viçosa, Minas Gerais.

2 Laboratório de Higiene e Microbiologia de Alimentos (LHMA) Departamento de Tecnologia de Alimentos, Universidade Federal de Viçosa, Viçosa, Minas Gerais.

geração a geração, contribuindo para a manutenção de suas propriedades originais, ainda que passíveis de modificações ao longo do tempo.

Além dos aspectos culturais, as características sensoriais complexas, bem como propriedades funcionais atribuídas ao consumo de bebidas fermentadas, contribuem para sua longevidade. É de admirar, por exemplo, que a *kombucha* - cuja produção depende de um complexo inóculo simbiótico - tenha resistido a milhares de anos. Outrora esquecida e/ou restrita a determinadas regiões, a bebida ganhou o mundo nas últimas décadas, a partir de um *boom* raramente visto para produtos à base de chá e que popularizou sua produção tanto em escala artesanal quanto industrial. Certamente, as propriedades funcionais atribuídas a seus compostos bioativos favoreceram este processo. Fenômeno similar, embora em menor escala, foi observado para o *kefir* de água, que acabou se tornando muito comum no Brasil anos atrás.

A maior parte das bebidas fermentadas não alcoólicas é produzida de maneira artesanal. Assim, os protocolos podem variar consideravelmente, o que impacta as características físico-químicas, sensoriais e microbiológicas do produto final. Tal fato dificulta a padronização, bem como traz desafios aos estudos acerca do seu processo fermentativo. De qualquer forma, tem crescido o número de pesquisas científicas sobre a fermentação de uma grande variedade de bebidas. Neste capítulo, algumas dessas bebidas serão abordadas com mais profundidade, tendo em vista o volume maior de informações na literatura especializada; outras, de caráter mais regional, terão apresentadas suas principais características.

Para efeitos didáticos, as bebidas não alcoólicas serão aqui classificadas de acordo com o tipo de matéria-prima utilizada. Assim, no tópico sobre bebidas fermentadas à base de chás, serão apresentados os principais aspectos relacionados à microbiologia da fermentação da *kombucha*, que hoje é, certamente, uma das mais difundidas e em franca expansão no mundo todo. Entre as bebidas à base de frutas, destaca-se o *kefir* de água (*tibicos*), além do aluá, bebida brasileira de ascendência africana que tem sido resgatada nos últimos anos. Na seção sobre bebidas à base de cascas, raízes e tubérculos, destacam-se as brasileiras de origem indígena, especialmente *cauim* e *tarubá*. A seguir, serão abordados os principais aspectos relacionados à microbiologia envolvida na fermentação de bebidas; informações pontuais sobre histórico de uso e processo produtivo serão também apresentadas.

16.2 CLASSIFICAÇÃO DAS BEBIDAS FERMENTADAS

Diferentes fatores estão relacionados à grande variedade de bebidas fermentadas, como matérias-primas básicas, ingredientes adicionais, tipo de fermentação envolvida no processo produtivo, microbiota fermentadora, componentes culturais intrínsecos, dentre outros. De uma maneira geral, as bebidas fermentadas podem ser classificadas, com base no teor alcoólico, em três categorias principais (KAUR; GHOSHAL; BANERJEE, 2019):

- *Bebidas alcoólicas*: bebidas que após a fermentação apresentam entre 0,55% e 0,76% de álcool por volume (ABV). São produzidas a partir da fermentação de substratos ricos em carboidratos, envolvendo principalmente *Saccharomyces cerevisiae* como agente fermentador principal.
- *Bebidas fermentadas de baixo teor alcoólico*: bebidas que após a fermentação apresentam teores reduzidos de álcool, menores ou iguais a 1,2%.
- *Bebidas fermentadas não alcoólicas*: bebidas que após a fermentação apresentam concentrações menores ou iguais a 0,5%.

A partir de agora, serão apresentadas as principais características da fermentação de bebidas de baixo teor alcoólico e não alcoólicas (que denominaremos simplesmente de *bebidas fermentadas*, para efeito de simplificação; para mais informações sobre a fermentação de bebidas alcoólicas, ver Capítulo 15). Importante ressaltar que, a depender do grau de fermentação empregado, quantidades significativas de álcool podem ser produzidas, conferindo maior teor alcoólico à bebida. De qualquer maneira, serão considerados os produtos cujo processo tradicional resulta em bebidas sem álcool ou de teor alcoólico reduzido. O Quadro 16.1 apresenta as principais bebidas fermentadas.

Quadro 16.1 – Bebidas fermentadas, constituintes básicos, microrganismos fermentadores, aspectos sensoriais e provável origem

Grupo	Bebida	Matéria-prima	Microbiota	Características sensoriais	Provável origem
Cereais	*Boza*	Sêmola de trigo ou arroz ou combinação de farinha de centeio, aveia, cevada e milheto	BAL, leveduras	Suspensão coloidal, aspecto viscoso, sabor ligeiramente ácido ou doce, cor amarelo pálido ou bege claro a escuro	Turquia, Bulgária, Albânia, Romênia, Russia, Iugoslávia e Macedônia
	Kvass	Centeio e malte de cevada, farinha de centeio e pão de centeio adormecido (tradicionalmente)	BAL, leveduras	Espumante, doce ou azedo, sabor de pão de centeio, cor marrom dourada	Países da antiga União Soviética, principalmente Rússia

Grupo	Bebida	Matéria-prima	Microbiota	Caracte-rísticas sensoriais	Provável origem
Cereais	*Humulur*	Milho, sorgo e arroz	BAL	Bebida levemente ácida	Turquia
	Kaerapiim	Aveia	-	Sabor azedo	Estônia
	Bors	Centeio ou farelo de trigo	BAL (*Lactobacillus, amylolyticus, Limosilactobacillus fermentum, Lactiplantibacillus plantarum, Lacticaseibacillus casei* e *Lentilactobacillus buchneri*)	Sabor azedo	Hungria e Romênia
	Chicha	Milho, com variações à base de aveia, arroz, tubérculos ou frutas	BAL (*Lactobacillus* spp., *Leuconostoc* spp., *Pediococcus* spp.) e leveduras (*Saccharomyces, Candida, Torulaspora, Hanseniaspora, Dekkera, Rhodotorula* e *Pichia*)	Coloração amarelada e sabor agridoce, com notas de especiarias (quando utilizadas)	Colômbia, Peru, Equador, Venezuela, Panamá, Chile e Bolívia
	Amazake	Arroz cozido (resíduo da produção de saquê)	*Aspergillus oryzae*	Adocicada, de aspecto leitoso e opaco	Japão
	Aliha	Sorgo	BAL	Gosto ácido e suave	Gana, Togo e Benim
	Hulu-mur	Sorgo	BAL	Gosto azedo e doce	Sudão
	Maheu	Milho	BAL	Gosto azedo	África do Sul
	Mangisi	Milheto	–	Gosto ácido e doce	Zimbábue

Grupo	Bebida	Matéria-prima	Microbiota	Caracte-rísticas sensoriais	Provável origem
Cereais	*Sobia*	Trigo e malte	BAL e leveduras	Gosto doce e ácido	Arábia Saudita
	Munkoyo	Milho e raízes de *Rhynchosia heterophylla* e milho	BAL (*Lactobacillus, Lactococcus, Streptococcus, Weissella*), *Lysinibacillus, Enterobacter, Klebsiella, Gluconobacter, Acetobacter*	Gosto lático e acético, coloração branca-amarelada, aspecto opaco	Zâmbia
Frutas	*Hardaliye*	Suco e bagaço de uvas tintas	BAL e fungos não caracterizados	Bebida ácida, com cor de uva tinta	Turquia
	Gilaburu	Rosa-de-guelres (*Viburnum opulus* L.)	BAL homo e heteroláticas	Adstringente, sem adição de açúcar	Turquia
	Psiwo kozicowe ("cerveja de zimbro")	Bagas de zimbro (*Juniperus communis* L.)	-	Azeda e adocicada	Polônia, com bebidas similares na Estônia, Finlândia e Suécia
	Frutos e raízes fermentados	Frutos ou raízes de cerejas, genciana, abrunhos, maçãs, zimbro e ameixas silvestres	BAL	Gosto doce e azedo, carbonatada	Albânia e Kosovo
	Turshiena	Pimentas e raiz-forte	BAL	Gosto salgado, pungente, picante e ácido	Bulgária

Grupo	Bebida	Matéria-prima	Microbiota	Características sensoriais	Provável origem
Frutas	*Tepache*	Abacaxi (frutos e cascas), laranja, maçã, goiaba, tamarindo	*Saccharomyces* spp., *Candida* spp., *Hanseniaspora* spp., *Pichia* spp., *Bacillus* spp., *Lactobacillus* spp.	Gosto doce e frutado, refrescante	México
	Aluá	Abacaxi, rapadura, especiarias, pode levar pão adormecido ou farinha de mandioca	BAL	Gosto doce, levemente ácido, refrescante	Brasil
	Tibicos	Solução de sacarose e figos secos	BAL (*Lactobacillus*, *Oenococcus*), *Bifidobacterium*, leveduras (*Saccharomyces* e *Dekkera*)	Gosto levemente ácido, adocicado, aspecto turvo, levemente carbonatada	México
	Himalaia	Suco de frutas	BAA, leveduras e BAL	Gosto ácido, levemente adocicado, carbonatada	Região do Himalaia
	Suco de noni fermentado	Noni (*Morinda citrifolia*)	*Acetobacter, Gluconobacter*	Gosto e aroma fortes característicos	Leste asiático e Polinésia
	Tuba	Seiva de palma (*Cocos nucifera*)	Leveduras (*Saccharomyces, Candida, Pichia*), BAL e BAA	Coloração branca e aspecto leitoso	Filipinas e México

Grupo	Bebida	Matéria-prima	Microbiota	Caracte-rísticas sensoriais	Provável origem
Ervas, especiarias e flores	*Kombucha*	Chá (*Camellis sinensis*) adoçado com sacarose	BAA (*Acetobacter, Gluconacetobacter, Acetobacter*), leveduras (*Schizosaccharomyces, Hanseniaspora, Saccharomyces, Zygosaccharomyces, Torulaspora, Brettanomyces, Candida* e BAL (*Lactobacillus*)	Gosto ácido, levemente adocicado, carbonatada	China
	Jun tea	Chá (*Camellia sinensis*) adoçado com mel	BAA, leveduras e BAL	Gosto ácido, levemente adocicado, carbonatada	Ásia
	Socata	Flores de sabugueiro (*Sambucus nigra* L.)	Leveduras	Adocicada, de coloração clara, gaseificada	Romênia
Cascas, raízes e tubérculos	Cauim	Mandioca, arroz, amendoim, semente de algodão, banana, abóbora	BAL (*Lactobacillus*) e leveduras (*Candida* spp., *Rhodotorula*)	Coloração amarela e sabor ácido	Brasil
	Tarubá	Amido de mandioca	Leveduras (*Torulaspora, Pichia, Candida, Hanseniaspora, Wickerhamomyces*), BAL (*Lactobacillus, Leuconostoc*), *Bacillus* e *Acetobacter*	Coloração amarelada leitosa e opaca	Brasil

Grupo	Bebida	Matéria-prima	Microbiota	Características sensoriais	Provável origem
Cascas, raízes e tubérculos	*Ginger beer*	Gengibre (*Zingiber officinale*)	BAL e leveduras	Gosto ácido, gaseificada	Inglaterra
	Shalgam	Cenoura roxa (*Daucus carota*) e nabo (*Brassica rapa*)	BAL e leveduras	Gosto azedo, turva e de cor vermelha	Turquia
	Mabí	Cascas de *mabí* (*Colubrina elliptica*)	*S. cerevisiae* e *Enterobacter*	Coloração amarronzada e espuma robusta	Caribe
	Root beer	Raízes diversas (de lúpulo, bardana)	Leveduras	Gosto adocicado, saborizada com mistura de ervas	Inglaterra

Legenda: BAL, bactérias ácido-lácticas; BAA, bactérias ácido-acéticas. Fonte: com informações de Baschali *et al.* (2017); Carvalho e Paulo (2018); Chileshe *et al.* (2020); Flores-Galegos *et al.* (2019); Gassem (2002); Grosu-Tudor *et al.* (2019); Guo *et al.* (2020); Jayabalan (2007); Kaur, Ghoshal e Banerjee (2019); Mueller (2014); Muniz (2020); Paludo (2017); Pérez-Armendáriz e Cardoso-Ugarte (2020); Phiri *et al.* (2019); Ramos *et al.* (2015); Ramos *et al.* (2011); Sagdic *et al.* (2014); Schoustra *et al.* (2013); Verce, De Vuyst e Weckx (2019); Zhang *et al.* (2021).

16.3 BEBIDAS À BASE DE CHÁ FERMENTADO

Embora a palavra "chá" no Brasil e em Portugal possa se referir a diferentes tipos de infusões à base de folhas, frutos, raízes ou ervas, amplamente consumidas principalmente em períodos mais frios e/ou para a melhoria da saúde e bem-estar, internacionalmente a palavra tem um sentido mais restrito, e se refere à bebida obtida a partir da infusão de folhas da espécie *Camellia sinensis*. Assim, os preparados à base de camomila, erva-cidreira ou mate, por exemplo, devem ser chamados de *infusões*, e não como chás. Diferentes tipos de chá são consumidos no mundo todo, produzidos principalmente em países de clima tropical e subtropical. Essas variações dependem do tipo de processamento ao qual as folhas foram submetidas, principalmente em relação aos processos de fermentação e oxidação.

Pode-se dimensionar a importância do chá para o mundo a partir da análise dos dados de produção e consumo. Trata-se da bebida mais consumida no mundo depois da água – diariamente, são cerca de 3 bilhões de xícaras (sendo que cada xícara contém 2 g de chá; assim, 1 kg equivale a 500 xícaras) (STATISTA, 2019). A produção mundial de chá em 2020 ultrapassou 4,5 milhões de toneladas, e os principais países produtores são China (primeiro lugar, 2,4 milhões de toneladas), Índia (segundo lugar, 900 mil toneladas), Quênia (terceiro lugar, 305 mil toneladas), Sri Lanka (quarto lugar, 300 mil toneladas), Peru (quinto lugar, 175 mil toneladas) e Indonésia (sexto lugar, 131 mil toneladas). Na América do Sul, destaca-se ainda a Argentina, em décimo lugar no ranking mundial, com 70 mil toneladas produzidas (FARRER'S TEA & COFFEE, 2021). No Brasil, a cultura do chá se concentra principalmente no Vale do Ribeira, em São Paulo, e quase a totalidade da produção é exportada (NÓBREGA *et. al.*, 2020).

C. sinensis requer climas quentes e úmidos, com temperaturas entre 10 °C e 30 °C e média de precipitação anual mínima de 1.250 mm. A espécie cresce bem em solos ácidos, de preferência em encostas com 0,5 a 10 graus e elevações de até 2 mil metros. Dessa forma, a produção do chá é limitada por questões geográficas, sendo bastante sensível a alterações edafoclimáticas. Fatores como preço de venda, faixa etária, educação e hábitos culturais influenciam de maneira significativa na demanda global pelo produto. Em relação às variedades, o comércio de chá preto está à frente do verde, o que está relacionado, em parte, ao sistema de comércio global, realizado historicamente na forma de leilões para atender aos mercados britânicos, holandeses e norte-americanos, que preferem chás pretos, resquício de práticas comerciais do período colonial (TEA AND COFFEE, 2020). O mercado é dominado por grandes empresas multinacionais, que comercializam cerca de 85% de todo chá produzido; 20% do mercado global concentram-se em apenas três empresas (VOORA *et al.*, 2019).

Além dos populares chás verde e preto, há outras variedades que diferem de acordo com o tipo de processamento pós-colheita. No Quadro 16.2 são apresentadas as principais características dos tipos de chá disponíveis no mercado. Tais variedades correspondem, portanto, à mesma espécie, *C. sinensis*, da família Theaceae, nativa do Sudeste Asiático (AHMED; STEPP, 2013; MCGEE, 2004; HARBOWY; BALENTINE, 1997). Quando as folhas são cortadas, a atividade da enzima polifenoloxidase sob os polifenóis têm início, o que resulta na sua oxidação. Tal atividade oxidativa é atenuada pelo aumento da temperatura, ou seja, quando as folhas forem submetidas ao calor pouco depois de serem colhidas, haverá pouca ou nenhuma oxidação devido à inativação da enzima, obtendo-se assim, o chá verde. Já o chá preto é obtido pelo processo prolongado de oxidação, e o chá *oolong* corresponde a um intermediário entre os chás verde e preto, sofrendo leve, média ou extensa oxidação das folhas (HARBOWY; BALENTINE, 1997; WEISBURGER, 1997). Existem, contudo, quatro variedades de *C. sinensis*, mas o chá disponível comercialmente é produzido essencialmente a partir de duas delas: *C. sinensis* var. *assamica,* que apresenta folhas largas utilizadas para produção de chá preto, e *C. sinensis* var. *sinensis*, de folhas pequenas empregadas para obter o chá verde (AHMED; STEPP, 2013).

Quadro 16.2 – Tipos de chá e características do processamento

Operação pós-colheita	Tipos de chá						
	Verde	Preto	Amarelo	*Oolong*	Branco	Jasmine	*Pu-erh*
Murcha das folhas	x	x	x	x	x	x	x
Enrolamento das folhas		x		x			x
Oxidação		x		x			
Inativação enzimática (calor)	x		x	x			x
Secagem	x	x	x	x	x	x	
Fermentação							x
Outros			*			**	

Legenda: * embalagem; ** aromatização com flores de jasmim. Fonte: com informações de Chakravorty *et al.* (2019).

16.3.1 *KOMBUCHA*

A *kombucha* é uma bebida de consumo tradicionalmente ligado a países orientais, mas que recentemente tem se popularizado no mundo todo. Conhecida popularmente como "refrigerante natural", apresenta sabor ácido e adocicado, além de carbonatação característica. Sua produção artesanal apresenta um custo relativamente baixo, o que certamente favoreceu sua disseminação e permitiu um crescente aumento da produção como visto poucas vezes nos últimos anos para uma bebida fermentada não alcoólica. Para se ter uma ideia do seu valor de mercado, em 2018 a produção mundial movimentou 1,8 bilhão de dólares, com estimativa de crescimento para até 5 bilhões de dólares em 2025 (SELBYVILLE, 2020).

A bebida é obtida a partir da fermentação de solução adoçada de chá – em geral verde ou preto – por uma comunidade microbiana conhecida como SCOBY, sigla em inglês para *symbiotic culture of bacteria and yeasts* (cultura simbiótica de bactérias e leveduras), organizada na forma de uma película celulósica facilmente reconhecida. Sua produção teria sido originada no nordeste da China (Manchúria), e sua valorização teria ocorrido durante a dinastia Tsin ("*Ling Chi*"), por volta de 220 a.C., devido às propriedades desintoxicantes e energizantes atribuídas ao seu consumo. Ainda que existam diferentes versões para o nome *kombucha*, acredita-se que este esteja relacionado a um fato ocorrido em 414 d.C.: um médico japonês, doutor Kombu, teria carregado uma amostra de SCOBY para o Japão e recomendado o uso da bebida fermentada ao imperador Ingyo, para tratamento de problemas digestivos. Tendo em vista a melhora observada, suas propriedades ajudaram a popularizar a bebida, que ficara conhecida como "chá do Kombu", posteriormente *kombucha*. À medida que as rotas comerciais se expandiam, a bebida se introduzia em outros países da Europa Oriental, principalmente a Rússia (DUFRESNE; FARWORTH, 2000). No século XX, chega a países da Europa, como Alemanha, França, Itália e Suíça, onde se populariza e também têm início pesquisas científicas sobre suas propriedades benéficas (HARTMANN *et al.*, 2000).

A *kombucha* apresenta uma rica composição química que, embora possa variar de maneira significativa a depender de diferentes fatores, certamente contribui para sua popularização. Destaque para diferentes tipos de ácidos orgânicos com atividades biológicas reconhecidas, além de vitaminas, minerais e substâncias antioxidantes (Tabela 16.1).

Tabela 16.1 – Composição química geral da *kombucha*, considerando-se concentração inicial de sacarose e tempo de fermentação

Composto		Concentração	Concentração inicial de sacarose (g/L)	Tempo (dias)
Ácidos orgânicos	Ácido acético	5,6 g/l	70	15
		8,36 g/l	100	18
		11 g/l	100	30
	Ácido glicônico	39 g/l	100	60
	Ácido glicurônico	0,016 g/l	70	21
	Ácido lático	0,18 g/l	100	18
Vitaminas	Vitamina B1	0,74 mg/ml	70	15
	Vitamina B2	8 mg/100 ml	70	10
	Vitamina B6	0,52 mg/ml	70	15
	Vitamina B12	0,84 mg/ml	70	15
	Vitamina C	25 mg/l	70	10
Outros compostos	Etanol	5,5 g/l	100	20
	Proteínas	3 mg/ml	100	12
	Polifenóis	7,8 Mm GAE	100	15
Minerais	Cu, Fe, Mn, Ni, Zn	0,1-0,4 µg/ml	70	15
Ânions	F-, Cl-, Br-, I, NO3-, HPO4-, SO4-	0,04-3,2 mg/g	100	7

Fonte: adaptada de Villarreal-Soto *et al.* (2018).

No Brasil, o consumo da *kombucha* tem se popularizado principalmente nos últimos anos, cujos fabricantes artesanais e industriais têm investido em linhas inovadoras do produto, com frequentes lançamentos de sabores ou combinações distintas. Tais estratégias têm incentivado o comércio da bebida e contribuído para o fortalecimento do setor, que em 2019 movimentou 12 milhões de reais, com uma produção estimada em 900 mil litros (um crescimento de 50% em relação a 2018) (ABCOM 2020). Em 2019 foi publicada a Instrução Normativa MAPA n. 41, que estabelece o Padrão de Identidade e Qualidade da *kombucha* (BRASIL, 2019), o que favoreceu ainda mais o desenvolvimento do setor. Tendo em vista a importância econômica desta bebida fermentada, a seguir serão apresentadas as principais características definidas pela legislação vigente no país, aspectos relacionados ao processo produtivo e os papéis desempenhados pela microbiota na formação das características sensoriais e funcionais do produto.

16.3.1.1 Aspectos legais da produção de *kombucha* no Brasil

Pela Instrução Normativa n. 41, de 17 de setembro de 2019, a *kombucha* é definida como "uma bebida fermentada obtida através da respiração aeróbia e fermentação anaeróbia do mosto obtido pela infusão ou extrato de *Camellia sinensis* e açúcares por cultura simbiótica de bactérias e leveduras microbiologicamente ativas (SCOBY)". Os principais aspectos relativos a esta IN serão apresentados a seguir.

Como ingredientes obrigatórios, incluem-se água potável, infusão ou extrato aquoso de *C. sinensis*, açúcares e o SCOBY, com qualidade adequada para fermentação alcoólica e acética, desde que sua inocuidade seja garantida, de maneira a não conferir riscos à saúde do consumidor. Ficam autorizados diferentes tipos de processos tecnológicos para a produção da *kombucha*, como pasteurização, filtração, ultracentrifugação, dentre outros. Destaca-se, ainda, a possibilidade da presença de microrganismos viáveis no produto destinado ao consumo, ficando vedada a adição de culturas na bebida pós-fermentação. Opcionalmente, podem ser utilizadas infusões de espécies vegetais em água ou seus extratos, frutas, vegetais, especiarias, mel, melado e outros açúcares de origem vegetal, gás carbônico industrialmente puro, além de fibras, vitaminas, sais minerais e outros nutrientes aprovados em outras legislações, para a *kombucha* não alcoólica. Aditivos aromatizantes e corantes naturais também podem ser utilizados na produção da *kombucha* não alcoólica. Por fim, coadjuvantes de tecnologia autorizados em legislações específicas são permitidos. Fica proibida a presença de contaminantes que possam conferir risco à saúde; é vetado o uso de vasilhames que façam referência a finalidades médica, farmacêutica ou terapêutica (como ampolas e frascos conta-gotas), além da adição de ácidos voláteis que não sejam oriundos do processo fermentativo.

Os parâmetros físico-químicos e de qualidade que o produto deve apresentar no momento da comercialização são apresentados na Tabela 16.2.

Tabela 16.2 – Parâmetros analíticos para *kombucha* produzida no Brasil

Parâmetro	Valor	
	Mínimo	Máximo
pH	2,5	4,2
Graduação alcoólica (% v/v) *kombucha* sem álcool	–	0,5
Graduação alcoólica (% v/v) *kombucha* com álcool	0,6	8,0
Acidez volátil (mEq/l)	30	130
Pressão (atm a 20 °C) na *kombucha* adicionada de CO2	1,1	3,9

Fonte: Brasil (2019).

Por fim, é importante que se atente para a correta denominação da bebida: "**Kombucha de** *(nome da(s) espécie(s) vegetal(is), se houver, utilizada antes da fermentação associada a Camellia sinensis)* **com** *(nome do(s) ingrediente(s) opcional(is), se houver)* **com aroma de** *(nome do aditivo aromatizante natural)* **gaseificada** *(se adicionada de gás carbônico),* **com álcool/alcoólica** *(se contiver álcool acima de 0,5 % v/v)*", obrigatoriamente nesta ordem. Caso a bebida não alcoólica seja elaborada apenas com os ingredientes obrigatórios constantes da IN, poderá ser designada como "*Kombucha* original". Não é permitido o uso, no rótulo do produto, de expressões como "artesanal", "caseira", "bebida probiótica", "bebida milenar", ou outros termos que relacionem o consumo da *kombucha* com propriedades funcionais não aprovadas em legislação específica.

16.3.1.2 Processo produtivo

A *kombucha* se disseminou principalmente pela fermentação artesanal, produzida em ambiente domiciliar, a partir de doações de SCOBY entre amigos e familiares; além disso, o comércio de inóculos também contribui para a popularização do método artesanal de produção. Este método compreende uma primeira fermentação em recipientes de vidro, mantidos à temperatura ambiente em aerobiose com a cobertura protegida, em geral utilizando-se um tecido fino que permita a entrada de oxigênio e impeça o acesso de insetos – principalmente a mosca da fruta (drosófila), que é atraída pelo forte odor do chá durante o processo fermentativo. Em seguida, após a etapa opcional de saborização – na proporção entre 20% e 25% de purê ou suco de fruta (v/v), especiarias, legumes, ervas aromáticas, raízes e outros tipos de chás –, procede-se a uma segunda fermentação em recipiente hermético e em condição de anaerobiose; esta etapa, além de conferir aromas e sabores específicos, é importante para a carbonatação, decorrente da formação de gás carbônico e seu aprisionamento em vasilhame adequado (MAIA *et al.*, 2020; MOURA, 2019). A formulação, o período de fermentação e a temperatura empregada podem variar; em geral, utilizam-se de 1,25 g/l a 12,5 g/l de chá (0,12 a 1,25% m/v), de 50 g/l a 200 g/l de sacarose (5% a 20% m/v) e 100 ml/l (10% v/v) de chá previamente fermentado, conhecido como "chá de arranque"; este chá incrementa a microbiota do novo lote a ser produzido, além de acelerar a redução do pH (VENTURIM, 2022), o que previne contaminações no início do processo (VĪNA *et al.*, 2013). Um esquema ilustrativo das principais etapas da produção de *kombucha* está apresentado na Figura 16.1.

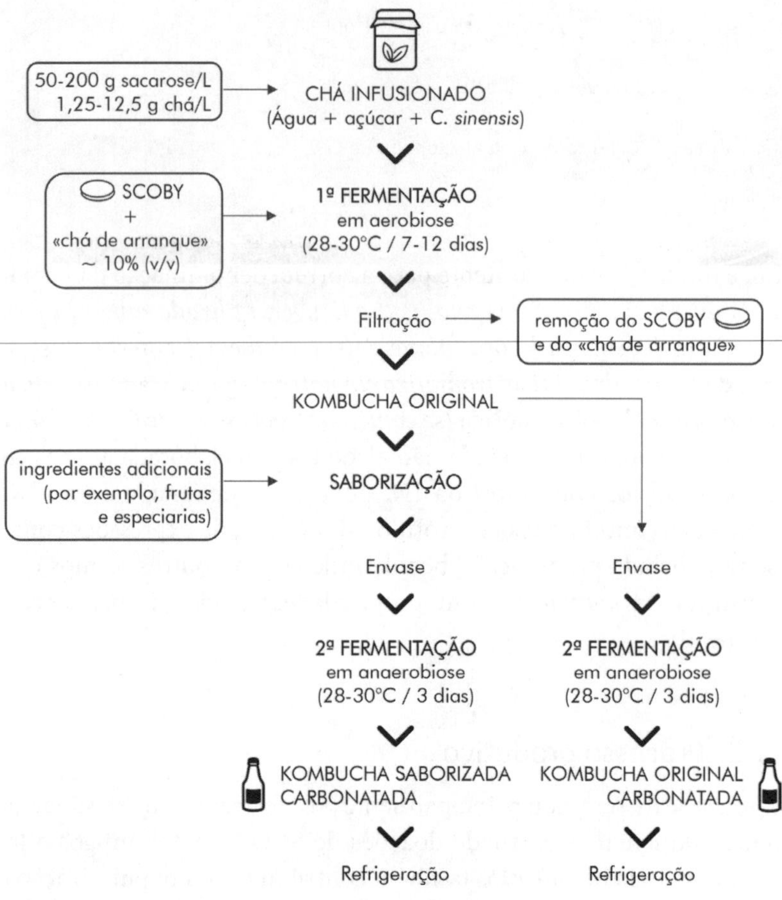

Figura 16.1 – Fluxograma do processo produtivo de *kombucha*.

Em escala industrial, a depender da infraestrutura disponível, variações podem ocorrer, mas o processo também compreende uma primeira fermentação em aerobiose, seguida da saborização e carbonatação em garrafas ou latas apropriadas para suportarem a pressão exercida pelo gás decorrente da atividade microbiana (Figura 16.2). De qualquer maneira, independentemente da escala produtiva, o modo de preparo e os cuidados de manipulação são praticamente os mesmos (MAIA *et al.*, 2020), devendo-se destacar a importância quanto às variáveis envolvidas no processo fermentativo, que corresponde à etapa mais importante da produção da bebida (DUFRESNE; FARNWORTH, 2000). A seguir, será discutida a influência de alguns fatores na qualidade do produto final.

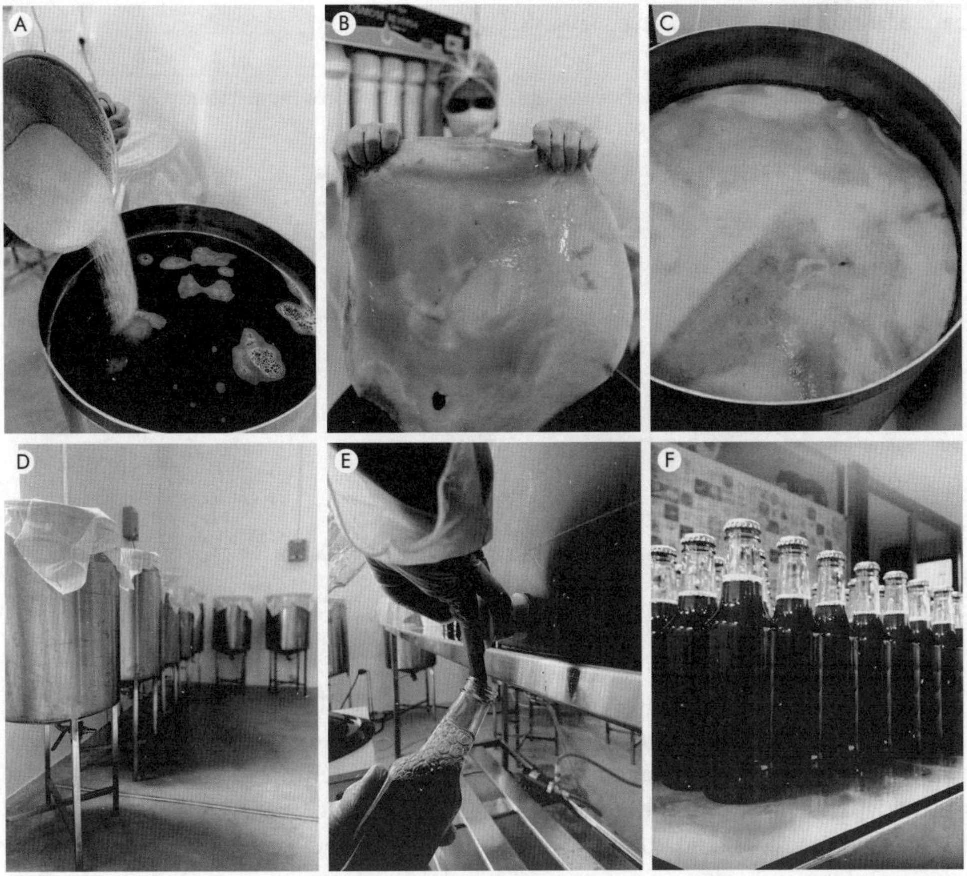

Figura 16.2 – Etapas do processo produtivo de *kombucha* em escala industrial. A) preparo da infusão de *C. sinensis* e sacarose; B) e C) SCOBY utilizado no preparo; D) fermentação em tanque em condição de aerobiose; E) envase de *kombucha* saborizada para carbonatação em anaerobiose; F) Bebida envasada pronta para ser refrigerada e comercializada. Fonte: fotos gentilmente cedidas por Kairós Kombucha Bebida Probiótica Ltda.

A composição e a concentração de metabólitos resultantes da fermentação da *kombucha* dependem de diferentes fatores, como origem do SCOBY, concentração de açúcar e tipo de chá utilizado (WATAWANA *et al.*, 2015), bem como do binômio tempo × temperatura de fermentação (CHEN; LIU, 2000; JAYABALAN *et al.*, 2008), com reflexos diretos nas características do produto final. Para esta última, diferentes combinações são possíveis, com períodos variando entre sete e trinta dias de fermentação, e faixas de temperatura entre 20 °C e 30 °C (Tabela 16.3). Ainda que não haja padronização quanto ao binômio ideal, pode-se utilizar a medida do pH para determinar o momento de interromper o processo fermentativo (NUMMER, 2013): valores próximos a 3,0 são considerados adequados para o término da fermentação, tendo em vista que a maior parte dos microrganismos deterioradores não é capaz de crescer em valores abaixo de 4,0; deve-se atentar, ainda, para a determinação legal vigente no país, considerando-se os valores de pH mínimo (2,5) e máximo (4,2) determinados para a bebida produzida no país (BRASIL, 2019).

Tabela 16.3 – Referências de condições de tempo e temperatura para a fermentação de *kombucha*.

Substrato	Tempo (dias)	Temperatura (°C)	Referência
Chá verde	10	28	Malbaša *et al.*, 2011
	17	20-22	Reiss, 1994
	21	30	Filippis *et al.*, 2018
Chá preto	15	30	Chu e Chen, 2006
	21	24	Jayabalan *et al.*, 2010
	25	20	Blanc, 1996

Fonte: adaptada de Schroeder (2019).

Outra questão importante compreende a qualidade da água. Tendo em vista que esta matéria-prima corresponde em geral a mais de 90% dos constituintes da bebida, o controle de qualidade da água utilizada no processo é imprescindível para que se garanta a excelência do produto (GALLETTI *et al.*, 2010). Assim como para outras bebidas, não se recomenda o uso de água dura (entre 150 mg e 300 mg $CaCO_3$/l) na fabricação de *kombucha*, pois os teores elevados de carbonatos de cálcio e magnésio podem levar à formação de uma película na superfície do chá constituída de fenólicos e carbonatos precipitados, formando agregados indesejáveis (SANTOS, 2016). Além disso, água com alta dureza e alcalinidade pode apresentar sabor “salobre ou salino”, resultando em prejuízos sensoriais. Águas “macias” (≤ 75 mg $CaCO_3$/l) também não são ideais para a produção, pois podem resultar em extração excessiva dos componentes das folhas do chá, conferindo gosto salgado à infusão; o mesmo para a água destilada desprovida de minerais importantes para conferir complexidade de sabor ao produto (MCGEE, 2004). Assim, recomenda-se o uso de água com conteúdo mineral equilibrado, com pH próximo da neutralidade; água tratada com compostos à base de cloro e outras substâncias pode impactar negativamente o crescimento de microrganismos imprescindíveis para o processo fermentativo, dentre leveduras e bactérias constituintes do SCOBY (SANTOS, 2016; SCHROEDER, 2019).

Quando os chás são infusionados, liberam compostos e/ou substâncias que foram sintetizadas durante o metabolismo da planta (BRAIBANTE *et. al.*, 2014), com destaque para compostos com propriedades específicas, especialmente polifenóis da classe dos flavonoides, como as catequinas (EROGLU, 2011), além de cafeína, carboidratos, aminoácidos, vitamina B, C, E e minerais como ferro, cálcio, magnésio, zinco e potássio (SERGER; SCHWANKE; GOTTILIEB, 2010). A composição química das folhas depende, portanto, de fatores como origem, condições de cultivo, estágio da colheita e tipo de processamento pós-colheita a que foram submetidas (BELITZ; GROSCH; SCHIEBERLE, 2009). Assim, as concentrações de cada componente podem variar de maneira significativa no chá, ainda que provenientes de uma mesma espécie (Tabela 16.4). Por exemplo, Hou *et al.* (2006) avaliaram o conteúdo de polifenóis em diferentes tipos de chá e observaram uma concentração crescente de 1,71% a 9,75%, considerando-se as amostras analisadas de chá preto, chá *oolong* semifermentado e chá verde (nesta ordem), demonstrando que o chá verde é o que apresenta o maior conteúdo de compostos com atividade biológica de interesse. Além disso, estes compostos são os que mais impactam as características sensoriais do chá, uma vez que conferem sabor amargo e sensação de adstringência. As catequinas, por exemplo, são amargas e incolores, mas não adstringentes; quando oxidadas pelas polifenoloxidases, originam teaflavinas, que apresentam cor amarelada ou acobreada e gosto amargo e adstringente. Da mesma forma, quando estas sofrem uma ação enzimática mais intensa, dão origem às tearubiginas, compostos de cor escura, mas de menor amargor e adstringência. Além do amargor, a acidez também está relacionada à composição química das folhas, que podem ser ligeiramente ácidas devido à presença de ácidos orgânicos (MCGEE, 2004; WEISBURGER, 1997). Já o aminoácido teanina contribui para um sabor adocicado e maior palatabilidade. Destaque, por fim, para os mais de seiscentos tipos de compostos voláteis que contribuem para o aroma do chá e, consequentemente, para a bebida fermentada (WANG; YOU; CHEN, 2002).

Tabela 16.4 – Composição (%, base de peso seco) de folhas de chá frescas e fermentadas e de infusão de chá.

Constituinte	Folhas frescas	Chá preto	Chá preto infusionado
Fenólicos (principalmente flavonoides)	30	5	4,5
Fenólicos oxidados (principalmente tearubiginas)	0	25	15
Proteínas	15	15	Traços
Aminoácidos	4	4	3,5
Cafeína	4	4	3,2
Fibras	26	26	0

Constituinte	Folhas frescas	Chá preto	Chá preto infusionado
Carboidratos	7	7	4
Lipídeos	7	7	Traços
Pigmentos (clorofila e carotenoides)	2	2	Traços
Compostos voláteis	0,1	0,1	0,1
Minerais	5	5	4,5

Fonte: adaptada de Belitz, Grosch e Schieberle (2009).

Em geral, formulações à base de chá verde resultam em maior produção de ácidos orgânicos e em uma performance fermentativa mais eficiente em comparação ao chá preto (SANTOS, 2016; WATAWANA *et al.*, 2015). Ainda que estes tipos de chá sejam os mais comumente utilizados para preparo da *kombucha* – e sejam imprescindíveis para que se atenda ao padrão legal vigente quanto à espécie utilizada –, o uso de outros substratos à base de infusões para elaboração da bebida tem sido avaliado, seja na forma de matéria-prima básica, seja em combinação com infusões de *C. sinensis* (Quadro 16.3).

Quadro 16.3 – Estudos para avaliação de substratos alternativos para preparo de *kombucha*

Substrato alternativo	Objetivo do estudo	Referência
Cidreira (*Melissa officinalis L.*)	Uso de chá de erva-cidreira (*Melissa officinalis* L.) como meio alternativo para produção de *kombucha*	Velićanski *et. al.*, 2007
Erva-cidreira, tomilho, hortelã-pimenta e sálvia	Produção de *kombucha* a partir de substratos alternativos	Velićanski, Cvetković e Markov, 2013
Erva-mate (*Ilex paraguariensis St. Hil.*)	Desenvolvimento e caracterização de *kombucha* produzida a partir de chá verde e extrato de erva-mate	Paludo, 2017
Café	Potencial antioxidante do café no melhoramento da fermentação da *kombucha*	Watawana *et. al.*, 2015
Flor de café	Desenvolvimento de *kombucha* de flor de café	Kanniah, 2020
Hibisco	Caracterização química de *kombucha* à base de chá preto e hibisco	Santos *et al.*, 2018

Quanto ao tipo de carboidrato utilizado como substrato fermentativo, a glicose corresponde à principal fonte de carbono e energia utilizada por quase todos os microrganismos (GOH *et al.*, 2012; WHITE; DRUMMOND; FUQUA, 2012). Diferentes tipos de açúcar podem ser utilizados na fabricação da *kombucha*, como branco refinado, cristal, mascavo, demerara e mel (WATAWANA *et al.*, 2015). O açúcar branco, no entanto, é o mais indicado, por apresentar maior percentual de sacarose em comparação aos demais (REISS, 1994); uma maior redução dos valores de pH foi observada para bebidas fermentadas com açúcar cristal em comparação ao mascavo e ao mel (NASCIMENTO; LIMA, 2019). Em relação à concentração de açúcares, é importante que se defina uma proporção adequada e adaptada para o SCOBY utilizado, uma vez que quantidades excessivas podem resultar em bebidas demasiadamente ácidas, impactando negativamente as características sensoriais e, consequentemente, a aceitação do produto pelo consumidor (PALUDO, 2017).

Por fim, as proporções entre o tamanho do SCOBY e o recipiente para fermentação do chá também são importantes, especialmente quando se pretende aumentar o volume de produção. Nesse contexto, o uso de fermentadores com maior abertura tende a resultar em processos fermentativos mais eficientes, em decorrência da maior disponibilidade de oxigênio, imprescindível para a primeira etapa (aeróbica) do processo produtivo; assim, o uso de fermentadores mais profundos pode ser desvantajoso, devido à menor disponibilidade de oxigênio nas porções inferiores, onde bactérias ácido-acéticas (BAA) não conseguem atuar (GOH *et al.*, 2012). Condições que resultaram em maior eficiência do processo foram identificadas: para volumes pequenos, recipientes com capacidade para quatro litros e abertura de 17 cm foram os mais eficientes (LONCAR *et al.*, 2006); área interfacial específica entre 0,0231 e 0,0642 cm^{-1}, 70 g de sacarose por litro de chá preto e catorze dias de fermentação a 28 °C são condições indicadas tanto para volumes pequenos quanto para produção escalonada (CVETKOVIC *et al.*, 2008).

Conforme destacado anteriormente, o uso de determinados processos tecnológicos para elaboração da *kombucha* é permitido pela legislação vigente. Dentre eles, a pasteurização pode ser empregada para se diminuírem os riscos associados a contaminantes indesejados, desde que, obviamente, sejam atendidas as boas práticas de fabricação. Para pasteurização térmica convencional, pode-se utilizar o binômio 82,2 °C/30 segundos, seguido de envase imediato. *Kombucha* pasteurizada com pH de 4,2 pode ser armazenada à temperatura ambiente (NUMMER, 2013). Tratamento a 82 °C durante quinze segundos tem sido utilizado para se inativarem leveduras (DUTTA; PAUL, 2019). O binômio 67-70 °C/10 minutos foi utilizado para pasteurizar a bebida, com resultados eficientes na eliminação de células vegetativas de *Escherichia coli*, *Bacillus cereus*, *Clostridium perfringens*, *Staphylococcus aureus*, *Listeria monocytogenes* e *Salmonella* (LIAMKAEW; CHATTRAWANIT; DANVIRUTAI, 2016). Alguns produtores, principalmente nos Estados Unidos, têm pasteurizado a bebida para controlar a fermentação pós-envase, de maneira a se manter o teor alcoólico do produto. A fermentação excessiva em anaerobiose durante o armazenamento pode resultar em teores alcoólicos superiores aos indicados no rótulo, causando problemas de ordem legal (KIM; ADHIKARI, 2020). No Brasil, para a *kombucha* submetida ao processo de pasteurização, exige-se a expressão "pasteurizada" no painel principal do rótulo do produto, com o dobro das dimensões da denominação (BRASIL, 2019).

Apesar das vantagens da pasteurização, grande parte dos produtores optam por comercializar a bebida não pasteurizada, a fim de se preservar a microbiota viável com potencial probiótico; além disso, a eliminação da microbiota da fermentação da *kombucha* impossibilita a criação de redes de novos produtores, especialmente os artesanais, já que impede a replicação de matrizes (SPACKMAN, 2018). De qualquer maneira, por questões de segurança, a bebida não pasteurizada deve apresentar pH mínimo de 4,2 após sete dias de fermentação (DUTTA; PAUL, 2019). Alternativas não térmicas, como campo elétrico pulsado, têm sido avaliadas para controle de patógenos, com reduzidos efeitos nas características sensoriais e funcionais da bebida (ARSHAD *et al.*, 2021), mas ainda carecem de mais estudos de aplicação para produção em larga escala.

16.3.1.3 Microbiologia da fermentação de *kombucha*

A transformação do substrato observada durante a fermentação da *kombucha* depende de uma complexa comunidade microbiana, constituída principalmente por bactérias acéticas (BAA), leveduras e bactérias ácido-lácticas (BAL), organizada no SCOBY e também presente no chá de arranque. Os grupos microbianos mais abundantes durante a fermentação da *kombucha* estão indicados na Tabela 16.4. BAA e leveduras correspondem aos grupos mais importantes; BAL desempenham um papel secundário, tendo em vista sua reduzida abundância, embora este ainda seja um tema controverso, conforme discutiremos mais adiante. Estudos têm revelado a ocorrência de espécies bacterianas de diferentes filos, dentre eles Acidobacteria, Actinobacteria, Armatimonadetes, Bacteroidetes, Deinococcus-Thermus, Firmicutes, Proteobacteria e Verrucomicrobia, com predominância de Proteobacteria (> 99%); Acetobacteraceae tem sido a família mais abundante (99%), com 99,3% dos representantes correspondendo ao gênero *Komagataeibacter.* Para as leveduras, dominância de *Ascomycota* (>80%), com > 99% das sequências atribuídas ao gênero *Zygosaccharomyces* (ARIKAN; MITCHELL; FINN; GUREL, 2020). Tal padrão é similar ao observado por Marsh *et al.* (2014), cujo estudo revelou a predominância de *Gluconacetobacter* (*Komagataeibacter*) (> 90%) e *Zygosaccharomyces* (> 95%).

Quadro 16.4 – Grupos microbianos mais abundantes na microbiota da fermentação de *kombucha*

BAA	BAL	Leveduras	Outros
Grupos mais abundantes no chá			
Gluconacetobacter	*Lactobacillus*	*Zygosaccharomyces*	*Bifidobacterium*
Acetobacter	*Lactococcus*	*Dekkera*	*Thermus*
	Leuconostoc	*Kazachstania*	*Allobaculum*
			Ruminococcaceae
			Propionibacterium
Grupos mais abundantes no SCOBY			
Gluconacetobacter	*Lactobacillus*	*Zygosaccharomyces*	*Bifidobacterium*
Acetobacter	*Lactococcus*	*Dekkera*	*Thermus*
	Leuconostoc	*Davidiella*	*Allobaculum*
		Pichia	*Ruminococcaceae*
		Wallemia	*Enterococcus*
		Lachancea	*Propionibacterium*
		Leucosporidiella	
		Kazachstania	
		Kluyveromyces	
		Naumovozyma	

Legenda: BAA, bactérias ácido-acéticas; BAL, bactérias ácido-láticas. Fonte: Marsh et al. (2014).

De maneira geral, leveduras inicialmente realizam a hidrólise enzimática da sacarose, resultando em glicose e frutose, além de CO_2 e etanol (LONCAR *et al.*, 2014). Posteriormente, BAA, além de produzirem a película celulósica que gerará um novo SCOBY, são responsáveis pela produção de ácido glicônico e cetoglicônico a partir de glicose, e pela produção de ácido acético, a partir da frutose e também do etanol produzido anteriormente pela população de leveduras (SCHROEDER, 2019) (Figura 16.3). A partir dessa atividade, observa-se a redução do pH, decorrente da produção de ácidos orgânicos, o que também se relaciona diretamente com o *flavor* da bebida, de caráter especialmente acético (NEFFE-SKOCINSKA *et al.*, 2017). Os ácidos orgânicos são responsáveis, ainda, por estimularem a produção de etanol pelas leveduras, o qual é, então, utilizado para produção de mais ácido acético pelas BAA (CHEN; LIU, 2000; SIEVERS *et al.*, 1995).

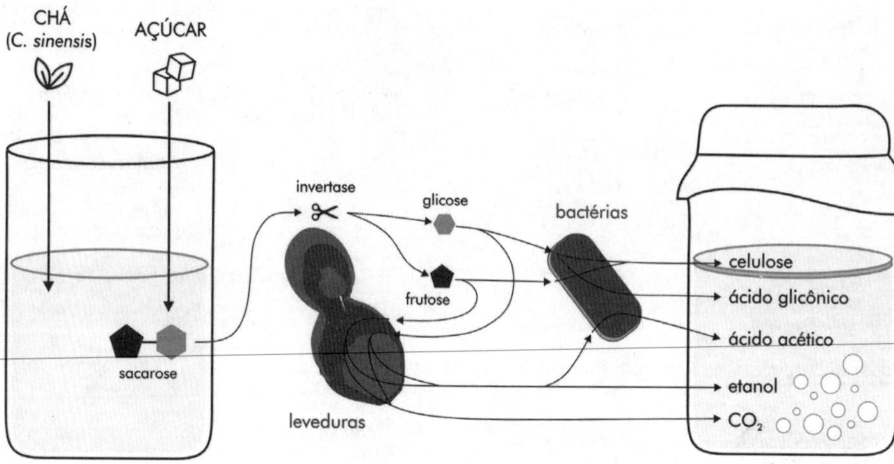

Figura 16.3 – Principais produtos gerados a partir de carboidratos presentes no substrato fermentativo para a produção de *kombucha*.
Fonte: adaptada de May *et al.* (2019).

O uso do SCOBY, portanto, é imprescindível para a produção da *kombucha*. No entanto, pode-se, inicialmente, utilizar apenas chá previamente fermentado para uma primeira fermentação; neste caso, o tempo necessário para que obtenham as características de interesse é significativamente maior, de no mínimo vinte dias, período também necessário para o desenvolvimento de uma nova matriz celulósica.

A partir da adição do SCOBY ao chá previamente infusionado e resfriado, BAA dominam o processo fermentativo. Tais bactérias utilizam álcool para produção de ácido acético, a partir da conversão de etanol em acetaldeído pela enzima álcool desidrogenase e pela conversão de acetaldeído a ácido acético pela enzima aldeído desidrogenase. O rápido crescimento de BAA no meio resulta em decréscimo de oxigênio dissolvido na fração líquida. Concomitantemente, inicia-se a produção de celulose bacteriana (CB), com uma velocidade maior na região próxima à interface líquido/ar, em decorrência da maior disponibilidade de oxigênio (RUKA; SIMON; DEAN, 2012). As transformações no substrato ocorrem, portanto, tanto na fração líquida (chá) quanto na fração sólida (película de CB). Para esta, observa-se uma produção de biomassa extremamente rápida, fenômeno facilmente observado a olho nu, conforme demonstrado na Figura 16.4.

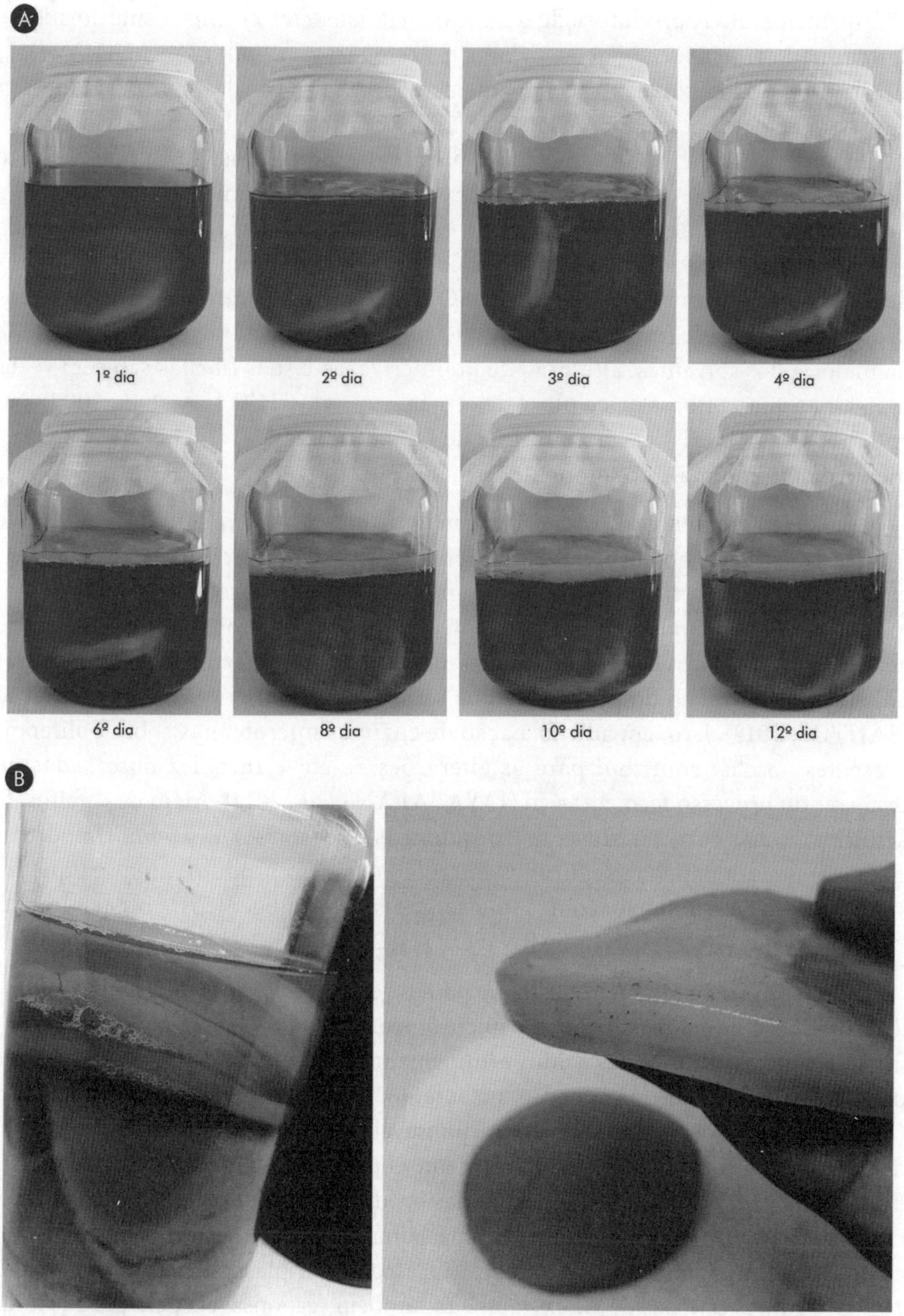

Figura 16.4 – Formação de um novo SCOBY durante a fermentação de *kombucha*.
A) Evolução da formação da película celulósica na interface ar/líquido ao longo de doze dias de fermentação; B) à esquerda, recipiente para armazenamento de SCOBY, popularmente conhecido como "hotel"; à direita, SCOBY obtido após 21 dias de fermentação.
Fonte: fotos gentilmente cedidas por José Guilherme Prado Martin.

A principal BAA produtora de CB é *Komagataeibacter xylinus* – anteriormente denominado *Gluconacetobacter xylinus* e *Acetobacter xylinum* (YAMADA *et al.*, 2012). A CB é produzida extracelularmente na forma de fibrilas, que permanecem ligadas às células bacterianas (Figura 16.5). Este processo inclui a síntese de uridina difosfoglicose (UDPGlc), molécula precursora da celulose; a impressionante capacidade biossintética de *K. xylinus* explica a rapidez com que novos SCOBY são formados durante a fermentação da *kombucha* – uma única célula é capaz de polimerizar até 200 mil resíduos de glicose por segundo, que constituem as cadeias de β-1,4-glicana (VILLARREAL-SOTO, 2018). A CB de *kombucha* apresenta alta cristalinidade (maior que 60%), elevada resistência à tração, insolubilidade na maioria dos solventes, alto grau de polimerização e suas fibrilas são cem vezes mais finas que as fibras de celulose de origem vegetal (CHAWLA *et al.*, 2009). No entanto, as características do biofilme de CB podem variar, a depender especialmente da microbiota e do tempo de fermentação (LEE *et al.*, 2015).

Concomitantemente à produção da matriz de CB, a atividade da microbiota fermentadora gera, no decorrer da fermentação, diferentes tipos de ácidos orgânicos, como ácidos acético, cítrico, fólico, glicônico, glicurônico, lático, málico, malônico, oxálico, pirúvico e tartárico (MOURA, 2019). A produção de tais ácidos acompanha a redução do teor de sólidos solúveis, a partir do consumo de açúcares adicionados no início do processo e que servem de substrato para a fermentação (SANTOS, 2018). Isto, em adição à ação de enzimas microbianas sobre polifenóis presentes no chá, contribui para as alterações de cor e turbidez observadas no decorrer do processo fermentativo (JAYABALAN *et al.*, 2014). Além dos efeitos da acidificação nas características físico-químicas e sensoriais da *kombucha*, destaca-se, ainda, seu papel na segurança microbiológica do produto, uma vez que resulta em efeito inibitório contra microrganismos patogênicos potencialmente contaminantes (DUFRESNE; FARNWORTH, 2000).

Dentre as principais BAA, destaque para o gênero *Komagataeibacter*, relacionado à produção de ácidos glicônico e glicurônico. Quando *K. saccharivorans* predomina, a concentração destes ácidos é aumentada em comparação à predominância de *K. xylinus*; nesta última situação, no entanto, os teores de polifenóis são maiores (FILIPPIS *et al.*, 2018). Outro gênero responsável pela produção significativa de ácido glicônico é *Gluconobacter*, principalmente *Gluconobacter oxydans*. Sua produção decorre da atividade de diferentes enzimas produzidas pela espécie, tanto em nível citoplasmático quanto de membrana, especialmente glicose desidrogenases (GDH) com intensa atividade principalmente no espaço periplasmático (SAINZ *et al.*, 2016). Algumas estirpes de *G. oxydans* são também responsáveis pela produção de vitamina C, a partir da conversão enzimática de D-sorbitol a L-sorbose (SAICHANA *et al.*, 2015).

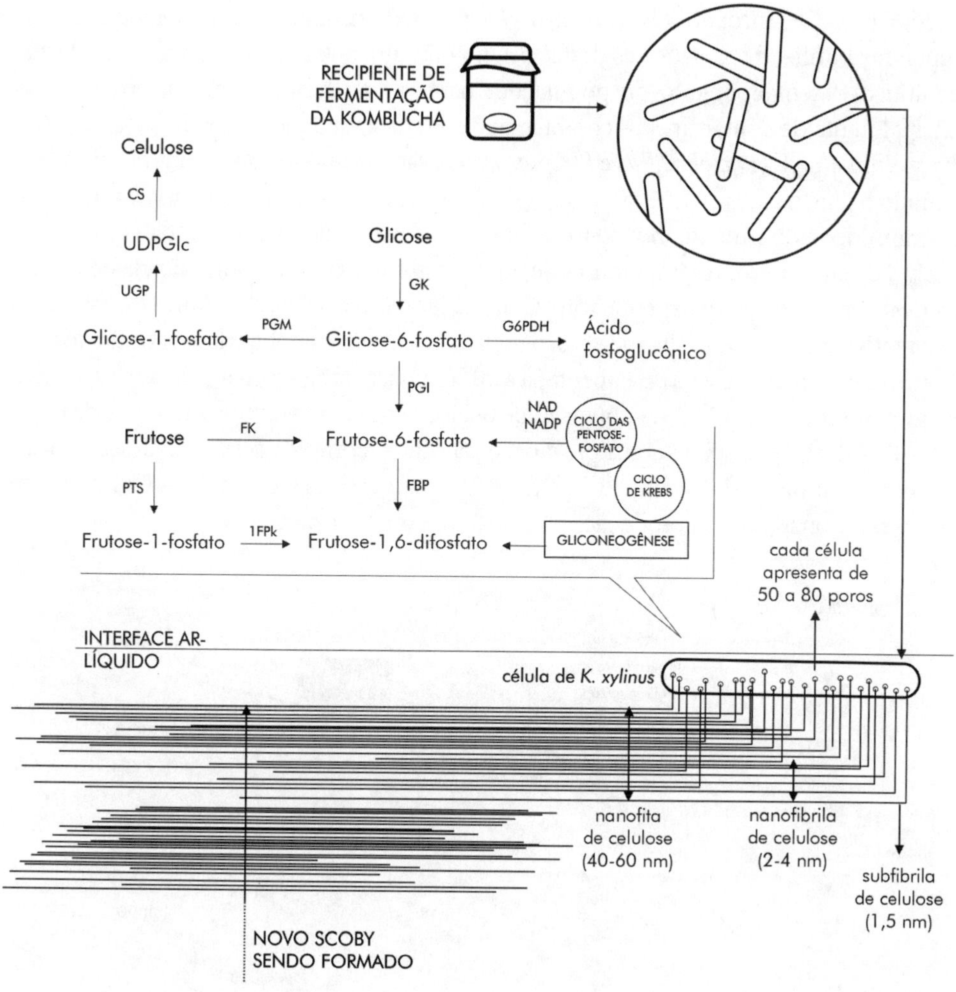

Figura 16.5 – Esquema representativo da formação da matriz celulósica no decorrer da fermentação da *kombucha*. Bactérias ácido-acéticas, especialmente *K. xylinus*, rapidamente produzem celulose bacteriana a partir do substrato fermentativo. CS (celulose sintase); GK (glucoquinase); FBP (frutose-1,6-difosfatase); FK (frutoquinase); 1FPk (frutose-1-fosfato-quinase); PGI (fosfoglicoisomerase); PMG (fosfoglicomutase); PTS (sistema de fosfotransferases); UGP (uridina difosfoglicose); UDPGlc (uridina difosfoglicose); G6DPH (glicose-6-fosfato desidrogenase); NAD (nicotinamida adenina dinucleotídeo); NADP (nicotinamida adenina dinucleotídeo fosfato). Fonte: com informações de Villarreal-Soto *et al.* (2018); Cacicedo *et al.* (2015); Chawla *et al.* (2009).

A temperatura pode impactar diretamente o crescimento de microrganismos importantes para o processo fermentativo da *kombucha*, especialmente as espécies do grupo das BAA (Figura 16.6). De Filippis *et al.* (2018) observaram que, durante os primeiros sete dias, o tamanho da população de BAA incubada a 20 °C e a 30 °C foi praticamente o mesmo; no entanto, ao final de vinte dias, a temperatura de 30 °C resultou em uma população de BAA cerca de dez vezes superior (7,0 log UFC/ml) que aquela incubada a 20 °C (6,0 log UFC/ml). O crescimento de BAA foi significativo até que a bebida atingisse valores de pH ao redor de 2,5. *Gluconacetobacter* foi o gênero predominante, independentemente da temperatura utilizada. Os autores destacam, no entanto, que a temperatura mais elevada permitiu o desenvolvimento de populações bacterianas subdominantes, provenientes principalmente de contaminações ambientais, com destaque para *Acinetobacter*, *Propionibacterium* e BAL (*Lactobacillus* e *Streptococcus*), este último grupo com uma abundância muito baixa, de 0,1%. Curiosamente, embora a temperatura não afetasse a composição da comunidade dominante, houve um efeito significativo desta variável na composição em nível de subgênero. A temperatura de 30 °C resultou em maior abundância de *Gluconacetobacter saccharivorans*, enquanto *Gluconacetobacter xylinus* dominou o processo fermentativo a 20 °C. Tal diferença estaria relacionada à maior abundância de ácidos glicurônico e glicônico na bebida fermentada a 30 °C, cuja produção é considerada específica de algumas estirpes de BAA. A obtenção de bebidas com concentrações maiores de compostos de interesse relacionados à promoção da saúde, como os ácidos orgânicos, pode, portanto, ser aumentada a partir do uso de temperaturas que favoreçam o crescimento de estirpes relacionadas à sua produção.

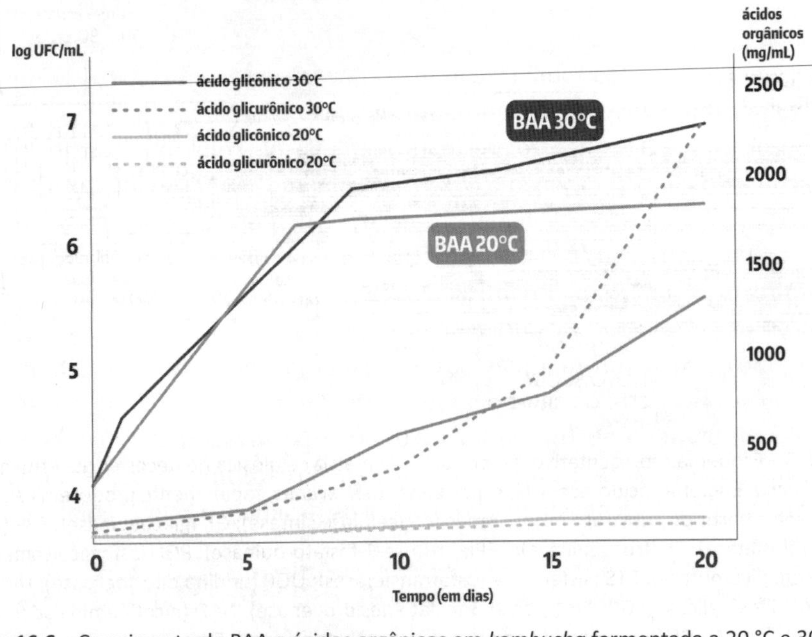

Figura 16.6 – Crescimento de BAA e ácidos orgânicos em *kombucha* fermentada a 20 °C e 30 °C ao longo de vinte dias. Fonte: adaptada de Filippis *et al.* (2018).

Além das BAA, leveduras também desempenham papel fundamental na fermentação da *kombucha*. *Schizosaccharomyces pombe*, *Saccharomycodes ludwigii*, *Kloeckera apiculata*, *Hanseniaspora guilliermondii*, *S. cerevisiae*, *Zygosaccharomyces bailii*, *Torulaspora delbrueckii*, *Brettanomyces bruxellensis*, *Brettanomyces lambicus*, *Brettanomyces custersii* e *Candida stellate* já foram identificados no decorrer do processo fermentativo. Dentre estes, destaque para os gêneros *Saccharomyces* e *Zygosaccharomyces*, imprescindíveis para a formação de compostos de sabor, especialmente compostos aromáticos frutados (MURUGESAN; ANGAYARKANNI; SWAMINATHAN, 2002);

já as leveduras apiculadas dos gêneros *Kloeckera* e *Hanseniaspora* sintetizam ésteres voláteis e ácidos que conferem ao substrato aroma semelhante ao da sidra (MAYSER *et al.*, 1995). Em chás fermentados por culturas puras, *S. cerevisiae* resultou em aumento do conteúdo de vitamina C e compostos com atividade antioxidante. Já na fermentação por *Zygosaccharomyces* sp., estes parâmetros são diminuídos em comparação à fermentação por culturas mistas (MALBAŠA *et al.*, 2011).

A ocorrência de *Brettanomyces bruxellensis* resulta em maior consumo de açúcares – com esgotamento do carboidrato ao final de doze dias de fermentação –, com consequente aumento do volume de etanol produzido. A espécie, ainda, é relacionada à maior produção de ácidos orgânicos, sobretudo gálico, bem como à síntese de compostos fenólicos, especialmente catequinas. Já *Schizosaccharomyces pombe* aparenta consumir a fonte de carbono de maneira mais controlada, sem impactar as concentrações de ácido acético (VILLARREAL-SOTO *et al.*, 2020).

Teoh, Heard, Cox (2004) avaliaram a ecologia de leveduras envolvidas na produção de *kombucha* utilizando diferentes tipos de SCOBY. Os autores observaram um aumento nas populações de leveduras na fração líquida até oito a dez dias de fermentação, com decréscimo quando da acidificação excessiva e limitação de nutrientes. O mesmo efeito não foi observado para as leveduras do SCOBY, fato atribuído à proteção conferida pela matriz celulósica. No início do processo, predominaram espécies osmotolerantes, como *S. pombe*, *T. delbrueckii* e *Z. bailii*, capazes de tolerar concentrações de até 60% de glicose. À medida que o substrato se acidificava, observou-se redução das populações de leveduras com baixa tolerância a ambientes ácidos, como *C. stellata* e *T. delbrueckii*. Já as populações de *S. pombe*, espécie moderadamente tolerante a ácidos, diminuíram após o décimo dia de fermentação (Figura 16.7).

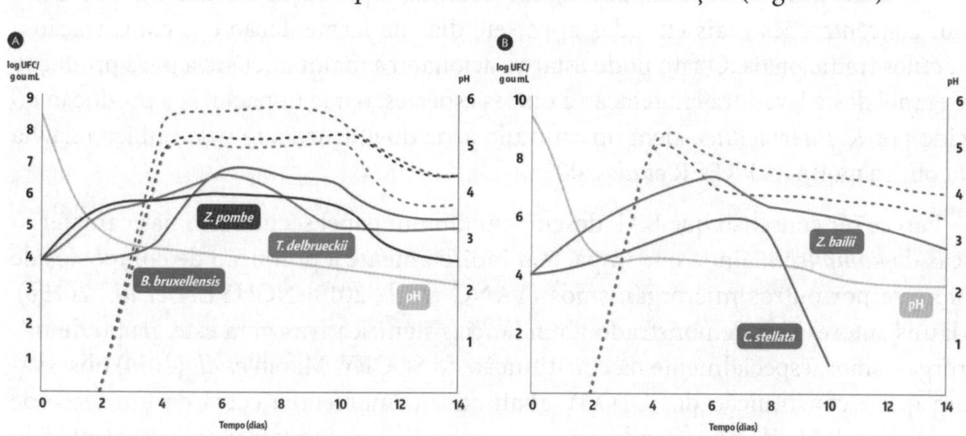

Figura 16.7 – Crescimento de populações de leveduras e decréscimo de pH em amostras de *kombucha*. A) Amostra 1: as populações de *S. pombe* e *T. delbrueckii* crescem mais rapidamente na fração líquida que a de *B. bruxellensis*, até atingirem populações ao redor de 6 log UFC/ml. B) Amostra 2: predominância de *Z. bailii* sobre *C. stellata* na fração líquida, com populações ao redor de 8 log e 5 log UFC/ml, respectivamente. Para todas as amostras analisadas, as populações de leveduras foram mais elevadas na película (linhas tracejadas) em comparação à fração líquida (linhas contínuas), com aumento significativo nos primeiros dias de fermentação, diminuindo gradativamente à medida que o SCOBY se desenvolvia. Fonte: adaptada de Teoh; HEARD; COX. (2004).

É interessante destacar a estreita relação entre BAA e leveduras no decorrer do processo fermentativo, com efeitos na presença e concentração de metabólitos no produto final. Dentre elas, talvez a mais conhecida corresponda ao favorecimento do crescimento de *Z. bailli* por *K. rhaeticus*. Esta espécie de BAA possui genes relacionados à biossíntese de vitaminas do grupo B, especialmente B1, B7 e B12 (JAYABALAN *et al.*, 2014; ARIKAN; MITCHELL; FINN; GUREL, 2020), essenciais ao crescimento da levedura (STRATFORD; CAPELL, 2003). *Z. bailii* também é favorecida pela acidificação do substrato, à medida que competidores não tolerantes a condições mais ácidas são eliminados (DANG *et al.*, 2009). Esta, por conseguinte, produz compostos que impactam o crescimento de outros microrganismos, como gama-aminobutirato, que favorece a população de *S. cerevisiae* pelo efeito na tolerância ao estresse oxidativo (COLEMAN *et al.*, 2001).

Relações interessantes também foram detectadas em chá fermentado com culturas mistas de *A. pasteurianus*, *K. xylinus* e *Z. bailii* (WANG *et al.*, 2020). A combinação destas espécies resultou em rápida diminuição do teor de açúcares nos dois primeiros dias do processo fermentativo, persistindo até o décimo dia, com significativa produção de ácidos glicônico, glicurônico e acético. *A. pasteurianus* em cultura pura resultou em maiores concentrações de ácido glicônico e quantidades reduzidas de ácido acético, o que poderia favorecer a obtenção de uma bebida de maior valor biológico e sabor acético mais suave. Além disso, a espécie também está relacionada a maiores concentrações de compostos fenólicos e flavonoides, contribuindo para uma maior atividade antioxidante.

A relação entre *Komagataeibacter intermedius* e *B. bruxellensis* também já foi identificada (NGUYEN *et al.*, 2015a), favorecendo a produção de ácido glicurônico, com concentrações mais elevadas após sete dias de fermentação em comparação a inóculos tradicionais. O fato pode estar relacionado à maior eficiência para produção de etanol desta levedura em relação a outras espécies, o que impactaria a produção do ácido por *K. intermedius*, além do estímulo à via do glucuronato pela inibição da via glicolítica na BAA (FREER *et al.*, 2003).

Parece ser consenso que BAL desempenham um papel secundário nas características da *kombucha*, ainda que impactem indiretamente a produção de compostos de interesse por outros microrganismos (YANG *et al.*, 2010; NGUYEN *et al.*, 2015b). Alguns autores têm demonstrado abundâncias significativas para este grupo de microrganismos, especialmente na constituição do SCOBY. Marsh *et al.* (2014) observaram que a constituição dos SCOBY analisados compreendia cerca de um terço de espécies de BAL, demonstrando que os lactobacilos podem ser mais prevalentes do que se supunha, especialmente ao término da fermentação. Bactérias do gênero *Lactobacillus* podem, inclusive, aumentar a população de *Gluconacetobacter* e, consequentemente, a produção de CB, à medida que diminuem rapidamente o pH do meio, fornecendo uma vantagem adaptativa para a BAA (YANG *et al.*, 2010).

Deve-se ressaltar, por fim, que a microbiota pode variar de maneira significativa dentre diferentes SCOBY, a depender da origem e dos cuidados durante a manipulação e o processamento. Atualmente, é possível encontrar diversas variedades de culturas *starter* padronizadas no mercado para iniciar a produção de *kombucha*. A White Labs®, empresa sediada nos Estados Unidos, comercializa um inóculo cuja composição microbiana é padronizada e resulta, segunda a empresa, em média produção de ácido acético e baixa produção de álcool (WHITE LABS, 2020). Já a empresa Wellness Drinks® comercializa o inóculo de origem alemã, com microbiota e características previamente definidas (WELLNESS DRINK, 2020).

16.3.1.4 Novas aplicações alimentícias da *kombucha*

Ainda que não correspondam especificamente a bebidas, alguns produtos à base de *kombucha* têm sido comercializados, principalmente nos últimos anos. A *kombucha* em pó, por exemplo, é comercializada na forma de um pó fino, solúvel em água, de coloração marrom-clara, seja na forma de sachês ou de cápsulas, obtido por *spray dryer*. Destina-se à adição em água, alimentos e bebidas, como iogurtes, *shakes*, sopas, vitaminas, dentre outros, visando ao incremento nutricional e potencialmente funcional decorrente dos componentes presentes no chá fermentado (PRIMACÊUTICA TRENDS INSUMOS, 2021; INFINITY PHARMA, 2020). Uma formulação de *kombucha* em pó foi sensorialmente bem avaliada por um painel de provadores, com índices de aprovação superiores a 60% quanto aos atributos sabor, aroma e aparência (ZANARDI, 2020). Índices ainda maiores foram observados para produto similar em estudo realizado por Machado *et al.* (2019). Apesar de bem avaliado em alguns estudos, esse tipo de produto ainda sofre resistência por parte dos produtores da bebida, tendo em vista a descaracterização quanto à forma de consumo convencional, relacionada a aspectos culturais e tradicionais. Além da bebida desidratada, produtos obtidos a partir da matriz celulósica do SCOBY também têm sido comercializados na forma de pós para usos similares aos supracitados (FERMENTAHOLICS, 2021). Estudos têm também avaliado o efeito da *kombucha* desidratada na alimentação animal visando à suplementação dietética de frangos, com resultados promissores no aumento do peso corporal (AFSHARMANESH; SADAGHI, 2014).

16.3.1.5 Produção de biomateriais celulósicos com aplicação industrial

A produção de CB está relacionada principalmente a *K. xylinus*, apesar de outras linhagens já terem sido identificadas em *kombucha* como potenciais produtoras (SINIR; TAMER; SUNA, 2019). Estudos recentes têm demonstrado novas aplicações industriais em diferentes setores, com destaque para a indústria têxtil e de cosméticos (SOARES; LIMA; SCHMIDT, 2021). Na Figura 16.8, estão demonstradas algumas aplicações de CB de *kombucha*. A CB consiste em uma alternativa sustentável para estes setores, em contraposição à celulose vegetal, devido sobretudo às propriedades de suas fibras cristalinas e nanodimensionais (LEE *et al.*, 2014). Características como alta cristalinidade, polimerização, flexibilidade e resistência à tração, além de insolubilidade em muitos solventes, fizeram com que a CB ganhasse proeminência no setor tecnológico, assumindo alto valor agregado na indústria de novos biomateriais (SOARES; DE LIMA; SCHMIDT, 2021).

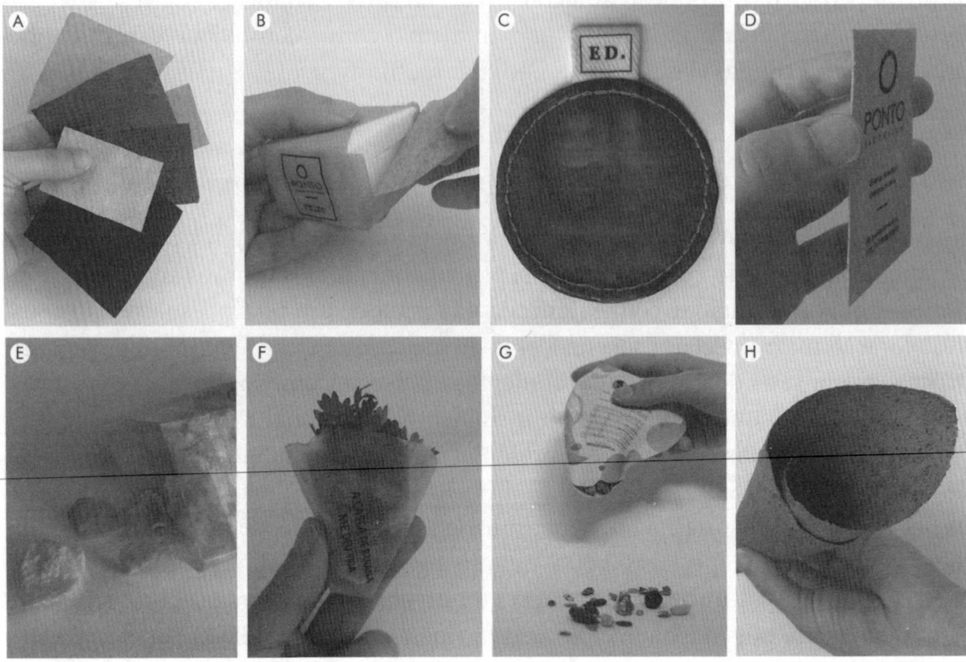

Figura 16.8 – Produção de embalagens a partir de biomaterial produzido com celulose bacteriana (CB) de SCOBY. Legenda: A) CB com cúrcuma, hibisco, borra de café, casca de ovo e carvão; B) protótipo de embalagem para cosméticos naturais de CB pigmentada com cúrcuma; C) CB pigmentada com café, com acabamento similar ao couro; D) cartão de visita à base de CB e casca de ovo; E) protótipo de embalagem para cereal à base de CB não pigmentada; F) protótipo de embalagem à base de CB cultivada com casca de banana; G) protótipo de embalagem para *snacks* à base de CB e casca de ovo; H) biomaterial à base de CB e resíduo de cacau (casca). Fonte: fotos gentilmente cedidas por Elena Amato (O Ponto Biodesign).

A produção de couro vegano, por exemplo, é uma alternativa sustentável para a indústria têxtil. O couro à base de CB pode ser utilizado na confecção de roupas, sapatos, joias e bolsas de maior durabilidade. Como vantagens do processo produtivo, destaque para a possibilidade de obtenção da CB em plantas relativamente pequenas, além de o biomaterial poder ser cultivado em recipientes previamente moldados de acordo com o produto a ser elaborado, reduzindo, assim, o desperdício em até 20%, diferentemente do que ocorre na modelagem com couro tradicional (PAYNE; BROUGH; MUSK, 2016).

A CB pode, ainda, ser utilizada como matriz para a produção de filmes e revestimentos destinados à indústria de alimentos (AZEREDO *et al.* 2019). Para a produção ou reforço de embalagens alimentícias, a CB pode ser processada por hidrólise ácida (SALARI *et al.*, 2018) ou enzimática (GEORGE *et al.*, 2011). Fibras de CB sintetizadas por *K. xylinus*, após hidrólise com ácido sulfúrico, foram incorporadas em uma mistura de gelatina-álcool polivinílico (GL/PVA) para obtenção de filmes para aplicação em embalagens de alimentos; os resultados indicaram uma melhora significativa da qualidade das embalagens, com luminosidade e transparência comparáveis a filmes sintéticos disponíveis atualmente no mercado. Além disso, a CB resultou em melhora das propriedades mecânicas e de barreira de umidade nas embalagens desenvolvidas, pontos críticos para a preservação de alimentos (HAGHIGHI *et al.*, 2021). Além disso, devido à estrutura emaranhada, com espaços entre as fibras, a CB permite a adição de outros componentes, como a impregnação de polímeros (LIN *et al.*, 2013), compostos bioativos (SANTOS *et al.*, 2018) e agentes de reforço (UL-ISLAM; KHAN; PARK, 2012), conferindo propriedades adicionais desejáveis.

Aplicações na área médica compreendem o desenvolvimento de tecidos para tratamento de queimaduras e lesões cutâneas, uma vez que o biomaterial apresenta alta biocompatibilidade *in vivo*, o que amplia seu potencial de uso do setor. Na medicina regenerativa, a CB é utilizada por se constituir de um substrato ideal para fixação celular, favorecendo trocas gasosas; além disso, apresenta flexibilidade e alta capacidade de retenção de água, características importantes para esse tipo de aplicação (SOKOLNICKI *et al.*, 2006). Seu uso, portanto, pode favorecer a regeneração de tecidos em tratamentos clínicos de cicatrização de lesões em pacientes com doenças crônicas, como diabetes, além de tratamento de queimaduras graves sem a necessidade de troca diária de curativos (ULLAH *et al.*, 2016).

16.3.1.6 Benefícios à saúde atribuídos ao consumo de *kombucha*

Para além do valor nutricional, os alimentos funcionais promovem benefícios ao organismo por meio de componentes químicos não nutrientes (TUR; BIBILONI, 2016). Dessa forma, auxiliam no bom funcionamento do organismo e, consequentemente, no bem-estar. Processos fermentativos contribuem para a bioconversão de compostos fenólicos em metabólitos derivados com atividades biológicas importantes (FILANNINO *et al.*, 2015). Microrganismos são capazes de converter ácidos fenólicos comuns em compostos antioxidantes, como alquil catecóis, 4-vinilcatecol e 4-etilcatecol, que protegem contra o estresse oxidativo (SENGER *et al.*, 2016). Bebidas à base de chá fermentado apresentam composição fenólica e potencial antioxidante superiores em relação à matéria-prima não fermentada, em decorrência de alterações nos parâmetros biológicos e químicos no decorrer do processo (AHMED; HIKAL; ABOU-TALEB, 2020). Efeitos relacionados à prevenção de câncer, alívio de artrites, melhora na imunidade (VIJAYARAGHAVAN *et al.*, 2000), atividade anti-hipertensiva (LOBO; DIAS; SHENOY, 2017), anticolerestêmica (BELLASSOUED *et al.*, 2015), anti-inflamatória (COSTA et al., 2021; MONNERAT et al., 2020), antimicrobiana (BHATTACHARYA *et al.*, 2020; IVANIŠOVÁ *et al.*, 2019) e anti-obesidade (COSTA et al., 2021) já foram identificados para a bebida em testes *in vitro* e em modelo animal.

16.3.2 *JUN TEA*

Jun tea compreende uma bebida similar à *kombucha*, produzida a partir da fermentação de chá verde por um SCOBY utilizando-se como carboidrato principal o mel em vez da sacarose. A atividade da microbiota, ainda não caracterizada, resulta em uma bebida semelhante à *kombucha*, mas com *flavor* característico decorrente do uso do mel (KATZ, 2014; MUELLER, 2014). As etapas do processo produtivo são as mesmas utilizadas na produção de *kombucha* (REDZEPI; ZILBER, 2018). Devido às similaridades entre as bebidas, acredita-se que o *jun tea* tenha se originado de uma adaptação relativamente recente da *kombucha*, na busca de um sabor mais suave e menos acético (KATZ, 2014). No Brasil, sua produção ocorre artesanalmente; nos Estados Unidos, já existem marcas de *jun tea* produzido industrialmente, como a Herbal Junction Elixirs (HERBAL JUNCTION ELIXIRS, 2021).

16.4 BEBIDAS À BASE DE FRUTAS FERMENTADAS

16.4.1 HIMALAIA

Ainda em relação às variações da *kombucha*, a bebida conhecida como Himalaia é fabricada a partir da fermentação de sucos de frutas e açúcares; compreende, portanto, o uso de uma matriz celulósica (SCOBY) composta de bactérias e leveduras responsáveis pelo processo de fermentação do substrato. Como indica o próprio nome, a bebida teria se originado nas montanhas do Himalaia, a partir da substituição do chá, uma matéria-prima relativamente cara, por sucos de frutas, ingredientes mais acessíveis na região. O período de fermentação do Himalaia é similar ao da *kombucha* tradicional, ocorrendo em cerca de catorze dias, a depender da temperatura ambiente e da quantidade de frutas/açúcar adicionada ao substrato a ser fermentado (REDZEPI; ZILBER, 2018).

16.4.2 *KEFIR* DE ÁGUA (*TIBICOS*)

O *kefir* de água corresponde a uma bebida que, apesar do nome, é completamente distinta do *kefir* de leite (Figura 16.9D). Trata-se de uma bebida não láctea, obtida a partir da fermentação de solução adoçada com sacarose acrescida ou não de frutas (geralmente, utilizam-se figos secos) por grãos de *kefir* de água (também conhecidos como *tibicos*), que visualmente apresentam aspecto vítreo característico. A solução é fermentada em temperatura ambiente; posteriormente, os grãos são separados por filtração, podendo-se realizar uma etapa subsequente em recipiente fechado para carbonatação, semelhante ao observado para *kombucha*. O produto final, com turbidez e acidificação características, pode apresentar, a depender do nível de fermentação e dos ingredientes utilizados, certo teor alcoólico (GULITZ *et al.*, 2011).

Figura 16.9 – Diferentes tipos de bebidas não alcoólicas fermentadas. A) *Kaerapiim*, da Estônia, à base de aveia; B) *chicha*, da América Latina, à base de milho; C) *amazakê*, de origem japonesa, à base de arroz fermentado; D) *kefir* de água (*tibicos*), de provável origem mexicana, obtido a partir da fermentação de solução açucarada com frutas; E) aluá, de origem brasileira, à base de frutas, com variações contendo rapadura, farinha de mandioca e pão adormecido; F) *tepache*, de origem mexicana, obtido a partir da fermentação de cascas de frutas, frutas e especiarias. Fonte: elaborada pelos autores, com exceção de C, gentilmente cedida por Lorena Lima, e E, gentilmente cedida por Letícia Massula.

A origem do *kefir* de água não é muito precisa, mas existem relatos acerca do uso de grãos denominados *gingerbeer plants* (em português, "plantas de gengibre"), que soldados ingleses carregaram consigo para casa após o retorno da Guerra da Crimeia, na costa norte do Mar Negro, em meados do século XIX; tais grãos eram usados como agentes de fermentação na produção de bebidas não alcoólicas. Outra versão diz respeito à formação dos grãos em cactos do gênero *Opuntia*, no México (LUTZ, 1899). Apesar de sua origem ainda permanecer indefinida, o hábito de se utilizarem grãos de *kefir* para produzir a bebida persistiu ao longo de décadas, e doação de grãos entre parentes e interessados na fermentação continua sendo, até os dias atuais, a forma mais comum de aquisição (MARSH *et al.*, 2013). Outras denominações dadas aos grãos, mais antigas, correspondem a *California bees* ("abelhas da Califórnia"), *African bees* ("abelhas africanas"), *Alenuts* ("nozes Ale"), *Balm of Gilead* ("bálsamo de Gileade"), ou, ainda, *Japanese Beer Seeds* ("sementes de cerveja japonesa") (KEBLER, 1921).

Os grãos de *kefir* de água são constituídos por dextrano, polímero de glicose com ligações do tipo α-1,4 e α-1,6 (GALLI *et al.*, 1995; HORISBERGER, 1969; PIDOUX; BRILLOUET; QUERMENER, 1989) (Figura 16.10). BAL correspondem aos principais microrganismos produtores de dextrano, com destaque para *Lentilactobacillus hilgardii*, que sintetiza glicosiltransferases envolvidas na síntese dos grãos (DAVIDOVIC *et al.*, 2015). Outras 57 espécies de BAL foram relacionadas à síntese de polissacarídeos a partir de sacarose presente no substrato fermentativo, como *L. casei, Liquorilactobacillus hordei, Liquorilactobacillus nagelii* e *Leuconostoc mesenteroides* (DAVIDOVIC *et al.*, 2015; GULITZ *et al.*, 2011).

Figura 16.10 – Grãos de *kefir* de água (*tibicos*) utilizados na produção da bebida. A) Grãos cultivados em solução com açúcar mascavo (coloração característica); B) estrutura química do dextrano, constituinte majoritário dos grãos. Fonte: elaborada pelos autores.

A composição do *kefir* de água pode variar, a depender dos grãos e das condições utilizadas para a fermentação. Destaque para o teor alcoólico, que, embora geralmente muito baixo, pode conferir à bebida uma característica de sabor desejada (BESHKOVA *et al.*, 2003). Os teores de álcool após 48 horas de fermentação em *kefir* de água podem variar de acordo com o tipo de substrato empregado; os valores de sólidos solúveis ao final do processo fermentativo em geral indicam uma fermentação parcial dos substratos iniciais (RANDAZZO *et al.*, 2016). A composição do substrato pode impactar diretamente a produção de ácidos orgânicos e, consequentemente, a acidificação, o teor de sólidos solúveis final, a produção de etanol e também a carbonatação, o que pode afetar o desenvolvimento da microbiota, impactando diretamente a qualidade da bebida. BAL heterofermentadoras e leveduras estão associadas à produção de etanol no decorrer do processo fermentativo, a partir da síntese da enzima álcool desidrogenase, capaz de converter acetaldeído a etanol (PUERARI *et al.*, 2012). Componentes de sabor característicos do *kefir* de água estão relacionados principalmente à atividade de leveduras (GÜZEL-SEYDIM; SEYDIM; GREENE, 2000; GÜZEL-SEYDIM *et al.*, 2000).

O tempo de fermentação pode variar de 24 a 72 horas (FIORDA *et al.*, 2017; GULITZ *et al.*, 2011; RANDAZZO *et al.*, 2016), em geral em temperatura ambiente (25 °C), embora estudos com temperaturas mais baixas, em torno de 20 °C, tenham resultado em bebidas com qualidade sensorial superior (LAUREYS; VUYST, 2014; ALSAYADI *et al.*, 2013). Durante o processo fermentativo, a sacarose é convertida a ácidos orgânicos, especialmente lático e acético, além de dióxido de carbono e baixas quantidades de etanol. Além destes, mais de trinta compostos resultantes do metabolismo microbiano, incluindo aromáticos importantes para o *flavor* do produto, já foram identificados (LAUREYS; DE VUYST, 2014; 2017). Antes do engarrafamento e/ou consumo da bebida, recomenda-se proceder a uma suave agitação visando à homogeneização da bebida, uma vez que o uso de frutas e componentes vegetais pode resultar em turbidez excessiva, impactando as propriedades sensoriais do produto final (GÜZEL-SEYDIM; GOKIMAKLI; GREENE, 2021).

Potenciais efeitos benéficos à saúde têm sido demonstrados para o *kefir* de água, como atividades antimicrobiana, anti-inflamatória, antioxidante, hepatoprotetora e cicatrizante (ALSAYADI *et al.*, 2013; ASPIRAS; FLORES; PAREJA, 2015; HSIEH *et al.*, 2012; OTLES; ACU, 2018). Melhora no perfil lipídico e diminuição nos valores de colesterol e lipoproteínas de baixa densidade foram observados em modelo animal submetido à dieta incluindo a bebida fermentada (ROCHA-GOMES *et al.*, 2018). Alsayadi *et al.* (2014) demonstraram as propriedades antidiabéticas e anti-hiperlipidêmicas do *kefir* de água, além da redução de peso em modelo animal. O consumo da bebida contendo probióticos poderia, ainda, auxiliar no controle da disbiose, contribuindo para melhora na saúde e bem-estar (DHAR; MOHANTY, 2020).

16.4.2.1 Microbiologia dos grãos de *kefir* de água

Os grãos de *kefir* água são formados por um consórcio ou associação simbiótica de BAL, BAA e leveduras, conforme indicado no Quadro 16.5.

Quadro 16.5 – Microrganismos encontrados em *kefir* de água

Bactérias	Fungos
Levilactobacillus brevis *Lentilactobacillus hilgardii* *Lacticaseibacillus casei* subsp. *casei* *Lacticaseibacillus rhamnosus* *Lacticaseibacillus paracasei* subsp. *paracasei* *Lactiplantibacillus plantarum* subsp. *plantarum* *Lentilactobacillus buchneri* subsp. *buchneri* *Fructilactobacillus fructiovorans* *Secundilactobacillus collinoides* *Schleiferilactobacillus harbinensis* *Liquorilactobacillus satsumensis* *Lactococcus lactis subsp. lactis* *Lactococcus lactis subsp. cremoris* *Leuconostoc mesenteroides subsp. mesenteroides* *Leuconostoc mesenteroides subsp. dextranicum* *Lactococcus raffinolactis* *Enterobacter hormache* *Gluconobacter frateuri* *Bifidobacterium tibiigranuli* *Pseudomonas fragi* *Serratia liquefaciens* *Zymomonas mobilis*	*B. bruxellensis* *Bullera alba* *Candida ethanolica* *Candida kruisii* *Candida lambica* *Candida tetrigidarum* *Candida valida* *Chaetospermum chaetosporum* *Clonostachys miodochialis* *Dipodascus geotrichum* *Guehomyces pullulans* *Hanseniaspora valbyensis* *Hanseniaspora vinae* *Hanseniaspora yalbensis* *Hanseniospora uvarum* *Kazachstania barnettii* *Kazachstania humilis* *Kloeckera apiculate* *Mortierella alpine* *Ramularia pratensis* *Rhizopus arrhizus* *Saccharomyces bayanus* *Saccharomyces cerevisiae* *Saccharomyces pretonensis* *Saitozyma podzolica* *Zopfiella marina* *Zygosaccharomyces florentinus*

Fonte: adaptado de Guzel-Seydim;GOKIMAKLI; GREENE (2021).

Outras espécies de BAL e BAA também foram identificadas em outros estudos, com destaque para *L. casei*, *L. hordei*, *L. nagelii*, *L. hilgardii*, *Leuconostoc mesenteroides*, *Leuconostoc citreum*, *Acetobacter fabarum* e *Acetobacter orientalis*, além das leveduras *Hanseniaspora valbyensis*, *Lachancea fermentati*, *S. cerevisiae*, *Zygotorulaspora florentina*, *Candida* spp. e *Kluyveromyces* spp. (GULITZ *et al.*, 2011). Além destes, o gênero *Bifidobacterium* tem sido encontrado com relativa frequência na microbiota da bebida; uma nova espécie recentemente descrita, *Bifidobacterium aquikefiri*, recebeu este nome, inclusive, por ter sido isolada a partir de uma amostra de *kefir* de água (LAUREYS *et al.*, 2016). Estudo acerca da microbiota de quatro tipos de *kefir* de água alemães demonstrou uma composição majoritária de microrganismos dos filos Firmicutes, Actinobacteria e Proteobacteria, especialmente *Lactobacillus*, *Leuconostoc*, *Acetobacter*, *Gluconobacter*, *Gluconacetobacter* e *Bifidobacterium* (GULITZ *et al.*, 2013). Os autores enfatizam que a presença das espécies de *Bifidobacterium*, como *B. crudilactis*, *B. psychraerophilum*, *B. breve*, *B. choerinum*, *B. longum*, *B. pseudolongum* e *B. subtilis* é inesperada, devido à presença de várias outras espécies de BAL mais abundantes; de qualquer maneira, o estudo reforça a importância do gênero para a composição microbiana da bebida.

Ainda que diversos estudos já tenham indicado uma diversidade microbiana considerável entre grãos de *kefir* distintos, o uso de ferramentas genômicas em anos mais recentes demonstra uma diversidade relativamente limitada quanto aos grupos majoritários constituintes tanto dos grãos quanto da bebida fermentada. Análise metagenômica de grãos e de *kefir* de água demonstrou que os gêneros *Lactobacillus*, *Oenococcus* e *Bifidobacterium* são os mais abundantes, além de leveduras como *Saccharomyces* e *Dekkera* (VERCE; DE VUYST; WECKX, 2019). Tais leveduras, pela produção de invertases, cumprem a função principal de conversão inicial da sacarose em glicose e frutose, disponibilizando estes monossacarídeos para os demais grupos microbianos; além disso, são os principais produtores de etanol a partir de piruvato, em decorrência da presença de genes que codificam hexocinases, frutocinases e enzimas da via glicolítica. BAL, especialmente *Lactobacillus* spp., também apresentaram genes para conversão da sacarose em glicose e frutose. Além disso, a produção de ácido lático, acético e etanol pela via heterofermentativa foi associada a *L. hilgardii* e a uma potencial nova espécie identificada de *Oenococcus* (*O. aquikefiri*).

Cabe ressaltar que a microbiota dos grãos de *kefir* de água difere significativamente da dos grãos de *kefir* de leite; o intercâmbio de grãos e substratos fermentativos, portanto, não é recomendado. O uso de grãos de *kefir* de água para produzir leite fermentado pode resultar em alterações irreversíveis na microbiota dos grãos, prejudicando a qualidade da bebida obtida ao término do processo. Hsieh *et al.* (2012) avaliaram a influência do substrato fermentativo na formação de grãos de *kefir* de água, incluindo solução à base de açúcar mascavo, leite de vaca e leite de cabra. A partir de métodos dependentes e independentes de cultura e de microscopia eletrônica de varredura, foi possível observar alterações significativas nos perfis ecológicos dos grãos. BAL como *Leuconostoc mesenteroides*, *Liquorilactobacillus mali* e *L. hordei* foram identificados apenas nos grãos cultivados na solução de açúcar mascavo. Já as espécies *L. mesenteroides*, *Lactococcus lactis*, *Bifidobacterium psychraerophilum* e *Enterococcus faecalis* foram observados apenas nos grãos cultivados na matriz láctea. Além da diferença na composição da microbiota, os autores relatam, ainda, alterações no tamanho e na estrutura dos grãos decorrentes da adaptação das espécies ao substrato utilizado. Martinez-Torres *et al.* (2017) demonstraram significativa dificuldade de crescimento de grãos de *kefir* de água em substrato lácteo, em decorrência principalmente da impossibilidade de *L. hilgardii* de metabolizar a lactose e, consequentemente, sintetizar os polissacarídeos constituintes dos grãos.

16.4.3 *TEPACHE*

Tepache corresponde a uma bebida tradicional do México elaborada a partir da fermentação de frutas; seu consumo está relacionado a antigas tradições culturais do país, com registros de sua produção e consumo desde o período pré-hispânico (FUENTE-SALCIDO *et al.*, 2015). O *tepache* geralmente é produzido a partir da fermentação de cascas de abacaxi, acrescentadas de outras frutas - como laranja, maçã, goiaba e tamarindo –, submersas em solução à base de açúcar ou uma espécie de melado de cana; pode levar, ainda, canela, pimenta ou outras especiarias (Figura 16.9F). A fermentação se dá em barris de madeira característicos para sua produção (as chamadas *tepacheras*), nas quais a mistura fermenta de um a cinco dias em temperatura ambiente (PÉREZ-ARMENDÁRIZ; CARDOSO-UGARTE, 2020).

Características sensoriais associadas à bebida são decorrentes da produção de compostos láticos e acéticos, bem como de outros voláteis; a fermentação excessiva pode resultar em produção excessiva de ácido acético, prejudicando a qualidade do produto final. Condições ideais para a produção de *tepache* com maior aceitação sensorial foram determinadas pela metodologia de superfície de resposta, que indicou temperatura ideal de 22 °C, concentração inicial de açúcar de 13%, pH de 4,0 e fermentação ao longo de 54 horas (CORONA-GONZALEZ *et al.*, 2013). Além disso, os autores identificaram como microrganismos predominantes *S. cerevisiae* (70%), seguido de *Candida apicola* (9%), *Cryptococcus skinneri* (9%) e *Hanseniaspora* (6%). *Pichia membranaefaciens* e outras espécies de *Candida* também já foram identificadas na bebida, além de *Bacillus* spp. (RUBIO-CASTILLO *et al.*, 2021). Estirpes probióticas já foram isoladas de *tepache*, como *Lactiplantibacillus pentosus* ABHEAU-05, com potencial de uso pela indústria de bebidas probióticas (ESCOBAR-RAMÍREZ *et al.*, 2020).

16.4.4 *ALUÁ*

Similar ao *tepache*, o aluá é uma bebida tipicamente brasileira de origem atribuída a sertanejos nordestinos, elaborada a partir da fermentação de cascas e polpa de frutas, especialmente abacaxi. Diferentes variações incluem, ainda, o uso de rapadura, açúcar mascavo, farinha de mandioca, e diferentes tipos de especiarias, como o cravo (Figura 16.9B). Considerando-se o modo de produção, o tempo de fermentação pode variar; em decorrência da temperatura relativamente elevada durante a maior parte do ano em países tropicais como o Brasil, de oito a dez dias em geral são suficientes para a elaboração da bebida (KATZ, 2014). Apesar de pouco difundido entre a maior parte dos brasileiros, o aluá é fruto da estreita relação entre os colonizadores portugueses e os povos indígenas brasileiros. Em Portugal, um processo semelhante é utilizado para produção de uma bebida feita a partir do bagaço de uva, conhecida como *bagaceira*. No Brasil, a existência de relatos de que índios amazonenses produziam uma bebida com abacaxi que permanecia fermentando durante três noites ao luar teria originado seu nome, que de acordo com o folclorista Luís da Câmara Cascudo faz menção à expressão "ao luar" (SOUZA, 2004). BAL, principalmente *Lactobacillus* spp., desempenham papel fundamental na fermentação espontânea da bebida; além da acidificação, enzimas microbianas atuam sobre os fitoquímicos dos ingredientes vegetais, contribuindo para a formação de novos compostos relacionados ao aroma e à funcionalidade das bebidas fermentadas à base de frutas. A despeito da escassez de trabalhos acerca da microbiota da fermentação do aluá, pesquisadores têm buscado compreender melhor o processo fermentativo de bebidas tradicionais similares, porém com parâmetros controlados que possibilitem definir um padrão de qualidade para o produto final. Estudos como estes poderiam contribuir para a preservação de produtos fermentados típicos, a exemplo do trabalho desenvolvido pelo Slow Food Brasil, que incluiu o aluá na Arca do Gosto, um projeto que objetiva preservar os saberes e técnicas de produção de alimentos considerados tradicionais, como frutos, grãos, sementes, queijos e bebidas, como parte do patrimônio cultural e da biodiversidade do país (SLOW FOOD BRASIL, 2021).

16.4.5 *GILABURU*

Frutos da espécie *Viburnum opulus* L., um arbusto da família Caprifoliaceae originário da Europa Norte da África e Ásia e conhecido como rosa-de-guelres, compreendem bagas vermelhas e brilhantes, cujo consumo é frequentemente associado a diferentes benefícios à saúde, como combate aos sintomas da asma, resfriados, tosses, cólicas e problemas intestinais. Os frutos podem ser utilizados para a produção de uma bebida fermentada turca conhecida como *gilaburu*. A microbiota envolvida na fermentação da bebida é essencialmente lática, com populações que variam de 4 a 8 log UFC/g de produto; *Lactobacillus* e *Leuconostoc* são os gêneros predominantes, com destaque para *L. plantarum*, *L. casei* e *L. brevis*; *Lentilactobacillus buchneri* subsp. *buchneri*, *Lentilactobacillus parabucheneri. Lacticaseibacillus pantheris*, *Schleiferilactobacillus harbinensis* e *Leuc. pseudomesenteroides* estão presentes, mas em populações menos expressivas (SAGDIC *et al.*, 2014).

16.4.6 SUCO FERMENTADO DE *NONI*

Estudos têm indicado efeitos protetivos de suco fermentado de *noni* (*Morinda citrifolia*, família Rubiaceae), fruto comum no leste asiático e reconhecido por suas propriedades benéficas. Obtido a partir de fermentação espontânea, sua microbiota inclui *Acetobacter* sp. e *Gluconobacter* sp. (ZHANG *et al.*, 2021). Ainda que testes *in vitro* tenham demonstrado uma maior atividade antioxidante da fruta *in natura* em comparação ao suco fermentado, este apresentou efeito protetivo significativo contra lesões hepáticas induzidas por álcool, por meio de análises histopatológicas e diferentes marcadores moleculares (GUO *et al.* 2020). O suco fermentado de *noni* apresenta, portanto, um potencial de uso como alimento funcional.

16.4.7 *TUBA*

De provável origem Filipina, mas com forte tradição de produção e consumo no México, a *tuba* é obtida a partir da fermentação da seiva de palma, coletada por gotejamento a partir do corte do caule ou de inflorescências da planta (*Cocos nucifera*). A bebida tem variações em outros países, podendo ou não apresentar teor alcoólico. É frequentemente consumida misturando-se castanhas, prática comum nos estados mexicanos de Colima, Michoacán e Guerrero (FUENTE-SALCIDO *et al.*, 2015). A seiva fresca apresenta coloração branca, sabor adocicado e pH próximo à neutralidade. O elevado teor de açúcares – que varia entre 10% e 15% – faz da seiva um substrato ideal para a fermentação espontânea, que ocorre no decorrer de alguns dias; esta é inicialmente lática, seguida de um estágio alcoólico com conversão de até 8% dos açúcares do substrato; pode-se, ainda, fermentar o produto até que se obtenham concentrações de ácido acético entre 4% e 7%, o que ocorre após cerca de oito dias, resultando em um produto similar ao vinagre destinado ao uso culinário (FLORES-GALLEGOS *et al.*, 2019). Como principais microrganismos envolvidos na fermentação da *tuba*, destacam-se BAL, como *Lactobacillus* spp., *Lactococcus lactis* e *Enterococcus faecium*, além de leveduras, como *K. apiculata*, *C. glabrata*, *S. pombe* e *S. cerevisiae* (RUBIO-CASTILLO *et al.*, 2021).

16.5 BEBIDAS FERMENTADAS À BASE DE CEREAIS

16.5.1 *CHICHA*

A *chicha* é uma bebida fermentada de origem indígena tradicional de países da América Latina, como Colômbia, Peru, Equador, Venezuela, Panamá, Chile e Bolívia (HAYASHIDA, 2008). É elaborada com milho, água e sacarose de cana, mas os ingredientes podem variar a depender do local de origem (MENDOZA *et al.*, 2017). Na Colômbia, por exemplo, diferentes variações são observadas, incluindo versões à base de milho, aveia, arroz, cevada, trigo ou, ainda, à base de frutas, como abacaxi e maçã, dentre outros (GONZÁLEZ, 2015) (Figura 16.9B). A bebida teria sua origem nas tradições de povos indígenas colombianos, especialmente da cultura muísca, que a produziam em vasilhames de barro característicos. Quando pouco fermentada, de baixo teor alcoólico, a *chicha* era consumida diariamente, inclusive por crianças; quando alcoólica, seu uso era reservado a rituais religiosos, como funerais, casamentos e cerimônias festivas. Durante o período colonial, estabelecimentos destinados à comercialização da bebida, conhecidos como *chicherias*, se popularizaram no país (FONOTECA NACIONAL DE COLOMBIA, 2012).

Originalmente, as tribos indígenas faziam uso da mastigação do milho para estimular a fermentação, mas as técnicas de preparo foram se modificando ao longo do tempo (GOMES *et al.*, 2009). Atualmente, os grãos de milho são moídos, misturados a água, xarope de milho ou mel, formando uma massa densa que é mantida em vasilhame de barro para fermentação durante cerca de quinze dias. Após, tritura-se novamente a mistura e acrescenta-se mais água, xarope ou mel; procede-se, então, à cocção em recipientes de barro característicos. O mingau obtido é filtrado, tem seu dulçor ajustado e é fermentado novamente por cerca de dez dias. No Equador, utilizam-se açúcar, rapadura ou caldo de cana-de-açúcar, além de ervas e especiarias (FARIA-OLIVEIRA *et al.*, 2015). Assim como para outras bebidas fermentadas, o método de produção e o tempo de fermentação podem resultar em teores alcoólicos distintos, podendo atingir até 12% (v/v) (RAMOS; SCHWAN, 2017). De qualquer maneira, os parâmetros do processo fermentativo são bastante variáveis; assim, o término do processo é ajustado de acordo com a preferência dos consumidores locais, especialmente quanto ao dulçor e ao teor alcoólico (CHAVES-LÓPEZ *et al.*, 2014).

Nos primeiros dias da fermentação, a quantidade de ácido lático é de cerca de 0,8%, podendo atingir 1,4% ao término do processo fermentativo, dependo da composição da microbiota lática presente. Amilases endógenas do milho e produzidas por *Bacillus* sp. contribuem para a quebra inicial do amido, disponibilizando glicose e maltose para a fermentação microbiana; além destas fontes de carbono e energia, sacarose e frutose também são utilizadas ao longo da fermentação. Na *chicha* à base de arroz preparada por populações indígenas brasileiras, a maltose é o carboidrato natural mais abundante, com decréscimo inicial decorrente do consumo pela microbiota, mas com posterior aumento devido à hidrólise por amilases produzidas por *Bacillus* sp.; o teor de sólidos solúveis se reduz no decorrer do processo fermentativo, bem como o pH, devido à produção de ácidos orgânicos como lático e cítrico (PUERARI *et al.*, 2015).

Em relação à microbiota da *chicha*, BAL, leveduras e outros grupos microbianos têm sido descritos em bebidas à base de milho com diferentes formulações (BLANDINO *et al.*, 2003; RAMOS; SCHWAN, 2017) (Quadro 16.6). Algumas estirpes de BAL identificadas na bebida apresentaram atividade antagonista contra patógenos de importância em alimentos (YÉPEZ *et al.*, 2017). *Saccharomyces*, *Candida*, *Torulaspora*, *Hanseniaspora*, *Dekkera*, *Rhodotorula* e *Pichia* estão entre os gêneros de leveduras mais comuns (MENDOZA *et al.*, 2017; RESENDE *et al.*, 2018). Diferenças significativas têm sido descritas em estirpes de *S. cerevisiae* isoladas de *chichas* provenientes de diferentes países, como Argentina (MENDOZA *et al.*, 2017), Equador (PILÓ *et al.*, 2018) e Peru (VALLEJO *et al.*, 2013). *Candida theae*, uma nova espécie de levedura, foi isolada de antigos vasos de *chicha* equatoriana (CHANG *et al.*, 2012). Por fim, *Pichia kluyveri* capaz de tolerar concentrações superiores a 15% de etanol (v/v) foi isolado de três tipos de *chichas* colombianas (LÓPEZ-ARBOLEDA *et al.*, 2010).

Quadro 16.6 – Microrganismos isolados de *chichas* produzidas em países da América Latina

Bactérias	Leveduras
Bacillus subtilis	*Candida sp.*
Bifidobacterium sp.	*Cryptococcus sp.*
Enterococcus spp.	*Hanseniaspora guillermondii*
Levilactobacillus brevis	*Hanseniaspora opuntiae*
Lacticaseibacillus casei	*Hanseniaspora uvarum*
Limosilactobacillus fermentum	*Kodamaea ohmeri*
Lactiplantibacillus plantarum subsp. plantarum	*Meyerozyma guilliermondii*
Latilactobacillus sakei subsp. sakei	*Pichia kluyveri*
Lactococcus lactis	*Pichia kudriavzevii*
Leuconostoc mesenteroides	*Rhodotorula mucilaginosa*
Pediococcus acidilactici	*Rhodotorula slooffiae*
Propioniobacterium sp.	*Saccharomyces cerevisiae*
Streptococcus sp.	*Torulaspora delbrueckii*
Streptomyces sp.	*Wickerhamomyces anomalus*
Weissella spp.	*Yarrowia lipolytica*

Fonte: com informações de Grijalva-Vallejos e Matallana (2020); Puerari, Magalhães-Guedes e Schwan (2015); Yépez *et al.* (2017).

16.5.2 *MUNKOYO*

Munkoyo corresponde a uma bebida não alcoólica comum em regiões rurais de alguns países do sul da África, produzida tradicionalmente em escala artesanal em recipientes de barro ou cabaças e consumida principalmente por mulheres e crianças. É obtida a partir da fermentação de mingau de milho acrescido de raízes de *Rhynchosia* sp., leguminosa da família Fabaceae que contribui com parte da microbiota, além de enzimas capazes de hidrolisar inicialmente os carboidratos do substrato, disponibilizando-os para os microrganismos envolvidos na fermentação. Considerado de elevado valor nutricional, o *munkoyo* é fonte de vitaminas do complexo B (FOMA *et al.* 2012; SCHOUSTRA *et al.*, 2013).

A microbiota envolvida na fermentação de *munkoyo* pode variar, a depender das condições de processamento e local de produção (CHILESHE *et al.*, 2020; PHIRI *et al.*, 2020). BAL são o grupo predominante, principalmente *Lactobacillus* sp. e *Lactococcus*, além de *Lysinibacillus*, *Streptococcus*, *Enterobacter*, *Klebsiella*, *Gluconobacter* e *Acetobacter* (SCHOUSTRA *et al.*, 2013; CHILESHE *et al.*, 2020). Uma bebida similar, o *mahewu*, é produzida acrescentando-se farinha de trigo ou sorgo, que contribuem com enzimas amilolíticas que aumentam a disponibilidade de carboidratos fermentescíveis. Na produção artesanal desta, predominam BAL heterofermentadoras; industrialmente, contudo, opta-se por utilizar BAL homofermentadoras termofílicas, resultando em um produto de sabor lático mais limpo e menos pungente que aquele decorrente da ação de uma microbiota mais complexa (ZULU *et al.*, 1997; HOLZAPFEL, 1989).

L. plantarum, *L. fermentum*, *W. confusa*, *Lactococcus lactis* e *Enterococcus italicus* correspondem às BAL mais importantes para o desenvolvimento do *flavor* da bebida, principalmente compostos voláteis e não voláteis, incluindo compostos fenólicos já descritos (SCHOUSTRA *et al.*, 2013). Além disso, BAA também são imprescindíveis para as características sensoriais de *munkoyo*, com diversas espécies já identificadas em biofilmes presentes nas superfícies internas dos recipientes utilizados na fermentação; a oxidação de etanol a ácido acético é favorecida pelo fato de a bebida ser fermentada espontaneamente ao ar livre (PHIRI *et al.*, 2019).

16.5.3 *SOBIA*

De origem saudita, a *sobia* é uma bebida fermentada de sabor agridoce, que teria sido introduzida na região há séculos por peregrinos egípcios. É tradicionalmente consumida durante o Ramadã, mês considerado sagrado pelos povos islâmicos, com produção predominantemente artesanal e em pequena escala. Variações são produzidas a partir de cevada, farinha ou pão adormecido, acrescidos de açúcar e especiarias, podendo, ainda, ser saborizada com diferentes tipos de frutas (HAMEED, 2021).

A produção da *sobia* compreende a mistura de farinha de trigo, malte ou pão adormecido em água; após homogeneizar, filtra-se todo o conteúdo para retirada das partes sólidas utilizando-se um tecido limpo, adicionam-se açúcar e especiarias, principalmente canela e cardamomo. A fermentação ocorre em temperaturas entre 30 °C e 40 °C durante 24 horas. Como parte da microbiota, destacam-se BAL, especialmente do gênero *Lactobacillus* (*L. buchneri*, *L. plantarum*, *L. brevis*, *L. delbrueckii*), *Leuconostoc lactis*, *Pediococcus*, além de *Enterobacter* spp. e leveduras, dentre *S. cerevisiae*, *C. tropicalis*, *Candida ciferrii*, *C. lipolytica*, *Kloeckera japonica* e *Rhodotorula rubra* (GASSEM, 2002).

16.5.4 *KVASS*

Kvass corresponde a uma bebida elaborada a partir da fermentação de cereais, especialmente cevada, malte e farinha de centeio e pão de centeio adormecido, comum em países do Leste Europeu, como Rússia e Polônia, e países bálticos, como Lituânia e Letônia (RYPKA, 2020). Tem características semelhantes a uma cerveja de centeio, de sabor doce e azedo, mas com reduzido teor alcoólico, uma vez que não ultrapassa 1% de etanol (v/v) (DLUSSKAYA; JANSCH; SCHWAB, 2008). Sua fermentação envolve microrganismos autóctones da matéria-prima, especialmente BAL que contribuem para a acidificação e componente lático do produto – com destaque para *Lactobacillus* e *Leuconostoc* –, bem como leveduras, principalmente

S. cerevisiae, que resulta em traços de etanol e na efervescência típica da bebida. Mais de cinquenta espécies de BAL e vinte diferentes leveduras já foram identificadas no *kvass* (DE VUYST; NEYSENS, 2005). A microbiota pode variar, a depender das características das matérias-primas utilizadas, bem como das técnicas de processamento (KAUR; GHOSHAL; BANERJEE, 2019). Assim, versões à base de pão adormecido (que fornece os carboidratos essenciais à fermentação) ou à base de farinha e malte de centeio hidratados são as mais comumente observadas (BASCHALI *et al.*, 2017). Atualmente, a fermentação do *kvass* pode compreender o uso de *culturas starter*, embora a técnica de fermentação autóctone seguida de *backslopping* seja ainda a mais amplamente empregada (RYPKA, 2020).

16.5.5 *BORS*

Bebida fermentada à base de farelo de trigo, o *bors* é tradicionalmente associado à Romênia. Pode ser utilizado com finalidades culinárias, para conferir acidez a determinadas preparações, especialmente sopas, ou como uma bebida refrescante. Para sua elaboração, farelo de trigo é hidratado em água quente e posteriormente acrescido de uma porção da bebida já fermentada (*backslopping*), mantidos em recipientes de vidro durante dois a três dias em temperatura ambiente (GROSU *et al.*, 2019). Ao consumo de *bors* são atribuídos diversos benefícios, como melhoria de problemas digestivos, doenças hepáticas e certos tipos de câncer; no entanto, pesquisas acerca de sua funcionalidade são escassas. Espécies de *Lactobacillus* são predominantes no processo fermentativo, como *L. amylolyticus*, *L. fermentum*, *L. plantarum*, *L. casei* e *L. buchneri*, que contribuem também para o aumento do teor de compostos fenólicos no produto (KAUR *et al.*, 2019; GROSU *et al.*, 2019).

16.5.6 *AMAZAKE*

O *amazake* (do japonês *ama*, "doce", mais *zake*, "saquê"), também conhecido como "vinho de arroz japonês", é uma bebida doce tradicional do Japão, que pode ser produzida a partir da fermentação de arroz pré-cozido e água por *Aspergillus oryzae* (*koji amazake*) ou a partir do subproduto da fabricação do saquê (*sakekasu amazake*) (Figura 16.9C). No primeiro caso, a mistura de arroz e água inoculada com os esporos é mantida em condições de umidade e temperatura controladas, visando ao crescimento do fungo e consequente produção de enzimas imprescindíveis para o processo de sacarificação; elevado teor de glicose (em torno de 20%) geralmente é observado, decorrente da sacarificação do amido por α-amilases e glicoamilases fúngicas (YOSHII, 1971). Em geral, o processo de produção é semelhante ao empregado na produção de saquê (bebida de elevado teor alcoólico); no entanto, a fermentação alcoólica é controlada na fabricação do *amazakê*, principalmente pela manutenção de temperaturas mais elevadas que aquelas utilizadas comumente na produção da bebida alcoólica (YAMAMOTO, 2011). Pesquisas visando à melhoria do perfil sensorial da bebida têm demonstrado a possibilidade de uso de culturas *starter*, como *L. sakei*, além do inóculo fúngico inicial (OGURO *et al.*, 2017). Diferentes efeitos benéficos à saúde têm sido atribuídos ao consumo da bebida, como propriedades antiobesidade, anti-hipertensiva, antiamnésica (YAMAMOTO; MATSUGO, 2008) e imunomodulatória (NAGAO; SATA, 2013).

16.6 BEBIDAS FERMENTADAS À BASE DE CASCAS, RAÍZES E TUBÉRCULOS

16.6.1 *GINGER BEER*

Ginger beer corresponde a uma bebida fermentada a partir de solução açucarada contendo gengibre (*Zingiber officinale*). Trata-se de uma bebida diferente do refrigerante *Ginger ale*, comum nos Estados Unidos e que nos últimos anos tem se popularizado, inclusive no Brasil. Como ingredientes básicos são utilizados, na produção artesanal, gengibre, açúcar, limão e o "fermento", resultando em uma bebida carbonatada refrescante de sabor ácido e reduzido teor alcoólico (BASCHALI *et al.*, 2017), que pode, contudo, apresentar volumes maiores de etanol dependendo da intensidade do processo fermentativo empregado (DWILOKA *et al.*, 2020). O fermento, conhecido popularmente como "*ginger bug*", é obtido a partir de alimentações e descartes sucessivos de uma mistura de gengibre ralado, água e açúcar, em um processo semelhante ao *levain* utilizado na elaboração de pães tipo *sourdough*. BAL e leveduras já foram identificadas em *ginger beer* industrializados, com destaque para *Lactobacillus*, *Leuconostoc*, *Bacillus*, *Staphylococcus*, *Candida* e *Saccharomyces* (OSUNTOGUN; ABOABA, 2004).

16.6.2 *SHALGAM*

Bebida de origem turca, o *shalgam* (ou *salgam*) é obtido a partir da fermentação de uma variedade de cenoura roxa (*Daucus carota* var. L.). De fermentação essencialmente lática, apresenta coloração vermelho-arroxeada característica e propriedades antioxidantes, resultado do elevado teor de antocianinas da matéria-prima (TURKER; AKSAY; EKIZ, 2004; MA *et al.*, 2020; SETHI, 1990), principalmente cianidina-3-galactosídeo, cianidina-3-glicosídeo e cianidina-3-arabinosídeo. A microbiota é composta principalmente por BAL, com destaque para *L. plantarum*, *L. casei*, *L. brevis* e *L. helveticus*, que predominam durante todo o processo fermentativo, com picos ao redor do 17º dia (EKINCI *et al.*, 2016). A microbiota lática pode ser incrementada com a adição de farinha de *bulgur* (ou triguilho) (GIUSTI; WROLSTAD, 2003). Em relação às leveduras, predomina *S. cerevisiae*, apesar de *Candida krusei* já ter sido identificada na bebida (ERGINKAYA; TURHAN, 2016). Ainda que no início do processo possam ocorrer contaminantes indesejáveis, inclusive coliformes, estes são eliminados no decorrer da fermentação pela acidificação do substrato e pela competição com a microbiota lática (TANGULER; ERTEN, 2012a; 2012b).

16.6.3 *MABÍ*

Mabí consiste em uma bebida tradicionalmente produzida em algumas ilhas do Caribe, a partir da infusão adoçada de cascas de *mabí* (*Colubrina elliptica*), planta de porte arbóreo de 2 a 6 m de altura da família Rhamnaceae. A fermentação é realizada pela microbiota autóctone presente na matéria-prima e no ambiente de produção (GRAHAM; CHAPARRO, 1982; KATZ, 2014), geralmente a 28 °C no decorrer de 24 a 48 horas. Leveduras, especialmente *S. cerevisiae*, bem como bactérias, como *Enterobacter*, compõem a microbiota da fermentação do *mabí*. Ao término, ácidos orgânicos, CO_2, compostos voláteis e traços de etanol estão presentes na bebida (MONTOYA; GRAHAM, 1981), que apresenta coloração amarronzada característica e uma espuma robusta formada pela presença de saponinas constituintes das cascas do vegetal (GRAHAM; ZENGOTITA, 1982).

16.6.4 *CAUIM*

A palavra *cauim* (kawí) é frequentemente utilizada para se referir a um grupo de bebidas produzidas por tribos indígenas brasileiras, a partir da fermentação de diferentes tipos de substratos, especialmente mandioca. O termo é, portanto, genérico, e abriga tanto bebidas alcoólicas quanto não alcoólicas, a depender das condições de processamento e da região produtora. Relatos na literatura têm indicado que pode se tratar tanto de um alimento, utilizado especificamente para nutrir, quanto de uma bebida, consumida por crianças (quando não alcoólica) e por adultos, especialmente em rituais específicos (BARGHINI, 2018). Portanto, embora tenha sido apresentado como uma bebida alcoólica no capítulo sobre fermentados à base de mandioca (Capítulo 14), também é incluído aqui como uma bebida não alcoólica ou de teor alcoólico reduzido. Outros substratos, além da mandioca, podem ser utilizados para sua produção, como milho, arroz, amendoim, sementes de algodão, dentre outros (GOMES *et al.*, 2009). Sua produção envolve a cocção dos substratos em água fervente, posteriormente resfriados à temperatura ambiente e adicionados de uma mistura de batata-doce previamente mastigada por uma índia jovem da comunidade. Este "inóculo" é, então, adicionado ao substrato, favorecendo o crescimento de uma microbiota complexa responsável pela fermentação. Após um período compreendido entre 24 e 48 horas, a bebida está pronta para ser consumida. Variações quanto às etapas do processo produtivo podem ser observadas, bem como ao teor alcoólico. Durante a fermentação do *cauim*, predominam BAL, com destaque para *L. pentosus* e *L. plantarum*; *Corynebacterium amylocolatum*, *C. xerosis*, *C. vitarumen*, *Bacillus cereus*, *B. licheniformis* e *Paenibacillus macerans* já foram identificados na bebida (ALMEIDA *et al.*, 2007; RAMOS *et al.*, 2011; SCHWAN *et al.*, 2007).

16.6.5 *TARUBÁ*

Outro produto de origem brasileira é o *tarubá*, bebida de baixo teor alcoólico produzida principalmente por tribos amazônicas a partir da fermentação da mandioca em estado sólido (RAMOS *et al.* 2015). Os borari, povos indígenas que habitam a região do Baixo Tapajós, produzem a bebida durante o Sairé, que é considerada uma das festas folclóricas mais antigas da Amazônia, realizada há mais de trezentos anos. Após a extração do tucupi, a massa do beiju é assada e posteriormente umedecida; os índios mantêm, então, a massa envolta em folhas de bananeira para que fermentem ao longo de vários dias. A massa é, então, diluída em água, resultando no *tarubá*. A depender do período de fermentação, a bebida pode apresentar teor alcoólico (PENNA, 2020). Na microbiota do *tarubá*, predominam leveduras, com destaque para *Torulaspora delbrueckii*, *Pichia* spp., *Candida* spp., *Hanseniaspora uvarum* e *Wickerhamomyces anomalus*. A microbiota lática compreende espécies de *Lactobacillus*, como *L. plantarum* e *L. brevis*, além de *Leu. mesenteroides* e *Leu. lactis*; outros microrganismos, como *Acetobacter* sp. e *Bacillus* spp., também podem ocorrer (RAMOS *et al.* 2015).

16.7 PERSPECTIVAS E CONSIDERAÇÕES FINAIS

A produção e o consumo de bebidas fermentadas têm se expandido consideravelmente nos últimos anos. Consumidores que buscam por bebidas inovadoras produzidas de maneira artesanal têm contribuído para este aumento, que favorece indústrias de pequeno, médio e grande porte. Nesse contexto, destacam-se as bebidas fermentadas não alcoólicas, especialmente à base de chás, como a *kombucha*, cujo mercado encontra-se, no momento, em franca expansão, tanto no Brasil quanto no mundo. Conforme apresentado neste capítulo, a grande diversidade de bebidas não alcoólicas fermentadas demonstra a importância cultural e econômica dessa classe de produto. Pesquisas acerca das condições ideais para a produção, visando a uma melhor performance fermentativa relacionada a atributos interessantes do ponto de vista comercial, podem contribuir ainda mais para a popularização e o consumo de produtos antes considerados restritos a apenas algumas culturas.

REFERÊNCIAS

AFSHARMANESH, M.; SADAGHI, B. E. Effects of dietary alternatives (probiotic, green tea powder, and Kombucha tea) as antimicrobial growth promoters on growth, ileal nutrient digestibility, blood parameters, and immune response of broiler chickens. *Comparative Clinical Pathology*, v. 23, p. 717-724, 2014.

AHMED, R. F.; HIKAL, M. S.; ABOU-TALEB, K. A. Biological, chemical and antioxidant activities of different types Kombucha. *Annals of Agricultural Sciences*, 2020.

AHMED, S.; STEPP, J. R. Green tea: plants, processing, manufacturing and production. *In*: PREEDY, V. (ed.). *Tea in health and disease prevention*. London: Academic Press, 2013, cap. 2, p. 19-31.

ALMEIDA, E. G.. *et al.*. Microbial population present in fermented beverage 'cauim'produced by Brazilian Amerindians. *International journal of food microbiology*, v. 120, n. 1-2, p. 146-151, 2007.

ALMEIDA, J. S. *et al.* Molecular modeling studies on the interactions of aflatoxin B1 and its metabolites with the peripheral anionic site of human acetylcholinesterase. *Journal of Biomolecular Structure and Dynamics*, v. 37, n. 8, p. 2041-2048, 2019.

ALMEIDA, O. G. G. *et al.* Does Quorum Sensing play a role in microbial shifts along spontaneous fermentation of cocoa beans? An in silico perspective. *Food Research International*, v. 131, p. 1-12, 2020.

ALOULOU, A. *et al.* Hypoglycemic and antilipidemic properties of kombucha tea in alloxan--induced diabetic rats. *BMC Complementary and Alternative Medicine*, v. 12, n. 1, p. 63, 2012.

ALOYS, N. N. Traditional fermented foods and beverages in Burundi. *Food Research International*, v. 42, p. 588-594, 2009.

ALSAYAD, M. *et al.* Evaluation of anti-hyperglycemic and anti-hyperlipidemic activities of water kefir as probiotic on Streptozotocin-induced diabetic Wistar rats. *Journal of Diabetes Mellitus*, v. 4, p. 85-95, 2014.

ALSAYAD, M. *et al.* Antioxidant potency of water kefir. *Journal of Microbiology, Biotechnology and Food Sciences*, v. 2, n. 6, p. 2444-2447, 2013.

ALTAY, F. *et al.* A review on traditional Turkish fermented non-alcoholic beverages: microbiota, fermentation process and quality characteristics. *International Journal of Food Microbiology*, v. 167, n. 1, p. 44-56, 2013.

AMARASINGHE, H.; WEERAKKODY, N. S.; WAISUNDARA, V. Y. Evaluation of physicochemical properties and antioxidant activities of kombucha "Tea Fungus" during extended periods of fermentation. *Food Science & Nutrition*, v. 6, n. 3, p. 659-665, 2018.

ARAÚJO, M. F. *et al.* Kefir de água e leite: Composição físico-química em diferentes substratos. *Revista Brasileira de Obesidade, Nutrição e Emagrecimento*, v. 13, n. 80, p. 645-651, 2019.

ARROYO-LÓPEZ, F. N. *et al.* Exclusion of *Saccharomyces kudriavzevii* from a wine model system mediated by *Saccharomyces cerevisiae. Yeast*, v. 28, n. 6, p. 423-435, 2011.

ARSHAD, R. N. *et al.* Pulsed electric field: a potential alternative towards a sustainable food processing. *Trends in Food Science & Technology*, 2021.

ARIKAN, M.; MITCHELL, A. L.; FINN, R. D.; GÜREL, F. Microbial composition of Kombucha determined using amplicon sequencing and shotgun metagenomics. *Journal of food science*, v. 85, n. 2, p. 455-464, 2020.

ASHAOLU, T.; REALE, A. A holistic review on Euro-Asian lactic acid bacteria fermented cereals and vegetables. *Microorganisms*, v. 8, n. 8, 3 ago. 2020.

ASPIRAS, B. E. E.; FLORES, R. F. A. C.; PAREJA, M. C. Hepatoprotective effect of fermented water kefir on Sprague-Dawley rats (*Rattus norvegicus*) induced with sublethal dose of Acetaminophen. *International Journal of Current Science*, v. 17, p. 18-28, 2015.

AZEREDO, H. *et al.* Bacterial cellulose as a raw material for food and food packaging applications. *Frontiers in Sustainable Food Systems*, v. 3, p. 7, 2019.

BALENTINE, D. A.; WISEMAN, S. A.; BOUWENS, L. C. M. The chemistry of tea flavonoids. *Critical Reviews in Food Science and Nutrition*, v. 37, n. 8, v. 8, p. 693-704, 1997.

BALI, V. *et al.* Bacteriocins: recent trends and potential applications. *Critical Reviews in Food Science and Nutrition*, v. 56, n. 5, p. 817-834, 2016.

BARGHINI, A. Cauim: entre comida e ebriedade. *Boletim do Museu Paraense Emílio Goeldi Ciências Humanas*, v. 13, n. 3, 2018.

BASCHALI, A. *et al.* Traditional low-alcoholic and non-alcoholic fermented beverages consumed in European countries: a neglected food group. *Nutrition Research Reviews*, v. 30, n. 1, p. 1-24, 2017.

BATTIKH, H. *et al.* Antibacterial and antifungal activities of black and green kombucha teas. *Journal of Food Biochemistry*, v. 37, n. 2, p. 231-236, 2013.

BELITZ, H-D.; GROSCH, W.; SCHIEBERLE, P. *Food chemistry*. 4. ed. Berlin/Heidelberg: Springer-Verlag, 2009. p. 951-958.

BELLASSOUED, K. *et al.* Protective effect of kombucha on rats fed a hypercholesterolemic diet is mediated by its antioxidant activity. *Pharmaceutical Biology*, v. 53, n. 11, p. 1699-1709, 2015.

BESHKOVA, D. M. *et al.* Production of volatile aroma compounds by kefir starter cultures. *International Dairy Journal*, v. 13, n. 7, p. 529-535, 2003.

BEZERRA, A. B.; BOARI, C. D.; ZANCANARO JÚNIOR, O. Kefir X iogurte: uma comparação sensorial. *Anais*... Ribeirão Preto: USP, 1998.

BHATTACHARYA, D. *et al.* Anti-virulence activity of polyphenolic fraction isolated from Kombucha against *Vibrio cholerae*. *Microbial Pathogenesis*, v. 140, p. 103927, 2020.

BLANC, P. J. Characterization of the tea fungus metabolites. *Biothenology Letters*, v. 18, n. 2, p.139-142, fev. 1996.

BLANCO, C. A.; ANDRÉS-IGLESIAS, C.; MONTERO, O. Low-alcohol beers: flavor compounds, defects, and improvement strategies. *Critical reviews in food science and nutrition*, v. 56, n. 8, p. 1379-1388, 2016.

BLANDINO, A. *et al.* Cereal-based fermented foods and beverages. *Food Research International*, v. 36, p. 527-543, 2003.

BRAIBANTE, M. E. F. *et al.* A química dos chás. *Química Nova na Escola*, v. 36, n. 3, p. 168-175, ago. 2014.

BRASIL, G. A. *et al.* Pretreatment with water kefir promotes a decrease in ulcer development in an ethanol-acidified ulcer model. *The FASEB Journal*, v. 33, n. 1-supplement, p. 760-762, 2019.

BRASIL. Agência Nacional de Vigilância Sanitária (ANVISA). RDC n. 271, de 22 de setembro de 2005. Regulamento Técnico para açúcares e produtos para adoçar. Disponível em: https://bvsms.saude.gov.br. Acesso em: 27 maio 2020.

BRASIL. Ministério da Agricultura, Pecuária e Abastecimento (MAPA). Instrução Normativa n. 41, de 17 de setembro de 2019. Padrão de Identidade e Qualidade da Kombucha. Disponível em: http://www.in.gov.br/en/web/. Acesso em: 18 jun. 2020.

BRUINI, B. *et al.* Aspectos físico-químicos e microbiológicos no processo de fabricação da kombucha. *Revista Engenho*, v. 11, n. 1, dez. 2019.

BYAKIKA, S. *et al.* Influence of food safety knowledge, attitudes and practices of processors on microbiological quality of commercially produced traditional fermented cereal beverages, a case of Obushera in Kampala. *Food Control*, v. 100, p. 212-219, 2019.

CACICEDO, M. L. *et al.* Self-assembly of carrageenin–CaCO3 hybrid microparticles on bacterial cellulose films for doxorubicin sustained delivery. *Journal of Applied Biomedicine*, v. 13, n. 3, p. 239-248, 2015.

CAMPOS, A.; SANTOS, C.; SILVA, A. *Determinação da dureza da água*. Laboratórios de Ciências do Ambiente II (Módulo de Minas). Porto, Portugal: Faculdade de Engenharia, Universidade do Porto, 2014. Disponível em: https://web.fe.up.pt/~up201306132/dureza%20da%20agua.pdf. Acesso em: 18 maio 2020.

CARDOSO, S. B. *et al.* Avaliação física, química e antimicrobiana da Kombucha Probiótico (*Medusomyces gisevii lindau*) e análise comparativa com outros probióticos comercializados no Brasil. *Nutrição Brasil*, v. 17, n. 1, p. 2-8, 2018.

CARVALHO, F. S.; PAULO, E. M. Bebida semelhante ao Aluá utilizando suco de melancia como substrato para fermentação controlada da bactéria láctica *Lactobacillus plantarum*. Trabalho de Iniciação Científica – Universidade Estadual de Feira de Santana, Feira de Santana, 2018.

CATASSI, G. *et al.* The low FODMAP diet: many question marks for a catchy acronym. *Nutrients*, v. 9, n. 3, p. 292, 2017.

CELESTINO, M. C. S. *Princípios de secagem de alimentos*. Planaltina, DF: Embrapa, 2010. p. 33-36. Disponível em: https://www.infoteca.cnptia.embrapa.br. Acesso em: 19 maio 2021.

CHAKRAVORTY, S. *et al.* Kombucha: a promising functional beverage prepared from tea. *In*: GRUMEZESCU, A. M.; HOLBAN, A. M. *Non-alcoholic beverages*, 2019. Duxford: Woodhead Publishing, 2019. p. 285-328.

CHAKRAVORTY, S. *et al.* R. Kombucha tea fermentation: microbial and biochemical dynamics. *International Journal of Food Microbiology*, v. 220, p. 63-72, 2016.

CHANG, Y. C. *et al.* Candida theae sp. nov., a new anamorphic beverage-associated member of the *Lodderomyces clade. International Journal of Food Microbiology*, v. 153, p. 10-14, 2012.

CHANG. K. *World tea production and trade*: current and future development. Rome: FAO, 2015.

CHAVES-LÓPEZ, A. *et al.* Traditional fermented foods and beverages from a microbiological and nutritional perspective: the Colombian heritage. *Comprehensive Reviews in Food Science and Food Safety*, v. 13, p. 1031-1048, 2014.

CHAWLA, P. R. *et al.* Microbial cellulose: fermentative production and applications (Review). *Food Technology and Biotechnology*, v. 47, n. 2, p. 107-124, 2009.

CHEN, C.; LIU, B. Y. Changes in major components of tea fungus metabolites during prolonged fermentation. *Journal of Applied Microbiology*, v. 89, n. 5, p. 834-839, 2000.

CHILESHE, Justin *et al.* Nutritional composition and microbial communities of two non-alcoholic traditional fermented beverages from Zambia: a study of mabisi and munkoyo. *Nutrients*, v. 12, n. 6, p. 1628, 2020.

CHOONUT, A.; SAEJONG, M.; SANGKHARAK, K. The production of etanol and hydrogen from pineapple peel by *Saccharomyces cerevisiae* and *Enterobacter aerogeners. Energy Procedia*, v. 52, p. 242-249, 2014.

CHU, S. C.; CHEN, C. Effects of origins and fermentation time on the antioxidante activities of Kombucha. *Food Chemistry*, v. 98, p. 502-507, 2006.

CINTRA, B. P. G. Desenvolvimento e avaliação de formulações de chá fermentado (kombucha). *Revista Científica UMC*, Edição Especial PIBIC, Mogi das Cruzes, out., 2018.

COLEMAN, S. T. *et al.* Expression of a glutamate decarboxylase homologue is required for normal oxidative stress tolerance in *Saccharomyces cerevisiae. Journal of Biological Chemistry*, v. 276, n. 1, p. 244-250, 2001.

CORONA-GONZALEZ, R. I. *et al.* The use of response surface methodology to evaluate the fermentation conditions in the production of tepache. *Revista Mexicana de Ingenieria Quimica*, v. 12, p. 19-28, maio 2013.

CORREIA, R. T. P. *et al.* Bioactive compounds and phenolic-linked functionality of powdered tropical fruit residues. *Food Science and Technology International*, v. 18, n. 6, p. 539-547, 2012.

COSSENTINI, L. A. *et al.* Níveis de elevados de homocisteína plasmática e sua relação com o estresse oxidativo em pacientes com acidente vascular encefálico. *Revista Brasileira de Neurologia e Psiquiatria*, v. 24, n. 1, 2020.

COSTA, M.A.C.; VILELA, D.L.S.; FRAIZ, G.M.; LOPES, I.L.; COELHO, A.I.M.; CASTRO, L.C.V.; MARTIN, J.G.P. Effect of kombucha intake on the gut microbiota and obesity-related comorbidities: a systematic review. Critical Reviews in Food Science and Nutrition, v. 61, p. 1-16, 2021.

CRUM, H.; LAGORY, A.; KATZ, S. E. *The big book of kombucha*: brewing, flavoring, and enjoying the health benefits of fermented tea. North Adams, MA: Storey Publishing LLC, 2016.

CRUZ, F. T.; SCHNEIDER, S. Quality of food, scale of production and traditional food enhancement. *Revista Brasileira de Agroecologia*, v. 5, n. 2, p. 22-38, 2010.

CVETKOVIC, D. *et al.* Specific interfacial area as a key variable in scaling-up Kombucha fermentation. *Journal of Food Engineering*, v. 85, p. 387-392, 2008.

DAKAL, T, C.; SOLIERI, L.; GIUDICI, P. Adaptive response and tolerance to sugar and salt stress in the food yeast *Zygosaccharomyces rouxii*. *International Journal of Food Microbiology*, v. 185, p. 140-157, 2014.

DANG, T. D. T. *et al.* A peculiar stimulatory effect of acetic and lactic acid on growth and fermentative metabolism of *Zygosaccharomyces bailii*. *Food microbiology*, v. 26, n. 3, p. 320-327, 2009.

DAVIDOVIC, S. *et al.* Water Kefir grain as a source of potent dextran producing lactic acid bacteria. *Hemijska Industrija Chemical Industry*, v. 69, n. 6, p. 595-604, jan. 2015.

DE VUST, L.; WECKX, S. The cocoa bean fermentation process: from ecosystem analysis to start culture development. *Journal of Applied Microbiology*, v. 121, p. 5-17, 2016.

DE VUYST, L.; NEYSENS, P. The sourdough microflora and metabolic interactions. *Trends in Food Science & Technology*, v. 16, n. 1-3, p. 43-56, jan. 2005.

DHAR, D.; MOHANTY, A. Gut microbiota and Covid-19-possible link and implications. *Virus Research*, v. 285, p. 198018, 2020.

DI CAGNO, R. *et al.* Exploitation of vegetables and fruits through lactic acid fermentation. *Food Microbiology*, v. 33, n. 1, p. 1-10, 2013.

DLUSSKAYA, E.; JANSCH, A.; SCHWAB, C. Análise microbiana e química de uma fermentação kvass. *European Food Research Technology*, v. 227, p. 261-266, 2008.

DOMIZIO, P. *et al.* Cell wall polysaccharides released durind the alcoholic fermentation by *Shizosacchamyces pombe* and *S. japonicus*. Quantification and chatacterization. *Food Microbiology*, v. 61, p. 136-149, 2017.

DOYLE, M. P.; DIEZ-GONZALEZ, F.; HILL, C. (ed.). *Food microbiology*: fundamentals and frontiers. Washington, DC: John Wiley & Sons, 2019.

DUARTE, F. T. B.; SILVA, R. R. Entendendo a transformação química por meio do processo de fermentação alcoólica. *PPGEC UnB*, v. 9, 2014. Disponível em: http://www.ppgec.unb.br. Acesso em: 13 jul. 2020.

DUFRESNE, C.; FARNWORTH, E. Tea, kombucha, and health: a review. *Food research International*, v. 33, p. 409-421, 2000.

DUTTA, H.; PAUL, S. Kombucha drink: production, quality, and safety aspects. *In:* GRUMEZESCU, A. M.; HOLBAN, A. M. (eds.). *Production and management of beverages*. Duxford: Woodhead Publishing, 2019. p. 259-288.

DWILOKA, B *et al.* pH value, Total microbes, alcohol content and overall hedonic characteristic of Ginger Ale. *Earth Environmental Science*, v. 518. p. 12-65, 2020.

EKINCI, F.Y. *et al.* Characterization of chemical, biological, and antiproliferative properties of fermented black carrot juice, shalgam. *European Food Research and Technology*, v. 242, n. 8, p. 1355-1368, 2016.

ELIZAQUÍVEL, P. *et al.* Pyrosequencing vs. culture-dependent approaches to analyse lactic acid bacteria associated to chicha, a traditional maizebased fermented beverage from Northwestern Argentina. *International Journal of Food Microbiology*, v. 198, p. 9e18, 2015.

ERGINKAYA, Z.; TURHAN, E.U. Enumeration and identification of dominant microflora during the fermentation of Shalgam. *Akademik Gıda*, v. 14, n. 2, p. 92-97, 2016.

EROGLU, H. E. The cytogenetic effects of black tea and green tea on cultured human lymphocytes. *Brazilian Archives of Biology and Technology*, v. 54, n.6, p. 1159-1166, dez. 2011.

ESCOBAR-RAMÍREZ, M. C. *et al. Lactobacillus pentosus* ABHEAU-05: an in vitro digestion resistant lactic acid bacterium isolated from a traditional fermented Mexican beverage. *Revista Argentina de Microbiología*, v. 52, n. 4, out. 2020.

ESENER, O. B. B. *et al.* Donkey milk kefir induces apoptosis and suppresses proliferation of Ehrlich ascites carcinoma by decreasing iNOS in mice. *Biotechnic & Histochemistry*, v. 93, n. 6, p. 424-431, 2018.

FARIA-OLIVEIRA, R. H. S. *et al.* The role of yeast and lactic acid bacteria in the production of fermented beverages in South America. *In*: EISSA, A. (ed.). *Food production and industry*, InTechOpen, 2015. p. 107-135.

FARRER'S TEA & COFFEE MERCHANTS. *Top 10 tea producing countries in the world 2021.* Disponível em: https://farrerscoffee.co.uk/top-10-tea-producing-countries-in-the-world-2020. Acesso em: 2 maio 2021.

FERMENTAHOLICS. *Pó Scoby de kombucha moído grosso e desidratado certificado orgânico – película de kombuchá seca*, 2021. Disponível em: https://fermentaholics.com/product. Acesso em: 19 maio 2021.

FILANNINO, P. *et al.* Metabolism of phenolic compounds by *Lactobacillus* spp. during fermentation of cherry juice and broccoli puree. *Food Microbiology*, v. 46, p. 272-279, 2015.

FILIPPIS, F.; TROISE, A. D..; VITAGLIONE, P.; ERCOLINI, D. Different temperatures select distinctive acetic acid bacteria species and promotes organic acids production during Kombucha tea fermentation. *Food Microbiology*, v. 73, p. 11-16, 2018.

FIORDA, F.A. *et al.* Microbiological, biochemical, and functional aspects of sugary kefir fermentation: a review. *Food Microbiology*, v. 66, p. 86-95, 2017.

FLORES-GALLEGOS, A. C. *et al.* Tuba, a fermented and refreshing beverage from coconut palm sap. *In*: GRUMEZESCU, A. M.; HOLBAN, A. M. *Non-alcoholic beverages*, 2019. Duxford: Woodhead Publishing, 2019. p. 163-184.

FOMA, R.K. *et al.* Study of physicochemical parameters and spontaneous fermentation during traditional production of munkoyo, an indigenous beverage produced in Democratic Republic of Congo. *Food Control*, v. 25, n. 1, p. 334-341, 2012.

FONOTECA NACIONAL DE COLOMBIA. *Memoria sonora de Colombia*. Bogotá, 2012.

FREER, S.N.; DIEN, B.; MATSUDA, S. Production of acetic acid by Dekkera/Brettanomyces yeasts under conditions of constant pH. World J. Microbiol. Biotechnol., v. 19, p. 101–105, 2003.

FREIRE, A.L. *et al.* Nondairy beverage produced by controlled fermentation with potential probiotic starter cultures of lactic acid bacteria and yeast. *International Journal of Food Microbiology*, v. 2, n. 248, 39-46, 2017.

FUENTE-SALCIDO, N. M. *et al.* Isolation and characterization of bacteriocinogenic lactic bacteria from M-Tuba and Tepache, two traditional fermented beverages in México. *Food Science & Nutrition*, v. 3, n. 5, 29 set. 2015.

GADAGA, T. H. *et al.* A review of traditional fermented foods and beverages of Zimbabwe. *International Journal of Food Microbiology*, v. 53, p. 1-11, 1999.

GALLETTI, J. P. *et al.* Qualidade de água de abastecimento na indústria de produtos de origem animal: revisão bibliográfica. *Enciclopédia Biosfera*, v. 6, n. 10, p. 1, 2010.

GALLI, A. *et al.* Composizione microbiologica e chimica dei granuli di Kefir "di frutta". *Annali di Microbiologia ed Enzimologia*, v. 45, p. 85-95, 1995.

GAMBOA-GÓMEZ, C. I. *et al.* Antioxidant and angiotensin-converting enzyme inhibitory activity of *Eucalyptus camaldulensis* and *Litsea glaucescens* infusions fermented with kombucha consortium. *Food Technology and Biotechnology*, v. 54, n. 3, p. 367-374, 2016.

GASSEM, M. A. A microbiological study of Sobia: a fermented beverage in the Western province of Saudi Arabia. *World Journal of Microbiology and Biotechnology*, v. 18, n. 3, p. 173-177, 2002.

GEORGE, J. *et al.* Bacterial cellulose nanocrystals exhibiting high thermal stability and their polymer nanocomposites. *International Journal of Biological Macromolecules*, v. 48, n. 1, p. 50-57, 2011.

GILLE, D. *et al.* Fermented food and non-communicable chronic diseases: a review. *Nutrients*, v. 10, n. 4, p. 448, 2018.

GIUSTI M. M, WROLSTAD R E. Acylated anthocyanins from edible sources and their applications in food systems. *Biochemical Engineering Journal*, v. 14, n. 3, p. 217-225, 2003.

GIZACHEW, D. *et al.* Aflatoxin B1 (AFB1) production by *Aspergillus flavus* and *Aspergillus parasiticus* on ground Nyjer seeds: the effect of water activity and temperature. *International Journal of Food Microbiology*, v. 296, p. 8-13, 2019.

GOH, W. N. *et al.* Fermentation of black tea broth (Kombucha): I. Effects of sucrose concentration and fermentation time on the yield of microbial celulose. *International Food Research Journal*, v. 19, n. 1, p. 109-117, 2012.

GOH, W. N. *et al.* Microstructure and physical properties of microbial cellulose produced during fermentation of black tea broth (kombucha). *International Food Research Journal*, v. 19, p. 153-158, 2012.

GOMES, I. C. A. *et al.* Traditional foods and beverages from South America: microbial communities and production strategies. *In*: KRAUSE, J.; FLEISCHER, O. (eds.). *Industrial fermentation* (Food Science and Technology). Hauppauge: Nova Science, 2009.

GOMES, M. B. *et al.* O risco das aminas biogênicas nos alimentos. *Ciência & Saúde Coletiva*, v. 19, p. 1123-1134, 2014.

GONZÁLES, M. A. Characterization of local knowledge about the production of Chicha in Valle de Tenza, Boyacá (Colombia). *Polissemia*, v. 20, p. 29-44, 2015.

GRAHAM, H. D.; CHAPARRO, M. Preservation of Mabí by Chemical and Physical Means. *The Journal of Agriculture of the University of Puerto Rico*, v. 66, n. 2, p. 89-98, 1982.

GRAHAM, H. D.; ZENGOTITA, P. E. L. Composition of mabi ingredients, mabi prepared by the conventional method and by controlled fermentation. *The Journal of Agriculture of the University of Puerto Rico*, v. 66, n. 4, p. 293-300, 1982.

GRIJALVA-VALLEJOS, A.A.; MATALLANA, E. Evaluation of yeasts from Ecuadorian chicha by their performance as starters for alcoholic fermentations in the food industry, *International Journal of Food Microbiology*, v. 317, p. 108462, 2020.

GROSU-TUDOR, S.-S. *et al.* Microbial and nutritional characteristics of fermented wheat bran in traditional Romanian borş production. *Romanian Biotechnological Letters*, v. 24, n. 3, 20 jun. 2019.

GULITZ, A. *et al.* Comparative phylobiomic analysis of the bacterial community of water kefir by 16S. *Journal of Applied Microbiology*, v. 114, p. 1082-1091, 2013.

GULITZ, A. *et al.* The microbial diversity of water kefir. *International Journal of Food Microbiology*, v. 151, n. 3, p. 284-288, 2011.

GUO, M. *et al.* Effects of noni fruit and fermented noni juice against acute alcohol induced liver injury in mice. *Journal of Functional Foods*, v. 70, 2020.

GÜZEL-SEYDIM, Z. *et al.* Effect of different growth conditions on biomass increase in kefir grains. *Journal of Dairy Science*, v. 94, n. 3, p. 1239-1242, 2011.

GÜZEL-SEYDIM, Z. B; SEYDIM, A. C.; GREENE, A. K. Organic acids and volatile flavor components evolved during refrigerated storage of kefir. *Journal of Dairy Science*, v. 83, n. 2, p. 275-277, 2000.

GÜZEL-SEYDIM, Z. B. *et al.* Determination of organic acids and volatile flavor substances in kefir during fermentation. *Journal of Food Composition Analysis*, v. 13, n. 1, p. 35-43, 2000.

GÜZEL-SEYDIM, Z. B.; GOKIMAKLI, Ç.; GREENE, A. K. A comparison of milk kefir and water kefir: Physical, chemical, microbiological and functional properties. *Trends in Food Science & Technology*, v. 113, 2021.

HAGHIGHI, H. *et al.* Characterization of bio-nanocomposite films based on gelatin/polyvinyl alcohol blend reinforced with bacterial cellulose nanowhiskers for food packaging applications. *Food Hydrocolloids*, v. 113, p. 106454, 2021.

HAMEED, N. Sobia: a traditional thirst-quenching Hijaz drink in Ramadan. *Arab News*, 2021. Disponível em: https://www.arabnews.com/node/1853646/saudi-arabia. Acesso em: 1º jun. 2021.

HANCIOĞLU, Ö.; KARAPINAR, M. Microflora of Boza, a traditional fermented Turkish beverage. *International Journal of Food Microbiology*, v. 35, n. 3, p. 271-274, 1997.

HANDA, S.; SHARMA, N. In vitro study of probiotic properties of *Lactobacillus plantarum* F22 isolated from chhang – A traditional fermented beverage of Himachal Pradesh, India. *Journal of Genetic Engineering and Biotechnology*, v. 14, p. 91-97, 2016.

HARBOWY, M. E.; BALENTINE, D. A. Tea chemistry. *Critical Reviews in Plant Sciences*, v. 16, n. 5, p. 415-480, 1997.

HARTMANN, A. M. *et al.* Effects of chronic kombucha ingestion on open-field behaviors, longevity, appetitive behaviors, and organs in c57-bl/6 mice: a pilot study. *Nutrition*, v. 16, n. 9, p. 755-761, 2000.

HATOUM, R.; LABRIE, S.; FLISS I. Antimicrobial and probiotic properties of yeasts: from fundamental to novel applications. *Frontiers in Microbiology*, v. 3, p. 421, 2012.

HAYASHIDA, F. M. Ancient beer and modern brewers: ethnoarchaeological observations of chicha production in two regions of the north coast of Peru. *Journal of Anthropology and Archaeology*, v. 27, n. 2, p. 161-174, 2008.

HERBAL JUNCTION ELIXIRS. 2021. Disponível em: https://www.herbaljunctionelixirs.com. Acesso em: 3 maio 2021.

HILMI, M.; PRASTUJATI, A. U. Optimasi molase dan tibicos sebagai media fermentasi dalam memproduksi nutraceutical feed additive menggunakan response surface methodology (RSM). *Jurnal Ilmu dan Teknologi Peternakan Tropis*, v. 7, n. 1, p. 1-7, 2020.

HIREMATH, U. S.; VAIDEHI, M. P.; MUSHTARI, B. J. Effect of fermented tea on the blood sugar levels of NIDDM subjects. *The Indian Practitioner*, v. 55, n. 7, p. 423-425, 2002.

HOLZAPFEL. Appropriate starter culture technologies for small-scale fermentation in developing countries. *International Journal of Food Microbiology*, v. 75, p. 197-212, 2002.

HORISBERGER, M. Structure of the dextran of the tibi grain. *Carbohydrate Research*, v. 10, p. 379-385, 1969.

HOU D. *et al.* Comparison of the antioxidation effects of green tea, black tea and wulong tea. *Journal Food Science*, v. 56, n. 8, p. 9-551, jan. 2006.

HRNJEZ, D. *et al.* The biological activity of fermented dairy products obtained by kombucha and conventional starter cultures during storage. *Journal of Functional Foods*, v. 10, p. 336-345, 2014.

HSIEH, H. H. *et al.* Effects of cow's and goat's milk as fermentation media on the microbial ecology of sugary kefir grains. *International Journal of Food Microbiology*, v. 157, n. 1, p. 73-81, 2012.

INFINITY PHARMA. Vita kombucha. 2020. Disponível em: https://infinitypharma.com.br. Acesso em: 19 maio 2021.

IVANIŠOVÁ, E. *et al.* The evaluation of chemical, antioxidant, antimicrobial and sensory properties of kombucha tea beverage. *Journal of Food Science and Technology*, v. 57, p. 1840-1846, 2019.

JAKUBCZYK, K. *et al.* Chemical profile and antioxidant activity of the kombucha beverage derived from white, green, black and red tea. *Antioxidants*, v. 9, n. 5, p. 447, 2020.

JAYABALAN, R. *et al.* A review on kombucha tea – microbiology, composition, fermentation, beneficial effects, toxicity, and tea fungus. *Comprehensive Reviews in Food Science and Food Safety*, v. 13, n. 4, p. 538-550, 2014.

JAYABALAN, R. *et al.* Biochemical characteristics of tea fungus produced during Kombucha fermentation. *Food Science and Biotechnology*, v. 19, n. 3, p. 843-847, 2010.

JAYABALAN, R. *et al.* Changes in content of organic acids and tea polyphenols during kombucha tea fermentation. *Food Chemistry*, v. 102, n. 1, p. 392-398, 2007.

JAYABALAN, R. *et al.* Preservation of kombucha tea: effect of temperature on tea components and free radical scavenging properties. *Journal of Agricultural and Food Chemistry*, v. 56, n. 19, p. 9064-9071, 2008.

JUNG, J. K.; HONG, S. P.; LEE, M. K. Microbial community analysis of viable cells and genomes in kyejang, a traditional Korean fermented beverage. *LWT* – Food Science and Technology, v. 141, p. 110956, 2021.

KANNIAH, J. Una tostaduría de Brasil lanza la kombucha de flor de café. *Perfect Daily Grind*, 2020. Disponível em: https://perfectdailygrind.com/2020/. Acesso em: 21 maio 2020.

KATZ, S. E. *A arte da fermentação*: explore os conceitos e processos essenciais da fermentação praticados ao redor do mundo. São Paulo: Tapioca, 2014.

KAUR, N.; SINGH, D. P. Deciphering the consumer behaviour facets of functional foods: A literature review. *Appetite*, v. 1, n. 112, p. 167-187, 2017.

KAUR, P.; GHOSHAL, G.; BANERJEE, U. C. Traditional bio-preservation in beverages: fermented beverages. *In:* GRUMEZESCU, A. M.; HOLBAN, A. M. (eds.). *Preservatives and preservation approaches in beverages*. Duxford: Woodhead Publishing, 2019. p. 69-113.

KEBLER, L. F. California bees. *Journal of the American Pharmaceutical Association*, v. 10, n.12, p. 939-943, 1921.

KIM, J.; ADHIKARI, K. Current trends in kombucha: marketing perspectives and the need for improved sensory research. *Beverages*, v. 6, n. 1, p. 15, 2020.

KRUK, M. *et al.* Application of the "SCOBY" and Kombucha tea for the production of fermented milk drinks. *Microorganisms*, v. 9, n. 1, p. 123, 2021.

LAATIKAINEN, R. *et al.* Randomised clinical trial: low-FODMAP rye bread vs. regular rye bread to relieve the symptoms of irritable bowel syndrome. *Alimentary Pharmacology & Therapeutics*, v. 44, n. 5, p. 460-470, 2016.

LAUREYS, D. *et al.* Bifidobacterium aquikefiri sp. nov., isolated from water kefir. *International Journal of Systematic and Evolutionary Microbiology*, v. 66, n. 3, 1º mar. 2016.

LAUREYS, D.; DE VUYST, L. Microbial species diversity, community dynamics, and metabolite kinetics of water kefir fermentation. *Applied and Environmental Microbiology*, v. 80, n. 8, p. 2564-2572, 2014.

LAUREYS, D.; DE VUYST, L. The water kefir grain inoculum determines the characteristics of the resulting water kefir fermentation process. *Journal of Applied Microbiology*, v. 122, n. 3, p. 719-732, 2017.

LAVEFVE, L.; MARASINI, D.; CARBONERO, F. Microbial ecology of fermented vegetables and non-alcoholic drinks and current knowledge on their impact on human health. *In*: TOLDRÁ, F. (ed.). *Advances in food and nutrition research*. Cambridge, MA: Academic Press, 2019. p. 147-185.

LEBLANC, C. S. The Kombuchá tea recall. 2010. Disponível em: http://www.law.uh.edu/healthlaw/perspectives/2010/leblanc_kombucha.pdf. Acesso em: 15 maio 2021.

LEE, A. H. *et al.* A laboratory-scale model cocoa fermentation using dried, unfermented beans and artificial pulp can simulate the microbial and chemical changes of on-farm cocoa fermentation. *European Food Research and Technology*, v. 245, p. 511-519, 2019.

LEE, C. M. *et al.* Cellulose produced by *Gluconacetobacter xylinus* strains ATCC 53524 and ATCC 23768: pellicle formation, post-synthesis aggregation and fiber density. *Carbohydrate Polymers*, v. 133, p. 270-276, 2015.

LEE, K. Y. *et al.* More than meets the eye in bacterial cellulose: biosynthesis, bioprocessing, and applications in advanced fiber composites. *Macromolecular Bioscience*, v. 14, n. 1, p. 10-32, 2014.

LIAMKAEW, R.; CHATTRAWANIT, J; DANVIRUTAI, P. Kombucha production by combinations of black tea and apple juice. *Progress in Applied Science and Technology*, v. 6, n. 2, p. 139-146, 2016.

LIN, S.P. *et al.* Biosynthesis, production and applications of bacterial cellulose. *Cellulose*, v. 20, n. 5, p. 2191-2219, 2013.

LOBO, R. O.; DIAS, F. O.; SHENOY, C. K. Kombucha for healthy living: evaluation of antioxidant potential and bioactive compounds. *International Food Research Journal*, v. 24, n. 2, p. 541-546, 2017.

LONCAR, E. *et al.* Influence of working conditions upon Kombucha conducted fermentation of black tea. *Food and Bioproducts Processing*, v. 84, n. 3, p. 186-192, 2006.

LONCAR, E. S. *et al.* Kinetics of saccharose fermentation by Kombucha. *Chemical Industry and Chemical Engineering Quarterly*, v. 20, n. 3, p. 345-352, abr. 2014.

LÓPEZ-ARBOLEDA *et al.* Diversidad de levaduras asociadas a chichas tradicionales de Colombia. *Revista Colombiana de Biotecnología*, v. 12, n. 2, p. 176-186, 2010.

LUTZ, M.L. Recherches biologiques sur la constitution du Tibi. *Bulletin de la Société Mycologique de France*, v. 15, p. 68-72. 1899.

LYUMUGABE, F.; BAJYANA, S. Traditional fermented alcoholic beverages of Rwanda (Ikigage, Urwagwa, and Kanyanga): production and preservation. *In*: GRUMEZESCU, A. M.; HOLBAN, A. M. (eds.). *Preservatives and preservation approaches in beverages*. Duxford: Academic Press, 2019, p. 511-523.

MA, Y. *et al.* Estudo experimental e teórico da atividade antioxidante das quatro antocianinas. *Journal of Molecular Structure*, v. 1204, p. 127509, 2020.

MACHADO, A. *et al.* *Teste de viabilidade do kombucha em pó com carácter funcional*. Faculdade de Tecnologia Oswaldo Cruz – FATEC Oswaldo Cruz, 2019.

MAIA, Y. L. M. *et al.* Kombucha: características e aspectos biológicos. *Revista Referências em Saúde*, Faculdade Estácio de Sá, Goiás, v. 3, n.1, p. 114-123, abr. 2020.

MALBAŠA, R. V. *et al.* Influence of starter cultures on the antioxidant activity of kombucha. *Food Chemistry*, v. 127, p. 1727-1731, 2011.

MARCO, M. L. *et al.* Health benefits of fermented foods: microbiota and beyond. *Current Opinion in Biotechnology*, v. 44, p. 94-102, 2017.

MARKOV, S. L. *et al.* Kombucha – Funkcionalni napitak: Sastav, Karakteristike i proces biotransformacije. *Hem. Ind.*, v. 57, n. 10, p. 456-462, 2003.

MARSH, A. J. *et al.* Sequence-based analysis of the microbial composition of water kefir from multiple sources. *FEMS Microbiology Letters*, v. 348, n. 1, nov. 2013.

MARSH, A. J. *et al.* Sequence-based analysis of the bacterial and fungal compositions of multiple kombucha (tea fungus) samples. *Food Microbiology*, v. 38, p. 171-178, nov. 2014.

MARTÍNEZ LEAL, J. *et al.* A review on health benefits of kombucha nutritional compounds and metabolites. *CyTA – Journal of Food*, v. 16, n. 1, p. 390-399, 2018.

MARTINEZ-TORRES, S. *et al.* Inferring the role of microorganisms in water kefir fermentations. *International Journal of Food Science and Technology*, v. 52, p. 559-571, 2017.

MAY, A. *et al.* Kombucha: a novel model system for cooperation and conflict in a complex multi-species microbial ecosystem. *PeerJ*, v. 3, n. 7, p. e7565, set. 2019.

MAYSER, P. *et al.* The yeast spectrum of the "tea fungus Kombucha". *Mycoses*, v. 38, n. 7-8, p. 289-295, jul. 1995.

McGEE, H. *On food and cooking*: the science and lore of the kitchen. New York: Scribner, 2004.

MCMAHON, A. J.; SCHEEL, M. H. Glucose promotes controlled processing: matching, maximizing, and root beer. *Judgment and Decision Making*, v. 5, n. 6, p. 450, 2010.

MENDOZA, L. M. *et al.* Yeast diversity during the fermentation of Andean chicha: a comparison of high-throughput sequencing and culture-dependent approaches. *Food Microbiology*, v. 67, p. 1-10, 2017.

MINTEL. Alimentar de maneira saudável dentro e fora de casa. 2017. Disponível em: http://brasil.mintel.com/tendencias-de-consumo/quais-sao-as-principais-resolucoes-do-brasileiro-em-2018. Acesso em: 20 mar. 2018.

MISIHAIRABGWI, J.; CHEIKHYOUSSEF, A. Traditional fermented foods and beverages of Namibia. *Journal of Ethnic Foods*, v. 4, p. 145-153, 2017.

MONNERAT, J. A. S. *et al.* Effects of hyperlipidic diet and consumption of drinks containing polyphenol on renal biochemical parameters, renal histology and blood pressure of non-sedentary wistar rats. *Brazilian Journal of Development*, v. 6, n. 1, p. 1539-1554, 2020.

MONTOYA, A.; GRAHAM, H. D. Microbiological studies of mabi fermentation. *The Journal of Agriculture of the University of Puerto Rico*, v. 65, n. 3, p. 219-231, 1981.

MOURA, A. B. *Monitoramento do processo fermentativo da kombucha de chá mate*. Trabalho de Conclusão de Curso – Universidade Federal de Pernambuco, Centro Acadêmico de Vitória, 2019. Disponível em: https://attena.ufpe.br/bitstream/. Acesso em: 18 maio 2020.

MUELLER, J. *Delicious*: probiotic drinks. New York: Skyhorse Publishing, 2014.

MUÑIZ,C. S.; BISQUERT, R.; GUILLAMÓN, J. Melatonin in yeast and fermented beverages: analytical tools for detection, physiological role and biosynthesis. *Melatonin Research*, v. 3, n. 2, p. 144-160, 2020.

MURUGESAN, G. S.; ANGAYARKANNI, J.; SWAMINATHAN, K. Effect of tea fungal enzymes on the quality of black tea. *Food chemistry*, v. 79, n. 4, p. 411-417, 2002.

NAGAO, Y; SATA, M. Effect of a late evening snack of amazake in patients with liver cirrhosis: a pilot study. *Journal of Nutrition and Food Science*, v. 3, n. 1, p. 2-23, 2013.

NASCIMENTO, L. C.; LIMA, M. D. Influência de diferentes fontes de açúcar sobre as propriedades físicas do kombucha. *In*: CONGRESSO BRASILEIRO DE ENGENHARIA QUÍMICA

EM INICIAÇÃO CIENTÍFICA. Universidade Federal de Uberlândia, jul. 2019. Disponível em: http://docplayer.com.br. Acesso em: 1º jun. 2020.

NEFFE-SKOCINSKA, K. *et al.* Acid contents and the effect of fermentation condition of Kombucha tea beverages on physicochemical, microbiological and sensory properties. Journal CyTA. *Journal of Food*, v. 15, p. 601-607, jul. 2017.

NEMO, R.; BACHA, K. Microbial, physicochemical and proximate analysis of selected Ethiopian traditional fermented beverages. *LWT* – Food Science and Technology, v. 131, p. 109713, 2020.

NGUYEN, N. K *et al.* Effects of *Lactobacillus casei* and alterations in fermentation conditions on biosynthesis of glucuronic acid by a *Dekkera bruxellensis-Gluconacetobacter intermedius* Kombucha symbiosis model system. *Food Biotechnology*, v. 29, n. 4, p. 356-370, 2015a.

NGUYEN, N. K. *et al.* Lactic acid bacteria: promising supplements for enhancing the biological activities of kombucha. *Springerplus*, v. 4, n. 1, p. 1-6, 2015b.

NÓBREGA, E. A. A história da plantação de chá no Vale do Ribeira. *O Vale do Ribeira*, out. 2020. Disponível em: https://www.ovaledoribeira.com.br. Acesso em: 3 maio, 2021.

NUMMER, B. A. Special report: Kombucha brewing under the food and drug administration model food code: risk analysis and processing guidance. *Journal of Environmental Health*, v. 76, n. 4, p. 8-11, nov. 2013.

NUTAKOR, C. *et al.* Ginger beer: an overview of health benefits and recent developments. *Fermentation*, v. 6, n. 4, p. 102, 2020.

OGURO, T. *et al.* Metabolite profile of koji amazake and its lactic acid fermentation product by *Lactobacillus sakei* UONUMA. *Journal of Bioscience and Bioengineering*, v. 124, n. 2, p. 178-183, 2017.

OH, Y. J.; JUNG, D.S. Evaluation of probiotic properties of *Lactobacillus* and *Pediococcus* strains isolated from Omegisool, a traditionally fermented millet alcoholic beverage in Korea. *LWT – Food Science and Technology*, v. 63, p. 437-444, 2015

OSUNTOGUN, B.; ABOABA, O. Microbiological and physico-chemical evaluation of some non-alcoholic beverages. *Pakistan Journal of Nutrition*, v. 3, n. 3, p. 188-192, 2004.

OTLES, S.; ACU, M. Geleneksel fermente bir içecek: Su kefiri. *Dünya Gıda*, v. 9, p. 92-100, 2018.

ÖZOGUL, F.; HAMED, I. The importance of lactic acid bacteria for the prevention of bacterial growth and their biogenic amines formation: a review. *Critical Reviews in Food Science and Nutrition*, v. 58, n. 10, p. 1660-1670, 2018.

PALUDO, N. *Desenvolvimento e caracterização de kombucha obtida a partir de chá verde e extrato de erva-mate*: processo artesanal e escala laboratorial. Trabalho de Conclusão de Curso – Universidade Federal do Rio Grande do Sul, Porto Alegre, 2017. Disponível em: https://www.lume.ufrgs.br. Acesso: 14 maio 2020.

PAPALEXANDRATOU, Z. *et al.* Species diversity, community dynamics, and metabolite kynetics of the microbiota associated with traditional Ecuadorian spontaneous cocoa bean fermentations. *Applied and Environmental Microbiology*, v. 77, n. 21, p. 7698-7714, 2011.

PAYNE, A.; BROUGH, D.; MUSK, P. Will we soon be growing our own vegan leather at home? *The Conversation*, p. 1-4, 2016.

PENNA, Y. A riqueza do povo Borari e o Tarubá, fermentado do Sairé. 2020. Disponível em: http://mixologynews.com.br/11/2020/destaque/borari-taruba-saire/. Acesso em: 28 maio 2021.

PEREIRA, G. M. V. *et al.* Use of specific PCR primers to identify three important industrial species of *Saccharomyces* genus: *Saccharomyces cerevisiae, Saccharomyces bayanus* and *Saccharomyces pastorianus*. *Letters in Applied Microbiology*, v. 51, n. 2, p. 131-137, 2010.

PÉREZ-ARMENDÁRIZ, B.; CARDOSO-UGARTE, G.A. Traditional fermented beverages in Mexico: biotechnological, nutritional, and functional approaches. *Food Research International*, v. 136, p. 109307, 2020.

PHIRI, S. *et al.* Fermented cereal-based Munkoyo beverage: processing practices, microbial diversity and aroma compounds. *PLoS One*, v. 14, n. 10, p. e0223501, 2019.

PHIRI, S. *et al.* How processing methods affect the microbial community composition in a cereal-based fermented beverage. *LWT* – Food Science and Technology, v. 128, p. 109451, 2020.

PIDOUX, M.; BRILLOUET, J. M.; QUERMENER, B. Characterization of the polysaccharides from a *Lactobacillus brevis* and from sugary kefir grains. *Biotechnology Letters*, v. 10, n. 6, p. 415-420, 1989.

PILÓ, E. J. *Saccharomyces cerevisiae* populations and other yeasts associated with indigenous beers (chicha) of Ecuador. *Brazilian Journal of Microbiology*, p. 1-9, 2018.

PINTO, R. L. C. *Kombucha com suco de graviola para cardápios de meios de hospedagem*. Trabalho de Conclusão de Curso – Universidade Federal Rural do Rio de Janeiro, Seropédica, 2019. Disponível em: http://cursos.ufrrj.br. Acesso em: 8 jul. 2020.

PONTE, J.; GIL, S. Chás e infusões: bebidas funcionais com acção sobre o sistema nervoso central. Universidade Lusófona de Humanidades e Tecnologia, Lisboa, 2013. Disponível em: http://recil.grupolusofona.pt/. Acesso em: 19 maio 2020.

PRADO, M. R. *et al.* Milk kefir: composition, microbial cultures, biological activities, and related products. *Frontiers in Microbiology*, v. 6, p. 1177, 2015.

PRATT-SZELIGA, P. C.; FAWCETT, J. W.; WELCH, R. D. Rootbeer: seamlessly using GPUs from java. *In*: 2012 IEEE INTERNATIONAL CONFERENCE ON HIGH PERFORMANCE COMPUTING AND COMMUNICATION, 14, & 2012 IEEE INTERNATIONAL CONFERENCE ON EMBEDDED SOFTWARE AND SYSTEMS, 9. *Proceedings...* Liverpool: IEEE, 2012. p. 375-380.

PRIMACÊUTICA TRENDS INSUMOS. Kombucha pó solúvel – chá verde. 2021. Disponível em: https://www.primaceutica.com.br. Acesso em: 19 maio 2021.

PRISCILLA, V.; PANTJAJANI, T.; IRAWATI, F. Kefir susu nabati dengan penambahan kulit pisang tanduk (Musa paradisiacal var. corniculata). *KELUWIH: Jurnal Sains dan Teknologi*, v. 1, n. 1, P. 15-28, 2020.

PUERARI, C.; MAGALHÃES-GUEDES, K. T.; SCHWAN, R. F. New cocoa pulp-based kefir beverages: Microbiological, chemical composition and sensory analysis. *Food Research INTERNATIONAL*, V. 48, N. 2, P. 634-640, 2012.

PUERARI, C.; MAGALHÃES-GUEDES, K. T.; SCHWAN, R. F. Physicochemical and microbiological characterization of chicha, a rice-based fermented beverage produced by Umutina Brazilian Amerindians. *Food Microbiology*, v. 46, p. 210-217, 2015.

RAMÍREZ-GUZMÁN, K. N. *et al.* Traditional fermented beverages in Mexico. *In*: GRUMEZESCU, A. M.; HOLBAN, A. M. *Fermented beverages*. Duxford: Woodhead Publishing, 2019. p. 605-635.

RAMOS, C. L. *et al.* Microbiological and chemical characteristics of tarubá, an indigenous beverage produced from solid cassava fermentation. *Food Microbiology*, v. 49, p. 182-188, 2015.

RAMOS, C. L. *et al.* Diversity of bacteria and yeast in the naturally fermented cotton seed and rice beverage produced by Brazilian Amerindians. *Food Microbiology*, v. 28, n. 7, p. 1380-1386, 2011.

RAMOS, C. L.; SCHWAN, R. F.. Technological and nutritional aspects of indigenous Latin America fermented foods. *Current Opinion in Food Science*, v. 13, p. 97-102, 2017.

RANDAZZO, W. *et al.* Development of new non-dairy beverages from Mediterranean fruit juices fermented with water kefir microorganisms. *Food Microbiology*, v. 54, p. 40-51, 2016.

REDZEPI, R.; ZILBER, D. *The Noma Guide to fermentation*: including koji, kombuchas, shoyus, misos, vinegars, garums, lacto-ferments, and black fruits and vegetables. New York: Foundations of Flavor, 2018.

REISS, J. Influence of different sugars on the metabolism of the tea fungus. *Zeitschrift für Lebensmittel-Untersuchung und -Forschung*, Berlin, v. 198, n. 3, p. 258-261, 1994.

RESENDE, L. K. *et al.* Microbial community and physicochemical dynamics during the production of 'Chicha', a traditional beverage of indigenous people of Brazil. *World Journal of Microbiology and Biotechnology*, v. 34, p. 1-11, 2018.

ROCHA-GOMES, A. *et al.* Chemical composition and hypocholesterolemic effect of milk kefir and water kefir in Wistar rats. *Revista de Nutrição*, v. 31, p. 137-145, 2018.

RUBIO-CASTILLO, Á. E. *et al.* Traditional non-distilled fermented beverages from Mexico to based on maize: an approach to Tejuino beverage. *International Journal of Gastronomy and Food Science*, v. 23, abr. 2021.

RUKA, D. R.; SIMON, G. P.; DEAN, K. M. Altering the growth conditions of Gluconacetobacter *xylinus* to maximize the yield of bacterial cellulose. *Carbohydrate Polymers*, v. 89, n. 2, p. 613-622, 2012.

RYPKA, A. P. Kvass: elaboração de uma pré-mistura empregando *Saccharomyces cerevisiae*. 2020. Trabalho de Conclusão de Curso (Bacharelado em Engenharia Química) – Universidade Tecnológica Federal do Paraná, Ponta Grossa, 2020.

SAGDIC, O. *et al.* Diversity and probiotic potentials of lactic acid bacteria isolated from gilaburu, a traditional Turkish fermented European cranberrybush (*Viburnum opulus* L.) fruit drink. *Food Research International*, v. 64, p. 537-545, 2014.

SAICHANA, N. *et al.* Acetic acid bacteria: A group of bacteria with versatile biotechnological applications. *Biotechnology advances*, v. 33, n. 6, p. 1260-1271, 2015.

SAINZ, F. *et al.* Comparison of d-gluconic acid production in selected strains of acetic acid bacteria. *International journal of food microbiology*, v. 222, p. 40-47, 2016.

SALARI, M. *et al.* Development and evaluation of chitosan based active nanocomposite films containing bacterial cellulose nanocrystals and silver nanoparticles. *Food Hydrocolloids*, v. 84, p. 414-423, 2018.

SANTOS, C. A. *et al.* Bacterial nanocellulose membranes combined with nisin: a strategy to prevent microbial growth. *Cellulose*, v. 25, n. 11, p. 6681-6689, 2018.

SANTOS, M. J. *Kombucha*: caracterização da microbiota e desenvolvimento de novos produtos alimentares para uso em restauração. Dissertação (Mestrado) – Universidade de Lisboa, Lisboa, Portugal, 2016. Disponível em: https://run.unl.pt/bitstream. Acesso em: 16 maio 2020.

SANTOS, Y. M. A. *et al.* Chemical characterization of Kombucha based on hibiscus and black tea. *Revista Brasileira de Agrotecnologia*, v. 8, n. 3, p. 32-37, 2018.

SARKAYA, P.; AKAN, E.; KINIK, O. Use of kombucha culture in the production of fermented dairy beverages. *LWT – Food, Science and Technology*, v. 137, p. 110326, 2021.

SCHOUSTRA, S. E. *et al.* Microbiological characterization and community evolution of three traditional Zambian fermented products: Mabisi, Chibwantu and Munkoyo. *PLoS One*, v. 8, p. e63948, 2013.

SCHOUSTRA, S. E. *et al.* Microbial community structure of three traditional zambian fermented products: mabisi, chibwantu and munkoyo. *PLoS One*, v. 8, n. 5, p. e63948, 2013.

SCHROEDER, J. *Kombucha fermentada a partir de resíduos de acerola*. Trabalho de Conclusão de Curso – Universidade Federal de Santa Catarina, Florianópolis, 2019. Disponível em: https://repositorio.ufsc.br. Acesso em: 15 maio 2020.

SCHWAN, R. F.; WHEALS, A. E. The microbiology of cocoa fermentation and its role in chocolate quality. *Critical Reviews in Food Science and Nutrition*, v. 44, p. 1-17, 2004.

SCHWAN, R. F. *et al.* Yeast diversity in rice-cassava fermentation produced by the indigenous Tapirapé people of Brasil. *FEMS Yeast Research*, v. 7, p. 966-972, 2007.

STATISTA. Consumer Markets - Hot Drinks: Tea. Disponível em: https://www.statista.com/outlook/cmo/hot-drinks/tea/worldwide. Acesso em 8 dez 2021.

SELBYVILLE, D. Crescimento da previsão do mercado de Kombuchá em 16% CAGR até 2025: Global Market Insights, Inc. Global Market Insights, Inc. Jan., 2020. Disponível em: https://www.prnewswire.com. Acesso em: 10 maio 2021.

SEMJONOVS, P.; DENINA, I.; LINDE, R. Evaluation of physiological effects of acetic acid bacteria and yeast fermented non-alchocolic beverage consumption in rat model. *Journal of Medical Sciences*, v. 14, n. 3, p. 147, 2014.

SENGER, D. R. *et al.* Activation of the Nrf2 cell defense pathway by ancient foods: disease prevention by important molecules and microbes lost from the modern western diet. *PLoS One*, v. 11, n. 2, 2016.

SERGER, A. E. V.; SCHWANKE, C. H. A.; GOTTILIEB, M. G. V. Green tea (*Camellia sinensis*) and its functionals properties on transmissible chronic diseases. *Scientia Medica*, v. 20, n. 4, p. 292-300, 2010.

SETHI V. Lactic fermentation of black carrot juice for spiced beverage. *Indian Food Packer*, v. 44, p. 37-12, 1990.

SHARMA I.; YAIPHATHOI, S. Role of microbial communities in traditionally fermented foods and beverages in North East India. *In*: MANDAL, S.; BHATT, P. (ed.). *Recent advancements in microbial diversity*. London: Academic Press, 2020. p. 445-470.

SHIFERAW TEREFE, N. Food fermentation. *In*: SMITHERS, G. (ed.). *Reference module in food science*, Elsevier, 2016. p. 1-3 (Elsevier Food Science)

SIEVERS, M. *et al.* Microbiology and fermentation balance in a kombucha beverage obtained from a tea fungus fermentation. *Systematic and Applied Microbiology*, v. 18, n. 4, p. 590-4, 1995.

SINGH, D.; LEE, S.; LEE, C.H. Metabolomics for empirical delineation of the traditional Korean fermented foods and beverages. *Trends in Food Science & Technology*, v. 61, p. 103-115, 2017.

SINIR, G. O.; TAMER, C. E.; SUNA, S. Kombucha tea: a promising fermented functional beverage. *In*: GRUMEZESCU, A. M.; HOLBAN, A. M. *Fermented beverages*. Duxford: Woodhead Publishing, 2019. p. 401-432.

SLOW FOOD BRASIL. *Arca do gosto*. Disponível em: https://slowfoodbrasil.org/. Acesso em: 6 maio 2021.

SOARES, M. G.; DE LIMA, M.; SCHMIDT, V. C. R. Technological aspects of Kombucha, its applications and the symbiotic culture (SCOBY), and extraction of compounds of interest: a literature review. *Trends in Food Science & Technology*, v. 110, p. 539-550, 2021.

SOKOLNICKI, A. M. *et al.* Permeability of bacterial cellulose membranes. *Journal of Membrane Science*, v. 272, n. 1-2, p. 15-27, 2006.

SOUKAND, R. *et al.* An ethnobotanical perspective on traditional fermented plant foods and beverages in Eastern Europe. *Journal of Ethnopharmacology*, v. 170, p. 284-296, 2015.

SOUZA, R. D. Cachaça, vinho, cerveja: da Colônia ao século XX. *Estudos Históricos*, Rio de Janeiro, n. 3, p. 56-75, jun. 2004.

SPACKMAN, C. W. Formulating citizenship: the microbiopolitics of the malfunctioning functional beverage. *BioSocieties*, v. 13, n. 1, p. 41-63, 2018.

SREERAMULU, G.; ZHU, Y.; KNOL, W. Kombucha fermentation and its antimicrobial activity. *Journal of Agricultural and Food Chemistry*, v. 48, n. 6, p. 2586-2594, 2000.

STANDAGE, T. *Uma história comestível da humanidade*. Rio de Janeiro: Zahar, 2010.

STATISTA. Tea production worldwide from 2006 to 2018, by leading country. *Statista*. Disponível em: https://www.statista.com/statistics/264188/production-of-tea-by-main-producing-countries-since-2006. Acesso em: 2 maio 2021.

STAUDACHER, H. M. *et al.* Mechanisms and efficacy of dietary FODMAP restriction in IBS. *Nature Reviews Gastroenterology & Hepatology*, v. 11, n. 4, p. 256, 2014.

STEENSELS, J. *et al.* Brettannnomyces yeast spoilage organisms to valuble contributors to industrial fermentations. *International Journal of Food Microbiology*, v. 206, p. 24-38, 2015.

STRATFORD, M., CAPELL, C. J. Soft drinks: Microbiology. *In:* CABALLERO, B.; FINGLAS, P.; TOLDRA, F. (eds.). *Encyclopedia of food sciences and nutrition*. 2nd ed. New York: Academic Press, p. 5358-5366, 2003.

TADINI, C. C. *et al. Operações unitárias na indústria de alimentos*. Rio de Janeiro: LTC, 2016.

TAHEUR, F. B. *et al.* Aflatoxin B1 degradation by microorganisms isolated from Kombucha culture. *Toxicon*, v. 179, p. 76-83, 2020.

TANGULER, H.; ERTEN, H. Chemical and microbiological characteristics of shalgam (şalgam): a traditional turkish lactic acid fermented beverage. *Journal of Food Quality*, v. 35, n. 4, p. 298-306, 2012a.

TANGULER, H.; ERTEN, H. Occurrence and growth of lactic acid bacteria species during the fermentation of shalgam (salgam), a traditional Turkish fermented beverage. *LWT – Food Science and Technology*, v. 46, p. 36-41, 2012b.

TANTICHARAKUNSIRI, W. *et al.* Characteristics and upregulation of antioxidant enzymes of kitchen mint and oolong tea kombucha beverages. *Journal of Food Biochemistry*, v. 45, n. 1, p. e13574, 2021.

TAVARES, P. P. L. G. *et al.* Produção de bebida fermentada kefir de quinoa (*Chenopodium quinoa*) saborizada com cacau (*Theobroma cacao*) em pó. *Revista Brasileira de Ciência Avícola*, v. 13, n. 4, p. e5593, 2018.

TEA AND COFFEE. *The 2020 global tea market report*, 2020. Disponível em: https://www.teaandcoffee.net/feature/25850/the-2020-global-tea-market-report. Acesso em: 2 maio 2021.

TEOH, A. L.; HEARD, G.; COX, J.. Yeast ecology of Kombucha fermentation. *International journal of food microbiology*, v. 95, n. 2, p. 119-126, 2004.

TEYSSIER, C.; HAMDOUCHE, Y. *Acetic acid bacteria*: prospectives applications in food biotechnology. Boca Raton: CRC Press, 2016.

TISSOT, J. M. *Plano de negócio*: Bubble's. Universidade do Sul de Santa Catarina, 2019. Disponível em: https://www.riuni.unisul.br. Acesso em: 8 jul. 2020.

TOZETTO, L. M. *et al.* Production and physicochemical characterization of craft beer with ginger (*Zingiber officinale*). *Food Science Technology*, Campinas, v. 39, n. 4, p. 962-970, 2019.

TUR, J. A.; BIBILONI, M. M. *Functional foods*. Reference module in food science. Encyclopedia of food and health. Kidlington, Oxford: Elsevier, 2016. p. 157-161.

TURKER, N.; AKSAY, S.; EKIZ, H.I. Effect of storage temperature on the stability of anthocyanins of a fermented black carrot (Daucus carota var. L.) beverage: shalgam. *Journal of Agricultural and Food Chemistry*, v. 52, n. 12, p. 3807-3813, 2004.

UL-ISLAM, M.; KHAN, T.; PARK, J. K. Nanoreinforced bacterial cellulose–montmorillonite composites for biomedical applications. *Carbohydrate Polymers*, v. 89, n. 4, p. 1189-1197, 2012.

ULLAH, H. *et al.* Advances in biomedical and pharmaceutical applications of functional bacterial cellulose-based nanocomposites. *Carbohydrate Polymers*, v. 150, p. 330-352, 2016.

VALLEJO, P. *et al.* Atypical yeasts identified as Saccharomyces cerevisiae by MALDI-TOF MS and gene sequencing are the main responsible of fermentation of chicha, a traditional beverage from Peru. *Systematic and Applied Microbiology*, v. 36, p. 560-564, 2013.

VAZQUEZ-CABRAL, D. *et al.* Effect of pulsed electric field (PEF)-treated kombucha analogues from Quercus obtusata infusions on bioactives and microorganisms. *Innovative Food Science & Emerging Technologies*, v. 34, p. 171-179, 2016.

VELIĆANSKI, A.; CVETKOVIĆ, D.; MARKOV, S. Characteristics of Kombucha fermentation on medicinal herbs from Lamiaceae Family. *Romanian Biotechnological Letters*, v. 18, n. 1, 2013.

VELIĆANSKI, A. S. V. *et al.* Antimicrobial and activity of lemon balm kombucha. *APTEFF*, v. 38, p. 1-190, 2007.

VERCE, M.; DE VUYST, L.; WECKX, S. Shotgun metagenomics of a water Kefir fermentation ecosystem reveals a novel Oenococcus species. *Frontiers in Microbiology*, v. 10, 13 mar. 2019.

VENTURIM, B.C. Produção de kombucha a partir de diferentes inóculos brasileiros. 2022. Dissertação (Mestrado em Microbiologia Agrícola) - Universidade Federal de Viçosa, Viçosa, 2022.

VIJAYARAGHAVAN, R. *et al.* Subacute (90 days) oral toxicity studies of Kombucha tea. *Biomedical and Environmental Sciences*, v. 13, n. 4, p. 293-299, 2000.

VILLARREAL-SOTO, S. *et al.* Understanding kombucha tea fermentation: a review. *Journal of Food Science*, v. 83, n. 3, 2018.

VILLARREAL-SOTO, S. A. *et al.* Metabolome-microbiome signatures in the fermented beverage, Kombucha. *International Journal of Food Microbiology*, v. 333, p. 108778, 2020.

VĪNA, I. *et al.* Glucuronic acid containing fermented functional beverages produced by natural yeasts and bacteria associations. *International Journal of Recent Research and Applied Studies*, v. 14, p. 17-25, 2013.

VOLPATO, G.; GODÍNEZ, D. Ethnobotany of pru, a traditional Cuban refreshment. *Economic Botany*, v. 58, n. 3, p. 381-395, 2004.

VOORA, V. *et al.* Global market report: tea. Sustainable Commodities Marketplace Series 2019. The International Institute for Sustainable Development, 2019. Disponível em: https://www.iisd.org/system/files/publications/ssi-global-market-report-tea.pdf. Acesso em: 2 maio 2021.

WAGLEY, C. *Lágrimas de boas-vindas*: os índios tapirapé do Brasil central. Belo Horizonte: Itatiaia, 1988.

WANG, H-F.; YOU, X-Q.; CHEN, Z-M. The chemistry of tea volatiles. *In*: ZHEN, Y. S. (ed.). *Tea*: bioactivity and therapeutic potential. London: Taylor & Francis, 2002. p. 89-120.

WANG, S. *et al.* Effect of synthetic microbial community on nutraceutical and sensory qualities of kombucha. *International Journal of Food Science & Technology*, v. 55, n. 10, p. 3327-3333, 2020.

WATAWANA, M. I. *et al.* Health, wellness, and safety aspects of the consumption of kombucha. *Journal of Chemistry*, v. 1, p. 1-11, 2015.

WEISBURGER, J. H. Tea and health: a historical perspective. *Cancer Letters*, v. 114, n. 1-2, p. 315-317, 1997.

WELLNESS DRINK. Make your own Kombucha, 2020. Disponível em: https://wellness-drinks.de/en/kombucha-interesting-facts.html. Acesso em: 15 jun. 2020.

WHITE LABS. WLP600 Kombucha SCOBY, 2020. Disponível em: https://whitelabs.com/yeast-bank/wlp600-kombucha-scoby. Acesso em: 15 jun. 2020.

WHITE, D.; DRUMMOND, J.; FUQUA, C. *The physiology and biochemistry of Prokaryotes*. 4. ed. New York: Oxford University Press, 2012.

WOLFE, B. Microbial diversity of kombucha. *Microbial foods.org*, set. 2014. Disponível em: http://microbialfoods.org. Acesso em: 11 jul. 2020.

YAMADA, Y. *et al.* Description of Komagataeibacter gen. nov., with proposals of new combinations (Acetobacteraceae). *Journal of General and Applied Microbiology*, v. 58, n. 5, p. 397-404, 2012.

YAMAMOTO, S. *et al.* Atividade de limpeza radical da comida tradicional japonesa, Amazake. *Food Science and Technology Research*, v. 17, n. 3, p. 209-218, 2011.

YAMAMOTO, S.; MATSUGO, S. Functionality of amazake. *New Food Industry*, v. 50, p. 43-54, 2008.

YANG, Z. *et al.* Symbiosis between microorganisms from kombucha and kefir: potential significance to the enhancement of kombucha function. *Applied biochemistry and biotechnology*, v. 160, n. 2, p. 446-455, 2010.

YÉPEZ, C.L. *et al.* Biopreservation potential of lactic acid bacteria from Andean fermented food of vegetal origin. *Food Control*, v. 78, p. 393-400, 2017.

YOSHII, H. Fermentative microorganisms and Aspergillus Oryzae. *Journal of the Brewing Society of Japan*, v. 66, p. 111-116, 1971.

ZANARDI, M. T. F. Desenvolvimento de uma bebida kombucha com adição de alimentos funcionais. Monografia (Curso de Nutrição) – Universidade do Sul de Santa Catarina, Tubarão, 2020.

ZHANG, L. *et al.* Metatranscriptomic approach reveals the functional and enzyme dynamics of core microbes during noni fruit fermentation. *Food Research International*, v. 141, p. 109999, 2021.

ZHOU, J. *et al.* Analysis of the microflora in Tibetan kefir grains using denaturing gradient gel electrophoresis. *Food Microbiology*, v. 26, n. 8, p. 770-775, 2009.

ZULU, R. M. *et al.* Munkoyo beverage, a traditional Zambian fermented maize gruel using Rhynchosia root as amylase source. *International Journal of Food Microbiology*, v. 34, n. 3, p. 249-258, 1997.

CAPÍTULO 17
Microbiologia da fermentação de vinagre

Mário Antônio Alves da Cunha,[1] Luciane Sene,[2]
Fernanda Aparecida Brocco Bertan,[3]
José Guilherme Prado Martin[4]

17.1 INTRODUÇÃO

O vinagre é um produto milenar e versátil, cuja arte da produção é conhecida pelo homem há pelo menos 5 mil anos. Pouco se sabe em relação à sua real origem, que provavelmente está associada à produção dos primeiros fermentados alcoólicos, estando, portanto, intimamente ligada à descoberta do vinho. Desde tempos remotos, povos da Índia, Babilônia, Grécia, Egito e Pérsia já utilizavam o vinagre como tempero e conservante em carnes, peixes e vegetais. Há relatos de que os antigos romanos faziam uso de água com vinagre para saciar a sede e o utilizavam com finalidades médicas e cosméticas (GARCIA-PARRILLA *et al.*, 2017; PAZUCH *et al.*, 2015).

1 Departamento de Química, Universidade Tecnológica Federal do Paraná (UTFPR), Pato Branco, Paraná, Brasil.

2 Centro de Ciências Exatas e Tecnológicas (UNIOESTE), Cascavel, Paraná, Brasil.

3 Programa de Pós-graduação em Biotecnologia. Universidade Tecnológica Federal do Paraná (UTFPR), Dois Vizinhos, Paraná, Brasil.

4 Laboratório de Microbiologia de Produtos Fermentados (FERMICRO), Departamento de Microbiologia, Universidade Federal de Viçosa, Viçosa, Minas Gerais, Brasil.

O termo "vinagre" é oriundo da palavra francesa *vinaigre*, ou do latim *vinum acre*, termos estes que significam "vinho azedo" (vinho agre). O produto corresponde a um líquido que contém quantidades específicas de ácido acético e água (GARCIA-PARRILLA *et al.*, 2017). A Organização para Alimentação e Agricultura (FAO) das Nações Unidas (ONU) e a Organização Mundial da Saúde (OMS) definem o vinagre como um líquido comestível produzido exclusivamente a partir de matérias-primas amiláceas e/ou açucaradas por dois processos sequenciais, incluindo fermentação de álcool e ácido acético (ZHANG *et al.*, 2020). Segundo a legislação brasileira, vinagres podem ser obtidos a partir de frutas, vegetais, cereais, mel, álcool ou a partir da mistura de tais matérias-primas. De acordo com a Instrução Normativa n. 6, de 3 de abril de 2012, a qual estabelece o Padrão de Identidade e Qualidade do vinagre, o produto deve conter acidez volátil mínima de 4 g/100 ml expressa em ácido acético, sua graduação alcoólica não pode exceder 1 °GL e deve ser pasteurizado (BRASIL, 2012).

A empresa de pesquisa de mercado IMARC estima que o mercado global de vinagre atingiu o valor de 1,3 bilhão de dólares em 2019, com tendência de fortalecimento do mercado, uma vez que o vinagre é usado como conservante em muitos produtos alimentícios prontos para o consumo e que há um aumento significativo na demanda por tais produtos, em função das mudanças nos padrões alimentares e aumento dos níveis de renda. Além disso, por apresentar propriedades antimicrobianas e antioxidantes, o vinagre também é utilizado em desinfetantes, removedores de manchas, antitranspirantes, tinturas, medicamentos e condicionadores de cabelo. O vinagre de madeira é amplamente utilizado pelos agricultores europeus para melhorar a germinação das sementes, para enriquecer o solo e estimular o crescimento das raízes. Nesse contexto, acredita-se que o mercado global de vinagre deva apresentar um crescimento estável no período de 2020 a 2025 (IMARC, 2020).

De acordo com a Associação Nacional das Indústrias de Vinagre (ANAV), o faturamento anual do setor no Brasil é de 200 milhões de reais. Seu principal polo produtor está localizado na região de Jundiaí, no estado de São Paulo. Ainda é baixo o consumo do produto no país: em média, apenas 0,8 litro por habitante ao ano. Na Europa, esse índice chega a 1,8 litro/habitante/ano (VERZIGNASSE, s.d.). O baixo consumo de vinagre no Brasil está associado principalmente aos hábitos alimentares, já que os brasileiros fazem uso do produto quase exclusivamente para condimentação, enquanto na Europa ele é mais explorado, sendo usado não apenas como tempero e condimento, mas também na limpeza, desinfecção, neutralização de odores, desengordurante, entre outras possibilidades. Ainda segundo informações do portal da ANAV (VERZIGNASSE, s.d.), o vinagre de álcool é o mais consumido no país, representando 80% de um volume total de aproximadamente 170 milhões de litros consumidos anualmente. O vinagre de vinho é o segundo mais consumido, seguido pelo vinagre balsâmico e pelos vinagres de frutas, especialmente o de maçã.

Embora o vinagre de álcool seja o preferido no Brasil, por questões culturais e pelo preço mais acessível, a indústria brasileira de vinagres tem investido em tecnologia, conseguindo produzir vinagres de qualidade a preços competitivos. Vislumbrando um mercado culinário com tendência a uma maior sofisticação, as empresas nacionais têm privilegiado a produção dos chamados "vinagres de grife". O vinagre balsâmico envelhecido é um exemplo de produto usado na alta gastronomia, mas é importante lembrar que os vinagres produzidos a partir de frutas ricas em sabor e em compostos bioativos também podem ser incluídos no grupo dos "vinagres de grife" ou "vinagres *gourmet*". Recentemente, a demanda por vinagres de frutas aumentou, uma vez que tendem a serem ricos em ácidos orgânicos, aminoácidos, vitaminas e determinados compostos aromáticos, e também contribuem beneficamente para a saúde (CHEN *et al.*, 2017; ZHAI *et al.*, 2021).

As frutas representam uma das principais fontes de nutrientes com propriedades funcionais, como fitoquímicos com atividade antioxidante e ricas em sabores, cores e aromas. Os antioxidantes presentes nas frutas têm sido correlacionados com benefícios nutricionais, devido à capacidade de eliminação e inibição dos radicais livres formados durante o metabolismo oxidativo, os quais têm efeitos prejudiciais à saúde humana. Portanto, há grande interesse no desenvolvimento de produtos com maiores concentrações de tais componentes, e, nesse contexto, o vinagre se apresenta potencialmente como um alimento funcional aprimorado (COELHO *et al.*, 2017).

17.2 TECNOLOGIA E MICROBIOLOGIA DA PRODUÇÃO DE VINAGRE

A produção do vinagre envolve processos biotecnológicos, incluindo a fermentação de açúcares com produção de etanol e a subsequente oxidação do etanol a ácido acético. Diferentes matérias-primas que contenham açúcares fermentescíveis podem ser empregadas na sua produção, sendo possível o uso de fermentação em estado sólido (FES) e fermentação em fase submersa (FS). A estratégia de FES é predominantemente usada na Ásia, especialmente na China, onde cereais como sorgo e arroz são empregados como matérias-primas na obtenção de vinagres tradicionais, como o vinagre envelhecido de Shanxi, o vinagre aromático de Zhenjiang e o vinagre envelhecido de Tianjin Duliu (NIE *et al.*, 2017). Na fermentação do vinagre de cereal chinês, a degradação e a fermentação do substrato ocorrem simultaneamente, com a microbiota se alterando continuamente ao longo do processo, que compreende a sacarificação, a fermentação alcoólica e a acetificação (LI *et al.*, 2015).

A FS é a mais difundida na Europa (ZHANG, Q. *et al.*, 2020; ZHANG, X.-L. *et al.*, 2020) e demais países do Ocidente para a produção de vinagres. O bioprocesso ocorre em duas etapas: a primeira é a fermentação alcoólica, na qual ocorre a conversão anaeróbica dos açúcares fermentáveis presentes no vinho por leveduras, usualmente sendo empregadas culturas puras de *Saccharomyces* sp. (CHEN *et al.*, 2017). O vinho obtido é submetido, então, à acetificação conduzida por bactérias ácido-acéticas (BAA), cujos principais representantes são *Acetobacter* e *Gluconobacter*, gêneros caracterizados pela habilidade de converterem o etanol em ácido acético por oxidação, conforme demonstrado na Figura 17.1.

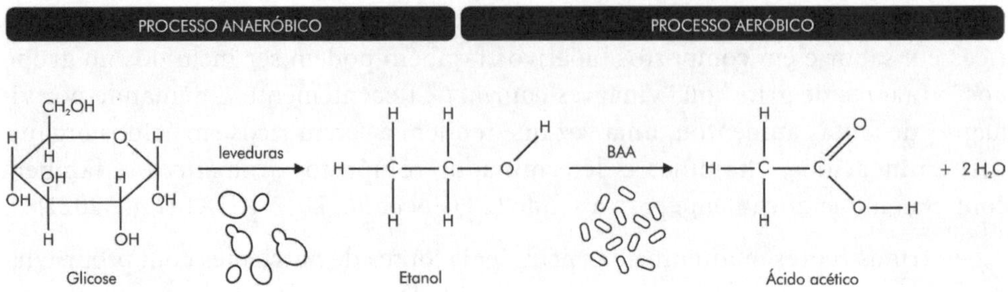

Figura 17.1 – Etapas do bioprocesso de produção de vinagre. Fonte: elaborada pelos autores.

Na fermentação alcoólica (etapa anaeróbica), o ácido pirúvico originado na glicólise é descarboxilado pela enzima piruvato descarboxilase (dependente de tiamina pirofosfato – TPP e Mg+2) a acetaldeído e dióxido de carbono. O acetaldeído é, então, reduzido a etanol pela ação de álcool desidrogenases, as quais têm a nicotinamida adenina dinucleotídeo (NADH) fornecendo o poder redutor ($NADH + H^+ \rightarrow NAD^+$). O etanol gerado na fermentação alcoólica é oxidado (etapa aeróbica) a aldeído acético pela ação de álcool desidrogenases (ADH) e a ácido acético pela ação de aldeído desidrogenases (ALDH). Essas enzimas encontram-se na parte externa da membrana periplasmática das BAA e, por isso, catalisam reações de oxidação. Embora a segunda etapa da produção de vinagre muitas vezes seja chamada de "fermentação acética" ou "oxidativa", o processo não é, bioquimicamente, uma fermentação, e sim uma oxidação. O termo mais adequado é, portanto, "acetificação" (MAS *et al.*, 2016).

O processo de acetificação do etanol a ácido acético por FS pode ser rápido ou lento. O processo mais antigo de produção é o lento, também conhecido como processo Orléans (cidade localizada às margens do rio Loire, no centro-norte da França), ou ainda como processo francês. É o sistema tradicional mais utilizado na produção artesanal ou por pequenas empresas. Nesse processo, o vinho é transferido para um barril de madeira adaptado, de modo a facilitar o processo oxidativo da conversão etanol-ácido acético. A adaptação do barril (barril horizontal) consiste basicamente na produção de orifícios laterais (um de cada lado) cobertos com tela ou grade estreita, que permitem a entrada de ar e impedem o acesso de insetos. O barril (Figura 17.2) contém, ainda, um tubo horizontal por onde entra o vinho, de forma a se evitar a quebra da película formada na superfície do líquido.

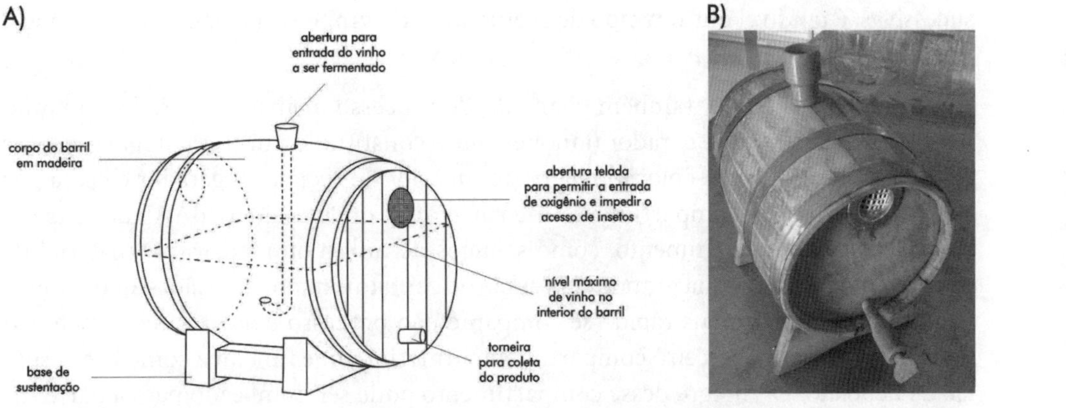

Figura 17.2 – Produção de vinagre pelo processo de Orléans. A) Esquema da estrutura de barril de madeira; B) fotografia de um barril, conhecido popularmente como vinagreira. Fonte: esquema (A) adaptado de Aquarone, Lima e Borzani (1983); fotografia (B) de autoria dos autores.

O processo lento se inicia pela alimentação do barril de madeira com o vinho e a adição de vinagre não pasteurizado (cerca de 10% v/v), conhecido como vinagre forte. Comumente, utiliza-se um volume de vinho correspondente a cerca de dois terços do volume do barril, para garantir uma boa aeração do sistema. O vinagre forte funciona como cultura iniciadora do processo, uma vez que contém BAA ativas, as quais iniciarão o processo de acetificação. Pode ser acrescentada também uma porção da massa gelatinosa chamada "mãe do vinagre" (ou zoogleia) para iniciar a acetificação do vinho. Não é necessário suplementar o meio, uma vez que o vinho já contém os nutrientes necessários (RIZZON; MENEGUZZO, 2002).

A película gelatinosa formada na interface ar-líquido é constituída por celulose, um polissacarídeo insolúvel em água ([1→4]-β-D-glicana) e BAA. O biofilme de celulose é produzido especialmente pelas bactérias do gênero *Komagataeibacter xylinus*, anteriormente denominado de *Gluconacetobacter xylinus* e *Acetobacter xylinum* (DU *et al.*, 2018). A célula bacteriana sintetiza a celulose como principal metabólito, e este biopolímero auxilia as bactérias aeróbias a permanecerem na superfície, rica em oxigênio. Além disso, a película de celulose é produzida para proteger as células da luz ultravioleta e reter umidade (CASTRO *et al.*, 2011).

Após sete a quinze dias, cerca de 10% do volume já podem ser retirados e substituídos por vinho novo. O tempo de acetificação varia em função da temperatura e da microbiota que se desenvolve no substrato fermentativo. Temperaturas entre 20 °C e 25 °C são interessantes, pois propiciam um bom crescimento microbiano e não favorecem a evaporação do álcool. É imprescindível o acompanhamento da acidificação do produto, de modo a se obter um vinagre com acidez volátil em ácido acético entre 4,0% e 6,0% (g/100 ml) e conteúdo máximo de álcool de 1,0% (v/v a 20 °C). A acetificação em barril de madeira é conduzida de maneira semicontínua, e é necessária atenção para evitar o rompimento do véu (mãe do vinagre), com a consequente precipitação de bactérias no fundo do barril (RIZZON; MENEGUZZO, 2002). Nas bateladas sucessivas, é possível que o tempo de acetificação do vinho seja menor, uma vez que o meio já está rico em BAA.

No processo rápido, também chamado de processo alemão ou gerador, o vinho passa por um recipiente gerador (tanque), que é constituído por três compartimentos (Figura 17.3). O vinho é colocado na parte superior do recipiente gerador e passa por gotejamento para o compartimento intermediário, onde estão as BAA aderidas em algum material de enchimento, como sabugos de milho ou madeira. O material de enchimento permite uma grande superfície de contato e maior aeração, o que promove uma acetificação mais rápida se comparada ao processo lento. Posteriormente, o líquido segue para o terceiro compartimento (inferior), que funciona como uma espécie de depósito. O vinagre desse compartimento pode ser bombeado para a parte superior do recipiente gerador a fim de se completar a acetificação – ou seja, atingir a acidez adequada. Alguns inconvenientes deste processo compreendem a possibilidade de contaminação, especialmente pela presença da mosca *Drosophila melanogaster*, comumente conhecida como mosca-das-frutas ou mosca-do-vinagre; há também a possibilidade de entupimento do segundo compartimento em função do expressivo crescimento celular das BAA e produção de biofilme celulósico.

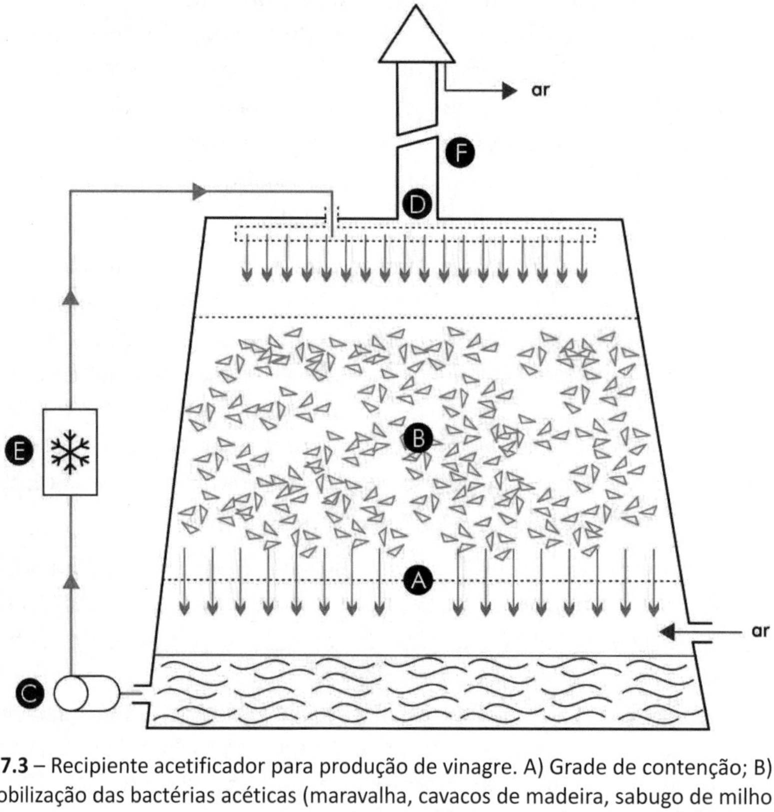

Figura 17.3 – Recipiente acetificador para produção de vinagre. A) Grade de contenção; B) suporte para imobilização das bactérias acéticas (maravalha, cavacos de madeira, sabugo de milho etc.); C) bomba para movimentação do vinho; D) dispersor do vinho; E) sistema de refrigeração; F) dispositivo de condensação de vapores. Fonte: adaptada de Aquarone *et al.* (2001).

Em escala industrial, o processo mais utilizado é o processo submerso (Frings) (Figura 17.4). É um processo no qual a acetificação ocorre em reatores que podem ser automatizados, e, diferentemente do processo lento, não há formação da mãe do vinagre. As bactérias ficam submersas no meio líquido, o qual é aerado por aspersores de ar localizados no fundo do reator, e há um sistema de resfriamento constituído por serpentinas, pelas quais circula água de resfriamento. O sistema é inoculado com as BAA ou com vinagre não pasteurizado e é operado de modo semicontínuo. Retiram-se periodicamente 25% do volume de vinagre, repostos com a mesma quantidade de vinho. A retirada do vinagre do tanque de acetificação é determinada pelo conteúdo de ácido acético contido no vinagre e pelo teor alcoólico.

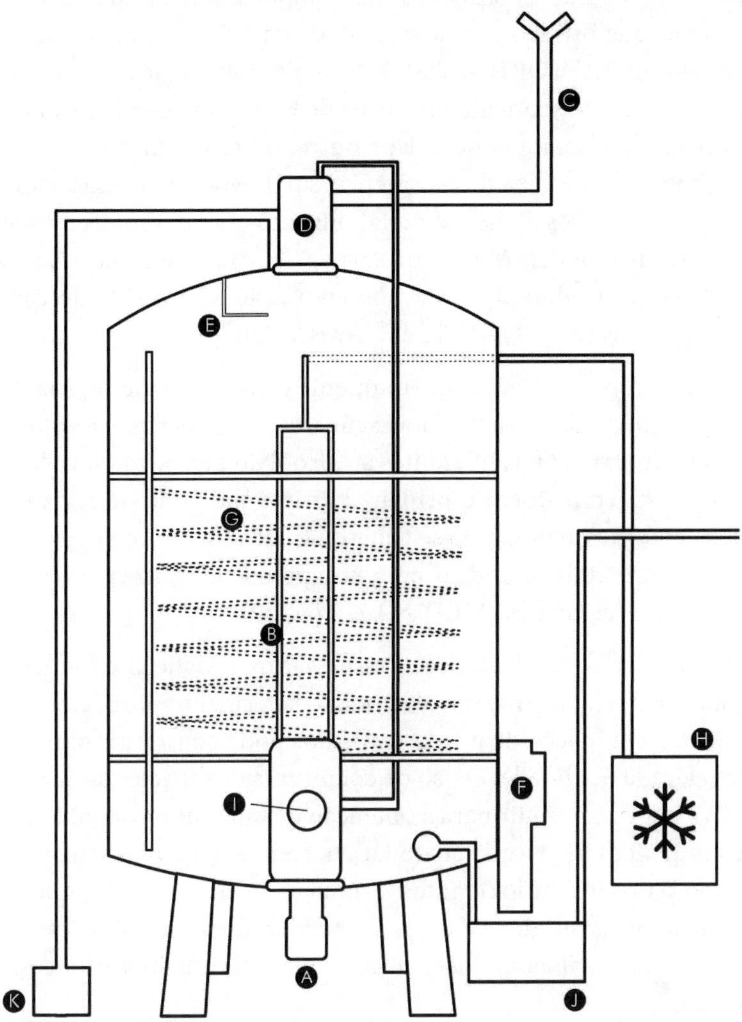

Figura 17.4 – Representação de um acetificador para produção de vinagre pelo sistema submerso. A) Turbina; B) condensador; C) sistema para coleta de líquido de condensação; D) e E) dispositivos para controle de espuma; F) dispositivo para medir o teor de álcool; G) serpentina (refrigeração); H) sistema de refrigeração; I) termômetro; J) bomba (alimentação com vinho); K) bomba (retirada do vinagre). Fonte: adaptada de Mecca, Andreotti e Veronelli (1979).

Os microrganismos envolvidos na produção do vinagre são predominantemente leveduras, responsáveis pela fermentação alcoólica, e BAA, responsáveis pela acetificação do vinho. Entretanto, é importante destacar que a microbiota do processo pode ser bastante variada, dependendo da forma de produção, do tipo e da qualidade da matéria-prima, de fatores ambientais e das condições de higiene do processo (ROMÁN-CAMACHO *et al.*, 2020). Devido à diversidade microbiana presente na matéria-prima e aos fatores ambientais (temperatura, pH, atividade de água) e nutricionais (fonte de carbono), diferentes biotransformações podem ocorrer no meio (BHAT; AKHTAR; AMIN, 2014).

As leveduras são os microrganismos mais importantes durante a fermentação alcoólica, uma vez que influenciam a velocidade da fermentação, o sabor e outras qualidades do vinho (PRETORIUS, 2000). Têm alta tolerância à acidez, o que facilita sua sobrevivência e crescimento em sucos de frutas que possuem valores de pH inferiores ao nível de tolerância de vários outros microrganismos. Os substratos usados no metabolismo das leveduras são principalmente monossacarídeos, como glicose, frutose e manose, os quais são metabolizados em duas moléculas de piruvato via glicólise (via de Embden-Meyerhof-Parnas – EMP). O piruvato é, então, reduzido a etanol (C_2H_5OH) e dióxido de carbono por ação de piruvato descarboxilases e álcool desidrogenases (BHAT; AKHTAR; AMIN, 2014).

O gênero *Saccharomyces* é o mais comumente utilizado na indústria de bebidas devido à elevada capacidade de fermentar açúcares, o que permite a colonização de meios ricos, além de serem mais tolerantes ao álcool do que outras leveduras. Cepas de *Saccharomyces* sp. constituem o principal grupo que pode sobreviver e contribuir para a fermentação do vinho. Esse gênero utiliza o nicho ecológico da fermentação do vinho como ambiente ideal para competir com outras espécies que são fermentadoras menos eficientes (MEDINA *et al.*, 2019).

A fermentação alcoólica é uma etapa essencial na produção de vinagre de alta qualidade. Embora normalmente envolva o uso de fermento puro, estudos têm demonstrado que a combinação de microrganismos pode contribuir para a obtenção de vinho com elevada qualidade. O uso de coculturas de espécies de *Saccharomyces cerevisiae* e BAL pode contribuir para a obtenção de um vinho com maiores conteúdos de ácidos orgânicos, incluindo ácido lático, com benefícios à saúde associados, além de maiores teores de antioxidantes, produção de aminoácidos que impactam a qualidade sensorial (gosto doce e umami), bem como a intensificação na produção de ésteres, álcoois e aldeídos, responsáveis pelo *flavor* do vinho e do vinagre (CHEN *et al.*, 2017).

Na acetificação do vinho, observa-se a participação de várias BAA, especialmente dos gêneros *Acetobacter* e *Gluconobacter.* O gênero *Acetobacter* surgiu em 1898 com uma única espécie, *Acetobacter aceti.* Já o gênero *Gluconobacter* foi proposto em 1935 para cepas com intensa oxidação de glicose em ácido glucônico, em vez de oxidação do etanol a ácido acético e nenhuma oxidação do acetato. O gênero *Acetomonas* foi descrito em 1954 para cepas com flagelação polar e nenhuma oxidação de acetato. Em 1984, o gênero *Acetobacter* foi dividido em dois subgêneros, *Acetobacter* e *Gluconoacetobacter*, este último elevado a gênero (*Gluconacetobacter*) em 1998. Atualmente, dez gêneros de BAA são reconhecidos: *Acetobacter*, *Gluconobacter*, *Acidomonas*, *Gluconacetobacter*, *Asaia*, *Kozakia*, *Swaminathania*, *Saccharibacter*, *Neoasaia* e *Granulibacter*. O gênero *Gluconacetobacter* foi filogeneticamente dividido em dois grupos: *Gluconacetobacter liquefaciens* e *Gluconacetobacter xylinus* (YAMADA; YUKPHAN, 2008).

Aparentemente, as espécies dos gêneros *Acetobacter* e *Komagataeibacter* (muitas delas realocadas do gênero *Gluconacetobacter*) são dominantes no processo de acetificação, devido à alta tolerância ao ácido acético e preferência pelo etanol (ROMÁN-CAMACHO *et al.*, 2020). Contrariamente, as espécies do gênero *Gluconobacter* oxidam preferencialmente glicose e estão, portanto, principalmente envolvidas na produção de outros compostos, como ácido glucônico (GARCÍA-GARCÍA *et al.*, 2017; TESFAYE *et al.*, 2002). Por sua vez, os vinagres de vinho são industrialmente produzidos em grande parte pelo método de fermentação submersa, conforme comentado anteriormente; assim, considerando-se que uma fração do volume total do caldo é retirado periodicamente, uma cultura mista de BAA permanece no tanque para ser usada como inóculo para o próximo ciclo. Esse modo de funcionamento operacional permite a propagação das culturas mais bem adaptadas a substratos específicos e ao modo de condução do processo (GULLO; VERZELLONI; CANONICO, 2014; MAMLOUK; GULLO, 2013). A Figura 17.5 representa um modo de operação semicontínuo durante a acetificação de vinagre de vinho (28 ciclos compreendidos em 32 horas), em que mudanças ambientais são observadas em diferentes fases (ROMÁN-CAMACHO *et al.*, 2020). Durante a etapa de carregamento, o acréscimo de substrato fresco resulta em uma diminuição da população de bactérias, o que é naturalmente esperado, tendo em vista a diluição do substrato; além disso, observam-se mudanças bruscas no mosto, especialmente durante a fase de carregamento rápido. Atingido o volume de trabalho, ocorre redução na concentração de etanol, enquanto a acidez aumenta continuamente. A população de bactérias tende a aumentar à medida em que os ciclos progridem, atingindo valores ao redor de 10^8 UFC/ml no momento do descarregamento do sistema. Interessante ressaltar que a curva de crescimento bacteriano é marcada por mudanças abruptas no último estágio da produção em decorrência de uma resposta às condições do ambiente por parte das BAA, para que se garanta a sobrevivência da população por meio do consumo de produtos decorrentes da lise celular por apoptose. Ainda segundo os autores, as alterações no meio dependem de fatores como relação entre concentração de etanol e ácido acético, porcentagem do volume descarregado, taxa de recarga e oxigenação, o que impacta diretamente a população e o metabolismo microbianos.

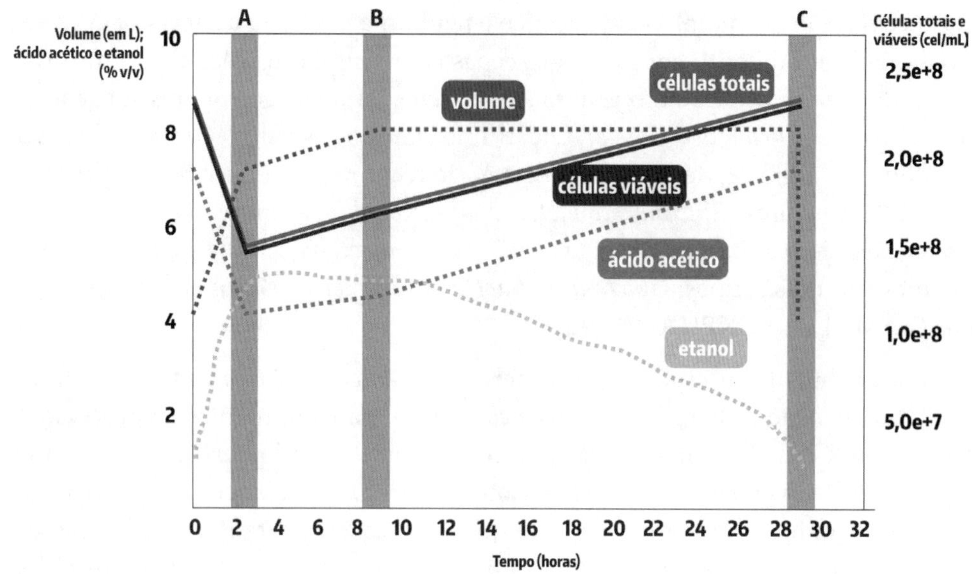

Figura 17.5 – Perfil das principais variáveis do sistema (predefinidas e dependentes) ao longo do processo de acetificação de vinagre de vinho, incluindo os tempos de amostragem. A) Final do carregamento rápido; B) final do carregamento descontínuo; e C) imediatamente antes do descarregamento. Fonte: adaptada de Román-Camacho (2020).

17.3 PROPRIEDADES BIOLÓGICAS E BENEFÍCIOS À SAÚDE

Há relatos de que Hipócrates (460-370 a.C.), uma das personalidades mais importantes da história da medicina, considerado seu patrono no Ocidente, proclamava as propriedades medicinais do vinagre de vinho na Grécia Antiga. Os efeitos benéficos do consumo do vinagre foram, posteriormente, confirmados por diversos estudos.

De fato, os vinagres de vinho, frutas, mel e cereais possuem diversos nutrientes, entre os quais aminoácidos, açúcares, vitaminas e minerais, que desempenham funções como provimento de energia, regulação do metabolismo celular, imunomodulação, entre outras. Além disso, o produto possui componentes bioativos – como ácidos orgânicos, polifenóis, melanoidinas e tetrametilpirazina – com reconhecida atividade antioxidante e que atuam, ainda, na regulação do metabolismo lipídico, proteção hepática, controle da pressão arterial e glicose, além de possuírem propriedades antifadiga e antitumoral.

Alguns desses compostos, como a lovastatina (membro da classe das estatinas e usada para tratar a hipercolesterolemia e prevenir doenças cardiovasculares) e nanopartículas (NP) fluorescentes, estão também presentes em alguns tipos especiais de vinagres, como os maturados produzidos na China (XIA *et al.*, 2020). NP podem ser formadas durante o processo de produção de alguns tipos de vinagre em função de reações entre oligossacarídeos degradados e aminoácidos. NP de vinagre maturado chinês podem interagir com a dopamina, trazendo novas perspectivas às potenciais implicações para a saúde das NP de origem alimentar. Trata-se, contudo, de um campo bastante novo e que ainda carece de estudos complementares.

Várias pesquisas têm avaliado a presença de compostos bioativos e voláteis em diferentes tipos de vinagre. Em vinagres de cereja ácida (*Prunus cerasus* L.) produzidos a partir de concentrado de suco de frutas frescas, foram encontrados compostos funcionais como ácidos gálico e clorogênico (ÖZEN *et al.*, 2020). Em um estudo realizado para investigar os efeitos imunomoduladores e de promoção da saúde da administração combinada de vinagre de maçã e *Lacticaseibacillus casei* na dieta de carpa comum (*Cyprinus carpio* L.), a avaliação do muco da pele dos peixes revelou aumento notável do nível de imunoglobulina total e da atividade de lisozima. Além disso, foi verificada maior expressão de genes relacionados ao sistema imunológico (LYZ, TNF-alfa, IL1b, IL8) e de enzimas antioxidantes (glutationa redutase e glutationa S-transferase), indicando que a coadministração de vinagre de maçã aumentou os efeitos imunomoduladores e de promoção da saúde de *L. casei,* podendo ser considerado como um imunoestimulante promissor na fase inicial da cultura da carpa comum (SAFARI *et al.*, 2017).

Em um ensaio clínico randomizado com 39 participantes que também estudou os efeitos do consumo de vinagre de maçã, foi verificado que este último, quando associado a uma dieta com restrição calórica, pode ser considerado uma estratégia eficaz para reduzir os níveis de triglicerídeo plasmático e de colesterol total, de adiposidade visceral e de apetite, aumentando a concentração de HDL (lipoproteína de alta densidade) em indivíduos com sobrepeso ou obesos (KHEZRI *et al.*, 2018).

Entre as principais frações de alto peso molecular presentes no vinagre, destacam-se as meloidinas, polímeros marrons oriundos da reação de Maillard que ocorre no decorrer do processamento do vinagre, com atividade antioxidante demonstrada (XU; TAO; AO, 2007). Segundo esses autores, as etapas de decocção, armazenamento e envelhecimento do vinagre podem afetar a atividade antioxidante do produto; de qualquer maneira, as melanoidinas nele presentes apresentam potencial efeito benéfico à saúde. Estudos acerca do efeito protetivo de compostos antioxidantes do vinagre na prevenção de doenças induzidas por radicais livres também demonstram seu potencial benéfico. Os efeitos protetivos e mecanismos moleculares do extrato de vinagre envelhecido Shanxi no dano hepático induzido por estresse oxidativo foram comprovados *in vitro* e *in vivo*. O vinagre envelhecido Shanxi atenuou a citotoxicidade induzida por H_2O_2 e exibiu atividade protetora em hepatócitos, inibindo a geração de espécies reativas do oxigênio (ERO) e a apoptose. Além disso, regulou negativamente a geração de ERO mediada por CYP2E1, que subsequentemente suprimiu a produção de MDA, 4-HNE e 8-OHdG. Exibiu, ainda, efeito protetor contra danos ao fígado induzidos pelo estresse oxidativo, regulando positivamente a expressão da proteína Nrf2 e suas respostas antioxidantes. Portanto, o vinagre envelhecido Shanxi tem uma potente atividade hepatoprotetora, o que pode fornecer uma nova abordagem para a prevenção de danos ao fígado (XIA *et al.*, 2019). A alta atividade antioxidante e o efeito hepatoprotetor do vinagre envelhecido de Shanxi foram também observados na lesão hepática induzida por etanol. Esse vinagre foi capaz de restaurar a viabilidade celular em células LO2, aliviar as alterações patológicas no fígado de camundongos e reduzir os níveis de enzimas hepáticas. Além disso, diminuiu significativamente a geração de espécies reativas do oxigênio induzidas por etanol e, subsequentemente, inibiu os níveis de apoptose celular e malonaldeído, revertendo a depleção do sistema de defesa antioxidante em fígados de camundongos. Outro aspecto interessante é que esse tipo de vinagre melhorou o estresse oxidativo induzido pelo etanol e a inflamação ao diminuir a expressão da enzima citocromo P450 2E1 (CYP2E1) e NADPH oxidase (XIA *et al.*, 2018).

Um estudo conduzido por Chou *et al.* (2015) demonstrou que, além de propriedades antioxidantes, o vinagre negro, também conhecido como vinagre Kurosu, produzido a partir de arroz integral, demonstrou potencial na redução do teor de lipídeos em cobaias *hamsters* que receberam dieta oral rica em gordura/colesterol junto com diferentes doses do produto. A suplementação com o vinagre negro reduziu o ganho de peso, o tamanho relativo de gordura visceral, os níveis de triglicerídeo sérico, o índice cardíaco sérico, além de ter melhorado outros parâmetros (CHOU *et al.*, 2015).

Os efeitos antiobesidade do vinagre de tomate foram avaliados *in vitro* e *in vivo*, com resultados de inibição da diferenciação de adipócitos de pré-adipócitos 3T3-L1 e o acúmulo de lipídios durante a diferenciação. A suplementação de uma dieta rica em gordura com vinagre de tomate diminuiu significativamente a gordura visceral (LEE *et al.*, 2013). Estudos em animais sugerem que o consumo de vinagre pode conferir um efeito antiobesidade por meio da ativação da via de sinalização da proteína quinase ativada por AMP (AMPK). Uma vez que os mecanismos de ação em humanos ainda permanecem relativamente desconhecidos, foi realizado um ensaio randomizado, duplo-cego e controlado por placebo para verificar se o vinagre de romã reduz a adiposidade em indivíduos com sobrepeso, com ênfase na ativação de AMPK. Os resultados revelaram que o produto reduziu o tecido adiposo visceral, medido por tomografia computadorizada (P = 0,037), e aumentou a fosforilação de AMPK (P = 0,013) em comparação com o grupo placebo. Além disso, o vinagre de romã apresentou tendência à supressão da expressão gênica, como a da proteína de ligação do elemento regulador de esterol e acetil coenzima carboxilase, no tecido adiposo (PARK *et al.*, 2014).

Por fim, estudos têm revelado que o consumo de vinagre pode reduzir os níveis de glicose pós-prandial e a resposta à insulina tanto em indivíduos saudáveis como em portadores de desordens do metabolismo de glicose, indicando que pode ser considerado uma ferramenta adjuvante para a melhoria do controle glicêmico (SHISHEHBOR; MANSOORI; SHIRANI, 2017). O vinagre também tem demonstrado ser capaz de prevenir a formação de cristal renal CaOx, influenciando a excreção urinária de citrato e cálcio por meio de regulações epigenéticas. Ou seja, o consumo de vinagre pode ser uma estratégia promissora para a prevenção da ocorrência e recorrência da nefrolitíase CaOx (ZHU *et al.*, 2019).

17.4 CONSIDERAÇÕES FINAIS

O vinagre é um alimento de cultura milenar que já foi reconhecido como remédio e empregado no tratamento de infecções fúngicas e bacterianas da pele e de garganta, de verrugas e otites. Existem vários relatos históricos associados ao produto, como o remédio profilático contra a gripe espanhola que assolou a Europa no século XX e que ficou conhecido como o "vinagre dos quatro ladrões". Atualmente, o vinagre continua sendo um produto com amplas possibilidades de uso. Além da culinária, é empregado popularmente na limpeza de superfícies, na remoção de manchas e como amaciante de roupas e desengordurante. Entretanto, sua maior aplicação ainda é como conservante e condimento de alimentos, área em que, de fato, apresenta um potencial comercial significativo.

Vinagres de frutas e enriquecidos com extratos de ervas e plantas, por exemplo, têm maior valor agregado, correspondendo a um novo nicho de mercado. Isso indica que a indústria do vinagre está atenta não apenas à modernização dos processos produtivos, mas também às recentes demandas dos consumidores por novos produtos alimentícios. Nos últimos anos, a indústria tem lançado no mercado vinagres condimentados, acrescidos de sucos de frutas ou aromatizantes e tem verificado possibilidades interessantes para a prospecção de novos clientes. Destaca-se, por fim, a possibilidade de produção de vinagre por pequenas empresas, a partir de processos fermentativos tradicionais e relativamente simples que não exigem investimentos vultuosos, correspondendo, portanto, a uma possibilidade atrativa de investimento e inovação.

REFERÊNCIAS

AQUARONE, E. *et al. Biotecnologia na produção de alimentos.* São Paulo: Blucher, 2001.

AQUARONE, E.; LIMA, U. A.; BORZANI, W. *Alimentos e bebidas produzidos por fermentação.* São Paulo: Blucher, 1983.

BEVERAGE TECHNOLOGIES. Frings. 2021. Disponível em: http://www.bevtec.es/pt-pt/frings/. Acesso em: 21 out. 2021.

BHAT, S. V.; AKHTAR, R.; AMIN, T. An overview on the biological production of vinegar. *International Journal of Fermented Foods,* v. 3, n. 2, p. 139, 2014.

BRASIL. Ministério da Agricultura, Pecuária e Abastecimento. Instrução Normativa n. 6: Estabelece os padrões de identidade e qualidade e a classificação dos fermentados acéticos. *Diário Oficial da União,* Brasília, DF, 4 abr. 2012.

CASTRO, C. *et al.* Structural characterization of bacterial cellulose produced by *Gluconacetobacter swingsii* sp. from Colombian agroindustrial wastes. *Carbohydrate Polymers,* v. 84, n. 1, p. 96-102, 2011.

CHEN, Y. *et al.* Effects of mixed cultures of *Saccharomyces cerevisiae* and *Lactobacillus plantarum* in alcoholic fermentation on the physicochemical and sensory properties of citrus vinegar. *LWT – Food, Science and Technology,* v. 84, p. 753-763, 2017.

CHOU, C.-H. *et al.* Amino acid, mineral, and polyphenolic profiles of black vinegar, and its lipid lowering and antioxidant effects in vivo. *Food Chemistry*, v. 168, p. 63-69, 2015.

COELHO, E. *et al.* Vinegar production from fruit concentrates: effect on volatile composition and antioxidant activity. *Journal of Food Science and Technology*, v. 54, n. 12, p. 4112-4122, 2017.

DU, R. *et al.* Production and characterization of bacterial cellulose produced by *Gluconacetobacter xylinus* isolated from Chinese persimmon vinegar. *Carbohydrate Polymers*, v. 194, p. 200-207, 2018.

GARCÍA-GARCÍA, I. *et al.* Biotechnologically relevant features of gluconic acid production by acetic acid bacteria. *Acetic Acid Bacteria*, v. 6, n. 1, p. 6458, 2017.

GARCIA-PARRILLA, M. C. *et al.* Vinegars and other fermented condiments. *In*: FRIAS, J.; MARTINEZ-VILLALUENGA, C.; PEÑAS, E. (eds.) *Fermented foods in health and disease prevention*. London: Academic Press, 2017. p. 577-591

GULLO, M.; VERZELLONI, E.; CANONICO, M. Aerobic submerged fermentation by acetic acid bacteria for vinegar production: process and biotechnological aspects. *Process Biochemistry*, v. 49, n. 10, p. 1571-1579, 2014.

IMARC. Vinegar Market: Global industry trends, share, size, growth, opportunity and forecast 2020-2025. 2020. Disponível em: https://www.imarcgroup.com/vinegar-manufacturing-plant.

KHEZRI, S. S. *et al.* Beneficial effects of apple cider vinegar on weight management, visceral adiposity index and lipid profile in overweight or obese subjects receiving restricted calorie diet: a randomized clinical trial. *Journal of Functional Foods*, v. 43, p. 95-102, 2018.

LEE, J.-H. *et al.* New vinegar produced by tomato suppresses adipocyte differentiation and fat accumulation in 3T3-L1 cells and obese rat model. *Food Chemistry*, v. 141, n. 3, p. 3241-3249, 2013.

LI, S. *et al.* Microbial diversity and their roles in the vinegar fermentation process. *Applied Microbiology and Biotechnology*, v. 99, n. 12, p. 4997-5024, 2015.

LIMA, K. P. *Produção de vinagre como estratégia de aproveitamento tecnológico da amora-preta*: avaliação do processo submerso e do processo lento. 2014. Dissertação (Mestrado em Tecnologia de Processos Químicos e Bioquímicos) – Universidade Tecnológica Federal do Paraná, Pato Branco, 2014.

MAMLOUK, D.; GULLO, M. Acetic acid bacteria: physiology and carbon sources oxidation. *Indian Journal of Microbiology*, v. 53, n. 4, p. 377-384, 2013.

MAS, A. *et al.* Vinegar. *In*: CABALLERO, B; FINGLAS, P. M.; TOLDRÁ, F. (eds.). *Encyclopedia of food and health*. Cambridge: Academic Press, 2016. p. 418-423.

MECCA, F; ANDREOTTI, R; VERONELLI, L. *L'aceto*. Brescia: AEB, 1979.

MEDINA, K. *et al.* Yeast biotechnology for red winemaking. *In*: MORATA, A. (ed.). *Red wine technology*. London: Academic Press, 2019. p. 69-83.

NIE, Z. *et al.* Unraveling the correlation between microbiota succession and metabolite changes in traditional Shanxi aged vinegar. *Scientific Reports*, v. 7, n. 1, p. 9240, 2017.

ÖZEN, M. *et al.* Sour cherry (*Prunus cerasus* L.) vinegars produced from fresh fruit or juice concentrate: bioactive compounds, volatile aroma compounds and antioxidant capacities. *Food Chemistry*, v. 309, p. 125664, 2020.

PARK, J. E. *et al.* Pomegranate vinegar beverage reduces visceral fat accumulation in association with AMPK activation in overweight women: a double-blind, randomized, and placebo-controlled trial. *Journal of Functional Foods*, v. 8, p. 274-281, 2014.

PAZUCH, C. M. *et al.* Vinegar: functional aspects. *Científica*, v. 43, n. 4, p. 302, 2015.

PRETORIUS, I. S. Tailoring wine yeast for the new millennium: novel approaches to the ancient art of winemaking. *Yeast*, v. 16, n. 8, p. 675-729, 2000.

RIZZON, L. A.; MENEGUZZO, J. *Elaboração de vinagre*. 1. ed. Bento Gonçalves: Embrapa Uva e Vinho, 2002. (Série Documentos, 36)

ROMÁN-CAMACHO, J. J. *et al.* Metaproteomics of microbiota involved in submerged culture production of alcohol wine vinegar: a first approach. *International Journal of Food Microbiology*, v. 333, p. 108797, 2020.

SAFARI, R. *et al.* Apple cider vinegar boosted immunomodulatory and health promoting effects of *Lactobacillus casei* in common carp (*Cyprinus carpio*). *Fish & Shellfish Immunology*, v. 67, p. 441-448, 2017.

SHISHEHBOR, F.; MANSOORI, A.; SHIRANI, F. Vinegar consumption can attenuate postprandial glucose and insulin responses; a systematic review and meta-analysis of clinical trials. *Diabetes Research and Clinical Practice*, v. 127, p. 1-9, 2017.

TESFAYE, W. *et al.* Wine vinegar: technology, authenticity and quality evaluation. *Trends in Food Science & Technology*, v. 13, n. 1, p. 12-21, 2002.

VERZIGNASSE, R. Indústria investe no vinagre de grife de olho nos gourmets. *Agência Anhanguera*. [*S.d.*]. Disponível em: http://www.anav.com.br/clipping_interna.php?id=25. Acesso em: 21 out. 2021.

XIA, T. *et al.* Hepatoprotective efficacy of Shanxi aged vinegar extract against oxidative damage *in vitro* and *in vivo*. *Journal of Functional Foods*, v. 60, p. 103448, 2019.

XIA, T. *et al.* Nutrients and bioactive components from vinegar: a fermented and functional food. *Journal of Functional Foods*, v. 64, p. 103681, 2020.

XIA, T. *et al.* Shanxi aged vinegar prevents alcoholic liver injury by inhibiting CYP2E1 and NADPH oxidase activities. *Journal of Functional Foods*, v. 47, p. 575-584, 2018.

XU, Q; TAO, W; AO, Z. Antioxidant activity of vinegar melanoidins. *Food Chemistry*, v. 102, n. 3, p. 841-849, 2007.

YAMADA, Y.; YUKPHAN, P.. Genera and species in acetic acid bacteria. *International Journal of Food Microbiology*, v. 125, n. 1, p. 15-24, 2008.

ZHAI, X. *et al.* An efficient method using ultrasound to accelerate aging in crabapple (*Malus asiatica*) vinegar produced from fresh fruit and its influencing mechanism investigation. *Ultrasonics Sonochemistry*, v. 72, p. 105464, 2021.

ZHANG, Q. *et al.* Monitoring microbial succession and metabolic activity during manual and mechanical solid-state fermentation of Chinese cereal vinegar. *LWT – Food Science and Technology*, v. 133, p. 109868, 2020.

ZHANG, X.-L. *et al.* Knowledge domain and emerging trends in vinegar research: a bibliometric review of the literature from WoSCC. *Foods*, v. 9, n. 2, p. 166, 2020.

ZHU, W. *et al.* Dietary vinegar prevents kidney stone recurrence via epigenetic regulations. *EBioMedicine*, v. 45, p. 231-250, 2019.

CAPÍTULO 18

Métodos moleculares para avaliação do processo fermentativo

Eduardo Luís Menezes de Almeida,[1]
Maurício Alexander de Moura Ferreira,[1] *Érica Mangaravite,*[2]
Rafaela Zandonade Ventorim,[1] *Wendel Batista da Silveira*[1]

18.1 INTRODUÇÃO

No Capítulo 3, foram apresentados os principais aspectos relacionados à diversidade metabólica microbiana, com destaque para as fermentações de interesse em alimentos. Nos demais capítulos, destacou-se a importância da microbiota para as características de qualidade de diferentes tipos de alimentos fermentados, tanto de origem vegetal como animal.

A diversidade e a atividade microbiana nestes alimentos podem ser avaliadas por métodos tradicionais, seja de forma direta, utilizando-se meios de cultivo, ou indireta, por meio da quantificação do consumo de nutrientes e produção de metabólitos, como ácidos orgânicos e etanol. Nos últimos anos, métodos moleculares têm sido desenvolvidos para compreender melhor a diversidade de microrganismos cultiváveis e não cultiváveis em alimentos, bem como sua diversidade metabólica. Neste capítulo, serão apresentados os principais métodos que podem ser utilizados para se compreender o papel dos microrganismos na produção de alimentos fermentados, com foco nos métodos moleculares. Serão destacadas as vantagens e limitações de cada um.

[1] Laboratório de Fisiologia de Microrganismos (LabFis), Departamento de Microbiologia, Universidade Federal de Viçosa (UFV), Viçosa, Minas Gerais, Brasil.

[2] Colegiado de Biomedicina, Centro Universitário Faminas, Muriaé, Minas Gerais, Brasil.

Os métodos de análise de ácidos nucleicos, proteínas e metabólitos podem ser utilizados para estudar a estrutura e a função de comunidades microbianas em alimentos fermentados, contribuindo, portanto, para a melhoria do processo produtivo e para o desenvolvimento de novos produtos.

18.2 AVALIAÇÃO DO PROCESSO FERMENTATIVO, DA DIVERSIDADE MICROBIANA E DA DINÂMICA POPULACIONAL DE MICRORGANISMOS EM ALIMENTOS FERMENTADOS

Tradicionalmente, os processos fermentativos são acompanhados pela avaliação de microrganismos cultiváveis (contagem de colônias em placas ou células em lâminas especiais, por exemplo), ou a partir da quantificação dos principais metabólitos produzidos e/ou consumidos (métodos tradicionais). Apesar de serem amplamente utilizados durante a produção de alimentos fermentados e apresentarem bons resultados, esses métodos não são suficientes para capturar e caracterizar a grande diversidade microbiana e metabólica presente nesses produtos. A fim de ampliar a compreensão e o controle dos processos, métodos moleculares de determinação de ácidos nucleicos, proteínas e metabólitos têm sido cada vez mais empregados nos estudos envolvendo fermentações. Tais métodos podem ampliar o espectro de microrganismos detectados, incluindo os não cultiváveis, assim como a compreensão dos diferentes aspectos fisiológicos envolvidos no desenvolvimento e produção de alimentos fermentados.

18.2.1 MÉTODOS TRADICIONAIS

O processo fermentativo pode ser acompanhado de acordo com as respostas do crescimento ou do metabolismo microbiano. A atividade microbiana pode ser mensurada de forma indireta, pela redução da concentração de um substrato (açúcar, por exemplo), aumento da concentração de um produto (etanol, ácidos orgânicos, por exemplo), alteração nas propriedades do meio, como pH e temperatura; ou de forma direta, como o crescimento de colônias em meios seletivos e contagem de células viáveis.

Dentre os métodos tradicionais para quantificação do consumo de açúcares, destacam-se a quantificação de açúcares redutores por reação com ácido dinitrosalicílico (DNS); os métodos baseados na densidade de soluções; e as medidas baseadas no índice de refração, como o °Brix. Em fermentações envolvendo consumo ou produção de ácidos, os valores de acidez total, fixa e volátil podem ser mensurados por titulometria, e o pH, com o auxílio de um potenciômetro. Tradicionalmente, o etanol pode ser estimado a partir da diferença da concentração de açúcares no início e no final do processo, e também com base na eficiência teórica de conversão do substrato (glicose, por exemplo) em produto (etanol, por exemplo). A picnometria – baseada na densidade da solução hidroalcoólica – e a titulação com dicromato de potássio e sulfato ferroso são métodos analíticos comumente utilizados para determinar a concentração de etanol em bebidas.

Tradicionalmente, os métodos para determinação de microrganismos em alimentos fermentados fundamentam-se na capacidade de cultivá-los em meios sólidos, semissólidos e líquidos. Alguns exemplos são a contagem de unidades formadoras de colônias (UFC) em meios de cultura seletivos ou não; a contagem de células totais ou viáveis com o auxílio de corantes vitais (azul de metileno, por exemplo) em lâminas especiais para microscopia (câmara de Neubauer, por exemplo); ou variações na densidade óptica das soluções (absorbância a 600 nm, por exemplo).

18.2.2 MÉTODOS MOLECULARES

Embora os métodos tradicionais sejam úteis e aplicáveis em diferentes situações, e muitas vezes de forma simples, eles possuem algumas desvantagens para a avaliação da microbiota e os efeitos de seu metabolismo nos alimentos fermentados. Nesse contexto, os métodos moleculares têm ganhado cada vez mais aplicações na área. Essas técnicas permitem ampliar os níveis de identificação e quantificação dos compostos, além de detectar um número maior de microrganismos em comparação às técnicas tradicionais, incluindo os microrganismos não cultiváveis. A caracterização da microbiota em alimentos fermentados é cada vez mais requerida, pois permite identificar as espécies que apresentam papel importante para a qualidade final do produto, sobretudo o sabor, e também aumenta a segurança, pois possibilita que se identifique o crescimento de microrganismos contaminantes potencialmente patogênicos. As técnicas moleculares permitem a identificação de macromoléculas, como ácidos nucleicos (DNA ou RNA), proteínas ou outros metabólitos, como lipídeos. A seguir, serão apresentados os principais métodos utilizados na caracterização da microbiota de alimentos fermentados.

18.2.2.1 Métodos de análise de ácidos nucleicos

Inicialmente, serão abordadas as técnicas que envolvem a identificação dos microrganismos a partir do DNA (Figura 18.1). A primeira etapa é a extração do DNA (Figura 18.1A), que pode ser realizada por métodos padronizados em cada laboratório ou por meio de kits comerciais de extração. Após a obtenção do DNA, a amplificação pela reação em cadeia da enzima polimerase (em inglês, *polymerase chain reaction* – PCR) pode ser realizada (Figura 18.1B). Essa amplificação aumenta o número de cópias de um fragmento, mimetizando, *in vitro*, a replicação do DNA. Dentre outros componentes utilizados na PCR, os *primers* (oligonucleotídeos iniciadores) permitirão delimitar regiões de interesse no genoma. Algumas estratégias para identificação de sequências podem ser adotadas, em que uma sequência ou mais sequências do genoma serão utilizadas para a análise. Além disso, todo o genoma pode ser utilizado (*genômica*), sendo este método menos aplicado a alimentos fermentados devido ao seu elevado custo e à dependência de organismos isolados. As sequências preferenciais para identificação fúngica e bacteriana são os espaçadores transcritos internos (em inglês, *internal transcribed spacers* - ITS) e o gene ribossomal 16S, respectivamente.

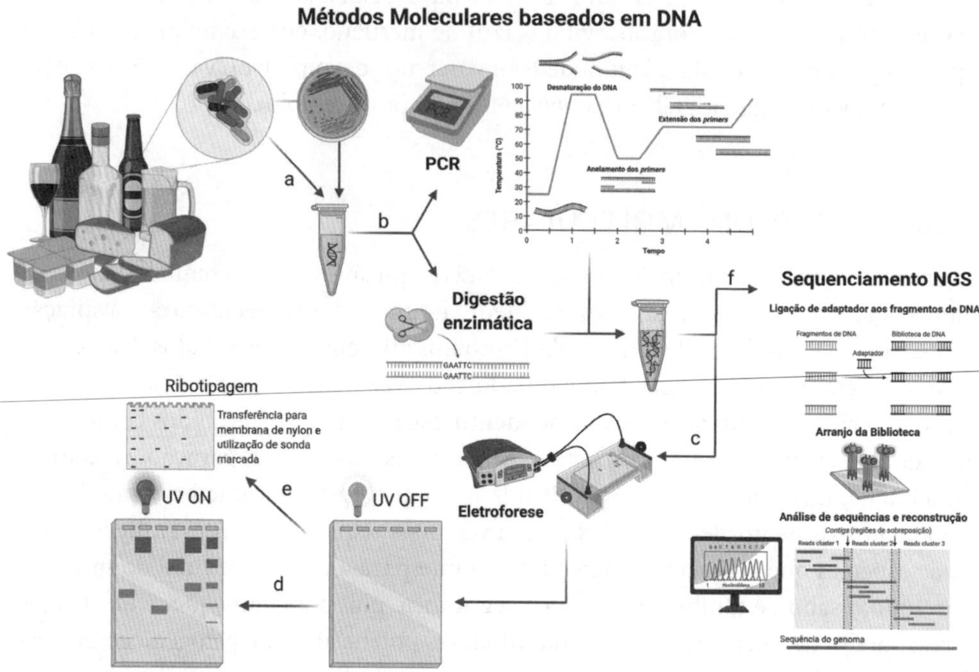

Figura 18.1 – Métodos moleculares baseados em DNA. Inicialmente (A), é realizada a extração de DNA da comunidade microbiana ou de microrganismos isolados; em seguida (B), os métodos de PCR ou digestão enzimática podem ser adotados. A eletroforese (C) é um método que permite a obtenção do *fingerprinting* das amostras, (D) em bandas no gel sob luz ultravioleta (UV) ou (E) em membranas de nylon em que as bandas podem ser transferidas e posteriormente marcadas (ribotipagem). O sequenciamento de nova geração (F) (NGS, do inglês *next generation sequencing*) pode ser uma alternativa para a visualização das diferenças entre os genomas nas comunidades microbianas. Fonte: elaborada por Érica Mangaravite com BioRender.com.

A partir da sequência escolhida, a PCR é realizada e posteriormente visualizada via eletroforese em gel de agarose ou poliacrilamida (Figura 18.1C). A eletroforese consiste na aplicação de uma corrente elétrica em uma solução em que um gel está imerso. Cada amostra é aplicada em canaletas em uma extremidade do gel. Essa corrente, que vai do polo negativo para o polo positivo, forçará o DNA, que apresenta carga negativa, a passar pela malha do gel. A concentração do gel varia de acordo com o tamanho do produto de PCR. Quanto menor o fragmento esperado, menor deverá ser a malha e, portanto, maior a concentração do polímero do gel. Além disso, este contém um corante que possui afinidade com o DNA (brometo de etídeo ou Cyber Green, por exemplo) e, na presença de luz ultravioleta, o fragmento de DNA emite fluorescência (Figura 18.1D). Dessa forma, os fragmentos amplificados serão visualizados (presença ou ausência) e diferenciados por tamanhos, sendo os fragmentos maiores e mais lentos aqueles que ficam mais próximos às canaletas. A essas diferenças no bandeamento entre as amostras dá-se o nome de impressão digital de DNA – *fingerprint* de DNA.

Além da visualização de produtos de PCR *primer*-específicos, marcadores moleculares como o *random amplified polymorphic DNA* (RAPD), o *restriction fragment length polymorphism* (RFLP) e o *amplified fragment length polymorphism* (AFLP) são empregados em alimentos fermentados para evidenciar a diversidade microbiana. Enquanto no RAPD a PCR amplifica aleatoriamente regiões no genoma, o RFLP e o AFLP se baseiam em sítios polimórficos de enzimas de restrição (Figura 18.1B). Essas enzimas, isoladas de bactérias, são igualmente úteis na detecção de *fingerprint* e clivam sequências específicas do DNA. Se há alguma mutação em um dado sítio no genoma, o DNA não é clivado na respectiva posição e o perfil de bandeamento será diferenciado entre amostras com comunidades diferentes. Essas enzimas são utilizadas, ainda, na realização de ribotipagem (Figura 18.1E). Nesta técnica, após a clivagem com enzimas e a separação dos fragmentos via eletroforese, as bandas são transferidas para uma membrana de nylon. Uma sonda de DNA ribossômico (16S ou ITS, por exemplo) marcada com fluorescência hibridiza as (liga-se às) bandas no gel, desde que com sequências complementares. Os padrões gerados podem então ser comparados aos dos bancos de dados. Outra técnica que realiza digestão enzimática é a *pulsed field gel electrophoresis* (PFGE). Esta técnica consiste na suspensão microbiana em solução e posteriormente em um tampão contendo agarose que se solidificará. Após a etapa de lise celular, para liberação do genoma, é realizada a digestão enzimática destas amostras. A utilização de blocos de agarose aumenta a eficiência de clivagem de DNA com alto peso molecular devido à maior viscosidade da solução. Na PFGE, os blocos são adicionados nas canaletas do gel e a corrente elétrica é aplicada em tempos e direções diferentes para aumentar o percurso corrido pela banda no gel e permitir a melhor separação das bandas. Apesar da especificidade dos métodos citados (RAPD, RFLP, AFLP, ribotipagem e PFGE), em todos eles as amostras são obtidas a partir de DNA de microrganismos cultiváveis.

Em alimentos fermentados, produzidos em geral a partir de comunidades microbianas complexas, a obtenção de culturas puras é dificultada, devido ao elevado número de espécies na comunidade, à presença de microrganismos não cultiváveis ou, ainda, por alguns deles estarem em proporção muito inferior em relação aos demais. Por isso, a identificação a partir de extração do DNA total, diretamente do alimento fermentado, pode ser uma alternativa (Figura 18.1A), em que todas as sequências de DNA (ou sua maioria) estarão disponíveis para identificação. Dentre as técnicas independentes de cultura, há o *denaturing/temperature gradient gel electrophoresis* (DGGE/TGGE) e o *automated ribosomal intergenic spacer analysis* (ARISA).

No DGGE, um dos pares de *primers* apresenta uma sequência repetida CG que permite que uma extremidade do produto da PCR fique pareada, formando um grampo. A eletroforese é realizada em um gel que possui um gradiente de agente desnaturante (ureia e formamida, por exemplo). A velocidade de corrida de cada fragmento vai depender da proporção AT e CG entre os fragmentos e não do tamanho dos fragmentos. Aqueles que desnaturam mais rapidamente (maior proporção AT) apresentarão sequências simples e, portanto, se distanciarão mais rapidamente da canaleta. Um segundo método independente de cultura é o ARISA. Neste, a separação decorre dos diferentes tamanhos nas regiões espaçadoras intergênicas das diferentes espécies. Os *primers* são fluorescentes, e na genotipagem (quantificação dos produtos de PCR automatizada com sequenciador) podem-se visualizar os resultados em gráficos, denominados eletroferogramas. Os diferentes tamanhos de fragmentos são representados por diferentes picos e indicam as diferentes sequências; já a intensidade de fluorescência sugere a frequência de cada fragmento – quanto maior o pico no gráfico, maior a proporção daquele fragmento na amostra.

A visualização das diferenças nas comunidades microbianas pode ser mais específica quando cada nucleotídeo de uma sequência é identificado e comparado via sequenciamento (Figura 18.1F). Para análises de amostras de comunidades, a *metagenômica* é mais adequada e consiste na análise de todos os genomas da amostra. Também em análises de metagenômica, tanto o uso de uma região alvo de interesse (como o 16S em bactérias) como uma abordagem de sequências aleatórias (como o *shotgun*, o uso de enzimas de restrição) podem ser utilizados. Existem diversos métodos de sequenciamento, e a escolha deles dependerá do objetivo do estudo, do tipo de amostra e do orçamento disponível. Para metagenômica, os NGS são os mais utilizados (Figura 18.1F). Os NGS variam de acordo com a abordagem que identifica o nucleotídeo, o tamanho dos fragmentos sequenciados (*reads*) e o número de *reads* obtidos. Em geral, os NGS geram grande quantidade de sequências por corrida. Por isso, apesar de custosos, são utilizados em alimentos fermentados, desde os mais tradicionais, como o vinho (BERBEGAL *et al.*, 2019), até aqueles típicos de determinadas culturas, como o *tempeh* indonésio (YULANDI *et al.*, 2020). Sheikha e Hu (2020) apresentaram diversas aplicações de análises moleculares em alimentos fermentados.

As técnicas supracitadas relacionam-se à identificação do DNA (os sítios de restrição, tamanho de fragmentos, sequências, genomas ou metagenomas). As análises que identificam os RNA (*transcriptômica*), no entanto, são menos frequentes em pesquisas com alimentos fermentados devido ao custo elevado. Em geral, esses estudos apresentam um enfoque menos aplicado e envolvem mais o estado da arte dos processos fermentativos – por exemplo, o estudo comparativo de mudanças transcricionais (do perfil de expressão de genes) dos processos fermentativos em culturas puras ou mistas contendo *Saccharomyces cerevisiae* e *Fructilactobacillus sanfranciscensis* (YANG *et al.*, 2020). Um outro exemplo de estudo do perfil de expressão de genes foi a comparação entre a fermentação em estado líquido e em estado sólido contendo *Lacticaseibacillus casei* (WU *et al.*, 2020).

18.2.2.2 Métodos de análise de proteínas

Além dos estudos baseados em ácidos nucleicos, é possível também realizar pesquisas cujo fundamento se baseia na análise de proteínas. Essa técnica, denominada *proteômica*, é mais aplicada em alimentos fermentados quando comparada à transcriptômica. O metabolismo celular e sua regulação em muitas ocasiões são mais evidentes ao nível das proteínas. Nesse sentido, a metaproteômica pode ser uma ferramenta valiosa para capturar o panorama global da atividade celular e suas interações com ambientes específicos.

Dentro da *metaproteômica*, duas abordagens de análises podem ser mencionadas: as análises descritivas e as análises comparativas. Nas análises descritivas, são obtidas informações sobre a atividade metabólica da comunidade microbiana em um determinado ambiente. Já as análises comparativas elucidam como as comunidades microbianas se adaptam e respondem a ambientes diferentes e processos fermentativos. Independentemente da abordagem, uma análise típica de (meta)proteômica envolve as etapas de extração e purificação de proteínas, sua digestão, a espectrometria de massa (em inglês, *mass spectrometry* - MS) dos fragmentos proteicos, e a análise dos dados (Figura 18.2).

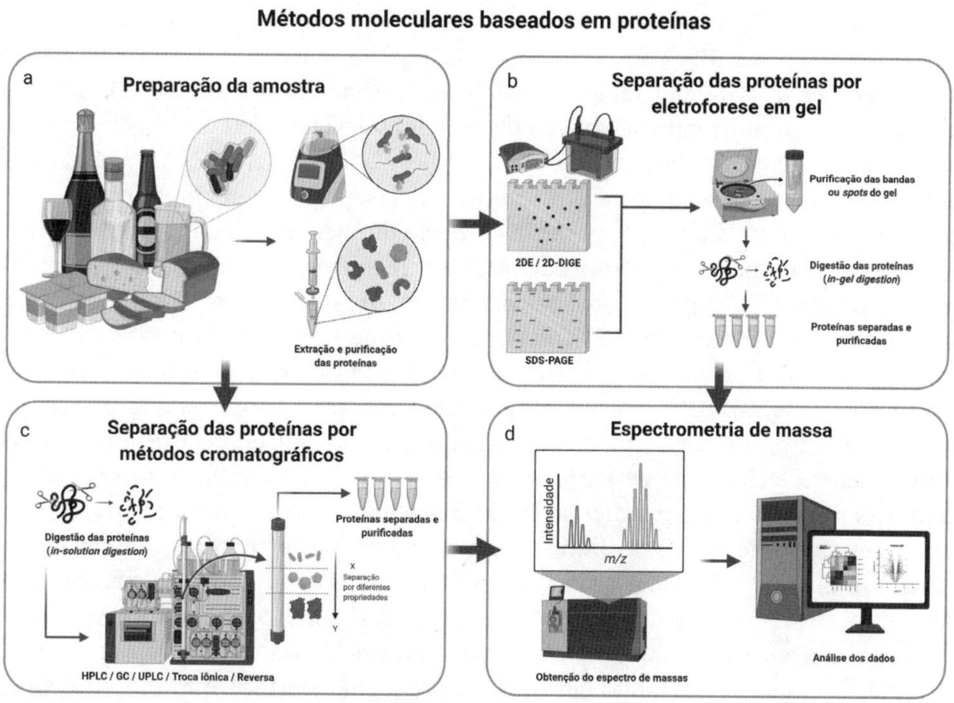

Figura 18.2 – Métodos moleculares baseados em proteínas. Primeiramente (A), é realizada a extração de proteínas a partir de amostras de comunidades microbianas ou culturas isoladas. Em seguida, as proteínas podem ser separadas e purificadas por métodos baseados em gel (B), ou por métodos independentes de gel (C), como a cromatografia. Por fim (D), as proteínas isoladas são submetidas à espectrometria de massa para identificação e posterior análise de dados. Fonte: elaborada por Maurício Alexander de Moura Ferreira com BioRender.com.

A extração de proteínas envolve o rompimento da parede celular e da membrana citoplasmática para liberação do conteúdo intracelular. Para tanto, são executadas quatro etapas: (i) o rompimento físico (lise) da célula; (ii) a dissolução do extrato; (iii) a purificação; e (iv) a digestão proteica. No entanto, não existe um protocolo específico para a extração de proteínas, uma vez que as amostras podem ser bastante heterogêneas quanto à composição da comunidade microbiana – que pode incluir vírus, bactérias, leveduras, fungos filamentosos, protozoários e outros grupos de microrganismos. Cada um desses grupos microbianos possui diferenças, como as estruturas de parede celular, e cada tipo de amostra exige protocolos específicos. Além disso, o ambiente onde vive a comunidade microbiana também influencia o processo de extração, por exemplo, a alta acidez em queijos, o alto teor alcoólico em grãos fermentados e bebidas, e a alta salinidade em molhos fermentados. Contudo, existem métodos e reagentes que são utilizados na maioria dos protocolos de extração. A lise celular é rotineiramente feita com detergentes, como o dodecil sulfato sódico (SDS), combinados com métodos de rompimento por força mecânica, como maceração, trituração e ultrassonicação (Figura 18.2A). Além disso, podem-se estudar também as proteínas presentes no meio extracelular da amostra em questão, sem a necessidade da etapa de extração.

Uma vez extraídas, as proteínas precisam ser separadas e purificadas antes de prosseguirem para a MS. Para isso, a separação pode se dar por métodos baseados em gel (Figura 18.2B) e por métodos independentes de gel (Figura 18.2C). Um dos métodos mais comuns para separação de proteínas é a eletroforese em gel de poliacrilamida, de forma similar à separação de moléculas de DNA e RNA. Porém, diferentemente da separação do DNA ou RNA, a separação de proteínas é feita *bidimensionalmente*. O corante para visualização também é diferente, sendo utilizados o azul de Coomassie, o nitrato de prata, dentre outros. Primeiramente, as proteínas são separadas por ponto isoelétrico, com um gel que contém um gradiente de pH e utilizando uma corrente elétrica que gera uma porção mais positiva e outra mais negativa. Em valores de pH diferentes do ponto isoelétrico, as proteínas terão carga positiva ou negativa e serão atraídas para a porção do gel na qual sua carga total será neutra, ou seja, a porção correspondente ao seu ponto isoelétrico. Essa primeira etapa é chamada de *focalização isoelétrica*. Em seguida, as proteínas são separadas por massa, perpendicularmente à separação por ponto isoelétrico. Para isso, o desnaturante SDS é utilizado, a fim de quebrar as estruturas das proteínas. Dessa forma, as proteínas desnaturadas se ligam ao SDS em quantidade proporcional à sua massa. Além disso, o SDS é carregado negativamente, o que é imprescindível para a eletroforese, uma vez que a focalização isoelétrica concentra as proteínas em regiões em que a carga total das proteínas se torna neutra. Uma vez que as proteínas migram em duas direções, não são formadas bandas como aquelas observadas na eletroforese para DNA ou RNA. Em vez disso, formam-se *spots* (Figura 18.2B), que são as regiões nas quais se concentram as proteínas de massa e carga similares. Após a separação, um *spot* de interesse pode ser cortado do gel e utilizado para outras análises, como a MS. Para isso, as proteínas do *spot* são purificadas do gel e digeridas com tripsina (método chamado *in-gel digestion*), uma enzima proteolítica que cliva as proteínas em regiões específicas contendo resíduos de lisina ou arginina, gerando os chamados peptídeos trípticos.

Outras duas técnicas muito utilizadas para separação por gel são o SDS-PAGE e o 2D-DIGE. O SDS-PAGE é um método de separação baseado apenas na massa molecular, parecido com a eletroforese para DNA e RNA. Nesse método, a amostra de proteínas é tratada com SDS, a fim de destruir as estruturas terciárias e secundárias, de forma a restar apenas a cadeia de aminoácidos. O SDS se liga às cadeias polipeptídicas e as torna negativamente carregadas. Em seguida, a amostra é submetida à eletroforese unidimensional em gel de poliacrilamida, e as proteínas migram pela matriz de poliacrilamida para a porção mais positiva do gel, em velocidade inversamente proporcional à sua massa. Após a eletroforese, o gel é corado com azul de Coomassie ou outros corantes. Nessa técnica, são formadas bandas, assim como na eletroforese de DNA e RNA. Já o 2D-DIGE é uma eletroforese 2D (bidimensional) que permite a corrida simultânea de duas ou três amostras diferentes no mesmo gel. As proteínas em cada amostra são covalentemente marcadas com um corante fluorescente, diferente para cada amostra, que é inerte e não interfere na capacidade de migração das proteínas pelo gel. Proteínas que são comuns em mais de uma amostra serão reunidas no mesmo *spot*, e isso pode ser detectado pela fluorescência deste *spot*, enquanto proteínas que são diferentes entre as amostras terão uma fluorescência menor. O 2D-DIGE permite um estudo comparativo e consegue detectar entre as amostras diferenças na abundância de proteínas, *splicing* alternativo e modificações pós-traducionais.

É também possível separar as proteínas por métodos independentes de gel (Figura 18.2C). Nesse caso, as proteínas são digeridas previamente pela tripsina, antes da separação (método chamado *in-solution digestion*). Dentre os métodos, o da cromatografia em coluna (CC) é o principal. Ela é capaz de separar os peptídeos por tamanho, carga, hidrofobicidade, afinidade de ligação a superfícies, dentre outras propriedades. O princípio da CC é que um material sólido e poroso (fase estacionária) é mantido em uma coluna, e uma mistura de moléculas dissolvidas em um fluido (fase móvel) atravessa essa coluna. Os peptídeos irão migrar pela coluna mais rapidamente ou lentamente dependendo das suas propriedades. Considerando que as misturas de peptídeos são misturas complexas, não existe um método ou instrumento de cromatografia capaz de separar todos os peptídeos em uma única etapa. Existem variedades da técnica que possuem vantagens e desvantagens em relação umas às outras. Assim, o tipo de análise a ser realizada posteriormente é que determinará o tipo de separação a ser empregada.

Dentre as variedades da CC, a cromatografia líquida de alto desempenho (em inglês, *high performance liquid chromatography* – HPLC) utiliza uma bomba de alta pressão para acelerar o fluxo de compostos presentes na amostra pela coluna. Isso reduz o tempo em que os compostos se movimentam pela coluna, possibilitando maior resolução. Há também a cromatografia de troca iônica, que utiliza a carga dos compostos para obter uma separação mais eficiente, podendo ser feita por troca catiônica ou troca aniônica. Na troca catiônica, grupos funcionais positivos na coluna atraem moléculas negativamente carregadas, em pH ácido. Na troca aniônica, grupos funcionais negativos na coluna atraem moléculas positivamente carregadas, em pH alcalino. Outro tipo de cromatografia é a cromatografia em fase reversa, capaz de promover a separação por diferenças de solubilidade em água. Nesse método, a fase estacionária é apolar, e a fase móvel, polar, ao contrário do que se observa mais comumente em outros tipos de cromatografia. Os compostos ficam presos na coluna e são eluídos por um solvente orgânico, como a acetonitrila. Para a proteômica, os compostos separados por cromatografia são os peptídeos, mas essas técnicas não se restringem a eles, como será discutido mais adiante.

Uma vez tendo as proteínas ou fragmentos proteicos separados e purificados, eles são detectados e analisados por MS (Figura 18.2D). Essa técnica é capaz de mensurar a razão massa/carga de íons em uma amostra, gerando um gráfico da intensidade de detecção dos íons em função da razão massa/carga. Esse gráfico é chamado de espectro de massa, e é por meio dele que são identificadas as proteínas da amostra. A MS exige que a amostra esteja em solução ou em estado sólido e que seja ionizada em uma fase gasosa, a fim de ser acelerada por um campo magnético ou elétrico. Um analisador então capta os íons emitidos e gera o espectro de massa.

As duas principais formas de ionização de proteínas são a ionização por *electrospray* (ESI) e a ionização e dessorção a laser assistida por matriz (em inglês, *matrix-assisted laser desorption/ionization* – MALDI). Na ESI, os íons são gerados a partir de uma solução, o que preserva a estrutura das proteínas durante a ionização. Já no MALDI, as proteínas são embebidas em uma matriz sólida, e os íons são gerados a partir de um laser disparado contra esta matriz. A ESI gera mais íons que o MALDI, permitindo uma melhor identificação de proteínas. O MALDI, porém, é mais rápido e menos suscetível à contaminação. Os íons emitidos pela ESI ou pelo MALDI são captados pelos analisadores de massa, como TOF (*time-of-flight*), quadrupolo, *ion trap* e ressonância ciclotrônica por *transformada de Fourier*. Em (meta)proteômica, MALDI-TOF é a combinação mais comum para a análise de proteínas separadas por gel, enquanto proteínas separadas por cromatografia são identificadas pelos outros métodos de detecção associados à ESI. Em muitos casos, a cromatografia é acoplada à MS, como é o caso da cromatografia líquida acoplada à espectrometria de massa (LC-MS) e da cromatografia gasosa acoplada à espectrometria de massa (GC-MS).

A caracterização do proteoma de microrganismos em alimentos fermentados pode revelar informações importantes para se conhecer a comunidade microbiana e como ela atua, além de elucidar propriedades nutricionais do alimento. Porras-Aguëra *et al.* (2021) analisaram o proteoma mitocondrial de *Saccharomyces cerevisiae* durante o estágio *prise de mousse* da produção de vinho espumante, em que uma segunda fermentação ocorre dentro da garrafa selada. Descobriu-se que diversas proteínas relacionadas ao metabolismo de aminoácidos de cadeia ramificada sofreram regulação positiva, o que favoreceu vias metabólicas de produção de moléculas aromáticas importantes para o desenvolvimento do aroma e sabor da bebida. Shevchenko *et al.* (2014) analisaram o proteoma de pães tipo *sourdough* encontrados em sítios arqueológicos na China datados em 2.500 anos. Foram encontradas proteínas que permitiram identificar diversas espécies que fizeram parte da fermentação dos pães, em especial *S. cerevisiae* e bactérias do ácido lático dos gêneros *Lactobacillus, Weissella* e *Leuconostoc.* Análises do proteoma de diversos alimentos à base de soja fermentada revelaram a presença de diversos peptídeos bioativos. Foi detectado em *natto*, por exemplo, produzido a partir da fermentação de grãos de soja por *Bacillus subtilis* var. *natto*, diversos peptídeos bioativos com propriedades anti-hipertensivas, antitumorais e antimicrobianas (SANJUKTA; RAI, 2016).

18.2.2.3 Métodos de análise de metabólitos

Além da identificação do DNA e das proteínas, a *metabolômica* pode prover uma visão global do fenótipo celular e dos seus impactos durante a fermentação de alimentos. O metaboloma – ou perfil metabólico, geralmente definido como o conjunto de moléculas produzidas pelas células – pode servir como evidência da atividade bioquímica e ser correlacionado com as características desejadas. Nos últimos anos, o avanço das técnicas de análise possibilitou que centenas de metabólitos possam ser detectados rapidamente e simultaneamente, a partir de uma quantidade pequena de amostra. Dentre elas, destacam-se a separação de compostos (CG e HPLC, por exemplo); a detecção, especialmente MS (quadrupolos e Orbitraps, por exemplo) e a ressonância magnética nuclear (em inglês, *nuclear magnetic resonance* – NMR); a bioinformática e a estatística (processamento e análise dos dados gerados).

Cada método de separação e detecção possui resolução, sensibilidade e limitações tecnológicas particulares. A MS é mais amplamente empregada, especialmente acoplada a técnicas de cromatografia, permitindo maior sensibilidade, precisão e rapidez. No entanto, as amostras precisam ser cuidadosamente preparadas – e são destruídas durante a análise –, além de o equipamento possuir um custo elevado. A NMR apresenta uma sensibilidade menor, ou seja, é mais limitada quanto ao número de compostos que podem ser identificados, especialmente quando compostos em concentração baixa (picos menores) são escondidos por aqueles mais concentrados (picos maiores). Apesar disso, a NMR possui uma alta reprodutibilidade analítica e é um método não destrutivo que requer poucas etapas de preparo de amostras (CAMBIAGHI; FERRARIO; MASSEROLI, 2017).

Os metabólitos incluem moléculas endógenas (intracelulares) e exógenas (extracelulares), como aminoácidos, carboidratos, ácidos orgânicos, vitaminas, polifenóis, alcaloides e minerais. Nos alimentos fermentados, sua proporção e quantidade podem ser um indicativo da qualidade, do processamento aplicado, da segurança e da atividade microbiológica, desde a matéria-prima até o produto final. Nesse contexto, a análise de metabólitos pode ser utilizada tanto para se garantir a qualidade microbiológica do produto como para explorar e avaliar as diferenças sensoriais entre alimentos similares de regiões diferentes, fermentados com a microbiota endógena ou culturas *starters*, produzidos com matérias-primas variadas, ou, ainda, produzidos a partir de diferentes operações unitárias (MOZZI *et al.*, 2013).

De forma geral, a metabolômica pode ser realizada a partir de duas abordagens distintas: direcionada (específica) e não direcionada (exploratória) (Figura 18.3). A abordagem direcionada trata da análise de metabólitos específicos (Figura 18.3A). Nesse caso, a seleção dos metabólitos a serem analisados é motivada por alguma questão bioquímica ou hipótese previamente concebida. Usualmente, requer métodos específicos de extração e purificação para grupos específicos de metabólitos, facilitando a quantificação e identificação dos compostos (PATTI; YANES; SIUZDAK, 2012). Um exemplo de metabolômica direcionada é a análise de compostos voláteis importantes para o sabor e o aroma de bebidas fermentadas, como o vinho (GONZÁLEZ-DOMÍNGUEZ; SAYAGO; FERNÁNDEZ-RECAMALES, 2019).

A metabolômica não direcionada (ou exploratória) é uma abordagem mais global em comparação à direcionada, e busca analisar o máximo de compostos possível a partir de uma amostra sem um viés (Figura 18.3B). Geralmente, procuram-se padrões e marcas qualitativas entre os metabólitos e as amostras, sem a quantificação absoluta de um composto específico (comum na abordagem direcionada). Milhares de picos podem ser detectados em uma mesma amostra, correspondendo a um metabólito, o que pode ser correlacionado com uma razão massa-carga e tempo de retenção específicos, quando a cromatografia é associada à MS, por exemplo (Figura 18.3B). Os dados obtidos nos estudos exploratórios costumam ser muito mais complexos que aqueles dos estudos direcionados. Além dos milhares de picos, a presença de ruídos e diferenças nas análises entre amostras torna impossível a análise manual dos dados. Portanto, faz-se necessário o emprego de ferramentas computacionais capazes de diferenciar as leituras das amostras dos ruídos e gerar dados estatisticamente confiáveis. Softwares como XCMS MathDAMP, MetAlign e MZMine são comumente utilizados nesse caso (PATTI; YANES; SIUZDAK, 2012; SCHIFFMAN *et al.*, 2019).

As análises dos dados obtidos a partir da identificação dos diversos picos gerados também requerem ferramentas computacionais. O MetaboAnalyst é uma das ferramentas mais comumente utilizadas para o tratamento dos dados em estudos envolvendo metabolômica. É uma ferramenta de acesso aberto em uma plataforma da internet e, atualmente, está em sua quinta versão (https://www.metaboanalyst.ca). O programa suporta uma grande variedade de processamentos de dados e procedimentos de normalização, além de fornecer módulos para análise estatística, funcional e visualização. Há possibilidade de análise de componentes principais, agrupamentos, enriquecimento, vias metabólicas, seleção de marcadores biológicos, além de análises integrativas com outras ômicas (CHONG; WISHART, XIA, 2019).

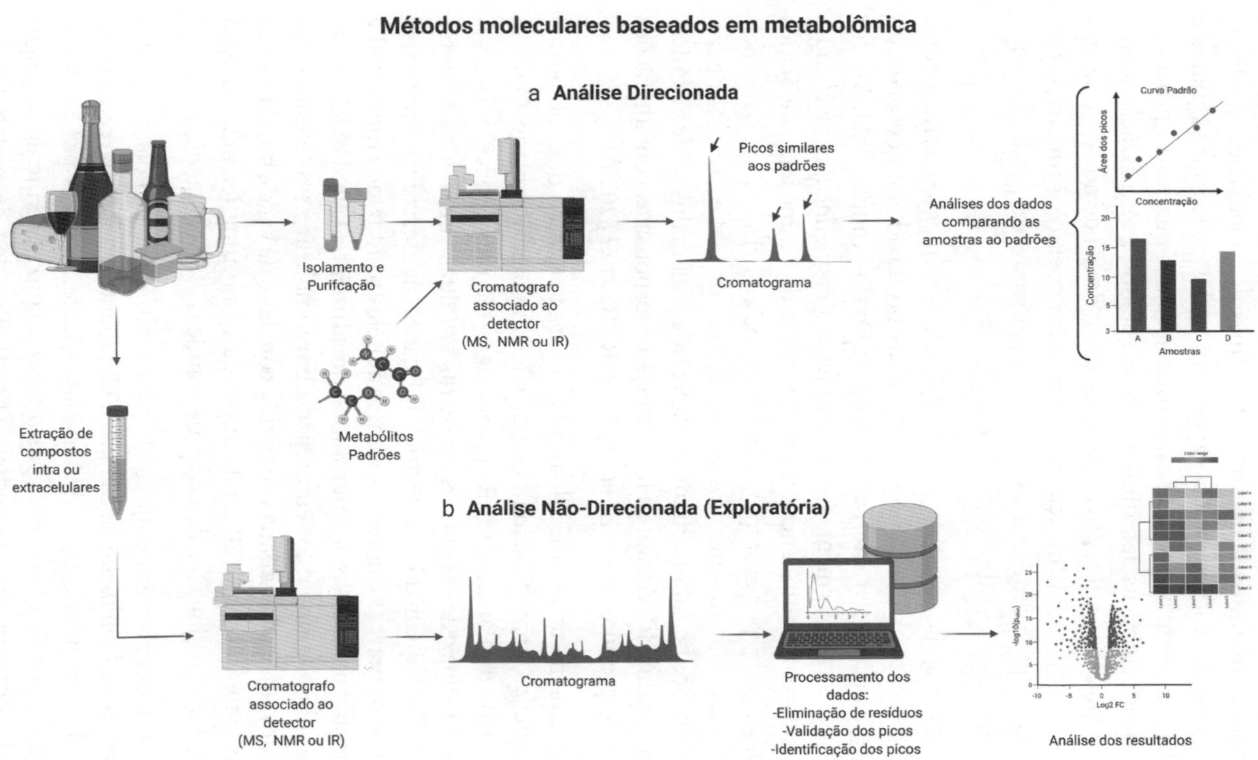

Figura 18.3 – Abordagens empregadas em estudo de metabolômica. A) Na abordagem direcionada, o grupo de metabólitos específico a ser analisado é extraído e purificado da amostra; os picos obtidos durante a cromatografia são comparados com metabólitos padrão referentes ao avaliado na amostra e os dados obtidos são quantitativamente analisados e comparados. B) Na abordagem não direcionada (exploratória), tenta-se extrair a maior quantidade possível de compostos intra e/ou extracelulares para análise; os cromatogramas gerados são mais complexos e requerem análise de eliminação de ruídos, validação e identificação dos picos. Finalmente, os resultados são analisados, geralmente de forma qualitativa ou comparativa (gráficos de dispersão e *heat maps*, por exemplo). Fonte: elaborada por Luís Menezes de Almeida com BioRender.com.

Os estudos de perfil metabólico buscam conectar o genótipo e o fenótipo, de forma complementar a outras abordagens globais, como a genômica e a proteômica. Tal combinação pode elucidar, por exemplo, como diferenças entre linhagens, mutações, condições empregadas na fermentação (temperatura, pH, concentração de substratos, por exemplo) impactam a comunidade microbiana, a dinâmica populacional, o fenótipo visualizado, ressaltando a importância de determinados processos celulares e vias metabólicas. Além da compreensão de aspectos relevantes quanto ao processamento e às características principais dos alimentos fermentados, a visualização global permite a geração de hipóteses e alternativas para seleção e *design* de novas linhagens e culturas *starters*, assim como a otimização de processos e operações unitárias. Isso pode ser empregado tanto para diminuir os custos ou padronizar a produção como para criar produtos com aroma e sabor específicos.

A metabolômica já foi aplicada no estudo de diferentes alimentos fermentados, especialmente para o acompanhamento dos metabólitos produzidos no decorrer do processo fermentativo e para se caracterizar a composição do produto final. Muitos estudos foram conduzidos com fermentados de soja (como *meju*, *doenjang* e *cheonggukjang*) para se detectarem as diferenças na composição de aminoácidos e ácidos orgânicos. No *cheonggukjang*, por exemplo, lisina, alanina e glicina foram os principais aminoácidos detectados (com aumentos significativos entre 24 e 48 horas de fermentação) e correlacionados ao sabor umami característico, além dos ácidos oxálico, succínico e malônico, produzidos durante a fermentação e responsáveis por alterações no sabor, aroma e pH do produto (MOZZI *et al.*, 2013; RIZO *et al.*, 2020).

Há também estudos de metabolômica dedicados à caracterização dos compostos de aroma e sabor de queijos, como Cheddar, Gouda e Parmigiano-Reggiano. O perfil de picos cromatográficos de Parmigiano-Reggiano de diferentes épocas, processos produtivos e regiões foi capaz de separar as amostras em duas variedades distintas (MOZZI *et al.*, 2013). Para o Cheddar, a técnica foi capaz de descrever diferenças entre queijos similares de marcas diferentes e entre aqueles produzidos industrial e artesanalmente, correlacionando-as à microbiota do alimento (AFSHARI *et al.*, 2020). O perfil metabólico também foi empregado para analisar as diferenças durante a fermentação de *mozzarela* italiana produzida com leite de vaca e búfala, e com culturas *starters* e fermentação natural, sendo sugerida como uma ferramenta para identificação de variedades regionais e detecção de fraudes (PISANO *et al.*, 2016).

A metabolômica também pode ser empregada para o estudo de bebidas fermentadas, como cervejas, vinhos e *kombucha*. Seo *et al.* (2020) identificaram marcadores no perfil metabólico de dois grandes grupos de cervejas, Ale (fermentada por *S. cerevisiae)* e Lager (fermentada por *Saccharomyces pastorianus*), com o auxílio de um algoritmo de aprendizado de máquinas (Random Forest). Estudos de metabolômica direcionada são frequentemente realizados em estudos de vinhos para caracterização das variedades de acordo com sua composição aromática, matéria-prima e compostos fenólicos. A abordagem não direcionada tem sido empregada para se compreender o *terroir* de diferentes vinhos (relação entre atributos naturais edafoclimáticos, como solo, microclima, topografia, e intervenção antrópica, como tradição e história regional); para controle da qualidade e autenticação; para se avaliarem os impactos da composição do mosto de uva no metabolismo da levedura, responsável pela fermentação, incluindo o impacto da disponibilidade de carbono e nitrogênio no metabolismo de compostos secundários (tióis, por exemplo) (PINU, 2018). Na *kombucha*, o perfil metabólico pode ser utilizado para correlacionar a microbiota a alterações na composição ao longo da fermentação, tanto na fase sólida (SCOBY) como na fase líquida, além de caracterizar as diferenças entre produtores ou entre bateladas (VILLAREAL--SOTO *et al.*, 2020).

18.3 CONSIDERAÇÕES FINAIS

A utilização de métodos moleculares permite ampliar o conhecimento acerca da diversidade microbiana em alimentos fermentados. Nesse sentido, a metagenômica, que consiste na análise da diversidade de todos os genomas extraídos de uma amostra, vem contribuindo substancialmente para caracterizar a estrutura e a diversidade de comunidades microbianas complexas, como aquelas observadas em alimentos fermentados, além de expandir de forma geral o conhecimento e a identificação de diferentes táxons microbianos.

Já a metaproteômica e a metabolômica são métodos importantes para analisar globalmente o fenótipo de microrganismos e seu impacto durante a produção de alimentos fermentados, principalmente graças à possibilidade de se identificar um elevado número de compostos. Além disso, a metabolômica é também uma ferramenta útil na identificação de metabólitos importantes para as características sensoriais de diferentes tipos de alimentos fermentados. Muitos metabólitos que contribuem para sua caracterização são dificilmente detectados por métodos tradicionais, tornando os métodos moleculares essenciais não só para a compreensão da dinâmica fermentativa, mas também para o controle do processo visando à obtenção do produto desejado dentro dos padrões de qualidade requeridos.

REFERÊNCIAS

AFSHARI *et al.* New insights into cheddar cheese microbiota-metabolome relationships revealed by integrative analysis of multi-omics data. *Science Reports*, v. 10, p. 1-13, 2020.

BERBEGAL, C. *et al.* A metagenomic-based approach for the characterization of bacterial diversity associated with spontaneous malolactic fermentations in wine. *International Journal Molecular Science*, v. 20, p. 3980, 2019.

CAMBIAGHI, A.; FERRARIO, M.; MASSEROLI, M. Analysis of metabolomic data: tools, current strategies and future challenges for omics data integration. *Briefings in Bioinformatics*, v. 18, p. 498-510, 2017.

CHONG, J.; WISHART, D. S.; XIA, J. Using MetaboAnalyst 4.0 for comprehensive and integrative metabolomics data analysis. *Current Protocols in Bioinformatics*, v. 68, p. e86, 2019.

GONZÁLEZ-DOMÍNGUEZ, R.; SAYAGO, A.; FERNÁNDEZ-RECAMALES, A. Metabolomics: an emerging tool for wine characterization and the investigation of health benefits. *In*: GRUMEZESCU, A. M.; HOLBAN, A. M. *Engineering tools in the beverage industry*. Duxford: Woodhead Publishing, 2019. p. 315-350.

MOZZI, F. *et al.* Metabolomics as a tool for the comprehensive understanding of fermented and functional foods with lactic acid bacteria. *Food Research International*, v. 54, p. 1152-1161, 2013.

PATTI, G. J.; YANES, O.; SIUZDAK, G. Metabolomics: the apogee of the omics trilogy. *Nature Reviews Molecular Cell Biology*, v. 13, p. 263-269, 2012.

PINU, F. R. Grape and wine metabolomics to develop new insights using untargeted and targeted approaches. *Fermentation*, v. 4, p. 92, 2018.

PISANO, M. B. *et al.* Metabolomics and microbiological profile of Italian mozzarella cheese produced with buffalo and cow milk. *Food Chemistry*, v. 192, p. 618-624, 2016.

PORRAS-AGÜERA, J. A. *et al.* Impact of CO_2 overpressure on yeast mitochondrial associated proteome during the "prise de mousse" of sparkling wine production. *International Journal of Food Microbiology*, v. 348, p. 109226, 2021.

RIZO, J. *et al.* Omics in traditional vegetable fermented foods and beverages. *Critical Reviews in Food Science and Nutrition*, v. 60, p. 791-809, 2020.

SANJUKTA, S.; RAI, A. K. Production of bioactive peptides during soybean fermentation and their potential health benefits. *Trends in Food Science and Technology*, v. 50, p. 1-10, 2016.

SCHIFFMAN, C. *et al.* Filtering procedures for untargeted LC-MS metabolomics data. *BMC Bioinformatics*, v. 20, p. 1-10, 2019.

SEO, S. H. *et al.* GC/MS-based metabolomics study to investigate differential metabolites between ale and lager beers. *Food Bioscience*, v. 36, p. 100671, 2020.

SHEIKHA, A. F. E.; HU, D. M. Molecular techniques reveal more secrets of fermented foods. *Critical Reviews in Food Science and Nutrition*, v. 60, p. 11-32, 2020.

SHEVCHENKO, A. *et al.* Proteomics identifies the composition and manufacturing recipe of the 2500-year old sourdough bread from Subeixi cemetery in China. *Journal of Proteomics*, v. 105, p. 363-371, 2014.

VILLARREAL-SOTO, S. A. *et al.* Metabolome-microbiome signatures in the fermented beverage, Kombucha. *International Journal of Food Microbiology*, v. 333, p. 108778, 2020.

WU, P. *et al.* Differential analysis of stress tolerance and transcriptome of probiotic *Lacticaseibacillus casei* Zhang produced from Solid-State (SSF-SW) and Liquid-State (LSF-MRS) Fermentations. *Microorganisms*, v. 8, p. 1656, 2020.

YANG, H. *et al.* Use of physiological and transcriptome analysis to infer the interactions between *Saccharomyces cerevisiae* and *Lactobacillus sanfranciscensis* isolated from Chinese traditional sourdoughs. *LWT – Food Science and Technology*, v. 126, p. 109268, 2020.

YULANDI, A. *et al.* Shotgun metagenomic analysis reveals new insights into bacterial community profiles in tempeh. *BMC Research Notes*, v. 13, p. 1-7, 2020.

CAPÍTULO 19

Produção de cogumelos comestíveis e enzimas por fermentação em estado sólido

Marliane de Cássia Soares da Silva,[1] Leandro Souza Lopes,[1]
Jose Maria Rodrigues da Luz,[1] Maria Catarina Megumi Kasuya[1]

19.1 INTRODUÇÃO

Os cogumelos têm sido utilizados pela humanidade na culinária e na medicina alternativa há muito tempo. Alguns fósseis datados de 9000 a.C. encontrados no continente africano evidenciam o uso de cogumelos em rituais humanos. Os romanos e gregos faziam uso de cogumelos na alimentação e no tratamento de enfermidades (TRUTMANN, 2012). Documentos chineses com mais de 2 mil anos consideravam algumas espécies de cogumelos como a "erva da vida eterna" devido às suas propriedades medicinais (KOTLABA, 1984; SAMORINI, 1992). Os cogumelos eram usados, ainda, pelas principais civilizações indígenas das Américas, como as civilizações inca, maia e asteca, tanto para fins alimentares como para fins medicinais e religiosos. Neste último, o uso de cogumelos com propriedades alucinogênicas era muito popular, pois acreditava-se que sua ingestão aproximava o homem dos deuses (TRUTMANN, 2012; CAROD-ARTAL, 2015).

Nem todos os fungos produzem cogumelos, assim como nem todos os cogumelos são comestíveis. Para um cogumelo servir como alimento, ele deve apresentar aroma e sabor agradáveis e não ser tóxico (WANI; BODHA; WANI, 2010).

1 Laboratório de Associações Micorrízicas (LAMIC), Departamento de Microbiologia, Universidade Federal de Viçosa (UFV), Viçosa, Minas Gerais, Brasil.

Atualmente, são conhecidas mais de 12 mil espécies de cogumelos em todo o mundo, das quais 2 mil espécies são usadas para fins alimentares, sendo 35 espécies cultivadas comercialmente em todo o mundo (GRIMM; WOSTEN, 2018).

Os cogumelos comestíveis mais consumidos pertencem ao filo Basidiomycota, com destaque para *Lentinula edodes* (*shiitake*, que perfaz 22% da produção mundial), *Pleurotus ostreatus* (*hiratake*, 19%), *Auricularia* spp. (17%) e *Agaricus bisporus* (*champignon* de Paris, 15%). A China é responsável por 87% de toda a produção mundial (ROYSE; BAARS; TAN, 2017; GRIMM; WOSTEN, 2018). No Brasil, os cogumelos mais produzidos e consumidos são o *champignon* de Paris, o *hiratake* e o *shiitake* (ANPC, 2020).

Ainda que os cogumelos comestíveis não correspondam a alimentos fermentados propriamente ditos – a temática principal deste livro –, seu uso na alimentação humana é especialmente importante, tanto do ponto de vista cultural como do econômico. Junto com outros tipos de microrganismos que são utilizados como alimento – por exemplo, as proteínas unicelulares à base de cianobactérias (como *Spirulina* spp.) e algas (como *Chlorella* spp.) –, não poderíamos deixar de abordar um grupo de microrganismos tão relevante para a produção de alimentos. Neste capítulo, serão apresentadas as principais características dos cogumelos comestíveis e da produção de enzimas via fermentação em estado sólido (FES), estratégia amplamente utilizada para estas finalidades.

19.2 REINO FUNGI: CARACTERÍSTICAS PRINCIPAIS E CLASSIFICAÇÃO DE COGUMELOS

Fungos são seres microbianos pertencentes ao domínio Eukaria e ao reino Fungi, que possuem células eucarióticas com parede celular de quitina e obtêm nutrientes por absorção pela membrana celular. Neste grupo, o glicogênio corresponde à fonte de armazenamento de energia. Estes microrganismos são heterotróficos, podendo apresentar crescimento unicelular, multicelular ou filamentoso. As leveduras são fungos unicelulares (RAGHUKUMAR, 2017; NARANJO-ORTIZ; GABALDÓN, 2019); já os cogumelos, fungos filamentosos. As células de um fungo filamentoso são denominadas de hifas, as quais podem apresentar ou não divisão por septos (hifas cenocíticas não apresentam septos, ao contrário das apocíticas). O conjunto de hifas é denominado de micélio ou filamentos.

De acordo com a taxonomia atual, o reino Fungi está subdividido em nove filos com *habitat* e nichos ecológicos extremamente diversificados: Opisthosporidia, Chytridiomycota, Neocallimastigomycota, Blastocladiomycota, Zoopagomycota, Mucoromycota, Glomeromycota, Ascomycota e Basidiomycota (NARANJO-ORTIZ; GABALDÓN, 2019). Os fungos são o segundo grupo de organismos eucarióticos mais abundantes do planeta, ficando atrás apenas dos insetos. Assim, ocupam diferentes nichos no ecossistema e podem estabelecer interações ecológicas com outros seres vivos (Figura 19.1A). Os líquens e as micorrizas são exemplos de interações ecológicas simbióticas. Os primeiros constituem simbioses entre fungos/algas ou fungos/cianobactérias; já as micorrizas são simbioses mutualistas entre fungos/raízes de cerca de 82% das espécies conhecidas de plantas (BRUNDRETT, 2002). Os fungos também estabelecem interações ecológicas do tipo parasitismo com plantas e animais, causando patologias que impactam de maneira significativa diferentes tipos de culturas. Junto com as bactérias, são responsáveis pela decomposição da matéria orgânica morta e pela ciclagem de nutrientes no ambiente. Além disso, fungos filamentosos e leveduras têm ampla aplicação biotecnológica na produção de fármacos (como antibióticos, a exemplo da penicilina), bebidas, enzimas e cogumelos comestíveis (HYDE *et al.*, 2019). As enzimas fúngicas podem ser empregadas em diversos setores industriais, como os de papel e celulose, de combustíveis e de biorremediação (LOPES *et al.*, 2020) (Figura 19.1).

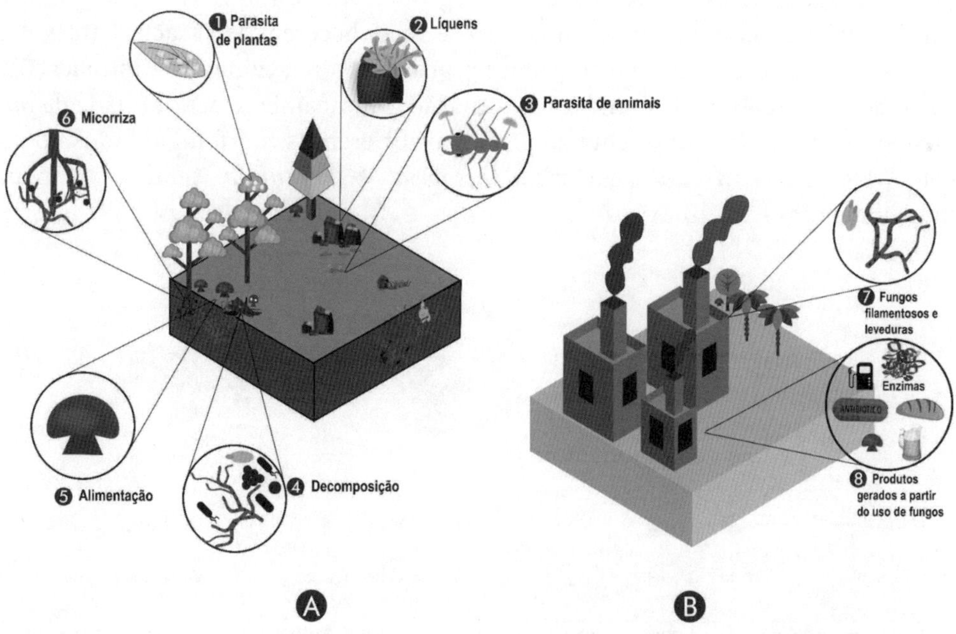

Figura 19.1 – Papéis dos fungos no ecossistema (A) e aplicações tecnológicas (B). 1) Fungo parasitando uma planta; 2) líquens: associação simbiótica entre fungos/cianobactérias ou fungos/algas; 3) fungo parasitando uma formiga; 4) decomposição da matéria orgânica e ciclagem de nutrientes realizadas por fungos e bactérias; 5) produção de cogumelos comestíveis; 6) micorrizas: associação simbiótica entre alguns fungos e raízes de plantas; 7) fungos filamentosos e leveduras são amplamente utilizados na indústria; 8) produtos elaborados industrialmente a partir de processos fermentativos envolvendo fungos. Fonte: elaborada pelos autores com inkscape.org

Cogumelos são estruturas de reprodução sexuada formadas pelo cruzamento entre hifas compatíveis. São também conhecidos como corpos de frutificação e podem surgir na superfície ou no subsolo, sendo denominados epígenos ou hipógeos, respectivamente (DIGHTON; WHITE, 2017). As estruturas celulares de um cogumelo compreendem o pé (ou base), a estipe, o chapéu (ou píleo) e os rizomorfos, que são micélios responsáveis pela absorção de água e nutrientes do solo ou do substrato de cultivo (Figura 19.2). Alguns podem apresentar, ainda, anel e véu.

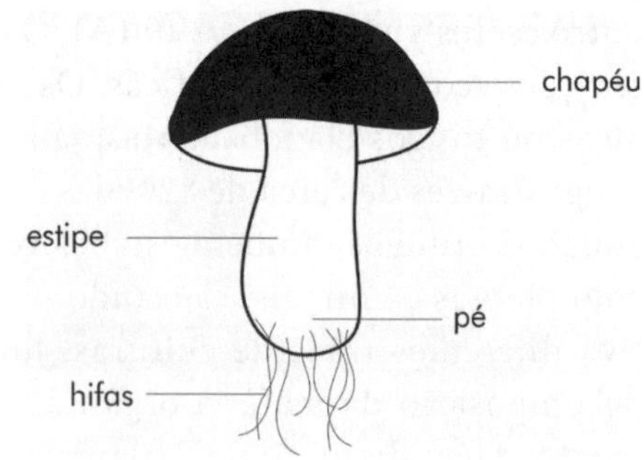

Figura 19.2 – Estruturas típicas de um cogumelo. Fonte: elaborada pelos autores.

A classificação taxonômica dos cogumelos é importante para a identificação e a diferenciação entre uma espécie de cogumelo comestível e outras potencialmente tóxicas ou alucinógenas. Em diversos países, como nos Estados Unidos e certas regiões da Europa, é comum a prática de coleta de cogumelos comestíveis para fins de alimentação. Existem, inclusive, associações e grupos de estudo voltados para a conscientização acerca da necessidade de se reconhecerem as características das espécies comestíveis, a fim de se evitarem problemas relacionados a intoxicações pela ingestão de cogumelos venenosos, situação genericamente denominada de *micetismo*. A Figura 19.3 apresenta as principais diferenças morfológicas dos cogumelos *Pleurotus ostreatus*, *Agaricus bisporus* e *Lentinula edodes*, os mais importantes para a culinária.

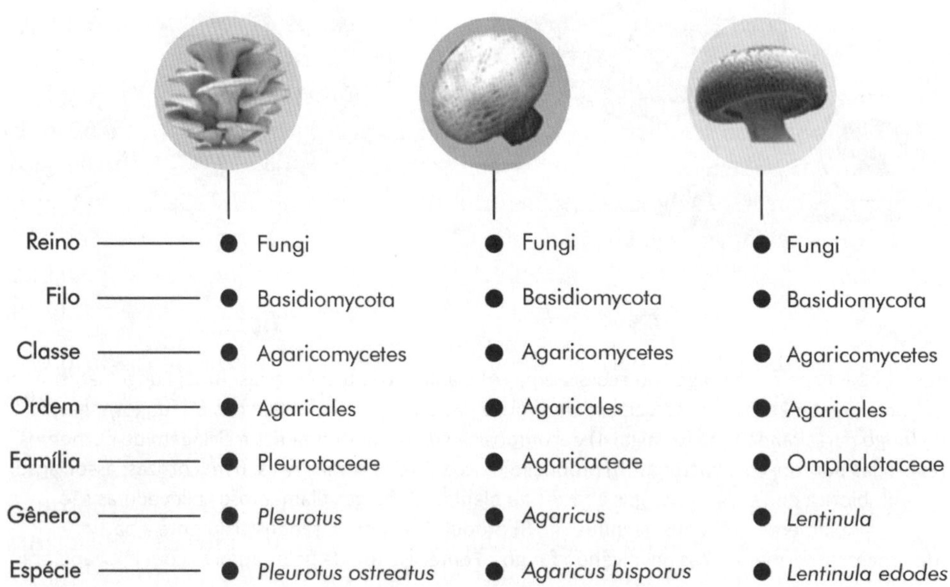

Figura 19.3 – Esquema da classificação taxonômica dos cogumelos mais consumidos no Brasil. Fonte: elaborada pelos autores.

19.3 FERMENTAÇÃO EM ESTADO SÓLIDO (FES) NA PRODUÇÃO DE COGUMELOS COMESTÍVEIS E ENZIMAS FÚNGICAS

O processo fermentativo industrial utilizado para obtenção de produtos biotecnológicos, a exemplo de bebidas, biodiesel, fármacos, enzimas e alimentos fermentados, pode ser classificado de acordo com a consistência do substrato ou a disponibilidade de água (LIMA *et al.*, 2001). A fermentação submersa ou líquida (FS) é caracterizada pela alta disponibilidade de água e pela solubilidade dos substratos em água (SILVA *et al.*, 2017). É utilizada principalmente para o cultivo de microrganismos unicelulares, como as leveduras, e em condições de anaerobiose (HAN *et al.*, 2018). Já a fermentação semissólida (FSS) é aquela com teor de água livre maior que a atividade de água ou maior que a capacidade de retenção do substrato (LIMA *et al.*, 2001). Nesse caso, o substrato apresenta baixa solubilidade em água. A FSS é utilizada para a produção de enzimas microbianas e a obtenção de grãos fermentados, a exemplo de café e cacau (YUSOF; KHANAHMADI; AMID, 2016; VELEZ *et al.*, 2019). Por fim, a fermentação em estado sólido (FES) é aquela que apresenta teor de água livre inferior à atividade de água (LIMA *et al.*, 2001). Esse tipo de fermentação é amplamente utilizado no cultivo de fungos filamentosos em resíduos agroindustriais (LOPES *et al.*, 2020). A FES tem sido utilizada para a produção de cogumelos comestíveis e enzimas microbianas e representa uma importante estratégia para conversão de biomassa vegetal em enzimas biotecnológicas e alimentos para seres humanos (FERREIRA *et al.*, 2019a; 2019b).

A utilização de celulose, hemicelulose e lignina como fontes de carbono e energia por fungos filamentosos, incluindo aqueles produtores de cogumelos, é decorrente da produção de um complexo de enzimas extracelulares que varia de acordo com a espécie fúngica e a composição química do substrato (LOPES *et al.*, 2020; FERREIRA *et al.*, 2019a; 2019b). Os fungos da podridão branca apresentam no genoma genes para síntese de lignases (lacase, lignina peroxidase e manganês peroxidase), hemicelulases e celulases (ZAMPIERI, 2016; PERALTA *et al.*, 2017). Os fungos da podridão parda ou marrom têm produção limitada de ligninases e alta produção de celulases. Os fungos da podridão mole têm alta produção de celulases e não apresentam genes para ligninases (PERALTA *et al.*, 2017). A composição química do substrato pode influenciar a expressão diferencial das enzimas extracelulares. Além disso, a adição de indutores no substrato, a exemplo de minerais, também modula a síntese de enzimas extracelulares fúngicas (FERREIRA *et al.*, 2019b; OLIVEIRA *et al.*, 2018).

Resíduos agroindustriais podem ser utilizados como substrato para a produção de enzimas lignocelulolíticas extracelulares e cogumelos, conforme resultados obtidos por nossa equipe de pesquisa (OLIVEIRA *et al.*, 2018; LOPES *et al.*, 2020; FERREIRA *et al.*, 2019a; 2019b) (Quadro 19.1). São uma excelente estratégia para a produção de alimentos e produtos biotecnológicos a serem explorados por gerações futuras, uma vez que contribuem para a minimização dos impactos decorrentes do descarte de resíduos no ambiente, apresentam baixo custo e alta diversidade e disponibilidade (KASUYA *et al.*, 2014; FERREIRA *et al.*, 2019a) e, por fim, podem ser utilizados como substrato para a produção de proteínas microbianas em substituição às de origem animal, direcionadas à alimentação de vegetarianos e veganos (ROY DAS; SAHA; DAS, 2017). Casca de café, bagaço de cana-de-açúcar, sabugo de milho, soro de leite, serragens, pseudocaule de bananeira, bucha de sisal, borra de café e casca de frutas são os resíduos mais comumente utilizados como substrato para crescimento de fungos.

Quadro 19.1 –Enzimas lignocelulolíticas produzidas utilizando resíduos agroindustriais

Enzimas	Substrato	Fermentação	Aplicação biotecnológica	Referência
Lacase	Macaúba	Sólida	Biorremedição de corantes têxteis (índigo)	Lopes *et al.*, 2020
	Pinhão-manso	Sólida	Degradação de plásticos	Da Luz *et al.*, 2014
Manganês peroxidase	Resíduos agrícolas	Sólida	Biorremediação de corantes	Ergun e Urek, 2018
Lignina peroxidase	Pinhão-manso	Semi-sólida	Degradação de corantes têxteis	Oliveira *et al.*, 2018
Celulase	Cana-de--açúcar	Submersa	Biodiesel	Barbosa *et al.*, 2020
	Resíduos agrícolas	Sólida	Braqueamento da fibra de celulose	Ferreira *et al.*, 2019a
	Farelo de trigo	Semissólida	Biodiesel	Silva *et al.*, 2018
Xilanase	Pseudocaule de bananeira	Sólida	Degradação de fibras no vinho	Ferreira *et al.*, 2019b

Similar aos processos fermentativos industriais, a obtenção de enzimas e cogumelos pode ser dividida em três principais etapas. A primeira é denominada de fase prévia à FES e é caracterizada pelos procedimentos de preparo do substrato, do biorreator e do inóculo. A segunda etapa corresponde à FES propriamente dita (ou etapa de crescimento celular). Nesta, o controle das variáveis, a exemplo de temperatura, pH e tempo de fermentação é imprescindível. A última etapa, denominada de etapa de recuperação do produto, é caracterizada pela extração ou colheita, seguida da concentração e purificação do produto de interesse.

A seleção do resíduo agroindustrial é importante para o crescimento celular, síntese de enzimas e produção de cogumelos. Os resíduos com teor de lignina maior que celulose são ideais para o crescimento de fungos da podridão branca e produção de lignases (PERALTA *et al.*, 2017; FERREIRA *et al.*, 2019a; 2019b). Os resíduos com teor de celulose maior que de lignina são adequados para o crescimento de fungos da podridão parda e da podridão mole, bem como para a produção de celulases e hemicelulases (PERALTA *et al.*, 2017). Neste caso, a escolha do resíduo depende do produto final, a exemplo de lignases e celulases.

O tipo de resíduo agroindustrial também pode influenciar a qualidade nutricional do cogumelo, uma vez que os compostos químicos do substrato de cultivo podem ser por ele absorvidos (DA SILVA *et al.*, 2012). O *shiitake*, por exemplo, tem seu sabor característico devido à forma de cultivo em madeiras de carvalho ou eucalipto (NUNES *et al.*, 2012). A capacidade do cogumelo de absorver e acumular compostos dos substratos tem sido utilizada para a produção de cogumelos enriquecidos com minerais essenciais à saúde humana, por exemplo, selênio, ferro e zinco, ou com elementos dotados de propriedades terapêuticas, a exemplo do lítio (DA SILVA *et al.*, 2012; DE ASSUNÇÃO *et al.*, 2012). Além disso, os teores de compostos nitrogenados, aminoácidos e proteínas dos cogumelos dependem da disponibilidade de nitrogênio do substrato de cultivo (NUNES *et al.*, 2012).

Na Figura 19.4 estão apresentadas as principais etapas para produção de cogumelos ou enzimas utilizando resíduos agroindustriais. O procedimento de preparo do substrato inclui a secagem, moagem ou trituração, umidificação, embalagem e esterilização. A secagem pode ser realizada com o calor do sol ou em estufa de secagem a 60 °C. A moagem ou trituração é indicada para redução do tamanho do resíduo agrícola e para aumentar a zona de contato para crescimento fúngico – para alguns resíduos, como casca de café, serragem de eucalipto, palha da casca de feijão e torta de pinhão-manso, a moagem não é necessária, devido ao tamanho diminuto das partículas. Importante ressaltar que o tamanho ideal da partícula do substrato influencia no processo de respiração celular; assim, resíduos com partículas muito pequenas, em pó, são capazes de absorver altos teores de água, o que dificulta a oxigenação do substrato e o desenvolvimento das células fúngicas. A umidificação é realizada com água potável ou solução mineral e é importante para o crescimento microbiano e metabolismo celular. O maior custo da produção de enzimas e cogumelos está no processo de esterilização. Por calor úmido, depende de equipamentos específicos (denominados retortas ou autoclaves), os quais funcionam com energia elétrica ou gás. Uma alternativa de menor custo consiste na alcalinização do substrato em solução com cal virgem por um período entre 12 e 48 horas (KASUYA *et al.*, 2014).

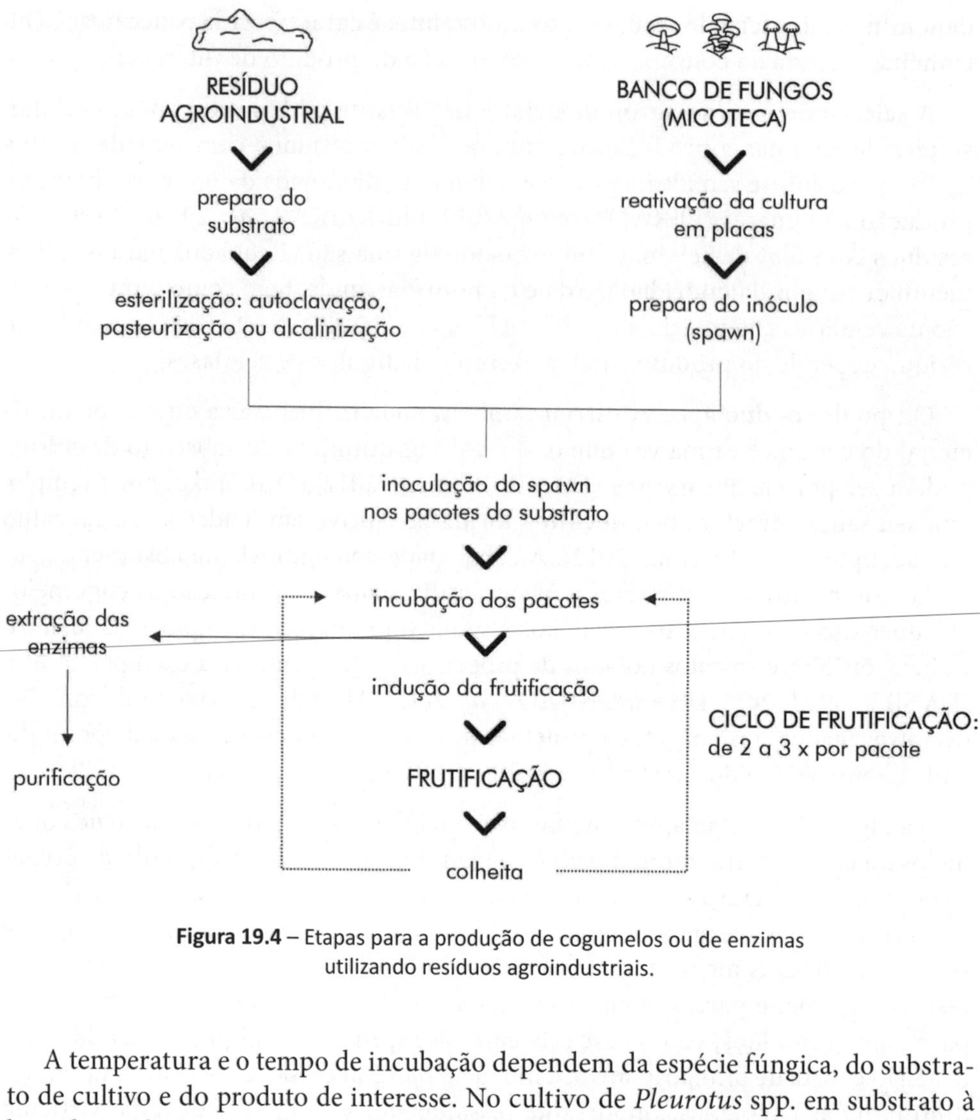

Figura 19.4 – Etapas para a produção de cogumelos ou de enzimas utilizando resíduos agroindustriais.

A temperatura e o tempo de incubação dependem da espécie fúngica, do substrato de cultivo e do produto de interesse. No cultivo de *Pleurotus* spp. em substrato à base de resíduos agroindustriais, a temperatura de incubação pode variar de 20 °C a 37 °C para a produção de enzimas e cogumelos. Já o tempo é significativamente menor para a produção de enzimas em comparação à obtenção de cogumelos. A síntese de enzimas pode ser observada a partir do quinto dia de cultivo e a produção desses cogumelos varia de vinte a quarenta dias.

Durante a etapa de FES, a quebra de polissacarídeos, lignina e polímeros nitrogenados do substrato por enzimas extracelulares fúngicas fornece átomos de carbono e nitrogênio para o crescimento e reprodução celular, possibilitando a síntese de novas enzimas que se acumulam nos substratos de cultivo (LOPES *et al.*, 2020; FERREIRA *et al.*, 2019a; 2019b). Enzimas lignocelulolíticas são produzidas em resposta ao crescimento celular, ou seja, sua produção é diretamente proporcional à produção de biomassa celular (FERREIRA *et al.*, 2019b). Já a produção de cogumelos ocorre após total colonização do substrato e é induzida por uma condição de estresse, em geral choque térmico ou mecânico.

A etapa de recuperação do produto pode ser dividida em extração ou obtenção das enzimas/colheita dos cogumelos. A extração das enzimas pode ocorrer durante o crescimento celular ou após a colheita dos cogumelos nos substratos colonizados pelo fungo (FERREIRA *et al.*, 2019b; OLIVEIRA *et al.*, 2018). Durante o crescimento celular, a biomassa vegetal é convertida em biomassa fúngica. Assim, a extração das enzimas é realizada pela imersão do substrato contendo a biomassa fúngica em tampões específicos, como acetato de sódio em pH 5,5 (LOPES *et al.*, 2020). Como enzimas lignocelulolíticas são glicoproteínas solúveis em água, um procedimento de filtração é capaz de separar as enzimas da biomassa sólida. Por fim, a cromatografia e a liofilização são procedimentos empregados para a purificação das enzimas visando à comercialização do produto (NELSON; COX, 2014). Para a colheita dos cogumelos, procede-se à sua remoção do substrato por tração mecânica; após, os cogumelos estão prontos para serem comercializados, geralmente *in natura*, secos liofilizados ou em conservas.

19.4 POTENCIAL NUTRITIVO DOS COGUMELOS

Cogumelos contêm as principais biomoléculas, como proteínas, lipídios e carboidratos, que desempenham funções específicas na célula, como composição celular e catálise de reações biológicas; composição da membrana celular e armazenamento de energia; e metabolismo energético, respectivamente. Seus teores (em g/kg de matéria seca – MS) podem variar de 200 a 250 para proteínas, de vinte a trinta para lipídeos e de 120 a 180 para cinzas (KALAČ *et al.*, 2013). Além disso, cerca de 50% a 65% da MS dos cogumelos é composta de carboidratos na forma de monossacarídeos (glicose, frutose e manitol), dissacarídeos (trealose) e oligossacarídeos (BARROS *et al.*, 2007; RATHORE; PRASAD; SHARMA, 2017). Alguns cogumelos, no entanto, podem conter até 90% de carboidratos, a exemplo de *Auricularia auricula* (VETTER, 2019).

Os cogumelos são considerados ricos em proteínas e contêm todos os aminoácidos essenciais. A proporção de proteínas pode variar de 19% a 35% da MS (ULZIIJARGAL; MAU *et al.*, 2011). Alguns cogumelos coletados na natureza, como *Laccaria laccata*, *Tricholoma imbricatum*, *Russula delica*, *Fistulina hepatica*, contêm concentrações de proteínas da ordem de 627,8, 504,5, 505,9, 500,9 g/kg de MS, respectivamente, correspondendo a mais de 50% da MS do cogumelo. Os métodos e substratos de cultivo podem alterar essa proporção e, entre os cogumelos cultivados comercialmente, a maior concentração de proteína foi encontrada em *P. ostreatus* e *P. sajor caju*, com 426,0 e 374,0 g/kg de MS, respectivamente (KALAČ, 2013).

Já para os lipídios, as concentrações variam de 1% a 9% da MS, com significativas variações observadas a depender da espécie e modo de cultivo. Quando coletado na natureza, *Flammulina velutipes*, por exemplo, apresenta 18 g de lipídeo/kg de MS; quando cultivado industrialmente, no entanto, pode chegar a apresentar 92,3 g/kg de MS

(ULZIIJARGAL; MAU *et al.*, 2011; KALAČ, 2013). *Lentinus edodes*, *Tremella fuciformis*, *Clitocybe maxima*, *Trametes versicolor*, *Auricularia mesenterica* e *Auricularia polytricha* geralmente possuem menos de 1,5% de lipídios (ULZIIJARGAL; MAU *et al.*, 2011). *Champignon* é o cogumelo que apresenta maior concentração de ácidos graxos saturados, e *P. ostreatus* e *P. eryngii*, os mais ricos em ácidos graxos monoinsaturados (REIS *et al.*, 2012). Ácidos graxos poli-insaturados predominam em relação aos ácidos graxos monoinsaturados e saturados, principalmente pela presença de ácidos graxos linoleico e oleico (BARROS *et al.*, 2007; HELENO *et al.*, 2015). Comparados a peixes e aves, os cogumelos apresentam quantidades bem menores de colesterol e gordura saturada (FORTES; NOVAES, 2006). Na composição dos lipídios, a redução da concentração de colesterol e a presença do ergosterol são fatores importantes para a dieta humana (JASINGHE; PERERA, 2005; FORTES; NOVAES, 2006). O colesterol é um precursor importante dos hormônios sexuais e faz parte da composição das lipoproteínas de transporte de ácidos graxos na corrente sanguínea (GOEDEKE; FERNÁNDEZ-HERNANDO, 2012). Entretanto, altos teores de colesterol estão relacionados a doenças cardiovasculares e a alguns tipos de câncer (STOKES *et al.*, 2008; LLAVERIAS *et al.*, 2011). Os cogumelos são também considerados fontes de ergosterol – precursor da vitamina D –, cuja concentração varia de acordo com a espécie (PAPOUTSIS *et al.*, 2020).

Com relação aos carboidratos, o glicogênio é o polissacarídeo de reserva de energia e representa cerca de 5% a 10% da massa seca; a quitina, polissacarídeo estrutural, representa entre 80% e 90% da célula fúngica (KALAČ, 2009). Em um estudo comparativo, maiores teores de carboidratos foram encontrados em *shiitake* do que nas espécies *A. bisporus* marrom (portobelo), *A. bisporus* branco (*champignon*), *P. ostreatus*, *P. eryngii* e *F. velutipes*, o que comprova a variação nutricional entre as espécies de cogumelos (REIS *et al.*, 2012).

As fibras – recomendadas para pessoas com constipação ou prisão de ventre por serem capazes de acelerar o trânsito do trato gastrointestinal (SOUSA *et al.*, 2019) – também estão presentes no produto. Entre as fibras solúveis, destacam-se os betaglucanos com ligações β(1→3); β(1→4), β(1→6), a exemplo do lentinan, o betaglucano de *L. edodes* que atua como um potencializador das defesas do hospedeiro (VETTER, 2019). Os betaglucanos são também considerados compostos bioativos devido às suas atividades antioxidantes e imunomodulatórias (VELEZ *et al.*, 2019; VETTER, 2019). Enquanto alguns fungos apresentam baixas concentrações de betaglucanos solúveis em água, *L. edodes* e *P. ostreatus* apresentam quantidades elevadas: respectivamente, 46,1% e 37,8% (VETTER, 2019).

Os cogumelos apresentam em sua composição vitaminas e minerais (ALTAF; LALOTRA; SHARMA, 2020), entre os quais se destacam as vitaminas B1 (tiamina), B2 (riboflavina), B3 (niacina), B6 (piridoxina), B8 (biotina), C e D (FURLANI; GODOY, 2005; FEENEY; MILLER; ROUPAS, 2014; RATHORE; PRASAD; SHARMA, 2017). Em *A. bisporus*, *L. edodes* e *P. ostreatus* foram encontradas as vitaminas B1, B2, B3, B12, C, D (MATTILA *et al.*, 2001). *L. edodes* apresenta elevados teores de vitaminas

C (2,1 mg/100 g), B12 (0,07 μg/100 g) e D (0,1 μg/100 g), enquanto *P. ostreatus* apresenta maiores teores das vitaminas B1 (0,07 mg/100 g) e folatos (51 μg/100 g) (MATTILA *et al.*, 2001). Apesar de não serem considerados fonte de vitamina B12, esta foi detectada em vários cogumelos. Acredita-se, porém, que isto se deve à relação com bactérias capazes de sintetizá-la (WATANABE *et al.*, 2012; LEE *et al.*, 2015; WATANABE; BITO, 2018; CARRASCO; PRESTON, 2020).

Quanto aos minerais, grande variação é observada para os diferentes tipos de cogumelos. *A. bisporus* pode ser considerado uma fonte de elementos como cálcio (Ca), potássio (K), molibdênio (Mo) e selênio (Se), com concentrações variando de 425 a 2.430 mg/kg, 12.740 a 40.940 mg/kg, 610 a 3.240 mg/kg e 1.030 a 2.650 mg/kg, respectivamente; possui, ainda, uma relação favorável de sódio (Na)/K (SIWULSKI *et al.*, 2020). Algumas informações sobre espécies e teores de minerais (em mg/kg) são apresentadas a seguir: *A. bisporus* (cobre 41,0 ± 3,9), *A. nigricans* (arsênio 3,26 ± 2,42), *O. sinensis* (érbio 5,60 ± 0,91), *P. ostreatus* (magnésio 1.800 ± 514), *T. fuciformis* (lutécio 0,04 ± 0,02), *W. cocos* (bário 10,40 ± 1,18; irídio 0,94 ± 0,61; níquel 19,4 ± 1,86) e *V. volvacea* (cromo 34,8 ± 5,4; sódio 1.490 ± 1.068 e neodímio 4,29 ± 2,34) (MLECZEK *et al.*, 2018). Cogumelos silvestres apresentam potencial de bioacumulação, sendo o ferro (Fe) encontrado em concentrações mais significativas, de 165,5 a 547 ppm, seguido por zinco (Zn, de 22,2 a 84 ppm) e magnésio (Mg, de 22,4 a 55,5 ppm); a concentração de cobre (Cu) é mais baixa em cogumelos comestíveis selvagens (23,1 a 44,5 ppm) (ALTAF; LALOTRA; SHARMA, 2020).

As principais variações entre os valores nutricionais dos cogumelos podem ser atribuídas às diferentes espécies, bem como a questões de sazonalidade na maturação (AYAZ *et al.*, 2011) e tipo de substrato utilizado (GARUBA *et al.*, 2017). Nesse contexto, o uso de resíduos agroindustriais como substrato para a produção de cogumelos pode contribuir para uma maior diversificação, a exemplo de casca de café, bagaço de cana, palha de arroz, trigo, serragem, algodão, aveia, girassol, coco, braquiária, soro de leite, entre outros (DA SILVA *et al.*, 2012; KAMTHAN; TIWARI, 2017; NUNES *et al.*, 2017; OGIDI *et al.*, 2017; ZERVAKIS; KOUTROTSIOS, 2017; VELEZ *et al.*, 2019).

19.5 ENRIQUECIMENTO E BIODISPONIBILIDADE DE MINERAIS EM COGUMELOS

Os cogumelos têm sido utilizados em processos de enriquecimento devido à sua capacidade de absorção de minerais. Elementos importantes para a saúde humana têm sido utilizados para enriquecer os cogumelos, a exemplo de lítio (Li), Se, Fe, Zn e Cu (RABINOVICH *et al.*, 2007; VIEIRA *et al.*, 2013; BHATIA; PRAKASH; PRAKASH, 2014; NUNES *et al.*, 2014). Muitas espécies de fungos formadores de cogumelos têm sido utilizadas em processos de enriquecimento (Quadro 19.2).

Quadro 19.2 – Fungos formadores de cogumelos comestíveis enriquecidos com minerais

Fungo	Elemento	Referência
Agaricus bisporus	Se, Cu, Zn	Rzymski *et al.*, 2017
Agaricus blazei Murrill	Cu Zn	Rabinovich *et al.*, 2007
Ganoderma lucidum	Se, Cu, Zn	Rzymski *et al.*, 2016
Lentinula edodes	Se	De Assunção *et al.*, 2014
Pleurotus cornucopia	Se	Ogidi *et al.*, 2017
Pleurotus djamor	Se	Velez *et al.*, 2019
Pleurotus eryngi	Se, Cu, Zn	Poniedziałek *et al.*, 2017; Rodriguez Estrada *et al.*, 2009
Pleurotus ostreatus	Se, Li, Fe, Zn, Cu	De Assunção *et al.*, 2012; Vieira *et al.*, 2013; Ogidi *et al.*, 2017; Poniedziałek *et al.*, 2017
Pleurotus pulmonarius	Se	Ogidi *et al.*, 2017
Pleurotus sajor-caju	Se	Bhatia, Prakash e Prakash, 2014
Volvariela volvacea	Se	Bhatia, Prakash e Prakash, 2014

Nesse contexto, vários estudos têm sido realizados com Se, devido ao seu importante papel antioxidante. A espécie de fungo, o método de enriquecimento e a origem do composto afetam diretamente a quantidade de Se absorvido, bem como a maneira como este se bioacumula no produto (DE ASSUNÇÃO *et al.*, 2014; DA SILVA *et al.*, 2019). A Figura 19.5 apresenta algumas espécies de cogumelos enriquecidos com Se a partir de baixas concentrações de selenito de sódio e também na forma orgânica;

Figura 19.5 – Cogumelos enriquecidos com selênio. A) *Pleurotus cornucopiae* enriquecido com selenito de sódio (12,5 mg/Kg); B) *Pleurotus djamur* enriquecido com selênio de sódio (25 mg/Kg, respectivamente); C) *Pleurotus ostreatus* enriquecido com selênio orgânico (100 mg/Kg). Fonte: elaborada pelos autores.

alterações morfológicas significativas não são observadas. No entanto, alterações micro e macroscópicas podem ser observadas quando se utilizam concentrações elevadas de Se, especialmente em relação ao crescimento micelial e corpo de frutificação (DA SILVA *et al.*, 2012; 2013). O selenito de sódio tem sido muito utilizado no enriquecimento de cogumelos e tem se mostrado mais indicado devido ao alto acúmulo no micélio (DA SILVA *et al.*, 2019).

Apesar do acúmulo de minerais nos cogumelos, estes devem estar biodisponíveis para o organismo. O consumo de *P. ostreatus* enriquecidos com este elemento resultou em maior concentração de Se no plasma sanguíneo de ratos (DA SILVA *et al.*, 2010), isto é, o fungo é capaz de converter formas inorgânicas de Se em formas orgânicas que são prontamente absorvidas pelo organismo (MLECZEK *et al.*, 2017).

Outro elemento que vem sendo estudado para enriquecimento de cogumelos é o lítio (Li). As principais fontes de Li na alimentação são grãos e vegetais, que contribuem com até 90% do total de ingestão; o restante provém de proteínas e de alguns tipos de águas minerais (DŁUGASZEK; KŁOS; BERTRANDT, 2012; ROBINSON *et al.*, 2018). Apesar do Li não ser considerado um micronutriente essencial para os seres vivos, ele exerce uma série de funções no organismo e é uma das drogas mais utilizadas no tratamento de doenças psiquiátricas (DŁUGASZEK; KŁOS; BERTRANDT, 2012; VOSAHLIKOVA; SVOBODA, 2016). *P. ostreatus* é capaz de crescer e bioacumular diferentes fontes de Li, como acetato, sulfato, cloreto, hidróxido e carbonato, quando presentes no substrato (NUNES *et al.*, 2014; FARIA *et al.*, 2018). Entretanto, não se sabe ao certo se este elemento sofre algum tipo de transformação ou se é incorporado em alguma molécula orgânica. Lítio presente em cogumelos de *P. ostreatus* enriquecidos apresentou-se mais acessível do que aquele presente em medicamento psiquiátrico contendo carbonato de lítio (DE ASSUNÇÃO *et al.*, 2012). Porém, o estudo *in vitro* não utilizou todos os fatores fisiológicos envolvidos na absorção e utilização de nutrientes, o que reforça a necessidade de estudos *in vivo* para a análise desses fatores.

Por sua complexidade nutricional e por serem ricos em nutrientes e minerais essenciais, os cogumelos podem ser utilizados como elementos funcionais na composição de produtos alimentares inovadores (ALTAF; LALOTRA; SHARMA, 2020; SPIM *et al.*, 2020).

19.5 PERSPECTIVAS DO USO DE COGUMELOS

Fungos são considerados alimentos funcionais e fontes de compostos nutracêuticos, na estreita fronteira entre alimentos e medicamentos. Há muitas empresas comercializando cápsulas e fluidos engarrafados com micélio e/ou cogumelos, na forma de pó ou extrato, que podem oferecer benefícios à saúde (MONEY, 2016; REIS *et al.*, 2017). Dentre estes, Agarikon.1, Imunoglukan P4H® e MycoPhyto® Complex indicam um fortalecimento do sistema imunológico; GanoPoly®, um extrato de polissacarídeos de cogumelos comercializado em cápsulas, declara diversos benefícios à saúde

(REIS *et al.*, 2017). Apesar de todos os benefícios advindos do uso de cogumelos, ainda há muitas limitações à sua aplicação como medicamento, pois carecem de estudos abrangentes que abordem todos os seus efeitos no organismo.

Diversos componentes presentes nos cogumelos fazem deles grandes aliados da saúde humana. Os polissacarídeos são os mais potentes e estudados compostos produzidos por fungos; possuem atividade potencialmente antitumoral mediante a melhora do sistema imune e redução do estresse oxidativo no organismo, reduzindo em até 50% o tamanho de tumores (VALVERDE; HERNANDEZ-PEREZ; PAREDES--LOPEZ, 2015). Proteínas oriundas de fungos demonstraram notáveis efeitos contra a proliferação de células cancerígenas (SARUP SINGH; PREET KAUR; RAKESH KANWAR, 2016). Cogumelos são, ainda, fontes de lipídeos, como o ômega-6, que ajuda a prevenir doenças cardiovasculares, além de produzirem ergosterol, um precursor da vitamina D (SANDE *et al.*, 2019). Outras moléculas com propriedades benéficas à saúde são os compostos fenólicos, cuja atividade antioxidante elimina radicais livres produzidos no organismo, prevenindo diversas doenças (SÁNCHEZ, 2017). O Quadro 19.3 exibe alguns desses compostos e seu uso na prevenção e tratamento de determinadas doenças.

Quadro 19.3 – Compostos produzidos por fungos produtores de cogumelos comestíveis e seus benefícios à saúde

<table>
<tr><th>Cogumelo</th><th>Composto</th><th>Ação/Prevenção/tratamento</th><th>Referências</th></tr>
<tr><td rowspan="5">Pleurotus, Agaricus, Lentinula</td><td>β- glucano (polissacarídeo)</td><td>Anticancerígena, imunomodulação, antiviral, antimicrobiana, antidiabético, hepatoproteção e radioproteção</td><td>Patel e Goyal, 2012; Valverde, Hernandez--Perez e Paredes--Lopez, 2015; Zhu et al., 2015</td></tr>
<tr><td>Lectinas (proteína bioativa)</td><td>Imunomodulação, atividade antitumoral, antiviral, antibacteriana e antifúngica</td><td rowspan="4">Valverde, Hernandez--Perez e Paredes--Lopez, 2015; Sarup Singh, Preet Kaur e Rakesh Kanwar, 2016; Sánchez, 2017; Sande et al., 2019; Ćilerdzic et al., 2019</td></tr>
<tr><td>Ergosterol (lipídeo)</td><td>Atividade antioxidante, prevenção de doenças cardiovasculares e precursor da vitamina D</td></tr>
<tr><td>Ômega-6 (lipídeo)</td><td>Tratamento e/ou prevenção de doenças cardiovasculares, níveis de triglicerídeos, pressão arterial e artrite</td></tr>
<tr><td>Compostos fenólicos</td><td>Antioxidante, antialérgicos, anti-inflamatórios, antimicrobianos, antitrombóticos, cardioprotetores e vasodilatadores, neuroprotetores, prevenção de Alzheimer e Parkinson</td></tr>
</table>

Além disso, a capacidade dos fungos de bioacumular metais pesados como Cu, chumbo (Pb), cádmio (Ca), arsênio (As) e Fe, dentre outros, vem sendo demonstrada (GOLA *et al.*, 2016; KAPAHI; SACHDEVA, 2017; OLADIPO *et al.*, 2018). Os mesmos estudos indicam, ainda, que estes fungos, incluindo algumas espécies produtoras de cogumelos comestíveis como *Pleurotus* spp., podem ser usados na biorremediação de ambientes contaminados. *Pleurotus djamor* crescido em soro de leite foi capaz de acumular Ca, Fe, Mg, K e Zn. Além de bioacumular Se, o fungo foi também capaz de converter as formas inorgânicas, que são adicionadas ao seu substrato, em formas orgânicas, como selenoproteínas, mais biodisponíveis e facilmente absorvidas pelo organismo, diminuindo as chances de uma possível intoxicação por este metal (DA SILVA *et al.*, 2010; MA *et al.*, 2018; ZHOU *et al.*, 2019); destaca-se, ainda, seu potencial de uso por indústrias farmacêuticas (DE ASSUNÇÃO *et al.*, 2014).

Assim, a exploração nutracêutica e terapêutica dos cogumelos mostra que esses fungos compreendem uma nova geração de alimentos, não somente por prover proteína de qualidade, mas também por seu papel no combate e prevenção de doenças, como alguns tipos de tumores e desordens neurológicas (RATHORE; PRASAD; SHARMA, 2017).

REFERÊNCIAS

ALTAF, U.; LALOTRA, P.; SHARMA, Y. P. Nutritional and mineral composition of four wild edible mushrooms from Jammu and Kashmir, India. *Indian Phytopathology*, v. 73, p. 313-320, 2020.

ANPC (ASSOCIAÇÃO NACIONAL DOS PRODUTORES DE COGUMELOS). *Estatística da produção brasileira de cogumelo*, 2020. Disponível em: https://www.anpccogumelos.org/. Acesso em: 12 fev. 2021.

AYAZ, F. *et al.* Nutritional value of some wild edible mushrooms from Black Sea Region (Turkey). *Turkish Journal of Biochemistry*, v. 36, n. 3, p. 213-221, 2011.

BARBOSA, K. L. *et al.* Bacterial cellulase from the intestinal tract of the sugarcane borer. *International Journal of Biological Macromolecules*, v. 3, p. 256-266, 2020.

BARROS, L. *et al.* Fatty acid and sugar compositions, and nutritional value of five wild edible mushrooms from Northeast Portugal. *Food Chemistry*, v. 105, n. 1, p. 140-145, 2007.

BHATIA, P.; PRAKASH, R.; PRAKASH, N. T. Enhanced antioxidant properties as a function of selenium uptake by edible mushrooms cultivated on selenium-accumulated waste post-harvest wheat and paddy residues. *International Journal of Recycling Organic Waste in Agriculture*, v. 3, p. 127-132, 2014.

BRUNDRETT, M. C. Coevolution of roots and mycorrhizas of land plants. *New Phytology*, v. 154, n. 2, p. 275-304, 2002.

CAROD-ARTAL, F. J. Hallucinogenic drugs in pre-Columbian Mesoamerican cultures. *Neurología* (English Edition), v. 30, n. 1, p. 42-49, 2015.

CARRASCO, J.; PRESTON, G. M. Growing edible mushrooms: a conversation between bacteria and fungi. *Environmental Microbiology*, v. 22, p. 858-872, 2020.

ĆILERDZIC, J. *et al.* *Pleurotus ostreatus* and *Laetiporus sulphureus* (Agaricomycetes): Possible agents against Alzheimer and Parkinson diseases. *International Journal of Medicinal Mushrooms*, v. 21, n. 3, 2019.

DA LUZ, J. M. R. *et al.* Abiotic and biotic degradation of oxo-biodegradable plastic bags by *Pleurotus ostreatus*. *PLoS One*, v. 9, p. 107438, 2014.

DA SILVA, M. C. S. *et al.* Enrichment of *Pleurotus ostreatus* mushrooms with selenium in coffee husks. *Food Chemistry*, v. 1, p. 1-2, 2012.

DA SILVA, M. C. S. *et al.* Growth and tolerance of *Pleurotus ostreatus* at different selenium forms. *Journal of Agricultural Science*, v. 11, p. 151-158, 2019.

DA SILVA, M. C. S. *et al.* In vivo bioavailability of selenium in enriched *Pleurotus ostreatus* mushrooms. *Metallomics*, v.2, p. 162-166, 2010.

DA SILVA, M. C. S. *et al.* Mycelial growth of *Pleurotus* Spp in Se-enriched culture media. *Advanced Applied Microbiology*, v. 3 n. 8, p. 11-18, 2013.

DE ASSUNÇÃO, L. S. *et al.* Enrichment of mushrooms: an interesting strategy for the acquisition of lithium. *Food Chemistry*, v. 134, n. 2, p.1123-1127, 2012.

DE ASSUNÇÃO, L. S. *et al.* Speciation of selenium in *Pleurotus ostreatus* and *Lentinula edodes* mushrooms. *Biotechnology Letters*, v. 5, n. 1, p. 79-86, 2014.

DIGHTON, J.; WHITE, J. F. (eds.). *The fungal community*: its organization and role in the ecosystem. Boca Raton: CRC Press, 2017.

DŁUGASZEK, M.; KŁOS, A.; BERTRANDT, J. Lithium supply in the daily food rations of students. *Problemy Higieny i Epidemiologii*, v. 93, n. 4, p. 867-870, 2012.

ERGUN, S. O.; UREK, R. O.; Production of ligninolytic enzymes by solid state fermentation using *Pleurotus ostreatus*. *Annals of Agrarian Science*, v. 15, p. 273-277, 2018.

FARIA, M. G. I. *et al.* Bioaccumulation of lithium (Li_2CO_3) in mycelia of the culinary-medicinal oyster mushroom, *Pleurotus ostreatus* (Agaricomycetes). *International Journal of Medicinal Mushrooms*, v. 20, n. 9, 2018.

FEENEY, M. J.; MILLER, A. M.; ROUPAS, P. Mushrooms-biologically distinct and nutritionally unique: exploring a "Third Food Kingdom". *Nutrition Today*, v. 49, n. 6, p. 301-307 2014.

FERREIRA, I. S. *et al.* High-yield cellulase and LiP production after SSF of agricultural wastes by *Pleurotus ostreatus* using different surfactants. *Biocatalysis and Agricultural Biotechnology*, v. 22, p. 101428, 2019b.

FERREIRA, I. S. *et al.* Optimization of hydrothermal pretreatment for enzymatic hydrolysis of banana pseudo steam using response surface methodology. *Fungal Territory*, v. 2, n. 32, 2019a.

FORTES, R. C.; NOVAES, M. R. C. G. Effects of dietary supplementation with agaricales mushrooms and other medicinal fungus on therapy against the cancer. *Revista Brasileira de Cancerologia*, v. 52, n. 4, p. 363-371, 2006.

FURLANI, R. P. Z.; GODOY, H. T. Valor nutricional de cogumelos comestíveis: uma revisão. *Revista do Instituto Adolfo Lutz*, São Paulo, v. 64, n. 2, p. 149-154, 2005.

GARUBA, T. *et al.* Influence of substrates on the nutritional quality of *Pleurotus pulmonarius* and *Pleurotus ostreatus*. *Ceylon Journal of Science*, v. 46, n. 1, p. 67-74, 2017.

GOEDEKE, L., FERNÁNDEZ-HERNANDO, C. Regulation of cholesterol homeostasis. *Cellular and Molecular Life Sciences*, v. 69, p. 915-930, 2012.

GOLA, D. *et al.* Multiple heavy metal removal using an entomopathogenic fungi *Beauveria bassiana*. *Bioresource Technology*, v. 218, p. 388-396, 2016.

GRIMM, D.; WOSTEN, H. A. Mushroom cultivation in the circular economy. *Applied Microbiology and Biotechnology*, v. 102, n. 18, p. 7795-7803, 2018.

HAN, X. *et al.* Influence of fermentation liquid from waste activated sludge on anoxic/oxic-membrane bioreactor performance: Nitrogen removal, membrane fouling and microbial community. *Bioresource Technology*, v. 250, p. 699-707, 2018.

HELENO, S. S. *et al.* Nutritional value, bioactive compounds, antimicrobial activity and bioaccessibility studies with wild edible mushrooms. *LWT – Food Science and Technology*, v. 63, n. 2, p. 799-806, 2015.

HYDE, K. D. *et al.* The amazing potential of fungi: 50 ways we can exploit fungi industrially. *Fungal Diversity*, v. 97, p. 1-136, 2019.

JASINGHE, V. J.; PERERA, C. O. Distribution of ergosterol in different tissues of mushrooms and its effect on the conversion of ergosterol to vitamin D2 by UV irradiation. *Food Chemistry*, v. 92, n. 3, p. 541-546, 2005.

KALAČ, P. A review of chemical composition and nutritional value of wild-growing and cultivated mushrooms. *Journal of the Science of Food and Agriculture*, v. 93, p. 209-218, 2013.

KALAČ, P. Chemical composition and nutritional value of European species of wild growing mushrooms: a review. *Food Chemistry*, v. 113, n. 1, p. 9-16, 2009.

KAMTHAN, R.; TIWARI, I. Agricultural wastes – potential substrates for mushroom cultivation. *European Journal of Experimental Biology*, v. 7, p. 31, 2017.

KAPAHI, M., SACHDEVA, S. Mycoremediation potential of *Pleurotus species* for heavy metals: a review. *Bioresources and Bioprocessing*, v. 4, n. 1, p. 32, 2017.

KASUYA, M. C. M. *et al.* Production of selenium-enriched mushrooms in coffee husks and use of this colonized residue. *In*: PREEDY, V. (org.). *Coffee in health and disease prevention*. London: Elsevier, 2014. v.1, p. 1350-1362.

KOTLABA, F. Mushrooms and other fungi of Great Britain and Europe. *Folia Geobotanica & Phytotaxonomica*, v. 19, n. 3, p. 329-331, 1984.

LEE, C. K. *et al.* Molecular diversity of endobacterial communities in edible part of king oyster mushroom (*Pleurotus eryngii*) based on 16S rRNA 6. *Korean Journal of Microbiology*, v. 51, p. 148-155, 2015.

LIMA, U. A. *et al. Biotecnologia industrial*: processos fermentativos e enzimáticos. São Paulo: Blucher, 2001.

LLAVERIAS, G. *et al.* Role of cholesterol in the development and progression of breast cancer. *American Journal of Clinical Pathology*, v. 178, n. 1, p. 402-412, 2011.

LOPES, L. S. *et al.* Production of fungal enzymes in Macaúba coconut and enzymatic degradation of textile dye. *Biocatalysis and Agricultural Biotechnology*, v. 26, p. 101651, 2020.

LUZ, J. M. R. *et al.* Lignocellulolytic enzyme production of Pleurotus ostreatus growth in agroindustrial wastes. *Brazilian Journal of Microbiology*, v. 43, p. 1508-1515, 2012.

MA, L. *et al.* Characterization of Se-enriched *Pleurotus ostreatus* polysaccharides and their antioxidant effects in vitro. *International Journal of Biological Macromolecules*, v. 111, p. 421-429, 2018.

MATTILA, P. *et al.* Contents of vitamins, mineral elements, and phenolic compounds in cultivated mushrooms. *Journal of Agricultural and Food Chemistry*, v. 49, n. 5, p. 2343-8, 2001.

MLECZEK, M. *et al.* Cultivation of mushrooms for production of food biofortified with lithium. *European Food Research and Technology*, v. 243, n. 6, p. 1097-1104, 2017.

MLECZEK, M. *et al.* Elemental characteristics of mushroom species cultivated in China and Poland. *Journal of Food Composition and Analysis*, v. 66, p. 168-178, 2018.

MONEY, N. P. Are mushrooms medicinal? *Fungal Biology*, v. 120, n. 4, p. 449-453, 2016.

NARANJO-ORTIZ, M. A.; GABALDÓN, T. Fungal evolution: diversity, taxonomy and phylogeny of the Fungi. *Biology Review*, v. 94, n. 6, p. 2101-2137, 2019.

NELSON, D.; COX, M. M. *Princípio de bioquímica de Lehninger*. 7. ed. Porto Alegre: Artmed, 2014.

NUNES, M. D. *et al.* *Pleurotus ostreatus*, mushrooms production using quick and cheap methods and the challenges to the use of coffee husk as substrate. *African Journal of Microbiology Research*, v. 11, p. 1252-1258, 2017.

NUNES, M. D. *et al.* Effects of lithium compounds on the growth of white rot fungi. *African Journal of Microbiology Research*, v. 34, p. 1954-1959, 2014.

NUNES, R. G. F. L. *et al.* Selenium bioaccumulation in shiitake mushrooms: a nutritional alternative source of this element. *Journal of Food Science*, v. 77, p. 983-986, 2012.

OGIDI, C. O. *et al.* Growth rate and selenium bioaccumulation in *Pleurotus* species cultivated on signal grass, *Urochloa decumbens* (Stapf) R. D. Webster. *Current Research in Nutrition and Food Science*, v. 5, p. 137-142, 2017.

OLADIPO, O. G. *et al.* Heavy metal tolerance traits of filamentous fungi isolated from gold and gemstone mining sites. *Brazilian Journal of Microbiology*, v. 49, n. 1, p. 29-37, 2018.

OLIVEIRA, S. F. *et al.* Enzymatic extract containing lignin peroxidase immobilized on carbon nanotubes: Potential biocatalyst in dye decolourization. *Saudi Journal of Biology Science*, v. 25, p. 651-659, 2018.

PAPOUTSIS, K. *et al.* Recovery of ergosterol and vitamin D_2 from mushroom waste – potential valorization by food and pharmaceutical industries. *Trends in Food Science and Technology*, v. 99, p. 351-366, 2020.

PATEL, S.; GOYAL, A. Recent developments in mushrooms as anti-cancer therapeutics: a review. *Biotech*, v. 2, n. 1, p. 1-15, 2012.

PERALTA, R. M. *et al.* Enzymes from Basidiomycetes – Peculiar and efficient tools for biotechnology. *In*: BRAHMACHARI, G. (ed.). *Biotechnology of microbial enzymes*: production, biocatalysis and industrial applications. London: Academic Press, 2017. cap. 5.

PONIEDZIAŁEK, B. *et al.* Bio-enriched *Pleurotus* mushrooms for deficiency control and improved antioxidative protection of human platelets? *European Food Research Technology*, v. 243, p. 2187-2198, 2017.

RABINOVICH, M. *et al.* Copper- and zinc-enriched mycelium of *Agaricus blazei Murrill*: bioaccumulation and bioavailability. *Journal of Medicinal Food*, v. 10, n.1, p. 175-183, 2007.

RAGHUKUMAR, S. Fungi: characteristics and classification. *In*: RAGHUKUMAR, S. *Fungi in coastal and oceanic marine ecosystems*: marine fungi. Cham, Switzerland: Springer, 2017. p. 1-15.

RATHORE, H.; PRASAD, S.; SHARMA, S. Mushroom nutraceuticals for improved nutrition and better human health: a review. *Pharma Nutrition*, v. 5, p. 35-46, 2017.

REIS, F. S. *et al.* Functional foods based on extracts or compounds derived from mushrooms. *Trends in Food Science and Technology*, v. 6, p. 48-62, 2017.

REIS, F. S. *et al.* Chemical composition and nutritional value of the most widely appreciated cultivated mushrooms: An inter-species comparative study. *Food and Chemical Toxicology*, v. 50, n. 2, p. 191-197, 2012.

ROBINSON, B. H. *et al.* Lithium as an emerging environmental contaminant: mobility in the soil-plant system. *Chemosphere*, v. 197, p. 1-6, 2018.

RODRIGUEZ ESTRADA, A. E. *et al.* Enhancement of the antioxidants ergothioneine and selenium in *Pleurotus eryngii* var. *eryngii* basidiomata through cultural practices. *World Journal of Microbiology Biotechnology*, v. 25, p. 1597-1607, 2009.

ROY DAS, A.; SAHA, A. K.; DAS, P. Proximate composition and antimicrobial activity of three wild edible mushrooms consumed by ethnic inhabitants of Tripura in northeast India. *Studies in Fungi*, v. 2, n. 1, p. 17-25, 2017.

ROYSE D. J.; BAARS, J.; TAN, Q. X. Current overview of mushroom production in the world. *Edible and Medicinal Mushrooms*, v. 25, p. 5-13, 2017.

RZYMSKI, P. *et al.* Cultivation of *Agaricus bisporus* enriched with selenium, zinc and copper. *Journal of the Science of Food and Agriculture*, v. 97, p. 923-928, 2017.

RZYMSKI, P. *et al.* Potential of cultivated *Ganoderma lucidum* mushrooms for the production of supplements enriched with essential elements. *Journal of Food Science*, v. 81, n. 3, p. C587-C592, 2016.

SAMORINI, G. The oldest representations of hallucinogenic mushrooms in the world (Sahara Desert, 9000-7000 BP). *Integration*, v. 2, n. 3, p.69-78, 1992.

SÁNCHEZ, C. Reactive oxygen species and antioxidant properties from mushrooms. *Synthetic and Systems Biotechnology*, v. 2, n. 1, p. 13-22, 2017.

SANDE, D. *et al.* Edible mushrooms as a ubiquitous source of essential fatty acids. *Food Research International*, v. 125, p. 108524, 2019.

SARUP SINGH, R.; PREET KAUR, H.; RAKESH KANWAR, J. Mushroom lectins as promising anticancer substances. *Current Protein and Peptide Science*, v. 17, n. 8, p. 797-807, 2016.

SILVA, L. A. F. *et al.* Produção de amilase por fungo filamentoso endofítico em fermentação submersa – Production of amylase by endophytic filamentous fungi by submerged fermentation. *Caderno de Ciências Agrárias*, v. 9, n. 3, p. 49-53, 2017.

SILVA, T. P. *et al.* Production, purification, characterization and application of a new halotolerant and thermostable endoglucanase of *Botrytis ricini* URM 5627. *Bioresource Technology*, v. 270, p. 263-269, 2018.

SIWULSKI, M. *et al.* Worldwide basket survey of multielemental composition of white button mushroom *Agaricus bisporus*. *Chemosphere*, v. 239, p. 124718, 2020.

SOUSA, V. B. B. *et al.* Constipação intestinal em crianças e a importância das fibras alimentares: uma revisão da literatura. *Revista Eletrônica Acervo Saúde*, v. 21, p. e561, 2019.

SPIM, S. R. V. *et al. Lentinula edodes* mushroom as an ingredient to enhance the nutritional and functional properties of cereal bars. *Journal of Food Science and Technology*, 2020.

STOKES, G. The role of cholesterol in the development of cardiovascular disease. *British Journal of Cardiac Nursing*, v. 3, n. 9, p. 423-428, 2008.

TRUTMANN, P. *The forgotten mushrooms of ancient Peru*. Lima, Peru: Global Mountain Action, 2012. v. 1, 33 p.

ULZIIJARGAL, E.; MAU, J. L. Nutrient compositions of culinary-medicinal mushroom fruiting bodies and mycelia. *International Journal of Medicinal Mushrooms*, v. 13, n. 4, p. 343-349, 2011.

VALVERDE, M. E.; HERNÁNDEZ-PÉREZ, T.; PAREDES-LÓPEZ, O. Edible mushrooms: improving human health and promoting quality life. *International Journal of Microbiology*, v. 2015, 2015.

VELEZ, M. E. V. *et al.* Production of bioactive compounds by the mycelial growth of *Pleurotus djamor* in whey powder enriched with selenium. *LWT – Food Science and Technology*, v. 114, p. 108376, 2019.

VETTER, J. Biological values of cultivated mushrooms – a review. *Acta Alimentaria*, v. 48, n. 2, p. 229-240, 2019.

VIEIRA, P. A. F. *et al.* Antioxidant activities, total phenolics and metal contents in *Pleurotus ostreatus* mushrooms enriched with iron, zinc or lithium. *LWT – Food Science and Technology*, v. 54, n. 2, p. 421-425, 2013.

VOSAHLIKOVA, M.; SVOBODA, P. Lithium-therapeutic tool endowed with multiple beneficiary effects caused by multiple mechanisms. *Acta Neurobiologiae Experimentalis*, v. 76, p. 1-19, 2016.

WANI, B. A.; BODHA, R. H.; WANI, A. H. Nutritional and medicinal importance of mushrooms. *Journal of Medicinal Plants Research*, v. 4, n. 24, p. 2598-2604, 2010.

WATANABE, F. *et al.* Characterization of vitamin B12 compounds in the wild edible mushrooms black trumpet (*Craterellus cornucopioides*) and golden chanterelle (*Cantharellus cibarius*). *Journal of Nutritional Science and Vitaminology*, v. 58, p. 50-53, 2012.

WATANABE, F.; BITO, T. Vitamin B12 sources and microbial interaction. *Experimental Biology and Medicine* (Maywood), v. 243, n. 2, p. 148-158, 2018.

YUSOF, F.; KHANAHMADI, S.; AMID, A. Cocoa pod husk, a new source of hydrolase enzymes for preparation of cross-linked enzyme aggregate. *SpringerPlus*, v. 5, n. 57, 2016.

ZAMPIERI, D. *Expressão gênica e atividades de celulases, ß-glicosidases, xilanases e swoleninas de* Penicillium echinulatum *S1M29*. 2016. Tese (Doutorado) – Universidade de Caxias do Sul, Caxias do Sul, 2016.

ZERVAKIS, G. I.; KOUTROTSIOS, G. Solid-state fermentation of plant residues and agro-industrial wastes for the production of medicinal mushrooms. *In*: AGRAWAL, D. *et al.* (eds.). *Medicinal plants and fungi*: recent advances in research and development. *Journal of Applied Research on Medicinal and Aromatic Plants*, v. 4, 2017.

ZHOU, F. *et al.* Assessment of speciation and in vitro bioaccessibility of selenium in Se-enriched *Pleurotus ostreatus* and potential health Risks. *Ecotoxicology and Environmental Safety*, v. 185, p. 109675, 2019.

ZHU, F. *et al.* Beta-glucans from edible and medicinal mushrooms: characteristics, physicochemical and biological activities. *Journal of Food Composition Analysis*, v. 41, p. 165-173, 2015.